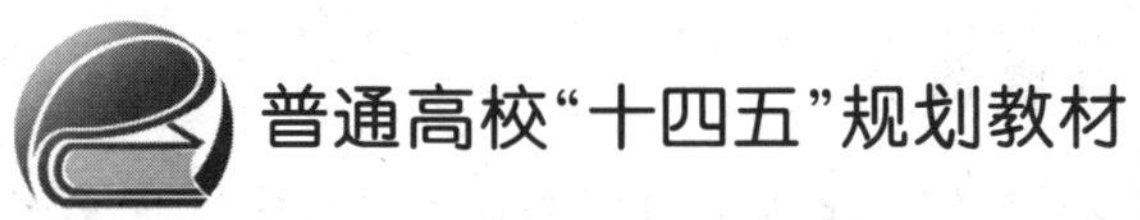

信号处理与线性系统分析

(第 2 版)

刘海成　肖易寒　吴东艳　唐　弢　邹海英　编著

北京航空航天大学出版社

内容简介

本书为满足工程专业认证和新工科建设对人才培养的要求，深度融合“信号与系统”和“数字信号处理”两门课程的内容，将连续时间信号与系统、离散时间信号与系统内容并重，“信号的分解、响应的叠加”思想与数字信号处理技术并重，形成了新的教学体系，重基础、重细节、重方法，以适应更加注重学生能力培养和小学时教学的需求。另外，本书加强了与其他课程间的紧密联系和自身的引领作用，通过基于A/D和D/A采样定理的应用等内容促使学生形成课程群合力。

本书可作为本科院校电子信息类、仪器仪表类、自动化类、电气工程类等专业学生“信号与系统”和“数字信号处理”等课程的教材，同时也可作为工程技术人员的参考书。

图书在版编目(CIP)数据

信号处理与线性系统分析 / 刘海成等编著. -- 2版. -- 北京 : 北京航空航天大学出版社, 2022.1

ISBN 978-7-5124-3232-1

Ⅰ. ①信… Ⅱ. ①刘… Ⅲ. ①数字信号处理—高等学校—教材②线性系统(自动化)—系统分析—高等学校—教材 Ⅳ. ①TN911.72②TP271

中国版本图书馆CIP数据核字(2020)第020947号

信号处理与线性系统分析(第2版)

刘海成 肖易寒 吴东艳 唐 弢 邹海英 编著

策划编辑 胡晓柏 责任编辑 王 实

*

北京航空航天大学出版社出版发行

北京市海淀区学院路37号(邮编100191) http://www.buaapress.com.cn

发行部电话:(010)82317024 传真:(010)82328026

读者信箱:emsbook@buaacm.com.cn 邮购电话:(010)82316936

涿州市新华印刷有限公司印装 各地书店经销

*

开本:710×1 000 1/16 印张:32.25 字数:687千字

2022年2月第2版 2022年2月第1次印刷

ISBN 978-7-5124-3232-1 定价:79.00元

前　言

“信号与系统”和“数字信号处理”课程是国内外大学电子信息类、仪器仪表类、电气工程类等相关专业的两门关系最紧密、最活跃和最具生命力的专业基础或专业课程。“信号与系统”课程以“信号的时域、频域、复频域的完备正交分解和响应的叠加”为主线，使学生建立信号和LTI系统的基本分析方法和思想，是继电路分析课程之后，学习模拟电子技术、通信原理、高频电子线路、数字信号处理和自动控制原理等课程的思想和方法基础。“数字信号处理”课程的核心内容包括五个部分：一是离散时间信号与系统；二是DFT与FFT；三是IIR和FIR滤波器设计及结构；四是多采样率信号处理；五是有限字长效应，通过奈奎斯特时域采样定理将模拟信号分析、处理，与数字信号的处理相统一，且侧重实践和应用。显然，“数字信号处理”课程不是简单地承接“信号与系统”课程，而是运用“信号与系统”课程的思想进一步研究谱分析技术、选频滤波器设计方法，以及实现技术。

但是，一直以来，“信号与系统”作为“数字信号处理”的先修课程，一般还包含离散时间信号与系统的基础知识，而在“数字信号处理”课程的开始又要重复学习这部分内容。这种使用额外学时来学习重复内容的做法不能适应教学改革和小学时授课的实际需要。尤其是这部分内容作为“数字信号处理”课程的开篇章节，占用过多学时重复讲述，喧宾夺主，造成没有足够的时间和精力完成“数字信号处理”课程真正核心内容的教学。也就是说，在教学内容和侧重点上若不能针对这两门课程的特点加以改革和区分，势必造成只停留在入门阶段，知识点混乱的状况，不宜形成课程能力目标。因此，一方面，这两门课程要有机整合，去重复、挤水分、去混乱，合理承接，更重要的是要对技术思想与设计应用课程有不同的教学侧重。另一方面，“信号与系统”和“数字信号处理”系列课程理论性极强，抽象概念多，公式推导较多，起点高，难度大。“信号与系统”虽为考研课程，但学生的学习积极性不高。而该课程又是进行电子系统、通信系统和控制系统等分析与设计的核心基础知识之一，极大地制约着学生应用能力的形成，是学生从专业知识到专业能力的瓶颈课程。

近些年，国内外各个高校都针对这两门课程进行了教学改革并出版教材，这些教材不但体系完整、结构经典，尤其在理论教学上引入了MATLAB进行辅助教学，对理论验证、仿真和设计，帮助学生快速理解理论知识和辅助设计，都收到了一些成功的效果。因此，很多现有的教材，为了强调“应用和改革”，甚至将MATLAB作为课程教学实践的唯一落脚点，大幅度弱化了细节，使MATLAB的信号处理工具箱过于“傻瓜”化，屏蔽掉了技术细节，从而造成在实践应用中脱离MATLAB时学生就无从下手的局面。显然，这种基于MATLAB促进本科生实践动手能力的想法对于培养学生的创新实践能力帮助甚微,学生很难将相关技术用于复杂工程项目解决方案的分析与设计。本教材给出的方案是,重思想、抓细节、流程化、工程化,为相关实践教学环节铺好路,理论与实践课程紧密融合,配套专门的实践教程,在实践课程中将MATLAB或Python等作为设计和仿真验证工具,将C语言和HDL(VHDL或Verilog HDL)作为应用实践、调试与测试工具,形成立体化课程体系,切实实现课程目标。

以上的改革思路在本教材的第1版(2012年出版)中已经尝试和应用,作为黑龙江省高等教育教学改革工程立项——“‘卓越工程师培养计划’下信号与系统及数字信号处理课程的改革与实践”成果,从课程目标、教学内容、教学方法、实验教学等方面对“信号与系统”和“数字信号处理”两门课程的综合改革进行探索。为了适应高等教育,尤其是符合“金课”建设、工程专业认证理念和新工科建设需要,更加注重学生能力的培养,本教材进行了全面重写,如在奈奎斯特采样定理、抽取和内插等内容环节采用A/D转换器和D/A转换器模型来分析,与实际工程应用对接。

全书由刘海成主持编写并统稿。刘海成编写第7章和第8章,哈尔滨工程大学肖易寒编写第3章和第4章,黑龙江工程学院吴东艳编写第5章和第6章,黑龙江工程学院唐琤编写第1章、第9章和第10章,黑龙江工程学院邹海英编写第2章和附录。全书经哈尔滨理工大学盖建新审阅,并提出了很多宝贵意见,在此表示由衷的感谢。同时,书中参考和应用了许多学者和专家的著作和研究成果,在此也向他们表示诚挚的敬意和感谢。

本书叙述简洁,涵盖内容广,知识容量大,厚基础、重应用,加强了与其他课程间的联系,可作为“信号与系统”和“数字信号处理”两门课程的教材,或整合后课程的教材,同时也可作为工程技术人员的参考书。

本书虽然力求完美,但是因作者水平有限,错误之处在所难免,敬请读者不吝指正和赐教,不胜感激!

联系邮箱:liuhaicheng@126.com

刘海成

2021年10月

本书符号索引

符　号	在本书中的含义	符　号	在本书中的含义
t	连续时间变量	n	离散时间变量
t_0	偏移量或某一时刻	n_0	偏移量或某一时刻
T_0	连续时间信号的周期	N	离散序列的周期或长度，系统的阶数
T_{sam}	采样周期	k	频域序号
ω_{sam}	采样角频率	ω_{m}	采样信号的最大角频率
f_{sam}	采样频率	f_{m}	采样信号的最大频率
$x(t)$	连续时间系统的输入激励	$x[n]$	离散时间系统的输入激励
$u(t)$ 或 $\varepsilon(t)$	单位阶跃信号	$u[n]$ 或 $\varepsilon[n]$	单位阶跃序列
$\delta(t)$	单位冲激信号	$\delta[n]$	单位脉冲序列
$\delta'(t)$	冲激偶信号		
$R_{t_0}(t)$	矩形信号	$R_N[n]$	矩形序列
$g_{t_0}(t)$	门信号	$g_{n_0}[n]$	门序列
$\text{Sa}(t)$	抽样信号	$\text{Sa}[n]$	抽样序列
$\text{sgn}(t)$	符号函数	$\text{sgn}[n]$	符号序列
a_1, a_2, b_1, b_2，K 等	一般指常数	j	虚数单位
C	电容	L	电感
R	电阻	$\mathbf{V}$（粗体）	矢量(向量)
ω	连续时间 LTI 系统的角频率(变量)	$\tilde{\omega}$	离散时间 LTI 系统的角频率(变量)
$X[\text{j}k\omega_0]$	连续时间周期信号 $\tilde{x}(t)$ 的傅里叶级数	$\tilde{X}[k]$	离散时间周期信号 $\tilde{x}[n]$ 的傅里叶级数
$X(\text{j}\omega)$	连续时间信号 $x(t)$ 的傅里叶变换	$X(\text{e}^{\text{j}\tilde{\omega}})$	离散时间信号 $x[n]$ 的傅里叶变换

符　号	在本书中的含义	符　号	在本书中的含义
$X[k]$	有限长序列 $x[n]$ 的离散傅里叶变换		
$h(t)$	连续时间 LTI 系统的单位冲激响应	$h[n]$	离散时间 LTI 系统的单位脉冲响应
$H(\mathrm{j}\omega)$	连续时间 LTI 系统的频率响应	$H(\mathrm{e}^{\mathrm{j}\tilde{\omega}})$	离散时间 LTI 系统的频率响应
$H(s)$	连续时间 LTI 系统的系统函数/传递函数	$H(z)$	离散时间 LTI 系统的系统函数/传递函数
z_k	零点	p_k, s_k	极点
θ, ψ, ϕ	角度	$\varphi, \varphi(\omega), \varphi(\tilde{\omega})$	相位或相频响应
W_N^k	旋转因子	$\omega_0, \omega_\mathrm{c}, \omega_\mathrm{p}, \omega_\mathrm{s}$ 等	某一角频率

目　　录

* 表示选学内容。

第 1 章　信号及运算

信号是对消息或物理量变化过程的抽象描述。信号是被分析或处理的对象。信号的性质和构成分析，以及信号的运算是本课程的重要内容之一。本章介绍信号及分类、基本信号和信号的运算等，是整个课程的基础。

1.1　信号及分类

物质、能量和信息是构成自然社会的基本要素。消息（message）是信息（information）的表现形式。从古代利用烽火、旗语，到现代利用电话、电报、无线电广播和电视，其目的都是要把某些消息通过一定的形式传递出去，所以消息是被传送的对象。

为了有效地传递、变换、储存和提取消息，常常需要将消息转换成便于传输和处理的信号。信号（signal）是对消息的抽象描述，是消息的表现形式与传送载体。信号有光、声、温度、电等各种形式，其中电信号是最便于传输、控制与处理的。在实际应用中，许多非电信号（如温度、流量、压力和速度等）都可通过专用的传感器转换为电信号。因此，研究电信号具有重要意义。

信号通常表现为某种随若干变量而变化的物理量。在数学上，信号可以描述为一个或多个独立变量的函数，且一般表现为某种随时间变化的物理量。例如，回流焊的温度可描述为温度随时间变化的函数；语音信号可描述为声压随时间变化的函数。若无特殊说明，本课程中研究的信号是随时间变化的函数，即定义域为时间域。

可以从不同的角度对信号进行分类，从而有助于分析特定信号的特性。下面根据信号的不同特性进行分类，并说明各类信号的性质。

1.1.1　确定信号与随机信号

按照信号的确定性来划分，信号可分为确定信号和随机信号。

确定信号是指在定义域的任意时刻都有确定函数值的信号，通常能够以确定的时间函数表示，例如，正弦信号、指数信号等。

随机信号不是时间的确定函数,其在定义域内的任意时刻没有确定的函数值,是随机的。图1-1-1所示的混有噪声的正弦信号就是随机信号的一个例子,它无法以确定的时间函数来描述,其数学模型只能用概率统计的方法进行描述。

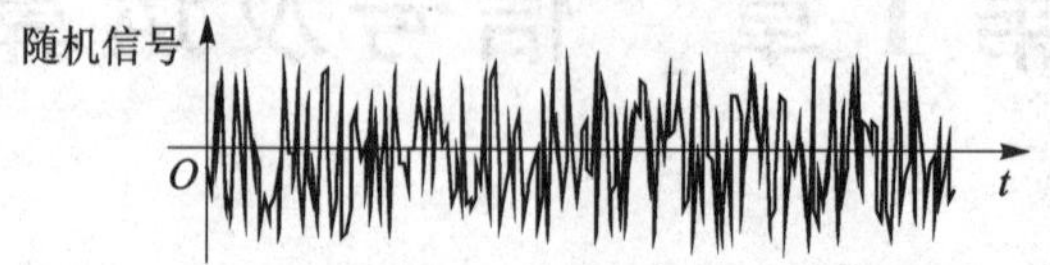

图1-1-1 随机信号示例

通信系统中传输的信号都带有不确定性,是随机信号。接收者在收到消息之前,对信号源所发出的消息是不知道的,否则,通信就失去了意义。一些信号本身也带有随机噪声,比如地震信号。另外,信号在传输过程中难免要受到各种干扰和噪声的影响,使信号失真。本课程主要讨论确定信号,它也是研究随机信号特性的重要基础,随机信号将在相应的"随机信号的分析"课程中学习。

1.1.2 连续时间信号与离散时间信号

按照信号自变量(时间)取值的连续性划分,信号可分为连续时间信号和离散时间信号。

连续时间信号是指在信号的定义域内,除间断点外,任意时刻都有值的信号,简称为连续信号。连续时间信号通常用 $x(t)$ 表示。连续时间信号的幅值可以是连续的,也可以是离散的。时间和幅值均连续的信号称为模拟信号。在模拟电子技术中主要的研究对象是模拟信号。图1-1-2中的图(a)与图(b)分别表示一个模拟信号和一个离散幅值的连续时间信号。

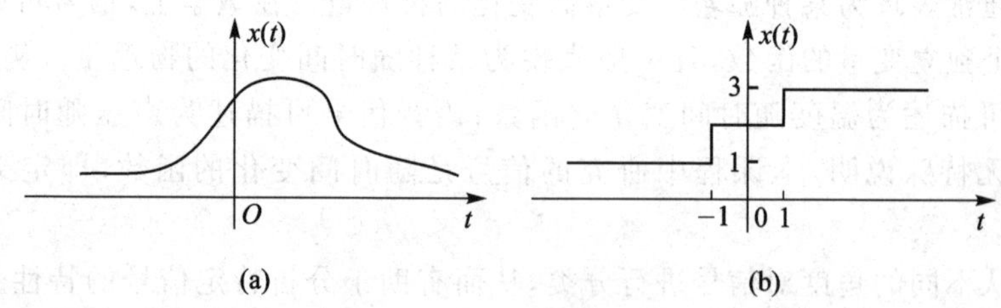

图1-1-2 连续时间信号

离散时间信号是指信号的定义域为离散的时刻点,而在这些离散的时刻点之外无定义,简称为离散信号,也称为序列。离散时间信号通常用 $x[n]$ 表示,其中,n 表示序号。若离散时间信号的幅值也是离散的,则定义为数字信号。数字逻辑电路和计算机系统处理的对象都是数字信号。图1-1-3中的图(a)和图(b)分别表示一个数字信号和一个连续幅值的离散时间信号。

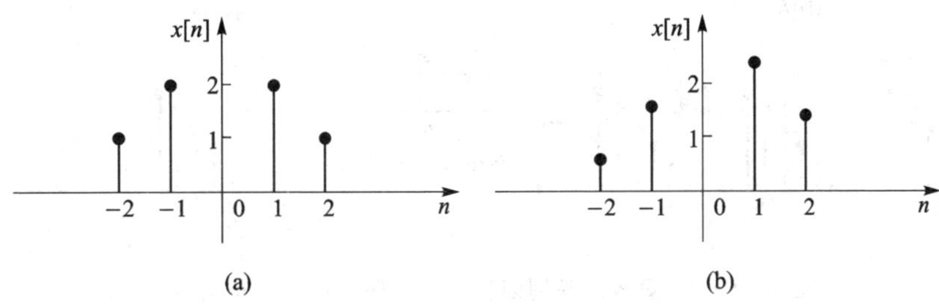

图 1-1-3　离散时间信号

需要指出的是,连续时间信号与离散时间信号只是信号的不同形式,但都是本书研究的内容。它们之间有着密切的联系,在一定条件下可以互相转化。在实际应用中,正是利用这种互相转化的关系来刻画信号所描述的客观世界,并借助其实现各类应用电子系统的设计。

1.1.3　周期信号与非周期信号

按照信号的周期性划分,信号可分为周期信号和非周期信号。

周期信号是指每隔一个固定的时间间隔重复出现的信号。连续时间周期信号和离散时间周期信号的充分必要条件为

$$x(t)=x(t+mT_0),\quad m=0,\pm 1,\pm 2,\cdots \tag{1-1-1}$$

$$x[n]=x[n+mN],\quad m=0,\pm 1,\pm 2,\cdots \tag{1-1-2}$$

满足以上两式中的最小正数 T_0、N 称为周期信号的基本周期(最小正周期)。

尽管非周期信号就是不具有重复性的信号,但是,周期信号与非周期信号在一定条件下可以互相转化。当周期信号的周期趋于无穷大时,周期信号将变成非周期信号。当非周期信号以某个周期进行延拓(复制性延展)时,非周期信号将变成周期信号。连续时间周期信号与非周期信号的转化关系实例如图 1-1-4 所示,离散时间周期信号与非周期信号的转化关系实例如图 1-1-5 所示。本书中,周期信号通过在表征信号的字母上面加"～"号来表示。

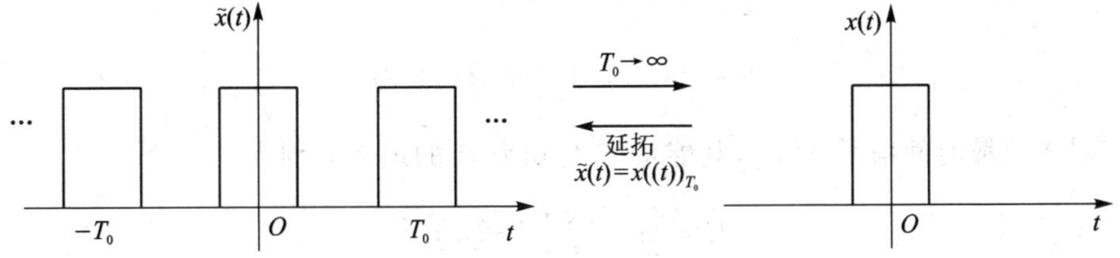

图 1-1-4　连续时间周期信号与非周期信号的转化实例

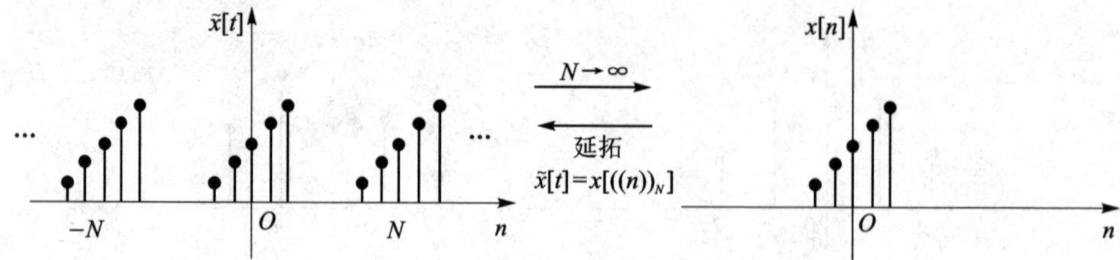

图 1-1-5　离散时间周期信号与非周期信号的转化实例

【例 1-1-1】判断离散正弦信号 $x[n]=\sin[\omega_0 n]$是否为周期信号。

解:由周期信号的定义,如果 $\sin[\omega_0(n+N)]=\sin[\omega_0 n]$,则 $x[n]$是周期信号。因为

$$\sin[\omega_0(n+N)]=\sin[\omega_0 n+\omega_0 N]$$

$x[n]$是离散时间信号,要使其为周期信号,必须有

$$\omega_0 N=m2\pi,\quad m\text{ 为整数}$$

则有

$$N=m\frac{2\pi}{|\omega_0|}$$

因此,只有当 $2\pi/|\omega_0|$为有理数时,$2\pi/|\omega_0|=p/q$(p 和 q 为不可约分的整数),$x[n]=\sin[\omega_0 n]$才是一个周期信号,且最小正周期是 p(当 $q=m$ 时)。这与连续正弦信号不同,连续正弦信号一定是周期信号。

1.1.4　能量信号与功率信号

按照时间函数的绝对可积性划分,信号可分为能量信号和功率信号。

当从能量的观点来研究信号时,可以把连续时间信号 $x(t)$看作是加在 1 Ω 电阻上的电压,其瞬时功率为$|x(t)|^2$,其能量定义为

$$E=\lim_{T\to\infty}\int_{-\frac{T}{2}}^{\frac{T}{2}}|x(t)|^2\mathrm{d}t \tag{1-1-3}$$

在时间间隔$-\frac{T}{2}\leqslant t\leqslant\frac{T}{2}$上的功率为

$$P=\lim_{T\to\infty}\frac{1}{T}\int_{-\frac{T}{2}}^{\frac{T}{2}}|x(t)|^2\mathrm{d}t \tag{1-1-4}$$

对于离散时间信号 $x[n]$,其能量 E 与功率 P 的定义分别为

$$E=\lim_{N\to\infty}\sum_{n=-N}^{N}|x[n]|^2 \tag{1-1-5}$$

$$P=\lim_{N\to\infty}\frac{1}{2N+1}\sum_{n=-N}^{N}|x[n]|^2 \tag{1-1-6}$$

显然，就无穷时间$(-\infty,\infty)$而言，一个信号不可能同时满足：$0<E<\infty$和$0<P<\infty$。若信号的能量为非零的有限值，则称为能量信号，或称为平方可和信号。由于能量信号的功率为零，因此只能从能量的角度去研究它。

若信号的功率为非零的有限值，则称为功率信号。由于功率信号的能量为无穷大，因此只能从功率的角度去研究它。

一般持续时间无限的信号都属于功率信号。例如，直流信号和幅度有限的周期信号是功率信号。周期为T_0和N的周期信号，其功率分别为

$$P=\frac{1}{T_0}\int_{-\frac{T_0}{2}}^{\frac{T_0}{2}}|x(t)|^2\mathrm{d}t=\frac{1}{T_0}\int_0^{T_0}|x(t)|^2\mathrm{d}t \tag{1-1-7}$$

$$P=\frac{1}{N}\sum_{n=0}^{N-1}|x[n]|^2 \tag{1-1-8}$$

周期信号的真有效值(简称为有效值)为其功率的方均根值，即

$$\mathrm{RMS}\{x(t)\}=\sqrt{\frac{1}{T_0}\int_{-\frac{T_0}{2}}^{\frac{T_0}{2}}|x(t)|^2\mathrm{d}t}=\sqrt{\frac{1}{T_0}\int_0^{T_0}|x(t)|^2\mathrm{d}t} \tag{1-1-9}$$

$$\mathrm{RMS}\{x[n]\}=\sqrt{\frac{1}{N}\sum_{n=0}^{N-1}|x[n]|^2} \tag{1-1-10}$$

【例1-1-2】判断下列信号是否是能量信号、功率信号：

(1) $x_1(t)=A\cos(\omega_0 t)$。　　(2) $x_2(t)=\mathrm{e}^{-t},t\geqslant 0$。

(3) $x_3[n]=\left(\frac{1}{2}\right)^n$。　　(4) $x_4[n]=C$，C为常数。

解：(1) $x_1(t)=A\cos(\omega_0 t)$是基本周期为$T_0=\frac{2\pi}{|\omega_0|}$的周期信号，所以$x_1(t)$是功率信号，即

$$P=\lim_{T_0\to\infty}\frac{1}{T_0}\int_{-\frac{T_0}{2}}^{\frac{T_0}{2}}|x_1(t)|^2\mathrm{d}t=\frac{A^2}{2}$$

(2) 由于$x_2(t)$的能量

$$E=\lim_{T\to\infty}\int_{-\frac{T}{2}}^{\frac{T}{2}}|x_2(t)|^2\mathrm{d}t=\lim_{T\to\infty}\int_0^{\frac{T}{2}}\mathrm{e}^{-2t}\mathrm{d}t=\int_0^{\infty}\mathrm{e}^{-2t}\mathrm{d}t=\frac{1}{2}$$

是有限值，因此$x_2(t)$是能量信号。

(3) $x_3[n]$的能量和功率分别为

$$E=\lim_{N\to\infty}\sum_{n=-N}^{N}|x_3[n]|^2=\lim_{N\to\infty}\sum_{n=-N}^{N}\left(\frac{1}{2}\right)^{2n}=\infty$$

$$P=\lim_{N\to\infty}\frac{1}{2N+1}\sum_{n=-N}^{N}\left(\frac{1}{2}\right)^{2n}=\infty$$

由于 $x_3[n]$的能量和功率都是无穷大,因此 $x_3[n]$既不是能量信号,也不是功率信号。

(4) $x_4[n]$的能量和功率分别为

$$E=\lim_{N\to\infty}\sum_{n=-N}^{N}|x_4[n]|^2=\lim_{N\to\infty}\sum_{n=-N}^{N}C^2=\infty$$

$$P=\lim_{N\to\infty}\frac{1}{2N+1}\sum_{n=-N}^{N}C^2=C^2$$

由于 $x_4[n]$的能量是无穷大,而功率是有限值,因此 $x_4[n]$是功率信号。

综上,一个信号不能既是能量信号又是功率信号,但却有少数信号既不是能量信号也不是功率信号。

1.1.5 因果信号与非因果信号

一个实际的系统,从系统的输入(激励)与输出(响应)的因果性来看,其输入是输出的原因,输出是输入的结果。借助"因果"这一关系,将0时刻之后才对系统产生影响的信号认定为因果信号。

对于连续时间信号 $x(t)$,若满足

$$x(t)=0,\quad t<0 \tag{1-1-11}$$

则该信号为因果信号,否则为非因果信号。

同样,对于离散时间信号 $x[n]$,若满足

$$x[n]=0,\quad n<0 \tag{1-1-12}$$

则该信号为因果信号(或称为因果序列),否则为非因果信号(或称为非因果序列)。

1.2 信号的二元分解

在信号分析中,常常把信号进行二元分解,分解为两个叠加分量,以便进一步分析或处理。常见的二元分解有以下几种情况。

1.2.1 信号分解为实部分量和虚部分量

信号有实信号和复信号之分。实信号可视为虚部等于零的复信号。复信号 $x(t)$的共轭记为 $x^*(t)$,复序列 $x[n]$的共轭记为 $x^*[n]$。

任意复信号可表示为实部分量和虚部分量的叠加:

$$x(t)=x_r(t)+jx_i(t) \tag{1-2-1}$$

式中：

$$\begin{cases} x_r(t)=\mathrm{Re}\{x(t)\} \\ \quad =\dfrac{1}{2}[x(t)+x^*(t)] \\ x_i(t)=\mathrm{Im}\{x(t)\} \\ \quad =\dfrac{1}{2j}[x(t)-x^*(t)] \end{cases}$$

$$x[n]=x_r[n]+jx_i[n] \tag{1-2-2}$$

式中：

$$\begin{cases} x_r[n]=\mathrm{Re}\{x[n]\} \\ \quad =\dfrac{1}{2}[x[n]+x^*[n]] \\ x_i[n]=\mathrm{Im}\{x[n]\} \\ \quad =\dfrac{1}{2j}[x[n]-x^*[n]] \end{cases}$$

1.2.2　信号分解为共轭对称分量和共轭反对称分量

1. 共轭对称信号

若 $x_e(t)$满足 $x_e(t)=x_e^*(-t)$，则 $x_e(t)$具有共轭对称性，称为共轭对称(conjugate symmetric)信号。将 $x_e(t)$和 $x_e^*(-t)$表示为复数形式

$$\left.\begin{aligned} x_e(t)&=\mathrm{Re}\{x_e(t)\}+j\cdot\mathrm{Im}\{x_e(t)\} \\ x_e^*(-t)&=\mathrm{Re}\{x_e(-t)\}-j\cdot\mathrm{Im}\{x_e(-t)\} \end{aligned}\right\} \tag{1-2-3}$$

同理，若 $x_e[n]$满足 $x_e[n]=x_e^*[-n]$，则 $x_e[n]$具有共轭对称性，称为共轭对称序列。将 $x_e(t)$和 $x_e^*[-n]$表示为复数形式

$$\left.\begin{aligned} x_e[n]&=\mathrm{Re}\{x_e[n]\}+j\cdot\mathrm{Im}\{x_e[n]\} \\ x_e^*[-n]&=\mathrm{Re}\{x_e[-n]\}-j\cdot\mathrm{Im}\{x_e[-n]\} \end{aligned}\right\} \tag{1-2-4}$$

从而根据复数相等条件(实部和实部相等、虚部和虚部相等)，有：共轭对称信号的实部为偶函数(even function)，虚部为奇函数(odd function)。

2. 共轭反对称信号

若 $x_o(t)$满足 $x_o(t)=-x_o^*(-t)$，则 $x_o(t)$具有共轭反对称性，称为共轭反对称(conjugate antisymmetric)信号。将 $x_o(t)$和$-x_o^*(-t)$表示为复数形式

$$\left.\begin{aligned} x_o(t)&=\mathrm{Re}\{x_o(t)\}+j\cdot\mathrm{Im}\{x_o(t)\} \\ -x_o^*(-t)&=\mathrm{Re}\{-x_o(-t)\}+j\cdot\mathrm{Im}\{x_o(-t)\} \end{aligned}\right\} \tag{1-2-5}$$

同理，若 $x_o[n]$满足 $x_o[n]=-x_o^*[-n]$，则 $x_o[n]$具有共轭反对称性，称为共轭反对称序列。将 $x_o[n]$和$-x_o^*[-n]$表示为复数形式

$$\left.\begin{aligned} x_o[n]&=\mathrm{Re}\{x_o[n]\}+j\cdot\mathrm{Im}\{x_o[n]\} \\ -x_o^*[-n]&=\mathrm{Re}\{-x_o[-n]\}+j\cdot\mathrm{Im}\{x_o[-n]\} \end{aligned}\right\} \tag{1-2-6}$$

从而根据复数相等条件,有:共轭反对称信号的实部为奇函数,虚部为偶函数。

3. 信号的对称分解

任意一个信号都可以写为共轭对称和共轭反对称分量和的形式:

$$x(t)=x_e(t)+x_o(t) \tag{1-2-7}$$

式中:

$$\begin{cases} x_e(t)=\dfrac{1}{2}\left[x(t)+x^*(-t)\right] \\ x_o(t)=\dfrac{1}{2}\left[x(t)-x^*(-t)\right] \end{cases}$$

$$x[n]=x_e[n]+x_o[n] \tag{1-2-8}$$

式中:

$$\begin{cases} x_e[n]=\dfrac{1}{2}\left[x[n]+x^*[-n]\right] \\ x_o[n]=\dfrac{1}{2}\left[x[n]-x^*[-n]\right] \end{cases}$$

由于实信号没有虚部,当信号为实信号时,信号的反共轭对称性和共轭对称性演变为信号的奇偶性(parity)。

1.2.3 信号分解为直流分量和交流分量

信号 x 的直流分量 x_D 就是该信号的平均值,是一个与时间无关的常数,即

$$x_D(t)=\lim_{\tau\to\infty}\frac{1}{2\tau}\int_{-\tau}^{\tau}x(t)\mathrm{d}t \tag{1-2-9}$$

$$x_D[n]=\lim_{N\to\infty}\frac{1}{2N+1}\sum_{n=-N}^{N}x[n] \tag{1-2-10}$$

周期信号的直流分量为

$$x_D(t)=\frac{1}{T_0}\int_0^{T_0}x(t)\mathrm{d}t \tag{1-2-11}$$

$$x_D[n]=\frac{1}{N}\sum_{n=0}^{N-1}x[n] \tag{1-2-12}$$

信号可以分解为直流分量和交流分量之和:

$$x(t)=x_D(t)+x_A(t) \tag{1-2-13}$$

$$x[n]=x_D[n]+x_A[n] \tag{1-2-14}$$

式中:交流分量 x_A 是信号 x 的变化部分。

1.3　基本信号及运算

1.3.1　基本信号

在信号与系统分析中，常常将对一般信号的分析转换为对基本信号进行分析的问题。基本信号及其特性是信号与系统分析的基础。

1. 实指数信号

(1) 连续时间实指数信号

连续时间实指数信号的数学表达式为

$$x(t)=A\mathrm{e}^{\alpha t},\quad t\in\mathbf{R} \tag{1-3-1}$$

式中：e 是自然常数；A 和 α 是实数系数；**R** 表示实数集。实系数 A 是 $t=0$ 时指数信号的初始值，当 A 为正数时，若 $\alpha>0$，则指数信号幅度随时间增长而增长；若 $\alpha<0$，则指数信号幅度随时间增长而衰减；在 $\alpha=0$ 的特殊情况下，信号不随时间变化，称为直流信号。实指数信号的波形如图 1-3-1 所示。

在实际中遇到较多的是图 1-3-2 所示的单边实指数衰减信号，其数学表达式为

$$x(t)=\begin{cases}A\mathrm{e}^{-\alpha t}, & t\geqslant 0,\alpha>0,A>0\\ 0, & t<0\end{cases} \tag{1-3-2}$$

实指数信号的一个重要性质是其对时间的微分和积分仍然是指数形式。

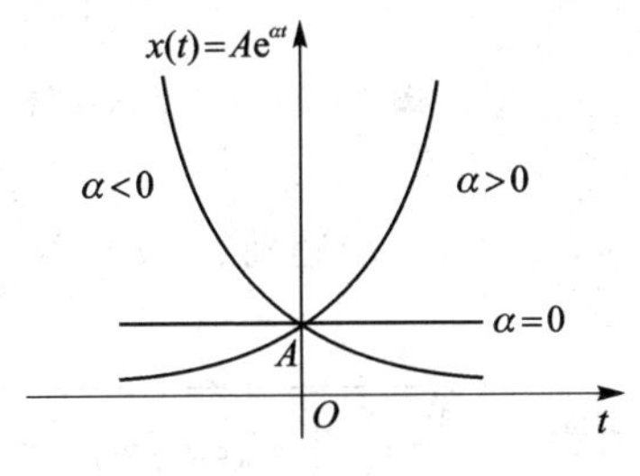

图 1-3-1　实指数信号

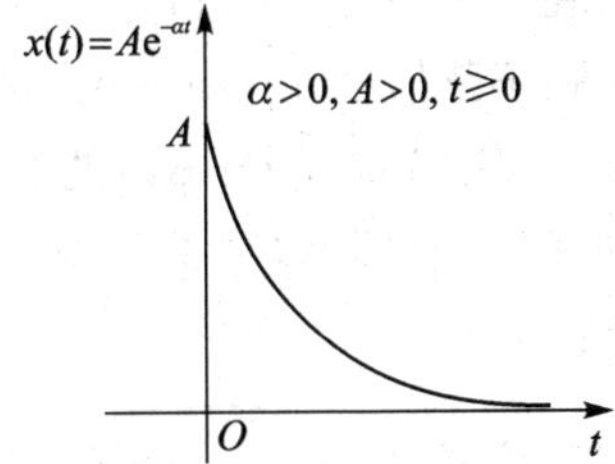

图 1-3-2　单边实指数衰减信号

(2) 实指数序列

实指数序列的数学表达式为

$$x[n]=Ar^{n},\quad n\in\mathbf{Z} \tag{1-3-3}$$

式中：A 和 r 是实数系数；**Z** 表示整数集。图 1-3-3 所示为 r 取不同值时实指数序

列的变化趋势。

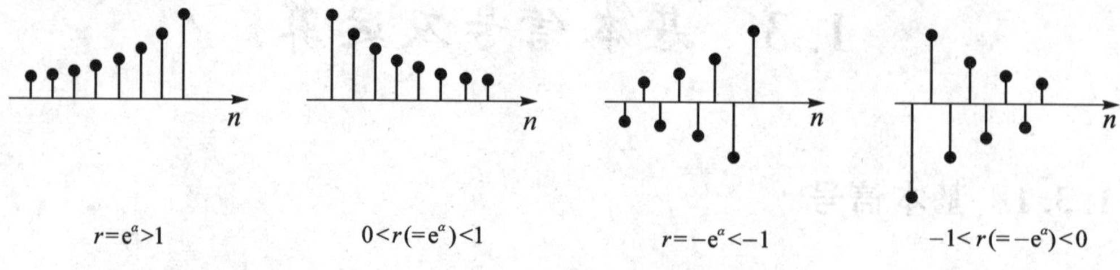

图1-3-3 实指数序列

2. 正弦信号和虚指数信号

(1) 正弦信号

余弦信号可以看作是有相移90°(π/2)的正弦信号。正弦信号、余弦信号,以及它们的相移信号统称为正弦信号。正弦信号又称为正弦量,表达式为

$$x(t)=A_{\mathrm{m}}\cos(\omega_0 t+\phi),\quad t\in\mathbf{R} \tag{1-3-4}$$

式中:A_{m} 为振幅,$2A_{\mathrm{m}}$ 称为峰峰值(记为 A_{pp});$\omega_0=\dfrac{\mathrm{d}(\omega_0 t+\phi)}{\mathrm{d}t}$是模拟角频率(简称角频率,rad/s),$\omega_0$ 的物理含义是 2π 的时间段里包含正弦信号 $A_{\mathrm{m}}\cos(\omega_0 t+\phi)$的个数,正弦信号是最小正周期为 $T_0=2\pi/\omega_0$ 的周期信号。由 $T_0=1/f_0$ 有 $\omega_0=2\pi f_0$,这就是模拟角频率与正弦波振荡频率 f_0 之间的关系。

正弦信号的波形如图1-3-4所示。其相位为 $\omega_0 t+\phi$,ϕ 为初始相位,简称初相。将相位变形为 $\omega_0\left(t+\dfrac{\phi}{\omega_0}\right)$,$\dfrac{\phi}{\omega_0}$则是时移。关于时移将在1-3-2小节讲述。

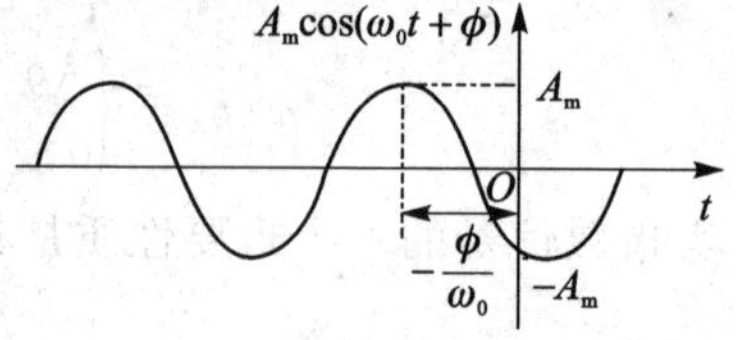

图1-3-4 正弦信号

两个同频正弦信号 $x_1(t)=A_{\mathrm{m}}\cos(\omega_0 t+\phi_1)$和 $x_2(t)=B_{\mathrm{m}}\cos(\omega_0 t+\phi_2)$的相位差就是它们的初相之差,即 $\Delta\phi=\phi_1-\phi_2$。若 $\Delta\phi>0$,称为 $x_1(t)$超前 $x_2(t)$;若 $\Delta\phi<0$,称为 $x_1(t)$滞后 $x_2(t)$。

由于正弦信号 $A_{\mathrm{m}}\cos(\omega_0 t+\phi)$的真有效值为 $\sqrt{\dfrac{1}{T_0}\displaystyle\int_0^{T_0}\left|A_{\mathrm{m}}\cos(\omega_0 t+\phi)\right|^2\mathrm{d}t}=\dfrac{|A_{\mathrm{m}}|}{\sqrt{2}}=A$,因此,正弦信号 $A_{\mathrm{m}}\cos(\omega_0 t+\phi)$常记为

$$x(t)=\sqrt{2}A\cos(\omega_0 t+\phi) \tag{1-3-5}$$

式中:A、ω_0 和 ϕ 是连续时间正弦信号的三要素。

(2) 虚指数信号

虚指数信号的数学表达式为

$$x(t)=A\mathrm{e}^{\mathrm{j}\omega_0 t},\quad t\in\mathbf{R} \tag{1-3-6}$$

式中：e 是自然常数；A 是实数系数；$\mathbf{R}$ 表示实数集。

利用欧拉(Euler)公式，虚指数信号可以用与其同频率的正弦信号表示，即

$$\mathrm{e}^{\mathrm{j}\omega_0 t}=\cos(\omega_0 t)+\mathrm{j}\sin(\omega_0 t) \tag{1-3-7}$$

而正弦信号也可以用同频率的虚指数信号来表示，即

$$\cos(\omega_0 t)=\frac{1}{2}(\mathrm{e}^{\mathrm{j}\omega_0 t}+\mathrm{e}^{-\mathrm{j}\omega_0 t}) \tag{1-3-8}$$

$$\sin(\omega_0 t)=\frac{1}{2\mathrm{j}}(\mathrm{e}^{\mathrm{j}\omega_0 t}-\mathrm{e}^{-\mathrm{j}\omega_0 t}) \tag{1-3-9}$$

图 1-3-5 演绎了虚指数信号与正弦信号的关系。

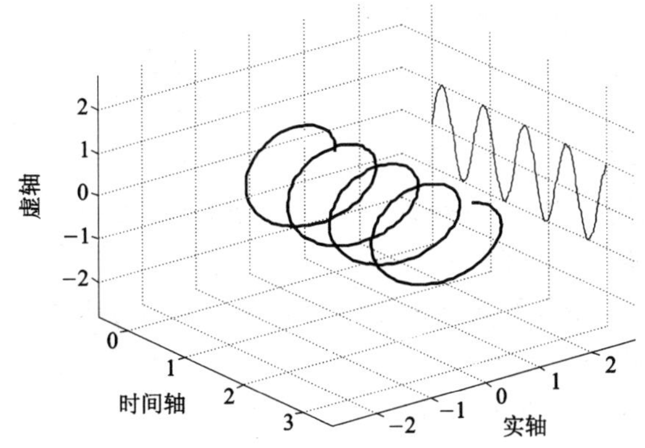

$\mathrm{e}^{\mathrm{j}\omega_0 t}=\cos(\omega_0 t)+\mathrm{j}\sin(\omega_0 t)$

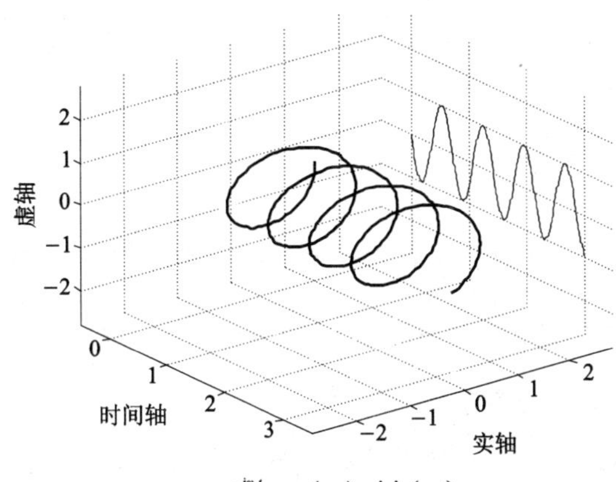

$\mathrm{e}^{-\mathrm{j}\omega_0 t}=\cos(\omega_0 t)-\mathrm{j}\sin(\omega_0 t)$

图 1-3-5　虚指数信号与正弦信号的关系($\omega_0=2\pi f_0$，$f_0=1.4$ Hz)

① $e^{j\omega_0 t}=\cos(\omega_0 t)+j\sin(\omega_0 t)$与$e^{-j\omega_0 t}=\cos(\omega_0 t)-j\sin(\omega_0 t)$在复平面上随$t$的变化都会形成一个螺旋圆,但旋转方向不一致。这就是正频率和负频率的区别。

② $e^{j\omega_0 t}$和$e^{-j\omega_0 t}$在实平面和虚平面上的投影都是随时间t变化的正弦信号。

虚指数信号$x(t)=Ae^{j\omega_0 t}$也具有周期性,周期与正弦信号$\cos(\omega_0 t)$相同,都是$T_0=m\dfrac{2\pi}{\omega_0}$,$m=0,\pm1,\pm2,\cdots$。因为,若使$Ae^{j\omega_0(t+T_0)}=Ae^{j\omega_0 t}e^{j\omega_0 T_0}=Ae^{j\omega_0 t}$,那么就要求$e^{j\omega_0 T_0}=1$,而

$$e^{j\omega_0 T_0}\Big|_{T_0=m\frac{2\pi}{\omega_0}}=\cos(2\pi m)+j\sin(2\pi m)=1,\quad m=0,\pm1,\pm2,\cdots$$

显然成立。

(3) 虚指数信号与复数

根据欧拉公式,虚指数信号就是一个复数。复数与虚指数信号是等价关系,只是表示方法不同。对于复数$F=a+jb$,其模为$|F|=\sqrt{a^2+b^2}$,辐角为$\arg\{F\}=\arctan\dfrac{b}{a}$。令$F=Ae^{j\omega_0 t}$,则:

- 当A是正数时,令$|F|=A$,则$a=A\cos\omega_0 t$,$b=A\sin\omega_0 t$;
- 当A为负数时,$Ae^{j\omega_0 t}=-Ae^{j(\omega_0 t+\pi)}$,令$|F|=-A$,则$a=-A\cos(\omega_0 t+\pi)$,$b=-A\sin(\omega_0 t+\pi)$。

因此,复数的乘除运算可直接采用对应的虚指数信号乘除运算,简单方便。设复数$F_1=a_1+jb_1$,$F_2=a_2+jb_2$,有

$$F_1F_2=(a_1+jb_1)(a_2+jb_2)=(a_1a_2-b_1b_2)+j(a_1b_2+a_2b_1)$$

$$\Leftrightarrow F_1F_2=|F_1|e^{j\omega_1 t}|F_2|e^{j\omega_2 t}=|F_1||F_2|e^{j(\omega_1 t+\omega_2 t)} \tag{1-3-10}$$

$$\frac{F_1}{F_2}=\frac{a_1+jb_1}{a_2+jb_2}=\frac{(a_1+jb_1)(a_2-jb_2)}{(a_2+jb_2)(a_2-jb_2)}=\frac{a_1a_2+b_1b_2}{(a_2)^2+(b_2)^2}+j\frac{a_2b_1-a_1b_2}{(a_2)^2+(b_2)^2}$$

$$\Leftrightarrow\frac{F_1}{F_2}=\frac{|F_1|e^{j\omega_1 t}}{|F_2|e^{j\omega_2 t}}=\frac{|F_1|}{|F_2|}e^{j(\omega_1 t-\omega_2 t)} \tag{1-3-11}$$

即

$$|F_1F_2|=|F_1||F_2|,\quad \arg\{F_1F_2\}=\arg\{F_1\}+\arg\{F_2\} \tag{1-3-12}$$

$$\left|\frac{F_1}{F_2}\right|=\frac{|F_1|}{|F_2|},\quad \arg\left\{\frac{F_1}{F_2}\right\}=\arg\{F_1\}-\arg\{F_2\} \tag{1-3-13}$$

(4) 正弦序列和虚指数序列

正弦序列和虚指数序列是离散系统频域分析中的基本信号,数学表达式分别为

$$x[n]=A_m\cos[\omega_0 n+n_0],\quad n\in\mathbf{Z} \tag{1-3-14}$$

$$x[n]=Ae^{j\omega_0 n},\quad n\in\mathbf{Z} \tag{1-3-15}$$

数字角频率的单位是 rad。

同样，利用欧拉公式可以将正弦序列和虚指数序列联系起来，即

$$e^{j\omega_0 n}=\cos[\omega_0 n]+j\sin[\omega_0 n] \tag{1-3-16}$$

而

$$\cos[\omega_0 n]=\frac{1}{2}(e^{j\omega_0 n}+e^{-j\omega_0 n}) \tag{1-3-17}$$

$$\sin[\omega_0 n]=\frac{1}{2j}(e^{j\omega_0 n}-e^{-j\omega_0 n}) \tag{1-3-18}$$

显然，离散时间虚指数信号 $|A|e^{j\omega_0 n}$ 可采用复数 $|A|\cos[\omega_0 n]+j|A|\sin[\omega_0 n]$ 来表示。

其次，例 1-1-1 曾讨论过，正弦序列只有当 $2\pi/|\omega_0|$ 为有理数时，正弦序列才是周期信号。离散时间虚指数信号 $e^{j\omega_0 n}$ 只有在满足与正弦序列同样的周期性条件时才是周期信号。

(5) 正弦信号和虚指数信号的守频特性

同频的虚指数信号之和一定为同频的虚指数信号。因为，频率相同的两个正弦信号之和一定为同频的正弦信号。以连续时间正弦信号为例，设两个正弦信号分别为 $A\sin(\omega t+\varphi_1)$ 和 $B\sin(\omega t+\phi_2)$，可证明：

$$A\sin(\omega t+\phi_1)+B\sin(\omega t+\phi_2)=\sqrt{a^2+b^2}\sin[(\omega t+\phi_1)+\phi_0]$$

式中：$a=A+B\cos(\phi_2-\phi_1)$，$b=B\sin(\phi_2-\phi_1)$，$\phi_0=\arctan\dfrac{b}{a}$。

另外，由微积分和复变函数知识可知，正弦信号和虚指数信号的微分和积分仍然是同频率的正弦信号和虚指数信号。

综上，正弦信号和虚指数信号的加减运算，以及微分和积分运算后的结果仍为同频的信号，具有守频特性。

3. 复指数信号

(1) 连续时间复指数信号

复指数信号的数学表达式为

$$x(t)=e^{st},\quad t\in\mathbf{R} \tag{1-3-19}$$

式中：$s=\sigma+j\omega_0$，利用欧拉公式展开，可得

$$e^{st}=e^{(\sigma+j\omega_0)t}=e^{\sigma t}\cos(\omega_0 t)+je^{\sigma t}\sin(\omega_0 t) \tag{1-3-20}$$

式(1-3-20)表明，一个复指数信号可以分解为实部、虚部两部分。实部、虚部分别为幅度按指数规律变化的正弦信号。若 $\sigma<0$，则复指数信号的实部、虚部为减幅正弦信号，波形如图 1-3-6(a)、(b)所示。若 $\sigma>0$，则其实部、虚部为增幅正弦信号，波形如图 1-3-6(c)、(d)所示。若 $\sigma=0$，则变成虚指数信号 $e^{j\omega_0 t}$。

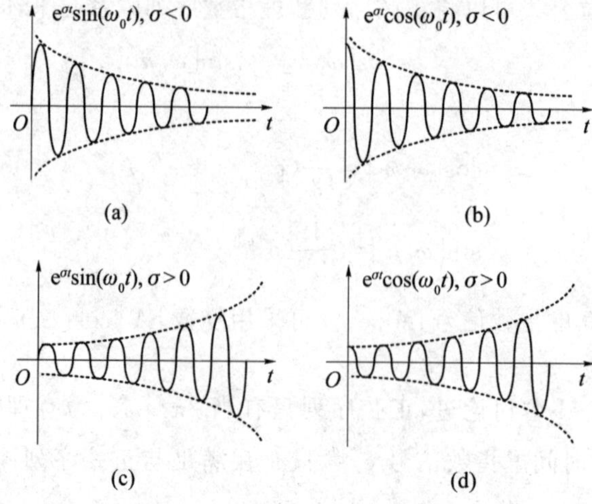

图 1-3-6 复指数信号的实部和虚部

复指数信号的微分和积分仍然是复指数信号。

(2) 复指数序列

复指数序列的数学表达式为

$$x[n]=e^{(\alpha+j\omega_0)n}=e^{\alpha n}e^{j\omega_0 n}=r^n e^{j\omega_0 n}, \quad n \in \mathbf{Z} \tag{1-3-21}$$

式中:$r=e^{\alpha}>0$,利用欧拉公式展开,可得

$$r^n e^{j\omega_0 n}=r^n\cos[\omega_0 n]+jr^n\sin[\omega_0 n] \tag{1-3-22}$$

同样,复指数序列的实部和虚部也是按指数规律变化的正弦序列,且当 $0<r<1$ 时,复指数序列的实部、虚部为减幅正弦序列,波形如图 1-3-7(a)所示;当 $r>1$ 时,其实部、虚部为增幅正弦序列,波形如图 1-3-7(b)所示;当 $r=1$ 时,变成虚指数序列 $e^{j\omega_0 n}$。

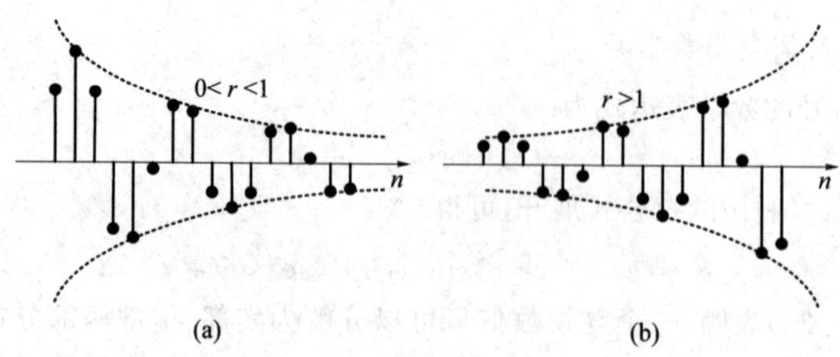

图 1-3-7 复指数序列的实部和虚部

4. 抽样信号

抽样信号的数学表达式为

$$\mathrm{Sa}(t)=\frac{\sin(t)}{t} \tag{1-3-23}$$

抽样信号，也称为取样信号，其波形如图 1-3-8(a)所示，具有如下特性：

① 抽样信号是偶函数，其在零点的值 $\mathrm{Sa}(0)=1$。

② 当 $t=m\pi, m=\pm1,\pm2,\cdots$ 时，$\mathrm{Sa}(t)=0$，这些点称为过零点。

③ $\lim\limits_{t\to\pm\infty}\mathrm{Sa}(t)=0$。

④ 抽样信号在整个时间轴上积分得 $\int_{-\infty}^{\infty}\mathrm{Sa}(t)\mathrm{d}t=\pi$。这可以通过 $\frac{1}{t}=\int_0^{\infty}\mathrm{e}^{-t\tau}\mathrm{d}\tau$，将积分变为二重积分来实现，证明如下：

$$\begin{aligned}\int_{-\infty}^{\infty}\mathrm{Sa}(t)\mathrm{d}t&=2\int_0^{\infty}\mathrm{Sa}(t)\mathrm{d}t=2\int_0^{\infty}\sin(t)\cdot\int_0^{\infty}\mathrm{e}^{-t\tau}\mathrm{d}\tau\mathrm{d}t\\&=2\int_0^{\infty}\left[\int_0^{\infty}\sin(t)\mathrm{e}^{-t\tau}\mathrm{d}t\right]\mathrm{d}\tau\end{aligned}$$

对 $\int_0^{\infty}\sin(t)\mathrm{e}^{-t\tau}\mathrm{d}t\,(\tau\geqslant0)$ 进行两次分部积分，并整理得到

$$\int_0^{\infty}\sin(t)\mathrm{e}^{-t\tau}\mathrm{d}t=\frac{1}{\tau^2+1}$$

因此

$$\int_{-\infty}^{\infty}\mathrm{Sa}(t)\mathrm{d}t=2\int_0^{\infty}\frac{1}{\tau^2+1}\mathrm{d}\tau=2\arctan\tau\Big|_0^{\infty}=\pi$$

另外，当 $t=\pi t$ 时，$\mathrm{Sa}(\pi t)=\mathrm{Sinc}(t)$，其波形如图 1-3-8(b)所示，即

$$\mathrm{Sinc}(t)=\frac{\sin(\pi t)}{\pi t} \tag{1-3-24}$$

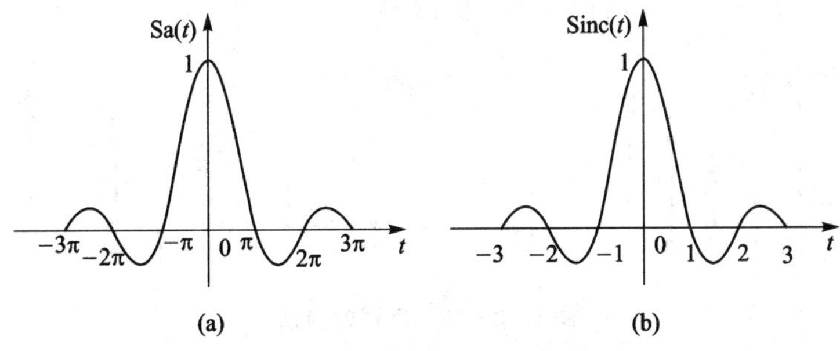

图 1-3-8　抽样信号的波形

在第 4 章的频域分析中，某些信号的频谱具有抽样信号的形式，或者其频谱的包络按抽样信号变化，因此抽样信号极其重要。

1.3.2 信号的基本运算

1. 展　缩

连续时间信号的展缩是将信号 $x(t)$ 的自变量 t 变成 at 得到 $x(at)$，也称为信号的时间尺度变换。若 $0<a<1$，则 $x(at)$ 是 $x(t)$ 的扩展。若 $a>1$，则 $x(at)$ 是 $x(t)$ 的压缩。

序列的展缩过程称为抽取(decimation)和内插(interpolation)。

(1) 抽　取

序列 $x[n]$ 的抽取定义为 $x[Mn]$，其中 M 为正整数，表示 $x[n]$ 每隔 $M-1$ 个点抽取一个点形成的新序列为 $x[Mn]$。图 1-3-9 所示为序列 $x[n]$ 抽取得到 $x[2n]$ 的图形。

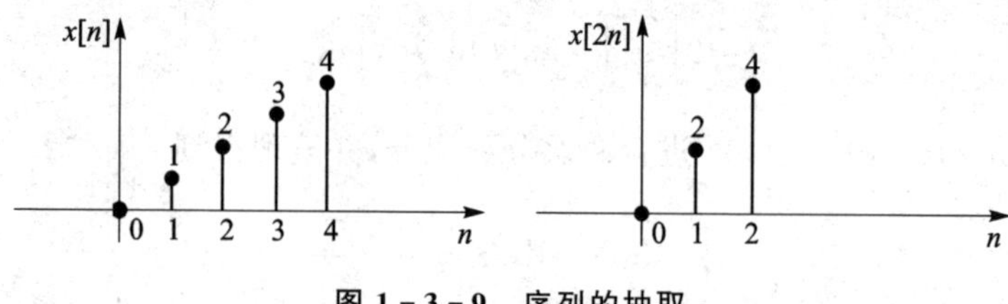

图 1-3-9　序列的抽取

(2) 内　插

序列 $x[n]$ 的零值内插定义为

$$x_1[n]=\begin{cases}x[n/M], & n\text{ 是 }M\text{ 的整数倍时}\\0, & \text{其他}\end{cases}\tag{1-3-25}$$

表示 $x[n]$ 在每两个点之间插入 $M-1$ 个零点形成的新序列为 $x_1[n]$，如图 1-3-10 所示为序列 $x[n]$ 在 $M=2$ 时内插得到的图形。

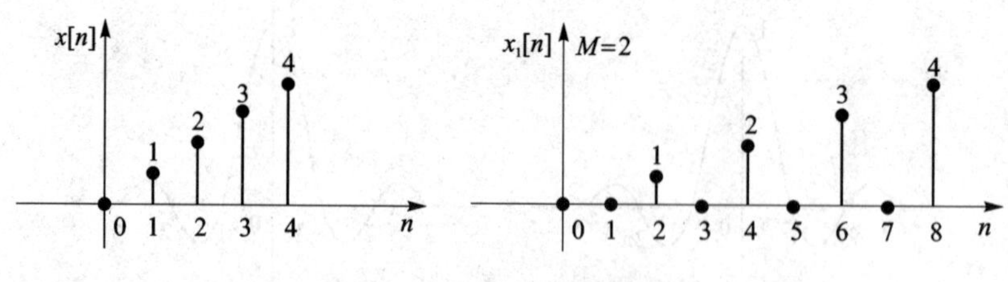

图 1-3-10　序列的内插

2. 翻　转

连续时间信号的翻转是将信号 $x(t)$ 的自变量 t 变成 $-t$ 得到 $x(-t)$，即将信号

$x(t)$的波形以纵轴为对称轴进行翻转，亦称为翻褶。

序列的翻转则是将信号 $x[n]$的自变量 n 变成$-n$ 得到 $x[-n]$，即将信号 $x[n]$的波形以纵轴为对称轴进行翻转，如图 1-3-11 所示。

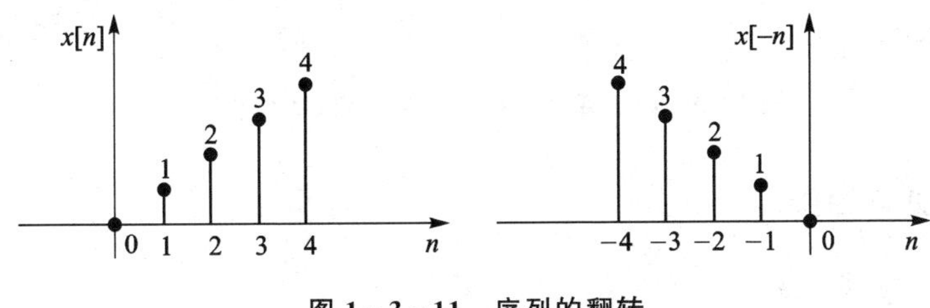

图 1-3-11　序列的翻转

3. 时　移

连续时间信号的时移是将信号 $x(t)$的自变量 t 变成 $t\pm t_0(t_0>0)$得到 $x(t\pm t_0)$。若为 $x(t-t_0)$，则表示信号 $x(t)$右移 t_0 单位；若为 $x(t+t_0)$，则表示信号 $x(t)$左移 t_0 单位。

序列的时移则是将信号 $x[n]$的自变量 n 变成 $n\pm n_0(n_0>0)$得到 $x[n\pm n_0]$。若为 $x[n-n_0]$，则表示信号 $x[n]$右移 n_0 单位；若为 $x[n+n_0]$，则表示信号 $x[n]$左移 n_0 单位，如图 1-3-12 所示。

图 1-3-12　序列的时移

从上面分析可以看出，信号的展缩、翻转和时移运算只是信号自变量的简单变换，而变换前后信号端点的值不变。因此，可以通过端点值不变这一关系来确定信号变换前后其图形中各端点的位置。

上面对信号的展缩、翻转和时移分别进行了描述。实际上，信号的变化常常是上述三种方式的综合，例如将 $x(t)$变化为 $x(at+b)(a\neq 0)$。

【例 1-3-1】根据图 1-3-13(a)中的信号 $x(t)$，画出 $x(-2t-3)$的波形。

解：$x(t)$经过翻转、展缩和时移三种运算得到 $x(-2t-3)$，即

$$x(t)\xrightarrow{\text{翻转}}x(-t)\xrightarrow{\text{尺度变换}}x(-2t)\xrightarrow{\text{时移}}x(-2t-3)$$

$x(-t)$、$x(-2t)$和 $x(-2t-3)$的波形如图 1-3-13(b)、(c)、(d)所示。改变上述运算顺序，也可以得到相同结果。

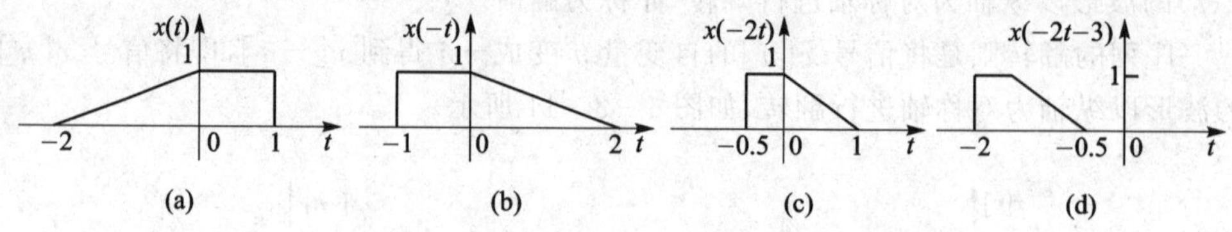

图 1-3-13　连续时间信号的翻转、展缩和时移

4. 相加与相乘

(1) 相　加

两信号相加得到的和信号,其任意时刻的值等于两信号在该时刻信号值之和,可以表示为

$$x(t)=x_1(t)+x_2(t) \tag{1-3-26}$$

$$x[n]=x_1[n]+x_2[n] \tag{1-3-27}$$

图 1-3-14 所示为两信号相加的一个例子。

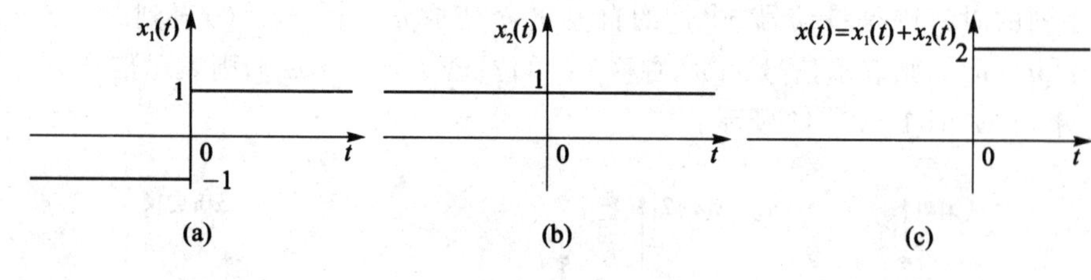

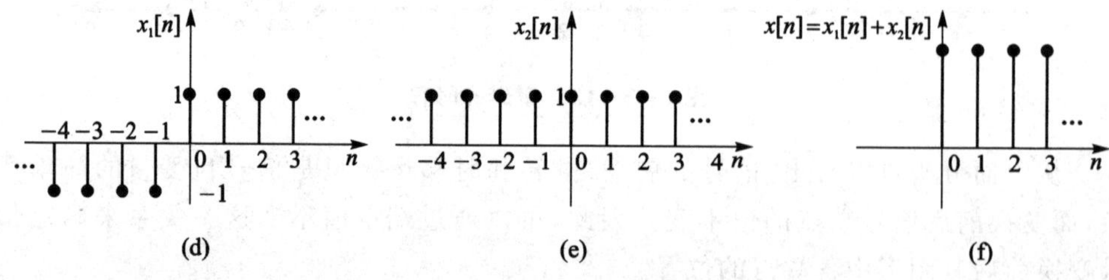

图 1-3-14　信号的相加

(2) 相　乘

两信号相乘得到的积信号,其任意时刻的信号值等于两信号在该时刻信号值之积,可以表示为

$$x(t)=x_1(t)\cdot x_2(t) \tag{1-3-28}$$

$$x[n]=x_1[n]\cdot x_2[n] \tag{1-3-29}$$

图 1-3-15 所示为两信号相乘的一个例子。

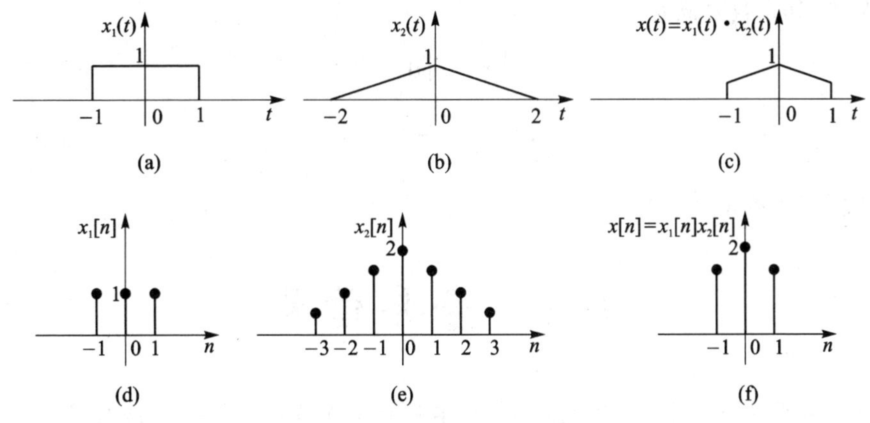

图 1-3-15　信号的相乘

5. 微分(差分)与积分(求和)

(1) 微分与差分

连续时间信号的变化速度通过求取信号的微分来实现

$$x'(t)=\frac{\mathrm{d}x(t)}{\mathrm{d}t} \tag{1-3-30}$$

序列的变化速度通过求取序列的差分来实现。差分与连续时间信号的微分相对应,可表示为

$$\nabla x[n]=x[n]-x[n-1] \tag{1-3-31}$$

$$\Delta x[n]=x[n+1]-x[n] \tag{1-3-32}$$

式(1-3-31)称为一阶后向差分,式(1-3-32)称为一阶前向差分。依次类推,二阶和 n 阶差分可分别表示为

$$\nabla^2 x[n]=\nabla\{\nabla x[n]\}=x[n]-2x[n-1]+x[n-2] \tag{1-3-33}$$

$$\Delta^2 x[n]=\Delta\{\Delta x[n]\}=x[n+2]-2x[n+1]+x[n] \tag{1-3-34}$$

$$\nabla^n x[n]=\nabla\{\nabla^{n-1}x[n]\} \tag{1-3-35}$$

$$\Delta^n x[n]=\Delta\{\Delta^{n-1}x[n]\} \tag{1-3-36}$$

(2) 积分与求和

连续时间信号的积分是指信号在区间$(-\infty,t)$内的积分,可表示为

$$x^{(-1)}(t)=\int_{-\infty}^{t}x(\tau)\mathrm{d}\tau \tag{1-3-37}$$

离散时间信号的求和与连续时间信号的积分相对应,是将离散序列在$(-\infty,n)$区间内求和,可表示为

$$y[n]=\sum_{m=-\infty}^{n}x[m] \tag{1-3-38}$$

另外,如果信号满足

$$\int_{-\infty}^{t} |x(\tau)| \mathrm{d}\tau < \infty \tag{1-3-39}$$

$$\sum_{m=-\infty}^{n} |x[m]| < \infty \tag{1-3-40}$$

则称为绝对可和信号。

1.4 奇异信号

在信号系统分析中,经常要遇到信号本身有不连续点(跳变点)或其导数有不连续点的情况,这类函数称为奇异信号。

奇异信号主要包括单位阶跃信号、矩形信号、门信号、单位冲激信号、冲激偶信号和符号函数。其中,单位阶跃信号和单位冲激信号是两种最重要的理想信号模型。

1.4.1 单位阶跃信号、矩形信号和门信号

1. 连续时间单位阶跃信号、连续时间矩形信号和连续时间门信号

连续时间单位阶跃信号用 $u(t)$ 或 $\varepsilon(t)$ 来表示,定义为

$$u(t)=\begin{cases}1, & t>0\\0, & t<0\end{cases} \tag{1-4-1}$$

$u(t)$ 在 $t=0$ 处发生跃变,导数无穷大,数值未定义。$u(t)$ 的波形如图 1-4-1 所示。实际中经常遇到 $u(t)$ 的移位信号,其平移 t_0 个单位后的信号为 $u(t-t_0)$,如图 1-4-2 所示。

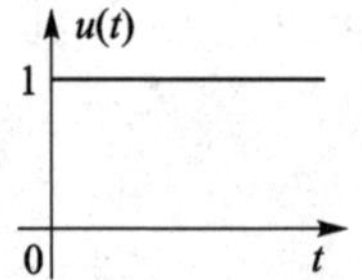

图 1-4-1 单位阶跃信号

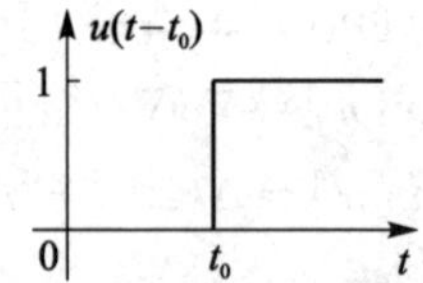

图 1-4-2 单位阶跃信号时移

单位阶跃信号具有单边特性,任意信号与单位阶跃信号相乘即可截断该信号。如正弦信号 $\sin(\omega_0 t)$,定义在 $-\infty<t<\infty$ 区间,将其与 $u(t)$ 相乘截断后变为因果信号 $\sin(\omega_0 t)u(t)$,当 $t<0$ 时其值为零,$t>0$ 时为正弦信号。

如图 1-4-3 所示,连续时间矩形信号,可以用两个单位阶跃信号的差表示为

$$R_{t_0}(t)=u(t)-u(t-t_0) \tag{1-4-2}$$

如图 1-4-4 所示，连续时间门信号，可以用矩形信号的移位表示为

$$g_{t_0}(t)=R_{t_0}\left(t+\frac{t_0}{2}\right) \tag{1-4-3}$$

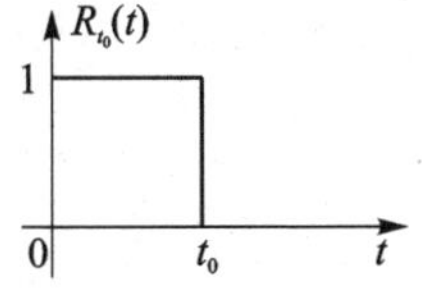

图 1-4-3　矩形信号

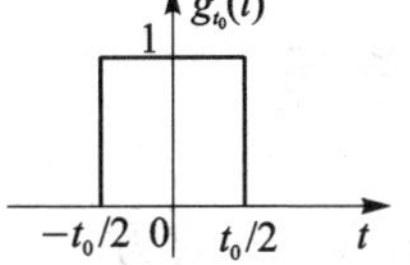

图 1-4-4　门信号

2. 单位阶跃序列、矩形序列和门序列

单位阶跃序列用 $u[n]$ 或 $\varepsilon[n]$ 来表示，定义为

$$u[n]=\begin{cases}1, & n\geqslant 0\\ 0, & n<0\end{cases} \tag{1-4-4}$$

单位阶跃序列 $u[n]$ 与单位阶跃信号 $u(t)$ 相似，但 $u(t)$ 在 $t=0$ 处发生跃变，无数值含义；而 $u[n]$ 在 $n=0$ 处的值明确定义为 1，如图 1-4-5(a)所示。实际中经常遇到 $u[n]$ 的移位序列，其向右平移 m 个单位后的序列为 $u[n-m]$，如图 1-4-5(b)所示。

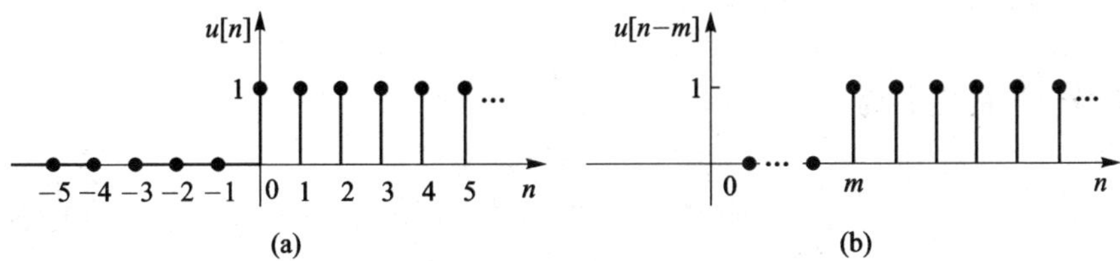

图 1-4-5　单位阶跃序列与单位阶跃移位后的序列

单位阶跃序列也具有单边特性，任意序列与单位阶跃序列相乘即可截断该序列。如正弦序列 $\sin[\omega_0 n]$，定义在 $-\infty<n<\infty$ 区间，将其与 $u[n]$ 相乘截断后变为因果序列 $\sin[\omega_0 n]u[n]$，当 $n<0$ 时其值为零，$n\geqslant 0$ 时为正弦序列。

矩形序列的宽度为 N，可以用两个单位阶跃序列的差表示为

$$R_N[n]=u[n]-u[n-N] \tag{1-4-5}$$

门信号(序列)可以用矩形信号的移位表示为

$$g_{n_0}[n]=R_{n_0}\left[n+\frac{n_0-1}{2}\right],\quad n_0\ \text{为奇数} \tag{1-4-6}$$

一般，连续时间单位阶跃信号和单位阶跃序列都称为单位阶跃信号；连续时间矩形信号和矩形序列都称为矩形信号；连续时间门信号和门序列都称为门信号，因为门信号可以用矩形信号的差来表示，所以门信号又称为矩形脉冲。

另外,将信号与矩形信号进行相乘运算称为对信号加矩形窗,通过“窗”形象地比喻矩形信号对信号的截取作用。除了矩形窗外,还有其他用于信号截取的窗函数,这将在第 8 章学习。

1.4.2 斜坡信号

斜坡信号的数学表达式为

$$r(t)=\begin{cases}0, & t\leqslant 0\\ At, & t>0\end{cases} \tag{1-4-7}$$

斜坡信号的函数曲线如图 1-4-6 所示,相当于对系统输入一个随时间做等速变化的信号。

根据阶跃信号与斜坡信号的定义,可以导出阶跃信号与斜坡之间的关系,即

$$r(t)=\int_{-\infty}^{t}u(\tau)\mathrm{d}\tau \tag{1-4-8}$$

$$\frac{\mathrm{d}r(t)}{\mathrm{d}t}=u(t) \tag{1-4-9}$$

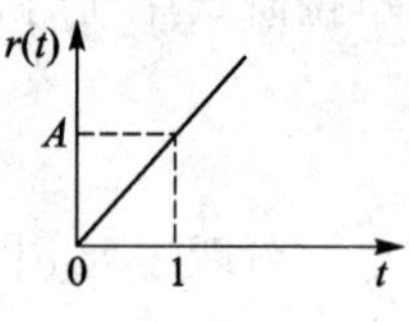

图 1-4-6　斜坡信号

1.4.3 符号信号

符号信号的定义为

$$\mathrm{sgn}(t)=\begin{cases}-1, & t<0\\ 0, & t=0\\ 1, & t>0\end{cases} \tag{1-4-10}$$

斜坡信号的函数曲线如图 1-4-7 所示。

要注意符号信号与单位阶跃信号 $u(t)$ 在 $t=0$ 点的区别。$u(t)$ 在阶跃的 $t=0$ 点是没有定义的,而符号信号在 $t=0$ 点的取值为 0。

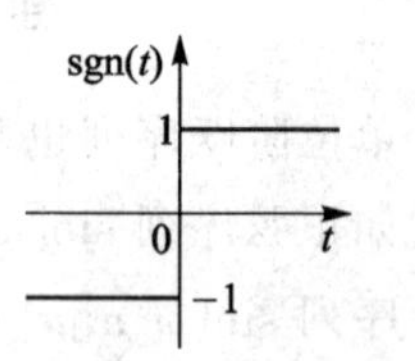

图 1-4-7　符号信号

1.4.4 单位冲激信号与单位脉冲序列

1. 单位冲激信号及其性质

单位冲激信号是 1930 年英国物理学家狄拉克(Paul Adrien Maurice Dirac)在研究量子力学中首先提出的。该信号在信号与系统分析中占有非常重要的地位。

为了直观地理解单位冲激信号,可以将其看作是一矩形脉冲信号的极限。如

图 1-4-8(a)所示的矩形脉冲信号 $R_{\Delta}(t)$，其宽度为 $\Delta\tau$，高度为 $\frac{1}{\Delta\tau}$，面积为 1，若此脉冲的宽度 $\Delta\tau\to 0$，则 $\frac{1}{\Delta\tau}\to\infty$，这时 $R_{\Delta}(t)$ 变成一个宽度为无穷小，高度为无穷大，但面积恒为 1 的极窄脉冲，该脉冲被定义为冲激信号，如图 1-4-8(b)所示。单位冲激信号具有强度，其强度就是单位冲激信号与坐标轴围成的面积，为了与信号的幅值进行区分，在图中以括号注明。

为了研究方便，狄拉克就把上述极限结果抽象为一个奇异信号，并把它称为单位冲激信号，记为 $\delta(t)$，其定义为

$$\delta(t)=\begin{cases}\int_{-\infty}^{\infty}\delta(t)\mathrm{d}t=1\\ \delta(t)=0,\quad t\neq 0\end{cases}\tag{1-4-11}$$

单位冲激信号可以延时至任意时刻 t_0，记为 $\delta(t-t_0)$，如图 1-4-9 所示，表示为

$$\delta(t-t_0)=\begin{cases}\int_{-\infty}^{\infty}\delta(t-t_0)\mathrm{d}t=1\\ \delta(t-t_0)=0,\quad t\neq t_0\end{cases}\tag{1-4-12}$$

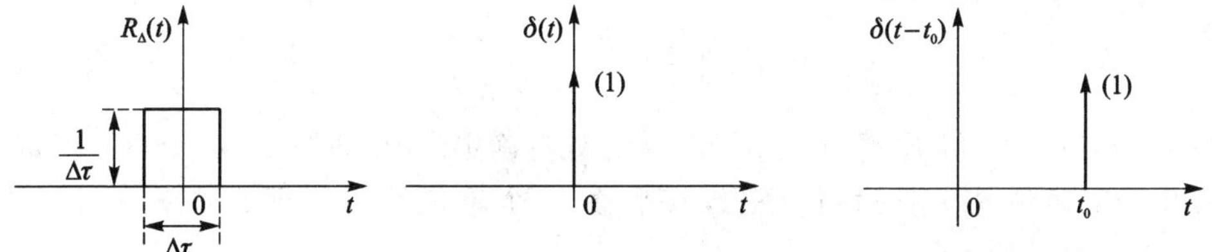

图 1-4-8　由矩形脉冲定义冲激信号示意图　　**图 1-4-9　单位冲激信号时移**

冲激信号的提出有着广泛的物理基础。例如，描述一个钉子在一瞬间受到极大作用力的过程；当打乒乓球时，描述运动员发球瞬间的作用力。

由图 1-4-8(b)，$\delta(t)$ 显而易见是偶函数。其实，单位冲激信号也可以通过三角形脉冲(如图 1-4-10 所示，在 $\tau\to 0$ 时，三角形的面积为 1，但是幅度趋近于无穷)、双边指数脉冲 $\left(\delta(t)=\lim\limits_{\tau\to 0}\frac{1}{2\tau}\mathrm{e}^{-\frac{|t|}{\tau}}\right)$、高斯脉冲 $\left(\delta(t)=\lim\limits_{\tau\to 0}\frac{1}{\tau}\mathrm{e}^{-\pi\left(\frac{t}{\tau}\right)^2}\right)$ 和抽样函数 $\left(\delta(t)=\lim\limits_{a\to 0}\frac{a}{\pi}\mathrm{Sa}(at)\right)$ 等形式的偶函数通过求取极限来定义。

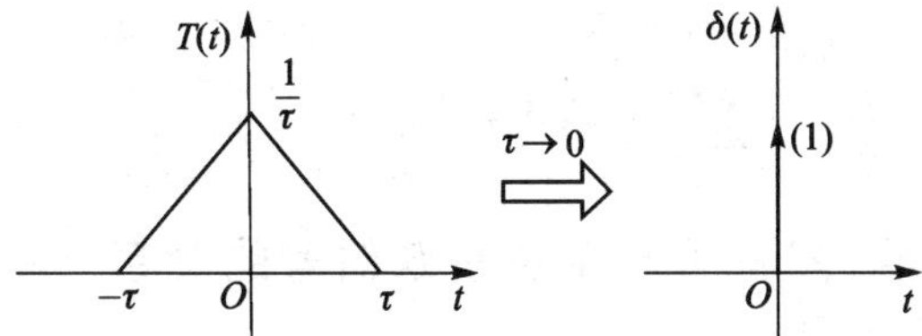

图 1-4-10　由三角形脉冲定义冲激信号示意图

$\delta(t)$具有如下性质：

(1) 筛选特性

$$x(t)\delta(t-t_0)=x(t_0)\delta(t-t_0) \tag{1-4-13}$$

式(1-4-13)说明,冲激信号$\delta(t-t_0)$可以把信号$x(t)$在冲激点t_0的值筛选出来作为自己的强度。利用冲激信号的筛选特性,可得到如下积分结果：

$$\int_{-\infty}^{\infty} x(t)\delta(t-t_0)\mathrm{d}t=x(t_0) \tag{1-4-14}$$

(2) 展缩特性

$$\delta(at)=\frac{1}{|a|}\delta(t),\quad a\in\mathbf{R},a\neq 0 \tag{1-4-15}$$

有展缩性质可得出如下推论：

$$\delta(at+b)=\frac{1}{|a|}\delta\left(t+\frac{b}{a}\right),\quad a\in\mathbf{R},a\neq 0 \tag{1-4-16}$$

2. 单位脉冲序列及其性质

单位脉冲序列用符号$\delta[n]$表示,定义为

$$\delta[n]=\begin{cases}1, & n=0\\ 0, & n\neq 0\end{cases} \tag{1-4-17}$$

$\delta[n]$与$\delta(t)$有本质不同,$\delta[n]$在$n=0$处有确定的值,如图1-4-11(a)所示。实际中经常遇到$\delta[n]$的移位序列,其平移m个单位后的序列为$\delta[n-m]$,如图1-4-11(b)所示。

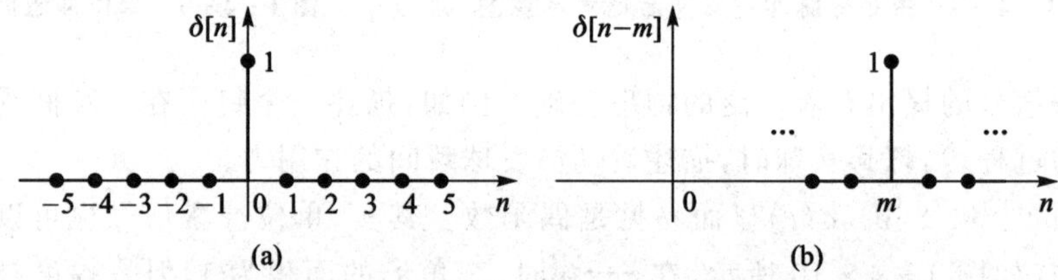

图1-4-11　单位脉冲序列与单位脉冲移位后的序列

单位脉冲序列也具有筛选特性

$$x[n]\delta[n-n_0]=x[n_0]\delta[n-n_0]=x[n_0] \tag{1-4-18}$$

且有

$$\sum_{n=-\infty}^{\infty} x[n]\delta[n-n_0]=x[n_0] \tag{1-4-19}$$

3. 单位冲激(脉冲)信号与单位阶跃信号的关系

根据$\delta(t)$和$u(t)$的定义显然有

$$u(t)=\int_{-\infty}^{t}\delta(\tau)\mathrm{d}\tau \tag{1-4-20}$$

上式两边取微分得

$$\delta(t)=\frac{\mathrm{d}u(t)}{\mathrm{d}t} \tag{1-4-21}$$

可见，引入 $\delta(t)$ 后，间断点的导数也存在。信号在不连续点的导数为冲激信号，且冲激信号的强度是不连续点的跃变值。

根据 $\delta[n]$ 和 $u[n]$ 的定义可直接得到

$$u[n]=\sum_{m=-\infty}^{n}\delta[m] \tag{1-4-22}$$

$$\delta[n]=u[n]-u[n-1] \tag{1-4-23}$$

4. 冲激偶信号

单位冲激信号 $\delta(t)$ 的微分是具有正负极性的一对冲激信号，称为冲激偶信号，用 $\delta'(t)$ 表示为

$$\delta'(t)=\frac{\mathrm{d}\delta(t)}{\mathrm{d}t} \tag{1-4-24}$$

如图 1-4-12 所示，可用通过对三角形逼近方式得到的 $\delta(t)$ 求导来分析得到 $\delta'(t)$。

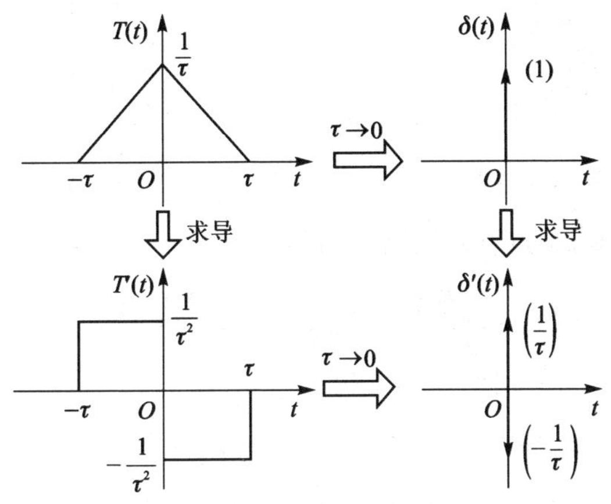

图 1-4-12　冲激偶信号的形成

显然，冲激偶信号时奇函数，其所包含的面积为零，即 $\int_{-\infty}^{\infty}\delta'(t)\mathrm{d}t=0$。冲激偶信号的性质：

(1) 筛选特性

$$\boxed{x(t)\delta'(t-t_0)=x(t_0)\delta'(t-t_0)-x'(t)\delta(t-t_0),\quad x'(t)\text{ 在 }t_0\text{ 点连续}} \tag{1-4-25}$$

证明:利用两函数乘积的导数法则,有

$$x(t)\delta'(t-t_0)+x'(t)\delta(t-t_0)=(x(t)\delta(t-t_0))'=x(t_0)\delta'(t-t_0)$$

所以

$$x(t)\delta'(t-t_0)=x(t_0)\delta'(t-t_0)-x'(t)\delta(t-t_0)$$

注意:$x(t)\delta(t-t_0)=x(t_0)\delta(t-t_0)$,但是

$$x(t)\delta'(t-t_0)\neq x(t_0)\delta'(t-t_0)$$

并且有

$$\boxed{\int_{-\infty}^{\infty}x(t)\delta'(t-t_0)\mathrm{d}t=-x'(t_0),\quad x'(t)\text{ 在 }t_0\text{ 点连续}}\tag{1-4-26}$$

证明:利用分部积分原理

$$\int_{-\infty}^{\infty}\delta'(t-t_0)x(t)\mathrm{d}t=\delta(t-t_0)x(t)\Big|_{-\infty}^{\infty}-\int_{-\infty}^{\infty}\delta(t-t_0)x'(t)\mathrm{d}t=-x'(t_0)$$

冲激信号可以继续求得它的高阶导数,从而可以证明 $\delta^{(n)}(t)$ 的筛选特性为

$$\int_{-\infty}^{\infty}x(t)\delta^{(n)}(t-t_0)\mathrm{d}t=(-1)^n x^{(n)}(t_0)\tag{1-4-27}$$

(2) 展缩特性

$$\delta'(at)=\frac{1}{a\,|a|}\delta'(t),\quad a\in\mathbf{R},a\neq 0\tag{1-4-28}$$

【例 1-4-1】利用单位冲激信号的性质计算下式:

(1) $\sin(t)\delta\left(t-\frac{\pi}{2}\right)$。

(2) $\int_{-\infty}^{\infty}\delta(t-2)\mathrm{e}^{-2t}u(t)\mathrm{d}t$。

(3) $\int_{-4}^{3}\mathrm{e}^{-t}\delta(t-6)\mathrm{d}t$。

(4) $(t+2)\delta(2-2t)$。

(5) $\int_{1}^{2}\delta(2t-3)\sin(2t)\mathrm{d}t$。

(6) $\int_{-\infty}^{t}\cos\tau\delta(\tau)\mathrm{d}\tau$。

解:(1) 利用冲激信号的筛选特性,可得

$$\sin(t)\delta\left(t-\frac{\pi}{2}\right)=\sin\frac{\pi}{2}\delta\left(t-\frac{\pi}{2}\right)=\delta\left(t-\frac{\pi}{2}\right)$$

(2) 利用冲激信号的抽样特性,可得

$$\int_{-\infty}^{\infty}\delta(t-2)\mathrm{e}^{-2t}u(t)\mathrm{d}t=\int_{-\infty}^{\infty}\delta(t-2)\mathrm{e}^{-2\times 2}u(2)\mathrm{d}t=\mathrm{e}^{-4}$$

(3) 由于冲激信号 $\delta(t-6)$ 在 $t\neq 6$ 时为 0,故其在区间 $[-4,3]$ 上的积分为 0,由此得

$$\int_{-4}^{3}\mathrm{e}^{-t}\delta(t-6)\mathrm{d}t=0$$

(4) 利用冲激信号的展缩特性和筛选特性,可得

$$(t+2)\delta(2-2t)=\frac{1}{|-2|}(t+2)\delta(t-1)=\frac{3}{2}\delta(t-1)$$

(5) 利用冲激信号的展缩特性和抽样特性,可得

$$\int_1^2 \delta(2t-3)\sin(2t)\mathrm{d}t=\int_1^2 \frac{1}{2}\delta\left(t-\frac{3}{2}\right)\sin(2t)\mathrm{d}t=\frac{1}{2}\sin 3$$

（6）利用冲激信号的筛选特性，可得

$$\int_{-\infty}^{t}\cos\tau\delta(\tau)\mathrm{d}\tau=\int_{-\infty}^{t}\cos 0\delta(\tau)\mathrm{d}\tau=\cos 0\int_{-\infty}^{t}\delta(\tau)\mathrm{d}\tau=u(t)$$

【例 1-4-2】证明：$\lim\limits_{\alpha\to 0}\dfrac{\alpha}{\alpha^2+t^2}=\pi\delta(t)$。

证明：由于$\lim\limits_{\alpha\to 0}\dfrac{\alpha}{\alpha^2+t^2}=\begin{cases}0, & t\neq 0\\ \infty, & t=0\end{cases}$，即$\lim\limits_{\alpha\to 0}\dfrac{\alpha}{\alpha^2+t^2}$为冲激信号，且其能量为

$$\int_{-\infty}^{\infty}\lim_{\alpha\to 0}\frac{\alpha}{\alpha^2+t^2}\mathrm{d}t=\lim_{\alpha\to 0}\int_{-\infty}^{\infty}\frac{1}{1+\left(\dfrac{t}{\alpha}\right)^2}\mathrm{d}\,\frac{t}{\alpha}=\lim_{\alpha\to 0}\arctan\frac{t}{\alpha}\Bigg|_{-\infty}^{\infty}=\pi$$

基于单位冲激信号的定义，$\lim\limits_{\alpha\to 0}\dfrac{\alpha}{\alpha^2+t^2}$是能量为 π 的冲激信号，推论得证。

要说明的是，由于冲激信号是奇异信号，在信号与系统分析中，引入冲激信号的目的更多是借此数学工具构建完备的信号与系统分析方法，借 $\delta(t)$的特性辅助分析或设计。

1.5　信号的卷积

信号的运算除了基本运算外，还有线性卷积等重要的运算。

1.5.1　连续时间信号的卷积积分

对于任意两个连续时间信号 $x_1(t)$和 $x_2(t)$，两者的卷积积分运算定义如下：

$$\boxed{x_1(t)*x_2(t)=\int_{-\infty}^{\infty}x_1(\tau)x_2(t-\tau)\mathrm{d}\tau}\tag{1-5-1}$$

由式(1-5-1)可以看出，$x_1(t)$和 $x_2(t)$的卷积积分等于以 τ 为变量的信号 $x_1(\tau)x_2(t-\tau)$当 t 取不同值时与坐标轴围成的净面积，即 $x_1(t)$与 $x_2(t)$经过翻转、平移后，重叠部分乘积结果的面积。

对卷积积分的计算方法主要有图解法和解析法两种。下面先介绍图解法。

用图解法求解卷积积分可以把一些抽象的关系形象化，更直观地理解卷积积分的计算过程。由式(1-5-1)可以看出，利用图解法求解卷积积分需要五步：

① 变量代换。将 $x_1(t)$和 $x_2(t)$中的自变量 t 变成 τ 得到 $x_1(\tau)$和 $x_2(\tau)$。

② 翻转。将 $x_2(\tau)$翻转得到 $x_2(-\tau)$。

③ 平移。将 $x_2(-\tau)$平移 t 得到 $x_2(t-\tau)$，其中 t 是参变量。$t>0$ 时，图形右

移,$t<0$ 时,图形左移。

④ 相乘。将 $x_1(\tau)$ 与 $x_2(t-\tau)$ 相乘得到 $x_1(\tau)x_2(t-\tau)$。

⑤ 积分。以 τ 为自变量、t 为参变量,对 $x_1(\tau)x_2(t-\tau)$ 在 $(-\infty,\infty)$ 区间内积分。

下面通过例题说明卷积积分的图解法求解过程。

【例 1-5-1】$x_1(t)=\mathrm{e}^{-t}u(t)$,$x_2(t)=u(t)$,求 $x_1(t)*x_2(t)$。

解:(1) 将 $x_1(t)$ 和 $x_2(t)$ 中的自变量 t 变成 τ 得到 $x_1(\tau)$ 和 $x_2(\tau)$,如图 1-5-1 (a)、(b)所示。

(2) 将 $x_2(\tau)$ 翻转得到 $x_2(-\tau)$,如图 1-5-1 (c)所示。

(3) 将 $x_2(-\tau)$ 平移 t,根据 $x_1(\tau)$ 与 $x_2(t-\tau)$ 的重叠情况,分别讨论如下:

当 $t<0$ 时,$x_1(\tau)$ 与 $x_2(t-\tau)$ 的图形没有重叠的部分,如图 1-5-1(d)所示,此时 $x_1(\tau)$ 与 $x_2(t-\tau)$ 的乘积结果为零,故

$$x_1(t)*x_2(t)=\int_{-\infty}^{\infty}x_1(\tau)x_2(t-\tau)\mathrm{d}\tau=0,\quad t<0$$

当 $t>0$ 时,$x_1(\tau)$ 与 $x_2(t-\tau)$ 的图形有重叠的部分,而且随着 t 的增加,其重叠区间 $(0,t)$ 增大,只有在该区间卷积积分结果不为零,如图 1-5-1(e)所示,故

$$\begin{aligned}x_1(t)*x_2(t)&=\int_{-\infty}^{\infty}x_1(\tau)x_2(t-\tau)\mathrm{d}\tau=\int_0^t\mathrm{e}^{-\tau}u(t-\tau)\mathrm{d}\tau=\int_0^t\mathrm{e}^{-\tau}\mathrm{d}\tau\\&=1-\mathrm{e}^{-t},\quad t>0\end{aligned}$$

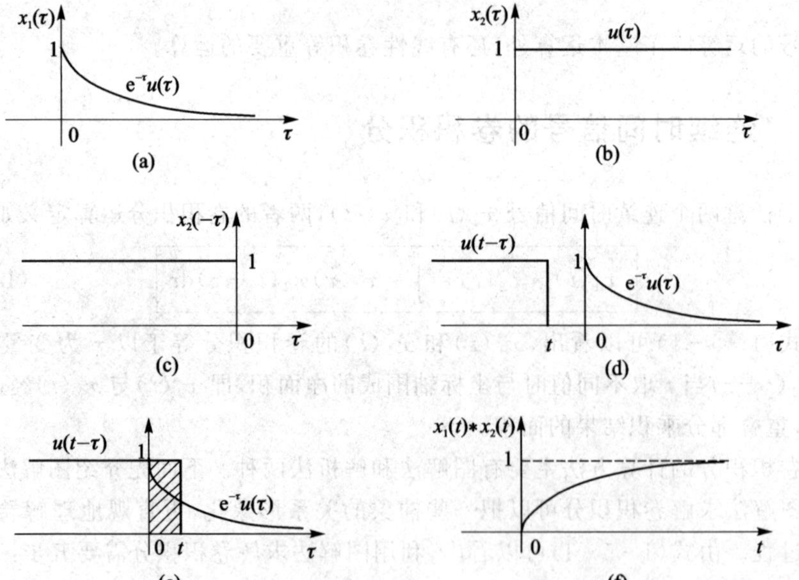

图 1-5-1　指数信号与阶跃信号的卷积图解法

可用单位阶跃信号表示为 $x_1(t) * x_2(t)=(1-e^{-t})u(t)$，卷积结果如图 1-5-1(f)所示。

如果卷积积分的两个信号能用解析式表达，则可以采用解析法，直接按照卷积的积分表达式进行计算。利用解析法求解卷积积分应注意以下两点：

① 确定积分的上下限，一般被积信号中包含阶跃信号因子，通过阶跃信号因子不为零来确定积分上下限；

② 确定积分结果存在的时间范围，通过积分上限大于积分下限来确定积分结果存在的时间。

下面讲解卷积的解析法求解过程。

【例 1-5-2】求 $x_1(t)$ 与 $x_2(t)$ 的卷积积分。

(1) $x_2(t)=u(t)$。　　(2) $x_1(t)=u(t)$，$x_2(t)=u(t)$。

(3) $x_1(t)=e^{-t}u(t-1)$，$x_2(t)=u(t)$。

解：(1) $x_1(t) * u(t)=\int_{-\infty}^{\infty} x_1(\tau)u(t-\tau)d\tau$。

由于被积信号 $x_1(\tau)u(t-\tau)$ 只有在不为零的情况下，积分结果才不为零，令 $x_1(\tau)u(t-\tau)$ 不为零，可得 $\tau<t$，所以

$$x_1(t) * u(t)=\int_{-\infty}^{t} x_1(\tau)d\tau=x_1^{(-1)}(t)$$

上式表明，**任意连续时间信号与 $u(t)$ 的卷积，结果等于对该信号的积分**。

(2) $x_1(t) * x_2(t)=u(t) * u(t)=\int_{-\infty}^{\infty} u(\tau)u(t-\tau)d\tau$。

由于只有被积信号 $u(\tau)u(t-\tau)$ 不为零积分结果才不为零，由此确定积分不为零的范围是 $0<\tau<t$，积分结果存在的时间范围为 $t>0$，故

$$x_1(t) * x_2(t)=\int_{-\infty}^{\infty} u(\tau)u(t-\tau)d\tau=\left(\int_0^t 1d\tau\right)u(t)=tu(t)=r(t)$$

(3) $x_1(t) * x_2(t)=e^{-t}u(t-1) * u(t)=\int_{-\infty}^{\infty} e^{-\tau}u(\tau-1)u(t-\tau)d\tau$。

由 $u(\tau-1)u(t-\tau)$ 因子确定积分不为零的范围是 $1<\tau<t$，积分结果存在的时间范围为 $t>1$，有

$$x_1(t) * x_2(t)=\left(\int_1^t e^{-\tau}d\tau\right)u(t-1)=(e^{-1}-e^{-t})u(t-1)$$

1.5.2　离散时间信号的卷积和

对于任意两个序列 $x_1[n]$ 和 $x_2[n]$，两者卷积和运算定义如下：

$$x_1[n] * x_2[n]=\sum_{m=-\infty}^{\infty} x_1[m]x_2[n-m] \tag{1-5-2}$$

由式(1-5-2)可以看出,$x_1[n]$和$x_2[n]$的卷积和等于以m为变量的序列$x_1[m]x_2[n-m]$当m取不同值时的各项之和。

由式(1-5-2)可知,利用图解法求解卷积和也需要五步:

① 变量代换。将$x_1[n]$和$x_2[n]$中的自变量n变成m得到$x_1[m]$和$x_2[m]$。

② 翻转。将$x_2[m]$翻转得到$x_2[-m]$。

③ 移位。将$x_2[-m]$平移n位得到$x_2[n-m]$,其中n是参变量。当$n>0$时,图形右移;当$n<0$时,图形左移。

④ 相乘。将$x_1[m]$与$x_2[n-m]$相乘得到$x_1[m]x_2[n-m]$。

⑤ 求和。对以m为自变量、n为参变量的序列$x_1[m]x_2[n-m]$在$(-\infty,\infty)$区间内求和。

下面通过例题说明卷积和的图解法求解过程。

【例 1-5-3】已知离散时间信号$x_1[n]=R_N[n]$,$x_2[n]=R_N[n]$。用图解法求卷积$x[n]=x_1[n]*x_2[n]$。

解:(1) 将$x_1[n]$和$x_2[n]$中的自变量n变成m得到$x_1[m]$和$x_2[m]$,如图 1-5-2(a)、(b)所示。

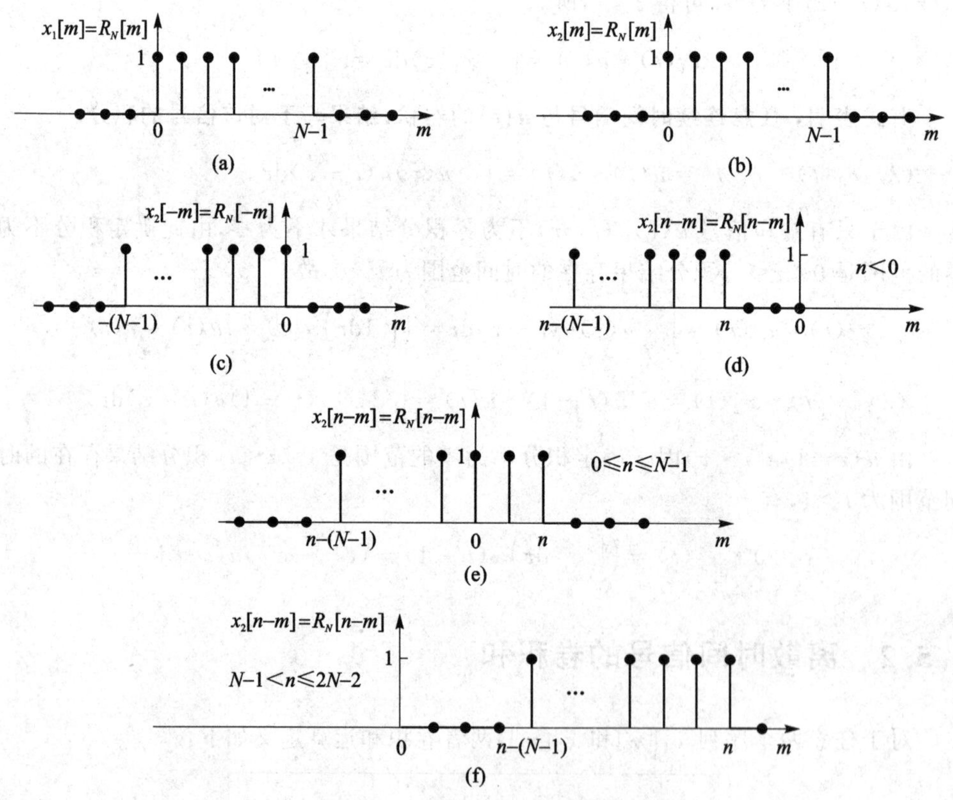

图 1-5-2　矩形序列的卷积图解法

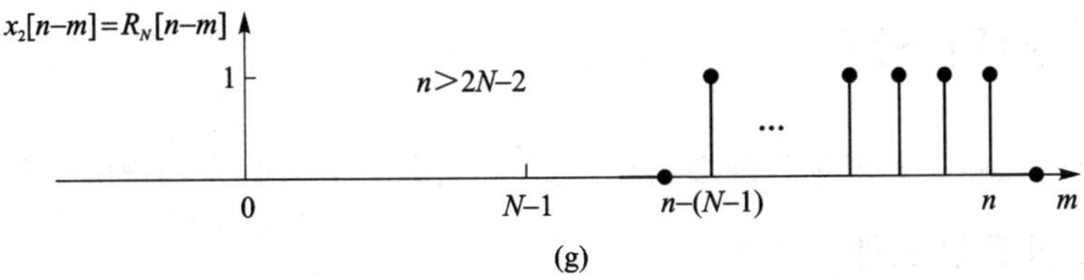

(g)

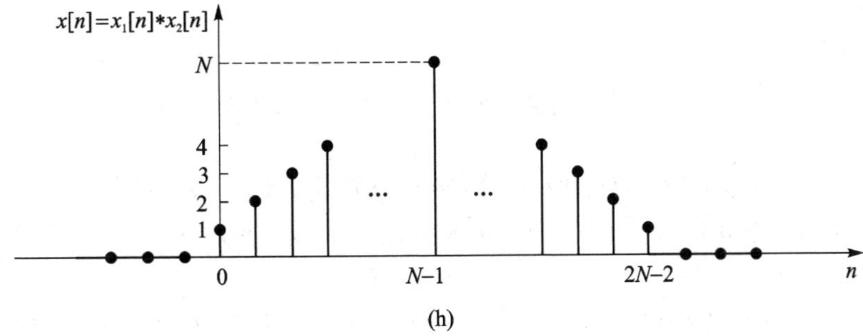

(h)

图 1-5-2 矩形序列的卷积图解法(续)

(2) 将 $x_2[m]$ 翻转得到 $x_2[-m]$，如图 1-5-2(c)所示。

(3) 将 $x_2[-m]$ 平移 n，根据 $x_1[m]$ 与 $x_2[n-m]$ 的重叠情况，分别讨论如下：

当 $n<0$ 时，$x_1[m]$ 与 $x_2[n-m]$ 的图形没有重叠的部分，如图 1-5-2(d)所示，故 $x[n]=0$。

当 $0\leqslant n\leqslant N-1$ 时，$x_1[m]$ 与 $x_2[n-m]$ 的图形有重叠的部分，而且随着 n 的增加，其重叠区间增大，重叠的区间为 $0\leqslant m\leqslant n$，如图 1-5-2(e)所示，故

$$x[n]=\sum_{m=-\infty}^{\infty}R_N[m]R_N[n-m]=\sum_{m=0}^{n}1=n+1$$

当 $N-1<n\leqslant 2N-2$ 时，$x_1[m]$ 与 $x_2[n-m]$ 的图形有仍重叠的部分，而且随着 n 的增加，其重叠区间减小，重叠的区间为 $-(N-1)+n\leqslant m\leqslant N-1$，如图 1-5-2(f)所示，故

$$x[n]=\sum_{m=-\infty}^{\infty}R_N[m]R_N[n-m]=\sum_{m=-(N-1)+n}^{N-1}1=2N-1-n$$

当 $n>2N-2$ 时，$x_1[m]$ 与 $x_2[n-m]$ 的图形没有重叠的部分，如图 1-5-2(g)所示，因此 $x[n]=0$。

卷积结果如图 1-5-2(h)所示。由卷积和的图解法可得出结论：若 $x_1[n]$ 非零区间长度为 M，$x_2[n]$ 非零区间长度为 N，则 $x[n]=x_1[n]*x_2[n]$ 非零区间长度为 $M+N-1$。

也可以采用解析法计算卷积和，请读者试用卷积法证明：**任意离散时间信号与 $u[n]$ 的卷积和，结果等于对该信号的求和。**

1.5.3 卷积的性质

卷积积分、卷积和统称为线性卷积,简称为卷积。下面研究卷积的性质。

1. 卷积满足三律

交换律:

$$x_1(t)*x_2(t)=x_2(t)*x_1(t) \tag{1-5-3}$$

$$x_1[n]*x_2[n]=x_2[n]*x_1[n] \tag{1-5-4}$$

结合律:

$$[x_1(t)*x_2(t)]*x_3(t)=x_1(t)*[x_2(t)*x_3(t)] \tag{1-5-5}$$

$$\{x_1[n]*x_2[n]\}*x_3[n]=x_1[n]*\{x_2[n]*x_3[n]\} \tag{1-5-6}$$

分配律:

$$x_1(t)*[x_2(t)+x_3(t)]=x_1(t)*x_2(t)+x_1(t)*x_3(t) \tag{1-5-7}$$

$$x_1[n]*\{x_2[n]+x_3[n]\}=x_1[n]*x_2[n]+x_1[n]*x_3[n] \tag{1-5-8}$$

通过变量代换等手段即可证明以上性质,这里从略。

2. 卷积的移位特性

(1) 与有移位的冲激(脉冲)信号卷积实现信号移位

$$x(t)*\delta(t-t_0)=\int_{-\infty}^{\infty}x(\tau)\delta(t-\tau-t_0)\mathrm{d}\tau \xlongequal{\text{根据 }\delta(t)\text{ 的筛选特性}} x(t-t_0) \tag{1-5-9}$$

$$x[n]*\delta[n-n_0]=\sum_{n=-\infty}^{\infty}x[m]\delta[n-m-n_0] \xlongequal{\text{根据 }\delta[n]\text{ 的筛选特性}} x[n-n_0] \tag{1-5-10}$$

另外,冲激偶也有类似的功能:

$$x(t)*\delta'(t-t_0)=x'(t-t_0) \tag{1-5-11}$$

证明:

$$\begin{aligned}
x(t)*\delta'(t-t_0)&=\int_{-\infty}^{\infty}x(\tau)\delta'(t-\tau-t_0)\mathrm{d}\tau\\
&\xlongequal{\delta'(t)\text{ 是奇函数}}-\int_{-\infty}^{\infty}x(\tau)\delta'(-(t-\tau-t_0))\,\mathrm{d}\tau\\
&=-\int_{-\infty}^{\infty}x(\tau)\delta'(\tau-(t-t_0))\,\mathrm{d}\tau\\
&\xlongequal{\text{根据 }\delta'(t)\text{ 的筛选特性}}x'(t-t_0)
\end{aligned}$$

(2) 移位特性

若 $x(t)=x_1(t)*x_2(t)$,$x[n]=x_1[n]*x_2[n]$,则

$$x(t-t_1-t_2)=x_1(t-t_1)*x_2(t-t_2) \tag{1-5-12}$$

$$x[n-n_1-n_2]=x_1[n-n_1]*x_2[n-n_2] \tag{1-5-13}$$

当 $t_1=-t_2, n_1=-n_2$ 时,有:

$$x(t)=x_1(t-t_1)*x_2(t+t_1)=x_1(t+t_1)*x_2(t-t_1) \tag{1-5-14}$$

$$x[n]=x_1[n-n_1]*x_2[n+n_1]=x_1[n+n_1]*x_2[n-n_1] \tag{1-5-15}$$

当 $t_0=t_1, t_2=0, n_0=n_1, n_2=0$ 时,有

$$x(t-t_0)=x_1(t)*x_2(t-t_0)=x_1(t-t_0)*x_2(t) \tag{1-5-16}$$

$$x[n-n_0]=x_1[n]*x_2[n-n_0]=x_1[n-n_0]*x_2[n] \tag{1-5-17}$$

证明:下面以卷积积分的移位特性为例证明移位性质。

第一种方法:利用与有时移的冲激信号卷积实现时移,以及卷积的交换律和结合律:

$$\begin{aligned} x_1(t-t_1)*x_2(t-t_2) &= (x_1(t)*\delta(t-t_1))*(x_2(t)*\delta(t-t_2)) \\ &= (x_1(t)*x_2(t))*(\delta(t-t_1)*\delta(t-t_2)) \\ &= x(t)*\delta(t-t_1-t_2)=x(t-t_1-t_2) \end{aligned}$$

第二种方法:$x_1(t-t_1)*x_2(t-t_2)=\int_{-\infty}^{\infty}x_1(\tau-t_1)x_2(t-\tau-t_2)\mathrm{d}\tau$,变量代换令 $\lambda=\tau-t_1$,则

$$x_1(t-t_1)*x_2(t-t_2)=\int_{-\infty}^{\infty}x_1(\lambda)x_2(t-t_1-t_2-\lambda)\mathrm{d}\lambda=x(t-t_1-t_2)$$

请读者仿照卷积积分的移位特性证明方法证明卷积和的移位特性。

3. 卷积的微分、差分特性

(1) 卷积积分的微分特性

若 $x(t)=x_1(t)*x_2(t)$,则

$$x'(t)=x_1'(t)*x_2(t)=x_1(t)*x_2'(t) \tag{1-5-18}$$

证明:$x'(t)=\dfrac{\mathrm{d}}{\mathrm{d}t}\int_{-\infty}^{\infty}x_2(\tau)x_1(t-\tau)\mathrm{d}\tau=\int_{-\infty}^{\infty}x_2(\tau)x_1'(t-\tau)\mathrm{d}\tau$

$=x_1'(t)*x_2(t)$

同理可证

$$x'(t)=x_1(t)*x_2'(t) \tag{1-5-19}$$

(2) 卷积和的差分特性

若 $x[n]=x_1[n]*x_2[n]$,则

$$\nabla x[n]=\nabla x_1[n]*x_2[n]=x_1[n]*\nabla x_2[n] \tag{1-5-20}$$

$$\Delta x[n]=\Delta x_1[n]*x_2[n]=x_1[n]*\Delta x_2[n] \tag{1-5-21}$$

4. 卷积的积分、求和特性

(1) 卷积积分的积分特性

若 $x(t)=x_1(t)*x_2(t)$,则

$$\int_{-\infty}^{t} x(\tau)\mathrm{d}\tau=\left[\int_{-\infty}^{t} x_1(\tau)\mathrm{d}\tau\right]*x_2(t)=x_1(t)*\left[\int_{-\infty}^{t} x_2(\tau)\mathrm{d}\tau\right] \tag{1-5-22}$$

证明:

$$\int_{-\infty}^{t} x(\tau)\mathrm{d}\tau=\int_{-\infty}^{t}\left[\int_{-\infty}^{\infty} x_1(\rho)x_2(\tau-\rho)\mathrm{d}\rho\right]\mathrm{d}\tau=\int_{-\infty}^{\infty} x_1(\rho)\left[\int_{-\infty}^{t} x_2(\tau-\rho)\mathrm{d}\tau\right]\mathrm{d}\rho$$

$$\xlongequal{\tau-\rho=v}\int_{-\infty}^{\infty} x_1(\rho)\left[\int_{-\infty}^{t-v} x_2(v)\mathrm{d}v\right]\mathrm{d}\rho=x_1(t)*\left[\int_{-\infty}^{t} x_2(\tau)\mathrm{d}\tau\right]$$

(2) 卷积和的求和特性

若 $x[n]=x_1[n]*x_2[n]$,则

$$\sum_{m=-\infty}^{n} x[m]=\left[\sum_{m=-\infty}^{n} x_1[m]\right]*x_2[n]=x_1[n]*\left[\sum_{m=-\infty}^{n} x_2[m]\right] \tag{1-5-23}$$

5. 卷积积分的微积分特性

若 $x(t)=x_1(t)*x_2(t)$,则

$$x(t)=\left[\int_{-\infty}^{t} x_1(\tau)\mathrm{d}\tau\right]*x_2'(t)=x_1'(t)*\left[\int_{-\infty}^{t} x_2(\tau)\mathrm{d}\tau\right] \tag{1-5-24}$$

利用卷积性质及相关结论可以简化卷积运算,下面结合例子进行说明。

【例 1-5-4】$x_1(t)$和 $x_2(t)$如图 1-5-3(a)、(b)所示,求 $x(t)=x_1(t)*x_2(t)$。

解:将 $x_1(t)$和 $x_2(t)$分别用阶跃信号表示,有

$$x_1(t)=u(t+1)-u(t-1),\quad x_2(t)=u(t)-u(t-1)$$

利用 $u(t)*u(t)=r(t)$及卷积积分的移位特性,可得

$$\begin{aligned}x(t)=x_1(t)*x_2(t)&=[u(t+1)-u(t-1)]*[u(t)-u(t-1)]\\&=r(t+1)-r(t)-r(t-1)+r(t-2)\end{aligned}$$

卷积结果如图 1-5-3(c)所示。

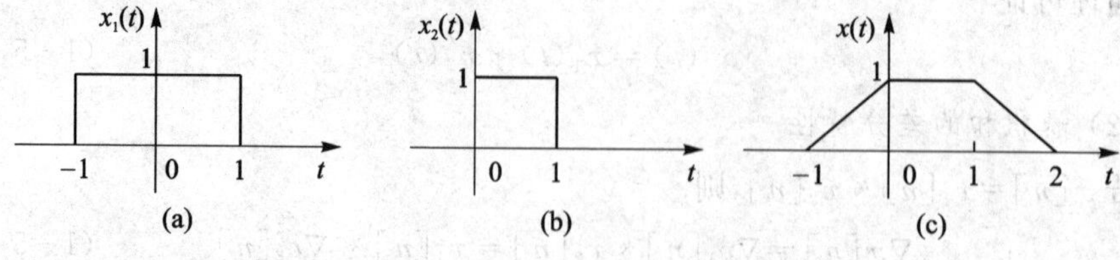

图 1-5-3 【例 1-5-4】图

【例1-5-5】已知 $x_1(t)$ 的导数和 $x_2(t)$ 的积分波形分别如图1-5-4(a)、(b)所示，试利用卷积的微积分性质求 $x(t)=x_1(t)*x_2(t)$。

解：由卷积的微积分性质，有

$$x(t)=x_1(t)*x_2(t)=x_1'(t)*x_2^{(-1)}(t)$$

将 $x_1(t)$ 用阶跃信号表示为 $x_1(t)=u(t+1)-u(t-1)$，其微分 $x_1'(t)=\delta(t+1)-\delta(t-1)$，波形如图1-5-4(a)所示。

将 $x_2(t)$ 用阶跃信号表示为 $x_2(t)=u(t)-u(t-1)$，其积分 $x_2^{(-1)}(t)=r(t)-r(t-1)$，波形如图1-5-4(b)所示。因此

$$x(t)=[\delta(t+1)-\delta(t-1)]*x_2^{(-1)}(t)=x_2^{(-1)}(t+1)-x_2^{(-1)}(t-1)$$

$x(t)$ 的波形如图1-5-4(c)所示。

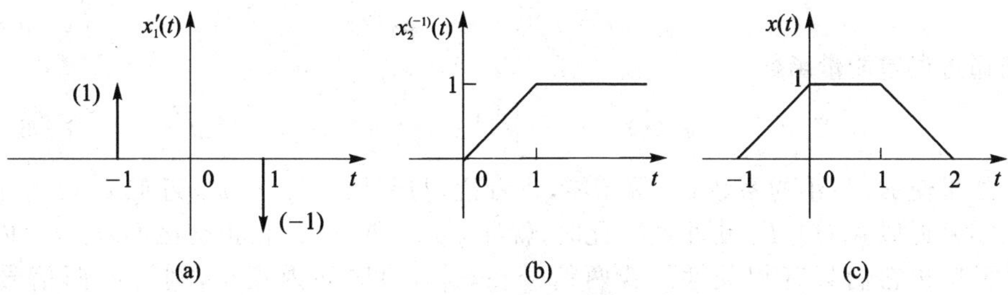

图1-5-4　【例1-5-5】图

【例1-5-6】已知 $x_1[n]$ 和 $x_2[n]$，分别计算以下两种情况的 $x[n]=x_1[n]*x_2[n]$。

(1) $x_1[n]=u[n]$，$x_2[n]=u[n]$。

(2) $x_1[n]=u[n+2]$，$x_2[n]=u[n-3]$。

解：(1) $x[n]=x_1[n]*x_2[n]=u[n]*u[n]=\sum\limits_{m=-\infty}^{\infty}u[m]u[n-m]$。

由于序列 $u[m]u[n-m]$ 只有在不为零的情况下，求和结果才不为零，其不为零的条件是 $0\leqslant m\leqslant n$，有

$$x[n]=\sum_{m=-\infty}^{\infty}u[m]u[n-m]=\left(\sum_{m=0}^{n}1\right)u[n]=(n+1)u[n]$$

(2) 利用卷积和的移位特性可得

$$\begin{aligned}x[n]&=x_1[n]*x_2[n]=u[n+2]*u[n-3]\\&=u[n]*u[n]*\delta[n-1]=n\cdot u[n-1]\end{aligned}$$

1.6 正交信号与信号的正交分解

1.6.1 信号的相关性与正交信号

在信号分析中,有时要求比较两个信号波形是否相似,希望给出二者相似程度的统一描述。设 $\phi_1(t)$和 $\phi_2(t)$为定义在(t_1,t_2)区间上的两个信号,为了衡量它们之间的这种相似、相关性,可以选择一个合适的比例因子 c_{12},以 $c_{12}\phi_2(t)$近似地逼近 $\phi_1(t)$,再以逼近误差能量来度量其相似或相关性。定义逼近误差函数为

$$\phi_e(t)=\phi_1(t)-c_{12}\phi_2(t) \tag{1-6-1}$$

得到逼近误差能量函数

$$E_e=\int_{t_1}^{t_2}|\phi_e(t)|^2\mathrm{d}t=\int_{t_1}^{t_2}|\phi_1(t)-c_{12}\phi_2(t)|^2\mathrm{d}t \tag{1-6-2}$$

如果使 E_e 最小的系数 c_{12} 等于零,或者说,与其用 $c_{12}\phi_2(t)$来近似 $\phi_1(t)$,还不如用零来近似 $\phi_1(t)$,E_e 更小些。此时,就称 $\phi_1(t)$和 $\phi_2(t)$在正交区间(t_1,t_2)内正交;否则,称它们具有相关性。若两信号在(t_1,t_2)区间内正交,则说明两信号在(t_1,t_2)区间内的相似度和相关度均为零。下面就按照这一定义来导出 $\phi_1(t)$和 $\phi_2(t)$是否正交的判断式。

为了得到更一般的结论,设 $\phi_1(t)$、$\phi_2(t)$均为复信号,此时,c_{12} 也可能为一复数系数,有

$$\begin{aligned}E_e&=\int_{t_1}^{t_2}|\phi_e(t)|^2\mathrm{d}t=\int_{t_1}^{t_2}|\phi_1(t)-c_{12}\phi_2(t)|^2\mathrm{d}t\\&=\int_{t_1}^{t_2}[\phi_1(t)-c_{12}\phi_2(t)][\phi_1(t)-c_{12}\phi_2(t)]^*\mathrm{d}t\\&=\int_{t_1}^{t_2}|\phi_1(t)|^2\mathrm{d}t-c_{12}\int_{t_1}^{t_2}\phi_1^*(t)\phi_2(t)\mathrm{d}t+\\&\quad|c_{12}|^2\int_{t_1}^{t_2}|\phi_2(t)|^2\mathrm{d}t-c_{12}^*\int_{t_1}^{t_2}\phi_1(t)\phi_2^*(t)\mathrm{d}t\end{aligned} \tag{1-6-3}$$

令

$$B=\frac{\int_{t_1}^{t_2}\phi_1(t)\phi_2^*(t)\mathrm{d}t}{\int_{t_1}^{t_2}|\phi_2(t)|^2\mathrm{d}t} \tag{1-6-4}$$

将式(1-6-4)代入式(1-6-3),并整理得

$$E_e=\int_{t_1}^{t_2}|\phi_1(t)|^2\mathrm{d}t+[-c_{12}B^*+|c_{12}|^2-c_{12}^*B]\int_{t_1}^{t_2}|\phi_2(t)|^2\mathrm{d}t \tag{1-6-5}$$

其中：

$$-c_{12}B^{*}+|c_{12}|^{2}-c_{12}^{*}B=(c_{12}-B)(c_{12}^{*}-B^{*})-BB^{*}$$
$$=|c_{12}-B|^{2}-|B|^{2} \tag{1-6-6}$$

将式(1-6-6)代入式(1-6-5)，有

$$E_{e}=\int_{t_1}^{t_2}|\phi_1(t)|^{2}dt+[|c_{12}-B|^{2}-|B|^{2}]\int_{t_1}^{t_2}|\phi_2(t)|^{2}dt \tag{1-6-7}$$

显然，只有当式(1-6-7)中唯一可供选择的参数 $c_{12}=B$ 时 E_e 最小。此时，平方误差

$$E_{e\min}=\int_{t_1}^{t_2}|\phi_1(t)|^{2}dt-|B|^{2}\int_{t_1}^{t_2}|\phi_2(t)|^{2}dt$$
$$=\int_{t_1}^{t_2}|\phi_1(t)|^{2}dt-\frac{\left|\int_{t_1}^{t_2}\phi_1(t)\phi_2^{*}(t)dt\right|^{2}}{\int_{t_1}^{t_2}|\phi_2(t)|^{2}dt} \tag{1-6-8}$$

式(1-6-8)右边第一项为 $\phi_1(t)$的能量或功率，据此对 $E_{e\min}$ 归一化得

$$\frac{E_{e\min}}{\int_{t_1}^{t_2}|\phi_1(t)|^{2}dt}=1-\rho_{12}^{2} \tag{1-6-9}$$

其中：

$$\boxed{\rho_{12}=\frac{\left|\int_{t_1}^{t_2}\phi_1(t)\phi_2^{*}(t)dt\right|}{\sqrt{\int_{t_1}^{t_2}|\phi_1(t)|^{2}dt\cdot\int_{t_1}^{t_2}|\phi_2(t)|^{2}dt}}} \tag{1-6-10}$$

ρ_{12} 称为 $\phi_1(t)$与 $\phi_2(t)$的**相关系数**。由柯西-施瓦茨(Cauchy - Buniakowsky)不等式

$$\left|\int_{t_1}^{t_2}\phi_1(t)\phi_2^{*}(t)dt\right|\leqslant\sqrt{\int_{t_1}^{t_2}|\phi_1(t)|^{2}dt\cdot\int_{t_1}^{t_2}|\phi_2(t)|^{2}dt} \tag{1-6-11}$$

得$|\rho_{12}|\leqslant 1$。当 $\rho_{12}=\pm 1$ 时，两个信号的波形相同，只是极性和幅度不同，此时信号 $\phi_1(t)$可以用 $\phi_2(t)$乘以一个非零的数来表示，归一化平方误差的最小值为0，两个信号完全线性相关。若 $\rho_{12}=0$ 时，归一化平方误差等于1，值最小，用信号 $\phi_2(t)$表示 $\phi_1(t)$的相对误差为100%，这意味着，无法用信号 $\phi_2(t)$来近似表示 $\phi_1(t)$，这样的两个信号完全线性无关，或者说，$\phi_1(t)$与 $\phi_2(t)$在(t_1,t_2)区间内正交。显然，若 $\phi_1(t)$与 $\phi_2(t)$正交，应有 $\rho_{12}=0$，因此，$\phi_1(t)$与 $\phi_2(t)$在(t_1,t_2)区间内**正交的条件**为

$$\boxed{\int_{t_1}^{t_2}\phi_1(t)\phi_2^{*}(t)dt=0} \tag{1-6-12}$$

显然，当$0<|\rho_{12}|<1$时，$\phi_1(t)$与 $\phi_2(t)$之间既不能用一个信号精确地表示另一个信号，也不相互正交，此时总可以用一个信号近似地表示另一个信号，$|\rho_{12}|$越接近1，表示近似的误差越小。在此情况下，$B\phi_2(t)$可以看作 $\phi_1(t)$在 $\phi_2(t)$上的分量。

1.6.2 完备正交信号集

若信号集$\{\phi_1(t),\phi_2(t),\cdots,\phi_m(t)\}$的所有信号在区间$(t_1,t_2)$内都满足

$$\boxed{\int_{t_1}^{t_2}\phi_i(t)\phi_j^*(t)\mathrm{d}t=\begin{cases}0, & i\neq j\\ K_i, & i=j\end{cases}} \tag{1-6-13}$$

式中:K_i为常数,则该信号集为区间(t_1,t_2)内的正交信号集,即集合中的每一个信号都与除自己以外的其他信号正交。在区间(t_1,t_2)内相互正交的m个函数构成正交函数空间。如果在该正交信号集$\{\phi_1(t),\phi_2(t),\cdots,\phi_m(t)\}$外,找不到任何一个信号$\left(0<\int_{t_1}^{t_2}|f(t)|^2\mathrm{d}t<\infty\right)$与该正交信号集中的所有信号都正交,则该正交信号集称为完备正交信号集。一个完备正交信号集通常包括无穷多个信号,即$m\to\infty$。

1) 冲激信号集$\{\delta(t-t_0)\}$是在区间$(-\infty,\infty]$上的完备正交信号集。

证明:根据式(1-6-13),因为

$$\int_{-\infty}^{\infty}\delta(t-t_1)\delta(t-t_2)\mathrm{d}t=0,\quad t_1\neq t_2 \tag{1-6-14}$$

所以,冲激信号集$\{\delta(t-t_0)\}$是完备正交信号集。在冲激信号集$\{\delta(t-t_0)\}$之外找不到任何一个信号能与冲激信号集$\{\delta(t-t_0)\}$中每一个信号都正交。

2) 三角函数信号集$\{1,\cos\omega_0 t,\cos 2\omega_0 t,\cdots,\cos k\omega_0 t,\cdots,\sin\omega_0 t,\sin 2\omega_0 t,\cdots,\sin k\omega_0 t,\cdots\}$是在区间$(t_0,t_0+T_0]$上的完备正交信号集,其中$\omega_0=\dfrac{2\pi}{T_0}$。

证明:包括4种情况:

① 余弦与直流正交,正弦与直流正交,有

$$\int_{t_0}^{t_0+T_0}\cos k\omega_0 t\,\mathrm{d}t=\int_{t_0}^{t_0+T_0}\sin k\omega_0 t\,\mathrm{d}t=0 \tag{1-6-15}$$

② 余弦与正弦之间正交,有

$$\int_{t_0}^{t_0+T_0}\cos k\omega_0 t\sin l\omega_0 t\,\mathrm{d}t=0 \tag{1-6-16}$$

③ 不同余弦之间正交,不同正弦之间正交,有

$$\left.\begin{aligned}&\int_{t_0}^{t_0+T_0}\cos k\omega_0 t\cos l\omega_0 t\,\mathrm{d}t=0\\&\int_{t_0}^{t_0+T_0}\sin k\omega_0 t\sin l\omega_0 t\,\mathrm{d}t=0\end{aligned}\right.,\quad k\neq l \tag{1-6-17}$$

④ 相同余弦之间、相同正弦之间、直流之间不正交,有

$$\left.\begin{aligned}&\int_{t_0}^{t_0+T_0}\cos^2 k\omega_0 t\,\mathrm{d}t=\int_{t_0}^{t_0+T_0}\sin^2 k\omega_0 t\,\mathrm{d}t=\frac{T_0}{2}\\&\int_{t_0}^{t_0+T_0}1^2\mathrm{d}t=T_0\end{aligned}\right\} \tag{1-6-18}$$

3）虚指数信号集$\{e^{jk\omega_0 t}\}$（$k=0,\pm1,\pm2,\cdots$）是在区间$(t_0,t_0+T_0]$上的完备正交信号集，其中$T_0=\dfrac{2\pi}{\omega_0}$。

证明：虚指数信号集$\{e^{jk\omega_0 t}\}$在区间$(t_0,t_0+T_0]$上满足

$$\int_{t_0}^{t_0+T_0} e^{jk\omega_0 t}(e^{jm\omega_0 t})^* dt=\int_{t_0}^{t_0+T_0} e^{j(k-m)\omega_0 t}dt=\begin{cases}0, & k\neq m\\ T_0, & k=m\end{cases} \tag{1-6-19}$$

4）虚指数序列集$\left\{e^{j\frac{2\pi}{N}kn},k=0,1,\cdots,N-1\right\}$为一个完整$n\in\mathbf{Z}$区间上的完备正交序列集。

证明：$\displaystyle\sum_{k=0}^{N-1}e^{j\frac{2\pi}{N}kn_1}\left(e^{j\frac{2\pi}{N}kn_2}\right)^*=\sum_{k=0}^{N-1}e^{j\frac{2\pi}{N}k(n_1-n_2)}=\begin{cases}N, & n_1=n_2\\ 0, & n_1\neq n_2\end{cases}$。

由以上分析可以看出，与连续时间虚指数信号集不同的是，完备的虚指数序列集只包含N个虚指数序列。这是因为虚指数序列$e^{j\frac{2\pi}{N}kn}$是以N为周期的，即满足$e^{j\frac{2\pi}{N}(k+rN)n}=e^{j\frac{2\pi}{N}kn}$，任何在频率上相差$2\pi$整数倍的虚指数序列都是相同的。

1.6.3　信号的正交分解

设$\{\phi_k(t)\}$是在区间(t_1,t_2)内的完备正交函数集，则任意信号$x(t)$在区间(t_1,t_2)内都可以精确地表示为$\{\phi_k(t)\}$的线性组合，即

$$x(t)=\sum_k C_k\phi_k(t),\quad t\in(t_1,t_2) \tag{1-6-20}$$

求出加权系数C_k，即可达到信号正交分解的目的。由于完备正交信号集包含无穷多个信号，实际应用中取完备正交信号集中m个信号构成一个正交信号集，即$\{\phi_1(t),\phi_2(t),\cdots,\phi_m(t)\}$，则任意信号$x(t)$都可以用这$m$个信号的线性组合的逼近为

$$x(t)=\sum_{k=1}^{m}C_k\phi_k(t),\quad t\in(t_1,t_2) \tag{1-6-21}$$

下面讨论系数C_k在什么条件下可以使$\sum\limits_{k=1}^{m}C_k\phi_k(t)$成为信号$x(t)$的最佳逼近。通常，在均方误差最小的条件下的系数$C_k$可达到最佳逼近。均方误差定义为

$$\varepsilon^2=\frac{1}{t_2-t_1}\int_{t_1}^{t_2}\left|x(t)-\sum_{k=1}^{m}C_k\phi_k(t)\right|^2 dt \tag{1-6-22}$$

为求得均方误差最小时的系数C_k，应当令$\dfrac{\partial\varepsilon^2}{\partial C_k}=0$，即

$$\frac{\partial}{\partial C_k}\left\{\frac{1}{t_2-t_1}\int_{t_1}^{t_2}\left|x(t)-\sum_{i=1}^{m}C_i\phi_i(t)\right|^2 dt\right\}=0$$

$$\Rightarrow \frac{\partial}{\partial C_k}\left\{\int_{t_1}^{t_2}\left|x(t)-\sum_{i=1}^{m}C_i\phi_i(t)\right|^2\mathrm{d}t\right\}=0 \tag{1-6-23}$$

若展开式(1-6-23)的被积函数,由信号正交的特性,正交函数与序号不同的正交信号共轭的乘积在(t_1,t_2)区间内积分为零,而且所有不含C_k的各项对C_k求偏导也为零,故可进一步写为

$$\frac{\partial}{\partial C_k}\left\{\int_{t_1}^{t_2}\left[x(t)-\sum_{i=1}^{m}C_i\phi_i(t)\right]\left[x^*(t)-\sum_{i=1}^{m}C_i^*\phi_i^*(t)\right]\mathrm{d}t\right\}=0$$

$$\Rightarrow \frac{\partial}{\partial C_k}\left\{\int_{t_1}^{t_2}\left[-x(t)C_k^*\phi_k^*(t)+|C_k|^2|\phi_k(t)|^2-x^*(t)C_k\phi_k(t)\right]\mathrm{d}t\right\}=0$$

$$\Rightarrow \frac{\partial}{\partial C_k}\left\{\int_{t_1}^{t_2}\left[-x(t)C_k^*\phi_k^*(t)\right]\mathrm{d}t+\int_{t_1}^{t_2}\left[|C_k|^2|\phi_k(t)|^2\right]\mathrm{d}t+\int_{t_1}^{t_2}\left[-x^*(t)C_k\phi_k(t)\right]\mathrm{d}t\right\}=0 \tag{1-6-24}$$

将 $B=\dfrac{\int_{t_1}^{t_2}x(t)\phi_k^*(\mathrm{t})\mathrm{d}t}{\int_{t_1}^{t_2}|\phi_k(t)|^2\mathrm{d}t}$ 代入式(1-6-24)得

$$\frac{\partial}{\partial C_k}\left\{\left[-C_k^*B+|C_k|^2-C_kB^*\right]\int_{t_1}^{t_2}|\phi_k(t)|^2\mathrm{d}t\right\}=0$$

$$\Rightarrow \frac{\partial}{\partial C_k}\left[-C_k^*B+|C_k|^2-C_kB^*\right]=0 \tag{1-6-25}$$

再将$-C_k^*B+|C_k|^2-C_kB^*=(C_k-B)(C_k^*-B^*)-BB^*$代入式(1-6-25)得

$$\frac{\partial}{\partial C_k}\left[|C_k-B|^2-|B|^2\right]=0 \tag{1-6-26}$$

易见,只有当$C_k=B$时被微分项为常数,偏导等于零。由此得出系数C_k为

$$\boxed{C_k=\frac{\int_{t_1}^{t_2}x(t)\phi_k^*(t)\mathrm{d}t}{\int_{t_1}^{t_2}|\phi_k(t)|^2\mathrm{d}t}} \tag{1-6-27}$$

应用中,用正交函数去逼近$x(t)$时,取项越多,即m越大,ε^2越小。

当$m\to\infty$时,$\varepsilon^2=0$,由式(1-6-20)可推得

$$\boxed{\int_{t_1}^{t_2}|x(t)|^2\mathrm{d}t=\sum_{k=1}^{\infty}\int_{t_1}^{t_2}|C_k\phi_k(t)|^2\mathrm{d}t} \tag{1-6-28}$$

式(1-6-28)称为**帕斯维尔(Parseval)定理**,表明正交分解前后能量一致。完备正交函数集都满足帕斯维尔恒等式。当正交函数集不完备时,式(1-6-28)为大于关系。

信号分解为完备正交信号集中各信号的线性组合是信号与系统分析的灵魂。

信号分析首先将信号分解为正交信号集中各基本信号的线性组合，然后根据基本信号的特性来研究信号的特性。另外，信号与系统分析的本质问题是信号经过系统的响应问题，信号正交分解的方式能独立分析各正交分量及其响应。

1.7　相关函数

为比较某信号与另一个具有延迟的信号之间的相似程度，一个有延迟的信号不能用相关系数来衡量它们之间的相关性，这种情况可以通过相关函数来实现它们之间的相关性分析。相关函数包括互相关函数和自相关函数两类。另外，能量信号和功率信号的相关函数也有区别。

1.7.1　能量信号的相关函数

1. 能量信号的相关函数及性质

若信号 $x_1(t)$ 和 $x_2(t)$ 都为能量信号，则它们的互相关函数为

$$r_{12}(\tau)=\int_{-\infty}^{\infty} x_1(t)x_2^*(t-\tau)\mathrm{d}t=\int_{-\infty}^{\infty} x_1(t+\tau)x_2^*(t)\mathrm{d}t \tag{1-7-1}$$

$$r_{21}(\tau)=\int_{-\infty}^{\infty} x_2(t)x_1^*(t-\tau)\mathrm{d}t=\int_{-\infty}^{\infty} x_2(t+\tau)x_1^*(t)\mathrm{d}t \tag{1-7-2}$$

互相关函数 $r_{12}(\tau)$ 和 $r_{21}(\tau)$ 是 $x_1(t)$ 和 $x_2(t)$ 时间差 τ 的函数，它们描述了时间差为 τ 的两个信号的相关性。如图 1-7-1 所示，图(b)是图(a)中两个实信号 $x_1(t)$ 和 $x_2(t)$ 的互相关函数，当 $\tau=\tau_0$ 时 $r_{12}(\tau)$ 最大，表明在时间差为 τ_0 时两个信号具有最强的相关性。

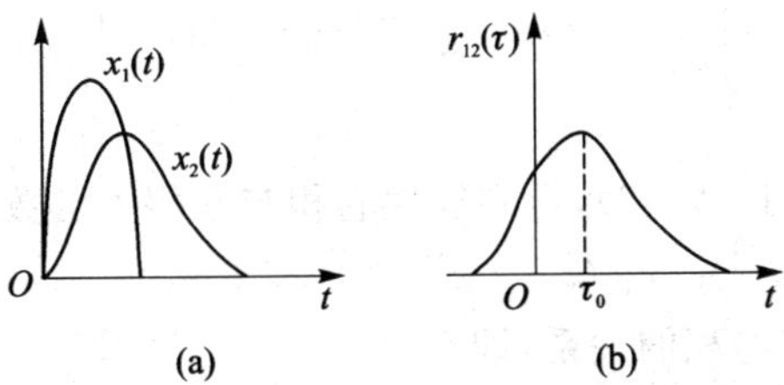

图 1-7-1　相关函数的概念和意义示例

一般情况下 $r_{12}(\tau)\neq r_{21}(\tau)$，它们之间的关系是 $r_{12}(\tau)=r_{21}^*(-\tau)$ 和 $r_{21}(\tau)=r_{12}^*(-\tau)$。

如果 $x_1(t)$ 和 $x_2(t)$ 是同一信号，即 $x_1(t)=x_2(t)=x(t)$，此时用 $r(\tau)$ 所表示的关系为自相关函数

$$r(\tau)=\int_{-\infty}^{\infty} x(t)x^{*}(t-\tau)\mathrm{d}t=\int_{-\infty}^{\infty} x(t+\tau)x^{*}(t)\mathrm{d}t \tag{1-7-3}$$

显然,自相关函数满足共轭对称性,即 $r(\tau)=r^{*}(-\tau)$。因此,实信号的自相关函数是关于 τ 的偶函数,即 $r(\tau)=r(-\tau)$。

当 $\tau=0$ 时,自相关函数的相关性最强,即 $r(0)$ 最大。

离散信号 $x_1[n]$ 和 $x_2[n]$ 也都为能量信号,它们的互相关函数为

$$r_{12}[m]=\sum_{n=-\infty}^{\infty} x_1[n]x_2^{*}[n-m]=\sum_{n=-\infty}^{\infty} x_1[n+m]x_2^{*}[n] \tag{1-7-4}$$

$$r_{21}[m]=\sum_{n=-\infty}^{\infty} x_2[n]x_1^{*}[n-m]=\sum_{n=-\infty}^{\infty} x_2[n+m]x_1^{*}[n] \tag{1-7-5}$$

同理,互相关函数 $r_{12}[m]$ 和 $r_{21}[m]$ 是 $x_1[n]$ 和 $x_2[n]$ 时间差 m 的函数,一般情况下 $r_{12}[m]\neq r_{21}[m]$,它们之间的关系是 $r_{12}[m]=r_{21}^{*}[-m]$ 和 $r_{21}[m]=r_{12}^{*}[-m]$。如果 $x_1[n]$ 和 $x_2[n]$ 是同一信号,即 $x_1[n]=x_2[n]=x[n]$,此时,自相关函数 $r[m]$ 为

$$r(m)=\sum_{n=-\infty}^{\infty} x[n]x^{*}[n-m]=\sum_{n=-\infty}^{\infty} x[n+m]x^{*}[n] \tag{1-7-6}$$

同样,离散信号的自相关函数亦满足共轭对称性,即 $r[m]=r^{*}[-m]$。因此,离散时间实信号的自相关函数也是偶函数,即 $r[m]=r[-m]$。

当 $m=0$ 时,自相关函数的相关性最强,即 $r[0]$ 最大。

2. 基于卷积计算能量信号的相关函数

式(1-7-1)中,变量 t 和变量 τ 互换,得到

$$r_{12}(t)=\int_{-\infty}^{\infty} x_1(\tau)x_2^{*}(\tau-t)\mathrm{d}\tau \tag{1-7-7}$$

又 $x_1(t)$ 和 $x_2^{*}(-t)$ 的线性卷积为

$$x_1(t)*x_2^{*}(-t)=\int_{-\infty}^{\infty} x_1(\tau)x_2^{*}[-(t-\tau)]\,\mathrm{d}t=\int_{-\infty}^{\infty} x_1(\tau)x_2^{*}(\tau-t)\mathrm{d}t \tag{1-7-8}$$

对比式(1-7-7)和式(1-7-8),得到线性卷积与互相关函数的关系,即

$$r_{12}(t)=x_1(t)*x_2^{*}(-t) \tag{1-7-9}$$

进而得到自相关函数与卷积的关系,即

$$r(t)=x(t)*x^{*}(-t) \tag{1-7-10}$$

如果信号为实信号,则

$$r_{12}(t)=x_1(t)*x_2(-t),\quad r(t)=x(t)*x(-t)$$

同理可得,离散时间信号的相关函数与卷积的关系为

$$r_{12}[n]=x_1[n]*x_2^{*}[-n] \tag{1-7-11}$$

$$r[n]=x[n]*x^{*}[-n] \tag{1-7-12}$$

如果离散时间信号为实信号，则

$$r_{12}[n]=x_1[n]*x_2[-n],\quad r[n]=x[n]*x^*[-n]$$

显然，借助式(1-7-9)～式(1-7-12)，可以通过计算卷积来计算相关函数。

1.7.2 功率信号的相关函数

若信号 $x_1(t)$ 和 $x_2(t)$ 都为功率信号，则它们的互相关函数为

$$r_{12}(\tau)=\lim_{T\to\infty}\left[\frac{1}{T}\int_{-T/2}^{T/2}x_1(t)x_2^*(t-\tau)\mathrm{d}t\right]=\lim_{T\to\infty}\left[\frac{1}{T}\int_{-T/2}^{T/2}x_1(t+\tau)x_2^*(t)\mathrm{d}t\right] \tag{1-7-13}$$

$$r_{21}(\tau)=\lim_{T\to\infty}\left[\frac{1}{T}\int_{-T/2}^{T/2}x_2(t)x_1^*(t-\tau)\mathrm{d}t\right]=\lim_{T\to\infty}\left[\frac{1}{T}\int_{-T/2}^{T/2}x_2(t+\tau)x_1^*(t)\mathrm{d}t\right] \tag{1-7-14}$$

显然，与能量信号的互相关函数相比，功率信号的互相关函数取了均值。

功率信号的自相关函数为

$$r(\tau)=\lim_{T\to\infty}\left[\frac{1}{T}\int_{-T/2}^{T/2}x(t)x^*(t-\tau)\mathrm{d}t\right]=\lim_{T\to\infty}\left[\frac{1}{T}\int_{-T/2}^{T/2}x(t+\tau)x^*(t)\mathrm{d}t\right] \tag{1-7-15}$$

同理，若实信号 $x_1[n]$ 和 $x_2[n]$ 都为功率信号，则它们的互相关函数为

$$r_{12}[m]=\lim_{N\to\infty}\left[\frac{1}{N}\sum_{n=-N/2}^{n=N/2}x_1[n]x_2^*[n-m]\right]=\lim_{N\to\infty}\left[\frac{1}{N}\sum_{n=-N/2}^{n=N/2}x_1[n+m]x_2^*[n]\right] \tag{1-7-17}$$

$$r_{21}[m]=\lim_{N\to\infty}\left[\frac{1}{N}\sum_{n=-N/2}^{n=N/2}x_2[n]x_1^*[n-m]\right]=\lim_{N\to\infty}\left[\frac{1}{N}\sum_{n=-N/2}^{n=N/2}x_2[n+m]x_1^*[n]\right] \tag{1-7-18}$$

功率信号的自相关函数为

$$r[m]=\lim_{N\to\infty}\left[\frac{1}{N}\sum_{n=-N/2}^{n=N/2}x[n]x^*[n-m]\right]=\lim_{N\to\infty}\left[\frac{1}{N}\sum_{n=-N/2}^{n=N/2}x[n+m]x^*[n]\right] \tag{1-7-19}$$

当功率信号为周期信号时，取 1 个周期即可。

同样，可以通过计算卷积来计算功率信号的相关函数

$$r_{12}(t)=\lim_{T\to\infty}\left[\frac{1}{T}\cdot x_1(t)*x_2^*(-t)\right] \tag{1-7-20}$$

$$r(t)=\lim_{T\to\infty}\left[\frac{1}{T}\cdot x(t)*x^*(-t)\right] \tag{1-7-21}$$

$$r_{12}[n]=\lim_{N\to\infty}\left[\frac{1}{N}\cdot x_1[n]*x_2^*[-n]\right] \tag{1-7-22}$$

$$r[n]=\lim_{N\to\infty}\left[\frac{1}{N}\cdot x[n]*x^*[-n]\right] \tag{1-7-23}$$

【例1-7-1】求信号 $x(t)=A_{\mathrm{m}}\cos(\omega_0 t)$ 的自相关函数。

解:信号为功率信号,所以

$$r(\tau)=\lim_{T\to\infty}\left[\frac{1}{T}\int_{-T/2}^{T/2}x(t)x^*(t-\tau)\mathrm{d}t\right]\xlongequal{\text{实信号}}\lim_{T\to\infty}\left[\frac{1}{T}\int_{-T/2}^{T/2}x(t)x(t-\tau)\mathrm{d}t\right]$$

$$=\lim_{T\to\infty}\frac{A_{\mathrm{m}}^2}{T}\left[\int_{-T/2}^{T/2}\cos(\omega_0 t)\cos[\omega_0(t-\tau)]\,\mathrm{d}t\right]$$

$$=\lim_{T\to\infty}\frac{A_{\mathrm{m}}^2}{T}\left[\int_{-T/2}^{T/2}\cos(\omega_0 t)\,[\cos(\omega_0 t)\cos(\omega_0\tau)+\sin(\omega_0 t)\sin(\omega_0\tau)]\,\mathrm{d}t\right]$$

$$=\lim_{T\to\infty}\frac{A_{\mathrm{m}}^2}{T}\left[\cos(\omega_0\tau)\int_{-T/2}^{T/2}\cos^2(\omega_0 t)\mathrm{d}t+\int_{-T/2}^{T/2}\frac{1}{2}\sin(2\omega_0 t)\sin(\omega_0\tau)\mathrm{d}t\right]$$

$$=\lim_{T\to\infty}\frac{A_{\mathrm{m}}^2}{T}\cos(\omega_0\tau)\int_{-T/2}^{T/2}\cos^2(\omega_0 t)\mathrm{d}t=\frac{A_{\mathrm{m}}^2}{2}\cos(\omega_0\tau)$$

因此可知,正弦信号的自相关函数仍为正弦信号。

相关函数描述了两个信号或信号自身波形不同时刻的相关性,揭示了信号波形的结构特性,通过相关运算可以发现信号中许多有规律的东西,被广泛应用于通信和信号处理领域。

习题及思考题

一、单项选择题

1. 试确定下列信号的周期:

(1) $x(t)=3\cos\left(4t+\frac{\pi}{3}\right)$________。

(A) 2π　　(B) π　　(C) $\frac{\pi}{2}$　　(D) $\frac{2}{\pi}$

(2) $x[n]=2\cos\left(\frac{\pi}{4}n\right)+\sin\left(\frac{\pi}{8}n\right)-2\cos\left(\frac{\pi}{2}n+\frac{\pi}{6}\right)$________。

(A) 8　　(B) 16　　(C) 2　　(D) 4

2. 下列信号中属于功率信号的是________。

(A) $\cos t\cdot u(t)$　　(B) $\mathrm{e}^{-t}u(t)$　　(C) $t\mathrm{e}^{-t}u(t)$　　(D) $\mathrm{e}^{-|t|}$

3. 序列和 $\sum_{m=-\infty}^{n}2^m\delta[m-2]$ 等于________。

(A) 1　　(B) 4　　(C) $4u[n]$　　(D) $4u[n-2]$

4. 下列表达式中正确的是________。

(A) $\delta(2t)=\delta(t)$　　　　(B) $\delta(2t)=\frac{1}{2}\delta(t)$

(C) $\delta(2t)=2\delta(t)$　　　　(D) $2\delta(t)=\frac{1}{2}\delta(2t)$

5. 若 $x(t)$是已录制声音的磁带,则下列表述错误的是________。

(A) $x(-t)$表示将此磁带倒转播放信号

(B) $x(2t)$表示将此磁带以 2 倍速度加快播放

(C) $x(2t)$表示原磁带放音速度降低一半

(D) $2x(t)$表示将磁带的音量放大 1 倍播放

6. 单位阶跃序列 $u[n]$不可以写成以下哪个表达式________。

(A) $u[n]=\sum_{m=-\infty}^{n}\delta[m]$　　　　(B) $u[n]=\sum_{m=0}^{\infty}\delta[n-m]$

(C) $u[n]=\delta[n]+\delta[n+1]$　　　　(D) $u[n]=\delta[n]+u[n-1]$

7. 离散信号 $x_1[n]$和 $x_2[n]$如题图 1 所示,设 $y[n]=x_1[n]*x_2[n]$,则 $y[2]=$________。

(A) 1　　(B) 2　　(C) 3　　(D) 5

8. 信号 $x_1(t)$和 $x_2(t)$ 如题图 2 所示,$x(t)=x_1(t)*x_2(t)$,则 $x(-1)=$

________。

(A) 1　　(B) -1　　(C) 1.5　　(D) -0.5

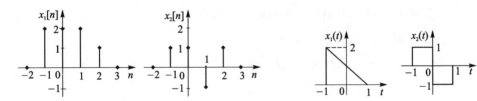

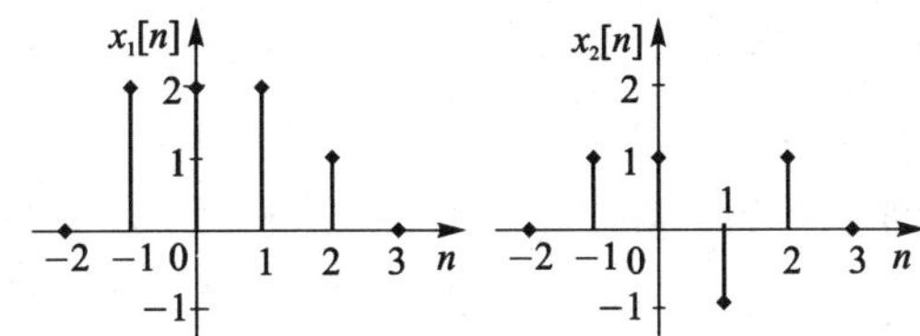

题图 1

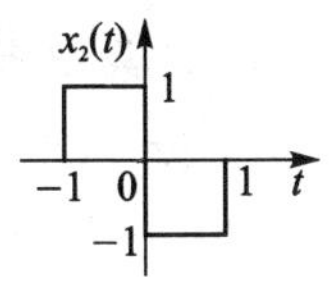

题图 2

9. 下列等式不成立的是________。

(A) $x_1(t-t_0)*x_2(t+t_0)=x_1(t)*x_2(t)$

(B) $\frac{\mathrm{d}}{\mathrm{d}t}[x_1(t)*x_2(t)]=\left[\frac{\mathrm{d}}{\mathrm{d}t}x_1(t)\right]*\left[\frac{\mathrm{d}}{\mathrm{d}t}x_2(t)\right]$

(C) $x(t)*\delta'(t)=x'(t)$

(D) $x(t)*\delta(t)=x(t)$

10. $x[n+3]*\delta[n-2]$的正确结果为________。

(A) $x[5]\delta[n-2]$　　　　(B) $x[1]*\delta[n-2]$

(C) $x[n+1]$　　　　(D) $x[n+5]$

二、判断题

1. 所有非周期信号都是能量信号。(　　)

2. (1) 由已知信号 $x(t)$构造信号:$x_1(t)=\sum_{n=-\infty}^{\infty}x(t+nT)$,则 $x_1(t)$是周期信号。(　　)

(2) 若 $x[n]$是周期序列,则 $x[2n]$也是周期序列。(　　)

(3) 信号 $x[n]$和 $y[n]$为周期信号,则 $x[n]+y[n]$也是周期信号。(　　)

3. 信号 $x(t)=\cos t+\sin(\sqrt{2}t)$为周期信号(　　),周期为 2π(　　);信号 $x[n]=\sin\left(\frac{\pi}{4}n\right)+\cos\left(\frac{\pi}{3}n\right)$为周期信号(　　),周期为 12(　　);对信号 $x(t)=\sin t$ 以 $f_{\text{sam}}=1$ Hz 进行取样,所得离散序列 $x[n]$是周期序列(　　)。

4. 对公式或运算结果判定对错。

(1) $x(t)*\delta(t)=x(t)$。(　　)

(2) $x(t)\delta(t)=x(0)$。(　　)

(3) $\int_{-\infty}^{t}\delta(\tau)\mathrm{d}\tau=1$。(　　)

(4) $\int_{-\infty}^{t}x(\tau)\mathrm{d}\tau=x(t)*u(t)$。(　　)

5. (1) 若 $y(t)=x(t)*h(t)$,则 $y(2t)=2x(2t)*h(2t)$。(　　)

(2) 若 $x(t)$和 $h(t)$均为奇函数,则 $x(t)*h(t)$为偶函数。(　　)

(3) 若 $y(t)=x(t)*h(t)$,则 $y(-t)=x(-t)*h(-t)$。(　　)

(4) 若 $y[n]=x[n]*h[n]$,则 $y[n-1]=x[n-1]*h[n-1]$。(　　)

三、填空题

1. 设 $x(t)=0,t<3$,试确定下列信号为 0 的 t 值:

(1) $x(1-t)+x(2-t)$,$t=$________。

(2) $x\left(\frac{t}{3}\right)$,$t=$________。

2. 计算积分:

(1) $x_1(t)=\int_{-\infty}^{\infty}2(t^2-2)\delta(t-2)\mathrm{d}t=$________。

(2) $x_2(t)=\int_{0}^{\infty}[\delta(t^2-1)]\,\mathrm{e}^{-t}\mathrm{d}t=$________。

(3) $\int_{-\infty}^{\infty}(t+\cos\pi t)\,[\delta(t)+\delta'(t)]\,\mathrm{d}t=$________。

(4) $\int_{-4}^{4}t^2\delta'(t-1)\mathrm{d}t=$________。

(5) $\int_{-\infty}^{\infty}(t^2+2t)\delta(-t+1)\mathrm{d}t=$________。

(6) $\int_{-\infty}^{\infty}u(2t-2)u(4-2t)\mathrm{d}t=$________。

(7) $\int_{3}^{1} e^{-2t}\delta(t-2)dt=$ ________。

(8) $\int_{-\infty}^{3}(2t^2+3t)\delta\left(\frac{1}{2}t-2\right)dt=$ ________。

(9) $\int_{-5}^{5}(t-3)\delta(-2t+4)dt=$ ________。

3. 计算下列各式：

(1) $\delta(\sin t)=$ ________。　　(2) $\sin t\cdot\delta'(t)=$ ________。

(3) $\int_{0}^{t}(\tau^2+2)\delta(2-\tau)d\tau=$ ________。

4. 已知 $x(t)=(t^2+4)u(t)$，则 $x''(t)=$ ________。

5. 在下列各题的横线上填上适当的内容：

(1) $\frac{d}{dt}[e^{-2t}*u(t)]=$ ________。

(2) $\int_{-\infty}^{t}f(\tau)d\tau=f(t)*$ ________。

6. 已知两个连续时间信号 $x_1(t)$ 和 $x_2(t)$，求两个信号的卷积 $x_1(t)*x_2(t)$。

(1) $x_1(t)=tu(t)$，$x_2(t)=u(t)$，则 $x_1(t)*x_2(t)=$ ____________。

(2) $x_1(t)=tu(t)$，$x_2(t)=u(t)-u(t-2)$，则 $x_1(t)*x_2(t)=$ ____________。

(3) $x_1(t)=tu(t-1)$，$x_2(t)=u(t+3)$，则 $x_1(t)*x_2(t)=$ ____________。

(4) $x_1(t)=e^{-2t}u(t)$，$x_2(t)=u(t)$，则 $x_1(t)*x_2(t)=$ ____________。

(5) $x_1(t)=e^{-2t}u(t)$，$x_2(t)=e^{-3t}u(t)$，则 $x_1(t)*x_2(t)=$ ____________。

(6) $x_1(t)=tu(t)$，$x_2(t)=e^{-2t}u(t)$，则 $x_1(t)*x_2(t)=$ ____________。

(7) $x_1(t)=u(t+2)$，$x_2(t)=u(t-3)$，则 $x_1(t)*x_2(t)=$ ____________。

(8) $x_1(t)=u(t-1)-u(t-2)$，$x_2(t)=u(t-2)-u(t-4)$，则 $x_1(t)*x_2(t)=$ ____________。

(9) $x_1(t)=u(t)-u(t-4)$，$x_2(t)=\sin(\pi t)u(t)$，则 $x_1(t)*x_2(t)=$ ____________。

(10) $x_1(t)=e^{-2t}u(t+1)$，$x_2(t)=u(t-3)$，则 $x_1(t)*x_2(t)=$ ____________。

7. 已知 $x[n]=\{\underset{\underset{n=0}{\uparrow}}{3},4,5,6\}$，则 $y[n]=x[2n-1]=$ ____________。

8. 已知 $x_1[n]=\{2,\underset{\underset{n=0}{\uparrow}}{3},-1\}$，$x_2[n]=\{\underset{\underset{n=0}{\uparrow}}{3},1,0,0,2\}$，则卷积和 $x_1[n]*x_2[n]=$ ____________。

9. 已知两个序列分别为 $x_1[n]=\left(\frac{1}{3}\right)^n u[n]$，$x_2[n]=u[n]-u[n-3]$，$x[n]=x_1[n]*x_2[n]$，则 $x[2]=$ ____________，$x[4]=$ ____________。

10. 两个连续时间信号 $x_1(t)$、$x_2(t)$ 在 $[t_1,t_2]$ 区间上相互正交的条件是____________。

四、画图、证明和分析计算题

1. 已知信号 $x(t)$ 的波形如题图3所示，画出下列各函数的波形：

(1) $x(t-1)u(t)$。　(2) $x(2-t)$。　(3) $x(1-2t)$。

(4) $x(0.5t-2)$。　(5) $\dfrac{\mathrm{d}x(t)}{\mathrm{d}t}$。　(6) $\int_{-\infty}^{x} x(t)\mathrm{d}t$。

2. 已知 $x(t)$ 波形如题图4所示，试画出 $x\left(2-\dfrac{t}{3}\right)$ 的波形。

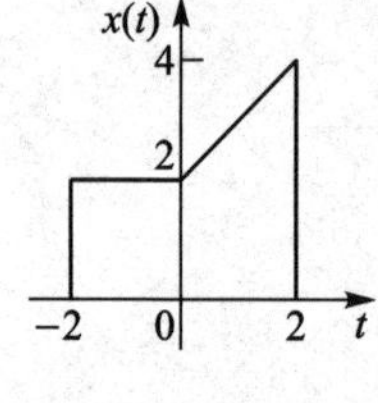

题图 3

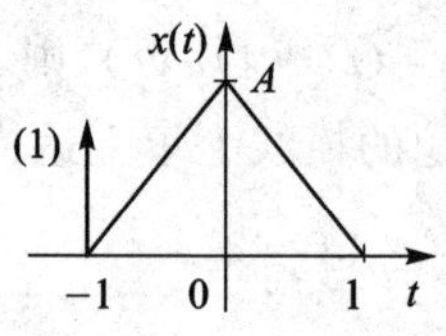

题图 4

3. 已知 $x(-2t+1)$ 波形如题图5所示，试画出 $x(t)$ 的波形。

4. 绘出信号 $x(t)=\int_{0_-}^{t}[\delta(\tau^2-\tau)-2\delta(\tau-2)]\,\mathrm{d}\tau$ 的波形。

5. 已知 $\dfrac{\mathrm{d}x(t)}{\mathrm{d}t}=3\sum\limits_{k=-\infty}^{\infty}\delta(t-2k)-3\sum\limits_{k=-\infty}^{\infty}\delta(t-2k-1)$，试画出 $x(t)$ 的一种可能波形。

6. 已知序列 $x[n]$ 的图形如题图6所示，画出下列各序列的图形：

(1) $x[n-2]u[n]$。　(2) $x[n-2]u[n-2]$。

(3) $x[n-2](u[n]-u[n-4])$。　(4) $x[-n-2]$。

(5) $x[-n+2]u[-n+1]$。　(6) $x[n]-x[n-3]$。

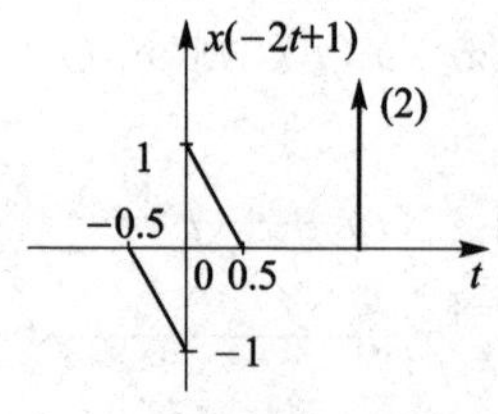

题图 5

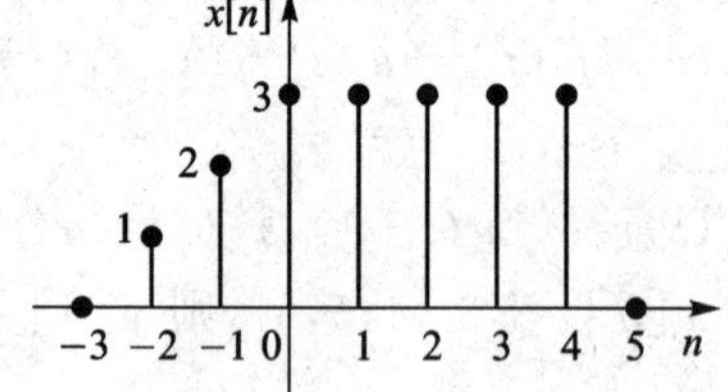

题图 6

7. $\lim\limits_{y\to 0}\dfrac{y}{x^2+y^2}\dfrac{1}{\pi}$ 是否定义了一个 $\delta(x)$？为什么？

8. 设 a、b 为常数，且 $a\neq 0$，求证：

$$\int_{-\infty}^{\infty}x(t)\delta(at-b)\mathrm{d}t=\frac{1}{|a|}x\left(\frac{b}{a}\right)$$

9. 已知 $x(t)$和 $h(t)$的波形如题图 7(a)、(b)所示，求 $x(t)*h(t)$。

10. 已知 $x(t)=e^{-2t}u(-t)$，$h(t)=u(t-3)$，求 $y(t)=x(t)*h(t)$，并绘出 $y(t)$的波形。

11. 离散信号 $x[n]$如题图 8 所示，求 $y[n]=x[2n]*x[n]$，并绘出 $y[n]$的图形。

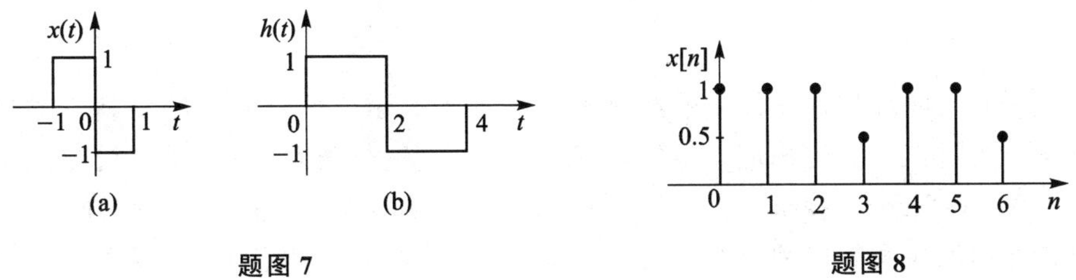

题图 7　　题图 8

12. 已知三个离散信号 $x[n]=u[n]-u[n-2]$，$h_1[n]=\delta[n]-\delta[n-1]$，$h_2[n]=a^n u[n-1]$，求 $y[n]=x[n]*h_1[n]*h_2[n]$。

第2章 LTI系统的描述及响应

系统是对物理装置元件或非物理实体的抽象表示。信号和系统的特性共同决定了信号通过该系统的响应。本章学习系统的定义、分类及特性，重点讨论线性时不变(Linear Time Invariant，LTI)系统的特性、描述及响应。由于连续时间 LTI 系统分析与离散时间 LTI 系统分析有许多类似之处，例如连续时间 LTI 系统采用常系数线性微分方程描述，离散时间 LTI 系统采用常系数线性差分方程描述，两种方程的求解方法在很大程度上是互相对应的。因此，本章将对照研究连续时间 LTI 系统和离散时间 LTI 系统的描述及响应。

2.1 零状态响应与因果稳定的LTI系统

各种信号从来都不是孤立存在的，信号总是源于某系统，又会在系统中传递。所谓系统，是由若干相互联系、相互作用的单元组成的具有一定功能的有机整体。系统的种类很多，如通信系统、计算机系统、自动控制系统、生态系统、经济系统、社会系统等。在各种系统中，电系统具有特殊重要的作用，这是因为大多数非电系统都可以用电系统来模拟或仿真。

系统的功能随其构成形式而定。有的可完成工业过程中各种物理量(如温度、压力、流量、速度等)信号的加工与处理，如放大、滤波、延迟、积分等；有的可完成对运动物体的遥测与控制，如雷达、卫星遥测遥控系统等。系统的功能虽然不尽相同，但其输入与输出的对应关系却可以简单地用图 2-1-1 表示出来，系统的输入也称为激励，用 $x(t)$ 或 $x[n]$ 表示，系统的输出也称为响应，用 $y(t)$ 或 $y[n]$ 表示。其中，T 表示算子，代表系统特性。

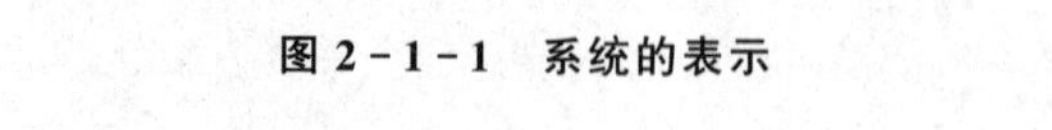

图 2-1-1 系统的表示

系统的激励与响应的关系用下式表示：

$$y(t)=\mathrm{T}\{x(t)\} \tag{2-1-1}$$

$$y[n]=\mathrm{T}\{x[n]\} \tag{2-1-2}$$

可见,系统的功能就是对信号进行加工、变换和处理。若算子 T{ · }所代表的系统的输入和输出,以及内部各节点的信号都是连续时间信号,则该系统为连续时间系统;若算子 T{ · }所代表的系统的输入和输出,以及内部各节点的信号都是离散时间信号,则该系统为离散时间系统。在实际应用中,信号与系统必须成为相互协调的整体,才能实现信号与系统各自的特性“匹配”。

零状态响应是指当系统的初始状态为零时,仅由系统的激励信号作用下产生的响应,记为 $y_{zs}(t)$或 $y_{zs}[n]$,即系统内部记忆元件(比如电路中的电容和电感)储能为零,在没有输入的情况下,系统的响应为零,此后,系统的响应只与输入的激励信号有关。基于系统零状态响应的特性将系统分为不同的类型:动态系统与即时系统;因果系统与非因果系统;稳定系统与非稳定系统;线性系统与非线性系统;时变系统与非时变系统。

松弛系统是指系统的初始状态能量为零,即在$-\infty$到 $t=0$ 时间段内系统的储能为零。就是说,松弛系统是确保系统的响应为零状态响应的系统。

2.1.1　动态系统与即时系统

若系统在任一时刻的响应不仅与该时刻的激励有关,而且与它过去的历史所积累的现状有关,则称为动态系统或记忆系统。含有记忆元件的系统是动态系统;否则为即时系统或无记忆系统,如电阻电路。

2.1.2　因果系统与非因果系统

因果系统是指零状态响应仅与当前和过去的输入有关,而与将来的输入无关的系统。零状态响应不会出现在激励之前,即有因才有果,激励是产生响应的原因,因果系统满足因果性(causality),不具有因果性的系统称为非因果系统。

连续时间因果系统可表示为

$$\boxed{\text{当}\ t<t_0\text{,且}\ x(t)\equiv 0\ \text{时,则}\ y_{zs}(t)=0} \tag{2-1-3}$$

同样,**离散时间因果系统**可表示为

$$\boxed{\text{当}\ n<n_0\text{,且}\ x[n]\equiv 0\ \text{时,则}\ y_{zs}[n]=0} \tag{2-1-4}$$

例如,即时系统都是因果系统,因为输出仅仅对当前的输入值做出响应,因此 $y_{zs}(t)=3x(t-1)$ 和 $y_{zs}(t)=\int_{-\infty}^{t}x(\tau)\mathrm{d}\tau$ 是因果系统。而 $y_{zs}(t)=3x(t+1)$是非因果系统,因为令 $t=1$ 时 $y_{zs}(1)=3x(2)$;$y_{zs}(t)=x(2t)$也是非因果系统,因为,若 $t<t_0$,$x(t)\equiv 0$,则 $y_{zs}(t)=x(2t)=0$,$t<0.5t_0$。

实际系统,由输入引起的零状态响应不可能出现于激励信号之前,所以实际系统均为因果系统。因果系统是物理上可以实现的,非因果系统是物理上不可以实现的。

2.1.3 稳定系统与非稳定系统

稳定系统,即系统满足稳定性(stability)。一个系统如果对任意的有界输入,其零状态响应也是有界的,则称该系统是有界输入有界输出(Bounded Input Bounded Output,BIBO)的稳定系统。而对于非稳定系统,一个小的激励就会使系统的零状态响应发散,导致响应不可控。

连续时间稳定系统可表示为

$$\boxed{\text{若}\ |x(t)|<\infty,\text{则}\ |y(t)|<\infty} \tag{2-1-5}$$

同样,离散时间稳定系统可表示为

$$\boxed{\text{若}\ |x[n]|<\infty,\text{则}\ |y[n]|<\infty} \tag{2-1-6}$$

2.1.4 线性系统与非线性系统

系统的线性(linearity)性质由齐次性和叠加性共同决定,同时具备齐次性和叠加性的系统称为线性系统。

齐次性,是指当系统的激励变为原来的 a 倍时,其响应也变为原来的 a 倍。

对于连续时间系统,齐次性可表示为,若 $y(t)=\mathrm{T}\{x(t)\}$,则

$$ay(t)=\mathrm{T}\{ax(t)\} \tag{2-1-7}$$

叠加性,是指当两个激励信号同时作用于系统时,其响应等于每个激励信号单独作用于系统时产生的响应的叠加。对于连续时间系统,叠加性可表示如下:

若 $y_1(t)=\mathrm{T}\{x_1(t)\}$,$y_2(t)=\mathrm{T}\{x_2(t)\}$,则

$$y_1(t)+y_2(t)=\mathrm{T}\{x_1(t)+x_2(t)\}=\mathrm{T}\{x_1(t)\}+\mathrm{T}\{x_2(t)\} \tag{2-1-8}$$

同时具有齐次性和叠加性才能称为具有线性性质。若 $y_1(t)=\mathrm{T}\{x_1(t)\}$,$y_2(t)=\mathrm{T}\{x_2(t)\}$,则对于线性连续时间系统可表示为

$$\boxed{a_1y_1(t)+a_2y_2(t)=\mathrm{T}\{a_1x_1(t)\}+\mathrm{T}\{a_2x_2(t)\}=\mathrm{T}\{a_1x_1(t)+a_2x_2(t)\}} \tag{2-1-9}$$

式中:a_1,a_2 为任意非零实常数。连续时间系统的线性性质如图 2-1-2 所示。

同样,若 $y_1[n]=\mathrm{T}\{x_1[n]\}$,$y_2[n]=\mathrm{T}\{x_2[n]\}$,则线性离散时间系统可表示为

$$\boxed{a_1y_1[n]+a_2y_2[n]=\mathrm{T}\{a_1x_1[n]+a_2x_2[n]\}=\mathrm{T}\{a_1x_1[n]\}+\mathrm{T}\{a_2x_2[n]\}} \tag{2-1-10}$$

式中:a_1,a_2 为任意实常数。

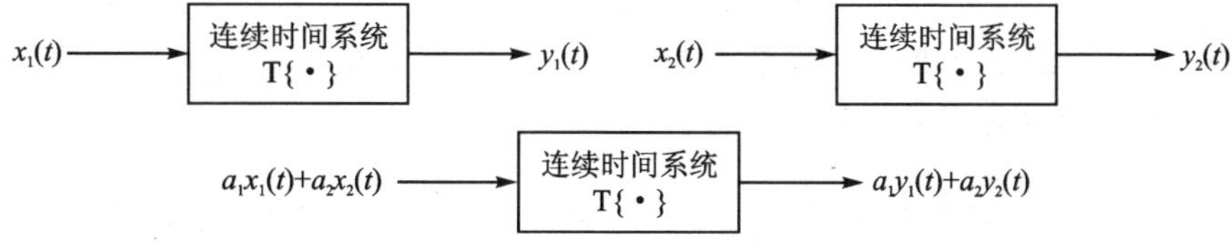

图 2－1－2　连续时间系统的线性性质示意图

综上，线性系统（互为）的充分必要条件是

$$\boxed{T\left\{\sum_i a_i x_i\right\}=\sum_i a_i T\{x_i\},\quad a_i \text{ 为不全为 0 的常数}} \tag{2-1-11}$$

【例 2－1－1】$y[n]=ax[n]+b$，a、b 是不为 0 的实常数，判断该系统是否为线性系统。

解：由于 $y_1[n]=T\{x_1[n]\}=ax_1[n]+b$，$y_2[n]=T\{x_2[n]\}=ax_2[n]+b$，从而有

$$\begin{aligned}y[n]&=y_1[n]+y_2[n]=T\{x_1[n]\}+T\{x_2[n]\}\\&=(ax_1[n]+b)+(ax_2[n]+b)=a(x_1[n]+x_2[n])+2b\\&\neq a(x_1[n]+x_2[n])+b=T\{x_1[n]+x_2[n]\}\end{aligned}$$

所以，该系统是非线性系统。本质原因是，该系统有初始储能 b，不是松弛系统。

2.1.5　时变系统与非时变系统

具有非时变性（time－invariance）的系统是指系统的结构和参数不随时间改变。因此，非时变系统是指系统的零状态响应的形式与激励信号接入系统的时间起点无关，否则为时变系统。非时变系统也称为时不变系统或移不变系统。

连续时间非时变系统的特性可表示为，若 $y(t)=T\{x(t)\}$，则

$$\boxed{y(t-t_0)=T\{x(t-t_0)\}} \tag{2-1-12}$$

式中：t_0 为延时，如图 2－1－3 所示。

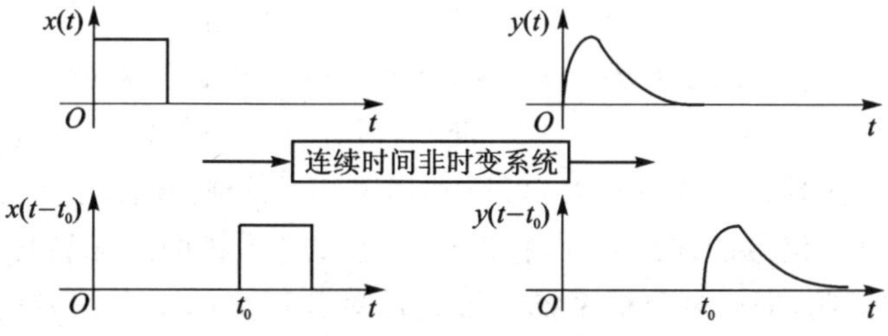

图 2－1－3　连续时间非时变系统特性图

同样，离散时间非时变系统可表示为，若 $y[n]=T\{x[n]\}$，则

$$y[n-n_0]=\mathrm{T}\{x[n-n_0]\} \tag{2-1-13}$$

【例2-1-2】试判断下列系统是否为时不变系统,其中,$x(t)$和$x[n]$为输入信号,$y(t)$和$y[n]$为零状态响应。

(1) $y(t)=\int_{-\infty}^{t}x(\tau)\mathrm{d}\tau$。　　(2) $y(t)=\sin t\cdot x(t)$。

(3) $y[n]=x[n-1]$。　　(4) $y[n]=nx[n]$。

解:(1) 设$y_1(t)$是由平移的输入信号$x_1(t)=x(t-t_0)$产生的响应,则

$$y_1(t)=\mathrm{T}\{x(t-t_0)\}=\int_{-\infty}^{t}x(\tau-t_0)\mathrm{d}\tau \xlongequal{\rho=\tau-t_0} \int_{-\infty}^{t-t_0}x(\rho)\mathrm{d}\rho=y(t-t_0)$$

可见,系统为非时变系统。

(2) 因为$y_1(t)=\mathrm{T}\{x(t-t_0)\}=\sin t\cdot x(t-t_0)$,而

$$y(t-t_0)=\sin(t-t_0)\cdot x(t-t_0)\neq y_1(t)$$

所以系统为时变系统。其本质是,系数$\sin t$是时变的。

(3) 设$y_1[n]$是系统对输入信号$x_1[n]=x[n-n_0]$的响应,则

$$y_1[n]=\mathrm{T}\{x_1[n]\}=x_1[n-1]=x[n-1-n_0]=y[n-n_0]$$

故系统为非时变系统。

(4) 因为$y_1[n]=\mathrm{T}\{x[n-n_0]\}=n\cdot x[n-n_0]$,而

$$y[n-n_0]=[n-n_0]x[n-n_0]\neq y_1[n]$$

所以,该系统为时变系统。其本质是,系数n是时变的。

2.1.6 线性时不变系统

若系统既是线性的,也满足时不变性,则该系统为线性时不变系统,简记为LTI(Linear Time Invariant)系统。虽然实际中大多数系统不是LTI系统,但许多非LTI系统经过合理近似后,可以简化为LTI系统进行分析。要注意的是,同时具有因果性和稳定性是实际LTI系统的基本特征。

本章讲述LTI系统的描述(建模)和求解,第3~5章将研究基于信号正交分解的信号与LTI系统分析。信号与LTI系统分析的本质问题是信号经过LTI系统的问题,要把信号分析与系统分析统一起来,这种统一性概括起来就是“**(输入)信号的分解,响应的叠加**”。如图2-1-4所示,即当研究一个一般信号经过线性系统会发生什么变化以及按什么规律变化时,可以利用LTI系统的线性性质,先将输入信号分解为正交的基本信号的线性组合,将信号经过LTI系统的问题转化为正交信号经过LTI系统的问题,即通过分析系统是否满足对各正交的基本信号的响应要求,进而分析出系统是否满足对一般信号的响应要求,并可以通过将每个基本信号产生的输出相叠加得到整体的响应(输出信号)。

由此可见,信号分解在信号与系统分析中非常重要,信号分解方式的不同将导

图 2-1-4　信号分解与线性系统分析关系框图

致系统分析方法的不同。第 3 章研究信号与系统的时域分析，即将信号分解为正交的冲激（脉冲）信号进行分析；第 4 章研究信号与系统的频域分析，即将信号分解为正交的虚指数信号进行分析；第 5 章研究信号与系统的复频域分析，将信号分解为正交的复指数信号进行分析。

综上所述，本课程主要研究确定信号与因果稳定的 LTI 系统，“信号的正交分解”为这门课程的主线。它应用了较多的高等数学知识、复变函数和电路分析（以电路课程为背景）的内容。在学习过程中，着重掌握信号与系统分析的基本理论和基本方法，将数学概念、物理概念与工程概念相结合。注意其提出问题、分析问题和解决问题的方法，只有这样才可以真正理解信号与系统分析的实质，为以后的学习和应用奠定坚实的基础。

2.2 LTI 系统的数学模型描述

要分析一个系统，首先要建立描述该系统特征的数学模型，也就是确定算子 T。然后在数学模型的基础上，根据系统的初始状态和输入激励，运用数学方法进行求解，并对所得结果做出物理解释，赋予物理意义。因此，系统分析的过程就是从实际的物理问题抽象出数学模型，经数学分析后再回到实际的物理过程。

一般来说，要根据系统的具体物理模型列出方程来获得数学模型。对于电路系统，建立模型时要遵循两类约束条件：一是 R、L、C 元件的伏安特性，二是基尔霍夫定律（KVL 和 KCL）。当线性电路是仅有一个动态元件的线性电路时，动态元件以外的线性电阻电路可以用戴维南定理等效模型（电压源和电阻的串联）或诺顿定理等效模型（电流源与电阻的串联）代替，所建立的数学模型是一阶常系数线性微分方程。当电路中含有两个或 N 个动态元件时，所建立的数学模型为 N 阶常系数微分方程。

【例 2-2-1】求如图 2-2-1 所示的并联电路的端电压 $v(t)$ 与激励 $i_S(t)$ 之间的关系。

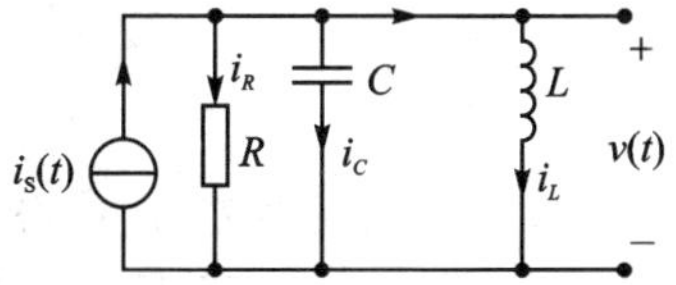

图 2-2-1　并联电路图

解：这是包含两个动态元件的并联谐振电路。根据 KCL，$i_C(t)+i_R(t)+i_L(t)=i_S(t)$，有

$$C\frac{\mathrm{d}v(t)}{\mathrm{d}t}+\frac{1}{R}v(t)+\frac{1}{L}\int_{-\infty}^{t}v(\tau)\mathrm{d}\tau=i_S(t)$$

$$\Rightarrow C\frac{\mathrm{d}^2v(t)}{\mathrm{d}t^2}+\frac{1}{R}\frac{\mathrm{d}v(t)}{\mathrm{d}t}+\frac{1}{L}v(t)=\frac{\mathrm{d}i_S(t)}{\mathrm{d}t}$$

显然,这是一个二阶常系数微分方程。

非电路系统是通过实际问题所符合的规律来建立数学模型的。

【例 2-2-2】 设某地区第 n 年的人口数为 $y[n]$,人口的正常出生率和死亡率分别为 a 和 b,而第 n 年从外地迁入的人口数为 $x[n]$,试写出描述 $y[n]$ 与 $x[n]$ 之间关系的方程式。

解:由题意,第 n 年的人口总数为

$$y[n]=y[n-1]+(a-b)y[n-1]+x[n]$$

整理后可得

$$y[n]-(1+a-b)y[n-1]=x[n]$$

可见,描述该系统激励与响应之间关系的数学模型是一阶常系数线性差分方程。

【例 2-2-3】 某人从当月起每月初到银行存款 $x[n]$元,月息 $r=0.5\%$。设第 n 月初的总存款数为 $y[n]$元,试写出描述总存款数 $y[n]$与月存款数 $x[n]$关系的方程式。

解:第 n 月初的总存款数为三项之和:第 n 月初之前的总存款数 $y[n-1]$,第 n 月初存入的款数 $x[n]$,第 $n-1$ 月的利息 $ry[n-1]$,所以

$$y[n]=(1+r)y[n-1]+x[n]$$

整理后可得

$$y[n]-(1+r)y[n-1]=x[n]$$

综上,用于描述连续时间 LTI 系统的数学模型是常系数线性微分方程,用于描述离散时间 LTI 系统的数学模型是常系数线性差分方程。要注意,反过来不一定成立。

N 阶常系数线性微分方程的一般形式为

$$\begin{aligned}&a_N y^{(N)}(t)+a_{N-1}y^{(N-1)}(t)+\cdots+a_1 y'(t)+y(t)\\=&b_M x^{(M)}(t)+b_{M-1}x^{(M-1)}(t)+\cdots+b_1 x'(t)+b_0 x(t),\quad a,b\text{ 为实常数},N\geqslant M\end{aligned} \tag{2-2-1}$$

或

$$\boxed{\sum_{i=0}^{N}a_i y^{(i)}(t)=\sum_{i=0}^{M}b_i x^{(i)}(t),\quad N\geqslant M,a_i\text{ 和 }b_i\text{ 为实常数},a_0=1} \tag{2-2-2}$$

N 阶常系数线性差分方程的一般形式为

$$\boxed{\sum_{i=0}^{N}a_k y[n-i]=\sum_{i=0}^{M}b_i x[n-i],\quad N\geqslant M,a_i\text{ 和 }b_i\text{ 为实常数},a_0=1} \tag{2-2-3}$$

式中:$x(t)$和 $x[n]$是系统的输入信号或激励信号,$y(t)$和 $y[n]$是系统的输出或响应。

可见，常系数线性差分方程与常系数线性微分方程有类似的形式，只是用 $x[n]$、$y[n]$ 的差分代替了相应的微分。

基于 LTI 系统的数学模型可以分析 LTI 系统响应的以下特点：

1. 微分和差分特性

连续时间 LTI 系统满足如下微分特性，即，若 $y(t)=\mathrm{T}\{x(t)\}$，则

$$\frac{\mathrm{d}y(t)}{\mathrm{d}t}=\mathrm{T}\left\{\frac{\mathrm{d}x(t)}{\mathrm{d}t}\right\} \tag{2-2-4}$$

离散时间 LTI 系统，若 $y[n]=\mathrm{T}\{x[n]\}$，则满足差分特性

$$y[n]-y[n-1]=\mathrm{T}\{x[n]-x[n-1]\} \tag{2-2-5}$$

2. 积分和求和特性

连续时间 LTI 系统满足如下积分特性，即，若 $y(t)=\mathrm{T}\{x(t)\}$，则

$$\int_{-\infty}^{t} y(\tau)\mathrm{d}\tau=\mathrm{T}\left\{\int_{-\infty}^{t} x(\tau)\mathrm{d}\tau\right\} \tag{2-2-6}$$

离散时间 LTI 系统，若 $y[n]=\mathrm{T}\{x[n]\}$，则满足求和特性

$$\sum_{m=-\infty}^{n} y[m]=\mathrm{T}\left\{\sum_{m=-\infty}^{n} x[m]\right\} \tag{2-2-7}$$

3. 频率保持性

LTI 系统的频率保持性是指多个不同频率的正弦信号的叠加通过连续时间 LTI 系统后，响应仍然是正弦信号的叠加，且响应中不会产生激励中没有的频率信号。这是因为，无论是常系数线性微分方程，还是常系数线性差分方程，当输入为正弦信号时，同频正弦信号的加减，以及正弦信号的微分和积分都是与输入同频率的正弦。

相比于微分方程，将输入代入差分方程递推可以直接得到系统的响应。

【例 2-2-4】系统 $y[n]=ay[n-1]+x[n]$，输入序列 $x[n]=\delta[n]$，用递推法求当 $y[-1]=0$ 时的输出 $y[n]$。

解：由 $y[n]=ay[n-1]+x[n]$，得

$n=0, y[0]=ay[-1]+\delta[0]=1$

$n=1, y[1]=ay[0]+\delta[1]=a$

$n=2, y[2]=ay[1]+\delta[2]=a^1$

$\vdots$

从而得到递推通解形式：$n=n, y[n]=a^n$。

当然，多数情况通过递推找到通解形式是不易的，因此，在 2.4 节将讲述常系数线性微分方程与常系数线性差分方程的经典解法。

2.3 LTI系统的零输入响应和零状态响应

2.3.1 由零状态响应和零输入响应构成LTI系统的全响应

2.1节已经学习了零状态响应。零状态响应是指当系统的初始状态为零,仅由系统的激励信号作用下产生的响应,记为 $y_{zs}(t)$ 或 $y_{zs}[n]$。

零输入响应则是指当系统的激励信号为零,仅由系统的初始状态作用下产生的响应,记为 $y_{zi}(t)$ 或 $y_{zi}[n]$。显然,对于动态系统研究零输入响应才有意义。

根据线性系统的性质,一个线性系统的全响应等于零输入响应与零状态响应之和,即

$$y(t)=y_{zi}(t)+y_{zs}(t) \tag{2-3-1}$$

$$y[n]=y_{zi}[n]+y_{zs}[n] \tag{2-3-2}$$

零输入响应和零状态响应是基于响应产生的原因进行分解的,物理意义清晰明确,更为重要的是由这种分解方法得到的零状态响应在信号与系统时域分析中至关重要。

下面通过实例理解零输入响应和零状态响应的概念。图2-3-1中,电压源的电压作为激励 $x(t)$,电容电压 $u_C(t)$ 作为响应,用 $y(t)$ 来表示。图(a)中的 $y(t)$ 为全响应,此时激励 $x(t)$ 和电容初始状态(初始电压) $y(0)$ 都不为零;图(b)中响应 $y_{zi}(t)$ 为零输入响应,此时激励 $x(t)$ 为零,电容初始状态 $y(0)$ 不为零;图(c)中响应 $y_{zs}(t)$ 为零状态响应,此时激励 $x(t)$ 不为零,电容初始状态 $y(0)$ 为零。图(a)中的全响应 $y(t)$ 等于图(b)中的零输入响应 $y_{zi}(t)$ 加上图(c)中的零状态响应 $y_{zs}(t)$。

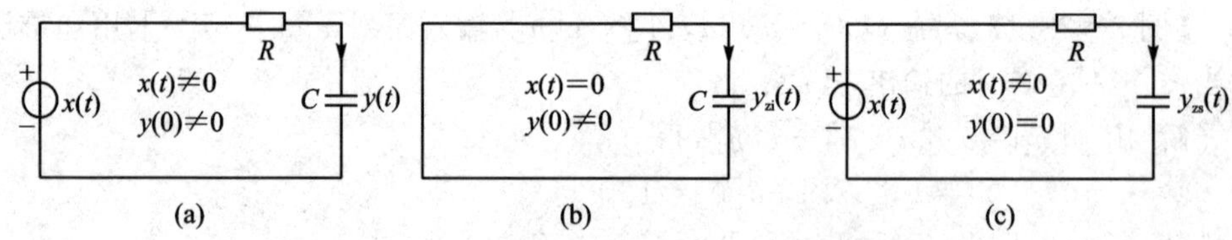

图2-3-1 电路的零输入响应和零状态响应

【例2-3-1】有某一因果离散时间LTI系统,当输入为 $x_1[n]=0.5^n u[n]$ 时,其输出的全响应为 $y_1[n]=(2^n-0.5^n)u[n]$;系统的初始状态不变,当输入为 $x_2[n]=2\times 0.5^n u[n]$ 时,全响应为 $y_2[n]=[3(2)^n-2(0.5)^n]u[n]$。试求:(1) 系统的零输入响应;(2) 系统的输入为 $x_3[n]=0.5(0.5)^n u[n]$ 时的全响应(系统的初始状态保持不变)。

解：(1) $y_1[n]=y_{zs1}[n]+y_{zi}[n]=(2^n-0.5^n)u[n]$。

对照 $x_1[n]=0.5^n u[n]$和 $x_2[n]=2\times0.5^n u[n]$，$x_2[n]=2\times x_1[n]$，所以 $y_2[n]$的零状态响应是 $y_1[n]$零状态响应的 2 倍。有

$$y_2[n]=y_{zs2}[n]+y_{zi}[n]=2y_{zs1}[n]+y_{zi}[n]=[3(2)^n-2(0.5)^n]u[n]$$

联立 $y_1[n]$和 $y_2[n]$得

$$\begin{cases}y_{zs1}[n]=[2(2)^n-0.5^n]u[n]\\ y_{zi}[n]=-2^n u[n]\end{cases}$$

(2) 显然，$x_3[n]=0.5x_1[n]$，有 $y_3[n]=0.5y_{zs1}[n]+y_{zi}[n]$，代入第一步的结果得

$$y_3[n]=0.5[2(2)^n-0.5^n]u[n]-2^n u[n]=-0.5^{n+1}u[n]$$

2.3.2　典型的零状态响应：冲激(脉冲)响应与阶跃响应

有两种重要的零状态响应：一个是单位冲激(脉冲)响应，另一个是单位阶跃响应。

单位冲激(脉冲)响应是当激励为单位冲激(脉冲)信号时系统所产生的零状态响应，简称冲激(脉冲)响应，用符号 $h(t)$(或 $h[n]$)表示。综上，冲激(脉冲)响应仅取决于系统内部结构及参数，单位冲激(脉冲)响应与系统的时域方程描述一样都能表征一个系统。冲激(脉冲)响应是信号与系统时域分析的工具。

单位阶跃响应是当激励为单位阶跃信号时的零状态响应，简称为阶跃响应，用符号 $g(t)$(或 $g[n]$)表示。由于阶跃响应在反馈控制等系统中具有极广泛的应用背景，因此在工程上经常求解。

根据 LTI 系统的微分特性和积分特性，以及 $\delta(t)$和 $u(t)$的微分、积分关系可得到单位冲激响应 $h(t)$与阶跃响应 $g(t)$的关系为

$$g(t)=\int_{-\infty}^{t}h(\tau)\mathrm{d}\tau \quad \text{和} \quad h(t)=\frac{\mathrm{d}g(t)}{\mathrm{d}t} \tag{2-3-3}$$

根据离散时间 LTI 系统的差分特性和求和特性，以及 $\delta[n]$和 $u[n]$的差分、求和关系可得到单位脉冲响应 $h[n]$与阶跃响应 $g[n]$的关系为

$$g[n]=\sum_{m=-\infty}^{n}h[m] \quad \text{和} \quad h[n]=g[n]-g[n-1] \tag{2-3-4}$$

【例 2-3-2】若离散时间 LTI 系统的阶跃响应 $g[n]=(0.5)^n u[n]$，求系统的单位脉冲响应。

解：

$$\begin{aligned}h[n]&=g[n]-g[n-1]\\&=(0.5)^n u[n]-(0.5)^{n-1}u[n-1]\\&=\delta[n]-(0.5)^n u[n-1]\end{aligned}$$

2.3.2 零输入响应和零状态响应用于系统的线性判断

基于零输入响应和零状态响应判别一个系统是否为线性系统的充分条件是:在满足分解特性的前提下,零输入响应和零状态响应都呈现线性性质。具体步骤如下:

① 判断是否满足分解特性:响应可以分解为零输入响应与零状态响应之和;

② 零输入响应具有线性性质:零输入响应必须对所有的初始状态呈现线性性质;

③ 零状态响应具有线性性质:零状态响应必须对所有的激励信号呈现线性性质。

【例 2-3-3】已知系统的输入输出关系如下,其中:$x(t)$、$y(t)$分别为连续时间系统的输入和输出;$x[n]$、$y[n]$分别为离散时间系统的输入和输出;$y(0)$或 $y[0]$为初始状态。判断这些系统是否为线性系统。

(1) $y(t)=y(0)x(t)+2x(t)$。 (2) $y(t)=2y(0)+x(t)\dfrac{\mathrm{d}x(t)}{\mathrm{d}t}$。

(3) $y[n]=y^2[0]+nx[n]$。 (4) $y[n]=ny[0]+\sum\limits_{m=0}^{n}x[m]$。

解:(1) 不具有分解特性,即 $y(t)\neq y_{\mathrm{zi}}(t)+y_{\mathrm{zs}}(t)$,故系统为非线性系统。

(2) 具有分解特性,零输入响应 $y_{\mathrm{zi}}(t)=2y(0)$具有线性特性。对于零状态响应 $y_{\mathrm{zs}}(t)=x(t)\dfrac{\mathrm{d}x(t)}{\mathrm{d}t}$,设输入 $x(t)=x_1(t)+x_2(t)$,则

$$\begin{aligned}y_{\mathrm{zs}}(t)&=\mathrm{T}\{x_1(t)+x_2(t)\}=[x_1(t)+x_2(t)]\frac{\mathrm{d}[x_1(t)+x_2(t)]}{\mathrm{d}t}\\&=x_1(t)\frac{\mathrm{d}x_1(t)}{\mathrm{d}t}+x_2(t)\frac{\mathrm{d}x_1(t)}{\mathrm{d}t}+x_1(t)\frac{\mathrm{d}x_2(t)}{\mathrm{d}t}+x_2(t)\frac{\mathrm{d}x_2(t)}{\mathrm{d}t}\\&\neq\mathrm{T}\{x_1(t)\}+\mathrm{T}\{x_2(t)\}=x_1(t)\frac{\mathrm{d}x_1(t)}{\mathrm{d}t}+x_2(t)\frac{\mathrm{d}x_2(t)}{\mathrm{d}t}\end{aligned}$$

不具有线性特性,故为非线性系统。

(3) 具有分解特性,系统响应可分解为零输入响应 $y_{\mathrm{zi}}[n]=y^2[0]$与零状态响应 $y_{\mathrm{zs}}[n]=nx[n]$之和。对于零输入响应 $y_{\mathrm{zi}}[n]$,设输入 $y[0]=y_1[0]+y_2[0]$,则

$$\begin{aligned}y_{\mathrm{zi}}[n]&=\mathrm{T}\{y_1[0]+y_2[0]\}=(y_1[0]+y_2[0])^2\\&=y_1^2[0]+y_2^2[0]+2y_1[0]y_2[0]\\&\neq\mathrm{T}\{y_1[0]\}+\mathrm{T}\{y_2[0]\}=y_1^2[0]+y_2^2[0]\end{aligned}$$

不具有线性特性,故系统为非线性系统。

(4) 具有分解特性,系统响应可分解为零输入响应 $y_{\mathrm{zi}}[n]=ny[0]$与零状态响应 $y_{\mathrm{zs}}[n]=\sum\limits_{m=0}^{n}x[m]$之和。对于零输入响应 $y_{\mathrm{zi}}[n]$,设初始状态 $y[0]=\alpha_1y_1[0]+$

$\alpha_2 y_2[0]$，则

$$y_{zi}[n]=\mathrm{T}\{\alpha_1 y_1[0]+\alpha_2 y_2[0]\}=n[\alpha_1 y_1[0]+\alpha_2 y_2[0]]=\alpha_1 n y_1[0]+\alpha_2 n y_2[0]$$
$$=\alpha_1\mathrm{T}\{y_1[0]\}+\alpha_2\mathrm{T}\{y_2[0]\}=\alpha_1 y_{zi1}[n]+\alpha_2 y_{zi2}[n]$$

对于零状态响应 $y_{zs}[n]$，设输入 $x[n]=\alpha_1 x_1[n]+\alpha_2 x_2[n]$，则

$$y_{zs}[n]=\mathrm{T}\{\alpha_1 x_1[n]+\alpha_2 x_2[n]\}=\sum_{m=0}^{n}[\alpha_1 x_1[m]+\alpha_2 x_2[m]]$$
$$=\alpha_1\sum_{m=0}^{n}x_1[m]+\alpha_2\sum_{m=0}^{n}x_2[m]$$
$$=\alpha_1\mathrm{T}\{x_1[n]\}+\alpha_2\mathrm{T}\{x_2[n]\}=\alpha_1 y_{zs1}[n]+\alpha_2 y_{zs2}[n]$$

零输入响应和零状态响应都具有线性特性，故系统为线性系统。

2.4　常系数线性微分方程和差分方程的经典解法

当给定初始条件和输入激励时，可以利用数学经典解法求出微分方程和差分方程的完全解，并对所得结果做出物理解释，并赋予物理意义。

常系数线性微分方程和常系数线性差分方程的完全解可分解为两个部分：

$$y(t)=y_h(t)+y_p(t) \tag{2-4-1}$$

$$y[n]=y_h[n]+y_p[n] \tag{2-4-2}$$

式中，$y_h(t)$和 $y_h[n]$为方程的齐次解（亦称为通解），而 $y_p(t)$和 $y_p[n]$为方程的特解。

通过求取齐次解和特解的求解方法称为常系数线性微分（差分）方程的经典解法。

2.4.1　齐次解

在式（2-2-2）和式（2-2-3）中，当方程右边的各项，即与输入有关的各项全部为零时，就得到齐次方程

$$\sum_{i=0}^{N}a_i y_h^{(i)}(t)=0 \tag{2-4-3}$$

$$\sum_{i=0}^{N}a_i y_h[n-i]=0 \tag{2-4-4}$$

齐次方程的解称为齐次解。式（2-4-3）齐次解的形式为 $c\mathrm{e}^{\lambda t}$ 的线性组合，将 $y_h(t)=c\mathrm{e}^{\lambda t}$ 代入齐次方程（2-4-3），化简得到其特征方程

$$\sum_{i=0}^{N} a_i \lambda^i = 0 \tag{2-4-5}$$

式(2-4-4)齐次解的形式为 $c\lambda^n$ 的线性组合,将 $y_h[n]=c\lambda^n$ 代入齐次方程(2-4-4),并令 $i=N-i$,化简得到其特征方程

$$\sum_{i=0}^{N} a_{N-i} \lambda^i = 0 \tag{2-4-6}$$

特征方程的 N 个根 $\lambda_i(i=1,2,\cdots,N)$ 称为齐次方程的特征根。假设 N 个特征根 λ_i 都是单实根,则齐次解的形式为

$$y_h(t) = \sum_{i=1}^{N} c_i e^{\lambda_i t} \tag{2-4-7}$$

$$y_h[n] = \sum_{i=1}^{N} c_i \lambda_i^n \tag{2-4-8}$$

式中:$c_i(i=1,2,\cdots,N)$ 是待定系数。待定系数 c_i 由完全解满足初始状态(N 个初始条件:$y^{(i)}(0)$ 或 $y[-i]$,$i=1,2,\cdots,N$)来确定,这将在2.4.3小节讲述。

当特性方程有重根时,齐次解的形式将有所变化。若 λ_i 是特征方程的 m 重实根,在式(2-4-7)和式(2-4-8)所表示的解中,与 λ_i 有关的齐次解部分将变为

$$(d_0 + d_1 t + \cdots + d_{m-2} t^{m-2} + d_{m-1} t^{m-1}) e^{\lambda_i t} = \sum_{j=0}^{m-1} d_j t^j e^{\lambda_i t} \tag{2-4-9}$$

$$(d_0 + d_1 n + \cdots + d_{m-2} n^{m-2} + d_{m-1} n^{m-1}) \lambda_i^n = \sum_{j=0}^{m-1} d_j n^j \lambda_i^n \tag{2-4-10}$$

式中:d_j 为常数。

若出现共轭复数根的情况,即

$$\lambda_{i1} = \alpha + j\beta, \quad \lambda_{i2} = \alpha - j\beta \tag{2-4-11}$$

则其对应的齐次解与两个单实根的解法一致,此共轭复数根对应的齐次解为

$$y_h(t) = c_{i1} e^{\lambda_{i1} t} + c_{i2} e^{\lambda_{i2} t} \tag{2-4-12}$$

应用欧拉公式展开可得

$$y_h(t) = c_{i1} e^{(\alpha+j\beta)t} + c_{i2} e^{(\alpha-j\beta)t} = e^{\alpha t}\left[(c_{i1}+c_{i2})\cos\beta t + j(c_{i1}-c_{i2})\sin\beta t\right] \tag{2-4-13}$$

对于常系数线性差分方程的齐次解也可以得到以下类似的结果:

$$\lambda_{i1} = \alpha + j\beta = r e^{j\omega_0}, \quad \lambda_{i2} = \alpha - j\beta = r e^{-j\omega_0} \tag{2-4-14}$$

式中:$r=\sqrt{\alpha^2+\beta^2}$,$\omega_0=\arctan\dfrac{\beta}{\alpha}$。因此

$$y_h[n] = c_{i1}\lambda_{i1}^n + c_{i2}\lambda_{i2}^n = r^n\left[(c_{i1}+c_{i2})\cos\omega_0 n + j(c_{i1}-c_{i2})\sin\omega_0 n\right] \tag{2-4-15}$$

若有 m 重共轭复数根,则将 $\lambda_{i1}=\alpha+j\beta$ 和 $\lambda_{i2}=\alpha-j\beta$ 分别代入式(2-4-9)并求和得

$$y_h(t) = e^{\alpha t}\left[(A_0 + A_1 t + \cdots + A_{m-2}t^{m-2} + A_{m-1}t^{m-1})\cos\beta t + j(B_0 + B_1 t + \cdots + B_{m-2}t^{m-2} + B_{m-1}t^{m-1})\sin\beta t\right] \tag{2-4-16}$$

将 m 重共轭复数根（$\lambda_{i1}=\alpha+j\beta$ 和 $\lambda_{i2}=\alpha-j\beta$）分别代入式（2-4-10）并求和得

$$y_h[n] = r^n\left[(A_0 + A_1 n + \cdots + A_{m-2}n^{m-2} + A_{m-1}n^{m-1})\cos\omega_0 n + j(B_0 + B_1 n + \cdots + B_{m-2}n^{m-2} + B_{m-1}n^{m-1})\sin\omega_0 n\right] \tag{2-4-17}$$

同样，$c_{i1}+c_{i2}$、$c_{i1}-c_{i2}$、A 和 B 由完全解满足的初始条件来确定，具体方法在后面给出。

显然，特征根常称为系统的自然频率或固有频率，它决定了系统自由响应的全部函数形式。

2.4.2 特　解

在给定系统的输入时，微分方程或差分方程的任意一个解称为特解。特解亦称为强迫响应。特解的函数形式与激励的函数形式有关。将激励代入方程右端，化简后右端函数式称为自由项。通常，通过观察自由项试选特解函数式，把特解设为含有待定系数的特定函数式，然后将特解函数也代入方程，根据对应系数相等求得特解的待定参数。

一般把激励函数的形式作为该特解函数式的形式。例如，当激励函数为 $x(t)=e^{-\tau t}$ 时，就把特解设为 $y_p(t)=ce^{-\tau t}$，把这一特解代入方程式，求出待定系数 c，就得到了微分方程的特解 $y_p(t)$。表 2-4-1 列举了一些常用的激励函数及相应的特解，说明如下：

① 表中列举的特解对应于全部时间内都有输入的情况。根据微分方程或差分方程给定的实际情况，特解将有相应的实际范围：对于实际的物理系统，一般是关注加入激励后的响应。通常假定在 $t=0$ 或 $n=0$ 时刻加入激励信号，也就是求 $t>0$ 或 $n>0$ 时的响应，因此微分方程和差分方程的解区间分别为 $0_+ \leqslant t < \infty$，$0 \leqslant n < \infty$。其中，0_+ 表示接入激励后的瞬间。

② 特解仅在 $t>0$ 或 $n>0$ 时存在，差分方程可以采用在特解后面乘以单位阶跃信号 $u[n]$ 的方法来限定时间区域，但是微分方程的特解不可以，因为这会导致在 $t=0$ 的点处可能出现单位冲激信号。虽然冲激信号对 $t>0$ 的特解不会产生任何影响，但在特解后面乘以 $u(t)$ 会使计算过程变得复杂，因此微分方程在设定特解函数的形式时一般不带 $u(t)$。

③ 要特别注意与齐次解形式相同，而 α 又是特征根时的情况。对于这种情况的处理方法是在特解中增加一项，所增加的项是把特解函数乘以一个 t（或 n），即把特解设为

$$y_p(t) = c_0 e^{\alpha t} + c_1 t e^{\alpha t} \tag{2-4-18}$$

$$y_p[n]=c_0\alpha^n+c_1 n\alpha^n \qquad (2-4-19)$$

因此,增项数后的特解与齐次解中所有的函数形式都不同,把这种形式的特解代入原方程,就可以确定特解中的待定系数。

表 2-4-1　不同形式激励对应的特解(其中,c、c_k 等是待定系数)

<table>
<tr><th colspan="2">常系数线性微分方程</th><th colspan="2">常系数线性差分方程</th></tr>
<tr><th>激励 $x(t)$</th><th>特解 $y_p(t)$</th><th>激励 $x[n]$</th><th>特解 $y_p[n]$</th></tr>
<tr><td>E(常数)</td><td>C(常数)</td><td>E(常数)</td><td>C(常数)</td></tr>
<tr><td>$\cos(\omega t+\phi)$</td><td rowspan="2">$c_1\cos(\omega t)+c_2\sin(\omega t)$</td><td>$\cos(\tilde{\omega}n+\phi)$</td><td rowspan="2">$c_1\cos(\tilde{\omega}n)+c_2\sin(\tilde{\omega}n)$</td></tr>
<tr><td>$\sin(\omega t+\phi)$</td><td>$\sin(\tilde{\omega}n+\phi)$</td></tr>
<tr><td rowspan="3">$e^{\alpha t}$</td><td>α 不是方程的特征根
$c e^{\alpha t}$</td><td rowspan="3">α^n</td><td>α 不是方程的特征根
$c\alpha^n$</td></tr>
<tr><td>α 是方程的特征根
$(c_0+c_1 t)e^{\alpha t}$</td><td>α 是方程的特征根
$(c_0+c_1 n)\alpha^n$</td></tr>
<tr><td>α 是方程的 m 重特征根
$\sum_{j=0}^{m} c_j t^j e^{\alpha t}$</td><td>$\alpha$ 是方程的 m 重特征根
$\sum_{j=0}^{m} c_j n^j \alpha^n$</td></tr>
<tr><td>t^m</td><td>$\sum_{j=0}^{m} c_j t^j$</td><td>n^m</td><td>$\sum_{j=0}^{m} c_j n^j$</td></tr>
</table>

2.4.3　完全解的求取步骤及初始条件的确定

综合齐次解和特解的求解方法,常系数线性微分方程和差分方程的完全解的求解步骤如下:

① 由特征方程的根确定齐次解 $y_h(t)$或 $y_h[n]$的表达式形式。

② 根据激励函数和特征根的情况,设定特解的形式,代入原方程,确定特解中的待定系数,并求得特解 $y_p(t)$或 $y_p[n]$。

③ 得到完全解的表达式,即 $y(t)=y_h(t)+y_p(t)$或 $y[n]=y_h[n]+y_p[n]$)。此时,完全解中仅剩下齐次解的待定系数未知。

④ 齐次解的待定系数通过完全解满足初始条件来确定。从数学解法上分析,一组初始条件就是一组已知的数据,根据这些数据确定完全解中有关的待定系数。

【例 2-4-1】已知描述系统的微分方程为

$$y''(t)+3y'(t)+2y(t)=x'(t)+2x(t)$$

试求:当 $x(t)=t^2$,$y(0)=1$,$y'(0)=1$ 时的完全解。

解:(1) 求齐次解。特征方程 $\lambda^2+3\lambda+2=0$ 的特征根为 $\lambda_1=-1$,$\lambda_2=-2$,所以

$$y_h(t)=c_{h1}e^{-t}+c_{h2}e^{-2t}$$

(2) 求特解。将 $x(t)=t^2$ 代入微分方程右端得到自由项为 $2t^2+2t$,为使等式两端平衡,试选特解为

$$y_p(t)=c_{p2}t^2+c_{p1}t+c_{p0}$$

将特解代入原微分方程,得

$$2c_{p2}+3(2c_{p2}t+c_{p1})+2(P_{p2}t^2+c_{p1}t+c_{p0})=2t+2t^2$$

$$\Rightarrow 2c_{p2}t^2+(2c_{p1}+6c_{p2})t+(2c_{p0}+3c_{p1}+2c_{p2})=2t^2+2t$$

比较系数可得 $c_{p2}=1, c_{p1}=-2, c_{p0}=2$,即 $y_p(t)=t^2-2t+2$。

因此,完全解为

$$y(t)=y_h(t)+y_p(t)=c_{h1}e^{-t}+c_{h2}e^{-2t}+t^2-2t+2$$

将初始条件代入上式,得

$$\begin{cases} y(0)=c_{h1}+c_{h2}+2=1 \\ y'(0)=-c_{h1}-2c_{h2}-2=1 \end{cases} \Rightarrow \begin{cases} c_{h1}=1 \\ c_{h2}=-2 \end{cases}$$

故,完全解为 $y(t)=e^{-t}-2e^{-2t}+t^2-2t+2, t\geqslant 0$。

在例 2-4-1 中是已知初始条件的情况。下面分析当初始条件未知时该如何获取。

1. 常系数线性微分方程的初始条件

针对实际物理系统,一般假设系统的激励信号在 $t=0$ 时刻加入,那么就存在着加入之前和之后瞬时系统状态转换问题,这种转换在电路领域称为换路,换路的时间为 0_- 到 0_+。一般用 $y(t)|_{t=0_-}=y(0_-)$ 表示激励加入前的瞬时状态,用 $y(t)|_{t=0_+}=y(0_+)$ 表示激励加入后的瞬时状态。

求解 N 阶系统时需要 N 个初始条件。N 个独立的初始条件取自激励加入时 $y(t)$ 及其各阶导数值,即 $y^{(i)}(0_-)(i=1,2,\cdots,N)$ 和 $y^{(i)}(0_+)(i=1,2,\cdots,N)$ 为系统的 0_- 和 0_+ 初始条件。

如果

$$y^{(i)}(0_+)=y^{(i)}(0_-),\quad i=0,1,\cdots,N-1$$

则说明 $y^{(i)}(t)$ 在 $t=0$ 时刻连续。

如果

$$y^{(i)}(0_+)\neq y^{(i)}(0_-),\quad i=0,1,\cdots,N-1$$

则说明在激励作用下,响应 $y(t)$ 及其各阶导数在 $t=0$ 处($t=0_-$ 到 $t=0_+$ 瞬间)可能发生跳变或出现冲激信号,即换路前后不一致。

下面基于零输入响应和零状态响应的概念考察从 $t=0_-$ 到 $t=0_+$ 的初始条件变化情况。根据线性系统的分解特性:全响应 $y(t)=y_{zi}(t)+y_{zs}(t)$,所以初始状态为

$$y^{(i)}(0_-)=y_{zi}^{(i)}(0_-)+y_{zs}^{(i)}(0_-) \tag{2-4-20}$$

$$y^{(i)}(0_+)=y_{zi}^{(i)}(0_+)+y_{zs}^{(i)}(0_+) \tag{2-4-21}$$

对于因果系统，由于激励在 $t=0$ 时刻加入，故有 $y_{zs}^{(i)}(0_-)=0$；对于非时变系统，内部参数不随时间变化，零输入响应在 $t=0$ 点处连续，即

$$y_{zi}^{(i)}(0_+)=y_{zi}^{(i)}(0_-) \tag{2-4-22}$$

基于此，式(2-4-20)和式(2-4-21)进一步整理得

$$y^{(i)}(0_-)=y_{zi}^{(i)}(0_-) \tag{2-4-23}$$

$$y^{(i)}(0_+)=y^{(i)}(0_-)+y_{zs}^{(i)}(0_+) \tag{2-4-24}$$

由式(2-4-24)可以得到 $y^{(i)}(0_+)-y^{(i)}(0_-)=y_{zs}^{(i)}(0_+)$，可见系统全响应的各阶导数可能在 $t=0$ 点处产生阶跃或冲激，而这种跃变产生的根本原因是系统在 $t=0$ 时刻加入了激励信号。显然，$y_{zs}^{(i)}(0_+)$是系统从 0_- 到 0_+ 状态的跃变量。因此，通过求取 $y_{zs}^{(i)}(0_+)$，并利用式(2-4-24)就可以得到 $y^{(i)}(0_+)$。

$y^{(i)}(0_+)$的确定分两种情况：

① 若给定具体电路，则由电路分析的换路定律来确定初始条件 $y^{(i)}(0_+)$。

在包含电感和电容的动态电路中，对于电容，在任意时刻 t 时，它的电量、电压与电流的关系为

$$q_C(t)=q_C(t_{0_+})+\int_{t_{0_+}}^{t} i_C(\upsilon)\mathrm{d}\upsilon,\quad u_C(t)=u_C(t_{0_+})+\frac{1}{C}\int_{t_{0_+}}^{t} i_C(\upsilon)\mathrm{d}\upsilon \tag{2-4-25}$$

式中：q 表示电容的电量。

对于电感，在任意时刻 t 时，它的磁通链、电压与电流的关系为

$$\psi_L(t)=\psi_L(t_{0_+})+\int_{t_{0_+}}^{t} u_C(\upsilon)\mathrm{d}\upsilon,\quad i_L(t)=i_L(t_{0_+})+\frac{1}{L}\int_{t_{0_+}}^{t} u_C(\upsilon)\mathrm{d}\upsilon \tag{2-4-26}$$

式中：ψ 表示电感的磁通链。

初始条件的转换利用储能的连续性即可得到，即“电容上的电压不能发生突变，电感上的电流不能发生突变”，因此有

$$u_C(0_+)=u_C(0_-),\quad q_C(0_+)=q_C(0_-) \tag{2-4-27}$$

$$i_L(0_+)=i_L(0_-),\quad \psi_L(0_+)=\psi_L(0_-) \tag{2-4-28}$$

除了电容的电压和电感的电流外，电路中的其他电量不受储能连续性条件的约束，如电阻的电压和电流等，这些量在加入激励后量值会发生跳变。

② 如果给定的是系统的微分方程、$y^{(i)}(0_-)$和激励，则首先将激励信号代入微分方程，利用微分方程两端奇异信号平衡的方法来判断，即采用冲激响应匹配法，根据 $0_-<t<0_+$ 区间内方程两端各 $\delta^{(i)}(t)$项系数相等得到 $y^{(i)}(0_+)$。

【例 2-4-2】已知描述系统的微分方程为

$$y''(t)+3y'(t)+2y(t)=2x'(t)+6x(t)$$

且初始状态为 $y(0_-)=2, y'(0_-)=1.5$，激励为 $x(t)=u(t)$，试求 $y(0_+)$和$y'(0_+)$。

解：将激励代入微分方程，得

$$y''(t)+3y'(t)+2y(t)=2\delta(t)+6u(t)$$

由于等号右端为 $2\delta(t)$，故 $y''(t)$应该包含冲激函数，从而 $y'(t)$在 $t=0$ 处将发生跃变，即 $y'(0_+)\neq y'(0_-)$。

但 $y'(t)$不含冲激函数，否则 $y''(t)$将包含 $\delta'(t)$项。由此得出，$y(t)$在 $t=0$ 处是连续的，即 $y(0_+)=y(0_-)=2$。

对微分方程两边在区间$[0_-,0_+]$上进行积分有

$$\int_{0_-}^{0_+} y''(t)\mathrm{d}t+\int_{0_-}^{0_+} 3y'(t)\mathrm{d}t+\int_{0_-}^{0_+} 2y(t)\mathrm{d}t=\int_{0_-}^{0_+} 2\delta(t)\mathrm{d}t+\int_{0_-}^{0_+} 6u(t)\mathrm{d}t$$

由于积分是在无穷小区间$[0_-,0_+]$上进行的，且 $y(t)$在 $t=0$ 处是连续的，故 $2\int_{0_-}^{0_+} y(t)\mathrm{d}t=0$。另外，$6\int_{0_-}^{0_+} u(t)\mathrm{d}t=0$。 于是方程化简为

$$[y'(0_+)-y'(0_-)]+3[y(0_+)-y(0_-)]=2$$

考虑 $y(0_+)=y(0_-)$，所以 $y'(0_+)-y'(0_-)=2$，从而得到

$$y'(0_+)=y'(0_-)+2=3.5$$

说明：当微分方程等号右端有 $\delta^{(i)}(t)$时，在响应 $y(t)$及各阶导数中，有些在 $t=0$ 处将发生阶跃，否则不会有冲激产生。

【例 2-4-3】已知描述系统的微分方程为

$$y''(t)+3y'(t)+2y(t)=2x'(t)+7x(t)$$

且初始状态为 $y(0_-)=1, y'(0_-)=1.5$，激励为 $x(t)=\delta(t)$，试求 $y(0_+)$和$y'(0_+)$。

解：将激励代入微分方程，得

$$y''(t)+3y'(t)+2y(t)=2\delta'(t)+7\delta(t)$$

由于等号右端含 $2\delta'(t)$，故 $y''(t)$包含冲激偶函数，从而 $y'(t)$在 $t=0$ 处有冲激。依照系数匹配，设 $y''(t)=2\delta'(t)+a\delta(t)+f_1(t)$，则 $y'(t)=2\delta(t)+f_2(t)$。由 $y'(t)$可知，$y(t)$阶跃为 2。将 $y''(t)$和 $y'(t)$代入微分方程有

$$2\delta'(t)+(a+6)\delta(t)+f_1(t)+3f_2(t)+2y(t)=2\delta'(t)+7\delta(t)$$

根据对应系数相等得到 $\alpha=1$。也就是说，$y'(t)$阶跃为 1。

所以 $y(0_+)=y(0_-)+2=3, y'(0_+)=y'(0_-)+1.5=2.5$。

2. 离散时间 LTI 系统的初始条件

N 阶常系数线性差分方程需要有 N 个初始条件来确定齐次解的 N 个待定系数。如果加入激励的时刻是 $n=0$，则起始条件 $y[i](i=1,2,\cdots,N)$由加入激励前的系统状态 $y[-N],\cdots,y[-3],y[-2],y[-1]$确定。

2.4.4 零输入响应的经典解法

零输入响应,即激励信号为零。因此,零输入响应就是求解

$$\sum_{i=0}^{N} a_i y_{zi}^{(i)}(t)=0, \quad a_0=1 \tag{2-4-29}$$

$$\sum_{i=0}^{N} a_i y_{zi}[n-i]=0, \quad a_0=1 \tag{2-4-30}$$

显然,零输入响应具有齐次解的形式。

由于没有激励信号的作用,因此在起始时刻,连续系统的状态不会发生改变,即

$$y^{(i)}(0_+)=y^{(i)}(0_-)=y_{zi}^{(i)}(0_-)=y_{zi}^{(i)}(0_+), \quad i=0,1,\cdots,N \tag{2-4-31}$$

离散系统应具备 N 个初始条件 $y_{zi}[i](i=1,2,\cdots,N)$。

有了 N 个初始条件就可求出零输入响应的待定系数了。

应该注意的是,尽管零输入响应具有齐次解的形式,但零输入响应只是齐次解的一部分。这是因为,齐次解的待定系数是由系统的初始状态和激励信号共同确定的,在初始状态为零时,系统的零输入响应为零,但在激励信号的作用下,齐次解并不为零。

2.4.5 零状态响应的经典解法

零状态响应是指当系统的初始状态为零时,系统仅在激励信号作用下产生的响应。

连续时间 LTI 系统的零状态响应满足 N 阶常系数线性非齐次微分方程

$$\sum_{i=0}^{N} a_i y_{zs}^{(i)}(t)=\sum_{i=0}^{M} b_i x^{(i)}(t), \quad a_0=1 \tag{2-4-32}$$

零状态响应显然有 $y^{(i)}(0_-)=0$,加入激励后,起始状态可能会发生跃变,因此,起始条件为 $y^{(i)}(0_+)(i=0,1,\cdots,N-1)$,故有

$$y^{(i)}(0_+)=y^{(i)}(0_-)+y_{zs}^{(i)}(0_+)=y_{zs}^{(i)}(0_+) \tag{2-4-33}$$

下面基于初始条件计算零状态响应的待定系数。零状态响应既含齐次解,又含特解,因此,零状态响应既与系统有关,也与输入有关。

对于离散时间 LTI 系统,其零状态响应满足常系数线性非齐次差分方程

$$\sum_{i=0}^{N} a_i y_{zs}[n-i]=\sum_{i=0}^{M} b_i x[n-i], \quad a_0=1 \tag{2-4-34}$$

N 个初始条件为 $y[i]=0(i=1,2,\cdots,N)$。

要分析系统,首先要建立描述该系统的数学模型,再根据系统的初始状态和输入激励,求取响应。下面以具体实例来进一步理解 LTI 系统的数学模型建立规律和

响应求取方法。

【例 2-4-4】如图 2-4-1 所示的二阶 RLC 电路，将电压源的电压看作系统的激励 $x(t)$，电容两端的电压看作系统的响应 $y(t)$，$R=2\ \Omega$，$L=0.5\ \text{H}$，$C=0.5\ \text{F}$。完成以下要求：

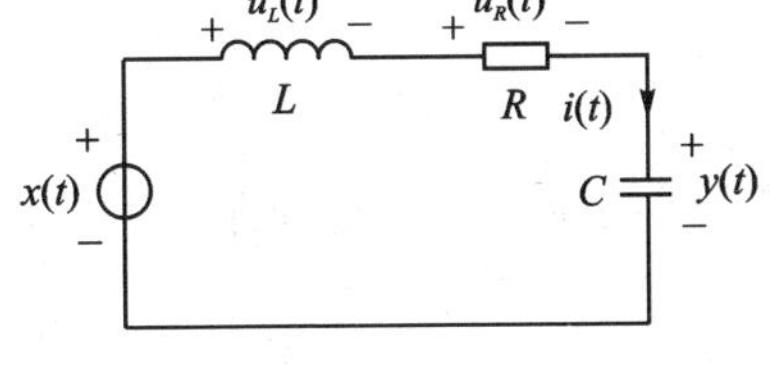

图 2-4-1　【例 2-4-4】二阶系统

(1) 建立激励 $x(t)$ 与响应 $y(t)$ 之间的关系；

(2) 电容的初始储能为 $y(0_-)=1\ \text{V}$，电感的初始储能为 $i_L(0_-)=1\ \text{A}$，试求激励 $x(t)$ 为零时的电容电压 $y(t)$；

(3) 电容的初始储能 $u_C(0_-)$ 和电感的初始储能 $i_L(0_-)$ 都为零，试求激励 $x(t)$ 为单位阶跃信号 $u(t)$ 时的电容电压 $y(t)$；

(4) 电容的初始储能为 $y(0_-)=1\ \text{V}$，电感的初始储能为 $i_L(0_-)=1\ \text{A}$，试求激励 $x(t)$ 为单位阶跃信号 $u(t)$ 时的全响应 $y(t)$。

解：(1) 设电路中的回路电流为 $i(t)$，根据基尔霍夫电压定律有

$$u_L(t)+u_R(t)+y(t)=x(t) \tag{2-4-35}$$

根据各元件两端电压与电流的关系有

$$i(t)=Cy'(t)$$

$$u_R(t)=Ri(t)=RCy'(t)$$

$$u_L(t)=Li'(t)=LCy''(t)$$

将它们代入式(2-4-35)并整理后可得

$$y''(t)+\frac{R}{L}y'(t)+\frac{1}{LC}y(t)=\frac{1}{LC}x(t)$$

代入 R、L、C 元件参数并化简得

$$y''(t)+4y'(t)+4y(t)=4x(t) \tag{2-4-36}$$

(2) 如图 2-4-2 所示，本步骤的实质是求零输入响应 $y_{zi}(t)$。由式(2-4-36)可得零输入响应满足的微分方程为

$$y''_{zi}(t)+4y'_{zi}(t)+4y_{zi}(t)=0$$

由二阶微分方程的特征方程 $\lambda^2+4\lambda+4=0$ 求得的特征根 $\lambda_1=\lambda_2=-2$ 是两个相等的实根。因此，零输入响应的形式为

$$y_{zi}(t)=(c_{zi_1}+c_{zi_2}t)\mathrm{e}^{-2t},\quad t>0$$

为了确定系数 c_{zi_1} 和 c_{zi_2}，就需要知道 $y_{zi}(0_+)$ 和 $y'_{zi}(0_+)$ 两个初始条件。其中，$y_{zi}(0_+)=y_{zi}(0_-)=y(0_-)=1\ \text{V}$。下面求 $y'_{zi}(0_+)$。

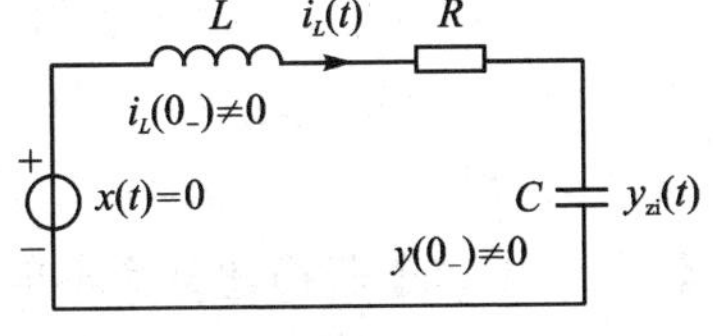

图 2-4-2　【例 2-4-4】零输入响应电路图

由电容的伏安关系 $y(t)=\frac{1}{C}\int_{-\infty}^{t} i_L(\tau)\mathrm{d}\tau$ 可得 $y'(t)=\frac{1}{C}i_L(t)$，故有

$$y'_{zi}(0_+)=y'_{zi}(0_-)=y'(0_-)=\frac{1}{C}i_L(0_-)=2\ \mathrm{V}$$

将零输入响应代入初始条件 $y_{zi}(0_+)$ 和 $y'_{zi}(0_+)$，有

$$y_{zi}(0_+)=c_{zi_1}=1\ \mathrm{V},\quad y'_{zi}(0_+)=-2c_{zi_1}+c_{zi_2}=2\ \mathrm{V}$$

解得 $c_{zi_1}=1, c_{zi_2}=4$，故零输入响应 $y_{zi}(t)$ 为

$$y_{zi}(t)=(1+4t)\mathrm{e}^{-2t},\quad t>0$$

可用单位阶跃信号表示为

$$y_{zi}(t)=(1+4t)\mathrm{e}^{-2t}u(t)$$

(3) 如图2-4-3所示，本步骤的实质是求零状态响应 $y_{zs}(t)$，且为阶跃响应。由式(2-4-35)可得零输入响应满足的微分方程为

$$y''_{zs}(t)+4y'_{zs}(t)+4y_{zs}(t)=4u(t)$$

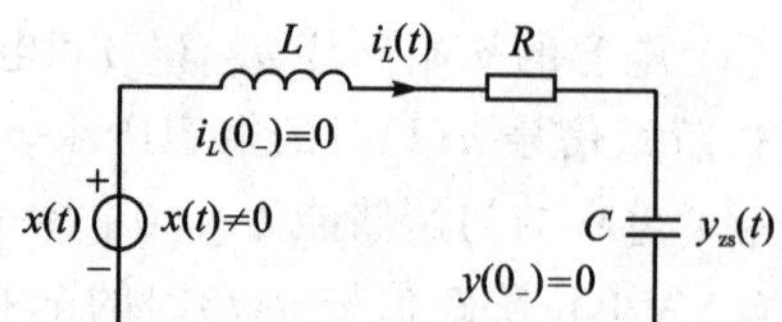

图2-4-3 【例2-4-4】零状态响应电路图

该二阶系统的特征根仍为相等的两个实根 $\lambda_1=\lambda_2=-2$，因此，零状态响应的形式为

$$y_{zs}(t)=(c_{zs_1}+c_{zs_2}t)\mathrm{e}^{-2t}+y_p(t),\quad t>0$$

式中：$y_p(t)$ 为特解，其形式与激励信号 $x(t)=u(t)$ 有关，即为 $y_p(t)=K$。将其代入微分方程可得 $K=1$，特解为 $y_p(t)=1$，因此，零状态响应可写为

$$y_{zs}(t)=(c_{zs_1}+c_{zs_2}t)\mathrm{e}^{-2t}+1,\quad t>0 \tag{2-4-37}$$

为了确定系数 c_{zs_1} 和 c_{zs_2}，将 $y_{zs}(0_+)=y'_{zs}(0_+)=0$ 的初始条件代入式(2-4-37)，有

$$y_{zs}(0_+)=c_{zs_1}+1=0,\quad y'_{zs}(0_+)=-2c_{zs_1}+c_{zs_2}=0$$

解得 $c_{zs_1}=-1, c_{zs_2}=-2$，故零状态响应 $y_{zs}(t)$ 为

$$y_{zs}(t)=(-1-2t)\mathrm{e}^{-2t}+1,\quad t>0$$

可用单位阶跃信号表示为

$$y_{zs}(t)=[(-1-2t)\mathrm{e}^{-2t}+1]u(t)$$

(4) 本步骤要求，初始状态和激励信号与前两个步骤分别一致，故有

$$\begin{aligned} y(t)&=y_{zi}(t)+y_{zs}(t)=[(1+4t)\mathrm{e}^{-2t}u(t)]+[(-1-2t)\mathrm{e}^{-2t}+1]u(t) \\ &=(1+2t\mathrm{e}^{-2t})u(t) \end{aligned}$$

【例2-4-5】若描述某离散时间LTI系统的差分方程为

$$y[n]+3y[n-1]+2y[n-2]=\frac{1}{6}x[n]$$

(1) 已知初始状态 $y[-1]=0, y[-2]=0.5$，试求激励 $x[n]$ 为零时系统的响应 $y[n]$。

（2）已知初始状态 $y[-1]=0, y[-2]=0$，试求激励 $x[n]$ 为 $u[n]$ 时系统的响应 $y[n]$。

（3）已知初始状态 $y[-1]=0, y[-2]=0.5$，试求激励 $x[n]$ 为 $u[n]$ 时系统的响应 $y[n]$。

解：（1）当激励 $x[n]$ 为零时系统的响应 $y[n]$ 为零输入响应 $y_{zi}[n]$，由零输入响应的定义可知，零输入响应 $y_{zi}[n]$ 满足线性非时变齐次差分方程

$$y_{zi}[n]+3y_{zi}[n-1]+2y_{zi}[n-2]=0$$

差分方程的特征方程为 $\lambda^2+3\lambda+2=0$，解得特征根为 $\lambda_1=-1, \lambda_2=-2$，因此，零输入响应的形式为

$$y_{zi}[n]=c_{zi_1}(-1)^n+c_{zi_2}(-2)^n,\quad n\geqslant 0$$

代入初始条件 $y_{zi}[-1]=y[-1]=0, y_{zi}[-2]=y[-2]=0.5$，有

$$y_{zi}[-1]=-c_{zi_1}-0.5c_{zi_2}=0,\quad y_{zi}[-2]=c_{zi_1}+0.25c_{zi_2}=0.5$$

解得 $c_{zi_1}=1, c_{zi_2}=-2$。故系统的零输入响应为

$$y_{zi}[n]=(-1)^n-2(-2)^n,\quad n\geqslant 0$$

用阶跃信号表示为

$$y[n]=y_{zi}[n]=\{(-1)^n-2(-2)^n\}u[n]$$

（2）由于系统的初始状态为零，即 $y[-1]=y[-2]=0$，激励为 $x[n]=u[n]$ 时系统的响应 $y[n]$ 为零状态响应 $y_{zs}[n]$，由零状态响应的定义可知，零状态响应 $y_{zs}[n]$ 满足非齐次差分方程

$$y_{zs}[n]+3y_{zs}[n-1]+2y_{zs}[n-2]=\frac{1}{6}u[n]$$

差分方程的特征方程为 $\lambda^2+3\lambda+2=0$，解得特征根为 $\lambda_1=-1, \lambda_2=-2$，因此，零状态响应的形式为

$$y_{zs}[n]=c_{zs_1}(-1)^n+c_{zs_2}(-2)^n+y_p[n],\quad n\geqslant 0$$

式中：$y_p[n]$ 为特解，其形式与激励信号 $x[n]=u[n]$ 有关，即为 $y_p[n]=K$。将其代入差分方程可得 $K=\dfrac{1}{6}$，特解为 $y_p[n]=\dfrac{1}{6}$，因此，零状态响应可写为

$$y_{zs}[n]=c_{zs_1}(-1)^n+c_{zs_2}(-2)^n+\frac{1}{6},\quad n\geqslant 0$$

为了确定系数 c_{zs_1} 和 c_{zs_2}，就需要知道 $y_{zs}[0]$ 和 $y_{zs}[1]$ 的初始条件，利用如下方程：

$$y_{zs}[n]=-3y_{zs}[n-1]-2y_{zs}[n-2]+u[n]$$

可采用递推法求得 $y_{zs}[0]$ 和 $y_{zs}[1]$，即

$$y_{zs}[0]=-3y_{zs}[-1]-2y_{zs}[-2]+u[0]=1$$

$$y_{zs}[1]=-3y_{zs}[0]-2y_{zs}[-1]+u[1]=-2$$

将初始条件代入，得

$$y_{zs}[0]=c_{zs_1}+c_{zs_2}+\frac{1}{6}=1,\quad y_{zs}[1]=-c_{zs_1}-2c_{zs_2}+\frac{1}{6}=-2$$

解得 $c_{zs_1}=-\frac{1}{2}$,$c_{zs_2}=\frac{4}{3}$,故零状态响应 $y_{zs}[n]$为

$$y_{zs}[n]=-\frac{1}{2}(-1)^n+\frac{4}{3}(-2)^n+\frac{1}{6},\quad n\geqslant 0$$

可用阶跃序列表示为

$$y[n]=y_{zs}[n]=\left\{-\frac{1}{2}(-1)^n+\frac{4}{3}(-2)^n+\frac{1}{6}\right\}u[n]$$

(3) 在初始状态不为零,激励信号也不为零的条件下产生的响应为全响应,且初始状态和激励信号与前两个步骤分别一致,有

$$\begin{aligned}y[n]&=y_{zi}[n]+y_{zs}[n]\\&=\{(-1)^n-2(-2)^n\}u[n]+\left\{-\frac{1}{2}(-1)^n+\frac{4}{3}(-2)^n+\frac{1}{6}\right\}u[n]\\&=\left[\frac{1}{2}(-1)^n-\frac{2}{3}(-2)^n+\frac{1}{6}\right]u[n]\end{aligned}$$

需要再次强调的是,尽管零状态响应 $y_{zs}(t)$(或 $y_{zs}[n]$)与全响应满足的方程形式一样,都是非齐次方程,但是求解方程所得到的响应究竟是零状态响应还是全响应,关键是代入什么样的初始条件,零状态响应代入的是 $y_{zs}^{(k)}(0_+)$或 $y_{zs}[k]$($k=1,2,\cdots,N$),而全响应代入的是 $y^{(k)}(0_+)$或 $y[k]$($k=1,2,\cdots,N$),可以看出,全响应的初始条件是包含零状态响应的初始条件。也可以说,初始条件本身蕴含着响应产生的原因。

2.5 LTI 系统响应的分解

在信号与系统分析中,全响应除了可以线性分解为"零输入响应+零状态响应"外,还可以分解为"自由响应+受迫响应",以及"暂态响应+稳态响应"。

零输入响应和零状态响应的物理意义清晰明确,更为重要的是零状态响应在信号与系统特性直接对应,是信号与系统分析中主要研究的响应分解方式。

当LTI系统的全响应线性分解为"自由响应(固有响应)+受迫响应"时,常系数线性微分方程和差分方程的齐次解就是自由响应,这是因为齐次解的形式只与系统本身的特性有关,是系统所固有的,但其待定系数的确定是由激励和系统的初始状态共同决定的。特解的形式由激励决定,故特解就是系统的受迫响应。特解的系数是由激励和系统共同决定的。

LTI系统的全响应可线性分解为暂态响应和稳态响应。暂态响应是指在系统的全响应中随时间增长而衰减消失的部分。稳态响应是指系统的全响应中随时间

增长仍继续存在并趋于稳定的部分，是暂态过程结束后仍然持续的响应。暂态响应和稳态响应将在第 4 章继续论述。

LTI 稳定系统全响应的三种线性分解方法之间的关系如图 2-5-1 所示。具体如下：

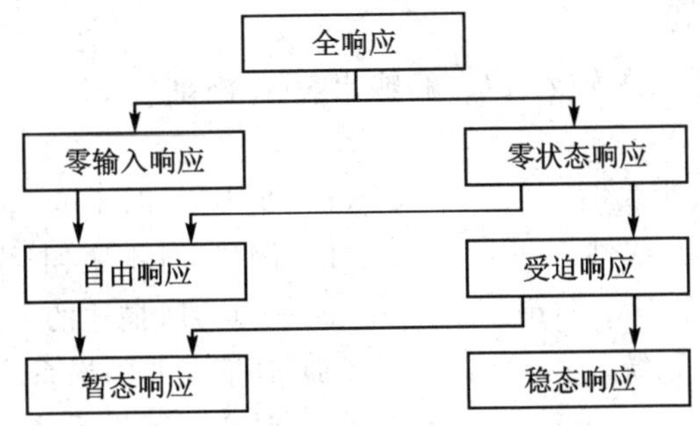

图 2-5-1　LTI 稳定系统响应之间的关系

① 经典解法只是求解零输入响应和零状态响应、自由响应和受迫响应的一种方法。零输入响应和自由响应满足同样的齐次方程，零状态响应和受迫响应满足同样的非齐次方程。之所以使用同样的方程求出的响应不同，根本原因在于代入的初始条件不同，初始条件本身蕴含着响应产生的原因。

② 自由响应的形式完全由系统本身决定，而受迫响应的形式完全由激励信号决定，即自由响应中的一部分是由初始条件决定的，而另一部分是由激励信号引起的零状态响应中的一部分，零状态响应中与激励信号形式相同的另一部分构成了受迫响应。

例如，例 2-4-3 中的全响应按自由响应和受迫响应可分解为

$$
\begin{aligned}
y(t) &= y_{\text{zi}}(t) + y_{\text{zs}}(t) = \underbrace{(1+4t)\mathrm{e}^{2t}u(t)}_{\text{零输入响应}} + \underbrace{[(-1-2t)\mathrm{e}^{-2t}]u(t) + u(t)}_{\text{零状态响应}} \\
&= y_{\text{h}}(t) + y_{\text{p}}(t) = \underbrace{(1+4t)\mathrm{e}^{2t}u(t) + [(-1-2t)\mathrm{e}^{-2t}]u(t)}_{\text{自由响应}} + \underbrace{u(t)}_{\text{受迫响应}}
\end{aligned}
$$

③ 暂态响应和稳态响应是从响应存续的时间范围进行的分类方式。需要说明的是，这种分类方式只存在于 LTI 稳定系统的前提下，如果 LTI 系统是稳定系统，则自由响应将是暂态响应。在激励信号有界的前提下，受迫响应中的一部分是暂态响应(前提是激励信号中包含暂态分量)，另一部分是稳态响应(前提是激励信号中包含稳态分量)。

如果输入是阶跃信号或有始周期信号，则此时将系统响应分解为暂态响应和稳态响应有利于分析系统的特性。

习题及思考题

一、单项选择题

1. 某连续时间系统的输入 $x(t)$ 和输出 $y(t)$ 满足 $y(t)=|x(t)-x(t-1)|$，则该系统为________。

(A) 因果、时变、非线性　　(B) 非因果、时不变、非线性

(C) 非因果、时变、线性　　(D) 因果、时不变、非线性

2. 微分方程 $y''(t)+3y'(t)+2y(t)=x(t+10)$ 所描述的系统为________。

(A) 时不变因果系统　　(B) 时不变非因果系统

(C) 时变因果系统　　(D) 时变非因果系统

3. $y[n]=x[-n+1]$ 所描述的系统不是________。

(A) 稳定系统　(B) 非因果系统　(C) 非线性系统　(D) 时不变系统

4. 某连续系统的输入、输出关系为 $y(t)=\int_{-\infty}^{2t-1}x(\tau)\mathrm{d}\tau$，该系统是________。

(A) 线性时变系统　　(B) 线性时不变系统

(C) 非线性时变系统　　(D) 非线性时不变系统

5. 一线性时不变连续时间系统，其在某激励信号作用下的自由响应为 $(\mathrm{e}^{-3t}+\mathrm{e}^{-t})u(t)$，受迫响应为 $(1-\mathrm{e}^{-2t})u(t)$，下面的说法正确的是________。

(A) 该系统一定是二阶系统

(B) 该系统一定是稳定系统

(C) 零输入响应中一定包含 $(\mathrm{e}^{-3t}+\mathrm{e}^{-t})u(t)$

(D) 零状态响应中一定包含 $(1-\mathrm{e}^{-2t})u(t)$

6. 一 LTI 系统的零输入响应为 $(2^{-n}+3^{-n})u[n]$，零状态响应为 $(1+n)2^{-n}u[n]$，该系统的阶数________。

(A) 肯定是二阶　　(B) 肯定是三阶

(C) 至少是二阶　　(D) 至少是三阶

二、判断题

1. 非线性系统的全响应必等于零状态响应与零输入响应之和。(　　)

2. 常系数线性微分方程表示的系统，其输出响应是由微分方程的特解和齐次解组成，或由零输入响应和零状态响应所组成。齐次解称为自由响应(　　)，特解称为受迫响应(　　)；零输入响应称为自由响应(　　)，零状态响应称为受迫响应(　　)。

3. 某离散时间系统系统的输入、输出关系为 $y[n]=\mathrm{T}\{x[n]\}=n\cdot x[n]$，该系统为：无记忆系统(　　)、线性系统(　　)、因果系统(　　)、时不变系统(　　)、稳定系统(　　)。

三、填空题

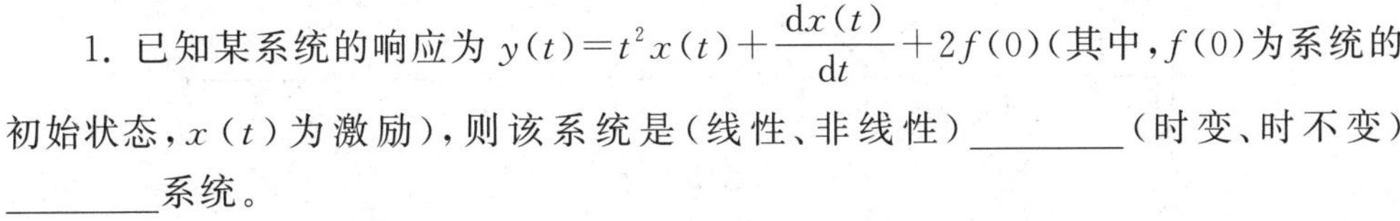

1. 已知某系统的响应为 $y(t)=t^2x(t)+\frac{\mathrm{d}x(t)}{\mathrm{d}t}+2f(0)$（其中，$f(0)$为系统的初始状态，$x(t)$为激励），则该系统是（线性、非线性）________（时变、时不变）________系统。

2. 一连续 LTI 系统的单位阶跃响应 $g(t)=\mathrm{e}^{-3t}u(t)$，则该系统的单位冲激响应为 $h(t)=$________。

3. 已知一离散时间 LTI 系统的单位阶跃响应 $g[n]=\left(\frac{1}{2}\right)^n u[n]$，则该系统的单位脉冲响应 $h[n]=$________。

四、多选题

1. 已知以下四个系统：

(A) $y(t)=2x(t)+3$　　(B) $y(t)=x(2t)$

(C) $y(t)=x(-t)$　　(D) $y(t)=tx(t)$

试判断上述哪些系统满足下列条件：

(1) 不是线性系统的是________。　(2)不是稳定系统的是________。

(3) 不是时不变系统的是________。(4) 不是因果系统的是________。

2. 已知以下四个系统：

(A) $\frac{\mathrm{d}y(t)}{\mathrm{d}t}+10y(t)=x(t)$　　(B) $\frac{\mathrm{d}y(t)}{\mathrm{d}t}+t^2y(t)=x(t)$

(C) $\frac{\mathrm{d}y(t)}{\mathrm{d}t}+y(t)=x(t+10)$　　(D) $y(t)=x(t+10)+x^2(t)$

试判断上述哪些系统满足下列条件：

(1) 是线性系统的是________。　(2) 是时不变系统的是________。

(3) 是因果系统的是________。　(4) 是有记忆系统的是________。

五、画图、证明与分析计算题

1. 航天器内部的热源以速率 Q 产生热量，热量变化率为 $mC_{\mathrm{P}}\frac{\mathrm{d}T}{\mathrm{d}t}$（$m$ 为航天器内空气质量，C_{P} 为热容，T 为内部温度），它耗散到外部空间的热速率等于 $K_0(T-T_0)$（K_0 为常数，T_0 为外部温度，为常数）。请给出描述温度 T 与 Q 的微分方程。

提示：内部热量变化率等于产生热量速率与散热速率之差。可设内外温差为 $y=T-T_0$。

2. 已知初始状态为零时的 LTI 系统，当输入为 $f_1(t)$时，对应的输出为 $y_1(t)$，当输入为 $f_2(t)$时，求对应的输出 $y_2(t)$。$f_1(t)$、$y_1(t)$、$f_2(t)$如题图 1 所示。

3. 某 LTI 因果系统，已知当激励 $x_1(t)=u(t)$时的全响应为 $y_1(t)=(3\mathrm{e}^{-t}+4\mathrm{e}^{-2t})u(t)$；当激励 $x_2(t)=2u(t)$时的全响应为 $y_2(t)=(5\mathrm{e}^{-t}-3\mathrm{e}^{-2t})u(t)$；求在相

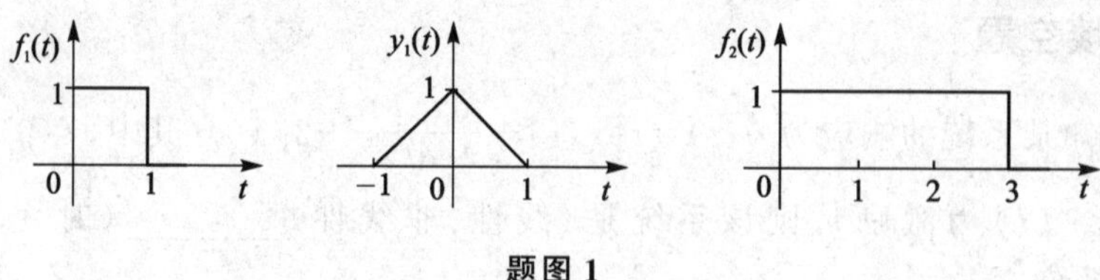

题图 1

同初始条件下,激励 $x_3(t)$波形如题图 2 所示时的全响应 $y_3(t)$。

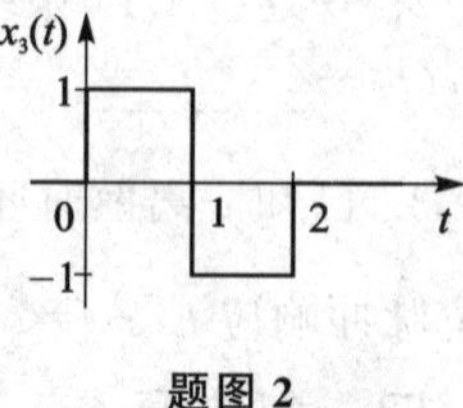

题图 2

4. 某 LTI 系统,其初始状态一定,已知当激励为 $x(t)$时,全响应 $y_1(t)=e^{-t}+\cos(\pi t),t\geqslant 0$;若初始状态不变,激励变为 $2x(t)$,则其全响应为 $y_2(t)=2\cos(\pi t)$,$t\geqslant 0$。求初始状态不变而激励变为 $3x(t)$时系统的全响应。

5. 某一阶 LTI 离散系统,其初始状态为 $x[0]$,已知当激励为 $x[n]$时,其全响应为 $y_1[n]=u[n]$。若初始状态不变,激励变为 $-x[n]$,其全响应为 $y_2[n]=[2(0.5)^n-1]u[n]$。求初始状态变为 $2x[0]$,而激励变为 $4x[n]$时系统的全响应。

6. 一个 LTI 系统有两个初始条件:$f_1(0)$和 $f_2(0)$,且

(1) 当 $f_1(0)=1,f_2(0)=0$ 时,系统的零输入响应为 $y_{zi1}(t)=(e^{-t}+e^{-2t})u(t)$。

(2) 当 $f_1(0)=0,f_2(0)=1$ 时,系统的零输入响应为 $y_{zi2}(t)=-(e^{-t}-e^{-2t})u(t)$。

若激励为 $x(t)$,$f_1(0)=1,f_2(0)=-1$,其全响应为$(2+e^{-t})u(t)$。试求:当激励为 $2x(t)$,$f_1(0)=-1$,$f_2(0)=-2$ 时的全响应 $y(t)$。

7. 已知离散时间 LTI 系统

$$y[n]-y[n-1]-2y[n-2]=u[n]$$

且 $y[0]=0,y[1]=1$。用经典法求 $y[n]$的零输入响应 $y_{zi}[n]$和零状态响应 $y_{zs}[n]$。

8. 如题图 3 所示的电路,已知 $R_1=2\ \Omega,R_2=4\ \Omega,L=1\ \mathrm{H},C=0.5\ \mathrm{F},u_S(t)=2e^{-t}u(t)\ \mathrm{V}$。请列出 $i(t)$的微分方程,并求其零状态响应。

9. 如题图 4 所示的电路,已知 $R=3\ \Omega,L=1\ \mathrm{H},C=0.5\ \mathrm{F},u_S(t)=\cos t\cdot u(t)\ \mathrm{V}$。若以 $u_C(t)$为输出,求其零状态响应。

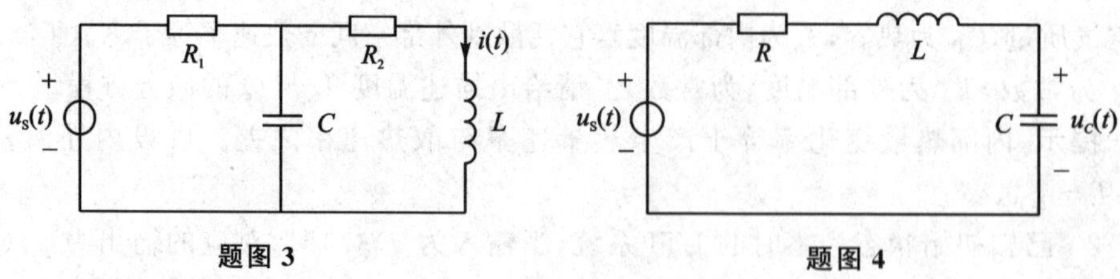

题图 3　　题图 4

10. 若 LTI 系统 $y'(t)+ay(t)=x(t)$在非零 $x(t)$作用下其响应 $y(t)=1-e^{-t}$,试求方程 $y'(t)+ay(t)=2x(t)+x'(t)$的响应。

第 3 章　LTI 系统的时域分析

对 LTI 系统分析的任务是建立系统的数学模型，分析系统特性和信号通过系统产生的响应。LTI 系统的分析包括时域分析、频域分析和复频域分析。

LTI 系统的时域分析不采用直接对描述方程求解的方法，而是利用输入激励与单位冲激（脉冲）响应的卷积计算 LTI 系统的零状态响应，突出物理概念。系统的单位冲激（脉冲）响应分别反映了 LTI 系统的时域特性，表征了系统的因果性、稳定性，是 LTI 系统时域分析的核心工具。

3.1　通过解方程进行 LTI 系统分析的局限性

第 2 章讲述的利用常系数线性微分方程和常系数线性差分方程的经典解法求解 LTI 系统响应的方法存在许多局限性，主要体现在以下几个方面：

① 若描述系统的方程激励项较复杂，则难以设定零状态响应的特解形式；

② 若激励信号发生变化，则系统零状态响应需要重新求解；

③ 若初始条件发生变化，则系统零输入响应需要重新求解；

④ 经典法是一种纯数学方法，只能求解出系统的响应，而无法深刻描述更重要的响应产生的机理与过程。

由于零状态响应与 LTI 系统的线性性质相匹配，因此本章基于“（输入）**信号的分解，响应的叠加**”思想来分析一个 LTI 系统零状态响应产生的机理与过程，即将信号分解为正交的冲激（脉冲）信号，并基于冲激（脉冲）信号的性质和冲激（脉冲）响应建立信号与 LTI 系统的时域分析方法。思路如下：

① 将任意信号分解成单位冲激（脉冲）信号的线性组合；

② 分析单位冲激（脉冲）信号激励下系统的零状态响应 $h(t)$（或 $h[n]$）；

③ 利用 LTI 系统的特性来分析任意信号激励下系统的零状态响应 $y_{zs}(t)$（或 $y_{zs}[n]$）。

3.2 冲激(脉冲)响应的经典解法

3.2.1 单位冲激响应的经典解法

单位冲激响应,即 $x(t)=\delta(t)$,$y_{zs}(t)=h(t)$。因此,单位冲激响应满足

$$a_N h^{(N)}(t)+a_{N-1}h^{(N-1)}(t)+\cdots+a_1h'(t)+h(t)$$
$$=b_M\delta^{(M)}(t)+b_{M-1}\delta^{(M-1)}(t)+\cdots+b_1\delta'(t)+b_0\delta(t) \quad (3-2-1)$$

求解该非齐次方程需要 N 个初始条件,即 $h^{(i)}(0_+)(i=0,1,\cdots,N-1)$。下面讨论单位冲激响应 $h(t)$的求解过程。

令式(3-2-1)微分方程右端仅含 $\delta(t)$,产生的单位冲激响应记为 $h_0(t)$,则 $h_0(t)$满足如下非齐次微分方程:

$$a_N h_0^{(N)}(t)+a_{N-1}h_0^{(N-1)}(t)+\cdots+a_1h_0'(t)+h_0(t)=\delta(t) \quad (3-2-2)$$

由于 $t>0$ 时 $\delta(t)$为零,此时等式右端恒为零,所以单位冲激响应 $h_0(t)$与微分方程的齐次解有相同形式。

为了求解 $h_0(t)$,需代入 N 个初始条件 $h_0^{(i)}(0_+)(i=1,2,\cdots,N)$。由于输入是冲激,响应侧的最高次微分项 $h_0^{(N)}(t)$中定会包含 $\delta(t)$以实现左右平衡,且系数一致。显然,可得知 $h_0^{(N-1)}(t)$中应包含 $u(t)$,进而推得 $h_0^{(i)}(t)(i=0,1,\cdots,N-2)$在 $t=0$ 点处连续。对式(3-2-2)两边在区间$[0_-,0_+]$上积分得

$$a_N\left[h_0^{(N-1)}(0_+)-h_0^{(N-1)}(0_-)\right]=1 \quad (3-2-3)$$

因为是零状态响应,所以 $h_0^{(i)}(0_-)=0(i=0,1,\cdots,N-1)$,由式(3-2-3)得 $h_0^{(N-1)}(0_+)=1/a_N$,得到初始条件如下:

$$h_0^{(i)}(0_+)=0(i=0,1,\cdots,N-2),\quad h_0^{(N-1)}(0_+)=1/a_N \quad (3-2-4)$$

将初始条件代入 $h_0(t)$的齐次解表达式中,求得 $h_0(t)$的待定系数。

再根据 LTI 系统的线性性质和微分特性,有

$$h_0(t)=\mathrm{T}\{\delta(t)\} \quad (3-2-5)$$

$$h(t)=\mathrm{T}\{b_M\delta^{(M)}(t)+\cdots+b_0\delta(t)\}=b_Mh_0^{(M)}(t)+\cdots+b_0h_0(t) \quad (3-2-6)$$

【例 3-2-1】已知某连续时间 LTI 系统的微分方程为 $y'(t)+4y(t)=3x'(t)+2x(t)$,试求系统的单位冲激响应 $h(t)$。

解:根据单位冲激响应的定义,当 $x(t)=\delta(t)$时,$y(t)$为 $h(t)$,即满足如下微分方程:

$$h'(t)+4h(t)=3\delta'(t)+2\delta(t)$$

假设方程右端仅含 $\delta(t)$，产生的冲激响应记为 $h_0(t)$，则 $h_0(t)$ 满足如下微分方程：

$$h_0'(t)+4h_0(t)=\delta(t)$$

由特征方程 $\lambda+4=0$ 解得特征根 $\lambda=-4$。当 $t>0$ 时可得 $h_0(t)$ 的形式如下：

$$h_0(t)=c\cdot \mathrm{e}^{-4t}u(t)$$

代入初始条件 $h_0(0_+)=1$ 可得系数 $c=1$，即 $h_0(t)=\mathrm{e}^{-4t}u(t)$。由 LTI 系统的线性性质和微分性质可得系统的冲激响应 $h(t)$ 为

$$h(t)=3h_0'(t)+2h_0(t)=-10\mathrm{e}^{-4t}u(t)+3\delta(t)$$

3.2.2　单位脉冲响应的经典解法

单位脉冲响应是激励为单位脉冲序列时离散时间 LTI 系统所产生的零状态响应，以符号 $h[n]$ 表示。令 $x[n]=\delta[n]$，$y_{zs}[n]=h[n]$，则单位脉冲响应满足如下差分方程：

$$\begin{aligned}&h[n]+a_1h[n-1]+\cdots+a_{N-1}h[n-N+1]+a_Nh[n-N]\\&=b_0\delta[n]+b_1\delta[n-1]+\cdots+b_{M-1}\delta[n-M+1]+b_M\delta[n-M]\end{aligned} \tag{3-2-7}$$

求解该非齐次方程需要 N 个初始条件，即 $h[i]\,(i=0,1,\cdots,N-1)$。

令式(3-2-7)右端仅含 $\delta[n]$，产生的脉冲响应记为 $h_0[n]$，则 $h_0[n]$ 满足如下差分方程：

$$h_0[n]+a_1h_0[n-1]+\cdots+a_{N-1}h_0[n-N+1]+a_Nh_0[n-N]=\delta[n] \tag{3-2-8}$$

由于 $n>0$ 时 $\delta[n]$ 为零，此时等式右端恒为零，所以单位脉冲响应 $h_0[n]$ 与差分方程齐次解有相同形式。

为了求解 $h_0[n]$，需代入 N 个初始条件 $h[i]\,(i=0,1,\cdots,N-1)$。可用递推法求出初始条件，然后将初始条件代入齐次解求得 $h_0[n]$。

同样，由于是 LTI 系统，利用 LTI 系统的线性性质和非时变性质，有如下推理过程：

$$h_0[n]=\mathrm{T}\{\delta[n]\} \tag{3-2-9}$$

$$\begin{aligned}h[n]&=\mathrm{T}\{b_0\delta[n]+b_1\delta[n-1]+\cdots+b_{M-1}\delta[n-M+1]+b_M\delta[n-M]\}\\&=b_0h_0[n]+b_1h_0[n-1]+\cdots+b_{M-1}h_0[n-M+1]+b_Mh_0[n-M]\end{aligned} \tag{3-2-10}$$

【例 3-2-2】已知描述某离散时间 LTI 系统的差分方程为

$$y[n]-5y[n-1]+6y[n-2]=x[n]-2x[n-1]$$

试求系统的单位脉冲响应 $h[n]$。

解：根据单位脉冲响应的定义，当 $x[n]=\delta[n]$ 时，$y[n]$ 即为 $h[n]$，即满足如下

差分方程：

$$h[n]-5h[n-1]+6h[n-2]=\delta[n]-2\delta[n-1]$$

假设方程右端仅含 $\delta[n]$，产生的单位脉冲响应记为 $h_0[n]$，则 $h_0[n]$ 满足如下差分方程：

$$h_0[n]-5h_0[n-1]+6h_0[n-2]=\delta[n]$$

由特征方程 $\lambda^2-5\lambda+6=0$ 解得特征根为 $\lambda=2$ 和 $\lambda=3$。当 $n>0$ 时，$\delta[n]=0$，$h_0[n]$ 与齐次解有相同的形式，即

$$h_0[n]=(c_1 2^n+c_2 3^n)u[n]$$

利用递推法可求得初始条件 $h_0[0]=1$，$h_0[1]=5$，代入上式可求得 $c_1=-2$，$c_2=3$，即

$$h_0[n]=(-2\cdot 2^n+3\cdot 3^n)u[n]$$

由 LTI 系统的线性性质和非时变性质可得系统的单位脉冲响应 $h[n]$ 为

$$\begin{aligned}h[n]&=h_0[n]-2h_0[n-1]\\&=(-2\cdot 2^n+3\cdot 3^n)u[n]-2(-2\cdot 2^{n-1}+3\cdot 3^{n-1})u[n-1]=3^n u[n]\end{aligned}$$

3.3 LTI 系统的时域分析

3.3.1 信号的冲激(脉冲)信号正交分解

根据 $\delta(t)$ 和 $\delta[n]$ 的筛选特性可得

$$x(t)=\int_{-\infty}^{\infty}x(\tau)\delta(t-\tau)\mathrm{d}\tau \tag{3-3-1}$$

$$x[n]=\sum_{m=-\infty}^{\infty}x[m]\delta[n-m] \tag{3-3-2}$$

式(3-3-1)和式(3-3-2)说明，任意信号 $x(t)$（或 $x[n]$）可以分解为无穷多 $\delta(t)$（或 $\delta[n]$）的线性组合，$x(\tau)\mathrm{d}\tau$（或 $x[m]$）是分量 $\delta(t-\tau)$（或 $\delta[n-m]$）的加权系数。尽管不同信号在宏观上表现的波形不同，但从微观上仅表现为加权系数的不同。

3.3.2 零状态响应的卷积描述

针对基于信号的冲激(脉冲)信号正交分解，任意信号 $x(t)$（或 $x[n]$）作用于 LTI 系统产生的零状态响应 $y_{zs}(t)$（或 $y_{zs}[n]$）可由 $x(\tau)\delta(t-\tau)\mathrm{d}\tau$（或 $x[m]\delta[n-m]$）产生的响应叠加而成。这样，当分析任意信号通过 LTI 系统产生的零状态响应

时，只需分析 $\delta(t)$（或$\delta[n]$）通过该系统产生的响应 $h(t)$（或 $h[n]$），然后利用 LTI 系统的线性和非时变特性，就可以得到任意 $x(t)$（或 $x[n]$）经过系统所产生的零状态响应 $y_{zs}(t)$（或$y_{zs}[n]$）。本质是将一般信号 $x(t)$（或 $x[n]$）经过系统的问题转化成基本信号 $\delta(t)$（或 $\delta[n]$）经过系统的问题，进而简化了系统分析。

下面基于信号分解思想导出任意信号激励下 LTI 系统的零状态响应的求解方法。

单位冲激（脉冲）信号作用于 LTI 系统产生的零状态响应称为单位冲激（脉冲）响应，即

$$\mathrm{T}\{\delta[n]\}=h[n],\quad \mathrm{T}\{\delta(t)\}=h(t) \tag{3-3-3}$$

由 LTI 系统的非时变性可得

$$\mathrm{T}\{\delta(t-\tau)\}=h(t-\tau),\quad \mathrm{T}\{\delta[n-m]\}=h[n-m] \tag{3-3-4}$$

由 LTI 系统的齐次性可得

$$\mathrm{T}\{x(\tau)\mathrm{d}\tau\delta(t-\tau)\}=x(\tau)\mathrm{d}\tau h(t-\tau),\quad \mathrm{T}\{x[m]\delta[n-m]\}=x[m]h[n-m] \tag{3-3-5}$$

再由 LTI 系统的可加性可得

$$\mathrm{T}\left\{\int_{-\infty}^{\infty}x(\tau)\delta(t-\tau)\mathrm{d}\tau\right\}=\int_{-\infty}^{\infty}x(\tau)h(t-\tau)\mathrm{d}\tau \tag{3-3-6}$$

$$\mathrm{T}\left\{\sum_{m=-\infty}^{\infty}x[m]\delta[n-m]\right\}=\sum_{m=-\infty}^{\infty}x[m]h[n-m] \tag{3-3-7}$$

可见，LTI 系统的零状态响应等于激励与系统的冲激（脉冲）响应的卷积，即

$$\boxed{y_{zs}(t)=\int_{-\infty}^{\infty}x(\tau)h(t-\tau)\mathrm{d}\tau=x(t)*h(t)} \tag{3-3-8}$$

$$\boxed{y_{zs}[n]=\sum_{m=-\infty}^{\infty}x[m]h[n-m]=x[n]*h[n]} \tag{3-3-9}$$

式(3－3－8)和式(3－3－9)深刻地揭示了 LTI 系统的零状态响应产生的机理与过程，如图 3－3－1 所示，既说明能用卷积计算零状态响应，也说明其是信号与系统分析的核心思想之一。

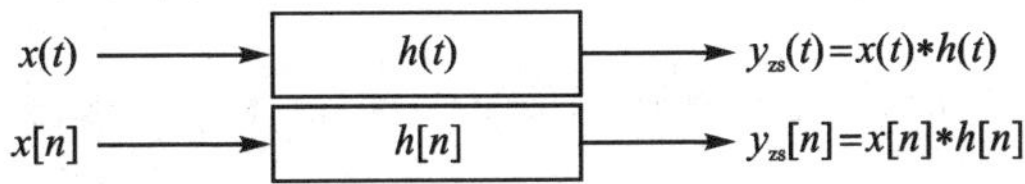

图 3－3－1　LTI 系统零状态响应卷积描述图

【例 3－3－1】已知一 LTI 系统的单位冲激响应 $h(t)=\frac{\pi}{2}\sin\left(\frac{\pi}{2}t\right)u(t)$，输入信号 $x(t)$的波形如图 3－3－2 所示。请用时域方法求系统的零状态响应 $y_{zs}(t)$。

解：利用卷积的微积分性质，可得 $y_{zs}(t)=x(t)*h(t)=x^{(1)}(t)*h^{(-1)}(t)$。先求 $h^{(-1)}(t)$，即

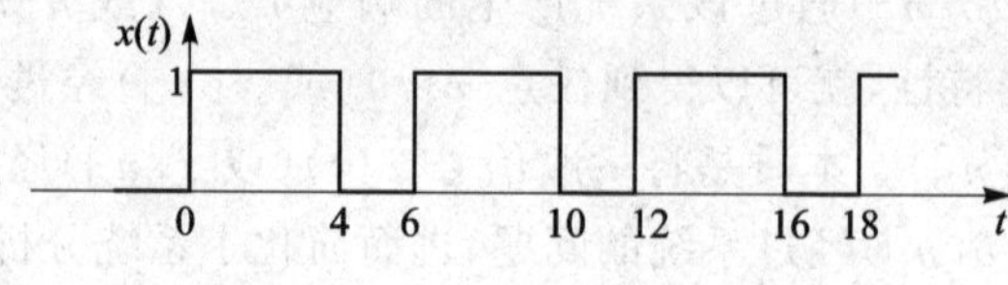

图 3-3-2 【例 3-3-1】图

$$h^{(-1)}(t)=\int_{-\infty}^{t}h(\tau)\mathrm{d}\tau=\int_{-\infty}^{t}\frac{\pi}{2}\sin\left(\frac{\pi}{2}\tau\right)u(\tau)\mathrm{d}\tau=\left(1-\cos\frac{\pi t}{2}\right)u(t)$$

再求输入信号 $x(t)$的一阶导数,如图 3-3-3 所示,有

$$x^{(1)}(t)=\sum_{n=0}^{\infty}[\delta(t-6n)-\delta(t-6n-4)]$$

则

$$\begin{aligned}y_{zs}(t)&=x^{(1)}(t)*h^{(-1)}(t)=h^{(-1)}(t)*\\&\quad\sum_{n=0}^{\infty}[\delta(t-6n)-\delta(t-6n-4)]\\&=\sum_{n=0}^{\infty}[h^{(-1)}(t-6n)-h^{(-1)}(t-6n-4)]\\&=\sum_{n=0}^{\infty}\left\{\left[1-\cos\frac{\pi}{2}(t-6n)\right]u(t-6n)-\right.\\&\quad\left.\left[1-\cos\frac{\pi}{2}(t-6n-4)\right]u(t-6n-4)\right\}\\&=\sum_{n=0}^{\infty}\left[1-(-1)^n\cos\frac{\pi t}{2}\right][u(t-6n)-u(t-6n-4)]\end{aligned}$$

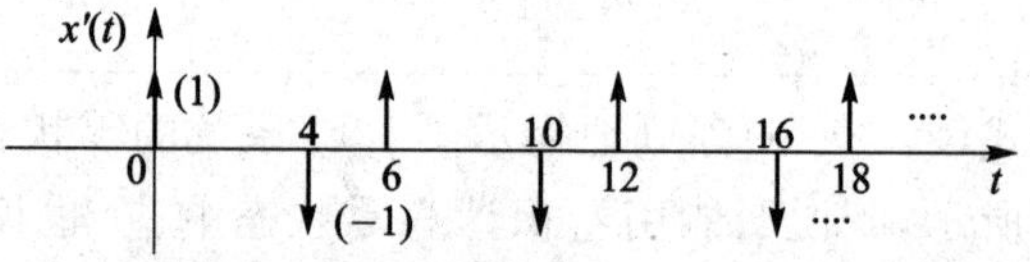

图 3-3-3 求输入信号 $x(t)$的一阶导数

【例 3-3-2】某 LTI 系统的阶跃响应 $g(t)=\mathrm{e}^{-t}u(t)$,求激励为 $x(t)=3\mathrm{e}^{2t}u(t)$时的零状态响应。

解:由 $h(t)=\dfrac{\mathrm{d}g(t)}{\mathrm{d}t}=\delta(t)-\mathrm{e}^{-t}u(t)$,得

$$\begin{aligned}y_{zs}(t)&=x(t)*h(t)=[3\mathrm{e}^{2t}u(t)]*[\delta(t)-\mathrm{e}^{-t}u(t)]\\&=3\mathrm{e}^{2t}u(t)-[3\mathrm{e}^{2t}u(t)]*[\mathrm{e}^{-t}u(t)]\\&=3\mathrm{e}^{2t}u(t)-\int_{-\infty}^{\infty}3\mathrm{e}^{2\tau}u(\tau)\mathrm{e}^{-(t-\tau)}u(t-\tau)\mathrm{d}\tau u(t)\end{aligned}$$

$$=3e^{2t}u(t)-\int_0^t 3e^{3\tau-t}d\tau u(t)$$
$$=3e^{2t}u(t)-e^{3\tau-t}\Big|_0^t u(t)=2e^{2t}-e^{-t}$$

【例 3-3-3】已知某 LTI 离散系统，当输入为 $\delta[n-1]$ 时，系统的零状态响应为 $\left(\frac{1}{2}\right)^n u[n-1]$，试计算输入为 $x[n]=2\delta[n]+u[n]$ 时系统的零状态响应。

解：由 $\delta[n-1]\rightarrow\left(\frac{1}{2}\right)^n u[n-1]$，可得系统的单位脉冲响应 $h[n]=\mathrm{T}\{\delta[n]\}=\left(\frac{1}{2}\right)^{n+1}u[n]$。因此，输入为 $x[n]=2\delta[n]+u[n]$ 时系统的零状态响应为

$$y_{zs}[n]=h[n]*x[n]=\left(\left(\frac{1}{2}\right)^{n+1}u[n]\right)*(2\delta[n]+u[n])$$
$$=2\left(\frac{1}{2}\right)^{n+1}u[n]+\sum_{m=-\infty}^{\infty}\left(\frac{1}{2}\right)^{m+1}u[m]u[n-m]$$
$$=\left(\frac{1}{2}\right)^{n}u[n]+\sum_{m=0}^{n}\left(\frac{1}{2}\right)^{m+1}u[n]$$
$$=\left(\frac{1}{2}\right)^{n}u[n]+\left[1-\left(\frac{1}{2}\right)^{n+1}\right]u[n]=\left[1+\left(\frac{1}{2}\right)^{n+1}\right]u[n]$$

3.4　复合系统的时域分析

很多实际系统都是由几个子系统相互联结而构成的，这种系统称为复合系统。在进行复合系统分析时，可以通过分析各子系统特性，以及它们之间的联结关系来分析整个复合系统的特性。复合系统的联结方式多种多样，但其基本形式可以概括为级联、并联和反馈三种方式。

3.4.1　级联系统的 $h(t)$ 和 $h[n]$

在工程中通常有一个信号需要连续通过几个 LTI 系统，换言之，几个 LTI 系统是相互级联的，如图 3-4-1 所示，这样的复合系统为级联系统。图 3-4-1(a)所示为连续时间级联系统的单位冲激响应模型，图中，假定第一级的单位冲激响应为 $h_1(t)$，第二级的单位冲激响应为 $h_2(t)$，总的冲激响应为 $h(t)$，有

$$\left.\begin{array}{l}y_{zs}(t)=x_1(t)*h_2(t)\\x_1(t)=x(t)*h_1(t)\end{array}\right\}\Rightarrow y_{zs}(t)=x(t)*h_1(t)*h_2(t)$$

所以

$$y_{zs}(t)=x(t)*\underbrace{[h_1(t)*h_2(t)]}_{h(t)}$$

图 3-4-1(b)所示为离散时间级联系统的单位脉冲响应模型图中,假定第一级的单位脉冲响应为 $h_1[n]$,第二级的单位脉冲响应为 $h_2[n]$,总的单位脉冲响应为 $h[n]$,有

$$\left.\begin{aligned}y_{zs}[n]&=x_1[n]*h_2[n]\\x_1[n]&=x[n]*h_1[n]\end{aligned}\right\}\Rightarrow y_{zs}[n]=x[n]*h_1[n]*h_2[n]$$

所以

$$y_{zs}[n]=x[n]*\underbrace{[h_1[n]*h_2[n]]}_{h[n]}$$

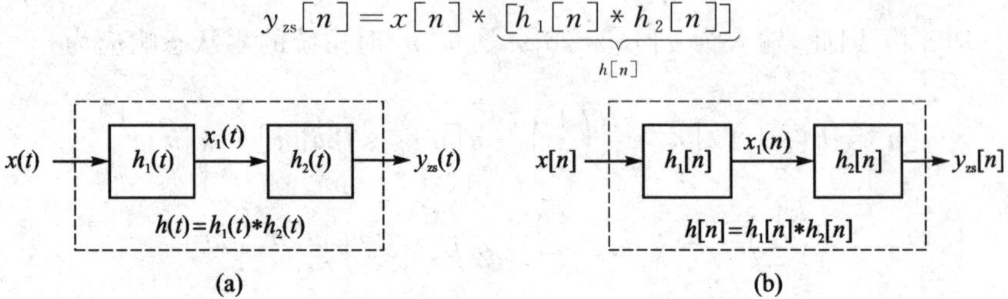

图 3-4-1　级联系统的单位冲激(脉冲)响应模型

推广到一般情况,对于级联系统,系统总的冲激(脉冲)响应为各子系统单位冲激(脉冲)响应的卷积,即

$$h(t)=h_1(t)*h_2(t)*\cdots*h_k(t)*\cdots*h_m(t) \tag{3-4-1}$$

$$h[n]=h_1[n]*h_2[n]*\cdots*h_k[n]*\cdots*h_m[n] \tag{3-4-2}$$

式中:$h_k(t)$ 和 $h_k[n]$ 分别表示各子系统的单位冲激响应和单位脉冲响应,共 m 级。

【例 3-4-1】图 3-4-2 所示为离散时间系统 S,其输入为 $x[n]$,输出为 $y[n]$。若该系统是由系统 S_1 和 S_2 级联而成,则 S_1 的输入/输出关系为

$$y_1[n]=2x_1[n]+x_1[n-1]$$

S_2 的输入/输出关系为

$$y_2[n]=2x_2[n-2]+0.5x_2[n-3]$$

求系统 S 的输入/输出关系及单位脉冲响应。

图 3-4-2　【例 3-4-1】图

解:根据题设可得 $f[n]=2x[n]+x[n-1]$,$y[n]=2f[n-2]+0.5f[n-3]$,两式联立可得系统 S 的输入/输出关系,即

$$y[n]=4x[n-2]+3x[n-3]+0.5x[n-4]$$

由于 $y[n]=x[n]*h[n]$,所以

$$h[n]=4\delta[n-2]+3\delta[n-3]+0.5\delta[n-4]$$

3.4.2　并联系统的 $h(t)$ 和 $h[n]$

在工程中通常有一个信号需要同时通过几个 LTI 系统，即几个系统是相互并联的，如图 3-4-3 所示，系统的响应是各 LTI 系统响应之和。图 3-4-3(a)所示为连续时间并联系统的单位冲激响应模型，图中，假定第一级的单位冲激响应为 $h_1(t)$，第二级的单位冲激响应为 $h_2(t)$，总的冲激响应为 $h(t)$，有

$$\left.\begin{aligned} y_{zs}(t) &= y_{zs1}(t) + y_{zs2}(t) \\ y_{zs1}(t) &= x(t) * h_1(t) \\ y_{zs2}(t) &= x(t) * h_2(t) \end{aligned}\right\} \Rightarrow y_{zs}(t) = x(t) * h_1(t) + x(t) * h_2(t)$$

所以

$$y_{zs}(t) = x(t) * \underbrace{[h_1(t) + h_2(t)]}_{h(t)}$$

图 3-4-3(b)所示为离散时间并联系统的单位脉冲响应模型，图中，假定第一级的单位脉冲响应为 $h_1[n]$，第二级的单位脉冲响应为 $h_2[n]$，总的单位脉冲响应为 $h[n]$，有

$$\left.\begin{aligned} y_{zs}[n] &= y_{zs1}[n] + y_{zs2}[n] \\ y_{zs1}[n] &= x[n] * h_1[n] \\ y_{zs2}[n] &= x[n] * h_2[n] \end{aligned}\right\} \Rightarrow y_{zs}[n] = x[n] * h_1[n] + x[n] * h_2[n]$$

所以

$$y_{zs}[n] = x[n] * \underbrace{(h_1[n] + h_2[n])}_{h[n]}$$

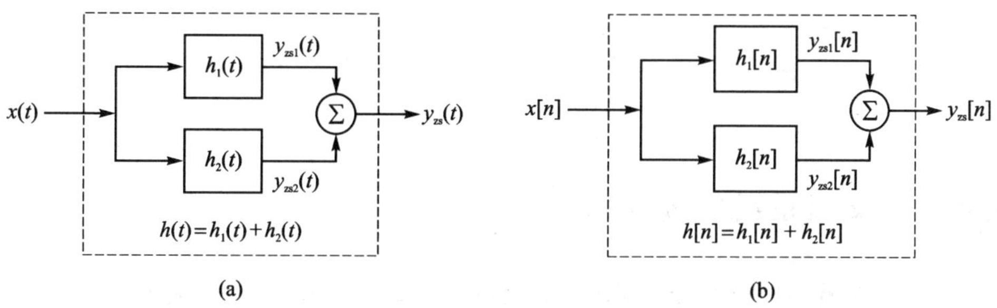

图 3-4-3　并联系统的单位冲激响应或单位脉冲响应模型

推广到一般情况，对于并联系统，系统总的单位冲激(脉冲)响应为各子系统单位冲激(脉冲)响应之和，即

$$h(t) = \sum_{i=1}^{m} h_i(t) \tag{3-4-3}$$

$$h[n]=\sum_{i=1}^{m}h_i[n] \tag{3-4-4}$$

式中:$h_i(t)$和$h_i[n]$分别表示各子系统的单位冲激响应和单位脉冲响应,共 m 个。

【例 3-4-2】如图 3-4-4 所示的系统是由几个子系统构成的,各子系统的单位冲激响应分别是$h_a(t)=\delta(t-1)$、$h_b(t)=u(t)-u(t-3)$和$h_c(t)=2\delta(t)$。求复合系统的单位冲激响应。

解:系统的单位冲激响应为

$$\begin{aligned}h(t)&=[\delta(t)+h_a(t)+(h_a(t)*h_c(t))]*h_b(t)\\&=[\delta(t)+3\delta(t-1)]*[u(t)-u(t-3)]\\&=u(t)-u(t-3)+3u(t-1)-3u(t-4)\end{aligned}$$

【例 3-4-3】如图 3-4-5 所示的系统由几个子系统组成,各子系统的冲激响应为$h_1(t)=u(t)$,$h_2(t)=\delta(t-1)$,$h_3(t)=-\delta(t)$,试求此系统的单位冲激响应$h(t)$;若以$x(t)=\mathrm{e}^{-t}u(t)$作为激励信号,求系统的零状态响应$y_{zs}(t)$。

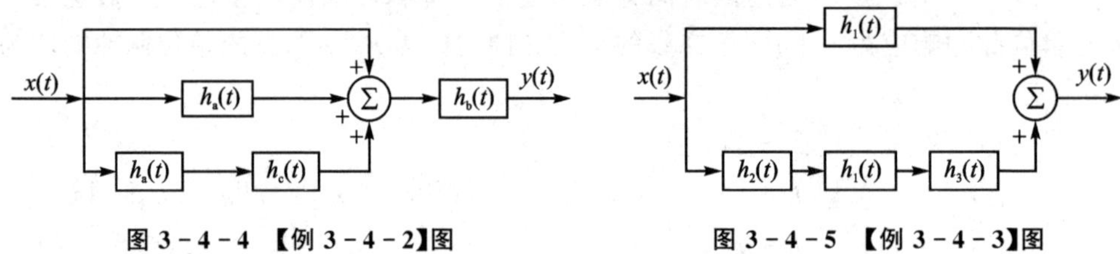

图 3-4-4 【例 3-4-2】图　　图 3-4-5 【例 3-4-3】图

解:系统的冲激响应为

$$\begin{aligned}h(t)&=h_1(t)+h_2(t)*h_1(t)*h_3(t)\\&=u(t)+\delta(t-1)*u(t)*[-\delta(t)]=u(t)-u(t-1)\end{aligned}$$

系统的零状态响应为

$$\begin{aligned}y_{zs}(t)&=x(t)*h(t)=\mathrm{e}^{-t}u(t)*[u(t)-u(t-1)]\\&=(1-\mathrm{e}^{-t})u(t)-[1-\mathrm{e}^{-(t-1)}]u(t-1)\end{aligned}$$

3.4.3 反馈系统的 $h(t)$ 和 $h[n]$

反馈系统就是响应通过一定的形式反馈到输入端,与输入信号运算后作为真正输入的系统。如图 3-4-6 所示的反馈系统中,图 3-4-6(a)所示为连续时间反馈系统,图 3-4-6(b)所示为离散时间反馈系统,系统 1 的输出为系统 2 的输入,而系统 2 的输出又反馈回来与外加输入信号共同构成系统 1 的输入,故有

$$\left.\begin{aligned}y_{zs}(t)&=x_1(t)*h_1(t)\\x_2(t)&=y_{zs}(t)*h_2(t)\\x_1(t)&=x(t)-x_2(t)\end{aligned}\right\}\Rightarrow y_{zs}(t)=[x(t)-y_{zs}(t)*h_2(t)]*h_1(t)$$

所以

$$y_{zs}(t)+y_{zs}(t)*h_2(t)*h_1(t)=x(t)*h_1(t)$$

$$\Rightarrow y_{zs}(t)=\frac{x(t)*h_1(t)}{\delta(t)+h_1(t)*h_2(t)} \tag{3-4-5}$$

$$\left.\begin{aligned} y_{zs}[n]&=x_1[n]*h_1[n]\\ x_2[n]&=y_{zs}[n]*h_2[n]\\ x_1[n]&=x[n]-x_2[n]\end{aligned}\right\}\Rightarrow y_{zs}[n]=(x[n]-y_{zs}[n]*h_2[n])*h_1[n]$$

所以

$$y_{zs}[n]+y_{zs}[n]*h_2[n]*h_1[n]=x[n]*h_1[n]$$

$$\Rightarrow y_{zs}[n]=\frac{x[n]*h_1[n]}{\delta[n]+h_1[n]*h_2[n]} \tag{3-4-6}$$

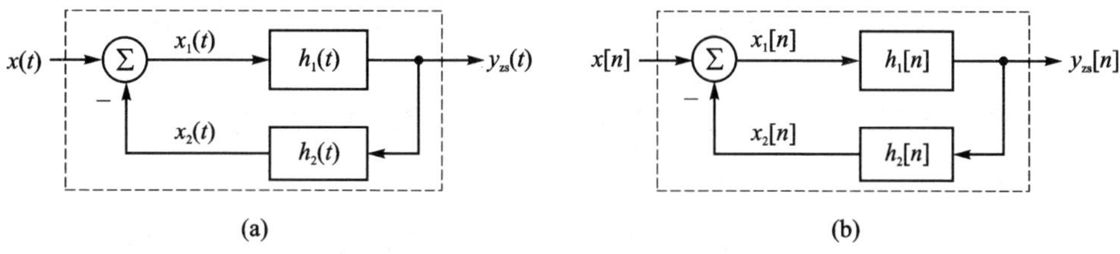

图 3-4-6　系统的反馈

带有反馈回路的系统称为闭环系统，而不带有反馈回路的系统称为开环系统。

开环系统的输出与前一时刻的输出及各阶导数（或差分）无关。而闭环系统存在反馈，系统时刻“关心”输出的情况，并“渴望”能够自动修正。LTI 系统为了获得优秀的性能，经常采用反馈的形式构建应用。

对于不存在输出对输入的反馈支路的离散时间 LTI 开环系统，其差分方程为

$$y[n]=\sum_{i=0}^{M}b_i x[n-i] \tag{3-4-7}$$

其单位脉冲响应 $h[n]$ 是有限长的，对照差分方程，$h[n]$ 就是系数 b_n，即

$$h[n]=\begin{cases}b_n, & 0\leqslant n\leqslant M\\ 0, & 其他\end{cases} \tag{3-4-8}$$

因此，开环的离散时间 LTI 系统称为有限长单位脉冲响应（Finite Impulse Response）系统，简称 FIR 系统。

而对于具有反馈支路的离散时间 LTI 闭环系统，其单位脉冲响应 $h[n]$ 是无限长的，故称为无限长单位脉冲响应（Infinite Impulse Response）系统，简称 IIR 系统。

3.5 $h(t)$、$h[n]$与系统的因果稳定性判断

对于复合系统的$h(t)$或$h[n]$响应的研究,可以通过对各子系统单位冲激响应$h(t)$或单位脉冲响应$h[n]$进行研究后,得出总的响应。另外,从工程应用的角度出发,实际设计的系统应具有因果性和稳定性,$h(t)$或$h[n]$能够直接描述LTI系统的因果性和稳定性。

3.5.1 因果系统的$h(t)$和$h[n]$

因果系统是指系统的零状态响应不会出现在激励信号之前。既然$h(t)$和$h[n]$可描述LTI系统的特性,下面讨论LTI系统的$h(t)$和$h[n]$与系统的因果性之间的关系。

一个连续时间LTI系统为因果系统的充分必要条件是$h(t)$为因果信号,即

$$\boxed{h(t)=0,\quad t<0} \tag{3-5-1}$$

一个离散时间LTI系统为因果系统的充分必要条件是$h[n]$为因果信号,即

$$\boxed{h[n]=0,\quad n<0} \tag{3-5-2}$$

即当$h(t)=h(t)u(t)$和$h[n]=h[n]u[n]$时,系统是因果系统。

先证明其充分性。若系统的激励为$x(t)$和$x[n]$,则LTI系统的零状态响应为

$$y_{zs}(t)=x(t)*h(t)=\int_{-\infty}^{\infty}h(\tau)x(t-\tau)\mathrm{d}\tau$$

$$y_{zs}[n]=h[n]*x[n]=\sum_{m=-\infty}^{\infty}h[m]x[n-m]$$

当满足$t<0$时$h(t)=0$,当满足$n<0$时$h[n]=0$,则有

$$y_{zs}(t)=x(t)*h(t)=\int_{0}^{\infty}h(\tau)x(t-\tau)\mathrm{d}\tau$$

$$y_{zs}[n]=h[n]*x[n]=\sum_{m=0}^{\infty}h[m]x[n-m]$$

显然,此时$y(t_0)=\mathrm{T}\{h(t),\underset{t\leqslant t_0}{x(t)}\}$,$y[n_0]=\mathrm{T}\{h[n],\underset{n\leqslant n_0}{x[n]}\}$,零状态响应只与单位冲激(脉冲)响应,以及当前和过去的激励信号有关,与将来的输入无关。得证。

下面证明其必要性。由于$\delta(t)$作用在$t=0$时刻,所以零状态响应在$t<0$时为零;由于$\delta[n]$作用在$n=0$点,所以零状态响应在$n<0$时为零。得证。

【例3-5-1】判断系统$y_{zs}(t)=x(t)+x(t-2)$是否是因果系统。

解:根据$y_{zs}(t)=x(t)*h(t)=x(t)+x(t-2)$,有$h(t)=\delta(t)+\delta(t-2)$,显然当$t<0$时,$h(t)=0$。所以该系统是因果系统。

要特别指出的是，在工程应用中，设计的系统必须是因果系统，因为非因果系统是物理不可实现的。当然，这不意味着非因果系统一点意义也没有，由于某些非因果系统的特性非常理想，所以常把这样的非因果系统作为实际设计因果系统的一个逼近目标。最典型的一种非因果系统就是理想滤波器，该内容将在信号与系统的频域分析中讲解。

3.5.2　稳定系统的 $h(t)$ 和 $h[n]$

稳定系统是指若激励信号有界，则系统的零状态响应有界。

连续时间 LTI 系统稳定的充分必要条件是

$$\boxed{\int_{-\infty}^{\infty}|h(t)|\mathrm{d}t < M < \infty, \quad M\text{ 为正实数(即界限)}} \tag{3-5-3}$$

离散时间 LTI 系统稳定的充分必要条件是

$$\boxed{\sum_{n=-\infty}^{\infty}|h[n]| < M < \infty, \quad M\text{ 为正实数(即界限)}} \tag{3-5-4}$$

即如果单位冲激(脉冲)响应是绝对可和的，则对应的 LTI 系统是稳定的。

以离散 LTI 系统为例，充分性证明如下：

$$\begin{aligned}|y[n]| &= \left|\sum_{m=-\infty}^{\infty}h[m]x[x-m]\right| = \sum_{m=-\infty}^{\infty}|h[m]|\,|x[x-m]| \\ &< \sum_{m=-\infty}^{\infty}|h[m]|M = M\sum_{m=-\infty}^{\infty}|h[m]| < \infty\end{aligned}$$

即 $|y[n]|<\infty$，输出是有界的，故系统稳定。

【例 3-5-2】判断系统 $y_{zs}[n]=x[n]+x[n-2]$ 是否是稳定系统。

解：根据 $y_{zs}[n]=x[n]*h[n]=x[n]+x[n-2]$，可得到该系统的单位脉冲响应为 $h[n]=\delta[n]+\delta[n-2]$，而

$$\sum_{n=-\infty}^{\infty}|h[n]|=2<\infty$$

满足稳定条件，所以该系统是稳定系统。

习题及思考题

一、单项选择题

1. 一个离散时间 LTI 系统，其输入 $x[n]=a^n u[n]$，单位脉冲响应 $h[n]=u[n]$，则该系统的零状态响应为________。

(A) $\frac{1-a^n}{1-a}u[n]$　(B) $\frac{1-a^{n+1}}{1-a}u[n]$　(C) $\frac{1-a^n}{1-a}$　(D) $\frac{1-a^{n+1}}{1-a}$

2. 关于IIR系统和FIR系统的说法正确的是________。

(A) IIR系统是开环系统

(B) FIR系统是反馈系统

(C) IIR系统的单位脉冲响应是有限长

(D) FIR系统的差分方程的系数与其 $h[n]$ 一致

二、判断题

1. 卷积的方法只适用于LTI系统的分析。(　　)

2. 两个LTI系统级联,其总的输入/输出关系与它们在级联中的次序没有关系。(　　)

三、填空题

1. 对连续信号延迟 t_0 的延时器的单位冲激响应为________,积分器的单位冲激响应为________,微分器的单位冲激响应为________。

2. 已知某离散时间LTI系统的单位脉冲响应 $h[n]=\begin{cases}1, & n=1,2,3\\0, & \text{其他}\end{cases}$,那么当输入信号为 $x[n]=\begin{cases}1, & n=0,2,4\\0, & \text{其他}\end{cases}$ 时,该系统的零状态响应 $y_{zs}[n]=$________。

3. 已知离散时间LTI系统的输入信号为 $x[n]=\{2,1,4\}$,$n=0,1,2$,输出 $y[n]=\{4,4,9,4\}$,$n=2,3,4,5$,则该系统的单位脉冲响应 $h[n]=$________。

四、画图、证明与分析计算题

1. LTI因果系统的微分方程为

$$\frac{\mathrm{d}y(t)}{\mathrm{d}t}+5y(t)=\int_{-\infty}^{\infty}x(\tau)v(t-\tau)\mathrm{d}\tau-x(t)$$

其中,$v(t)=\mathrm{e}^{-t}u(t)+3\delta(t)$。请在时域求解此系统的冲激响应为 $h(t)$。

2. 某LTI系统描述为 $y(t)=\int_{t-1}^{\infty}\mathrm{e}^{-2(t-x)}x(t-2)\mathrm{d}x$。求该系统的冲激响应 $h(t)$。

3. 某线性时不变系统的单位阶跃响应为

$$g(t)=u(t)-u(t-1)$$

求:(1) 系统的冲激响应 $h(t)$;

(2) 当激励 $x(t)=\int_{t-5}^{t-1}\delta(\tau)\mathrm{d}\tau$ 时系统的零状态响应 $y_{zs}(t)$,画出 $y_{zs}(t)$ 的波形。

4. 某LTI系统的单位阶跃响应为

$$g(t)=(3\mathrm{e}^{-2t}-1)u(t)$$

用时域解法求:(1) 系统的冲激响应 $h(t)$;

(2) 系统对激励 $x_1(t)=tu(t)$ 的零状态响应 $y_{zs1}(t)$;

(3) 系统对激励 $x_2(t)=t[u(t)-u(t-1)]$ 的零状态响应 $y_{zs2}(t)$。

5. 某 LTI 系统可描述为 $h(t)=\delta'(t)+2\delta(t)$，当输入为 $x(t)$时，其零状态响应 $y_{zs}(t)=e^{-t}u(t)$，求输入信号 $x(t)$。

6. 某 LTI 系统输入信号 $x(t)$，其零状态响应的波形如题图 1 所示。求该系统的单位冲激响应 $h(t)$。

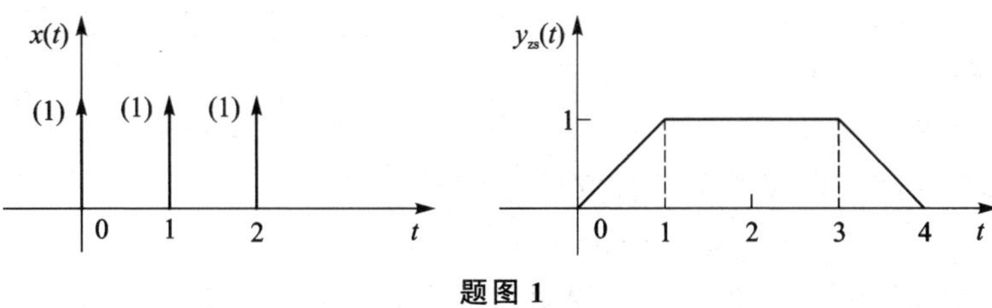

题图 1

7. 已知系统的单位脉冲响应

$$h[n]=a^n u[n],\quad 0<a<1$$

输入信号 $x[n]=u[n]-u[n-6]$，求系统的零状态响应。

8. 如描述某二阶系统的差分方程为

$$y[n]-2ay[n-1]+y[n-2]=x[n]$$

式中：a 为常数，试讨论在 $|a|<1$、$a=1$、$a=-1$ 和 $|a|>1$ 四种情况下的单位脉冲响应。

9. 已知某线性系统可以用以下微分方程描述

$$y''(t)+6y'(t)+5y(t)=9x'(t)+5x(t)$$

系统的激励为 $x(t)=u(t)$，在 $t=0$ 和 $t=1$ 时刻测量得到系统的输出为 $y(0)=0$，$y(1)=1-e^{-5}$。求系统在激励下的全响应，并指出响应中的自由响应、受迫响应、零输入响应、零状态响应分量。

10. 已知某 LTI 系统的单位冲激响应 $h(t)$和激励 $x(t)$的波形如题图 2 所示。用时域法求系统的零状态响应 $y_{zs}(t)$，并画出 $y_{zs}(t)$的波形。

11. LTI 系统的输入 $x(t)$与零状态响应 $y(t)$之间的关系为

$$y(t)=\int_{-\infty}^{t} e^{-(t-\tau)}x(\tau-2)\,d\tau$$

求：(1) 系统的单位冲激响应为 $h(t)$；

(2) 激励为 $x(t)=u(t+1)-u(t-2)$时的零状态响应；

(3) 如题图 3 所示的符合系统的响应。其中，$h_1(t)=\delta(t-1)$，$h(t)$为(1)中的结果，$x(t)$与(2)中的相同。

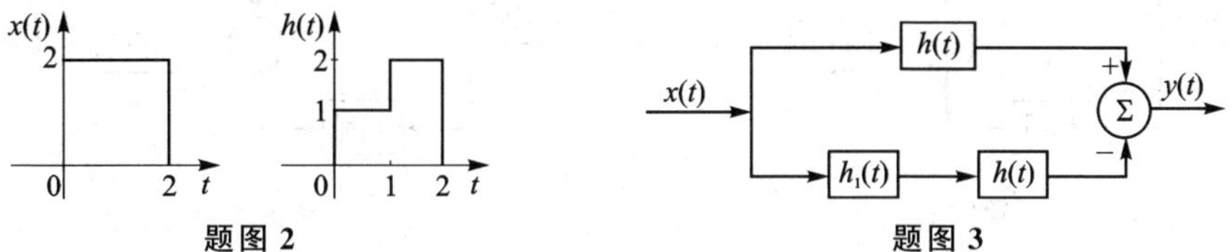

题图 2　　题图 3

12. 某LTI系统可描述为

$$y'(t)+3y(t)=x(t)*f(t)+2x(t)$$

式中:$f(t)=\mathrm{e}^{-t}u(t)+\delta(t)$。求该系统的单位冲激响应。

13. 如题图4(a)所示的电路系统,$R_1=2\ \mathrm{k\Omega}$,$R_2=1\ \mathrm{k\Omega}$,$C=1\ 500\ \mathrm{F}$,输入信号如题图4(b)所示,用时域法求电容的输出电压$u_C(t)$。

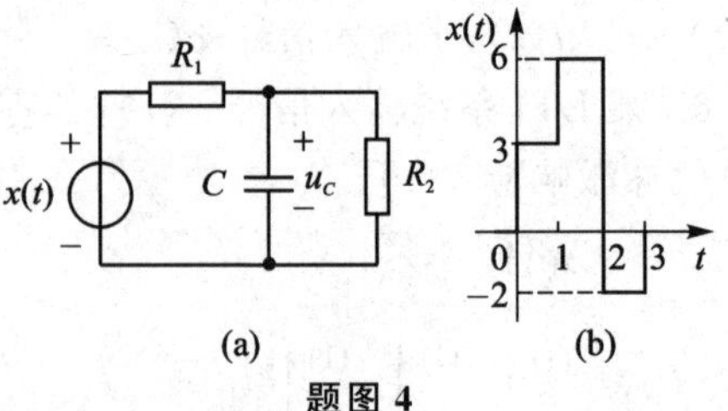

题图4

14. 离散时间LTI系统的差分方程为

$$y[n]-2y[n-1]+y[n-2]=4x[n]+x[n-1]$$

(1) 求系统的单位脉冲响应,并说明此系统是否因果、稳定。

(2) 当$x[n]=\delta[n]$时,全响应初始条件为$y[0]=1$,$y[-1]=-1$。在时域求解系统的零输入响应$y_{zi}[n]$。

15. 已知描述某LTI系统的微分方程为

$$y''_{zs}(t)+4y'_{zs}(t)+4y_{zs}(t)=4x(t)$$

求该系统的单位冲激响应和阶跃响应。

16. 若描述某离散时间LTI系统的差分方程为$y[n]+3y[n-1]+2y[n-2]=x[n]$,已知初始状态$y[-1]=0$,$y[-2]=0$。求系统的单位脉冲响应和阶跃响应。

17. 已知某人从当月开始,每月到银行存款为$x[n]$,设每月利率为$r=0.5\%$,试求:

(1) 设$y[n]$为第n个月的总存款,列写此存款过程的差分方程,并求出其单位脉冲响应$h[n]$;

(2) 若每月存款数为$x[n]=50$元,共存了5年(60个月),求出第n个月的总存款额$y[n]$;

(3) 在(2)的条件下,求出4年和20年后的存款额。

18. 如题图5所示的复合系统由三个子系统组成,它们的单位脉冲响应分别为$h_1[n]=\delta[n]$,$h_2[n]=\delta[n-N]$,N为常数,$h_3[n]=u[n]$,求复合系统的单位脉冲响应。

19. 如题图6所示的复合系统由三个子系统组成,它们的单位脉冲响应分别为$h_1[n]=u[n]$,$h_2[n]=u[n-5]$,求复合系统的单位脉冲响应。

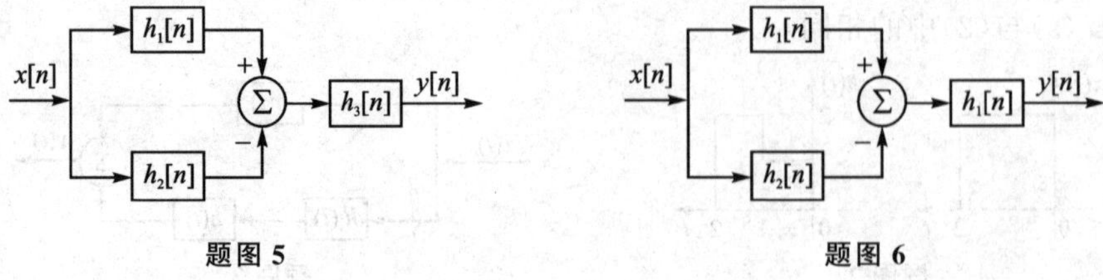

题图5　　题图6

第 4 章　信号与系统的频域分析

第 2 章和第 3 章分别讨论了 LTI 系统的描述和时域分析。本章根据时域信号的连续性和周期性，分别给出连续时间周期信号、离散时间周期信号、连续时间非周期信号和离散时间非周期信号的傅里叶分解形式。四种傅里叶分别以三角函数集或虚指数信号集作为完备正交信号集对信号进行正交分解，阐释了时域与频域之间的对应关系，从信号正交分解的角度引出了 LTI 系统频率响应的概念，研究信号的频谱分析和 LTI 系统的频域分析方法，展现了其数学概念、物理概念和工程概念。最后，通过采样定理论述了模拟信号进行数字传输和处理的原理，从而将连续时间信号与系统的频域分析和离散时间信号与系统的频域分析统一起来。

4.1　连续时间周期信号的正交分解

连续时间信号可以分为连续时间周期信号和连续时间非周期信号。下面研究连续时间周期信号的正交分解。由于三角信号集和虚指数信号集都是完备正交信号集，将连续周期信号分解成三角信号集中各信号的线性组合，称为三角形式的连续时间傅里叶级数(Continuous - Time Fourier Series，CFS)；将连续周期信号分解成虚指数信号集中各信号的线性组合，称为指数形式的连续时间傅里叶级数。下面将分别加以介绍。

4.1.1　连续时间周期信号的傅里叶级数

1. 傅里叶级数的三角形式

前面已经证得三角函数信号集$\{1,\cos\omega_0 t,\cos 2\omega_0 t,\cdots,\cos k\omega_0 t,\cdots,\sin\omega_0 t,\sin 2\omega_0 t,\cdots,\sin k\omega_0 t,\cdots\}$在区间$(t_0,t_0+T_0]$上是完备正交信号集，其中 $\omega_0=\dfrac{2\pi}{T_0}$。

由于三角信号集中每个信号都以 T_0 为周期，因此，周期为 T_0 的周期信号 $\tilde{x}(t)$ 可用三角信号集表示为

$$\begin{aligned}\tilde{x}(t) &= \frac{a_0}{2} + a_1\cos\omega_0 t + a_2\cos 2\omega_0 t + \cdots + b_1\sin\omega_0 t + b_2\sin 2\omega_0 t + \cdots \\ &= \frac{a_0}{2} + \sum_{k=1}^{\infty}(a_k\cos k\omega_0 t + b_k\sin k\omega_0 t)\end{aligned} \tag{4-1-1}$$

式(4-1-1)说明任意周期为 T_0 的周期信号 $\tilde{x}(t)$ 可以分解成三角信号集 $\{1,\cos\omega_0 t,\cos 2\omega_0 t,\cdots,\cos k\omega_0 t,\cdots,\sin\omega_0 t,\sin 2\omega_0 t,\cdots,\sin k\omega_0 t,\cdots\}$ 中各信号的线性组合,称之为三角形式的傅里叶级数,其中,a_k、b_k 为傅里叶系数,即

$$a_k = \frac{2}{T_0}\int_{t_0}^{t_0+T_0}\tilde{x}(t)\cos k\omega_0 t\,\mathrm{d}t,\quad k=0,1,\cdots \tag{4-1-2}$$

$$b_k = \frac{2}{T_0}\int_{t_0}^{t_0+T_0}\tilde{x}(t)\sin k\omega_0 t\,\mathrm{d}t,\quad k=1,2,\cdots \tag{4-1-3}$$

在式(4-1-2)中令 $k=0$,可得

$$a_0 = \frac{2}{T_0}\int_{t_0}^{t_0+T_0}\tilde{x}(t)\,\mathrm{d}t \tag{4-1-4}$$

在利用式(4-1-2)和式(4-1-3)求解傅里叶系数 a_k、b_k 时,积分限只需一个完整的周期即可,实际常把积分区间取为 $\left(-\frac{T_0}{2},\frac{T_0}{2}\right]$ 或 $(0,T_0]$。a_k 是 k(或 $k\omega_0$)的偶函数,b_k 是 k(或 $k\omega_0$)的奇函数。

在式(4-1-1)中将同频率的正弦和余弦合并,可得

$$\tilde{x}(t) = \frac{A_0}{2} + \sum_{k=1}^{\infty}A_k\cos(k\omega_0 t + \varphi_k) \tag{4-1-5}$$

式中:$k\omega_0$ 为 k 次谐波角频率。$A_k=\sqrt{a_k^2+b_k^2}$ 为 k 次谐波振幅;$\varphi_k=-\arctan\left(\frac{b_k}{a_k}\right)$ 为 k 次谐波相位,是奇函数。显然,$a_0=A_0$,$a_k=A_k\cos\varphi_k$,$b_k=-A_k\sin\varphi_k$。当 $\tilde{x}(t)$ 为实信号时,傅里叶系数 a_k 和 b_k 是实数,A_k 为非负实数。

由式(4-1-5)可知,任一周期信号均可以分解成一个直流分量和一次谐波(又叫作基波)、二次谐波、三次谐波等无限多个谐波分量之和。

需要说明的是,只有满足狄里赫利(Dirichlet)条件的周期信号才可以用傅里叶级数展开。狄里赫利条件如下:

① $\tilde{x}(t)$ 在一个周期内满足绝对可积,即 $\int_{t_0}^{t_0+T_0}|\tilde{x}(t)|\,\mathrm{d}t<\infty$;

② $\tilde{x}(t)$ 在一个周期内的不连续点的个数有限;

③ $\tilde{x}(t)$ 在一个周期内的极大值和极小值点的个数有限。

由于一般的周期信号都满足狄里赫利条件,所以若非特殊情况,以后不再提及。

【例4-1-1】求图4-1-1所示周期方波信号 $\tilde{x}(t)$ 的三角形式的傅里叶级数。

解：由图4-1-1可以看出，该方波信号的周期为 T_0，在一个周期内，$\tilde{x}(t)$ 的表达式为

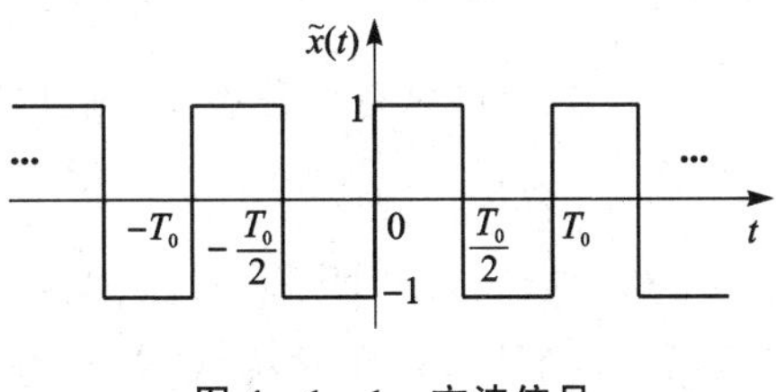

图4-1-1 方波信号

$$\tilde{x}(t)=\begin{cases}-1, & -\dfrac{T_0}{2}<t\leqslant 0\\ 1, & 0<t\leqslant\dfrac{T_0}{2}\end{cases}$$

由于傅里叶系数 $a_k=\dfrac{2}{T_0}\int_{-\frac{T_0}{2}}^{\frac{T_0}{2}}\tilde{x}(t)\cos k\omega_0 t\,\mathrm{d}t$ 的被积信号 $\tilde{x}(t)\cos k\omega_0 t$ 为关于变量 t 的奇函数，在对称区间积分为零，故 $a_k=0$。

$$b_k=\frac{2}{T_0}\int_{-\frac{T_0}{2}}^{\frac{T_0}{2}}\tilde{x}(t)\sin k\omega_0 t\,\mathrm{d}t=\frac{4}{T_0}\int_0^{\frac{T_0}{2}}\tilde{x}(t)\sin k\omega_0 t\,\mathrm{d}t=\frac{4}{T_0}\int_0^{\frac{T_0}{2}}\sin k\omega_0 t\,\mathrm{d}t$$

$$=\frac{2}{k\pi}[1-(-1)^k]=\begin{cases}\dfrac{4}{k\pi}, & k\text{ 为奇数}\\ 0, & k\text{ 为偶数}\end{cases}$$

因此，方波信号的三角形式的傅里叶级数展开式为

$$\begin{aligned}\tilde{x}(t)&=\frac{a_0}{2}+\sum_{k=1}^{\infty}(a_k\cos k\omega_0 t+b_k\sin k\omega_0 t)\\&=\frac{4}{\pi}\left(\sin\omega_0 t+\frac{1}{3}\sin 3\omega_0 t+\frac{1}{5}\sin 5\omega_0 t+\cdots\right)\\&=\frac{4}{\pi}\sum_{k=1}^{\infty}\frac{1}{2k-1}\sin[(2k-1)\omega_0 t]\end{aligned}\tag{4-1-6}$$

方波信号经三角形式的傅里叶级数展开后的波形如图4-1-2所示。

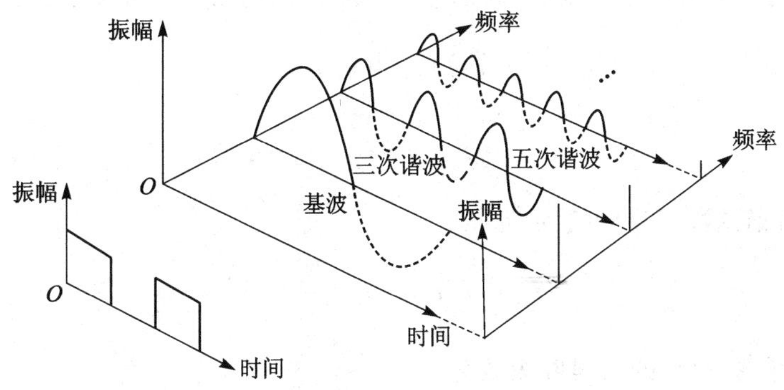

图4-1-2 方波信号的傅里叶级数

2. 实对称信号傅里叶级数的三角形式

若实信号 $\tilde{x}(t)$具有对称性质,则其傅里叶级数将体现出更加简明的特点,如下:

(1) $\tilde{x}(t)$为实偶函数

若 $\tilde{x}(-t)=\tilde{x}(t)$,即 $\tilde{x}(t)$是实偶函数,则 $\tilde{x}(t)\cos k\omega_0 t$ 是偶函数,$\tilde{x}(t)\sin k\omega_0 t$ 是奇函数。众所周知,在对称区间上,被积信号为偶函数时,积分为正区间部分的2倍;被积信号为奇函数时,积分为零,即 $b_k=0$。因此,$\tilde{x}(t)$是实偶函数时,其傅里叶级数展开式中没有正弦项。

(2) $\tilde{x}(t)$为实奇函数

若 $\tilde{x}(-t)=-\tilde{x}(t)$,即 $\tilde{x}(t)$是实奇函数,则 $\tilde{x}(t)\cos k\omega_0 t$ 是奇函数,$\tilde{x}(t)\sin k\omega_0 t$ 是偶函数。此时 $a_k=0$。因此,$\tilde{x}(t)$是实奇函数时,其傅里叶级数展开式中没有直流分量和余弦项,如例4-1-1。

对于任意实函数总可以分解为奇函数和偶函数的形式,所以实函数的傅里叶级数既有余弦项,也有正弦项。

(3) $\tilde{x}(t)$为奇谐函数

如果实周期函数的波形向右移动半个周期与原波形关于横轴(时间轴)对称,即

$$\tilde{x}(t)=-\tilde{x}\left(t\pm\frac{T_0}{2}\right) \tag{4-1-7}$$

则这种实周期函数称为奇谐函数,亦称为半波对称函数。

奇谐函数的傅里叶级数只含有奇次谐波分量,而不含偶次谐波分量,即

$$a_{2m}=b_{2m}=0,\quad m=0,1,2,3,\cdots$$

证明:$f(t)$是长度为 T_0 的有限长信号,数值等于 $\tilde{x}(t)R_{T_0/2}(t)$。$\tilde{f}(t)$是 $f(t)$ 以 T_0 为周期的延拓信号。因此,周期为 T_0 的 $\tilde{f}(t)$的第一个周期定义为

$$\tilde{f}(t)=\begin{cases}\tilde{x}(t), & 0\leqslant t\leqslant\dfrac{T_0}{2}\\ 0, & \dfrac{T_0}{2}\leqslant t\leqslant T_0\end{cases}$$

这样,奇谐函数 $\tilde{x}(t)$可表示为

$$\tilde{x}(t)=\tilde{f}(t)-\tilde{f}\left(t-\frac{T_0}{2}\right)$$

设周期信号 $\tilde{f}(t)$的傅里叶级数为

$$\tilde{f}(t)=\frac{a_0}{2}+\sum_{k=1}^{\infty}(a_k\cos k\omega_0 t+b_k\sin k\omega_0 t),\quad t\in(-\infty,\infty)$$

因此,

$$
\begin{aligned}
\tilde{x}(t) &= \tilde{f}(t) - \tilde{f}\left(t - \frac{T_0}{2}\right) \\
&= \sum_{k=1}^{\infty}\left[a_k \cos k\omega_0 t - a_k \cos k\omega_0\left(t - \frac{T_0}{2}\right) + \right. \\
&\quad \left. b_k \sin k\omega_0 t - b_k \sin k\omega_0\left(t - \frac{T_0}{2}\right)\right], \quad t \in (-\infty, \infty) \\
&= \sum_{k=1}^{\infty}\left[a_k(1 - \cos k\pi)\cos k\omega_0 t + b_k(1 - \cos k\pi)\sin k\omega_0 t\right] \\
&= \begin{cases} 2\sum\limits_{k=\text{奇数}}^{\infty}(a_k \cos k\omega_0 t + b_k \sin k\omega_0 t) \\ 0, \quad k \text{ 为偶数} \end{cases}
\end{aligned} \tag{4-1-8}
$$

连续周期信号的对称性与傅里叶系数的关系如表 4-1-1 所列。

表 4-1-1　周期信号的对称性与傅里叶系数的关系表

$\tilde{x}(t)$的对称条件	谐波构成的特点
纵轴对称(偶函数):$\tilde{x}(-t)=\tilde{x}(t)$	没有正弦项
原点对称(奇函数):$\tilde{x}(-t)=-\tilde{x}(t)$	没有直流分量和余弦项
半周镜像(奇谐函数):$\tilde{x}(t)=-\tilde{x}\left(t\pm\frac{T}{2}\right)$	无偶次谐波,只有奇次谐波

在周期函数中,增加(或去除)直流偏置,傅里叶级数只会改变其直流分量,其他系数都不改变;而这些具有非零直流偏置的周期信号,往往存在"隐对称性",如果将其直流分量去除就可以显现出对称性,从而简化频谱的分析计算,如图 4-1-3 所示。

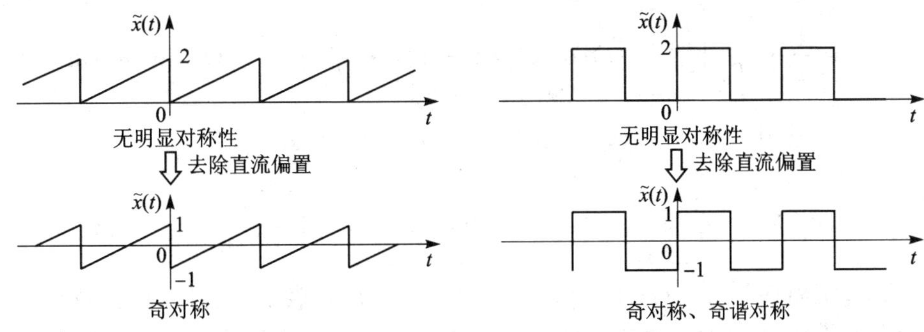

图 4-1-3　通过去除直流偏置显现隐含的对称性

3. 傅里叶级数的指数形式

在信号与系统频域分析中,经常使用 CFS 的指数形式。CFS 的三角形式与傅里叶级数的指数形式本质上是相同的,只是表示不同而已,下面推导二者之间的关系。

由欧拉公式,可把式(4-1-5)写为

$$\tilde{x}(t)=\frac{A_0}{2}+\sum_{k=1}^{\infty}A_k\cos(k\omega_0 t+\varphi_k)=\frac{A_0}{2}+\sum_{k=1}^{\infty}\frac{A_k}{2}\left[\mathrm{e}^{\mathrm{j}(k\omega_0 t+\varphi_k)}+\mathrm{e}^{-\mathrm{j}(k\omega_0 t+\varphi_k)}\right]$$

$$=\frac{A_0}{2}+\sum_{k=1}^{\infty}\frac{A_k}{2}\mathrm{e}^{\mathrm{j}k\omega_0 t}\mathrm{e}^{\mathrm{j}\varphi_k}+\sum_{k=1}^{\infty}\frac{A_k}{2}\mathrm{e}^{-\mathrm{j}k\omega_0 t}\mathrm{e}^{-\mathrm{j}\varphi_k} \qquad (4-1-9)$$

将式(4-1-9)第三项中的 k 用 $-k$ 代换,相对应 $A_{-k}=A_k$,$\varphi_{-k}=-\varphi_k$,则有

$$\tilde{x}(t)=\frac{A_0}{2}+\sum_{k=1}^{\infty}\frac{A_k}{2}\mathrm{e}^{\mathrm{j}k\omega_0 t}\mathrm{e}^{\mathrm{j}\varphi_k}+\sum_{k=-\infty}^{-1}\frac{A_{-k}}{2}\mathrm{e}^{\mathrm{j}k\omega_0 t}\mathrm{e}^{-\mathrm{j}\varphi_{-k}}$$

$$=\frac{A_0}{2}\mathrm{e}^{\mathrm{j}0\omega_0 t}\mathrm{e}^{\mathrm{j}\varphi_0}+\sum_{k=1}^{\infty}\frac{A_k}{2}\mathrm{e}^{\mathrm{j}k\omega_0 t}\mathrm{e}^{\mathrm{j}\varphi_k}+\sum_{k=-\infty}^{-1}\frac{A_k}{2}\mathrm{e}^{\mathrm{j}k\omega_0 t}\mathrm{e}^{\mathrm{j}\varphi_k} \qquad (4-1-10)$$

式中:φ_0 是直流分量的相位,因此 $\varphi_0=0$,则式(4-1-10)可写为

$$\tilde{x}(t)=\sum_{k=-\infty}^{\infty}\frac{A_k}{2}\mathrm{e}^{\mathrm{j}\varphi_k}\mathrm{e}^{\mathrm{j}k\omega_0 t} \qquad (4-1-11)$$

式中:A_k 为 k 次谐波的振幅;φ_k 为 k 次谐波的相位。令 $X_k=\frac{1}{2}A_k\mathrm{e}^{\mathrm{j}\varphi_k}$,$X_k$ 称为傅里叶系数,则 CFS 的指数形式为

$$\boxed{\tilde{x}(t)=\sum_{k=-\infty}^{\infty}X_k\mathrm{e}^{\mathrm{j}k\omega_0 t}} \qquad (4-1-12)$$

下面推导指数形式傅里叶系数 X_k 的最终表达式:

$$X_k=\frac{1}{2}A_k\mathrm{e}^{\mathrm{j}\varphi_k}=\frac{1}{2}(A_k\cos\varphi_k+\mathrm{j}\cdot A_k\sin\varphi_k)$$

$$=\frac{1}{2}(a_k-\mathrm{j}b_k)$$

$$=\frac{1}{2}\cdot\frac{2}{T_0}\int_{t_0}^{t_0+T_0}\tilde{x}(t)\cos k\omega_0 t\,\mathrm{d}t-\mathrm{j}\,\frac{1}{2}\cdot\frac{2}{T_0}\int_{t_0}^{t_0+T_0}\tilde{x}(t)\sin k\omega_0 t\,\mathrm{d}t$$

$$=\frac{1}{T_0}\int_{t_0}^{t_0+T_0}\tilde{x}(t)\left[\cos k\omega_0 t-\mathrm{j}\sin k\omega_0 t\right]\mathrm{d}t$$

$$\Rightarrow\ \boxed{X_k=\frac{1}{T_0}\int_{t_0}^{t_0+T_0}\tilde{x}(t)\mathrm{e}^{-\mathrm{j}k\omega_0 t}\mathrm{d}t,\quad k=0,\pm1,\cdots} \qquad (4-1-13)$$

综上,实周期信号 $\tilde{x}(t)$ 的 CFS 既可以用三角形式表示,也可以用指数形式表示,两者本质是相同的,可以通过欧拉公式统一起来。三角形式表示的 CFS 物理概念清晰,容易理解;指数形式表示的 CFS 更加简洁。

【例 4-1-2】求图 4-1-4 所示上锯齿波信号 $\tilde{x}(t)$ 指数形式的傅里叶级数。

解:由上锯齿波信号波形可以看出,信号的周期为 T_0,在一个周期内,$\tilde{x}(t)$ 的表达式为

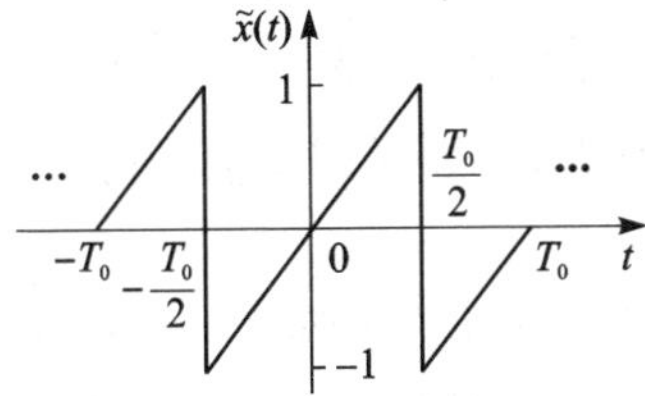

图 4-1-4　上锯齿波信号

$$\tilde{x}(t)g_{T_0}(t)=\frac{2}{T_0}t,\quad -\frac{T_0}{2}<t\leqslant\frac{T_0}{2}$$

其傅里叶系数为

$$X_k=\frac{1}{T_0}\int_{-\frac{T_0}{2}}^{\frac{T_0}{2}}\tilde{x}(t)\mathrm{e}^{-\mathrm{j}k\omega_0 t}\mathrm{d}t=\frac{1}{T_0}\int_{-\frac{T_0}{2}}^{\frac{T_0}{2}}\frac{2}{T_0}t\mathrm{e}^{-\mathrm{j}k\omega_0 t}\mathrm{d}t \qquad (4-1-14)$$

利用分部积分法对式(4-1-14)进行积分，得

$$X_k=\frac{2}{T_0^2}\left[\frac{t}{-\mathrm{j}k\omega_0}\mathrm{e}^{-\mathrm{j}k\omega_0 t}\Bigg|_{-\frac{T_0}{2}}^{\frac{T_0}{2}}+\frac{1}{\mathrm{j}k\omega_0}\int_{-\frac{T_0}{2}}^{\frac{T_0}{2}}\mathrm{e}^{-\mathrm{j}k\omega_0 t}\mathrm{d}t\right]$$

$$=\mathrm{j}\,\frac{1}{k\pi}\cos k\pi,\quad k=0,\pm1,\cdots$$

$$\Rightarrow\tilde{x}(t)=\sum_{k=-\infty}^{\infty}X_k\mathrm{e}^{\mathrm{j}k\omega_0 t}=\sum_{k=-\infty}^{\infty}\mathrm{j}\,\frac{1}{k\pi}\cos k\pi\cdot\mathrm{e}^{\mathrm{j}k\omega_0 t}$$

4.1.2　连续时间周期信号的频谱

1. 连续时间周期信号的谐波式频谱

为了直观地分析信号包含了哪些频率分量，以及这些频率分量在构成这个信号中所占的比例和相位，通常利用信号的频谱来描述。信号的频谱由幅度频谱和相位频谱共同构成。幅度频谱是幅度随频率(角频率)变化的曲线，简称幅度谱；相位频谱是相位随频率(角频率)变化的曲线，简称相位谱。

连续周期信号的频谱由间隔为 ω_0 的谱线组成，各条谱线称为谐波，谐波只能在基波角频率 ω_0 的整数倍频率 $k\omega_0$ 上出现。连续周期信号的周期 T_0 越大，基波 ω_0 越小，谱线越密；反之，T_0 越小，基波 ω_0 越大，谱线越疏。离散的谐波式频谱是连续周期信号的基本特性。

对于角频率为 $k\omega_0$ 的第 k 次谐波分量，A_k、$|X_k|$ 分别是三角形式和指数形式 CFS 的幅度谱，φ_k 是相位谱。要强调的是，对于三角形式的 CFS，由于 $k\geqslant0$，所以频谱称为单边频谱；而对于指数形式的 CFS，由于 $-\infty<k<\infty$，所以频谱称为双边频谱。双边频谱与单边频谱的关系是由 $\frac{1}{2}A_k\mathrm{e}^{\mathrm{j}\varphi_k}=X_k=|X_k|\mathrm{e}^{\mathrm{j}\varphi_k}$ 决定的，本质上一致。

若 $\tilde{x}(t)$为实周期信号,则 A_k 为非负实数,$|X_k|=\frac{1}{2}A_k$,其双边频谱的负频率谐波的相位为 $\varphi_{-k}=-\varphi_k$。所以,连续周期实信号的双边频谱具有幅度谱偶对称、相位谱奇对称的特点。

综上,通过 CFS 对连续周期信号的频谱分析是将任意满足狄里赫利条件的连续周期信号分解为一个直流分量和无限多个谐波分量之和,进而可以对任意周期信号的分析转化成对构成该周期信号的各次谐波分量的分析。

【例 4-1-3】求图 4-1-5(a)中周期矩形脉冲信号 $\tilde{x}(t)$的频谱,并画出频谱图。

解:周期矩形脉冲信号又称为矩形波信号,其在一个周期 T_0 内的表达式为

$$\tilde{x}(t)=\begin{cases}1, & |t|\leqslant\frac{\tau}{2}\\ 0, & |t|>\frac{\tau}{2}\end{cases}$$

指数形式傅里叶级数的傅里叶系数为

$$X_k=\frac{1}{T_0}\int_{-\frac{T_0}{2}}^{\frac{T_0}{2}}\tilde{x}(t)\mathrm{e}^{-\mathrm{j}k\omega_0 t}\mathrm{d}t=\frac{1}{T_0}\int_{-\frac{\tau}{2}}^{\frac{\tau}{2}}\mathrm{e}^{-\mathrm{j}k\omega_0 t}\mathrm{d}t$$

$$=\frac{1}{T_0\cdot(-\mathrm{j}k\omega_0)}\mathrm{e}^{-\mathrm{j}k\omega_0 t}\Big|_{t=-\frac{\tau}{2}}^{t=\frac{\tau}{2}}=\tau\frac{\sin\left(k\omega_0\frac{\tau}{2}\right)}{T_0k\omega_0\frac{\tau}{2}}=\frac{\tau}{T_0}\mathrm{Sa}\left(\frac{k\omega_0\tau}{2}\right)$$

可见,周期矩形脉冲信号 $\tilde{x}(t)$的傅里叶系数 X_k 为实函数,因而各次谐波分量的相位或为零($X_k\geqslant 0$),或为 π($\omega>0$ 且 X_k 为负),或为 $-\pi$($\omega<0$ 且 X_k 为负),因此,可以将 X_k 的幅度谱和相位谱画在一个图形上。频谱图如图 4-1-5(b)所示,过零点为 $\omega=\frac{2m\pi}{\tau}$,$m=\pm1,\pm2,\cdots$。

周期矩形脉冲信号 $\tilde{x}(t)$的傅里叶级数展开式为

$$\tilde{x}(t)=\sum_{k=-\infty}^{\infty}X_k\mathrm{e}^{\mathrm{j}k\omega_0 t}=\sum_{k=-\infty}^{\infty}\frac{\tau}{T_0}\mathrm{Sa}\left(\frac{k\omega_0\tau}{2}\right)\mathrm{e}^{\mathrm{j}k\omega_0 t} \tag{4-1-15}$$

2. 连续时间周期信号的频谱衰减性及带宽

除了频率离散性和谐波性之外,通过观察周期矩形脉冲信号的频谱,还可以得到一般周期信号频谱的另一特点,即频谱具有衰减性(或称为收敛性),表现为:不同的周期信号对应的频谱不同,但都有一个共同的特性,就是幅度谱随谐波次数的增大而逐渐减小。当谐波次数趋于无穷大时,谐波的幅度趋于无穷小。正因为周期信号频谱具有衰减性,在研究周期信号时才可以用前 N 次谐波来逼近周期信号。总可以选择适当的 N 来使逼近的误差符合工程上的要求。

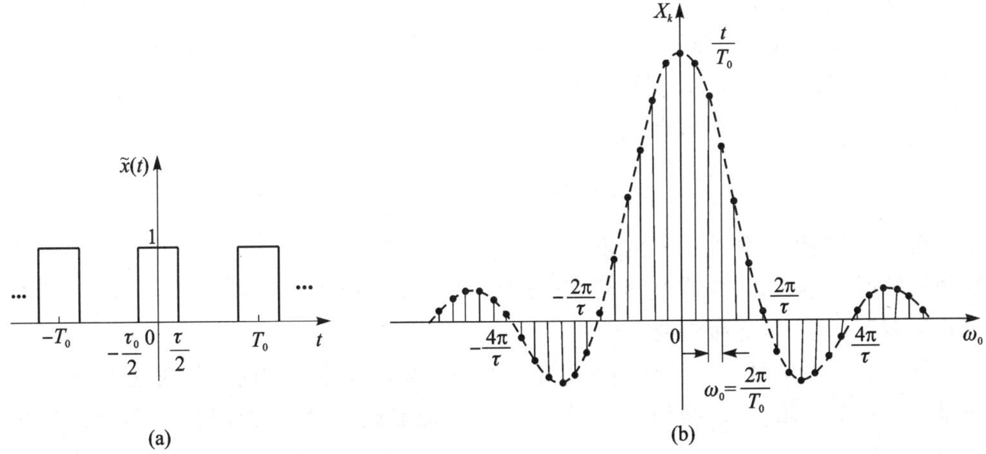

图 4-1-5 周期矩形脉冲信号及其频谱图

根据连续周期信号频谱的衰减性，实际工程中在允许的误差范围内，选取足够多项谐波分量来表示周期信号，即

$$\tilde{x}(t) \approx \frac{a_0}{2} + \sum_{k=1}^{N}(a_k \cos k\omega_0 t + b_k \sin k\omega_0 t) = \frac{A_0}{2} + \sum_{k=1}^{N} A_k \cos(k\omega_0 t + \varphi_k) \tag{4-1-16}$$

如果用式(4-1-6)的前 N 项之和来逼近方波信号 $\tilde{x}(t)$，则有

$$\tilde{x}(t) \approx \frac{4}{\pi}\sum_{k=1}^{N} \frac{1}{2k-1}\sin[(2k-1)\omega_0 t] \tag{4-1-17}$$

当 N 为不同值时，式(4-1-17)在一个周期内逼近方波信号的效果如图 4-1-6 所示。其周期 $T_0=1$，基波角频率 $\omega_0=2\pi$。可以看出，N 越大，信号逼近的精度就越高，但在断点处有超调峰存在，这种现象称为吉布斯(Gibbs)现象，工程界也称为振铃现象。在实际工程应用中，对误差的要求从来都不是无限精度的，这样在误差允许的条件下总可以截取有限项的各次谐波来逼近周期信号，进而达到对周期信号分析与处理的目的，这是一个通过“有限”来认识“无限”的过程。

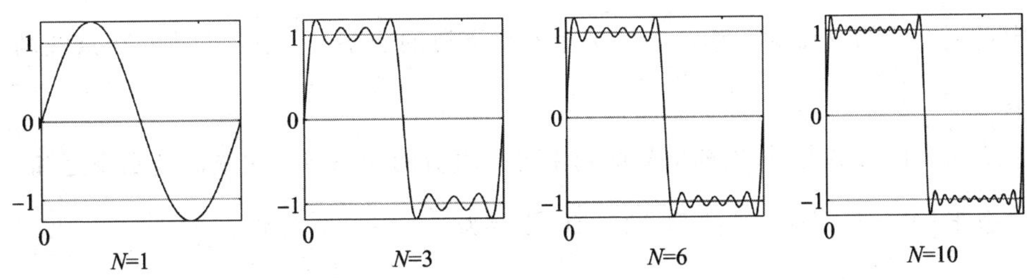

图 4-1-6 标准方波信号的逼近

再次观察周期矩形脉冲信号的频谱图,其第一过零点在$\pm 2\pi/\tau$处,此后谐波的旁瓣幅度逐渐衰减。通常将包含主要谐波分量的$0\sim 2\pi/\tau$这段频率范围称为周期矩形脉冲信号的有效频带宽度,或称为"频带宽度",简称"带宽",记作$\Delta\omega$(单位为 rad/s)或Δf(单位为 Hz),有

$$\Delta\omega=\frac{2\pi}{\tau},\quad \Delta f=\frac{1}{\tau} \tag{4-1-18}$$

可见,周期矩形脉冲信号的频带宽度与信号的持续时间τ成反比,信号在一个周期内持续时间越长,其频带宽度越窄;反之,信号在一个周期内持续时间越短,其频带宽度越宽,这个概念很重要。

带宽是周期信号频率特性的一个重要指标,因为信号带宽内的谐波分量在构成信号时所占的比重很大;换句话说,若信号丢失带宽以外的谐波成分,不会对信号产生明显影响。

4.1.3 连续时间周期信号的功率谱

周期信号是功率信号。周期为T_0的周期信号$\tilde{x}(t)$在 1 Ω 电阻上的平均功率为

$$P=\frac{1}{T_0}\int_{-\frac{T_0}{2}}^{\frac{T_0}{2}}|\tilde{x}(t)|^2\mathrm{d}t \tag{4-1-19}$$

$\sqrt{P}$定义为该周期信号的有效值。

将$\tilde{x}(t)$的三角形式傅里叶级数$\tilde{x}(t)=\frac{A_0}{2}+\sum_{k=1}^{\infty}A_k\cos(k\omega_0 t+\varphi_k)$代入式(4-1-19),得

$$P=\frac{1}{T_0}\int_{-\frac{T_0}{2}}^{\frac{T_0}{2}}\left[\frac{A_0}{2}+\sum_{k=1}^{\infty}A_k\cos(k\omega_0 t+\varphi_k)\right]^2\mathrm{d}t \tag{4-1-20}$$

将式(4-1-20)中的被积信号展开,利用三角信号集是正交信号集的特点,得

$$P=\left(\frac{A_0}{2}\right)^2+\sum_{k=1}^{\infty}\frac{1}{2}A_k^2 \tag{4-1-21}$$

式中:$\left(\frac{A_0}{2}\right)^2$为直流的功率;$\frac{1}{2}A_k^2$为第$k$次谐波的功率,$\frac{1}{\sqrt{2}}A_k$为第$k$次谐波的有效值。

式(4-1-21)表明,周期信号的功率等于直流的功率与各次谐波的功率之和。

由于$|X_k|=\frac{1}{2}A_k$,故式(4-1-21)改写为

$$P=\left(\frac{A_0}{2}\right)^2+\sum_{k=1}^{\infty}\frac{1}{2}A_k^2=|X_0|^2+2\sum_{k=1}^{\infty}|X_k|^2=\sum_{k=-\infty}^{\infty}|X_k|^2 \tag{4-1-22}$$

式(4-1-21)与式(4-1-22)是 CFS 下帕斯维尔定理的具体形式，它表明，周期信号在时域中的功率与在频域中的功率相等，即功率守恒，物理意义明确。

将 $|X_k|^2$ 随 ω 分布的特性称为周期信号的功率谱。显然，周期信号的功率谱是离散的。从周期信号的功率谱中不仅可以看到各谐波分量的功率分布情况，而且可以确定在周期信号的带宽内谐波分量具有的平均功率占整个周期信号的平均功率之比。

【例 4-1-4】求图 4-1-5(a)所示周期矩形脉冲信号 $\tilde{x}(t)$ 的频谱中，带宽 $(0\sim 2\pi/\tau)$ 内谐波分量所具有的平均功率占整个信号平均功率的百分比。其中，$T_0=0.25\ \mathrm{s}$，$\tau=0.05\ \mathrm{s}$。

解：周期矩形脉冲信号的傅里叶系数为 $X_k=\dfrac{\tau}{T_0}\mathrm{Sa}\left(\dfrac{k\omega_0\tau}{2}\right)$，将 $T_0=0.25\ \mathrm{s}$，$\tau=0.05\ \mathrm{s}$，$\omega_0=\dfrac{2\pi}{T_0}=8\pi$ 代入，可得 $X_k=0.2\mathrm{Sa}\left(\dfrac{k\pi}{5}\right)$。因此可得周期矩形脉冲信号的功率谱为

$$|X_k|^2=0.04\mathrm{Sa}^2\left(\frac{k\pi}{5}\right)$$

其第一个过零点出现在 $2\pi/\tau=40\pi$ 处，由 $\dfrac{2\pi/\tau}{\omega_0}=5$ 可知，在其带宽 $(0\sim 40\pi)$ 内，包含直流分量和四个谐波分量。周期信号的平均功率为

$$P=\frac{1}{T_0}\int_{-\frac{T_0}{2}}^{\frac{T_0}{2}}|\tilde{x}(t)|^2\mathrm{d}t$$

$$=4\int_{-\frac{\tau}{2}}^{\frac{\tau}{2}}1^2\,\mathrm{d}t=0.2$$

在带宽 $(0\sim 40\pi)$ 内的各谐波分量的平均功率为

$$P_1=\sum_{k=-4}^{4}|X_k|^2$$

$$=|X_0|^2+2\sum_{k=1}^{4}|X_k|^2=0.180\ 6$$

$$\frac{P_1}{P}=\frac{0.180\ 6}{0.2}=90.3\% \tag{4-1-23}$$

式(4-1-23)表明，周期矩形脉冲信号包含在带宽内的各谐波分量的平均功率之和占整个信号平均功率的 90.3%。因此，若用直流分量、基波、二次谐波、三次谐波、四次谐波来近似逼近周期矩形脉冲信号，可以达到较高的精度。同样，若该信号通过系统时，只损失了信号带宽以外的所有谐波分量，则信号只有较少的失真。因此，功率信号的带宽具有清晰的物理意义和工程应用价值。功率信号的带宽可以根据信号的功率谱来确定。

4.2 离散时间周期序列的正交分解

4.2.1 离散时间周期序列的傅里叶级数

对于周期序列,也可以表示为相应的虚指数序列的线性组合,即离散傅里叶级数(Discrete - Time Fourier Series,DFS)。

DFS 基于虚指数序列完备正交序列集$\left\{e^{j\frac{2\pi}{N}kn}, k=0,1,\cdots,N-1\right\}$分解信号,即 DFS 用虚指数序列集中所有 N 个虚指数序列的线性组合来表示一个周期为 N 的周期序列 $\tilde{x}[n]$:

$$\tilde{x}[n]=\frac{1}{N}\sum_{k=0}^{N-1}\tilde{X}[k]e^{j\frac{2\pi}{N}kn} \tag{4-2-1}$$

下面求 DFS 的正变换:

$$\begin{aligned}\tilde{X}[k]&=\sum_{m=0}^{N-1}\tilde{X}[m]\frac{1}{N}\sum_{n=0}^{N-1}e^{j\frac{2\pi}{N}(m-k)n}\Big|_{m=k}\\&=\sum_{n=0}^{N-1}\left[\frac{1}{N}\sum_{m=0}^{N-1}\tilde{X}[m]e^{j\frac{2\pi}{N}mn}\right]e^{-j\frac{2\pi}{N}kn}=\sum_{n=0}^{N-1}\tilde{x}[n]e^{-j\frac{2\pi}{N}kn}\end{aligned}$$

$\tilde{X}[k]$也是周期为 N 的序列。周期序列的 DFS 和DFS^{-1} 分别定义为

$$\boxed{\tilde{X}[k]=DFS\{\tilde{x}[n]\}=\sum_{n=0}^{N-1}\tilde{x}[n]W_N^{kn}} \tag{4-2-2}$$

$$\boxed{\tilde{x}[n]=DFS^{-1}\{\tilde{X}[k]\}=\frac{1}{N}\sum_{k=0}^{N-1}\tilde{X}[k]W_N^{-kn}} \tag{4-2-3}$$

式中:$W_N^m=e^{-j\frac{2\pi}{N}m}$ 称为旋转因子,周期为 N。关于旋转因子的性质在第 7 章会有详尽的介绍。

【例 4-2-1】 求周期序列 $\tilde{x}[n]=\cos\left[\frac{\pi n}{6}\right]$ 的离散傅里叶级数 $\tilde{X}[k]$。

解:该周期序列 $\tilde{x}[n]$的周期 $N=12$。由欧拉公式得 $\tilde{x}[n]=\frac{1}{2}e^{j\frac{2\pi n}{12}}+\frac{1}{2}e^{-j\frac{2\pi n}{12}}$。$\tilde{x}[n]$在区间 $0\leqslant k\leqslant 11$ 上的频谱为

$$\tilde{X}[k]=\begin{cases}6, & k=1,11\\0, & 2\leqslant k\leqslant 10,k=0\end{cases}$$

4.2.2　离散时间周期序列的频谱

周期序列离散傅里叶级数的物理含义为：任意周期为 N 的周期序列 $\tilde{x}[n]$都可以分解成 N 个虚指数序列 $e^{j\frac{2\pi}{N}kn}$，$k=0,1,\cdots,N-1$ 的线性组合，其在 $k\omega_0\left(k=0,1,\cdots,N-1,\omega_0=\dfrac{2\pi}{N}\right)$频率处的谐波分量为 $\tilde{X}[k]$，则 $|\tilde{X}[k]|$代表幅度，$\varphi_k=\arg\{\tilde{X}[k]\}$代表相位。幅度 $|\tilde{X}[k]|$随 k 变化的曲线称为离散周期信号的幅度频谱(简称幅度谱)；φ_k 随 k 变化的曲线称为相位频谱(简称相位谱)。离散周期信号的周期 N 越大，谱线间隔 ω_0 越小，谱线越密；反之，N 越小，谱线间隔 ω_0 越大，谱线越疏。

【例 4-2-2】求图 4-2-1 所示周期矩形序列 $\tilde{x}[n]$的频谱，并画出 $N=30$，$M=2$ 时的频谱图。

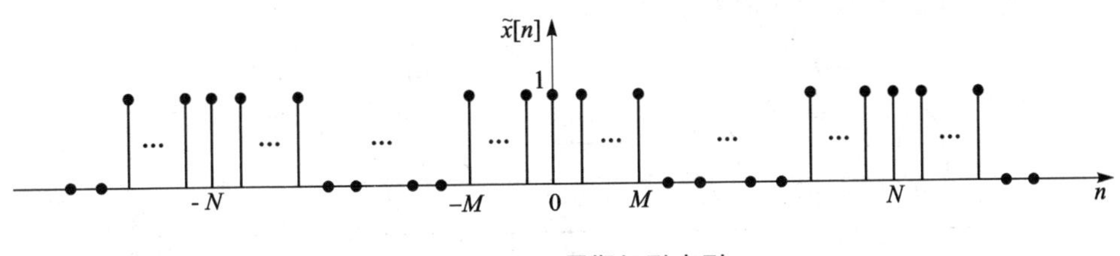

图 4-2-1　周期矩形序列

解：显然，该周期矩形序列在一个周期内非零值的点数为 $2M+1$。其频谱 $\tilde{X}[k]$为

$$\tilde{X}[k]=\sum_{n=-M}^{M}e^{-j\frac{2\pi}{N}kn}$$

利用等比级数的求和公式得

$$\tilde{X}[k]=\frac{e^{j\frac{2\pi}{N}kM}-e^{-j\frac{2\pi}{N}k(M+1)}}{1-e^{-j\frac{2\pi}{N}k}}=\frac{\sin\left[\frac{\pi k}{N}(2M+1)\right]}{\sin\left[\frac{\pi k}{N}\right]}$$

图 4-2-2 所示为 $N=30,M=2$ 时周期矩形序列的频谱。

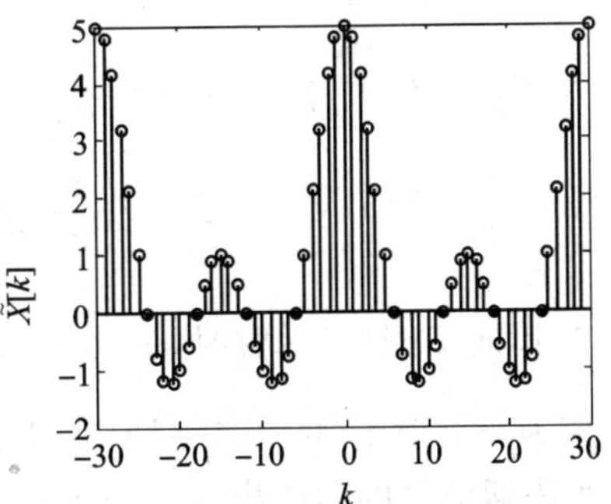

图 4-2-2　周期矩形序列的频谱图

4.3 连续时间非周期信号的正交分解

由4.1节关于CFS的讨论已知，当周期矩形脉冲信号的周期 T_0 趋于无穷大时，周期信号就转化成非周期的单脉冲信号，所以可以把非周期信号看成是周期趋于无穷大的周期信号。当周期信号的周期 T_0 趋于无穷大时，其对应频谱的谱线间隔 $\omega_0=2\pi/T_0$ 趋于无穷小，这样，周期信号的离散谱就变成了非周期信号的连续谱。连续时间非周期信号频谱通过连续时间傅里叶变换(Continuous - Time Fourier Transform 或 Fourier Transform in Continuous - Time，CTFT)来描述，亦称为傅里叶积分变换。

4.3.1 连续时间非周期信号的傅里叶变换

如图4-3-1所示，设 $\tilde{x}(t)$ 是一个周期为 T_0 的周期信号，当其周期 T_0 趋于无穷时，周期信号 $\tilde{x}(t)$ 变为非周期信号 $x(t)$。

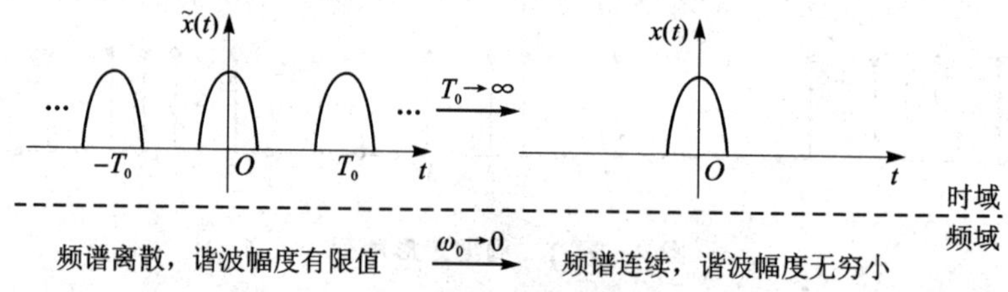

图4-3-1 周期信号与非周期信号时频关系

周期信号 $\tilde{x}(t)$ 的指数形式傅里叶级数表示为

$$\tilde{x}(t)=\sum_{k=-\infty}^{\infty}X_k\mathrm{e}^{\mathrm{j}k\omega_0 t},\quad X_k=\frac{1}{T_0}\int_{-\frac{T_0}{2}}^{\frac{T_0}{2}}\tilde{x}(t)\mathrm{e}^{-\mathrm{j}k\omega_0 t}\mathrm{d}t,\quad \omega_0=\frac{2\pi}{T_0} \tag{4-3-1}$$

为了避免在 T_0 趋于无穷时 X_k 趋于零，可将式(4-3-1)等价地定义为

$$\tilde{x}(t)=\sum_{k=-\infty}^{\infty}X_kT_0\mathrm{e}^{\mathrm{j}k\omega_0 t}\ \frac{1}{T_0}=\frac{1}{2\pi}\sum_{k=-\infty}^{\infty}X_kT_0\mathrm{e}^{\mathrm{j}k\omega_0 t}\omega_0,\quad X_kT_0=\int_{-\frac{T_0}{2}}^{\frac{T_0}{2}}\tilde{x}(t)\mathrm{e}^{-\mathrm{j}k\omega_0 t}\mathrm{d}t$$

当周期 T_0 趋于无穷时，$\omega_0\to\mathrm{d}\omega$，$k\omega_0\to\omega$，$\sum_{k=-\infty}^{\infty}\to\int_{-\infty}^{\infty}$，$\int_{-\frac{T_0}{2}}^{\frac{T_0}{2}}\to\int_{-\infty}^{\infty}$，周期信号 $\tilde{x}(t)$ 变为非周期信号 $x(t)$，周期信号 $\tilde{x}(t)$ 的离散谱变为非周期信号 $x(t)$ 的连续谱。连续非周期信号的频谱用 $X(\mathrm{j}\omega)$ 表示如下：

$$\boxed{x(t)=\mathrm{CTFT}^{-1}\{X(\mathrm{j}\omega)\}=\lim_{T_0\to\infty}\frac{1}{2\pi}\sum_{k=-\infty}^{\infty}X_kT_0\mathrm{e}^{\mathrm{j}k\omega_0 t}\omega_0=\frac{1}{2\pi}\int_{-\infty}^{\infty}X(\mathrm{j}\omega)\mathrm{e}^{\mathrm{j}\omega t}\mathrm{d}\omega} \tag{4-3-2}$$

$$\boxed{X(\mathrm{j}\omega)=\mathrm{CTFT}\{x(t)\}=\lim_{T_0\to\infty}X_kT_0=\int_{-\infty}^{\infty}x(t)\mathrm{e}^{-\mathrm{j}\omega t}\mathrm{d}t} \tag{4-3-3}$$

式(4－3－3)称为连续时间非周期信号的傅里叶变换，$X(\mathrm{j}\omega)$称为非周期信号$x(t)$的频谱密度函数(简称为频谱函数)。式(4－3－2)称为连续时间非周期信号的傅里叶逆变换，是连续时间非周期信号的傅里叶分解，即非周期信号 $x(t)$可以分解为无穷多个频率为 ω、振幅为$\frac{X(\mathrm{j}\omega)}{2\pi}\mathrm{d}\omega$ 的虚指数信号的线性组合。不同的非周期信号在时域中的差别在于波形的不同，但在频域的差别在于虚指数信号 $\mathrm{e}^{\mathrm{j}\omega t}$ 的振幅$\frac{X(\mathrm{j}\omega)}{2\pi}\mathrm{d}\omega$ 的不同，即 $X(\mathrm{j}\omega)$的不同。

从理论上来讲，CTFT 收敛的充分条件为 $x(t)$满足绝对可和，即要求

$$\int_{-\infty}^{\infty}|x(t)|\mathrm{d}t<\infty \tag{4-3-4}$$

否则，变换的结果为无穷值。该条件称为狄里赫利(Dirichlet)条件。

4.3.2 连续时间非周期信号的频谱

CTFT 的逆变换 $x(t)=\frac{1}{2\pi}\int_{-\infty}^{\infty}X(\mathrm{j}\omega)\mathrm{e}^{\mathrm{j}\omega t}\mathrm{d}\omega$ 表明，连续非周期信号 $x(t)$可以由无数个指数信号 $\mathrm{e}^{\mathrm{j}\omega t}$ 之和来表示，而每个虚指数信号分量的大小为$\frac{X(\mathrm{j}\omega)}{2\pi}\mathrm{d}\omega$。所以频谱函数 $X(\mathrm{j}\omega)$不是连续周期信号频谱的复振幅概念，而是实际复振幅被放大无穷大倍后变为有限值的结果，其反映的是各频率分量的复振幅的比例关系，$X(\mathrm{j}\omega)$可记为

$$\boxed{X(\mathrm{j}\omega)=|X(\mathrm{j}\omega)|\mathrm{e}^{\mathrm{j}\varphi(\omega)}} \tag{4-3-5}$$

式中：$|X(\mathrm{j}\omega)|$为幅值，它代表信号 $x(t)$中各频率分量的相对大小；$\varphi(\omega)$为相位，它代表各频率分量的相位。

与连续周期信号的频谱相对应，习惯上将$|X(\mathrm{j}\omega)|-\omega$ 的关系曲线称为连续非周期信号的幅度频谱(注意，$|X(\mathrm{j}\omega)|$并不是真实的幅度)，简称幅度谱；而将 $\varphi(\omega)-\omega$ 变化的曲线称为相位频谱，简称相位谱，它们都是 ω 的连续函数。

需要指出的是，虽然非周期信号包含的频率分量的复振幅为无穷小量，但无穷小不等于零，正是这些无穷多的振幅为无穷小的频率分量叠加，从而构成了非周期信号 $x(t)$。

如果 $x(t)$为实信号，则由频谱函数的定义式

$$\left.\begin{aligned}X(\mathrm{j}\omega)&=\int_{-\infty}^{\infty}x(t)\mathrm{e}^{-\mathrm{j}\omega t}\mathrm{d}t=\int_{-\infty}^{\infty}x(t)\cos(\omega t)\mathrm{d}t-\mathrm{j}\cdot\int_{-\infty}^{\infty}x(t)\sin(\omega t)\mathrm{d}t\\&=A(\omega)+\mathrm{j}B(\omega)\\A(\omega)&=\int_{-\infty}^{\infty}x(t)\cos(\omega t)\mathrm{d}t\\B(\omega)&=-\int_{-\infty}^{\infty}x(t)\sin(\omega t)\mathrm{d}t\end{aligned}\right\} \tag{4-3-6}$$

有

$$X(\mathrm{j}\omega)=|X(\mathrm{j}\omega)|\mathrm{e}^{\mathrm{j}\varphi(\omega)}=A(\omega)+\mathrm{j}B(\omega) \tag{4-3-7}$$

$|X(\mathrm{j}\omega)|$、$\varphi(\omega)$与$A(\omega)$、$B(\omega)$相互之间存在下列关系：

$$\left.\begin{aligned}&|X(\mathrm{j}\omega)|=\sqrt{A^2(\omega)+B^2(\omega)},\quad \varphi(\omega)=\arctan\frac{B(\omega)}{A(\omega)}\\&A(\omega)=|X(\mathrm{j}\omega)|\cos(\varphi(\omega)),\quad B(\omega)=|X(\mathrm{j}\omega)|\sin(\varphi(\omega))\end{aligned}\right\} \tag{4-3-8}$$

不难得到，$|X(\mathrm{j}\omega)|$、$A(\omega)$为 ω 的偶函数，而 $\varphi(\omega)$、$B(\omega)$为 ω 的奇函数，即

$$\left.\begin{aligned}&|X(\mathrm{j}\omega)|=|X(-\mathrm{j}\omega)|,\quad \varphi(-\omega)=-\varphi(\omega)\\&A(\omega)=A(-\omega),\quad B(-\omega)=-B(\omega)\end{aligned}\right\} \tag{4-3-9}$$

即非周期实信号的幅度谱是偶函数，相位谱是奇函数。

当然，也可以将连续非周期信号的傅里叶变换表示式改写成三角形式：

$$\begin{aligned}x(t)&=\frac{1}{2\pi}\int_{-\infty}^{\infty}X(\mathrm{j}\omega)\mathrm{e}^{\mathrm{j}\omega t}\,\mathrm{d}\omega=\frac{1}{2\pi}\int_{-\infty}^{\infty}|X(\mathrm{j}\omega)|\mathrm{e}^{\mathrm{j}[\omega t+\varphi(\omega)]}\,\mathrm{d}\omega\\&=\frac{1}{2\pi}\int_{-\infty}^{\infty}|X(\mathrm{j}\omega)|\cos[\omega t+\varphi(\omega)]\,\mathrm{d}\omega+\\&\quad\mathrm{j}\,\frac{1}{2\pi}\int_{-\infty}^{\infty}|X(\mathrm{j}\omega)|\sin[\omega t+\varphi(\omega)]\,\mathrm{d}\omega\end{aligned} \tag{4-3-10}$$

若 $x(t)$是实信号，根据$|X(\mathrm{j}\omega)|$、$\varphi(\omega)$的奇偶性显然有

$$\begin{aligned}x(t)&=\frac{1}{2\pi}\int_{-\infty}^{\infty}|X(\mathrm{j}\omega)|\cos[\omega t+\varphi(\omega)]\,\mathrm{d}\omega\\&=\frac{1}{\pi}\int_{0}^{\infty}|X(\mathrm{j}\omega)|\cos[\omega t+\varphi(\omega)]\,\mathrm{d}\omega\end{aligned} \tag{4-3-11}$$

可见，连续非周期实信号也可以分解成许多不同频率的正弦分量。与周期信号相比较，只不过其基波频率趋于无穷小量，从而包含了所有的频率分量；而各个正弦分量的振幅$\dfrac{|X(\mathrm{j}\omega)|}{\pi}\mathrm{d}\omega$ 趋于无穷小，从而只能用频谱函数 $X(\mathrm{j}\omega)$来表示各分量的相对大小。

【例 4-3-1】如图 4-3-2(a)所示的门信号可表示为

$$x(t)=g_\tau(t)=\begin{cases}1, & |t|\leqslant\dfrac{\tau}{2}\\[2mm]0, & |t|>\dfrac{\tau}{2}\end{cases}$$

求其 CTFT。

解：

$$\begin{aligned}X(\mathrm{j}\omega)&=\mathrm{CTFT}\{g_\tau(t)\}\\&=\int_{-\frac{\tau}{2}}^{\frac{\tau}{2}}1\cdot\mathrm{e}^{-\mathrm{j}\omega t}\,\mathrm{d}t=-\frac{1}{\mathrm{j}\omega}\mathrm{e}^{-\mathrm{j}\omega t}\Big|_{-\frac{\tau}{2}}^{\frac{\tau}{2}}\\&=\frac{2}{\omega}\sin\left(\frac{\omega\tau}{2}\right)=\tau\mathrm{Sa}\left(\frac{\omega\tau}{2}\right)\end{aligned} \tag{4-3-12}$$

图 4-3-2(b)所示为门信号的频谱图。一般来说，非周期信号的频谱需要用幅度频谱和相位频谱两个图形才能完全表示。同样，与周期信号的频谱类似，非周期信号的频谱也有单边频谱和双边频谱两种画法。由门信号及其频谱可得出如下结论：

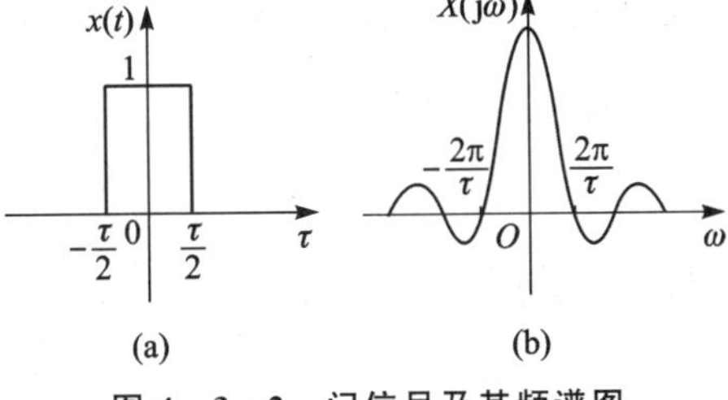

图 4-3-2　门信号及其频谱图

① 门信号的频谱是连续频谱，其形状与周期矩形信号离散频谱的包络线相似。

② 信号的频谱分量主要集中在零频到第一个过零点之间，工程中往往将此宽度作为信号的有效带宽。非周期的门信号的有效带宽为$\frac{2\pi}{\tau}$ rad/s 或$\frac{1}{\tau}$ Hz，而其时域的宽度为 τ，这表明非周期的门信号在时域上的宽度与在频域上的有效带宽互为倒数。

4.4　离散时间非周期序列的正交分解

当周期序列的周期 N 趋于无穷大时，周期序列就转化成非周期序列，其对应频谱的谱线间隔 $\omega_0=\frac{2\pi}{N}$趋于无穷小，这样，周期序列的离散谱就变成了非周期序列的连续谱。非周期序列的傅里叶分解通过离散时间傅里叶变换(Discrete - Time Fourier Transform 或 Fourier Transform in Discrete - time，DTFT)描述，亦称为序列的傅里叶变换。

4.4.1　离散时间非周期序列的傅里叶变换

设 $\tilde{x}[n]$是周期为 N 的周期序列，当其周期 N 趋于无穷时，周期序列 $\tilde{x}[n]$变为非周期序列 $x[n]$，而周期序列 $\tilde{x}[n]$的离散谱变为非周期序列 $x[n]$的连续谱，如图 4-4-1 所示。

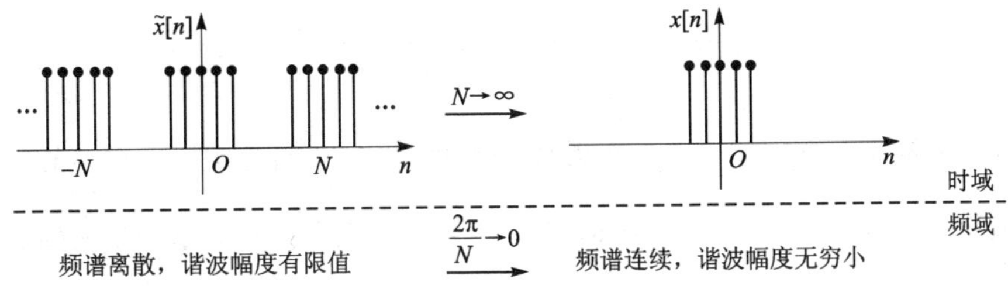

图 4-4-1　周期序列与非周期序列的时频关系

通过4.2节已经知道,周期序列 $\tilde{x}[n]$的离散傅里叶级数表示为

$$\tilde{X}[k]=\sum_{n=0}^{N-1}\tilde{x}[n]e^{-j\frac{2\pi}{N}kn},\quad \tilde{x}[n]=\frac{1}{N}\sum_{k=0}^{N-1}\tilde{X}[k]e^{j\frac{2\pi}{N}kn},\quad \omega_0=\frac{2\pi}{N} \tag{4-4-1}$$

将 $\tilde{x}[n]$等价地变为

$$\tilde{x}[n]=\frac{1}{2\pi}\sum_{k=0}^{N-1}\tilde{X}[k]e^{j\frac{2\pi}{N}kn}\ \frac{2\pi}{N} \tag{4-4-2}$$

当周期 N 趋于无穷时,$\frac{2\pi}{N}\to 0$,$\frac{2\pi}{N}k\to\tilde{\omega}$,$\sum_{n=0}^{N-1}\to\sum_{n=-\infty}^{\infty}$,$\sum_{k=0}^{N-1}\to\int_0^{2\pi}$,周期序列 $\tilde{x}[n]$ 变为非周期信号 $x[n]$,周期序列的频谱$\frac{1}{N}\tilde{X}[k]$ 趋于非周期序列的频谱。虽然$\frac{1}{N}\tilde{X}[k]$ 的幅值趋于无穷小,但 $\tilde{X}[k]$ 有望趋于一个有限值,用 $X(e^{j\tilde{\omega}})$来表示,得

$$\boxed{x[n]=\mathrm{DTFT}^{-1}\{X(e^{j\tilde{\omega}})\}=\lim_{N\to\infty}\frac{1}{2\pi}\sum_{k=0}^{N-1}\tilde{X}[k]e^{j\frac{2\pi}{N}kn}\ \frac{2\pi}{N}=\frac{1}{2\pi}\int_0^{2\pi}X(e^{j\tilde{\omega}})e^{j\tilde{\omega}n}d\tilde{\omega}} \tag{4-4-3}$$

$$\boxed{X(e^{j\tilde{\omega}})=\mathrm{DTFT}\{x[n]\}=\lim_{N\to\infty}\tilde{X}[k]=\sum_{n=-\infty}^{\infty}x[n]e^{-j\tilde{\omega}n}} \tag{4-4-4}$$

式(4-4-3)称为序列的离散时间傅里叶逆变换,式(4-4-4)称为序列的离散时间傅里叶变换。式(4-4-3)表明,非周期序列 $x[n]$可以分解为无穷多个数字角频率为 $\tilde{\omega}$、振幅为$\frac{X(e^{j\tilde{\omega}})}{2\pi}d\tilde{\omega}$ 的虚指数序列 $e^{j\tilde{\omega}n}$ 的线性组合。

可以证明,DTFT 收敛的充分条件为 $x[n]$绝对可和,即

$$\sum_{n=-\infty}^{\infty}|x[n]|<\infty \tag{4-4-5}$$

4.4.2 离散时间非周期序列的频谱

频谱函数 $X(e^{j\tilde{\omega}})$不是离散周期信号频谱的复振幅$\left(\frac{1}{N}\tilde{X}[k]\right)$概念,各频率分量的实际复振幅为$\frac{X(e^{j\tilde{\omega}})}{2\pi}d\tilde{\omega}$,是一个无穷小量,所以 $X(e^{j\tilde{\omega}})$为实际无穷小的复振幅被放大无穷大倍后才变成一个有限值,$X(e^{j\tilde{\omega}})$反映的是各频率分量的复振幅的比例关系。$X(e^{j\tilde{\omega}})$可记为

$$\boxed{X(e^{j\tilde{\omega}})=|X(e^{j\tilde{\omega}})|e^{j\varphi(\tilde{\omega})}} \tag{4-4-6}$$

式中：$|X(e^{j\tilde{\omega}})|$为幅度；$\varphi(\tilde{\omega})$为相位。

习惯上将 $|X(e^{j\tilde{\omega}})|-\tilde{\omega}$ 的关系曲线称为非周期序列的幅度频谱（注意，$|X(e^{j\tilde{\omega}})|$并不是真实的幅度），而将 $\varphi(\tilde{\omega})-\tilde{\omega}$ 的关系曲线称为相位频谱。

$x[n]$为实序列时，根据频谱函数的定义式不难导出

$$\left.\begin{aligned} X(e^{j\tilde{\omega}}) &= \sum_{n=-\infty}^{\infty} x[n]\cos[\tilde{\omega}n] - j\cdot \sum_{n=-\infty}^{\infty} x[n]\sin[\tilde{\omega}n] = A(\tilde{\omega}) + jB(\tilde{\omega}) \\ A(\tilde{\omega}) &= \sum_{n=-\infty}^{\infty} x[n]\cos[\tilde{\omega}n], \quad B(\tilde{\omega}) = -\sum_{n=-\infty}^{\infty} x[n]\sin[\tilde{\omega}n] \end{aligned}\right\} \tag{4-4-7}$$

从而有

$$X(e^{j\tilde{\omega}}) = |X(e^{j\tilde{\omega}})|e^{j\varphi(\tilde{\omega})} = A(\tilde{\omega}) + jB(\tilde{\omega}) \tag{4-4-8}$$

$|X(e^{j\tilde{\omega}})|$、$\varphi(\tilde{\omega})$与$A(\tilde{\omega})$、$B(\tilde{\omega})$相互之间存在下列关系：

$$\left.\begin{aligned} &|X(e^{j\tilde{\omega}})| = \sqrt{A^2(\tilde{\omega}) + B^2(\tilde{\omega})}, \quad \varphi(\tilde{\omega}) = \arctan\frac{B(\tilde{\omega})}{A(\tilde{\omega})} \\ &A(\tilde{\omega}) = |X(e^{j\tilde{\omega}})|\cos\varphi(\tilde{\omega}), \quad B(\tilde{\omega}) = |X(e^{j\tilde{\omega}})|\sin\varphi(\tilde{\omega}) \end{aligned}\right\} \tag{4-4-9}$$

不难得到，$|X(e^{j\tilde{\omega}})|$、$A(\tilde{\omega})$为 $\tilde{\omega}$ 的偶函数，而 $\varphi(\tilde{\omega})$、$B(\tilde{\omega})$为 $\tilde{\omega}$ 的奇函数，即

$$\left.\begin{aligned} &|X(e^{j\tilde{\omega}})| = |X(e^{-j\tilde{\omega}})|, \quad \varphi(-\tilde{\omega}) = -\varphi(\tilde{\omega}) \\ &A(\tilde{\omega}) = A(-\tilde{\omega}), \quad B(-\tilde{\omega}) = -B(\tilde{\omega}) \end{aligned}\right\} \tag{4-4-10}$$

显然，与连续非周期实信号一样，离散非周期信号的幅度频谱是偶函数，相位频谱是奇函数。

可以将非周期序列的傅里叶变换表示式改写成三角形式，即

$$\begin{aligned} x[n] &= \frac{1}{2\pi}\int_{-\pi}^{\pi} X(e^{j\tilde{\omega}})e^{j\tilde{\omega}n}\,d\tilde{\omega} = \frac{1}{2\pi}\int_{-\pi}^{\pi} |X(e^{j\tilde{\omega}})|e^{j[\tilde{\omega}n+\varphi(\tilde{\omega})]}\,d\tilde{\omega} \\ &= \frac{1}{2\pi}\int_{-\pi}^{\pi} |X(e^{j\tilde{\omega}})|\cos[\tilde{\omega}n + \varphi(\tilde{\omega})]\,d\tilde{\omega} + \\ &\quad j\frac{1}{2\pi}\int_{-\pi}^{\pi} |X(e^{j\tilde{\omega}})|\sin[\tilde{\omega}n + \varphi(\tilde{\omega})]\,d\tilde{\omega} \end{aligned} \tag{4-4-11}$$

若 $x[n]$是实序列，则显然有

$$x[n] = \frac{1}{\pi}\int_{0}^{\pi} |X(e^{j\tilde{\omega}})|\cos[\tilde{\omega}n + \varphi(\tilde{\omega})]\,d\tilde{\omega} \tag{4-4-12}$$

可见，非周期序列也可以分解成许多不同频率的正弦分量。

另外，与非周期连续时间信号不同，非周期序列的频谱是具有周期性的。证明如下：

由

$$X(e^{j\tilde{\omega}}) = \mathrm{DTFT}\{x[n]\} = \sum_{n=-\infty}^{\infty} x[n]e^{-j\tilde{\omega}n} = \sum_{n=-\infty}^{\infty} x[n]e^{-j(\tilde{\omega}+2k\pi)n} \tag{4-4-13}$$

说明非周期序列的频谱以 2π 为周期,也就是说,$\tilde{\omega}=2k\pi$(k 为整数)时都表示直流分量。周期性是 DTFT 的重要特征。

由于 DTFT 的周期为 2π,所以一般只分析 $-\pi\sim\pi$ 之间或 $0\sim2\pi$ 范围的 DTFT 就够了。因此,有别于 CTFT 的无限正频率区间,离散信号频谱的正频率区间为 $\tilde{\omega}\in[0,\pi]$。

【例 4-4-1】 求图 4-4-2(a)所示门信号 $x[n]$ 的频谱函数 $X(\mathrm{e}^{\mathrm{j}\tilde{\omega}})$。

解:由 DTFT 的公式可得频谱函数 $X(\mathrm{e}^{\mathrm{j}\tilde{\omega}})$ 如下:

$$X(\mathrm{e}^{\mathrm{j}\tilde{\omega}})=\sum_{n=-\infty}^{\infty}x[n]\mathrm{e}^{-\mathrm{j}\tilde{\omega}n}=\sum_{n=-M}^{M}(\mathrm{e}^{-\mathrm{j}\tilde{\omega}})^{n}$$

$$=\frac{\mathrm{e}^{\mathrm{j}M\tilde{\omega}}\left[1-\mathrm{e}^{-\mathrm{j}(2M+1)\tilde{\omega}}\right]}{1-\mathrm{e}^{-\mathrm{j}\tilde{\omega}}}=\frac{\sin\left[\left(M+\frac{1}{2}\right)\tilde{\omega}\right]}{\sin\left(\frac{\tilde{\omega}}{2}\right)}$$

当 $M=4$ 时,频谱如图 4-4-2(b)所示。

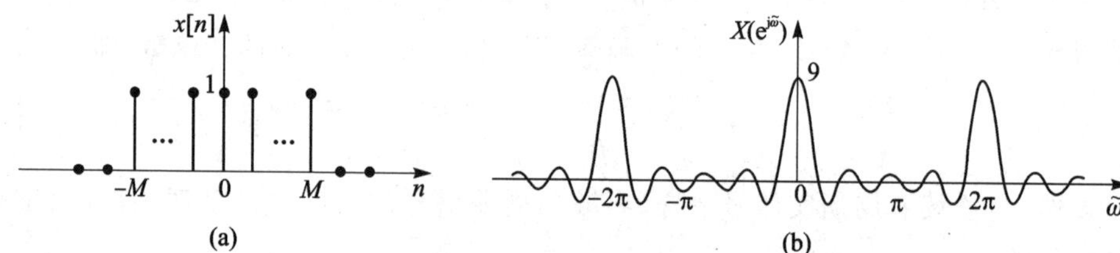

图 4-4-2　门信号及其频谱函数

4.5　四种类型傅里叶变换间的关系

4.5.1　四种傅里叶变换的时频域映射关系

通过 4.1～4.4 节的学习,已经知晓信号频域分析的四种类型傅里叶变换(CFS、CTFT、DFS 和 DTFT)。对照它们的时频域之间的映射关系可得到重要的普适规律,即时频域间的连续性和周期性呈反对应关系:一个域是周期的,另一个域一定是离散(非连续)的,反之亦然;一个域是非周期的,另一个域一定是连续的,反之亦然。如表 4-5-1 所列,基于此结论,不但为时频分析构建思维方法,而且也为记忆傅里叶变换的正逆变换的积分或求和运算形式提供直接依据;另外,只有 CFS 的正变换之前有系数,其他的系数在逆变换之前,要特别记忆。

表 4-5-1　四种傅里叶分析工具的周期性与连续性的时频域反对应关系对照

性质 \ 工具	CFS		CTFT		DFS		DTFT	
时域	连续	周期	连续	非周期	离散	周期	离散	非周期
频域	非周期	离散	非周期	连续	周期	离散	周期	连续
特点	频域由无穷个谐波构成		频谱可无限宽		时频域都离散，谐波成分只有 N 个独立谐波分量		周期为 2π，频谱范围：$-\pi\sim\pi$	

还有，一个域中的原点值是另一个域中的积分(或求和)。

另外，很容易看出，只有 DFS 这种变换的时频域都是离散的，但其时频域都无限长，不便于计算机计算。因此，四种傅里叶变换形式都不适合数字系统运算，但第 8 章讲述的离散傅里叶变换将打破这一“僵局”。

4.5.2　CFS 与 CTFT 之间的关系

连续时间周期信号与非周期信号的时频关系如图 4-5-1 所示。其中，连续时间周期信号 $\tilde{x}(t)$ 如图 4-5-1(a)所示，其在一个周期 $\left(-\frac{T_0}{2},\frac{T_0}{2}\right]$ 上的波形构成的非周期信号 $x(t)$ 如图 4-5-1(b)所示。

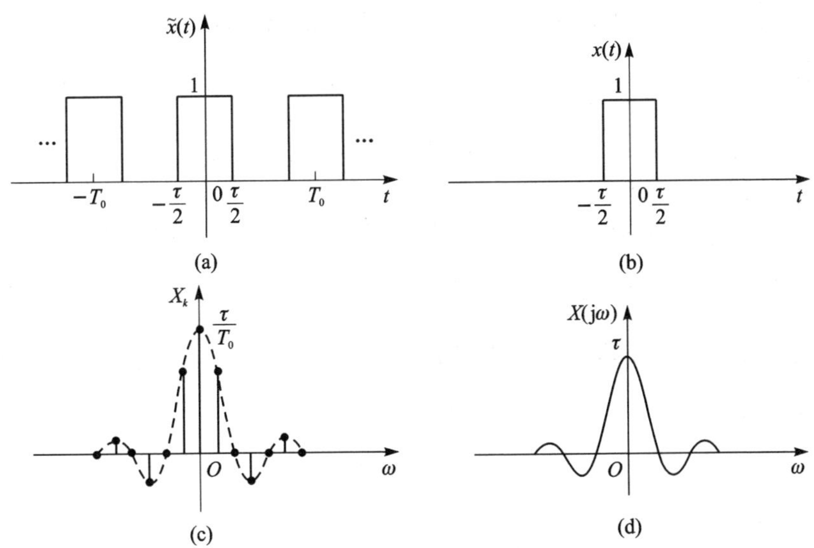

图 4-5-1　连续时间周期信号与非周期信号的时频关系

根据 $\tilde{x}(t)g_{T_0}(t)=x(t)$，以及 CFS 和 CTFT 的表达式 $X_k=\frac{1}{T_0}\int_{-\frac{T_0}{2}}^{\frac{T_0}{2}}\tilde{x}(t)\mathrm{e}^{-\mathrm{j}k\omega_0 t}\mathrm{d}t$ 和 $X(\mathrm{j}\omega)=\int_{-\frac{T_0}{2}}^{\frac{T_0}{2}}x(t)\mathrm{e}^{-\mathrm{j}\omega t}\mathrm{d}t$，可得到 $\tilde{x}(t)$ 的频谱 X_k 与 $x(t)$ 的频谱 $X(\mathrm{j}\omega)$ 之间的关系为

$$\boxed{X_k=\frac{1}{T_0}X(\mathrm{j}\omega)\Big|_{\omega=k\omega_0}} \tag{4-5-1}$$

式(4－5－1)表明周期信号 $\tilde{x}(t)$ 的频谱 X_k 等于该周期信号在一个周期内波形构成的非周期信号 $x(t)$ 的频谱 $X(\mathrm{j}\omega)$ 在频率为 $k\omega_0$ 处的采样值乘以 $\frac{1}{T_0}$。X_k 与 $X(\mathrm{j}\omega)$ 的这种关系可由图 4－5－1(c)和图 4－5－1(d)体现。

4.5.3 DFS 与 DTFT 之间的关系

离散时间周期序列 $\tilde{x}[n]$ 如图 4－5－2(a)所示，$\tilde{x}[n]$ 的一个主值周期对应的离散时间非周期序列 $x[n]$ 如图 4－5－2(b)所示。下面推导 $\tilde{x}[n]$ 的频谱 $\tilde{X}[k]$ 与 $x[n]$ 的频谱 $X(\mathrm{e}^{\mathrm{j}\tilde{\omega}})$ 之间的关系。

根据 DFS 和 DTFT 的表达式 $\tilde{X}[k]=\sum_{n=0}^{N-1}\tilde{x}[n]\mathrm{e}^{-\mathrm{j}\frac{2\pi}{N}kn}$ 和 $\tilde{x}[n]g_N[n]=x[n]$，有

$$\tilde{X}[k]=\sum_{n=0}^{N-1}\tilde{x}[n]\mathrm{e}^{-\mathrm{j}\frac{2\pi}{N}kn}=\sum_{n=-\infty}^{\infty}x[n]\mathrm{e}^{-\mathrm{j}\frac{2\pi}{N}kn} \tag{4-5-2}$$

再由 $X(\mathrm{e}^{\mathrm{j}\tilde{\omega}})=\sum_{n=-\infty}^{\infty}x[n]\mathrm{e}^{-\mathrm{j}\tilde{\omega}n}$，比对得到 $\tilde{x}[n]$ 的频谱 $\tilde{X}[k]$ 与 $x[n]$ 的频谱 $X(\mathrm{e}^{\mathrm{j}\tilde{\omega}})$ 之间的关系为

$$\boxed{\tilde{X}[k]=X(\mathrm{e}^{\mathrm{j}\tilde{\omega}})\Big|_{\tilde{\omega}=\frac{2\pi}{N}k}} \tag{4-5-3}$$

式(4－5－3)表明周期序列 $\tilde{x}[n]$ 的频谱 $\tilde{X}[k]$ 等于该周期序列在一个周期内点所构成的非周期序列 $x[n]$ 的频谱 $X(\mathrm{e}^{\mathrm{j}\tilde{\omega}})$ 在频率为 $\frac{2\pi}{N}k$ 处的采样值。$\tilde{X}[k]$ 与 $X(\mathrm{e}^{\mathrm{j}\tilde{\omega}})$ 的这种关系可由图 4－5－2(c)和图 4－5－2(d)体现。

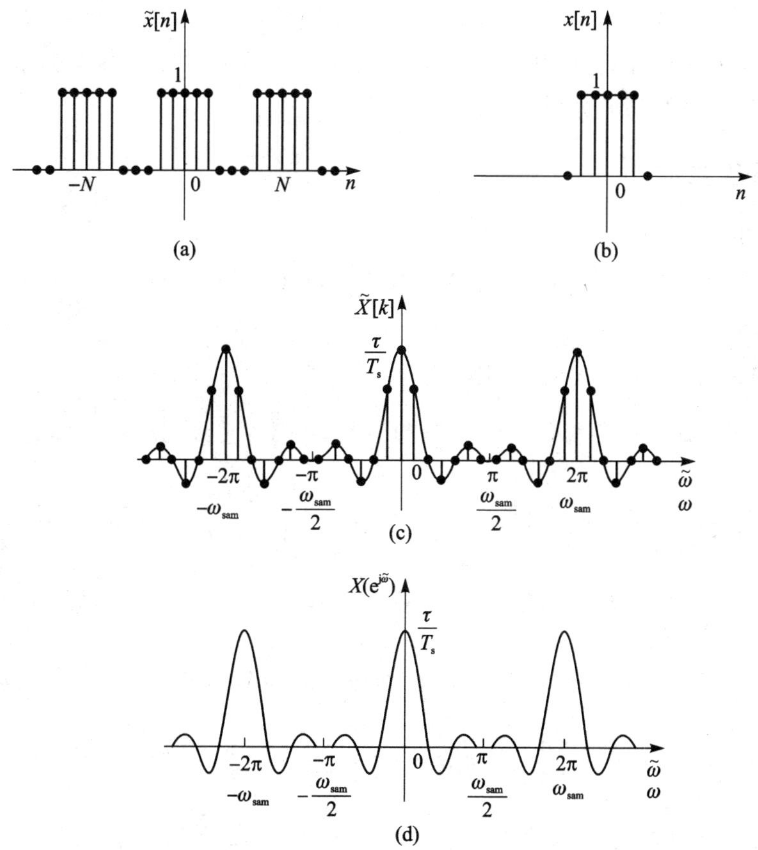

图 4-5-2　离散时间周期与非周期序列的时频关系

4.6　CTFT 和 DTFT 的性质

CTFT 和 DTFT 具有许多重要性质，这些性质揭示了非周期信号的时域与频域之间的内在联系，在信号理论分析和工程实际中都有着广泛的应用。研究 CTFT 和 DTFT 的性质有助于深入理解其数学意义、物理意义和工程意义。由于 CTFT 和 DTFT 的性质基本一致，因此为了便于学习和记忆，下面结合在一起讲述。

1. 线性性质

若 $\mathrm{CTFT}\{x_1(t)\}=X_1(\mathrm{j}\omega)$，$\mathrm{CTFT}\{x_2(t)\}=X_2(\mathrm{j}\omega)$，则

$$\mathrm{CTFT}\{\alpha_1 x_1(t)+\alpha_2 x_2(t)\}=\alpha_1 X_1(\mathrm{j}\omega)+\alpha_2 X_2(\mathrm{j}\omega) \qquad (4-6-1)$$

若 $\mathrm{DTFT}\{x_1[n]\}=X_1(\mathrm{e}^{\mathrm{j}\tilde{\omega}})$，$\mathrm{DTFT}\{x_2[n]\}=X_2(\mathrm{e}^{\mathrm{j}\tilde{\omega}})$，则

$$\text{DTFT}\{\alpha_1 x_1[n]+\alpha_2 x_2[n]\}=\alpha_1 X_1(e^{j\tilde{\omega}})+\alpha_2 X_2(e^{j\tilde{\omega}}) \qquad (4-6-2)$$

式中:α_1,α_2 为任意常数,即任意时域信号线性组合的频谱等于各自频谱的线性组合。这是LTI系统频域分析的基础。

2. 共轭性质

若 $\text{CTFT}\{x(t)\}=X(j\omega)$,则

$$\text{CTFT}\{x^*(t)\}=X^*(-j\omega) \quad \text{和} \quad \text{CTFT}\{x^*(-t)\}=X^*(j\omega) \qquad (4-6-3)$$

若 $\text{DTFT}\{x[n]\}=X(e^{j\tilde{\omega}})$,则

$$\text{DTFT}\{x^*[n]\}=X^*(e^{-j\tilde{\omega}}) \quad \text{和} \quad \text{DTFT}\{x^*[-n]\}=X^*(e^{j\tilde{\omega}}) \qquad (4-6-4)$$

证明: $\text{CTFT}\{x^*(t)\}=\int_{-\infty}^{\infty}x^*(t)e^{-j\omega t}dt=\left[\int_{-\infty}^{\infty}x(t)e^{j\omega t}dt\right]^*=X^*(-j\omega)$

$$\text{CTFT}\{x^*(-t)\}=\int_{-\infty}^{\infty}x^*(-t)e^{-j\omega t}dt \xlongequal{-t=t} -\int_{\infty}^{-\infty}x^*(t)e^{j\omega t}dt$$

$$=\int_{-\infty}^{\infty}x^*(t)e^{j\omega t}dt=\left[\int_{-\infty}^{\infty}x(t)e^{-j\omega t}dt\right]^*=X^*(j\omega)$$

$$\text{DTFT}\{x^*[n]\}=\sum_{n=-\infty}^{\infty}x^*[n]e^{-j\tilde{\omega}n}=\left[\sum_{n=-\infty}^{\infty}x[n]e^{-(-j\tilde{\omega}n)}\right]^*=X^*(e^{-j\tilde{\omega}})$$

$$\text{DTFT}\{x^*[-n]\}=\sum_{n=-\infty}^{\infty}x^*[-n]e^{-j\tilde{\omega}n} \xlongequal{-n=n} \sum_{n=\infty}^{-\infty}x^*[n]e^{j\tilde{\omega}n}$$

$$=\left[\sum_{n=-\infty}^{\infty}x[n]e^{-j\tilde{\omega}n}\right]^*=X^*(e^{j\tilde{\omega}})$$

3. CTFT的互易性质

若 $\text{CTFT}\{x(t)\}=X(j\omega)$,则信号 $X(jt)$ 的傅里叶变换为 $2\pi x(-\omega)$,即

$$\text{CTFT}\{X(jt)\}=2\pi x(-\omega) \qquad (4-6-5)$$

证明: 将CTFT逆变换 $x(t)=\frac{1}{2\pi}\int_{-\infty}^{\infty}X(j\omega)e^{j\omega t}d\omega$ 中的自变量 t 换为 $-t$ 得

$$x(-t)=\frac{1}{2\pi}\int_{-\infty}^{\infty}X(j\omega)e^{-j\omega t}d\omega$$

将上式中的 t 换为 ω,将原有的 ω 换为 t,并整理得证 $2\pi x(-\omega)=\int_{-\infty}^{\infty}X(jt)e^{-j\omega t}dt$。

利用CTFT的互易性质,可以很方便地求出某些信号的频谱,特别是有些无法直接用定义求出频谱的信号。

【例 4-6-1】求采样信号 $\mathrm{Sa}(t)=\dfrac{\sin t}{t}$ 的频谱函数。

解：直接利用 CTFT 公式很难求出 $\mathrm{Sa}(t)$ 的频谱函数，利用互易性则很容易求取。由例 4-3-1 可知 $\mathrm{CTFT}\{g_{\tau}(t)\}=\tau\mathrm{Sa}\left(\dfrac{\omega\tau}{2}\right)$，因此，根据 CTFT 的互易性得

$$\mathrm{CTFT}\left\{\tau\mathrm{Sa}\left(\frac{t\tau}{2}\right)\right\}=2\pi g_{\tau}(-\omega)$$

令 $\tau=2$，并利用 CTFT 的线性性质可得

$$\mathrm{CTFT}\{\mathrm{Sa}(t)\}=\pi g_{2}(\omega)=\begin{cases}\pi, & |\omega|<1\\ 0, & |\omega|>1\end{cases} \tag{4-6-6}$$

显然，门信号与采样信号是一个傅里叶变换对，且互为傅里叶变换。

4. 展缩性质

若 $\mathrm{CTFT}\{x(t)\}=X(\mathrm{j}\omega)$，则

$$\mathrm{CTFT}\{x(at)\}=\frac{1}{|a|}X\left(\mathrm{j}\,\frac{\omega}{a}\right),\quad a\text{ 为非零实常数} \tag{4-6-7}$$

证明：$\mathrm{CTFT}\{x(at)\}=\int_{-\infty}^{\infty}x(at)\mathrm{e}^{-\mathrm{j}\omega t}\mathrm{d}t$，令 $u=at$，$\mathrm{d}u=a\mathrm{d}t$，代入得

$$\mathrm{CTFT}\{x(at)\}=\frac{1}{|a|}\int_{-\infty}^{\infty}x(u)\mathrm{e}^{-\mathrm{j}\omega\frac{u}{a}}\mathrm{d}u=\frac{1}{|a|}X\left(\mathrm{j}\,\frac{\omega}{a}\right)$$

同理可证，若 $\mathrm{DTFT}\{x[n]\}=X(\mathrm{e}^{\mathrm{j}\tilde{\omega}})$，则有

$$\mathrm{DTFT}\{x[an]\}=X\left(\mathrm{e}^{\mathrm{j}\frac{\tilde{\omega}}{a}}\right),\quad a\text{ 为非零实常数} \tag{4-6-8}$$

展缩性质表明：信号时域波形的压缩，对应其频谱函数的扩展；信号时域波形的扩展，对应其频谱函数的压缩。

在通信技术中，为了压缩通信时间，以提高通信速度，就要提高每秒内传送的脉冲数，为此必须压缩信号脉冲的宽度。根据 CTFT 的展缩特性，这样做必然会使信号频带加宽，通信设备的通频带也要相应加宽，以便满足信号传输的质量要求。可见，在实际工程中应合理选择信号的脉冲宽度和占有的频带。

5. 时移性质

若 $\mathrm{CTFT}\{x(t)\}=X(\mathrm{j}\omega)$，则

$$\mathrm{CTFT}\{x(t-t_0)\}=\mathrm{e}^{-\mathrm{j}\omega t_0}X(\mathrm{j}\omega),\quad t_0\text{ 为任意实常数} \tag{4-6-9}$$

若 $\mathrm{DTFT}\{x[n]\}=X(\mathrm{e}^{\mathrm{j}\tilde{\omega}})$，则

$$\mathrm{DTFT}\{x[n-n_0]\}=\mathrm{e}^{-\mathrm{j}\tilde{\omega}n_0}X(\mathrm{e}^{\mathrm{j}\tilde{\omega}}),\quad n_0\text{ 为任意实常数} \tag{4-6-10}$$

证明：$\mathrm{CTFT}\{x(t-t_0)\}=\int_{-\infty}^{\infty}x(t-t_0)\mathrm{e}^{-\mathrm{j}\omega t}\mathrm{d}t$，令 $u=t-t_0$，则 $\mathrm{d}u=\mathrm{d}t$，代入

式(4-6-9)和式(4-6-10)可得

$$\mathrm{CTFT}\{x(t-t_0)\}=\int_{-\infty}^{\infty}x(u)\mathrm{e}^{-\mathrm{j}\omega(t_0+u)}\mathrm{d}u=\mathrm{e}^{-\mathrm{j}\omega t_0}\int_{-\infty}^{\infty}x(u)\mathrm{e}^{-\mathrm{j}\omega u}\mathrm{d}u=\mathrm{e}^{-\mathrm{j}\omega t_0}X(\mathrm{j}\omega)$$

$$\begin{aligned}\mathrm{DTFT}\{x[n-n_0]\}&=\sum_{n=-\infty}^{\infty}x[n-n_0]\mathrm{e}^{-\mathrm{j}\tilde{\omega}n}\xlongequal{\text{令 } m=n-n_0}\sum_{m=-\infty}^{\infty}x[m]\mathrm{e}^{-\mathrm{j}\tilde{\omega}(m+n_0)}\\&=\mathrm{e}^{-\mathrm{j}\tilde{\omega}n_0}\sum_{m=-\infty}^{\infty}x[m]\mathrm{e}^{-\mathrm{j}\tilde{\omega}m}=\mathrm{e}^{-\mathrm{j}\tilde{\omega}n_0}X(\mathrm{e}^{\mathrm{j}\tilde{\omega}})\end{aligned}$$

时移性质表明：在时域中信号沿时间轴移动 $t_0(n_0)$，其在频域中的所有频率分量的相位移动 $\omega t_0(\tilde{\omega}n_0)$。

不难证明，如果信号既有时移又有展缩，则有

$$\left.\begin{aligned}\mathrm{CTFT}\{x(at-t_0)\}&=\frac{1}{|a|}\mathrm{e}^{-\mathrm{j}\omega\frac{t_0}{a}}X\left(\mathrm{j}\frac{\omega}{a}\right)\\\mathrm{DTFT}\{x[an-n_0]\}&=\mathrm{e}^{-\mathrm{j}\tilde{\omega}\frac{n_0}{a}}X\left(\mathrm{e}^{\mathrm{j}\frac{\tilde{\omega}}{a}}\right)\end{aligned}\right\}\tag{4-6-11}$$

【例4-6-2】已知 $\mathrm{CTFT}\{x(t)\}=X(\mathrm{j}\omega)$，求信号 $x(2t+4)$ 的频谱。

解：信号 $x(2t+4)$ 是 $x(t)$ 经过压缩、平移两种基本运算而产生的信号，需要分别利用CTFT的展缩性质和时移性质求其频谱：

$$\mathrm{CTFT}\{x(2(t+2))\}=\mathrm{CTFT}\{x(2t+4)\}=\frac{1}{2}X\left(\mathrm{j}\frac{\omega}{2}\right)\mathrm{e}^{\mathrm{j}2\omega}$$

6. 频移性质

若 $\mathrm{CTFT}\{x(t)\}=X(\mathrm{j}\omega)$，则

$$\mathrm{CTFT}\left\{x(t)\mathrm{e}^{\pm\mathrm{j}\omega_0 t}\right\}=X[\mathrm{j}(\omega\mp\omega_0)]\tag{4-6-12}$$

若 $\mathrm{DTFT}\{x[n]\}=X(\mathrm{e}^{\mathrm{j}\tilde{\omega}})$，则

$$\mathrm{DTFT}\left\{\mathrm{e}^{\pm\mathrm{j}\theta_0 n}x[n]\right\}=X\left(\mathrm{e}^{\mathrm{j}(\tilde{\omega}\mp\theta_0)}\right)\tag{4-6-13}$$

即对于信号在时域中的相移，其对应的频谱将会产生频移。

证明：
$$\begin{aligned}\mathrm{CTFT}\left\{x(t)\mathrm{e}^{\pm\mathrm{j}\omega_0 t}\right\}&=\int_{-\infty}^{\infty}x(t)\mathrm{e}^{\pm\mathrm{j}\omega_0 t}\mathrm{e}^{-\mathrm{j}\omega t}\mathrm{d}t=\int_{-\infty}^{\infty}x(t)\mathrm{e}^{-\mathrm{j}(\omega\mp\omega_0)t}\mathrm{d}t\\&=X[\mathrm{j}(\omega\mp\omega_0)]\end{aligned}$$

$$\mathrm{DTFT}\left\{\mathrm{e}^{\pm\mathrm{j}\theta_0 n}x[n]\right\}=\sum_{n=-\infty}^{\infty}\mathrm{e}^{\pm\mathrm{j}\theta_0 n}x[n]\mathrm{e}^{-\mathrm{j}\tilde{\omega}n}=\sum_{n=-\infty}^{\infty}x[n]\mathrm{e}^{-\mathrm{j}(\tilde{\omega}\mp\theta_0)n}=X\left(\mathrm{e}^{\mathrm{j}(\tilde{\omega}\mp\theta_0)}\right)$$

7. 卷积性质

(1) 时域卷积定理

若 $\mathrm{CTFT}\{x_1(t)\}=X_1(\mathrm{j}\omega)$，$\mathrm{CTFT}\{x_2(t)\}=X_2(\mathrm{j}\omega)$，则

$$\mathrm{CTFT}\{x_1(t) * x_2(t)\} = X_1(\mathrm{j}\omega)X_2(\mathrm{j}\omega) \tag{4-6-14}$$

若 $\mathrm{DTFT}\{x_1[n]\}=X_1(\mathrm{e}^{\mathrm{j}\tilde{\omega}})$，$\mathrm{DTFT}\{x_2[n]\}=X_2(\mathrm{e}^{\mathrm{j}\tilde{\omega}})$，则

$$\mathrm{DTFT}\{x_1[n] * x_2[n]\} = X_1(\mathrm{e}^{\mathrm{j}\tilde{\omega}})X_2(\mathrm{e}^{\mathrm{j}\tilde{\omega}}) \tag{4-6-15}$$

证明：由 $\mathrm{CTFT}\{x_1(t) * x_2(t)\}=\int_{-\infty}^{\infty}\left[\int_{-\infty}^{\infty}x_1(\tau)x_2(t-\tau)\mathrm{d}\tau\right]\mathrm{e}^{-\mathrm{j}\omega t}\mathrm{d}t$，交换积分次序可得

$$\mathrm{CTFT}\{x_1(t) * x_2(t)\}=\int_{-\infty}^{\infty}x_1(\tau)\left[\int_{-\infty}^{\infty}x_2(t-\tau)\mathrm{e}^{-\mathrm{j}\omega t}\mathrm{d}t\right]\mathrm{d}\tau$$

再由时移性质可得

$$\mathrm{CTFT}\{x_1(t) * x_2(t)\}=\int_{-\infty}^{\infty}x_1(\tau)X_2(\mathrm{j}\omega)\mathrm{e}^{-\mathrm{j}\omega\tau}\mathrm{d}\tau = X_1(\mathrm{j}\omega)X_2(\mathrm{j}\omega)$$

DTFT 的时域卷积定理请读者尝试仿照证之。

从时域卷积性质可以看出，通过傅里叶变换，可以将时域中的卷积运算变换成频域中的乘积运算，显示了频域分析的方便性。

(2) 频域卷积定理

频域卷积定理是指将时域中的乘积运算变换成频域中的卷积运算，即

若 $\mathrm{CTFT}\{x_1(t)\}=X_1(\mathrm{j}\omega)$，$\mathrm{CTFT}\{x_2(t)\}=X_2(\mathrm{j}\omega)$，则

$$\mathrm{CTFT}\{x_1(t)x_2(t)\}=\frac{1}{2\pi}X_1(\mathrm{j}\omega) * X_2(\mathrm{j}\omega)=\frac{1}{2\pi}\int_{-\infty}^{\infty}X_1(\mathrm{j}\upsilon) * X_2(\mathrm{j}(\omega-\upsilon))\mathrm{d}\upsilon \tag{4-6-16}$$

若 $\mathrm{DTFT}\{x_1[n]\}=X_1(\mathrm{e}^{\mathrm{j}\tilde{\omega}})$，$\mathrm{DTFT}\{x_2[n]\}=X_2(\mathrm{e}^{\mathrm{j}\tilde{\omega}})$，则

$$\mathrm{DTFT}\{x_1[n]x_2[n]\}=\frac{1}{2\pi}X_1(\mathrm{e}^{\mathrm{j}\tilde{\omega}}) * X_2(\mathrm{e}^{\mathrm{j}\tilde{\omega}})=\frac{1}{2\pi}\int_{-\pi}^{\pi}X_1(\mathrm{e}^{\mathrm{j}\upsilon}) * X_2(\mathrm{e}^{\mathrm{j}(\tilde{\omega}-\upsilon)})\mathrm{d}\upsilon \tag{4-6-17}$$

频域卷积的证明与时域卷积类似，请读者自行证明。

8. CTFT 的时域微分与积分性质

(1) 时域微分性质

若 $\mathrm{CTFT}\{x(t)\}=X(\mathrm{j}\omega)$，则

$$\mathrm{CTFT}\{x^{(m)}(t)\}=(\mathrm{j}\omega)^m X(\mathrm{j}\omega) \tag{4-6-18}$$

证明：由傅里叶变换的定义，有

$$x'(t)=\frac{\mathrm{d}}{\mathrm{d}t}\left[\frac{1}{2\pi}\int_{-\infty}^{\infty}X(\mathrm{j}\omega)\mathrm{e}^{\mathrm{j}\omega t}\mathrm{d}\omega\right]=\frac{1}{2\pi}\int_{-\infty}^{\infty}X(\mathrm{j}\omega)\left[\frac{\mathrm{d}\mathrm{e}^{\mathrm{j}\omega t}}{\mathrm{d}t}\right]\mathrm{d}\omega$$
$$=\frac{1}{2\pi}\int_{-\infty}^{\infty}\mathrm{j}\omega X(\mathrm{j}\omega)\mathrm{e}^{\mathrm{j}\omega t}\mathrm{d}\omega$$

得证。同理可推广到 $\mathrm{CTFT}\{x^{(m)}(t)\}=(\mathrm{j}\omega)^m X(\mathrm{j}\omega)$。

【例4-6-3】试求图4-6-1(a)所示三角波信号$x(t)$的频谱函数$X(j\omega)$。

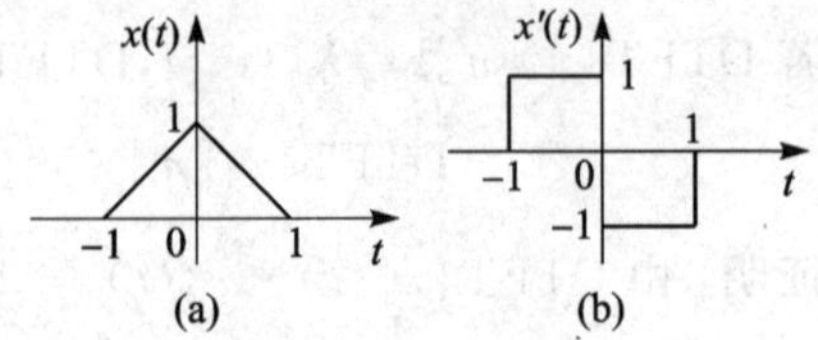

图4-6-1　三角波信号及其导数

解：信号$x(t)$的导数$x'(t)$如图4-6-1(b)所示，其表达式为

$$x'(t)=g_1\left(t+\frac{1}{2}\right)-g_1\left(t-\frac{1}{2}\right)$$

利用门信号$g_1(t)$的频谱及CTFT的时移性质，可得

$$\mathrm{CTFT}\{x'(t)\}=\mathrm{Sa}\left(\frac{\omega}{2}\right)\mathrm{e}^{\mathrm{j}\frac{\omega}{2}}-\mathrm{Sa}\left(\frac{\omega}{2}\right)\mathrm{e}^{-\mathrm{j}\frac{\omega}{2}}=2\mathrm{j}\cdot\mathrm{Sa}\left(\frac{\omega}{2}\right)\sin\left(\frac{\omega}{2}\right)$$

利用CTFT的时域微分性质，可得

$$X(\mathrm{j}\omega)=\frac{\mathrm{CTFT}\{x'(t)\}}{\mathrm{j}\omega}=\frac{2\mathrm{Sa}\left(\frac{\omega}{2}\right)\sin\left(\frac{\omega}{2}\right)}{\omega}=\mathrm{Sa}^2\left(\frac{\omega}{2}\right)$$

时域微分性质表明：在时域中对信号$x(t)$求导数，对应于频域中用$\mathrm{j}\omega$乘$x(t)$的频谱函数。

(2) 时域积分性质

若$\mathrm{CTFT}\{x(t)\}=X(\mathrm{j}\omega)$，则

$$\mathrm{CTFT}\left\{\int_{-\infty}^{t}x(\tau)\mathrm{d}\tau\right\}=\frac{1}{\mathrm{j}\omega}X(\mathrm{j}\omega)+\pi X(0)\delta(\omega)\tag{4-6-19}$$

证明：因为信号$x(t)$的积分可以表示为$x(t)*u(t)$，即$\int_{-\infty}^{t}x(\tau)\mathrm{d}\tau=x(t)*u(t)$，利用时域卷积定理有

$$\begin{aligned}\mathrm{CTFT}\left\{\int_{-\infty}^{t}x(\tau)\mathrm{d}\tau\right\}&=X(\mathrm{j}\omega)U(\mathrm{j}\omega)=X(\mathrm{j}\omega)\left[\pi\delta(\omega)+\frac{1}{\mathrm{j}\omega}\right]\\&=\frac{1}{\mathrm{j}\omega}X(\mathrm{j}\omega)+\pi X(0)\delta(\omega)\end{aligned}$$

其中，$U(\mathrm{j}\omega)=\pi\delta(\omega)+\frac{1}{\mathrm{j}\omega}$将在4.7节讲述。

9. 频域微分性质

若$\mathrm{CTFT}\{x(t)\}=X(\mathrm{j}\omega)$，则

$$\mathrm{CTFT}\{(-\mathrm{j}t)^m x(t)\}=\frac{\mathrm{d}^m X(\mathrm{j}\omega)}{\mathrm{d}\omega^m}\tag{4-6-20}$$

若$\mathrm{DTFT}\{x[n]\}=X(\mathrm{e}^{\mathrm{j}\tilde{\omega}})$，则

$$\mathrm{DTFT}\{(-\mathrm{j}n)^m x[n]\}=\frac{\mathrm{d}^m X(\mathrm{e}^{\mathrm{j}\tilde{\omega}})}{\mathrm{d}\tilde{\omega}}\tag{4-6-21}$$

证明：$$\frac{\mathrm{d}X(\mathrm{j}\omega)}{\mathrm{d}\omega}=\frac{\mathrm{d}\int_{-\infty}^{\infty}x(t)\mathrm{e}^{-\mathrm{j}\omega t}\mathrm{d}t}{\mathrm{d}\omega}=\int_{-\infty}^{\infty}x(t)\frac{d}{\mathrm{d}\omega}\mathrm{e}^{-\mathrm{j}\omega t}\mathrm{d}t$$

$$=\int_{-\infty}^{\infty}[(-\mathrm{j}t)x(t)]\mathrm{e}^{-\mathrm{j}\omega t}\mathrm{d}t=\mathrm{CTFT}\{(-\mathrm{j}t)x(t)\}$$

可推广到 $\mathrm{CTFT}\{(-\mathrm{j}t)^m x(t)\}=\frac{\mathrm{d}^m X(\mathrm{j}\omega)}{\mathrm{d}\omega^m}$。同理

$$\frac{\mathrm{d}X(\mathrm{e}^{\mathrm{j}\tilde{\omega}})}{\mathrm{d}\tilde{\omega}}=\frac{\mathrm{d}\sum_{n=-\infty}^{\infty}x[n]\mathrm{e}^{-\mathrm{j}\tilde{\omega}n}}{\mathrm{d}\tilde{\omega}}=\frac{\sum_{n=-\infty}^{\infty}x[n]\mathrm{d}\mathrm{e}^{-\mathrm{j}\tilde{\omega}n}}{\mathrm{d}\tilde{\omega}}$$

$$=\frac{\sum_{n=-\infty}^{\infty}(-\mathrm{j}n)x[n]\mathrm{e}^{-\mathrm{j}\tilde{\omega}n}}{\mathrm{d}\tilde{\omega}}=\mathrm{DTFT}\{(-\mathrm{j}n)x[n]\}$$

可推广到 $\mathrm{DTFT}\{(-\mathrm{j}n)^m x[n]\}=\frac{\mathrm{d}^m X(\mathrm{e}^{\mathrm{j}\tilde{\omega}})}{\mathrm{d}\tilde{\omega}}$。

【例 4-6-4】试求信号 $x(t)=tg_2(t)$ 的频谱函数 $X(\mathrm{j}\omega)$。

解：$g_2(t)$ 的频谱函数为 $\mathrm{CTFT}\{g_2(t)\}=2\mathrm{Sa}(\omega)$，由频域微分性质，有

$$\mathrm{CTFT}\{-\mathrm{j}tg_2(t)\}=\frac{\mathrm{d}}{\mathrm{d}\omega}[2\mathrm{Sa}(\omega)]=2\frac{\cos(\omega)\omega-\sin(\omega)}{\omega^2}$$

再根据线性性质，可得

$$\mathrm{CTFT}\{tg_2(t)\}=\mathrm{j}2\frac{\cos(\omega)\omega-\sin(\omega)}{\omega^2}$$

10. 对称性

① 若

$$\mathrm{CTFT}\{x(t)\}=X(\mathrm{j}\omega),\quad x(t)=\mathrm{Re}\{x(t)\}+\mathrm{j}\cdot\mathrm{Im}\{x(t)\}$$

$$\mathrm{DTFT}\{x[n]\}=X(\mathrm{e}^{\mathrm{j}\tilde{\omega}}),\quad x[n]=\mathrm{Re}\{x[n]\}+\mathrm{j}\cdot\mathrm{Im}\{x[n]\}$$

则有：

信号实部的谱等于其谱的共轭对称分量，即

$$\boxed{\mathrm{CTFT}\{\mathrm{Re}\{x(t)\}\}=X_{\mathrm{e}}(\mathrm{j}\omega),\quad \mathrm{DTFT}\{\mathrm{Re}\{x[n]\}\}=X_{\mathrm{e}}(\mathrm{e}^{\mathrm{j}\tilde{\omega}})}\tag{4-6-22}$$

“j · 虚部”的谱等于其谱的共轭反对称分量，即

$$\boxed{\mathrm{CTFT}\{\mathrm{j}\cdot\mathrm{Im}\{x(t)\}\}=X_{\mathrm{o}}(\mathrm{j}\omega),\mathrm{DTFT}\{\mathrm{j}\cdot\mathrm{Im}\{x[n]\}\}=X_{\mathrm{o}}(\mathrm{e}^{\mathrm{j}\tilde{\omega}})}\tag{4-6-23}$$

证明：

$$\mathrm{DTFT}\{x[n]\}=\sum_{n=-\infty}^{\infty}x[n]\mathrm{e}^{-\mathrm{j}\tilde{\omega}n}=\sum_{n=-\infty}^{\infty}[\mathrm{Re}\{x[n]\}+\mathrm{j}\cdot\mathrm{Im}\{x[n]\}]\mathrm{e}^{-\mathrm{j}\tilde{\omega}n}$$

$$= \underbrace{\sum_{n=-\infty}^{\infty} \mathrm{Re}\{x[n]\}\, \mathrm{e}^{-\mathrm{j}\tilde{\omega} n}}_{\text{共轭对称分量}} + \underbrace{\sum_{n=-\infty}^{\infty} [\mathrm{j}\cdot \mathrm{Im}\{x[n]\}]\, \mathrm{e}^{-\mathrm{j}\tilde{\omega} n}}_{\text{共轭反对称分量}}$$

$$\mathrm{CTFT}\{x(t)\} = \int_{-\infty}^{\infty} x(t)\mathrm{e}^{-\mathrm{j}\omega t}\mathrm{d}t = \int_{-\infty}^{\infty} [\mathrm{Re}\{x(t)\} + \mathrm{j}x_{\mathrm{i}}(t)]\, \mathrm{e}^{-\mathrm{j}\omega t}\mathrm{d}t$$

$$= \underbrace{\int_{-\infty}^{\infty} \mathrm{Re}\{x(t)\}\, \mathrm{e}^{-\mathrm{j}\omega t}\mathrm{d}t}_{\text{共轭对称分量}} + \underbrace{\int_{-\infty}^{\infty} \mathrm{j}\cdot \mathrm{Im}\{x(t)\}\, \mathrm{e}^{-\mathrm{j}\omega t}\mathrm{d}t}_{\text{共轭反对称分量}}$$

显然,由于实信号只有实部,谱函数没有共轭反对称分量,因此实信号的谱具有共轭对称性,即

$$X^*(-\mathrm{j}\omega) = X(\mathrm{j}\omega) \tag{4-6-24}$$

$$X^*(\mathrm{e}^{-\mathrm{j}\tilde{\omega}}) = X(\mathrm{e}^{\mathrm{j}\tilde{\omega}}) \tag{4-6-25}$$

自然界的物理可实现信号都是实信号,因为实信号的频谱具有共轭对称性,即实信号的正负频率幅度对称,相位相反,所以对于一个实信号,只需由其正频率部分或其负频率部分就能完全加以描述,不会丢失任何信息,也不会产生虚假信号。

同理,虚信号的谱具有共轭反对称性,这里不再赘述。

② 若

$$\mathrm{CTFT}\{x(t)\} = X(\mathrm{j}\omega), \quad x(t) = x_{\mathrm{e}}(t) + x_{\mathrm{o}}(t)$$

$$\mathrm{DTFT}\{x[n]\} = X(\mathrm{e}^{\mathrm{j}\tilde{\omega}}), \quad x[n] = x_{\mathrm{e}}[n] + x_{\mathrm{o}}[n]$$

则有:

信号共轭对称分量的频谱等于其频谱的实部,即

$$\boxed{\mathrm{CTFT}\{x_{\mathrm{e}}(t)\} = \mathrm{Re}\{X(\mathrm{j}\omega)\}, \quad \mathrm{DTFT}\{x_{\mathrm{e}}[n]\} = \mathrm{Re}\{X(\mathrm{e}^{\mathrm{j}\tilde{\omega}})\}} \tag{4-6-26}$$

信号共轭反对称分量的频谱等于其频谱的“虚部乘以 j”,即

$$\boxed{\mathrm{CTFT}\{x_{\mathrm{o}}(t)\} = \mathrm{j}\cdot \mathrm{Im}\{X(\mathrm{j}\omega)\}, \quad \mathrm{DTFT}\{x_{\mathrm{o}}[n]\} = \mathrm{j}\cdot \mathrm{Im}\{X(\mathrm{e}^{\mathrm{j}\tilde{\omega}})\}} \tag{4-6-27}$$

证明:$\mathrm{CTFT}\{x_{\mathrm{e}}(t)\} = \int_{-\infty}^{\infty} x_{\mathrm{e}}(t)\mathrm{e}^{-\mathrm{j}\omega t}\mathrm{d}t = \int_{-\infty}^{\infty} \frac{1}{2}[x(t) + x^*(-t)]\mathrm{e}^{-\mathrm{j}\omega t}\mathrm{d}t$

$$= \frac{1}{2}[X(\mathrm{j}\omega) + X^*(\mathrm{j}\omega)] = \mathrm{Re}\{X(\mathrm{j}\omega)\}$$

$$\mathrm{CTFT}\{x_{\mathrm{o}}(t)\} = \int_{-\infty}^{\infty} x_{\mathrm{o}}(t)\mathrm{e}^{-\mathrm{j}\omega t}\mathrm{d}t = \int_{-\infty}^{\infty} \frac{1}{2}[x(t) - x^*(-t)]\, \mathrm{e}^{-\mathrm{j}\omega t}\mathrm{d}t$$

$$= \frac{1}{2}[X(\mathrm{j}\omega) - X^*(\mathrm{j}\omega)] = \mathrm{j}\cdot \mathrm{Im}\{X(\mathrm{j}\omega)\}$$

DTFT 的对称性证明请读者仿照自行证之。

当非周期实信号具有奇偶性时，根据共轭性质等，其频谱还会具有进一步的性质。非周期实信号频谱的对称性如表 4-6-1 所列。

表 4-6-1　非周期实信号频谱的对称性

信号的对称特性	$\mathrm{Re}\{X\}$	$\mathrm{Im}\{X\}$	$\lvert X\rvert$	φ
实函数	偶函数	奇函数	偶函数	奇函数
实偶函数	实偶函数	0	$\lvert X\rvert=\lvert\mathrm{Re}\{X\}\rvert$	0 或 π
实奇函数	0	虚奇函数	$\lvert X\rvert=\lvert\mathrm{Im}\{X\}\rvert$	$\frac{\pi}{2}$或$-\frac{\pi}{2}$

11. 帕斯维尔定理、能量谱和功率谱

若 $\mathrm{CTFT}\{x(t)\}=X(\mathrm{j}\omega)$，则

$$\boxed{\int_{-\infty}^{\infty}|x(t)|^2\mathrm{d}t=\frac{1}{2\pi}\int_{-\infty}^{\infty}|X(\mathrm{j}\omega)|^2\mathrm{d}\omega}\tag{4-6-28}$$

若 $\mathrm{DTFT}\{x[n]\}=X(\mathrm{e}^{\mathrm{j}\tilde{\omega}})$，则

$$\boxed{\sum_{n=-\infty}^{\infty}|x[n]|^2=\frac{1}{2\pi}\int_{-\pi}^{\pi}|X(\mathrm{e}^{\mathrm{j}\tilde{\omega}})|^2\mathrm{d}\tilde{\omega}}\tag{4-6-29}$$

证明：

$$\begin{aligned}\int_{-\infty}^{\infty}|x(t)|^2\mathrm{d}t&=\int_{-\infty}^{\infty}x(t)x^*(t)\mathrm{d}t\\&=\int_{-\infty}^{\infty}x^*(t)\left[\frac{1}{2\pi}\int_{-\infty}^{\infty}X(\mathrm{j}\omega)\mathrm{e}^{\mathrm{j}\omega t}\mathrm{d}\omega\right]\mathrm{d}t\\&=\frac{1}{2\pi}\int_{-\infty}^{\infty}X(\mathrm{j}\omega)\left[\int_{-\infty}^{\infty}x(t)\mathrm{e}^{-\mathrm{j}\omega t}\mathrm{d}t\right]^*\mathrm{d}\omega\\&=\frac{1}{2\pi}\int_{-\infty}^{\infty}X(\mathrm{j}\omega)X^*(\mathrm{j}\omega)\mathrm{d}\omega\\&=\frac{1}{2\pi}\int_{-\infty}^{\infty}|X(\mathrm{j}\omega)|^2\mathrm{d}\omega\end{aligned}$$

DTFT 的帕斯维尔定理证明请读者仿照自行证之。

帕斯维尔定理表明：时域的能量等于其在频域的能量，信号的能量既可用其时域信号来计算，也可用其频域函数来计算。

为了描述能量随频率的变化情况，定义能量谱密度（Energy Spectral Density，ESD）为

$$W(\mathrm{j}\omega)=|X(\mathrm{j}\omega)|^2\tag{4-6-30}$$

$$W(\mathrm{j}\tilde{\omega})=|X(\mathrm{e}^{\mathrm{j}\tilde{\omega}})|^2\tag{4-6-31}$$

能量谱密度，简称能量谱，其大小只与谱函数的幅度谱有关，与谱函数的相频特性无关。实信号的能量谱是频率的偶函数。

另外，在 1.6 节学习自相关函数时已经知道：实能量信号的自相关函数等于自身

与其翻转的卷积,根据共轭性质和时域卷积定理,有

$$\text{CTFT}\{r(\tau)\}=X(\mathrm{j}\omega)X^*(\mathrm{j}\omega)=|X(\mathrm{j}\omega)|^2 \tag{4-6-32}$$

$$\text{DTFT}\{r[m]\}=X(\mathrm{e}^{\mathrm{j}\tilde{\omega}})X^*(\mathrm{e}^{\mathrm{j}\tilde{\omega}})=|X(\mathrm{e}^{\mathrm{j}\tilde{\omega}})|^2 \tag{4-6-33}$$

即实能量信号的自相关函数的频谱等于原信号的能量谱,实能量信号自相关函数与其能量谱为一对傅里叶变换。

定义 $P(\omega)=\lim\limits_{T\to\infty}\dfrac{1}{T}|X(\mathrm{j}\omega)|^2$ 和 $P(\tilde{\omega})=\lim\limits_{N\to\infty}\dfrac{1}{N}|X(\mathrm{e}^{\mathrm{j}\tilde{\omega}})|^2$ 为功率信号的功率谱密度(Power Spectral Density,PSD),简称功率谱。

实功率信号的自相关函数亦可以采用自身与其翻转的卷积来表示,根据共轭性质和时域卷积定理可得

$$\text{CTFT}\{r(\tau)\}=\lim_{T\to\infty}\frac{1}{T}|X(\mathrm{j}\omega)|^2 \tag{4-6-34}$$

$$\text{DTFT}\{r[m]\}=\lim_{N\to\infty}\frac{1}{N}|X(\mathrm{e}^{\mathrm{j}\tilde{\omega}})|^2 \tag{4-6-35}$$

因此,实功率信号自相关函数 $r(\tau)$ 与其功率谱 $P(\omega)$ 为一对傅里叶变换,该关系称为维纳-欣钦(Wiener - Khintchine)关系。离散实功率信号的自相关函数 $r[m]$ 也与其功率谱 $P(\tilde{\omega})$ 为一对傅里叶变换。

由于随机信号不能用频谱表示,且是功率信号,因此,采用自相关函数求其功率谱,借助功率谱描述随机信号的频域特性。

4.7 典型信号的频谱

因为许多复杂信号的频域分析也可以通过常用信号的傅里叶分析来实现,所以下面通过常见信号的傅里叶变换来分析其频谱。

1. 冲激(脉冲)信号的频谱

利用冲激信号和脉冲信号的筛选特性,可由傅里叶变换的公式直接求得其频谱:

$$\Delta(\mathrm{j}\omega)=\text{CTFT}\{\delta(t)\}=\int_{-\infty}^{\infty}\delta(t)\mathrm{e}^{-\mathrm{j}\omega t}\,\mathrm{d}t=1 \tag{4-7-1}$$

$$\Delta(\mathrm{e}^{\mathrm{j}\tilde{\omega}})=\text{DTFT}\{\delta[n]\}=\sum_{n=-\infty}^{\infty}\delta[n]\mathrm{e}^{-\mathrm{j}\tilde{\omega}n}=1 \tag{4-7-2}$$

如图 4-7-1 所示,单位冲激(脉冲)信号的频谱是均匀分布谱。

2. 直流信号的频谱

直流信号不满足绝对可和条件,不收敛,但其傅里叶变换存在。由傅里叶逆变换公式可知,$\delta(t)$ 可表示为

$$\delta(t)=\frac{1}{2\pi}\int_{-\infty}^{\infty}1\cdot e^{j\omega t}\,d\omega$$

将 ω 换为 t，t 换为 ω，并利用 $\delta(\omega)$ 为偶函数的性质，对照 CTFT 公式得到单位直流信号 $x(t)=1$ 的频谱，即

$$\text{CTFT}\{1\}=\int_{-\infty}^{\infty}1\cdot e^{-j\omega t}\,dt=2\pi\delta(\omega) \tag{4-7-3}$$

直流信号及其频谱如图 4-7-2 所示。由图可知，单位直流信号谱仅在 $\omega=0$ 处有一个冲激，冲激能量为 2π。

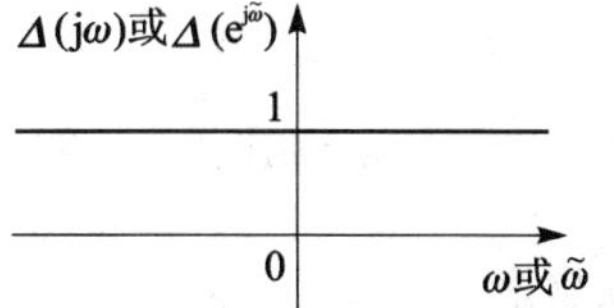

图 4-7-1　冲激信号和脉冲信号的频谱

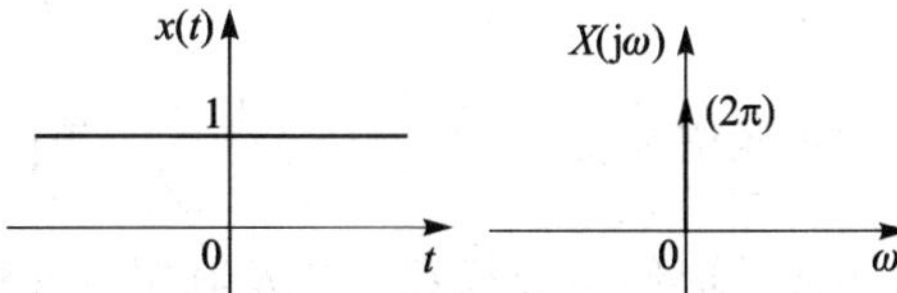

图 4-7-2　直流信号及其频谱

由单位冲激信号和直流信号的 CTFT 可推知：若信号持续时间有限长，则频谱为无限宽；若信号的频谱为有限宽，则其持续时间无限长。前面的矩形脉冲信号频谱就已经验证了这一点，时域中持续时间有限的矩形脉冲信号，在频域中其频谱则是延展到无限。持续时间有限的带限信号是不存在的。

下面求序列 $x[n]=1$ 的频谱。由 $\frac{1}{2\pi}\int_{-\pi}^{\pi}\left[2\pi\sum_{k=-\infty}^{\infty}\delta(\tilde{\omega}-2\pi k)\right]e^{j\tilde{\omega}n}\,d\tilde{\omega}=1$ 得

$$X(e^{j\tilde{\omega}})=\text{DTFT}[1]=2\pi\sum_{k=-\infty}^{\infty}\delta(\tilde{\omega}-2\pi k) \tag{4-7-4}$$

式(4-7-4)表示，序列 $x[n]=1$ 的频谱函数是在 $\tilde{\omega}=2\pi k\,(k=0,\pm1,\pm2,\cdots)$ 处的单位冲激串，强度亦为 2π，如图 4-7-3 所示。

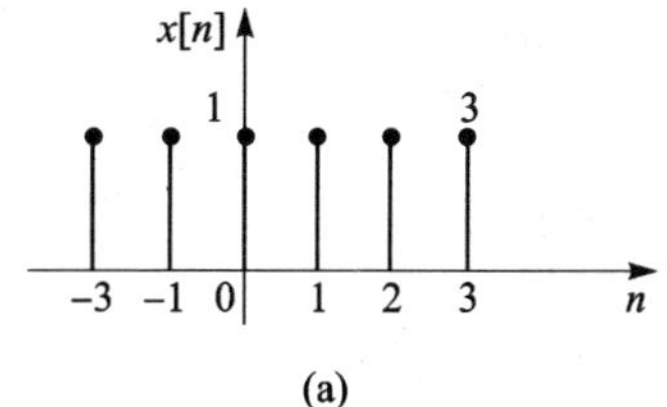

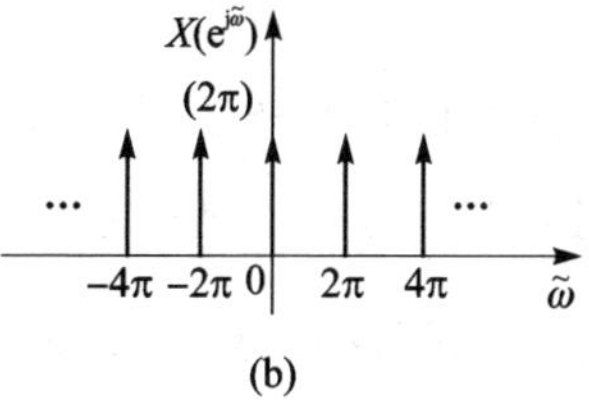

图 4-7-3　序列 $x[n]=1$ 及其频谱

【例 4-7-1】白噪声是一种典型的随机信号。白噪声对所有的频率其功率谱都是常数，$P(\omega)=C$，$-\infty\leqslant\omega\leqslant\infty$，求其自相关函数。

解：根据白噪声对所有频率的功率谱都是常数，直流信号的频谱是冲激，以及维纳-欣钦关系，得到白噪声的自相关函数 $r(\tau)=\text{CTFT}^{-1}\{P(\omega)\}=C\delta(\tau)$。可见，白

噪声的自相关函数是冲激信号,这表明白噪声在各时刻取值杂乱无章,没有任何相关性,因而在 $\tau\neq0$ 的所有时刻 $r(\tau)$ 都为 0,而仅在 $\tau=0$ 时刻为强度是 C 的冲激。

3. 指数信号的频谱

(1) 单边指数信号的频谱

连续时间单边实指数信号 $x(t)=\mathrm{e}^{-\alpha t}u(t),\alpha>0$ 的 CTFT 为

$$X(\mathrm{j}\omega)=\mathrm{CTFT}\{\mathrm{e}^{-\alpha t}u(t)\}=\int_0^{\infty}\mathrm{e}^{-\alpha t}\mathrm{e}^{-\mathrm{j}\omega t}\mathrm{d}t=\left.\frac{\mathrm{e}^{-(\alpha+\mathrm{j}\omega)t}}{-(\alpha+\mathrm{j}\omega)}\right|_0^{\infty}=\frac{1}{\alpha+\mathrm{j}\omega} \tag{4-7-5}$$

幅度频谱为 $|X(\mathrm{j}\omega)|=\dfrac{1}{\sqrt{\alpha^2+\omega^2}}$,相位频谱为 $\varphi(\omega)=-\arctan\left(\dfrac{\omega}{\alpha}\right)$。图 4-7-4 所示为连续时间单边指数信号及其幅度频谱和相位频谱。

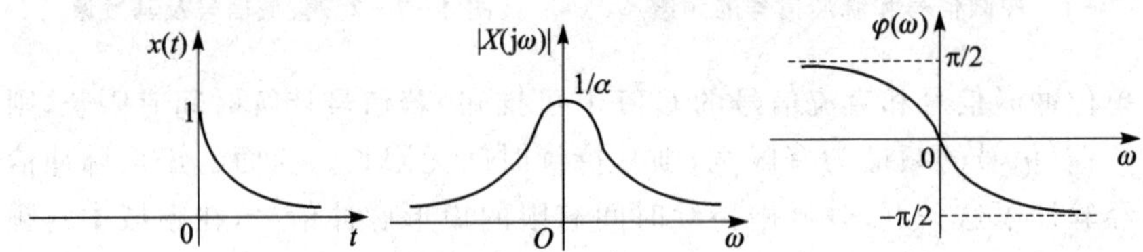

图 4-7-4 连续时间单边指数信号及其幅度频谱和相位频谱

单边实指数序列 $x[n]=a^nu[n]$,a 为实数且 $|a|<1$ 的 DTFT 为

$$X(\mathrm{e}^{\mathrm{j}\tilde{\omega}})=\sum_{n=-\infty}^{\infty}a^nu[n]\mathrm{e}^{-\mathrm{j}\tilde{\omega}n}=\sum_{n=0}^{\infty}a^n\mathrm{e}^{-\mathrm{j}\tilde{\omega}n}=\sum_{n=0}^{\infty}(a\mathrm{e}^{-\mathrm{j}\tilde{\omega}})^n$$

当 $|a|<1$ 时,级数收敛。由等比级数的求和公式得

$$X(\mathrm{e}^{\mathrm{j}\tilde{\omega}})=\mathrm{DTFT}\{a^nu[n]\}=\frac{1}{1-a\mathrm{e}^{-\mathrm{j}\tilde{\omega}}},\quad |a|<1 \tag{4-7-6}$$

(2) 双边指数信号的频谱

双边指数信号 $x(t)=\mathrm{e}^{-\alpha|t|},\alpha>0$ 的 CTFT 为

$$\begin{aligned}X(\mathrm{j}\omega)&=\mathrm{CTFT}\{\mathrm{e}^{-\alpha|t|}\}=\int_{-\infty}^{\infty}\mathrm{e}^{-\alpha|t|}\mathrm{e}^{-\mathrm{j}\omega t}\mathrm{d}t\\&=\int_{-\infty}^{0}\mathrm{e}^{(\alpha-\mathrm{j}\omega)t}\mathrm{d}t+\int_0^{\infty}\mathrm{e}^{-(\alpha+\mathrm{j}\omega)t}\mathrm{d}t=\frac{2\alpha}{\alpha^2+\omega^2}\end{aligned} \tag{4-7-7}$$

幅度频谱为 $|X(\mathrm{j}\omega)|=\dfrac{2\alpha}{\alpha^2+\omega^2}$,相位频谱为 $\varphi(\omega)=0$。图 4-7-5 所示为连续时间双边指数信号及其频谱。

因为 $x(t)=1=\lim\limits_{\alpha\to0}\mathrm{e}^{-\alpha|t|}$,所以直流信号的傅里叶变换可以基于双边指数信号

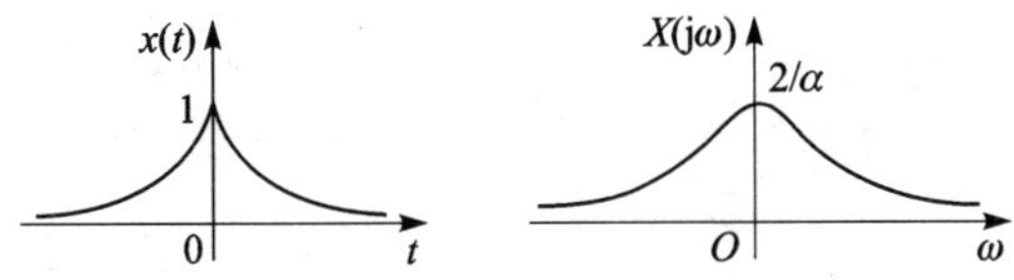

图 4-7-5　连续时间双边指数信号及其频谱

的傅里叶变换表示，即

$$\mathrm{CTFT}\{1\}=\mathrm{CTFT}\left\{\lim_{\alpha\to 0}\mathrm{e}^{-\alpha|t|}\right\}=\lim_{\alpha\to 0}\mathrm{CTFT}\{\mathrm{e}^{-\alpha|t|}\}=\lim_{\alpha\to 0}\frac{2\alpha}{\alpha^2+\omega^2} \tag{4-7-8}$$

再结合例 1-4-2 的结论 $\lim\limits_{\alpha\to 0}\dfrac{\alpha}{\alpha^2+\omega^2}=\pi\delta(\omega)$，即可证得 $\mathrm{CTFT}\{1\}=2\pi\delta(\omega)$。

双边指数序列 $x[n]=\mathrm{e}^{-\alpha|n|}$，$\alpha>0$ 的 DTFT 为

$$\begin{aligned}X(\mathrm{e}^{\mathrm{j}\tilde{\omega}})&=\mathrm{DTFT}\{\mathrm{e}^{-\alpha|n|}\}=\sum_{n=-\infty}^{\infty}\mathrm{e}^{-\alpha|n|}\mathrm{e}^{-\mathrm{j}\tilde{\omega}n}=\sum_{n=-\infty}^{-1}\mathrm{e}^{\alpha n}\mathrm{e}^{-\mathrm{j}\tilde{\omega}n}+\sum_{n=0}^{\infty}\mathrm{e}^{-\alpha n}\mathrm{e}^{-\mathrm{j}\tilde{\omega}n}\\&=\frac{1-\mathrm{e}^{-2\alpha}}{1+\mathrm{e}^{-2\alpha}-2\cos\tilde{\omega}\,\mathrm{e}^{-\alpha}}\end{aligned} \tag{4-7-9}$$

【例 4-7-2】求 $x(t)=\dfrac{1}{1+t^2}$ 的 CTFT。

解：由于 $\mathrm{CTFT}\{\mathrm{e}^{-\alpha|t|}\}=\dfrac{2\alpha}{\alpha^2+\omega^2}$，所以当 $\alpha=1$ 时 $\mathrm{CTFT}\{\mathrm{e}^{-|t|}\}=\dfrac{2}{1+\omega^2}$。根据 CTFT 的互易性质有 $\mathrm{CTFT}\left\{\dfrac{2}{1+t^2}\right\}=2\pi\mathrm{e}^{-\omega}$，进而得到 $\mathrm{CTFT}\left\{\dfrac{1}{1+t^2}\right\}=\pi\mathrm{e}^{-\omega}$。

4. 单位阶跃信号的频谱

单位阶跃信号不满足绝对可和条件，其频谱尽管不收敛，但可通过冲激信号表示。

首先计算 $x(t)=u(t)$ 的 CTFT。因为 $u(t)=\lim\limits_{\alpha\to 0}\mathrm{e}^{-\alpha t}u(t)$，所以单位阶跃信号的傅里叶变换可以由基于单边指数信号的傅里叶变换表示，即

$$\begin{aligned}\mathrm{CTFT}\{u(t)\}&=\mathrm{CTFT}\left\{\lim_{\alpha\to 0}\mathrm{e}^{-\alpha t}u(t)\right\}=\lim_{\alpha\to 0}\mathrm{CTFT}\{\mathrm{e}^{-\alpha t}u(t)\}=\lim_{\alpha\to 0}\frac{1}{\alpha+\mathrm{j}\omega}\\&=\lim_{\alpha\to 0}\left(\frac{\alpha}{\alpha^2+\omega^2}-\frac{\mathrm{j}\omega}{\alpha^2+\omega^2}\right)=\lim_{\alpha\to 0}\frac{\alpha}{\alpha^2+\omega^2}+\lim_{\alpha\to 0}\frac{-\mathrm{j}\omega}{\alpha^2+\omega^2}\\&=\pi\delta(\omega)+\frac{1}{\mathrm{j}\omega}\end{aligned} \tag{4-7-10}$$

单位阶跃信号 $u(t)$ 的幅度频谱和相位频谱如图 4-7-6 所示。

下面计算 $u[n]$ 的 DTFT。令 $x[n]=u[n]-\dfrac{1}{2}$，并对 $x[n]$ 进行 DTFT，可得

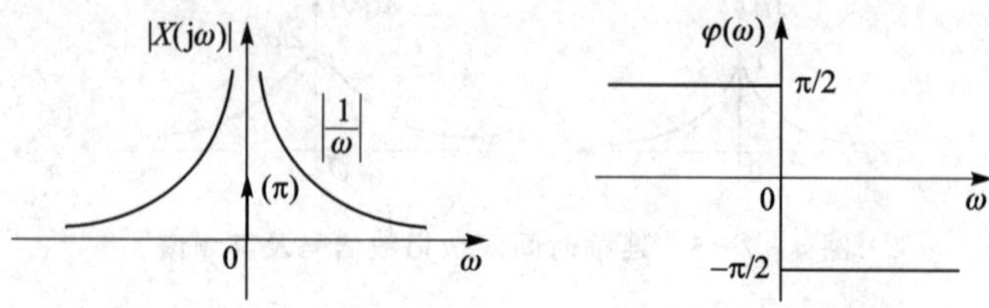

图 4-7-6　单位阶跃信号 $u(t)$ 的幅度频谱和相位频谱

$$X(\mathrm{e}^{\mathrm{j}\tilde{\omega}})=\mathrm{DTFT}\{u[n]\}-\pi\sum_{k=-\infty}^{\infty}\delta(\tilde{\omega}-2\pi k)$$

因为 $x[n-1]=u[n-1]-\frac{1}{2}$,所以

$$x[n]-x[n-1]=u[n]-u[n-1]=\delta[n]$$

上式两边同时进行 DTFT,根据 DTFT 的时移特性可得

$$X(\mathrm{e}^{\mathrm{j}\tilde{\omega}})=\frac{1}{1-\mathrm{e}^{-\mathrm{j}\tilde{\omega}}}$$

所以

$$\mathrm{DTFT}\{u[n]\}=\frac{1}{1-\mathrm{e}^{\mathrm{j}\tilde{\omega}}}+\pi\sum_{k=-\infty}^{\infty}\delta(\tilde{\omega}-2\pi k)\qquad(4-7-11)$$

5. 符号信号的 CTFT

可借助双边指数衰减信号取极限的方法求符号函数的频谱。由

$$\mathrm{sgn}(t)=\lim_{\alpha\to 0}\mathrm{sgn}(t)\mathrm{e}^{-\alpha|t|}$$

以及

$$\begin{aligned}\mathrm{CTFT}\{\mathrm{sgn}(t)\mathrm{e}^{-\alpha|t|}\}&=\int_{-\infty}^{0}(-1)\mathrm{e}^{\alpha t}\mathrm{e}^{-\mathrm{j}\omega t}\mathrm{d}t+\int_{0}^{\infty}\mathrm{e}^{-\alpha t}\mathrm{e}^{-\mathrm{j}\omega t}\mathrm{d}t\\&=-\frac{\mathrm{e}^{(\alpha-\mathrm{j}\omega)t}}{\alpha-\mathrm{j}\omega}\Bigg|_{-\infty}^{0}-\frac{\mathrm{e}^{-(\alpha+\mathrm{j}\omega)t}}{\alpha+\mathrm{j}\omega}\Bigg|_{0}^{\infty}=\frac{-1}{\alpha-\mathrm{j}\omega}+\frac{1}{\alpha+\mathrm{j}\omega}\end{aligned}$$

可得

$$\mathrm{CTFT}\{\mathrm{sgn}(t)\}=\lim_{\alpha\to 0}\mathrm{CTFT}\left\{\mathrm{sgn}(t)\mathrm{e}^{-\alpha|t|}\right\}=\frac{2}{\mathrm{j}\omega}\qquad(4-7-12)$$

幅度频谱和相位频谱分别为

$$|X(\mathrm{j}\omega)|=\frac{2}{|\omega|},\quad \varphi(\omega)=\begin{cases}\frac{\pi}{2}, & \omega<0\\ -\frac{\pi}{2}, & \omega>0\end{cases}$$

符号信号的幅度频谱和相位频谱如图 4-7-7 所示。

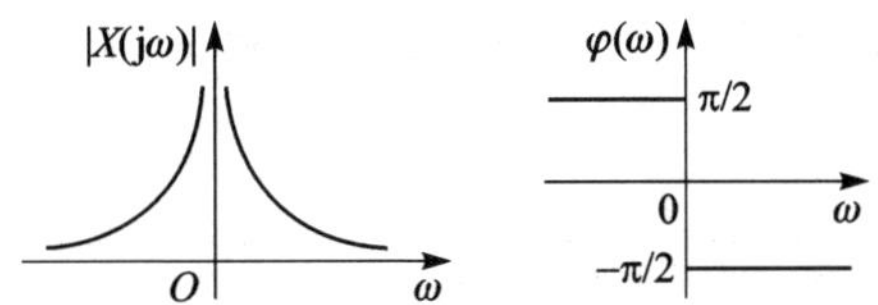

图 4-7-7　符号信号的幅度频谱和相位频谱

【例 4-7-3】求 $x(t)=\dfrac{1}{\pi t}$ 的 CFFT。

解:已知 $\text{CTFT}\{\text{sgn}(t)\}=\dfrac{2}{\text{j}\omega}$,根据 CTFT 的互易性质有 $\text{CTFT}\left\{\dfrac{2}{\text{j}t}\right\}=2\pi\cdot\text{sgn}(-\omega)$,所以

$$\text{CTFT}\left\{\frac{1}{\pi t}\right\}=-\text{j}\cdot\text{sgn}(\omega)$$

6. 矩形信号的频谱

矩形信号的频谱可以直接根据 CTFT 和 DTFT 的定义式求得。由于 4.3.2 小节和 4.4.2 小节研究了门信号的频谱,而矩形信号是门信号的移位,因此根据时移性质,通过门信号的频谱可直接得到矩形信号的频谱。

矩形信号 $R_{t_0}(t)=u(t)-u(t-t_0)$ 的 CTFT 为

$$\begin{aligned}\text{CTFT}\{R_{t_0}(t)\}&=\text{CTFT}\left\{g_{t_0}\left(t-\frac{t_0}{2}\right)\right\}=\text{e}^{-\text{j}\frac{t_0}{2}\omega}\,\text{CTFT}\{g_{t_0}(t)\}\\&=\text{e}^{-\text{j}\frac{t_0}{2}\omega}\ \frac{\sin(\omega t_0/2)}{\omega/2}\end{aligned}\tag{4-7-13}$$

长度为 N 的矩形序列 $R_N[n]=u[n]-u[n-N]$ 的 DTFT 为

$$\begin{aligned}\text{DTFT}\{R_N[n]\}&=\text{DTFT}\left\{g_N\left[n-\frac{N-1}{2}\right]\right\}=\text{e}^{-\text{j}\frac{N-1}{2}\tilde{\omega}}\,\text{DTFT}\{g_N[n]\}\\&=\text{e}^{-\text{j}\frac{N-1}{2}\tilde{\omega}}\ \frac{\sin(\tilde{\omega}N/2)}{\sin(\tilde{\omega}/2)}\end{aligned}\tag{4-7-14}$$

7. 虚指数信号的频谱

虚指数信号 $x(t)=\text{e}^{\pm\text{j}\omega_0 t}$,$-\infty<t<\infty$ 的傅里叶变换为

$$\left.\begin{aligned}\text{CTFT}\left\{\text{e}^{\text{j}\omega_0 t}\right\}&=\int_{-\infty}^{\infty}\text{e}^{-\text{j}(\omega-\omega_0)t}\,\text{d}t=2\pi\delta(\omega-\omega_0)\\\text{CTFT}\left\{\text{e}^{-\text{j}\omega_0 t}\right\}&=\int_{-\infty}^{\infty}\text{e}^{-\text{j}(\omega+\omega_0)t}\,\text{d}t=2\pi\delta(\omega+\omega_0)\end{aligned}\right\}\tag{4-7-15}$$

可将虚指数信号的频谱看作是 $x(t)=1$ 的频谱的移位,也可以通过逆变换公式证得。图 4-7-8 所示为虚指数信号的频谱。

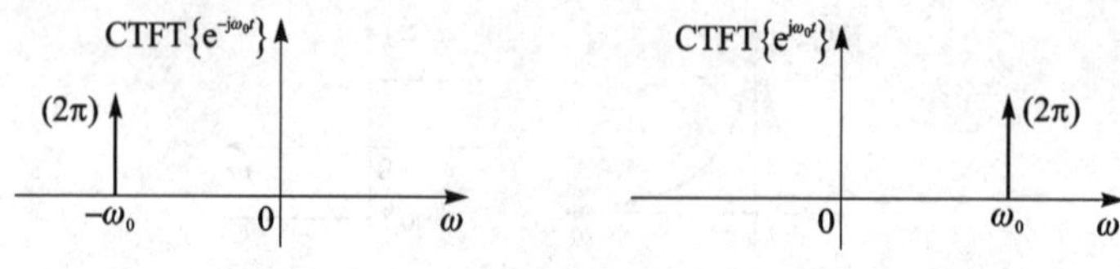

图 4-7-8　虚指数信号的频谱

序列 $x[n]=e^{j\omega_0 n}$($2\pi/\omega_0$ 为有理数)看作是序列 $x[n]=1$ 的频移序列,由频移特性可得

$$\left.\begin{aligned}\text{DTFT}\left\{e^{j\omega_0 n}\right\}&=2\pi\sum_{k=-\infty}^{\infty}\delta(\tilde{\omega}-\omega_0-2\pi k)\\\text{DTFT}\left\{e^{-j\omega_0 n}\right\}&=2\pi\sum_{k=-\infty}^{\infty}\delta(\tilde{\omega}+\omega_0+2\pi k)\end{aligned}\right\}\tag{4-7-16}$$

8. 正弦信号的频谱

利用欧拉公式和虚指数信号的频谱,可得正弦和余弦信号的频谱函数。

连续正弦信号 $\cos(\omega_0 t+\varphi)$ 和 $\sin(\omega_0 t+\varphi)$ 的频谱为

$$\begin{aligned}\text{CTFT}\{\cos(\omega_0 t+\varphi)\}&=\text{CTFT}\left\{\frac{1}{2}\left(e^{-j(\omega_0 t+\varphi)}+e^{j(\omega_0 t+\varphi)}\right)\right\}\\&=\pi\left[e^{-j\varphi}\delta(\omega+\omega_0)+e^{j\varphi}\delta(\omega-\omega_0)\right]\end{aligned}\tag{4-7-17}$$

$$\begin{aligned}\text{CTFT}\{\sin(\omega_0 t+\varphi)\}&=\text{CTFT}\left\{\frac{1}{2j}\left(e^{j(\omega_0 t+\varphi)}-e^{-j(\omega_0 t+\varphi)}\right)\right\}\\&=j\pi\left[e^{-j\varphi}\delta(\omega+\omega_0)-e^{j\varphi}\delta(\omega-\omega_0)\right]\end{aligned}\tag{4-7-18}$$

$\cos(\omega_0 t)$ 和 $\sin(\omega_0 t)$ 的频谱分别如图 4-7-9 和图 4-7-10 所示。可以看出,某一特定频率的正弦和余弦信号的频谱图中只在该频率点上存在非零值,而且是一个冲激信号。

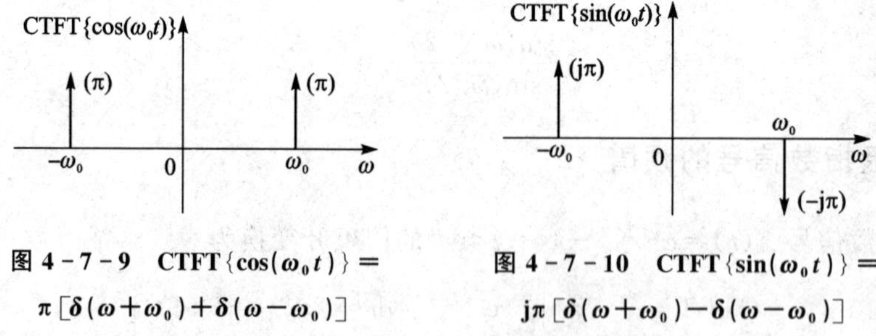

图 4-7-9　$\text{CTFT}\{\cos(\omega_0 t)\}=\pi[\delta(\omega+\omega_0)+\delta(\omega-\omega_0)]$

图 4-7-10　$\text{CTFT}\{\sin(\omega_0 t)\}=j\pi[\delta(\omega+\omega_0)-\delta(\omega-\omega_0)]$

CTFT 的频移性质表明将信号 $x(t)$ 与 $e^{j\omega_0 t}$ 相乘,对应于将 $x(t)$ 的频谱 $X(j\omega)$ 沿 ω 轴搬移了 ω_0,在通信技术中称为调制;反之,若 $x(t)$ 的频谱原来在 $\omega=\omega_0$ 附近,则将 $x(t)$ 乘以 $e^{-j\omega_0 t}$ 就可以使其频谱搬移至 $\omega=0$ 附近,这样的过程称为解调。因

此，基于欧拉公式，工程上常将 $x(t)$ 与信号 $\cos(\omega_0 t)$ 相乘达到频谱搬移，实现调制，这是因为在时域乘积，则在频域卷积，即

$$\begin{aligned}\text{CTFT}\{x(t)\cos\omega_0 t\} &= \frac{1}{2\pi}X(\text{j}\omega) * \text{CTFT}\{\cos\omega_0 t\}\\ &= \frac{1}{2}X(\text{j}(\omega-\omega_0)) + \frac{1}{2}X(\text{j}(\omega+\omega_0)) \qquad (4-7-19)\end{aligned}$$

显然，$x(t)\cos\omega_0 t$ 的频谱是原来信号 $x(t)$ 的频谱经左、右搬移 ω_0 后相加，然后幅度减半所得。据此，可分别将需要传输的若干低频信号的频谱搬移到不同的载波附近，并使它们的频谱互不重叠。这样，就可以在同一个信道内传送许多路信号，实现所谓的"频分复用多路通信"。

【例 4-7-4】请计算信号 $x(t)=2\cos(2\,019t)\dfrac{\sin(5t)}{\pi t}$ 的能量。

解：由例 4-3-1 可知 $\text{CTFT}\{g_\tau(t)\}=\tau\text{Sa}\left(\dfrac{\omega\tau}{2}\right)$，因此，根据 CTFT 的互易性得

$$\text{CTFT}\{10\text{Sa}(5t)\}=2\pi g_{10}(-\omega)$$

整理可得 $\text{CTFT}\left\{\dfrac{\sin(5t)}{\pi t}\right\}=g_{10}(\omega)$。

又 $\text{CTFT}\{\cos(2\,019t)\}=\pi[\delta(\omega-2\,019)+\delta(\omega+2\,019)]$，由频域卷积定理，有

$$\text{CTFT}\left\{2\cos(2\,019t)\frac{\sin(5t)}{\pi t}\right\}=g_{10}(\omega-2\,019)+g_{10}(\omega+2\,019)$$

由帕斯维尔定理得

$$E=\int_{-\infty}^{\infty}|x(t)|^2\text{d}t=\frac{1}{2\pi}\int_{-\infty}^{\infty}|X(\text{j}\omega)|^2\text{d}\omega=\frac{1}{2\pi}(10+10)=\frac{10}{\pi}$$

离散正弦信号 $x[n]=\cos[\omega_0 n+\varphi]$ 和 $x[n]=\sin[\omega_0 n+\varphi]$（$2\pi/\omega_0$ 为有理数）的频谱为

$$\begin{aligned}\text{DTFT}\{\cos[\omega_0 n+\varphi]\} &= \text{DTFT}\left\{\frac{\text{e}^{\text{j}\varphi}\text{e}^{\text{j}\omega_0 n}+\text{e}^{-\text{j}\varphi}\text{e}^{-\text{j}\omega_0 n}}{2}\right\}\\ &= \pi\sum_{k=-\infty}^{\infty}[\text{e}^{\text{j}\varphi}\delta(\tilde{\omega}-\omega_0-2\pi k)+\text{e}^{-\text{j}\varphi}\delta(\tilde{\omega}+\omega_0+2\pi k)]\end{aligned} \qquad (4-7-20)$$

$$\begin{aligned}\text{DTFT}\{\sin[\tilde{\omega}_0 n+\varphi]\} &= \text{DTFT}\left\{\frac{\text{e}^{\text{j}\varphi}\text{e}^{\text{j}\tilde{\omega}_0 n}-\text{e}^{-\text{j}\varphi}\text{e}^{-\text{j}\tilde{\omega}_0 n}}{2\text{j}}\right\}\\ &= -\text{j}\pi\sum_{k=-\infty}^{\infty}[\text{e}^{\text{j}\varphi}\delta(\tilde{\omega}-\omega_0-2\pi k)-\text{e}^{-\text{j}\varphi}\delta(\tilde{\omega}+\omega_0+2\pi k)]\end{aligned} \qquad (4-7-21)$$

余弦序列 $x[n]=\cos[\omega_0 n]$的频谱函数如图 4-7-11 所示,频谱为冲激串。

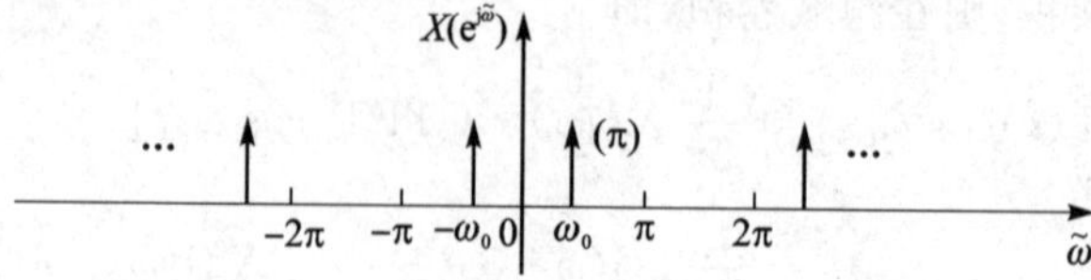

图 4-7-11　$\mathrm{DTFT}\{\cos[\omega_0 n]\}=\pi\sum_{k=-\infty}^{\infty}[\delta(\tilde{\omega}-\omega_0-2\pi k)+\delta(\tilde{\omega}+\omega_0+2\pi k)]$

9. 一般连续时间周期信号的 CTFT

由于连续时间周期信号在整个信号区间$(-\infty,\infty)$内不满足绝对可和,所以不能直接用 CTFT 的公式求解,先写出其指数形式的傅里叶级数,即

$$\tilde{x}(t)=\sum_{k=-\infty}^{\infty}X_k \mathrm{e}^{\mathrm{j}k\omega_0 t},\quad \omega_0=\frac{2\pi}{T_0} \tag{4-7-22}$$

对式(4-7-22)两边进行 CTFT,得

$$X(\mathrm{j}\omega)=\mathrm{CTFT}\{\tilde{x}(t)\}=\mathrm{CTFT}\left\{\sum_{k=-\infty}^{\infty}X_k \mathrm{e}^{\mathrm{j}k\omega_0 t}\right\}=\sum_{k=-\infty}^{\infty}X_k \mathrm{CTFT}\left\{\mathrm{e}^{\mathrm{j}k\omega_0 t}\right\}$$

由虚指数信号的 CTFT 可得连续时间周期信号 $\tilde{x}(t)$的 CTFT 为

$$X(\mathrm{j}\omega)=2\pi\sum_{k=-\infty}^{\infty}X_k\delta(\omega-k\omega_0) \tag{4-7-23}$$

式(4-7-23)表明,周期信号 $\tilde{x}(t)$的 CTFT 由无穷多个冲激信号组成。这些冲激信号位于周期信号 $\tilde{x}(t)$的各次谐波频率 $k\omega_0$ 处,其冲激强度为 $2\pi X_k$。显然随着 k 的增大,其冲激强度将会逐渐减弱,并最终趋于零。

连续时间周期信号既可以用傅里叶级数分解,也可以用傅里叶变换分解,而且两者存在密切关系。从信号的物理概念上来说,周期信号的傅里叶级数清晰地描述了周期信号的频域特性。但周期信号的傅里叶变换可以实现将连续时间周期信号和非周期信号的频域分析统一起来,有利于连续信号的频域分析和处理,并从同一观点和层次来分析它们的异同点。

10. 周期冲激串 $\delta_{T_0}(t)$的 CTFT

周期为 T_0 的周期冲激串信号定义为

$$\delta_{T_0}(t)=\sum_{n=-\infty}^{\infty}\delta(t-nT_0),\quad n \text{ 为整数} \tag{4-7-24}$$

周期冲激串 $\delta_{T_0}(t)$的傅里叶系数为

$$X_k=\frac{1}{T_0}\int_{-\frac{T_0}{2}}^{\frac{T_0}{2}}\delta_{T_0}(t)\mathrm{e}^{-\mathrm{j}k\omega_0 t}\mathrm{d}t=\frac{1}{T_0}\int_{-\frac{T_0}{2}}^{\frac{T_0}{2}}\delta(t)\mathrm{e}^{-\mathrm{j}k\omega_0 t}\mathrm{d}t=\frac{1}{T_0}$$

根据式(4-7-23)可得周期信号 $\delta_{T_0}(t)$ 的傅里叶变换为

$$X(\mathrm{j}\omega)=\frac{2\pi}{T_0}\sum_{k=-\infty}^{\infty}\delta(\omega-k\omega_0)=\omega_0\sum_{k=-\infty}^{\infty}\delta(\omega-k\omega_0),\quad \omega_0=\frac{2\pi}{T_0} \tag{4-7-25}$$

图 4-7-12 所示为周期冲激串 $\delta_{T_0}(t)$ 及其频谱。$\delta_{T_0}(t)$ 非常特殊，由于各次谐波的能量一致，导致本该非周期的频谱却表现为频谱也是一个周期冲激串，并且频谱的周期 ω_0 与信号的周期 T_0 成反比。周期冲激串信号在信号分析中具有重要作用。

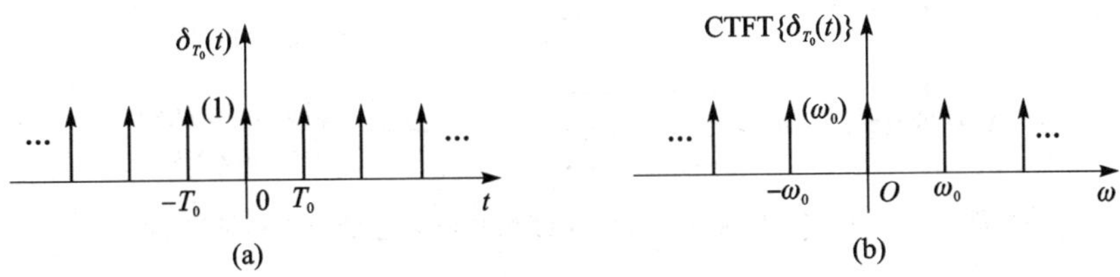

图 4-7-12　周期冲激串及其频谱

4.8　LTI 系统的频率响应与频域分析

4.8.1　LTI 系统的频率响应函数

1. LTI 系统的单位冲激(脉冲)响应与频率响应

由系统的时域分析可知，LTI 系统的零状态响应等于激励与冲激(脉冲)响应的卷积，即

$$y_{zs}(t)=x(t)*h(t),\quad y_{zs}[n]=x[n]*h[n] \tag{4-8-1}$$

定义**单位冲激(脉冲)响应的傅里叶变换**为系统的**频率响应函数**，简称**频率响应**，即

$$\begin{aligned}&H(\mathrm{j}\omega)=\mathrm{CTFT}\{h(t)\}=\int_{-\infty}^{\infty}h(t)\mathrm{e}^{-\mathrm{j}\omega t}\,\mathrm{d}t,\\&H(\mathrm{e}^{\mathrm{j}\tilde{\omega}})=\mathrm{DTFT}\{h[n]\}=\sum_{n=-\infty}^{\infty}h[n]\mathrm{e}^{-\mathrm{j}\tilde{\omega}n}\end{aligned} \tag{4-8-2}$$

$Y_{zs}(\mathrm{j}\omega)$ 为零状态响应 $y_{zs}(t)$ 的 CTFT，$Y_{zs}(\mathrm{e}^{\mathrm{j}\tilde{\omega}})$ 为零状态响应 $y_{zs}[n]$ 的 DTFT。根据时域卷积定理，显然有

$$Y_{zs}(\mathrm{j}\omega)=X(\mathrm{j}\omega)H(\mathrm{j}\omega),\quad Y_{zs}(\mathrm{e}^{\mathrm{j}\tilde{\omega}})=X(\mathrm{e}^{\mathrm{j}\tilde{\omega}})H(\mathrm{e}^{\mathrm{j}\tilde{\omega}}) \tag{4-8-3}$$

因此,频率响应是零状态响应的频谱与输入信号频谱的比值:

$$H(\mathrm{j}\omega)=\frac{Y_{zs}(\mathrm{j}\omega)}{X(\mathrm{j}\omega)},\quad H(\mathrm{e}^{\mathrm{j}\tilde{\omega}})=\frac{Y_{zs}(\mathrm{e}^{\mathrm{j}\tilde{\omega}})}{X(\mathrm{e}^{\mathrm{j}\tilde{\omega}})}\tag{4-8-4}$$

因果稳定 LTI 系统的冲激(脉冲)响应是实信号,因此,频率响应满足共轭对称性。

系统的冲激(脉冲)响应和系统的频率响应分别从时域和频域两个方面反映了系统的特性,它们的时域与频域的对应关系如图 4-8-1 所示。

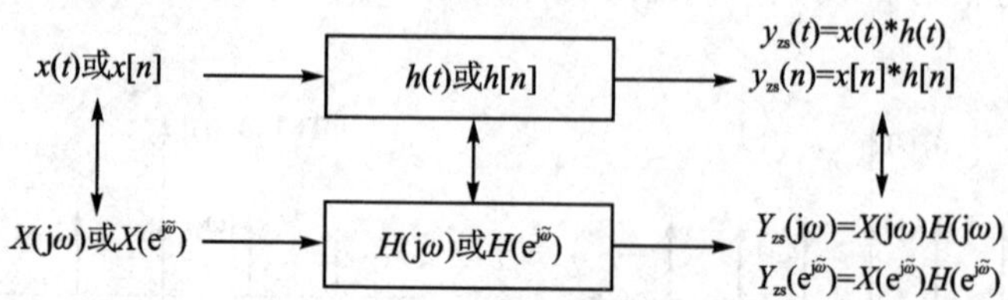

图 4-8-1　冲激(脉冲)响应和频率响应表征的时频对应关系

系统的冲激(脉冲)响应只与系统本身特性有关,反映了系统的时域特性。系统频率响应也只与系统本身特性有关,表征了系统的频域特性,在系统频域分析中基于频率响应对频域进行描述。尽管频率响应可以通过零状态响应和输入的频谱函数来计算,但频率响应与 LTI 系统的输入无关,即不同的输入信号的频谱对应不同零状态响应的频谱,但二者的比值始终保持不变。

2. 由时域方程确定 LTI 系统的频率响应函数

由于 LTI 系统是通过微分方程和差分方程来描述的,因此,由微分方程和差分方程可以直接获得系统的频率响应。

连续时间 LTI 系统在时域可以用 N 阶常系数线性微分方程来描述,重写如下:

$$\begin{aligned}&a_N y^{(N)}(t)+a_{N-1}y^{(N-1)}(t)+\cdots+a_1y'(t)+y(t)\\&=b_Mx^{(M)}(t)+b_{M-1}x^{(M-1)}(t)+\cdots+b_1x'(t)+b_0x(t)\end{aligned}\tag{4-8-5}$$

由于零状态响应和全响应满足的是同一个非齐次微分方程,所以在零状态条件下 $y(t)=y_{zs}(t)$,对式(4-8-5)两边进行傅里叶变换,并利用 CTFT 的时域微分特性,可得

$$\begin{aligned}&[a_N\cdot(\mathrm{j}\omega)^N+a_{N-1}\cdot(\mathrm{j}\omega)^{N-1}+\cdots+a_1\cdot(\mathrm{j}\omega)+1]\,Y_{zs}(\mathrm{j}\omega)\\&=[b_M\cdot(\mathrm{j}\omega)^M+b_{M-1}\cdot(\mathrm{j}\omega)^{M-1}+\cdots+b_1\cdot(\mathrm{j}\omega)+b_0]\,X(\mathrm{j}\omega)\end{aligned}$$

整理得

$$H(\mathrm{j}\omega)=\frac{Y_{zs}(\mathrm{j}\omega)}{X(\mathrm{j}\omega)}=\frac{b_M\cdot(\mathrm{j}\omega)^M+\cdots+b_1\cdot(\mathrm{j}\omega)+b_0}{a_N\cdot(\mathrm{j}\omega)^N+\cdots+a_1\cdot(\mathrm{j}\omega)+1}=\frac{\sum_{k=0}^{M}b_k\cdot(\mathrm{j}\omega)^k}{1+\sum_{k=1}^{N}a_k\cdot(\mathrm{j}\omega)^k}\tag{4-8-6}$$

离散时间 LTI 系统在时域可以用 n 阶常系数线性差分方程来描述，重写如下：

$$y[n]+a_1y[n-1]+\cdots+a_{N-1}y[n-N+1]+a_Ny[n-N]$$
$$=b_0x[n]+b_1x[n-1]+\cdots+b_{M-1}x[n-M+1]+b_Mx[n-M] \tag{4-8-7}$$

在零状态条件下 $y[n]=y_{zs}[n]$，对式(4-8-7)两边进行 DTFT，并利用其时移特性，得

$$[1+a_1e^{-j\tilde{\omega}}+\cdots+a_{N-1}e^{-j\tilde{\omega}(N-1)}+a_Ne^{-j\tilde{\omega}N}]Y_{zs}(e^{j\tilde{\omega}})$$
$$=[b_0+b_1e^{-j\tilde{\omega}}+\cdots+b_{M-1}e^{-j\tilde{\omega}(M-1)}+a_Me^{-j\tilde{\omega}M}]X(e^{j\tilde{\omega}})$$

整理得

$$\boxed{H(e^{j\tilde{\omega}})=\frac{Y_{zs}(e^{j\tilde{\omega}})}{X(e^{j\tilde{\omega}})}=\frac{b_0+b_1e^{-j\tilde{\omega}}+\cdots+b_Me^{-j\tilde{\omega}M}}{1+a_1e^{-j\tilde{\omega}}+\cdots+a_Ne^{-j\tilde{\omega}N}}=\frac{\sum\limits_{k=0}^{M}b_k\cdot(e^{-j\tilde{\omega}})^k}{1+\sum\limits_{k=1}^{N}a_k\cdot(e^{-j\tilde{\omega}})^k}} \tag{4-8-8}$$

显然，$H(j\omega)$($H(e^{j\tilde{\omega}})$)是以 $j\omega$($e^{-j\tilde{\omega}}$)为变量的实系数有理函数。时域方程的阶数和实系数由系统本身决定，因此，系统的频率响应直接取决于时域方程的系数。

3. 通过频率响应求解零状态响应

利用系统的频率响应可以方便求解系统的零状态响应，方法是：首先获取 LTI 系统的频率响应并求取激励的频谱，然后就可以得到零状态响应的频谱，最后求解零状态响应频谱的傅里叶逆变换得到时域的零状态响应。显然，这种求解方法不仅在物理概念上清晰，而且通过傅里叶变换将复杂的运算转为代数运算，运算过程更加简洁。

【例 4-8-1】已知描述某稳定的连续时间 LTI 系统的微分方程为

$$y''(t)+3y'(t)+2y(t)=2x'(t)+3x(t)$$

系统的输入激励 $x(t)=e^{-3t}u(t)$，求系统的零状态响应 $y_{zs}(t)$。

解：输入激励 $x(t)$ 的频谱函数为

$$X(j\omega)=\frac{1}{j\omega+3}$$

根据微分方程可得该系统的频率响应为

$$H(j\omega)=\frac{2(j\omega)+3}{(j\omega)^2+3(j\omega)+2}=\frac{2(j\omega)+3}{(j\omega+1)(j\omega+2)}$$

故该系统的零状态响应 $y_{zs}(t)$ 的频谱函数 $Y_{zs}(j\omega)$ 为

$$Y_{zs}(j\omega)=X(j\omega)H(j\omega)=\frac{2(j\omega)+3}{(j\omega+1)(j\omega+2)(j\omega+3)}$$

$$=\frac{\frac{1}{2}}{j\omega+1}+\frac{1}{j\omega+2}+\frac{-\frac{3}{2}}{j\omega+3}$$

由 CTFT 逆变换,可得系统的零状态响应 $y_{zs}(t)$ 为

$$y_{zs}(t)=\left(\frac{1}{2}e^{-t}+e^{-2t}-\frac{3}{2}e^{-3t}\right)u(t)$$

【例 4-8-2】已知某连续时间 LTI 系统的输入激励 $x(t)=e^{-t}u(t)$,其零状态响应 $y_{zs}(t)=e^{-t}u(t)+e^{-2t}u(t)$,求系统的频率响应 $H(j\omega)$ 和单位冲激响应 $h(t)$。

解:对 $x(t)$ 和 $y_{zs}(t)$ 分别进行傅里叶变换,得

$$X(j\omega)=\text{CTFT}\{x(t)\}=\frac{1}{1+j\omega}$$

$$Y_{zs}(j\omega)=\text{CTFT}\{y_{zs}(t)\}=\frac{1}{1+j\omega}+\frac{1}{2+j\omega}=\frac{3+2j\omega}{(1+j\omega)(2+j\omega)}$$

故频率响应为

$$H(j\omega)=\frac{Y_{zs}(j\omega)}{X(j\omega)}=\frac{3+2j\omega}{2+j\omega}=2-\frac{1}{2+j\omega}$$

对 $H(j\omega)$ 进行傅里叶逆变换,即得系统的单位冲激响应 $h(t)$:

$$h(t)=\text{CTFT}^{-1}\{H(j\omega)\}=2\delta(t)-e^{-2t}u(t)$$

【例 4-8-3】已知描述系统某稳定的离散时间 LTI 系统的差分方程为

$$y[n]-0.75y[n-1]+0.125y[n-2]=4x[n]+3x[n-1]$$

求该系统的频率响应 $H(e^{j\tilde{\omega}})$ 和单位脉冲响应 $h[n]$。若输入序列 $x[n]=0.75^n u[n]$,求系统的零状态响应 $y_{zs}[n]$。

解:根据差分方程得到该系统的频率响应为

$$H(e^{j\tilde{\omega}})=\frac{Y_{zs}(e^{j\tilde{\omega}})}{X(e^{j\tilde{\omega}})}=\frac{4+3e^{-j\tilde{\omega}}}{1-0.75e^{-j\tilde{\omega}}+0.125e^{-j2\tilde{\omega}}}=\frac{20}{1-0.5e^{-j\tilde{\omega}}}+\frac{-16}{1-0.25e^{-j\tilde{\omega}}}$$

求 $H(e^{j\tilde{\omega}})$ 的 DTFT 逆变换得

$$h[n]=20\times(0.5)^n u[n]-16\times(0.25)^n u[n]$$

由 $X(e^{j\tilde{\omega}})=\text{CTFT}\{x[n]\}=\frac{1}{1-0.75e^{-j\tilde{\omega}}}$,可得零状态响应的频率响应为

$$Y_{zs}(e^{j\tilde{\omega}})=X(e^{j\tilde{\omega}})H(e^{j\tilde{\omega}})=\frac{4+3e^{-j\tilde{\omega}}}{1-0.75e^{-j\tilde{\omega}}+0.125e^{-j2\tilde{\omega}}}\,\frac{1}{1-0.75e^{-j\tilde{\omega}}}$$

$$=\frac{4+3e^{-j\tilde{\omega}}}{(1-0.25e^{-j\tilde{\omega}})(1-0.5e^{-j\tilde{\omega}})(1-0.75e^{-j\tilde{\omega}})}$$

$$=\frac{8}{1-0.25e^{-j\tilde{\omega}}}+\frac{-40}{1-0.5e^{-j\tilde{\omega}}}+\frac{36}{1-0.75e^{-j\tilde{\omega}}}$$

求 $Y_{zs}(e^{j\tilde{\omega}})$ 的 DTFT 逆变换得

$$y_{zs}[n]=8(0.25)^n u[n]-40(0.5)^n u[n]+36(0.75)^n u[n]$$

4.8.2 信号通过 LTI 系统的频域分析

基于 1.3.1 小节学习的正弦信号和虚指数信号的守频特性，得到 2.2 节学习的 LTI 系统的频率保持性，即多个不同频率的正弦信号的叠加通过连续时间 LTI 系统后，响应仍然是正弦信号的叠加，且响应中不会产生激励中没有的频率信号。

为了更加明晰频率响应的物理意义，下面从"信号分解，响应叠加"的角度来分析 LTI 系统零状态响应：

① 将任意信号分解成频域基本信号（虚指数信号）的线性组合，这通过傅里叶变换的逆变换来实现；

② 分析频域基本信号激励下系统的零状态响应；

③ 利用 LTI 系统的特性分析任意信号激励下系统的零状态响应。

该分析方法和过程是频域分析的核心思想，也是线性模拟电路测试和研究的基本思想，非常重要。

1. LTI 系统的幅频响应和相频响应

$H(\mathrm{j}\omega)$和 $H(\mathrm{e}^{\mathrm{j}\tilde{\omega}})$一般为复变函数，用幅度和相位表示为

$$\boxed{H(\mathrm{j}\omega)=|H(\mathrm{j}\omega)|\mathrm{e}^{\mathrm{j}\varphi(\omega)},\quad H(\mathrm{e}^{\mathrm{j}\tilde{\omega}})=|H(\mathrm{e}^{\mathrm{j}\tilde{\omega}})|\mathrm{e}^{\mathrm{j}\varphi(\tilde{\omega})}} \tag{4-8-9}$$

式中：$|H(\mathrm{j}\omega)|$和$|H(\mathrm{e}^{\mathrm{j}\tilde{\omega}})|$分别称为系统的幅频响应和幅频特性，表示系统对不同频率信号的增益；$\varphi(\omega)$和 $\varphi(\tilde{\omega})$分别称为系统的相频响应和相频特性，表示系统对不同频率信号的相移。

以频率作为横轴的幅频特性曲线和相频特性曲线合称为频率特性曲线。如果幅频特性曲线的纵轴采用对数坐标（$20\lg|H(\mathrm{j}\omega)|$或 $20\lg|H(\mathrm{e}^{\mathrm{j}\tilde{\omega}})|$，dB），则幅频特性曲线称为波特图。

因此，LTI 系统的输入与输出的幅度关系，即幅频响应可表示为

$$\boxed{|Y_{zs}(\mathrm{j}\omega)|=|X(\mathrm{j}\omega)||H(\mathrm{j}\omega)|,\quad |Y_{zs}(\mathrm{e}^{\mathrm{j}\tilde{\omega}})|=|X(\mathrm{e}^{\mathrm{j}\tilde{\omega}})||H(\mathrm{e}^{\mathrm{j}\tilde{\omega}})|} \tag{4-8-10}$$

或表示为对数幅度响应，即

$$\boxed{\begin{aligned}&20\lg|Y_{zs}(\mathrm{j}\omega)|=20\lg|X(\mathrm{j}\omega)|+20\lg|H(\mathrm{j}\omega)|\\&20\lg|Y_{zs}(\mathrm{e}^{\mathrm{j}\tilde{\omega}})|=20\lg|X(\mathrm{e}^{\mathrm{j}\tilde{\omega}})|+20\lg|H(\mathrm{e}^{\mathrm{j}\tilde{\omega}})|\end{aligned}} \tag{4-8-11}$$

LTI 系统的输入与输出的相位关系为

$$\boxed{\begin{aligned}&\varphi\{Y_{zs}(\mathrm{j}\omega)\}=\varphi\{X(\mathrm{j}\omega)\}+\varphi\{H(\mathrm{j}\omega)\}\\&\varphi\{Y_{zs}(\mathrm{e}^{\mathrm{j}\tilde{\omega}})\}=\varphi\{X(\mathrm{e}^{\mathrm{j}\tilde{\omega}})\}+\varphi\{H(\mathrm{e}^{\mathrm{j}\tilde{\omega}})\}\end{aligned}} \tag{4-8-12}$$

幅频响应的作用就是改变输入信号的频谱,以达到保留或放大信号中有用频率成分,去除或衰减无用的频率成分,即对输入信号进行选频滤波的目的,这将在4.10节学习。

2. 单频信号激励下的零状态响应

(1) 虚指数信号激励下的零状态响应

LTI系统对虚指数信号$\left(e^{j(\omega t+\varphi_0)}\text{和 }e^{j(\widetilde{\omega}n+\varphi_0)}\right)$的零状态响应为

$$\begin{aligned}y_{zs}(t)&=e^{j(\omega t+\varphi_0)}*h(t)=\int_{-\infty}^{\infty}h(\tau)e^{j[\omega(t-\tau)+\varphi_0]}d\tau\\&=e^{j(\omega t+\varphi_0)}\int_{-\infty}^{\infty}h(\tau)e^{-j\omega\tau}d\tau=e^{j(\omega t+\varphi_0)}H(j\omega)\end{aligned}\tag{4-8-13}$$

$$\begin{aligned}y_{zs}[n]&=e^{j(\widetilde{\omega}n+\varphi_0)}*h[n]=\sum_{m=-\infty}^{\infty}h[m]e^{j[\widetilde{\omega}(n-m)+\varphi_0]}\\&=e^{j(\widetilde{\omega}n+\varphi_0)}\sum_{m=-\infty}^{\infty}h[m]e^{-j\widetilde{\omega}m}=e^{j(\widetilde{\omega}n+\varphi_0)}H(e^{j\widetilde{\omega}})\end{aligned}\tag{4-8-14}$$

因此,

$$y_{zs}(t)=e^{j(\omega t+\varphi_0)}H(j\omega)=e^{j(\omega t+\varphi_0)}|H(j\omega)|e^{j\varphi(\omega)}=|H(j\omega)|e^{j[\omega t+\varphi_0+\varphi(\omega)]}\tag{4-8-15}$$

$$y_{zs}[n]=e^{j(\widetilde{\omega}n+\varphi_0)}H(e^{j\widetilde{\omega}})=e^{j(\widetilde{\omega}n+\varphi_0)}|H(e^{j\widetilde{\omega}})|e^{j\varphi(\widetilde{\omega})}=|H(e^{j\widetilde{\omega}})|e^{j[\widetilde{\omega}n+\varphi_0+\varphi(\widetilde{\omega})]}\tag{4-8-16}$$

显然,当虚指数信号作用于LTI系统时,系统的零状态响应仍为同频率的虚指数信号,响应的幅度增益和相移由系统在对应频率处的频率响应确定。频率响应反映了连续时间LTI系统对于不同频率信号的传输特性。

(2) 余弦信号激励下的零状态响应

下面分析LTI系统对基本信号$\cos(\omega t+\varphi_0)$或$\cos[\widetilde{\omega}n+\varphi_0]$的零状态响应。由欧拉公式

$$\left.\begin{aligned}\cos(\omega t+\varphi_0)&=\frac{1}{2}\left[e^{j(\omega t+\varphi_0)}+e^{-j(\omega t+\varphi_0)}\right]\\\cos[\widetilde{\omega}n+\varphi_0]&=\frac{1}{2}\left[e^{j(\widetilde{\omega}n+\varphi_0)}+e^{-j(\widetilde{\omega}n+\varphi_0)}\right]\end{aligned}\right\}\tag{4-8-17}$$

$e^{j(\omega t+\varphi_0)}$和$e^{-j(\omega t+\varphi_0)}$激励下的零状态响应分别为

$$e^{j(\omega t+\varphi_0)}\rightarrow\boxed{T\{\cdot\}}\rightarrow e^{j(\omega t+\varphi_0)}*h(t)=e^{j(\omega t+\varphi_0)}H(j\omega)$$

$$e^{-j(\omega t+\varphi_0)}\rightarrow\boxed{T\{\cdot\}}\rightarrow e^{-j(\omega t+\varphi_0)}*h(t)=e^{-j(\omega t+\varphi_0)}H(-j\omega)$$

$e^{j(\widetilde{\omega}n+\varphi_0)}$和$e^{-j(\widetilde{\omega}n+\varphi_0)}$激励下的零状态响应分别为

$$e^{j(\tilde{\omega}n+\varphi_0)} \to \boxed{T\{\cdot\}} \to e^{j(\tilde{\omega}n+\varphi_0)} * h[n] = e^{j(\tilde{\omega}n+\varphi_0)} H(e^{j\tilde{\omega}})$$

$$e^{-j(\tilde{\omega}n+\varphi_0)} \to \boxed{T\{\cdot\}} \to e^{-j(\tilde{\omega}n+\varphi_0)} * h[n] = e^{-j(\tilde{\omega}n+\varphi_0)} H(e^{-j\tilde{\omega}})$$

冲激响应 $h(t)$ 和脉冲响应 $h[n]$ 是实函数，因此其傅里叶变换具有共轭对称性质，即 $H(-j\omega)=H^*(j\omega)$ 和 $H(e^{-j\tilde{\omega}})=H^*(e^{j\tilde{\omega}})$。再由频率响应与幅频响应和相频响应的关系式 $H(j\omega)=|H(j\omega)|e^{j\varphi(\omega)}$ 和 $H(e^{j\tilde{\omega}})=|H(e^{j\tilde{\omega}})|e^{j\varphi(\tilde{\omega})}$，得

$$\cos(\omega t+\varphi_0) \to \boxed{T\{\cdot\}} \to |H(j\omega)|\cos[\omega t+\varphi_0+\varphi(\omega)] \tag{4-8-18}$$

$$\cos[\tilde{\omega}n+\varphi_0] \to \boxed{T\{\cdot\}} \to |H(e^{j\tilde{\omega}})|\cos[\tilde{\omega}n+\varphi_0+\varphi(\tilde{\omega})] \tag{4-8-19}$$

这表明，余弦信号作用于 LTI 系统时，系统的零状态响应仍为同频率的余弦信号，余弦信号的幅度和相位由系统的频率响应确定。因此，频率响应反映了 LTI 系统对于不同频率信号的传输特性。

(3) 相频特性与相位延迟

单频信号通过 LTI 系统，通过将相位函数变形

$$\omega t+\varphi(\omega)+\varphi_0=\omega[t+\varphi(\omega)/\omega]+\varphi_0 \quad 和 \quad \tilde{\omega}n+\varphi(\tilde{\omega})+\varphi_0=\omega[n+\varphi(\tilde{\omega})/\tilde{\omega}]+\varphi_0$$

可知，单频信号通过系统将会产生 $\varphi(\omega)/\omega$ 或 $\varphi(\tilde{\omega})/\tilde{\omega}$ 延迟。将系统的相位延迟(phase delay)定义为

$$\tau_p(\omega)=-\frac{\varphi(\omega)}{\omega},\quad \tau_p(\tilde{\omega})=-\frac{\varphi(\tilde{\omega})}{\tilde{\omega}} \tag{4-8-20}$$

显然，相频响应≠相位的延迟。

3. 连续周期信号激励下的零状态响应

周期信号 $\tilde{x}(t)=\sum_{k=-\infty}^{\infty}X_k e^{jk\omega_0 t}$ 的零状态响应为

$$\begin{aligned} y_{zs}(t) &= \tilde{x}(t)*h(t) \\ &= \sum_{k=-\infty}^{\infty}X_k e^{jk\omega_0 t}*h(t)=\sum_{k=-\infty}^{\infty}X_k[e^{jk\omega_0 t}*h(t)] \\ &= \sum_{k=-\infty}^{\infty}X_k H(jk\omega_0)e^{jk\omega_0 t} \end{aligned} \tag{4-8-21}$$

式中：$H(jk\omega_0)=H(j\omega)\big|_{\omega=k\omega_0}$。

同样也可推得周期信号采用三角形式进行傅里叶级数分解 $\tilde{x}(t)=\frac{A_0}{2}+\sum_{k=1}^{\infty}A_k\cos(k\omega_0 t+\varphi_k)$ 的零状态响应为

$$y_{zs}(t)=\tilde{x}(t)*h(t)$$

$$=\frac{A_0}{2}H(\mathrm{j}0)+\sum_{k=1}^{\infty}A_k\,|H(\mathrm{j}k\omega_0)|\cos[k\omega_0 t+\varphi_k+\varphi_h(k\omega_0)]\quad(4-8-22)$$

【例 4-8-4】某离散时间 LTI 系统的频率响应如图 4-8-2 所示。已知系统的输入信号为 $\tilde{x}(t)=2+4\cos(5t)+4\cos(10t)$，求该系统的零状态响应。

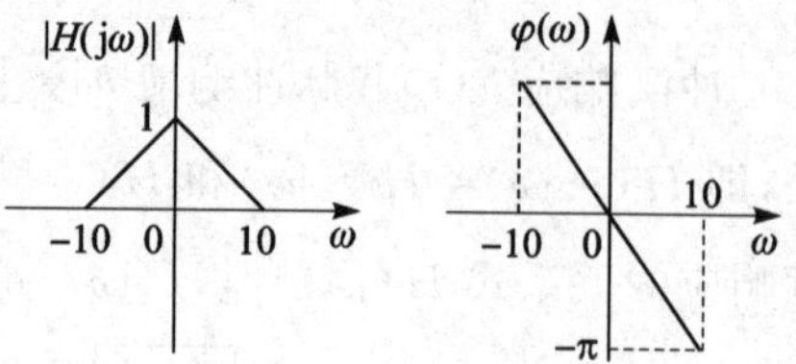

图 4-8-2 【例 4-8-4】图

解：分析输入信号可确定基波角频率 $\omega_0=5$ rad/s。再由频率响应可知 $H(\mathrm{j}0)=1$，$H(\mathrm{j}\omega_0)=0.5\mathrm{e}^{-\mathrm{j}0.5\pi}$，$H(\mathrm{j}2\omega_0)=0$。基于此得到

$$y_{zs}(t)=2+4\times0.5\cos(\omega_0 t-0.5\pi)=2+2\sin(5t)$$

可见，信号 $\tilde{x}(t)$ 通过该系统后二次谐波被完全滤掉了，基波被衰减一半，直流分量不变。

4. 非周期信号激励下的零状态响应

由于任意信号 $x(t)$ 表示成了无穷多基本信号 $\mathrm{e}^{\mathrm{j}\omega t}$ 的线性组合，因此应用线性系统的齐次性和可加性不难得到任意信号 $x(t)$ 激励下系统的零状态响应 $y_{zs}(t)$，其推导过程如下：

$$\mathrm{e}^{\mathrm{j}\omega t}\rightarrow\boxed{T\{\cdot\}}\rightarrow\mathrm{e}^{\mathrm{j}\omega t}H(\mathrm{j}\omega)$$

$$\frac{1}{2\pi}X(\mathrm{j}\omega)\mathrm{e}^{\mathrm{j}\omega t}\mathrm{d}\omega\rightarrow\boxed{T\{\cdot\}}\rightarrow\frac{1}{2\pi}H(\mathrm{j}\omega)X(\mathrm{j}\omega)\mathrm{e}^{\mathrm{j}\omega t}\mathrm{d}\omega\quad(\text{齐次性})$$

$$\frac{1}{2\pi}\int_{-\infty}^{\infty}X(\mathrm{j}\omega)\mathrm{e}^{\mathrm{j}\omega t}\mathrm{d}\omega\rightarrow\boxed{T\{\cdot\}}\rightarrow\frac{1}{2\pi}\int_{-\infty}^{\infty}H(\mathrm{j}\omega)X(\mathrm{j}\omega)\mathrm{e}^{\mathrm{j}\omega t}\mathrm{d}\omega\quad(\text{可加性})$$

故任意信号 $x(t)$ 激励下的零状态响应 $y_{zs}(t)$ 为

$$y_{zs}(t)=\frac{1}{2\pi}\int_{-\infty}^{\infty}Y_{zs}(\mathrm{j}\omega)\mathrm{e}^{\mathrm{j}\omega t}\mathrm{d}\omega=\frac{1}{2\pi}\int_{-\infty}^{\infty}H(\mathrm{j}\omega)X(\mathrm{j}\omega)\mathrm{e}^{\mathrm{j}\omega t}\mathrm{d}\omega\quad(4-8-23)$$

由式(4-8-23)同样能得到 $Y_{zs}(\mathrm{j}\omega)$、$X(\mathrm{j}\omega)$ 和 $H(\mathrm{j}\omega)$ 之间的重要关系：

$$Y_{zs}(\mathrm{j}\omega)=X(\mathrm{j}\omega)H(\mathrm{j}\omega)\quad(4-8-24)$$

同理，由于任意序列 $x[n]$ 可以表示为无穷多基本序列 $\mathrm{e}^{\mathrm{j}\tilde{\omega}n}$ 的线性组合，所以应用线性系统的齐次性和可加性亦可得到任意序列 $x[n]$ 激励下系统的零状态响应 $y_{zs}[n]$，推导过程如下：

$$\mathrm{e}^{\mathrm{j}\tilde{\omega}n}\rightarrow\boxed{T\{\cdot\}}\rightarrow\mathrm{e}^{\mathrm{j}\tilde{\omega}n}H(\mathrm{e}^{\mathrm{j}\tilde{\omega}})$$

$$\frac{1}{2\pi}X(\mathrm{e}^{\mathrm{j}\tilde{\omega}})\mathrm{e}^{\mathrm{j}\tilde{\omega}n}\mathrm{d}\tilde{\omega}\rightarrow\boxed{T\{\cdot\}}\rightarrow\frac{1}{2\pi}H(\mathrm{e}^{\mathrm{j}\tilde{\omega}})X(\mathrm{e}^{\mathrm{j}\tilde{\omega}})\mathrm{e}^{\mathrm{j}\tilde{\omega}n}\mathrm{d}\tilde{\omega}\quad(\text{齐次性})$$

$$\frac{1}{2\pi}\int_{-\pi}^{\pi}X(e^{j\tilde{\omega}})e^{j\tilde{\omega}n}d\tilde{\omega} \rightarrow \boxed{T\{\cdot\}} \rightarrow \frac{1}{2\pi}\int_{-\pi}^{\pi}H(e^{j\tilde{\omega}})X(e^{j\tilde{\omega}})e^{j\tilde{\omega}n}d\tilde{\omega} \quad \text{（可加性）}$$

故任意序列 $x[n]$激励下的零状态响应 $y_{zs}[n]$为

$$y_{zs}[n]=\frac{1}{2\pi}\int_{-\pi}^{\pi}Y_{zs}(e^{j\tilde{\omega}})e^{j\tilde{\omega}n}d\tilde{\omega}=\frac{1}{2\pi}\int_{-\pi}^{\pi}H(e^{j\tilde{\omega}})X(e^{j\tilde{\omega}})e^{j\tilde{\omega}n}d\tilde{\omega} \tag{4-8-25}$$

由式(4－8－22)同样能得到如下重要关系：

$$Y_{zs}(e^{j\tilde{\omega}})=X(e^{j\tilde{\omega}})H(e^{j\tilde{\omega}}) \tag{4-8-26}$$

以上推理有其深刻的物理含义，整个推导过程是建立在“信号分解，响应叠加”的基础上的。由此推导过程可更深刻地理解频域中零状态响应产生的机理与过程。

5. 稳态响应和暂态响应的频域分析

若分析中假设输入信号是在 $t=-\infty$或 $n=-\infty$就开始输入系统，则在某时刻观察系统输出时，响应中的暂态项已经消失，故称这时的系统响应为稳态响应。如果输入信号是在 $t=0$ 或 $n=0$ 时刻开始输入系统，则系统的全响应中将包含稳态响应和暂态响应。暂态响应是指输入信号输入系统后，全响应中暂时出现的分量，随着时间的增长，它将消失。全响应中减去暂态分量后的剩余分量就是稳态分量。下面将分析系统对 $t=0$ 和 $n=0$ 时刻输入为虚指数信号的响应。

设 LTI 系统的输入信号为 $x(t)=e^{j\omega t}u(t)$，则系统的输出信号为

$$\begin{aligned}y(t)&=\int_{-\infty}^{\infty}h(\tau)e^{j\omega(t-\tau)}u(t-\tau)d\tau=\left[\int_{-\infty}^{\infty}h(\tau)e^{-j\omega\tau}d\tau\right]e^{j\omega t}-\left[\int_{t}^{\infty}h(\tau)e^{-j\omega\tau}d\tau\right]e^{j\omega t}\\&=H(j\omega)e^{j\omega t}-\left[\int_{t}^{\infty}h(\tau)e^{-j\omega\tau}d\tau\right]e^{j\omega t}\end{aligned} \tag{4-8-27}$$

同理，设系统的输入序列为 $x[n]=e^{j\tilde{\omega}n}u[n]$，则系统的输出序列为

$$\begin{aligned}y[n]&=\sum_{m=-\infty}^{\infty}h[m]e^{j\tilde{\omega}(n-m)}u[n-m]\\&=\left[\sum_{m=-\infty}^{\infty}h[m]e^{-j\tilde{\omega}m}\right]e^{j\tilde{\omega}n}-\left[\sum_{m=n+1}^{\infty}h[m]e^{-j\tilde{\omega}m}\right]e^{j\tilde{\omega}n}\\&=H(e^{j\tilde{\omega}})e^{j\tilde{\omega}n}-\left[\sum_{m=n+1}^{\infty}h[m]e^{-j\tilde{\omega}m}\right]e^{j\tilde{\omega}n}\end{aligned} \tag{4-8-28}$$

显然，响应的第一项是系统的稳态响应，记为

$$\boxed{y_{sr}(t)=H(j\omega)e^{j\omega t},\quad y_{sr}[n]=H(e^{j\tilde{\omega}})e^{j\tilde{\omega}n}} \tag{4-8-29}$$

第二项是系统的暂态响应，记为

$$y_{tr}(t)=-\left[\int_{t}^{\infty}h(\tau)e^{-j\omega\tau}d\tau\right]e^{j\omega t},\quad y_{tr}[n]=-\left[\sum_{m=n+1}^{\infty}h[m]e^{-j\tilde{\omega}m}\right]e^{j\tilde{\omega}n} \tag{4-8-30}$$

且满足

$$\left.\begin{aligned}|y_{\text{tr}}(t)|&=\left|\int_t^{\infty}h(\tau)\mathrm{e}^{-\mathrm{j}\omega\tau}\mathrm{d}\tau\right|<\int_t^{\infty}|h(\tau)|\mathrm{d}\tau\\|y_{\text{tr}}[n]|&=\left|\sum_{m=n+1}^{\infty}h[m]\mathrm{e}^{-\mathrm{j}\tilde{\omega}m}\right|<\sum_{m=n+1}^{\infty}|h[m]|\end{aligned}\right\}\tag{4-8-31}$$

对于稳定系统，由于冲激（脉冲）响应是绝对可和的，即当 $t\to\infty$ 时，$\int_t^{\infty}|h(\tau)|\mathrm{d}\tau\to 0$，当 $n\to\infty$ 时，$\sum\limits_{m=n+1}^{\infty}|h[m]|\to 0$，所以稳态系统的暂态响应将随着 t 或 n 的增大而趋于零。

特别要提到的是 FIR 系统，由于其单位脉冲响应 $h[n]$的长度为有限值 N，即 $h[n]$只在 $0\leqslant n\leqslant N-1$ 范围内有非零值，则当 $n>N-1$ 时系统的暂态响应将为零，即该系统的输出在 $n>N-1$ 时达到稳态。

4.8.3 线性相位系统与无失真传输系统

1. 线性相位系统

如果信号通过系统传输时，其输出波形发生畸变，失去了原信号波形的样子，就称为失真。失真分为线性失真和非线性失真。信号通过线性系统所产生的失真称为线性失真，其特点是响应中不会产生新的频率成分，也就是说，组成响应 $y(t)$的各频率分量在激励信号 $x(t)$中都含有，只不过各频率分量的幅度和相位不同而已。信号通过非线性系统所产生的失真称为非线性失真，其特点是响应 $y(t)$中产生了激励信号 $x(t)$中没有的新的频率成分。本书中讨论的失真在未加特殊说明时都是指线性失真。

幅度谱不失真的条件是幅频特性为常数。幅度谱不失真系统亦称为全通系统，或移相器，其仅改变相位谱，这将在 5.11 节讲述。

相位延迟将决定输出信号延迟的大小，相位不失真系统是信号通过系统时，$\varphi(\omega)/\omega$ 和 $\varphi(\tilde{\omega})/\tilde{\omega}$ 是一个常数，即

$$\boxed{\varphi(\omega)=-\omega\tau,\quad \varphi(\tilde{\omega})=-\tilde{\omega}\tau,\quad \tau\text{ 为正实常数}}\tag{4-8-32}$$

显然，相位不失真系统的相位谱具有线性相位特性，是线性相位系统。这意味着不同频率分量响应将会有相同的时间延迟。

定义系统的群时延(group delay)为

$$\boxed{\tau_{\mathrm{g}}(\omega)=-\frac{\mathrm{d}\varphi(\omega)}{\mathrm{d}\omega},\quad \tau_{\mathrm{g}}(\tilde{\omega})=-\frac{\mathrm{d}\varphi(\tilde{\omega})}{\mathrm{d}\tilde{\omega}}}\tag{4-8-33}$$

在传输带内相位移动对频率的变化称为群时延，即群时延是衡量系统对信号传输时间延迟及信号失真影响的重要参数。当系统的相频响应是线性函数时，群延迟

将是一个常数，是线性相位系统，也称为无群时延失真系统。

2. 无失真传输系统

如果希望信号通过系统只引起时间延迟及幅度增减，而形状不变，这样的系统称为无失真传输系统。显然，无失真传输系统的幅频特性为常数，相频特性则是线性相位的。

若输入信号为 $x(t)$，则无失真传输系统的输出信号 $y(t)$应为

$$y(t)=Kx(t-t_d) \tag{4-8-34}$$

式中：K 是一个正常数增益；t_d 是输入信号通过系统后的延时时间。

对式(4-8-34)中的 LTI 系统两边进行傅里叶变换，并根据 CTFT 的时移性质可得

$$Y(j\omega)=Ke^{-j\omega t_d}\cdot X(j\omega)$$

故无失真传输系统的频率响应函数为

$$H(j\omega)=\frac{Y(j\omega)}{X(j\omega)}=Ke^{-j\omega t_d}=H_g(\omega)e^{j\varphi(\omega)} \tag{4-8-35}$$

无失真传输系统的幅频特性和相频特性分别为

$$H_g(\omega)=K,\quad \varphi(\omega)=-\omega t_d \tag{4-8-36}$$

如图 4-8-3 所示，无失真传输系统应满足两个条件：

① 系统的幅频特性 $H_g(\omega)$在整个频率范围内为实常数 K，即系统的通带为无穷大。

注意，$H_g(\omega)\neq|H(j\omega)|$。因为，采用 $H(j\omega)=|H(j\omega)|e^{j\varphi(\omega)}$模型时，取模需要将负值再乘以 $e^{j(-\pi)}$等于-1，这样就折算出一个相位到相频中，从而破坏线性特性，即 $H(j\omega)=|H(j\omega)|e^{j\varphi(\omega)}$模型只关心幅频特性。离散系统同理，线性相位的 FIR 滤波器只能采取 $H(e^{j\tilde{\omega}})=H_g(\tilde{\omega})e^{j\varphi(\tilde{\omega})}$模型，这将在 8.6 节讲述。

② 系统的相频特性 $\varphi(\omega)$在整个频率范围内与 ω 呈线性关系，即具有线性相位，亦即群时延为常数，群延迟固定为常数 t_d。

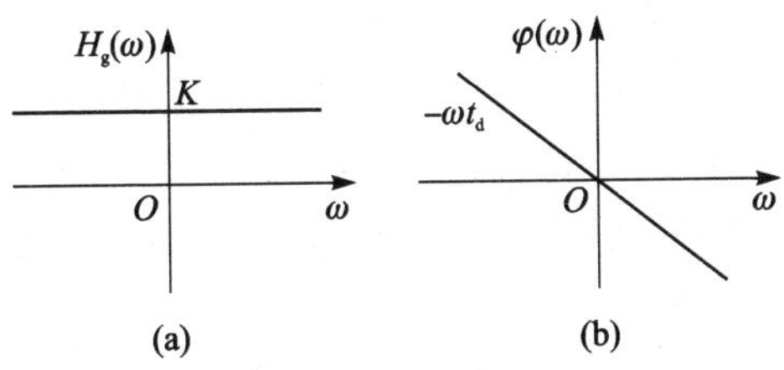

图 4-8-3　无失真传输系统的幅频特性与相频特性

实际的线性系统，其幅频与相频特性都不可能完全满足无失真传输的条件。当系统对信号中各频率分量产生不同程度的衰减，使信号的幅度频谱改变时，会产生

幅度失真;当系统对信号中各频率分量产生的相移与频率不成正比时,会使信号的相位频谱改变,会产生相位失真。工程上,只要在信号占有的频率范围内,系统的幅频与相频特性基本满足无失真传输条件,就可以认为达到要求了。

【例4-8-5】连续时间LTI系统的频率响应如图4-8-4所示。下列信号通过该系统时,不产生失真的是(　　)。(答案:B)

(A) $x(t)=\cos(t)+\cos(8t)$　　(B) $x(t)=\sin(2t)+\sin(4t)$

(C) $x(t)=\sin(2t)\cdot\sin(4t)$　　(D) $x(t)=\cos^2(4t)$

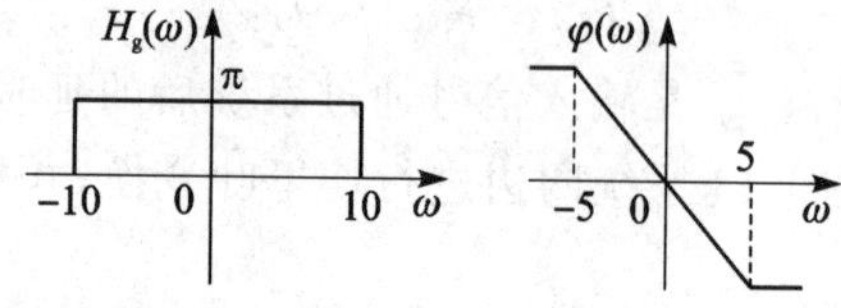

图4-8-4 【例4-8-5】图

4.9 希尔伯特变换与因果信号的频谱

4.9.1 连续时间信号的希尔伯特变换

连续时间信号 $x(t)$ 的希尔伯特(Hilbert)变换 $\hat{x}(t)$ 定义为

$$\hat{x}(t)=\mathrm{H}\{x(t)\}=\frac{1}{\pi}\int_{-\infty}^{\infty}\frac{x(\tau)}{t-\tau}\mathrm{d}\tau=\frac{1}{\pi}\int_{-\infty}^{\infty}\frac{x(t-\tau)}{\tau}\mathrm{d}\tau=x(t)*\frac{1}{\pi t}\tag{4-9-1}$$

显然,信号的希尔伯特变换等于该信号 $x(t)$ 通过系统 $h_{\mathrm{H}}(t)=\frac{1}{\pi t}$ 的响应。

由例4-7-3可知 $H_{\mathrm{H}}(\mathrm{j}\omega)=\mathrm{CTFT}\left\{\frac{1}{\pi t}\right\}=-\mathrm{j}\cdot\mathrm{sgn}(\omega)$。如图4-9-1所示,希尔伯特变换是除了 $\omega=0$ 之外,幅频特性为1的移相器,信号 $x(t)$ 通过希尔伯特变换器后,其负频率成分产生+90°相移,而正频率成分产生−90°相移。一个信号四次希尔伯特变换后就变回本身;两次希尔伯特变换后,原信号相位翻转180°,相当于将正变换加一个负号。

$\hat{x}(t)$ 的CTFT为

$$\hat{X}(\mathrm{j}\omega)=X(\mathrm{j}\omega)H_{\mathrm{H}}(\mathrm{j}\omega)=X(\mathrm{j}\omega)[-\mathrm{j}\cdot\mathrm{sgn}(\omega)]\tag{4-9-2}$$

显然,$x(t)$ 和 $\hat{x}(t)$ 具有一致的幅度谱,但 $\hat{X}(\mathrm{j}\omega)$ 与 $X(\mathrm{j}\omega)$ 在正频率上和负频率上的相位固定保持∓90°的差值。因此,$x(t)$ 和 $\hat{x}(t)$ 互为正交信号,证明如下:

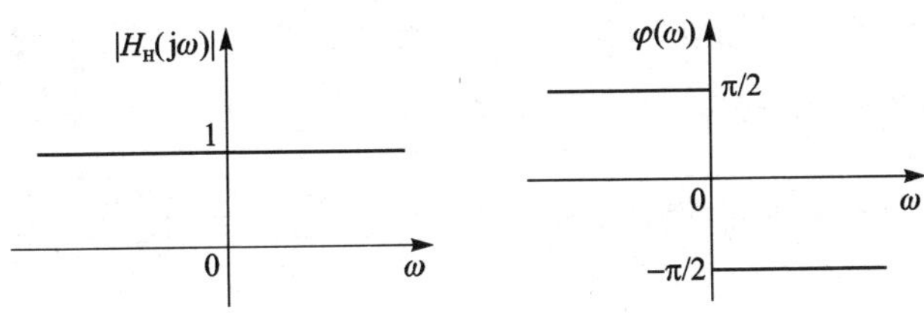

图 4-9-1　希尔伯特变换器的频率响应

$$\begin{aligned}\int_{-\infty}^{\infty} x^*(t)\cdot H\{x(t)\}\,\mathrm{d}t &= \int_{-\infty}^{\infty} x^*(t)\cdot[x(t)*h_{\mathrm{H}}(t)]\mathrm{d}t \\ &= \int_{-\infty}^{\infty} x^*(t)\cdot[x(t)*h_{\mathrm{H}}(t)]\mathrm{e}^{-\mathrm{j}\omega t}\mathrm{d}t\Big|_{\omega=0} \\ &= \mathrm{CTFT}\{x^*(t)\cdot[x(t)*h_{\mathrm{H}}(t)]\}\big|_{\omega=0} \\ &= \frac{1}{2\pi}\{X^*(-\mathrm{j}\omega)*[X(\mathrm{j}\omega)H_{\mathrm{H}}(\mathrm{j}\omega)]\}\big|_{\omega=0} \\ &= -\mathrm{j}\,\frac{1}{2\pi}\{X^*(-\mathrm{j}\omega)*[X(\mathrm{j}\omega)\mathrm{sgn}(\omega)]\}\big|_{\omega=0}=0\end{aligned}$$

下面求希尔伯特逆变换。由式(4-9-2)得到 $X(\mathrm{j}\omega)=\dfrac{\hat{X}(\mathrm{j}\omega)}{H_{\mathrm{H}}(\mathrm{j}\omega)}=\mathrm{j}\cdot\mathrm{sgn}(\omega)\cdot\hat{X}(\mathrm{j}\omega)=\mathrm{CTFT}\left\{-\dfrac{1}{\pi t}\right\}\cdot\hat{X}(\mathrm{j}\omega)$，因此，希尔伯特逆变换为

$$x(t)=H^{-1}\{\hat{x}(t)\}=-\frac{1}{\pi t}*\hat{x}(t)=-\frac{1}{\pi}\int_{-\infty}^{\infty}\frac{\hat{x}(\tau)}{t-\tau}\mathrm{d}\tau \qquad (4-9-3)$$

4.9.2　离散时间信号的希尔伯特变换

离散时间信号 $x[n]$的希尔伯特变换记为 $\hat{x}[n]$。离散时间希尔伯特变换器的单位脉冲响应要有与连续时间希尔伯特变换器的冲激响应相一致的频率响应，即

$$H_{\mathrm{H}}(\mathrm{e}^{\mathrm{j}\tilde{\omega}})=\mathrm{DTFT}\{h_{\mathrm{H}}[n]\}=\begin{cases}-\mathrm{j}, & 0\leqslant\tilde{\omega}<\pi\\ \mathrm{j}, & -\pi\leqslant\tilde{\omega}<0\end{cases} \qquad (4-9-4)$$

因此，离散时间希尔伯特变换器的单位脉冲响应为

$$\begin{aligned}h_{\mathrm{H}}[n] &= \frac{1}{2\pi}\int_{-\pi}^{\pi}H(\mathrm{e}^{\mathrm{j}\tilde{\omega}})\mathrm{e}^{\mathrm{j}\tilde{\omega}n}\mathrm{d}\tilde{\omega}=\frac{1}{2\pi}\int_{-\pi}^{0}\mathrm{j}\mathrm{e}^{\mathrm{j}\omega n}\mathrm{d}\tilde{\omega}-\frac{1}{2\pi}\int_{0}^{\pi}\mathrm{j}\mathrm{e}^{\mathrm{j}\omega n}\mathrm{d}\tilde{\omega} \\ &= \frac{1-(-1)^n}{n\pi}=\begin{cases}0, & n\ \text{为偶数}\\ \dfrac{2}{n\pi}, & n\ \text{为奇数}\end{cases}\end{aligned} \qquad (4-9-5)$$

所以，$x[n]$的希尔伯特变换为

$$\hat{x}[n]=x[n]*h_{\mathrm{H}}[n]=\frac{2}{\pi}\sum_{m=-\infty}^{\infty}\frac{x[n-2m-1]}{2m+1} \qquad (4-9-6)$$

由 $\hat{X}(e^{j\tilde{\omega}})=X(e^{j\tilde{\omega}})H_H(e^{j\tilde{\omega}})$，得 $X(e^{j\tilde{\omega}})=\hat{X}(e^{j\tilde{\omega}})/H_H(e^{j\tilde{\omega}})$，再结合式(4-9-4)，有 $X(e^{j\tilde{\omega}})=\hat{X}(e^{j\tilde{\omega}})\cdot\left[-H_H(e^{j\tilde{\omega}})\right]$，所以

$$x[n]=\hat{x}[n]*(-h_H[n])=-\frac{2}{\pi}\sum_{m=-\infty}^{\infty}\frac{\hat{x}[n-2m-1]}{2m+1} \tag{4-9-7}$$

4.9.3 解析信号及其频谱

设实信号 x 的希尔伯特变换为 $\hat{x}$，1946 年，Gabor 定义了更一般化的欧拉公式，称为实信号 x 的解析信号 $f=x+j\hat{x}$。

实信号 $x(t)$的解析信号 $f(t)=x(t)+j\hat{x}(t)$的 CTFT 为

$$\begin{aligned}F(j\omega)&=X(j\omega)+j\hat{X}(j\omega)=X(j\omega)+jH_H(j\omega)X(j\omega)\\&=[1+\mathrm{sgn}(\omega)]X(j\omega)=\begin{cases}2X(j\omega), & \omega>0\\0, & \omega<0\end{cases}\end{aligned} \tag{4-9-8}$$

实信号 $x[n]$的解析信号 $f[n]=x[n]+j\hat{x}[n]$的 DTFT 为

$$\begin{aligned}F(e^{j\tilde{\omega}})&=X(e^{j\tilde{\omega}})+j\hat{X}(e^{j\tilde{\omega}})=X(e^{j\tilde{\omega}})+jH_H(e^{j\tilde{\omega}})X(e^{j\tilde{\omega}})\\&=\begin{cases}2X(e^{j\tilde{\omega}}), & 0\leqslant\tilde{\omega}<\pi\\0, & -\pi\leqslant\tilde{\omega}<0\end{cases}\end{aligned} \tag{4-9-9}$$

结论:对实信号的解析信号进行频谱分析，其频率与原频率一致，且具有只含有正频率成分的单边频谱性质，幅频是原信号正频率分量的 2 倍。

那么为什么说解析信号是欧拉公式的更一般形式呢？以连续时间信号为例说明:首先，可计算得到 $\mathrm{H}\{\cos(t)\}=\sin(t)$，$\mathrm{H}\{\sin(t)\}=-\cos(t)$，$\mathrm{H}\left\{e^{j\omega_0 t}\right\}=-je^{j\omega_0 t}$，而欧拉公式 $e^{j\omega t}=\cos(\omega_0 t)+j\sin(\omega_0 t)$的右侧是一个标准的解析信号形式，即 $e^{j\omega t}$ 是解析信号;其次，$\sin(t)$与 $\cos(t)$是正交的，实部和虚部的频谱 $\mathrm{CTFT}\{\cos(\omega_0 t)\}=\pi[\delta(\omega+\omega_0)+\delta(\omega-\omega_0)]$和 $\mathrm{CTFT}\{\sin(\omega_0 t)\}=j\pi[\delta(\omega+\omega_0)-\delta(\omega-\omega_0)]$的幅频特性一致，且在正频率上和负频率上的相位都保持$\mp 90°$的差值;最后，欧拉公式左侧的虚指数信号的频谱 $\mathrm{CTFT}\{e^{j\omega_0 t}\}=2\pi\delta(\omega-\omega_0)$只有正频率的一个冲激，且能量是 $\mathrm{CTFT}\{\cos(\omega_0 t)\}$和 $\mathrm{CTFT}\{\sin(\omega_0 t)\}$的 2 倍。这些都与基于希尔伯特变换构建的解析信号一致。对于离散时间信号，会得到同样的结论。

4.9.4 因果信号的频谱函数的虚实关系

对于连续时间因果信号 $x(t)=x(t)u(t)$，即 $x(t)=0,t<0$，其 CTFT 为

$$X(j\omega)=\frac{1}{2\pi}X(j\omega)*\left[\pi\delta(\omega)+\frac{1}{j\omega}\right]$$

又 $X(\mathrm{j}\omega)=|X(\mathrm{j}\omega)|\mathrm{e}^{\mathrm{j}\varphi(\omega)}=R(\omega)+\mathrm{j}I(\omega)$，故

$$X(\mathrm{j}\omega)=R(\omega)+\mathrm{j}I(\omega)=\frac{1}{2\pi}[R(\omega)+\mathrm{j}I(\omega)]*\left[\pi\delta(\omega)+\frac{1}{\mathrm{j}\omega}\right]$$

$$=\frac{1}{2\pi}\left[\pi R(\omega)+I(\omega)*\frac{1}{\omega}\right]+\frac{j}{2\pi}\left[\pi I(\omega)-R(\omega)*\frac{1}{\omega}\right]$$

$$=\left[\frac{1}{2}R(\omega)+\frac{1}{2\pi}\int_{-\infty}^{\infty}\frac{I(\lambda)}{\omega-\lambda}\mathrm{d}\lambda\right]+\mathrm{j}\left[\frac{I(\omega)}{2}-\frac{1}{2\pi}\int_{-\infty}^{\infty}\frac{R(\lambda)}{\omega-\lambda}\mathrm{d}\lambda\right]$$

根据实部与实部相等，虚部与虚部相等，解得

$$R(\omega)=\frac{1}{\pi}\int_{-\infty}^{\infty}\frac{I(\lambda)}{\omega-\lambda}\mathrm{d}\lambda,\quad I(\omega)=-\frac{1}{\pi}\int_{-\infty}^{\infty}\frac{R(\lambda)}{\omega-\lambda}\mathrm{d}\lambda \tag{4-9-10}$$

结论：连续时间因果信号的频谱函数 $X(\mathrm{j}\omega)$，其实部与虚部是一对希尔伯特变换对。

离散时间因果信号的频谱函数 $\hat{X}(\mathrm{e}^{\mathrm{j}\tilde{\omega}})$ 的实部与虚部也受希尔伯特变换关系约束，具体公式及推导过程，请参阅有关文献，这里不再展开。

4.10　选频滤波器

4.10.1　滤波器的定义及分类

能够改变输入信号所含频率成分的相对比例，甚至是滤除某些频率成分，或者从混叠有噪声的信号中提取信号的器件或软件称为滤波器。由定义可以看出，滤波器分为选频滤波器和去噪滤波器两类：

选频滤波器，又称经典滤波器，其特点是信号中有用的频率成分与希望滤除的频率成分各占据不交叠频带，直接把有用的频率成分提取出来，滤掉有害频率成分，达到滤波的目的。

去噪滤波器，即现代滤波器，其特点是信号和干扰的频带互相重叠，需按照随机信号内部的一些统计分布规律，从干扰中最佳地提取信号，如维纳滤波器、卡尔曼滤波器等去噪滤波器。本书所讨论的滤波器专指选频滤波器，去噪滤波器不在本书的讨论范围内，感兴趣的读者可以参阅相关文献。当然，滤波器也可按模拟滤波器和数字滤波器分类。

4.10.2　选频滤波器的类型及理想选频滤波器

选频滤波器 $H(\mathrm{j}\omega)$ 或 $H(\mathrm{e}^{\mathrm{j}\tilde{\omega}})$ 由幅频特性和相频特性构成。LTI 选频滤波器通

过幅频响应$|H(\mathrm{j}\omega)|$和$|H(\mathrm{e}^{\mathrm{j}\tilde{\omega}})|$滤波

$$\boxed{|Y(\mathrm{j}\omega)|=|H(\mathrm{j}\omega)||X(\mathrm{j}\omega)| \quad 和 \quad |Y(\mathrm{e}^{\mathrm{j}\tilde{\omega}})|=|H(\mathrm{e}^{\mathrm{j}\tilde{\omega}})||X(\mathrm{e}^{\mathrm{j}\tilde{\omega}})|} \tag{4-10-1}$$

当信号通过滤波器时,输入信号的有效频带要落在通带内,如果信号的有效频带存在滤波器通频带的带外部分,则信号通过此系统时,就会损失许多重要的频率成分而产生失真;输入信号有害频带要落在滤波器的阻带内,如果信号的有害频带与滤波器通频带有交集,则信号通过此系统时,有害频带就会有残留,不能达到滤波的目的。

选频滤波器有四种基本类型:低通滤波器(Low Pass Filter,LPF)、带通滤波器(Band Pass Filter,BPF)、带阻滤波器(Band Stop Filter,BSF)和高通滤波器(High Pass Filter,HPF)。

1. 理想模拟滤波器

理想模拟滤波器的幅频响应如图 4-10-1 所示,其中ω_c是低通、高通的截止频率,ω_l和ω_u是带通和带阻的截止频率。由于理想低通滤波器和理想带通滤波器的通频带不是无穷大,而是有限值,所以其属于带限系统。

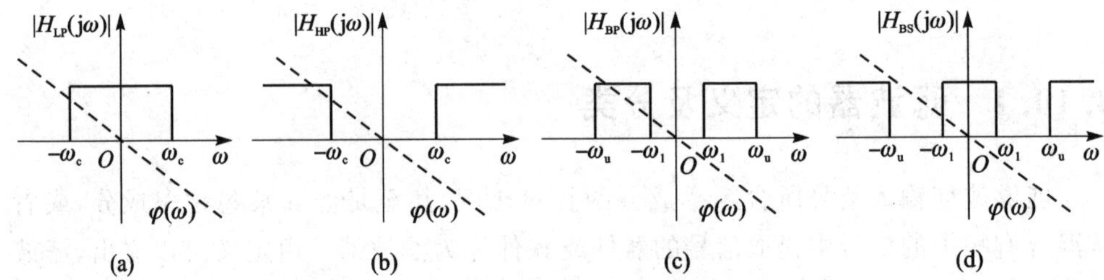

图 4-10-1 理想模拟滤波器的幅频特性

下面重点研究信号通过理想低通滤波器的情况。对于图 4-10-1(a)所示的理想低通滤波器,其频率响应函数可写为

$$H(\mathrm{j}\omega)=|H(\mathrm{j}\omega)|\mathrm{e}^{\mathrm{j}\varphi(\omega)}=\begin{cases}\mathrm{e}^{-\mathrm{j}\omega t_d}, & |\omega|<\omega_c\\ 0, & |\omega|>\omega_c\end{cases} \tag{4-10-2}$$

理想低通滤波器的幅频特性和相频特性分别为

$$|H(\mathrm{j}\omega)|=1,\quad \varphi(\omega)=-\omega t_d,\quad |\omega|<\omega_c \tag{4-10-3}$$

$|\omega|<\omega_c$部分为通带,其他频带是阻带。在通带满足无失真传输系统条件。

下面分析理想低通滤波器的冲激响应:

$$h(t)=\mathrm{CTFT}^{-1}\{H(\mathrm{j}\omega)\}=\frac{1}{2\pi}\int_{-\infty}^{\infty}H(\mathrm{j}\omega)\mathrm{e}^{\mathrm{j}\omega t}\mathrm{d}\omega$$

$$=\frac{1}{2\pi}\int_{-\omega_c}^{\omega_c}\mathrm{e}^{-\mathrm{j}\omega t_d}\mathrm{e}^{\mathrm{j}\omega t}\mathrm{d}\omega=\frac{1}{2\pi}\int_{-\omega_c}^{\omega_c}\mathrm{e}^{\mathrm{j}\omega(t-t_d)}\mathrm{d}\omega$$

$$=\frac{\omega_c}{\pi}\mathrm{Sa}\left[\omega_c(t-t_d)\right] \tag{4-10-4}$$

它的时域波形如图 4-10-2 所示。

① 在 $t=0$ 时 $\delta(t)$ 作用于理想低通滤波器，而在 $t=t_d$ 时刻系统的响应达到最大值，即 $h(t_d)=\frac{\omega_c}{\pi}$，这说明理想低通滤波器系统对信号有延时作用，延时量为 t_d。

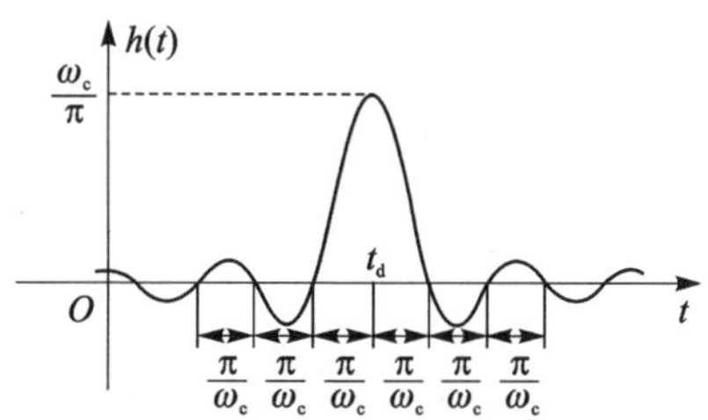

图 4-10-2　理想低通滤波器的冲激响应

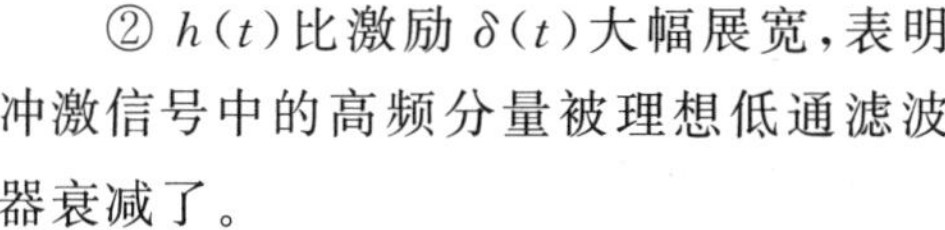

② $h(t)$ 比激励 $\delta(t)$ 大幅展宽，表明冲激信号中的高频分量被理想低通滤波器衰减了。

③ 当理想低通滤波器的通带宽度与输入信号的宽度不相匹配时，输出就会失真。系统的通带宽度越接近于信号的带宽，失真越小，反之失真越大。

④ 当 $t<0$ 时，$h(t)\neq 0$，这表明理想低通滤波器是一个非因果系统，它在物理上是无法实现的。其实所有理想滤波器都是物理上无法实现的。

理想低通滤波器的阶跃响应为

$$g(t)=\int_{-\infty}^{t}h(\tau)\mathrm{d}\tau=\int_{-\infty}^{t}\frac{\omega_c}{\pi}\mathrm{Sa}\left[\omega_c(\tau-t_d)\right]\mathrm{d}\tau\xlongequal{\theta=\omega_c(\tau-t_d)}\frac{1}{\pi}\int_{-\infty}^{\omega_c(t-t_d)}\mathrm{Sa}(\theta)\mathrm{d}\theta$$

$$=\frac{1}{\pi}\int_{-\infty}^{0}\mathrm{Sa}(\theta)\mathrm{d}\theta+\frac{1}{\pi}\int_{0}^{\omega_c(t-t_d)}\mathrm{Sa}(\theta)\mathrm{d}\theta=\frac{1}{2}+\frac{1}{\pi}\int_{0}^{\omega_c(t-t_d)}\mathrm{Sa}(\theta)\mathrm{d}\theta \tag{4-10-5}$$

$\mathrm{Si}(t)=\int_0^t\mathrm{Sa}(\theta)\mathrm{d}\theta$ 的波形如图 4-10-3 所示。显然，它是 t 的奇函数；其各极值点与 $\mathrm{Sa}(t)$ 的零点对应；峰值为 $\mathrm{Si}(\pi)=1.851\,4$；$t<0$ 时，围绕 $-\frac{\pi}{2}$ 起伏，$t>0$ 时，围绕 $\frac{\pi}{2}$ 起伏。基于此得到的阶跃响应的波形如图 4-10-4 所示。

显然，阶跃响应产生了吉布斯现象，吉布斯波纹的振荡频率等于截止频率 ω_c。正向峰值为 $\frac{1}{2}+\frac{1.851\,4}{\pi}\approx 1.089\,3$，负向峰值和正向峰值都比稳态值超出约 9%，上升时间(从最小值到最大值所需时间)为 $t_r=2\frac{\pi}{\omega_c}$，其正好等于吉布斯波纹的一个振荡周期。于是得到理想低通滤波器的重要结论：**阶跃响应的上升时间与截止频率(带宽)成反比。**

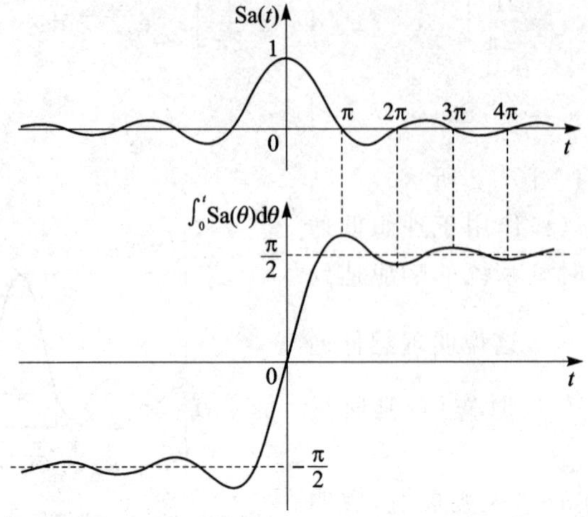

图 4-10-3 $\mathrm{Si}(t)=\int_0^t \mathrm{Sa}(\theta)\mathrm{d}\theta$ 的波形

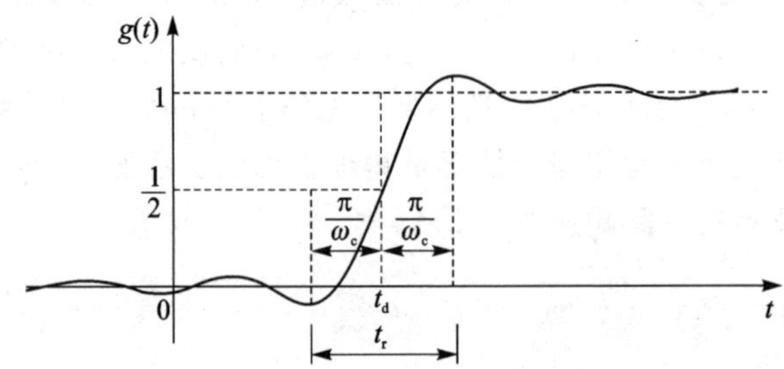

图 4-10-4 理想低通滤波器的阶跃响应曲线

总之,理想低通滤波器对信号的作用是对信号的频域进行频域加矩形窗截断,这将引起时域的吉布斯波纹。另外,由 CTFT 的互易性质可知,当对信号进行时域加窗截断时,其频域也会相应地出现吉布斯波纹。

2. 理想数字滤波器

理想数字滤波器的幅频响应如图 4-10-5 所示,其中,ω_c 是低通、高通的截止频率,ω_l 和 ω_u 是带通和带阻的截止频率。需要特别指出的是,数字滤波器的频率响应函数 $H(\mathrm{e}^{\mathrm{j}\tilde{\omega}})$ 是以 2π 为周期的,正频率的频带为 $0\sim\pi$。

对理想数字滤波器的频率响应函数求逆变换得到 $h[n]$(详见 8.7.2 小节),也会发现当 $n<0$ 时,$h[n]\neq 0$。这表明理想数字滤波器也是一个非因果系统,在物理上是无法实现的。

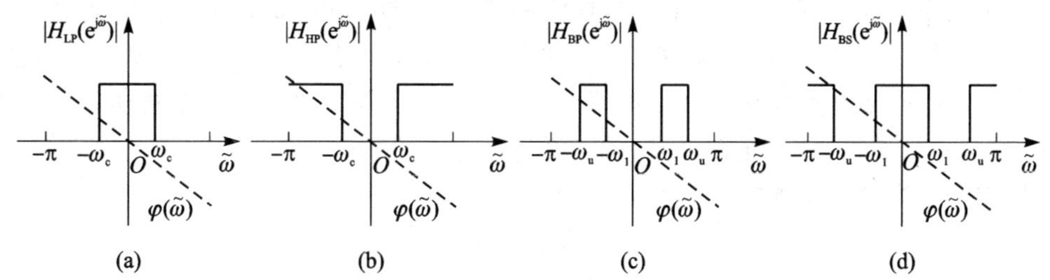

图 4-10-5　理想数字滤波器的幅频特性

4.10.3　佩利-维纳准则和实际模拟滤波器

连续时间 LTI 系统，在频域判别系统因果性，即判断系统是否为物理可实现系统的必要条件由佩利-维纳(Paley - Wienar)准则给出：

$$\int_{-\infty}^{\infty}\frac{\left|\ln|H(j\omega)|\right|}{1+\omega^2}d\omega<\infty \tag{4-10-6}$$

且

$$\int_{-\infty}^{\infty}|H(j\omega)|^2d\omega<\infty \tag{4-10-7}$$

若不满足该准则，则系统的单位冲激响应就是非因果的，即响应先于冲激出现。

若系统函数的幅频特性在某一频段为零，则有 $\left|\ln|H(j\omega)|\right|\to\infty$，导致式(4-10-6)的积分不收敛，是物理不可实现的系统。对于物理可实现系统，允许 $|H(j\omega)|$ 在某些不连续的频率点上为零，但是不允许在一个有限频带内为零。显然，理想选频滤波器都是物理不可实现的系统。对于无失真传输系统，则是由于不满足式(4-10-7)，所以是物理不可实现系统。

此外，佩利-维纳准则要求幅度特性总的衰减不能过快，否则也是不可实现的。例如，当系统的幅频特性 $|H(j\omega)|=e^{-a\omega^2}$ 时，由于

$$\begin{aligned}\int_{-\infty}^{\infty}\frac{\left|\ln|H(j\omega)|\right|}{1+\omega^2}d\omega&=\int_{-\infty}^{\infty}\frac{\left|\ln e^{-a\omega^2}\right|}{1+\omega^2}d\omega=\int_{-\infty}^{\infty}\frac{a\omega^2}{1+\omega^2}d\omega\\&=a\int_{-\infty}^{\infty}\left(1-\frac{1}{1+\omega^2}\right)d\omega=(\omega-\arctan\omega)\Big|_0^{\omega}\\&=2a\left(\lim_{\omega\to\infty}\omega-\frac{\pi}{2}\right)\to\infty\end{aligned}$$

所以是不可实现的。

佩利-维纳准则指出：**系统的幅频特性既不允许在有限的频带内为零，也不允许幅频特性衰减得过快。**

要说明的是，佩利-维纳准则只对系统的幅频特性提出了要求，对相位特性却没

有给出约束条件。例如,一个系统的物理可实现系统的冲激响应左移后就变成了不可实现系统,然而其幅频响应 $|H(\mathrm{j}\omega)|$ 在移位后并没有改变,只是相位改变了而已。因此,佩利-维纳准则只是系统是物理可实现系统的必要条件,而不是充分条件。如果 $|H(\mathrm{j}\omega)|$ 已被检验满足此准则,就可以找到适当的相位函数 $\varphi(\omega)$,与 $|H(\mathrm{j}\omega)|$ 一起构成一个物理可实现的频率响应函数。

物理可实现的滤波器,由通带到阻带不会陡然变化,而是会有一定的过渡带,通带和阻带也不会水平。图 4-10-6 所示是一个实际低通滤波器的幅频特性。实际滤波器的设计原则是研究如何选择一个频率响应逼近函数,使它能够逼近设计要求,又能在物理上可实现。第 8 章将学习物理可实现的模拟滤波器及设计方法。

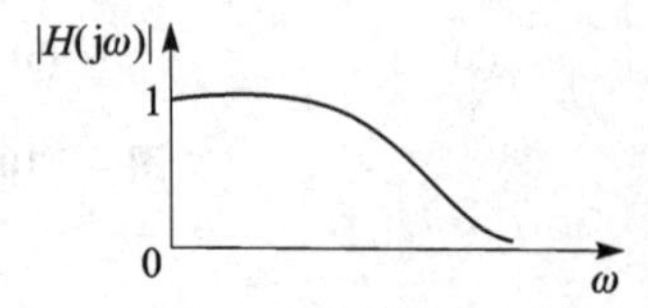

图 4-10-6　某实际低通滤波器的幅频特性

4.11　时域采样及恢复

由于数字信号在传输和处理等方面具有许多优越性,电子设备的数字化已成为一种发展方向。在实际应用中,经常遇见的信号是连续信号,为了能够利用数字化方法分析和处理连续信号,需要通过采样将连续信号转换为离散信号。采样得到的离散时间信号能否包含原来连续信号的全部信息就成为信号采样的关键。由于时域信号与其对应的频谱是一一对应关系,因此本节将从频域来分析信号采样前后的频谱,从而给出连续信号频谱和离散信号频谱的关系。

4.11.1　时域采样定理

为建立采样得到的离散时间信号与原连续信号的频谱关系,以及如何由离散时间信号无失真地还原回原连续信号,首先建立理想采样模型。

设连续时间信号 $x(t)$,用周期冲激串 $\delta_{T_{\mathrm{sam}}}(t)=\sum\limits_{n=-\infty}^{\infty}\delta(t-nT_{\mathrm{sam}})$ 以 T_{sam} 为采样周期等时间间隔采样后得到的 $x_{\mathrm{s}}(t)$ 如图 4-11-1 所示。图中给出了上述信号和各自的频谱。采样频率 f_{sam}、采样角频率 ω_{sam} 与采样周期 T_{sam} 的关系为

$$f_{\mathrm{sam}}=\frac{1}{T_{\mathrm{sam}}},\quad \omega_{\mathrm{sam}}=\frac{2\pi}{T_{\mathrm{sam}}}=2\pi f_{\mathrm{sam}} \tag{4-11-1}$$

由 $x_{\mathrm{s}}(t)=x(t)\delta_{T_{\mathrm{sam}}}(t)$ 和 $\mathrm{CTFT}\{x(t)\}=X(\mathrm{j}\omega)$,以及

$$\mathrm{CTFT}\{\delta_{T_{\mathrm{sam}}}(t)\}=\omega_{\mathrm{sam}}\sum_{k=-\infty}^{\infty}\delta(\omega-k\omega_{\mathrm{sam}})$$

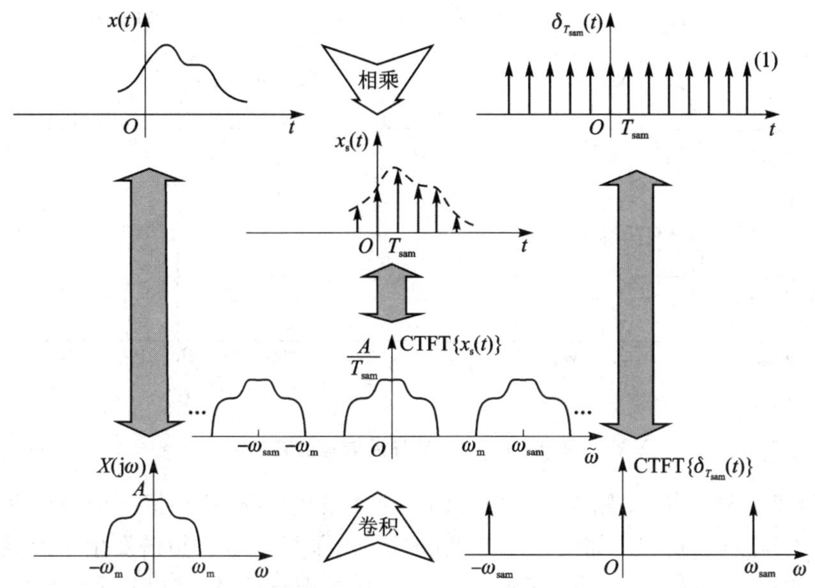

图 4-11-1　时域理想采样信号的频谱

利用 CTFT 的频域卷积性质，可得

$$
\begin{aligned}
X_s(\mathrm{j}\omega) &= \mathrm{CTFT}\{x_s(t)\} = \frac{1}{2\pi}X(\mathrm{j}\omega) * \delta_{\omega_{sam}}(\mathrm{j}\omega) \\
&= \frac{1}{2\pi}X(\mathrm{j}\omega) * \left[\omega_{sam}\sum_{k=-\infty}^{\infty}\delta(\omega - k\omega_{sam})\right] \\
&= \frac{\omega_{sam}}{2\pi}X(\mathrm{j}\omega) * \sum_{k=-\infty}^{\infty}\delta(\omega - k\omega_{sam}) \\
&= \frac{1}{T_{sam}}\sum_{k=-\infty}^{\infty}X[\mathrm{j}(\omega - k\omega_{sam})]
\end{aligned}
\qquad (4-11-2)
$$

可见，理想采样信号的频谱是原信号频谱以 ω_{sam} 为周期的周期延拓。如图 4-11-1 所示，时域的离散化导致了频域的周期化，幅值变为原来的 $1/T_{sam}$。

设实信号 $x(t)$ 是带限信号，其频谱的最高频率计为 ω_m 或 ω_h。由图 4-11-2 可知，只有当 $\omega_{sam} \geqslant 2\omega_m$ 时，周期化后的频谱才不会发生混叠，分析如下：

① 当 $\omega_{sam} > 2\omega_m$ 时，如图 4-11-2(b)所示，采样信号的频谱在 $[-\omega_m, \omega_m]$ 范围内与原信号的频谱只差一个常数，这意味着采样信号中包含了原信号 $x(t)$ 的全部信息，因此可以从信号 $x_s(t)$ 中恢复原信号 $x(t)$，这种情况称为过采样。其中，$\frac{1}{T_{sam}}\mathrm{CTFT}\{x_s(t)\}\Big|_{-\omega_s/2}^{\omega_s/2}$ 称为基带频谱(base-band spectrum)，其他各个周期延拓部分称为镜像频谱(replica)。

② 当 $\omega_{sam} = 2\omega_m$ 时，如图 4-11-2(c)所示，采样信号的频谱也没有混叠，但此

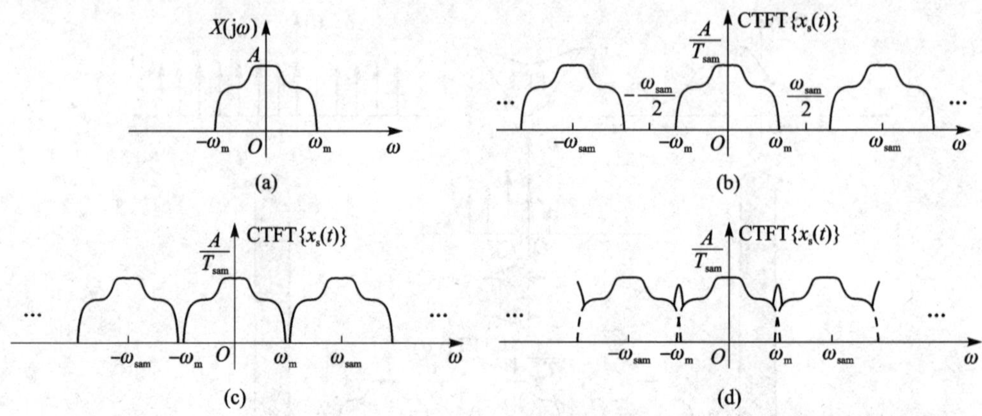

图 4-11-2　采样后信号的频谱

时若再降低采样角频率,则采样后信号的频谱将发生混叠,这种情况称为临界采样。

③ 当 $\omega_{sam}<2\omega_m$ 时,如图 4-11-2(d)所示,采样信号的频谱发生了混叠(aliasing),这意味着采样 $x_s(t)$丢失了原信号 $x(t)$中的部分信息,难以从采样后的信号中恢复原信号,这种情况称为欠采样。

显然,当 $\omega_{sam}\geqslant 2\omega_m$ 时,理想采样信号 $x_s(t)$经过一个截止频率为 $\omega_{sam}/2$、通带增益为 T_{sam} 的理想低通滤波器 $H(j\omega)$,就可从 $\mathrm{CTFT}\{x_s(t)\}$ 中取出 $X(j\omega)$,从时域来说,这样就无失真地恢复了原连续时间信号 $x(t)$,即

$$H(j\omega)=\begin{cases}T_{sam}, & |\omega|\leqslant \omega_{sam}/2\\ 0, & |\omega|>\omega_{sam}/2\end{cases} \tag{4-11-3}$$

$$x(t)=\mathrm{CTFT}^{-1}\{\mathrm{CTFT}\{x_s(t)\}\cdot H(j\omega)\} \tag{4-11-4}$$

综上,通过理想采样过程的分析:只要采样频率满足 $\omega_{sam}\geqslant 2\omega_m\left(\text{或 } f_{sam}\geqslant 2f_m,\right.$ $\left.\text{或 } T_{sam}\leqslant\frac{1}{2f_m}\right)$,理想采样信号就携带了原连续时间信号的所有信息,即自理想采样信号可以无失真地还原回原连续信号。这就是时域采样定理,也称为奈奎斯特(Nyquist)定理和香农采样定理。$f_{sam}=2f_m$,$\omega_{sam}=2\omega_m$ 是使时域采样信号频谱不发生混叠时的最小采样频率和采样角频率,分别称为奈奎斯特频率和奈奎斯特角频率,记作 f_N 或 ω_N。$T_{sam}=\frac{1}{2f_m}$ 称为奈奎斯特周期,或奈奎斯特间隔;$[-\omega_{sam}/2,\omega_{sam}/2]$称为奈奎斯特区间(Base - band Spectrum);$f_{sam}/2$ 和 $\omega_{sam}/2$ 分别称为折叠频率和折叠角频率。

4.11.2　实际采样

信号时域实际采样的模型如图 4-11-3 所示,A/D 转换器将模拟信号变为数字

信号，包括采样、量化和编码三个过程。量化后的数字信号可以看成是采样点的真实值（离散时间信号）与随机误差之和。本小节，假设 A/D 转换后的是离散时间信号，没有进行量化。随机误差分析将在第 10 章讲述。时域采样是指从连续时间信号 $x(t)$ 中采取其样点而得到离散序列 $x[n]$。对连续时间信号 $x(t)$ 以间隔 T_{sam} 进行等间隔采样后的离散时间信号 $x[n]$ 可表示为

$$x[n]=x(nT_{\text{sam}})=x(t)\big|_{t=nT_{\text{sam}}},\quad n\in\mathbf{Z} \tag{4-11-5}$$

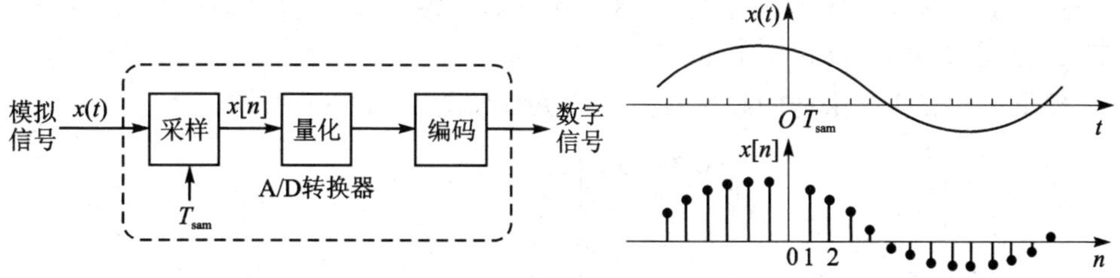

图 4-11-3　信号时域实际采样的模型

设 $X(\mathrm{j}\omega)$ 和 $X(\mathrm{e}^{\mathrm{j}\tilde{\omega}})$ 分别表示连续时间信号 $x(t)$ 和离散时间信号 $x[n]$ 的频谱，即 $X(\mathrm{j}\omega)=\int_{-\infty}^{\infty}x(t)\mathrm{e}^{-\mathrm{j}\omega t}\mathrm{d}t$，$X(\mathrm{e}^{\mathrm{j}\tilde{\omega}})=\sum\limits_{n=-\infty}^{\infty}x[n]\mathrm{e}^{-\mathrm{j}\tilde{\omega}n}$。下面分析 $X(\mathrm{j}\omega)$ 和 $X(\mathrm{e}^{\mathrm{j}\tilde{\omega}})$ 的关系。

借助理想采样模型，对于理想采样过程，

$$x_{\text{s}}(t)=x(t)\delta_{T_{\text{sam}}}(t)=x(t)\sum_{n=-\infty}^{\infty}\delta(t-nT_{\text{sam}})=\sum_{n=-\infty}^{\infty}x(nT_{\text{sam}})\delta(t-nT_{\text{sam}}) \tag{4-11-6}$$

对式(4-11-6)进行 CTFT，可得

$$\begin{aligned}X_{\text{s}}(\mathrm{j}\omega)&=\int_{-\infty}^{\infty}x_{\text{s}}(t)\mathrm{e}^{-\mathrm{j}\omega t}\mathrm{d}t=\int_{-\infty}^{\infty}\left[\sum_{n=-\infty}^{\infty}x(nT_{\text{sam}})\delta(t-nT_{\text{sam}})\right]\mathrm{e}^{-\mathrm{j}\omega t}\mathrm{d}t\\&=\sum_{n=-\infty}^{\infty}x(nT_{\text{sam}})\int_{-\infty}^{\infty}\delta(t-nT_{\text{sam}})\mathrm{e}^{-\mathrm{j}\omega t}\mathrm{d}t=\sum_{n=-\infty}^{\infty}x(nT_{\text{sam}})\mathrm{e}^{-\mathrm{j}\omega nT_{\text{sam}}}\end{aligned} \tag{4-11-7}$$

对照 DTFT 的公式，若令 $\tilde{\omega}=\omega T_{\text{sam}}$，且 $x[n]=x(nT_{\text{sam}})$，则

$$X(\mathrm{e}^{\mathrm{j}\tilde{\omega}})=X(\mathrm{e}^{\mathrm{j}\omega T_{\text{sam}}})=X_{\text{s}}(\mathrm{j}\omega)$$

结合 $\omega=\tilde{\omega}/T_{\text{sam}}$、$\omega_{\text{sam}}=2\pi f_{\text{sam}}=2\pi/T_{\text{sam}}$ 关系，并对比式(4-11-2)和式(4-11-7)，得

$$\boxed{X(\mathrm{e}^{\mathrm{j}\tilde{\omega}})=\frac{1}{T_{\text{sam}}}\sum_{k=-\infty}^{\infty}X\left(\mathrm{j}\left(\frac{\tilde{\omega}}{T_{\text{sam}}}-\frac{2\pi k}{T_{\text{sam}}}\right)\right)} \tag{4-11-8}$$

式(4-11-7)和式(4-11-8)就是 DTFT 与 CTFT 之间的关系，并得出以下

结论：

① 离散序列 $x[n]$ 的频谱 $X(\mathrm{e}^{\mathrm{j}\tilde{\omega}})$ 是连续信号 $x(t)$ 的频谱 $X(\mathrm{j}\omega)$ 以采样角频率 $2\pi/T_{\mathrm{sam}}$ 为周期的周期延拓。周期化过程中，相邻周期的频谱之间有可能发生非零值部分的重叠，这样从采样后信号的频谱将恢复不出采样之前信号的频谱，发生了频谱混叠。

② 计算模拟信号的 CTFT 可以用计算其采样信号的 DTFT 来得到。方法是：在满足奈奎斯特采样定理的条件下，对 $x(t)$ 采样得到 $x[n]$，然后再对 $x[n]$ 进行 DTFT，并乘以 T_{sam}，得到 $x(t)$ 的 CTFT。

理想采样和实际采样的频域参数对应关系如图 4-11-4 所示。

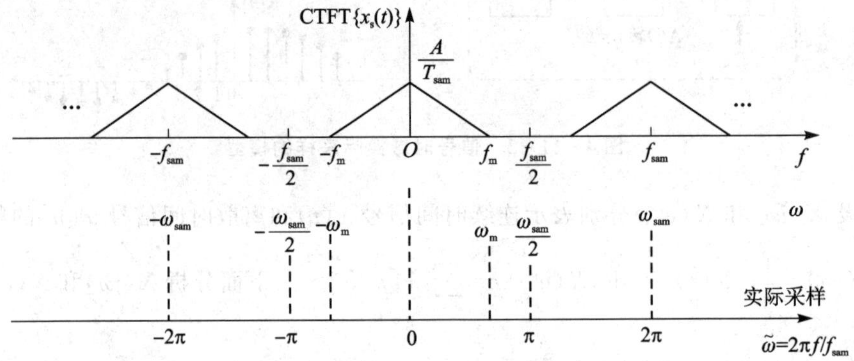

图 4-11-4　理想采样和实际采样的频域参数对应关系

应用中，要取 $f_{\mathrm{sam}}>2f_{\mathrm{m}}$，而一般不取 $f_{\mathrm{sam}}=2f_{\mathrm{m}}$。因为在对正弦信号等周期信号进行采样时，若 $f_{\mathrm{sam}}=2f_{\mathrm{m}}$，且恰好在过零点采样，此时，采样数据就丢失了原信号的信息。实际应用时，一般采用 3～5 倍的 f_{m} 作为 f_{sam}。

下面研究当满足时域采样定理时，如何将数字信号转换成模拟信号。

4.11.3　采样信号的恢复

1. 理想采样信号的恢复

理想采样信号 $x_{\mathrm{s}}(t)$ 的恢复原理如图 4-11-5 所示。将 $x_{\mathrm{s}}(t)$ 的频谱 $X_{\mathrm{s}}(\mathrm{j}\omega)$ 进行 $(-\omega_{\mathrm{sam}}/2\sim\omega_{\mathrm{sam}}/2)$ 截取并乘以 T_{sam}，得到原 $x(t)$ 的频谱 $X(\mathrm{j}\omega)$，即采样信号 $x_{\mathrm{s}}(t)$ 经理想低通滤波器后的响应为 $x(t)$。理想低通滤波器 $H(\mathrm{j}\omega)$ 对应的单位冲激响应为

$$h(t)=\mathrm{CTFT}^{-1}\{H(\mathrm{j}\omega)\}=\frac{1}{2\pi}\int_{-\omega_{\mathrm{sam}}/2}^{\omega_{\mathrm{sam}}/2}T_{\mathrm{sam}}\mathrm{e}^{\mathrm{j}\omega t}\mathrm{d}\omega=\frac{\sin(\pi t/T_{\mathrm{sam}})}{\pi t/T_{\mathrm{sam}}}$$

所以

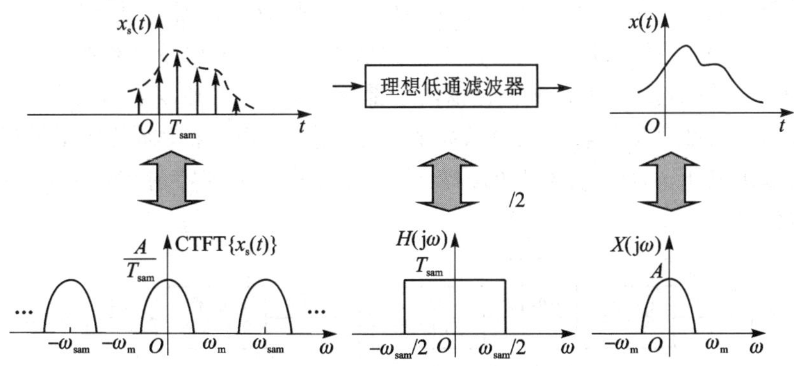

图 4-11-5　理想采样信号 $x_s(t)$ 的恢复原理

$$
\begin{aligned}
x(t) &= h(t) * x_s(t) = \int_{-\infty}^{\infty} h(\tau) x_s(t-\tau) d\tau \\
&= \int_{-\infty}^{\infty} \frac{\sin(\pi\tau/T_{sam})}{\pi\tau/T_{sam}} \left[\sum_{n=-\infty}^{\infty} x(nT_{sam}) \delta(t-\tau-nT_{sam})\right] d\tau \\
&= \sum_{n=-\infty}^{\infty} x(nT_{sam}) \int_{-\infty}^{\infty} \frac{\sin(\pi\tau/T_{sam})}{\pi\tau/T_{sam}} \delta(t-\tau-nT_{sam}) d\tau \\
&= \sum_{n=-\infty}^{\infty} x(nT_{sam}) \frac{\sin[\pi(t-nT_{sam})/T_{sam}]}{\pi(t-nT_{sam})/T_{sam}}
\end{aligned}
$$

从而得到由离散时间信号恢复原连续时间信号的内插公式，即

$$
\boxed{x(t) = \sum_{n=-\infty}^{\infty} x[n] \frac{\sin[\pi(t-nT_{sam})/T_{sam}]}{\pi(t-nT_{sam})/T_{sam}}} \tag{4-11-9}
$$

由采样内插公式可知，$x(t)$ 等于满足采样定理的离散时间信号 $x[n]$ 乘以相应的内插函数之后的线性组合。这一关系如图 4-11-6 所示。

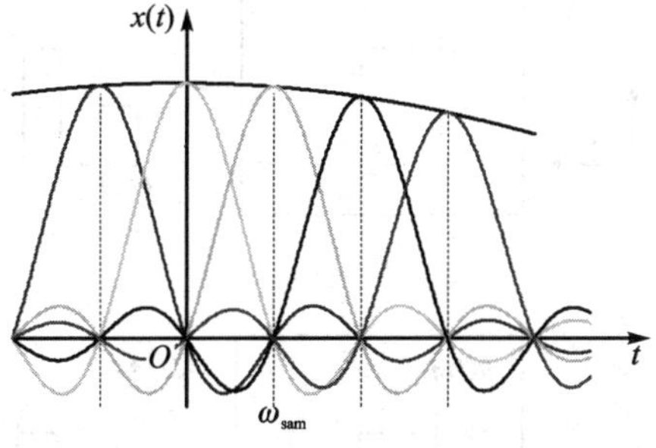

图 4-11-6　采样信号的理想内插恢复

2. 基于零阶保持器(D/A 转换器)的恢复

式(4-11-9)是无限次的叠加过程，也称为正弦插值，为无失真恢复，一般仅用

于取有限项的插值来数字作图,而不能作为 $x[n]$到 $x(t)$的模拟信号物理输出的转换方法。实际中,一般采用 D/A 转换器和滤波器完成数字信号到模拟信号的转换,如图 4－11－7 所示。D/A 转换器包括两个部分,即解码器和零阶保持器。其中,解码器的作用是将数字信号转换成时域离散信号 $x[n]$,零阶保持器的作用是保持D/A 转换器的输出电压。D/A 转换器的输出经平滑滤波器去掉零阶保持器高频部分得到原模拟信号。

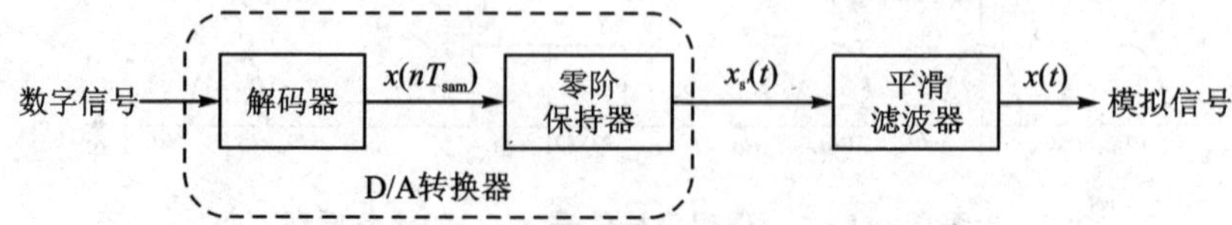

图 4－11－7　数字信号转换为模拟信号的方框图

由时域离散信号 $x[n]$恢复模拟信号的过程是内插的过程。零阶保持器是将前一个采样值进行保持,一直到下一个采样值到来,再跳到新的采样值并保持,因此相当于进行常数内插。$x(nT_{sam})$与零阶保持器 $h(t)=\delta(0)R_{T_{sam}}(t)$的卷积得到$y_s(t)$,$h(t)$在 $0\sim T_{sam}$ 期间为连续的冲激。零阶保持器的单位冲激响应 $h(t)$以及输出波形如图 4－11－8(a)所示。

图 4－11－8(a)中的卷积过程可等效为如图 4－11－8(b)所示的过程。对等效后的 $h_0(t)$进行傅里叶变换,得到其传输函数

$$\begin{aligned} H_0(\mathrm{j}\omega) &= \int_{-\infty}^{\infty} h_0(t)\mathrm{e}^{-\mathrm{j}\omega t}\,\mathrm{d}t = \int_0^{T_{sam}} \mathrm{e}^{-\mathrm{j}\omega t}\,\mathrm{d}t \\ &= T_{sam}\frac{\sin(\omega T_{sam}/2)}{\omega T_{sam}/2}\mathrm{e}^{-\mathrm{j}\omega T_{sam}/2} = T_{sam}\mathrm{Sa}(\omega T_{sam}/2)\,\mathrm{e}^{-\mathrm{j}\omega T_{sam}/2} \end{aligned} \tag{4-11-10}$$

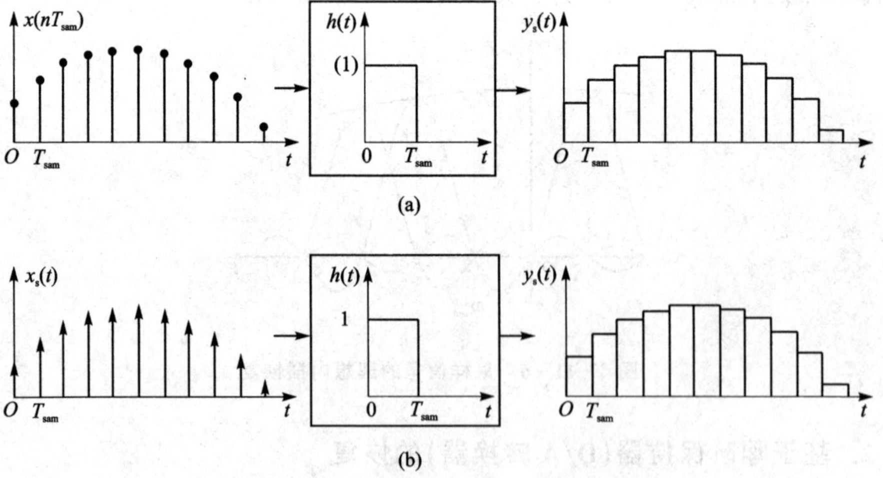

图 4－11－8　零阶保持器的时域响应

显然，零阶保持器输出的频谱为理想采样信号的频谱与 $H_0(\mathrm{j}\omega)$ 的乘积，二者的系数 $1/T_{\mathrm{sam}}$ 和 T_{sam} 抵消。$H_0(\mathrm{j}\omega)$ 的幅度特性如图 4-11-9(a) 所示，其相位特性如图 11-9(b) 所示。显然，$H_0(\mathrm{j}\omega)$ 的幅度特性按抽样函数变化，并不平坦，在 $|\omega|>\pi/T_{\mathrm{sam}}$ 区域有较多的高频分量，还附加了相位延迟，表现在时域上，就是恢复出的模拟信号是台阶形的。因此，需要在 D/A 转换器之后加平滑低通滤波器（理想截止频率为 $\omega_c=\omega_{\mathrm{sam}}/2=\pi/T_{\mathrm{sam}}$），滤除多余的高频分量，对模拟波形起平滑作用。为此，若截取图中虚线所表示的理想低通滤波器部分，能够起到将时域离散信号恢复成模拟信号的作用。也就是说，D/A 转换器输出信号 $x(nT_{\mathrm{sam}})$ 再经过低通滤波器

$$H_0(\mathrm{j}\omega)=\begin{cases}1, & -\omega_{\mathrm{sam}}/2\leqslant\omega\leqslant\omega_{\mathrm{sam}}/2\\ 0, & \text{其他}\end{cases}\tag{4-11-11}$$

后的响应即为 $y(t)$。

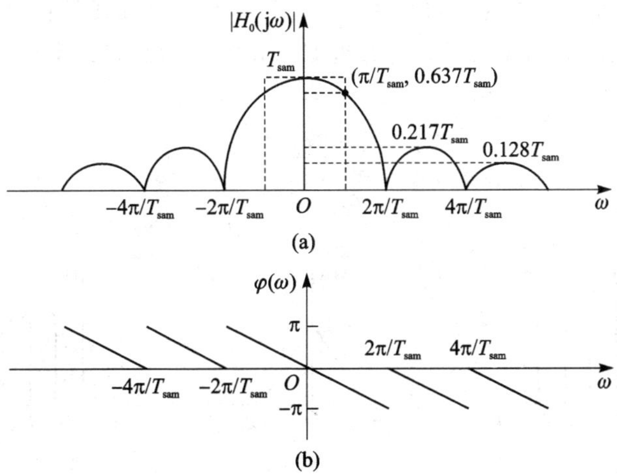

图 4-11-9　零阶保持器的频率特性

当然，$H_0(\mathrm{j}\omega)$ 在低频段并不平坦，尽管 ω_{sam} 越大，低频段越平坦，信号误差越小，但在滤波器的边界频率附近已经有较大衰减。若不采用理想低通滤波器，而是采用如下补偿低通滤波器：

$$H_r(\mathrm{j}\omega)=\begin{cases}\dfrac{e^{\mathrm{j}\omega T_{\mathrm{sam}}/2}}{\mathrm{Sa}(\omega T_{\mathrm{sam}}/2)}, & |\omega|\leqslant\dfrac{\omega_{\mathrm{sam}}}{2}\\ 0, & |\omega|>\dfrac{\omega_{\mathrm{sam}}}{2}\end{cases}\tag{4-11-12}$$

则可直接补偿零阶保持器幅频抽样函数的衰减问题。其频率响应如图 4-11-10 所示。

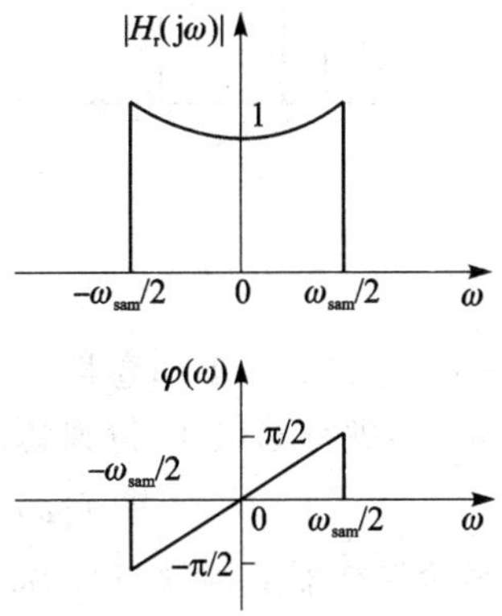

图 4-11-10　补偿滤波器的频率特性

综上,基于 D/A 转换器进行采样恢复的系统框图如图 4-11-11 所示。

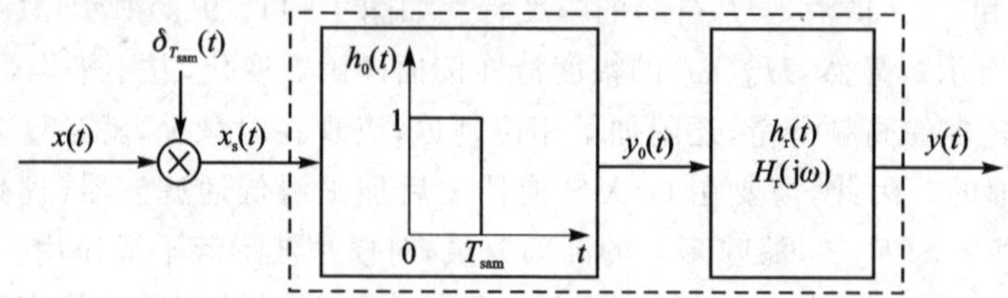

图 4-11-11 零阶保持级联重构滤波器进行采样恢复系统框图

3. 线性内插恢复

零阶保持内插是指用阶梯信号表示连续时间信号,是一种很粗糙的近似。采用高阶的内插函数可以提高近似的程度,如采用一阶内插(即线性内插)把相邻的样本点直接用直线连接起来,采用折线进行近似。如图 4-11-12 所示,线性内插的单位冲激响应呈三角形。

$$h_1(t)=\begin{cases}1-\dfrac{|t|}{T_{sam}}, & t\leqslant T_{sam}\\ 0, & t>T_{sam}\end{cases} \tag{4-11-13}$$

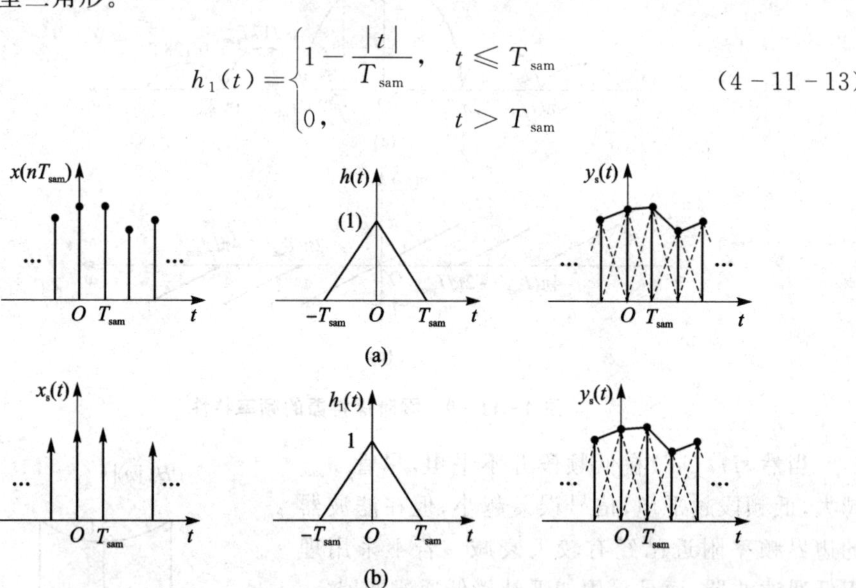

图 4-11-12 线性内插

图 4-11-12(a)所示的卷积过程可等效为如图 4-11-12(b)所示的过程。对等效后的 $h_1(t)$进行 CTFT,得到其传输函数,即

$$H_1(j\omega)=e^{-j\omega t}\,dt=T_{sam}Sa^2(\omega T_{sam}/2) \tag{4-11-14}$$

零阶保持器的幅频与 $Sa(\omega T_{sam}/2)$成正比,采用线性插值变为与 $Sa^2(\omega T_{sam}/2)$成正比,旁瓣的能量变小,减小了对后面低通滤波器的要求。

精确复原 $x(t)$则需要引入如下补偿特性低通滤波器:

$$H_r(j\omega)=\begin{cases}\dfrac{1}{\mathrm{Sa}^2(\omega T_{sam}/2)}, & |\omega|\leqslant\dfrac{\omega_{sam}}{2}\\[2mm] 0, & |\omega|>\dfrac{\omega_{sam}}{2}\end{cases} \tag{4-11-15}$$

线性内插常用于应用系统的数字绘图中。更为复杂的内插可以采用更高阶多项式或其他数学函数进行。

习题及思考题

一、单项选择题

1．周期信号的频谱一定是________。

(A) 离散谱　(B) 连续谱　(C) 有限连续谱　(D) 无限离散谱

2．周期奇函数的傅里叶级数中，只可能含有________。

(A) 正弦项　(B) 直流项和余弦项

(C) 直流项和正弦项　(D) 余弦项

3．如 $x(t)$是连续非周期实信号，下列说法不正确的是________。

(A) 该信号的幅度谱是偶函数

(B) 该信号的幅度谱是奇函数

(C) 该信号的频谱是实偶函数

(D) 该信号的频谱的实部是偶函数，虚部是奇函数

4．已知 $x(t)$是周期为 T_0 的函数，则 $x(t)-x(t+2.5T_0)$的傅里叶级数中________。

(A) 只可能有正弦分量　(B) 只可能有余弦分量

(C) 只可能有奇次谐波分量　(D) 只可能有偶次谐波分量

(E) 以上全错

5．如题图 1 所示的周期信号 $x(t)$，其直流分量等于________。

(A) 0　(B) 2　(C) 4　(D) 6

6．如题图 2 所示的信号 $x(t)$通过截止频率为 50π rad/s、通带内传输幅值为 1、相移为 0 的理想低通滤波器，输出的频率分量为________。

(A) $a_0/2+a_1\cos(20\pi t)+a_2\cos(40\pi t)$

(B) $a_0/2+b_1\sin(20\pi t)+b_2\sin(40\pi t)$

(C) $a_0/2+a_1\cos(20\pi t)$

(D) $a_0/2+b_1\sin(20\pi t)$

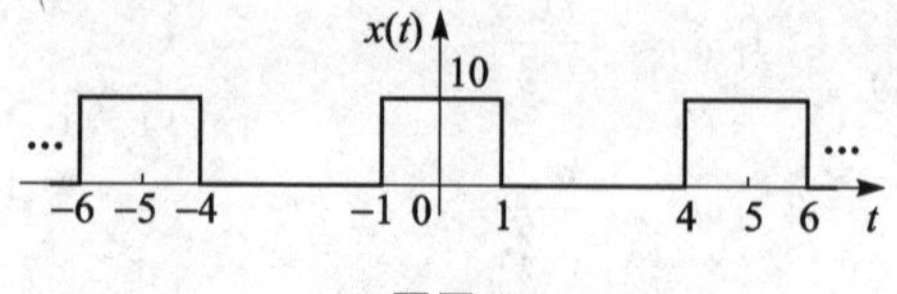

题图 1

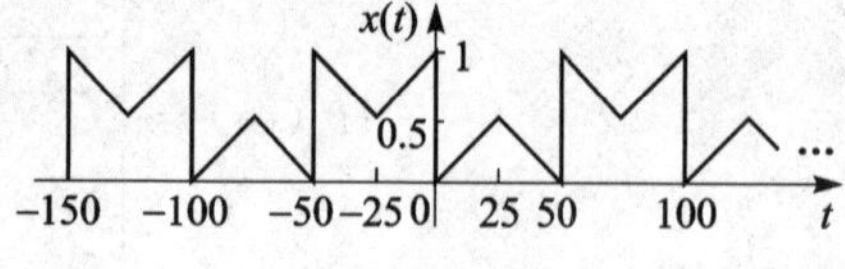

题图 2

7. 不是题图 3 所示信号的傅里叶变换的是________。

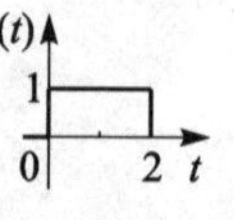

题图 3

(A) $2e^{-j\omega}\mathrm{Sa}(\omega)$　　(B) $0.5\mathrm{Sa}(2\omega)$

(C) $2e^{-j\omega}\dfrac{\sin\omega}{\omega}$　　(D) $\dfrac{1-e^{-j2\omega}}{j\omega}$

8. 已知 $x(t)=2\delta(t-1)$,它的傅里叶变换是________。

(A) 2π　　(B) $2e^{j\omega}$　　(C) $2e^{-j\omega}$　　(D) -2

9. 已知 $x(t)=e^{j2t}\delta(t)$,它的傅里叶变换是________。

(A) 1　　(B) $-2j$　　(C) 0　　(D) $2j$

10. $x(t)=\sin(\omega_0 t)u(t)$的傅里叶变换为________。

(A) $\dfrac{\pi}{j2}[\delta(\omega-\omega_0)-\delta(\omega+\omega_0)]$

(B) $\pi[\delta(\omega-\omega_0)-\delta(\omega+\omega_0)]$

(C) $\dfrac{\pi}{j2}[\delta(\omega-\omega_0)-\delta(\omega+\omega_0)]+\dfrac{\omega_0}{\omega_0^2-\omega^2}$

(D) $[\delta(\omega-\omega_0)-\delta(\omega+\omega_0)]+\dfrac{\omega_0}{\omega_0^2-\omega^2}$

11. 求信号 $x(t)=e^{-(2+j5)t}u(t)$的傅里叶变换为________。

(A) $\dfrac{1}{2+j\omega}e^{j5\omega}$　　(B) $\dfrac{1}{2+j(\omega+5)}$

(C) $\dfrac{1}{-2+j(\omega-5)}$　　(D) $\dfrac{1}{5+j\omega}e^{j2\omega}$

12. 周期信号 $x(t)=\sum\limits_{i=-\infty}^{\infty}\delta(t-2i)$ 的傅里叶变换是________。

(A) $2\pi\sum\limits_{i=-\infty}^{\infty}\delta(\omega-i\pi)$　　(B) $\pi\sum\limits_{i=-\infty}^{\infty}\delta(\omega-2i\pi)$

(C) $\pi\sum\limits_{i=-\infty}^{\infty}\delta(\omega-i\pi)$　　(D) $0.5\pi\sum\limits_{i=-\infty}^{\infty}\delta(\omega-i\pi)$

13. 若如题图 4(a)所示的信号 $x_1(t)$的傅里叶变换 $X_1(j\omega)$已知,那么如题图 4(b)所示信号 $x_2(t)$的傅里叶变换为________。

(A) $X_1(-j\omega)e^{-j\omega t_0}$　　(B) $X_1(j\omega)e^{-j\omega t_0}$

(C) $X_1(-j\omega)e^{j\omega t_0}$　　(D) $X_1(j\omega)e^{j\omega t_0}$

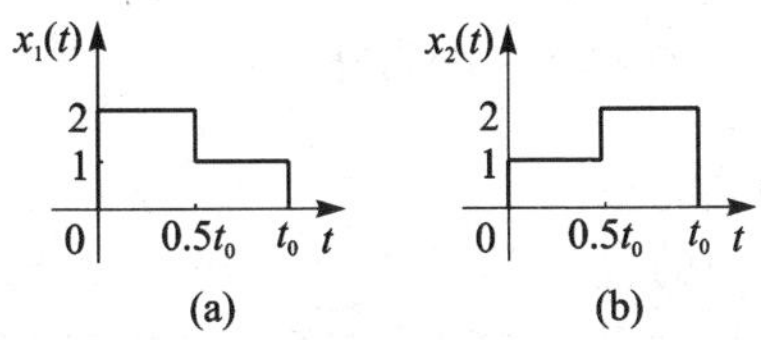

题图 4

14. 设 $x(t)$ 的频谱函数为 $X(j\omega)$，则 $x(-0.5t+3)$ 的频谱函数等于________。

(A) $\frac{1}{2}X\left(-j\frac{\omega}{2}\right)e^{-j\frac{3}{2}\omega}$　　(B) $\frac{1}{2}X\left(j\frac{\omega}{2}\right)e^{j\frac{3}{2}\omega}$

(C) $2X(-j2\omega)e^{j6\omega}$　　(D) $2X(-j2\omega)e^{-j6\omega}$

15. 矩形脉冲信号 $x(t)$ 与 $2x(2t)$ 之间具有相同的________。

(A) 频带宽度　(B) 脉冲宽度　(C) 直流分量　(D) 能量

(E) 以上全错

16. 连续时间信号 $x(t)$ 的波形如题图 5 所示，如果其频谱为 $X(j\omega)=|X(j\omega)|e^{j\varphi(\omega)}$，则 $\varphi(\omega)$ 等于________。

(A) 4ω　(B) 2ω　(C) -2ω　(D) 以上全错

17. 如题图 6 所示的信号 $x(t)$，其傅里叶变换的实部 $R(\omega)$ 为________。

(A) $3\mathrm{Sa}(2\omega)$　(B) $3\mathrm{Sa}(\omega)$　(C) $3\mathrm{Sa}(\omega/2)$　(D) $2\mathrm{Sa}(\omega)$

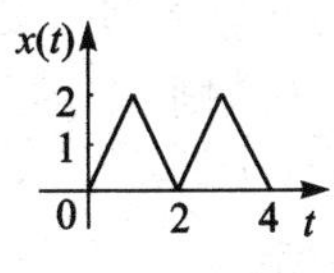

题图 5

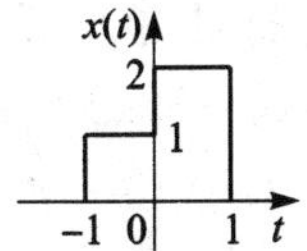

题图 6

18. 信号 $x(t)$ 的傅里叶变换为 $X(j\omega)$，则 $e^{j4t}x(t-2)$ 的傅里叶变换为________。

(A) $X(j\omega-4)e^{-2(j\omega-4)}$　　(B) $X\big(j(\omega-4)\big)e^{-j2(\omega-4)}$

(C) $X\big(j(\omega+4)\big)e^{j2(\omega+4)}$　　(D) $X\big(j(\omega+4)\big)e^{-j2(\omega+4)}$

19. 信号 $x(t)=\frac{d}{dt}\left[e^{-2(t-1)}u(t)\right]$ 的傅里叶变换 $X(j\omega)$ 等于________。

(A) $\frac{j\omega}{2+j\omega}e^{2}$　(B) $\frac{j\omega}{-2+j\omega}e^{2}$　(C) $\frac{j\omega}{2+j\omega}e^{j\omega}$　(D) $\frac{j\omega}{-2+j\omega}e^{j\omega}$

20. 离散时间信号 $x[n]=\frac{1}{2\pi}e^{j\omega_0 n}$ 的傅里叶变换为________。

(A) $\delta(\tilde{\omega}-\omega_0)$　　(B) $\delta(\tilde{\omega}-\omega_0-2\pi)$

(C) $\delta(\tilde{\omega}+\omega_0)$　　(D) $\sum_{n=-\infty}^{\infty}\delta(\tilde{\omega}-\omega_0-2n\pi)$

21. 已知实信号 $x(t)$ 的傅里叶变换 $X(j\omega)=R(\omega)+jI(\omega)$，则信号 $y(t)=$

$\frac{1}{2}[x(t)+x(-t)]$的傅里叶变换$Y(j\omega)$等于________。

(A) $R(\omega)$　　(B) $2R(\omega)$　　(C) $2R(2\omega)$　　(D) $R(0.5\omega)$

22. 连续时间信号$x(t)$的最高频率$\omega_m=10^4\pi$ rad/s;若对其取样,并从取样后的信号中恢复原信号$x(t)$,则奈奎斯特间隔和所需低通滤波器的截止频率分别为________。

(A) 10^{-4} s,10^4 Hz　　(B) 10^{-4} s,5×10^3 Hz

(C) 5×10^{-3} s,5×10^3 Hz　　(D) 5×10^{-3} s,10^4 Hz

23. 假设信号$x_1(t)$的奈奎斯特采样频率为ω_1,$x_2(t)$的奈奎斯特采样频率为ω_2,则信号$x(t)=x_1(t+2)x_2(t+1)$的奈奎斯特采样频率为________。

(A) ω_1　　(B) ω_2　　(C) $\omega_1+\omega_2$　　(D) $\omega_1\omega_2$

(E) 以上全错

24. 信号$x(t)=\cos\left(\frac{\omega}{2}t+\varphi_0\right)$,当采样频率至少为下列________时,$x(t)$就唯一地由采样值$x[n]$确定。

(A) 4ω　　(B) 0.5ω　　(C) 2ω　　(D) ω

25. 信号$x(t)=\frac{(\sin 50\pi t)^2}{(\pi t)^2}$,其傅里叶变换为$X(j\omega)$。现在用采样频率$\omega_{sam}=50\pi$ rad对$x(t)$进行冲激串采样,以得一个信号$x_{sam}(t)$,其傅里叶变换为$X_{sam}(j\omega)$。为确保$X_{sam}(j\omega)=75X(j\omega)$,$|\omega|<\omega_0$,则$\omega_0$的最大值是________。

(A) 50π　　(B) 100π　　(C) 150π　　(D) 25π

26. 判断下列三种说法中________是错误的。

(A) 只要采样周期$T_{sam}<2T_0$,信号$x(t)=u(t+T_0)-u(t-T_0)$的冲激串取样不会有混叠

(B) 只要采样周期$T_{sam}<\pi/\omega_0$,傅里叶变换为$X(j\omega)=u(\omega+\omega_0)-u(\omega-\omega_0)$的信号$x(t)$的冲激串取样不会有混叠

(C) 只要采样周期$T_{sam}<\pi/\omega_0$,傅里叶变换为$X(j\omega)=u(\omega)-u(\omega-\omega_0)$的信号$x(t)$的冲激串取样不会有混叠

27. 已知$x(t)=\mathrm{Sa}^2(t)$,对$x(t)$进行理想冲激采样,则使频谱不发生混叠的奈奎斯特间隔T_{sam}为________。

(A) $\frac{\pi}{2}$ s　　(B) $\frac{2}{\pi}$ s　　(C) π s　　(D) $\frac{1}{4}$ s

二、判断题

1. 所有连续的周期信号的频谱都有收敛性。(　　)
2. 没有信号可以既是有限时长的同时又有带限的频谱。(　　)
3. 一个奇的且为纯虚数的信号总是有一个奇的且为纯虚数的傅里叶变换。(　　)

4. $x(t)$为周期偶函数，则其傅里叶级数只有偶次谐波。(　　)

5. 单位圆上的 Z 变换即为非周期序列的傅里叶变换。(　　)

三、填空题

1. 已知冲激串 $\delta_{T_{sam}}(t)=\sum\limits_{n=-\infty}^{\infty}\delta(t-nT_{sam})$，其三角形式的傅里叶级数 $a_n=$ ________，$b_n=$ ________，指数形式的傅里叶级数为________。

2. 连续周期信号 $x(t)=\cos(2\pi t)+3\cos(6\pi t)$的三角形式傅里叶级数 $a_n=$ ________，$b_n=$ ________。

3. 周期信号 $x(t)$的双边频谱 X_k 如题图 7 所示，$\omega_0=1$ rad/s，则 $x(t)$的三角函数表达式为________。

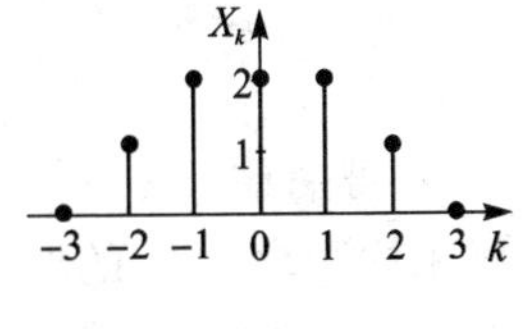

题图 7

4. $\dfrac{\sin(4\pi t)}{\pi t}*[\cos(2\pi t)+\sin(6\pi t)]=$ ________。

5. 如题图 8 所示的周期矩形脉冲信号 $x(t)$的频谱在 0～150 kHz 的频率范围内共有________根谱线。

6. 频谱函数 $X(j\omega)=g_4(\omega)\cos(\pi\omega)$的傅里叶逆变换 $x(t)$等于________。

7. 如题图 9 所示的信号 $x(t)$的傅里叶变换记为 $X(j\omega)$，试求 $X(j0)=$ ________，$\int_{-\infty}^{\infty}X(j\omega)d\omega=$ ________。

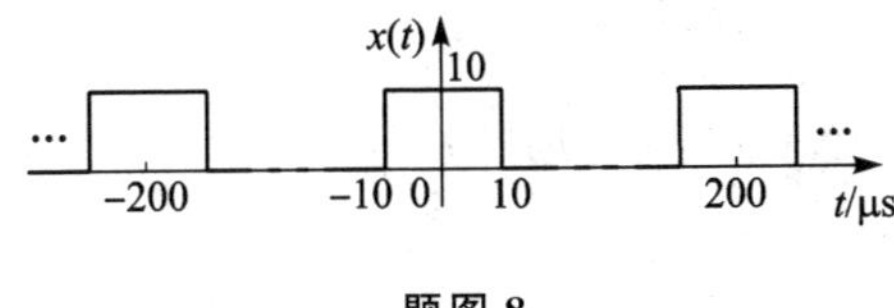

题图 8

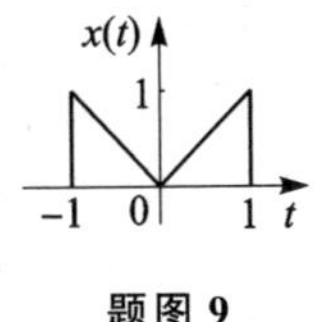

题图 9

8. 频谱函数 $X(j\omega)=2u(1-\omega)$的傅里叶逆变换 $x(t)=$ ________。

9. 频谱函数 $X(j\omega)=\dfrac{1}{j\omega-1}$的傅里叶逆变换 $x(t)=$ ________。

10. 信号 $X(t)=2\dfrac{\sin t}{t}$的能量为________。

11. $\dfrac{\sin(2\pi t)}{2\pi t}*\dfrac{\sin(8\pi t)}{8\pi t}=$ ________。

12. 已知离散时间 LTI 系统的单位脉冲响应为 $h[n]=(0.5)^n u[n]$，该系统的频率响应 $H(e^{j\tilde{\omega}})=$ ________。当系统的输入序列为 $x[n]=\cos\left[\dfrac{\pi n}{4}\right]$时，该系统的稳态响应为________。

13. 若连续时间 LTI 系统的输入为 $x(t)$,输出为 $y(t)$,则系统无失真传输的时域表达式为 $y(t)=$________。

14. 已知一连续 LTI 系统的频率响应 $H(\mathrm{j}\omega)=\dfrac{1+\mathrm{j}\omega}{1-\mathrm{j}\omega}$,该系统的幅频特性 $|H(\mathrm{j}\omega)|=$________,相频特性 $\varphi(\omega)=$________,是否无失真传输系统________。

15. 已知 $x(t)$的频谱函数 $X(\mathrm{j}\omega)=\begin{cases}1, & |\omega|\leqslant 2\pi\ \mathrm{rad/s}\\ 0, & |\omega|>2\pi\ \mathrm{rad/s}\end{cases}$,则对 $x(2t-1)$进行均匀取样的奈奎斯特取样间隔 T_{sam} 为________。

16. 若 $x(t)$的奈奎斯特角频率为 ω_0,则 $x(t)+x(t-t_0)$的奈奎斯特角频率为________,$x(t)\cos(\omega_0 t)$的奈奎斯特角频率为________,$x(3t)$的奈奎斯特角频率为________。

17. 对带通信号 $x(t)=\mathrm{Sa}(\pi t)\cos(4\pi t)$进行采样,要求采样后频谱不发生混叠失真,则采样频率 ω_{sam} 的取值范围为________。

18. 设 $x(t)$为一带限信号,其截止频率 $\omega_{\mathrm{m}}=8$ rad/s。现对 $x(4t)$取样,则不发生频谱混叠时的最大间隔 $T_{\mathrm{sam}}=$________。

四、画图、证明与分析计算题

1. 已知周期信号

$$x(t)=3\cos t+\sin\left(5t+\frac{\pi}{6}\right)-2\cos\left(8t-\frac{2\pi}{3}\right)$$

要求:(1) 画出单边幅度谱和相位谱;(2) 计算并画出信号的功率谱。

2. 假设实信号 $x(t)$是因果信号,即 $x(t)=0, t\leqslant 0$,且其傅里叶变换 $X(\mathrm{j}\omega)$满足:

$$\frac{1}{2\pi}\int_{-\infty}^{\infty}\mathrm{Re}\{X(\mathrm{j}\omega)\}\,\mathrm{e}^{\mathrm{j}\omega t}\,\mathrm{d}\omega=\mathrm{e}^{-|t|}$$

求 $x(t)$。

3. 已知频谱 $X(\mathrm{j}\omega)$如题图 10 所示,求 $x(t)$。

4. 已知信号 $x(t)$如题图 11 所示,其傅里叶变换 $X(\mathrm{j}\omega)=|X(\mathrm{j}\omega)|\mathrm{e}^{\mathrm{j}\varphi(\omega)}$。求:

(1) $X(\mathrm{j}0)$ 的值;

(2) 积分$\int_{-\infty}^{\infty}X(\mathrm{j}\omega)\mathrm{d}\omega$;

(3) 信号的能量。

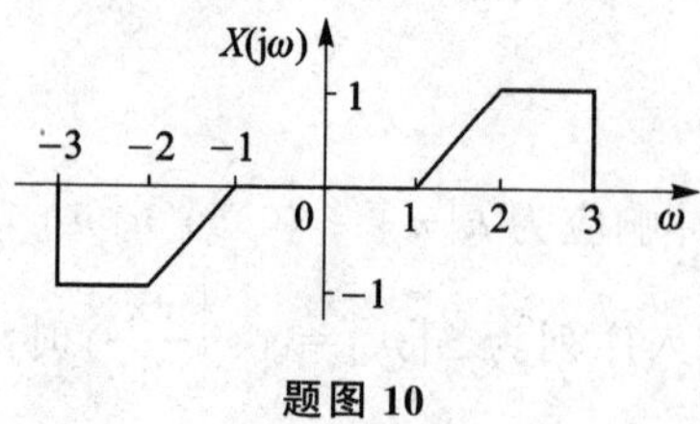

题图 10

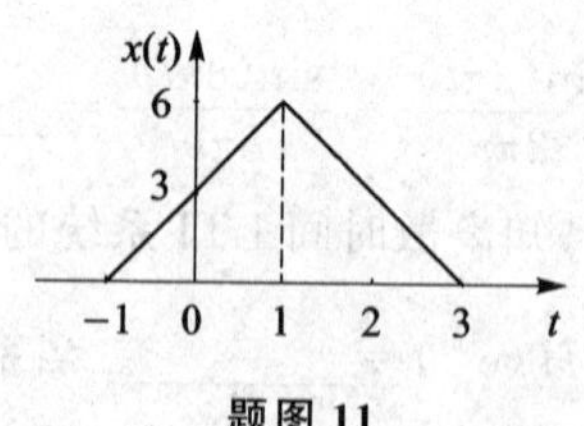

题图 11

5. 利用 CTFT 的性质证明：$\int_{-\infty}^{\infty}\mathrm{Sa}^2(t)\mathrm{d}t=\pi$。

6. 已知系统输入信号为 $x(t)$，且 $x(t)\leftrightarrow X(\mathrm{j}\omega)$，系统函数为 $H(\mathrm{j}\omega)=-2\mathrm{j}\omega$，分别求 $x(t)=\mathrm{e}^{\mathrm{j}t}$ 和 $X(\mathrm{j}\omega)=\dfrac{1}{2+\mathrm{j}\omega}$ 两种情况下的响应 $y(t)$。

7. 已知 $\mathrm{CTFT}\{\mathrm{e}^{-|t|}\}=\dfrac{2}{1+\omega^2}$，试借助 CTFT 的性质求解：(1) $\mathrm{CTFT}\{t\mathrm{e}^{-|t|}\}$；(2) $\mathrm{CTFT}\left\{\dfrac{4t}{(1+t^2)^2}\right\}$

8. 利用傅里叶变换证明：$\int_{-\infty}^{\infty}\dfrac{\sin(\alpha\omega)}{\alpha\omega}\mathrm{d}\omega=\dfrac{\pi}{|\alpha|}$。

9. 信号 $x(t)$ 的傅里叶变换 $X(\mathrm{j}\omega)$，求在给出以下 3 个条件下的 $x(t)$ 的闭合表达式：

(1) $x(t)$ 是实值且非负的；

(2) $\mathrm{CTFT}^{-1}[(1+\mathrm{j}\omega)X(\mathrm{j}\omega)]=A\mathrm{e}^{-2t}u(t)$，$A$ 与 t 无关；

(3) $\int_{-\infty}^{\infty}|X(\mathrm{j}\omega)|^2\mathrm{d}\omega=2\pi$。

10. 题图 12 所示为一幅度调制系统，$x(t)$ 为带限信号，其最高角频率为 ω_{m}，$p(t)$ 为冲激串信号，$p(t)=\dfrac{2\pi}{5\omega_{\mathrm{m}}}\sum_{i=-\infty}^{\infty}\delta\left(t-i\dfrac{2\pi}{5\omega_{\mathrm{m}}}\right)$，$h(t)=\dfrac{\sin(6\omega_{\mathrm{m}}t)}{\pi t}$。求 $y(t)$。

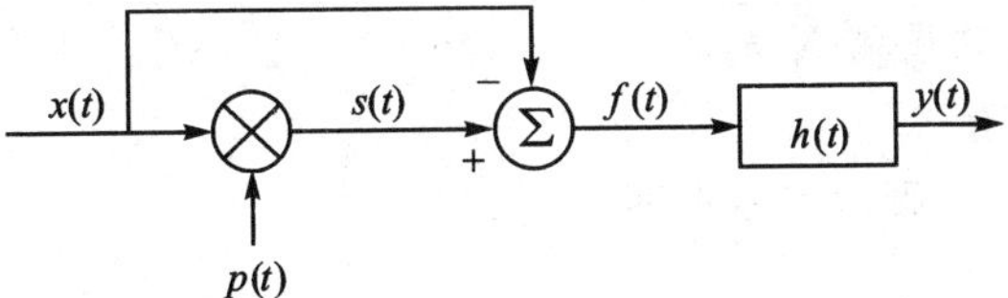

题图 12

11. 某一系统如题图 13 所示，已知

$$x(t)=\sum_{n=0}^{M}\left(\frac{1}{2}\right)^n\cos(n\pi t),\quad p(t)=\sum_{n=-\infty}^{\infty}\delta(t-nT_{\mathrm{sam}})$$

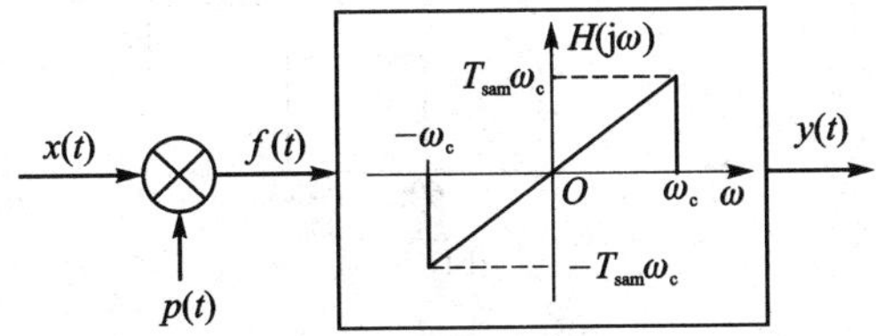

题图 13

T_{sam} 为取样周期，取样角频率 $\omega_{\mathrm{sam}}=\dfrac{2\pi}{T_{\mathrm{sam}}}$，$\omega_{\mathrm{c}}=\dfrac{\omega_{\mathrm{sam}}}{2}$，问：

(1) 当 $T_{sam}=0.2$ 时,信号 $f(t)$ 不发生频谱混叠,试确定 M 的最大值;

(2) 当 $T_{sam}=0.1$ 时,$M=6$,$y(t)$ 的傅里叶级数表示。

12. 如题图 14 所示的系统,已知 $x(t)=\sum_{n=-\infty}^{\infty}e^{jnt}$($n$ 为整数),$s(t)=\cos t$,$H(j\omega)=\begin{cases}1, & |\omega|<1.5\\0, & |\omega|>1.5\end{cases}$。求 A、B、C 各点信号的频谱和输出 $y(t)$。

13. 题图15所示为频谱压缩系统。已知 $x(t)=A+B\cos(\omega_0 t)$,$s(t)=\delta_{T_s}(t)=\sum_{n=-\infty}^{\infty}\delta(t-nT_s)$,$H(j\omega)=\begin{cases}T_s, & |\omega|<\omega_s/2\\0, & |\omega|>\omega_s/2\end{cases}$,$\omega_s=\dfrac{2\pi}{T_s}=\dfrac{\omega_0}{1.025}$,求证该系统的输出为 $y(t)=Kx(at)$,并确定 K 和压缩比 a 值。

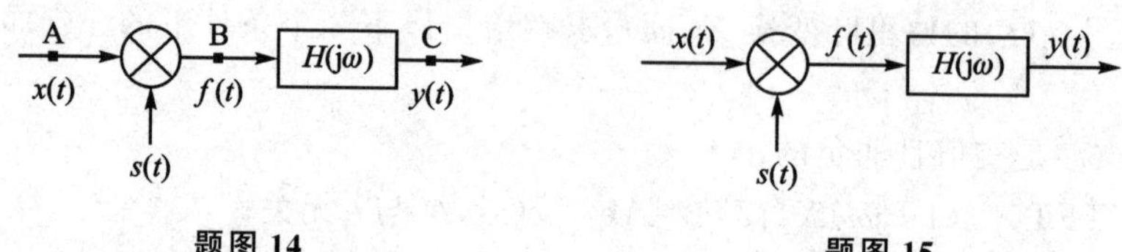

题图 14　　题图 15

14. 在题图 16(a)所示的系统中,若 $x(t)$ 的频谱 $X(j\omega)$ 和 $H_1(j\omega)$ 如题图 16(b)所示,其中 $H_2(j\omega)=\begin{cases}\dfrac{\sin(15\omega)}{\omega}, & |\omega|\leqslant 30\pi\\0, & |\omega|>30\pi\end{cases}$。若要使输出 $y(t)=x(t)$,要求:

(1) 画出 $x_2(t)$ 的频谱 $X_2(j\omega)$;

(2) 确定 ω_2 的值;

(3) 求 $H_3(j\omega)$,并画出其波形图。

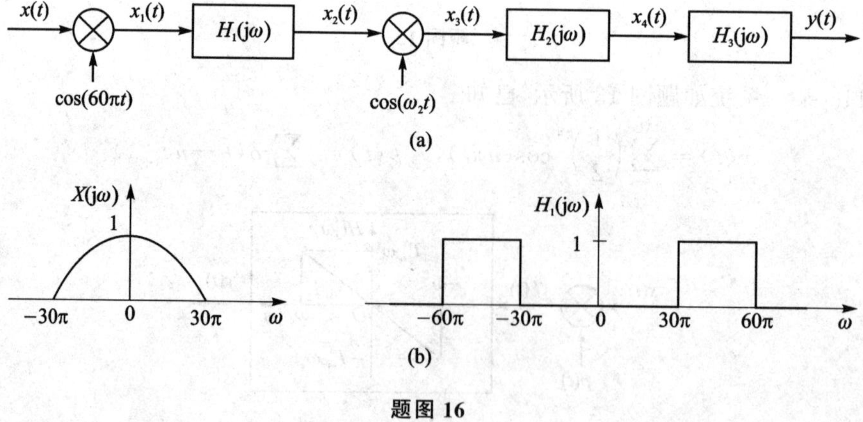

(a)

(b)

题图 16

15. 两信号 $x_1(t)$、$x_2(t)$ 的相关函数定义为 $r(t)=\int_{-\infty}^{\infty}x_1(\tau)x_2(t+\tau)d\tau$。已知 $x_1(t)=e^{-t}u(t)$,$r(t)=e^{-2t}u(t)$,求 $x_2(t)$。

16. 实因果信号 $x(t)=x(t)u(t)$ 的傅里叶变换 $X(\mathrm{j}\omega)=R(\omega)+\mathrm{j}I(\omega)$，已知 $R(\omega)=\dfrac{\sin\omega}{\omega}$，要求：

(1) 计算 $I(\omega)$；

(2) 求 $x(t)u(t)$。

17. 某连续时间 LTI 互联系统如题图 17 所示，其中，$h_1(t)=\dfrac{\mathrm{d}}{\mathrm{d}t}\left[\dfrac{\sin(\omega_c t)}{2\pi t}\right]$，$H_2(\mathrm{j}\omega)=\mathrm{e}^{-\mathrm{j}\frac{2\pi\omega}{\omega_c}}$，$h_3(t)=\dfrac{\sin(3\omega_c t)}{\pi t}$，$h_4(t)=u(t)$。

(1) 确定 $H_1(\mathrm{j}\omega)$，并画出其图形。

(2) 求整个系统的冲激响应 $h(t)$。

(3) 判断系统的下列性质，并说明理由：① 记忆或无记忆；② 因果性；③ 稳定性。

(4) 当系统输入 $x(t)=\sin(2\omega_c t)+\cos(0.5\omega_c t)$ 时，求系统的输出 $y(t)$。

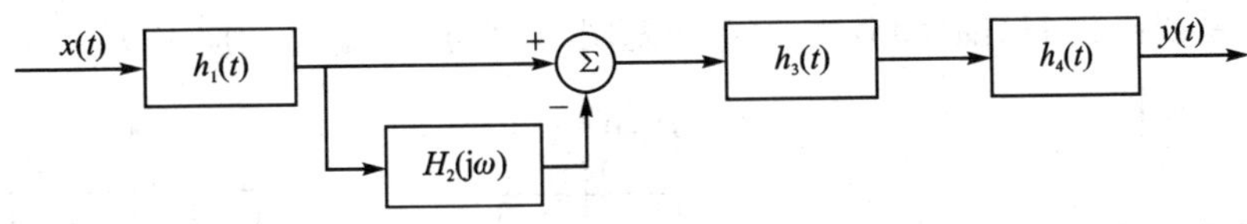

题图 17

18. 同题图 17 所示的 LTI 连续系统。已知 $h_1(t)=\dfrac{\mathrm{d}}{\mathrm{d}t}\left[\dfrac{\sin(2t)}{2\pi t}\right]$，$H_2(\mathrm{j}\omega)=\mathrm{e}^{-\mathrm{j}\pi\omega}$，$h_3(t)=u(t)$，$h_4(t)=\dfrac{\sin(6t)}{\pi t}$。

(1) 求复合系统的频率响应 $H(\mathrm{j}\omega)$ 和单位冲激响应 $h(t)$；

(2) 若输入 $x(t)=\sin(4t)+\cos t$，求系统的零状态响应 $y_{zs}(t)$；

(3) 求响应 $y_{zs}(t)$ 的功率。

19. 某 LTI 系统的单位冲激响应为 $h(t)=\dfrac{1}{2T_0}\left[\mathrm{Sa}\left(\dfrac{\pi t}{T_0}\right)+2\mathrm{Sa}\left(\dfrac{\pi t}{T_0}-\dfrac{\pi}{2}\right)+\mathrm{Sa}\left(\dfrac{\pi t}{T_0}-\pi\right)\right]$，求：

1) 该系统的频率响应 $H(\mathrm{j}\omega)$，并概要画出其幅频响应和相频响应，它是什么类型（低通、高通、带通、全通、线性相位等）的滤波器？

(2) 当系统的输入 $x(t)=\dfrac{\sin\left(\dfrac{\pi t}{2T_0}\right)}{\pi t}\sin\left(\dfrac{2\pi t}{T_0}\right)+\sum\limits_{n=0}^{\infty}2^{-n}\cdot\cos\left[n\left(\dfrac{\pi t}{2T_0}+\dfrac{\pi}{4}\right)\right]$ 时，求系统的输出 $y(t)$。

20. 已知 $x(t)$ 的波形如题图 18 所示，求：

(1) $x(t)$的傅里叶变换 $X_1(\mathrm{j}\omega)$;

(2) $x(6-2t)$的傅里叶变换 $X_2(\mathrm{j}\omega)$。

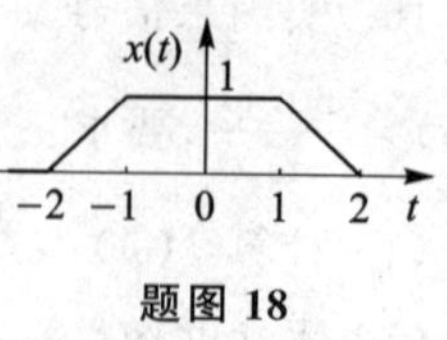

题图 18

21. 已知输入 $x(t)=f(t)\cos(\omega_0 t)$,且 $f(t)$的频谱为 $F(\mathrm{j}\omega)$,当$|\omega|>\omega_0$ 时,$|F(\mathrm{j}\omega)|=0$,设 LTI 系统的单位冲激响应 $h(t)=\dfrac{1}{\pi t}$。

(1) 证明:信号 $f(t)$产生系统的零状态响应为 $y_{zs}(t)=f(t)\sin(\omega_0 t)$;

(2) 写出频率特性函数,并说明该滤波器为何种滤波器。

22. 已知某一稳定 LTI 系统:$H(\mathrm{j}\omega)=\dfrac{\mathrm{j}\omega}{-\omega^2+3\mathrm{j}\omega+2}$,输入 $x(t)$如题图 19 所示,求:

(1) 系统冲激响应 $h(t)$;

(2) 系统的初始状态($t=0\_$);

(3) $t>0$ 时,系统响应 $y(t)$。

23. 系统函数 $H(\mathrm{j}\omega)$和激励 $x(t)$如题图 20 所示,求系统响应 $y(t)$。

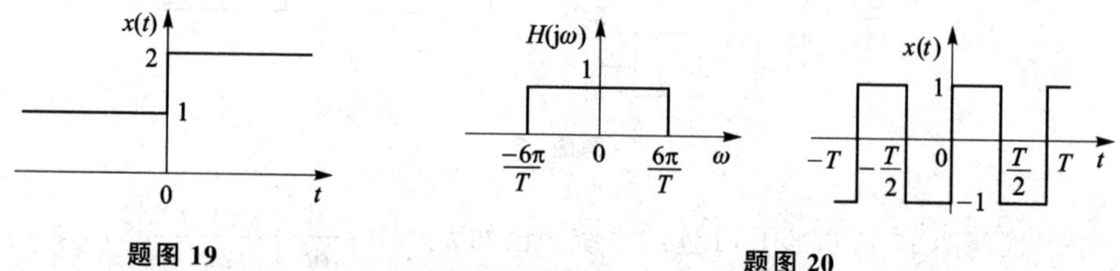

题图 19　　题图 20

24. LTI 系统的频率响应如题图 21(a)所示,系统输入 $x(t)$如题图 21(b)所示,请给出系统的零状态响应 $y_{zs}(t)$波形图或解析表示。

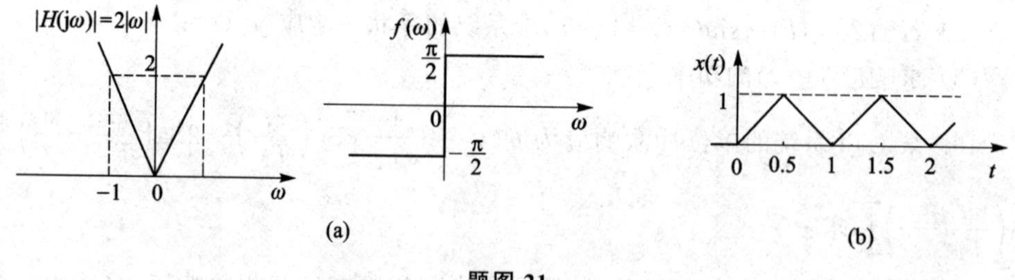

题图 21

25. 已知系统框图如题图 22 所示,其中 $x_1(t)=\dfrac{\sin 100t}{\pi t}$,$x_2(t)=T\sum\limits_{n=-\infty}^{\infty}\delta(t-nT)$。

(1) 画出 $x_1(t)$、$x_2(t)$频谱图;

(2) 在如图 22(a)所示的系统中,若要求 $y(t)=x_1(t-0.03)$,试确定 $x_2(t)$的周期 T 及框图中的 $H(\mathrm{j}\omega)$;

(3) 在如图 22(b)所示的系统中，若要求 $y(t)=x_1(t)$，试确定 $x_2(t)$的周期 T 及框图中的 $H(\mathrm{j}\omega)$。

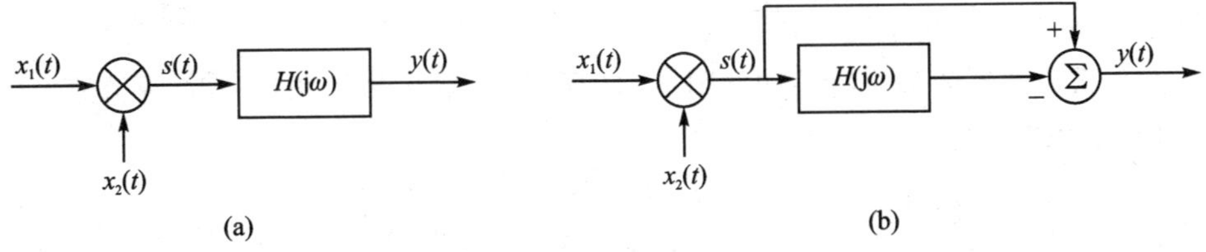

题图 22

26. 一连续时间理想低通滤波器的频率响应 $H(\mathrm{j}\omega)=\begin{cases}1, & |\omega|\leqslant 100\\ 0, & |\omega|>100\end{cases}$。当基波周期为 $T_0=\dfrac{\pi}{6}$，其傅里叶级数系数 X_n 的周期信号 $x(t)$输入到滤波器时，滤波器的输出为 $y(t)$，且 $y(t)=x(t)$。问对于什么样的 n 值，才能使 $X_n=0$？

27. 考虑题图 23 所示的系统，其中，$x(t)$是周期为 $T_0=\dfrac{2\pi}{\omega_0}$ 的实周期信号，其傅里叶级数为 $x(t)=\sum\limits_{n=-\infty}^{\infty}X_n\mathrm{e}^{\mathrm{j}n\omega_0 t}$，已知 $p(t)=\cos(\omega_0 t)$，$h(t)=\dfrac{\omega_0}{2\pi}\mathrm{Sa}\left(\dfrac{\omega_0 t}{2}\right)$。

(1) 求系统的输出 $y(t)$；

(2) 若把 $p(t)$改为 $p(t)=\sin(\omega_0 t)$，重新求 $y(t)$；

(3) 基于(1)、(2)的结果，请回答：如果要求分别确定一个周期信号 $x(t)$任一个傅里叶系数 X_n 的实部和虚部，应如何选择 $p(t)$？

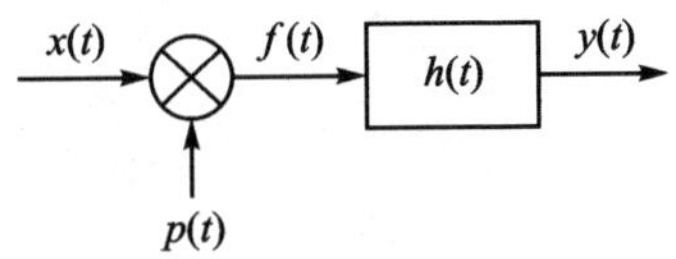

题图 23

28. 如题图 24(a)所示的系统，$x(t)$为被传送的信号，设其频谱 $X(\mathrm{j}\omega)$如题图 24(b)所示，$x_1(t)=x_2(t)=\cos(\omega_0 t)$，$\omega_0>>\omega_b$，$x_1(t)$为发送端的载波信号，$x_2(t)$为接收端的本地振荡信号。

(1) 求解并画出 $y_1(t)$的频谱 $Y_1(\mathrm{j}\omega)$；

(2) 求解并画出 $y_2(t)$的频谱 $Y_2(\mathrm{j}\omega)$；

(3) 今预输出信号 $y(t)=x(t)$，求理想低通滤波器的传递函数 $H(\mathrm{j}\omega)$，并画出其频谱图。

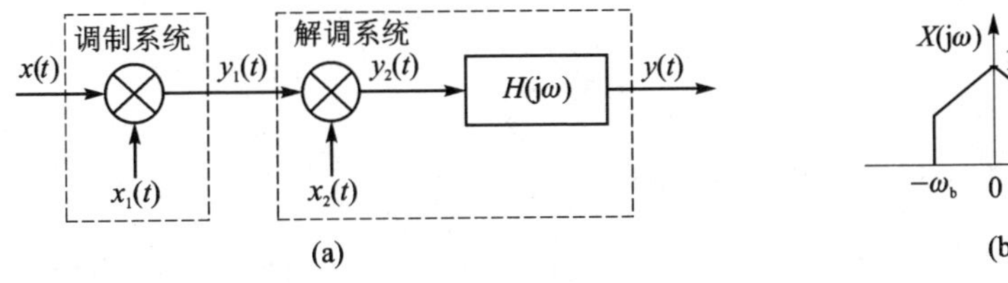

题图 24

29. 设有周期电流 $i(t)=A_0+\sum\limits_{k=1}^{\infty}\sqrt{2}A_k\cos k\omega_1 t$，$A_k$ 为各次谐波的有效值。试证明 $i(t)$ 的有效值为 $I=\sqrt{A_0^2+A_1^2+A_2^2+\cdots+A_k^2}$。

30. 某滤波器的频率特性如题图 25(a)所示，当输入为题图 25 (b)所示的 $x(t)$ 信号时，求相应的输出 $y(t)$。

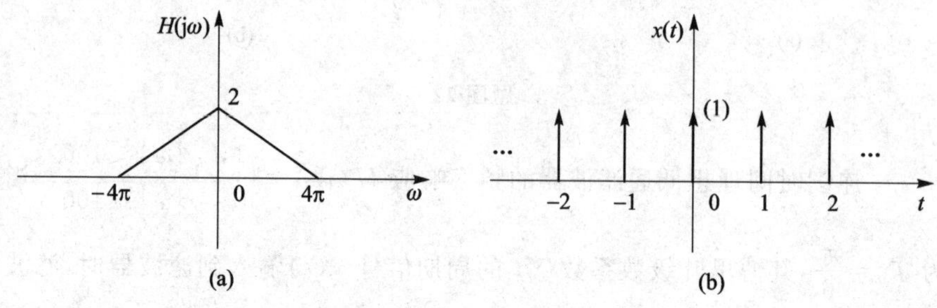

题图 25

31. 如题图 26 所示的系统，设输入信号 $x(t)$的频谱 $X(\mathrm{j}\omega)$和系统特性$H_1(\mathrm{j}\omega)$、$H_2(\mathrm{j}\omega)$均给定，试画出 $y(t)$的频谱。

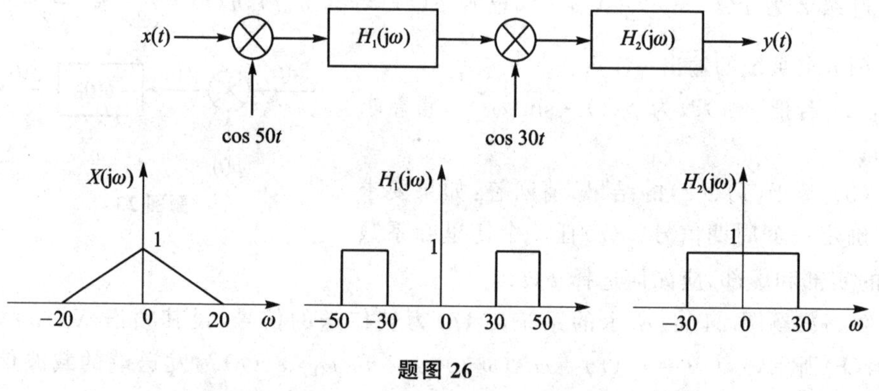

题图 26

32. 对于题图 27 所示的理想带通滤波器，求：

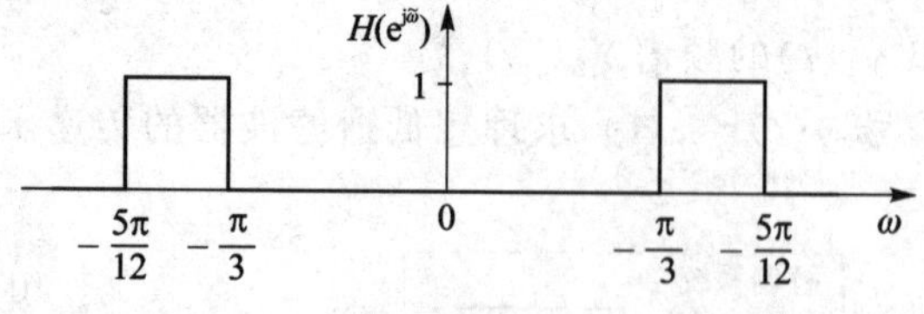

题图 27

(1) 滤波器的单位脉冲响应 $h[n]$；

(2) 对输入信号 $x[n]=\left[(-1)^n+\sum\limits_{m=-4}^{4}a_m\mathrm{e}^{-\mathrm{j}m\left(\frac{2\pi}{9}\right)n}\right]u[n]$ 的稳态响应($n\rightarrow\infty$

时系统的响应)；

(3) 信号 $x_1[n]=\delta[n-2]+\delta[n+4]$经过系统后输出信号的频谱；

(4) 信号 $x_2[n]=1+\sin\left[\frac{3\pi}{8}n+\frac{\pi}{4}\right]$经过系统后输出信号的频谱。

33. 试完成下面两题：

(1) 设低通滤波器的单位脉冲响应与频率响应函数分别为 $h[n]$和$H(\mathrm{e}^{\mathrm{j}\tilde{\omega}})$，另一个滤波器的单位脉冲响应为 $h_1[n]$，它与 $h[n]$的关系是 $h_1[n]=(-1)^n h[n]$。试证明滤波器 $h_1[n]$是一个高通滤波器。

(2) 设低通滤波器的单位脉冲响应与频率响应函数分别为 $h[n]$和$H(\mathrm{e}^{\mathrm{j}\tilde{\omega}})$，截止频率为 $\tilde{\omega}_c$，另一个滤波器的单位脉冲响应为 $h_2[n]$，它与 $h[n]$的关系是 $h_2[n]=2h[n]\cos[\tilde{\omega}_0 n]$，且 $\tilde{\omega}_c<\tilde{\omega}_0<(\pi-\tilde{\omega}_c)$。试证明滤波器 $h_2[n]$是一个带通滤波器。

第5章　信号与系统的复频域分析

频域分析揭示了信号与系统的内在频率特性。但频域分析方法也存在一些不足。例如，很多非周期信号要通过冲激信号才能表示；再如，在系统分析时，利用傅里叶变换分析法只能确定系统的零状态响应，这对具有初始状态的系统求其响应也是十分不便的。为此本章引入基于拉普拉斯(Laplace)变换的连续时间信号与系统的分析方法，以及基于 Z 变换的离散时间信号与系统的分析方法。

通过拉普拉斯变换或 Z 变换将时域表示的信号与系统映射到复频域，将信号与系统的时域分析转换为复频域分析。傅里叶变换是将信号表示为虚指数信号的线性组合，而拉普拉斯变换和 Z 变换是将信号表示为复指数信号的线性组合。由于虚指数信号是复指数信号的特例，所以复频域分析是频域分析的推广。复频域分析不仅能够解决频域分析的上述问题，而且是求解高阶系统的有效工具，将时域方程变换为代数方程，并且代数方程中包括了系统的初始状态，从而能求得系统的零输入响应和零状态响应以及全响应；另外，时域中的两个信号的卷积运算可以转换为复频域中两个信号的乘法运算，并在此基础上建立系统函数的概念，利用系统函数的零点、极点分布来表达系统的特性。

5.1　拉普拉斯变换

5.1.1　从傅里叶变换到拉普拉斯变换

Dirichlet 条件是信号 CTFT 收敛的充分条件，然而诸如单位阶跃信号 $u(t)$、斜坡信号 $r(t)$ 等信号由于不满足 Dirichlet 条件，傅里叶变换虽然存在却很难从傅里叶变换定义式直接求出，因此指数信号 $e^{\alpha t}u(t)(\alpha>0)$ 等信号的 CTFT 不存在。究其原因在于 $t\to\infty$ 时信号的幅度不趋于零，而是趋于无穷大。若将指数增长信号 $e^{\alpha t}u(t)$ $(\alpha>0)$ 乘以衰减因子 $e^{-\sigma t}$，则当 $\sigma>\alpha$ 时，$e^{\alpha t}u(t)\cdot e^{-\sigma t}$ 就成为指数衰减信号，CTFT 存在，即

$$\mathrm{CTFT}\{e^{\alpha t}u(t)e^{-\sigma t}\}=\int_{-\infty}^{\infty}e^{\alpha t}u(t)e^{-\sigma t}e^{-j\omega t}\,dt=\int_{0}^{\infty}e^{\alpha t}e^{-(\sigma+j\omega)t}\,dt \qquad (5-1-1)$$

令 $s=\sigma+j\omega$，则式(5－1－1)可写为

$$\text{CTFT}\{e^{\alpha t}u(t)e^{-\sigma t}\}=\int_0^{\infty}e^{\alpha t}e^{-st}dt=\frac{1}{s-\alpha},\quad \sigma>\alpha$$

推广到一般情况，用衰减因子 $e^{-\sigma t}$ 乘以信号 $x(t)$，根据信号的不同特征，选取合适的 σ 值，使乘积信号 $x(t)e^{-\sigma t}$ 的幅度随时间的增加而衰减，从而使下面的积分收敛，即

$$\text{CTFT}\{x(t)e^{-\sigma t}\}=\int_{-\infty}^{\infty}x(t)e^{-\sigma t}e^{-j\omega t}dt=\int_{-\infty}^{\infty}x(t)e^{-(\sigma+j\omega)t}dt \tag{5－1－2}$$

令 $s=\sigma+j\omega$，式(5－1－2)可写为

$$\text{CTFT}\{x(t)e^{-\sigma t}\}=\int_{-\infty}^{\infty}x(t)e^{-st}dt=X(s) \tag{5－1－3}$$

式(5－1－3)即为信号的拉普拉斯变换，表示为

$$\boxed{\text{LT}\{x(t)\}=X(s)=\int_{-\infty}^{\infty}x(t)e^{-st}dt} \tag{5－1－4}$$

实际中常遇到的信号要么是因果信号，要么就是信号虽然不起始于 $t=0$，而问题的讨论只需要考虑 $t\geqslant 0$ 的部分，对于这两种情况，式(5－1－4)可以表示为

$$\boxed{X(s)=\int_{0_-}^{\infty}x(t)e^{-st}dt} \tag{5－1－5}$$

式(5－1－5)中的积分下限从 0_- 开始，是为了把冲激信号的作用考虑在变换之中，当利用拉普拉斯变换求解微分方程时，可以直接引用已知的起始状态 $x(0_-)$来求得全响应。习惯上一般把积分下限简写为 0，其含义等同于 0_-。为了区别拉普拉斯变换的两种定义，式(5－1－5)称为**单边拉普拉斯变换**，式(5－1－4)称为**双边拉普拉斯变换**。

下面来分析拉普拉斯逆变换：

由式(5－1－3)，$X(s)$的 CTFT 逆变换为

$$x(t)e^{-\sigma t}=\text{CTFT}^{-1}\{X(s)\}=\frac{1}{2\pi}\int_{-\infty}^{\infty}X(s)e^{j\omega t}d\omega \tag{5－1－6}$$

式(5－1－6)两边同时乘以 $e^{\sigma t}$，可得

$$x(t)=\frac{1}{2\pi}\int_{-\infty}^{\infty}X(s)e^{(\sigma+j\omega)t}d\omega \tag{5－1－7}$$

令 $s=\sigma+j\omega$，则有 $d\omega=\frac{ds}{j}$，将其代入式(5－1－7)即得拉普拉斯逆变换为

$$\boxed{\text{LT}^{-1}\{X(s)\}=x(t)=\frac{1}{2\pi j}\int_{\sigma-j\infty}^{\sigma+j\infty}X(s)e^{st}ds} \tag{5－1－8}$$

式中：$x(t)$称为“原函数”；$X(s)$称为“像函数”。单边和双边拉普拉斯逆变换都是式(5－1－8)。在以后的实际信号与系统分析中，主要应用的是单边拉普拉斯变换。

从物理意义上讲，CTFT 是把信号 $x(t)$分解为无限多个频率为 ω、复振幅为

$\dfrac{X(\mathrm{j}\omega)}{2\pi}\mathrm{d}\omega$ 的虚指数分量 $\mathrm{e}^{\mathrm{j}\omega t}$ 的加权和，即

$$x(t)=\frac{1}{2\pi}\int_{-\infty}^{\infty}X(\mathrm{j}\omega)\mathrm{e}^{\mathrm{j}\omega t}\mathrm{d}\omega=\int_{-\infty}^{\infty}\frac{X(\mathrm{j}\omega)\cdot\mathrm{d}\omega}{2\pi}\cdot\mathrm{e}^{\mathrm{j}\omega t}$$
$$=\int_{-\infty}^{\infty}\frac{1}{2}\cdot\frac{|X(\mathrm{j}\omega)|\cdot\mathrm{d}\omega}{\pi}\cdot\mathrm{e}^{\mathrm{j}\varphi(\omega)}\cdot\mathrm{e}^{\mathrm{j}\omega t}$$

其中，每一对 $+\omega$ 和 $-\omega$ 分量组成一个等幅的正弦振荡，即

$$\frac{1}{2}\cdot\frac{|X(\mathrm{j}\omega)|\cdot\mathrm{d}\omega}{\pi}\cdot\mathrm{e}^{\mathrm{j}[\omega t+\varphi(\omega)]}+\frac{1}{2}\cdot\frac{|X(\mathrm{j}\omega)|\cdot\mathrm{d}\omega}{\pi}\cdot\mathrm{e}^{-\mathrm{j}[\omega t+\varphi(\omega)]}$$
$$=\frac{|X(\mathrm{j}\omega)|\cdot\mathrm{d}\omega}{\pi}\cdot\cos[\omega t+\varphi(\omega)]$$

其中，振荡的振幅 $\dfrac{|X(\mathrm{j}\omega)|\cdot\mathrm{d}\omega}{\pi}$ 为无穷小量。

相对 CTFT，拉普拉斯变换则是把信号 $x(t)$ 分解为无限多个复频率为 $s=\sigma+\mathrm{j}\omega$、复振幅为 $\dfrac{X(s)}{2\pi\mathrm{j}}\mathrm{d}s$ 的复指数分量 e^{st} 的加权和，即

$$x(t)=\frac{1}{2\pi\mathrm{j}}\int_{\sigma-\mathrm{j}\infty}^{\sigma+\mathrm{j}\infty}X(s)\mathrm{e}^{st}\mathrm{d}s=\int_{\sigma-\mathrm{j}\infty}^{\sigma+\mathrm{j}\infty}\frac{1}{2\mathrm{j}}\cdot\frac{|X(s)|\cdot\mathrm{d}s}{\pi}\cdot\mathrm{e}^{\mathrm{j}\varphi(\omega)}\cdot\mathrm{e}^{\sigma t}\cdot\mathrm{e}^{\mathrm{j}\omega t}$$

其中，每一对 $+\omega$ 和 $-\omega$ 分量组成一个变幅的正弦振荡，即

$$\frac{1}{2\mathrm{j}}\cdot\frac{|X(s)|\cdot\mathrm{d}s}{\pi}\cdot\mathrm{e}^{\sigma t}\cdot\mathrm{e}^{\mathrm{j}[\omega t+\varphi(\omega)]}+\frac{1}{2\mathrm{j}}\cdot\frac{|X(s)|\cdot\mathrm{d}s}{\pi}\cdot\mathrm{e}^{\sigma t}\cdot\mathrm{e}^{-\mathrm{j}[\omega t+\varphi(\omega)]}$$
$$=\frac{|X(s)|\cdot\mathrm{d}s}{\pi}\cdot\mathrm{e}^{\sigma t}\cdot\cos[\omega t+\varphi(\omega)]$$

该振荡的振幅 $\dfrac{|X(s)|\cdot\mathrm{d}s}{\pi}\cdot\mathrm{e}^{\sigma t}$ 也是无穷小量，且按指数规律随时间变化。

由以上讨论可以看出，CTFT 建立了时域和频域(ω 域)间的联系，而拉普拉斯变换则建立了时域和复频域(s 域)间的联系。当 $\sigma=0$ 时，$s=\mathrm{j}\omega$，拉普拉斯变换就变为 CTFT，因此拉普拉斯变换又称为广义傅里叶变换，CTFT 是拉普拉斯变换的一个特例。

5.1.2 拉普拉斯变换的收敛域

由前面的分析可知，拉普拉斯变换是一种积分变换，拉普拉斯变换是对信号 $x(t)$ 乘以衰减因子 $\mathrm{e}^{-\sigma t}$ 后对其进行傅里叶变换，拉普拉斯变换是否收敛取决于 $x(t)\mathrm{e}^{-\sigma t}$ 是否满足绝对可积的条件，即

$$\int_{-\infty}^{\infty}|x(t)\mathrm{e}^{-\sigma t}|\mathrm{d}t<\infty \tag{5-1-9}$$

当 $x(t)$ 一定时，σ 的取值决定了此积分是否收敛，因此把使式(5-1-9)成立的

σ 的取值范围称为拉普拉斯变换的收敛域，简称为 ROC(Region of Convergence)。只有在收敛域内，信号 $x(t)$ 的拉普拉斯变换才收敛。

对于单边信号 $x(t)$，若存在下列关系

$$\lim_{t\to\infty} x(t)\mathrm{e}^{-\sigma t}=0,\quad \sigma>\sigma_0 \tag{5-1-10}$$

则其拉普拉斯变换的收敛域可表示为 $\sigma>\sigma_0$，或写为 $\mathrm{Re}\{s\}>\sigma_0$。$\sigma_0$ 的值与信号 $x(t)$ 的特性有关。

也可将收敛域在以 σ 为横坐标、$\mathrm{j}\omega$ 为纵坐标的 s 平面绘出，如图 5-1-1 所示，图中的直线通过 σ_0 点并垂直于 σ 轴，称为收敛轴，σ_0 点称为收敛坐标。收敛域为 s 平面收敛轴右侧 $\sigma>\sigma_0$ 的阴影区域。

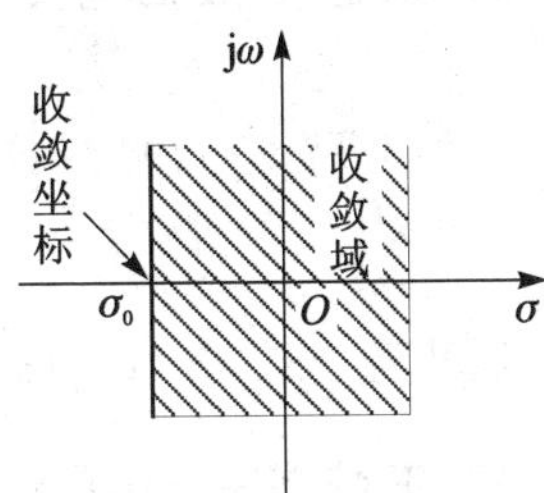

图 5-1-1　单边拉普拉斯变换的收敛域

凡满足式(5-1-10)的函数称为“指数阶函数”，这是因为具有发散特性的函数可借助于指数函数的衰减使之成为收敛函数。实际中遇到的信号大多是指数阶函数，只要 σ 的值足够大，式(5-1-10)总能得到满足，因此实际信号的单边拉普拉斯变换总是收敛的，并且收敛域总是位于收敛轴的右侧。而对于那些随时间增长的速度比指数函数快的信号，$\mathrm{e}^{t^2}u(t)$、$t\mathrm{e}^{t^2}u(t)$、$t^t u(t)$ 等，不论 σ 取何值，式(5-1-10)都不能满足，拉普拉斯变换不收敛。然而这些信号在实际中很少遇到。

对于双边信号，根据信号分析的线性叠加原理，其双边拉普拉斯变换可以看成是两个单边拉普拉斯变换的叠加，例如

$$x(t)=\begin{cases}x_1(t), & t>0\\ x_2(t), & t<0\end{cases}$$

则

$$X(s)=\int_{-\infty}^{\infty}x(t)\mathrm{e}^{-st}\mathrm{d}t=\int_{-\infty}^{0}x_2(t)\mathrm{e}^{-st}\mathrm{d}t+\int_{0}^{\infty}x_1(t)\mathrm{e}^{-st}\mathrm{d}t \tag{5-1-11}$$

式(5-1-11)中的第二项就是单边拉普拉斯变换式。在第一项的积分中，将 t 变成 $-t$，得

$$X(s)=\int_{0}^{\infty}x_2(-t)\mathrm{e}^{st}\mathrm{d}t+\int_{0}^{\infty}x_1(t)\mathrm{e}^{-st}\mathrm{d}t$$

故双边拉普拉斯变换的收敛域有两个有限边界：

当 $t>0$ 时，$x_1(t)$ 变换对应收敛域的左边界，以 σ_1 表示，即 $\sigma>\sigma_1$；

当 $t<0$ 时，$x_2(t)$ 变换对应收敛域的右边界，以 σ_2 表示，即 $\sigma<\sigma_2$。

如果 $\sigma_2>\sigma_1$，两部分变换有公共收敛域，则双边拉普拉斯变换存在；如果 $\sigma_2<\sigma_1$，两部分变换没有公共收敛域，则双边拉普拉斯变换不存在。

由于本书只讨论单边拉普拉斯变换，且其收敛域必定存在，所以在以后的讨论

中不再说明信号的拉普拉斯变换是否收敛的问题。

5.1.3 常用信号的拉普拉斯变换

1. 单位阶跃信号 $u(t)$

$$\mathrm{LT}\{u(t)\}=\int_0^{\infty}\mathrm{e}^{-st}\mathrm{d}t=-\frac{1}{s}\mathrm{e}^{-st}\Big|_0^{\infty}=\frac{1}{s},\quad \mathrm{Re}\{s\}>0 \tag{5-1-12}$$

2. 单边指数信号 $\mathrm{e}^{\alpha t}u(t)$

$$\mathrm{LT}\{\mathrm{e}^{\alpha t}u(t)\}=\int_0^{\infty}\mathrm{e}^{\alpha t}\mathrm{e}^{-st}\mathrm{d}t=-\frac{\mathrm{e}^{(\alpha-s)t}}{\alpha-s}\Big|_0^{\infty}=\frac{1}{s-\alpha},\quad \mathrm{Re}\{s\}>\alpha \tag{5-1-13}$$

显然若令式(5-1-13)中的常数 α 等于零,也可得出式(5-1-12)的结果。

3. 正弦信号 $\sin(\omega_0 t)u(t)$

$$\begin{aligned}\mathrm{LT}\{\sin(\omega_0 t)u(t)\}&=\mathrm{LT}\left\{\frac{\mathrm{e}^{\mathrm{j}\omega_0 t}-\mathrm{e}^{-\mathrm{j}\omega_0 t}}{2\mathrm{j}}u(t)\right\}\\&=\frac{1}{2\mathrm{j}}\left(\frac{1}{s-\mathrm{j}\omega_0}-\frac{1}{s+\mathrm{j}\omega_0}\right)=\frac{\omega_0}{s^2+\omega_0^2},\quad \mathrm{Re}\{s\}>0\end{aligned} \tag{5-1-14}$$

同理可求得

$$\mathrm{LT}\{\cos(\omega_0 t)u(t)\}=\frac{s}{s^2+\omega_0^2},\quad \mathrm{Re}\{s\}>0 \tag{5-1-15}$$

4. 幂信号 $t^n u(t)$,n 是正整数

$$\begin{aligned}\mathrm{LT}\{t^n u(t)\}&=\int_0^{\infty}t^n\mathrm{e}^{-st}\mathrm{d}t=-\frac{t^n}{s}\mathrm{e}^{-st}\Big|_0^{\infty}+\frac{n}{s}\int_0^{\infty}t^{n-1}\mathrm{e}^{-st}\mathrm{d}t\\&=\frac{n}{s}\int_0^{\infty}t^{n-1}\mathrm{e}^{-st}\mathrm{d}t=\frac{n}{s}\mathrm{LT}\{t^{n-1}u(t)\}\end{aligned}$$

根据以上推理,可得

$$\begin{aligned}\mathrm{LT}\{t^n u(t)\}&=\frac{n}{s}\mathrm{LT}\{t^{n-1}u(t)\}=\frac{n}{s}\cdot\frac{n-1}{s}\mathrm{LT}\{t^{n-2}u(t)\}\\&=\frac{n}{s}\cdot\frac{n-1}{s}\cdot\frac{n-2}{s}\cdot\cdots\cdot\frac{2}{s}\cdot\frac{1}{s}\mathrm{LT}\{t^0 u(t)\}\end{aligned}$$

即

$$\mathrm{LT}\{t^n u(t)\}=\frac{n!}{s^{n+1}},\quad \mathrm{Re}\{s\}>0 \tag{5-1-16}$$

当 $n=1$ 时，即为斜坡信号 $r(t)=tu(t)$，其拉普拉斯变换为

$$\mathrm{LT}\{tu(t)\}=\frac{1}{s^2},\quad \mathrm{Re}\{s\}>0$$

5. 单位冲激信号 $\delta(t)$ 及其导数 $\delta^{(n)}(t)$

根据单位冲激信号的筛选性质可得

$$\mathrm{LT}\{\delta(t)\}=\int_0^{\infty}\delta(t)\mathrm{e}^{-st}\mathrm{d}t=1,\quad \mathrm{Re}\{s\}>-\infty$$

根据 $\int_{-\infty}^{\infty}\delta'(t)x(t)\mathrm{d}t=-x'(0)$，有

$$\mathrm{LT}\{\delta'(t)\}=\int_0^{\infty}\delta'(t)\mathrm{e}^{-st}\mathrm{d}t=-\frac{\mathrm{d}}{\mathrm{d}t}(\mathrm{e}^{-st})\Big|_{t=0}=s,\quad \mathrm{Re}\{s\}>-\infty \tag{5-1-17}$$

$$\mathrm{LT}\{\delta^{(n)}(t)\}=\int_0^{\infty}\delta^{(n)}(t)\mathrm{e}^{-st}\mathrm{d}t=(-1)^n\frac{\mathrm{d}^n}{\mathrm{d}t^n}(\mathrm{e}^{-st})\Big|_{t=0}=s^n,\quad \mathrm{Re}\{s\}>-\infty \tag{5-1-18}$$

许多常见的信号一般都可用这些基本信号的线性组合表示。常用连续时间信号的拉普拉斯变换列入附录 B 中。

5.2　Z 变换

5.2.1　从序列的傅里叶变换到 Z 变换

1. Z 变换

DTFT 作为离散时间信号时域与频域的桥梁，在信号分析和处理中具有十分重要的意义。但是，由于一些序列不满足绝对可和的条件，其 DTFT 不收敛，甚至无法进行频域表示，例如信号 $2^n u[n]$。为此，可以参照连续时间信号拉普拉斯变换的定义，将序列 $2^n u[n]$ 乘以一个衰减的指数序列 r^{-n}，当 $r>2$ 时，序列 $2^n u[n]\cdot r^{-n}$ 成为衰减序列，满足绝对可和的条件，该序列的傅里叶变换存在，即

$$\mathrm{DTFT}\{2^n u[n]\cdot r^{-n}\}=\sum_{n=0}^{\infty}(2^n r^{-n})\mathrm{e}^{-\mathrm{j}\widetilde{\omega}n}=\sum_{n=0}^{\infty}(2r^{-1})^n\mathrm{e}^{-\mathrm{j}\widetilde{\omega}}=\frac{1}{1-2r^{-1}\mathrm{e}^{-\mathrm{j}\widetilde{\omega}}},\quad r>2 \tag{5-2-1}$$

令 $z=re^{j\tilde{\omega}}$,则式(5-2-1)可以写成复变量 z 的函数形式,即

$$\text{DTFT}\{2^n u[n]\cdot r^{-n}\}=\sum_{n=0}^{\infty}2^n z^{-n}=\frac{1}{1-2z^{-1}},\quad |z|>2 \tag{5-2-2}$$

推广到一般情况,用衰减因子 r^{-n} 乘以任意序列 $x[n]$,根据序列的不同特征,选取合适的 r(即 $|z|$)值,使序列 $x[n]r^{-n}$ 幅度衰减,从而使下式收敛,即

$$\text{DTFT}\{x[n]\cdot r^{-n}\}=\sum_{n=-\infty}^{\infty}x[n]r^{-n}e^{-j\tilde{\omega}}\overset{z=re^{j\tilde{\omega}}}{=\!=\!=}\sum_{n=-\infty}^{\infty}x[n]z^{-n}=X(z) \tag{5-2-3}$$

这种由序列 $x[n]$ 到函数 $X(z)$ 的变换称为 Z 变换,$X(z)$ 称为 $x[n]$ 的像函数。将序列 $x[n]$ 的双边 Z 变换定义为

$$\boxed{X(z)=\text{ZT}\{x[n]\}=\sum_{n=-\infty}^{\infty}x[n]z^{-n}} \tag{5-2-4}$$

单边 Z 变换定义为

$$\boxed{X(z)=\text{ZT}\{x[n]\}=\sum_{n=0}^{\infty}x[n]z^{-n}} \tag{5-2-5}$$

其中,z 为复变量,所在平面称为 z 平面,根据 $z=re^{j\tilde{\omega}}$ 可知 z 平面为极坐标系。

显然,Z 变换是 DTFT 的推广,许多 DTFT 不存在的序列却存在 Z 变换。

【例5-2-1】求有限长序列 $x[n]=\{1,2,3,2,1\}$ 对应 $n=-2,-1,0,1,2$ 的 Z 变换。

解:序列 $x[n]$ 的双边 Z 变换为

$$X(z)=\sum_{n=-\infty}^{\infty}x[n]z^{-n}=z^2+2z+3+\frac{2}{z}+\frac{1}{z^2}$$

单边 Z 变换为

$$X(z)=\sum_{n=0}^{\infty}x[n]z^{-n}=3+\frac{2}{z}+\frac{1}{z^2}$$

很明显,序列 $x[n]$ 的双边 Z 变换和单边 Z 变换的结果不一致。

【例5-2-2】求 $x[n]=a^n u[n]$ 的双边 Z 变换 $X(z)$。

解: $X(z)=\sum_{n=-\infty}^{\infty}x[n]z^{-n}=\sum_{n=0}^{\infty}a^n z^{-n}=\sum_{n=0}^{\infty}(az^{-1})^n=\frac{1}{1-az^{-1}},\quad \left|\frac{a}{z}\right|<1$

本例说明 Z 变换的收敛是有条件的。

2. Z 逆变换

Z 逆变换是一个围线积分:

$$\boxed{x[n]=\frac{1}{2\pi j}\oint_c X(z)z^{n-1}\,dz} \tag{5-2-6}$$

式中：c 是 $X(z)$ 收敛域中一条包围原点的逆时针闭合曲线。

证明：对序列 $x[n]$ 的 Z 变换两边乘以 z^{k-1} 得 $X(z)z^{k-1}$，并在 $X(z)$ 收敛区域内取一条包围原点的积分围线 c，作围线积分得

$$\frac{1}{2\pi j}\oint_c X(z)z^{k-1}dz = \frac{1}{2\pi j}\oint_c\left(\sum_{n=-\infty}^{\infty}x[n]z^{-n}\right)z^{k-1}dz = \frac{1}{2\pi j}\oint_c\sum_{n=-\infty}^{\infty}x[n]z^{-n+k-1}dz$$

$$= \sum_{n=-\infty}^{\infty}x[n]\frac{1}{2\pi j}\oint_c z^{-n+k-1}dz$$

由柯西(Cauchy)积分公式，有

$$\frac{1}{2\pi j}\oint_c z^{k-1}dz = \begin{cases}1, & k=0\\ 0, & k\neq 0\end{cases} = \delta[k] \tag{5-2-7}$$

式中：c 是一条逆时针方向环绕原点的闭合围线，得

$$\frac{1}{2\pi j}\oint_c X(z)z^{k-1}dz = \sum_{n=-\infty}^{\infty}x[n]\delta[k-n] = x[k]$$

DTFT 是把信号 $x[n]$ 分解为无限多个频率为 $\tilde{\omega}$、复振幅为 $\frac{X(e^{j\tilde{\omega}})}{2\pi}d\tilde{\omega}$ 的虚指数分量 $e^{j\tilde{\omega}}$ 的加权和。Z 变换则是把信号 $x[n]$ 分解为无限多个复频率为 $z=re^{j\tilde{\omega}}$、复振幅为 $\frac{X(z)}{2\pi j}dz$ 的复指数分量 z^{n-1} 的加权和。显然，DTFT 建立了时域和频域($\tilde{\omega}$ 域)间的联系，而 Z 变换则建立了时域和复频域(z 域)间的联系。当取 $r=1$ 时，Z 变换就变为 DTFT，因此，DTFT 是 Z 变换的一个特例。

5.2.2　Z 变换的收敛域

式(5-2-4)和式(5-2-5)表明 $X(z)$ 是复变量 z^{-1} 的幂级数，要使 $X(z)$ 存在，即 Z 变换存在的条件就是 Z 变换的幂级数表述式收敛，即要求满足如下绝对可和条件：

$$\sum_{n=-\infty}^{\infty}|x[n]z^{-n}| < \infty \tag{5-2-8}$$

使式(5-2-8)成立的 z 的定义域称为 Z 变换的收敛域(ROC)。

由幂级数理论，Z 变换收敛域为环形域，内环可以小到 0，外环可以大到∞，即

$$R_{x-} \leqslant |z| \leqslant R_{x+}$$

那么环域的内外环半径是由什么决定的呢？常用的 $X(z)$ 为一有理式，也就可以表示为两个多项式的比，即

$$X(z) = \frac{B(z)}{A(z)}$$

只有当 $A(z)=0$ 时，Z 变换才不存在。解析函数 $X(z)$ 在其收敛域内不应该包含任何使 $X(z)\to\infty$ 的 z 值。5.4 节会讲述，$A(z)=0$ 的根称为 $X(z)$ 的极点。因此，Z 变换的收敛域与其极点的分布有关系。其实，Z 变换的收敛域总是以其极点限

定其环域边界。

序列 $x[n]$的特性决定 Z 变换的收敛域,下面来研究 Z 变换的收敛域问题。

1. 有限长序列 Z 变换的收敛域

有限长序列定义为

$$x[n]=\begin{cases}\text{不全为 0,即有意义}, & n_1 \leqslant n \leqslant n_2 \\ 0, & \text{其他}\end{cases}$$

由幂级数理论,其 Z 变换 $X(z)=\sum_{n=n_1}^{n_2} x[n]z^{-n}$ 为有限项有限数的和,结果应仍为有限数,所以除 $z=0$ 和 $z=\infty$ 两点有是否收敛的问题外,整个 z 平面都收敛,首先,假设 $n_1<0,n_2>0$,有

$$X(z)=\sum_{n=n_1}^{n_2} x[n]z^{-n}=\underbrace{\sum_{n=n_1}^{-1} x[n]z^{-n}}_{\Downarrow\; z^{|n|}\Rightarrow z\neq\infty}+\underbrace{\sum_{n=0}^{n_2} x[n]z^{-n}}_{\Downarrow\; \frac{1}{z^{n}}\Rightarrow z\neq 0}$$

说明,有限长序列的 Z 变换的收敛域,在 $n_1<0$ 时收敛域不包括∞点;在 $n_2>0$ 时,其收敛域不包括 $z=0$ 点。讨论如下:

① $n_1<0,n_2\leqslant 0$ 时,$0\leqslant|z|<\infty$;

② $n_1<0,n_2>0$ 时,$0<|z|<\infty$;

③ $n_1\geqslant 0,n_2>0$ 时,$0<|z|\leqslant\infty$。

2. 右边序列 Z 变换的收敛域

右边序列定义为

$$x[n]=\begin{cases}\text{不全为 0,即有意义}, & n \geqslant n_1 \\ 0, & \text{其他}\end{cases}$$

其收敛域分两种情况讨论:

① 当 $n_1<0$ 时,其 Z 变换为

$$X(z)=\sum_{n=n_1}^{\infty} x[n]z^{-n}=\underbrace{\sum_{n=n_1}^{-1} x[n]z^{-n}}_{\Downarrow\;\text{有限长序列:}\;0\leqslant|z|<\infty}+\underbrace{\sum_{n=0}^{\infty} x[n]z^{-n}}_{\Downarrow\;\text{负幂级数的收敛域在某个圆的圆外:}\;R_{x-}<|z|\leqslant\infty}$$

取交集,因此收敛域为 $R_{x-}<|z|<\infty$。

② 当 $n_1\geqslant 0$ 时,与情况①的第二项相同,其收敛域为

$$R_{x-}<|z|\leqslant\infty$$

可见在该情况下,$z=\infty$处其 Z 变换收敛。当 $n_1=0$ 时,$x[n]$此时为因果序列。

$z=\infty$处其 Z 变换收敛是因果序列的特征。

综上，右边序列的收敛域一定在模最大的有限极点所在的圆外。

3. 左边序列 Z 变换的收敛域

左边序列定义为

$$x[n]=\begin{cases}\text{不全为 0，即有意义}, & n\leqslant n_2\\ 0, & \text{其他}\end{cases}$$

其收敛域也分两种情况讨论：

① 当 $n_2>0$ 时，

$$X(z)=\underbrace{\sum_{n=-\infty}^{0}x[n]z^{-n}}_{\substack{\text{正幂级数收敛域}\\ \text{在某圆的圆内：}\\ 0\leqslant|z|<R_{x+}}}+\underbrace{\sum_{n=1}^{n_2}x[n]z^{-n}}_{\substack{\text{有限长序列：}\\ 0<|z|\leqslant\infty}}$$

取交集，其收敛域为 $0<|z|<R_{x+}$。

② 当 $n_2\leqslant 0$ 时，与情况①的第一项相同，其收敛域为

$$0\leqslant|z|<R_{x+}$$

综上，左边序列的 Z 变换收敛域一定在模最小的极点所在圆之内。

4. 双边序列 Z 变换的收敛域

双边序列可看作左边序列与右边序列之和，即

$$x[n]=\sum_{n=-\infty}^{-1}x[n]z^{-n}+\sum_{n=0}^{\infty}x[n]z^{-n}$$

收敛域应为左边序列与右边序列收敛域的交集，即

$$R_{x-}<|z|<R_{x+}$$

为环形。但要注意，只有当 $R_{x-}<R_{x+}$ 时双边序列才存在收敛域。

【例 5-2-3】求如下序列的 Z 变换及收敛域。

$$x[n]=\begin{cases}a^n, & n\geqslant 0\\ b^n, & n\leqslant -1\end{cases},\quad |a|<|b|<1$$

解：这是一个双边序列，其 Z 变换为

$$\begin{aligned}X(z)&=\sum_{n=-\infty}^{\infty}x[n]z^{-n}=\sum_{n=0}^{\infty}a^nz^{-n}+\sum_{n=-\infty}^{-1}b^nz^{-n}\\&=\sum_{n=0}^{\infty}(az^{-1})^n+\sum_{n=1}^{\infty}b^{-n}z^n=\sum_{n=0}^{\infty}(az^{-1})^n+\sum_{n=1}^{\infty}(b^{-1}z)^n\\&=\frac{1}{1-az^{-1}}+\frac{b^{-1}z}{1-b^{-1}z}=\frac{1}{1-az^{-1}}-\frac{1}{1-bz^{-1}}\end{aligned}$$

可见,其有两个极点 a 和 b,如图 5-2-1 所示,且由 $|a|<|b|$,所以其收敛域为 $|a|<|z|<|b|$ 的圆环形区域。若给定条件为 $|b|<|a|$,因为极点 a 对应因果序列,则 $X(z)$ 将在全 z 平面不收敛。

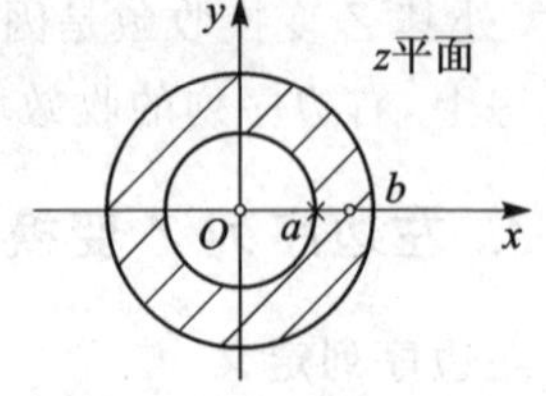

图 5-2-1 【例 5-2-3】图

由以上分析可知,若 Z 变换存在,则有

① 知道序列的 Z 变换,并不能确定序列,只有明确其收敛区域后,才能唯一地确定序列;

② 序列的性质决定了序列的 Z 变换的收敛域。反之,序列的性质也完全取决于序列的 Z 变换的收敛域。

5.2.3 常用序列的Z变换

为了便于计算任意序列的 Z 变换,介绍一些典型序列的 Z 变换。

1. 单位脉冲序列 $\boldsymbol{\delta}[n]$

由 Z 变换的定义,单位脉冲信号 $\delta[n]$ 的 Z 变换为

$$\mathrm{ZT}\{\delta[n]\}=\sum_{n=-\infty}^{\infty}\delta[n]z^{-n}=1 \tag{5-2-9}$$

可见,与连续系统单位冲激信号 $\delta(t)$ 的拉普拉斯变换相似,单位脉冲信号 $\delta[n]$ 的 Z 变换等于 1,收敛域为整个 z 平面。

2. 单位阶跃序列 $u[n]$

单位阶跃序列 $u[n]$ 的 Z 变换为

$$\mathrm{ZT}\{u[n]\}=\sum_{n=-\infty}^{\infty}u[n]z^{-n}=\sum_{n=0}^{\infty}z^{-n}=\frac{1}{1-z^{-1}},\quad |z|>1 \tag{5-2-10}$$

可见,$u[n]$ 的 Z 变换的收敛域为 z 平面上以原点为圆心的单位圆外部。

3. 指数序列 $a^n u[n]$

指数序列 $a^n u[n]$ 为因果序列,收敛域在某圆外。其 Z 变换为

$$\mathrm{ZT}\{a^n u[n]\}=\sum_{n=-\infty}^{\infty}a^n u[n]z^{-n}=\sum_{n=0}^{\infty}a^n z^{-n}=\frac{1}{1-az^{-1}},\quad |z|>|a| \tag{5-2-11}$$

4. 虚指数序列 $\mathrm{e}^{\mathrm{j}\omega_0 n}u[n]$

序列 $\mathrm{e}^{\mathrm{j}\omega_0 n}u[n]$ 也为因果序列,其收敛域在某圆外。令式(5-2-11)中 $a=\mathrm{e}^{\mathrm{j}\omega_0}$,即得

$$\mathrm{ZT}\{\mathrm{e}^{\mathrm{j}\omega_0 n}u[n]\}=\frac{1}{1-\mathrm{e}^{\mathrm{j}\omega_0}z^{-1}},\quad |z|>|\mathrm{e}^{\mathrm{j}\omega_0}|=1 \tag{5-2-12}$$

5. 正弦序列 $\sin[\omega_0 n]u[n]$ 和余弦序列 $\cos[\omega_0 n]u[n]$

由欧拉公式,有

$$\mathrm{ZT}\{\mathrm{e}^{\mathrm{j}\omega_0 n}u[n]\}=\mathrm{ZT}\{\cos[\omega_0 n]u[n]\}+\mathrm{j}\cdot\mathrm{ZT}\{\sin[\omega_0 n]u[n]\}=\frac{1}{1-\mathrm{e}^{\mathrm{j}\omega_0}z^{-1}} \tag{5-2-13}$$

由

$$\frac{1}{1-\mathrm{e}^{\mathrm{j}\omega_0}z^{-1}}=\frac{z}{z-\mathrm{e}^{\mathrm{j}\omega_0}}=\frac{z}{z-\cos\omega_0-\mathrm{j}\sin\omega_0}=\frac{z(z-\cos\omega_0)+\mathrm{j}z\sin\omega_0}{z^2-2z\cos\omega_0+1}$$

$$\Rightarrow\frac{1}{1-\mathrm{e}^{\mathrm{j}\omega_0}z^{-1}}=\frac{z(z-\cos\omega_0)}{z^2-2z\cos\omega_0+1}+\mathrm{j}\frac{z\sin\omega_0}{z^2-2z\cos\omega_0+1} \tag{5-2-14}$$

比较式(5-2-13)和式(5-2-14),即得

$$\mathrm{ZT}\{\cos[\omega_0 n]u[n]\}=\frac{z(z-\cos\omega_0)}{z^2-2z\cos\omega_0+1} \tag{5-2-15}$$

$$\mathrm{ZT}\{\sin[\omega_0 n]u[n]\}=\frac{z\sin\omega_0}{z^2-2z\cos\omega_0+1} \tag{5-2-16}$$

将以上常用序列的 Z 变换列入附录 C 中。

5.3　拉普拉斯变换及 Z 变换的性质

本节将讨论拉普拉斯变换及 Z 变换的性质和定理,这对于熟悉和掌握复频域分析方法十分重要。下面的一些性质若无特别说明,既适用于单边变换也适用于双边变换。

1. 线性性质

若 $\mathrm{LT}\{x_i(t)\}=X_i(s)$,$\mathrm{Re}\{s\}>\sigma_i$,且 a_i 是常数,则有

$$\mathrm{LT}\left\{\sum_i a_i x_i(t)\right\}=\sum_i a_i X_i(s),\quad \mathrm{Re}\{s\}>\max(\sigma_i) \tag{5-3-1}$$

若 $\mathrm{ZT}\{x_i[n]\}=X_i(z)$,$R_{x_i-}<|z|<R_{x_i+}$,且 a_i 是常数,则有

$$\mathrm{ZT}\left\{\sum_i a_i x_i[n]\right\}=\sum_i a_i X_i(z) \tag{5-3-2}$$

其收敛域是各信号像函数收敛域相重叠的部分。

2. 复共轭序列的 Z 变换

若 $\mathrm{ZT}\{x[n]\}=X(z), R_{x-}<|z|<R_{x+}$,则

$$\mathrm{ZT}\{x^*[n]\}=X^*(z^*), \quad R_{x-}<|z|<R_{x+} \tag{5-3-3}$$

证明:

$$\mathrm{ZT}\{x^*[n]\}=\sum_{n=-\infty}^{\infty} x^*[n]z^{-n}=\sum_{n=-\infty}^{\infty}[x[n](z^*)^{-n}]^*$$

$$=\left[\sum_{n=-\infty}^{\infty} x[n](z^*)^{-n}\right]^*=X^*(z^*)$$

3. 卷积定理

(1) 时域卷积定理

若 $\mathrm{LT}\{x_1(t)\}=X_1(s), \mathrm{Re}\{s\}>\sigma_1, \mathrm{LT}\{x_2(t)\}=X_2(s), \mathrm{Re}\{s\}>\sigma_2$,则

$$\mathrm{LT}\{x_1(t)*x_2(t)\}=X_1(s)X_2(s), \quad \mathrm{Re}\{s\}>\max(\sigma_1,\sigma_2) \tag{5-3-4}$$

若 $\mathrm{ZT}\{x_1[n]\}=X_1(z), R_{x_1-}<|z|<R_{x_1+}, \mathrm{ZT}\{x_2(n)\}=X_2(z), R_{x_2-}<|z|<R_{x_2+}$,则

$$\mathrm{ZT}\{x_1[n]*x_2[n]\}=X_1(z)X_2(z), \quad \max(R_{x_1-},R_{x_2-})<|z|<\min(R_{x_1+},R_{x_2+}) \tag{5-3-5}$$

要说明的是,收敛域为公共部分,但若出现零极点对消,则收敛域扩大。

证明:先证明拉普拉斯变换的时域卷积定理。由

$$x_1(t)*x_2(t)=\int_0^{\infty} x_1(\tau)x_2(t-\tau)\mathrm{d}\tau$$

所以

$$\mathrm{LT}\{x_1(t)*x_2(t)\}=\int_0^{\infty}\left[\int_0^{\infty} x_1(\tau)x_2(t-\tau)\mathrm{d}\tau\right]\mathrm{e}^{-st}\mathrm{d}t$$

$$=\int_0^{\infty} x_1(\tau)\left[\int_0^{\infty} x_2(t-\tau)\mathrm{e}^{-st}\mathrm{d}t\right]\mathrm{d}\tau$$

$$=\int_0^{\infty} x_1(\tau)X_2(s)\mathrm{e}^{-s\tau}\mathrm{d}\tau=X_1(s)X_2(s)$$

再证明 Z 变换的时域卷积定理。由

$$\mathrm{ZT}\{x_1[n]*x_2[n]\}=\sum_{n=-\infty}^{\infty}\left[\sum_{m=-\infty}^{\infty} x_1[m]x_2[n-m]\right]z^{-n}$$

交换求和次序并利用移位特性,可得

$$\mathrm{ZT}\{x_1[n]*x_2[n]\}=\sum_{m=-\infty}^{\infty} x_1[m]\left[\sum_{n=-\infty}^{\infty} x_2[n-m]z^{-n}\right]$$

$$=\sum_{m=-\infty}^{\infty} x_1[m]z^{-m}X_2(z)=X_1(z)X_2(z)$$

【例 5-3-1】求单边序列$(n+1)a^n u[n]$的 Z 变换。

解:因为$u[n]*u[n]=(n+1)u[n]$,由 $\mathrm{ZT}\{a^n u[n]\}=\dfrac{z}{z-a}$,并利用卷积定理得

$$(n+1)a^n u[n]=a^n u[n]*a^n u[n]\overset{\mathrm{ZT}}{\longleftrightarrow}\left(\frac{z}{z-a}\right)^2,\quad |z|>|a|$$

利用时域卷积定理可以计算卷积。先求出两个信号的像函数,然后计算两个像函数的乘积,最后求取乘积结果的逆变换,进而得到两个信号的卷积。实例在 5.5 节给出。

(2) 复卷积定理

若 $\mathrm{LT}\{x_1(t)\}=X_1(s),\mathrm{Re}\{s\}>\sigma_1,\mathrm{LT}\{x_2(t)\}=X_2(s),\mathrm{Re}\{s\}>\sigma_2$,则

$$\mathrm{LT}\{x_1(t)x_2(t)\}=\frac{1}{2\pi\mathrm{j}}[X_1(s)*X_2(s)]=\frac{1}{2\pi\mathrm{j}}\int_{\sigma-\mathrm{j}\infty}^{\sigma+\mathrm{j}\infty}X_1(\rho)X_2(s-\rho)\mathrm{d}\rho \tag{5-3-6}$$

设 $\mathrm{ZT}\{x_1[n]\}=X_1(z),R_{x1-}<|z|<R_{x1+},\mathrm{ZT}\{x_2[n]\}=X_2(z),R_{x2-}<|z|<R_{x2+}$,则

$$\mathrm{ZT}\{x_1[n]x_2[n]\}=\frac{1}{2\pi\mathrm{j}}\oint_c X_1(v)X_2\left(\frac{z}{v}\right)v^{-1}\mathrm{d}v,\quad R_{x1-}R_{x2-}<|z|<R_{x1+}R_{x2+} \tag{5-3-7}$$

$$\max\left\{R_{x1-},\frac{|z|}{R_{x2+}}\right\}<|v|<\min\left\{R_{x1+},\frac{|z|}{R_{x2-}}\right\}$$

证明:

$$\begin{aligned}\mathrm{LT}\{x_1(t)x_2(t)\}&=\int_0^{\infty}x_1(t)x_2(t)\mathrm{e}^{-st}\mathrm{d}t=\int_0^{\infty}\left[\frac{1}{2\pi\mathrm{j}}\int_{\sigma-\mathrm{j}\infty}^{\sigma+\mathrm{j}\infty}X_1(\rho)\mathrm{e}^{-\rho t}\mathrm{d}\rho\right]x_2(t)\mathrm{e}^{-st}\mathrm{d}t\\&=\frac{1}{2\pi\mathrm{j}}\int_{\sigma-\mathrm{j}\infty}^{\sigma+\mathrm{j}\infty}X_1(\rho)\int_0^{\infty}x_2(t)\mathrm{e}^{-(s-\rho)t}\mathrm{d}t\,\mathrm{d}\rho\\&=\frac{1}{2\pi\mathrm{j}}\int_{\sigma-\mathrm{j}\infty}^{\sigma+\mathrm{j}\infty}X_1(\rho)X_2(s-\rho)\mathrm{d}\rho\end{aligned}$$

$$\begin{aligned}\mathrm{ZT}\{x_1[n]x_2[n]\}&=\sum_{n=-\infty}^{\infty}x_1[n]x_2[n]z^{-n}=\sum_{n=-\infty}^{\infty}\left[\frac{1}{2\pi\mathrm{j}}\oint_c X_1(v)v^{n-1}\mathrm{d}v\right]x_2[n]z^{-n}\\&=\frac{1}{2\pi\mathrm{j}}\oint_c X_1(v)\sum_{n=-\infty}^{\infty}x_2[n]\left(\frac{z}{v}\right)^{-n}\frac{\mathrm{d}v}{v}\\&=\frac{1}{2\pi\mathrm{j}}\oint_c X_1(v)X_2\left(\frac{z}{v}\right)v^{-1}\mathrm{d}v\end{aligned}$$

此时,c 为 v 平面上 $X_1(v)$和 $X_2\left(\dfrac{z}{v}\right)$公共收敛域内的逆时针闭合围线。

显然,与傅里叶变换一致,在复频域也有时域乘积、复频域卷积的结论。它们同等重要。

【例 5-3-2】已知 $x_1[n]=a^n u[n]$，$x_2[n]=b^{n-1}u[n-1]$，求 $X(z)=\mathrm{ZT}\{x_1[n]x_2[n]\}$。

解：由 $X_1(z)=\mathrm{ZT}\{x_1[n]\}=\dfrac{z}{z-a}$，$|z|>|a|$，$X_2(z)=\mathrm{ZT}\{x_2[n]\}=\dfrac{1}{z-b}$，$|z|>|b|$，应用复卷积定理：

$$X(z)=\mathrm{ZT}\{x_1[n]x_2[n]\}=\frac{1}{2\pi \mathrm{j}}\oint_c \frac{v}{v-a}\,\frac{1}{\dfrac{z}{v}-b}v^{-1}\mathrm{d}v$$

$$=\frac{1}{2\pi \mathrm{j}}\oint_c \frac{v}{(v-a)(z-bv)}\mathrm{d}v,\quad |z|>|ab|$$

$X_1(v)$ 的收敛域为 $|v|>|a|$，而 $X_2\left(\dfrac{z}{v}\right)$ 的收敛域为 $\left|\dfrac{z}{v}\right|>|b|$，即 $|v|<\left|\dfrac{z}{b}\right|$。重叠部分为 $|a|<|v|<\left|\dfrac{z}{b}\right|$。因此，围线 c 内只有一个极点 $v=a$，应用留数定理，可得

$$X(z)=\mathrm{Res}\left\{\frac{v}{(v-a)(z-bv)},a\right\}=\left.\frac{v}{z-bv}\right|_{v=a}=\frac{a}{z-ab},\quad |z|>|ab|$$

4. 连续时间信号的尺度变换特性

若 $\mathrm{LT}\{x(t)\}=X(s)$，$\mathrm{Re}\{s\}>\sigma_0$，且实常数 $a>0$ 以保证 $x(at)$ 仍为因果信号，则有

$$\mathrm{LT}\{x(at)\}=\frac{1}{a}X\left(\frac{s}{a}\right),\quad \mathrm{Re}\{s\}>a\sigma_0 \tag{5-3-8}$$

证明：$\mathrm{LT}\{x(at)\}=\displaystyle\int_0^\infty x(at)\mathrm{e}^{-st}\mathrm{d}t \overset{\text{令}at=\tau}{=\!=\!=} \frac{1}{a}\int_0^\infty x(\tau)\mathrm{e}^{-s\frac{\tau}{a}}\mathrm{d}\tau=\frac{1}{a}X\left(\frac{s}{a}\right)$。

5. z 域尺度变换

若 $\mathrm{ZT}\{x[n]\}=X(z)$，$R_{x-}<|z|<R_{x+}$，常数 $a\neq 0$，则

$$\mathrm{ZT}\{a^n x[n]\}=X\left(\frac{z}{a}\right),\quad |a|R_{x-}<|z|<|a|R_{x+} \tag{5-3-9}$$

证明：$\mathrm{ZT}\{a^n x[n]\}=\displaystyle\sum_{n=-\infty}^{\infty}a^n x[n]z^{-n}=\sum_{n=-\infty}^{\infty}x[n]\left(\frac{z}{a}\right)^{-n}=X\left(\frac{z}{a}\right)$。

由于 $X(z)$ 的收敛域为 $R_{x-}<|z|<R_{x+}$，故 $X\left(\dfrac{z}{a}\right)$ 的收敛域为 $R_{x-}<\left|\dfrac{z}{a}\right|<R_{x+}$，即 $|a|R_{x-}<|z|<|a|R_{x+}$。

【例 5-3-3】求序列 $a^n\cos[\omega_0 n]u[n]$ 的 Z 变换。

解：由 $\mathrm{ZT}\{\cos[\omega_0 n]u[n]\}=\dfrac{z(z-\cos\omega_0)}{z^2-2z\cos\omega_0+1}$，$|z|>1$，以及 z 域尺度变换性

质可得

$$\mathrm{ZT}\{a^n\cos[\omega_0 n]u[n]\}=\frac{\dfrac{z}{a}\left(\dfrac{z}{a}-\cos\omega_0\right)}{\left(\dfrac{z}{a}\right)^2-2\left(\dfrac{z}{a}\right)\cos\omega_0+1}$$

$$=\frac{z^2-az\cos\omega_0}{z^2-2az\cos\omega_0+a^2},\quad |z|>a$$

6. 时移特性

(1) 单边拉普拉斯变换的时移特性

若 $\mathrm{LT}\{x(t)\}=X(s)$，$\mathrm{Re}\{s\}>\sigma_0$，且常数 $t_0>0$，则

$$\mathrm{LT}\{x(t-t_0)u(t-t_0)\}=\mathrm{e}^{-st_0}X(s),\quad \mathrm{Re}\{s\}>\sigma_0 \qquad (5-3-10)$$

证明：$\mathrm{LT}\{x(t-t_0)u(t-t_0)\}=\int_0^{\infty}x(t-t_0)u(t-t_0)\mathrm{e}^{-st}\mathrm{d}t=\int_{t_0}^{\infty}x(t-t_0)\,\mathrm{e}^{-st}\mathrm{d}t$

令 $\tau=t-t_0$，则有 $t=\tau+t_0$，因此

$$\mathrm{LT}\{x(t-t_0)u(t-t_0)\}=\int_0^{\infty}x(\tau)\mathrm{e}^{-st_0}\mathrm{e}^{-s\tau}\mathrm{d}\tau=\mathrm{e}^{-st_0}X(s)$$

该性质表明：若因果信号的波形延迟 t_0，则复频域乘以 e^{-st_0}，即信号的延迟只影响复频域相位，而不影响其幅度。

【例 5-3-4】已知指数信号表达式为 $x(t)=2\mathrm{e}^{-0.2t}u(t)$，试求 $x_1(t)=x(t-2)\cdot u(t-2)$ 和 $x_2(t)=x(t)u(t-2)$ 的拉普拉斯变换。

解：$x_1(t)=x(t-2)u(t-2)=2\mathrm{e}^{-0.2(t-2)}u(t-2)$，根据时移特性有

$$X_1(s)=\mathrm{LT}\{x_1(t)\}=\mathrm{e}^{-2s}X(s)=\frac{2\mathrm{e}^{-2s}}{s+0.2}$$

由于 $x_2(t)=x(t)u(t-2)=2\mathrm{e}^{-0.2t}u(t-2)$，故该信号调整为

$$x_2(t)=2\mathrm{e}^{-0.2t}u(t-2)[\mathrm{e}^{0.2\times2}\mathrm{e}^{-0.2\times2}]=(2\mathrm{e}^{-0.4})\mathrm{e}^{-0.2(t-2)}u(t-2)$$
$$=1.34\mathrm{e}^{-0.2(t-2)}u(t-2)$$

由时移特性得 $X_2(s)=\mathrm{LT}\{x_2(t)\}=\dfrac{1.34\mathrm{e}^{-2s}}{s+0.2}$。

【例 5-3-5】求如图 5-3-1 所示单边周期矩形波的拉普拉斯变换。

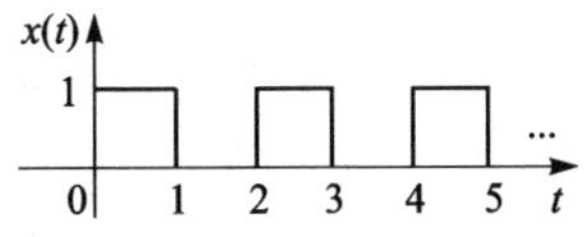

图 5-3-1　【例 5-3-5】图

解：图 5-3-1 中的单边周期矩形信号可以看成是矩形脉冲信号 $x_1(t)=u(t)-u(t-1)$ 以 $T_0=2$ 为周期进行的单边周期延拓，即

$$x(t)=\sum_{k=0}^{\infty}x_1(t-kT_0)u(t-kT_0)$$

利用时移特性，其拉普拉斯变换为

$$\mathrm{LT}\{x(t)\}=\sum_{k=0}^{\infty}\mathrm{e}^{-skT_0}X_1(s)=\frac{X_1(s)}{1-\mathrm{e}^{-sT_0}} \qquad (5-3-11)$$

再将 $X_1(s)=\mathrm{LT}\{u(t)-u(t-1)\}=\frac{1-\mathrm{e}^{-s}}{s}$代入式(5-3-11)可得

$$X(s)=\frac{1-\mathrm{e}^{-s}}{s(1-\mathrm{e}^{-sT_0})}$$

(2) Z 变换的时移特性

鉴于单边与双边 Z 变换都有应用,且由于求和下限不同,时移特性不同,因此分别讨论。对于双边 Z 变换,定义式中求和范围为$-\infty\sim\infty$,移位后的序列没有丢失原序列的信息;而对于单边 Z 变换,定义式中求和范围为 $0\sim\infty$,若原序列中一些 $n>0$ 部分的样值在移位后成为了 $n<0$ 部分的样值,那么在计算单边 Z 变换时,就被自然舍去,导致丢失了原序列的信息。

1) 双边 Z 变换的移位特性

若 $\mathrm{ZT}\{x[n]\}=X(z),R_{x-}<|z|<R_{x+}$,$m$ 为整数,则

$$\mathrm{ZT}\{x[n\pm m]\}=z^{\pm m}X(z),\quad R_{x-}<|z|<R_{x+} \qquad (5-3-12)$$

证明:由双边 Z 变换的定义式有

$$\mathrm{ZT}\{x[n\pm m]\}=\sum_{n=-\infty}^{\infty}x[n\pm m]z^{-n}=\sum_{n=-\infty}^{\infty}x[n\pm m]z^{-(n\pm m)}\cdot z^{\pm m}$$

令 $i=n\pm m$,则上式可写为

$$\mathrm{ZT}\{x[n\pm m]\}=\sum_{i=-\infty}^{\infty}x[i]z^{-(i)}\cdot z^{\pm m}=z^{\pm m}X(z)$$

2) 单边 Z 变换的移位特性

$x[n]$的单边 Z 变换 $\mathrm{ZT}\{x[n]\}=X(z),|z|>R_{x-}$。设 $m>0$,则移位信号的单边 Z 变换

$$\mathrm{ZT}\{x[n-m]\}=\sum_{n=0}^{\infty}x[n-m]z^{-n} \qquad (5-3-13)$$

令 $n-m=i$,则

$$\begin{aligned}\mathrm{ZT}\{x[n-m]\}&=\sum_{i=-m}^{\infty}x[i]z^{-(m+i)}=z^{-m}\sum_{i=-m}^{\infty}x[i]z^{-i}\\&=z^{-m}\sum_{i=-m}^{-1}x[i]z^{-i}+z^{-m}\sum_{i=0}^{\infty}x[i]z^{-i}\\&=z^{-m}\sum_{n=-m}^{-1}x[n]z^{-n}+z^{-m}X(z)\end{aligned} \qquad (5-3-14)$$

即

$$\mathrm{ZT}\{x[n-1]\}=z^{-1}X(z)+x[-1]$$
$$\mathrm{ZT}\{x[n-2]\}=z^{-2}X(z)+x[-2]+x[-1]z^{-1}$$
$$\vdots$$
$$\mathrm{ZT}\{x[n-m]\}=z^{-m}X(z)+\sum_{n=0}^{m-1}x[n-m]z^{-n}$$

如果 $x[n]$是因果序列,则式(5-3-14)就变为

$$\mathrm{ZT}\{x[n-m]\}=z^{-m}X(z) \tag{5-3-15}$$

另外一种情况是

$$\mathrm{ZT}\{x[n+m]\}=\sum_{n=0}^{\infty}x[n+m]z^{-n}$$

同理可证

$$\mathrm{ZT}\{x[n+m]\}=z^{m}X(z)-z^{m}\sum_{n=0}^{m-1}x[n]z^{-n} \tag{5-3-16}$$

即

$$\mathrm{ZT}\{x[n+1]\}=zX(z)-x[0]z$$
$$\mathrm{ZT}\{x[n+2]\}=z^{2}X(z)-x[0]z^{2}-x[1]z$$
$$\vdots$$
$$\mathrm{ZT}\{x[n+m]\}=z^{m}X(z)-\sum_{n=0}^{m-1}x[n]z^{m-n}$$

由于实际使用的多为单边序列,所以单边 Z 变换的移位特性最为常用。

【例 5-3-6】$x[n]$是 N 点有限长序列,$\mathrm{ZT}\{x[n]\}=X(z)$,$x[((n))_N]$是$x[n]$以 N 为周期的周期延拓,即

$$x[((n))_N]$$
$$=\sum_{k=-\infty}^{\infty}x[n-kN]=\cdots+x[n+N]+x[n]+x[n-N]+x[n-2N]+\cdots$$

求因果周期序列 $x[((n))_N]u[n]$的 Z 变换。

解:根据单边 Z 变换的定义

$$\mathrm{ZT}\{x[((n))_N]u[n]\}=\sum_{n=0}^{\infty}\left[\sum_{k=0}^{\infty}x[n-kN]\right]z^{-n}=\sum_{k=0}^{\infty}\sum_{n=0}^{\infty}x[n-kN]z^{-n}$$

根据单边 Z 变换的移位特性,可得

$$\mathrm{ZT}\{x[((n))_N]u[n]\}=\sum_{k=0}^{\infty}[z^{-kN}X(z)]=X(z)\sum_{k=0}^{\infty}z^{-kN}$$

该级数是公比为 z^{-N} 的无穷等比级数。当$|z|>1$时,级数收敛,所以

$$\mathrm{ZT}\{x[((n))_N]u[n]\}=\frac{X(z)}{1-z^{-N}},\quad |z|>1$$

7. s 域复频移特性

若 $\mathrm{LT}\{x(t)\}=X(s),\mathrm{Re}\{s\}>\sigma_0$,则有

$$\mathrm{LT}\{\mathrm{e}^{-s_0 t}x(t)\}=X(s+s_0),\quad \mathrm{Re}\{s\}>\sigma_0-\mathrm{Re}\{s_0\} \tag{5-3-17}$$

【例 5-3-7】已知因果信号 $x(t)$ 的拉普拉斯变换为 $X(s)=\dfrac{s}{s^2+1}$,求 $\mathrm{LT}\{\mathrm{e}^{-t}x(3t-2)\}$。

解:由 $\mathrm{LT}\{x(t)\}=\dfrac{s}{s^2+1}$,以及时移特性,有

$$\mathrm{LT}\{x(t-2)\}=\frac{s}{s^2+1}\mathrm{e}^{-2s}$$

再经尺度变换:

$$\mathrm{LT}\{x(3t-2)\}=\frac{1}{3}\frac{\frac{s}{3}}{\left(\frac{s}{3}\right)^2+1}\mathrm{e}^{-2\frac{s}{3}}=\frac{s}{s^2+9}\mathrm{e}^{-\frac{2}{3}s}$$

最后,由复频移特性得

$$\mathrm{LT}\{\mathrm{e}^{-t}x(3t-2)\}=\frac{s+1}{(s+1)^2+9}\mathrm{e}^{-\frac{2}{3}(s+1)}$$

8. 连续时间信号的时域微分特性

若 $\mathrm{LT}\{x(t)\}=X(s),\mathrm{Re}\{s\}>\sigma_0$,则

$$\mathrm{LT}\left\{\frac{\mathrm{d}x(t)}{\mathrm{d}t}\right\}=sX(s)-x(0_-) \tag{5-3-18}$$

值得注意的是,这里的 $t=0$ 取的是 0_-。这主要是考虑当 $x(t)$ 在 $t=0$ 处不连续时,$\dfrac{\mathrm{d}x(t)}{\mathrm{d}t}$ 在 $t=0$ 处有冲激 $\delta(t)$ 的存在。

证明:

$$\mathrm{LT}\left\{\frac{\mathrm{d}x(t)}{\mathrm{d}t}\right\}=\int_{0_-}^{\infty}\frac{\mathrm{d}x(t)}{\mathrm{d}t}\mathrm{e}^{-st}\mathrm{d}t=x(t)\mathrm{e}^{-st}\Big|_{0_-}^{\infty}+s\int_{0_-}^{\infty}x(t)\mathrm{e}^{-st}\mathrm{d}t=sX(s)-x(0_-)$$

上述对一阶导数微分定理可以推广到高阶导数。类似地,对 $\dfrac{\mathrm{d}^2x(t)}{\mathrm{d}t^2}$ 的拉普拉斯变换以分部积分展开得

$$\begin{aligned}\mathrm{LT}\left\{\frac{\mathrm{d}^2x(t)}{\mathrm{d}t^2}\right\}&=\mathrm{e}^{-st}\frac{\mathrm{d}x(t)}{\mathrm{d}t}\Big|_{0_-}^{\infty}+s\int_{0_-}^{\infty}\frac{\mathrm{d}x(t)}{\mathrm{d}t}\mathrm{e}^{-st}\mathrm{d}t=-x'(0_-)+s[sX(s)-x(0_-)]\\&=s^2X(s)-sx(0_-)-x'(0_-)\end{aligned} \tag{5-3-19}$$

重复以上过程,可导出一般公式如下:

$$\mathrm{LT}\left\{\frac{\mathrm{d}^n x(t)}{\mathrm{d}t^n}\right\}=s^n X(s)-\sum_{m=0}^{n-1} s^{n-1-m} x^{(m)}(0_-) \qquad (5-3-20)$$

特别是，当 $x(t)$ 为因果信号，$x^{(m)}(0_-)$ 均为零时，式(5－3－18)～式(5－3－20)分别变为

$$\mathrm{LT}\left\{\frac{\mathrm{d}x(t)}{\mathrm{d}t}\right\}=sX(s),\quad \mathrm{LT}\left\{\frac{\mathrm{d}^2 x(t)}{\mathrm{d}t^2}\right\}=s^2 X(s),\quad \mathrm{LT}\left\{\frac{\mathrm{d}^n x(t)}{\mathrm{d}t^n}\right\}=s^n X(s)$$

该性质可以将描述连续时间系统的微分方程转化为复频域的代数方程，可以方便地从复频域求解系统的零输入响应和零状态响应，是系统进行复频域分析的重要基础。

【例 5－3－8】已知流经电感的电流 $i_L(t)$ 的拉普拉斯变换为 $\mathrm{LT}\{i_L(t)\}=I_L(s)$，求电感电压 $v_L(t)$ 的拉普拉斯变换。

解：因为 $v_L(t)=L\dfrac{\mathrm{d}i_L(t)}{\mathrm{d}t}$，所以

$$V_L(s)=\mathrm{LT}\{v_L(t)\}=\mathrm{LT}\left\{L\frac{\mathrm{d}i_L(t)}{\mathrm{d}t}\right\}=sLI_L(s)-Li_L(0_-)$$

这里 $i_L(0_-)$ 是电流 $i_L(t)$ 的起始值。如果 $i_L(0_-)=0$，得到 $V_L(s)=sLI_L(s)$。

【例 5－3－9】求如图 5－3－2 所示信号 $x(t)$ 的拉普拉斯变换。

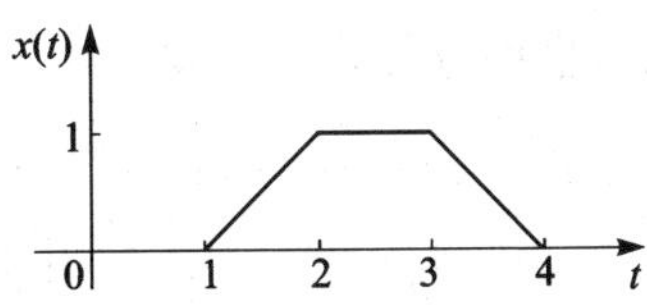

图 5－3－2　【例 5－3－9】图

解：对 $x(t)$ 求一阶导数和二阶导数，其波形如图 5－3－3 所示。

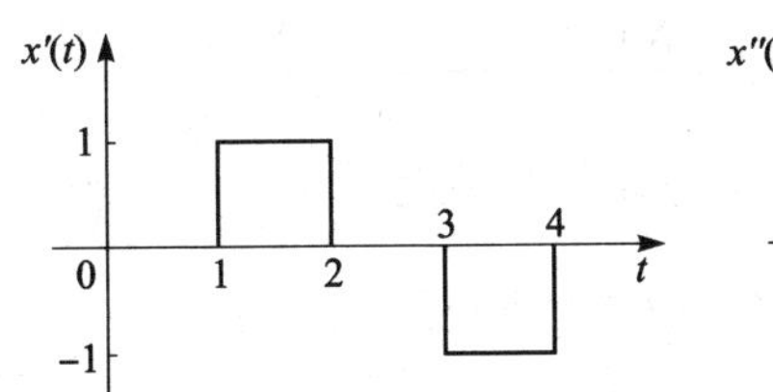

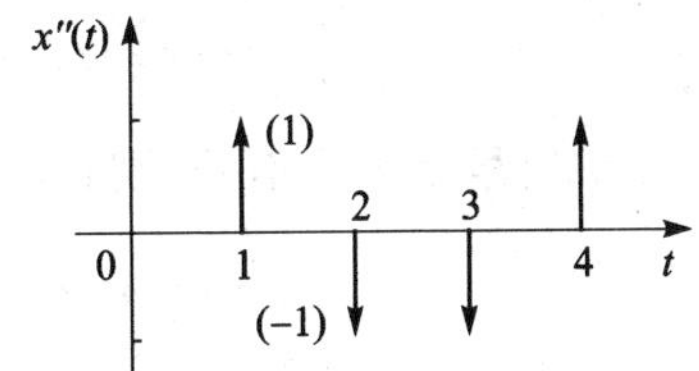

图 5－3－3　图 5－3－2 所示信号的一阶导数和二阶导数

因为 $\mathrm{LT}\{\delta(t)\}=1$，$\mathrm{Re}\{s\}>-\infty$。由 $x(0_-)=0$，$x'(0_-)=0$，$x''(0_-)=0$，以及时移性质，有

$$\mathrm{LT}\left\{\frac{\mathrm{d}^2 x(t)}{\mathrm{d}t^2}\right\}=s^2 X(s)=\mathrm{e}^{-s}-\mathrm{e}^{-2s}-\mathrm{e}^{-3s}+\mathrm{e}^{-4s}$$

故

$$X(s)=\frac{\mathrm{e}^{-s}-\mathrm{e}^{-2s}-\mathrm{e}^{-3s}+\mathrm{e}^{-4s}}{s^2},\quad \mathrm{Re}\{s\}>-\infty$$

由此可见，若某个信号的有限阶导数是冲激信号的组合，则利用拉普拉斯变换的时域微分性质，可简化其拉普拉斯变换的计算。

9. 时域积分(求和)特性

若 $\mathrm{LT}\{x(t)\}=X(s)$，$\mathrm{Re}\{s\}>\sigma_0$，则

$$\mathrm{LT}\left\{\int_{-\infty}^{t} x(\tau)\mathrm{d}\tau\right\}=\frac{X(s)}{s}+\frac{x^{(-1)}(0_-)}{s},\quad \mathrm{Re}\{s\}>\max(\sigma_0,0) \tag{5-3-21}$$

其中，$x^{(-1)}(0_-)=\int_{-\infty}^{0_-} x(\tau)\mathrm{d}\tau$ 是 $x(t)$ 积分式在 $t=0_-$ 的取值，之所以取 0_- 值，是考虑了积分式在 $t=0$ 处可能有跳变。

证明:由于

$$\mathrm{LT}\left\{\int_{-\infty}^{t} x(\tau)\mathrm{d}\tau\right\}=\mathrm{LT}\left\{\int_{-\infty}^{0} x(\tau)\mathrm{d}\tau+\int_{0}^{t} x(\tau)\mathrm{d}\tau\right\}$$

其中，第一项为常量，即 $\int_{-\infty}^{0} x(\tau)\mathrm{d}\tau=x^{(-1)}(0_-)$，所以

$$\mathrm{LT}\left\{\int_{-\infty}^{0} x(\tau)\mathrm{d}\tau\right\}=\frac{x^{(-1)}(0_-)}{s}$$

第二项可借助分部积分求得

$$\begin{aligned}\mathrm{LT}\left\{\int_{0}^{t} x(\tau)\mathrm{d}\tau\right\}&=\int_{0}^{\infty}\left[\int_{0}^{t} x(\tau)\mathrm{d}\tau\right]\mathrm{e}^{-st}\mathrm{d}t\\&=\left[-\frac{\mathrm{e}^{-st}}{s}\int_{0}^{t} x(\tau)\mathrm{d}\tau\right]\Bigg|_{0}^{\infty}+\frac{1}{s}\int_{0}^{\infty} x(t)\mathrm{e}^{-st}\mathrm{d}t=\frac{1}{s}X(s)\end{aligned}$$

所以

$$\mathrm{LT}\left\{\int_{-\infty}^{t} x(\tau)\mathrm{d}\tau\right\}=\frac{X(s)}{s}+\frac{x^{(-1)}(0_-)}{s}$$

特别地，如果信号是因果信号，则式(5-3-21)变为

$$\mathrm{LT}\left\{\int_{0}^{t} x(\tau)\mathrm{d}\tau\right\}=\frac{1}{s}X(s)$$

上述对一次积分的积分特性可以推广到多次积分，得到一般公式

$$\mathrm{LT}\{x^{(-n)}(t)\}=\frac{X(s)}{s^n}+\sum_{i=1}^{n}\frac{x^{(-i)}(0_-)}{s^{n-i+1}} \tag{5-3-22}$$

【例 5-3-10】利用时域积分特性求斜坡信号 $r(t)=\begin{cases}t, & t>0\\0, & t\leqslant 0\end{cases}$ 的拉普拉斯变换。

解:当 $t>0$ 时，有 $\int_{0}^{t} u(x)\mathrm{d}x=x\Big|_{0}^{t}=t$，由 $\mathrm{LT}\{u(t)\}=\frac{1}{s}$，并利用时域积分特性可得

$$\mathrm{LT}\{t\}=\mathrm{LT}\left\{\int_{0}^{t} u(x)\mathrm{d}x\right\}=\frac{1}{s}\mathrm{LT}\{u(t)\}=\frac{1}{s}\cdot\frac{1}{s}=\frac{1}{s^2}$$

与连续信号的积分特性对应的就是序列的求和特性，即若 $\mathrm{ZT}\{x[n]\}=X(z)$，$R_{x-}<|z|<R_{x+}$，则

$$\sum_{m=-\infty}^{n} x[m] \stackrel{\mathrm{ZT}}{\longleftrightarrow} \frac{z}{z-1}X(z),\quad \max\{R_{x-},1\}<|z|<R_{x+} \tag{5-3-23}$$

证明：因为任意序列与单位阶跃序列 $u[n]$ 的卷积等于对此序列的求和，即

$$x[n]*u[n]=\sum_{m=-\infty}^{\infty} x[m]u[n-m]=\sum_{m=-\infty}^{n} x[m]$$

所以有

$$\mathrm{ZT}\left\{\sum_{m=0}^{n} x[m]\right\}=\mathrm{ZT}\{x[n]*u[n]\}$$

而结合 $\mathrm{ZT}\{u[n]\}=\dfrac{z}{z-1}(|z|>1)$，并根据时域卷积定理可得

$$\mathrm{ZT}\left\{\sum_{m=0}^{n} x[m]\right\}=\frac{z}{z-1}X(z)$$

10. 复频域微分特性

(1) s 域微分特性

若 $\mathrm{LT}\{x(t)\}=X(s)$，$\mathrm{Re}\{s\}>\sigma_0$，则

$$\mathrm{LT}\{(-t)x(t)\}=\frac{\mathrm{d}X(s)}{\mathrm{d}s}\quad 或\quad \mathrm{LT}\{tx(t)\}=-\frac{\mathrm{d}X(s)}{\mathrm{d}s},\quad \mathrm{Re}\{s\}>\sigma_0 \tag{5-3-24}$$

$$\mathrm{LT}\{(-t)^n x(t)\}=\frac{\mathrm{d}^n X(s)}{\mathrm{d}s^n}\quad 或\quad \mathrm{LT}\{t^n x(t)\}=(-1)^n\frac{\mathrm{d}^n X(s)}{\mathrm{d}s^n},\quad \mathrm{Re}\{s\}>\sigma_0 \tag{5-3-25}$$

证明：根据定义 $X(s)=\int_0^{\infty} x(t)\mathrm{e}^{-st}\mathrm{d}t$，则有

$$\frac{\mathrm{d}X(s)}{\mathrm{d}s}=\frac{\mathrm{d}}{\mathrm{d}s}\int_0^{\infty} x(t)\mathrm{e}^{-st}\mathrm{d}t=\int_0^{\infty} x(t)\frac{\mathrm{d}}{\mathrm{d}s}\mathrm{e}^{-st}\mathrm{d}t=\int_0^{\infty}[-tx(t)]\mathrm{e}^{-st}\mathrm{d}t=\mathrm{LT}\{-tx(t)\}$$

同理可推出

$$\frac{\mathrm{d}^n X(s)}{\mathrm{d}s^n}=\int_0^{\infty}(-t)^n x(t)\mathrm{e}^{-st}\mathrm{d}t=\mathrm{LT}\{(-t)^n x(t)\}$$

【例 5-3-11】应用复频域微分特性求 $\mathrm{LT}\{t\cos tu(t)\}$，$\mathrm{LT}\{t^n u(t)\}$，$\mathrm{LT}\{t^n \mathrm{e}^{-at}u(t)\}$。

解：因为 $\mathrm{LT}\{\cos tu(t)\}=\dfrac{s}{s^2+1}$，$\mathrm{LT}\{u(t)\}=\dfrac{1}{s}$，利用复频域微分特性有

$$\mathrm{LT}\{t\cos tu(t)\}=-\frac{\mathrm{d}}{\mathrm{d}s}\left[\frac{s}{s^2+1}\right]=-\frac{(s^2+1)-2s^2}{(s^2+1)^2}=\frac{s^2-1}{(s^2+1)^2}$$

由
$$\mathrm{LT}\{tu(t)\}=-\frac{\mathrm{d}}{\mathrm{d}s}\left(\frac{1}{s}\right)=\frac{1}{s^2}$$
$$\mathrm{LT}\{t^2u(t)\}=-\frac{\mathrm{d}}{\mathrm{d}s}\left(\frac{1!}{s^2}\right)=\frac{2!}{s^3}$$
$$\mathrm{LT}\{t^3u(t)\}=-\frac{\mathrm{d}}{\mathrm{d}s}\left(\frac{2!}{s^3}\right)=\frac{3!}{s^4}$$

以此类推,可得
$$\mathrm{LT}\{t^nu(t)\}=\frac{n!}{s^{n+1}} \tag{5-3-26}$$

由式(5-3-26)和复频移特性,得
$$\mathrm{LT}\{t^n\mathrm{e}^{-at}u(t)\}=\frac{n!}{(s+a)^{n+1}} \tag{5-3-27}$$

(2) z 域微分特性

若 $\mathrm{ZT}\{x[n]\}=X(z)$,$R_{x-}<|z|<R_{x+}$,则有
$$\mathrm{ZT}\{nx[n]\}=-z\,\frac{\mathrm{d}X(z)}{\mathrm{d}z} \tag{5-3-28}$$

证明:
$$\frac{\mathrm{d}X(z)}{\mathrm{d}z}=\frac{\mathrm{d}}{\mathrm{d}z}\left[\sum_{n=-\infty}^{\infty}x[n]z^{-n}\right]=\sum_{n=-\infty}^{\infty}x[n]\,\frac{\mathrm{d}}{\mathrm{d}z}(z^{-n})$$
$$=-\sum_{n=-\infty}^{\infty}nx[n]z^{-n-1}=-z^{-1}\sum_{n=-\infty}^{\infty}nx[n]z^{-n}=-z^{-1}\mathrm{ZT}\{nx[n]\}$$

可推广证明:
$$\mathrm{ZT}\{n^2x[n]\}=-z\,\frac{\mathrm{d}}{\mathrm{d}z}\left[-z\,\frac{\mathrm{d}}{\mathrm{d}z}X(z)\right]$$
$$\vdots$$
$$\mathrm{ZT}\{n^mx[n]\}=\left[-z\,\frac{\mathrm{d}}{\mathrm{d}z}\right]^mX(z),R_{x-}<|z|<R_{x+} \tag{5-3-29}$$

式中:$\left[-z\,\frac{\mathrm{d}}{\mathrm{d}z}\right]^mX(z)$表示的运算为$-z\,\frac{\mathrm{d}}{\mathrm{d}z}\left(\cdots\left(-z\,\frac{\mathrm{d}}{\mathrm{d}z}\left(-z\,\frac{\mathrm{d}}{\mathrm{d}z}X(z)\right)\right)\cdots\right)$,共进行 m 次求导和乘以$(-z)$的运算。

【例 5-3-12】求序列 $n^2u[n]$和 $n[n+1]u[n]$的 Z 变换。

解:由于 $\mathrm{ZT}\{u[n]\}=\frac{z}{z-1}$,应用 z 域微分特性有
$$\mathrm{ZT}\{nu[n]\}=-z\,\frac{\mathrm{d}}{\mathrm{d}z}\left(\frac{z}{z-1}\right)=\frac{z}{(z-1)^2},\quad |z|>1 \tag{5-3-30}$$

同理
$$\mathrm{ZT}\{n^2u[n]\}=-z\,\frac{\mathrm{d}}{\mathrm{d}z}\,\frac{z}{(z-1)^2}=\frac{z(z+1)}{(z-1)^3},\quad |z|>1$$

对式(5-3-30)应用移位特性，有

$$\mathrm{ZT}\{(n+1)u[n+1]\}=\frac{z^2}{(z-1)^2},\quad |z|>1 \tag{5-3-31}$$

式(5-3-31)左端序列中，当 $n=-1$ 时，系数 $(n+1)=0$，故有 $(n+1)u[n+1]=(n+1)u[n]$，于是式(5-3-31)可写为

$$\mathrm{ZT}\{(n+1)u[n]\}=\frac{z^2}{(z-1)^2},\quad |z|>1$$

应用 z 域微分特性可得

$$\mathrm{ZT}\{n(n+1)u[n]\}=-z\frac{\mathrm{d}}{\mathrm{d}z}\frac{z^2}{(z-1)^2}=\frac{2z^2}{(z-1)^3},\quad |z|>1$$

11. s 域积分特性

若 $\mathrm{LT}\{x(t)\}=X(s)$，$\mathrm{Re}\{s\}>\sigma_0$，则

$$\mathrm{LT}\left\{\frac{x(t)}{t}\right\}=\int_s^{\infty}X(\eta)\mathrm{d}\eta,\quad \mathrm{Re}\{s\}>\sigma_0 \tag{5-3-32}$$

证明：$\int_s^{\infty}X(\eta)\mathrm{d}\eta=\int_s^{\infty}\left[\int_0^{\infty}x(t)\mathrm{e}^{-\eta t}\mathrm{d}t\right]\mathrm{d}\eta=\int_0^{\infty}x(t)\left[\int_s^{\infty}\mathrm{e}^{-\eta t}\mathrm{d}\eta\right]\mathrm{d}t$

$$=\int_0^{\infty}x(t)\frac{\mathrm{e}^{-st}}{t}\mathrm{d}t=\mathrm{LT}\left\{\frac{x(t)}{t}\right\}$$

12. 初值定理和终值定理

(1) 连续时间信号的初值定理和终值定理

设 $\mathrm{LT}\{x(t)\}=X(s)$，$\mathrm{Re}\{s\}>\sigma_0$。若 $x(t)$ 在 $t=0$ 处不包含冲激信号及冲激信号的导数，则有

$$x(0_+)=\lim_{t\to 0_+}x(t)=\lim_{s\to\infty}sX(s) \tag{5-3-33}$$

若 $sX(s)$ 的收敛域包含 $\mathrm{j}\omega$ 轴，则

$$x(\infty)=\lim_{t\to\infty}x(t)=\lim_{s\to 0}sX(s) \tag{5-3-34}$$

式(5-3-33)和式(5-3-34)表明，信号时域的初值 $x(0_+)$ 和终值 $x(\infty)$，可以通过对复频域中的 $sX(s)$ 取极限得到。

证明：由时域微分特性有

$$sX(s)-x(0_-)=\int_{0_-}^{\infty}x'(t)\mathrm{e}^{-st}\mathrm{d}t=\int_{0_-}^{0_+}x'(t)\mathrm{e}^{-st}\mathrm{d}t+\int_{0_+}^{\infty}x'(t)\mathrm{e}^{-st}\mathrm{d}t$$

由于 $x(t)$ 在 $t=0$ 处不包含冲激信号及冲激信号的导数，故

$$sX(s)-x(0_-)=x(0_+)-x(0_-)+\int_{0_+}^{\infty}x'(t)\mathrm{e}^{-st}\mathrm{d}t$$

化简后得

$$sX(s)=x(0_+)+\int_{0_+}^{\infty}x'(t)\mathrm{e}^{-st}\mathrm{d}t$$

对上式两边取极限,若令 $s\to\infty$,则右边积分项将消失,故有

$$\lim_{s\to\infty}sX(s)=x(0_+)$$

若 $sX(s)$的收敛域包含 $\mathrm{j}\omega$ 轴,则可令 $s\to 0$,可得

$$\lim_{s\to 0}sX(s)=x(0_+)+\int_{0_+}^{\infty}x'(t)\mathrm{d}t=x(0_+)+x(\infty)-x(0_+)=x(\infty)$$

(2) 离散时间信号的初值定理和终值定理

初值定理及终值定理用于右边序列的初值和终值计算。

若右边序列 $x[n]$,当 $n<n_1$ 时 $x[n]=0$,且 $\mathrm{ZT}\{x[n]\}=X(z)$,$R_{x-}<|z|<R_{x+}$,则序列的初值为

$$x[n_1]=\lim_{z\to\infty}z^{n_1}X(z) \tag{5-3-35}$$

若因果序列 $x[n]$满足 $0<R_{x-}\leqslant 1$,且 $X(z)$在 $z=1$ 时收敛或为单阶极点,则序列 $x[n]$的终值为

$$x[\infty]=\lim_{n\to\infty}x[n]=\lim_{z\to 1}(z-1)X(z) \tag{5-3-36}$$

即

$$x[\infty]=\mathrm{Res}\{X(z),1\} \tag{5-3-37}$$

证明:若 $n<n_1$ 时序列 $x[n]=0$,则序列 $x[n]$的双边 Z 变换为

$$X(z)=\sum_{n=-\infty}^{\infty}x[n]z^{-n}=\sum_{n=n_1}^{\infty}x[n]z^{-n}$$

$$=x[n_1]z^{-n_1}+x[n_1+1]z^{-(n_1+1)}+x[n_1+2]z^{-(n_1+2)}+\cdots$$

等号两边乘以 z^{n_1},有

$$z^{n_1}X(z)=x[n_1]+x[n_1+1]z^{-1}+x[n_1+2]z^{-2}+\cdots$$

取 $z\to\infty$的极限,$x[n_1+1]z^{-1}$、$x[n_1+2]z^{-2}$、…都趋近于零,初值定理得证。

由 $(z-1)X(z)=\sum\limits_{n=-\infty}^{\infty}x[n+1]z^{-n}-\sum\limits_{n=-\infty}^{\infty}x[n]z^{-n}$,以及 $x[n]$是右边序列,所以

$$(z-1)X(z)=\lim_{n\to\infty}\left(\sum_{m=n_1-1}^{n}x[m+1]z^{-m}-\sum_{m=n_1}^{n}x[m]z^{-m}\right)$$

因为 $X(z)$在 $z=1$ 处收敛或为单阶极点,有

$$\lim_{z\to 1}(z-1)X(z)=\lim_{n\to\infty}\left(\sum_{m=n_1-1}^{n}x[m+1]-\sum_{m=n_1}^{n}x[m]\right)=\lim_{n\to\infty}x[n+1]=x[\infty]$$

当分析的系统较为复杂时,初值和终值定理的方便之处将显得突出,因为它不需要逆变换,即可直接求出原信号的初值和终值。

【例 5-3-13】已知 $X_1(s)=\dfrac{s}{s^2+5s+6}$,$\mathrm{Re}\{s\}>-2$;$X_2(s)=\dfrac{s^2}{s+2}$,$\mathrm{Re}\{s\}>2$。

求这两个信号的初值和终值。

解:$X_1(s)$是真分式,$x_1(t)$在 $t=0$ 处不包含冲激信号及冲激信号的导数。根据初值定理,有

$$x_1(0_+)=\lim_{s\to\infty} sX_1(s)=\lim_{s\to\infty}\frac{s^2}{s^2+5s+6}=1$$

由于 $sX_1(s)$的收敛域为 $\mathrm{Re}\{s\}>-2$,包含 jω 轴。根据终值定理,有

$$x_1(\infty)=\lim_{s\to 0} sX_1(s)=\lim_{s\to 0}\frac{s^2}{s^2+5s+6}=0$$

由于 $X_2(s)$不是真分式,$x_2(t)$在 $t=0$ 处包含冲激信号及其导数,不能直接应用初值定理。利用多项式的除法,可将 $X_2(s)$写成多项式和真分式的和的形式,即

$$X_2(s)=\frac{s^2}{s+2}=s-2+\frac{4}{s+2}=s-2+X(s)$$

由于 $s-2$ 对应的时域信号为 $\delta'(t)-2\delta(t)$,它们在 0_+ 时的值为零。对真分式 $X(s)$应用初值定理,得

$$x_2(0_+)=\lim_{s\to\infty} sX(s)=\lim_{s\to\infty}\frac{4s}{s+2}=4$$

由于 $sX_2(s)$的收敛域为 $\mathrm{Re}\{s\}>2$,不包含 jω 轴,因此,$x_2(t)$的终值不存在。

【例 5-3-14】已知因果序列的 $x[n]$的 Z 变换为

$$X(z)=\frac{z(z+1)}{(z+0.5)(z^2-1)}$$

试求 $x[n]$的 $x[0]$、$x[1]$和终值 $x[\infty]$。

解:

$$x[0]=\lim_{z\to\infty} z^0X(z)=\lim_{z\to\infty} z^0\frac{z(z+1)}{(z+0.5)(z^2-1)}=\lim_{z\to\infty} z^0\frac{z^2+z}{z^3+0.5z^2-z-0.5}=0$$

$$x[1]=\lim_{z\to\infty} z^1X(z)=\lim_{z\to\infty} z^1\frac{z^2+z}{z^3+0.5z^2-z-0.5}=1$$

$$x[\infty]=\mathrm{Res}\{X(z),1\}=\lim_{z\to 1}(z-1)X(z)=\lim_{z\to 1}\frac{z}{z+0.5}=\frac{2}{3}$$

13. Z 变换的帕斯维尔定理

设 $X_1(z)=\mathrm{ZT}\{x_1[n]\}$,$R_{x1-}<|z|<R_{x1+}$,$X_2(z)=\mathrm{ZT}\{x_2[n]\}$,$R_{x2-}<|z|<R_{x2+}$,则

$$\sum_{n=-\infty}^{\infty} x_1[n]x_2^*[n]=\frac{1}{2\pi \mathrm{j}}\oint_c X_1(z)X_2^*\left(\frac{1}{z^*}\right)z^{-1}\mathrm{d}z$$

当 $x_1[n]=x_2[n]$时,帕斯维尔定理表征信号时域能量与复频域能量一致。

5.4 LTI 系统的系统函数及零极点

5.4.1 LTI 系统的系统函数

1. 单位冲激(脉冲)响应与系统函数

由 LTI 系统的性质($y_{zs}(t)=x(t)*h(t)$和 $y_{zs}[n]=x[n]*h[n]$)及时域卷积定理可知

$$\boxed{H(s)=\frac{Y_{zs}(s)}{X(s)}=\mathrm{LT}\{h(t)\},\quad H(z)=\frac{Y_{zs}(z)}{X(z)}=\mathrm{ZT}\{h[n]\}} \tag{5-4-1}$$

定义 $H(s)$和 $H(z)$为 LTI 系统的系统函数,亦称为传递函数和转移函数,电路中 $H(s)$也称为网络函数。显然,LTI 系统的系统函数是零状态响应的像函数与激励的像函数之比。

2. 时域方程与系统函数

描述 N 阶 LTI 系统的微分方程

$$\sum_{i=0}^{N}a_iy^{(i)}(t)=\sum_{i=0}^{M}b_ix^{(i)}(t),\quad \text{系数 } a_i \text{ 和 } b_i \text{ 为实常数},\quad a_0=1 \tag{5-4-2}$$

设 $x(t)$是因果信号,零状态响应下对上式两边进行单边拉普拉斯变换,并利用拉普拉斯变换的时域微分特性可得

$$\left[\sum_{i=0}^{N}a_is^i\right]Y_{zs}(s)=\left[\sum_{i=0}^{M}b_is^i\right]X(s)$$

于是得到

$$\boxed{H(s)=\frac{Y_{zs}(s)}{X(s)}=\frac{\sum\limits_{i=0}^{M}b_is^i}{1+\sum\limits_{i=1}^{N}a_is^i}=\frac{b_Ms^M+b_{M-1}s^{M-1}+\cdots+b_0}{a_Ns^N+a_{N-1}s^{N-1}+\cdots+1}=\frac{B(s)}{A(s)}} \tag{5-4-3}$$

离散时间 LTI 系统在时域可以用 N 阶常系数线性差分方程来描述,即

$$\sum_{i=0}^{N}a_iy[n-i]=\sum_{i=0}^{M}b_ix[n-i],\quad \text{系数 } a_i \text{ 和 } b_i \text{ 为实常数},\quad a_0=1 \tag{5-4-4}$$

设 $x[n]$是因果序列，在零状态条件下，对式(5－4－4)两边进行单边 Z 变换，并利用 Z 变换的移位特性可得

$$\sum_{i=0}^{N} a_i z^{-i} Y_{zs}(z) = \sum_{i=0}^{M} b_i z^{-i} X(z) \tag{5-4-5}$$

式(5－4－5)描述了离散时间 LTI 系统在 z 域的输入与输出关系。由上式可得

$$\boxed{H(z) = \frac{Y_{zs}(z)}{X(z)} = \frac{\sum_{i=0}^{M} b_i z^{-i}}{1 + \sum_{i=1}^{N} a_i z^{-i}} = \frac{b_M z^{-M} + b_{M-1} z^{-(M-1)} + \cdots + b_0}{a_N z^{-N} + a_{N-1} z^{-(N-1)} + \cdots + 1} = \frac{B(z)}{A(z)}} \tag{5-4-6}$$

综上，系统函数 $H(s)$和 $H(z)$与系统的输入及输出无关，只与系统本身的特性有关，即只与描述方程的阶数和系数 a_i、b_i 有关，而与外界因素（激励、初始状态等）无关。

3. 特征信号激励下的零状态响应

e^{st}、z^n 分别称为连续时间和离散时间 LTI 系统的特征信号。当特征信号作为 LTI 系统的激励时，零状态响应为

$$y_{zs}(t) = e^{st} * h(t) = \int_0^{\infty} h(\tau) e^{s(t-\tau)} d\tau = e^{st} \int_0^{\infty} h(\tau) e^{-s\tau} d\tau = e^{st} H(s)$$

$$y_{zs}[n] = z^n * h[n] = \sum_{m=0}^{\infty} h[m] z^{n-m} = z^n \sum_{m=0}^{\infty} h[m] z^{-m} = z^n H(z)$$

这表明，特征信号的零状态响应等于特征信号与系统函数的乘积，即

$$\boxed{\begin{aligned} & x(t) = e^{st} \to \boxed{T\{\}} \to y_{zs}(t) = e^{st} H(s) \\ & x[n] = z^n \to \boxed{T\{\}} \to y_{zs}[n] = z^n H(z) \end{aligned}} \tag{5-4-7}$$

5.4.2 LTI 系统的零极点

系统函数的分子、分母都为有理式，可以分解成线性因子的乘积，即

$$H(s) = \frac{Y_{zs}(s)}{X(s)} = \frac{B(s)}{A(s)} = K \frac{(s - z_1)(s - z_2) \cdots (s - z_M)}{(s - p_1)(s - p_2) \cdots (s - p_N)} = K \frac{\prod_{j=1}^{M} (s - z_j)}{\prod_{i=1}^{N} (s - p_i)} \tag{5-4-8}$$

$$H(z)=\frac{Y_{zs}(z)}{X(z)}=\frac{B(z)}{A(z)}=K\frac{(z-z_1)(z-z_2)\cdots(z-z_M)}{(z-p_1)(z-p_2)\cdots(z-p_N)}=K\frac{\prod_{j=1}^{M}(z-z_j)}{\prod_{i=1}^{N}(z-p_i)}$$

(5-4-9)

系统函数的分母多项式 $A(s)=0$、$A(z)=0$ 的根称为系统的极点，本质就是齐次方程的特征根；系统函数的分子多项式 $B(s)=0$、$B(z)=0$ 的根称为系统的零点。因此，式中，$z_1,z_2,\cdots,z_M$ 是系统函数的零点，$p_1,p_2,\cdots,p_N$ 是系统函数的极点。$(s-z_j)$是零点因子，$(s-p_i)$是极点因子，K 是系统的实常数增益。因此式(5-4-8)和式(5-4-9)称为系统函数的零极增益形式。由于 LTI 系统的系统函数是有理式，分子分母多项式的系数都是实常数，因此零极点有实数和共轭成对两种形式。

通常将系统函数的零极点绘在 s 平面或 z 平面上，零点用○表示，极点用×表示，这样得到的图形称为系统函数的零极点分布图。系统函数的零极点可能是重阶的，如果是 r 阶的，则在相应的零极点旁注以(r)。例如，某系统的系统函数为

$$H(s)=\frac{s[(s-1)^2+1]}{(s+1)^2(s^2+4)}=\frac{s(s-1+\mathrm{j}1)(s-1-\mathrm{j}1)}{(s+1)^2(s+\mathrm{j}2)(s-\mathrm{j}2)}$$

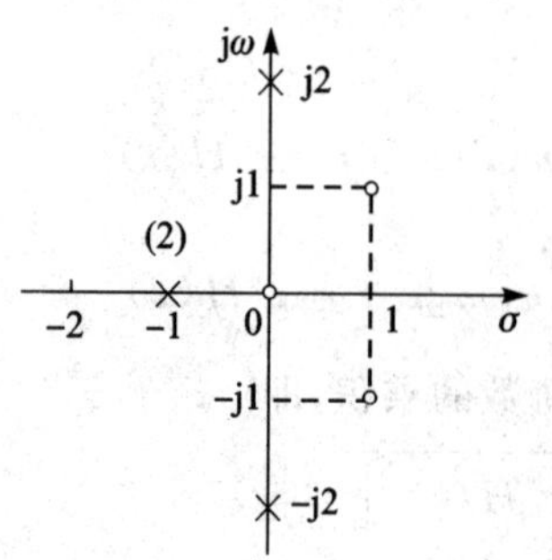

图 5-4-1 $H(s)$零、极点图示例

表明该系统在虚轴上有一对共轭极点±j2，在 $s=-1$ 处有二阶重极点，有一个零点位于原点处，还有一对共轭零点 $s=1\pm\mathrm{j}$，因此该系统函数的零极点分布如图 5-4-1 所示。

零极点由系统本身决定，极点就是微分方程或差分方程的特征根，研究系统函数的零极点分布不仅可以了解系统冲激(脉冲)响应的模式，还可以了解系统的频率响应特性和系统的稳定性。另外要说明的是，只有闭环系统的系统函数才有极点，开环系统的系统函数分母恒为 1。闭环系统通过引入反馈优化系统性能，因此，通过调整极点可以调整闭环系统的性能。

5.4.3 极点分布与系统的因果稳定性

1. s 域极点分布与 $H(s)$的因果稳定性

连续时间 LTI 系统是因果系统的充分必要条件，其单位冲激响应为因果信号(即 $h(t)=0,t<0$)。因此，因果系统 $H(s)$的收敛域为

$$\mathrm{Re}\{s\}>\sigma_0 \qquad (5-4-10)$$

连续时间 LTI 系统是稳定系统的充分必要条件，其单位冲激响应满足

$\int_{-\infty}^{\infty}|h(t)|\mathrm{d}t<\infty$。因为系统函数 $H(s)$的收敛域是使 $h(t)\mathrm{e}^{-\sigma t}$ 绝对可积的 σ 的取值范围，当 $\sigma=0$ 时，$h(t)\mathrm{e}^{-\sigma t}$ 绝对可积等效于 $\int_{-\infty}^{\infty}|h(t)|\mathrm{d}t<\infty$，因此，$H(s)$的收敛域包含 $\mathrm{j}\omega$ 轴(即 $\sigma=0$)时，系统稳定。

综上，连续时间 LTI 系统因果稳定的**充分必要条件**是系统函数 $H(s)$的全部极点位于 s 平面的左半平面。

2. z 域极点分布与 $H(z)$ 的因果稳定性

离散时间 LTI 系统是因果系统的充分必要条件，其单位脉冲响应是因果信号(即 $h[n]=0, n<0$)。因此，就要求系统函数 $H(z)$的收敛域为某个圆外，即收敛域一定包含∞点，极点分布在某个圆内。

离散时间 LTI 系统是稳定系统的充分必要条件为

$$\boxed{\sum_{n=-\infty}^{\infty}|h[n]|<\infty} \tag{5-4-11}$$

由于 $|H(z)|_{z=1}|=\left|\sum_{n=-\infty}^{\infty}h[n]z^{-n}|_{z=1}\right|=\sum_{n=-\infty}^{\infty}|h[n]|$，从而得到在 z 域系统稳定的条件是 $H(z)$的收敛域包含单位圆。

综上，如果系统是因果且稳定的，收敛域包含∞点和单位圆，那么收敛域可表示为

$$\boxed{r<|z|\leqslant\infty,\quad 且\ 0<r<1} \tag{5-4-12}$$

即因果稳定系统 $H(z)$的充分必要条件是极点全部在单位圆的内部。系统的因果性与稳定性可由系统函数 $H(z)$的极点分布和收敛域确定。

IIR 系统中存在输出对输入的反馈支路，可有效优化系统性能，但是由于反馈致使复频域引入了极点，所以因果稳定性是 IIR 系统设计时的关键问题。

FIR 系统中不存在输出对输入的反馈支路，系统函数的分母多项式 $A(z)$恒为 1，系统函数

$$H(z)=\sum_{n=0}^{N-1}h[n]z^{-n} \tag{5-4-13}$$

是 z^{-1} 的 $N-1$ 次多项式，它在 z 平面上有 $N-1$ 个零点，在原点 $z=0$ 处有一个 $N-1$ 阶重极点，系统绝对稳定。虽然 FIR 没有用于优化性能的反馈，但是，第 8 章会学习 FIR 系统具有可以实现线性相位的特性。稳定和可实现线性相位是 FIR 系统最突出的优点。

【例 5-4-1】某反馈因果系统，其闭环系统的系统函数为

$$H(s)=\frac{1}{s^2+3s+2-K}$$

试分析，当常数 K 满足什么条件时，系统是稳定的。

解:$H(s)$的极点为

$$p_{1,2}=-\frac{3}{2}\pm\sqrt{\left(\frac{3}{2}\right)^2-2+K}$$

为使极点均位于 s 平面的左半平面,必须满足

$$\left(\frac{3}{2}\right)^2-2+K<\left(\frac{3}{2}\right)^2$$

可解得 $K<2$,即当 $K<2$ 时系统是稳定的。

利用上述方法判断系统的稳定性,必须计算系统的极点。当系统阶次较高时,求解极点也比较困难,这时可利用一些其他判别方法,如劳斯(Routh)判别法等,这将在“自动控制原理”课程中学习。

5.4.4 极点与单位冲激(脉冲)响应

本小节研究系统的极点是如何影响 $h(t)$ 和 $h[n]$ 的波形的。

1. 极点对 $h(t)$ 的影响

(1) 极点位于 s 平面的实轴上

此时系统函数为 $H(s)=\frac{1}{s-\alpha}$(α 为实数),极点 $p=\alpha$,则对应的冲激响应 $h(t)=e^{\alpha t}u(t)$ 具有指数函数形式。若 $\alpha>0$,极点位于 s 平面右半平面,则 $h(t)$ 为指数增长形式;若 $\alpha<0$,极点位于 s 平面左半平面,则 $h(t)$ 为指数衰减形式;若 $\alpha=0$,极点位于 s 平面坐标原点,则 $h(t)=\mathrm{LT}^{-1}\left\{\frac{1}{s}\right\}=u(t)$ 为阶跃信号。

(2) 共轭极点位于 s 平面的虚轴上

此时系统函数为 $H(s)=\frac{\omega_0}{s^2+\omega_0^2}$,极点 $p_{1,2}=\pm j\omega_0$,则对应的冲激响应 $h(t)=\sin(\omega_0 t)u(t)$,为等幅振荡。

(3) 共轭极点不位于 s 平面的虚轴上

此时系统函数为 $H(s)=\frac{\omega_0}{(s-\alpha)^2+\omega_0^2}$($\alpha$ 为实数),极点 $p_{1,2}=\alpha\pm j\omega_0$,则对应的冲激响应 $h(t)=e^{\alpha t}\sin(\omega_0 t)u(t)$ 具有指数包络的振荡函数形式。若 $\alpha>0$,共轭极点位于 s 平面右半平面,则 $h(t)$ 为增幅振荡;若 $\alpha<0$,共轭极点位于 s 平面左半平面,则 $h(t)$ 为减幅振荡。

(4) 具有多重极点

对应的时间函数可能具有 $t,t^2,t^3,\cdots$ 与指数相乘的形式,t 的幂次由极点阶数决

定。例如对于位于 s 平面实轴上的 r 阶极点，其系统函数为 $H(s)=\frac{1}{(s-\alpha)^r}$，极点 $p_{1,2,\cdots,r}=\alpha$，则对应的冲激响应函数形式为 $h(t)=\frac{1}{(r-1)!}t^{r-1}e^{\alpha t}u(t)$。

从以上分析可知，系统函数 $H(s)$ 的极点决定了冲激响应 $h(t)$ 的形式，而零点和极点共同决定了 $h(t)$ 的幅值和相位，如图 5-4-2 所示。

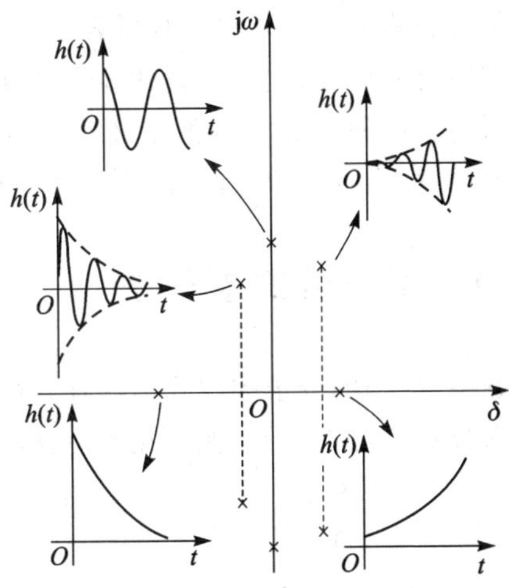

图 5-4-2　极点与冲激响应的关系

2. 极点对 $h[n]$ 的影响

(1) 单实数极点 $z=r$

此时系统函数为 $H(z)=\frac{1}{z-r}$，r 为实极点，则对应的脉冲响应 $h[n]=r^n u[n]$ 具有指数函数形式。若 $|r|>1$，则极点在单位圆外，$h[n]$ 为增幅指数序列；若 $|r|<1$，则极点在单位圆内，$h[n]$ 为衰减指数序列；若 $|r|=1$，则极点在单位圆上，$h[n]$ 为等幅序列。

(2) 共轭极点 $p_1=re^{j\theta}$，$p_2=re^{-j\theta}$

$$H(z)=\frac{Az}{z-re^{j\theta}}+\frac{A^* z}{z-re^{-j\theta}},\quad r\ 为正实数$$

为了分析方便起见，令 $A=1$，可得对应系统的单位脉冲响应 $h[n]$ 为

$$h[n]=2r^n\cos[\theta n]u[n]$$

若 $|r|>1$，则极点在单位圆外，$h[n]$ 为增幅振荡序列；若 $|r|<1$，则极点在单位圆内，$h[n]$ 为衰减振荡序列；若 $|r|=1$，则极点在单位圆上，$h[n]$ 为等幅振荡序列。

5.5　复频域的逆变换求解

由第 4 章可知，信号与系统频域分析的基本过程是：首先对信号进行傅里叶变换分解；然后各分解分量经过系统，并产生变换域的响应；最后对变换域的响应进行逆变换，即得系统的时域响应。复频域也是如此，经常由像函数求时域信号，称此过程为逆变换。本节研究因果信号的逆变换。

计算拉普拉斯逆变换的常用方法有两种：部分分式展开法和留数定理法。

有三种求 Z 逆变换的方法：幂级数展开法（长除法）、部分分式展开法和留数定理法。部分分式展开法和留数定理法与拉普拉斯逆变换的求解方法类似。

部分分式展开法是将复频域表示式分解成一些简单的表示式之和,然后分别查表得到原时域信号,此方法适用于像函数是有理函数的情况;留数定理法直接由拉普拉斯逆变换和 Z 逆变换的定义入手,利用留数定理得到时域信号,适用范围更广。

要注意,当收敛域不同时,原信号也不尽相同。

5.5.1 部分分式展开法

如果 $X(s)$ 的分子多项式 $B(s)$ 的阶次低于分母多项式 $A(s)$ 的阶次,即 $M<N$,则为真分式。若 $M\geqslant N$,则可用长除法将 $X(s)$ 化成多项式和真分式之和,即

$$X(s)=\frac{B(s)}{A(s)}=c_0+c_0s+\cdots+c_{M-N}s^{M-N}+\frac{B_0(s)}{A(s)}=C(s)+X_1(s) \tag{5-5-1}$$

式中:$C(s)$ 为 s 的多项式,其拉普拉斯逆变换是冲激函数和其各阶导数;$X_1(s)=\frac{B_0(s)}{A(s)}$ 为真分式。

将 $X_1(s)$ 展开成简单的部分分式之和,然后根据各部分分式得到其在时域的对应信号,再相加得到时域信号。

同理,设有理多项式 $X(z)$ 的分母多项式阶数不小于分子多项式阶数。考虑到典型序列 Z 变换的基本形式为 $\mathrm{ZT}\{a^n u[n]\}=\frac{1}{1-az^{-1}}=\frac{z}{z-a}$,与 $\mathrm{LT}\{\mathrm{e}^{at}u(t)\}=\frac{1}{s-\alpha}$ 形式相差一个分子变量。因此,在求解 Z 逆变换时,借助拉普拉斯逆变换的部分分式展开法的结论,先将 $\frac{X_1(z)}{z}$ 展开为部分分式,然后各项再乘以 z,就可以得到最基本的 $\frac{z}{z-a}$ 形式。

下面讨论真分式的情况,并分3种情况来分析拉普拉斯逆变换的部分分式展开法。

1. 全部为实极点且无重极点

首先部分分式展开,即

$$\begin{aligned}X_1(s)=\frac{B_0(s)}{A(s)}&=\frac{B_0(s)}{(s-p_1)(s-p_2)\cdots(s-p_N)}\\&=\frac{k_1}{s-p_1}+\frac{k_2}{s-p_2}+\cdots+\frac{k_i}{s-p_l}+\cdots+\frac{k_N}{s-p_N}\end{aligned} \tag{5-5-2}$$

式中:$p_1,p_2,\cdots,p_N$ 为 $X(s)$ 的极点。

将式(5-5-2)的两端同时乘 $s-p_i$ 可得

$$X_1(s)(s-p_i)=k_1\frac{s-p_i}{s-p_1}+k_2\frac{s-p_i}{s-p_2}+\cdots+k_i+\cdots+k_N\frac{s-p_i}{s-p_N} \tag{5-5-3}$$

在式(5-5-3)中若令 $s=p_i$，则等式右边只有 k_i 项不为零，所以

$$\boxed{k_i=(s-p_i)X_1(s)\big|_{s=p_i},\quad i=1,2,\cdots,N} \tag{5-5-4}$$

利用 $\mathrm{LT}\{\mathrm{e}^{-\alpha t}u(t)\}=\dfrac{1}{s+\alpha}$，$\mathrm{Re}\{s\}>\mathrm{Re}\{-\alpha\}$ 可得式(5-5-2)的逆变换为

$$x_1(t)=(k_1\mathrm{e}^{p_1 t}+k_2\mathrm{e}^{p_2 t}+\cdots+k_N\mathrm{e}^{p_N t})u(t) \tag{5-5-5}$$

【例 5-5-1】已知当输入 $x(t)=\mathrm{e}^{-t}u(t)$时，某 LTI 系统的零状态响应为

$$y_{zs}(t)=(2\mathrm{e}^{-t}-4\mathrm{e}^{-2t}+2\mathrm{e}^{-3t})u(t)$$

求该系统的单位冲激响应和描述该系统的微分方程。

解：首先求系统函数，由 $x(t)$和 $y_{zs}(t)$可得

$$X(s)=\mathrm{LT}\{x(t)\}=\frac{1}{s+1}$$

$$Y_{zs}(s)=\mathrm{LT}\{y_{zs}(t)\}=\frac{2}{s+1}-\frac{4}{s+2}+\frac{2}{s+3}=\frac{4}{(s+1)(s+2)(s+3)}$$

因此

$$H(s)=\frac{Y_{zs}(s)}{X(s)}=\frac{4}{(s+2)(s+3)}=\frac{4}{s+2}-\frac{4}{s+3}$$

对上式取逆变换，得系统的冲激响应为

$$h(t)=\mathrm{LT}^{-1}\{H(s)\}=(4\mathrm{e}^{-2t}-4\mathrm{e}^{-3t})u(t)$$

上述 $H(s)$也可写为

$$H(s)=\frac{B(s)}{A(s)}=\frac{4}{(s+2)(s+3)}=\frac{4}{s^2+5s+6}$$

由于 $H(s)$的分母、分子多项式的系数与系统微分方程的系数一一对应，故得描述该系统的微分方程为

$$y''(t)+5y'(t)+6y(t)=4x(t)$$

【例 5-5-2】已知像函数为 $X(z)=\dfrac{z^2}{z^2-3z+2}$，收敛域分别为：(1) $|z|>2$；(2) $|z|<1$；(3) $1<|z|<2$，分别求其原序列 $x[n]$。

解：将 $X(z)$展开为部分分式，即

$$\frac{X(z)}{z}=\frac{z^2}{z(z-1)(z-2)}=\frac{z}{(z-1)(z-2)}=\frac{k_1}{z-1}+\frac{k_2}{z-2}$$

由 $k_1=(z-1)\dfrac{X(z)}{z}\bigg|_{z=1}=-1$，$k_2=(z-2)\dfrac{X(z)}{z}\bigg|_{z=2}=2$，得

$$X(z)=\frac{-z}{z-1}+\frac{2z}{z-2} \tag{5-5-6}$$

根据给定的收敛域,将上式划分为 $X_1(z)(|z|>R_{x-})$ 和 $X_2(z)(|z|<R_{x+})$ 两部分,根据已知的变换对就可求得时域信号:

(1) 收敛域为 $|z|>2$ 时,$x[n]$ 为因果序列,即

$$x[n]=[-1+2(2)^n]u[n]$$

(2) 收敛域为 $|z|<1$ 时,$x(n)$ 为左边序列(反因果序列),即

$$x[n]=[1-2(2)^n]u[-n-1]$$

(3) 收敛域为 $1<|z|<2$ 时,由展开式(5-5-6)可以看出,其第一项 $\dfrac{-z}{z-1}$ 属于因果序列($|z|>1$),第二项 $\dfrac{2z}{z-2}$ 属于左边序列($|z|<2$),即

$$x[n]=-u[n]-2(2)^n u[-n-1]$$

【例5-5-3】描述某离散时间LTI系统的差分方程为

$$y[n]+2y[n-1]-3y[n-2]=x[n]+2x[n-1]$$

求系统的单位脉冲响应 $h[n]$。

解:显然零状态响应也满足上述差分方程。设初始状态均为零,对方程两边取 Z 变换:

$$Y_{zs}(z)+2z^{-1}Y_{zs}(z)-3z^{-2}Y_{zs}(z)=X(z)+2z^{-1}X(z)$$

由上式得

$$H(z)=\frac{Y_{zs}(z)}{X(z)}=\frac{1+2z^{-1}}{1+2z^{-1}-3z^{-2}}=\frac{z^2+2z}{z^2+2z-3}$$

将上式展开为部分分式,得

$$H(z)=\frac{z^2+2z}{(z-1)(z+3)}=\frac{\frac{3}{4}z}{z-1}+\frac{\frac{1}{4}z}{z+3}$$

$h[n]$ 为右边序列,所以取逆变换可得

$$h[n]=\left[\frac{3}{4}+\frac{1}{4}(-3)^n\right]u[n]$$

2. 含有共轭复极点

这种情况仍可采用上述实数极点求分解系数的方法,可将 $X_1(s)$ 分解为

$$X_1(s)=\frac{B_0(s)}{A_0(s)[(s+\alpha)^2+\beta^2]}=\frac{B_0(s)}{A_0(s)(s+\alpha-\mathrm{j}\beta)(s+\alpha+\mathrm{j}\beta)} \quad (5-5-7)$$

式中:一对共轭极点出现在 $-\alpha\pm\mathrm{j}\beta$ 处;$A_0(s)$ 表示分母多项式中这对共轭极点之外的其余部分。引入符号 $X_0(s)=\dfrac{B_0(s)}{A_0(s)}$,则式(5-5-7)变为

$$X_1(s)=\frac{X_0(s)}{(s+\alpha-\mathrm{j}\beta)(s+\alpha+\mathrm{j}\beta)}=\frac{k_1}{s+\alpha-\mathrm{j}\beta}+\frac{k_2}{s+\alpha+\mathrm{j}\beta}+\cdots \quad (5-5-8)$$

引用式(5-5-4)，求得 k_1 和 k_2：

$$k_1=(s+\alpha-\mathrm{j}\beta)X_1(s)\big|_{s=-\alpha+\mathrm{j}\beta}=\frac{X_0(-\alpha+\mathrm{j}\beta)}{2\mathrm{j}\beta} \tag{5-5-9}$$

$$k_2=(s+\alpha+\mathrm{j}\beta)X_1(s)\big|_{s=-\alpha-\mathrm{j}\beta}=\frac{X_0(-\alpha-\mathrm{j}\beta)}{-2\mathrm{j}\beta} \tag{5-5-10}$$

可以看出，k_1 和 k_2 呈共轭关系，如果假设 $k_1=A+\mathrm{j}B$，则

$$k_2=A-\mathrm{j}B=k_1^*$$

如果把式(5-5-8)中共轭极点有关部分的逆变换以 $x_1(t)$ 表示，则

$$x_1(t)=\mathrm{LT}^{-1}\left\{\frac{k_1}{s+\alpha-\mathrm{j}\beta}+\frac{k_2}{s+\alpha+\mathrm{j}\beta}\right\}=k_1\mathrm{e}^{(-\alpha+\mathrm{j}\beta)t}+k_1^*\mathrm{e}^{-(\alpha+\mathrm{j}\beta)t}$$

$$=\mathrm{e}^{-\alpha t}(k_1\mathrm{e}^{\mathrm{j}\beta t}+k_1^*\mathrm{e}^{-\mathrm{j}\beta t})=2\mathrm{e}^{-\alpha t}[A\cos(\beta t)-B\sin(\beta t)] \tag{5-5-11}$$

由式(5-5-11)可见，对应一对共轭复根的时间函数，只需要求一个系数 k_1 就可以确定。

同理，如果 $X(z)$ 有一对共轭单极点 $z_{1,2}=c\pm\mathrm{j}d$，则可将 $\dfrac{X(z)}{z}$ 展开为

$$\frac{X(z)}{z}=\frac{k_1}{z-z_1}+\frac{k_2}{z-z_2}+X_0(z)=X_1(z)+X_0(z) \tag{5-5-12}$$

式中：$X_0(z)$ 是 $\dfrac{X(z)}{z}$ 除共轭极点所形成分式 $X_1(z)$ 外的其余部分。将 $X(z)$ 的极点 z_1，z_2 写为指数形式，即

$$z_{1,2}=c\pm\mathrm{j}d=\alpha\mathrm{e}^{\pm\mathrm{j}\beta},\quad \alpha=\sqrt{c^2+d^2},\quad \beta=\arctan\left(\frac{d}{c}\right)$$

同样可以证明 $k_2=k_1^*$。因此，令 $k_1=|k_1|\mathrm{e}^{\mathrm{j}\theta}$，则 $k_2=|k_1|\mathrm{e}^{-\mathrm{j}\theta}$，可得

$$\frac{k_1}{z-z_1}+\frac{k_2}{z-z_2}=\frac{|k_1|\mathrm{e}^{\mathrm{j}\theta}}{z-\alpha\mathrm{e}^{\mathrm{j}\beta}}+\frac{|k_1|\mathrm{e}^{-\mathrm{j}\theta}}{z-\alpha\mathrm{e}^{-\mathrm{j}\beta}}$$

等号两端同乘以 z，得

$$X_1(z)=\frac{|k_1|\mathrm{e}^{\mathrm{j}\theta}z}{z-\alpha\mathrm{e}^{\mathrm{j}\beta}}+\frac{|k_1|\mathrm{e}^{-\mathrm{j}\theta}z}{z-\alpha\mathrm{e}^{-\mathrm{j}\beta}} \tag{5-5-13}$$

取式(5-5-13)的逆变换，得

$$若\ |z|>\alpha,\quad x_1[n]=2|k_1|\alpha^n\cos[\beta n+\theta]u[n] \tag{5-5-14}$$

$$若\ |z|<\alpha,\quad x_1[n]=-2|k_1|\alpha^n\cos[\beta n+\theta]u[-n-1] \tag{5-5-15}$$

【例 5-5-4】求函数 $X(s)=\dfrac{s^2+3}{(s^2+2s+5)(s+2)}$ 的拉普拉斯逆变换。

解：将 $X(s)$ 部分分式展开为

$$X(s)=\frac{s^2+3}{(s+1+\mathrm{j}2)(s+1-\mathrm{j}2)(s+2)}=\frac{k_0}{s+2}+\frac{k_1}{s+1-\mathrm{j}2}+\frac{k_2}{s+1+\mathrm{j}2}$$

式中：$k_0=(s+2)X(s)\big|_{s=-2}=\dfrac{7}{5}$；$k_1=\dfrac{s^2+3}{(s+1+\mathrm{j}2)(s+2)}\Bigg|_{s=-1+\mathrm{j}2}=\dfrac{-1+\mathrm{j}2}{5}$；$k_2=k_1^*$。

借助式(5－5－11)得到 $X(s)$ 的逆变换

$$x(t)=\frac{7}{5}\mathrm{e}^{-2t}u(t)-2\mathrm{e}^{-t}\left[\frac{1}{5}\cos(2t)+\frac{2}{5}\sin(2t)\right]u(t)$$

3. 包含有重极点

设 p_1 是 r 阶重极点，其他极点是单极点，则 $X_1(s)$ 可分解为

$$X_1(s)=\frac{B_0(s)}{A(s)}=\frac{B_0(s)}{(s-p_1)^r(s-p_{r+1})\cdots(s-p_N)}$$
$$=\frac{k_1}{(s-p_1)^r}+\frac{k_2}{(s-p_1)^{r-1}}+\cdots+\frac{k_r}{s-p_1}+\frac{k_{r+1}}{s-p_{r+1}}+\cdots+\frac{k_N}{s-p_N} \tag{5-5-16}$$

式中：单阶极点对应的系数 $k_{r+1},\cdots,k_N$ 可利用式(5－5－4)计算；而重阶极点对应的系数 $k_1,k_2,\cdots,k_r$ 的计算可采用下述方法。将式(5－5－16)的两端同时乘以 $(s-p_1)^r$，有

$$X_1(s)(s-p_1)^r=k_1+k_2(s-p_1)+\cdots+k_r(s-p_1)^{r-1}+\cdots+\frac{k_N(s-p_1)^r}{s-p_N} \tag{5-5-17}$$

令式(5－5－17)中 $s=p_1$，可得

$$k_1=(s-p_1)^rX_1(s)\big|_{s=p_1}$$

对式(5－5－17)求一阶导数，再令 $s=p_1$，可得

$$k_2=\frac{\mathrm{d}}{\mathrm{d}s}[(s-p_1)^rX_1(s)]\big|_{s=p_1}$$

对式(5－5－17)求二阶导数，再令 $s=p_1$，可得

$$k_3=\frac{1}{2!}\frac{\mathrm{d}^2}{\mathrm{d}s^2}[(s-p_1)^rX_1(s)]\big|_{s=p_1}$$

一般地，

$$k_i=\frac{1}{(i-1)!}\frac{\mathrm{d}^{i-1}}{\mathrm{d}s^{i-1}}[(s-p_1)^rX_1(s)]\big|_{s=p_1},\quad i=1,2,\cdots,r \tag{5-5-18}$$

利用 $\mathrm{LT}\left\{\dfrac{t^{n-1}\mathrm{e}^{-\alpha t}}{(n-1)!}u(t)\right\}=\dfrac{1}{(s+\alpha)^n}$，$\mathrm{Re}\{s\}>\mathrm{Re}\{-\alpha\}$，可得式(5－5－16)的逆变换为

$$x_1(t)=\left[\sum_{i=1}^{r}\frac{k_i}{(i-1)!}t^{r-i}\mathrm{e}^{p_1t}\right]u(t)+\left(\sum_{i=r+1}^{n}k_i\mathrm{e}^{p_it}\right)u(t) \tag{5-5-19}$$

如果是求 $X(z)$ 在 $z=z_1=a$ 处有 r 重极点的逆变换，则

$$\frac{X(z)}{z}=\frac{k_1}{(z-p_1)^r}+\frac{k_2}{(z-p_1)^{r-1}}+\cdots+\frac{k_r}{z-p_1}+X_0(z)=\frac{X_1(z)}{z}+\frac{X_0(z)}{z} \tag{5-5-20}$$

各重极点对应的系数 k_i 可用式(5-5-21)求得

$$k_i=\frac{1}{(i-1)!}\frac{\mathrm{d}^{i-1}}{\mathrm{d}z^{i-1}}\left[(z-a)^r\frac{X_1(z)}{z}\right]\Bigg|_{z=a} \tag{5-5-21}$$

将求得的系数 k_i 代入到式(5-5-20)后,等号两端同乘以 z,得

$$X(z)=\frac{k_1z}{(z-p_1)^r}+\frac{k_2z}{(z-p_1)^{r-1}}+\cdots+\frac{k_rz}{z-p_1}+X_0(z) \tag{5-5-22}$$

根据给定的收敛域,可求得式(5-5-22)的 Z 逆变换。

【例 5-5-5】用部分分式展开法求 $X(s)=\dfrac{s-2}{s(s+1)^2}$ 的拉普拉斯逆变换。

解:$X(s)$为有理真分式,$s=-1$ 的极点为 2 阶极点,因此有

$$X(s)=\frac{k_1}{(s+1)^2}+\frac{k_2}{s+1}+\frac{k_3}{s}$$

$$k_1=(s+1)^2X(s)\big|_{s=-1}=\frac{s-2}{s}\bigg|_{s=-1}=3$$

$$k_2=\frac{\mathrm{d}}{\mathrm{d}s}(s+1)^2X(s)\big|_{s=-1}=\frac{\mathrm{d}}{\mathrm{d}s}\frac{s-2}{s}\bigg|_{s=-1}=2$$

$$k_3=sX(s)\big|_{s=0}=\frac{s-2}{(s+1)^2}\bigg|_{s=0}=-2$$

所以

$$\begin{aligned}x(t)&=\mathrm{LT}^{-1}\{X(s)\}=\mathrm{LT}^{-1}\left\{\frac{3}{(s+1)^2}+\frac{2}{s+1}-\frac{2}{s}\right\}\\&=3t\mathrm{e}^{-t}u(t)+2\mathrm{e}^{-t}u(t)-2u(t)\end{aligned}$$

5.5.2 留数定理法

拉普拉斯逆变换和 Z 逆变换都是围线积分,因此可以利用复变函数理论中的留数定理求逆变换。该方法称为围线积分法或留数定理法。

由留数定理,复平面上任意闭合围线积分等于围线内被积函数所有极点的留数之和,即

$$\oint_c F(s)\mathrm{d}s=2\pi\mathrm{j}\sum_{i=1}^{n}\mathrm{Res}\{F(s)\} \tag{5-5-23}$$

设 c 是 $X(z)$解析域内包围原点的逆时针围线,$X(z)z^{n-1}$ 在围线 c 内的极点用 z_k 表示,则根据留数定理,Z 逆变换是 $X(z)$围线 c 内 $X(z)z^{n-1}$ 的所有极点留数和,即

$$\frac{1}{2\pi j}\oint_c X(z)z^{n-1}dz = \sum_k \text{Res}\{X(z)z^{n-1}, z_k\} \tag{5-5-24}$$

式中：$\text{Res}\{X(z)z^{n-1}, z_k\}$ 表示 $X(z)z^{n-1}$ 在极点 $z=z_k$ 处的留数。

① 若 z_k 为单阶极点，则根据留数定理，有

$$\text{Res}\{X(z)z^{n-1}, z_k\} = [X(z)z^{n-1}(z-z_k)]\big|_{z=z_k} \tag{5-5-25}$$

② 如果 z_k 为 N 阶极点，则根据留数定理，有

$$\text{Res}\{X(z)z^{n-1}, z_k\} = \frac{1}{(N-1)!}\frac{d^{N-1}}{dz^{N-1}}[(z-z_k)^N X(z)z^{n-1}]\big|_{z=z_k} \tag{5-5-26}$$

N 阶极点的留数计算烦琐，若围线 c 内有多阶数点，可以考虑采用留数辅助定理：

围线 c 外各极点留数和的相反数即为 Z 逆变换

即围线 c 内外极点留数和为0。

采用留数辅助定理的条件为：被积函数($X(z)z^{n-1}$)分母的阶数 N($X(z)$的极点数)比分子的阶数 M($X(z)$的零点数)高2阶或以上，即

$$N-M-(n-1)\geqslant 2 \tag{5-5-27}$$

当然，一般情况下，都满足留数辅助定理应用条件。

【例5-5-6】已知单位脉冲响应 $h[n]=a^n u[n]$，$|a|<1$，输入信号 $x[n]=u[n]$，求输出序列 $y[n]$。

解：该类问题有两种方法：一是直接求解线性卷积；二是应用时域卷积定理。

方法一：

$$y[n] = \sum_{m=-\infty}^{\infty} h[m]x[n-m] = \sum_{m=0}^{\infty} a^m u[m]u[n-m]$$

$$= \sum_{m=0}^{n} a^m = \frac{1-a^{n+1}}{1-a}, \quad n\geqslant 0$$

方法二：

$$H(z) = \text{ZT}\{a^n u[n]\} = \frac{1}{1-az^{-1}}, \quad |z|>|a|$$

$$X(z) = \text{ZT}\{u[n]\} = \frac{1}{1-z^{-1}}, \quad |z|>1$$

所以

$$Y(z) = H(z)X(z) = \frac{1}{(1-z^{-1})(1-az^{-1})}, \quad |z|>1\text{(取交集)}$$

由收敛域判定 $y[n]$为右边序列，即 $y[n]=0, n<0$。

选取 $Y(z)$收敛域内 $|z|>1$ 任一围线 c，其内有两个极点($z=a$ 和 $z=1$)，应用

留数定理：

$$y[n]=\mathrm{Res}\{Y(z)z^{n-1},1\}+\mathrm{Res}\{Y(z)z^{n-1},a\}=\frac{1}{1-a}+\frac{a^{n+1}}{a-1}=\frac{1-a^{n+1}}{1-a}u[n]$$

下面分析围线积分法如何计算拉普拉斯逆变换。对于拉普拉斯逆变换式

$$x(t)=\frac{1}{2\pi \mathrm{j}}\int_{\sigma-\mathrm{j}\infty}^{\sigma+\mathrm{j}\infty}X(s)\mathrm{e}^{st}\mathrm{d}s \tag{5-5-28}$$

形式上不是围线，而是复变积分，积分路径是 s 平面上平行于虚轴的直线 $\sigma=C>\sigma_0$，如图 5-5-1 所示，其中 σ_0 是 $X(s)$ 的收敛域横坐标。比较式(5-5-23)和式(5-5-28)，为了应用留数定理计算拉普拉斯逆变换，必须补上一个半径充分的圆弧，使圆弧与直线构成闭合围线，用围线积分来代替线积分。当 $t>0$ 时，圆弧应补在直线左边，如图 5-5-1 中的 C_{R1}；当 $t<0$ 时，圆弧应补在直线右边，如图 5-5-1 中的 C_{R2}。根据 Jordan 引理，若满足条件

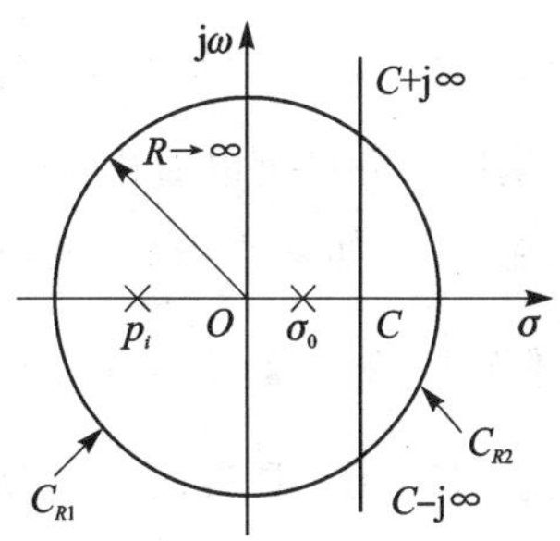

图 5-5-1　围线积分路径

$$\lim_{|s|=R\to\infty}|X(s)|=0,\quad \text{即 } X(s) \text{ 为真分式}$$

则

$$\lim_{R\to\infty}\int_{C_{R1}}X(s)\mathrm{e}^{st}\mathrm{d}s=0,\quad t>0$$

$$\lim_{R\to\infty}\int_{C_{R2}}X(s)\mathrm{e}^{st}\mathrm{d}s=0,\quad t<0$$

因此拉普拉斯逆变换积分等于围线积分乘以 $1/(2\pi\mathrm{j})$，即

$$\begin{aligned}x(t)&=\frac{1}{2\pi \mathrm{j}}\int_{\sigma-\mathrm{j}\infty}^{\sigma+\mathrm{j}\infty}X(s)\mathrm{e}^{st}\mathrm{d}s\\&=\begin{cases}\dfrac{1}{2\pi\mathrm{j}}\left[\displaystyle\int_{C-\mathrm{j}\infty}^{C+\mathrm{j}\infty}X(s)\mathrm{e}^{st}\mathrm{d}s+\int_{C_{R1}}X(s)\mathrm{e}^{st}\mathrm{d}s\right], & t>0\\ \dfrac{1}{2\pi\mathrm{j}}\left[\displaystyle\int_{C-\mathrm{j}\infty}^{C+\mathrm{j}\infty}X(s)\mathrm{e}^{st}\mathrm{d}s+\int_{C_{R2}}X(s)\mathrm{e}^{st}\mathrm{d}s\right], & t<0\end{cases}\end{aligned}$$

由于图 5-5-1 中弧线 C_{R1} 半径充分大，并在直线 $\sigma=C>\sigma_0$ 的左边，因而 C_{R1} 与直线所构成的闭合围线包围了 $X(s)\mathrm{e}^{st}$ 的所有极点，故有

$$x(t)=\frac{1}{2\pi \mathrm{j}}\int_{\sigma-\mathrm{j}\infty}^{\sigma+\mathrm{j}\infty}X(s)\mathrm{e}^{st}\mathrm{d}s=\sum_i\mathrm{Res}\{X(s)\mathrm{e}^{st},p_i\},\quad t>0 \tag{5-5-29}$$

而弧线 C_{R2} 在直线 $\sigma=C>\sigma_0$ 的右边，C_{R2} 与直线所构成的闭合围线不包含 $X(s)\mathrm{e}^{st}$ 的极点，故有

$$x(t)=0,\quad t<0$$

设 $X(s)e^{st}$ 所有的极点为 $p_i(i=1,2,\cdots)$,对应极点 $s=p_i$ 处的留数为 r_i,则

$$x(t)=\sum_i r_i$$

若 p_i 为一阶极点,则

$$r_i=[(s-p_i)X(s)e^{st}]\big|_{s=p_i} \tag{5-5-30}$$

若 p_i 为 k 阶极点,则

$$r_i=\frac{1}{(k-1)!}\left[\frac{d^{k-1}}{ds^{k-1}}(s-p_i)^k X(s)e^{st}\right]\bigg|_{s=p_i} \tag{5-5-31}$$

从以上分析可以看出,当 $X(s)$ 为有理分式时,可利用部分分式展开法求其拉普拉斯逆变换,如果 $X(s)$ 为无理函数时,利用围线积分法求逆变换更容易。

【例5-5-7】已知 $X(s)=\dfrac{s-2}{s(s+2)(s+1)^2}$,用围线积分法求拉普拉斯逆变换。

解:$X(s)e^{st}$ 具有两个单极点 $p_1=0$、$p_2=-2$ 和一个二阶极点 $p_3=-1$。其在各极点处的留数分别为

$$r_1=[(s-p_1)X(s)e^{st}]\big|_{s=p_1}=\frac{s-2}{(s+2)(s+1)^2}e^{st}\bigg|_{s=0}=-1$$

$$r_2=[(s-p_2)X(s)e^{st}]\big|_{s=p_2}=\frac{s-2}{s(s+1)^2}e^{st}\bigg|_{s=-2}=2e^{-2t}$$

$$r_3=\frac{1}{(k-1)!}\left[\frac{d^{k-1}}{ds^{k-1}}(s-p_3)^k X(s)e^{st}\right]\bigg|_{s=p_3}$$

$$=\frac{1}{(2-1)!}\left[\frac{d}{ds}\left(\frac{s-2}{s(s+2)}e^{st}\right)\right]\bigg|_{s=-1}=-e^{-t}+3te^{-t}$$

所以

$$x(t)=\mathrm{LT}^{-1}\{X(s)\}=[-1+2e^{-2t}-e^{-t}+3te^{-t}]u(t)$$

5.5.3 Z 逆变换的幂级数展开法求解

按Z变换表述式可以看出 $X(z)$ 为一幂级数,由单边Z变换的定义

$$X(z)=\sum_{n=0}^{\infty}x[n]z^{-n}=x[0]+x[1]z^{-1}+x[2]z^{-2}+\cdots$$

因此,若将 $X(z)$ 在收敛域内展开为 z^{-1} 的幂级数,则级数的系数就是序列 $x[n]$。该方法称为幂级数法,或长除法。

【例5-5-8】已知 $X(z)=\dfrac{z}{z^2-2z+1}$,收敛域为 $|z|>1$,试求其Z逆变换。

解:由于 $X(z)$ 的收敛域是 $|z|>1$,因而 $x[n]$ 为右边序列,需将 $X(z)$ 分子、分母多项式按 z 的降幂排列(如果左边序列则为升幂排列)。利用长除法,有

$$
\begin{array}{r}
z^{-1}+2z^{-2}+3z^{-3}+\cdots \\
z^2-2z+1 \overline{\big) \; z \qquad\qquad\qquad\qquad} \\
\underline{z-2+z^{-1}} \\
2-z^{-1} \\
\underline{2-4z^{-1}+2z^{-2}} \\
3z^{-1}-2z^{-2} \\
\underline{3z^{-1}-6z^{-2}+3z^{-3}} \\
4z^{-2}-3z^{-3} \\
\vdots
\end{array}
$$

即 $X(z)=z^{-1}+2z^{-2}+3z^{-3}+\cdots=\sum_{n=0}^{\infty}nz^{-n}$。所以原序列为 $x[n]=nu[n]$。

幂级数展开法比较简单直观，除了可以用多项式除法外，还可以用幂级数理论展开。但是，其在复杂的情况下，很难得到 $x[n]$ 的封闭解形式。

5.6　常系数线性微分方程和差分方程的复频域求解

5.6.1　常系数线性微分方程的 s 域求解

第 2 章讨论了常系数线性微分方程的时域解法，N 阶微分方程在直接求解时需要知道变量及其各阶导数（1～$N-1$ 阶）在 $t=0_+$ 时刻的值，而电路中给定的初始状态是各动态元件电压在 $t=0_+$ 时刻的值，且过程烦琐。通过单边拉普拉斯变换，把时域微分方程变换为 s 域代数方程，并且在此代数方程中同时体现了系统的初始状态，然后解此代数方程，再作拉普拉斯逆变换，返回到时域，即可分别求得系统零输入响应、零状态响应以及全响应。

下面先从二阶系统开始分析，描述二阶连续时间 LTI 系统的微分方程为

$$y''(t)+a_1y'(t)+a_0y(t)=b_1x'(t)+b_0x(t),\quad t\geqslant 0 \tag{5-6-1}$$

式中：$y(0_-)$，$y'(0_-)$ 为系统的初始状态。根据单边拉普拉斯变换的时域微分特性，有

$$\mathrm{LT}\{y'(t)\}=sY(s)-y(0_-)\quad 和 \quad \mathrm{LT}\{y''(t)\}=s^2Y(s)-sy(0_-)-y'(0_-)$$

由于输入信号 $x(t)$ 是从 $t=0$ 时刻开始接入系统，所以在 $t=0_-$ 时刻，$x(t)$ 及其各阶导数均为零，因此 $x'(t)$ 的单边拉普拉斯变换为

$$\mathrm{LT}\{x'(t)\}=sX(s)$$

由此可得式(5-6-1)微分方程的 s 域代数方程为

$$s^2Y(s)-sy(0_-)-y'(0_-)+a_1(sY(s)-y(0_-))+a_0Y(s)=b_1sX(s)+b_0X(s)$$

整理后得

$$Y(s)=\frac{sy(0_-)+y'(0_-)+a_1y(0_-)}{s^2+a_1s+a_0}+\frac{b_1s+b_0}{s^2+a_1s+a_0}X(s) \tag{5-6-2}$$

式(5-6-2)中的第一项仅与系统的初始状态有关,而与激励信号无关,因此对应系统的零输入响应为

$$Y_{zi}(s)=\frac{sy(0_-)+y'(0_-)+a_1y(0_-)}{s^2+a_1s+a_0}$$

而式(5-6-2)中的第二项仅与系统的激励信号有关,而与初始状态无关,因此对应系统的零状态响应为

$$Y_{zs}(s)=\frac{b_1s+b_0}{s^2+a_1s+a_0}X(s) \tag{5-6-3}$$

将以上分析用于 N 阶 LTI 系统,并以 $y(0_-),y'(0_-),\cdots,y^{(N-1)}(0_-)$表示系统的 N 个初始状态,则零输入响应和零状态响应的 s 域表示式分别为

$$Y_{zi}(s)=\frac{\sum_{i=0}^{N}a_i\sum_{m=0}^{i-1}s^{i-1-m}y^{(m)}(0_-)}{\sum_{i=0}^{N}a_is^i},\quad a_0=1 \tag{5-6-4}$$

$$Y_{zs}(s)=\frac{\sum_{i=0}^{M}b_is^i}{\sum_{i=0}^{N}a_is^i}X(s),\quad a_0=1 \tag{5-6-5}$$

对 $Y_{zi}(s)$和 $Y_{zs}(s)$作拉普拉斯逆变换,得到零输入响应和零状态响应分别为

$$y_{zi}(t)=\mathrm{LT}^{-1}\{Y_{zi}(s)\} \tag{5-6-6}$$

$$y_{zs}(t)=\mathrm{LT}^{-1}\{Y_{zs}(s)\} \tag{5-6-7}$$

【例5-6-1】描述某连续时间 LTI 系统的微分方程为

$$y''(t)+3y'(t)+2y(t)=2x'(t)+3x(t)$$

已知输入 $x(t)=u(t)$,初始状态 $y(0_-)=2,y'(0_-)=1$。求系统的零输入响应、零状态响应和全响应。

解:对微分方程两边求拉普拉斯变换,有

$$s^2Y(s)-sy(0_-)-y'(0_-)+3(sY(s)-y(0_-))+2Y(s)=2sX(s)+3X(s)$$

即

$$(s^2+3s+2)Y(s)-[sy(0_-)+y'(0_-)+3y(0_-)]=(2s+3)X(s)$$

可解得

$$Y(s)=Y_{zi}(s)+Y_{zs}(s)=\frac{sy(0_-)+y'(0_-)+3y(0_-)}{s^2+3s+2}+\frac{2s+3}{s^2+3s+2}X(s) \tag{5-6-8}$$

将 $X(s)=\text{LT}\{x(t)\}=\frac{1}{s}$和各初值代入式(5-6-8),得

$$Y_{zi}(s)=\frac{2s+7}{s^2+3s+2}=\frac{2s+7}{(s+1)(s+2)}=\frac{5}{s+1}-\frac{3}{s+2}$$

$$Y_{zs}(s)=\frac{2s+3}{s^2+3s+2}\cdot\frac{1}{s}=\frac{2s+3}{s(s+1)(s+2)}=\frac{1.5}{s}-\frac{1}{s+1}-\frac{0.5}{s+2}$$

对 $Y_{zi}(s)$和 $Y_{zs}(s)$取拉普拉斯逆变换,得

$$y_{zi}(t)=\text{LT}^{-1}\{Y_{zi}(s)\}=(5e^{-t}-3e^{-2t})u(t)$$

$$y_{zs}(t)=\text{LT}^{-1}\{Y_{zs}(s)\}=(1.5-e^{-t}-0.5e^{-2t})u(t)$$

系统的全响应为

$$y(t)=y_{zi}(t)+y_{zs}(t)=(1.5+4e^{-t}-3.5e^{-2t})u(t)$$

本例如果只求全响应,则可将各初值和 $X(s)$代入式(5-6-8),整理后得

$$Y(s)=\frac{2s^2+9s+3}{s(s+1)(s+2)}=\frac{1.5}{s}+\frac{4}{s+1}-\frac{3.5}{s+2}$$

取拉普拉斯逆变换就得到全响应 $y(t)$。结果同上。

【例 5-6-2】某线性时不变系统,当激励为 $x(t)=u(t)$时的全响应为 $y_1(t)=2e^{-t}u(t)$,当激励为 $x'(t)$时的全响应为 $y_2(t)=\delta(t)$:

(1) 求系统的零输入响应;

(2) 求系统的单位冲激响应及系统函数;

(3) 若系统的起始状态不变,求其激励为 $x(t)=e^{-t}u(t)$时系统的全响应。

解:(1) 据题设可知

$$y_1(t)=y_{zi}(t)+g(t)=2e^{-t}u(t) \tag{5-6-9}$$

$$y_2(t)=y_{zi}(t)+\text{T}\{x'(t)\}=y_{zi}(t)+h(t)=\delta(t) \tag{5-6-10}$$

式(5-6-10)与式(5-6-9)作差得 $h(t)-g(t)=\delta(t)-2e^{-t}u(t)$。根据 $h(t)=g'(t)$,有

$$g'(t)-g(t)=\delta(t)-2e^{-t}u(t)$$

对上式求拉普拉斯变换得

$$(s-1)G(s)=1-\frac{2}{s+1}\Rightarrow G(s)=\frac{1}{s+1}$$

对 $G(s)$求拉普拉斯逆变换得

$$g(t)=\text{LT}^{-1}\{G(s)\}=e^{-t}u(t)$$

将 $g(t)$代入式(5-6-9)得

$$y_{zi}(t)=e^{-t}u(t)$$

(2) 系统的单位冲激响应和系统函数分别为

$$h(t)=g'(t)=[e^{-t}u(t)]'=\delta(t)-e^{-t}u(t)$$

$$H(s)=\text{LT}\{h(t)\}=1-\frac{1}{1+s}=\frac{s}{s+1}$$

(3) 由于信号 $x(t)=\mathrm{e}^{-t}u(t)$ 的拉普拉斯变换为 $X(s)=\dfrac{1}{s+1}$,因此

$$Y_{zs}(s)=X(s)H(s)=\frac{1}{(s+1)^2}$$

求拉普拉斯逆变换,得

$$y_{zs}(t)=t\mathrm{e}^{-t}u(t)$$

则全响应为

$$y(t)=y_{zi}(t)+y_{zs}(t)=(1+t)\mathrm{e}^{-t}u(t)$$

5.6.2 常系数线性差分方程的 z 域求解

离散时间 LTI 系统响应的 z 域分析是利用 Z 变换把描述离散时间 LTI 系统的时域差分方程变换成 z 域的代数方程。对于因果系统,借助于单边 Z 变换的移位特性,在求解过程中自动分离出零输入响应(解)和零状态响应。然后解此代数方程,再经 Z 逆变换求得系统响应。

对于 N 阶差分方程,求其完全解就必须有 N 个初始条件,即 $y[-1]$, $y[-2]$, …, $y[-N]$已知。对于因果系统,要采用单边 Z 变换。根据单边 Z 变换的移位特性,有

$$\mathrm{ZT}\{y[n-i]\}=z^{-i}\sum_{n=-i}^{-1}y[n]z^{-n}+z^{-i}Y(z) \tag{5-6-11}$$

由于 $x[n]$是因果序列,其单边 Z 变换等于双边 Z 变换。

对 N 阶常系数线性差分方程求单边 Z 变换,得

$$\sum_{i=0}^{N}a_i z^{-i}\left[Y(z)+\sum_{n=-i}^{-1}y[n]z^{-n}\right]=\sum_{i=0}^{M}b_i X(z)z^{-i} \tag{5-6-12}$$

全响应为

$$Y(z)=\underbrace{\frac{\sum\limits_{i=0}^{M}b_i z^{-i}}{\sum\limits_{i=0}^{N}a_i z^{-i}}X(z)}_{\text{与初始无关→零状态响应}Y_{zs}(z)}-\underbrace{\frac{\sum\limits_{i=0}^{N}a_i z^{-i}\left[\sum\limits_{n=-i}^{-1}y[n]z^{-n}\right]}{\sum\limits_{i=0}^{N}a_i z^{-i}}}_{\text{与输入无关→零输入响应}Y_{zi}(z)} \tag{5-6-13}$$

可见,Z 变换求解差分方程可以自动分离出零输入解和零状态解。对 $Y_{zi}(z)$,$Y_{zs}(z)$和 $Y(z)$作 Z 逆变换即可得系统的响应的时域表示式,即

$$y_{zi}[n]=\mathrm{ZT}^{-1}\{Y_{zi}(z)\},\quad y_{zs}[n]=\mathrm{ZT}^{-1}\{Y_{zs}(z)\}$$

$$y[n]=\mathrm{ZT}^{-1}\{Y(z)\}=\mathrm{ZT}^{-1}\{Y_{zi}(z)\}+\mathrm{ZT}^{-1}\{Y_{zs}(z)\}=y_{zi}[n]+y_{zs}[n]$$

【例 5-6-3】离散时间 LTI 系统的差分方程为

$$y[n]-y[n-1]-2y[n-2]=x[n]+2x[n-2]$$

已知 $y[-1]=2$,$y[-2]=-\dfrac{1}{2}$,$x[n]=u[n]$,求该系统的零输入响应、零状态响应

和全响应。

解:对差分方程取单边 Z 变换,得

$$Y(z)-(z^{-1}Y(z)+y[-1])-2(z^{-2}Y(z)+y[-2]+z^{-1}y[-1])$$
$$=X(z)+2z^{-2}X(z)$$

求解上面的代数方程得系统全响应的 z 域表示式为

$$\begin{aligned}Y(z)&=\frac{(y[-1]+2y[-2])+2y[-1]z^{-1}}{1-z^{-1}-2z^{-2}}+\frac{1+2z^{-2}}{1-z^{-1}-2z^{-2}}X(z)\\&=\frac{(y[-1]+2y[-2])z^2+2y[-1]z}{z^2-z-2}+\frac{z^2+2}{z^2-z-2}X(z)\\&=\underbrace{\frac{z^2+4z}{z^2-z-2}}_{Y_{zi}(z)}+\underbrace{\frac{z^2+2}{z^2-z-2}\cdot\frac{z}{z-1}}_{Y_{zs}(z)}\end{aligned}$$

应用部分分式展开法,得

$$Y_{zi}(z)=\frac{2z}{z-2}-\frac{z}{z+1},\quad Y_{zs}(z)=\frac{2z}{z-2}+\frac{1}{2}\frac{z}{z+1}-\frac{3}{2}\frac{z}{z-1}$$

取上式的拉普拉斯逆变换,得系统的零输入响应、零状态响应分别为

$$y_{zi}[n]=[2(2)^n-(-1)^n]u[n],\quad y_{zs}[n]=\left[2(2)^n+\frac{1}{2}(-1)^n-\frac{3}{2}\right]u[n]$$

系统的全响应为

$$y[n]=\left[4(2)^n-\frac{1}{2}(-1)^n-\frac{3}{2}\right]u[n]$$

5.7　线性电路的复频域分析

当系统对象是线性电路时,即使不列写电路的微分方程也可以求解。方法是先导出电路的 s 域模型,再列写 s 域代数方程,即可求解。

1. 阻抗元件的 s 域模型

电路中基本元件的电阻、电容和电感的时域电压-电流关系如下:

$$u(t)=Ri(t) \tag{5-7-1}$$

$$i_C(t)=C\frac{\mathrm{d}u_C(t)}{\mathrm{d}t},\quad u_C(t)=\frac{1}{C}\int_{0_-}^{t}i_C(\tau)\mathrm{d}\tau+u_C(0_-) \tag{5-7-2}$$

$$u_L(t)=L\frac{\mathrm{d}i_L(t)}{\mathrm{d}t} \tag{5-7-3}$$

分别对式(5-7-1)~式(5-7-3)两边取拉普拉斯变换,并利用微分性质可得电阻、电容和电感的 s 域电压-电流关系如下:

$$U(s)=RI(s) \tag{5-7-4}$$

$$I_C(s)=sCU_C(s)-Cu_C(0_-) \quad 或 \quad U_C(s)=\frac{1}{sC}I_C(s)+\frac{u_C(0_-)}{s} \tag{5-7-5}$$

$$U_L(s)=sLI_L(s)-Li_L(0_-) \quad 或 \quad I_L(s)=\frac{1}{sL}U_L(s)+\frac{i_L(0_-)}{s} \tag{5-7-6}$$

由此可得电阻、电容和电感的时域和 s 域模型,如图 5-7-1～图 5-7-3 所示。

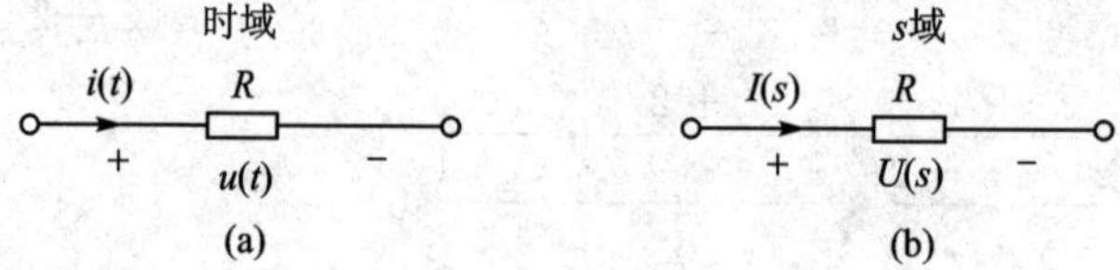

图 5-7-1　电阻的时域和 s 域模型

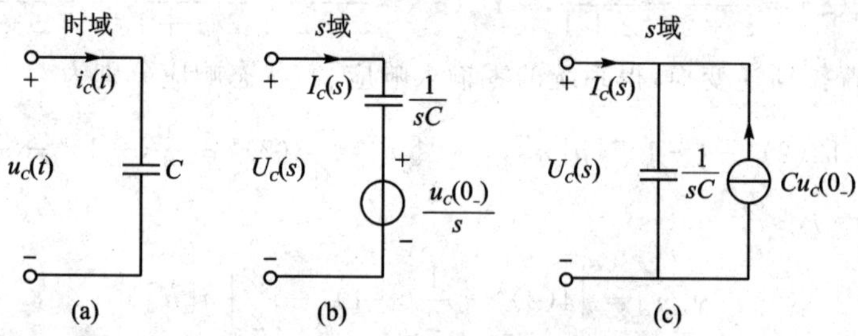

图 5-7-2　电容的时域和 s 域模型

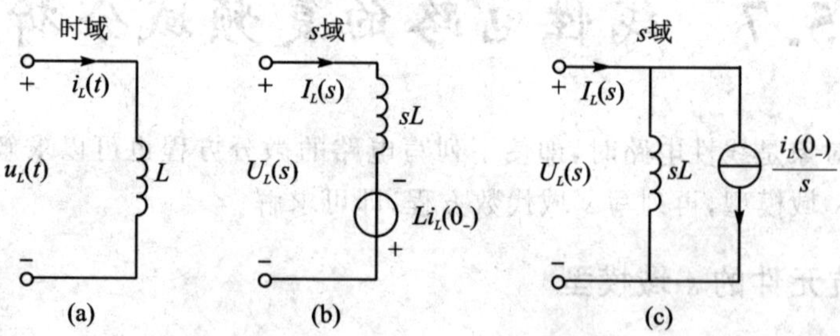

图 5-7-3　电感的时域和 s 域模型

在图 5-7-2(b)和(c)中,$\frac{1}{sC}$为电容的 s 域阻抗;$Cu_C(0_-)$和$\frac{u_C(0_-)}{s}$分别为附加电流源和附加电压源的量值,反映起始储能对响应的影响。在图 5-7-3(b)和(c)中,sL 为电感的 s 域阻抗;$Li_L(0_-)$和$\frac{i_L(0_-)}{s}$分别为与 $i_L(0_-)$有关的附加电压源和附加电流源的量值,同样反映了起始储能对响应的影响。

【例 5-7-1】具有耦合电感的电路如图 5-7-4(a)所示，请构建并说明其复频域模型。

解：耦合电感电路的电压、电流关系为

$$u_1(t)=L_1\frac{\mathrm{d}i_1(t)}{\mathrm{d}t}+M\frac{\mathrm{d}i_2(t)}{\mathrm{d}t},\quad u_2(t)=L_2\frac{\mathrm{d}i_2(t)}{\mathrm{d}t}+M\frac{\mathrm{d}i_1(t)}{\mathrm{d}t}\tag{5-7-7}$$

同样，两边取拉普拉斯变换，利用微分性质得到像函数

$$\left.\begin{aligned}U_1(s)&=sL_1I_1(s)+sMI_2(s)-L_1i_1(0_-)-Mi_2(0_-)\\U_2(s)&=sL_2I_2(s)+sMI_1(s)-L_2i_2(0_-)-Mi_1(0_-)\end{aligned}\right\}\tag{5-7-8}$$

式中：sM 称为互感运算阻抗；$L_1i_1(0_-)$和 $L_2i_2(0_-)$称为自感附加电压源；而 $Mi_1(0_-)$和 $Mi_2(0_-)$称为互感附加电压源，耦合电感的复频域电路模型如图 5-7-4(b)所示。

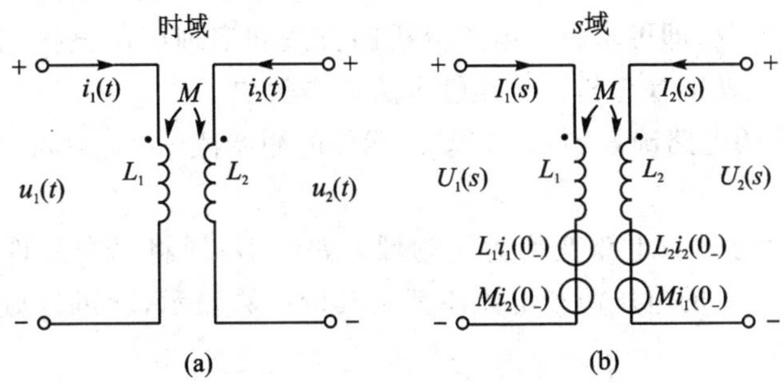

图 5-7-4　耦合电感的时域和 s 域模型

2. 基尔霍夫定律的复频域形式

在 s 域中分析电路，仍然离不开基尔霍夫定律。由 KCL 和 KVL 有

$$\sum i(t)=0\quad 和\quad \sum u(t)=0\tag{5-7-9}$$

对两式取拉普拉斯变换，可得基尔霍夫定律的 s 域形式分别为

$$\sum I(s)=0\quad 和\quad \sum U(s)=0\tag{5-7-10}$$

应用上述定律可以得到电路运算阻抗的一般形式。如图 5-7-5(a)所示的 RLC 串联电路，设起始状态为零，其对应的 s 域模型如图 5-7-5(b)所示。

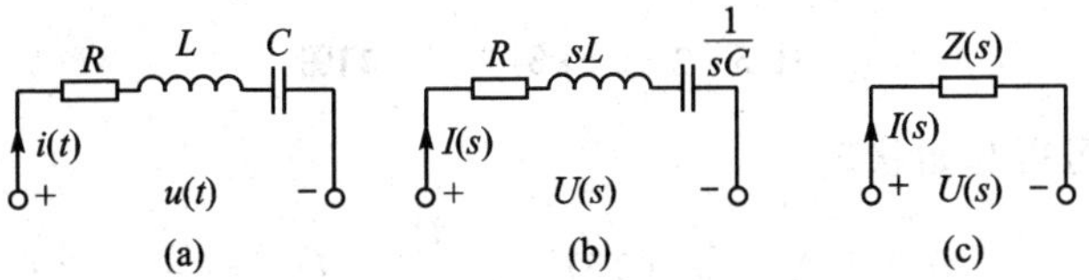

图 5-7-5　RLC 串联电路的 s 域模型

由图 5-7-5(b),并根据 KVL 方程有

$$RI(s)+sLI(s)+\frac{1}{sC}I(s)=U(s)\Rightarrow\left(R+sL+\frac{1}{sC}\right)I(s)=U(s)$$

可得

$$\frac{U(s)}{I(s)}=R+sL+\frac{1}{sC}=Z(s)$$

式中：$Z(s)$称为 RLC 串联电路的运算阻抗。在形式上与正弦稳态阻抗 $Z=R+\mathrm{j}\omega L+\frac{1}{\mathrm{j}\omega C}$相似,只不过用 s 代替 $\mathrm{j}\omega$ 而已。

综上可知,在电网络系统中,当 KCL、KVL 和元件的时域模型用 s 域模型代替后,其定律和阻抗形式完全与正弦稳态时的相量形式一致。因此,对于具体的电路系统,不列写电路的微分方程也可以求解。方法是先导出电路在 s 域的运算电路,再列写 s 域的代数方程,即可求解。电路分析的方法和定理可以直接用于电路的复频域分析。用拉普拉斯变换分析计算线性电路的步骤如下：

① 由换路前的电路确定 $t=0_-$ 时动态元件的初始值 $u_C(0_-)$和 $i_L(0_-)$,以确定附加电源。

② 把换路后的时域电路变换为复频域电路模型,即将每个元件用 s 域模型代替,再将信号源、已知的电压源和电流源都用其像函数表示,就可以做出整个电路的 s 域模型。

③ 应用线性电路的各种分析方法和定理求解 s 域的电路模型,得到待求响应的像函数。

④ 通过逆变换获得响应的时域解。

【例 5-7-2】如图 5-7-6(a)所示电路,$t\leqslant 0$ 时电路已处于稳态。设 $R_1=4\ \Omega$,$R_2=2\ \Omega$,$L=1$ H,$C=1$ F,求 $t\geqslant 0$ 时的响应 $u_C(t)$。

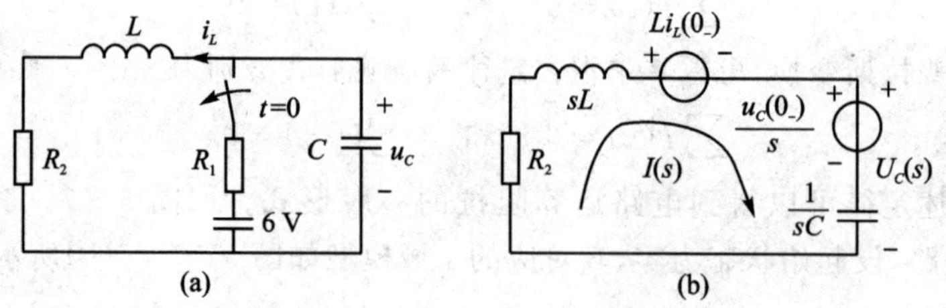

图 5-7-6 【例 5-7-2】图

解:由电路可得起始状态

$$i_L(0_-)=\frac{6}{4+2}\mathrm{A}=1\ \mathrm{A},\quad u_C(0_-)=\frac{R_2}{R_1+R_2}U_\mathrm{S}=\frac{2}{4+2}\times 6\ \mathrm{V}=2\ \mathrm{V}$$

从而可得图 5-7-6(b)所示 s 域的电路模型。列出网孔方程

$$\left(R_2+sL+\frac{1}{sC}\right)I(s)=-Li_L(0_-)-\frac{u_C(0_-)}{s}$$

$$\Rightarrow I(s)=\frac{-(s+2)}{s^2+2s+1}=\frac{-(s+2)}{(s+1)^2}=\frac{-1}{(s+1)^2}+\frac{-1}{s+1}$$

$I(s)$的拉普拉斯逆变换为

$$i(t)=-t\mathrm{e}^{-t}-\mathrm{e}^{-t},\quad t\geqslant 0$$

将 $I(s)$代入

$$U_C(s)=\frac{u_C(0_-)}{s}+\frac{1}{sC}I(s)=\frac{2}{s}-\frac{s+2}{s(s+1)^2}$$

最后得到响应

$$u_C(t)=t\mathrm{e}^{-t}+2\mathrm{e}^{-t},\quad t\geqslant 0$$

【例 5－7－3】图 5－7－7(a)所示电路已经处于稳态。$t=0$ 时开关闭合，试用复频域分析法求解换路后的电流 $i_L(t)$。

解：由于开关闭合前电路已处于稳态，所以电感电流 $i_L(0_-)=0$，电容电压 $u_C(0_-)=1$ V。该电路的 s 域电路如图 5－7－7(b)所示。

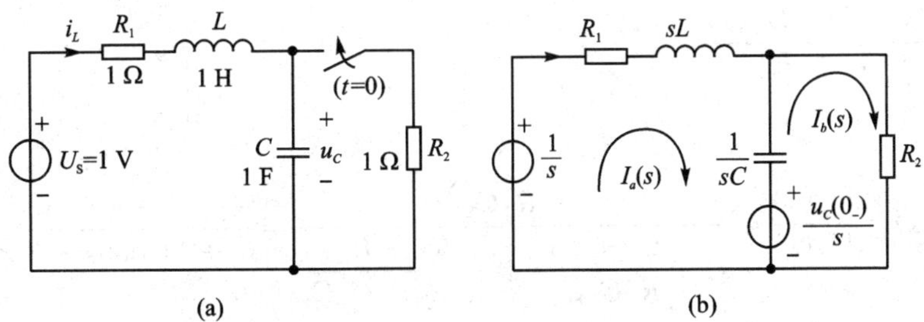

图 5－7－7　【例 5－7－3】图

应用回路电流法，设回路电流为 $I_a(s)$、$I_b(s)$，方向如图 5－7－7(b)所示。列出方程

$$\left(R_1+sL+\frac{1}{sC}\right)I_a(s)-\frac{1}{sC}I_b(s)=\frac{1}{s}-\frac{u_C(0_-)}{s}$$

$$\frac{u_C(0_-)}{s}=\frac{1}{sC}I_b(s)-\frac{1}{sC}I_a(s)+R_2I_b(s)$$

代入已知数据，消去 $I_b(s)$并整理得

$$I_L(s)=I_a(s)=\frac{1}{s(s^2+2s+2)}$$

求 $I_L(s)$的拉普拉斯逆变换为

$$\mathrm{LT}^{-1}\{I_L(s)\}=i_L(t)=\frac{1}{2}(1+\mathrm{e}^{-t}\cos t-\mathrm{e}^{-t}\sin t),\quad t\geqslant 0$$

【例 5－7－4】求图 5－7－8 所示电路的系统函数。

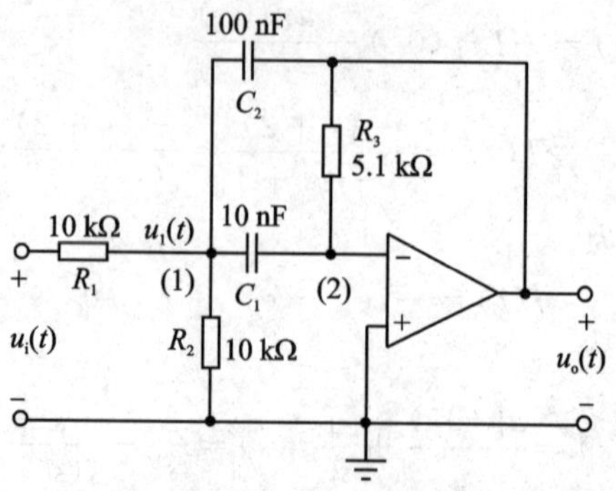

图 5-7-8 【例 5-7-4】图

解:系统函数是与激励无关,因此电路中的电容的 s 域模型没有初始值,即电路模型不需要调整。分别对(1)点和(2)点列基尔霍夫电流方程:

$$\left.\begin{aligned}&\frac{U_1(s)-U_S(s)}{R_1}+\frac{U_1(s)}{R_2}+\frac{U_1(s)}{\frac{1}{sC_1}}+\frac{U_1(s)-U_2(s)}{\frac{1}{sC_2}}=0\\&\frac{U_1(s)}{\frac{1}{sC_1}}=\frac{0-U_2(s)}{R_3}\end{aligned}\right\}$$

$$\Rightarrow H(s)=\frac{U_2(s)}{U_S(s)}=\frac{-\frac{1}{R_1C_2}s}{s^2+\frac{C_1+C_2}{R_3C_1C_2}s+\frac{R_1+R_2}{R_1R_2R_3C_1C_2}}=\frac{-1\,000s}{s^2+11\,000s+2\times10^{11}}$$

【例 5-7-5】示波器探头输入的衰减电路如图 5-7-9 所示。激励为 $x(t)$,零状态响应为 $y(t)$,为了输入保护和匹配掉输入电路寄生电容的影响,当调整 C_1 使其满足什么条件时,该系统的系统函数与电容参数无关,即该系统是无记忆系统。

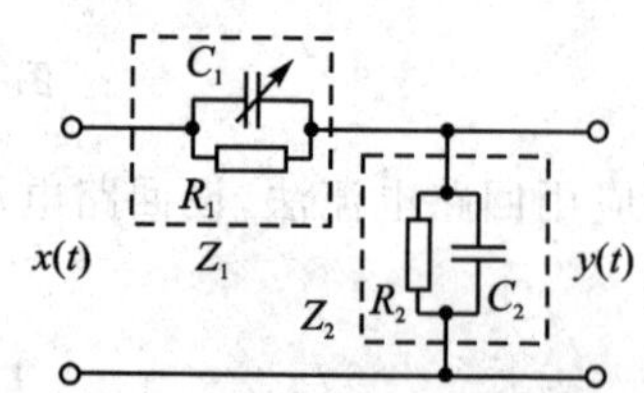

图 5-7-9 示波器前级输入衰减电路

解:系统函数与激励无关,因此电路中的电容的 s 域模型没有初始值,电路模型不需要调整。

$$Z_1=\frac{\frac{R_1}{sC_1}}{R_1+\frac{1}{sC_1}}=\frac{R_1}{1+sR_1C_1},\quad Z_2=\frac{\frac{R_2}{sC_2}}{R_2+\frac{1}{sC_2}}=\frac{R_2}{1+sR_2C_2}$$

该电路的系统函数为

$$H(s)=\frac{Y(s)}{X(s)}=\frac{Z_2}{Z_1+Z_2}=\frac{\dfrac{R_2}{1+sR_2C_2}}{\dfrac{R_1}{1+sR_1C_1}+\dfrac{R_2}{1+sR_2C_2}}=\frac{R_2}{\dfrac{1+sR_2C_2}{1+sR_1C_1}R_1+R_2}$$

如果 $R_1C_1=R_2C_2$，则 $H(s)=\dfrac{R_2}{R_1+R_2}$，可见系统函数与电容参数无关。此时 $H(\mathrm{j}\omega)=\dfrac{R_2}{R_1+R_2}$，幅频特性恒定为 $H_{\mathrm{g}}(\mathrm{j}\omega)=\dfrac{R_2}{R_1+R_2}$，表明幅频特性与频率无关，$\varphi(\omega)=0$。

5.8　LTI 系统的网络结构

系统由不同的物理元件组成，但只要它们的数学模型一样，其运动规律就相同。系统模拟是基于此特点对系统进行数学建模，并用基本运算单元的组合来模仿实际系统，亦称为仿真。

LTI 系统经常用框图或信号流图（signal flow graphs）来表示一个具有某种功能的部件，也可表示一个子系统。用框图和信号流图表示的系统称为该系统的网络结构，亦称为算法结构。连续系统多称为网络结构，离散系统多称为算法结构。

5.8.1　LTI 系统的网络结构表示

1. 连续时间 LTI 系统的网络结构表示

连续时间 LTI 系统有 3 种基本运算：加法、标量乘法和积分（为什么不是微分将在 5.8.4 小节说明）。图 5-8-1 分别给出了 3 种基本运算在时域和 s 域的框图表示形式。

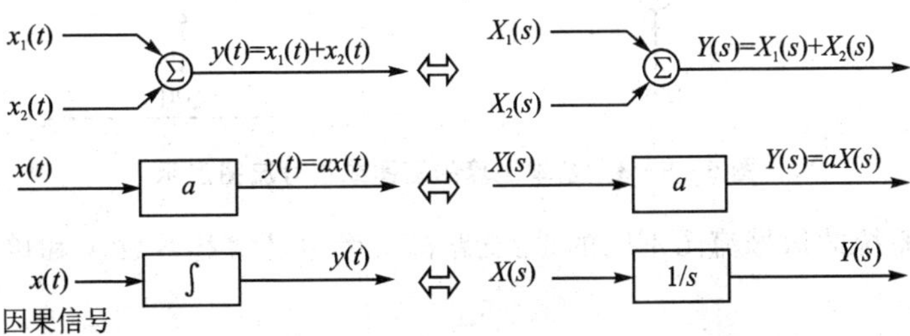

图 5-8-1　加法器、标量乘法器和积分器在时域和 s 域的框图表示

另外,较复杂的系统采用框图表示方法进行绘制比较占空间,而等价的信号流图使用起来更加方便。信号流图是用有向的线图描述线性方程组变量间因果关系的一种图,用它来描述系统较方框图更为简便。图5-8-1的信号流图表示如图5-8-2所示。

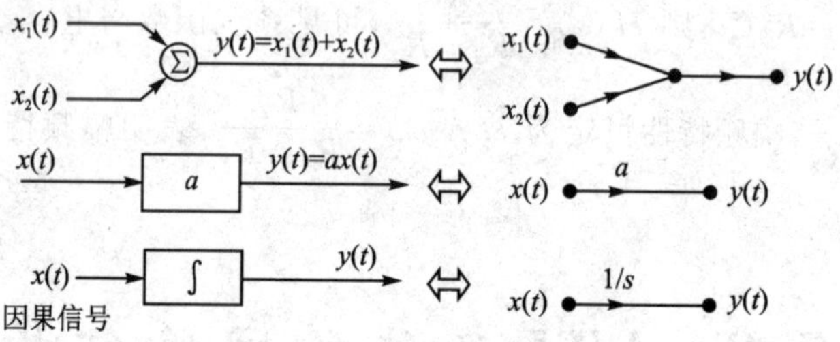

图5-8-2　连续时间LTI系统的信号流图表示

信号流图由节点和有向支路组成。其中,圆点称为节点,每个节点处的信号称为节点变量;输入节点又称为源节点;输出节点又称为吸收节点或阱结点。节点变量等于所有输入支路的末端信号之和。写在支路箭头旁边的系数 a 为支路增益,$1/s$ 为积分运算。如果支路箭头旁边没有标明增益系数,则表示支路增益为1。

2. 离散时间LTI系统的算法结构表示

离散时间LTI系统有3种基本算法:标量乘法、加法和单位延迟。这3种基本运算可用如图5-8-3所示框图或信号流图表示。离散信号处理领域一般采用信号流图的表示方法。

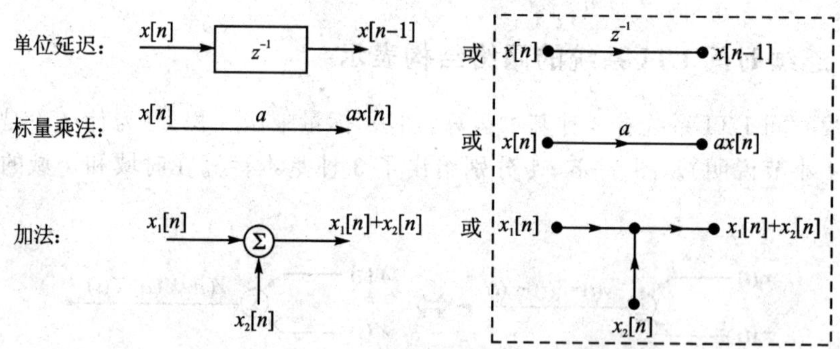

图5-8-3　基本运算的框图或信号流图表示

与连续系统的信号流图不同的是:支路箭头旁边是增益系数 a 和单位延迟 z^{-1},而不是积分。

由3种基本运算的信号流图可构成离散时间系统的算法结构。同一系统函数可以有多种信号流图与之对应。

【例 5-8-1】离散时间 LTI 系统如图 5-8-4 所示。请写出该系统的差分方程。

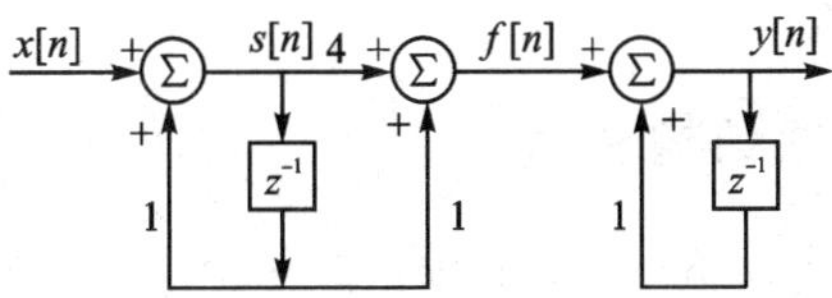

图 5-8-4 【例 5-8-1】图

解:由图 5-8-4 可得的方程进而推得系统的差分方程:

$$\left.\begin{array}{l}\left.\begin{array}{l}s[n]-s[n-1]=x[n]\\ f[n]=4s[n]+s[n-1]\end{array}\right\}\Rightarrow f[n]-f[n-1]=4x[n]+x[n-1]\\ y[n]-y[n-1]=f[n]\end{array}\right\}$$

$$\Rightarrow y[n]-2y[n-1]+y[n-2]=4x[n]+x[n-1]$$

3. 基本信号流图

如果网络结构满足:所有支路增益是常数,存在 $1/s$(或者 z^{-1}),以及流图环路(箭头方向形成的环路)中必须存在 $1/s$ 条支路(或者延迟支路),节点和支路的数目有限,则称其为基本信号流图。

图 5-8-5 所示的算法结构就是基本算法结构,其各节点的变量关系如下:

$$w_1[n]=w_2[n-1]$$
$$w_2[n]=w_3[n-1]$$
$$w_3[n]=x[n]+(-a_1w_2[n])+(-a_2w_1[n])$$
$$y[n]=b_2w_1[n]+b_1w_2[n]+b_0w_3[n]$$

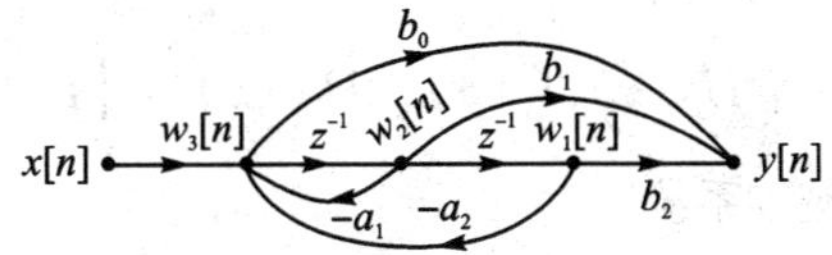

图 5-8-5　某系统的算法结构图

对信号流图的节点变量方程进行 Z 变换,可以求取其对应的系统函数:

$$\left.\begin{array}{l}W_1(z)=W_2(z)z^{-1}\\ W_2(z)=W_3(z)z^{-1}\\ W_3(z)=X(z)-a_1W_2(z)-a_2W_1(z)\\ Y(z)=b_2W_1(z)+b_1W_2(z)+b_0W_3(z)\end{array}\right\}\Rightarrow H(z)=\frac{Y(z)}{X(z)}=\frac{b_0+b_1z^{-1}+b_2z^{-2}}{1+a_1z^{-1}+a_2z^{-2}}$$

5.8.2 复合系统的网络结构表示

1. 级联系统的网络结构表示

LTI系统的级联如图5-8-6(a)所示。若两个子系统的系统函数分别为

$$H_1(s)=\frac{W(s)}{X(s)},\quad H_2(s)=\frac{Y(s)}{W(s)};\quad H_1(z)=\frac{W(z)}{X(z)},\quad H_2(z)=\frac{Y(z)}{W(z)}$$

则信号通过级联系统的响应为

$$Y(s)=H_2(s)W(s)=H_2(s)H_1(s)X(s)$$

$$Y(z)=H_2(z)W(z)=H_2(z)H_1(z)X(z)$$

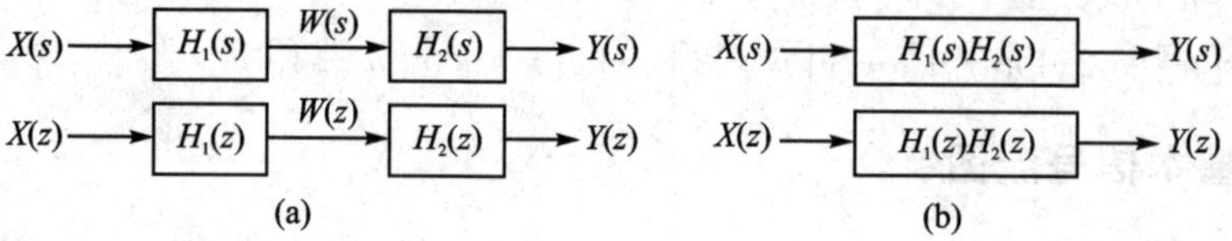

图5-8-6 两个子系统的级联

根据系统函数的定义,如图5-8-6(b)所示,级联系统的系统函数为

$$H(s)=\frac{Y(s)}{X(s)}=H_1(s)H_2(s),\quad H(z)=\frac{Y(z)}{X(z)}=H_1(z)H_2(z) \tag{5-8-1}$$

显然,若将系统函数分解为简单的子系统函数的乘积,即

$$H(s)=H_1(s)H_2(s)\cdots H_N(s)=\prod_{i=1}^{N}H_i(s) \tag{5-8-2}$$

$$H(z)=H_1(z)H_2(z)\cdots H_N(z)=\prod_{i=1}^{N}H_i(z) \tag{5-8-3}$$

则可以通过级联系统实现该系统。

2. 并联系统的网络结构表示

系统的并联如图5-8-7所示。可以看出:

$$Y(s)=H_1(s)X(s)+H_2(s)X(s)=[H_1(s)+H_2(s)]X(s)$$

$$Y(z)=H_1(z)X(z)+H_2(z)X(z)=[H_1(z)+H_2(z)]X(z)$$

则并联系统的系统函数为

$$H(s)=\frac{Y(s)}{X(s)}=H_1(s)+H_2(s),\quad H(z)=\frac{Y(z)}{X(z)}=H_1(z)+H_2(z) \tag{5-8-4}$$

可见,并联系统是将系统函数分解为几个较简单的子系统函数之和,即

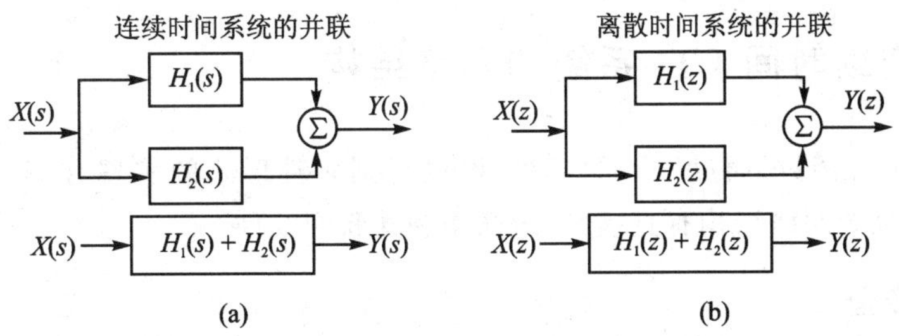

图 5-8-7　两个子系统的并联

$$H(s)=H_1(s)+H_2(s)+\cdots+H_M(s)=\sum_{i=1}^{M}H_i(s) \tag{5-8-5}$$

$$H(z)=H_1(z)+H_2(z)+\cdots+H_M(z)=\sum_{i=1}^{M}H_i(z) \tag{5-8-6}$$

3. 反馈系统的网络结构表示

如图 5-8-8(a)所示闭环系统，该连续系统由两个子系统构成，其特点是输出量的一部分返回到输入端与输入量进行比较，形成反馈。其中，$H_1(s)$称为前向通路的系统函数，$H_2(s)$称为反馈通路的系统函数。可以看出

$$Y(s)=W(s)H_1(s)$$

$$W(s)=X(s)-H_2(s)Y(s)$$

$$Y(s)=\frac{H_1(s)}{1+H_1(s)H_2(s)}X(s)$$

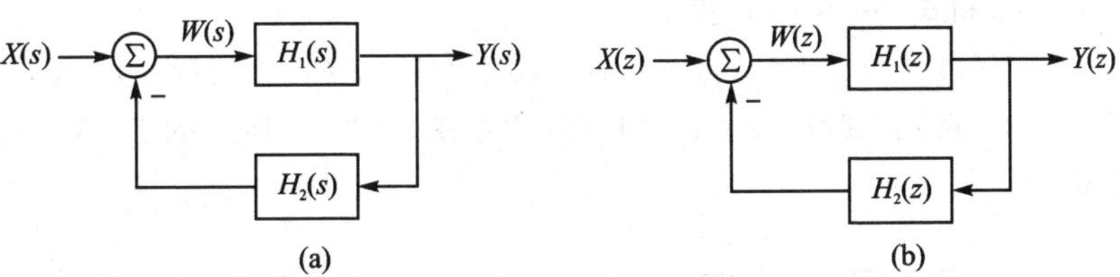

图 5-8-8　反馈环路

闭环系统的系统函数为

$$H(s)=\frac{Y(s)}{X(s)}=\frac{H_1(s)}{1+H_1(s)H_2(s)} \tag{5-8-7}$$

如图 5-8-8(b)所示，离散时间反馈系统与连续时间反馈系统的结论一致，即

$$H(z)=\frac{Y(z)}{X(z)}=\frac{H_1(z)}{1+H_1(z)H_2(z)} \tag{5-8-8}$$

5.8.3 连续时间 LTI 系统的网络结构

对同一系统函数,通过不同的运算,可以得到多种形式的实现方案。常用连续时间 LTI 系统的网络结构有直接型、级联型和并联型 3 种。

1. 直接型

微分方程涉及加法、标量乘法和微分 3 种运算,在实际实现时一般不使用微分器而使用积分器,这是由于积分器对信号起"平滑"作用,甚至对短时间内信号的剧烈变化也不敏感,而微分器将会使信号"锐化",因而积分器的抗干扰性能比微分器好,运算精度比微分器高。

设 N 阶连续时间系统的系统函数为

$$H(s)=\frac{b_N s^N+b_{N-1}s^{N-1}+\cdots+b_1 s+b_0}{s^N+a_{N-1}s^{N-1}+\cdots+a_1 s+a_0} \tag{5-8-9}$$

为了用积分器实现模拟,将式(5-8-9)改写为

$$H(s)=\frac{b_N+b_{N-1}s^{-1}+\cdots+b_1 s^{-(N-1)}+b_0 s^{-N}}{1+a_{N-1}s^{-1}+\cdots+a_1 s^{-(N-1)}+a_0 s^{-N}}=\frac{B(s)}{A(s)} \tag{5-8-10}$$

输出写成级联形式

$$Y(s)=X(s)H(s)=X(s)\frac{B(s)}{A(s)}=B(s)H_1(s) \tag{5-8-11}$$

由 $H_1(s)=X(s)/A(s)$,可得

$$H_1(s)=X(s)-(a_{N-1}s^{-1}+\cdots+a_1 s^{-(N-1)}+a_0 s^{-N})H_1(s) \tag{5-8-12}$$

由式(5-9-10)和式(5-8-11)得

$$Y(s)=(b_N+b_{N-1}s^{-1}+\cdots+b_1 s^{-(N-1)}+b_0 s^{-N})H_1(s) \tag{5-8-13}$$

由式(5-8-12)和式(5-8-13)可以绘出如图 5-8-9 所示的 N 阶连续时间系统的模拟框图。

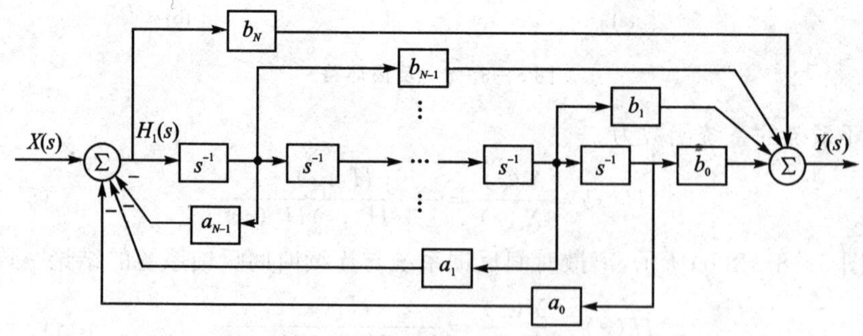

图 5-8-9 N 阶系统直接型 s 域网络结构框图

首先画出 N 个级联的积分器，再将各积分器的输出反馈连接到输入端的加法器形成反馈回路，这些反馈回路的系统函数分别为 $-a_{N-1}s^{-1}, -a_{N-2}s^{-2}, \cdots, -a_1 s^{-(N-1)}, -a_0 s^{-N}$，负号可以表示在输入加法器的输入端，最后将输入端加法器的输出和各积分器的输出正向连接到输出端的加法器构成前向通路，各条前向通路的系统函数分别为 $b_N, b_{N-1}s^{-1}, b_{N-2}s^{-2}, \cdots, b_1 s^{-(N-1)}, b_0 s^{-N}$。显然，$H(s)$ 的分母对应模拟框图中的反馈回路，$H(s)$ 的分子对应模拟框图中的前向通路。

【例 5-8-2】试画出系统 $H(s)=\dfrac{3s+4}{s^2+3s+2}$ 的网络结构框图。

解：该系统为二阶系统，需要两个积分器。将 $H(s)$ 改写为

$$H(s)=\frac{3s^{-1}+4s^{-2}}{1+3s^{-1}+2s^{-2}}$$

由分母可知，模拟框图有两个反馈回路，两条前向通路，如图 5-8-10 所示。

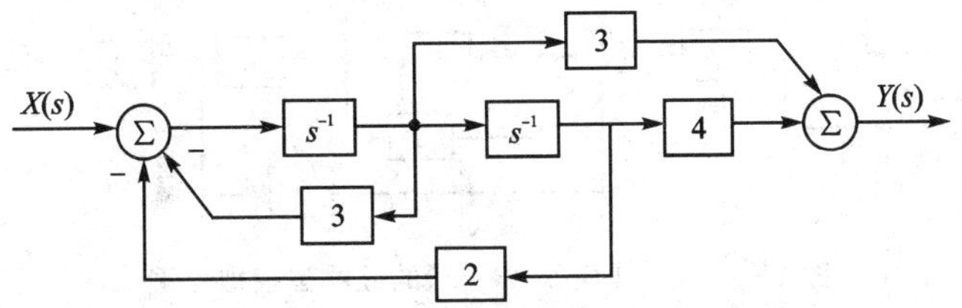

图 5-8-10　【例 5-8-2】的 s 域框图

2. 级联结构和并联结构

通常各子系统选用一阶函数和二阶函数，分别称为一阶节、二阶节。其系统函数形式分别为

$$H_i(s)=\frac{b_{1i}+b_{0i}s^{-1}}{1+a_{0i}s^{-1}} \quad 和 \quad H_i(s)=\frac{b_{2i}+b_{1i}z^{-1}+b_{0i}s^{-2}}{1+a_{1i}s^{-1}+a_{0i}s^{-2}} \tag{5-8-14}$$

需要指出，无论是级联实现还是并联实现，都需将 $H(s)$ 的分母多项式（对于级联还有分子多项式）分解为一次因式 $(s+a_{0i})$ 与二次因式 $(s^2+a_{1i}s+a_{0i})$ 的乘积，这些因式的系数必须是实数。就是说 $H(s)$ 的实极点可构成一阶节的分母，也可组合成二阶节的分母，而一对共轭复极点可构成二阶节的分母。

级联和并联实现调试较为方便，当调节某子系统的参数时，只改变该子系统的零点或极点位置，对其余子系统的极点位置没有影响；而对于直接形式实现，当调节某个参数时，所有的零点、极点位置都将变动。

【例 5-8-3】某连续时间 LTI 系统的系统函数为 $H(s)=\dfrac{3s+6}{s^3+3s^2+5s+3}$。请分别用级联和并联形式给出系统的网络结构。

解:(1) 级联实现。

首先将 $H(s)$ 的分子、分母多项式分解为一次因式与二次因式的乘积。容易求得

$$s^3+3s^2+5s+3=(s+1)(s^2+2s+3)$$

于是系统函数可以写为

$$H(s)=H_1(s)H_2(s)=\frac{3(s+2)}{(s+1)(s^2+2s+3)}$$

将上式分解为一阶节与二阶节的级联,令

$$H_1(s)=\frac{3}{s+1}=\frac{3s^{-1}}{1+s^{-1}} \quad 和 \quad H_2(s)=\frac{s+2}{s^2+2s+3}=\frac{s^{-1}+2s^{-2}}{1+2s^{-1}+3s^{-2}}$$

分别画出 $H_1(s)$ 和 $H_2(s)$ 的直接形式框图,并将二者级联,如图 5-8-11 所示。

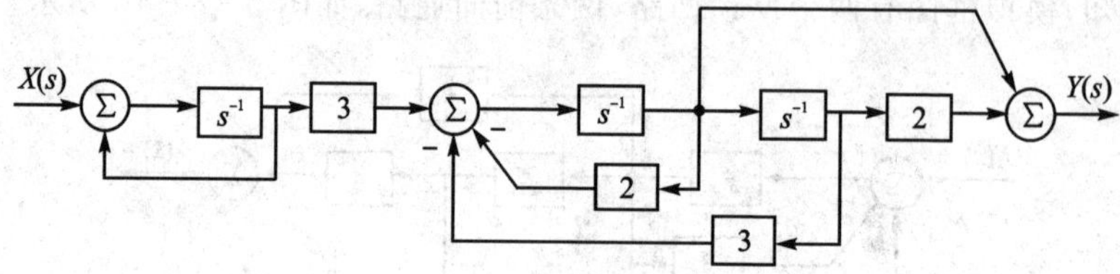

图 5-8-11 【例 5-8-3】的级联型模拟框图

(2) 并联实现。

首先,将 $H(s)$ 展开为部分分式

$$H(s)=\frac{3s+6}{(s+1)(s^2+2s+3)}=\frac{K_1}{s+1}+\frac{K_2}{s+1-\mathrm{j}\sqrt{2}}+\frac{K_3}{s+1+\mathrm{j}\sqrt{2}}$$

式中:$K_1=(s+1)H(s)\big|_{s=-1}=\frac{3}{2}$;$K_2=(s+1-\mathrm{j}\sqrt{2})H(s)\big|_{s=-1+\mathrm{j}\sqrt{2}}=-\frac{3}{4}(1+\mathrm{j}\sqrt{2})$;$K_3=K_2^*=-\frac{3}{4}(1-\mathrm{j}\sqrt{2})$。

于是系统函数可以写为

$$H(s)=\frac{\frac{3}{2}}{s+1}+\frac{-\frac{3}{4}(1+\mathrm{j}\sqrt{2})}{s+1-\mathrm{j}\sqrt{2}}+\frac{-\frac{3}{4}(1-\mathrm{j}\sqrt{2})}{s+1+\mathrm{j}\sqrt{2}}=\frac{\frac{3}{2}}{s+1}+\frac{-\frac{3}{2}s+\frac{3}{2}}{s^2+2s+3}$$

令

$$H_1(s)=\frac{\frac{3}{2}}{s+1}=\frac{\frac{3}{2}s^{-1}}{1+s^{-1}} \quad 和 \quad H_2(s)=\frac{-\frac{3}{2}s+\frac{3}{2}}{s^2+2s+3}=\frac{-\frac{3}{2}s^{-1}+\frac{3}{2}s^{-2}}{1+2s^{-1}+3s^{-2}}$$

分别画出 $H_1(s)$ 和 $H_2(s)$ 的直接形式网络结构框图,并将二者并联,如图 5-8-12 所示。

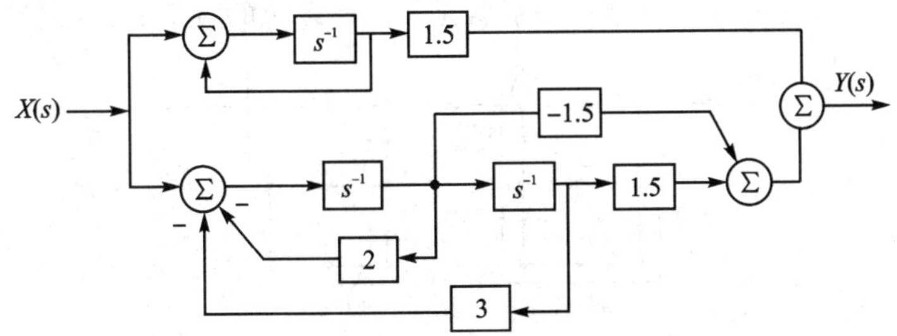

图 5-8-12　【例 5-8-2】的并联型网络结构框图

5.8.4　IIR 系统的网络结构

IIR 系统的特点是其单位脉冲响应无限长，表现在算法结构中就是含有反馈支路。IIR 系的算法结构有 3 种：直接型、级联型和并联型。

但当采用不同的算法结构实现时，乘法器的数目、延迟器的数目可能会略有不同，速度和误差也不同。

1. IIR 系统的直接型网络结构

二阶 IIR 系统的系统函数和二阶常系数线性差分方程分别为

$$H(z)=\frac{b_0+b_1z^{-1}+b_2z^{-2}}{1+a_1z^{-1}+a_2z^{-2}},\quad y[n]=\sum_{k=0}^{2}b_kx[n-k]-\sum_{k=1}^{2}a_ky[n-k] \tag{5-8-15}$$

其算法结构如图 5-8-13 所示。

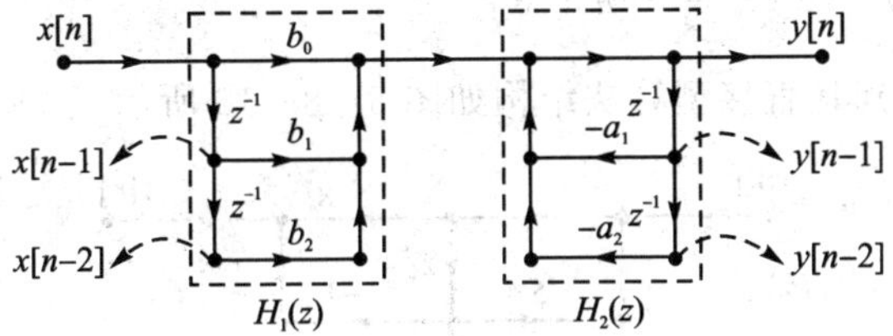

图 5-8-13　IIR 系统的直接 Ⅰ 型算法结构

因为

$$\begin{aligned}H(z)&=H_1(z)H_2(z)\\&=\left[\sum_{k=0}^{M}b_kz^{-k}\right]\frac{1}{1+\sum\limits_{k=1}^{N}a_kz^{-k}}=\frac{1}{1+\sum\limits_{k=1}^{N}a_kz^{-k}}\left[\sum_{k=0}^{M}b_kz^{-k}\right]=H_2(z)H_1(z)\end{aligned}$$

如图 5-8-14 所示，交换 $H_1(z)$和 $H_2(z)$的运算顺序。由于 $w_1=w_2$，所以得到如图 5-8-15 所示的 IIR 系统的直接 Ⅱ 型结构，其相比直接 Ⅰ 型结构节省了两个单位延迟单元。IIR 系统的直接型结构一般就是指 IIR 系统的直接Ⅱ型结构。

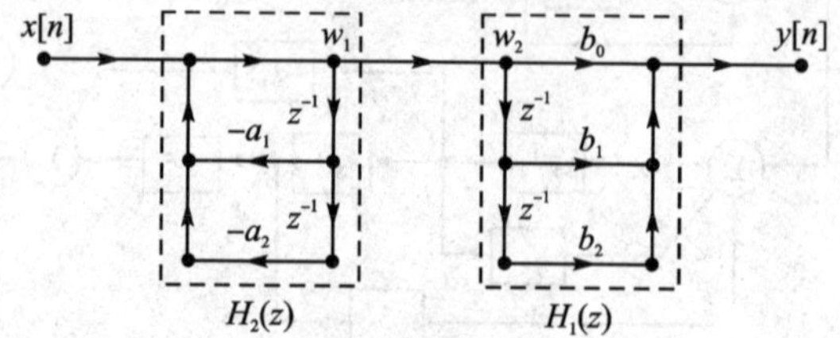

图 5-8-14　IIR 系统交换运算顺序后的直接Ⅰ型结构

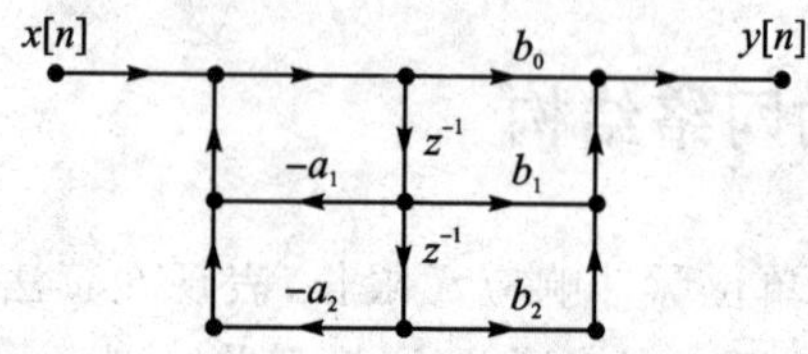

图 5-8-15　IIR 系统的直接Ⅱ型结构

【例 5-8-4】设 IIR 系统的系统函数 $H(z)$为

$$H(z)=\frac{8-4z^{-1}+11z^{-2}-2z^{-3}}{1-\frac{5}{4}z^{-1}+\frac{3}{4}z^{-2}-\frac{1}{8}z^{-3}}$$

请画出其直接型结构。

解:由 $H(z)$写出差分方程

$$y[n]=8x[n]-4x[n-1]+11x[n-2]-2x[n-3]+\frac{5}{4}y[n-1]-\frac{3}{4}y[n-2]+\frac{1}{8}y[n-3]$$

由差分方程得到其直接型算法结构如图 5-8-16 所示。

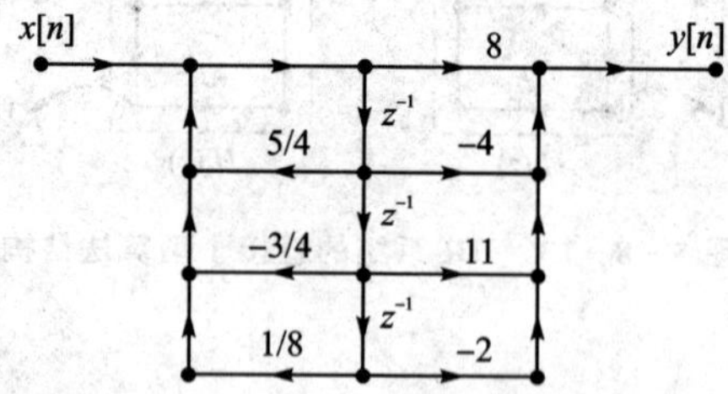

图 5-8-16　【例 5-8-4】算法结构图

直接型网络结构的缺点如下:

① 常系数 a_k、b_k 对系统的性能控制作用不明显。

② 零、极点关系不明显,调整困难。

③ 阶数高时,极点位置的灵敏度太大,容易引起极点漂移不稳定。

2. IIR系统的级联型网络结构

将LTI系统函数$H(z)$因式分解，并将共轭成对的零点（或极点）放在一起，形成一个二阶多次式，使其系数仍为实数。这样$H(z)$就分解成一些一阶或二阶的级联形式：

$$H(z)=H_1(z)H_2(z)\cdots H_i(z) \tag{5-8-16}$$

式中：$H_i(z)$表示一个一阶或二阶系统，如图5-8-17所示。

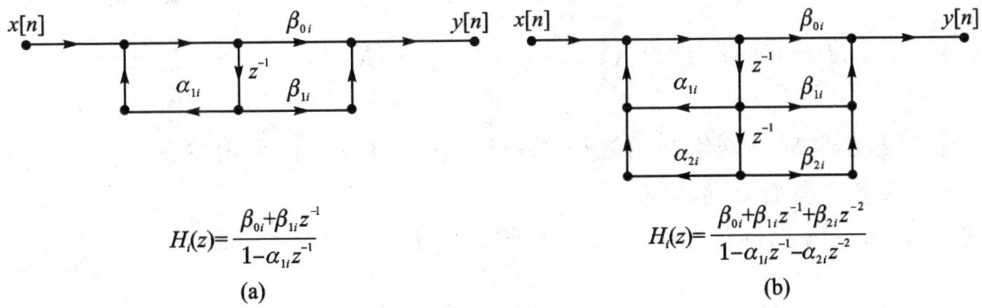

图5-8-17 一阶或二阶的数字滤波器的算法结构

【例5-8-5】系统函数为

$$H(z)=\frac{0.4+0.2z^{-1}}{1-1.7z^{-1}+0.72z^{-2}},\quad |z|>0.9$$

画出级联型结构。

解：将系统函数$H(z)$因式分解表示为

$$H(z)=\frac{0.4+0.2z^{-1}}{(1-0.9z^{-1})(1-0.8z^{-1})}=H_1(z)H_2(z)=H_2(z)H_1(z)$$

式中：$H_1(z)=\dfrac{0.4+0.2z^{-1}}{1-0.9z^{-1}}$；$H_2(z)=\dfrac{1}{1-0.8z^{-1}}$。级联型网络结构如图5-8-18所示。

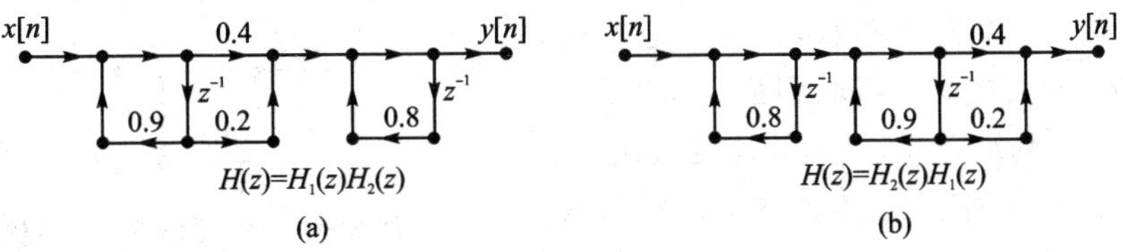

图5-8-18 【例5-8-5】的级联型算法结构

级联型网络结构的优缺点评价：

① 调整零极点方便，便于调整频响。

② 级联结构中后面的网络输出不会再流到前面，运算误差的积累相对直接型小。恰当地选择组合形式（误差小的先算），会显著降低计算误差。

③ 级联结构可以用更少的存储单元。这可以用一个二阶环节时分复用来实现。

3. IIR 系统并联型网络结构

如果将 $H(z)$展成部分分式形式,则为IIR系统的并联型算法结构。

$$H(z)=H_1(z)+H_2(z)+\cdots+H_i(z) \tag{5-8-17}$$

式中:$H_i(z)$常为一阶网络或二阶网络,且网络的系数均为实数。二阶网络的系统函数一般为 $H_i(z)=\dfrac{\beta_{0i}+\beta_{1i}z^{-1}}{1-a_{1i}z^{-1}-a_{2i}z^{-2}}$,若 $\alpha_{2k}=0$,则构成一阶网络。由

$$Y(z)=H(z)X(z)=H_1(z)X(z)+H_2(z)X(z)+\cdots+H_i(z)X(z) \tag{5-8-18}$$

IIR 系统的并联型网络结构就是将 $x[n]$送入 $H(z)$时,采用将 $x[n]$分别送入每个 $H_i(z)$后输出叠加得到响应 $y[n]$。

【例 5-8-6】同前例,IIR 系统的系统函数为

$$H(z)=\frac{0.4+0.2z^{-1}}{1-1.7z^{-1}+0.72z^{-2}},\quad |z|>0.9$$

画出并联型结构。

解:将系统函数 $H(z)$进行部分分式展开,表示为

$$H(z)=\frac{0.4+0.2z^{-1}}{(1-0.9z^{-1})(1-0.8z^{-1})}=\frac{5.6}{1-0.9z^{-1}}-\frac{5.2}{1-0.8z^{-1}}$$
$$=5.6H_1(z)-5.2H_2(z)$$

式中:$H_1(z)=\dfrac{1}{1-0.9z^{-1}}$和 $H_2(z)=\dfrac{1}{1-0.8z^{-1}}$构成并联型网络结构,如图 5-8-19 所示。

并联型网络结构的优缺点评价:

① 并联结构中极点调整方便,但零点调整没有级联型方便。

② 各个基本网络并联,产生的运算误差互不影响,而直接型和级联型都有积累误差。

③ 由于网络并联,其运算速度最快。

显然,同样的系统,不同的算法结构直接影响系统的误差、速度、复杂程度和成本。

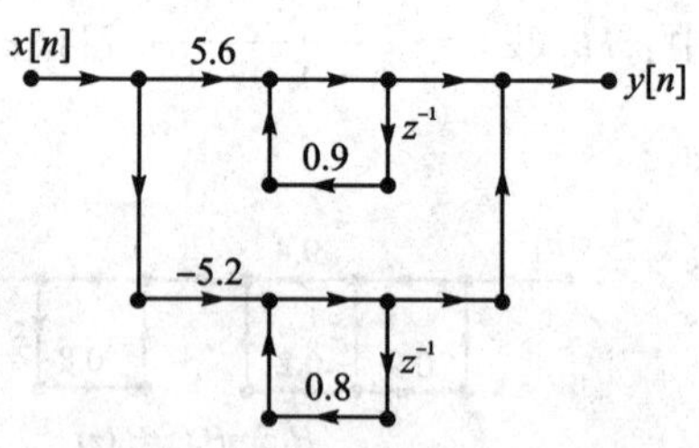

图 5-8-19 【例 5-8-6】的并联型算法结构

5.8.5 FIR 系统的网络结构

设 FIR 系统的 $h[n]$长度为 N,其系统函数 $H(z)$和差分方程分别为

$$H(z)=\sum_{n=0}^{N-1}h[n]z^{-n} \quad 和 \quad y[n]=\sum_{m=0}^{N-1}h[m]x[n-m] \qquad (5-8-19)$$

FIR 系统没有反馈，其分析比 IIR 滤波器要简单一些。FIR 系统的直接型和级联型结构的原理与 IIR 系统对应结构相同。FIR 系统的直接型又称为卷积型结构，这是因为，FIR 系统的差分方程本身就是线性卷积公式。FIR 系统的直接型算法结构如图 5－8－20 所示。

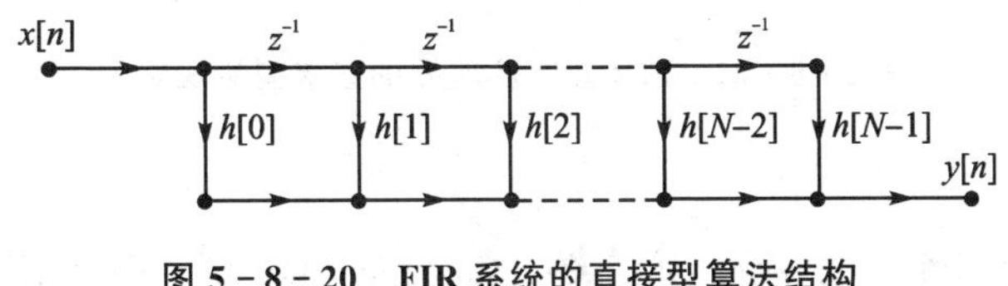

图 5－8－20　FIR 系统的直接型算法结构

同样，将 $H(z)$进行因式分解（共轭成对的零点放在一起，形成实系数二阶形式），从而得到一阶（$\beta_{2k}=0$）或二阶因子的级联结构，其中每一个因子都是直接型结构。

$$H(z)=\prod_{k=1}^{L}(\beta_{0k}+\beta_{1k}z^{-1}+\beta_{2k}z^{-2}) \qquad (5-8-20)$$

【例 5－8－7】某 FIR 系统的系统函数为

$$H(z)=0.96+2z^{-1}+2.8z^{-2}+1.5z^{-3}$$

请画出其级联型网络结构。

解：$H(z)$因式分解为

$$H(z)=(0.6+0.5z^{-1})(1.6+2z^{-1}+3z^{-2})$$

所以其级联型网络结构如图 5－8－21 所示。

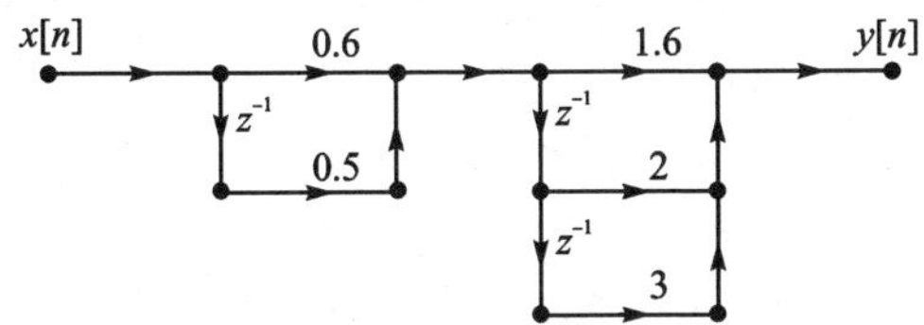

图 5－8－21　【例 5－8－7】的算法结构图

相比卷积型结构，FIR 系统的级联型结构具有调整零点比直接型方便；系数比直接型多，因而需要的乘法器多；$H(z)$的阶次高时，不易分解，普遍应用的是直接型等特点。

另外，FIR 系统还有线性相位结构和频率采样结构，这将在第 8 章学习。

5.8.6　信号流图的转置型结构

利用 LTI 系统的转置定理，可以得到各种网络结构的转置结构。

转置定理:原信号流图中所有支路方向倒转,并将输入和输出相互交换而得到的信号流图,其系统函数不变。

例如,根据转置定理,FIR系统直接型结构的转置结构如图5-8-22所示。

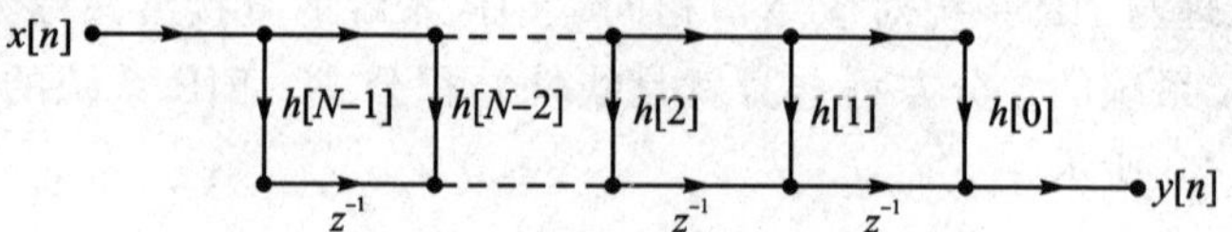

图5-8-22　FIR数字滤波器的直接型算法结构

5.9　通过系统函数分析系统的频率响应

5.9.1　通过系统函数分析连续时间LTI系统的频率响应

当系统函数 $H(s)$ 的收敛域包含 $\mathrm{j}\omega$ 轴时,系统的频率响应 $H(\mathrm{j}\omega)$ 可由 $H(s)$ 求出,即

$$H(\mathrm{j}\omega)=H(s)\big|_{s=\mathrm{j}\omega}=\left|H(\mathrm{j}\omega)\right|\mathrm{e}^{\mathrm{j}\varphi(\omega)} \tag{5-9-1}$$

即系统函数 $H(s)$ 在 s 平面中沿 $\mathrm{j}\omega$ 轴变化可得系统的频率响应 $H(\mathrm{j}\omega)$。$|H(\mathrm{j}\omega)|$ 表示幅频响应,$\varphi(\omega)$ 表示相频响应。鉴于此,系统函数又常称为滤波器。$H(s)$ 反映了系统在正弦信号激励下稳态响应随信号频率的变化情况。LTI系统在频率为 ω_0 的正弦信号激励下稳态响应仍为同频率的正弦信号,但幅度乘以 $|H(\mathrm{j}\omega_0)|$,相位附加 $\varphi(\omega_0)$。

对于用零极点和增益表示的系统函数

$$H(s)=K\frac{\prod\limits_{j=1}^{M}(s-z_j)}{\prod\limits_{i=1}^{N}(s-p_i)} \tag{5-9-2}$$

令 $s=\mathrm{j}\omega$,则得

$$H(\mathrm{j}\omega)=K\frac{\prod\limits_{j=1}^{M}(\mathrm{j}\omega-z_j)}{\prod\limits_{i=1}^{N}(\mathrm{j}\omega-p_i)} \tag{5-9-3}$$

由式(5-9-2)可以看出,系统的频率响应 $H(\mathrm{j}\omega)$ 取决于系统的零极点。根据系统函数 $H(s)$ 零极点分布情况,可分别绘出系统的幅频响应 $|H(\mathrm{j}\omega)|$ 和相频响应 $\varphi(\omega)$ 曲线。下面介绍向量法绘制系统的频率响应曲线。

复数在复平面内可以用原点到复数坐标点的向量表示，例如复数 a 和 b 可以分别用图 5－9－1(a)所示的两条向量表示。而复数之差 $a-b$ 则可通过向量运算得到，是由复数 b 指向复数 a 的向量，这个向量可用幅度和相角表示为 $a-b=|a-b|\mathrm{e}^{\mathrm{j}\varphi}$，如图 5－9－1(b)所示。因此式(5－9－3)中因子 $\mathrm{j}\omega-p_i$ 可以用 p_i 点指向 $\mathrm{j}\omega$ 点的向量表示，$\mathrm{j}\omega-z_j$ 可以用 z_j 点指向 $\mathrm{j}\omega$ 点的向量表示，如图 5－9－2 所示。这两个向量分别用幅度和相角表示为

$$\mathrm{j}\omega-z_j=C_j\mathrm{e}^{\mathrm{j}\psi_j}\quad \text{和} \quad \mathrm{j}\omega-p_i=D_i\mathrm{e}^{\mathrm{j}\theta_i}$$

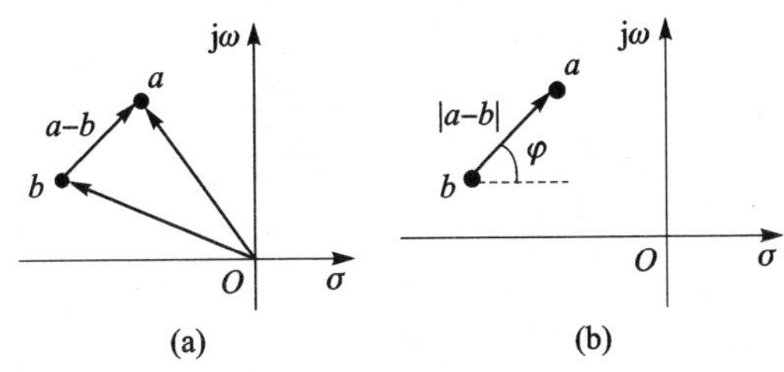

图 5－9－1　复数的向量表示

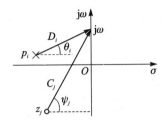

图 5－9－2　系统函数的向量表示

所以 $|H(\mathrm{j}\omega)|$ 可改写成

$$\begin{aligned} H(\mathrm{j}\omega) &= K\frac{C_1C_2\cdots C_M}{D_1D_2\cdots D_N}\mathrm{e}^{\mathrm{j}[(\psi_1+\psi_2+\cdots+\psi_M)-(\theta_1+\theta_2+\cdots+\theta_N)]} \\ &= |H(\mathrm{j}\omega)|\mathrm{e}^{\mathrm{j}\varphi(\omega)} \end{aligned} \tag{5-9-4}$$

式中：$|H(\mathrm{j}\omega)|=K\dfrac{C_1C_2\cdots C_M}{D_1D_2\cdots D_N}$；$\varphi(\omega)=(\psi_1+\psi_2+\cdots+\psi_M)-(\theta_1+\theta_2+\cdots+\theta_N)$。

在 ω 沿 $\mathrm{j}\omega$ 轴由 $-\infty$ 变化到 $+\infty$ 的过程中，各零点向量和极点向量的模和相角都随之改变，于是分别得出系统的幅度响应和相位响应。实系数系统的幅度响应为偶对称，相位响应为奇对称，故绘制频率响应曲线时仅绘出 ω 从 $0\sim\infty$ 即可。

当 $\mathrm{j}\omega$ 靠近极点时，幅频特性会产生一个峰；当 $\mathrm{j}\omega$ 靠近零点时，幅频特性会产生一个谷；极零点靠虚轴越近，相应的峰或谷越尖锐。当极点(或零点)正好落在虚轴上时，幅频特性会出现一个无穷大(或零)点。

【例 5－9－1】分析图 5－9－3 所示 RC 滤波网络的频率响应特性。

解：写出系统函数表示式

$$H(s)=\frac{U_2(s)}{U_1(s)}=\frac{R}{R+\dfrac{1}{sC}}=\frac{s}{s+\dfrac{1}{RC}}$$

可以看出有一个零点在坐标原点，一个极点位于 $-\dfrac{1}{RC}$ 处，即 $z_1=0$，$p_1=-\dfrac{1}{RC}$，零点、极点在 s 平面分布如图 5－9－4 所示。

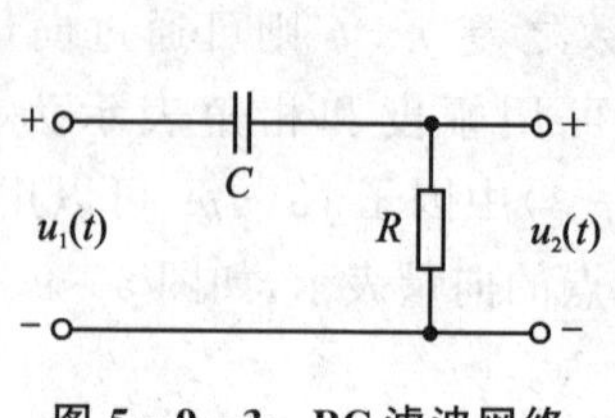

图 5-9-3 RC 滤波网络

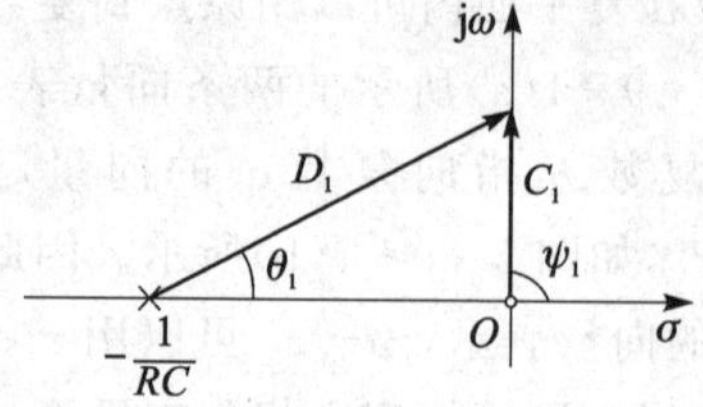

图 5-9-4 RC 滤波网络的 s 平面分析

将 $H(s)|_{s=j\omega}=H(j\omega)$以向量 $C_1e^{j\psi_1}$、$D_1e^{j\theta_1}$ 表示为

$$H(j\omega)=\frac{C_1e^{j\psi_1}}{D_1e^{j\theta_1}}=\frac{C_1}{D_1}e^{j(\psi_1-\theta_1)}$$

则有

$$|H(j\omega)|=\frac{C_1}{D_1}\quad 和\quad \varphi(\omega)=\psi_1-\theta_1$$

当 $\omega=0$ 时,$C_1=0$、$D_1=\frac{1}{RC}$、$\psi_1=90°$、$\theta_1=0$,因此$|H(j\omega)|=0$、$\varphi(\omega)=90°$;

当 $\omega=\frac{1}{RC}$时,$C_1=\frac{1}{RC}$、$D_1=\frac{\sqrt{2}}{RC}$、$\psi_1=90°$、$\theta_1=45°$,因此$|H(j\omega)|=\frac{\sqrt{2}}{2}$、$\varphi(\omega)=45°$;

当 $\omega\to+\infty$时,$C_1/D_1\to1$、$\theta_1\to90°$,因此$|H(j\omega)|\to1$、$\varphi(\omega)\to0$。

根据如上分析绘出幅频特性与相频特性曲线,如图 5-9-5 所示。由幅频特性曲线可以看出此滤波网络具有高通特性,其截止频率点为 $\omega=\frac{1}{RC}$。

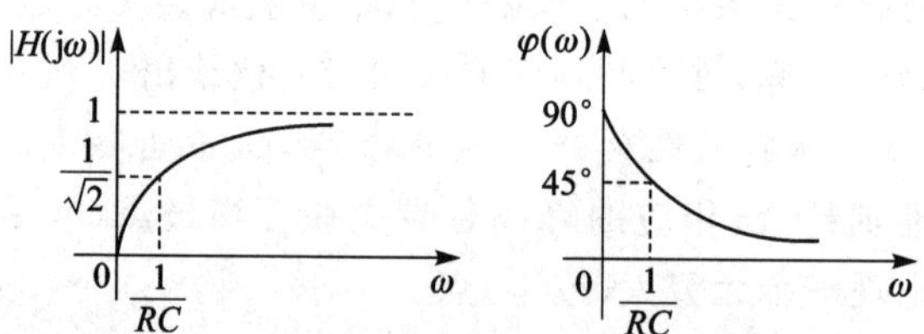

图 5-9-5 高通滤波网络的频响特性

5.9.2 通过系统函数分析离散时间 LTI 系统的频率响应

如果 $H(z)$的收敛域包含单位圆$|z|=1$,则$|H(e^{j\tilde{\omega}})|$与 $H(z)$之间的关系如下:

$$H(e^{j\tilde{\omega}})=H(z)|_{z=e^{j\tilde{\omega}}}=|H(e^{j\tilde{\omega}})|e^{j\varphi(\tilde{\omega})}\qquad(5-9-5)$$

即系统函数 $H(z)$在 z 平面中沿单位圆变化可得系统的频率响应 $H(e^{j\tilde{\omega}})$。鉴于此,

系统函数也常称为滤波器。$|H(e^{j\tilde{\omega}})|$称为系统的幅频特性函数，$\varphi(\tilde{\omega})$称为相频特性函数。

类似于连续系统，离散系统的频率响应也可以根据系统函数 $H(z)$在 z 平面上的零点、极点分布，通过向量法直观地求出。首先，将 $H(z)$表示为

$$H(z)=\frac{\sum_{i=0}^{M}b_i z^{-i}}{1+\sum_{i=1}^{N}a_i z^{-i}}=K\frac{\prod_{j=1}^{M}(z-z_j)}{\prod_{i=1}^{N}(z-p_i)} \tag{5-9-6}$$

则当 $H(z)$的收敛域包含单位圆$|z|=1$时，令 $z=e^{j\tilde{\omega}}$，则得

$$H(e^{j\tilde{\omega}})=K\frac{\prod_{j=1}^{M}(e^{j\tilde{\omega}}-z_j)}{\prod_{i=1}^{N}(e^{j\tilde{\omega}}-p_i)} \tag{5-9-7}$$

利用向量的概念，因子$(e^{j\tilde{\omega}}-p_i)$可用 z 平面 p_i 点指向单位圆上 $e^{j\tilde{\omega}}$ 点的向量表示，因子$(e^{j\tilde{\omega}}-z_j)$可用 z 平面 z_j 点指向单位圆上 $e^{j\tilde{\omega}}$ 点的向量表示，如图 5-9-6 所示。这两个向量分别用极坐标表示为

$$(e^{j\tilde{\omega}}-z_j)=A_j e^{j\psi_j},\quad (e^{j\tilde{\omega}}-p_i)=B_i e^{j\theta_i}$$

式中：A_j 和 ψ_j 为零点到单位圆上 $e^{j\tilde{\omega}}$ 点所作向量的模和相角；B_i 和 θ_i 为极点到单位圆上 $e^{j\tilde{\omega}}$ 点所作向量的模和相角，所以 $H(e^{j\tilde{\omega}})$可改写成

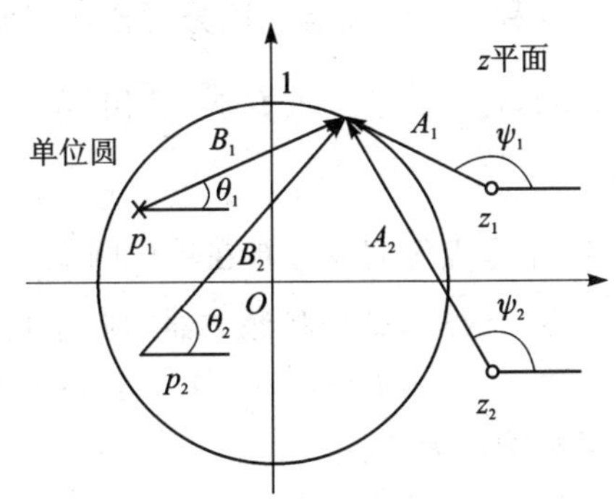

图 5-9-6　系统函数的向量表示

$$H(e^{j\tilde{\omega}})=K\frac{A_1A_2\cdots A_M}{B_1B_2\cdots B_N}e^{j[(\psi_1+\psi_2+\cdots+\psi_M)-(\theta_1+\theta_2+\cdots+\theta_N)]}=|H(e^{j\tilde{\omega}})|e^{j\varphi(\tilde{\omega})} \tag{5-9-8}$$

式中：

$$|H(e^{j\tilde{\omega}})|=K\frac{A_1A_2\cdots A_M}{B_1B_2\cdots B_N} \tag{5-9-9}$$

$$\varphi(\tilde{\omega})=(\psi_1+\psi_2+\cdots+\psi_M)-(\theta_1+\theta_2+\cdots+\theta_N) \tag{5-9-10}$$

当 $\tilde{\omega}$ 沿单位圆从 $0\sim2\pi$ 移动一周时，可以得出离散系统一个周期的幅度响应和相位响应。可见离散系统的频率响应是以 2π 为周期的周期谱。当 $h[n]$为实序列时，$H(z)$的零点、极点共轭对称，而系统的幅度响应关于 $\tilde{\omega}=0$ 偶对称，相位响应关于 $\tilde{\omega}=0$ 奇对称。因此绘制频率响应曲线时仅绘出 $\tilde{\omega}$ 在 $0\sim\pi$ 区间的特性即可。

按照式(5-9-8)，知道零点、极点分布后，可以很容易确定零点、极点位置对系

统特性的影响。当 $\tilde{\omega}$ 沿单位圆移动时,动点转到极点附近时,极点向量长度最短,因而幅度特性可能出现峰值,且极点愈靠近单位圆,极点向量长度愈短,峰值愈高愈尖锐。如果极点在单位圆上,则幅度特性为∞,系统不稳定。对于零点,情况相反,当动点转到零点附近时,零点向量长度变短,幅度特性将出现谷值,零点愈靠近单位圆,谷值愈接近零。当零点处在单位圆上,谷值为零。总结以上结论:极点位置主要影响频响的峰值位置及尖锐程度,零点位置主要影响频响的谷点位置及形状。

这种通过零点、极点位置分布分析系统频响的几何方法为我们提供了一个直观的概念,对于分析和设计系统是十分有用的。基于这种概念,可以用零极点累试法设计简单滤波器。

【例 5-9-2】梳状滤波器(comb filter)是由许多按一定频率间隔相同排列的通带和阻带,只让某些特定频率范围的信号通过。梳状滤波器其特性曲线像梳子一样,故称为梳状滤波器。其频响是 $\tilde{\omega}$ 的周期函数,周期为 $2\pi/N$。利用这个性质可以构成各种梳状滤波器。试分析梳状滤波器 $H_c(z)=1-z^{-N}\left(=\dfrac{z^N-1}{z^N}\right)$的频率响应。

解:$H_c(z)$的零点有 N 个,由分子多项式的根决定,即

$$1-z^{-N}=0 \Rightarrow z_i=e^{j\frac{2\pi}{N}(i-1)},\quad i=1,2,\cdots,N$$

这 N 个零点等间隔分布在单位圆上。$H_c(z)$在 $z=0$ 处有 N 个极点。

令 $z=e^{j\tilde{\omega}}$,则梳状滤波器的频率响应为

$$H_c(e^{j\tilde{\omega}})=1-e^{-j\tilde{\omega}N}=[1-\cos(\tilde{\omega}N)]+j\cdot\sin(\tilde{\omega}N)$$

其幅频响应为

$$|H_c(e^{j\tilde{\omega}})|=\sqrt{2[1-\cos(\tilde{\omega}N)]}=2\left|\sin\frac{\tilde{\omega}N}{2}\right|$$

相频响应为

$$\begin{aligned}\varphi_c(\tilde{\omega})&=\arctan\frac{\sin(\tilde{\omega}N)}{1-\cot(\tilde{\omega}N)}=\arctan[\cot(\tilde{\omega}N/2)]\\&=\arctan[\tan(\pi/2+k\pi-\tilde{\omega}N/2)]=\pi/2+k\pi-\tilde{\omega}N/2,\quad k\text{ 为整数}\end{aligned}$$

设 $N=8$,则 $H_c(z)$频率响应如图 5-9-7 所示。

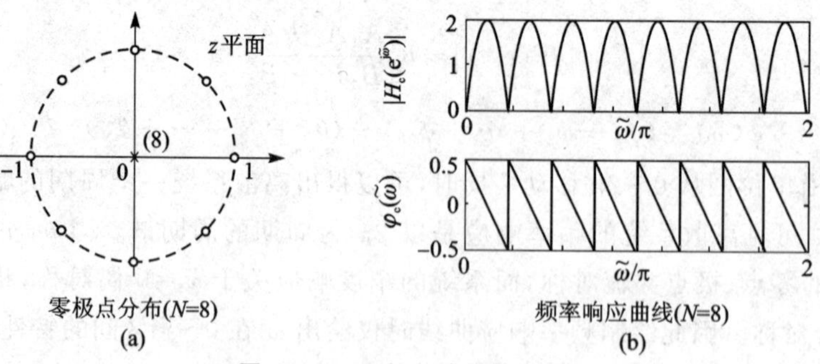

图 5-9-7 梳状滤波器实例

梳状滤波器常用于信号分离,以及用于消除谐波干扰等。

5.10　全通系统与最小相位系统

5.10.1　全通系统

1. 全通系统的定义及条件

全通系统的频率响应函数满足:

$$|H(\mathrm{j}\omega)|=1,\quad -\infty\leqslant\omega\leqslant\infty \tag{5-10-1}$$

$$|H(\mathrm{e}^{\mathrm{j}\tilde{\omega}})|=1,\quad 0\leqslant\tilde{\omega}\leqslant 2\pi \tag{5-10-2}$$

所谓全通意指幅频特性为常数,对任何频率正弦信号的幅度增益都相等,幅频无失真,仅改变相位谱,起到相位滤波器或移相器的作用。在不改变幅频响应情况下,通过级联全通系统可以进行相位校正,记为 $H_{\mathrm{ap}}(s)$和记为 $H_{\mathrm{ap}}(z)$。

2. 连续时间全通系统的系统函数结构及相频特性

若连续时间 LTI 系统的零点和极点关于虚轴对称分布,则该系统为全通系统。这是因为,如果系统的零点和极点关于虚轴对称分布,如图 5-10-1 所示的全通系统示例,则根据 5.9.1 小节的知识,幅频特性分子分母相互抵消,系统对所有的频率分量都为常数增益。因果稳定的 LTI 系统的极点都在左半平面,因此,因果稳定的全通系统的零点都在右半平面。显然,全通系统的零极点一般以 4 个一组出现。

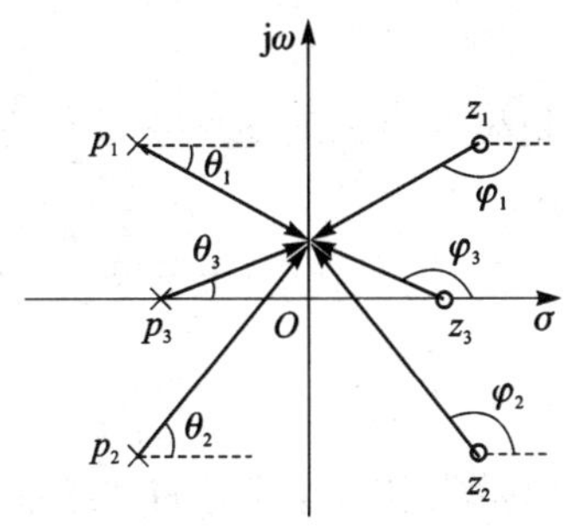

图 5-10-1　全通系统示例

N 阶全通系统函数也可表示为

$$H(s)=\prod_{k=1}^{N}\frac{s-z_k}{s+z_k^*},\quad z_k=\sigma_k+\mathrm{j}\omega_k,\quad \sigma_k>0 \tag{5-10-3}$$

其中,每个基本节的频率响应为

$$H_k(\mathrm{j}\omega)=H_k(s)\big|_{s=\mathrm{j}\omega}=\frac{\mathrm{j}\omega-z_k}{\mathrm{j}\omega+z_k^*}=\frac{-\sigma_k+\mathrm{j}(\omega-\omega_k)}{\sigma_k+\mathrm{j}(\omega-\omega_k)}$$

显然,其分子和分母的模一致,即幅频为 1,是全通系统。其相位为

$$\varphi_k(\omega)=-2\arctan\frac{\omega-\omega_k}{\sigma_k} \tag{5-10-4}$$

对其求导得

$$\varphi_k'(\omega)=-2\arctan\frac{1}{1+\left(\frac{\omega-\omega_k}{\sigma_k}\right)^2}\cdot\frac{1}{\sigma_k}<0 \tag{5-10-5}$$

显然,全通系统的相频特性单调递减。

直流相频响应 $\varphi_k(0)=2\arctan\dfrac{\omega_k}{\sigma_k}$。如果 z_k 零点是实零点,则 $\omega_k=0,\varphi_k(0)=0$。如果 z_k 为复零点,则其共轭零点对应的全通基本节 $\dfrac{s-z_k^*}{s+z_k}$ 按如上的推导可得 $\varphi_k(0)=-2\arctan\dfrac{\omega_k}{\sigma_k}$,一对共轭零点对应的两个全通基本节直流相频响应为0。

无限频率处的相频响应 $\varphi_k(\infty)=\lim\limits_{\omega\to\infty}\left\{-2\arctan\dfrac{\omega-\omega_k}{\sigma_k}\right\}=-\pi$,即实零点全通基本节使得当 ω 从0变化到∞时,对应相频特性 φ 从0衰减到 $-\pi$;共轭极点及其对称的两个零点使得当 ω 从0变化到∞时,对应相频特性 φ 从0衰减到 -2π。

综上,一对共轭极点全通系统对应的系统函数为 $\dfrac{s-z_k}{s+z_k^*}\,\dfrac{s-z_k^*}{s+z_k}=\dfrac{s^2-2\mathrm{Re}\{z_k\}s+|z_k|^2}{s^2+2\mathrm{Re}\{z_k\}s+|z_k|^2}$,要一同进行研究;单实极点对应的全通系统为 $\dfrac{s-z_k}{s+z_k}$,相频响应为 $\varphi_k(\omega)=-2\arctan\dfrac{\omega}{z_k}$,调整 z_k 即可调整对应频点的相移,且 ω 从0变化到 z_k,对应相频特性 φ 从0衰减到 $-\dfrac{\pi}{2}$。若单实极点对应的全通系统为 $-\dfrac{s-z_k}{s+z_k}$,相频响应为 $\varphi_k(\omega)=-\pi-2\arctan\dfrac{\omega}{z_k}$,$\omega$ 从0变化到 z_k,则对应相频特性 φ 从 $-\pi$ 衰减到 $-\dfrac{3\pi}{2}$。

因果稳定的连续时间全通系统的特点如下:

① 零点全在 s 平面的右半平面,零极点关于虚轴对称。

② 相频特性 $\varphi(\omega)$ 为负值,且单调递减。要注意全通系统与无失真传输系统的区别,尽管二者的幅频特性都为平直的直线,但后者的相频特性是线性的,而前者仅是单调递减。

3. 离散时间全通系统的系统函数结构及零极点分布特点

离散时间全通系统的系统函数的分子、分母多项式系数相同,但排列顺序相反,即

$$H(z)=\frac{\sum_{i=0}^{N}a_i z^{-N+i}}{\sum_{i=0}^{N}a_i z^{-i}},\quad a_0=1 \tag{5-10-6}$$

例如，$H(z)=\dfrac{z^{-2}+a_1z^{-1}+a_2}{1+a_1z^{-1}+a_2z^{-2}}$和 $H(z)=z^{-k}$(k 为常数)。下面证明式(5-10-6)结构表示的滤波器具有全通幅频特性：

$$H(z)=\frac{\sum_{i=0}^{N}a_i z^{-N+i}}{\sum_{i=0}^{N}a_i z^{-i}}=z^{-N}\frac{\sum_{i=0}^{N}a_i z^{i}}{\sum_{i=0}^{N}a_i z^{-i}}=z^{-N}\frac{A(z^{-1})}{A(z)} \tag{5-10-7}$$

式(5-10-7)中，把 $A(z)$看作 a_i 的 Z 变换，所以

$$A(z^{-1})\Big|_{z=e^{j\omega}}=A(e^{-j\tilde{\omega}})=A^*(e^{j\tilde{\omega}})$$

因为$|H(e^{j\tilde{\omega}})|=|(e^{j\tilde{\omega}})^{-N}|\left|\dfrac{A^*(e^{j\tilde{\omega}})}{A(e^{j\tilde{\omega}})}\right|=1$，幅频特性恒为1，所以是全通系统。

下面分析全通系统的零极点分布情况。由 $H(z)=z^{-N}\dfrac{A(z^{-1})}{A(z)}$可知，使分母为零的极点，其倒数是使分子为零的零点，即

离散时间全通系统的零极点互为倒数关系

又因为 $H(z)$的系数都为实系数，因此零点、极点共轭成对，这样零极点一般以4个一组出现。全通系统函数也可表示为

$$H(z)=\prod_{i=1}^{N}\frac{z^{-1}-z_i^*}{1-z_iz^{-1}},\quad |z_k|<1\quad\left(或\ H(z)=\prod_{i=1}^{N}\frac{z^{-1}-z_i}{1-z_i^*z^{-1}},\ |z_i|<1\right) \tag{5-10-8}$$

其中，每个基本节的频率响应为

$$H_i(e^{j\tilde{\omega}})=H_i(z)\Big|_{z=e^{j\tilde{\omega}}}=\frac{e^{-j\tilde{\omega}}-z_i^*}{1-z_ie^{-j\tilde{\omega}}}=e^{-j\omega}\frac{1-z_i^*e^{j\tilde{\omega}}}{1-z_ie^{-j\tilde{\omega}}}$$

其分子和分母互为共轭，即幅频为1，都是一阶因果稳定全通系统。

因果稳定的离散时间 LTI 系统，如果零极点在 z 平面关于单位圆成反比例镜像对称即为全通系统。这也可以通过5.9.2小节的知识获得。

4. 离散时间全通系统的相位特性

将一阶全通系统 $H_i(z)=\dfrac{z^{-1}-z_i^*}{1-z_iz^{-1}}$频响 $H_i(e^{j\tilde{\omega}})=e^{-j\tilde{\omega}}\dfrac{1-z_i^*e^{j\tilde{\omega}}}{1-z_ie^{-j\tilde{\omega}}}$的系数 z_i 用幅度 r 和幅角 β 的极坐标表示，则 $H_i(e^{j\tilde{\omega}})=e^{-j\tilde{\omega}}\dfrac{1-re^{j(\tilde{\omega}-\beta)}}{1-re^{-j(\tilde{\omega}-\beta)}}$，可推得一阶全通系统

的相频响应为

$$\varphi_i(\tilde{\omega}) = -\tilde{\omega} - 2\arctan\left[\frac{r\sin(\tilde{\omega}-\beta)}{1-r\cos(\tilde{\omega}-\beta)}\right] \tag{5-10-9}$$

将 $\varphi_i(\tilde{\omega})$对 $\tilde{\omega}$ 求导得

$$\frac{\mathrm{d}\varphi_i(\tilde{\omega})}{\mathrm{d}\tilde{\omega}} = -\frac{2(1-r^2)}{[1-r\cos(\tilde{\omega}-\beta)]^2 + r^2\sin^2(\tilde{\omega}-\beta)} < 0 \tag{5-10-10}$$

群时延小于 0,这说明一阶全通滤波器的相频响应 $\varphi_i(\tilde{\omega})$是**单调递减**的。

由于 N 阶全通系统的相频响应是 N 个一阶全通系统的相频响应的和,所以 N 阶全通系统的相频响应也是单调递减的。

对于 $H_i(z) = \frac{z^{-1}-z_i^*}{1-z_iz^{-1}}$,$z_i$ 和 z_i^* 都是多项式系数。当 $\beta=0$ 时,z_i 和 z_i^* 都是实系数,符合系统函数系数为实数的要求。由 $\varphi_i(\tilde{\omega})$表达式(5-10-9)可知,当 $\beta=0$,ω 从 0 到 2π 变化时,一阶全通滤波器的相位将从 0 递减到 -2π。

当 $\beta\neq 0$ 时,z_i 和 z_i^* 都是复数,与系统函数系数为实数不符合,记

$$\varphi_0 = 2\arctan\left(\frac{r\sin\beta}{1-r\cos\beta}\right) \tag{5-10-11}$$

$\tilde{\omega}$ 从 0 到 2π 变化时,一阶全通滤波器的相位将从 φ_0 递减到 $\varphi_0 - 2\pi$。

因为系统函数系数要为实数,因此一定还会有 $H_i(z) = \frac{z^{-1}-z_i}{1-z_i^*z^{-1}}$ 与 $H_i(z) = \frac{z^{-1}-z_i^*}{1-z_iz^{-1}}$共同构造全通系统。$L$ 对共轭零极点写成二阶滤波器级联形式:

$$H(z) = \prod_{i=1}^{L} \frac{z^{-2}+a_{1i}z^{-1}+a_{2i}}{1+a_{1i}z^{-1}+a_{2i}z^{-2}} \tag{5-10-12}$$

由于 z_i 和 z_i^* 为共轭极点,因此两个极点的 β 互为相反数,两个 φ_0 互为相反数。此两个基本节级联后,ω 从 0 到 2π 变化时,其总相位将从 0 递减到 -4π,即全通系统的相位从零单调递减,相位为负。

所以,当 ω 从 0 到 2π 变化时,N 阶全通滤波器的相位将从 0 递减到 $-2N\pi$。

综上,离散时间全通系统的特点如下:

① 离散时间全通系统是分子、分母多项式系数相同,但排列顺序相反的系统,且除了 $H(z)=z^{-k}$(k 为正整数)外,其余全通系统为 IIR 系统。

② 离散时间全通系统的零点全在单位圆外,极点数等于零点数,且零极点互为倒数关系,关于单位圆镜像对称。

③ 离散时间全通系统的相频特性 $\varphi(\tilde{\omega})$为负值,且单调递减。

5.10.2　最小相位系统

1. 最小相位系统的定义及条件

由 5.9.1 小节的系统函数向量表示知识可知，s 平面关于虚轴对称的两个零点，右半平面零点矢量辐角比左半平面零点矢量辐角大。因果稳定的连续时间 LTI 系统，当系统的零点和极点全部处于虚轴的左半平面时，这样的系统称为最小相位系统，记为 $H_{\min}(s)$。最小相位系统在所有具有相同幅频特性的系统中，对信号的相位延迟（滞后相移）最小。反之，所有零点都落到右半平面的因果系统为最大相位系统。若 s 平面虚轴两侧都有零点，则称为混合相位系统。

同理，如果因果稳定的离散时间 LTI 系统的所有零点都在 z 平面的单位圆内，则称之为最小相位系统，记为 $H_{\min}(z)$；反之，如果所有零点全在 z 平面的单位圆外，则称之为最大相位系统；如果 z 平面的单位圆内外都有零点，则称之为混合相位系统。

2. 最小相位系统与逆系统

如果系统对输入信号产生的输出信号也可以唯一地确定原输入信号，则该系统是可逆的，或称为可逆系统；否则，系统就不可逆。对于任何可逆系统 T{}，必定存在另一个系统 T^{-1}{}，把它与原系统 T{}级联后又完全恢复出输入信号，两者构成一个恒等系统，如图 5-10-2 所示。系统 T^{-1}{}称为可逆系统 T{}的逆系统。

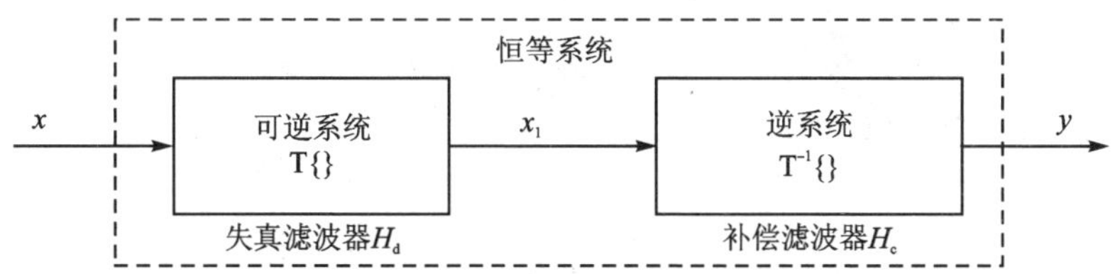

图 5-10-2　可逆系统与其逆系统的级联形成恒等系统

根据最小相位系统的零极点分布特点，由于 $H_{\min}(s)$的零极点全部都在 s 平面虚轴左侧，$H_{\min}(z)$的零极点全部落在 z 平面单位圆内，因此零极点互换后形成的逆系统仍然是因果稳定系统，且仍然为最小相位系统，即

$$H(s)=B(s)/A(s),\quad H_{\mathrm{INV}}(s)=A(s)/B(s) \qquad (5-10-13)$$

$$H(z)=B(z)/A(z),\quad H_{\mathrm{INV}}(z)=A(z)/B(z) \qquad (5-10-14)$$

因此，最小相位系统一定是可逆系统。最小相位系统经常作为补偿滤波器，如图 5-10-2 所示，由于失真滤波器 H_d 使信号 x 失真，若失真信号 x_1 经补偿滤波器 H_c 后得到的输出信号 $y=x$，此时称为完全补偿，$H_c=1/H_d$，H_c 和 H_d 互为逆系统，且有 $H_dH_c=H_{ap}$。

3. 因果稳定 LTI 系统构成及幅相分解

其实,任何一个非最小相位因果稳定 LTI 系统均可由一个幅频特性相同的同阶最小相位系统和一个全通系统级联而成,即

$$H(s)=H_{\min}(s)\cdot H_{\mathrm{ap}}(s) \tag{5-10-15}$$

$$H(z)=H_{\min}(z)\cdot H_{\mathrm{ap}}(z) \tag{5-10-16}$$

该性质充分反映了全通系统的相位均衡特性。证明如下:

首先,假设因果稳定 LTI 系统 $H(s)$ 有一对共轭零点 s_i 和 s_i^* 在右半平面,则

$$H(s)=H_1(s)(s-s_i)(s-s_i^*)$$

的 $H_1(s)$ 定为最小相位系统,有

$$\begin{aligned}H(s)&=[H_1(s)(s-s_i)(s-s_i^*)]\left[\frac{s+s_i}{s+s_i}\cdot\frac{s+s_i^*}{s+s_i^*}\right]\\&=\underbrace{[H_1(s)(s+s_i)(s+s_i^*)]}_{\text{最小相位系统}}\underbrace{\left[\frac{s-s_i^*}{s+s_i}\cdot\frac{s-s_i}{s+s_i^*}\right]}_{\text{全通系统}}\end{aligned} \tag{5-10-17}$$

因为零点 $-s_i$ 和 $-s_i^*$ 在左半平面,所以 $H_1(s)(s+s_i)(s+s_i^*)$ 为最小相位系统,而另一部分 $\frac{s-s_i^*}{s+s_i}\cdot\frac{s-s_i}{s+s_i^*}$ 显然为全通系统。由于后边级联的是全通系统,说明零点直接取相反数镜像到左半平面后,幅频特性不变。

假设因果稳定 LTI 系统 $H(z)$ 有一对共轭零点 $(z_i)^{-1}$ 和 $(z_i^*)^{-1}$ 在单位圆外,则

$$H(z)=H_1(z)\cdot(z^{-1}-z_i)(z^{-1}-z_i^*)$$

的 $H_1(z)$ 定为最小相位系统。

所以

$$\begin{aligned}H(z)&=[H_1(z)(z^{-1}-z_i)(z^{-1}-z_i^*)]\left[\frac{1-z_i^*z^{-1}}{1-z_i^*z^{-1}}\cdot\frac{1-z_iz^{-1}}{1-z_iz^{-1}}\right]\\&=[H_1(z)(1-z_iz^{-1})(1-z_i^*z^{-1})]\left[\frac{z^{-1}-z_i}{1-z_i^*z^{-1}}\cdot\frac{z^{-1}-z_i^*}{1-z_iz^{-1}}\right]\\\Rightarrow H(z)&=[|z_i|^2H_1(z)(z^{-1}-z_i^{-1})(z^{-1}-(z_i^*)^{-1})]\left[\frac{1-z_iz^{-1}}{1-z_i^*z^{-1}}\cdot\frac{z^{-1}-z_i^*}{1-z_iz^{-1}}\right]\end{aligned} \tag{5-10-18}$$

同理,因为 $|z_i^*|^{-1}=|z_i|^{-1}<1$,所以 $|z_i|^2H_1(z)(z^{-1}-z_i^{-1})(z^{-1}-(z_i^*)^{-1})$ 为最小相位系统,而另一部分 $\frac{1-z_iz^{-1}}{1-z_i^*z^{-1}}\frac{z^{-1}-z_i^*}{1-z_iz^{-1}}$ 显然为全通系统。由于级联的是全通系统,说明圆外零点取共轭倒数($(z_i^*)^{-1}\rightarrow z_i$ 和 $(z_i)^{-1}\rightarrow z_i^*$)镜像到单位圆内,幅频特性不变,只是多了个系数 $|z_i|^2$。

那么，s 平面右半平面的极点能否镜像到左半平面呢？z 平面单位圆外的极点可否镜像到单位圆内呢？

同样方法，假设因果稳定 LTI 系统 $H(s)$ 有一对共轭极点 s_i 和 s_i^* 在右半平面，则

$$H(s)=H_1(s)\frac{1}{(s-s_i)(s-s_i^*)}$$

的 $H_1(s)$ 定为因果稳定系统，有

$$\begin{aligned}H(s)&=\left[H_1(s)\frac{1}{(s-s_i)(s-s_i^*)}\right]\left[\frac{s+s_i}{s+s_i}\cdot\frac{s+s_i^*}{s+s_i^*}\right]\\&=\underbrace{\left[H_1(s)\frac{1}{(s+s_i)(s+s_i^*)}\right]}_{\text{最小相位系统}}\underbrace{\left[\frac{s-s_i^*}{s-s_i}\cdot\frac{s-s_i}{s-s_i^*}\right]}_{\text{全通系统}}\end{aligned}\tag{5-10-19}$$

因为极点 $-s_i$ 和 $-s_i^*$ 在左半平面，所以 $H_1(s)\dfrac{1}{(s+s_i)(s+s_i^*)}$ 为最小相位系统，而另一部分 $\dfrac{s+s_i^*}{s-s_i}\cdot\dfrac{s+s_i}{s-s_i^*}$ 显然为全通系统。由于后边级联的是全通系统，说明极点也可以直接取相反数镜像到左半平面，且幅频特性不变。

假设系统 $H(z)$ 有一对共轭极点 $z=z_i$ 和 $z=z_i^*$ 在单位圆外，则有

$$H(z)=H_1(z)\frac{1}{1-z_iz^{-1}}\cdot\frac{1}{1-z_i^*z^{-1}}$$

的 $H_1(z)$ 定为最小相位系统。所以

$$\begin{aligned}H(z)&=\left[H_1(z)\frac{1}{1-z_iz^{-1}}\cdot\frac{1}{1-z_i^*z^{-1}}\right]\left[\frac{z^{-1}-z_i^*}{z^{-1}-z_i^*}\cdot\frac{z^{-1}-z_i}{z^{-1}-z_i}\right]\\&=\left[H_1(z)\frac{1}{z^{-1}-z_i^*}\cdot\frac{1}{z^{-1}-z_i}\right]\left[\frac{z^{-1}-z_i^*}{1-z_iz^{-1}}\cdot\frac{z^{-1}-z_i}{1-z_i^*z^{-1}}\right]\\\Rightarrow H(z)&=\left[\frac{1}{|z_i|^2}H_1(z)\frac{1}{1-(z_i^*)^{-1}z^{-1}}\cdot\frac{1}{1-z_i^{-1}z^{-1}}\right]\left[\frac{z^{-1}-z_i^*}{1-z_iz^{-1}}\cdot\frac{z^{-1}-z_i}{1-z_i^*z^{-1}}\right]\end{aligned}\tag{5-10-20}$$

因为 $|z_i^*|^{-1}=|z_i|^{-1}<1$，所以 $\dfrac{1}{|z_i|^2}H_1(z)\dfrac{1}{1-(z_i^*)^{-1}z^{-1}}\cdot\dfrac{1}{1-z_i^{-1}z^{-1}}$ 为因果稳定系统，显然 $\dfrac{z^{-1}-z_i^*}{1-z_iz^{-1}}\cdot\dfrac{z^{-1}-z_i^*}{1-z_i^*z^{-1}}$ 也为全通系统。由于在此种应用中，全通部分是非因果稳定的，所以只保留被放大 $\dfrac{1}{|z_i|^2}$ 的幅频特性，即

$$H(z)=\frac{1}{|z_i|^2}H_1(z)\frac{1}{1-(z_i^*)^{-1}z^{-1}}\cdot\frac{1}{1-z_i^{-1}z^{-1}}\tag{5-10-21}$$

综上所述,连续时间 LTI 系统可用级联全通函数的方法将零点或极点由右半平面镜像到左半平面;离散时间 LTI 系统可用级联全通函数的方法将零点或极点 z_i 由单位圆外反射到单位圆内形成新的零点或极点 $(z_i^*)^{-1}$。零点的映射是为了将系统调整为最小相位系统,极点的映射是为了将非因果稳定系统变为因果稳定系统,这不会影响系统的幅频响应特性。要注意的是,离散系统的这种映射调整不是简单的代替,还差一个系数。

4. 最小相位系统的最小相位特性

在幅频特性相同的所有因果稳定 LTI 系统中,最小相位系统的相位延迟(滞后相移)最小,即最小相位系统时域响应波形延迟最小。这是因为,任何一个非最小相位系统的相位函数都附加了负相位的全通系统。

最小相位延迟表明,冲激(脉冲)响应会以最快的速度响应,所以在幅频特性相同的系统中,$|h_{\min}(0)|>|h(0)|$,$|h_{\min}[0]|>|h[0]|$,即最小相位系统的冲激(脉冲)响应能量更集中于 $h(0)$(或 $h[0]$):

$$\int_0^t |h_{\min}(\tau)|^2 \mathrm{d}\tau \geqslant \int_0^t |h(\tau)|^2 \mathrm{d}\tau \tag{5-10-22}$$

$$\sum_{n=0}^{M} |h_{\min}[n]|^2 \geqslant \sum_{n=0}^{M} |h[n]|^2 \tag{5-10-23}$$

另外,最小相位系统具有最小的群时延。这是因为非最小相位系统的群时延可分解为最小相位系统与全通系统的群时延之和,而全通系统的群时延大于零。

习题及思考题

一、单项选择题

1. $h(t)$是因果信号,则信号 $x(t)=\int_0^t \tau h(t-\tau)\mathrm{d}\tau$ 的拉普拉斯变换为________。

(A) $\frac{1}{s}H(s)$　(B) $\frac{1}{s^2}H(s)$　(C) $\frac{1}{s^3}H(s)$　(D) $\frac{1}{s^4}H(s)$

2. 已知某信号的拉普拉斯变换 $X(s)=\frac{\mathrm{e}^{-(s+\alpha)T}}{s+\alpha}$,则该信号的时间函数为________。

(A) $\mathrm{e}^{-\alpha(t-T)}u(t-T)$　(B) $\mathrm{e}^{-\alpha t}u(t-T)$

(C) $\mathrm{e}^{-\alpha t}u(t-\alpha)$　(D) $\mathrm{e}^{-\alpha(t-\alpha)}u(t-T)$

3. 若线性时不变因果系统的 $H(\mathrm{j}\omega)$,可由其系统函数 $H(s)$将其中的 s 换成 $\mathrm{j}\omega$ 来求取,则该系统函数 $H(s)$的收敛域应为________。

(A) $\sigma>$某一正数　(B) $\sigma>$某一负数

(C) $\sigma<$某一正数　　　　(D) $\sigma<$ 某一负数

4. 已知一个 LTI 系统初始无储能，当输入 $x_1(t)=u(t)$时，输出为 $y_1(t)=2e^{-2t}u(t)+\delta(t)$；当输入 $x(t)=3e^{-t}u(t)$时，系统的零状态响应 $y(t)$为________。

(A) $(-9e^{-t}+12e^{-2t})u(t)$　　　　(B) $(3-9e^{-t}+12e^{-2t})u(t)$

(C) $\delta(t)+(-6e^{-t}+8e^{-2t})u(t)$　　　　(D) $3\delta(t)+(-9e^{-t}+12e^{-2t})u(t)$

5. 以下为 4 个因果信号的拉普拉斯变换，其中________的傅里叶变换不存在(即不收敛)。

(A) $\frac{1}{s}$　　　　(B) 1　　　　(C) $\frac{1}{s+2}$　　　　(D) $\frac{1}{s-2}$

6. 某二阶系统的频率响应为$\frac{j\omega+2}{(j\omega)^2+3j\omega+2}$，则该系统具有以下微分方程形式________。

(A) $y''(t)+3y'(t)+2y(t)=x(t)+2$

(B) $y''(t)-3y'(t)-2y(t)=x'(t)+2$

(C) $y''(t)+3y'(t)+2y(t)=x'(t)+2x(t)$

(D) $y''(t)-3y'(t)+2y(t)=x(t)+2$

7. 离散时间单位延迟器的单位脉冲响应为________。

(A) $\delta[n]$　　　　(B)$\delta[n+1]$　　　　(C) $\delta[n-1]$　　　　(D) 1

8. 已知双边序列 $x[n]=\begin{cases}2^n, & n\geqslant 0\\ 3^n, & n<0\end{cases}$，则其 Z 变换为________。

(A) $\frac{-z}{(z-2)(z-3)}$，$2<|z|<3$　　　　(B) $\frac{-z}{(z-2)(z-3)}$，$|z|\leqslant 2, |z|\geqslant 3$

(C) $\frac{z}{(z-2)(z-3)}$，$2<|z|<3$　　　　(D) $\frac{-1}{(z-2)(z-3)}$，$2<|z|<3$

9. 设 $x[n]$是一个绝对可和信号，其 Z 变换为 $X(z)$。若 $X(z)$仅在 $z=0.5$ 有一个极点，则 $x[n]$能够是________。

(1) 有限长信号。　　　　(2) 左边信号。

(3) 右边信号。　　　　(4) 双边信号。

(A) (2)和(3)　　　　(B) (1)、(2)、(3)和(4)

(C) (1)和(4)　　　　(D) (1)、(2)和(3)

10. 对于离散时间因果系统 $H(z)=\frac{z-2}{z-0.5}$，则该系统不是一个________。

(A) 一阶系统　　　　(B) 稳定系统

(C) 全通系统　　　　(D) 最小相位系统

11. 离散序列 $x[n]=\sum_{m=0}^{\infty}\left[(-1)^m\delta[n-m]\right]$ 的 Z 变换及收敛域为________。

(A) $\frac{z}{z-1}, |z|<1$　　(B) $\frac{z}{z-1}, |z|>1$

(C) $\frac{z}{z+1}, |z|<1$　　(D) $\frac{z}{z+1}, |z|>1$

12. 离散时间系统的单位脉冲响应 $h[n]$ 不能基于________直接求得。

(A) 差分方程　(B) $H(z)$　(C) $u[n]$　(D) $H(\mathrm{e}^{\mathrm{j}\tilde{\omega}})$

13. 一个因果、稳定的离散时间系统函数 $H(z)$ 的极点必定在 z 平面的________。

(A) 单位圆以外　(B) 实轴上　(C) 左半平面　(D) 单位圆以内

14. $H(s)$ 只有一对在虚轴上的共轭极点，则它的 $h(t)$ 应是________。

(A) 指数增长信号　　(B) 指数衰减振荡信号

(C) 常数　　(D) 等幅振荡信号

15. 如果一离散时间系统的系统函数 $H(z)$ 只有一个在单位圆上实数为1的极点，则它的 $h[n]$ 应是________。

(A) $u[n]$　(B) $-u[n]$　(C) $(-1)^n u[n]$　(D) 1

16. 已知一连续系统的零点、极点分布如题图1所示，$H(\infty)=1$，则系统函数 $H(s)$ 为________。

(A) $\frac{s+2}{s+1}$　(B) $\frac{s+1}{s+2}$　(C) $(s+1)(s+2)$　(D) $\frac{s-1}{s-2}$

17. 题图2所示信号流图的系统函数 $H(s)$ 为________。

(A) $\frac{3s+1}{s^2+6s+2}$　(B) $\frac{3s+1}{s^2+2}$　(C) $\frac{3s+1}{s^2-6s-2}$　(D) $\frac{1}{s^2+2s-1}$

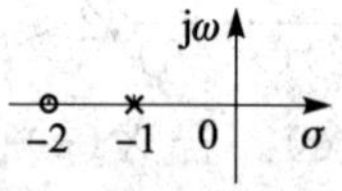

题图 1

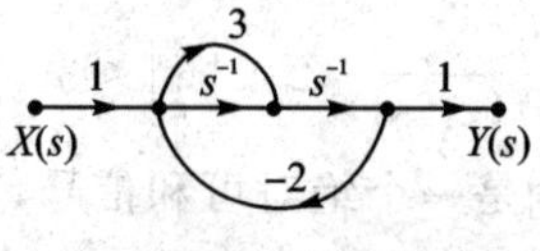

题图 2

18. 下列几个因果系统函数中，稳定(包括临界稳定)的系统函数有________个。

(1) $\frac{s-1}{s^2-3s+4}$。　　(2) $\frac{s+1}{s^2+3s}$。

(3) $\frac{s+2}{s^4+4s^3+3}$。　　(4) $\frac{s+2}{s^3+3s^2+s+3}$。

(5) $\frac{s}{s^4+2s^2+1}$。　　(6) $\frac{1}{s^4+2s^2}$。

(A) 3　(B) 2　(C) 1　(D) 4

19. 下面的几种描述中，正确的是________。

(A) 系统函数能提供求解零输入响应所需的全部信息

(B) 系统函数的零点位置影响时域波形的衰减或增长

(C) 若零极点离虚轴很远，则它们对频率响应的影响非常小

(D) 原点的二阶极点对应 $t^2u(t)$形式的波形

20. 已知连续时间系统的系统函数 $H(s)=\dfrac{s}{s^2+3s+2}$，则其幅频特性响应所属类型为________。

(A) 低通　　(B) 高通　　(C) 带通　　(D) 带阻

21. 已知某一离散系统的系统函数 $H(z)=\dfrac{2z^2-z}{z^3+z^2-10z+8}$，对应的信号流图为________。

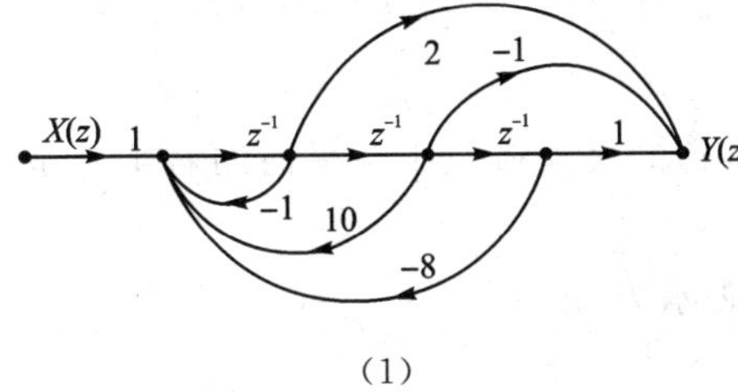

(1)

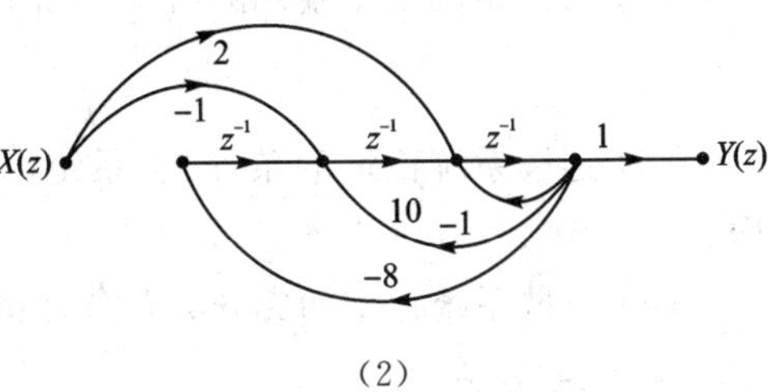

(2)

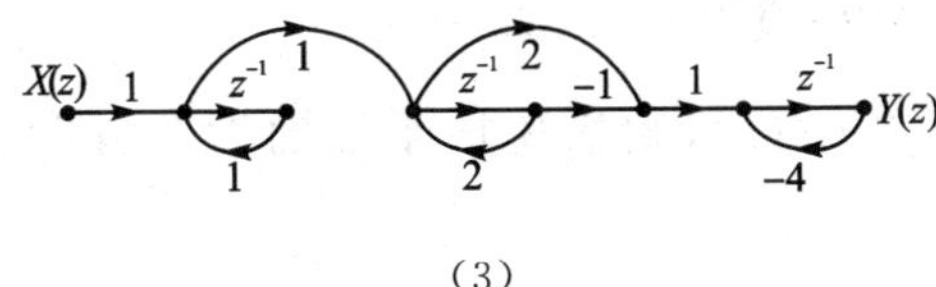

(3)

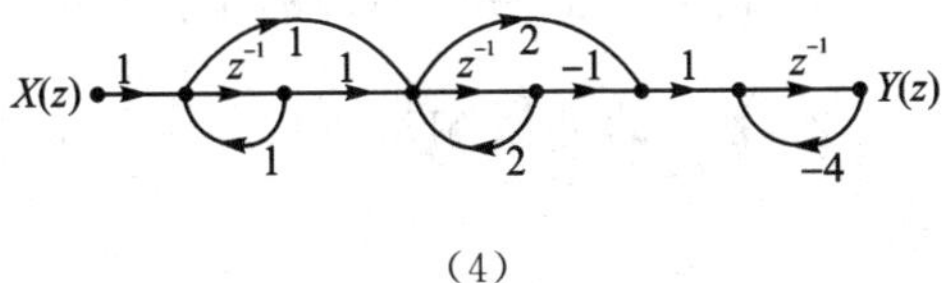

(4)

(A) (1)、(2)　　(B) (2)、(3)　　(C) (3)、(4)　　(D) (1)、(4)

二、判断题

1. (1)系统函数 $H(s)$是系统冲激响应 $h(t)$的拉普拉斯变换(　　)，是系统的零状态响应的拉普拉斯变换与输入信号的拉普拉斯变换之比(　　)。

(2) 如果 $x(t)$是因果信号，$X(j\omega)$是其傅里叶变换，删除 $X(j\omega)$所含的冲激项，用 s 代替 $j\omega$，就可得 $x(t)$的拉普拉斯变换 $X(s)$。(　　)

(3) 一个信号存在拉普拉斯变换，就一定存在傅里叶变换(　　)。一个信号存在傅里叶变换，就一定存在单边拉普拉斯变换(　　)。一个信号存在傅里叶变换，就一定存在双边拉普拉斯变换(　　)。

2. (1) $|z|=\infty$处 Z 变换收敛是因果序列的特征(　　)；Z 变换 $H(z)$的收敛域如果不包含单位圆($|z|=1$)，则系统不稳定(　　)。

(2) 序列在单位圆上的 Z 变换就是序列的傅里叶变换(　　)，即序列的频谱(　　)。

(3) 离散时间系统的频率响应 $H(e^{j\tilde{\omega}})$为 $h[n]$在单位圆上的 Z 变换(　　)，也

是 $h[n]$ 的傅里叶变换(　　)。

3. (1) 若LTI系统的单位冲激响应 $h(t)$ 周期且非零,则该系统是不稳定的。(　　)

(2) 若 $h[n]<M$(对每一个 n),M 为某已知数,则以 $h[n]$ 为单位脉冲响应的LTI系统是稳定的。(　　)

(3) 连续时间LTI系统当且仅当阶跃响应是绝对可积时,该系统是稳定的。(　　)

4. (1) 一个LTI系统当且仅当其系统函数 $H(z)$ 的收敛域包含单位圆 $|z|=1$ 时,该系统是稳定的(　　);一个具有有理系统函数的因果LTI系统,当且仅当 $H(z)$ 全部极点都位于单位圆内时,系统是稳定的(　　);全部极点之模大于或等于1时,系统是稳定的(　　)。

(2) 若系统的单位脉冲响应绝对可和,即 $\sum\limits_{n=-\infty}^{\infty}|h[n]|<\infty$,则系统是稳定的。(　　)

(3) 连续系统稳定的条件是,系统函数 $H(s)$ 的极点应位于 s 平面的右半开平面。(　　)

(4) 离散系统稳定的充分必要条件也可以表示为 $\lim\limits_{n\to\infty}h[n]=0$。(　　)

三、填空题

1. 信号 $x(t)=\mathrm{e}^{2t}u(t)$ 的拉普拉斯变换及收敛域为________。

2. 系统的冲激响应 $h(t)=\frac{3}{2}(\mathrm{e}^{-2t}+\mathrm{e}^{-4t})u(t)$,则描述该系统的微分方程是________。

3. 利用初值定理和终值定理分别求 $X(s)=\frac{4s+5}{2s+1}$ 原函数的初值 $x(0_+)=$ ________,终值 $x(\infty)=$ ________。

4. 信号 $x(t)=u(t+2)-u(t-2)$ 的单边拉普拉斯变换 $X(s)$ 为________。

5. 如题图3所示,周期信号 $x(t)$ 的单边拉普拉斯变换 $X(s)$ 为________。

6. 如题图4所示电路系统,若以 $u_s(t)$ 为输入,$u_o(t)$ 为输出,则该系统的冲激响应 $h(t)=$ ________。

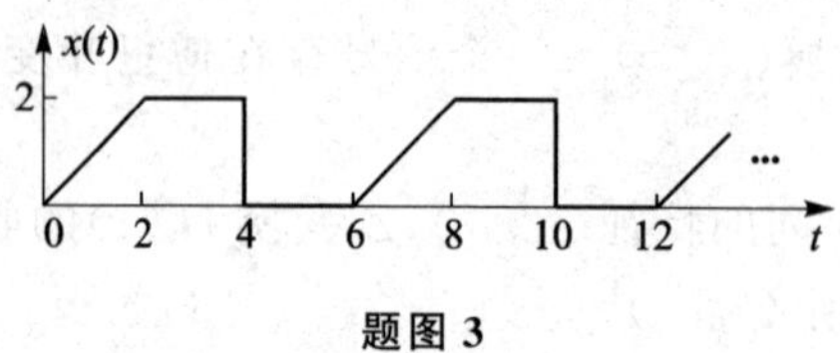

题图3

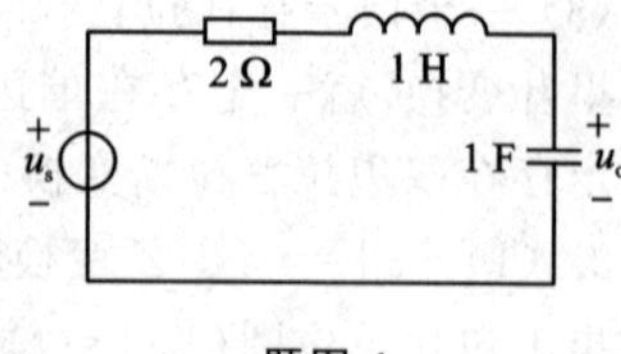

题图4

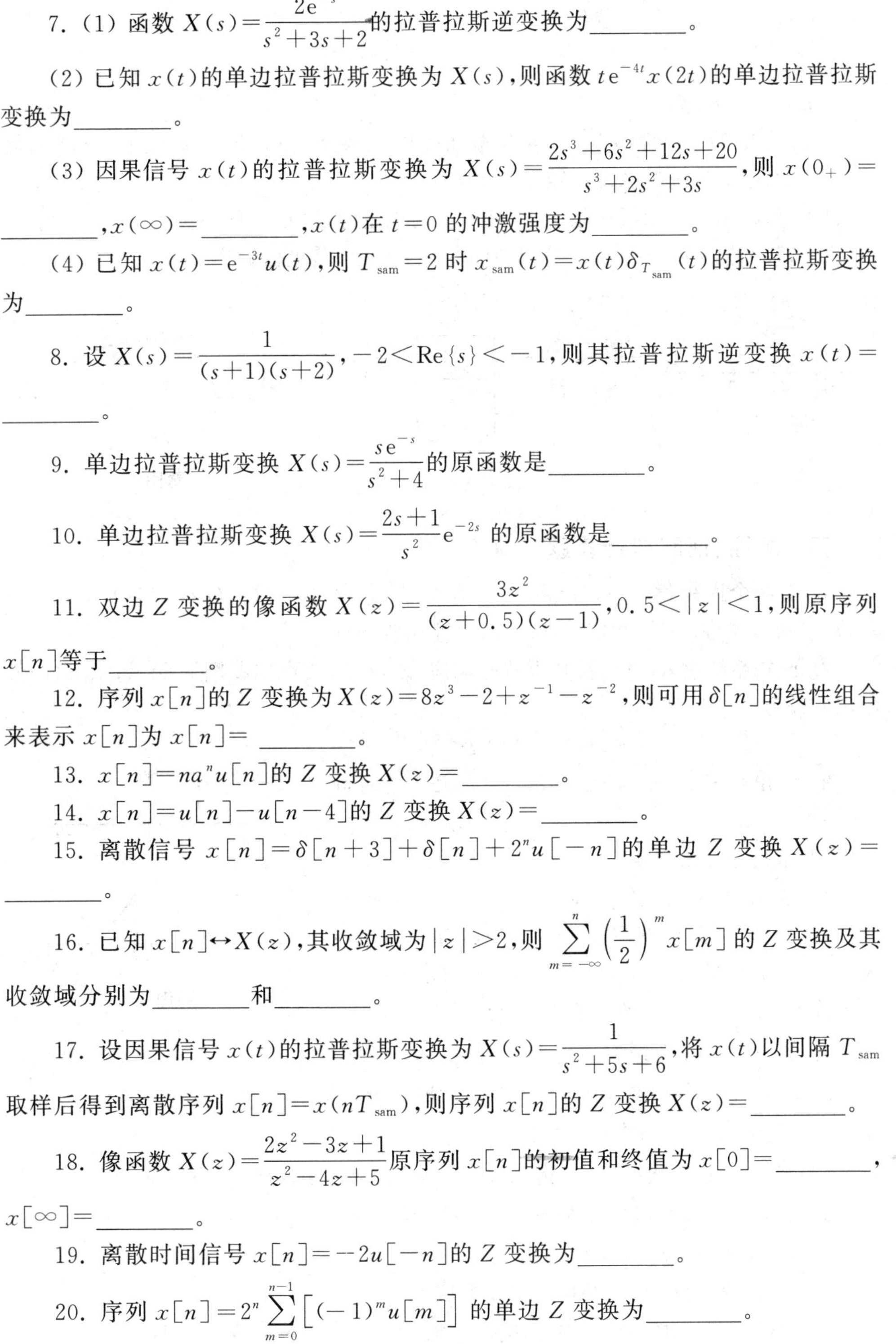

7. (1) 函数 $X(s)=\dfrac{2\mathrm{e}^{-s}}{s^2+3s+2}$ 的拉普拉斯逆变换为________。

(2) 已知 $x(t)$ 的单边拉普拉斯变换为 $X(s)$，则函数 $t\mathrm{e}^{-4t}x(2t)$ 的单边拉普拉斯变换为________。

(3) 因果信号 $x(t)$ 的拉普拉斯变换为 $X(s)=\dfrac{2s^3+6s^2+12s+20}{s^3+2s^2+3s}$，则 $x(0_+)=$________，$x(\infty)=$________，$x(t)$ 在 $t=0$ 的冲激强度为________。

(4) 已知 $x(t)=\mathrm{e}^{-3t}u(t)$，则 $T_{\mathrm{sam}}=2$ 时 $x_{\mathrm{sam}}(t)=x(t)\delta_{T_{\mathrm{sam}}}(t)$ 的拉普拉斯变换为________。

8. 设 $X(s)=\dfrac{1}{(s+1)(s+2)}$，$-2<\mathrm{Re}\{s\}<-1$，则其拉普拉斯逆变换 $x(t)=$________。

9. 单边拉普拉斯变换 $X(s)=\dfrac{s\mathrm{e}^{-s}}{s^2+4}$ 的原函数是________。

10. 单边拉普拉斯变换 $X(s)=\dfrac{2s+1}{s^2}\mathrm{e}^{-2s}$ 的原函数是________。

11. 双边 Z 变换的像函数 $X(z)=\dfrac{3z^2}{(z+0.5)(z-1)}$，$0.5<|z|<1$，则原序列 $x[n]$ 等于________。

12. 序列 $x[n]$ 的 Z 变换为 $X(z)=8z^3-2+z^{-1}-z^{-2}$，则可用 $\delta[n]$ 的线性组合来表示 $x[n]$ 为 $x[n]=$ ________。

13. $x[n]=na^nu[n]$ 的 Z 变换 $X(z)=$________。

14. $x[n]=u[n]-u[n-4]$ 的 Z 变换 $X(z)=$________。

15. 离散信号 $x[n]=\delta[n+3]+\delta[n]+2^nu[-n]$ 的单边 Z 变换 $X(z)=$________。

16. 已知 $x[n]\leftrightarrow X(z)$，其收敛域为 $|z|>2$，则 $\sum\limits_{m=-\infty}^{n}\left(\dfrac{1}{2}\right)^m x[m]$ 的 Z 变换及其收敛域分别为________和________。

17. 设因果信号 $x(t)$ 的拉普拉斯变换为 $X(s)=\dfrac{1}{s^2+5s+6}$，将 $x(t)$ 以间隔 T_{sam} 取样后得到离散序列 $x[n]=x(nT_{\mathrm{sam}})$，则序列 $x[n]$ 的 Z 变换 $X(z)=$________。

18. 像函数 $X(z)=\dfrac{2z^2-3z+1}{z^2-4z+5}$ 原序列 $x[n]$ 的初值和终值为 $x[0]=$________，$x[\infty]=$________。

19. 离散时间信号 $x[n]=-2u[-n]$ 的 Z 变换为________。

20. 序列 $x[n]=2^n\sum\limits_{m=0}^{n-1}\left[(-1)^m u[m]\right]$ 的单边 Z 变换为________。

21. 已知 $x[n]$ 的 Z 变换 $X(z)=\dfrac{1}{\left(z+\dfrac{1}{2}\right)(z+2)}$，$X(z)$ 的收敛域为________时，$x[n]$ 为因果序列。

22. 已知 $H(s)$ 的零点、极点分布如题图 5 所示，单位冲激响应 $h(t)$ 的初值 $h(0_+)=2$，则该系统的系统函数 $H(s)=$________。

23. 如题图 6 所示因果系统，为使系统是稳定的，K 的取值范围是________。

24. 某离散系统的 z 域信号流图如题图 7 所示，其单位响应 $h[n]=$________。

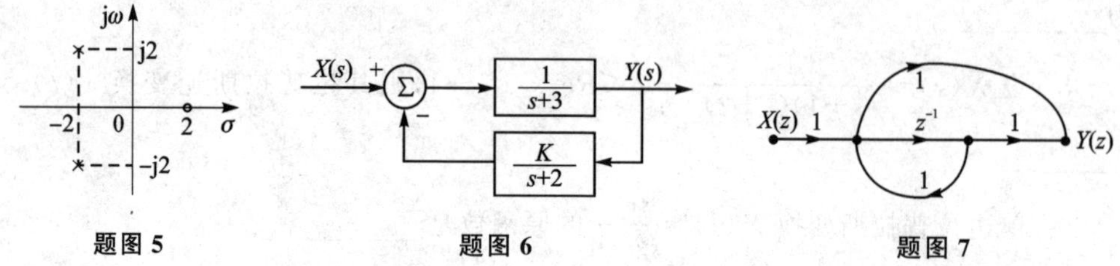

题图 5　　题图 6　　题图 7

四、画图、证明与计算题

1. 有两个因果信号 $x_1(t)$ 和 $x_2(t)$，已知 $x'_1(t)=-2x_2(t)+\delta(t)$，$x'_2(t)=x_1(t)$。求：LT$\{x_1(t)\}$ 和 LT$\{x_2(t)\}$，并注明收敛域。

2. 已知系统输入 $x(t)$ 及其零状态响应 $y_{zs}(t)$ 的波形如题图 8 所示，求 $h(t)$ 并绘出其波形。

3. 画出信号 $x(t)=\begin{cases} t, & 0<t<1 \\ 2-t, & 1<t<2 \\ 0, & t<0,t>2 \end{cases}$ 的时域波形，并求拉普拉斯变换。

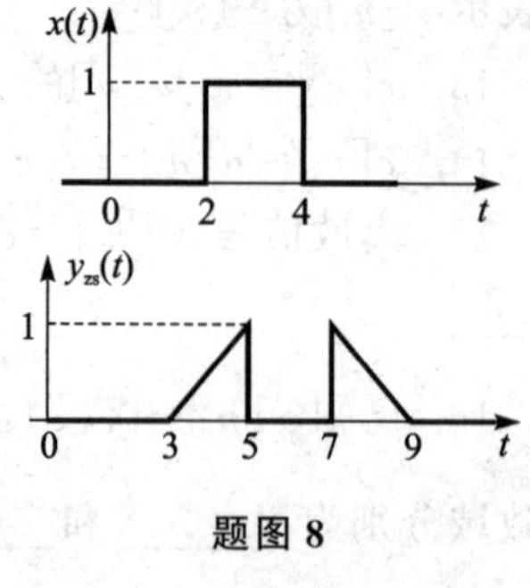

题图 8

4. 某 LTI 系统，其初始条件一定。当输入 $x_1(t)=\delta(t)$ 时，其全响应 $y_1(t)=-3e^{-t}u(t)$；当输入 $x_2(t)=u(t)$ 时，其全响应 $y_2(t)=(1-5e^{-t})u(t)$。求当输入 $x(t)=tu(t)$ 时的全响应 $y(t)$。

5. 已知一 LTI 系统对激励为 $x_1(t)=u(t)$ 的全响应 $y_1(t)=2e^{-t}u(t)$；对激励为 $x_2(t)=\delta(t)$ 的全响应 $y_2(t)=\delta(t)$。用时域分析法求：

(1) 系统的零输入响应 $y_{zi}(t)$。

(2) 系统的初始状态不变，其对激励为 $x_3(t)=e^{-t}u(t)$ 的全响应 $y_3(t)$。

6. 已知一因果 LTI 系统如题图 9(a)所示，要求：

(1) 求描述系统的微分方程。

(2) 求系统函数 $H(s)$ 和单位冲激响应 $h(t)$。

(3) 当输入如题图 9(b)所示，求 $t>0$ 时的零状态响应和零输入响应。

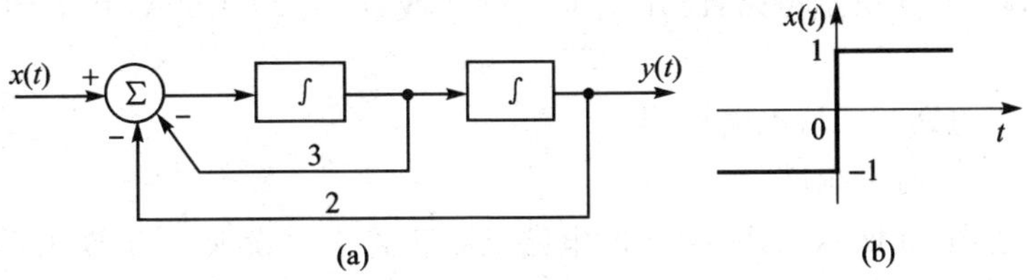

题图 9

7. 如题图 10 所示电路,已知激励信号为 $x(t)=[\sin(2t)-\cos(2t)]u(t)$,初始时刻电容两端的电压为零。要求:

(1) 求系统函数 $H(s)$。

(2) 求系统的全响应 $y(t)$。

8. 如题图 11 所示电路,$t=0$ 时开关打开,已知 $x(t)=2\mathrm{e}^{-2t}u(t)$,试用复频域分析法,求 $t\geqslant 0$ 的电容电压 $u_C(t)$,并指出零输入响应和零状态响应。

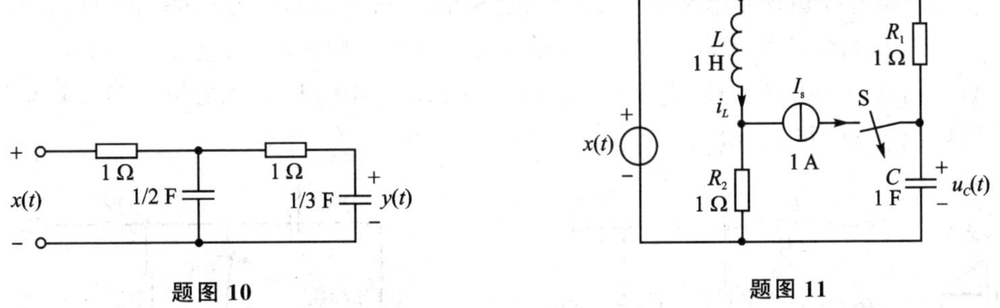

题图 10　　　　题图 11

9. 求如题图 12 所示电路的系统函数 $H(s)$,若 $u_o(t)$ 与 $i_0(t)$ 无波形失真,确立一组 R_1、R_2 满足此条件,并确定传输过程有无延迟。

10. 如题图 13 所示,$R=2\ \Omega$,$L=1\ \mathrm{H}$,$C=1\ \mathrm{F}$。以电容上的电压 $u_C(t)$ 为输出,$x(t)$ 为输入。要求:

(1) 求单位冲激响应 $h(t)$。

(2) 欲使零输入响应 $u_{zi}(t)=h(t)$,求电路的初始状态 $i(0_-)$,$u(0_-)$。

(3) 当输入 $x(t)=u(t)$ 时,欲使输出 $u_C(t)=u(t)$,求电路的初始状态 $i(0_-)$,$u(0_-)$。

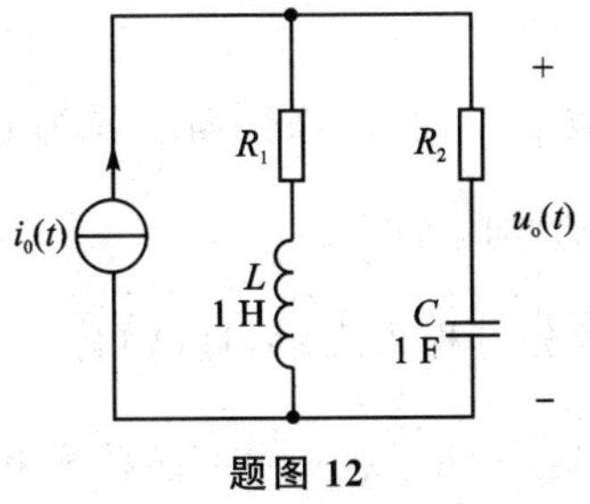

题图 12

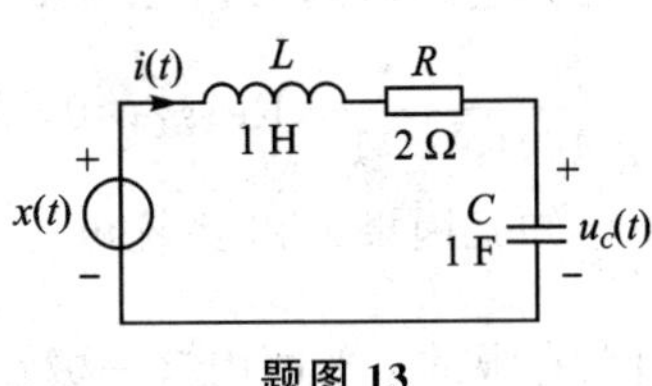

题图 13

11. 如题图 14 所示电路,已知 $u_C(0_-)=8\ \text{V}$,$i_L(0_-)=4\ \text{A}$,在 $t=0$ 时开关闭合。要求:

(1) 画出电路的 s 域电路模型。

(2) 求 $t\geqslant 0$ 时全响应 $i_1(t)$。

12. 如题图 15 所示电路,$t\leqslant 0$ 时电路已处于稳态。设 $R_1=4\ \Omega$,$R_2=2\ \Omega$,$L=1\ \text{H}$,$C=1\ \text{F}$,求 $t\geqslant 0$ 时的响应 $u_C(t)$。

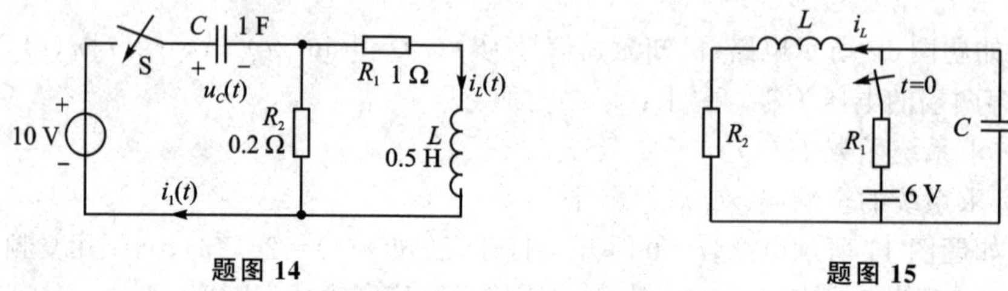

题图 14　　题图 15

13. 如题图 16 所示电路,R、L、C 参数已标出,试求在 $x(t)$ 作用下的输出电压 $v(t)$。

14. 如题图 17 所示电路,在 $t=0$ 前开关一直处于闭合状态,已知 $x_1(t)=20\ \text{V}$,$x_2(t)=4\ \text{V}$,$L=0.5\ \text{mH}$,$R_1=1\ \Omega$,$R_2=0.2\ \Omega$,$C=10\ \mu\text{F}$,试求在开关打开后电路中的电流 $y_1(t)$ 和 $y_2(t)$。

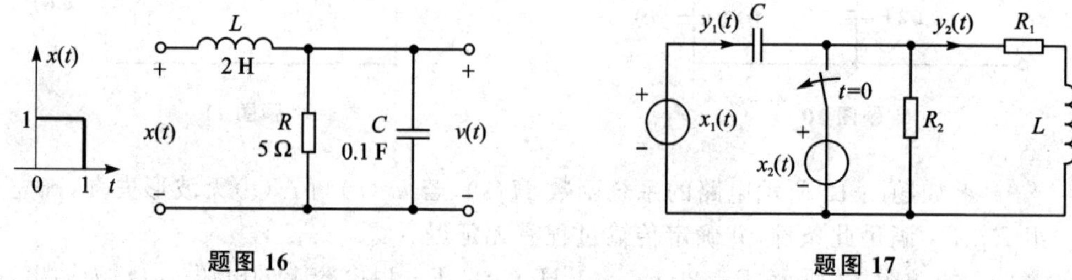

题图 16　　题图 17

15. 已知某连续时间因果 LTI 系统最初是松弛的,且当输入 $x(t)=e^{-2t}u(t)$ 时,输出为 $y(t)=\frac{2}{3}e^{-2t}u(t)+\frac{1}{3}e^{-t}u(t)$。要求:

(1) 求系统的系统函数 $H(s)$ 和它的收敛域。

(2) 求系统的单位冲激响应 $h(t)$。

(3) 写出描述系统的微分方程。

16. 已知连续时间 LTI 系统的单位阶跃响应 $g(t)$ 的拉普拉斯变换为 $G(s)=\frac{2}{(s^2+2s+10)(e^{4s}-1)}$,$\text{Re}\{s\}>0$,试求其单位冲激响应 $h(t)$。

17. 已知某因果 LTI 系统可用二阶实系数微分方程来表示,且已知:① 系统函数 $H(s)$ 在有限的 s 平面内有一极点 $s=-\frac{\sqrt{2}}{2}+\text{j}\frac{\sqrt{2}}{2}$ 和零点 $s=2$;② 系统单位响应

$h(t)$的初值为 2,且不含冲激项。试求：

(1) 描述该系统的微分方程。

(2) 系统的单位冲激响应 $h(t)$。

(3) 定性画出系统的幅频特性。

18. 已知系统的系统函数为 $H(s)=\dfrac{1}{s+1}$。求系统对信号 $x(t)=\cos t+\cos\sqrt{3}t$ $(-\infty<t<\infty)$的响应 $y(t)$。

19. 如题图 18 所示系统。要求：

(1) 求系统函数 $H(s)$。

(2) 当 $x(t)=10\sin\left(t+\dfrac{\pi}{4}\right)u(t)$时，求系统的稳态响应。

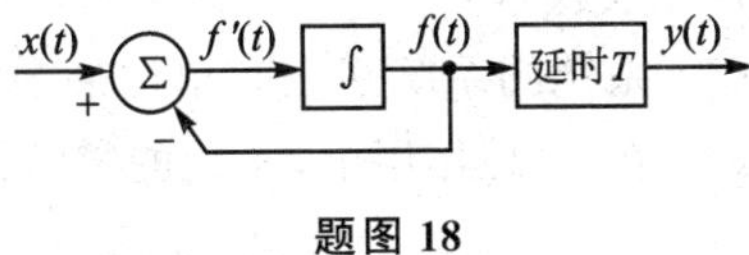

题图 18

20. 描述某因果连续时间 LTI 系统的微分方程为

$$y''(t)+7y'(t)+10y(t)=2x'(t)+3x(t)$$

已知 $x(t)=\mathrm{e}^{-3t}u(t)$, $y(0_-)=1$, $y'(0_-)=1$,由 s 域求解：

(1) 零输入响应,零状态响应及其全响应。

(2) 系统函数 $H(s)$,冲激响应 $h(t)$,并判断系统是否稳定。

21. 某二阶线性时不变系统

$$\frac{\mathrm{d}^2y(t)}{\mathrm{d}t^2}+a_0\frac{\mathrm{d}y(t)}{\mathrm{d}t}+a_1y(t)=b_0\frac{\mathrm{d}x(t)}{\mathrm{d}t}+b_1x(t)$$

在激励 $\mathrm{e}^{-2t}u(t)$作用下的全响应为$(-\mathrm{e}^{-t}+4\mathrm{e}^{-2t}-\mathrm{e}^{-3t})u(t)$,而在激励$\delta(t)-2\mathrm{e}^{-2t}u(t)$作用下的全响应为$(3\mathrm{e}^{-t}+\mathrm{e}^{-2t}-5\mathrm{e}^{-3t})u(t)$(设起初始状态固定)。要求：

(1) 求待定系数 a_0,a_1。

(2) 求系统的零输入响应 $y_{zi}(t)$和冲激响应 $h(t)$。

(3) 求待定系数 b_0,b_1。

22. 描述某线性时不变系统的框图如题图 19 所示,已知输入 $x(t)=3(1+\mathrm{e}^{-t})\cdot u(t)$时,系统的全响应为 $y(t)=(4\mathrm{e}^{-2t}+3\mathrm{e}^{-3t}+1)u(t)$。要求：

(1) 列出该系统的输入输出方程。

(2) 求系统的零输入响应 $y_{zi}(t)$。

(3) 求系统的初始状态 $y(0_-)$,$y'(0_-)$。

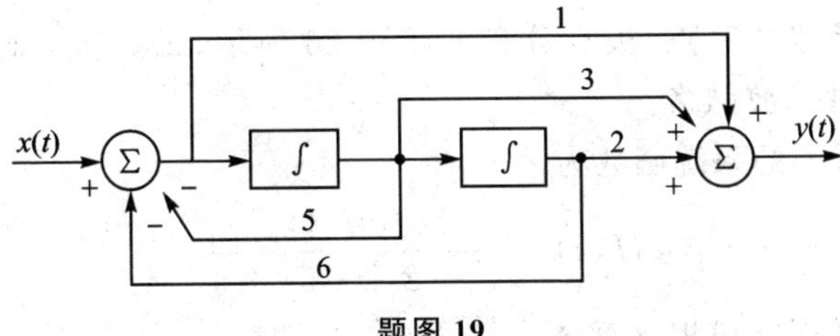

题图 19

23. 某线性时不变二阶系统,其系统函数为 $H(s)=\dfrac{s+3}{s^2+3s+2}$,已知输入激励 $x(t)=\mathrm{e}^{-3t}u(t)$ 及起始状态 $y(0_-)=1, y'(0_-)=2$。求系统的全响应 $y(t)$ 及零输入响应 $y_{zi}(t)$、零状态响应 $y_{zs}(t)$,并确定其自由响应和强迫响应。

24. 已知由子系统互联而成的系统如题图 20 所示,其中:$h_1(t)=\delta(t)$,$h_2(t)$ 由微分方程 $y_1'(t)+y_1(t)=f_1(t)$ 确定,$h_3(t)=\int_{-\infty}^{t}\delta(\tau)\mathrm{d}\tau$,$x(t)=\mathrm{e}^{-2(t-1)}u(t)$,试用拉普拉斯变换求:

(1) 系统的系统函数和单位冲激响应。

(2) 在 $x(t)$ 作用下,系统的零状态响应 $y_{zs}(t)$。

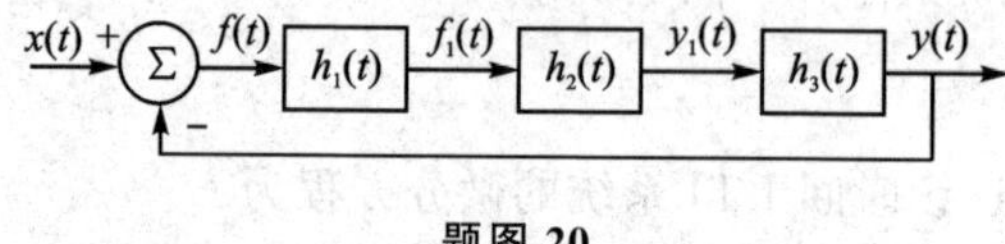

题图 20

25. 在题图 21 所示系统中,已知 $h_a(t)=\delta(t-1)$,$h_b(t)=u(t)-u(t-2)$,试求系统函数 $H(s)$ 和冲激响应 $h(t)$,并画出其波形。

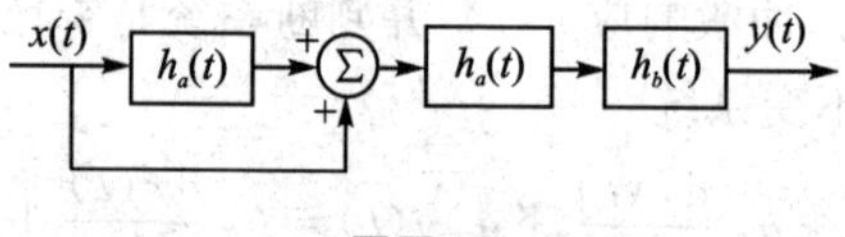

题图 21

26. 如题图 22 所示反馈系统,K 取何值时系统稳定。

27. 如题图 23 所示系统,试判断其稳定性。

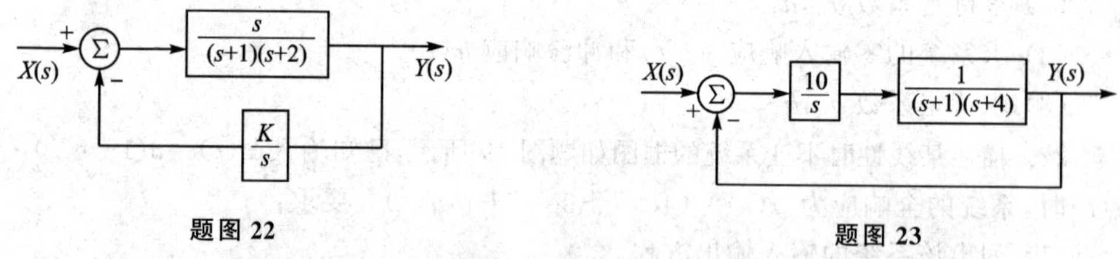

题图 22　　题图 23

28. 系统函数的零点、极点分布如题图 24 所示,$H(+\infty)=1$,试求系统函数 $H(s)$。

29. 若系统函数的零点、极点分布如题图 25 所示,试求其幅频特性和相频特性。

30. 若系统函数的零点、极点分布如题图 26 所示,试分析它们分别是低通、高通、带通、带阻哪种滤波网络。

31. 某连续系统的系统函数为

$$H(s)=\frac{2s+4}{s^3+2s^2+5s+3}$$

分别用级联和并联形式模拟该系统。

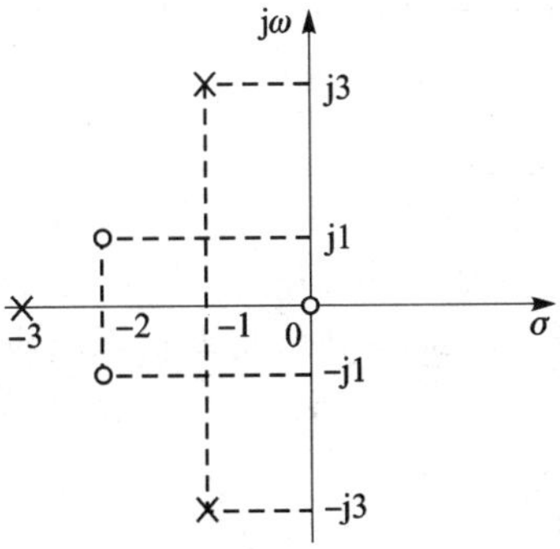

题图 24

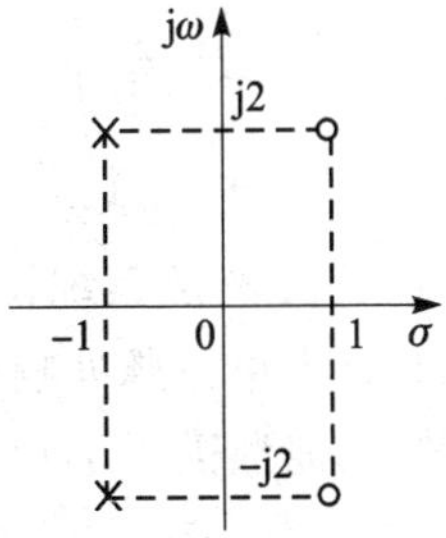

题图 25

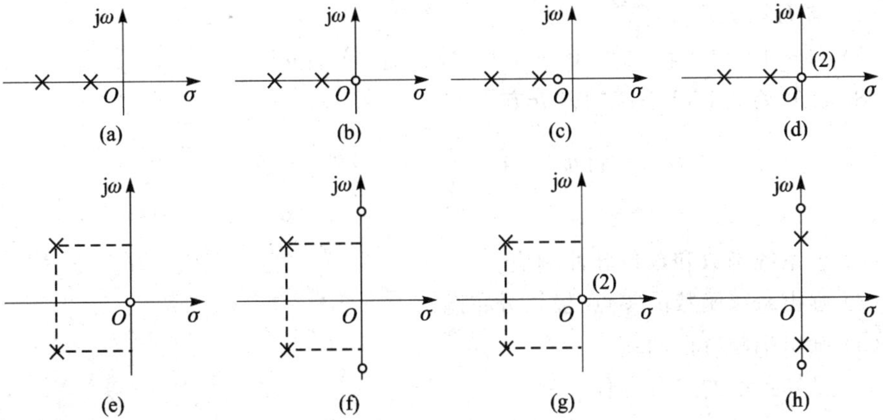

(a) (b) (c) (d)

(e) (f) (g) (h)

题图 26

32. 已知系统函数的零点、极点分布如题图 27 所示。要求：

(1) 判断系统的稳定性。

(2) 若 $|H(\mathrm{j}\omega)|_{\omega=0}=10^{-4}$，画出级联型的系统模拟图。

(3) 定性画出该系统的幅频特性。

33. 如题图 28 所示电路，试确定其系统函数，并判断电路功能。

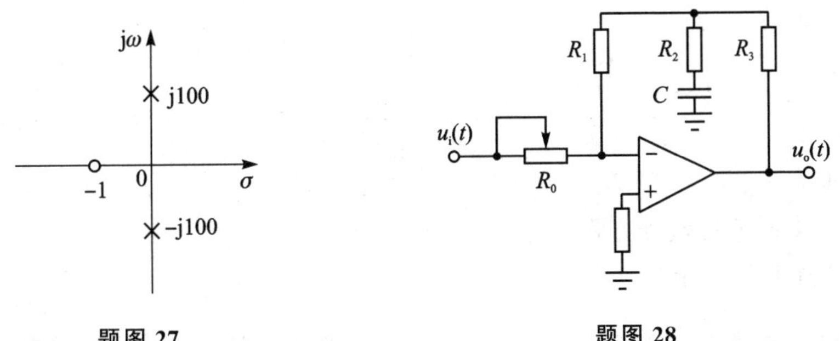

题图 27　　题图 28

34. 已知离散系统的单位脉冲响应为 $h[n]=((0.5)^n-(0.4)^n)u[n]$,试写出系统的差分方程。

35. 已知信号 $x[n]$ 的 Z 变换 $X(z)=\dfrac{z^2}{z^2-2.5z+1}$,且 $\sum\limits_{n=-\infty}^{\infty}|x[n]|<\infty$,求 $x[n]$。

36. 某一 LTI 离散系统,当输入 $x[n]=0.5nu[n]$ 时,其零状态响应为 $y[n]=(n+1)u[n]$,试求单位脉冲响应 $h[n]$。

37. 已知某离散因果 LTI 系统为

$$y[n]-\frac{7}{12}y[n-1]+\frac{1}{12}y[n-2]=3x[n]-\frac{5}{6}x[n-1]$$

要求:

(1) 求 $H(z)$,$h[n]$。

(2) $y[-1]=1$,$y[-2]=0$,$x[n]=\delta[n]$ 时,求 $y[n]$、$y_{zi}[n]$、$y_{zs}[n]$。

38. 已知离散 LTI 系统的差分方程为

$$y[n]-y[n-1]-\frac{3}{4}y[n-2]=x[n-1]$$

要求:

(1) 求系统函数和单位脉冲响应。

(2) 画出系统函数的零点、极点分布图。

(3) 画出幅频特性曲线。

39. 已知系统的差分方程

$$2y[n]+y[n-1]=x[n]$$

当 $x[n]=\left(\dfrac{1}{4}\right)^n u[n]$ 和 $y[-1]=2$ 时,求 $n\geqslant 0$ 时系统的输出。

40. 设某一离散因果 LTI 系统,其单位脉冲响应为 $h[n]$,频率响应为 $H(e^{j\tilde{\omega}})$,具有以下特性:

① 输入为 $x[n]=\left(\dfrac{1}{4}\right)^n u[n]$ 的零状态响应为 $y_{zs}[n]$,且 $n<0$ 和 $n\geqslant 2$ 时 $y_{zs}[n]$;

② $H\left(e^{j\frac{\pi}{2}}\right)=1$;

③ $H\left(e^{j\tilde{\omega}}\right)=H(e^{j(\tilde{\omega}-\pi)})$。

要求:

(1) 求 $h[n]$。

(2) 求该系统的差分方程。

(3) 求单位阶跃响应。

41. 对于系统函数 $H(z)=\dfrac{z}{z-0.5}$ 的系统,画出其零极点图,大致画出所对应的，并指出它们是低通、高通还是全通网络。

42. 已知离散系统在 z 平面上的零点、极点分布如题图 29 所示，且已知系统的单位脉冲响应 $h[n]$ 的极限值 $\lim\limits_{n\to+\infty} h[n]=\dfrac{1}{4}$，系统的初始条件为 $y[0]=2$，$y[1]=1$，求系统的系统函数 $H(z)$，零输入响应 $y_{zi}[n]$。若系统的激励为 $x[n]=(-4)^n u[n]$，求系统的零状态响应 $y_{zs}[n]$。

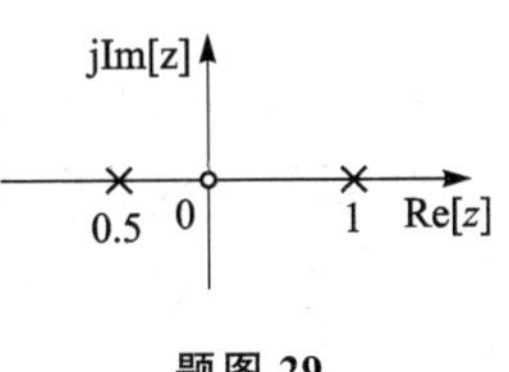

题图 29

43. 已知某离散因果 LTI 系统的差分方程

$$y[n]+0.2y[n-1]-0.24y[n-2]=x[n]+x[n-1]$$

要求：

(1) 求系统函数和单位脉冲响应。

(2) 判断系统的稳定性。

(3) 若输入 $x[n]=12\cos[2\pi n]$，求系统响应 $y[n]$。

44. 某离散因果系统如题图 30 所示，要求：

(1) 求系统函数。

(2) 写出系统的差分方程。

(3) 求系统的单位脉冲响应。

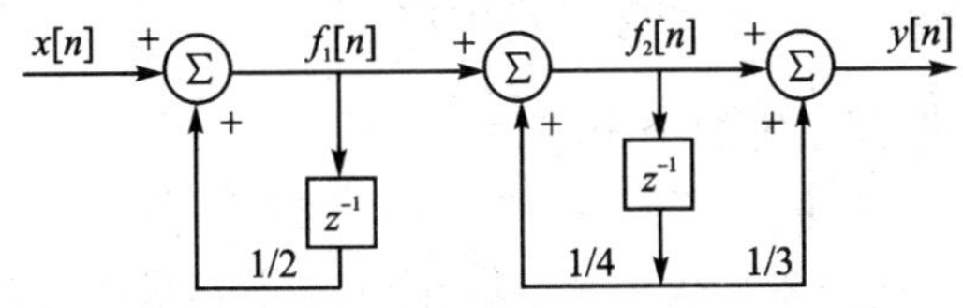

题图 30

45. 描述某线性时不变离散系统的差分方程为

$$y[n]-2y[n-1]+y[n-2]=x[n]$$

已知 $y[0]=y[1]=2$，$x[n]=2^n u[n]$，试用 Z 变换分析法求响应 $y[n]$，并指出零输入响应和零状态响应。

46. 一个离散因果 LTI 系统可由差分方程 $y[n]-y[n-1]-6y[n-2]=x[n-1]$ 描述。要求：

(1) 求该系统的系统函数及其收敛域。

(2) 求该系统的单位脉冲响应 $h[n]$。

(3) 当 $x[n]=(-3)^n\ (-\infty<n<\infty)$ 时，求输出 $y[n]$。

47. 已知一个离散时间 LTI 因果系统用 $x[n]$ 表示输入，$y[n]$ 表示输出。该系统由一对包含中间信号 $f[n]$ 的差分方程式确定：

$$y[n]+\frac{1}{4}y[n-1]+f[n]+\frac{1}{2}f[n-1]=\frac{2}{3}x[n]$$

$$y[n]-\frac{5}{4}y[n-1]+2f[n]-2f[n-1]=-\frac{5}{3}x[n]$$

求该系统的差分方程和单位脉冲响应。

48. 已知一个 LTI 系统由两个子系统级联组成。这两个子系统的差分方程分别为

$$y[n]+\frac{1}{2}y[n-1]=2x[n]-x[n-1]$$

$$y[n]-\frac{1}{2}y[n-1]+\frac{1}{4}y[n-2]=x[n]$$

要求:

(1) 求描述该系统的差分方程。

(2) 用一个一阶系统和一个二阶系统的并联实现整个系统(画出用单位延迟器、加法器和数乘器构成的并联结构的方框图)。

49. 某 LTI 离散时间系统的差分方程为

$$y[n]-0.5y[n-1]=x[n]+0.5x[n-1]$$

要求:

(1) 求系统的频率响应。

(2) 求系统的单位脉冲响应 $h[n]$。

(3) 当 $x[n]=\cos\left(\frac{\pi}{2}n\right)$时,求系统的响应 $y[n]$。

50. 某 LTI 离散时间系统的全响应为

$$y[n]=[1-(-1)^n-(-2)^n]u[n]$$

初始条件:$y[-1]=0, y[-2]=0.5$,当 $x[n]=u[n]$时,求描述该系统的差分方程。

51. 已知因果离散时间系统方框图如题图 31 所示。当 $x[n]=\left(\frac{3}{4}\right)^n$ $(-\infty<n<\infty)$时,响应 $y[n]=3\left(\frac{3}{4}\right)^n$。要求:

(1) 求系统函数 $H(z)$,确定 a 值,并写出系统的差分方程。

(2) 当 $x[n]=\delta[n]+0.5\delta[n-1]$时,求零状态响应。

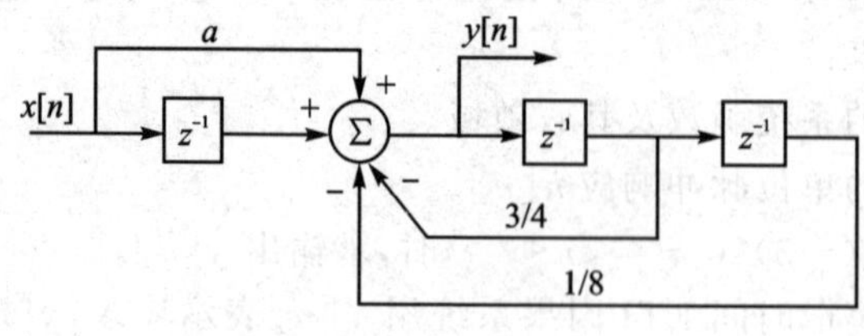

题图 31

52. 如题图 32 所示 LTI 系统,已知当输入 $x[n]=u[n]$时系统的全响应 $y[n]$

在 $n=2$ 时的值等于 42。要求：

(1) 求该系统的系统函数 $H(z)$。

(2) 求该系统的零输入响应 $y_{zi}[n]$。

(3) 问该系统是否存在频率响应？若不存在，请说明理由；若存在，请粗略绘出幅频特性。

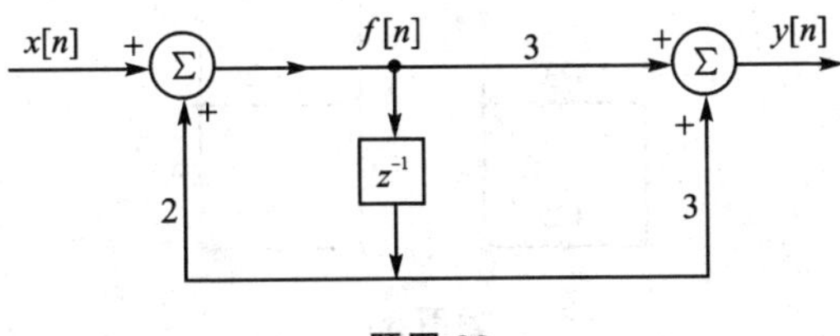

题图 32

53. 一个输入为 $x[n]$、输出为 $y[n]$的离散时间 LTI 系统，已知：

① 若对全部 n，$x[n]=(-2)^n$，则对全部 n，有 $y[n]=0$；

② 若对全部 n，$x[n]=(2)^{-n}u[n]$，有 $y[n]=\delta[n]+a(4)^{-n}u[n]$，其中 a 为常数，要求：

(1) 求常数 a。

(2) 若系统输入对全部 n，有 $x[n]=1$，求响应 $y[n]$。

54. 请分别画出下列梳状滤波器当 $N=6$ 时的频率响应曲线。

(1) $H_c(z)=1+z^{-N}$。

(2) $H_c(z)=\dfrac{1-z^{-N}}{1-az^{-N}}$，$0<a<1$。

55. 设有一个二阶滤波器，它对可输入序列的当前值及以前的两个取样值进行平均，即

$$y[n]=\frac{1}{3}(x[n]+x[n-1]+x[n-2])$$

问该系统是否稳定？若稳定试求其幅频特性与相频特性。

56. 设线性时不变系统的输入序列为 $x[n]$，输出序列为 $y[n]$，其差分方程分别为

① $y[n]=-0.1y[n-1]+0.2y[n-2]+3x[n]+3.6x[n-1]+0.6[n-2]$；

② $y[n]=(a+b)y[n-1]-aby[n-2]+abx[n]+(a+b)x[n-1]+x[n-2]$，$|a|<1$，$|b|<1$。

要求：分别求系统函数 $H(z)$，画出各系统的直接型、级联型和并联型算法结构，并确定各个系统的稳定性。

57. 设线性时不变系统的系统函数为

$$H(z)=\frac{1}{(1-0.4z^{-1})(1-0.6z^{-1}+0.25z^{-2})}$$

试分别画出该系统的直接型、级联型和并联型算法结构。

58. 设线性时不变系统的算法结构如题图33所示。要求：

(1) 写出该系统的差分方程,并求其系统函数 $H(z)$。

(2) 计算每个输入样本所需的乘法次数和加法次数。

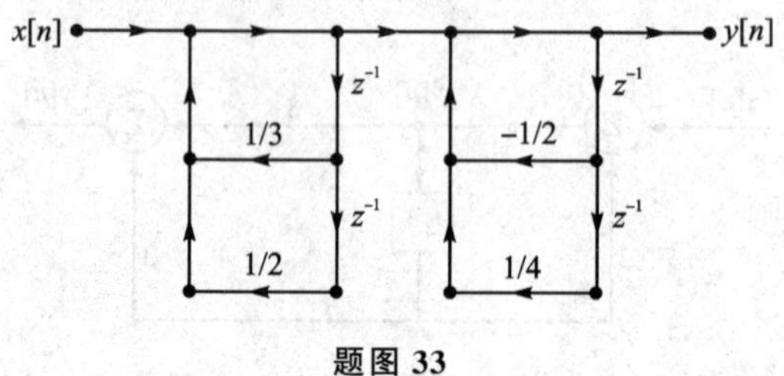

题图 33

59. 求题图34所示系统的系统函数 $H(z)$ 和单位脉冲响应 $h[n]$。

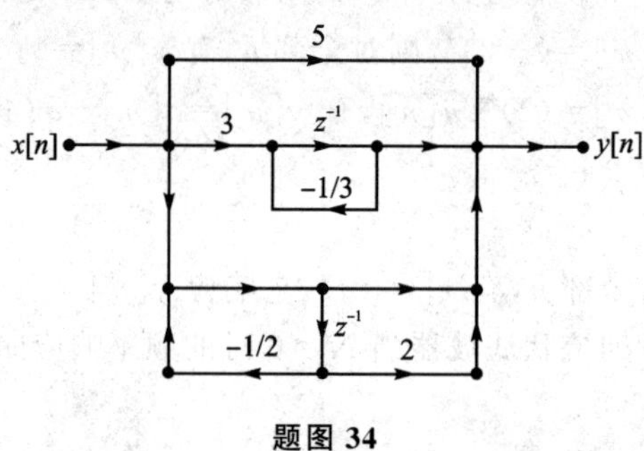

题图 34

60. 若两个系统的算法结构分别如题图35(a)和(b)所示,试用 a_1 和 a_2 确定 a_3、a_4、b_0 和 b_1,使两个系统等效。

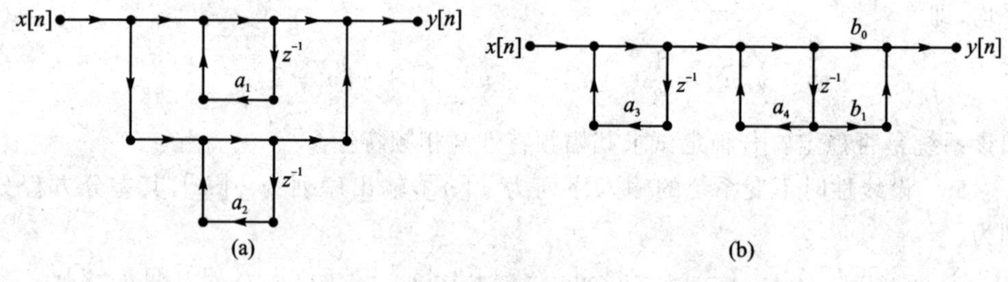

题图 35

61. 已知一连续因果 LTI 系统的微分方程为

$$y''(t)+4y'(t)+3y(t)=x'(t)+2x(t)$$

求系统的 $H(s)$,画出零点、极点图,并画出该系统的直接型框图。

62. 如题图36所示为一数字滤波器结构图,要求：

(1) 求这个系统的 $H(z)$,零点、极点图,收敛域。

(2) 要使这个系统稳定,K 应取什么值?

63. 如题图 37 反馈因果系统，试求：

(1) 该系统的系统函数 $H(s)$。

(2) K 满足什么条件时系统稳定。

(3) 在临界稳定条件下，求系统的 $h(t)$。

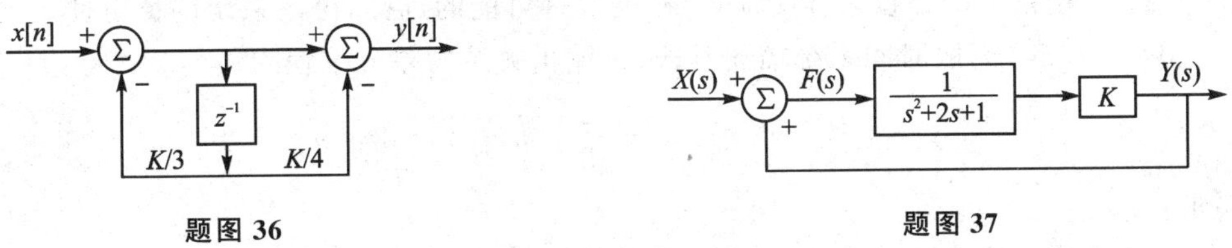

题图 36　　　　题图 37

64. 已知某一离散时间 LTI 系统的系统函数

$$H(z)=\frac{1-z^{-1}}{\left(1-\frac{1}{2}z^{-1}\right)(1-2z^{-1})}$$

其单位脉冲响应 $h[n]$ 满足：$\sum_{n=-\infty}^{\infty}|h[-n]|<\infty$。要求：

(1) 求系统的单位脉冲响应 $h[n]$，并判断系统是否稳定。

(2) 已知输入信号 $x[n]=3u[-n-1]+2u[n]$，求系统的输出 $y[n]$。

65. 题图 38 所示系统中，已知 $H(s)=\dfrac{Y(s)}{X(s)}=2$，$H_1(s)=\dfrac{1}{s+3}$。要求：

(1) 求子系统 $H_2(s)$。

(2) 欲使子系统 $H_2(s)$ 为稳定系统，试确定 K 的取值范围。

66. 已知某 LTI 系统的系统函数 $H(s)$ 的零极点图如题图 39 所示，且 $H(0)=-1.2$，要求：

(1) 求系统函数 $H(s)$ 及冲激响应 $h(t)$。

(2) 写出关联系统的输入、输出的微分方程。

(3) 已知系统稳定，求 $H(j\omega)$，当激励为 $\cos(3t)u(t)$ 时，求系统的稳态响应。

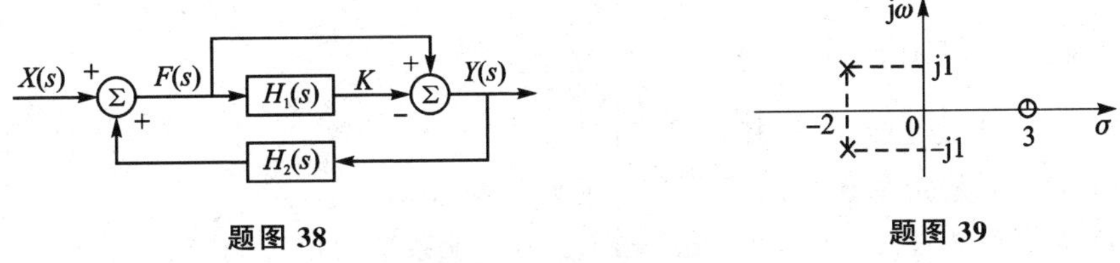

题图 38　　　　题图 39

67. 已知某 LTI 因果系统的信息：① 系统函数是有理的，且仅有两个极点在 $s=-2$ 和 $s=4$ 处；② 当激励为 $x(t)=1$ 时，响应为 $y(t)=0$；③ 单位冲激响应 $h(t)$ 在 $t=0_+$ 时的值为 4。求该系统的系统函数 $H(s)$。

68. 某 LTI 离散时间系统描述其输入、输出关系的差分方程为

$$y[n]-\frac{5}{2}y[n-1]+y[n-2]=x[n]$$

要求：

(1) 求该系统的系统函数，并指出零点、极点。

(2) 对于系统的单位采样响应 $h[n]$ 的3种可能的选择，讨论系统的稳定性。

69. 某LTI离散时间系统描述其输入、输出关系的差分方程为

$$y[n]+\frac{7}{3}y[n-1]+\frac{2}{3}y[n-2]=2x[n]$$

要求：

(1) 若该系统是因果系统，求单位脉冲响应 $h[n]$。

(2) 若该系统是稳定系统，标明系统函数的收敛域，求单位脉冲响应 $h[n]$。

(3) 当输入为 $h[n]=1$ 时，若要求系统有稳定的输出，则此时系统函数收敛域如何？并计算输出信号 $y[n]$。

(4) 画出实现该系统的信号流图。

70. 已知因果离散系统的差分方程为

$$y[n+2]+0.1y[n+1]-0.2y[n]=x[n+2]+1.2x[n+1]+0.2x[n]$$

初值 $y[0]=-1, y[1]=2$，激励 $x[n]=u[n]$。要求：

(1) 求系统函数 $H(z)$。

(2) 判断系统是否稳定。

(3) 求响应 $y[n]$。

71. 已知某因果稳定系统由如下差分方程描述：

$$y[n]=ay[n-1]+x[n]-bx[n-1]$$

其中，a、b 为可确定的非零常系数。要求：

(1) 求该系统的单位取样响应 $h[n]$。

(2) 求系统函数的零点、极点。

(3) 画出系统直接模拟框图。

(4) 为使系统具有全通频率响应特性，确定 a 和 b 的关系。

72. 已知系统函数 $H(z)=\dfrac{3z^2-2}{z^2+z+0.25}$。要求：

(1) 确定其收敛域，分析其因果稳定性。

(2) 对因果稳定系统写出其频率响应函数表达式。

(3) 若激励为 $x[n]=(1+3\cos[\pi n])u[n]$，求系统的稳态响应。

73. 系统信号流图如题图40所示。要求：

(1) 写出表示系统输入、输出关系的差分方程。

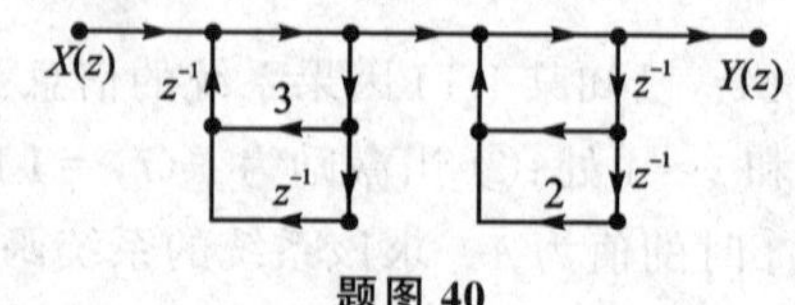

题图 40

（2）求系统函数 $H(z)$。

74. 描述某线性时不变因果连续系统的微分方程为

$$y''(t)+4y'(t)+3y(t)=4x'(t)+2x(t)$$

要求：

（1）求系统的冲激响应 $h(t)$。

（2）判定系统是否稳定。

（3）若输入 $x(t)=6+10\cos(t+45^\circ)$，求系统的稳态响应。

75. 某因果 LTI 系统的系统函数 $H(s)$ 的零点、极点如题图 41 所示（包括原点处的二阶零点和一对共轭极点），且冲激响应初始值 $h(0_+)=\sqrt{2}$，求系统函数 $H(s)$ 和冲激响应 $h(t)$。

76. 某因果线性时不变系统，其输入 $x[n]$ 和输出 $y[n]$ 满足差分方程为

$$y[n]=y[n-1]+y[n-2]+x[n-1]$$

要求：

（1）求该系统的系统函数，画出零点、极点图，指出收敛域。

（2）求该系统的单位脉冲响应。

（3）判断该系统是否稳定。

（4）求一个满足该系统的稳定的单位脉冲响应。

77. 某离散系统的系统函数的零极点分布如题图 42 所示。要求：

（1）求该系统的单位脉冲响应 $h[n]$（允许差一个系数）。

（2）粗略画出幅频特性，并说明系统属于低通、高通还是带通滤波器。

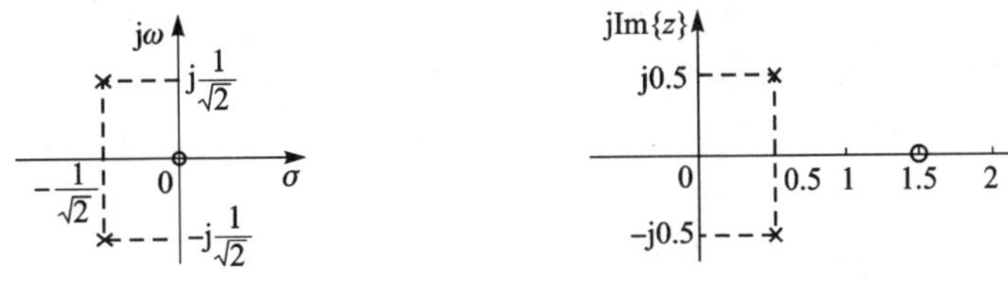

题图 41　　题图 42

78. 已知由差分方程

$$y[n]+ay[n-1]+by[n-2]=x[n]+cx[n-1]+dx[n-2]$$

其中，a、b、c、d 均为实常数，描述的离散时间 LTI 因果系统的系统函数 $H(z)$ 具有如下特征：$H(z)$ 在原点 $z=0$ 处有二阶零点；$H(z)$ 有一个极点在 $z=0.5$ 处；$H(1)=\dfrac{8}{3}$。要求：

（1）求该系统的系统函数 $H(z)$，并确定常 a、b、c、d。

（2）绘出系统的零极点图，并说明系统是否稳定。

（3）当输入 $x[n]=\delta[n]+\delta[n-2]$ 时，求系统的输出 $y[n]$。

(4) 如果系统的输入 $x[n]=(-1)^n$，求系统的输出 $y[n]$。

(5) 绘出系统的直接形式的流图。

79. 某稳定的LTI系统 $H(s)$ 的零极点图如图43所示。已知在输入 $x(t)=e^{3t}(-\infty<t<\infty)$ 作用下，系统的输出 $y(t)=\frac{3}{20}e^{3t}$。要求：

(1) 试求该系统的 $H(s)$ 以及单位冲激响应 $h(t)$，并判断系统的因果性。

(2) 若输入 $x(t)=u(t)$，求输出 $y(t)$。

(3) 写出表征该系统的常系数微分方程。

(4) 画出该系统的信号流图。

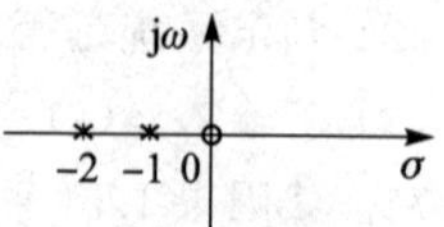

题图 43

80. 某LTI系统，在激励 $x[n]$ 作用下，产生响应：

$$y[n]=-2u[-n-1]+(0.5)^n u[n]$$

其中，$x[n]=0,n\geqslant 0$，其 Z 变换为 $H(z)=\frac{1-\frac{2}{3}z^{-1}}{1-z^{-1}}$。要求：

(1) 求该系统的系统函数 $H(z)$，画出零极点图，并标明收敛域。

(2) 求该系统的单位脉冲响应 $h[n]$，判断系统的因果稳定性。

(3) 若激励 $x[n]=\left(\frac{1}{3}\right)^n u[n]$，求系统的输出 $y[n]$。

(4) 若激励 $x[n]=(-1)^n(-\infty<n<\infty)$，求系统的输出 $y[n]$。

81. 描述某离散时间系统的差分方程为

$$y[n+2]+3y[n+1]+2y[n]=x[n+1]+3x[n]$$

输入信号 $x[n]=u[n]$，若初始条件 $y[1]=1,y[2]=3$。要求：

(1) 画出该系统的信号流图。

(2) 求出该系统的零输入响应 $y_{zi}[n]$、零状态响应 $y_{zs}[n]$ 和全响应 $y[n]$。

(3) 判断系统是否稳定，说明理由。

第6章　LTI系统的状态变量分析法

系统分析就是建立表征系统的数学模型并求解。按照采用何种数学模型，可将系统分析的方法分为两类：一类是输入输出分析法，另一类是状态变量分析法。

在前面章节中讨论的线性系统时域分析法和变换域分析法，都是着眼于激励函数和响应函数之间的直接关系，属于输入输出描述法。输入与输出信号之间的关系，在时域中用常系数微分方程或常系数差分方程来描述，在变换域中用频率响应函数和系统函数来描述。对于简单的单输入单输出系统，采用这种方法很方便，但是，随着系统的复杂化，一方面，系统的输入和输出往往是多个的，这时采用输入输出法就比较困难，而采用状态变量法研究多输入多输出LTI系统相当方便，而且具有优越性；另一方面，输入输出法只关心系统的输入与输出之间的关系，对系统内部一些参量的变化规律无法进行描述，因此，当需要揭示系统内部变化规律和特性时，输入输出法已难以适应要求，而状态变量法则能有效地描述系统内部状态的变化规律和特性，而且状态变量法描述特别适用于计算机求解；状态变量法不仅适用于LTI系统，而且便于推广应用于时变系统和非线性系统。

本章将讨论用状态变量分析法分析LTI系统的基本概念和方法，重点讨论状态模型的建立途径和方法、状态方程的时域和变换域解法、状态矢量的线性变换以及系统的可控性和可观测性。

6.1　系统的状态与状态变量

长时期以来，经过观察和研究发现：任何实际的连续时间和离散时间因果动态系统，这里包括非线性系统和时变系统，都存在着一组最少数目的系统内部变量，这组内部变量在t_0和n_0时刻的值充分概括了该系统过去时刻的行为，以及对现在和将来全部行为有影响的那部分历史。换言之，这组内部变量在当前时刻t_0和n_0的值与系统的输入一起，完全决定了现在和将来（$t \geqslant t_0$和$n \geqslant n_0$）该系统的全部行为，所谓系统行为指系统的所有输出和内部响应。例如，用N阶微分方程和N阶差分方程描述的LTI因果系统，由$t \geqslant 0$、$n \geqslant 0$的输入$x(t)$、$x[n]$和系统在$t=0_-$、$n=0$时刻的N个起始条件，就完全确定了$t \geqslant 0$、$n \geqslant 0$的系统输出$y(t)$和$y[n]$，从而获取到系统的全部行为。这 N 个起始条件,即 $y^{(k)}(0_-)(k=0,1,\cdots,N-1)$ 和 $y[-k]$ $(k=1,2,\cdots,N)$,充分代表影响 $t\geqslant 0$ 和 $n\geqslant 0$ 系统全部行为的那部分历史。

1. 状态与状态变量

状态是指系统某时刻的内部状况。**状态变量**是指描述系统内部状态或状态变化情况的一组变量,是能够完全描述系统时间域动态行为的一组独立的最少变量。若要完全描述 N 阶系统,就需要 N 个状态变量。这 N 个状态变量对于连续系统,常记为 $f_1(t),f_2(t),\cdots,f_N(t)$;对于离散系统,常记为 $f_1[n],f_2[n],\cdots,f_N[n]$。只要知道 $t=t_0$(或 $n=n_0$)时刻这组状态变量的值和 $t\geqslant t_0$(或 $n\geqslant n_0$)时的输入,那么就能够完全确定系统在 $t\geqslant t_0$(或 $n\geqslant n_0$)后的行为特征。

2. 状态矢量、状态空间和状态轨迹

状态矢量是指能够完全描述一个系统行为的 N 个状态变量构成的 N 维向量。N 个状态变量可以看作状态矢量 $\boldsymbol{f}(t)$ 或 $\boldsymbol{f}[n]$ 的各个分量的坐标:

$$\boldsymbol{f}(t)=[f_1(t)\quad f_2(t)\quad \cdots\quad f_N(t)]^{\mathrm{T}} \tag{6-1-1}$$

$$\boldsymbol{f}[n]=[f_1[n]\quad f_2[n]\quad \cdots\quad f_N[n]]^{\mathrm{T}} \tag{6-1-2}$$

对于一个给定的系统,状态变量的选择方法并不是唯一的。一般而言,状态变量的选取要对应于物理上的可测量或者是遵循可以使计算更方便的原则。

状态矢量 $\boldsymbol{f}(t)$、$\boldsymbol{f}[n]$ 所在的空间称为**状态空间**。在状态空间中,系统在任意时刻的状态都可以用状态空间中的一点来表示。状态矢量的端点随时间变化而描述的路径,称为**状态轨迹**。

6.2 状态变量模型及状态方程的建立

6.2.1 连续时间和离散时间动态系统状态变量描述的一般数学形式

对一个有 L 个输入和 K 个输出的离散时间和连续时间动态系统,设 L 个输入分别为 $x_l(t)$ 和 $x_l[n](l=1,2,\cdots,L)$,K 个输出分别是 $y_k(t)$ 和 $y_k[n](k=1,2,\cdots,K)$,并假设能充分描述它们的内部状态各有 N 个,各自的这 N 个状态变量为 $f_i(t)$ 和 $f_i[n](i=1,2,\cdots,N)$。动态系统的任何一个行为均可以表示为这 N 个状态变量和 L 个输入的一个函数。而系统的 K 个输出就是它全部行为中感兴趣的 K 个行为:

$$\begin{cases} y_1(t)=c_{11}f_1(t)+c_{12}f_2(t)+\cdots+c_{1N}f_N(t)+d_{11}x_1(t)+ \\ \qquad d_{12}x_2(t)+\cdots+d_{1L}x_L(t) \\ \qquad\vdots \\ y_K(t)=c_{K1}f_1(t)+c_{K2}f_2(t)+\cdots+c_{KN}f_N(t)+d_{K1}x_1(t)+ \\ \qquad d_{K2}x_2(t)+\cdots+d_{KL}x_L(t) \end{cases} \tag{6-2-1}$$

$$\begin{cases} y_1[n]=c_{11}f_1[n]+c_{12}f_2[n]+\cdots+c_{1N}f_N[n]+d_{11}x_1[n]+ \\ \qquad d_{12}x_2[n]+\cdots+d_{1L}x_L[n] \\ \qquad\vdots \\ y_K[n]=c_{K1}f_1[n]+c_{K2}f_2[n]+\cdots+c_{KN}f_N[n]+d_{K1}x_1[n]+ \\ \qquad d_{K2}x_2[n]+\cdots+d_{KL}x_L[n] \end{cases} \tag{6-2-2}$$

随着时间的推移，代表系统历史的 N 个状态变量 $f_i(t)$ 和 $f_i[n]$ 将不断地更新。对于连续时间动态系统，N 个状态变量的更新关系可以用其一阶导数满足的方程来表示。换言之，每个状态变量在任何时刻 t 的一阶导数可表示为该时刻的 N 个状态变量 $f_i(t)$ 和 L 个输入 $x_l(t)$ 的一个函数，即

$$\begin{cases} f'_1(t)=a_{11}f_1(t)+a_{12}f_2(t)+\cdots+a_{1N}f_N(t)+b_{11}x_1(t)+ \\ \qquad b_{12}x_2(t)+\cdots+b_{1L}x_L(t) \\ \qquad\vdots \\ f'_N(t)=a_{N1}f_1(t)+a_{N2}f_2(t)+\cdots+a_{NN}f_N(t)+b_{N1}x_1(t)+ \\ \qquad b_{N2}x_2(t)+\cdots+b_{NL}x_L(t) \end{cases} \tag{6-2-3}$$

对于离散时间动态系统而言，在 $n+1$ 时刻的状态变量值 $f_i[n+1]$，将由 n 时刻的 L 个输入信号值 $x_l[n]$ 和 n 时刻的 N 个状态变量值 $f_i[n]$（它们代表 n 时刻及其以前的历史对系统将来行为的影响）一起决定：

$$\begin{cases} f_1[n+1]=a_{11}f_1[n]+a_{12}f_2[n]+\cdots+a_{1N}f_N[n]+b_{11}x_1[n]+ \\ \qquad b_{12}x_2[n]+\cdots+b_{1L}x_L[n] \\ \qquad\vdots \\ f_N[n+1]=a_{N1}f_1[n]+a_{N2}f_2[n]+\cdots+a_{NN}f_N[n]+b_{N1}x_1[n]+ \\ \qquad b_{N2}x_2[n]+\cdots+b_{NL}x_L[n] \end{cases} \tag{6-2-4}$$

离散时间和连续时间动态系统的这 N 个方程描述了系统内部状态的演变，称为该动态系统的**状态方程**。显然，如果动态系统是 LTI 系统，则上述输出方程和状态方程都是线性组合关系。K 个输出方程都是线性常系数代数方程，N 个状态方程是一阶线性常系数差分方程和微分方程。假定系统都是因果输入，即 $x_l[n]=0, n<0$

和 $x_l(t)=0, t<0$,基于LTI系统的零输入和零状态响应的概念,为分别确定 N 个状态变量 $f_i[n], n\geqslant 0$ 和 $f_i(t), t\geqslant 0$,还需要知道 N 个初始状态值 $f_i[0]$ 和 N 个起始状态值 $f_i(0_-), i=1,2,\cdots,N$,表示成矢量形式:

$$\boldsymbol{f}[0]=[f_1[0] \quad f_2[0] \quad \cdots \quad f_N[0]]^{\mathrm{T}}$$

$$\boldsymbol{f}(0_-)=[f_1(0_-) \quad f_2(0_-) \quad \cdots \quad f_N(0_-)]^{\mathrm{T}}$$

它们称为离散时间和连续时间动态LTI系统的初始状态矢量。

综上,连续时间系统的状态方程的标准形式是一组一阶联立微分方程组。方程式左端是各状态变量的一阶导数,体现状态的变化;右端是状态变量和激励信号的某种组合,输出方程也是各个状态变量和激励信号的线性组合,即输入和现态共同决定了状态的变化。

状态方程:

$$\dot{\boldsymbol{f}}(t)=\left[\frac{\mathrm{d}}{\mathrm{d}t}\boldsymbol{f}(t)\right]_{N\times 1}=\boldsymbol{A}_{N\times N}\boldsymbol{f}_{N\times 1}(t)+\boldsymbol{B}_{N\times L}\boldsymbol{x}_{L\times 1}(t) \tag{6-2-5}$$

$$\boldsymbol{f}[n+1]=\boldsymbol{A}_{N\times N}\boldsymbol{f}[n]+\boldsymbol{B}_{N\times L}\boldsymbol{x}[n] \tag{6-2-6}$$

输出方程:

$$\boldsymbol{y}_{K\times 1}(t)=\boldsymbol{C}_{K\times N}\boldsymbol{f}_{N\times 1}(t)+\boldsymbol{D}_{K\times L}\boldsymbol{x}_{L\times 1}(t) \tag{6-2-7}$$

$$\boldsymbol{y}_{K\times 1}[n]=\boldsymbol{C}_{K\times N}\boldsymbol{f}_{N\times 1}[n]+\boldsymbol{D}_{K\times L}\boldsymbol{x}_{L\times 1}[n] \tag{6-2-8}$$

式中:

$$\dot{\boldsymbol{f}}(t)=\left[\frac{\mathrm{d}}{\mathrm{d}t}f_1(t) \quad \frac{\mathrm{d}}{\mathrm{d}t}f_2(t) \quad \cdots \quad \frac{\mathrm{d}}{\mathrm{d}t}f_N(t)\right]^{\mathrm{T}}$$

$$\boldsymbol{f}(t)=[f_1(t) \quad f_2(t) \quad \cdots \quad f_N(t)]^{\mathrm{T}}, \quad \boldsymbol{f}[n]=[f_1[n] \quad f_2[n] \quad \cdots \quad f_N[n]]^{\mathrm{T}}$$

$$\boldsymbol{x}(t)=[x_1(t) \quad x_2(t) \quad \cdots \quad x_L(t)]^{\mathrm{T}}, \quad \boldsymbol{x}[n]=[x_1[n] \quad x_2[n] \quad \cdots \quad x_L[n]]^{\mathrm{T}}$$

$$\boldsymbol{y}(t)=[y_1(t) \quad y_2(t) \quad \cdots \quad y_K(t)]^{\mathrm{T}}, \quad \boldsymbol{y}[n]=[y_1[n] \quad y_2[n] \quad \cdots \quad y_K[n]]^{\mathrm{T}}$$

$\boldsymbol{A},\boldsymbol{B},\boldsymbol{C},\boldsymbol{D}$ 分别是 $N\times N$ 阶、$N\times L$ 阶、$K\times N$ 阶和 $K\times L$ 阶常系数矩阵:

$$\boldsymbol{A}=\begin{bmatrix} a_{11} & a_{12} & \cdots & a_{1N} \\ a_{21} & a_{22} & \cdots & a_{2N} \\ \vdots & \vdots & & \vdots \\ a_{N1} & a_{N2} & \cdots & a_{NN} \end{bmatrix}, \quad \boldsymbol{B}=\begin{bmatrix} b_{11} & b_{12} & \cdots & b_{1L} \\ b_{21} & b_{22} & \cdots & b_{2L} \\ \vdots & \vdots & & \vdots \\ b_{N1} & b_{N2} & \cdots & b_{NL} \end{bmatrix}$$

$$\boldsymbol{C}=\begin{bmatrix} c_{11} & c_{12} & \cdots & c_{1N} \\ c_{21} & c_{22} & \cdots & c_{2N} \\ \vdots & \vdots & & \vdots \\ c_{K1} & c_{K2} & \cdots & c_{KN} \end{bmatrix}, \quad \boldsymbol{D}=\begin{bmatrix} d_{11} & d_{12} & \cdots & d_{1L} \\ d_{21} & d_{22} & \cdots & d_{2L} \\ \vdots & \vdots & & \vdots \\ d_{K1} & d_{K2} & \cdots & d_{KL} \end{bmatrix}$$

与式(6-2-5)~式(6-2-8)方程相对应,用方框图表示如图6-2-1所示。

离散时间和连续时间动态线性系统状态变量描述可以形象地表示成图6-2-2所示模型。它们有 L 个因果输入、K 个输出,实线框内代表系统状态变量描述的数学关系,即输出方程、状态方程、初始状态矢量(离散时间)或起始状态矢量(连续时

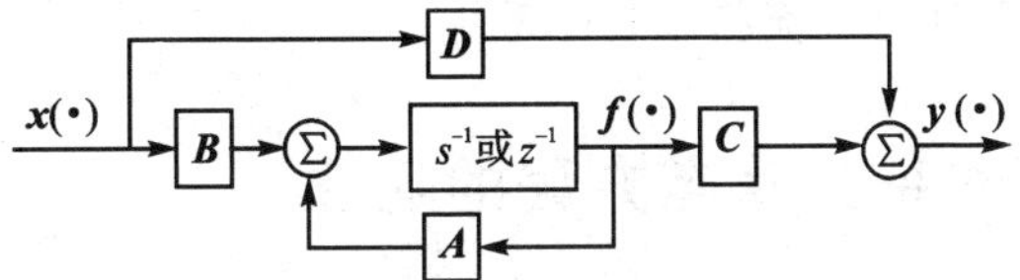

图 6-2-1　状态变量分析的方框图表示

间)。虚线框内表示系统内部结构,其中用 N 个积分器来表示系统内部 N 个连续时间状态变量的更新机构;离散时间状态变量模型用 N 个单位延时表示系统 N 个状态变量 $f_i[n]$的更新机构。

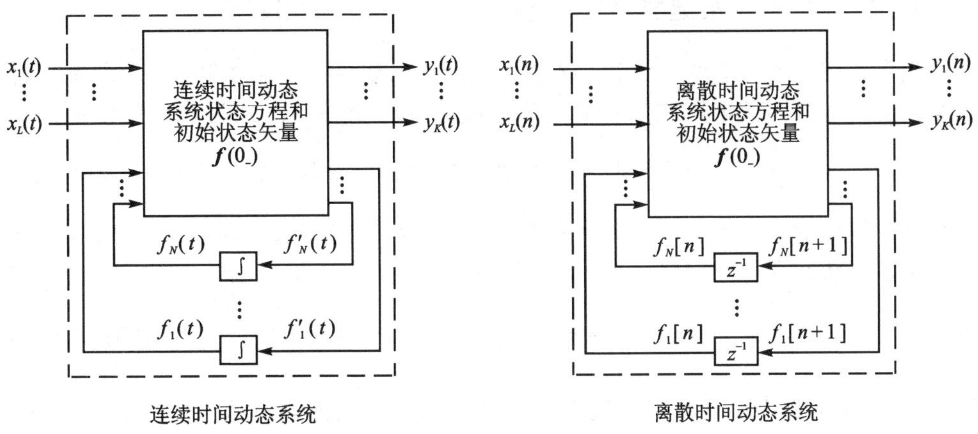

图 6-2-2　动态系统状态变量描述示意图

如果是起始松弛的因果 LTI 系统,“起始松弛”意味着系统的起始状态矢量是零矢量,即 $\boldsymbol{f}[-1]=\boldsymbol{0}$ 和 $\boldsymbol{f}(0_-)=\boldsymbol{0}$,对于离散时间因果 LTI 系统,还需转换为初始状态矢量 $\boldsymbol{f}[0]$,可令 $n=-1$,递推得到 $\boldsymbol{f}[0]=\boldsymbol{A}\boldsymbol{f}[-1]+\boldsymbol{B}\boldsymbol{x}[-1]=\boldsymbol{0}$,即初始状态矢量也是零矢量。

综上分析,状态变量分析法用状态方程和输出方程描述系统,核心运算分别为一阶微分(或差分)方程组和一组代数方程。系统的状态变量描述方法有如下特点:

① 数学处理方便。一阶常微分方程或一阶差分方程可以采用时域法和变换域法求解,而且一阶常微分方程组或一阶差分方程组便于采用数值解法,方便地利用计算机求解。

② 状态变量分析法提供了系统的更多信息,不仅给出系统的输出响应,而且还给出系统内部的情况,从而使人们对系统的性能有更深入、更本质的理解,并能够采取一定的措施来改善系统的性能。这是输入输出描述方法所不具有的。

③ 有时不一定要知道全部输出,而只需定性地研究系统是否稳定,怎样控制各个参数使系统的性能达到最佳状态等即可,状态变量可以作为这些关键性参数来进行研究。

④ 容易推广用于时变系统和非线性系统。

6.2.2 连续时间系统状态方程的建立

建立给定系统状态方程的方法有很多,大体可分为两大类:直接法和间接法。其中直接法是根据给定的系统结构直接列写系统状态方程,特别适合用于电路系统的分析;而间接法是根据描述系统的输入输出方程、系统函数、系统的框图以及信号流图等来建立状态方程,常用来研究控制系统。

1. 由电路图直接建立状态方程

由电路图直接建立状态方程,首先要选定状态变量。对于LTI电路,一般选电路中独立的电容两端电压和独立的电感电流为状态变量。这是因为伏安特性$i_C=C\dfrac{\mathrm{d}u_C}{\mathrm{d}t}$、$u_L=L\dfrac{\mathrm{d}i_L}{\mathrm{d}t}$中都包含了状态变量的一阶导数,同时电容电压和电感电流又直接与系统的储能状态相联系,状态变量的个数与系统的阶数相同,等于独立动态元件的个数。状态变量确定之后,根据KCL和KVL列写含有状态变量的方程。为使方程中含有状态变量u_C的一阶导数$\dfrac{\mathrm{d}u_C}{\mathrm{d}t}$,可对接有该电容的独立节点列写KCL电流方程;为使方程中含有状态变量i_L的一阶导数$\dfrac{\mathrm{d}i_L}{\mathrm{d}t}$,可对含有该电感的独立回路列写KVL电压方程。最后,对列出的方程,只保留状态变量和输入激励,设法消去其他一些不需要的变量,整理写成标准的状态方程形式。输出方程用观察法由电路直接列出。

注意,电路中可能出现四种非独立电容电压和非独立电感电流的电路结构:

① 只含电容的回路,任选两个电容电压是独立的,如图6-2-3(a)所示;

② 只含电容和理想电压源的回路,任选一个电容电压是独立的,如图6-2-3(b)所示;

③ 只含电感的节点或割集,任选两个电感电流是独立的,如图6-2-3(c)所示;

④ 只含电感和理想电流源的节点或割集,任选一个电感电流是独立的,如图6-2-3(d)所示。

根据KVL和KCL可以得到它们的非独立性。如果出现上述情况,则任意去掉其中的一个电容电压(对图6-2-3(a)情况和图6-2-3(b)情况)或电感电流(对图6-2-3(c)情况和图6-2-3(d)情况),就可以保证剩下的电容电压和电感电流是独立的。

【例6-2-1】如图6-2-4所示电路,以电容的电流$i_2(t)$为输出列出电路的状态方程和输出方程。

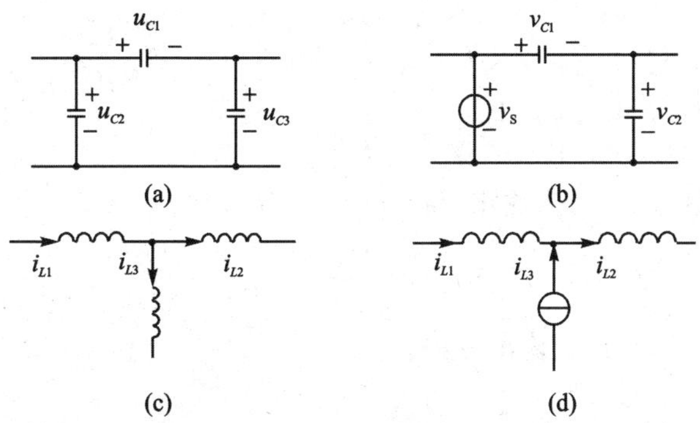

图 6－2－3　非独立的电容电压和电感电流

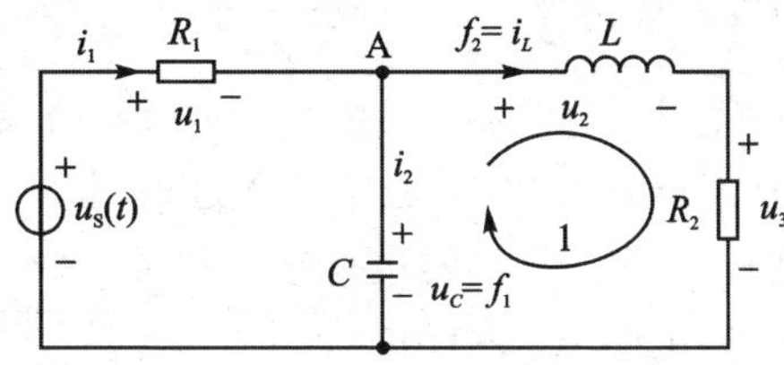

图 6－2－4　【例 6－2－1】的电路图

解:选取电容两端的电压 u_C 和电感中的电流 i_L 为状态变量,并记作 $f_1(t)=u_C(t)$,$f_2(t)=i_L(t)$,构成一组状态变量:

$$\boldsymbol{f}(t)=\begin{bmatrix}f_1(t)\\f_2(t)\end{bmatrix}=\begin{bmatrix}u_C(t)\\i_L(t)\end{bmatrix}$$

根据图 6－2－4 中所标出的端电压 u_1,u_2,u_3,u_C 和各支路电流 i_1,i_2,i_L 的正方向,对节点 A 列写 KCL 方程,有

$$i_L(t)=i_1(t)-i_2(t) \tag{6-2-9}$$

式中:$i_1(t)=[u_S(t)-f_1(t)]/R_1$,将 $i_2(t)=C\dfrac{\mathrm{d}u_C(t)}{\mathrm{d}t}=Cf_1'(t)$代入式(6－2－10),整理得

$$f_1'(t)=-\frac{1}{R_1C}f_1(t)-\frac{1}{C}f_2(t)+\frac{1}{R_1C}u_S(t) \tag{6-2-10}$$

按图 6－2－4 中所定义的正方向,对回路 1 列写 KVL 方程,有

$$L\frac{\mathrm{d}i_L(t)}{\mathrm{d}t}+R_2i_L(t)-u_C(t)=0 \tag{6-2-11}$$

整理得

$$f_2'(t)=\frac{1}{L}f_1(t)-\frac{R_2}{L}f_2(t) \tag{6-2-12}$$

所以,由式(6－2－10)和式(6－2－12)得到状态方程:

$$\begin{bmatrix} f'_1(t) \\ f'_2(t) \end{bmatrix} = \begin{bmatrix} -\dfrac{1}{R_1C} & -\dfrac{1}{C} \\ \dfrac{1}{L} & -\dfrac{R_2}{L} \end{bmatrix} \begin{bmatrix} f_1(t) \\ f_2(t) \end{bmatrix} + \begin{bmatrix} \dfrac{1}{R_1C} \\ 0 \end{bmatrix} u_S(t) \qquad (6-2-13)$$

以电容上的电流 $i_2(t)$ 为输出，设 $y(t)=i_2(t)$，有

$$i_2(t)=i_1(t)-i_L(t)=\frac{u_S(t)-f_1(t)}{R_1}-f_2(t) \qquad (6-2-14)$$

整理式(6-2-14)得到输出方程：

$$y(t)=\begin{bmatrix} -\dfrac{1}{R_1} & -1 \end{bmatrix} \begin{bmatrix} f_1(t) \\ f_2(t) \end{bmatrix} + \begin{bmatrix} \dfrac{1}{R_1} \end{bmatrix} [u_S(t)]$$

例 6-2-1 告诉我们，在写包含 $\frac{du_C(t)}{dt}$ 或 $\frac{di_L(t)}{dt}$ 的方程时，有时可能出现非状态变量，如例 6-2-1 中的 u_{R1} 和 u_{R2}，只有把它们表示成状态变量后，才能得到状态方程的标准形式。在建立状态方程过程中，通常包含这种消去非状态变量的过程。

【例 6-2-2】如图 6-2-5 所示的电路，列写状态方程，并列出以电阻 R_2 两端的电压为输出信号的输出方程。

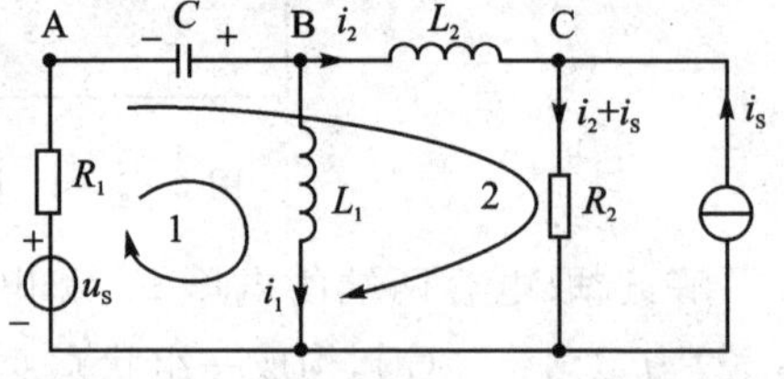

图 6-2-5 【例 6-2-2】的电路图

解：电路中有三个储能元件，因此可取电容 C 两端电压 u_C，电感 L_1 和电感 L_2 中的电流 i_1 和 i_2 为状态变量，分别记作 $f_1(t)=u_C(t)$，$f_2(t)=i_1(t)$，$f_3(t)=i_2(t)$。

首先对节点 B 列出 KCL 方程：

$$C\frac{du_C(t)}{dt}=-i_1(t)-i_2(t)$$

再分别对回路 1 和回路 2 列出 KVL 方程：

$$L_1\frac{di_1(t)}{dt}=u_{R1}(t)+u_S(t)+u_C(t)=-R_1[i_1(t)+i_2(t)]+u_C(t)+u_S(t)$$

$$\begin{aligned} L_2\frac{di_2(t)}{dt}&=u_{R1}(t)+u_C(t)-u_{R2}(t)+u_S(t) \\ &=-R_1[i_1(t)+i_2(t)]+u_C(t)-R_2[i_2(t)+i_S(t)]+u_S(t) \end{aligned}$$

整理以上方程并消去非状态变量，可得如下一阶微分方程组：

$$\begin{cases} \dfrac{du_C(t)}{dt}=-\dfrac{1}{C}i_1(t)-\dfrac{1}{C}i_2(t) \\ \dfrac{di_1(t)}{dt}=\dfrac{1}{L_1}u_C(t)-\dfrac{R_1}{L_1}i_1(t)-\dfrac{R_1}{L_1}i_2(t)+\dfrac{u_S(t)}{L_1} \\ \dfrac{di_2(t)}{dt}=\dfrac{1}{L_2}u_C(t)-\dfrac{R_1}{L_2}i_1(t)-\dfrac{R_1+R_2}{L_2}i_2(t)+\dfrac{u_S(t)}{L_2}-\dfrac{R_2i_S(t)}{L_2} \end{cases}$$

写成矩阵形式的状态方程：

$$\begin{bmatrix} f'_1(t) \\ f'_2(t) \\ f'_3(t) \end{bmatrix} = \begin{bmatrix} 0 & -\dfrac{1}{C} & -\dfrac{1}{C} \\ \dfrac{1}{L_1} & -\dfrac{R_1}{L_1} & -\dfrac{R_1}{L_1} \\ \dfrac{1}{L_2} & -\dfrac{R_1}{L_2} & -\dfrac{R_1+R_2}{L_2} \end{bmatrix} \begin{bmatrix} f_1(t) \\ f_2(t) \\ f_3(t) \end{bmatrix} + \begin{bmatrix} 0 & 0 \\ \dfrac{1}{L_1} & 0 \\ \dfrac{1}{L_2} & -\dfrac{R_2}{L_2} \end{bmatrix} \begin{bmatrix} u_S(t) \\ i_S(t) \end{bmatrix}$$

电路的输出，即电阻 R_2 两端的电压 $u_{R2}(t)$，方程如下：

$$y(t)=u_{R2}(t)=R_2[i_2(t)+i_S(t)]=R_2f_3(t)+R_2i_S(t)$$

写成矩阵形式：

$$[y(t)] = \begin{bmatrix} 0 \\ 0 \\ R_2 \end{bmatrix}^{\mathrm{T}} \begin{bmatrix} f_1(t) \\ f_2(t) \\ f_3(t) \end{bmatrix} + \begin{bmatrix} 0 \\ R_2 \end{bmatrix}^{\mathrm{T}} \begin{bmatrix} u_S(t) \\ i_S(t) \end{bmatrix}$$

2. 由输入输出方程建立状态方程

输入输出方程和状态方程是对同一系统的两种不同描述方式，经常需要将这两种描述方式进行相互转化。下面介绍由输入输出方程建立状态方程的方法。

如果已知连续时间系统的微分方程或者系统函数 $H(s)$，通常首先将其转换为信号流图，在连续时间系统的信号流图中，积分器是动态元件，选积分器的输出作为状态变量 $f_i(t)$，积分器的输入信号表示为该状态变量的一阶导数 $f'_i(t)$，然后根据信号流图的连接关系，对该积分器的输入端列出 $f'_i(t)$ 的方程，这样就可以得到与状态变量 $f_i(t)$ 有关的状态方程和输出方程。下面举例说明具体建立过程。

【例 6－2－3】已知描述某连续系统的微分方程为

$$y^{(3)}(t)+a_2y^{(2)}(t)+a_1y^{(1)}(t)+a_0y(t)=b_2x^{(2)}(t)+b_1x^{(1)}(t)+b_0x(t)$$

列写该系统的状态方程和输出方程。

解：由微分方程写出的系统函数为

$$H(s)=\frac{b_2s^2+b_1s+b_0}{s^3+a_2s^2+a_1s+a_0}=\frac{b_2s^{-1}+b_1s^{-2}+b_0s^{-3}}{1-(-a_2s^{-1}-a_1s^{-2}-a_0s^{-3})}$$

由系统函数画出其信号流图，如图 6－2－6 所示。

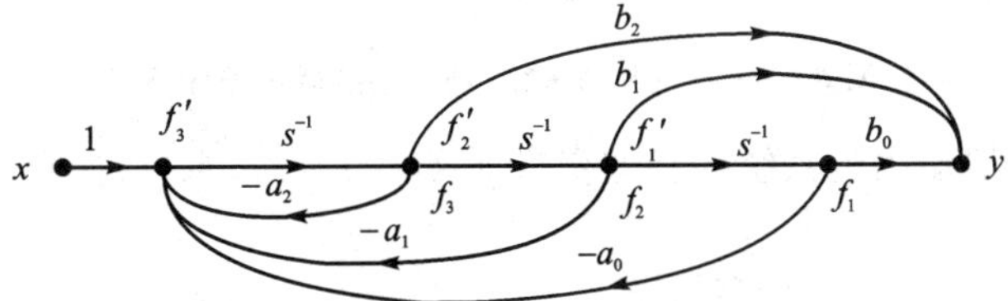

图 6－2－6　【例 6－2－3】的信号流图

选三个积分器的输出端为状态变量,则三个积分器的输入端信号是相应状态变量的一阶导数,它们已标于图中,则有

$$f_1'(t)=f_2(t),\quad f_2'(t)=f_3(t)$$
$$f_3'(t)=-a_0f_1(t)-a_1f_2(t)-a_2f_3(t)+x(t)$$

写成矩阵形式:

$$\begin{bmatrix}f_1'(t)\\f_2'(t)\\f_3'(t)\end{bmatrix}=\begin{bmatrix}0&1&0\\0&0&1\\-a_0&-a_1&-a_2\end{bmatrix}\begin{bmatrix}f_1(t)\\f_2(t)\\f_3(t)\end{bmatrix}+\begin{bmatrix}0\\0\\1\end{bmatrix}[x(t)]$$

系统的输出方程为 $y(t)=b_0f_1(t)+b_1f_2(t)+b_2f_3(t)$,并写成矩阵形式:

$$[y(t)]=[b_0\quad b_1\quad b_2]\begin{bmatrix}f_1(t)\\f_2(t)\\f_3(t)\end{bmatrix}$$

同样的系统函数往往有多种不同的实现方式,常用的有直接型、级联型和并联型,因此信号流图有不同的结构,于是状态变量也可以有不同的描述方式,因而状态方程和输出方程也具有不同的参数。下面举例说明。

【例 6-2-4】已知一个 LTI 系统的系统函数为

$$H(s)=\frac{2s+5}{s^3+9s^2+26s+24}$$

写出系统直接型、级联型和并联型结构的状态方程。

解:先分别画出系统直接型、级联型和并联型的信号流图,再由这些信号流图写出状态方程即可。

(1) 直接型结构。系统函数为

$$H(s)=\frac{2s^{-2}+5s^{-3}}{1+9s^{-1}+26s^{-2}+24s^{-3}}$$

直接型信号流图如图 6-2-7 所示。

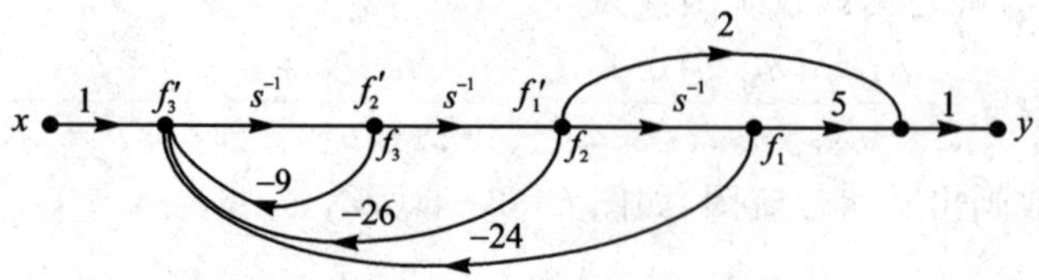

图 6-2-7 【例 6-2-4】的直接型信号流图

选三个积分器输出为系统的状态变量 $f_1(t),f_2(t),f_3(t)$。在三个积分器的输入端有

$$f_1'(t)=f_2(t),\quad f_2'(t)=f_3(t)$$
$$f_3'(t)=-24f_1(t)-26f_2(t)-9f_3(t)+x(t)$$
$$y=5f_1(t)+2f_2(t)$$

直接型信号流图的状态方程和输出方程的矩阵形式：

$$\begin{bmatrix} f'_1(t) \\ f'_2(t) \\ f'_3(t) \end{bmatrix} = \begin{bmatrix} 0 & 1 & 0 \\ 0 & 0 & 1 \\ -24 & -26 & -9 \end{bmatrix} = \begin{bmatrix} f_1(t) \\ f_2(t) \\ f_3(t) \end{bmatrix} + \begin{bmatrix} 0 \\ 0 \\ 1 \end{bmatrix} x(t)$$

$$y(t) = [5 \quad 2 \quad 0] \begin{bmatrix} f_1(t) \\ f_2(t) \\ f_3(t) \end{bmatrix}$$

(2) 级联型结构。系统函数为

$$H(s) = \left(\frac{2}{s+2}\right)\left(\frac{s+2.5}{s+3}\right)\left(\frac{1}{s+4}\right) = \left(\frac{2s^{-1}}{1+2s^{-1}}\right)\left(\frac{1+2.5s^{-1}}{1+3s^{-1}}\right)\left(\frac{s^{-1}}{1+4s^{-1}}\right)$$

级联型信号流图如图 6－2－8 所示。

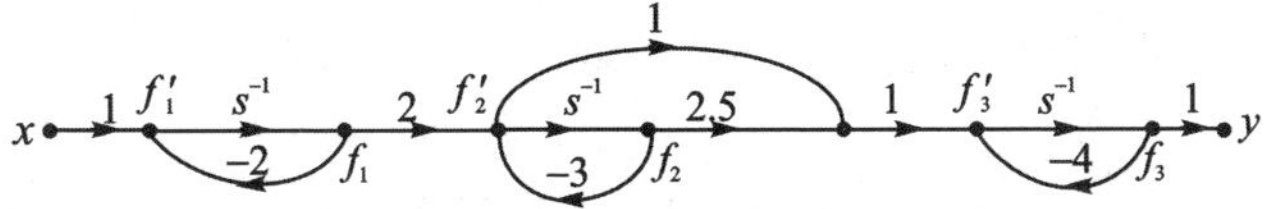

图 6－2－8 【例 6－2－4】的级联型信号流图

各个积分器的输入端有

$$f'_1(t) = -2f_1(t) + x(t), \quad f'_2(t) = 2f_1(t) - 3f_2(t)$$

$$f'_3(t) = 2.5f_2(t) + f'_2(t) - 4f_3(t) = 2f_1(t) - 0.5f_2(t) - 4f_3(t)$$

$$y(t) = f_3(t)$$

级联型信号流图的状态方程和输出方程的矩阵形式：

$$\begin{bmatrix} f'_1(t) \\ f'_2(t) \\ f'_3(t) \end{bmatrix} = \begin{bmatrix} -2 & 0 & 0 \\ 2 & -3 & 0 \\ 2 & -0.5 & -4 \end{bmatrix} \begin{bmatrix} f_1(t) \\ f_2(t) \\ f_3(t) \end{bmatrix} + \begin{bmatrix} 1 \\ 0 \\ 0 \end{bmatrix} x(t)$$

$$y_1(t) = [0 \quad 0 \quad 1] \begin{bmatrix} f_1(t) \\ f_2(t) \\ f_3(t) \end{bmatrix}$$

(3) 并联型结构。系统函数为

$$H(s) = \frac{0.5}{s+2} + \frac{1}{s+3} - \frac{1.5}{s+4} = \frac{0.5s^{-1}}{1+2s^{-1}} + \frac{s^{-1}}{1+3s^{-1}} - \frac{1.5s^{-1}}{1+4s^{-1}}$$

并联型信号流图如图 6－2－9 所示。

各个积分器的输入端有

$$f'_1(t) = -2f_1(t) + x(t)$$

$$f'_2(t) = -3f_2(t) + x(t)$$

$$f'_3(t) = -4f_3(t) + x(t)$$

$$y(t) = 0.5f_1(t) + f_2(t) - 1.5f_3(t)$$

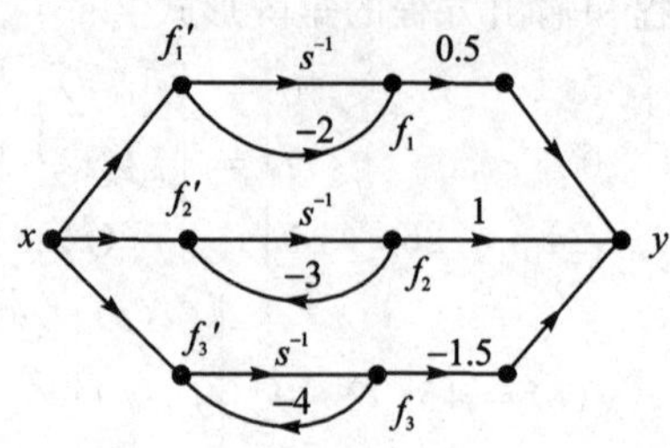

图 6-2-9 【例 6-2-4】的并联型信号流图

并联型信号流图的状态方程和输出方程的矩阵形式：

$$\begin{bmatrix} f_1'(t) \\ f_2'(t) \\ f_3'(t) \end{bmatrix} = \begin{bmatrix} -2 & 0 & 0 \\ 0 & -3 & 0 \\ 0 & 0 & -4 \end{bmatrix} \begin{bmatrix} f_1(t) \\ f_2(t) \\ f_3(t) \end{bmatrix} + \begin{bmatrix} 1 \\ 1 \\ 1 \end{bmatrix} x(t)$$

$$y(t) = \begin{bmatrix} 0.5 & 1 & -1.5 \end{bmatrix} \begin{bmatrix} f_1(t) \\ f_2(t) \\ f_3(t) \end{bmatrix}$$

显然，$\boldsymbol{A}$ 为对角阵，对角线上的元素为各部分分式的极点，$\boldsymbol{C}$ 矩阵为各部分分式的分子。通过并联型结构，判断系统稳定性只和 $\boldsymbol{A}$ 矩阵有关，当 $\boldsymbol{A}$ 矩阵的特征值全为负数时，系统稳定。

以上例子都是单输入单输出系统，对于多输入多输出系统也是先画出系统的信号流图，然后以积分器的输入端列写方程。下面举例说明。

【例 6-2-5】设某线性时不变系统有两个输入和两个输出，描述系统的微分方程组为

$$\begin{cases} \dfrac{\mathrm{d}y_1(t)}{\mathrm{d}t} + 2y_1(t) - 3y_2(t) = x_1(t) \\ \dfrac{\mathrm{d}^2 y_2(t)}{\mathrm{d}t^2} + 3\dfrac{\mathrm{d}y_2(t)}{\mathrm{d}t} + y_2(t) - 2\dfrac{\mathrm{d}y_1(t)}{\mathrm{d}t} = 3x_2(t) \end{cases}$$

列写该系统的状态方程和输出方程。

解：将原方程组改写成

$$\begin{cases} \dfrac{\mathrm{d}y_1(t)}{\mathrm{d}t} = -2y_1(t) + 3y_2(t) + x_1(t) \\ \dfrac{\mathrm{d}^2 y_2(t)}{\mathrm{d}t^2} = -3\dfrac{\mathrm{d}y_2(t)}{\mathrm{d}t} - y_2(t) + 2\dfrac{\mathrm{d}y_1(t)}{\mathrm{d}t} + 3x_2(t) \end{cases}$$

画出的信号流图如图 6-2-10 所示。

选取积分器输出端的 f_1, f_2, f_3 为状态变量，积分器的输入端则有

$$f_1' = -2f_1 + 3f_2 + x_1, \quad f_2' = f_3$$

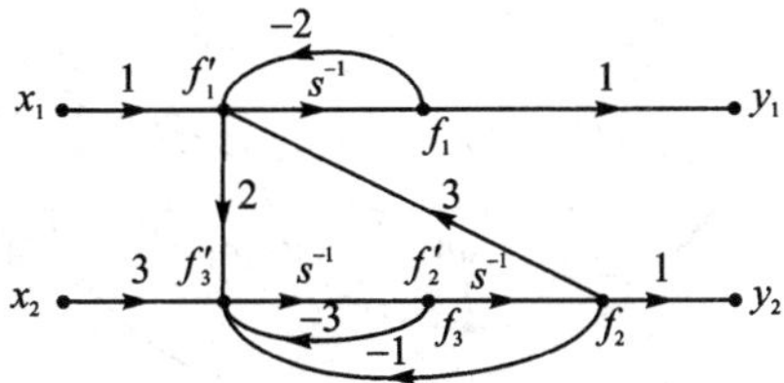

图 6-2-10　【例 6-2-5】的信号流图

$$
\begin{aligned}
f_3' &= -3f_3 - f_2 + 2f_1' + 3x_2 \\
&= -3f_3 - f_2 + 2(-2f_1 + 3f_2 + x_1) + 3x_2 \\
&= -4f_1 + 5f_2 - 3f_3 + 2x_1 + 3x_2
\end{aligned}
$$

状态方程和输出方程写成矩阵形式：

$$
\begin{bmatrix} f_1' \\ f_2' \\ f_3' \end{bmatrix} = \begin{bmatrix} -2 & 3 & 0 \\ 0 & 0 & 1 \\ -4 & 5 & -3 \end{bmatrix} \begin{bmatrix} f_1 \\ f_2 \\ f_3 \end{bmatrix} + \begin{bmatrix} 1 & 0 \\ 0 & 0 \\ 2 & 3 \end{bmatrix} \begin{bmatrix} x_1 \\ x_2 \end{bmatrix}, \quad \begin{bmatrix} y_1 \\ y_2 \end{bmatrix} = \begin{bmatrix} 1 & 0 & 0 \\ 0 & 1 & 0 \end{bmatrix} \begin{bmatrix} f_1 \\ f_2 \\ f_3 \end{bmatrix}
$$

6.2.3　离散时间系统状态方程的建立

建立离散系统的状态方程有多种方法。利用系统模拟图或信号流图建立状态方程是一种实用的方法，其建立过程与连续系统类似。若已知差分方程或系统函数 $H(z)$，一般是先画出系统的信号流图，然后再建立相应的状态方程。因为离散系统状态方程描述了状态变量的前向一阶移动 $f_k[n+1]$ 与各状态变量和输入之间的关系，因此选各迟延单元的输出端信号作为状态变量 $f_k[n]$，那么其输入端信号就是 $f_k[n+1]$。在迟延单元的输入端列出状态方程，在系统的输出端列出输出方程。

【例 6-2-6】描述某离散系统的差分方程为

$$y[n]+2y[n-1]-y[n-2]+6y[n-3]=x[n-1]+2x[n-2]-3x[n-3]$$

式中：$x[n]$为系统的输入，$y[n]$为系统的输出。写出其状态方程和输出方程。

解：该离散系统的系统函数为

$$H(z)=\frac{z^{-1}+2z^{-2}-3z^{-3}}{1+2z^{-1}-z^{-2}+6z^{-3}}$$

根据系统函数画出直接形式的信号流图，如图 6-2-11 所示。选 3 个迟延单元的输出端信号为状态变量，分别为 $f_1[n]$，$f_2[n]$，$f_3[n]$，那么在三个迟延单元的输入端分别是 $f_1[n+1]$，$f_2[n+1]$，$f_3[n+1]$，列写出的状态方程和输出方程如下：

$$f_1[n+1]=f_2[n], \quad f_2[n+1]=f_3[n]$$

$$f_3[n+1]=-6f_1[n]+f_2[n]-2f_3[n]+x[n]$$

$$y[n]=-3f_1[n]+2f_2[n]+f_3[n]$$

状态方程和输出方程写成矩阵形式：

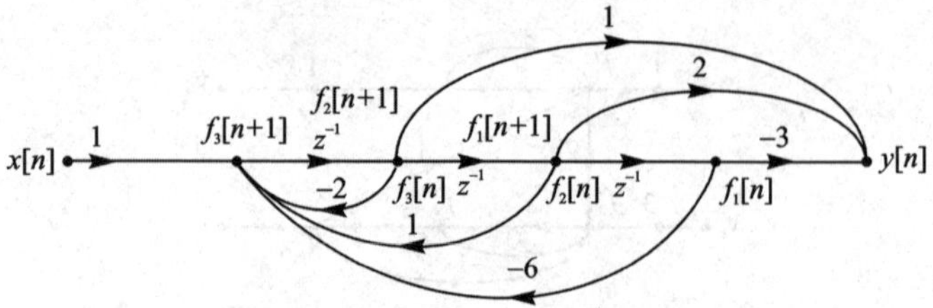

图 6-2-11 【例 6-2-6】的信号流图

$$\begin{bmatrix} f_1[n+1] \\ f_2[n+1] \\ f_3[n+1] \end{bmatrix} = \begin{bmatrix} 0 & 1 & 0 \\ 0 & 0 & 1 \\ -6 & 1 & -2 \end{bmatrix} \begin{bmatrix} f_1[n] \\ f_2[n] \\ f_3[n] \end{bmatrix} + \begin{bmatrix} 0 \\ 0 \\ 1 \end{bmatrix} [x[n]]$$

$$[y[n]] = [-3 \quad 2 \quad 1] \begin{bmatrix} f_1[n] \\ f_2[n] \\ f_3[n] \end{bmatrix}$$

与连续系统的情况类似,相应地,也有并联模拟和串联模拟等,无论以何种结构实现,状态变量总是取自迟延器,这里不再赘述。

【例 6-2-7】某离散系统由下列差分方程组描述:

$$3y_1[n-2]+2y_1[n-1]+2y_1[n]-y_2[n]=5x_1[n]-7x_2[n]$$

$$2y_2[n-2]-3y_2[n-1]+y_1[n]=3x_2[n]$$

式中:$x_1[n]$与$x_2[n]$为系统的输入,$y_1[n]$和$y_2[n]$是系统的输出。试列出该系统的状态方程。

解:该系统是由二阶差分方程组描述的多输入多输出系统,信号流图不易画出。根据状态方程的特点,应设法通过选取状态变量将上述二阶差分方程化为一阶差分方程。

通常可以这样选:

$$f_1[n]=y_1[n-2],\quad f_2[n]=y_1[n-1]$$

$$f_3[n]=y_2[n-2],\quad f_4[n]=y_2[n-1]$$

容易看出:

$$f_1[n+1]=y_1[n-1]=f_2[n],\quad f_2[n+1]=y_1[n]$$

$$f_3[n+1]=y_2[n-1]=f_4[n],\quad f_4[n+1]=y_2[n]$$

将$f_i[n]$和$f_i[n+1]$代入差分方程组,可得

$$3f_1[n]+2f_2[n]+2f_2[n+1]-f_4[n+1]=5x_1[n]-7x_2[n] \tag{6-2-15}$$

$$2f_3[n]-3f_4[n]+f_2[n+1]=3x_2[n] \tag{6-2-16}$$

由式(6-2-15)和式(6-2-16)可得

$$f_4[n+1]=3f_1[n]+2f_2[n]-4f_3[n]+6f_4[n]-5x_1[n]+13x_2[n]$$

$$f_2[n+1]=-2f_3[n]+3f_4[n]+3x_2[n]$$

这样所得的状态方程为

$$\begin{bmatrix} f_1[n+1] \\ f_2[n+1] \\ f_3[n+1] \\ f_4[n+1] \end{bmatrix} = \begin{bmatrix} 0 & 1 & 0 & 0 \\ 0 & 0 & -2 & 3 \\ 0 & 0 & 0 & 1 \\ 3 & 2 & -4 & 6 \end{bmatrix} \begin{bmatrix} f_1[n] \\ f_2[n] \\ f_3[n] \\ f_4[n] \end{bmatrix} + \begin{bmatrix} 0 & 0 \\ 0 & 3 \\ 0 & 0 \\ -5 & 13 \end{bmatrix} \begin{bmatrix} x_1[n] \\ x_2[n] \end{bmatrix}$$

最后对所选的变量整理得到输出方程：

$$y_1[n] = -2f_3[n] + 3f_4[n] + 3x_2[n]$$

$$y_2[n] = 3f_1[n] + 2f_2[n] - 4f_3[n] + 6f_4[n] - 5x_1[n] + 13x_2[n]$$

写成矩阵形式：

$$\begin{bmatrix} y_1[n] \\ y_2[n] \end{bmatrix} = \begin{bmatrix} 0 & 0 & -2 & 3 \\ 3 & 2 & -4 & 6 \end{bmatrix} \begin{bmatrix} f_1[n] \\ f_2[n] \\ f_3[n] \\ f_4[n] \end{bmatrix} + \begin{bmatrix} 0 & 3 \\ -5 & -13 \end{bmatrix} \begin{bmatrix} x_1[n] \\ x_2[n] \end{bmatrix}$$

6.3　状态方程的求解

系统的状态方程和输出方程建立以后，就是求解这些方程。求解方法有两种：一种是复频域求解，另一种是时域求解。解输出方程只是代数运算，无须作特别研究。

本节的讨论重点是求解的概念和分析过程，实际中，是借助计算机分析方法完成的。

6.3.1　连续时间系统状态方程的复频域求解

给定状态方程与输出方程：

$$\begin{cases} \dot{\boldsymbol{f}}(t) = \boldsymbol{A}\boldsymbol{f}(t) + \boldsymbol{B}\boldsymbol{x}(t) \\ \boldsymbol{y}(t) = \boldsymbol{C}\boldsymbol{f}(t) + \boldsymbol{D}\boldsymbol{x}(t) \end{cases} \tag{6-3-1}$$

设状态变量 $\boldsymbol{f}(t)$ 的分量 $f_k(t)(k=1,2,\cdots,N)$ 的拉普拉斯变换为 $F_k(s)=\mathrm{LT}\{\boldsymbol{f}_k(t)\}$，这样状态变量 $\boldsymbol{f}(t)$ 的拉普拉斯变换为

$$\mathrm{LT}\{\boldsymbol{f}(t)\} = [\mathrm{LT}\{f_1(t)\} \quad \mathrm{LT}\{f_2(t)\} \quad \cdots \quad \mathrm{LT}\{f_N(t)\}]^{\mathrm{T}} = \boldsymbol{F}(s) \tag{6-3-2}$$

式(6-3-2)是一个 N 维列矢量。输入、输出的拉普拉斯变换简记为 $\boldsymbol{X}(s)=\mathrm{LT}\{\boldsymbol{x}(t)\}$，$\boldsymbol{Y}(s)=\mathrm{LT}\{\boldsymbol{y}(t)\}$，它们都是列矢量。

对式(6-3-1)的状态方程和输出方程两边取拉普拉斯变换，并应用拉普拉斯变

换的微分性质,有

$$\begin{cases} s\boldsymbol{F}(s)-\boldsymbol{f}(0_-)=\boldsymbol{A}\boldsymbol{F}(s)+\boldsymbol{B}\boldsymbol{X}(s) \\ \boldsymbol{Y}(s)=\boldsymbol{C}\boldsymbol{F}(s)+\boldsymbol{D}\boldsymbol{X}(s) \end{cases} \tag{6-3-3}$$

对式(6-3-3)整理得状态变量的像函数和输出方程的像函数:

$$\begin{cases} \boldsymbol{F}(s)=(s\boldsymbol{I}-\boldsymbol{A})^{-1}\boldsymbol{f}(0_-)+(s\boldsymbol{I}-\boldsymbol{A})^{-1}\boldsymbol{B}\boldsymbol{X}(s) \\ \qquad=\boldsymbol{\Phi}(s)\boldsymbol{f}(0_-)+\boldsymbol{\Phi}(s)\boldsymbol{B}\boldsymbol{R}(s) \\ \boldsymbol{Y}(s)=\boldsymbol{C}(s\boldsymbol{I}-\boldsymbol{A})^{-1}\boldsymbol{f}(0_-)+[\boldsymbol{C}(s\boldsymbol{I}-\boldsymbol{A})^{-1}\boldsymbol{B}+\boldsymbol{D}]\boldsymbol{X}(s) \\ \qquad=\boldsymbol{C}\boldsymbol{\Phi}(s)\boldsymbol{f}(0_-)+[\boldsymbol{C}\boldsymbol{\Phi}(s)\boldsymbol{B}+\boldsymbol{D}]\boldsymbol{X}(s) \end{cases} \tag{6-3-4}$$

式中:$\boldsymbol{f}(0_-)=[f_1(0_-)\quad f_2(0_-)\quad \cdots \quad f_N(0_-)]^{\mathrm{T}}$ 为各个状态变量的初始条件,预解矩阵 $\boldsymbol{\Phi}(s)=(s\boldsymbol{I}-\boldsymbol{A})^{-1}=\dfrac{\mathrm{adj}(s\boldsymbol{I}-\boldsymbol{A})}{|s\boldsymbol{I}-\boldsymbol{A}|}$。对式(6-3-3)取拉普拉斯逆变换得状态矢量的解和系统的响应为

$$\begin{cases} \boldsymbol{f}(t)=\mathrm{LT}^{-1}\{(\boldsymbol{\Phi}(s)\boldsymbol{f}(0_-)\}+\mathrm{LT}^{-1}\{\boldsymbol{\Phi}(s)\boldsymbol{B}\boldsymbol{X}(s)\} \\ \qquad=\boldsymbol{f}_{\mathrm{zi}}(t)+\boldsymbol{f}_{\mathrm{zs}}(t) \\ \boldsymbol{y}(t)=\mathrm{LT}^{-1}\{\boldsymbol{C}\boldsymbol{\Phi}(s)\boldsymbol{f}(0_-)\}+\mathrm{LT}^{-1}\{[\boldsymbol{C}\boldsymbol{\Phi}(s)\boldsymbol{B}+\boldsymbol{D}]\boldsymbol{X}(s)\} \\ \qquad=\boldsymbol{y}_{\mathrm{zi}}(t)+\boldsymbol{y}_{\mathrm{zs}}(t) \end{cases} \tag{6-3-5}$$

式中:

$$\boldsymbol{f}_{\mathrm{zi}}(t)=\mathrm{LT}^{-1}\{(\boldsymbol{\Phi}(s)\boldsymbol{f}(0_-)\} \tag{6-3-6}$$

$$\boldsymbol{f}_{\mathrm{zs}}(t)=\mathrm{LT}^{-1}\{\boldsymbol{\Phi}(s)\boldsymbol{B}\boldsymbol{X}(s)\} \tag{6-3-7}$$

$$\boldsymbol{y}_{\mathrm{zi}}(t)=\mathrm{LT}^{-1}\{\boldsymbol{C}\boldsymbol{\Phi}(s)\boldsymbol{f}(0_-)\} \tag{6-3-8}$$

$$\boldsymbol{y}_{\mathrm{zs}}(t)=\mathrm{LT}^{-1}\{[\boldsymbol{C}\boldsymbol{\Phi}(s)\boldsymbol{B}+\boldsymbol{D}]\boldsymbol{X}(s)\} \tag{6-3-9}$$

【例6-3-1】已知某一连续系统的状态方程和输出方程分别为

$$\dot{\boldsymbol{f}}(t)=\begin{bmatrix}-3 & 1\\ -2 & 0\end{bmatrix}\begin{bmatrix}f_1(t)\\ f_2(t)\end{bmatrix}+\begin{bmatrix}1\\ 0\end{bmatrix}\boldsymbol{x}(t),\quad \boldsymbol{y}(t)=[0\quad 1]\begin{bmatrix}f_1(t)\\ f_2(t)\end{bmatrix}$$

输入 $\boldsymbol{x}(t)=u(t)$,初始状态 $f_1(0_-)=2$,$f_2(0_-)=0$,求系统的状态变量和输出。

解:预解矩阵为

$$\boldsymbol{\Phi}(s)=(s\boldsymbol{I}-\boldsymbol{A})^{-1}=\frac{1}{(s+1)(s+2)}\begin{bmatrix}s & 1\\ -2 & s+3\end{bmatrix}$$

状态变量的拉普拉斯变换为

$$\boldsymbol{F}(s)=\boldsymbol{\Phi}(s)[\boldsymbol{f}(0_-)+\boldsymbol{B}\boldsymbol{X}(s)]$$

$$=\frac{1}{(s+1)(s+2)}\begin{bmatrix}s & 1\\ -2 & s+3\end{bmatrix}\begin{bmatrix}2+\dfrac{1}{s}\\ 0\end{bmatrix}=\begin{bmatrix}\dfrac{3}{s+2}-\dfrac{1}{s+1}\\ \dfrac{3}{s+2}-\dfrac{2}{s+1}+\dfrac{1}{s}\end{bmatrix}$$

对上式求拉普拉斯逆变换,得状态变量的响应:

$$\boldsymbol{f}(t)=\mathrm{LT}^{-1}\{\boldsymbol{F}(s)\}=\begin{bmatrix}3\mathrm{e}^{-2t}-\mathrm{e}^{-t}\\3\mathrm{e}^{-2t}-2\mathrm{e}^{-t}+1\end{bmatrix}u(t)$$

将状态变量值代入输出方程，得到输出响应：

$$\boldsymbol{y}(t)=\begin{bmatrix}0 & 1\end{bmatrix}\begin{bmatrix}f_1(t)\\f_2(t)\end{bmatrix}=(3\mathrm{e}^{-2t}-2\mathrm{e}^{-t}+1)u(t)$$

在零状态条件下，系统输出信号的拉普拉斯变换与输入信号的拉普拉斯变换之比为系统函数。因此 $\boldsymbol{C\Phi}(s)\boldsymbol{B}+\boldsymbol{D}$ 称为系统函数矩阵 $\boldsymbol{H}(s)$，它是一个 $M\times N$ 的矩阵。所以系统函数为

$$\boldsymbol{H}(s)=\boldsymbol{C}(s\boldsymbol{I}-\boldsymbol{A})^{-1}\boldsymbol{B}+\boldsymbol{D}=\boldsymbol{C\Phi}(s)\boldsymbol{B}+\boldsymbol{D}\tag{6-3-10}$$

系统的单位冲激响应矩阵为

$$\boldsymbol{h}(t)=\mathrm{LT}^{-1}\{\boldsymbol{C}(s\boldsymbol{I}-\boldsymbol{A})^{-1}\boldsymbol{B}\}+\boldsymbol{D}\delta(t)=\mathrm{LT}^{-1}\{\boldsymbol{C\Phi}(s)\boldsymbol{B}\}+\boldsymbol{D}\delta(t)\tag{6-3-11}$$

【例 6-3-2】设有二阶电路系统的状态方程和输出方程分别为

$$\begin{bmatrix}\dfrac{\mathrm{d}u_C}{\mathrm{d}t}u_C\\\dfrac{\mathrm{d}i_L}{\mathrm{d}t}\end{bmatrix}=\begin{bmatrix}-3 & 1\\-2 & 1\end{bmatrix}\begin{bmatrix}u_C\\i_L\end{bmatrix}+\begin{bmatrix}0 & 1\\2 & 0\end{bmatrix}\begin{bmatrix}u_S\\i_S\end{bmatrix}$$

$$\begin{bmatrix}u_C\\u_L\end{bmatrix}=\begin{bmatrix}1 & 0\\-1 & 0\end{bmatrix}\begin{bmatrix}u_C\\i_L\end{bmatrix}+\begin{bmatrix}0 & 0\\1 & 0\end{bmatrix}\begin{bmatrix}u_S\\i_S\end{bmatrix}$$

试求其系统函数矩阵 $\boldsymbol{H}(s)$。

解：预解矩阵为

$$\boldsymbol{\Phi}(s)=(s\boldsymbol{I}-\boldsymbol{A})^{-1}=\frac{\mathrm{adj}(s\boldsymbol{I}-\boldsymbol{A})}{\det(s\boldsymbol{I}-\boldsymbol{A})}$$

$$=\begin{bmatrix}\dfrac{s}{(s+1)(s+2)} & \dfrac{1}{(s+1)(s+2)}\\\dfrac{-2}{(s+1)(s+2)} & \dfrac{s+3}{(s+1)(s+2)}\end{bmatrix}$$

把 $\boldsymbol{\Phi}(s)$ 和系数矩阵 $\boldsymbol{A},\boldsymbol{C},\boldsymbol{B},\boldsymbol{D}$ 代入式 $\boldsymbol{H}(s)=\boldsymbol{C\Phi}(s)\boldsymbol{B}+\boldsymbol{D}$ 中，得到系统函数矩阵：

$$\boldsymbol{H}(s)=\boldsymbol{C\Phi}(s)\boldsymbol{B}+\boldsymbol{D}$$

$$=\begin{bmatrix}1 & 0\\-1 & 0\end{bmatrix}\begin{bmatrix}\dfrac{s}{(s+1)(s+2)} & \dfrac{1}{(s+1)(s+2)}\\\dfrac{-2}{(s+1)(s+2)} & \dfrac{s+3}{(s+1)(s+2)}\end{bmatrix}\begin{bmatrix}0 & 1\\2 & 0\end{bmatrix}+\begin{bmatrix}0 & 0\\1 & 0\end{bmatrix}$$

$$=\begin{bmatrix}\dfrac{2}{(s+1)(s+2)} & \dfrac{s}{(s+1)(s+2)}\\1-\dfrac{2}{(s+1)(s+2)} & \dfrac{-s}{(s+1)(s+2)}\end{bmatrix}$$

取上式的逆变换可得冲激响应矩阵。

用拉普拉斯变换法求解状态方程时,预解矩阵 $\boldsymbol{\Phi}(s)=(s\boldsymbol{I}-\boldsymbol{A})^{-1}$ 具有重要的作用。在 $\boldsymbol{F}(s)=\boldsymbol{\Phi}(s)\boldsymbol{f}(0_-)+\boldsymbol{\Phi}(s)\boldsymbol{B}\boldsymbol{X}(s)$ 中,当激励为零,即 $\boldsymbol{X}(s)=\boldsymbol{0}$ 时,有

$$\boldsymbol{F}(s)=\boldsymbol{\Phi}(s)\boldsymbol{f}(0_-) \tag{6-3-12}$$

对上式两边取拉普拉斯逆变换,得零输入状态变量 $\boldsymbol{f}(t)=\boldsymbol{\varphi}(t)\boldsymbol{f}(0_-)$,其中

$$\boldsymbol{\varphi}(t)=\mathrm{LT}^{-1}\{\boldsymbol{\Phi}(s)\}=\mathrm{LT}^{-1}\{(s\boldsymbol{I}-\boldsymbol{A})^{-1}\} \tag{6-3-13}$$

式(6-3-13)说明,一个零输入系统,它在 $t=0_-$ 时的状态可通过与矩阵 $\boldsymbol{\varphi}(t)$ 相乘而转变到任何 $t\geqslant 0$ 时状态。矩阵 $\boldsymbol{\varphi}(t)$ 起着从系统的一个状态过渡到另一个状态的联系作用,所以把 $\boldsymbol{\varphi}(t)$ 称为状态转移矩阵,它可以实现系统在任意两时刻之间的状态转移。

6.3.2 连续时间系统状态方程的时域求解

1. 状态方程的时域求解

这里研究状态方程在时域的求解方法。由状态方程的一般形式

$$\dot{\boldsymbol{f}}(t)=\boldsymbol{A}\boldsymbol{f}(t)+\boldsymbol{B}\boldsymbol{x}(t) \tag{6-3-14}$$

可改写为 $\dot{\boldsymbol{f}}(t)-\boldsymbol{A}\boldsymbol{f}(t)=\boldsymbol{B}\boldsymbol{x}(t)$,它与一阶电路的微分方程

$$y'(t)-ay(t)=bx(t) \tag{6-3-15}$$

相似。将 a 换为 $\boldsymbol{A}$,则状态方程的解可写为

$$\boldsymbol{f}(t)=\underbrace{\mathrm{e}^{\boldsymbol{A}t}\boldsymbol{f}(0_-)}_{\text{零输入解}}+\underbrace{\int_{0^-}^{t}\mathrm{e}^{\boldsymbol{A}(t-\tau)}\boldsymbol{B}\boldsymbol{x}(\tau)\mathrm{d}\tau}_{\text{零状态解}} \tag{6-3-16}$$

式中:$\boldsymbol{f}(0_-)$ 为初始状态,$\mathrm{e}^{\boldsymbol{A}t}$ 是一矩阵指数函数,就是前面的状态转移矩阵 $\boldsymbol{\varphi}(t)$。求 $\boldsymbol{f}(t)$ 的关键是求出 $\mathrm{e}^{\boldsymbol{A}t}$。

如果用类似于矩阵乘法的运算规则定义两个函数矩阵的卷积积分,例如,对于两个矩阵 $\boldsymbol{W}$、$\boldsymbol{G}$,有

$$\boldsymbol{W}*\boldsymbol{G}=\begin{bmatrix} w_1 & w_2 \\ w_3 & w_4 \end{bmatrix}*\begin{bmatrix} g_1 & g_2 \\ g_3 & g_4 \end{bmatrix}=\begin{bmatrix} w_1*g_1+w_2*g_3 & w_1*g_2+w_2*g_4 \\ w_3*g_1+w_4*g_3 & w_3*g_2+w_4*g_4 \end{bmatrix}$$

那么利用矩阵卷积的定义将式(6-3-16)表示为卷积的形式:

$$\boldsymbol{f}(t)=\mathrm{e}^{\boldsymbol{A}t}\boldsymbol{f}(0_-)+\mathrm{e}^{\boldsymbol{A}t}\boldsymbol{u}(t)*\boldsymbol{B}\boldsymbol{x}(t) \tag{6-3-17}$$

将式(6-3-17)代入系统的输出方程 $\boldsymbol{y}(t)=\boldsymbol{C}\boldsymbol{f}(t)+\boldsymbol{D}\boldsymbol{x}(t)$ 中,得到全响应:

$$\begin{aligned}\boldsymbol{y}(t)&=\boldsymbol{C}\mathrm{e}^{\boldsymbol{A}t}\boldsymbol{f}(0_-)+[\boldsymbol{C}\mathrm{e}^{\boldsymbol{A}t}\boldsymbol{B}\boldsymbol{u}(t)]*\boldsymbol{x}(t)+\boldsymbol{D}\boldsymbol{x}(t)\\&=\boldsymbol{C}\boldsymbol{\varphi}(t)\boldsymbol{f}(0_-)+[\boldsymbol{C}\boldsymbol{\varphi}(t)\boldsymbol{B}\boldsymbol{u}(t)]*\boldsymbol{x}(t)+\boldsymbol{D}\boldsymbol{x}(t)\quad(\boldsymbol{\varphi}(t)=\mathrm{e}^{\boldsymbol{A}t})\\&=\boldsymbol{y}_{\mathrm{zi}}(t)+\boldsymbol{y}_{\mathrm{zs}}(t)\end{aligned} \tag{6-3-18}$$

式中:

$$\boldsymbol{y}_{zi}(t)=\boldsymbol{C\varphi}(t)\boldsymbol{f}(0_-) \tag{6-3-19}$$

$$\boldsymbol{y}_{zs}(t)=[\boldsymbol{C\varphi}(t)\boldsymbol{Bu}(t)]*\boldsymbol{x}(t)+\boldsymbol{Dx}(t) \tag{6-3-20}$$

分别是系统的零输入响应矢量和零状态响应矢量。

2. 矩阵指数 e^{At} 的时域计算方法

时域中求解状态变量的关键是计算矩阵指数 e^{At}，常见的有以下两种计算方法：

① 对 $\boldsymbol{\Phi}(s)$求拉普拉斯逆变换，即

$$e^{At}=LT^{-1}\{\boldsymbol{\Phi}(s)\}=LT^{-1}\{s\boldsymbol{I}-\boldsymbol{A}\} \tag{6-3-21}$$

② 用凯莱-哈密尔顿定理求解。

凯莱-哈密尔顿定理：任一矩阵符合其本身的特征方程。

设 n 阶矩阵 $\boldsymbol{A}$ 的特征方程为

$$Q(\lambda)=\lambda^n+c_{n-1}\lambda^{n-1}+\cdots+c_1\lambda+c_0=0 \tag{6-3-22}$$

则有

$$Q(\boldsymbol{A})=\boldsymbol{A}^n+c_{n-1}\boldsymbol{A}^{n-1}+\cdots+c_1\boldsymbol{A}+c_0\boldsymbol{I}=\boldsymbol{0} \tag{6-3-23}$$

将上式稍作变化，有

$$\boldsymbol{A}^n=-c_{n-1}\boldsymbol{A}^{n-1}-\cdots-c_1\boldsymbol{A}-c_0\boldsymbol{I} \tag{6-3-24}$$

式(6-3-24)说明矩阵 $\boldsymbol{A}^n$ 可用不高于 n 次幂的矩阵的线性组合来表示。

e^{At} 是包含无穷项的矩阵 $\boldsymbol{A}$ 的幂级数，应用凯莱-哈密尔顿定理可表示为

$$e^{At}=\boldsymbol{I}+t\boldsymbol{A}+\frac{t^2}{2!}\boldsymbol{A}^2+\frac{t^3}{3!}\boldsymbol{A}^3+\cdots=a_0\boldsymbol{I}+a_1\boldsymbol{A}+a_2\boldsymbol{A}^2+\cdots+a_{n-1}\boldsymbol{A}^{n-1}=\sum_{m=0}^{n-1}a_m\boldsymbol{A}^m$$

式中：系数 a_m 是时间的函数，这里为了简便将 t 省略。

由按凯莱-哈密尔顿定理还可以得出，如果将矩阵 $\boldsymbol{A}$ 的特征根 λ_i $(i=1,2,\cdots,n)$ 替代上式中的矩阵 $\boldsymbol{A}$，则方程仍成立，即有

$$e^{\lambda_i t}=1+t\lambda_i+\frac{t^2}{2!}\lambda_i^2+\frac{t^3}{3!}\lambda_i^3+\cdots=a_0+a_1\lambda_i+a_2\lambda_i^2+\cdots+a_{n-1}\lambda_i^{n-1}=\sum_{m=0}^{n-1}a_m\lambda_i^m$$

这样就可以建立含有 n 个 a_m $(m=0,1,2,\cdots,n-1)$ 待定系数的方程组，联立并解该方程组就可以求出 a_m，然后将 a_m 代入 $e^{At}=\sum\limits_{m=0}^{n-1}a_m\boldsymbol{A}^m$，就可求出 e^{At}。

如果 $\boldsymbol{A}$ 的特征根 λ_i 有 r 阶重根，则特征根必须列写 r 个方程，才能保证有 n 个 a_m $(i=0,1,2,\cdots,n-1)$ 待定系数的方程组。重根部分的方程为

$$e^{\lambda_i t}=a_0+a_1\lambda_i+\cdots+a_{n-1}\lambda_i^{n-1}$$

$$\frac{d}{d\lambda}[e^{\lambda t}]\Big|_{\lambda=\lambda_i}=a_1+2a_2+\cdots+(n-1)a_{n-1}\lambda_i^{n-2}$$

$$\vdots$$

$$\frac{d^{r-1}}{d\lambda^{r-1}}[e^{\lambda t}]\Big|_{\lambda=\lambda_i}=(r-1)!\,a_{r-1}+r!\,a_r\lambda_i+\cdots+\frac{(n-1)!}{(n-r)!}a_{n-1}\lambda_i^{n-r}$$

【例6-3-3】已知离散系统的系统矩阵 $\boldsymbol{A}=\begin{bmatrix}1 & 2\\0 & -1\end{bmatrix}$,求 e^{At}。

解:$\boldsymbol{A}$ 的特征方程为

$$\det\lambda\boldsymbol{I}-\boldsymbol{A}=\begin{vmatrix}\lambda-1 & -2\\0 & \lambda+1\end{vmatrix}=\lambda^2-1=0$$

其特征根为 $\lambda_1=1,\lambda_2=-1$,于是有 $\begin{cases}a_0+a_1=e^t\\a_0-a_1=e^{-t}\end{cases}$,解得

$$a_0=\frac{e^t+e^{-t}}{2},\quad a_1=\frac{e^t-e^{-t}}{2}$$

因而

$$e^{At}=a_0\boldsymbol{I}+a_1\boldsymbol{A}=\frac{e^t+e^{-t}}{2}\begin{bmatrix}1 & 0\\0 & 1\end{bmatrix}+\frac{e^t-e^{-t}}{2}\begin{bmatrix}1 & 2\\0 & -1\end{bmatrix}=\begin{bmatrix}e^t & e^t-e^{-t}\\0 & e^{-t}\end{bmatrix}$$

3. 矩阵指数 e^{At} 的性质

状态转移矩阵 $\boldsymbol{\varphi}(t)=e^{At}$ 在系统分析中起着很重要的作用,主要有以下性质:

① $\boldsymbol{\varphi}(t_1+t_2)=\boldsymbol{\varphi}(t_1)\boldsymbol{\varphi}(t_2)$;

② $\boldsymbol{\varphi}(0)=\boldsymbol{I}$;

③ $[\boldsymbol{\varphi}(t)]^n=\boldsymbol{\varphi}(nt)$;

④ $[\boldsymbol{\varphi}(t_2-t_1)]\,[\boldsymbol{\varphi}(t_1-t_0)]=\boldsymbol{\varphi}(t_2-t_0)=[\boldsymbol{\varphi}(t_1-t_0)]\,[\boldsymbol{\varphi}(t_2-t_1)]$;

⑤ 微分性质:$\frac{d}{dt}e^{At}=\boldsymbol{A}e^{At}=e^{At}\boldsymbol{A}$。

这些性质容易理解,不再证明。

【例6-3-4】描述LTI系统的状态方程和输出方程为

$$\begin{bmatrix}\dot{f}_1(t)\\\dot{f}_2(t)\end{bmatrix}=\begin{bmatrix}1 & 2\\0 & -1\end{bmatrix}\begin{bmatrix}f_1(t)\\f_2(t)\end{bmatrix}+\begin{bmatrix}0\\1\end{bmatrix}[x(t)]$$

$$y(t)=[1\quad 1]\begin{bmatrix}x_1\\x_2\end{bmatrix}+x(t)$$

初始状态 $f_1(0_-)=3,f_2(0_-)=2$,输入 $x(t)=\delta(t)$。用时域法求状态方程的解和系统的输出。

解:(1) 求状态转移矩阵 $\boldsymbol{\varphi}(t)$(本例题的系统矩阵 $\boldsymbol{A}$ 与例6-3-3的系统矩阵相同,所以具有相同的系统转移函数):

$$\boldsymbol{\varphi}(t)=\begin{bmatrix}e^t & e^t-e^{-t}\\0 & e^{-t}\end{bmatrix}$$

(2) 求状态方程的解:

$$\boldsymbol{f}(t)=\boldsymbol{\varphi}(t)\boldsymbol{f}(0_-)+[\boldsymbol{\varphi}(t)\boldsymbol{B}u(t)]*x(t)$$

将有关矩阵代入，得

$$\boldsymbol{f}(t)=\begin{bmatrix}\mathrm{e}^{t} & \mathrm{e}^{t}-\mathrm{e}^{-t}\\ 0 & \mathrm{e}^{-t}\end{bmatrix}\begin{bmatrix}3\\2\end{bmatrix}+\left\{\begin{bmatrix}\mathrm{e}^{t} & \mathrm{e}^{t}-\mathrm{e}^{-t}\\ 0 & \mathrm{e}^{-t}\end{bmatrix}\begin{bmatrix}0\\1\end{bmatrix}u(t)\right\}*\delta(t)$$

$$=\begin{bmatrix}5\mathrm{e}^{t}-2\mathrm{e}^{-t}\\ 2\mathrm{e}^{-t}\end{bmatrix}+\begin{bmatrix}\mathrm{e}^{t}-\mathrm{e}^{-t}\\ \mathrm{e}^{-t}\end{bmatrix}u(t)=\begin{bmatrix}6\mathrm{e}^{t}-3\mathrm{e}^{-t}\\ 3\mathrm{e}^{-t}\end{bmatrix}u(t)$$

由上式也容易得到状态变量的零输入解和零状态解为

$$\boldsymbol{f}_{\mathrm{zi}}(t)=\begin{bmatrix}5\mathrm{e}^{t}-2\mathrm{e}^{-t}\\ 2\mathrm{e}^{-t}\end{bmatrix}u(t),\quad \boldsymbol{f}_{\mathrm{zs}}(t)=\begin{bmatrix}\mathrm{e}^{t}-\mathrm{e}^{-t}\\ \mathrm{e}^{-t}\end{bmatrix}u(t)$$

(3) 求输出。将 $\boldsymbol{f}(t)$，$x(t)$代入输出方程，得系统的输出为

$$y(t)=[1\quad 1]\,\boldsymbol{f}(t)+x(t)=[1\quad 1]\begin{bmatrix}6\mathrm{e}^{t}-2\mathrm{e}^{-t}\\ 3\mathrm{e}^{-t}\end{bmatrix}+\delta(t)$$

$$=6\mathrm{e}^{t}u(t)+\delta(t)$$

6.3.3　离散时间系统状态方程的时域求解

离散系统状态方程的一般形式：

$$\boldsymbol{f}[n+1]=\boldsymbol{A}\boldsymbol{f}[n]+\boldsymbol{B}\boldsymbol{x}[n] \tag{6-3-25}$$

$$\boldsymbol{y}[n]=\boldsymbol{C}\boldsymbol{f}[n]+\boldsymbol{D}\boldsymbol{x}[n] \tag{6-3-26}$$

式中：$\boldsymbol{f}[n]$为状态变量，$\boldsymbol{x}[n]$为输入，$\boldsymbol{y}[n]$为输出。离散系统的状态方程为一阶差分方程组，求解离散系统状态方程的简单有效的方法是迭代法（递推法），非常适合于计算机求解。

考虑初始状态矢量为 $\boldsymbol{f}[0]$，$n=0$ 接入激励的因果系统，从 $n=0$ 开始，按式（6－3－25）逐次迭代，得

$$\boldsymbol{f}[1]=\boldsymbol{A}\boldsymbol{f}[0]+\boldsymbol{B}\boldsymbol{x}[0]$$

$$\boldsymbol{f}[2]=\boldsymbol{A}\boldsymbol{f}[1]+\boldsymbol{B}\boldsymbol{x}[1]=\boldsymbol{A}^{2}\boldsymbol{f}[0]=\boldsymbol{A}\boldsymbol{B}\boldsymbol{x}[0]+\boldsymbol{B}\boldsymbol{x}[1]$$

$$\boldsymbol{f}[3]=\boldsymbol{A}\boldsymbol{f}[2]+\boldsymbol{B}\boldsymbol{x}[2]=\boldsymbol{A}^{3}\boldsymbol{f}[0]+\boldsymbol{A}^{2}\boldsymbol{B}\boldsymbol{x}[0]+\boldsymbol{A}\boldsymbol{B}\boldsymbol{x}[1]+\boldsymbol{B}\boldsymbol{x}[2]$$

以此类推，可得

$$\boldsymbol{f}[n]=\boldsymbol{A}^{n}f[0]+\boldsymbol{A}^{n-1}\boldsymbol{B}\boldsymbol{x}[0]+\boldsymbol{A}^{n-2}\boldsymbol{B}\boldsymbol{x}[1]+\cdots+\boldsymbol{B}\boldsymbol{x}[n-1]$$

$$=\boldsymbol{A}^{n}f[0]+\sum_{i=0}^{n-1}\boldsymbol{A}^{n-1-i}\boldsymbol{B}\boldsymbol{x}[i]$$

注意到，在上式中，当 $n=0$ 时，结果的第二项不存在，只由第一项确定，是 $\boldsymbol{f}[0]$ 本身。于是将上式对 n 值的限制以阶跃序列的形式写入，上式可改写为

$$\boldsymbol{f}[n]=\boldsymbol{A}^{n}\boldsymbol{f}[0]u[n]+\left[\sum_{i=0}^{n-1}\boldsymbol{A}^{n-1-i}\boldsymbol{B}\boldsymbol{x}[i]\right]u[n-1] \tag{6-3-27}$$

式中：矩阵 $\boldsymbol{A}^{n}$ 称为状态转移矩阵，用 $\boldsymbol{\varphi}[n]$表示。

与连续系统类似，如果使用序列矩阵的卷积和关系，则上式可写为

$$\begin{aligned}\boldsymbol{f}[n] &= \boldsymbol{\varphi}[n]\boldsymbol{f}(0)u[n] + \left[\sum_{i=0}^{n-1}\boldsymbol{\varphi}[n-1-i]\boldsymbol{B}\boldsymbol{x}[i]\right]u[n-1] \\ &= \boldsymbol{\varphi}[n]\boldsymbol{f}[0]u[n] + [\boldsymbol{\varphi}[n-1]\boldsymbol{B}u[n-1]] * \boldsymbol{x}[n] \\ &= \boldsymbol{f}_{\text{zi}}[n] + \boldsymbol{f}_{\text{zs}}[n]\end{aligned} \tag{6-3-28}$$

式中：

$$\boldsymbol{f}_{\text{zi}}[n] = \boldsymbol{\varphi}[n]\boldsymbol{f}[0]u[n] \tag{6-3-29}$$

$$\boldsymbol{f}_{\text{zs}}[n] = [\boldsymbol{\varphi}[n-1]\boldsymbol{B}\boldsymbol{u}[n-1]] * \boldsymbol{x}[n] \tag{6-3-30}$$

分别为状态变量的零输入解和零状态解。

输出方程的解为

$$\begin{aligned}\boldsymbol{y}[n] &= \boldsymbol{C}\boldsymbol{f}[n] + \boldsymbol{D}\boldsymbol{x}[n] \\ &= \boldsymbol{C}\boldsymbol{\varphi}[n]\boldsymbol{f}[0]u[n] + \left[\sum_{i=0}^{n-1}\boldsymbol{C}\boldsymbol{\varphi}[n-1-i]\boldsymbol{B}\boldsymbol{x}[i]\right]u[n-1] + \boldsymbol{D}\boldsymbol{x}[n]u[n] \\ &= \boldsymbol{y}_{\text{zi}}[n] + \boldsymbol{y}_{\text{zs}}[n]\end{aligned}$$

式中：

$$\boldsymbol{y}_{\text{zi}}[n] = \boldsymbol{C}\boldsymbol{\varphi}[n]\boldsymbol{f}[0]u[n] \tag{6-3-31}$$

$$\boldsymbol{y}_{\text{zs}}[n] = \left[\sum_{i=0}^{n-1}\boldsymbol{C}\boldsymbol{\varphi}[n-1-i]\boldsymbol{B}\boldsymbol{x}[i]\right]u[n-1] + \boldsymbol{D}\boldsymbol{x}[n]u[n] \tag{6-3-32}$$

与连续系统的情况类似，用时域法求解离散系统的状态方程的关键步骤仍然是求状态转移矩阵 $\boldsymbol{\varphi}[n]$。关于状态转移矩阵 $\boldsymbol{\varphi}[n]=\boldsymbol{A}^n$ 在时域中的计算，根据凯莱-哈密尔顿定理，$\boldsymbol{A}^n$ 也可以展开为有限项和：

$$\boldsymbol{A}^n = a_0\boldsymbol{I} + a_1\boldsymbol{A} + a_2\boldsymbol{A}^2 + \cdots + a_{n-1}\boldsymbol{A}^{n-1} \tag{6-3-33}$$

如果用 $\boldsymbol{A}$ 的某个特征根 λ_i 替代上式中的矩阵 $\boldsymbol{A}$，方程仍成立，即满足

$$a_0 + a_1\lambda_i + a_2\lambda_i^2 + \cdots + a_{n-1}\lambda_i^{n-1} = \lambda_i^n \tag{6-3-34}$$

如果 $\boldsymbol{A}$ 的某个特征根(如 λ_1)为 r 阶重根，对此重根，必须列出下面 r 个方程：

$$\left.\begin{aligned} &a_0 + a_1\lambda_1 + a_2\lambda_1^2 + \cdots + a_{n-1}\lambda_1^{n-1} = {\lambda_1}^n \\ &\frac{\mathrm{d}}{\mathrm{d}\lambda_1}[a_0 + a_1\lambda_1 + a_2\lambda_1^2 + \cdots + a_{n-1}{\lambda_1}^n] = \frac{\mathrm{d}}{\mathrm{d}\lambda_1}[{\lambda_1}^n] \\ &\qquad\vdots \\ &\frac{\mathrm{d}^{r-1}}{\mathrm{d}\lambda_1^{r-1}}[a_0 + a_1\lambda_1 + a_2\lambda_1^2 + \cdots + a_{n-1}{\lambda_1}^n] = \frac{\mathrm{d}^{r-1}}{\mathrm{d}\lambda_1^{r-1}}[{\lambda_1}^n]\end{aligned}\right\} \tag{6-3-35}$$

这样就可以建立 n 个含有待定序列 a_i $(i=0,1,2,\cdots,n-1)$ 的方程组，联立求解该方程组即可求出待定序列 a_i。将它们代入 $\sum_{i=0}^{n-1}a_i\boldsymbol{A}^i$ 中，即可求得 $\boldsymbol{\varphi}[n]$。

【例 6-3-5】已知某离散系统的系统矩阵 $\boldsymbol{A}=\begin{bmatrix}0.5 & 0\\0.5 & 0.5\end{bmatrix}$，求状态转移矩阵 $\boldsymbol{A}^n$。

解：$\boldsymbol{A}$ 为二阶方阵，所以 $\boldsymbol{A}^n$ 可以表示成 $\boldsymbol{A}$ 的一次多项式：

$$\boldsymbol{A}^n=\alpha_0\boldsymbol{I}+\alpha_1\boldsymbol{A}$$

由 $\boldsymbol{A}$ 的特征方程

$$\det(\lambda\boldsymbol{I}-\boldsymbol{A})=\begin{vmatrix}\lambda-0.5 & 0\\-0.5 & \lambda-0.5\end{vmatrix}=(\lambda-0.5)^2=0$$

得二重特征根 $\lambda=0.5$，且有

$$\begin{cases}\alpha_0+\alpha_1\lambda=\lambda^n\\\dfrac{\mathrm{d}}{\mathrm{d}\lambda}(\alpha_0+\alpha_1\lambda)=\dfrac{\mathrm{d}}{\mathrm{d}\lambda}(\lambda^n)\end{cases}$$

所以

$$\begin{cases}\alpha_0=(1-n)0.5^n\\\alpha_1=n0.5^{n-1}\end{cases}$$

$$\boldsymbol{A}^n=\boldsymbol{I}(1-n)(0.5)^n+n0.5^{n-1}\begin{bmatrix}0.5 & 0\\0.5 & 0.5\end{bmatrix}=\begin{bmatrix}0.5^n & 0\\n(0.5)^n & 0.5^n\end{bmatrix},\quad n\geqslant 0$$

【例 6-3-6】某离散系统的状态方程和输出方程如下：

$$\begin{bmatrix}f_1[n+1]\\f_2[n+1]\end{bmatrix}=\begin{bmatrix}\dfrac{1}{2} & 0\\\dfrac{1}{4} & \dfrac{1}{4}\end{bmatrix}\begin{bmatrix}f_1[n]\\f_2[n]\end{bmatrix}+\begin{bmatrix}1\\1\end{bmatrix}x[n]$$

$$[y[n]]=[-1\quad 5]\begin{bmatrix}f_1[n]\\f_2[n]\end{bmatrix}$$

初始条件为 $f_1[0]=1$，$f_2[0]=2$，激励 $r[n]=u[n]$。用时域法求状态方程的解和系统的输出。

解：(1)求状态转移矩阵 $\boldsymbol{\varphi}[n]$。由于 $\boldsymbol{A}=\begin{bmatrix}\dfrac{1}{2} & 0\\\dfrac{1}{4} & \dfrac{1}{4}\end{bmatrix}$ 为二阶矩阵，故 $\boldsymbol{\varphi}[n]=\boldsymbol{A}^n=a_0\boldsymbol{I}+a_1\boldsymbol{A}$。系统的特征方程为

$$\det(\lambda\boldsymbol{I}-\boldsymbol{A})=\begin{vmatrix}\lambda-\dfrac{1}{2} & 0\\-\dfrac{1}{4} & \lambda-\dfrac{1}{4}\end{vmatrix}=\left(\lambda-\frac{1}{2}\right)\left(\lambda-\frac{1}{4}\right)=0$$

$\boldsymbol{A}$ 的特征根为 $\lambda=\dfrac{1}{2}$，$\lambda=\dfrac{1}{4}$。

由凯莱-哈密尔顿定理得到

$$\left(\frac{1}{2}\right)^n = a_0 + \frac{1}{2}a_1,\quad \left(\frac{1}{4}\right)^n = a_0 + \frac{1}{4}a_1$$

解得 $a_0 = 2(4)^{-n} - 2^{-n}$，$a_1 = 2^{-n+2} - 4^{1-n}$。于是得

$$\boldsymbol{\varphi}[n] = \boldsymbol{A}^n = a_0\boldsymbol{I} + a_1\boldsymbol{A}$$

$$= [2(4)^{-n} - 2^{-n}]\begin{bmatrix}1 & 0\\0 & 1\end{bmatrix} + [2^{-n+2} - 4^{1-n}]\begin{bmatrix}\frac{1}{2} & 0\\ \frac{1}{4} & \frac{1}{4}\end{bmatrix} = \begin{bmatrix}2^{-n} & 0\\ 2^{-n} - 4^{-n} & 4^{-n}\end{bmatrix}$$

(2) 求状态方程的解。根据 $\boldsymbol{f}[n] = \boldsymbol{\varphi}[n]\boldsymbol{f}[0]u[n] + [\boldsymbol{\varphi}[n-1]\boldsymbol{B}u[n-1]] * \boldsymbol{x}[n]$，将有关矩阵代入得

$$\begin{bmatrix}f_1[n]\\ f_2[n]\end{bmatrix} = \begin{bmatrix}2^{-n} & 0\\ 2^{-n} - 4^{-n} & 4^{-n}\end{bmatrix}\begin{bmatrix}1\\2\end{bmatrix}u[n] + \left\{\begin{bmatrix}2^{-n+1} & 0\\ 2^{-n+1} - 4^{-n+1} & 4^{-n+1}\end{bmatrix}\begin{bmatrix}1\\1\end{bmatrix}u[n-1]\right\} * u[n]$$

$$= \begin{bmatrix}2^{-n}\\ 2^{-n} + 4^{-n}\end{bmatrix} + \left\{\begin{bmatrix}2^{-n-1}\\ 2^{-n-1}\end{bmatrix}u[n-1]\right\} * u[n] = \begin{bmatrix}2^{-n}\\ 2^{-n} + 4^{-n}\end{bmatrix} + \begin{bmatrix}2 - 2^{-n+1}\\ 2 - 2^{-n+1}\end{bmatrix}$$

$$= \begin{bmatrix}2 - 2^{-n}\\ 2 - 2^{-n} + 4^{-n}\end{bmatrix}$$

从上式中也容易得到状态变量的零输入解和零状态解分别为

$$\begin{bmatrix}f_{1zi}[n]\\ f_{2zi}[n]\end{bmatrix} = \begin{bmatrix}2^{-n}\\ 2^{-n} + 4^{-n}\end{bmatrix},\quad \begin{bmatrix}f_{1zs}[n]\\ f_{2zs}[n]\end{bmatrix} = \begin{bmatrix}2 - 2^{-n+1}\\ 2 - 2^{-n+1}\end{bmatrix}$$

(3) 求输出。将 $f[n]$和 $x[n]$代入输出方程，得

$$[y[n]] = \boldsymbol{C}\begin{bmatrix}f_1[n]\\ f_2[n]\end{bmatrix} = [-1\quad 5]\begin{bmatrix}2 - 2^{-n}\\ 2 - 2^{-n} + 4^{-n}\end{bmatrix} = (8 - 4\times 2^{-n} + 5\times 4^{-n})u[n]$$

6.3.4 离散时间系统状态方程的 z 域求解

LTI 离散系统的状态方程和输出方程：

$$\boldsymbol{f}[n+1] = \boldsymbol{A}\boldsymbol{f}[n] + \boldsymbol{B}\boldsymbol{x}[n] \tag{6-3-36}$$

$$\boldsymbol{y}[n] = \boldsymbol{C}\boldsymbol{f}[n] + \boldsymbol{D}\boldsymbol{x}[n] \tag{6-3-37}$$

设状态变量 $\boldsymbol{f}[n]$和输入序列 $\boldsymbol{x}[n]$的 Z 变换分别为 $\boldsymbol{X}(z) = \mathrm{ZT}\{\boldsymbol{f}[n]\}$，$\boldsymbol{X}(z) = \mathrm{ZT}\{\boldsymbol{x}(n)\}$，对式(6-3-36)两边取 Z 变换得

$$z\boldsymbol{F}(z) - z\boldsymbol{f}[0] = \boldsymbol{A}\boldsymbol{F}(z) + \boldsymbol{B}\boldsymbol{X}(z)$$

整理得

$$(z\boldsymbol{I} - \boldsymbol{A})\boldsymbol{F}(z) = z\boldsymbol{f}[0] + \boldsymbol{B}\boldsymbol{X}(z) \tag{6-3-38}$$

式(6-3-38)两端前同乘以$(z\boldsymbol{I} - \boldsymbol{A})^{-1}$，得

$$\begin{aligned}\boldsymbol{F}(z)&=(z\boldsymbol{I}-\boldsymbol{A})^{-1}z\boldsymbol{f}[0]+(z\boldsymbol{I}-\boldsymbol{A})^{-1}\boldsymbol{B}\boldsymbol{X}(z)\\&=\boldsymbol{\Phi}(z)\boldsymbol{f}[0]+z^{-1}\boldsymbol{\Phi}(z)\boldsymbol{B}\boldsymbol{X}(z)\end{aligned}\qquad(6-3-39)$$

式中：$\boldsymbol{\Phi}(z)=(z\boldsymbol{I}-\boldsymbol{A})^{-1}z$ 称为预解矩阵(注意与连续系统中的预解矩阵 $\boldsymbol{\Phi}(s)$ 的区别)。

对式(6-3-39)的两边取 Z 的逆变换，得

$$\begin{aligned}\boldsymbol{f}[n]&=\mathrm{ZT}^{-1}\{\boldsymbol{\Phi}(z)\boldsymbol{f}[0]\}+\mathrm{ZT}^{-1}\{z^{-1}\boldsymbol{\Phi}(z)\boldsymbol{B}\boldsymbol{X}(z)\}\\&=\boldsymbol{f}_{\mathrm{zi}}[n]+\boldsymbol{f}_{\mathrm{zs}}[n]\end{aligned}\qquad(6-3-40)$$

式中：

$$\boldsymbol{f}_{\mathrm{zi}}[n]=\mathrm{ZT}^{-1}\{\boldsymbol{\Phi}(z)\boldsymbol{f}[0]\}\qquad(6-3-41)$$

$$\boldsymbol{f}_{\mathrm{zs}}[n]=\mathrm{ZT}^{-1}\{z^{-1}\boldsymbol{\Phi}(z)\boldsymbol{B}\boldsymbol{X}(z)\}\qquad(6-3-42)$$

分别为状态矢量的零输入解和零状态解。

式(6-3-29)和式(6-3-41)进行比较，有

$$\boldsymbol{\varphi}[n]=\boldsymbol{A}^{n}=\mathrm{ZT}^{-1}\{\boldsymbol{\Phi}(z)\}=\mathrm{ZT}^{-1}\{(z\boldsymbol{I}-\boldsymbol{A})^{-1}z\}\qquad(6-3-43)$$

这又提供了一种求状态转移矩阵 $\boldsymbol{A}^{n}$ 的方法。

对式(6-3-37)两边取 Z 变换，有

$$\boldsymbol{Y}(z)=\boldsymbol{C}\boldsymbol{F}(z)+\boldsymbol{D}\boldsymbol{X}(z)$$

把 $\boldsymbol{F}(z)=\boldsymbol{\Phi}(z)\boldsymbol{f}[0]+z^{-1}\boldsymbol{\Phi}(z)\boldsymbol{B}\boldsymbol{X}(z)$ 代入上式，有

$$\boldsymbol{Y}(z)=\boldsymbol{C}(z\boldsymbol{I}-\boldsymbol{A})^{-1}z\boldsymbol{f}[0]+\boldsymbol{C}(z\boldsymbol{I}-\boldsymbol{A})^{-1}\boldsymbol{B}\boldsymbol{X}(z)+\boldsymbol{D}\boldsymbol{X}(z)\qquad(6-3-44)$$

式(6-3-44)的第一项是零输入响应的像函数，第二项是零状态响应的像函数。

对式(6-3-44)两边取 Z 的逆变换，得系统的响应：

$$\begin{aligned}\boldsymbol{y}[n]&=\mathrm{ZT}^{-1}\{\boldsymbol{C}(z\boldsymbol{I}-\boldsymbol{A})^{-1}z\boldsymbol{f}[0]\}+\mathrm{ZT}^{-1}\{[\boldsymbol{C}(z\boldsymbol{I}-\boldsymbol{A})^{-1}\boldsymbol{B}+\boldsymbol{D}]\boldsymbol{X}(z)\}\\&=\boldsymbol{y}_{\mathrm{zi}}[n]+\boldsymbol{y}_{\mathrm{zs}}[n]\end{aligned}\qquad(6-3-45)$$

式中：

$$\boldsymbol{y}_{\mathrm{zi}}=\mathrm{ZT}^{-1}\{\boldsymbol{C}(z\boldsymbol{I}-\boldsymbol{A})^{-1}z\boldsymbol{f}[0]\}\qquad(6-3-46)$$

$$\boldsymbol{y}_{\mathrm{zs}}=\mathrm{ZT}^{-1}\{[\boldsymbol{C}(z\boldsymbol{I}-\boldsymbol{A})^{-1}\boldsymbol{B}+\boldsymbol{D}]\boldsymbol{X}(z)\}\qquad(6-3-47)$$

系统函数的定义是零状态响应与输入响应之比，所以系统函数

$$\boldsymbol{H}(z)=\boldsymbol{C}(z\boldsymbol{I}-\boldsymbol{A})^{-1}\boldsymbol{B}+\boldsymbol{D}\qquad(6-3-48)$$

是一个 $j\times i$ 的矩阵。对上式取 Z 的逆变换，得单位序列响应：

$$\boldsymbol{h}[n]=\mathrm{ZT}^{-1}\{\boldsymbol{C}(z\boldsymbol{I}-\boldsymbol{A})^{-1}\boldsymbol{B}+\boldsymbol{D}\}\qquad(6-3-49)$$

【例 6-3-7】已知某离散因果系统的动态方程如下：

$$\begin{bmatrix}f_1[n+1]\\f_2[n+1]\end{bmatrix}=\begin{bmatrix}0&1\\-6&5\end{bmatrix}\begin{bmatrix}f_1[n]\\f_2[n]\end{bmatrix}+\begin{bmatrix}0\\1\end{bmatrix}x[n],\quad\begin{bmatrix}y_1[n]\\y_2[n]\end{bmatrix}=\begin{bmatrix}1&1\\2&-1\end{bmatrix}\begin{bmatrix}f_1[n]\\f_2[n]\end{bmatrix}$$

初始状态为 $\begin{bmatrix}f_1[0]\\f_2[0]\end{bmatrix}=\begin{bmatrix}1\\2\end{bmatrix}$，激励 $x[n]=u[n]$。求：

(1) 状态方程的解和系统的输出；

(2) 系统函数 $\boldsymbol{H}(z)$和系统的单位序列响应 $\boldsymbol{h}[n]$。

解:(1) 矩阵 $z\boldsymbol{I}-\boldsymbol{A}=z\begin{bmatrix}1 & 0\\0 & 1\end{bmatrix}-\begin{bmatrix}0 & 1\\-6 & 5\end{bmatrix}=\begin{bmatrix}z & -1\\6 & z-5\end{bmatrix}$。

预解矩阵为

$$\boldsymbol{\Phi}(z)=z(z\boldsymbol{I}-\boldsymbol{A})^{-1}=\frac{z}{(z-2)(z-3)}\begin{bmatrix}z-5 & 1\\-6 & z\end{bmatrix}$$

状态变量矢量的像函数为

$$\begin{aligned}\boldsymbol{F}(z)&=\boldsymbol{\Phi}(z)\boldsymbol{f}[0]+z^{-1}\boldsymbol{\Phi}(z)\boldsymbol{B}\boldsymbol{X}(z)\\&=\boldsymbol{\Phi}(z)[\boldsymbol{f}[0]+z^{-1}\boldsymbol{B}\boldsymbol{X}(z)]\end{aligned}$$

对上式两边取 Z 的逆变换,得状态变量矢量:

$$\begin{aligned}\boldsymbol{f}[n]&=\mathrm{ZT}^{-1}[\boldsymbol{\Phi}(z)\boldsymbol{f}[0]]+\mathrm{ZT}^{-1}[\boldsymbol{\Phi}(z)z^{-1}\boldsymbol{B}\boldsymbol{X}(z)]\\&=\begin{bmatrix}2^n\\2^{n+1}\end{bmatrix}+\begin{bmatrix}\frac{1}{2}-2^n+\frac{1}{2}\times 3^n\\\frac{1}{2}-2^{n+1}+\frac{1}{2}\times 3^{n+1}\end{bmatrix}=\begin{bmatrix}\frac{1}{2}+\frac{1}{2}\times 3^n\\\frac{1}{2}+\frac{1}{2}\times 3^{n+1}\end{bmatrix}\end{aligned}$$

将状态变量的解代入输出方程,得系统输出:

$$\boldsymbol{y}[n]=\boldsymbol{C}\boldsymbol{f}[n]+\boldsymbol{D}\boldsymbol{x}[n]=\begin{bmatrix}1 & 1\\2 & -1\end{bmatrix}\begin{bmatrix}\frac{1}{2}(1+3^n)\\\frac{1}{2}(1+3^{n+1})\end{bmatrix}=\begin{bmatrix}1+2\times 3^n\\\frac{1}{2}(1-3^n)\end{bmatrix}u[n]$$

(2) 系统函数

$$\boldsymbol{H}(z)=\boldsymbol{C}z^{-1}\boldsymbol{\Phi}(z)\boldsymbol{B}+\boldsymbol{D}=\begin{bmatrix}1 & 1\\2 & -1\end{bmatrix}\frac{1}{(z-2)(z-3)}\begin{bmatrix}z-5 & 1\\-6 & z\end{bmatrix}\begin{bmatrix}0\\1\end{bmatrix}=\begin{bmatrix}\frac{4}{z-3}-\frac{3}{z-2}\\-\frac{1}{z-3}\end{bmatrix}$$

对上式取 Z 的逆变换,得单位序列响应:

$$\boldsymbol{h}[n]=\begin{bmatrix}4\cdot 3^{n-1}-3\cdot 2^{n-1}\\-3^{n-1}\end{bmatrix}u[n-1]$$

*6.4 线性系统的可控制性和可观测性

本节分析状态矢量的线性变换,作为它的应用,然后讨论两个重要的概念:可控制性和可观测性。

6.4.1　状态矢量的线性变换

在建立系统状态方程一节我们知道，同一个系统可以选择不同的状态矢量，列出不同的状态方程。这些不同的状态方程是描述同一个系统的，因此每种状态矢量之间存在着线性变换关系。运用线性变换可以简化系统分析。

对于状态方程和输出方程：

$$\dot{\boldsymbol{f}}(t)=\boldsymbol{A}\boldsymbol{f}(t)+\boldsymbol{B}\boldsymbol{x}(t) \tag{6-4-1}$$

$$\boldsymbol{y}(t)=\boldsymbol{C}\boldsymbol{f}(t)+\boldsymbol{D}\boldsymbol{x}(t) \tag{6-4-2}$$

引入一个新的状态变量 $\boldsymbol{g}(t)=[g_1(t)\quad g_2(t)\quad \cdots\quad g_n(t)]^{\mathrm{T}}$。$\boldsymbol{f}(t)$与 $\boldsymbol{g}(t)$之间有线性变换关系 $\boldsymbol{f}(t)=\boldsymbol{P}\boldsymbol{g}(t)$，对 $\boldsymbol{f}(t)=\boldsymbol{P}\boldsymbol{g}(t)$求导，并将 $\boldsymbol{f}(t)=\boldsymbol{P}\boldsymbol{g}(t)$代入式(6－4－1)的状态方程和式(6－4－2)的输出方程，得

$$\dot{\boldsymbol{g}}(t)=\boldsymbol{P}^{-1}\boldsymbol{A}\boldsymbol{P}\boldsymbol{g}(t)+\boldsymbol{P}^{-1}\boldsymbol{B}\boldsymbol{x}(t)=\boldsymbol{A}_{\mathrm{g}}\boldsymbol{g}(t)+\boldsymbol{B}_{\mathrm{g}}\boldsymbol{x}(t) \tag{6-4-3}$$

$$\boldsymbol{y}(t)=\boldsymbol{C}\boldsymbol{P}\boldsymbol{g}(t)+\boldsymbol{D}\boldsymbol{x}(t)=\boldsymbol{C}_{\mathrm{g}}\boldsymbol{g}(t)+\boldsymbol{D}_{\mathrm{g}}\boldsymbol{x}(t) \tag{6-4-4}$$

由此可见，在新的状态变量下，原状态方程和输出方阵中的系数矩阵 $\boldsymbol{A}$、$\boldsymbol{B}$、$\boldsymbol{C}$ 和 $\boldsymbol{D}$ 变为

$$\boldsymbol{A}_{\mathrm{g}}=\boldsymbol{P}^{-1}\boldsymbol{A}\boldsymbol{P},\quad \boldsymbol{B}_{\mathrm{g}}=\boldsymbol{P}^{-1}\boldsymbol{B},\quad \boldsymbol{C}_{\mathrm{g}}=\boldsymbol{C}\boldsymbol{P},\quad \boldsymbol{D}_{\mathrm{g}}=\boldsymbol{D} \tag{6-4-5}$$

由式(6－4－5)可以看出，$\boldsymbol{A}_{\mathrm{g}}$ 与 $\boldsymbol{A}$ 实际上是相似变换，它们都具有相同的特征根。

当系统的特征根都是单根时，常用的线性变换是将系统矩阵 $\boldsymbol{A}$ 变换为对角阵，$\boldsymbol{A}$ 矩阵的对角化，是将系统变换成并联结构形式，这种结构形式使得每个状态变量之间互不相关，因此可以独立研究系统参数对状态变量的影响。

系统的系统函数描述系统输入与输出之间的关系，与状态矢量的选择无关，因此当对同一系统选择不同的状态矢量进行描述时，系统的系统函数不变。这是因为

$$\begin{aligned}\boldsymbol{H}_{\mathrm{g}}(s)&=\boldsymbol{C}_{\mathrm{g}}[s\boldsymbol{I}-\boldsymbol{A}_{\mathrm{g}}]^{-1}\boldsymbol{B}_{\mathrm{g}}+\boldsymbol{D}_{\mathrm{g}}\\&=\boldsymbol{C}\boldsymbol{P}(s\boldsymbol{I}-\boldsymbol{P}^{-1}\boldsymbol{A}\boldsymbol{P})^{-1}\boldsymbol{P}^{-1}\boldsymbol{B}+\boldsymbol{D}\\&=\boldsymbol{C}(\boldsymbol{P}^{-1})^{-1}(s\boldsymbol{I}-\boldsymbol{P}^{-1}\boldsymbol{A}\boldsymbol{P})^{-1}\boldsymbol{P}^{-1}\boldsymbol{B}+\boldsymbol{D}\\&=\boldsymbol{C}[\boldsymbol{P}(s\boldsymbol{I}-\boldsymbol{P}^{-1}\boldsymbol{A}\boldsymbol{P})\boldsymbol{P}^{-1}]^{-1}\boldsymbol{B}+\boldsymbol{D}\\&=\boldsymbol{C}[s\boldsymbol{P}\boldsymbol{I}\boldsymbol{P}^{-1}-\boldsymbol{P}\boldsymbol{P}^{-1}\boldsymbol{A}\boldsymbol{P}\boldsymbol{P}^{-1}]\boldsymbol{B}+\boldsymbol{D}\\&=\boldsymbol{C}[s\boldsymbol{I}-\boldsymbol{A}]^{-1}\boldsymbol{B}+\boldsymbol{D}\end{aligned} \tag{6-4-6}$$

所以系统的系统函数不变，以上是以连续系统为例说明状态变量的线性变换特性，其方法和结论同样适用于离散系统。

【例 6－4－1】某 LTI 系统的系统矩阵为 $\boldsymbol{A}=\begin{bmatrix}-1 & 1 & -1\\ 0 & -3 & 0\\ 0 & 0 & -2\end{bmatrix}$，将其变换为对

角阵。

解:系统的特征方程为

$$\det(\lambda \boldsymbol{I}-\boldsymbol{A})=\begin{vmatrix}\lambda+1 & -1 & 1\\ 0 & \lambda+3 & 0\\ 0 & 0 & \lambda+2\end{vmatrix}=(\lambda+1)(\lambda+2)(\lambda+3)=0$$

其特征根为$\lambda=-1,\lambda_2=-2,\lambda_3=-3$。

对于$\lambda_1=-1$的特征向量$\boldsymbol{\xi}_1=[\xi_{11}\quad \xi_{21}\quad \xi_{31}]^{\mathrm{T}}$,满足方程

$$(\lambda_1 \boldsymbol{I}-\boldsymbol{A})\begin{bmatrix}\xi_{11}\\ \xi_{21}\\ \xi_{31}\end{bmatrix}=0$$

代入特征根得到代数方程:

$$\begin{bmatrix}0 & -1 & 1\\ 0 & 2 & 0\\ 0 & 0 & 1\end{bmatrix}\begin{bmatrix}\xi_{11}\\ \xi_{21}\\ \xi_{31}\end{bmatrix}=\begin{bmatrix}0\\ 0\\ 0\end{bmatrix}\Rightarrow\begin{cases}-\xi_{21}+\xi_{31}=0\\ 2\xi_{21}=0\\ 5\xi_{31}=0\end{cases}$$

得出$\xi_{11}=K,\ \xi_{21}=\xi_{31}=0$。

属于$\lambda_1=1$的特征向量是多解的,选$\xi_{11}=1,\ \xi_{21}=\xi_{31}=0$,得$\boldsymbol{\xi}_1=[1\quad 0\quad 0]^{\mathrm{T}}$。

同理,对于$\lambda_2=-2$的特征向量是多解的,选$\xi_{12}=\xi_{32}=1,\xi_{22}=0$,得$\boldsymbol{\xi}_2=[1\quad 0\quad 1]^{\mathrm{T}}$;对于$\lambda_3=-3$的特征向量是多解的,选$\boldsymbol{\xi}_3=[1\quad -2\quad 0]^{\mathrm{T}}$。所以每个特征向量组成的相似变换矩阵如下:

$$\boldsymbol{P}=\begin{bmatrix}\xi_{11} & \xi_{12} & \xi_{13}\\ \xi_{21} & \xi_{22} & \xi_{23}\\ \xi_{31} & \xi_{32} & \xi_{33}\end{bmatrix}=\begin{bmatrix}1 & 1 & 1\\ 0 & 0 & -2\\ 0 & 1 & 0\end{bmatrix},\quad \boldsymbol{P}^{-1}=\begin{bmatrix}1 & 0.5 & -1\\ 0 & 0 & 1\\ 0 & -0.5 & 0\end{bmatrix}$$

所以有

$$\boldsymbol{A}_{\mathrm{g}}=\boldsymbol{P}^{-1}\boldsymbol{A}\boldsymbol{P}=\begin{bmatrix}1 & 0.5 & -1\\ 0 & 0 & 1\\ 0 & -0.5 & 0\end{bmatrix}\begin{bmatrix}-1 & 1 & -1\\ 0 & -3 & 0\\ 0 & 0 & -2\end{bmatrix}\begin{bmatrix}1 & 1 & 1\\ 0 & 0 & -2\\ 0 & 1 & 0\end{bmatrix}=\begin{bmatrix}-1 & 0 & 0\\ 0 & -2 & 0\\ 0 & 0 & -3\end{bmatrix}$$

由此可见,对于变换的对角阵$\boldsymbol{A}_{\mathrm{g}}$,其对角线上的值就是系统的特征根。

【例6-4-2】已知连续系统的状态方程和输出方程:

$$\dot{\boldsymbol{f}}(t)=\begin{bmatrix}3 & 0 & 0\\ 1 & 5 & 2\\ 0 & 2 & 1\end{bmatrix}\boldsymbol{f}(t)+\begin{bmatrix}1 & 0\\ 2 & 0\\ 0 & 5\end{bmatrix}\boldsymbol{x}(t),\quad \boldsymbol{y}(t)=\begin{bmatrix}3 & 0 & 1\\ 6 & 2 & 0\end{bmatrix}\boldsymbol{f}(t)$$

若进行状态矢量的线性变换$\boldsymbol{f}(t)=\boldsymbol{P}\boldsymbol{g}(t)$,其中

$$\boldsymbol{P}=\begin{bmatrix}1 & 0 & 0\\ 0 & 2 & 0\\ 0 & 0 & 3\end{bmatrix}$$

求变换后的系数矩阵 $\boldsymbol{A}_g,\boldsymbol{B}_g,\boldsymbol{C}_g,\boldsymbol{D}_g$。

解:选择新的状态矢量 $\boldsymbol{g}(t)$,状态方程和输出方程变为

$$\dot{\boldsymbol{g}}(t)=\boldsymbol{P}^{-1}\boldsymbol{APg}(t)+\boldsymbol{P}^{-1}\boldsymbol{Bx}(t)=\boldsymbol{A}_g\boldsymbol{g}(t)+\boldsymbol{B}_g\boldsymbol{x}(t)$$

$$\boldsymbol{y}(t)=\boldsymbol{CPg}(t)+\boldsymbol{Dx}(t)=\boldsymbol{C}_g\boldsymbol{g}(t)+\boldsymbol{D}_g\boldsymbol{x}(t)$$

线性变换矩阵 $\boldsymbol{P}$ 的逆矩阵为

$$\boldsymbol{P}^{-1}=\begin{bmatrix}1 & 0 & 0\\0 & 1/2 & 0\\0 & 0 & 1/3\end{bmatrix}$$

系统矩阵 $\boldsymbol{A},\boldsymbol{B},\boldsymbol{C},\boldsymbol{D}$ 经矩阵 $\boldsymbol{P}$ 的变换,得

$$\boldsymbol{A}_g=\boldsymbol{P}^{-1}\boldsymbol{AP}=\begin{bmatrix}1 & 0 & 0\\0 & 1/2 & 0\\0 & 0 & 1/3\end{bmatrix}\begin{bmatrix}3 & 0 & 0\\1 & 5 & 2\\0 & 2 & 1\end{bmatrix}\begin{bmatrix}1 & 0 & 0\\0 & 2 & 0\\0 & 0 & 3\end{bmatrix}=\begin{bmatrix}3 & 0 & 0\\0.5 & 5 & 3\\0 & 4/3 & 1\end{bmatrix}$$

$$\boldsymbol{B}_g=\boldsymbol{P}^{-1}\boldsymbol{B}=\begin{bmatrix}1 & 0 & 0\\0 & 1/2 & 0\\0 & 0 & 1/3\end{bmatrix}\begin{bmatrix}1 & 0\\2 & 0\\0 & 5\end{bmatrix}=\begin{bmatrix}1 & 0\\1 & 0\\0 & 5/3\end{bmatrix}$$

$$\boldsymbol{C}_g=\boldsymbol{CP}=\begin{bmatrix}3 & 0 & 1\\6 & 2 & 0\end{bmatrix}\begin{bmatrix}1 & 0 & 0\\0 & 2 & 0\\0 & 0 & 3\end{bmatrix}=\begin{bmatrix}3 & 0 & 3\\6 & 4 & 0\end{bmatrix},\quad \boldsymbol{D}_g=\boldsymbol{D}=\boldsymbol{0}$$

6.4.2　系统的可控制性和可观测性

为研究外部对系统控制与观测作用的性能,我们要考虑系统的全部状态是否都能由输入来控制,即系统能否在有限时间内,在输入的作用下从某一状态转移到另一指定状态,这就是可控性问题;能否通过观测有限时间内的输出值来确定系统的状态,这就是可观性问题。系统的可控制性也称为能控制性,简称可控性或能控性;系统的可观测性也称为能观测性,简称可观性或能观性。

1. 由典型例子认识可控制性和可观测性

【例 6-4-3】某离散系统的状态方程为

$$\begin{bmatrix}f_1[n+1]\\f_2[n+1]\end{bmatrix}=\begin{bmatrix}2 & 0\\0 & -1\end{bmatrix}\begin{bmatrix}f_1[n]\\f_2[n]\end{bmatrix}+\begin{bmatrix}2 & 1\\0 & 0\end{bmatrix}\begin{bmatrix}x_1[n]\\x_2[n]\end{bmatrix}$$

输出方程为

$$y[n]=\begin{bmatrix}0 & 1\end{bmatrix}\begin{bmatrix}f_1[n]\\f_2[n]\end{bmatrix}+\begin{bmatrix}1 & 0\end{bmatrix}\begin{bmatrix}x_1[n]\\x_2[n]\end{bmatrix}$$

讨论输入对各个状态变量的控制情况和通过观测输出 $y[n]$ 了解系统内部状态的情况。

解:由状态方程知

$$f_1[n+1]=2f_1[n]+2x_1[n]+x_2[n]$$
$$f_2[n+1]=-f_2[n]$$

状态变量 $f_1[n]$直接受输入 $x_1[n]$和 $x_2[n]$的控制,因此从某一状态开始,选择适当的输入,经过有限的迭代可转移到所指定的状态。$f_2[n]$不受输入的控制,因此不能通过输入的控制作用使它转移到某个指定状态。因此说状态变量 $f_1[n]$是可控制的,$f_2[n]$是不可控制的。

由输出方程 $y[n]=f_2[n]=+x_1[n]$可以看出,在已知输入的情况下,可从输出 $y[n]$中观测到 $f_2[n]$的变化情况,但不能知道 $x_1[n]$的变化情况。因此说状态变量 $f_2[n]$是可观测的,$f_1[n]$是不可观测的。

2. 系统的可控制性和系统的可观测性

(1) 系统的可控制性

当系统用状态方程描述时,如果状态变量 $\boldsymbol{f}(\cdot)$由任意初始时刻的初始状态起的运动都能由输入来影响并能在有限时间内控制到系统原点或所要求的状态,则称系统是可控制的;否则,就称系统为不完全可控制。

讨论系统的可控制性问题时,是考虑系统在输入 $\boldsymbol{x}(\cdot)$作用下,状态 $\boldsymbol{f}(\cdot)$的转移变化问题,与输出 $\boldsymbol{y}(\cdot)$无关,因此可只根据状态方程来检测系统的可控制性。

在前面的实例中,实际上我们已经看到了一种可控制性的判别方法,这就是检查与 $\boldsymbol{A}$ 对角阵对应的 $\boldsymbol{B}$ 矢量中是否含有零元素,$\boldsymbol{B}$ 中没有任何一行元素全部为零,则系统可控制。下面介绍可控制性的另一种判据方法,称为“可控阵满秩判别法”,利用这种方法首先要定义系统的“可控性判别矩阵”,简称“可控阵”,以 $\boldsymbol{M}_C$ 表示,即

$$\boldsymbol{M}_C=[\boldsymbol{B} \quad \boldsymbol{AB} \quad \boldsymbol{A}^2\boldsymbol{B} \quad \cdots \quad \boldsymbol{A}^{n-1}\boldsymbol{B}] \tag{6-4-7}$$

在给定系统状态方程时,只要 $\boldsymbol{M}_C$ 矩阵满秩,系统就是完全可控的。这是完全可控的充分必要条件。该结论证明可参阅有关现代控制理论方面的书籍。

(2) 系统的可观测性

当系统用状态方程描述时,给定输入(控制),若能在有限时间间隔内根据系统的输出唯一地确定系统的所有初始状态,则称系统是完全可观测的,若只能确定部分初始状态,则称系统是不完全可观的。

对线性系统而言,由于输入控制是给定的,为了简化问题的讨论,可令 $\boldsymbol{x}(t)$为零。因此,状态可观测性可只考虑系统的输出 $\boldsymbol{y}(t)$,以及系统矩阵 $\boldsymbol{A}$ 和输出矩阵 $\boldsymbol{C}$,与系统的输入矩阵 $\boldsymbol{B}$ 和输入 $\boldsymbol{x}(t)$无关观测。

在前面的例子中,已看到可观测性判据的一种方法,这就是检查与 $\boldsymbol{A}$ 对角阵对应的 $\boldsymbol{C}$ 矩阵,$\boldsymbol{C}$ 中没有任何一列元素全部为零,则系统可控。下面介绍可观测性的另一种判据方法,称为“可观阵满秩判别法”。这种方法与可控阵满秩判别法类似,

也是首先定义系统的可观测性判别矩阵，简称“可观阵”，以 M_o 表示，即

$$M_o = [C \quad CA \quad CA^2 \quad \cdots \quad CA^{n-1}]^T \tag{6-4-8}$$

在给定系统状态方程时，只要 M_o 矩阵满秩，系统就是完全可观的。这是完全可观的充分必要条件。该结论证明可参阅有关现代控制理论方面的书籍。

【例 6-4-4】试判断如下系统的可控制性和可观测性。

(1) $\dot{\boldsymbol{f}}(t) = \begin{bmatrix} 1 & 0 \\ -1 & 2 \end{bmatrix} \boldsymbol{f}(t) + \begin{bmatrix} 0 \\ 1 \end{bmatrix} [x(t)]$，$\boldsymbol{y}(t) = [0 \quad 1] \boldsymbol{f}(t)$。

(2) $\dot{\boldsymbol{f}}(t) = \begin{bmatrix} 1 & 1 \\ 2 & -1 \end{bmatrix} \boldsymbol{f}(t) + \begin{bmatrix} 0 \\ 1 \end{bmatrix} [x(t)]$，$\boldsymbol{y}(t) = [1 \quad 0] \boldsymbol{f}(t)$。

(3) $\dot{\boldsymbol{f}}(t) = \begin{bmatrix} 2 & 2 \\ 2 & -1 \end{bmatrix} \boldsymbol{f}(t) + \begin{bmatrix} 2 \\ 0 \end{bmatrix} [x(t)]$，$\boldsymbol{y}(t) = [1 \quad -2] \boldsymbol{f}(t)$。

解：(1)

$$AB = \begin{bmatrix} 1 & 0 \\ -1 & 2 \end{bmatrix} \begin{bmatrix} 0 \\ 1 \end{bmatrix} = \begin{bmatrix} 0 \\ 2 \end{bmatrix}$$

可控性判别矩阵：

$$M_C = [B \quad AB] = \begin{bmatrix} 0 & 0 \\ 1 & 2 \end{bmatrix}$$

$\mathrm{rank}(M_C) = 1 < 2$，所以系统不可控。

$$CA = [0 \quad 1] \begin{bmatrix} 1 & 0 \\ -1 & 2 \end{bmatrix} = [-1 \quad 2]$$

可观性判别矩阵：

$$M_o = [C \quad CA]^T = \begin{bmatrix} 0 & 1 \\ -1 & 2 \end{bmatrix}$$

$\mathrm{rank}(M_o) = 2$，所以系统完全可观。

(2) 同理，可控性判别矩阵：

$$M_C = [B \quad AB] = \left[\begin{bmatrix} 0 \\ 1 \end{bmatrix} \begin{bmatrix} 1 & 1 \\ 2 & -1 \end{bmatrix} \begin{bmatrix} 0 \\ 1 \end{bmatrix} \right] = \begin{bmatrix} 0 & 1 \\ 1 & -1 \end{bmatrix}$$

$\mathrm{rank}(M_C) = 2$，所以系统完全可控。

$rank(M_o) = \mathrm{rank}[C \quad CA]^T = \mathrm{rank} \begin{bmatrix} 1 & 0 \\ 1 & -1 \end{bmatrix} = 2$，所以系统完全可观。

(3) 同理，可控性判别矩阵：

$$M_C = [B \quad AB] = \left[\begin{bmatrix} 2 \\ 0 \end{bmatrix} \begin{bmatrix} 2 & 2 \\ 2 & -1 \end{bmatrix} \begin{bmatrix} 2 \\ 0 \end{bmatrix} \right] = \begin{bmatrix} 2 & 4 \\ 0 & 4 \end{bmatrix}$$

$\mathrm{rank}(M_C) = 2$，所以系统完全可控。

$\mathrm{rank}(M_o) = \mathrm{rank}[C \quad CA]^T = \mathrm{rank} \begin{bmatrix} 1 & -2 \\ -2 & 4 \end{bmatrix} = 1 < 2$，所以系统不可观。

3. 可控制性、可观测性与系统转移函数之间的关系

系统描述分为两类:一类是输入输出描述法,在变换域中使用系统函数来描述;另一类是状态变量分析法(状态变量法),使用状态方程来描述。那么这两者之间有什么关系呢?过去人们一直认为这两种方法本质上是一样,应该得到相同的结果,直到卡尔曼第一个证实了这种等价是有条件的,人们才改变了这一观点。下面通过例题说明其中的问题。

【例 6-4-5】如 LTI 系统的状态方程和输出方程为

$$\begin{bmatrix}\dot{f}_1(t)\\ \dot{f}_2(t)\\ \dot{f}_3(t)\end{bmatrix}=\begin{bmatrix}-1 & 1 & -1\\ 0 & -3 & 0\\ 0 & 0 & -2\end{bmatrix}\begin{bmatrix}f_1(t)\\ f_2(t)\\ f_3(t)\end{bmatrix}+\begin{bmatrix}2\\ -2\\ 0\end{bmatrix}[x(t)]$$

$$y(t)=\begin{bmatrix}0 & -1 & 1\end{bmatrix}\begin{bmatrix}f_1(t)\\ f_2(t)\\ f_3(t)\end{bmatrix}$$

(1) 检查系统的可控制性和可观测性。

(2) 求系统的转移函数 $\boldsymbol{H}(s)$。

解:(1) 将系统矩阵 $\boldsymbol{A}$ 化为对角阵

首先求相似变换矩阵 $\boldsymbol{P}$。本题的系统矩阵 $\boldsymbol{A}$ 与例 6-4-1 的系统矩阵相同,所以

$$\boldsymbol{P}=[\xi_1\quad \xi_2\quad \xi_3]=\begin{bmatrix}1 & 1 & 1\\ 0 & 0 & -2\\ 0 & 1 & 0\end{bmatrix},\quad \boldsymbol{P}^{-1}=\begin{bmatrix}1 & 0.5 & -1\\ 0 & 0 & 1\\ 0 & -0.5 & 0\end{bmatrix}$$

选取新的状态变量 $\boldsymbol{g}(t)=\boldsymbol{P}^{-1}\boldsymbol{f}(t)$,对状态方程和输出方程进行线性变换,有

$$\dot{\boldsymbol{g}}(t)=\boldsymbol{P}^{-1}\boldsymbol{APg}(t)+\boldsymbol{P}^{-1}\boldsymbol{B}x(t)=\boldsymbol{A}_g\boldsymbol{g}(t)+\boldsymbol{B}_g x(t)$$

$$y(t)=\boldsymbol{CPg}(t)=\boldsymbol{C}_g\boldsymbol{g}(t)$$

将有关矩阵代入后得

$$\begin{bmatrix}\dot{g}_1(t)\\ \dot{g}_2(t)\\ \dot{g}_3(t)\end{bmatrix}=\begin{bmatrix}-1 & 0 & 0\\ 0 & -2 & 0\\ 0 & 0 & -3\end{bmatrix}\begin{bmatrix}g_1(t)\\ g_2(t)\\ g_3(t)\end{bmatrix}+\begin{bmatrix}1\\ 0\\ 1\end{bmatrix}[x(t)]$$

$$y(t)=\begin{bmatrix}0 & 1 & 2\end{bmatrix}\begin{bmatrix}g_1(t)\\ g_2(t)\\ g_3(t)\end{bmatrix}$$

选取新的状态变量进行线性变换后,可以看出,控制矩阵 $\boldsymbol{B}_g$(即 $\boldsymbol{P}^{-1}\boldsymbol{B}$)有零行向量,所以系统不完全可控;输出矩阵 $\boldsymbol{C}_g$(即 $\boldsymbol{CP}$)有零列向量,所以系统不完全可观。

画出进行线性变换后的状态方程和输出方程的系统框图如图 6－4－1 所示，由系统框图能直观地了解系统可控制性和可观测性的含义。图中状态变量 $g_2(t)$ 的子系统是不可控的，而 $g_1(t)$ 的子系统是不可观的，状态变量 $g_3(t)$ 的子系统是可控又可观的。

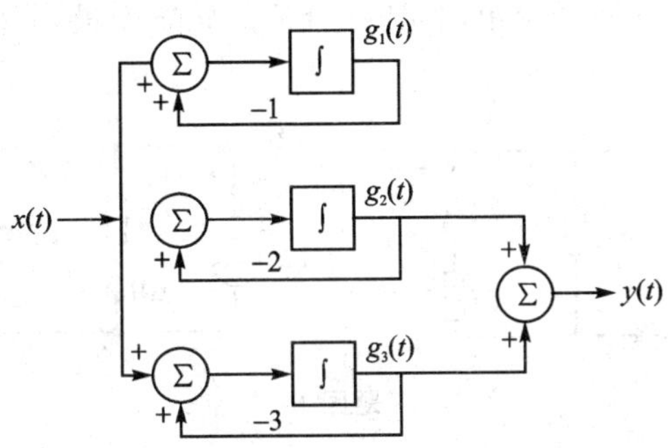

图 6－4－1　变换状态变量后的系统框图

(2) 求系统的系统函数

系统的系统函数

$$\boldsymbol{H}(s)=\boldsymbol{H}_{\mathrm{g}}(s)=\boldsymbol{C}_{\mathrm{g}}[s\boldsymbol{I}-\boldsymbol{A}_{\mathrm{g}}]^{-1}\boldsymbol{B}_{\mathrm{g}}$$

将有关矩阵代入上式，得

$$\boldsymbol{H}(s)=\begin{bmatrix}0 & 1 & 2\end{bmatrix}\begin{bmatrix}s+1 & 0 & 0\\ 0 & s+2 & 0\\ 0 & 0 & s+3\end{bmatrix}^{-1}\begin{bmatrix}1\\0\\1\end{bmatrix}$$

$$=\frac{\begin{bmatrix}0 & 1 & 2\end{bmatrix}}{(s+1)(s+2)(s+3)}\begin{bmatrix}(s+2)(s+3) & 0 & 0\\ 0 & (s+1)(s+3) & 0\\ 0 & 0 & (s+1)(s+2)\end{bmatrix}\begin{bmatrix}1\\0\\1\end{bmatrix}$$

$$=\frac{2(s+1)(s+2)}{(s+1)(s+2)(s+3)}=\frac{2}{s+3}$$

由系统函数 $\boldsymbol{H}(s)$ 的最后结果看，系统有唯一极点 $s=-3$，系统具有零极点相消现象。从图 6－4－1 明显地看出，输入量只有通过 $g_3(t)$ 才能影响到输出量 $\boldsymbol{y}(t)$。由此可得当系统具有不可控、不可观的状态变量时，系统函数的零点、极点会有相互抵消现象，这表明仅用系统函数描述一个系统有时并不全面。

一个线性系统，若系统的系统函数(转移函数)$\boldsymbol{H}(s)$ 没有零点、极点相互抵消现象，则系统是即可控又可观的；如果系统的系统函数(转移函数)$\boldsymbol{H}(s)$ 有零点、极点相互抵消现象，则系统是不完全可控或不完全可观的。零点、极点相消部分必定是不可控或不可观部分，而留下的是可控可观的。因而用系统函数描述系统只能反映系统中可控和可观那部分的运动规律，而用状态方程和输出方程来描述系统比用系统函数描述更全面、更详尽。

习题及思考题

1. 已知如题图1所示两个电路,选择合适的状态变量,分别列写系统的状态方程和输出方程。

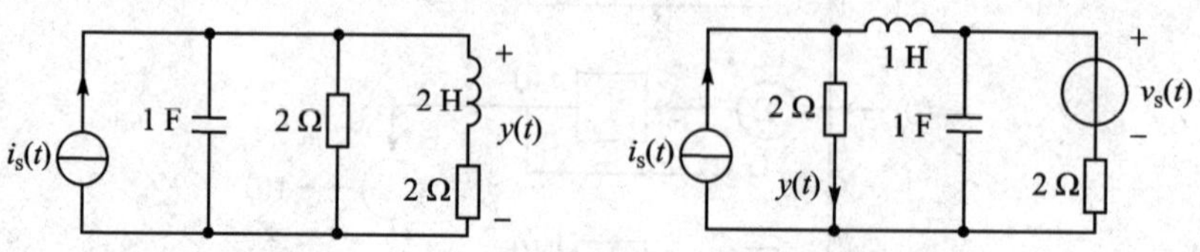

题图 1

2. 已知系统的系统函数:

$$\boldsymbol{H}(s)=\frac{5s+5}{s^3+7s^2+10s}$$

(1) 分别画出其直接形式、并联形式和串联形式的信号流图。

(2) 以积分器的输出为状态变量,列写对应信号流图的状态方程和输出方程。

3. 已知系统的微分方程如下,试写出状态方程和输出方程。

(1) $y'''(t)+6y''(t)+11y'(t)+6y(t)=2x(t)+8x'(t)$;

(2) $\frac{\mathrm{d}^3y(t)}{\mathrm{d}t^3}+8\frac{\mathrm{d}^2y(t)}{\mathrm{d}t^2}+19\frac{\mathrm{d}y(t)}{\mathrm{d}t}+12y(t)=10x(t)$。

4. 已知连续系统的状态方程和输出方程系数矩阵为

$$\boldsymbol{A}=\begin{bmatrix}0 & 1\\ -2 & -3\end{bmatrix},\quad \boldsymbol{B}=\begin{bmatrix}1 & 0\\ 1 & 1\end{bmatrix},\quad \boldsymbol{C}=\begin{bmatrix}1 & 0\\ 1 & 1\\ 0 & 2\end{bmatrix},\quad \boldsymbol{D}=\begin{bmatrix}0 & 0\\ 1 & 0\\ 0 & 1\end{bmatrix}$$

(1) 求系统的预解矩阵 $\boldsymbol{\Phi}(s)$ 和状态转移矩阵 $\boldsymbol{\varphi}(t)$;

(2) 求系统函数 $\boldsymbol{H}(s)$。

5. 已知连续系统的状态方程和输出方程:

$$\begin{bmatrix}\dot{f}_1(t)\\ \dot{f}_2(t)\end{bmatrix}=\begin{bmatrix}-5 & -4\\ 4 & 3\end{bmatrix}\begin{bmatrix}f_1(t)\\ f_2(t)\end{bmatrix}+\begin{bmatrix}1\\ 0\end{bmatrix}x(t)$$

其中 $x(t)=\mathrm{e}^{-t}u(t)$,初始条件为 $f_1(0_-)=1, f_2(0_-)=0$,求状态方程的解。

6. 已知某系统的状态方程和输出方程:

$$\begin{bmatrix}\dot{f}_1(t)\\ \dot{f}_2(t)\end{bmatrix}=\begin{bmatrix}1 & 0\\ 1 & -3\end{bmatrix}\begin{bmatrix}f_1(t)\\ f_2(t)\end{bmatrix}+\begin{bmatrix}1\\ 0\end{bmatrix}x(t)$$

$$y(t)=\begin{bmatrix}-\frac{1}{4} & 1\end{bmatrix}\begin{bmatrix}f_1(t)\\ f_2(t)\end{bmatrix}$$

初始条件为 $f_1(0_-)=1, f_2(0_-)=2$，输入信号 $\boldsymbol{x}(t)=u(t)$，用拉普拉斯变换法求响应 $y(t)$。

7. 已知离散系统的差分方程如下，试写出其状态方程和输出方程。

(1) $y[n]-y[n-1]+4y[n-2]+2y[n-3]=x[n-1]+x[n-2]+2x[n-3]$。

(2) $y[n]+2y[n-1]+5y[n-2]+6y[n-3]=x[n-3]$。

8. 已知 LTI 离散系统状态方程中的系数矩阵如下，求状态转移矩阵 $\boldsymbol{\varphi}[n]=\boldsymbol{A}^n$。

(1) $\boldsymbol{A}=\begin{bmatrix}\frac{3}{4} & 0\\ \frac{1}{2} & \frac{1}{2}\end{bmatrix}$；　(2) $\boldsymbol{A}=\begin{bmatrix}\frac{1}{2} & 0\\ \frac{1}{2} & \frac{1}{2}\end{bmatrix}$。

9. 已知离散系统的状态方程和输出方程：

$$\boldsymbol{f}[n+1]=\begin{bmatrix}0 & 1\\ -2 & -3\end{bmatrix}\boldsymbol{f}[n]+\begin{bmatrix}0\\ 1\end{bmatrix}\boldsymbol{x}[n]$$

$$\boldsymbol{y}[n]=\begin{bmatrix}-2 & -3\end{bmatrix}\boldsymbol{f}[n]+\boldsymbol{x}[n]$$

输入信号 $\boldsymbol{x}[n]=\delta[n]$，初始状态 $\boldsymbol{f}[0]=\boldsymbol{0}$。

(1) 求状态转移矩阵 $\boldsymbol{A}^n$；

(2) 求状态变量 $\boldsymbol{f}[n]$ 和输出 $\boldsymbol{y}[n]$。

10. 已知离散系统的状态方程与输出方程：

$$\begin{bmatrix}f_1[n+1]\\ f_2[n+1]\end{bmatrix}=\begin{bmatrix}0 & 1\\ -3 & -4\end{bmatrix}\begin{bmatrix}f_1[n]\\ f_2[n]\end{bmatrix}+\begin{bmatrix}0\\ 2\end{bmatrix}\boldsymbol{x}[n]$$

$$\boldsymbol{y}[n]=\begin{bmatrix}-1 & -2\end{bmatrix}\begin{bmatrix}f_1[n]\\ f_2[n]\end{bmatrix}+\boldsymbol{x}[n]$$

其中，输入信号 $\boldsymbol{x}[n]=u[n]$，初始状态 $\boldsymbol{f}[0]=\begin{bmatrix}f_1[0]\\ f_2[0]\end{bmatrix}=\begin{bmatrix}0\\ 0\end{bmatrix}$，试求状态变量 $\boldsymbol{f}[n]$ 与输出 $\boldsymbol{y}[n]$。

11. 判断下列给定系统的可控制性和可观测性。

(1) $\begin{bmatrix}\dot{f}_1\\ \dot{f}_2\end{bmatrix}=\begin{bmatrix}0 & 1\\ -2 & -4\end{bmatrix}\begin{bmatrix}f_1\\ f_2\end{bmatrix}+\begin{bmatrix}0\\ 2\end{bmatrix}x, y=\begin{bmatrix}0 & 1\end{bmatrix}\begin{bmatrix}f_1\\ f_2\end{bmatrix}$。

(2) $\begin{bmatrix}\dot{f}_1\\ \dot{f}_2\end{bmatrix}=\begin{bmatrix}2 & 2\\ 0 & -2\end{bmatrix}\begin{bmatrix}f_1\\ f_2\end{bmatrix}+\begin{bmatrix}1\\ 0\end{bmatrix}x, y=\begin{bmatrix}0 & 1\end{bmatrix}\begin{bmatrix}f_1\\ f_2\end{bmatrix}$。

(3) $\begin{bmatrix}g_1[n+1]\\ g_2[n+1]\end{bmatrix}=\begin{bmatrix}0 & 1\\ -1 & 0\end{bmatrix}\begin{bmatrix}g_1[n]\\ g_2[n]\end{bmatrix}+\begin{bmatrix}1\\ 2\end{bmatrix}x, y=\begin{bmatrix}0 & 1\end{bmatrix}\begin{bmatrix}g_1[n]\\ g_2[n]\end{bmatrix}$。

12. 已知某系统的状态方程和输出方程：

$$\begin{cases}\dot{f}_1=-f_1+x\\ \dot{f}_2=f_1-4f_2\\ \dot{f}_3=f_1-f_2-3f_3\end{cases},\quad y(t)=f_1-f_2+f_3$$

(1) 讨论系统的可控制性、可观测性；

(2) 求该系统的系统函数；

(3) 讨论不可控与不可观的状态变量情况。

第 7 章　离散傅里叶变换及应用

傅里叶变换建立了以时间为自变量的信号与以频率为自变量的频谱函数之间的关系。基于傅里叶变换的信号与系统的频域分析方法具有极其重要的工程意义。广泛应用于物理学、控制工程、信号处理和通信等领域。

当以时间为自变量的时域信号的连续性和周期性发生变化时，傅里叶变换呈现出四种基本形式(CTFT、CFS、DTFT 和 DFS)，但是，它们都不满足时频域均是有限长且离散的条件，使运用数字技术或计算机技术进行傅里叶理论应用受到了限制。为此，时域和频域都离散，且是有限长的离散傅里叶变换(Discrete Fourier Transform, DFT)成为运用数字系统进行信号分析与处理的研究焦点，为采用数字技术进行信号处理找到突破口。也就是说，数字信号处理是用数字技术实现对信号的分析或处理，其实质是“运算”。更重要的是，DFT 有多种快速算法，统称为快速傅里叶变换(Fast Fourier Transform，FFT)，从而使信号的实时处理和设备的简化得以实现。这使得 DFT 不仅在理论上具有十分重要的意义，而且在科学研究、工程技术等诸多领域获得广泛的应用。

信号处理的目的是从信号中提取尽可能多的有用信息，增强信号的有用分量，估计信号的特征参数，识别信号的特征，同时抑制或消除不需要(甚至有害)的信号分量等。为此，需要对信号进行分析和变换、扩展和压缩、滤波、参数估计和特性识别等处理，统称为信号处理。信号处理分为模拟信号处理和数字信号处理两种。因模拟信号经 A/D 可变换为数字信号，而数字信号经过 D/A 可变换为模拟信号，所以，若信号处理系统增加 A/D 和 D/A，则模拟信号处理系统可以处理数字信号，数字信号处理系统可以处理模拟信号。

DSP 技术有两个方面：数字信号处理(digital signal processing)和数字信号处理器(digital signal processor)，前者是本书自本章开始讨论的重点，研究数字信号处理的基本思想和采用数字技术实现对信号分析或处理的算法，频谱分析和滤波器设计是其最核心的内容；后者是能满足数字信号处理算法运算实时性能力的高性能微处理器。可以说，随着计算机和微电子技术的发展，数字信号处理已经是现代高新理论与技术的基础，理论与实践、原理与应用紧密结合。

本章以 DFT 为核心，寻找通过 DFT 技术近似表达四种傅里叶变换的方法；结合圆周卷积实现线性卷积的快速算法，为线性卷积的实际工程应用找到切实有效的途径，以及 FFT 等。

7.1 离散傅里叶变换

定义周期序列 $\tilde{x}[n]$的第一个周期($n=0,1,\cdots,N-1$)为 $\tilde{x}[n]$的主值序列,记为 $x[n]$,因此 $x[n]$与 $\tilde{x}[n]$的关系表述如下:

① $\tilde{x}[n]$是以 $x[n]$的自身长度为周期的周期延拓序列,即

$$\tilde{x}[n]=\sum_{q=-\infty}^{\infty}x[n-qN]=x[((n))_N] \tag{7-1-1}$$

② $x[n]$是 $\tilde{x}[n]$的主值序列,即

$$x[n]=\tilde{x}[n]R_N[n] \tag{7-1-2}$$

由于 $x[n]$是 $\tilde{x}[n]$的主值序列,因此 $x[n]$代表了 $\tilde{x}[n]$的全部信息。若 $X[k]$是 $\tilde{X}[k]$的主值序列,则将 $X[k]$作为 $x[n]$的变换域形式,由此基于 DFS 得到一种新的正交变换,称为有限长序列的离散傅里叶变换,记为 $\mathrm{DFT}\{\}_N$,离散傅里叶变换的反变换记为$\mathrm{DFT}^{-1}\{\}_N$。公式如下:

$$\begin{aligned}&X[k]=\mathrm{DFT}\{x[n]\}_N=\sum_{n=0}^{N-1}x[n]W_N^{nk},\quad 0\leqslant k\leqslant N-1,\quad W_N^{nk}=\mathrm{e}^{-\mathrm{j}\frac{2\pi}{N}nk}\\&x[n]=\mathrm{DFT}^{-1}\{X[k]\}_N=\frac{1}{N}\sum_{k=0}^{N-1}X[k]W_N^{-nk},\quad 0\leqslant n\leqslant N-1\end{aligned} \tag{7-1-3}$$

在以下讨论中,长度为 N 的有限长序列 $x[n]$均指 $0\leqslant n\leqslant N-1$ 的序列,因此 $\mathrm{DFT}\{\}_N$ 和$\mathrm{DFT}^{-1}\{\}_N$ 中的下标 N 在不产生歧义时经常被省略。

DFT 是线性变换。设 $x_1[n]$和 $x_2[n]$都是 N 点的有限长序列,且 $X_1[k]=\mathrm{DFT}\{x_1[n]\}_N$,$X_2[k]=\mathrm{DFT}\{x_2[n]\}_N$,则有互为充分必要条件:

$$\mathrm{DFT}\{ax_1[n]+bx_2[n]\}=aX_1[k]+bX_2[k]$$

式中:$0\leqslant k\leqslant N-1$,$a$、$b$ 为不为零的实常数。

W_N^k 称为旋转因子,具有以下性质:

① 周期性(以 N 为周期)

$$W_N^{k+rN}=W_N^k,\quad r\text{ 为整数} \tag{7-1-4}$$

证明:$W_N^{k+rN}=\mathrm{e}^{-\mathrm{j}\frac{2\pi}{N}(k+rN)}=\mathrm{e}^{-\mathrm{j}\frac{2\pi}{N}k}\mathrm{e}^{-\mathrm{j}\frac{2\pi}{N}rN}=\mathrm{e}^{-\mathrm{j}\frac{2\pi}{N}k}\mathrm{e}^{-\mathrm{j}2\pi r}=W_N^{nk}$。

② 可约性

$$W_N^k=W_{mN}^{mk},\quad W_N^k=W_{N/m}^{k/m} \tag{7-1-5}$$

证明:$W_{mN}^{mk}=\mathrm{e}^{-\mathrm{j}\frac{2\pi}{mN}mk}=\mathrm{e}^{-\mathrm{j}\frac{2\pi}{N}k}=W_N^k$。

③ 对称性

$$W_N^{k+\frac{N}{2}}=-W_N^k \tag{7-1-6}$$

证明：$W_N^{k+\frac{N}{2}}=\mathrm{e}^{-\mathrm{j}\frac{2\pi}{N}\left(k+\frac{N}{2}\right)}=\mathrm{e}^{-\mathrm{j}\frac{2\pi}{N}k}\mathrm{e}^{-\mathrm{j}\frac{2\pi}{N}\frac{N}{2}}=\mathrm{e}^{-\mathrm{j}\frac{2\pi}{N}k}\mathrm{e}^{-\mathrm{j}\pi}=-W_N^k$。

④ 正交性

$$\frac{1}{N}\sum_{k=0}^{N-1}W_N^{kn_1}(W_N^{kn_2})^*=\frac{1}{N}\sum_{k=0}^{N-1}W_N^{k(n_1-n_2)}=\begin{cases}1, & n_1-n_2=mN\\0, & n_1-n_2\neq mN\end{cases},\quad m\text{ 为整数} \tag{7-1-7}$$

由于 $x[n]$和 $X[k]$均是长度为 N 的有限长序列，结合周期序列与主值序列的关系，以及 W_N^{kn} 的周期性，可知 DFT 具有隐含周期性：

$$X[k+rN]=\sum_{n=0}^{N-1}x[n]W_N^{(k+rN)n}=\sum_{n=0}^{N-1}x[n]W_N^{kn}=X[k],\quad 0\leqslant k\leqslant N-1$$

$$x[n+rN]=\frac{1}{N}\sum_{k=0}^{N-1}X[k]W_N^{-k(n+rN)}=\frac{1}{N}\sum_{k=0}^{N-1}X[k]W_N^{-kn}=x[n],\quad 0\leqslant n\leqslant N-1$$

DFT 及其逆变换本质上是 N 个 $x[n]$与 N 个 $X[k]$之间的线性方程组，矩阵形式可表示为

$$\boldsymbol{X}=\boldsymbol{W}_N\boldsymbol{x} \tag{7-1-8}$$

式中：$\boldsymbol{x}$ 是由 $x[n]$构成的 N 维列向量；$\boldsymbol{X}$ 是由 $X[k]$构成的 N 维列向量；W_N 是 $N\times N$ 矩阵，其 $m+1$ 行 $n+1$ 列的元素为 $W_N^{mn}(m,n=0,1,\cdots,N-1)$。

$$\boldsymbol{x}=\begin{bmatrix}x[0]\\x[1]\\\vdots\\x[N-1]\end{bmatrix},\quad \boldsymbol{X}=\begin{bmatrix}X[0]\\X[1]\\\vdots\\X[N-1]\end{bmatrix}$$

$$\boldsymbol{W}_N=\begin{bmatrix}1 & 1 & 1 & \cdots & 1\\1 & W_N^1 & W_N^2 & \cdots & W_N^{(N-1)}\\1 & W_N^2 & W_N^4 & \cdots & W_N^{2(N-1)}\\\vdots & \vdots & \vdots & & \vdots\\1 & W_N^{(N-1)} & W_N^{2(N-1)} & \cdots & W_N^{(N-1)(N-1)}\end{bmatrix}$$

类似地，DFT 的逆变换矩阵为

$$\boldsymbol{x}=(\boldsymbol{W}_N)^{-1}\boldsymbol{X} \tag{7-1-9}$$

式中：

$$\boldsymbol{W}_N^{-1}=\frac{1}{N}\begin{bmatrix}1 & 1 & 1 & \cdots & 1\\1 & W_N^{-1} & W_N^{-2} & \cdots & W_N^{-(N-1)}\\1 & W_N^{-2} & W_N^{-4} & \cdots & W_N^{-2(N-1)}\\\vdots & \vdots & \vdots & & \vdots\\1 & W_N^{-(N-1)} & W_N^{-2(N-1)} & \cdots & W_N^{-(N-1)(N-1)}\end{bmatrix}$$

为 $N\times N$ 矩阵，其 $m+1$ 行 $n+1$ 列的元素为 $W_N^{-mn}(m,n=0,1,\cdots,N-1)$。

【例 7-1-1】求 $x[n]=0.8^n(0\leqslant n\leqslant 15)$ 的 16 点离散傅里叶变换 $X[k]$，并画出 $|X[k]|$ 的图形。

解：根据 DFT 公式，有

$$X[k]=\sum_{n=0}^{N-1}x[n]W_N^{nk}=\sum_{n=0}^{15}0.8^nW_{16}^{nk}$$

$$\xlongequal{\text{利用等比数列求和公式}}\frac{1-(0.8W_{16}^k)^{16}}{1-0.8W_{16}^k},\quad 0\leqslant k\leqslant 15$$

谱线如图 7-1-1 所示。

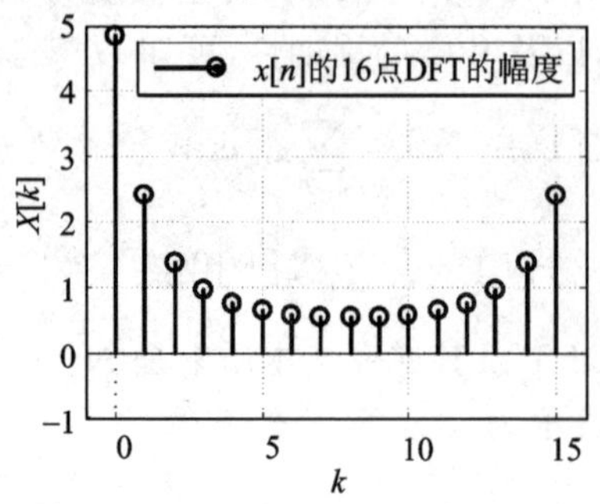

图 7-1-1 【例 7-1-1】的结果图

有限长序列的 DFT 是正交变换，满足帕斯维尔定理，以表征序列在时域的能量等于其频域的能量。若 $X[k]=\mathrm{DFT}\{x[n]\}$，$Y[k]=\mathrm{DFT}\{y[n]\}$，则

$$\boxed{\sum_{n=0}^{N-1}x[n]y^*[n]=\frac{1}{N}\sum_{k=0}^{N-1}X[k]Y^*[k]}\tag{7-1-11}$$

$$\text{证明：}\sum_{n=0}^{N-1}x[n]y^*[n]=\sum_{n=0}^{N-1}\left[\frac{1}{N}\sum_{k=0}^{N-1}X(k)W_N^{-nk}\right]y^*[n]$$

$$=\frac{1}{N}\sum_{k=0}^{N-1}X[k]\left[\sum_{n=0}^{N-1}y^*[n]W_N^{-nk}\right]$$

$$=\frac{1}{N}\sum_{k=0}^{N-1}X[k]\left[\sum_{n=0}^{N-1}y[n]W_N^{nk}\right]^*$$

$$=\frac{1}{N}\sum_{k=0}^{N-1}X[k]Y^*[k]$$

若 $x[n]=y[n]$，则 DFT 的帕斯维尔定理描述如下：

$$\boxed{\sum_{n=0}^{N-1}|x[n]|^2=\frac{1}{N}\sum_{k=0}^{N-1}|X[k]|^2}\tag{7-1-12}$$

DFT 的意义如下：

① 有限长序列的 DFT 也为有限长序列，若能找到用 DFT 来表达或近似表达信号与系统关系或信号处理过程的方法，就可以实现采用数字技术进行信号处理或系统设计。

② 尽管 DFT 运算量大，但是 DFT 有多种快速算法，如 FFT(快速离散傅里叶变换)；DFT 的逆变换也有快速算法。通过 FFT 技术使得 DFT 能够满足很多场合的实时性要求，从而使 DSP 技术走向实际应用。FFT 将在 7.9 节学习。

7.2　DFT 的物理意义与频域抽样定理

有限长序列 $x[n]$ 存在 Z 变换 $X(z)$，也存在离散时间傅里叶变换 $X(e^{j\tilde{\omega}})$，以及离散傅里叶变换 $X[k]$。既然这三种变换源于同一有限长序列 $x[n]$，那么它们之间必然存在着相互联系。下面首先分析有限长序列的三种变换之间的相互关系，然后基于此研究频域采样问题。

7.2.1　DFT 与 Z 变换及 DTFT 之间的关系

设序列 $x[n]$ 的长度为 N，$x[n]$ 的离散傅里叶变换为

$$X[k]=\mathrm{DFT}\{x[n]\}_N=\sum_{n=0}^{N-1}x[n]W_N^{kn}=\sum_{n=0}^{N-1}x[n]e^{-j(2\pi/N)kn},\quad 0\leqslant k\leqslant N-1 \tag{7-2-1}$$

$x[n]$ 的 Z 变换为

$$X(z)=\mathrm{ZT}\{x[n]\}=\sum_{n=0}^{N-1}x[n]z^{-n},\quad \text{收敛域为 } 0<|z|\leqslant\infty \tag{7-2-2}$$

$x[n]$ 的离散时间傅里叶变换为

$$X(e^{j\tilde{\omega}})=\mathrm{DTFT}\{x[n]\}=\sum_{n=0}^{N-1}x[n]e^{-j\tilde{\omega}n} \tag{7-2-3}$$

比较式(7-2-1)、式(7-2-2)和式(7-2-3)，可得序列的 DFT 与 Z 变换之间的关系：

$$\boxed{X[k]=X(z)\Big|_{z=e^{j\frac{2\pi}{N}k}}=X(e^{j\tilde{\omega}})\Big|_{\tilde{\omega}=\frac{2\pi}{N}k},\quad 0\leqslant k\leqslant N-1} \tag{7-2-4}$$

即序列 $x[n]$ 在单位圆上的 Z 变换就是序列的 DTFT；序列 $x[n]$ 的 N 点离散傅里叶变换 $X[k](0\leqslant k\leqslant N-1)$ 是 $x[n]$ 的 Z 变换在其单位圆 $X(e^{j\tilde{\omega}})$（$\tilde{\omega}\in[0,2\pi)$ 区间）上的 N 点等间隔采样，采样间隔为 $2\pi/N$。所以，如图 7-2-1 所示，DFT 的物理意义就是对序列频谱函数的等间隔频域采样。

对 $X(e^{j\tilde{\omega}})$ 在 $[0,2\pi)$ 区间上的采样间隔和采样点数不同，DFT 的变换结果也不同。下面以具体的实例来说明。

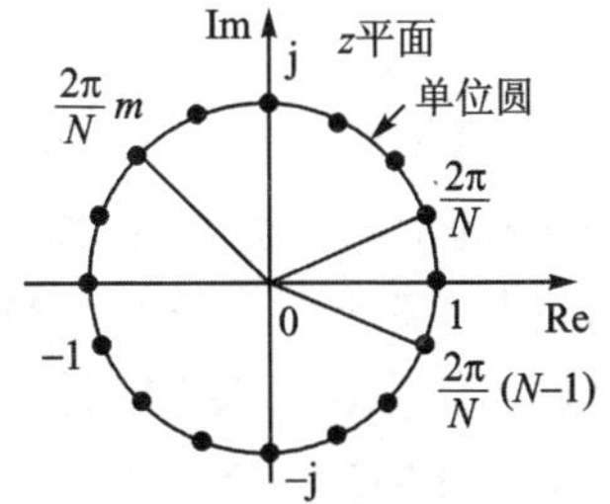

图 7-2-1　DFT、ZT 和 DTFT 的关系

【例 7-2-1】$x[n]=R_4[n]$，求 $x[n]$的 4 点、8 点和 16 点 DFT。

解：$x[n]$的 4 点 DFT 为

$$X[k]=\text{DFT}\{x[n]\}_4=\sum_{n=0}^{3}x[n]W_4^{kn}=\sum_{n=0}^{3}e^{-j\frac{2\pi}{4}kn}$$

$$\xlongequal{\text{利用等比数列求和公式}}\frac{1-e^{-j\frac{2\pi}{4}4k}}{1-e^{-j\frac{2\pi}{4}k}}$$

$$=\frac{e^{-j\frac{4\pi}{4}k}\left(e^{j\frac{4\pi}{4}k}-e^{-j\frac{4\pi}{4}k}\right)}{e^{-j\frac{\pi}{4}k}\left(e^{j\frac{\pi}{4}k}-e^{-j\frac{\pi}{4}k}\right)}$$

$$=e^{-j\frac{3\pi}{4}k}\frac{\sin[\pi k]}{\sin\left[\frac{\pi}{4}k\right]},\quad 0\leqslant k\leqslant 3$$

设变换区间 $N=8$(序列 $x[n]$后补 4 个零)，其 8 点 DFT 为

$$X[k]=\text{DFT}\{x[n]\}_8$$

$$=\sum_{n=0}^{7}x[n]W_8^{kn}=\sum_{n=0}^{3}e^{-j\frac{2\pi}{8}kn}$$

$$=e^{-j\frac{3\pi}{8}k}\frac{\sin\left[\frac{\pi}{2}k\right]}{\sin\left[\frac{\pi}{8}k\right]},\quad 0\leqslant k\leqslant 7$$

设变换区间 $N=16$(序列 $x[n]$后补 12 个零)，其 16 点 DFT 为

$$X[k]=\text{DFT}\{x[n]\}_{16}$$

$$=\sum_{n=0}^{15}x[n]W_{16}^{kn}=\sum_{n=0}^{3}e^{-j\frac{2\pi}{16}kn}$$

$$=e^{-j\frac{3\pi}{16}k}\frac{\sin\left[\frac{\pi}{4}k\right]}{\sin\left[\frac{\pi}{16}k\right]},\quad 0\leqslant k\leqslant 15$$

得到变换区间长度 N 分别取 4、8 和 16 时，$X[k]$的幅频特性曲线，如图 7-2-2 所示。图中实线即为 $X(e^{j\bar{\omega}})$的幅频特性曲线，$X[k]$是 $X(e^{j\bar{\omega}})$在$[0,2\pi)$区间上的 N 点等间隔采样。

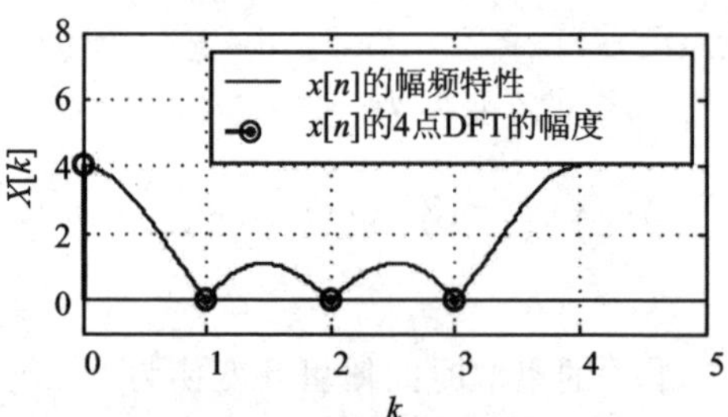

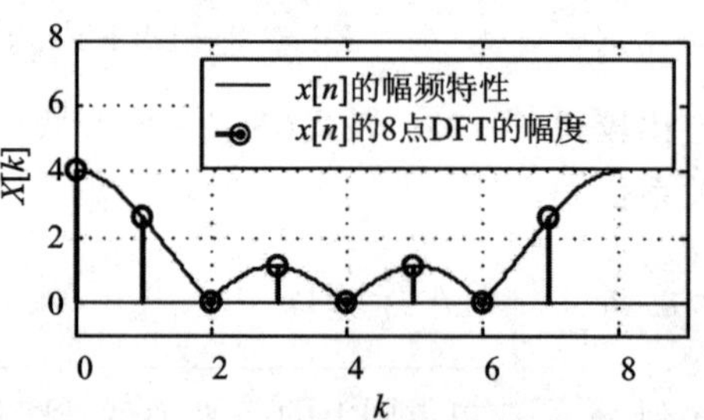

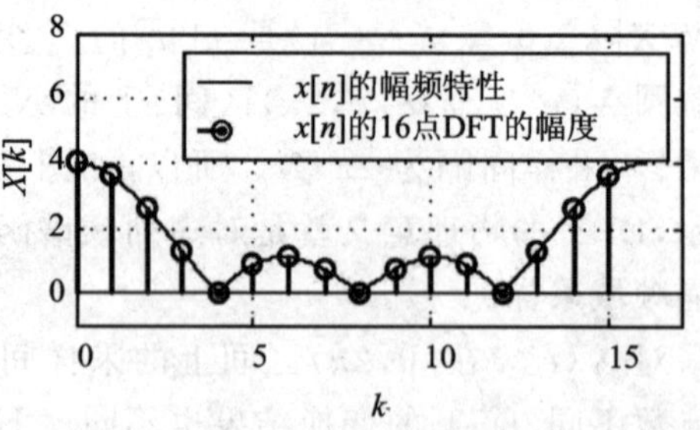

图 7-2-2 $R_4[n]$的 4 点、8 点和 16 点 DFT 及其与 DTFT 的关系

显然，有限长序列后补零，不会增加任何信息，这是因为补零前后两个序列

对应的 DTFT 完全一样。但从信号频谱分析的角度，在序列 $x[n]$后补零增加其长度，所对应的离散傅里叶变换 $X[k]$则可以从 $X(e^{j\tilde{\omega}})$的$[0,2\pi)$区间上获得更多的采样值，从而由 $X[k]$观察到 $X(e^{j\tilde{\omega}})$更多的细节。

其实，对于延长序列的 DFT，即把 $x[n]$从长度 N 加长到 rN，$r\in$常数且大于 1，有

$$g[n]=\begin{cases}x[n], & 0\leqslant n\leqslant N-1\\ 0, & N\leqslant n\leqslant rN-1\end{cases} \tag{7-2-5}$$

所以

$$G[k]=\mathrm{DFT}\{g[n]\}_{rN}=\sum_{n=0}^{rN-1}g[n]e^{-j\frac{2\pi}{rN}nk}=\sum_{n=0}^{N-1}x[n]e^{-j\frac{2\pi}{N}n\left(\frac{k}{r}\right)}$$

即

$$G[k]=X\left(\frac{k}{r}\right),\quad k=0,1,\cdots,rN-1 \tag{7-2-6}$$

由上式可以看出，$x[n]$加 0 补长后，离散谱线更加细致，称此为频域尺度变换。要保证 rN 为整数，即共有 rN 个谱线。序列末端补零的方法，似乎可以提高信号的频率分辨力，但实际上这是一种误解。序列末端补零只能提高频谱显示的分辨率，而不会改变序列的频谱特性，因为只是增加了单位圆上或$[0,2\pi)$区间上的采样点数，而不会获取更多的频率信息。

7.2.2　频域内插公式与频域采样定理

前面已讨论，有限长序列 $x[n]$ $(0\leqslant n\leqslant N-1)$的离散傅里叶变换 $X[k]$ $(0\leqslant k\leqslant N-1)$可以由其 Z 变换 $X(z)$在单位圆上的等间隔采样表示，也可以由其 DTFT 的 $X(e^{j\tilde{\omega}})$在$[0,2\pi)$区间上的等间隔采样表示。反过来，有限长序列的 Z 变换 $X(z)$，或其 DTFT 的 $X(e^{j\tilde{\omega}})$也可以由它的 DFT(即 $X[k]$)唯一表示。这是因为由 $X[k]$可以经 IDFT 得到原序列 $x[n]$，再对序列 $x[n]$的进行 Z 变换即可得到 $X(z)$，而对序列 $x[n]$进行 DTFT 就可以得到 $X(e^{j\tilde{\omega}})$。这也表明，当长度为 N 的有限长序列 $x[n]$的 Z 变换在单位圆上的 N 个等间隔采样值 $X[k]$$(0\leqslant k\leqslant N-1)$确定后，$x[n]$的 Z 变换在整个 $x_a(t)$平面的取值也就随之确定。下面推导利用$X[k]$直接表示序列 Z 变换 $X(z)$的关系式。类似地，也可以推导出用 $X[k]$表示$X(e^{j\tilde{\omega}})$的关系式。推导如下：

$$X(z)=\sum_{n=0}^{N-1}x[n]z^{-n}=\sum_{n=0}^{N-1}\left[\frac{1}{N}\sum_{k=0}^{N-1}X[k]W_N^{-kn}\right]z^{-n}$$

交换求和次序得

$$\begin{aligned}X(z)&=\frac{1}{N}\sum_{k=0}^{N-1}X[k]\left[\sum_{n=0}^{N-1}W_N^{-kn}z^{-n}\right]\\&=\frac{1}{N}\sum_{k=0}^{N-1}X[k]\left[\sum_{n=0}^{N-1}(W_N^{-k}z^{-1})^n\right]\end{aligned}$$

$$=\frac{1}{N}\sum_{k=0}^{N-1}X[k]\frac{1-W_N^{-Nk}z^{-N}}{1-W_N^{-k}z^{-1}}$$

由于 $W_N^{-Nk}=1$,故有

$$\boxed{X(z)=\sum_{k=0}^{N-1}\left\{X[k]\cdot\left[\frac{1}{N}\cdot\frac{1-z^{-N}}{1-W_N^{-k}z^{-1}}\right]\right\}} \tag{7-2-7}$$

此式称为用 $X[k]$ 表示 $X(z)$ 的内插公式。它表明有限长序列 $x[n]$ 的 Z 变换 $X(z)$ 不仅可以通过对 $x[n]$ 作 Z 变换得到,也可以由序列的 DFT(即 $X[k]$)来表示。若令

$$\psi_k(z)=\frac{1}{N}\cdot\frac{1-z^{-N}}{1-W_N^{-k}z^{-1}} \tag{7-2-8}$$

则用 $X[k]$ 表示 $X(z)$ 的内插公式可进一步写成

$$X(z)=\sum_{k=0}^{N-1}X[k]\psi_k(z) \tag{7-2-9}$$

式中:$\psi_k(z)$ 被称为**内插函数**。

当 $z=e^{j\tilde{\omega}}$ 时,就变为 $X(e^{j\tilde{\omega}})$ 的内插函数和内插公式,即

$$X(e^{j\tilde{\omega}})=\sum_{k=0}^{N-1}X(k)\psi_k(\tilde{\omega}) \tag{7-2-10}$$

$$\psi_k(\tilde{\omega})=\frac{1}{N}\frac{1-e^{-j\tilde{\omega}N}}{1-e^{-j(\tilde{\omega}-2\pi k/N)}}=\frac{1}{N}\cdot\frac{e^{-j\frac{\tilde{\omega}N}{2}}}{e^{-j\frac{\tilde{\omega}-2\pi k/N}{2}}}\cdot\frac{e^{j\frac{\tilde{\omega}N}{2}}-e^{-j\frac{\tilde{\omega}N}{2}}}{e^{j\frac{\tilde{\omega}-2\pi k/N}{2}}-e^{-j\frac{\tilde{\omega}-2\pi k/N}{2}}}$$

$$=\frac{1}{N}\cdot e^{-j\left[\left(\frac{N-1}{2}\right)\tilde{\omega}+\pi k/N\right]}\cdot\frac{\sin(\tilde{\omega}N/2)}{\sin(\tilde{\omega}/2-\pi k/N)} \tag{7-2-11}$$

根据内插公式,可以由 N 个频率点上的离散值 $X[k](0\leqslant k\leqslant N-1)$ 求得频域内所有频率点上的信号频谱函数 $X(e^{j\tilde{\omega}})$。

必须强调的是,这里的 $X(e^{j\tilde{\omega}})$ 是 N 点有限长序列 $x[n]$ 的频谱函数,当对 $X(e^{j\tilde{\omega}})$ 在 $[0,2\pi)$ 区间上进行 $rN(r\in$常数$)$ 点等间隔采样时,若 $r\geqslant1$,则通过 rN 点采样 $X[k]$ 就可以利用内插公式还原回频谱函数 $X(e^{j\tilde{\omega}})$ 或整个 z 平面;相反,若 $r<1$,则对 rN 点采样 $X[k]$ 进行 IDFT 就不能正确得到原时域信号 $x[n]$,也就无法还原回频谱函数 $X(e^{j\tilde{\omega}})$ 或整个 z 平面。其实,rN 点采样 $X[k]$ 的 IDFT 是原序列 $x[n]$ 以 rN 为周期的周期延拓的主值序列。证明如下:

将 rN 点采样 $X[k]$ 看作是 rN 点 $x_{rN}(n)$ 的 DFT,即 $x_{rN}[n]=\text{IDFT}\{X[k]\}$,有

$$x_{rN}[n]=\text{IDFT}\{X[k]\}_{rN}=\frac{1}{rN}\sum_{k=0}^{rN-1}X[k]W_{rN}^{-kn}$$

$$=\frac{1}{rN}\sum_{k=0}^{rN-1}X(e^{j\tilde{\omega}})\big|_{\tilde{\omega}=\frac{2\pi}{rN}k}W_{rN}^{-kn}\quad(rN\text{ 点等间隔采样})$$

$$=\frac{1}{rN}\sum_{k=0}^{rN-1}\left[\sum_{m=-\infty}^{\infty}x[m]W_{rN}^{km}\right]W_{rN}^{-kn}$$

$$=\sum_{m=-\infty}^{\infty}x[m]\left[\frac{1}{rN}\sum_{k=0}^{rN-1}W_{rN}^{k(m-n)}\right]$$

根据旋转因子的正交性，有

$$\frac{1}{rN}\sum_{k=0}^{rN-1}W_{rN}^{k(m-n)}=\begin{cases}1, & m=n+qrN, q\in \text{整数}\\ 0, & \text{其他(应用等比数列求和公式)}\end{cases} \tag{7-2-12}$$

故

$$x_{rN}[n]=\sum_{q=-\infty}^{\infty}x(n+qrN)\cdot R_{rN}[n],\quad m=n+qrN, q\in\text{整数}$$

即

$$x_{rN}[n]=x[((n))_{rN}]R_{rN}[n] \tag{7-2-13}$$

由此得到**频域采样定理**:只有当频域采样点数大于或等于原序列的长度 N 时，才不会发生时域混叠，才能应用频域内插公式。当然，若 $x[n]$为无限长序列，对其频谱函数 $X(\mathrm{e}^{\mathrm{j}\tilde{\omega}})$进行 rN 点等间隔采样，将无论如何都无法满足频域采样定理，也就是说，一定会发生混叠现象，当然增大 rN 可以减少混叠。

7.3　有限长序列及其 DFT 的对称性质

非有限长信号的对称性是指关于坐标原点的纵坐标的对称性。离散傅里叶变换也有类似的对称性，但在离散傅里叶变换中涉及的序列 $x[n]$及其离散傅里叶变换 $X[k]$均为有限长序列，其定义区间为 $0\sim N-1$，所以这里的对称性是指关于 $N/2$ 点的对称性。下面讨论有限长序列和离散傅里叶变换的共轭对称性质。

1. 有限长共轭对称序列和共轭反对称序列

用 $x_{\mathrm{ep}}[n]$和 $x_{\mathrm{op}}[n]$分别表示长度为 N 的有限长共轭对称序列和共轭反对称序列。

定义　若

$$x_{\mathrm{ep}}[n]=\begin{cases}x_{\mathrm{ep}}^{*}[N-n], & 1\leqslant n\leqslant N-1\\ \text{实数}, & n=0\end{cases} \tag{7-3-1}$$

则称 $x_{\mathrm{ep}}[n]$为共轭对称序列。

若

$$x_{\mathrm{op}}[n]=\begin{cases}-x_{\mathrm{op}}^{*}[N-n], & 1\leqslant n\leqslant N-1\\ \text{虚数}, & n=0\end{cases} \tag{7-3-2}$$

则称 $x_{\mathrm{op}}[n]$为共轭反对称序列。

当 N 为偶数时，将式(7-3-1)和式(7-3-2)中的 n 换成 $N/2-n$，可得到

$$x_{\mathrm{ep}}\left[\frac{N}{2}-n\right]=x_{\mathrm{ep}}^{*}\left[\frac{N}{2}+n\right],\quad 0\leqslant n\leqslant\frac{N}{2}-1 \tag{7-3-3}$$

$$x_{\mathrm{op}}\left[\frac{N}{2}-n\right]=-x_{\mathrm{op}}^{*}\left[\frac{N}{2}+n\right],\quad 0\leqslant n\leqslant\frac{N}{2}-1 \tag{7-3-4}$$

由定义可知,对于共轭对称序列,其实部为偶对称,虚部为奇函数;对于共轭反对称序列,其实部为奇对称,虚部为偶函数。

任意一个有限长序列 $x[n]$都可以表示成共轭对称与共轭反对称分量之和。这与实信号可以分解成偶函数和奇函数之和的道理是一致的。

$$x[n]=x_{\mathrm{ep}}[n]+x_{\mathrm{op}}[n] \tag{7-3-5}$$

构造序列 $x[n]$的共轭对称序列和共轭反对称序列分别为

$$x_{\mathrm{ep}}[n]=\begin{cases}\frac{1}{2}(x[n]+x^{*}[N-n]), & 1\leqslant n\leqslant N-1\\ \mathrm{Re}\{x[0]\}, & n=0\end{cases} \tag{7-3-6}$$

$$x_{\mathrm{op}}[n]=\begin{cases}\frac{1}{2}(x[n]-x^{*}[N-n]), & 1\leqslant n\leqslant N-1\\ \mathrm{j}\cdot\mathrm{Im}\{x[0]\}, & n=0\end{cases} \tag{7-3-7}$$

2. 复共轭序列的离散傅里叶变换

设 $x^{*}[n]$是 $x[n]$的复共轭序列,长度为 N,且 $X[k]=\mathrm{DFT}\{x[n]\}$, $k=0,1,\cdots,N-1$,则

$$\mathrm{DFT}\{x^{*}[n]\}=X^{*}[N-k],\quad 0\leqslant k\leqslant N-1,\quad X[N]=X[0] \tag{7-3-8}$$

证明:根据 DFT 的唯一性,只要证明等式的右端等于左端即可,这样

$$X^{*}[N-k]=\left[\sum_{n=0}^{N-1}x[n]W_N^{(N-k)n}\right]^{*}=\sum_{n=0}^{N-1}x^{*}[n]W_N^{-(N-k)n}$$

$$=\sum_{n=0}^{N-1}x^{*}[n]W_N^{kn}=\mathrm{DFT}\{x^{*}[n]\}$$

又由于 $X[k]$的隐含周期性,所以有

$$X[N]=X[0]$$

同样的方法可以证明

$$\mathrm{DFT}\{x^{*}[N-n]\}=X^{*}[k],\quad 0\leqslant k\leqslant N-1 \tag{7-3-9}$$

3. DFT 的共轭对称性

① 如果

$$x[n]=\mathrm{Re}\{x[n]\}+\mathrm{j}\cdot\mathrm{Im}\{x[n]\},\quad 0\leqslant n\leqslant N-1 \tag{7-3-10}$$

式中：$\mathrm{Re}\{x[n]\}=\frac{1}{2}(x[n]+x^*[n])$

$$\mathrm{j}\cdot\mathrm{Im}\{x[n]\}=\frac{1}{2}(x[n]-x^*[n])$$

若 $x[n]$的 DFT 为 $X[k]$，那么 $x^*[n]$的 DFT 为 $X^*[N-k]$，因此

$$\mathrm{DFT}\{\mathrm{Re}\{x[n]\}\}=\frac{1}{2}(X[k]+X^*[N-k])=X_{\mathrm{ep}}[k],\quad 0\leqslant k\leqslant N-1 \tag{7-3-11}$$

显而易见，$X_{\mathrm{ep}}[k]$为 $X[k]$的共轭对称分量，且具有共轭对称性。

同理，

$$\mathrm{DFT}\{\mathrm{j}\cdot\mathrm{Im}\{x[n]\}\}=\frac{1}{2}(X[k]-X^*[N-k])=X_{\mathrm{op}}[k],\quad 0\leqslant k\leqslant N-1 \tag{7-3-12}$$

由此可见，$X_{\mathrm{op}}[k]$为 $X[k]$的共轭反对称分量，且具有共轭反对称性。结合 DFT 的线性性质，有

$$X[k]=\mathrm{DFT}\{x[n]\}=X_{\mathrm{ep}}[k]+X_{\mathrm{op}}[k],\quad 0\leqslant k\leqslant N-1 \tag{7-3-13}$$

结论：有限长序列 $x[n]$实部的 DFT 等于其 DFT 的共轭对称部分；虚部乘以 j 的 DFT 等于其 DFT 的共轭反对称部分。

② 如果

$$x[n]=x_{\mathrm{ep}}[n]+x_{\mathrm{op}}[n],\quad 0\leqslant n\leqslant N-1 \tag{7-3-14}$$

式中：$x_{\mathrm{ep}}[n]=\frac{1}{2}(x[n]+x^*[N-n])$和 $x_{\mathrm{op}}[n]=\frac{1}{2}(x[n]-x^*[N-n])$分别为 $x[n]$的共轭对称序列和共轭反对称序列，所以

$$\mathrm{DFT}\{x_{\mathrm{ep}}[n]\}=\frac{1}{2}(X[k]+X^*[k])=\mathrm{Re}\{X[k]\},\quad 0\leqslant k\leqslant N-1 \tag{7-3-15}$$

$$\mathrm{DFT}\{x_{\mathrm{op}}[n]\}=\frac{1}{2}(X[k]-X^*[k])=\mathrm{jIm}\{X[k]\},\quad 0\leqslant k\leqslant N-1 \tag{7-3-16}$$

结论：如果序列 $x[n]$的 DFT 为 $X[k]=\mathrm{DFT}\{x[n]\}$，则 $x[n]$的共轭对称序列和共轭反对称序列的 DFT 分别为 $X[k]$的实部和虚部乘以 j。

4. 实序列的共轭对称性

设 $x[n]$是长度为 N 的实序列，且 $X[k]=\mathrm{DFT}\{x[n]\}$，$k=0,1,\cdots,N-1$，则

$X[k]$只有共轭对称分量$X_{ep}[k]$,且具有共轭对称性,即

$$X[k]=X^*[N-k],\quad 0\leqslant k\leqslant N-1 \tag{7-3-17}$$

这很容易证明。因为$x[n]$只有实部,相应的,其DFT也就只有共轭对称部分。利用这一特性,只需计算前面一半数目的$X[k]$,就可以得到另外一半的$X[k]$,从而提高运算效率。具体地说,计算实序列$x[n]$的N点DFT,当N为偶数时,只需计算前面$\frac{N}{2}+1$点的$X[k]$,而当N为奇数时,只需计算前面$\frac{N+1}{2}$点的$X[k]$。后面各点的$X[k]$可按关系式获得。

另外,如果有限长实序列偶对称,即满足$x[n]=x[N-n]$,$0\leqslant n\leqslant N-1$,则其DFT也偶对称:

$$X[k]=X[N-k]$$

证明:
$$\begin{aligned}\sum_{n=0}^{N-1}x[n]W_N^{nk}&=\sum_{n=0}^{N-1}x[N-n]W_N^{nk}\\&\xlongequal{N-n=m}\sum_{m=N}^{1}x[m]W_N^{(N-m)k}\\&=\sum_{m=N}^{1}x[m]W_N^{(N-k)m}=X[N-k]\end{aligned}$$

加之,若$x[n]$是长度为N的实序列,即$X[k]=X^*[N-k]$,则其$X[k]$实偶对称,即实偶对称有限长序列的DFT也实偶对称。

同理可证,若有限长序列奇对称,即$x[n]=-x[N-n]$,$0\leqslant n\leqslant N-1$,则

$$X[k]=-X[N-k]$$

加之,若$x[n]$是长度为N的实序列,即$X[k]=X^*[N-k]$,则其$X[k]$纯虚奇对称,即实奇对称序列的DFT纯虚奇对称。

综上所述,若$x[n]$为N点有限长实序列,且$X[k]=\mathrm{DFT}\{x[n]\}$,则$X[k]$为共轭对称序列,即$X[k]=X^*[N-k]$;若$x[n]$实偶对称,则$X[k]$也实偶对称;若$x[n]$实奇对称,则$X[k]$为纯虚奇对称。

7.4 有限长序列的循环移位与循环卷积

7.4.1 循环移位定理

1. 序列的循环移位

设$x[n]$是长度为N的有限长序列,若其按传统的移位方式进行移位再去主值

序列，将丢失信息。基于 DFT 的有限长序列处理算法采用循环移位（circular shift）方法处理这个问题，循环移位也称为圆周移位。$x[n]$的循环移位定义如下：

$$f[n]=x[((n+n_0))_N]R_N[n] \tag{7-4-1}$$

为了实现 $x[n]$的循环移位，先将 $x[n]$以 N 为周期进行周期延拓，得到了 $\tilde{x}[n]=x[((n))_N]$；再将 $\tilde{x}[n]$左移 n_0 位得到了 $\tilde{x}[n+n_0]$；最后取 $\tilde{x}[n+n_0]$的主值序列，得到长度为 N 的有限长序列 $x[n]$的循环移位序列 $f[n]$。显然，循环移位序列 $f[n]$仍是长度为 N 的有限长序列。循环移位的实质是将 $x[n]$左移 n_0 位，而移出主值区间（$0\leqslant n\leqslant N-1$）的序列值又依次从右侧进入主值区间。循环移位就是由此而得名的。这种移位过程与计算机的循环左移指令的数据移动过程是类似的，如图 7-4-1 所示。

类似地，也可以完成

$$f[n]=x[((n-n_0))_N]R_N[n] \tag{7-4-2}$$

的循环移位。它是将从右侧移出主值区间的序列又依次从左侧进入主值区间来实现的。这种移位过程与单片机的循环右移指令的数据移动过程是类似的。

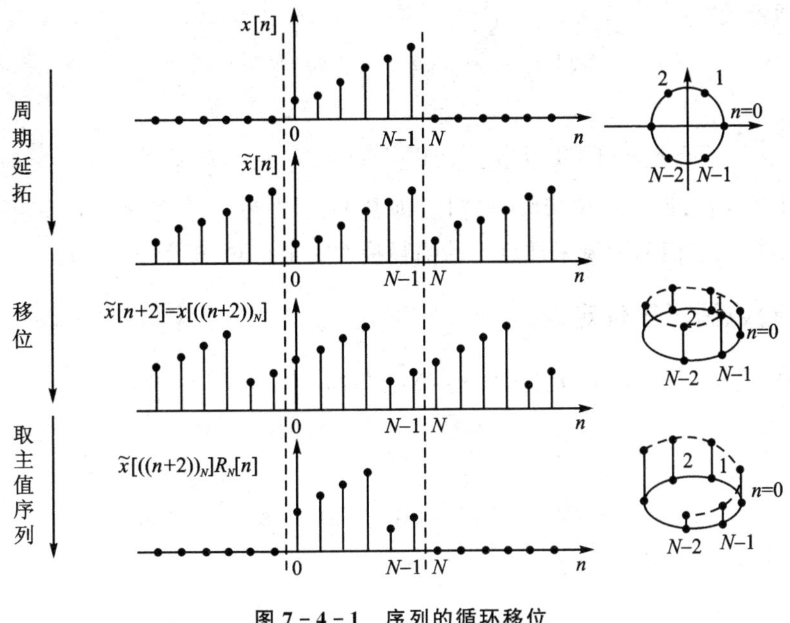

图 7-4-1　序列的循环移位

2. 时域循环移位定理

设 $x[n]$是长度为 N 的有限长序列，$X[k]=\text{DFT}\{x[n]\}$（$0\leqslant k\leqslant N-1$）。$f[n]$是 $x[n]$的循环移位，即

$$f[n]=x[((n+n_0))_N]R_N[n] \tag{7-4-3}$$

则

$$F[k]=\mathrm{DFT}\{f[n]\}=W_N^{-kn_0}X[k],\quad 0\leqslant k\leqslant N-1 \tag{7-4-4}$$

称为时域循环移位定理。

证明： $F[k]=\mathrm{DFT}\{f[n]\}=\sum\limits_{n=0}^{N-1}x[((n+n_0))_N]R_N[n]W_N^{kn}$

$$=\sum_{n=0}^{N-1}x[((n+n_0))_N]W_N^{kn}$$

令 $n+n_0=m$，则有

$$F[k]=\sum_{m=n_0}^{N+n_0-1}x[((m))_N]W_N^{k(m-n_0)}=W_N^{-kn_0}\sum_{m=n_0}^{N+n_0-1}x[((m))_N]W_N^{km}$$

由于上式中求和项 $\sum\limits_{m=n_0}^{N+n_0-1}x[((m))_N]W_N^{km}$ 以 N 为周期，所以对其任一整周期上的求和，结果相同。因此可将上式的求和区间改为主值区间，从而得

$$F[k]=W_N^{-kn_0}\sum_{m=0}^{N-1}x[((m))_N]W_N^{km}=W_N^{-kn_0}\sum_{m=0}^{N-1}x[m]W_N^{km}=W_N^{-kn_0}X[k]$$

类似地，若

$$f[n]=x[((n-n_0))_N]R_N[n] \tag{7-4-5}$$

则

$$F[k]=\mathrm{DFT}\{f[n]\}=W_N^{kn_0}X[k],\quad 0\leqslant k\leqslant N-1 \tag{7-4-6}$$

要注意，时域循环移位后频谱特性(即其DTFT)发生了变化。但是由于 $W_N^{\pm kn_0}$ 的模为1，所以它们的频域采样点上的幅频特性完全相同(等于 $X[k]$)。

3. 频域循环移位定理

如果 $X[k]=\mathrm{DFT}\{x[n]\}$，$0\leqslant k\leqslant N-1$，而

$$F[k]=X[((k+k_0))_N]R_N[k] \tag{7-4-7}$$

则

$$f[n]=\mathrm{DFT}^{-1}\{F[k]\}=W_N^{k_0n}[n],\quad 0\leqslant n\leqslant N-1 \tag{7-4-8}$$

称为频域循环移位定理。

类似地，若

$$F[k]=X[((k-k_0))_N]R_N[k] \tag{7-4-9}$$

则

$$f[n]=\mathrm{DFT}^{-1}\{F[k]\}=W_N^{-k_0n}x[n],\quad 0\leqslant n\leqslant N-1 \tag{7-4-10}$$

频域循环移位定理的证明，类似于时域循环移位定理的证明，直接对 $F[k]=X[((k+k_0))_N]R_N[k]$ 进行 $\mathrm{DFT}^{-1}\{\}$ 即得证，请读者自己完成。若频谱环移 k_0，则时域调制了 $W_N^{-k_0n}$，故又称调制定理。

7.4.2 循环卷积与循环卷积定理

1. 循环卷积

设长度为 N_1 和 N_2 的有限长序列分别为 $x[n]$和 $h[n]$,取 $N \geqslant \max[N_1, N_2]$,则 $x[n]$和 $h[n]$的循环卷积(circular convolution)为

$$\begin{aligned} y[n] &= \sum_{m=0}^{N-1} h[m]x[((n-m))_N]R_N[n] \\ &= \sum_{m=0}^{N-1} x[m]h[((n-m))_N]R_N[n], \quad 0 \leqslant n \leqslant N-1 \end{aligned} \tag{7-4-11}$$

循环卷积也称为圆周卷积,简记为

$$y[n] = h[n] \circledast x[n] = x[n] \circledast h[n], \quad 0 \leqslant n \leqslant N-1 \tag{7-4-12}$$

其实,循环卷积可以看作是 $x[n]$和 $h[n]$的周期延拓序列 $x[((k-k_0))_N] = \tilde{x}[n]$和 $h[((n))_N] = \tilde{h}[n]$在一个周期内的卷积,然后取其主值序列,即

$$\begin{aligned} y[n] &= \left[\sum_{m=0}^{N-1} \tilde{x}[n]\tilde{h}[n-m]\right] R_N[n] \\ &= \left[\sum_{m=0}^{N-1} x[((m))_N]h[((n-m))_N]\right] R_N[n] \\ &= \left[\sum_{m=0}^{N-1} x[m]h[((n-m))_N]\right] R_N[n] \end{aligned} \tag{7-4-13}$$

循环卷积运算过程中,求和变量 m 和 n 为参变量。先将 $h[m]$周期化,形成 $h[((m))_N]$,再翻转形成 $h[((-m))_N]$,取其主值序列则得到 $h[((-m))_N]R_N[m]$,通常称之为 $h[m]$的循环翻转序列;对 $h[m]$的循环翻转序列循环移位 n,形成 $h[((n-m))_N]R_N[m]$。当 $n=0,1,2,3\cdots,N-1$ 时,分别将 $x[m]$与 $h[((n-m))_N]R_N[m]$相乘,并对 m 在 $0\sim(N-1)$区间上求和,便得到 $x[n]$和 $h[n]$的循环卷积 $y[n]$。

同理,在频域上也有有限长离散频谱的循环卷积,形式上与上述循环卷积一样,这里不再赘述。

循环卷积也满足三律。但需要特别指出的是,两个 N 点有限长序列的循环卷积,结果仍为 N 点,这完全有别于线性卷积。两个 N 点有限长序列的线性卷积,结果为 $2N-1$ 点。

2. 时域循环卷积定理

长度分别为 N_1 和 N_2 的有限长序列 $x[n]$和 $h[n]$,取 $N\geqslant\max[N_1,N_2]$,少于

N 点的序列补零加长到 N 点，则 $x[n]$和 $h[n]$的 N 点 DFT 分别为

$$X[k]=\text{DFT}\{x[n]\}_N,\quad H[k]=\text{DFT}\{h[n]\}_N,\quad 0\leqslant k\leqslant N-1$$

如果

$$Y[k]=X[k]H[k],\quad 0\leqslant k\leqslant N-1 \tag{7-4-14}$$

则

$$\begin{aligned}y[n]&=\text{DFT}^{-1}\{Y[k]\}_N=\sum_{m=0}^{N-1}h[m]x[((n-m))_N]R_N[n]=h[n]\circledast x[n]\\&=\sum_{m=0}^{N-1}x[m]h[((n-m))_N]R_N[n]=x[n]\circledast h[n]\end{aligned} \tag{7-4-15}$$

即，$x[n]$和 $h[n]$的离散傅里叶变换 $X[k]$和 $H[k]$在频域相乘，在时域则为循环卷积，称为时域循环卷积(circular convolution in time)定理。

证明：直接对卷积式两端进行 DFT，则有

$$\begin{aligned}\text{DFT}\{h[n]\circledast x[n]\}_N&=\sum_{n=0}^{N-1}\left[\sum_{m=0}^{N-1}h[m]x[((n-m))_N]R_N[n]\right]W_N^{kn}\\&=\sum_{m=0}^{N-1}h[m]\sum_{n=0}^{N-1}x[((n-m))_N]W_N^{kn}\\&\xlongequal{\text{令}n-m=n'}\sum_{m=0}^{N-1}h[m]\sum_{n'=-m}^{N-1-m}x[((n'))_N]W_N^{k(n'+m)}\\&=\sum_{m=0}^{N-1}h[m]W_N^{km}\sum_{n'=-m}^{N-1-m}x[((n'))_N]W_N^{kn'}\end{aligned}$$

因为上式中 $x[((n'))_N]W_N^{kn'}$ 是以 N 为周期的，所以对其在任一整周期的求和，结果相同。变求和变量 n'为 n，有

$$\begin{aligned}\text{DFT}\{h[n]\circledast x[n]\}_N&=\sum_{m=0}^{N-1}h[m]W_N^{km}\sum_{n=0}^{N-1}x[n]W_N^{kn}\\&=H[k]X[k]=Y[k],\quad 0\leqslant k\leqslant N-1\end{aligned}$$

利用时域循环卷积定理可以实现循环卷积的快速算法：首先分别计算两个有限长信号的 DFT；然后将两个 DFT 结果相乘，显而易见，该乘积结果就是两个有限长序列时域循环卷积的 DFT；最后，将频域的乘积求$\text{DFT}^{-1}\{\}$即可得到时域循环卷积结果。由于 DFT 和$\text{DFT}^{-1}\{\}$都有快速算法，因此，这样可以实现时域循环卷积的快速运算。

3. 频域循环卷积定理

设长度都为 N 的有限长序列为 $x_1[n]$和 $x_2[n]$，$x_1[n]$和 $x_2[n]$的 N 点 DFT 分别为 $X_1[k]$和 $X_2[k]$，如果

$$y[n]=x_1[n]x_2[n],\quad 0\leqslant n\leqslant N-1$$

则

$$Y[k]=\text{DFT}\{y[n]\}_N=\frac{1}{N}X_1[k]\circledast X_2[k]$$

$$=\frac{1}{N}\sum_{m=0}^{N-1}X_1[m]X_2[((k-m))_N]R_N[k] \tag{7-4-16}$$

或

$$Y[k]=\frac{1}{N}X_2[k]\circledast X_1[k]=\frac{1}{N}\sum_{m=0}^{N-1}X_2[m]X_1[((k-m))_N]R_N[k] \tag{7-4-17}$$

证明方法与时域循环卷积定理的证明类似，这里不再赘述。

频域循环卷积(circular convolution in frequency)定理说明，两个有限长序列在时域中为乘积关系，经 DFT 的频域则为循环卷积关系。

7.5　DFT 应用：计算序列的线性卷积

有限长序列的 DFT 在时域和频域都是离散的，便于数字系统处理。特别是 DFT 的快速算法 FFT 的出现，大大提高了算法效率，使 DFT 在数字通信、图像处理、雷达信号处理、语音信号处理、功率谱估计、系统分析与仿真、光学、生物医学、地震学和振动工程等各个领域都获得了广泛应用。

线性卷积是信号与系统中的重要运算，如离散时间 LTI 系统的零状态响应就是通过系统的输入信号与系统的单位脉冲响应的线性卷积而得到的，但是在时域中直接进行线性卷积，则效率低下。在此背景下，为了提高计算效率，本节采用具有快速算法的 DFT 来实现线性卷积运算。然而，DFT 只能计算循环卷积，若能找到循环卷积和线性卷积的关系，以及循环卷积与线性卷积相等的条件，那么就能够通过 DFT 计算循环卷积来间接计算线性卷积，实现快速线性卷积。下面就来寻找线性卷积的方法。

设有限长序列 $x[n]$和 $h[n]$的长度分别为 M 和 N，则 $x[n]$和 $h[n]$的线性卷积为

$$y_l[n]=h[n]*x[n]=\sum_{m=0}^{N-1}h[m]x[n-m],\quad 0\leqslant n\leqslant M+N-1 \tag{7-5-1}$$

即 $y_l[n]$的长度为 $M+N-1$。

将 $x[n]$和 $h[n]$都补 0 加长到 L，则 $x[n]$和 $h[n]$的循环卷积为

$$y_c[n]=h[n]\circledast x[n]=\sum_{m=0}^{L-1}h[m]x[((n-m))_L]R_L[n] \tag{7-5-2}$$

由于 $x[((n))_L]=\sum_{q=-\infty}^{\infty}x[n-qL]$，所有式(7-5-2)变为

$$y_c[n]=\sum_{m=0}^{L-1}h[m]\sum_{q=-\infty}^{\infty}x[n-m-qL]R_L[n]$$
$$=\sum_{q=-\infty}^{\infty}\sum_{m=0}^{L-1}h[m]x[n-m-qL]R_L[n] \tag{7-5-3}$$

对照循环卷积 $y_c[n]$和线性卷积 $y_1[n]$,$y_c[n]$是 $y_1[n]$以 L 为周期的周期延拓的主值序列,即有:$y_1[n]$的长度为 $M+N-1$,因此只有当循环卷积的长度 $L\geqslant M+N-1$ 时,$y_1[n]$以 L 为周期的周期延拓才不会发生混叠,此时取其主值序列的循环卷积 $y_c[n]$等于线性卷积 $y_1[n]$。一般取 $L=M+N-1$。

根据时域循环卷积定理、时域循环卷积、频域乘积,从而得到采用 DFT 计算线性卷积 $y[n]=h[n]*x[n]$的算法和步骤,如图 7-5-1 所示。描述如下:

① 将 $x[n]$和 $h[n]$都补 0 加长到 $L=M+N-1$,以满足循环卷积 $y_c[n]$等于线性卷积 $y_1[n]$的条件。

② 分别求 $x[n]$和 $h[n]$的 L 点 DFT,即 $X[k]$和 $H[k]$。

③ 求 $Y[k]=X[k]H[k]$。

④ 求 $Y[k]$的逆变换求得循环卷积 $y_c[n]$。由于满足 $L\geqslant M+N-1$ 的条件,因此,线性卷积 $y_1[n]$就等于该步骤求得的循环卷积 $y_c[n]$。

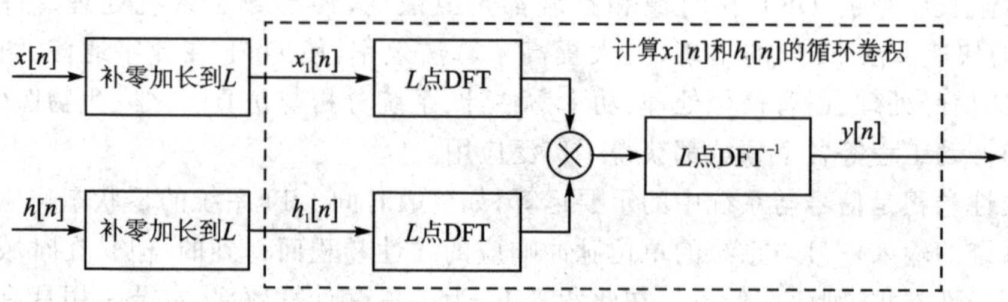

图 7-5-1　用 DFT 计算线性卷积

图 7-5-1 中,DFT 和 IDFT 通常用快速算法来实现,故常称其为快速线性卷积。例如,$M=N=4\ 096$ 时,快速线性卷积的乘法运算次数降低 100 倍。实际应用过程中,单位脉冲响应 $h[n]$是设计好的常数,固定不变,所以 $H[k]$可以事先计算存入存储器中,使用时直接读取 $H[k]$,计算效率更高。

然而实际应用中,经常遇到两个序列的长度相差很大的情况。例如,$M\gg N$。如果取 $L=M+N-1$,以 L 为运算区间,用 DFT 来计算线性卷积,则要求对短序列补很多个零,且长序列必须全部输入后才能进行快速计算。尤其是序列长度不定或者无限长时,如语音信号、地震信号等,无论从运算的时延,还是从运算的效率看,长、短序列的线性卷积都存在其局限性。如果在长序列数据没有全部得到的情况下能够将长序列分段,然后将每一段序列和短序列分别进行线性卷积,再依次将各段卷积结果通过某种方式组合起来,则既可以满足实时性的要求,又可以利用 DFT 快速计算各段卷积。这种卷积方式被称为分段卷积。主要有两种方法,即重叠相加法和重叠保留法。

1. 重叠相加法

设 $h[n]$长度为 N，$x[n]$无限长，将 $x[n]$均匀分段，每段取 M，则所获得的每一段 $x_k[n]$与 $x[n]$可以表示为

$$x_k[n]=x[n+kM]R_M[n],\quad k=0,1,2,\cdots \tag{7-5-4}$$

$$x[n]=\sum_{k=0}^{\infty}x_k[n-kM] \tag{7-5-5}$$

于是，$x[n]$和 $h[n]$的线性卷积可以表示为

$$y[n]=h[n]*x[n]=h[n]*\sum_{k=0}^{\infty}x_k[n-kM]=\sum_{k=0}^{\infty}h[n]*x_k[n-kM] \tag{7-5-6}$$

每段的卷积和为 $y_k[n-kM]=h[n]*x_k[n-kM]$ $(0\leqslant n\leqslant M+N-2)$，有

$$y[n]=\sum_{k=0}^{\infty}y_k[n-kM] \tag{7-5-7}$$

这说明，可分段卷积得到 $y_k[n]$再相加求取输出 $y[n]$，而每一段采用循环卷积。

相邻的两个序列 $y_k[n-kM]$与 $y_{k+1}[n-(k+1)M]$之间，重叠的点数为 $N-1$，即每相邻两段线性卷积结果自 $n=(k+1)M$ 开始有 $N-1$ 个点重叠。

当计算完第 $k(k=0,1,2,\cdots)$个段时就已经得知 $[(k+1)M]$个 y 值。为了得到两个序列 $h[n]$与 $x[n]$最终的线性卷积结果，需要注意的是，必须把 $y_k[n]$与 $y_{k+1}[n]$重叠的 $N-1$ 个点对应相加，才能得到完整的线性卷积序列 $y[n]$。非重叠的 $M+N-1-2(N-1)=M-N+1$ 点结果与线性卷积在这些点得到的结果相同，故称为重叠相加法，如图 7-5-2 所示。非重叠的点共 $M-N+1$ 个，当 $N\leqslant M$ 时，有非重叠的点，否则 $2(N-1)>M+N-1$，甚至将会发生复杂的重叠问题，因此，一般保证 $N\leqslant M$ 的条件。

在利用 DFT 求出各 $y_k[n](0\leqslant n\leqslant M+N-2)$后，$y[n]$可分段表示为

$$\begin{array}{ll}
y[n]=y_0[n], & 0\leqslant n\leqslant M-1\\
y[n]=y_0[n]+y_1[n-M], & M\leqslant n\leqslant M+N-2\\
y[n]=y_1[n-M], & M+N-1\leqslant n\leqslant 2M-1\\
y[n]=y_1[n-M]+y_2[n-2M], & 2M\leqslant n\leqslant 2M+N-2\\
y[n]=y_2[n-2M], & 2M+N-1\leqslant n\leqslant 3M-1\\
\vdots &
\end{array}$$

【例 7-5-1】已知序列 $h[n]=\{1,3,2,4\}$，$x[n]=2n+1$ $(0\leqslant n\leqslant 18)$，试按 $M=7$ 对序列 $x[n]$进行分段，并利用重叠相加法计算线性卷积 $y[n]=h[n]*x[n]$。

解：序列 $x[n]$的长度为 19，按 $M=7$ 对序列进行分段，可分解为如下

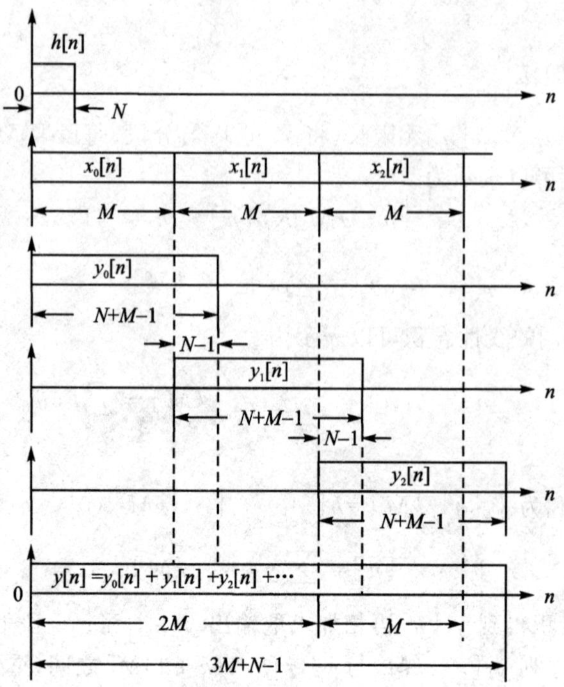

图 7-5-2　重叠相加法线性卷积示意图

三段:

$$x_0[n] = \{1, 3, 5, 7, 9, 11, 13\}$$

$$x_1[n] = \{15, 17, 19, 21, 23, 25, 27\}$$

$$x_2[n] = \{29, 31, 33, 35, 37\}$$

将序列 $h[n]$与 $x[n]$的各段 $x_0[n]$, $x_1[n]$, $x_2[n]$分别做线性卷积,各段线性卷积结果为

$$y_0[n]=\{1, 6, 16, 32, 52, 72, 92, 97, 70, 52\}$$

$$y_1[n]=\{15, 16, 100, 172, 192, 212, 232, 223, 154, 108\}$$

$$y_2[n]=\{29, 118, 184, 312, 332, 313, 214, 148\}$$

由于序列 $h[n]$的长度 $N=4$,通过相邻线段 $N-1=3$ 点重叠相加,即得到线性卷积序列:

$$y[n]=x[n]*h[n]=\{1, 6, 16, 32, 52, 72, 92, 112, 86, 152, 172, 192, 212, 232, 252, 272, 292, 312, 332, 313, 214, 148\}$$

综上所述,重叠相加法计算长、短序列线性卷积的基本思想是:将长序列 $x[n]$均匀分段为许多短序列 $x_k[n]$,这些短序列 $x_k[n]$分别与短序列 $h[n]$利用 DFT 计算其快速线性卷积 $y_k[n]$,最后将这些分段卷积得到的各序列 $y_k[n]$进行重叠相加,即

可得到两序列的线性卷积 $y[n]=h[n]*x[n]$。

2. 重叠保留法

设 $N \leqslant M$，由于长度为 N 的序列 $h[n]$ 与长度为 M 的某段序列 $x_k[n]$ 进行的 M 点循环卷积是其线性卷积（长度为 $M+N-1$）以 M 为周期的周期延拓，再取主值序列，前 $N-1$ 个点存在混叠，只有接下来的 $M-N+1$ 点的结果与线性卷积在这些点得到的结果相同。为此，重叠保留法也是将长序列 $x[n]$ 进行均匀分段，只是在将长序列 $x[n]$ 分解成长度为 M 的短序列 $x_k[n]$ 时，如图 7-5-3 所示，每段序列才与前一段序列保留 $N-1$ 点重叠，让混叠发生在重叠部分，故称为重叠保留法。对于第一段序列，需要在其前面补 $N-1$ 个零。当得到 $h[n]$ 与各段序列 $x_k[n]$ 的 M 点循环卷积结果后，将每段输出 $y_k[n]$ 在 $0 \leqslant n < N-1$ 区间上的部分删掉，再将各相邻段剩余部分依次拼接起来，就可以得到最终的线性卷积结果。

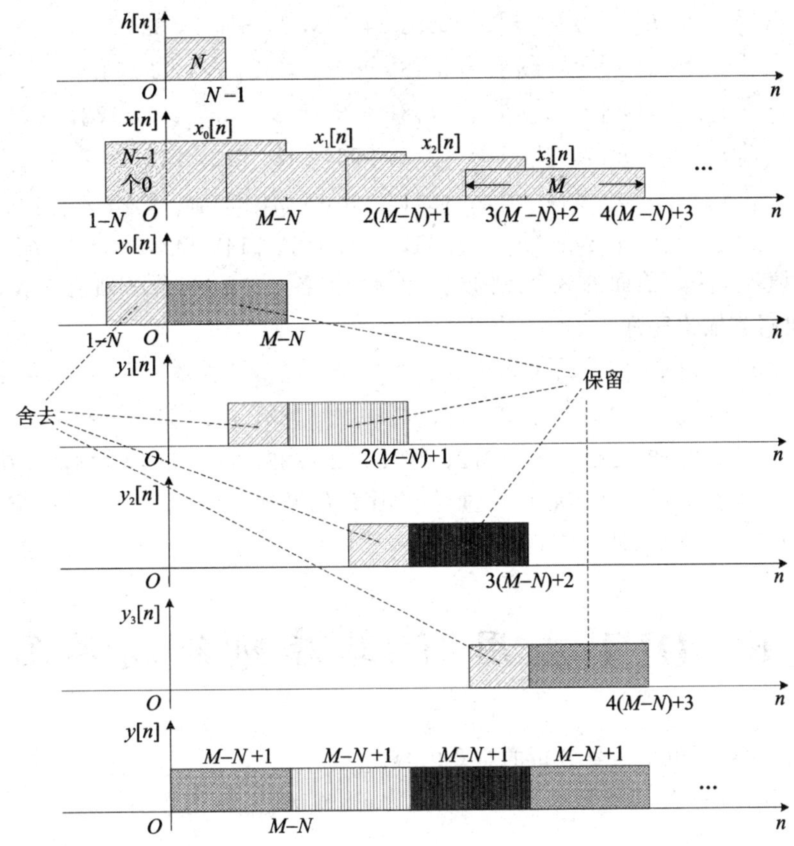

图 7-5-3　重叠保留法线性卷积示意图

【例7-5-2】同前例,已知序列$h[n]=\{1,3,2,4\}$,$x[n]=2n+1(0\leqslant n\leqslant 18)$,试按$M=7$对序列$x[n]$进行分段,并利用重叠保留法计算线性卷积$y[n]=h[n]*x[n]$。

解:由于序列$h[n]$的长度$N=4$,故分段时相邻两段应重叠$N-1=3$个点的序列0值,而第一段前需要补3个0。因为序列$x[n]$长度为19,按$M=7$分段,并考虑每段重叠3点,所以序列$x[n]$可分为如下6段:

$$x_0[n]=\{0,0,0,1,3,5,7\}$$
$$x_1[n]=\{3,5,7,9,11,13,15\}$$
$$x_2[n]=\{11,13,15,17,19,21,23\}$$
$$x_3[n]=\{19,21,23,25,27,29,31\}$$
$$x_4[n]=\{27,29,31,33,35,37,0\}$$
$$x_5[n]=\{35,37,0,0,0,0,0\}$$

计算$h[n]$与每段的$M=7$点循环卷积,得

$$y_0[n]=h[n]\circledast x_0[n]=\{43,34,28,1,6,16,32\}$$
$$y_1[n]=h[n]\circledast x_1[n]=\{118,96,88,52,72,92,112\}$$
$$y_2[n]=h[n]\circledast x_2[n]=\{198,176,168,132,152,172,192\}$$
$$y_3[n]=h[n]\circledast x_3[n]=\{278,256,248,212,232,252,272\}$$
$$y_4[n]=h[n]\circledast x_4[n]=\{241,258,172,292,312,332,313\}$$
$$y_5[n]=h[n]\circledast x_5[n]=\{35,142,181,214,148,0,0\}$$

去掉各$y_k[n]$前面的3个点的序列值后,把各$y_k[n]$剩余序列值依次拼接在一起,即可得到输出序列:

$$\begin{aligned}y[n]&=x[n]*h[n]\\&=\{1,6,16,32,52,72,92,112,132,152,172,192,\\&\qquad 212,232,252,272,292,312,332,313,214,148,0,0\}\end{aligned}$$

当然,重叠保留法在实际计算过程中,序列的循环卷积$y_k[n]=h[n]\circledast x_k[n]$一般利用DFT来计算,从而实现其快速算法。

7.6 DFT应用:计算序列的相关函数

相关性分析也是信号分析的重要内容。

设截断后的N点有限长离散实信号为$f_1[n]$和$f_2[n]$,则有

$$r_{12}[m]=\sum_{n=0}^{N-1}f_1[n]f_2[n-m]=\sum_{n=0}^{N-1}f_1[n+m]f_2[n]=f_1[n]*f_2[-n]\tag{7-6-1}$$

$$r[m]=\sum_{n=0}^{N-1}f[n]f[n-m]$$

$$=\sum_{n=0}^{N-1}f[n+m]f[n]=f_1[n]*f_2[-n] \tag{7-6-2}$$

线性卷积可以采用 FFT 运算，但前提是借助循环卷积。同样，线性相关运算也可以采用 FFT 运算，而此时需要借助循环卷积(亦称为圆周相关)才能实现。也就是说，用 FFT 计算离散相关函数也是对周期序列而言的。直接做 N 点 FFT 相当于对两个 N 点序列做周期延拓，做相关后再取主值(类似圆周卷积)。这样，在求取两个有限长序列的线性相关时，也就必然需要采用与循环卷积求线性卷积相类似的方法，先将序列延长补零后再用上述方法。为此，将 $r_{12}[n]$，$f_1[n]$，$f_2[n]$都补零加长到 $L\geqslant 2N-1$，且 $L=2^M$，并分别对补零后的信号做 L 点 DFT，则得到 $R_{12}[k]$，$F_1[k]$，$F_2[k]$。因此，根据时域卷积，频域乘积的关系可得

$$R_{12}[k]=F_1[k]F_2^*[k],\quad 0\leqslant k\leqslant L-1 \tag{7-6-3}$$

因此，得到基于 FFT 的互相关函数的快速算法，如图 7-6-1 所示；同理可得到自相关函数 $r[m]$的快速算法，如图 7-6-2 所示。

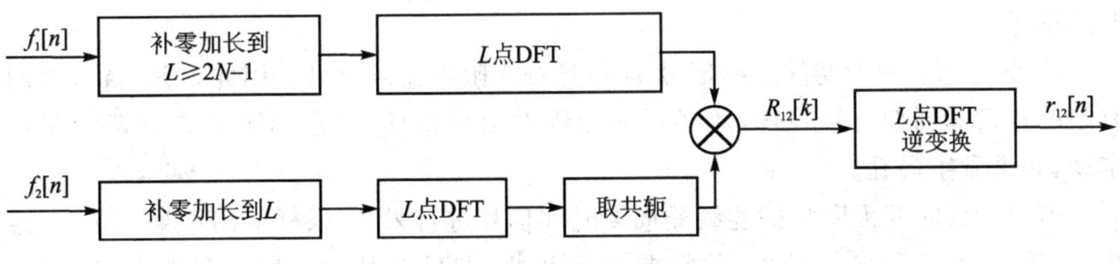

图 7-6-1　互相关函数的快速算法

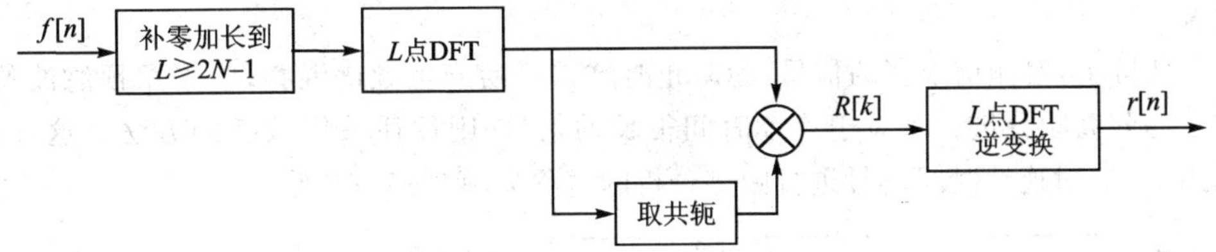

图 7-6-2　自相关函数的快速算法

显然，有限长序列的自相关函数与信号功率谱也为一对 DFT 变换对。

$$r[m]=\mathrm{DFT}^{-1}\{F[k]F^*[k]\}$$

$$=\mathrm{DFT}^{-1}\{|F[k]|^2\}$$

$$=\frac{1}{N}\sum_{k=0}^{L-1}|F[k]|^2W_N^{-km} \tag{7-6-4}$$

7.7 DFT 应用:对连续时间信号进行频谱分析

所谓信号的频谱分析,就是计算信号的傅里叶变换,获得信号的频谱函数,进而研究信号的频域特性。我们知道,有些信号无法用解析法表述,也就无法采用傅里叶变换获取其频谱,且傅里叶变换的四种基本形式都不适合计算机或数字系统运算,而 DFT 却满足时域和频域均离散且有限长的特点,适合做数值运算,成为数字系统频谱分析的最有力工具。下面讨论利用 DFT 对连续时间信号进行频谱分析的步骤、基本原理和方法,以及误差分析等。

7.7.1 利用 DFT 对连续非周期信号进行近似频谱分析

由信号的傅里叶变换理论知道,对于连续非周期信号,若信号持续时间有限长,则其频谱无限宽;若信号的频谱有限宽,则其持续时间无限长。所以严格地讲,持续时间有限的带限信号是不存在的。也就是说,不存在时频域都有限长的连续非周期时间信号。

此外,以 T_0 为周期的连续信号 $x(t)$具有无限次谐波分量。因此,若对持续时间有限的连续非周期信号采样,或者对连续周期信号采样,一定不满足奈奎斯特采样定理,频谱发生混叠。

若对持续时间无限长的连续非周期时间信号进行采样,采样输出序列 $x[n]$无限长,不满足 DFT 的变换条件,就需要对其截断,即只对其中一段信号进行谱分析。这种阶段实质就是在时域与窗函数(用于截断的信号)相乘,必然会造成频域卷积混叠。

实际上,对频谱很宽的信号,为防止时域采样后产生频谱混叠,应采用预滤波的方法滤除高频分量。而对于连续时间很长的信号,则往往采用截断的方法。这样,利用 DFT 对连续时间信号进行频谱分析的过程如图 7-7-1 所示。

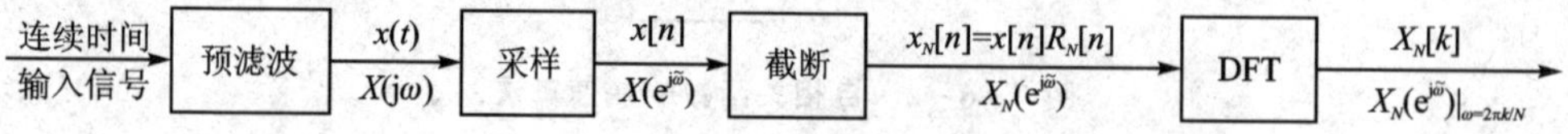

图 7-7-1 利用 DFT 对连续时间信号进行频谱分析的过程

因此,用 DFT 对连续信号进行谱分析一定是近似的,其近似程度与信号带宽、采样频率和截取长度等参数有关。

7.7.2 利用 DFT 对连续非周期信号进行频谱分析的基本原理

为了说明利用 DFT 对连续时间信号进行频谱分析的基本原理，假设 $x(t)$ 是经过预滤波和截断处理的有限长带限信号，滤波后信号最高频谱为 ω_{m}，即对连续信号 $x(t)$ 以时间间隔 T_{sam} 进行 N 点采样（采样频率为 $f_{\mathrm{sam}}=1/T_{\mathrm{sam}}$），$T_{\mathrm{p}}=NT_{\mathrm{sam}}$ 称为记录时间，且满足采样定理（$f_{\mathrm{sam}}\geqslant 2f_{\mathrm{m}}$），得到离散时间信号 $x(nT_{\mathrm{sam}})$，对应序列为 $x[n]$。

当满足采样定理时，在第 4 章已经得到如下两个结论：

① $x[n]$ 的 DTFT 是 $x(t)$ 的 CTFT 以周期为 ω_{sam} 的周期延拓，$x(t)$ 的 CTFT 与 $x[n]$ 的 DTFT 之间满足：

$$X(\mathrm{e}^{\mathrm{j}\tilde{\omega}})=\frac{1}{T_{\mathrm{sam}}}\sum_{k=-\infty}^{\infty}X(\mathrm{j}\omega-\mathrm{j}k\omega_{\mathrm{sam}}),\quad \tilde{\omega}=\omega T_{\mathrm{sam}}$$

② 当满足 $\omega_{\mathrm{sam}}=2\pi f_{\mathrm{sam}}=2\pi/T_{\mathrm{sam}}$ 时，$x(t)$ 的 CTFT 与 $x[n]$ 的 DTFT 之间的关系如下：

$$X(\mathrm{e}^{\mathrm{j}\tilde{\omega}})=\frac{1}{T_{\mathrm{sam}}}\sum_{k=-\infty}^{\infty}X(\mathrm{j}\omega-\mathrm{j}k\omega_{\mathrm{sam}})=\frac{1}{T_{\mathrm{sam}}}\sum_{k=-\infty}^{\infty}X\left(\mathrm{j}\left(\frac{\tilde{\omega}}{T_{\mathrm{sam}}}-\frac{2\pi k}{T_{\mathrm{sam}}}\right)\right)$$

因此，在满足奈奎斯特采样定理的条件下，计算连续非周期信号 $x(t)$ 的 CTFT 可以用计算其采样信号 $x[n]$ 的 DTFT 并乘以 T_{sam} 的方法来得到；再由 DFT 的物理意义，$X(\mathrm{e}^{\mathrm{j}\tilde{\omega}})$ 可以通过 z 平面单位圆 $[0,2\pi)$ 区间上的 N 点等间隔采样频点 $X[k]$ 来分析，而 $X(\mathrm{j}\omega)$ 对应于 $X(\mathrm{e}^{\mathrm{j}\tilde{\omega}})$ 在 $[-\pi,\pi)$ 区间上的频谱。在 $[\pi,2\pi)$ 区间上的采样值对应 $[-\pi,0)$ 区间上的负频率部分。$X[k]$ 与 $X(\mathrm{j}\omega)$ 和 $X(\mathrm{e}^{\mathrm{j}\tilde{\omega}})$ 的对应关系如图 7-7-2 所示。

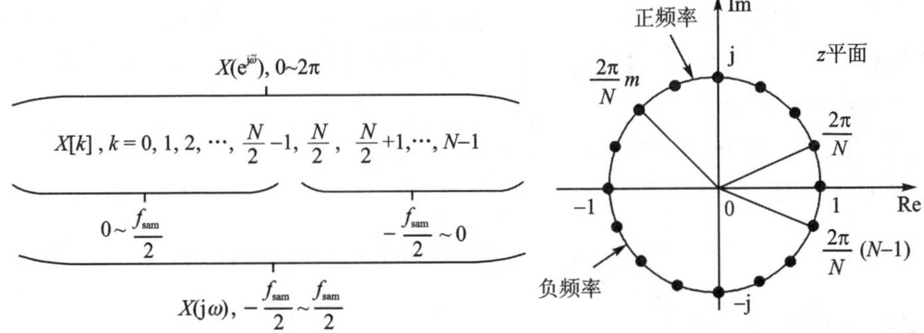

图 7-7-2　$X[k]$ 与 $X(\mathrm{j}\omega)$ 和 $X(\mathrm{e}^{\mathrm{j}\tilde{\omega}})$ 的对应关系

0 Hz～$\dfrac{f_{\mathrm{sam}}}{2}$ 频段的对应坐标为 $f_{\mathrm{k}}=\dfrac{f_{\mathrm{sam}}k}{N}=\dfrac{\omega_{\mathrm{sam}}k}{2\pi N}$，$0\leqslant k\leqslant\dfrac{N}{2}-1$；而当

$\frac{N}{2} \leqslant k \leqslant N-1$ 时,各 $X[k]$对应 $X(\mathrm{j}\omega)$的负频率的频点,即

$$f_{k-N}=f_{\mathrm{sam}}\left[\frac{k-N}{N}\right]=\omega_{\mathrm{sam}}\left[\frac{k-N}{2\pi N}\right]$$

若将 $X[k]$重新排序为

$$Y[k]=\left\{X\left[\frac{N}{2}\right],X\left[\frac{N}{2}+1\right],\cdots,X[N-1],X[0],X[1],\cdots,X\left[\frac{N}{2}-1\right]\right\} \tag{7-7-1}$$

则 $Y[0]$对应原连续时间信号频率为$-\frac{f_{\mathrm{sam}}}{2}$的频谱;$Y[1]$对应原连续时间信号频率为$-\frac{f_{\mathrm{sam}}}{2}+\frac{f_{\mathrm{sam}}}{N}$的频谱。

定义 $F=\frac{f_{\mathrm{sam}}}{N}$称为频谱分辨率或频谱分辨力,简称为谱分辨率或谱分辨力,用以表征谱线间的谱间距,F 越小,谱分辨率越高,越接近 $x(t)$的频谱。频谱分辨率满足如下关系:

$$\boxed{F=\frac{f_{\mathrm{sam}}}{N}=\frac{1}{NT_{\mathrm{sam}}}=\frac{1}{T_{\mathrm{p}}}} \tag{7-7-2}$$

因此,$Y[k]$对应原连续时间信号频率为

$$-\frac{f_{\mathrm{sam}}}{2}+kF,\quad k=0,1,\cdots,N-1 \tag{7-7-3}$$

所以,连续非周期信号的频谱可以通过采样并进行 DFT 得到 $X[k]$,进而重排为 $Y[k](0 \leqslant k \leqslant N-1)$后,乘以采样时间间隔 T_{sam}(或除以 f_{sam}),结果就等于连续时间信号 $x(t)$的频谱函数 $X(\mathrm{j}\omega)$在 N 个频率点上的采样值。这就是利用 DFT 对模拟信号进行谱分析的原理。

【例 7-7-1】设连续时间信号 $x(t)$的上限频率 $f_{\mathrm{m}}=8.0\ \mathrm{kHz}$,以 $f_{\mathrm{sam}}=20\ \mathrm{kHz}$ 对其进行采样 1 024 点,并对其进行 1 024 点 DFT,试确定 $X[k]$中 $k=64$ 和 $k=768$ 对应 $X(\mathrm{j}\omega)$中的频率点。

解:由 $k=0,1,\cdots,1\,023$,根据 $X[k]$与 $X(\mathrm{j}\omega)$的关系,有:

当 $k=64$ 时,

$$f_k=\frac{f_{\mathrm{sam}}}{N}k=\frac{20\ \mathrm{kHz}}{1\,024}\times 64=1.25\ \mathrm{kHz}$$

当 $k=768$ 时,

$$f_{k-N}=\frac{f_{\mathrm{sam}}}{N}(k-N)=\frac{20\ \mathrm{kHz}}{1\,024}\times(768-1\,024)=-5.0\ \mathrm{kHz}$$

7.7.3　利用 DFT 对连续周期信号进行频谱分析

利用 DFT 对连续周期信号进行谱分析，必须保证 $T_p \geqslant T_0$，以保证获取到信号的所有谱信息；并且，一般首先要测量信号的周期 T_0，从而获得基波频率 f_0，各次谐波都是 f_0 的整数倍时满足 $f_0 = mF$（m 为整数），使得各次谐波都落到 DFT 的相应谱线上，否则会发生频谱泄漏现象（后面讲述）。其实，符合该条件时，mT_0 为记录时间 T_p，证明如下：

$$T_p = \frac{1}{F} = \frac{m}{mF} = \frac{m}{f_0} = mT_0 \tag{7-7-4}$$

可见，m 为正整数，即 T_p 为 T_0 整数倍时，一次谐波在第 m 根谱线上，第 k 次谐波 $X[k]$ 在第 mk 根谱线上。而当 m 为非整数时，记录时间 T_p 为非完整的整数个周期。由 DFT 的隐含周期性，采样序列都隐含其周期延拓特性，若对连续周期信号进行非整周期采样，经延拓后就不是原来的周期信号，自然会发生频谱失真。

m 为正整数时，根据 CTFT 和 CFS 的定义式：

CTFT：
$$X(\mathrm{j}\omega) = \int_{-\infty}^{\infty} x(t)\mathrm{e}^{-\mathrm{j}\omega t}\,\mathrm{d}t = \int_{0}^{T_p} x(t)\mathrm{e}^{-\mathrm{j}\omega t}\,\mathrm{d}t$$

CFS：
$$\begin{aligned} X(\mathrm{j}k\omega_0) &= \frac{1}{T_0}\int_{-\frac{T_0}{2}}^{\frac{T_0}{2}} x(t)\mathrm{e}^{-\mathrm{j}k\omega_0 t}\,\mathrm{d}t = \frac{1}{mT_0}\int_{0}^{mT_0} x(t)\mathrm{e}^{-\mathrm{j}k\omega_0 t}\,\mathrm{d}t \\ &= \frac{1}{mT_0}\int_{0}^{T_p} x(t)\mathrm{e}^{-\mathrm{j}k\omega_0 t}\,\mathrm{d}t \end{aligned} \tag{7-7-5}$$

CTFT 和 CFS 只是前边的系数不同，CFS 前边多出一个系数 $\frac{1}{mT_0}$。用 DFT 计算 DFS 时，结果不但还要乘以 T_{sam}，同时还要乘以 $\frac{1}{mT_0}$。由 $\frac{T_{\mathrm{sam}}}{mT_0} = \frac{T_{\mathrm{sam}}}{T_p} = \frac{1}{N}$，有：计算连续周期信号的 CFS 可以对其采样得到 $x[n]$ 后，再对 $x[n]$ 进行 DFT，并除以 N 得到周期信号的各个谱线。

注：利用 DFT 对连续信号进行谱分析的原理，也可以采用零阶近似的方法得出。也就是说，在 CTFT 和 CFS 的定义式中，令 $t = nT_{\mathrm{sam}}$，$x[n] = x(nT_{\mathrm{sam}})$，$\mathrm{d}t = T_{\mathrm{sam}}$，并将 f 在 $[0, f_{\mathrm{sam}})$ 区间上等间隔 N 点离散化，即 $f = kF$。

设复序列 $x[n]$ 是由复指数信号 $x(t) = A\mathrm{e}^{\mathrm{j}(m\omega_0 t + \varphi)}$ 采样 N 点得到的，即 $x[n] = x(nT_{\mathrm{sam}})$，且有 $\omega_0 = \frac{\omega_{\mathrm{sam}}}{N}$，$m$ 是正整数，即 $\omega_0 = 2\pi F$ 是以 rad/s 为单位的谱分辨率。因此

$$x[n]=A\mathrm{e}^{\mathrm{j}(m\widetilde{\omega}_0 n+\varphi)},\quad \widetilde{\omega}_0=\omega_0 T_{\mathrm{sam}} \tag{7-7-6}$$

显然,当 $\widetilde{\omega}_0=2\pi/N$,即 $\widetilde{\omega}_0$ 作为频域 N 点采样的数字谱分辨率时,式(7-7-6)可以写成

$$x[n]=A\mathrm{e}^{\mathrm{j}\left(\frac{2\pi}{N}mn+\varphi\right)},\quad 0\leqslant n\leqslant N-1 \tag{7-7-7}$$

则 $x[n]$的 N 点 DFT 为

$$X[k]=\sum_{n=0}^{N-1}A\mathrm{e}^{\mathrm{j}\left(\frac{2\pi}{N}mn+\varphi\right)}\mathrm{e}^{-\mathrm{j}\frac{2\pi}{N}kn}=A\mathrm{e}^{\mathrm{j}\varphi}\sum_{n=0}^{N-1}\mathrm{e}^{\mathrm{j}\frac{2\pi}{N}(m-k)n},\quad 0\leqslant k\leqslant N-1$$

得

$$X[k]=A\mathrm{e}^{\mathrm{j}\varphi}\frac{1-\mathrm{e}^{\mathrm{j}2\pi(m-k)}}{1-\mathrm{e}^{\mathrm{j}(2\pi/N)(m-k)}}=\begin{cases}NA\mathrm{e}^{\mathrm{j}\varphi}, & m=k\\ 0, & m\neq k\end{cases}$$

即幅度为 A、频率为 $m\omega_0$ 的复信号,变换后只有 $X[k]|_{k=m}=NA\mathrm{e}^{\mathrm{j}\varphi}$,其他谱线皆为零,$x(t)$的信息完全在第 m 根谱线上。

结论:如果输入信号是不同频率复信号的线性组合,经过 DFT 后,不同频率点上将有一一对应的输出。DFT 的结果直接除以 N 即为原复信号谱线信息,即对应谱线的模除以 N 得到对应的幅频特性,相频特性与原连续复信号一致。同理得到,直流分量 $x(t)=B$ 在 $k=0$ 谱线上,且 $X[0]=NB$。

若分析信号为单频实信号,即 $x(t)=A\cos(m\omega_0 t+\varphi)$($m$ 是正整数)为余弦信号,其 DFT 又将如何呢?首先,对 $x(t)$进行 N 点等间隔采样,且 $\widetilde{\omega}_0=\omega_0 T_{\mathrm{sam}}$ 和 $\widetilde{\omega}_0=2\pi/N$,则

$$\begin{aligned}x[n]&=x(nT_{\mathrm{sam}})=A\cos\left[\frac{2\pi}{N}mn+\varphi\right]\quad(0\leqslant n\leqslant N-1)\\&=\frac{1}{2}A\left[\mathrm{e}^{\mathrm{j}\left(\frac{2\pi}{N}mn+\varphi\right)}+\mathrm{e}^{-\mathrm{j}\left(\frac{2\pi}{N}mn+\varphi\right)}\right]\\&=\frac{1}{2}A\mathrm{e}^{\mathrm{j}\varphi}\mathrm{e}^{\mathrm{j}\frac{2\pi}{N}mn}+\frac{1}{2}A\mathrm{e}^{-\mathrm{j}\varphi}\mathrm{e}^{-\mathrm{j}\frac{2\pi}{N}mn}\end{aligned}$$

则 $x[n]$的 N 点 DFT 为

$$\begin{aligned}X[k]&=\sum_{n=0}^{N-1}\left[\frac{1}{2}A\mathrm{e}^{\mathrm{j}\varphi}\mathrm{e}^{\mathrm{j}\frac{2\pi}{N}mn}+\frac{1}{2}A\mathrm{e}^{-\mathrm{j}\varphi}\mathrm{e}^{-\mathrm{j}\frac{2\pi}{N}mn}\right]W_N^{kn}\\&=\frac{1}{2}A\mathrm{e}^{\mathrm{j}\varphi}\sum_{n=0}^{N-1}\mathrm{e}^{\mathrm{j}\frac{2\pi}{N}(m-k)n}+\frac{1}{2}A\mathrm{e}^{-\mathrm{j}\varphi}\sum_{n=0}^{N-1}\mathrm{e}^{-\mathrm{j}\frac{2\pi}{N}(m+k)n}\\&=\begin{cases}\frac{N}{2}A\mathrm{e}^{\mathrm{j}\varphi}\Big|_{k=m}+\frac{N}{2}A\mathrm{e}^{-\mathrm{j}\varphi}\Big|_{k=N-m}\\0\end{cases}\end{aligned}$$

结论:如果输入信号是不同频率实信号的线性组合,经过 DFT 后,有两根对称的谱线与每个实单频信号对应,正负频率能量各一半。直流分量直接除以 N 得到,而各实单频信号分量谱要将前 $N/2$ 点($0\leqslant n\leqslant N/2-1$)DFT 的对应结果除以 $N/2$ 得

到，即对应谱线的模除以 $N/2$ 得到对应的幅频特性。相频特性一正一负，大小一致。

【例 7－7－2】设某模拟信号由直流分量和 3 种频率成分组成，$f_1=19\ \text{kHz}$，$f_2=20\ \text{kHz}$，$f_3=21\ \text{kHz}$，即 $x(t)=1+2\cos(2\pi f_1 t)+\cos(2\pi f_2 t)+3\cos(2\pi f_3 t)$。对其进行谱分析，要求分辨出信号所包含的 3 种频率成分。

解：题目已经满足采样定理。采样后的 $x[n]$ 为

$$x[n]=1+2\cos[2\pi f_1 n/f_{\text{sam}}]+\cos[2\pi f_2 n/f_{\text{sam}}]+3\cos[2\pi f_3 n/f_{\text{sam}}]$$

为了能够分辨两个间隔为 $\Delta f=f_2-f_1=f_3-f_2=1\ \text{kHz}$ 的相邻谱，则 $F\leqslant\Delta f=1\ \text{kHz}$。有

$$N_{\min}=\frac{f_{\text{sam}}}{F}\geqslant\frac{f_{\text{sam}}}{\Delta f}=\frac{100}{1}=100$$

取谱分辨率 $F=100\ \text{Hz}$，N 为 512 点，则采样频率 $f_{\text{sam}}=FN=51\ 200\ \text{Hz}$。频谱如图 7－7－3 所示。

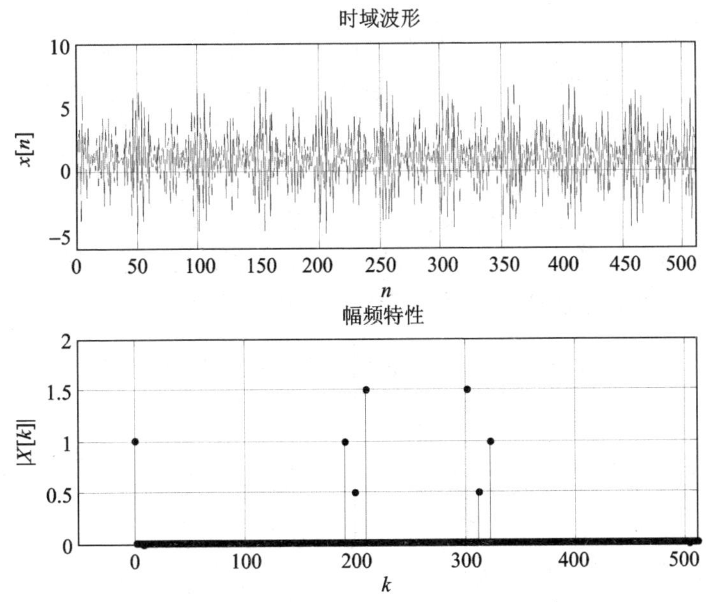

图 7－7－3　【例 7－7－2】的分析图

由图可以看出，$x[n]$ 为周期信号，因此，DFT 的结果要除以 N 才是幅频；除了直流分量，要将左右谱线幅值加起来(即乘以 2)，与每个单频信号的幅值是一样的。

7.7.4　利用 DFT 对连续时间信号进行频谱分析的误差分析

利用 DFT 对连续时间信号进行频谱分析一定是有误差的，其中包括混叠效应、截断效应和栅栏效应。

1. 混叠效应

前面已经指出,时域有限长的信号,其频谱无限宽。由于采样序列的频谱函数是原连续非周期时间信号频谱函数以采样频率为周期的周期延拓,对于时域有限长信号,采样频率不可能满足时域采样定理,所以会发生频谱混叠现象,使得采样后序列信号的频谱不能真实地反映原连续非周期时间信号的频谱,产生频谱分析误差。

解决频谱混叠问题的唯一办法是选择足够高的信号采样频率,这意味着通常需要知道连续信号的频谱范围,以根据时域采样定理确定采样频率。然而在很多情况下可能预估信号的频谱上限,为保证基本无混叠现象,可在采样前利用模拟低通滤波器(也称为抗混叠滤波器)对连续信号进行预处理,将折叠频率 $f_{sam}/2$ 作为截止频率,以减少混叠程度,提高频谱分析精度。

2. 截断效应

如果连续时间信号 $x(t)$在时域中无限长,则离散化后的序列 $x[n]$也是无限长的,而 DFT 只适用于有限长序列的计算,因此需要对 $x[n]$进行截断,使之成为有限长序列 $x_N[n]$,这个过程称为时域加窗(time-windowing)。

设窗函数为 $w_N[n]$,则

$$x_N[n]=x[n]w_N[n] \tag{7-7-13}$$

由 DTFT 的性质,时域上两个序列相乘,在频域上是两个序列的离散时间傅里叶变换的卷积,即加窗后序列 $x_N[n]$的频谱函数为

$$X_N(e^{j\tilde{\omega}})=\frac{1}{2\pi}\int_{-\pi}^{\pi}X(e^{j\theta})W_N(e^{j(\tilde{\omega}-\theta)})d\theta \tag{7-7-14}$$

式中:$W_N(e^{j\tilde{\omega}})$是窗函数 $w_N[n]$的 DTFT。

当 $w_N[n]$为矩形窗 $R_N[n]$时,相当于对序列 $x[n]$直接截断。$R_N[n]$的 DTFT 为

$$W_N(e^{j\tilde{\omega}})=\text{DTFT}\{R_N[n]\}=\sum_{n=0}^{N-1}e^{-j\tilde{\omega}n}=\frac{\sin(\tilde{\omega}N/2)}{\sin(\tilde{\omega}/2)}e^{-j\frac{N-1}{2}\tilde{\omega}} \tag{7-7-15}$$

矩形窗频谱函数的幅度频谱 $|W_N(e^{j\tilde{\omega}})|=\left|\frac{\sin(\tilde{\omega}N/2)}{\sin(\tilde{\omega}/2)}\right|$,如图 7-7-4 所示。幅度频谱的主瓣在 $\tilde{\omega}=0$ 处,峰值为 N,宽度为 $4\pi/N$,有效宽度为 $2\pi/N$;主瓣两边有若干个幅度较小的副瓣,零点的位置由 $\sin(\tilde{\omega}N/2)$确定,分别位于 $\tilde{\omega}=2\pi m/N$($m=\pm1,\pm2,\cdots$),若主瓣峰值点正好对应 1 根谱线,则各零值也正好对应到其他谱线上;第一副瓣的峰值出现在 $\tilde{\omega}=3\pi/N$ 处。

显然,随着截取长度 N 的增大,主瓣峰值将变大,宽度将变窄,但副瓣的峰值也会随之增加。第一副瓣峰值与主瓣峰值之比用分贝表示为

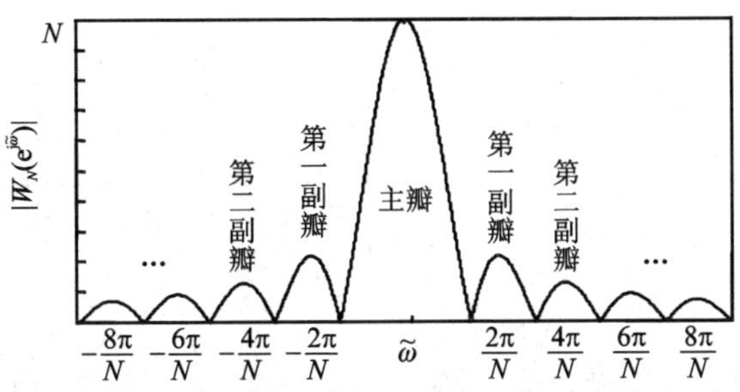

图 7－7－4　矩形窗频谱函数的幅度频谱

$$20\lg\left|\frac{W_N(e^{j(3\pi/N)})}{W_N(e^{j0})}\right| = 20\lg\left|\frac{\sin(3\pi/2)}{N\sin[3\pi/(2N)]}\right|$$

当 N 较大时，$3\pi/(2N)$较小，故 $\sin[3\pi/(2N)]\approx 3\pi/(2N)$，于是

$$20\lg\left|\frac{W_N(e^{j(3\pi/N)})}{W_N(e^{j0})}\right| \approx 20\lg\frac{2}{3\pi} = -13.46\ \text{dB}$$

为了说明时域加窗对连续时间信号 $x(t)$频谱分析的影响，下面分析无限长的实余弦信号的频谱。

设

$$x(t) = A\cos(m\omega_0 t + \varphi),\quad -\infty < t < \infty,\quad m \text{ 为正整数}$$

如果以时间间隔 T_{sam} 对其采样，且满足采样定理，采样后的序列为无限长序列，且 $\tilde{\omega}_0 = \omega_0 T_{\text{sam}}$，那么可以得到

$$x[n] = A\cos[m\tilde{\omega}_0 n + \varphi],\quad -\infty < n < \infty$$

周期序列 $x[n]$的频谱函数为

$$X(e^{j\tilde{\omega}}) = A\pi\sum_{k=-\infty}^{\infty}\left[e^{j\varphi}\delta(\tilde{\omega} - m\omega_0 - 2\pi k) + e^{-j\varphi}\delta(\tilde{\omega} + m\omega_0 + 2\pi k)\right] \tag{7-7-16}$$

如图 7－7－5 所示，$X(e^{j\tilde{\omega}})$在$[-\pi,\pi)$区间上为两个冲激信号。若对无限长序列 $x[n]$用矩形窗 $R_N[n]$截断，即 $x_N[n]=x[n]R_N[n]$，则有限长序列 $x_N[n]$的频谱函数 $X_N(e^{j\tilde{\omega}})$是 $X(e^{j\tilde{\omega}})$与矩形窗函数 $R_N(n)$的频谱 $W_N(e^{j\tilde{\omega}})$的卷积。表达式如下：

$$\begin{aligned}
X_N(e^{j\tilde{\omega}}) &= \frac{1}{2\pi}X(e^{j\tilde{\omega}}) * W_N(e^{j\tilde{\omega}}) \\
&= \frac{A}{2}\sum_{k=-\infty}^{\infty}\left[e^{j\varphi}W_N(e^{j(\tilde{\omega} - m\tilde{\omega}_0 - 2\pi k)}) + e^{-j\varphi}W_N(e^{j(\tilde{\omega} + m\tilde{\omega}_0 + 2\pi k)})\right] \\
&= \frac{A}{2}\sum_{k=-\infty}^{\infty}\left[\frac{\sin((\tilde{\omega} - m\omega_0 - 2\pi k)N/2)}{\sin((\tilde{\omega} - m\omega_0 - 2\pi k)/2)}e^{-j\left[\frac{N-1}{2}(\tilde{\omega} - m\omega_0 - 2\pi k) - \varphi\right]} + \right. \\
&\quad \left.\frac{\sin((\tilde{\omega} + m\omega_0 + 2\pi k)N/2)}{\sin((\tilde{\omega} + m\omega_0 + 2\pi k)/2)}e^{-j\left[\frac{N-1}{2}(\tilde{\omega} + m\omega_0 + 2\pi k) + \varphi\right]}\right]
\end{aligned} \tag{7-7-17}$$

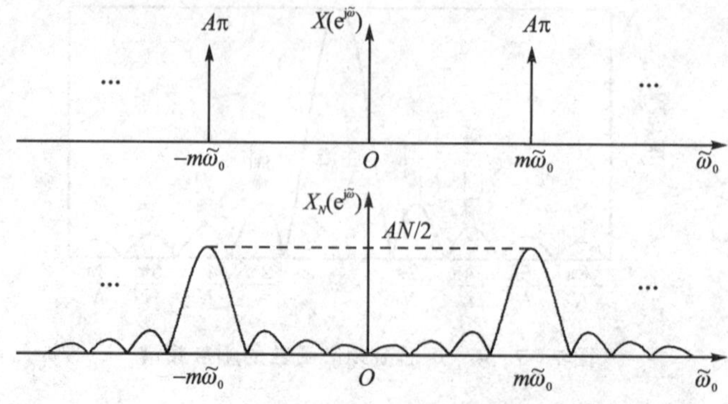

图 7-7-5　用矩形窗函数截断余弦序列后的频谱

可见,有限长序列的加矩形窗截短后所得到的 $x_N[n]$的频谱函数 $X_N(e^{j\tilde{\omega}})$与原序列 $x[n]$的频谱函数 $X(e^{j\tilde{\omega}})$有差别。若是对连续周期信号的整数周期采样谱分析,如前面所述,该实信号的谱可通过前 $N/2$ 点($0\leqslant n\leqslant N/2-1$)DFT 的对应结果除以 $N/2$ 得到;否则,加窗后的频谱会对原频谱产生影响,表现为**频谱泄漏**和**谱间干扰**。

所谓频谱泄漏,是指无限长序列加矩形窗截断后,在矩形窗频谱函数的作用下,使得 $X_N(e^{j\tilde{\omega}})$出现了较大的频谱扩展和向两边的波动,也称为功率泄漏。当频域采样谱线正好与 $\tilde{\omega}=m\tilde{\omega}_0$ 重合时,是对$|W_N(e^{j\tilde{\omega}})|$的峰值采样,参见图 7-7-5,而其他谱线都位于 $X_N(e^{j\tilde{\omega}})$的零值处,若被分析信号是多个单频信号的叠加,那么,对其他频率也正好位于谱线上的单频信号谱分析无影响。此时,$X_N(e^{j\tilde{\omega}})$对应 $\tilde{\omega}=m\tilde{\omega}_0$ 的谱线幅度除以 N 就可以得到原单频信号幅值的一半,虽然产生了频谱泄漏,但各次谐波之间并未受到泄漏的影响;否则,是对泄漏部分采样,自然就出现了误差。

谱间干扰是指截断引起的频谱展宽和波动,不同频率分量信号间的频谱产生混叠现象,称之为谱间干扰,同样会给频谱分析带来误差。几个单频信号组合的 DFT,即使只有 1 个频点没有落到谱线上,都会发生谱间干扰。当一个幅值大的单频信号和幅值小的单频信号的频率相近时,幅值较大信号的频谱泄漏会淹没掉小信号;甚至由于频谱混叠而出现较大的峰值,被误认为是另一个信号的谱线,从而造成虚假信号。

由于上述两种现象都是对长序列截断引起的,所以统称为截断效应。对频率为 f_0 的周期信号谱分析,可以通过 $mF=f_0$ 的方法使周期信号的各个谐波都落到谱线上,从而消除截断效应影响。对于非周期信号,截断效应无法避免,为了降低频谱泄漏,减小谱间干扰,可以增加截断的窗口长度 N,并选用副瓣较小的窗函数 $w_N[n]$。因为对矩形窗函数 $R_N[n]$,增加长度 N,可使主瓣变窄,能量集中,减小主要能量的分布区间,提高频谱分辨率,但其主副瓣比不变,所以还应选用能量尽可能集中在主瓣中的窗函数。关于窗函数及其频谱函数将在后面 FIR 滤波器设计章节中介绍。

3. 栅栏效应

落在两个频率分辨点之间的谱线只能以邻近的频率分辨点的值来近似代替，只能在离散点上看栅栏式频谱，这就是所谓的栅栏效应。

减少栅栏效应的方法是进一步提高谱分辨率，也就是增加记录时间。当然，也可以在 $x[n]$后增补 0，使得频谱更加细致，但是并没有得到更多的频率信息。

7.7.5　利用 DFT 对连续时间信号进行频谱分析的参数选择

由上述分析可知，在利用 DFT 对连续时间信号进行频谱分析时，涉及混叠效应、截断效应和栅栏效应等问题。频谱混叠与连续时间信号的时域采样频率 f_{sam} 有关，截断效应与时域加窗截断的长度 N 有关。在大多数情况下，一般已知待分析连续时间信号的最高频率 f_{m}，并对信号的频率分辨率 F 提出要求。下面讨论利用 DFT 进行信号频谱分析的参数（采样频率、持续时间、DFT 点数）选择的问题。

对于频率分辨率 $F=\dfrac{f_{\mathrm{sam}}}{N}=\dfrac{1}{NT_{\mathrm{sam}}}=\dfrac{1}{T_{\mathrm{p}}}$，提高谱分辨率（即减小 F）的途径如下：

① 如果保持采样点数 N 不变，要提高谱分辨率（F 越小），必须降低采样频率 f_{sam}，而 f_{sam} 的降低会引起谱分析范围减小，甚至引入大的混叠失真。

② 如果维持 f_{sam} 不变，为了提高谱分辨率，则要通过增加采样点数 N 实现。f_{sam} 不变，即 $T_{\mathrm{sam}}=1/f_{\mathrm{sam}}$ 不变，因 $T_{\mathrm{p}}=NT_{\mathrm{sam}}$，所以记录时间 T_{p} 增加。

显然，为了提高谱分辨率，又不能缩小谱分析范围，不能降低 f_{sam}，只能增加记录时间，即增加采样点数。

采样频率 f_{sam}、记录时间 T_{p} 和采样点数 N 的选择讨论如下：

（1）采样频率 $\boldsymbol{f}_{\mathrm{sam}}$ 和采样时间间隔 T_{sam}

设连续时间信号 $x(t)$的最高信号频率为 f_{m}，根据时域采样定理，信号的采样频率 f_{sam} 应满足：

$$f_{\mathrm{sam}}\geqslant 2f_{\mathrm{m}} \tag{7-7-8}$$

对应的采样时间间隔 T_{sam} 应满足：

$$T_{\mathrm{sam}}=\frac{1}{f_{\mathrm{sam}}}\leqslant\frac{1}{2f_{\mathrm{m}}} \tag{7-7-9}$$

（2）信号的记录时间 T_{p}

信号的记录时间 T_{p} 应满足频率分辨率 F 的要求，即

$$T_{\mathrm{p}}=NT_{\mathrm{sam}}=\frac{N}{f_{\mathrm{sam}}}=\frac{1}{F} \tag{7-7-10}$$

可见，频率分辨率 F 与采样记录时间 T_{p} 呈反比关系。若希望得到较高的频率分辨率（F 减小），则需要较长的信号采样持续时间。为保证满足频率分辨率的要

求,应取

$$T_p \geqslant \frac{1}{F} \tag{7-7-11}$$

(3) DFT 的采样点数 N

根据信号采样时间间隔 T_{sam} 和信号采样持续时间 T_p,DFT 的采样点数 N 应满足

$$N = \frac{T_p}{T_{sam}} = \frac{f_{sam}}{F} \geqslant \frac{2f_m}{F} \tag{7-7-12}$$

在 N 满足基本参数要求的条件下,通常还需要用序列末端补零的方法,使实际做 DFT 的点数 $L \geqslant N$,以提高显示分辨率。

【例 7-7-3】利用 DFT 对实信号进行谱分析,要求 DFT 的点数必须为 2 的整数次幂,频谱分辨率 $F \leqslant 10$ Hz,信号最高频率 $f_m = 2.5$ kHz,试确定最小记录时间 T_{pmin},最大采样间隔 $T_{sam\,max}$,最少的采样点数为 N_{min}(N 取 2 的整数次幂),并确定采样频率。

解:

$$T_p \geqslant 1/F = 1/10\ \text{Hz} = 0.1\ \text{s}$$
$$T_{sam\,max} = 1/(2f_m) = 0.2 \times 10^{-3}\ \text{s}$$
$$N_{min} = 2f_m/F = 2 \times 2\,500/10 = 500,\quad N\ 取\ 512$$

所以 $f_{sam} = FN = 10\ \text{Hz} \times 512 = 5\,120\ \text{Hz}$。

【例 7-7-4】已知调幅信号 $x(t) = [1 + \cos(2\pi \times 100t)]\cos(2\pi \times 1\,000t)$ 的载波频率为 1 kHz,调制信号上限频率为 100 Hz,用 FFT 对其进行谱分析,请给出调制信号的最高频率和谱分辨率范围,并计算最小记录时间 T_{pmin}、最低采样频率 $f_{sam\,min}$、最少采样点数 N_{min}。

解:通过积化和差,可得,已调信号的最高频率 $f_m = 1.1$ kHz,频谱分辨率 $F \leqslant 100$ Hz,所以

$$T_{pmin} = 1/F = 1/(100\ \text{kHz}) = 0.01\ \text{s}$$
$$f_{sam\,min} = 2f_m = 2 \times 1.1\ \text{kHz} = 2.2\ \text{kHz}$$
$$N_{min} = 2f_m/F = 22$$

*7.8 DFT 应用:对非周期序列进行频谱分析——Chirp-Z 变换

由频域采样定理,如果对序列 $x(n)$ 进行 $L \geqslant N$ 点 DFT,则得到 $X[k]$($0 \leqslant k \leqslant L-1$),$X[k]$是在$[0, 2\pi)$区间上对 $X(e^{j\omega})$ 的 L 点等间隔采样。因此序列的 DTFT 可以利用 DFT 来计算。然而,在许多实际应用中,并非单位圆上的所有频谱都是很有用的。例如,对于窄带信号,往往只希望对信号所在的一段频带进行频谱分析,这时便希望采样点能密集在这段频带内,而其余部分可完全不予考虑。另外,

有时要求采样点不局限于单位圆上。例如，在语音信号处理中，常常需要知道 $X(z)$ 的极点所对应的频率，如果极点离单位圆较远，则其单位圆上的频谱就比较平坦，如图 7－8－1 (a)所示，这时很难从中识别出极点对应的频率。如果使采样点轨迹沿一条接近这些极点的弧线或圆周进行，则采样结果将会在极点对应的频率上出现明显的尖峰，如图 7－8－1(b)所示。这样就能较准确地测定极点频率。对均匀分布在以原点为圆心，以 $r(0<r\leqslant 1)$为半径的圆上的 N 点频率采样，可用 DFT 计算，而沿螺旋弧线采样，则要用线性调频 Z 变换(Chirp-Z 变换，简称 CZT)计算。下面讨论序列频谱分析中的两个具体问题：非单位圆采样和 Chirp-Z 变换。

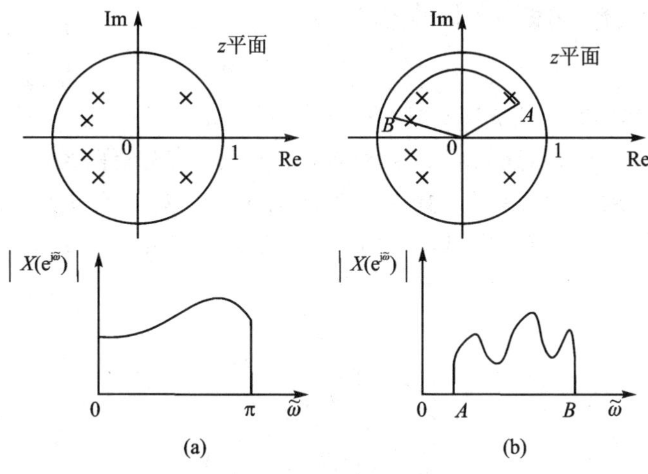

图 7－8－1　单位圆采样与非单位圆采样

1. 非单位圆采样

现具体讨论利用 DFT 对序列 $x[n]$在半径为 $r(0<r\leqslant 1)$的圆上的频谱分析。如果要求分析序列 $x[n]$在半径为 r 的圆上的频谱，则 N 点等间隔采样点为$(z_k=re^{j(2\pi/N)k},0\leqslant k\leqslant N-1)$，$z_k$ 的频谱分量为

$$X(z_k)=X(z)\Big|_{z=z_k}=\sum_{n=0}^{N-1}x[n]r^{-n}e^{-j\left(\frac{2\pi}{N}\right)kn} \qquad (7-8-1)$$

令 $x_1[n]=x[n]r^{-n}$，则

$$X(z_k)=\sum_{n=0}^{N-1}x_1[n]e^{-j\left(\frac{2\pi}{N}\right)kn}=\text{DFT}\{x_1[n]\} \qquad (7-8-2)$$

式(7－8－2)说明，要计算 $x[n]$在半径为 r 的圆上的 N 点等间隔频谱分量，可先将 $x[n]$乘以 $r^{-n}(0\leqslant n\leqslant N-1)$获得 $x_1[n]$，再计算 $x_1[n]$的 N 点 DFT 即可得到。

如果要求分析序列 $x[n]$在半径为 r 的圆上的有限角度$[\varphi_1,\varphi_2]$内的 N 点等间隔频谱分量，则可以通过序列末端补零的方法，补零的个数为 $2\pi N/(\varphi_2-\varphi_1)-N$；

然后做$L=2\pi N/(\varphi_2-\varphi_1)$点DFT，获得$X[k](0\leqslant k\leqslant L-1)$；再根据$\varphi_1$、$\varphi_2$的具体角度值，从$X[k]$中取出相应的$N$个频谱分量即可。显然，这种方法的计算量较大，且不能做螺旋采样。下面讨论的Chirp-Z变换可以解决这些问题。

2. Chirp-Z 变换

设序列$x[n]$的长度为N，现在分析z平面上M点频谱采样值，分析点为z_k $(0\leqslant k\leqslant M-1)$。设

$$z_k=a\tilde{\omega}^{-k},\quad 0\leqslant k\leqslant M-1 \tag{7-8-3}$$

式中：a和$\tilde{\omega}$为复数，用极点坐标形式表示为

$$a=a_0\mathrm{e}^{\mathrm{j}\theta_0}\ \tilde{\omega}=\omega_0\mathrm{e}^{-\mathrm{j}\varphi_0},\quad z_k=a_0\mathrm{e}^{\mathrm{j}\theta_0}\omega_0^{-k}\mathrm{e}^{\mathrm{j}k\varphi_0}$$

式中：a_0和ω_0为实数。当$k=0$时，有$z_0=a_0\mathrm{e}^{\mathrm{j}\theta_0}$。

可见，a_0决定谱分析起始点z_0的位置，ω_0的值决定分析路径的盘旋趋势，φ_0表示两个相邻分析点之间的夹角。如果$\omega_0<1$，则随着k增大，分析点z_k以φ_0为步长向外盘旋；如果$\omega_0>1$，则向内盘旋。Chirp-Z变换分析频率点分布图如图7-8-2所示。

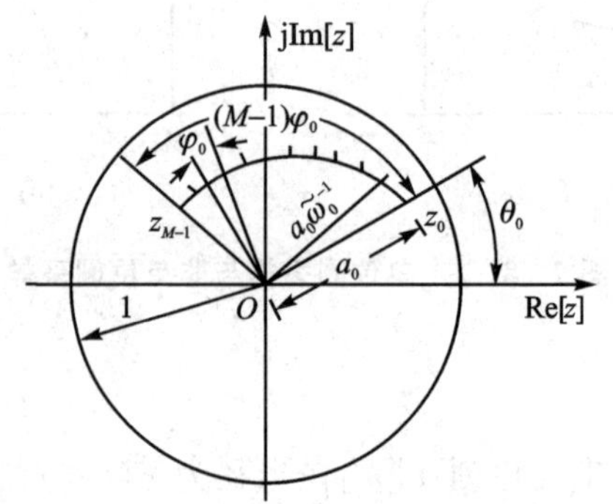

图7-8-2 Chirp-Z变换分析频率点分布图

将z_k代入Z变换公式得到

$$X(z_k)=\sum_{n=0}^{N-1}x[n](a\tilde{\omega}^{-k})^{-n}=\sum_{n=0}^{N-1}x[n]a^{-n}\tilde{\omega}^{kn},\quad 0\leqslant k\leqslant M-1 \tag{7-8-4}$$

利用Bluestein公式$kn=\dfrac{1}{2}[n^2+k^2-(k-n)^2]$，式(7-8-4)变形得到

$$X(z_k)=\sum_{n=0}^{N-1}x[n]a^{-n}\tilde{\omega}^{[n^2+k^2-(k-n)^2]}=\tilde{\omega}^{k^2/2}\sum_{n=0}^{N-1}x[n]a^{-n}\tilde{\omega}^{n^2/2}\tilde{\omega}^{-(k-n)^2/2}$$

令$y[n]=x[n]a^{-n}\tilde{\omega}^{n^2/2}$，$h[n]=\tilde{\omega}^{-n^2/2}$，则

$$X(z_k)=\tilde{\omega}^{k^2/2}\sum_{n=0}^{N-1}y[n]h[k-n],\quad 0\leqslant k\leqslant M-1 \tag{7-8-5}$$

式(7－8－5)说明，长度为 N 的序列 $x[n]$ 的 M 点频谱分析可以通过预乘得到 $y[n]$，再计算 $y[n]$ 与 $h[n]$ 线性卷积，最后乘以 $\tilde{\omega}^{k^2/2}$ 三个步骤得到。如图 7－8－3 所示，$h[n]=\tilde{\omega}^{-n^2/2}$ 被看成是线性时不变系统的单位脉冲响应，输出 $f[n]=y[n]*h[n]$。

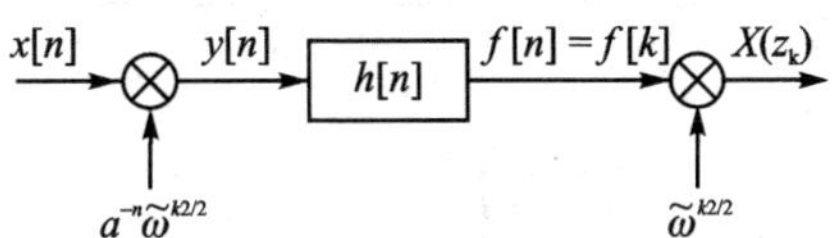

图 7－8－3　Chirp-Z 变换计算框图

当 $\tilde{\omega}_0=1$ 时，$h[n]=e^{jn^2\varphi_0/2}$ 是频率随时间 n 线性增长的复指数序列。在雷达系统中这样的信号被称为线性调频信号，专用词汇 Chirp 表示，因此对上述变换命名为线性调频 Z 变换，记为 Chirp-Z 变换。

下面介绍用 DFT 计算 Chirp-Z 的原理和实现方法。首先要确定线性卷积的区间。由于序列 $x[n]$($0\leqslant n\leqslant N-1$) 的长度为 N，所以 $y[n]$ 的长度也是 N，如图 7－8－4(a) 所示。而 $h[n]=\omega^{-n^2/2}$ 是无限长序列。这样，$f[n]=y[n]*h[n]$ 必然是无限长序列。然而要求的频谱分析点数为 M，即我们只关心 $0\leqslant k\leqslant M-1$ 区间上的线性卷积结果，$f[k]=f[n]$，因此只要计算出 $0\sim M-1$ 区间上的 M 个值就可以了。根据上述分析，只要截取 $-(N-1)\leqslant n\leqslant M-1$ 区间上的 $h[n]$ 参与线性卷积就能得到所要求的结果，如图 7－8－4(b) 所示。这样，线性卷积所得 $f[n]$ 的长度为 $2N+M-2$。因为 $y[n]\circledast h[n]$ 是 $f[n]$ 的周期延拓序列的主值序列，所以延拓周期为 L。即

$$y[n]\circledast h[n]=\sum_{q=-\infty}^{\infty}f[n+qL]R_L[n]$$

而 $f[n]$ 的非零区间为 $[-(N-1),(N+M-1)]$。为了用循环卷积代替线性卷积计算出 $f[n]$ 在 $[0,(M-1)]$ 区间上的 M 个序列值，以 L 为周期进行周期延拓时，$[0,(M-1)]$ 区间上不能有混叠，所以循环卷积的长度 L 应大于或等于 $N+M-1$。若选择 $L=N+M-1$，那么 $y(n)$ 的末端补 $M-1$ 个零，并将 $h[n]$ 从 $-(N-1)$ 到 $(M-1)$ 所截取的一段序列以 L 为周期进行周期延拓，取主值序列形成 $h_L[n]$，如图 7－8－4(c) 所示。这时可用 DFT 计算如上构造的两个序列 $y[n]$(补 $M-1$ 个 0) 和 $h_L[n]$ 的循环卷积。若选择 $L>N+M-1$，则 $y[n]$ 末端应补 $L-N$ 个零，而 $h[n]$ 应在 $(M-L)\sim(M-1)$ 区间上截取(或 $h[n]$ 仍在 $-(N-1)\sim(M-1)$ 区间上截取，但截取后在 $-(N-1)$ 点前面补 $L-(N+M-1)$ 个 0 点)，然后周期延拓，取主值序列形成 $h_L[n]$。

综上讨论，Chirp-Z 变换的计算步骤可归纳如下：

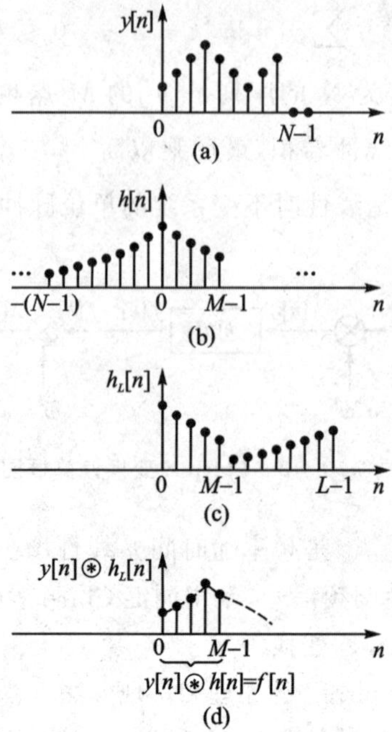

图 7-8-4　Chirp-Z 变换中 $h[n]$的截取和 $h_L[n]$的形成

① 形成 $h_L[n]$序列：

$$h_L[n]=\begin{cases}\tilde{\omega}^{-n^2/2}, & 0\leqslant n\leqslant M-1\\ \tilde{\omega}^{-(n-L)^2/2}, & M\leqslant n\leqslant L-1\end{cases}$$

② $H[k]=\mathrm{DFT}\{h_L[n]\}$,$0\leqslant k\leqslant L-1$;

③ $y[n]$末端补零；

④ $Y[k]=\mathrm{DFT}\{y[n]\}$,$0\leqslant k\leqslant L-1$;

⑤ $F[k]=Y[k]H[k]$,$0\leqslant k\leqslant L-1$;

⑥ 求 $F[k]$的 IDFT：

$$f[n]=\mathrm{DFT}^{-1}\{F[k]\},\quad 0\leqslant n\leqslant N-1$$

⑦ 求 z 平面上的 M 点频谱采样值：

$$X(z_k)=\tilde{\omega}H^{k^2/2}f[k],\quad 0\leqslant k\leqslant M-1$$

与标准的 DFT 算法比较,Chirp-Z 变换具有以下特点：

① 输入序列长度 N 和输出序列长度 M 不需要相等,且二者均可为素数。

② 分析频率点 z_k 的起始点 z_0 及相邻两点之间的夹角 φ_0 是任意的,因此,频谱分析可以从任意频率点上开始,且采样点上的频率间隔也是任意的。

③ 频谱分析的路径可以是螺旋的。

④ 当 $a=1$,$M=N$,$\tilde{\omega}=\mathrm{e}^{-\mathrm{j}(2\pi/N)}$时,$z_k$ 均匀分布在单位圆上,此时序列的

Chirp-Z 变换就是序列的 DFT。因此，序列的 DFT 是其 Chirp-Z 变换的特例。

总之，利用 Chirp-Z 变换对序列进行频谱分析，具有灵活、适应性强和运算效率高等优点。

7.9　快速离散傅里叶变换(FFT)

DFT 是离散时间信号分析和处理中的一种重要变换，应用广泛。但因直接计算 DFT 的计算量与变换区间长度 N 的平方成正比，当 N 较大时，计算量太大，从而限制了 DFT 在信号频谱分析和实时信号处理中的应用。1965 年，库利(J. W. Cooley)和图基(J. W. Tukey)在《计算机数学》(*Math. Computation*, vol. 19, 1965)杂志上发表了著名的《机器计算傅里叶级数的一种算法》论文后，桑德-图基等快速算法相继出现，经过改进，形成一套 DFT 的高效算法，这就是快速傅里叶变换，简称 FFT(Fast Fourier Transform)。FFT 算法大幅提高了 DFT 的运算效率，为数字信号处理技术应用于各种实时处理创造了条件，大大推动了数字信号处理技术的发展。

DFT 快速算法的类型很多，但其基本数学原理是相似的。本节主要介绍基 2 时域抽取和基 2 频域抽取 FFT 快速算法原理。

7.9.1　DFT 运算量及减少运算量的基本途径

长度为 N 的有限长序列 $x[n]$的 DFT 为

$$X[k]=\sum_{n=0}^{N-1}x[n]W_N^{nk},\quad k=0,1,\cdots,N-1$$

下面首先分析 DFT 的运算量：

① 当仅取某一个 k 值时，计算 $X[k]$需要 N 次复数乘法、$N-1$ 次复数加法。

② 对所有 k 值，共需 N^2 次复数乘法，$N(N-1)$次复数加法。也就是说，DFT 的运算量与长度 N 的平方成正比。

例如：当 $N=1\ 024$ 时，$N^2=1\ 048\ 576$，运算量太大，难以实现实时处理。直接用 DFT 进行谱分析和信号的实时处理不切实际。

既然 DFT 的运算量与长度 N 的平方成正比，那么如何有效地减少 DFT 的运算量呢？其基本途径如下：

① 把 N 点 DFT 分解为多个较短的 DFT，可以大大减少乘法的次数。

② 由 DFT 的定义式看，$x[n]$是未定的，而 W_N^{kn} 是已知的，因此可以利用旋转因子 W_N^{kn} 的性质来减少运算量。

DFT 的快速算法 FFT 就是不断地把长序列的 DFT 分解成几个短序列的 DFT，并利用 W_N^{kn} 的性质来减少运算量。这就是 FFT 的核心思想。

把长序列的 DFT 逐步分解成几个短序列的 DFT 的过程称为抽取。FFT 算法分为两大类:时域抽取法 FFT 和频域抽取法 FFT。

① 时域抽取法 FFT(Decimation-In-Time FFT),简称 DIT - FFT;

② 频域抽取法 FFT(Decimation-In-Frequency FFT),简称 DIF - FFT。

其中最常用的是基 2 抽取的 FFT 算法,即 1 个序列每次都变为两个较短的序列。下面分别学习时域抽出和频域抽取的基 2 - FFT 算法。

7.9.2 基 2DIT - FFT 算法原理

基 2DIT - FFT 算法,即时域抽取基 2FFT 算法。设序列 $x[n]$的长度为 N,为实现基 2 抽取,要求 N 满足 $N=2^M$,M 为自然数。

基 2DIT - FFT 算法思想:时域 M 级奇偶抽取分解为较短的 DFT,并利用 $W_N^{N/2+m}=-W_N^m$,将 N 点 DFT 变成 M 级蝶形运算。

基 2DIT - FFT 算法又称库利·图基算法,具体分析如下:

按 n 的奇偶性把 $x[n]$分解为两个 $N/2$ 点的子序列:

$$\begin{cases} x_1[r]=x[2r] \\ x_2[r]=x[2r+1] \end{cases}, \quad r=0,1,\cdots,\frac{N}{2}-1$$

则 $x[n]$的 DFT 为

$$\begin{aligned} X[k] &= \sum_{n=\text{偶数}} x[n]W_N^{kn} + \sum_{n=\text{奇数}} x[n]W_N^{kn} \\ &= \sum_{r=0}^{\frac{N}{2}-1} x[2r]W_N^{2kr} + \sum_{r=0}^{\frac{N}{2}-1} x[2r+1]W_N^{k(2r+1)} \\ &= \sum_{r=0}^{\frac{N}{2}-1} x_1[r]W_N^{2kr} + W_N^k \sum_{r=0}^{\frac{N}{2}-1} x_2[r]W_N^{2kr} \end{aligned}$$

由 W_N^m 的可约性,$W_N^{2kr}=W_{N/2}^{kr}$,所以

$$X[k] = \sum_{r=0}^{N/2-1} x_1[r]W_{N/2}^{kr} + W_N^k \sum_{r=0}^{N/2-1} x_2[r]W_{N/2}^{kr}$$

令

$$X_1[k] = \sum_{r=0}^{\frac{N}{2}-1} x_1[r]W_{N/2}^{kr} = \mathrm{DFT}\{x_1[r]\}$$

$$X_2[k] = \sum_{r=0}^{\frac{N}{2}-1} x_2[r]W_{N/2}^{kr} = \mathrm{DFT}\{x_2[r]\}$$

则

$$X[k]=X_1[k]+W_N^kX_2[k], \quad k=0,1,\cdots,N/2-1 \tag{7-9-1}$$

这时,有的读者产生了疑问?这样计算只能求得前 $N/2$ 个 $X[k]$值,而后 $N/2$

个 $X[k]$值怎么获得呢？根据 $X_1[k]$和 $X_2[k]$的隐含周期性，且 $W_N^{k+N/2}=-W_N^k$，将 $k=k+N/2$ 代入式(7-9-1)，有

$$X\left[k+\frac{N}{2}\right]=X_1[k]-W_N^kX_2[k],\quad k=0,1,\cdots,\frac{N}{2}-1 \qquad (7-9-2)$$

也就是说，计算 N 点有限长序列 $x[n]$的 DFT，前一半 $X[k]$值 $X(0)\sim X(N/2-1)$通过式(7-9-1)计算，后一半 $X[k]$值 $X(N/2)\sim X(N-1)$通过式(7-9-2)计算。

上面的计算与如图 7-9-1 所示的蝶形运算规则一致，具体表示如图 7-9-2 所示。

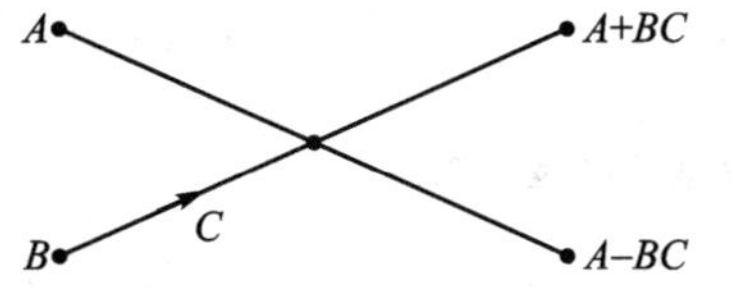

图 7-9-1　基 2DIT-FFT 蝶形运算规则

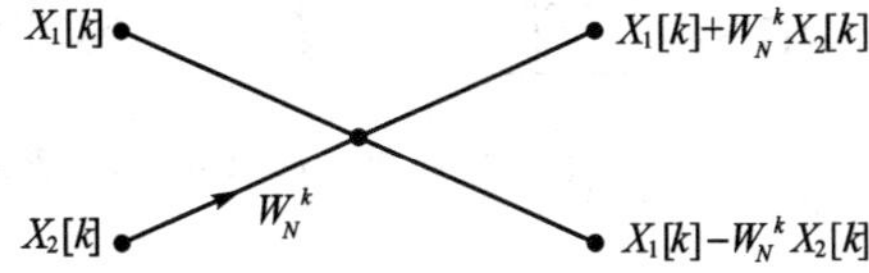

图 7-9-2　基 2DIT-FFT 的蝶形运算

由此可见，**1 个蝶形运算需要一次复数乘法和两次复数加法运算**。

假定 $N=8$，N 点 DFT 的一次时域抽取的运算流图如图 7-9-3 所示。如图可见，经过一次分解后，计算一个 N 点 DFT 共需要计算两个 $N/2$ 点 DFT 和 $N/2$ 个蝶形运算。

计算一个 $N/2$ 点 DFT 需要$(N/2)^2$ 次复数乘和$(N/2)(N/2-1)$次复数加法，可见 N 点 DFT 一次抽取后需要计算 $2(N/2)^2+N/2$ 次复数乘法和 $N(N/2-1)+2(N/2)$次复数加法。所以，经过一次奇偶抽取，就使计算量减少近一半。

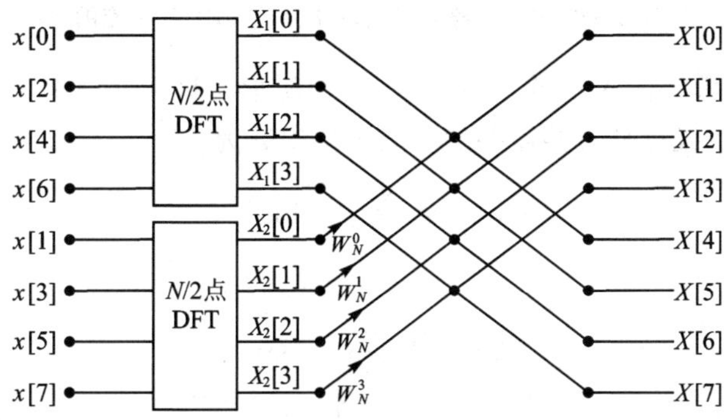

图 7-9-3　8 点 DFT 的一次时域抽取的运算流图

这样，由于 $N=2^M$，$N/2$ 仍然是偶数，故可以对 $N/2$ 点 DFT 作进一步分解，方法与前一次相同。8 点 DFT 两次时域抽取后的运算流图如图 7-9-4 所示。

关于最后一级的只有两点的 DFT 其实就是蝶形运算(请读者自行推演)。完整的 8 点基 2 DIT-FFT 算法流图如图 7-9-5 所示。即 $N=2^M$ 点的 DFT，可以通过

M 级蝶形运算完成。

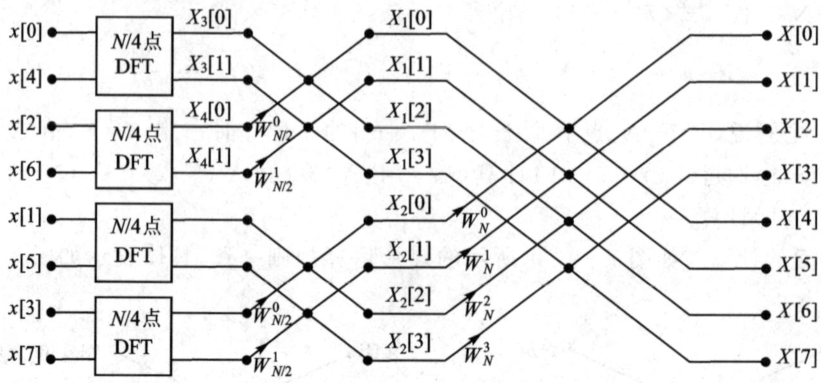

图 7-9-4　8 点 DFT 两次时域抽取后的运算流图

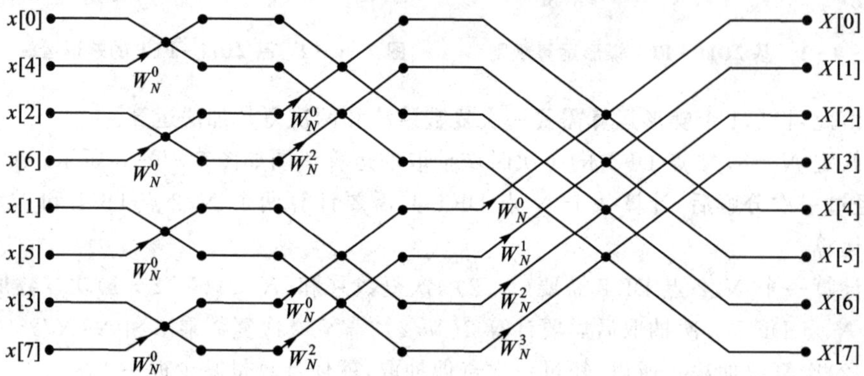

图 7-9-5　完整的 8 点基 2DIT-FFT 算法流图

每一级运算都含有 $N/2$ 个蝶形运算,每个蝶形运算需要一次复数乘法和两次复数加法。所以,M 级运算总共需要的复数乘法次数为

$$C_{\mathrm{M}}=M\frac{N}{2}=\frac{N}{2}\log_2 N \tag{7-9-3}$$

复数加法次数为

$$C_{\mathrm{A}}=M\left(\frac{N}{2}\times 2\right)=N\log_2 N \tag{7-9-4}$$

而直接计算 N 点 DFT 时的复数乘法次数为 N^2,复数加法次数为 $N(N-1)$。这样,当 $N\gg 1$ 时,基 2DIT-FFT 算法将比直接计算 DFT 的运算次数大大减少。直接计算 N 点 DFT 与基 2DIT-FFT 算法的复数乘法次数之比为

$$R=\frac{N^2}{(N/2)\log_2 N}=\frac{2N}{\log_2 N}$$

图 7-9-6 示出了计算 DFT 与基 2DIT-FFT 算法所需复数乘法次数与 DFT 点数

N 之间的比较曲线。显然，N 越大，FFT 算法的效率越高。

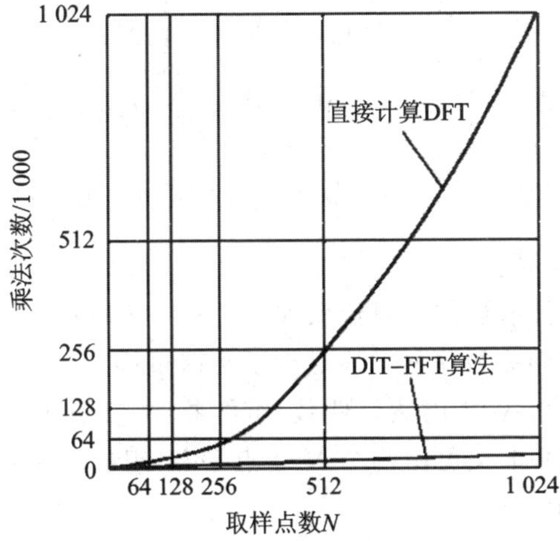

图 7-9-6　基 2DIT-FFT 算法与直接计算 DFT 所需复数乘法次数的比较曲线

以 $N=1\ 024$ 为例，基 2DIT-FFT 算法使复数乘法的运算效率提高了 200 多倍，复数加法的运算效率提高了 100 多倍。

7.9.3　基 2DIF-FFT 算法原理

频域抽取法基 2FFT 算法，简称基 2DIF-FFT，也称为桑德·图基算法。当读者具备基 2DIT-FFT 算法基础后，基 2DIF-FFT 算法很好理解。

设序列 $x[n]$长度为 $N=2^M$，首先将 $x[n]$前后对半分开，得到两个子序列，其 DFT 可表示为如下形式：

$$
\begin{aligned}
X[k] &= \mathrm{DFT}\{x[n]\} = \sum_{n=0}^{N-1} x[n] W_N^{kn} \\
&= \sum_{n=0}^{N/2-1} x[n] W_N^{kn} + \sum_{n=N/2}^{N-1} x[n] W_N^{kn} \\
&= \sum_{n=0}^{N/2-1} x[n] W_N^{kn} + \sum_{n=0}^{N/2-1} x\left[n+\frac{N}{2}\right] W_N^{k\left(n+\frac{N}{2}\right)} \\
&= \sum_{n=0}^{N/2-1} \left(x[n] + W_N^{kN/2} x\left[n+\frac{N}{2}\right]\right) W_N^{kn}
\end{aligned}
$$

式中：

$$
W_N^{kN/2} = \mathrm{e}^{-\mathrm{j}k\pi} = \begin{cases} 1, & k \text{ 为偶数} \\ -1, & k \text{ 为奇数} \end{cases}
$$

所以，将 $X[k]$分解成偶数组与奇数组，当 k 取偶数($k=2r, r=0,1,\cdots,N/2-1$)时，

$$X[2r]=\sum_{n=0}^{N/2-1}\left(x[n]+x\left[n+\frac{N}{2}\right]\right)W_N^{2rn}=\sum_{n=0}^{N/2-1}\left(x[n]+x\left[n+\frac{N}{2}\right]\right)W_{N/2}^{rn}$$

当 k 取奇数($k=2r+1$, $r=0,1,\cdots,N/2-1$)时,

$$X[2r+1]=\sum_{n=0}^{N/2-1}\left(x[n]-x\left[n+\frac{N}{2}\right]\right)W_N^{n(2r+1)}=\sum_{n=0}^{N/2-1}\left(x[n]-x\left[n+\frac{N}{2}\right]\right)W_N^{n}\cdot W_{N/2}^{nr}$$

令 $x_1[n]=x[n]+x\left[n+\frac{N}{2}\right]$, $x_2[n]=\left(x[n]-x\left[n+\frac{N}{2}\right]\right)W_N^n$,并定义如图 7-9-7 所示蝶形运算。

当 $N=8$ 时,一次抽取后的运算流图如图 7-9-8 所示。可见,时域信号的抽取没有造成序号的重排,而频域序号顺序进行了奇偶重排。

同理,由于 $N=2^M$, $N/2$ 仍然是偶数,继续将 $N/2$ 点 DFT 分成偶数组和奇数组,这样每个 $N/2$ 点 DFT 又可由两个 $N/4$ 点 DFT 组成。$N=8$ 时的二次分解运算流图如图 7-9-9 所示。

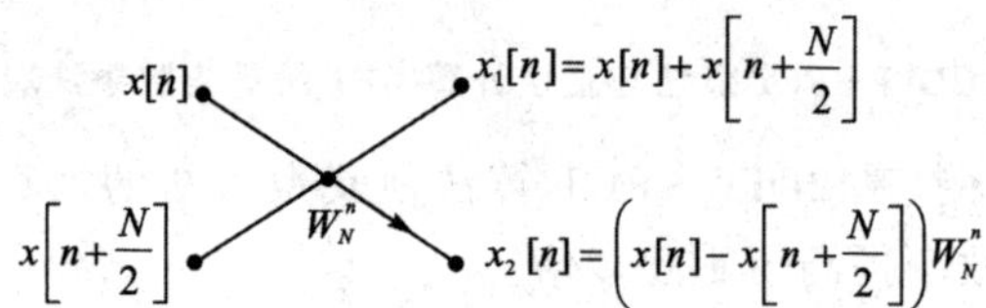

图 7-9-7 基 2DIF-FFT 蝶形运算符号

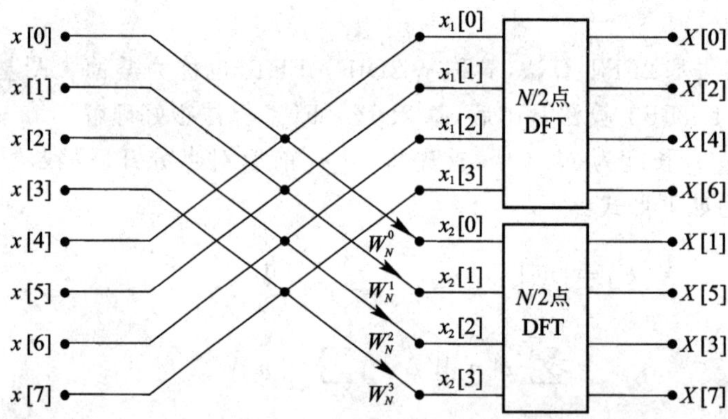

图 7-9-8 8 点基 2DIF-FFT 进行一次抽取后的运算流图

这样经过 $M-1$ 次分解后,最后分解为 2^{M-1} 个两点 DFT。同样。两点 DFT 就是一个基本蝶形运算流图。$N=8$ 时,完整的基 2DIF-FFT 运算流图如图 7-9-10 所示。

这种算法是对 $X[k]$进行奇偶抽取分解的结果,故称为频域抽取法。

基 2DIF-FFT 与基 2DIT-FFT 算法类似,共有 M 级运算,每级共有 $N/2$ 个蝶形,运算量与基 2DIT-FFT 算法基本相同。与基 2DIT-FFT 算法不同的是,基 2DIT-FFT 算法在计算前要将序列 $x[n]$重新排序,而基 2DIT-FFT 算法是在计算

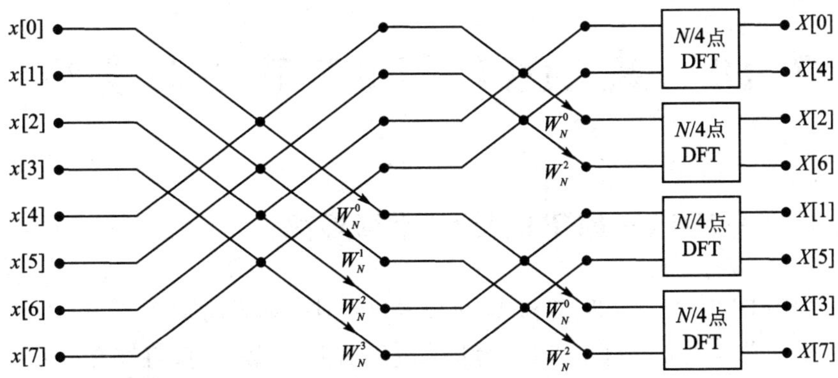

图 7-9-9　8 点基 2DIF-FFT 二次分解的运算流图

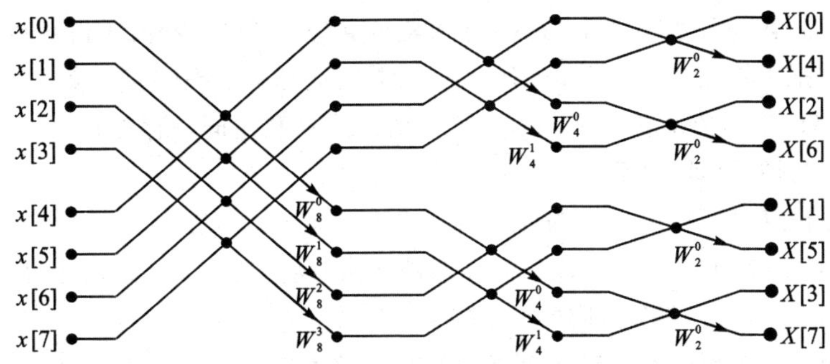

图 7-9-10　N=8 时，完整的基 2DIF-FFT 运算流图

最后再进行重新排序。

除了基 2FFT 算法，常用的还有基 4FFT 算法。基 4FFT 算法的复数乘法次数为$\frac{3}{8}N\log_2 N$，复数加法次数为$\frac{3}{2}N\log_2 N$，在乘法次数上相比基 2FFT 略有优势。在基 r FFT 算法中，基 4FFT 算法运算效率与基 8FFT 很接近，但基 4FFT 算法实现程序简单，且判断开销少。可以证明，当 FFT 的基大于 4 时，不会明显降低计算量。1984 年法国的杜梅尔(P. Dogarnel)和霍尔曼(H. Hollmann)将基 2 分解和基 4 分解糅合为分裂基 FFT 算法，其复数乘法次数为$\frac{N}{3}\log_2 N-\frac{2}{9}N+(-1)^M\frac{2}{9}$，是一种很实用的高效算法。感兴趣的读者请参阅相关文献。

7.10 基2DIT-FFT算法的实现

7.10.1 基2DIT-FFT的原位计算规律

观察基2DIT-FFT的运算流图,可以看出它具有如下规律:

1) $N=2^M$ 点的基2DIT-FFT算法自左到右共 M 级运算,每级有 $N/2$ 个蝶形运算组成。

2) 同一级中,每个蝶形的两个输入数据只对本蝶形有用,而且每个蝶形的输入、输出结点又同在一条水平线上,这就意味着计算完一个蝶形后,所得数据可立即存入原输入数据占用的存储单元,这样,经过 M 级运算后,原来存放输入序列数据的 N 个存储单位中是依次存放 $X[k]$ 的 N 个值。这种利用同一存储地址计算输入、输出的方法称为原位(址)计算。

利用原位计算可以大量节约计算机或嵌入式系统的内存。

3) 为了构造 M 级运算的统一循环软件结构,我们还需要知道两个"距离"。

① 单个蝶形运算两节点间的"距离":

第一级每个蝶形的两个输入节点间的"距离"为1;

第二级每个蝶形的两个输入节点间的"距离"为2;

第三级每个蝶形的两个输入节点间的"距离"为4;

……

因此,对 $N=2^M$ 点基2DIT-FFT,若用 L 表示从左到右的运算级数($L=1,2,3,\cdots,M$),则有:其第 L 级运算,每个蝶形两结点"距离"为 2^{L-1}。

② 同级同一旋转因子对应各蝶形运算间的"距离":

第一级同一旋转因子对应各蝶形运算对应输入节点间的"距离"为2;

第二级同一旋转因子对应各蝶形运算对应输入节点间的"距离"为4;

第三级同一旋转因子对应各蝶形运算对应输入节点间的"距离"为8;

……

因此,同级同一旋转因子对应各蝶形运算对应输入节点间的"距离"为 2^L。

7.10.2 旋转因子的变化规律及生成

在 $N=2^M$ 点基2DIT-FFT运算中,每级都有 $N/2$ 个蝶形,每个蝶形都要乘以因子旋转因子 W_N^p,P 称为旋转因子的指数。

1. 旋转因子的变化规律

由于各级的旋转因子和循环方式都有所不同，为方便程序编写，应先找出 W_N^P 与运算级数 $L(=1,2,\cdots,M)$ 的关系。

观察基 2DIT－FFT 的运算流图，很容易发现其第 L 级共有 2^{L-1} 个不同的旋转因子。例如，当 $N=2^3=8$ 时，每级旋转因子表示如下：

- 当 $L=1$ 时，$W_{N/4}^J=W_{2^L}^J$，$J=0$；
- 当 $L=2$ 时，$W_{N/2}^J=W_{2^L}^J$，$J=0,1$；
- 当 $L=3$ 时，$W_N^J=W_{2^L}^J$，$J=0,1,2,3$。

对于 $N=2^M$ 的一般情况，第 L 级旋转因子为

$$W_{2^L}^J,\quad J=0,1,2,\cdots,2^{L-1}-1 \qquad (7-10-1)$$

又由于 $2^L=2^M\times 2^{L-M}=N\cdot 2^{L-M}$，所以

$$W_{2^L}^J=W_{2^M\cdot 2^{L-M}}^J=W_N^{J\cdot 2^{M-L}}=W_N^P,\quad J=0,1,2,\cdots,2^{L-1}-1 \qquad (7-10-2)$$

从而有

$$P=J\cdot 2^{M-L},\quad J=0,1,\cdots,2^{L-1}-1 \qquad (7-10-3)$$

综上所述，可以按照“基 2 DIT－FFT 的运算流图的第 L 级共有 2^{L-1} 个不同的旋转因子”和“$P=J\cdot 2^{M-L}$，$J=0,1,\cdots,2^{L-1}-1$”确立第 L 级运算的旋转因子。

2. 旋转因子的生成

产生旋转因子 $W_N^P(P=0,1,\cdots,N/2-1)$的方法直接影响 FFT 的运算速度。因此，对于旋转因子 W_N^P，一般不采用 $W_N^P=\cos[2\pi P/N]-\mathrm{j}\cdot\sin[2\pi P/N]$直接运算产生，而是将 W_N^P 初始化到数组中，作为旋转因子表，通过查表得到 W_N^p 来提高速度。当然这样会占用较多存储空间。

7.10.3　序列的倒序规律及实现

进行基 2DIT－FFT 时，输入 $x[n]$不是按自然顺序存储，从自然存储序列到最终抽取后序列的过程称为倒序，或倒位序。

当 $N=8=2^3$ 时，二进制位为 3 位。将 $x[n]$的 n 用二进数表示为$(n_2n_1n_0)_2$。第一次抽取要根据 n_0 的 0/1 值判断奇偶性，第二次抽取要根据 n_1 的 0/1 值判断奇偶性，以此类推，第 M 次抽取按 n_{M-1} 位 0/1 值奇偶性抽取分组，如图 7－10－1 所示。

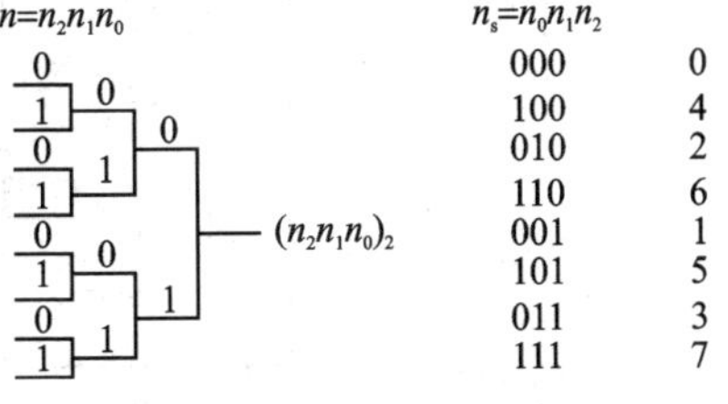

图 7－10－1　倒序过程图

观察图 7-10-1 可得到倒序的规律如下：

① $n=n_M n_{M-1}\cdots n_1 n_0$ 倒序后的序号为 $n_s=n_0 n_1\cdots n_{M-1}n_M$。若从当前 n 值直接推出倒序后的 n_s，即高低位颠倒，高级语言实现较烦琐且速度慢。当然，专用的DSP，其指令系统中会提供倒序指令。

② 仔细回味倒序结果，倒序重排数据时，第一个序列值 $x[0]$ 和最后一个序列值 $x[N-1]$ 不需要重排，程序在倒序时只是 $x[1]\sim x[N-2]$ 倒序，且倒序初始值 n_s 从 $N/2$ 开始。由 n 值直接推出倒序后的 n_s 比较困难，但是从前一个 n_s 推出本次的 n_s，却易于实现。方法是，在前一个 n_s 的最高二进制位加 1 并向右进位，得到本次的 n_s，工程上常采用该方法计算倒序后的序号。

最高位加"1"即 $n_s+N/2$。当最高位为"1"时，向次位进位，最高位变为"0"，即 $n_s-N/2$，次高位加"1"。次高位加"1"即 $n_s+N/4$，当次高位为"1"时，向再次位进位，次高位变为"0"，以次类推。"左加 1 向右进位"的实质是将一个 n_s 的二进制数从左向右依次找"0"，找到后，连同"0"和左边所有的"1"全部取反，就是当前的倒序值。

除了 $n=n_s$，即当 $n_s\neq n$ 时，$x[n]$ 与 $x[n_s]$ 数据互换实现倒序。为避免再次调换过一对数据，只对 $n<n_s$ 的情况进行调换。而对于 $n_s=n$，虽然不需要互换重排，但还需加判断语句，进行重排会收到整体快速的效果。倒序的算法流程如图 7-10-2 所示。

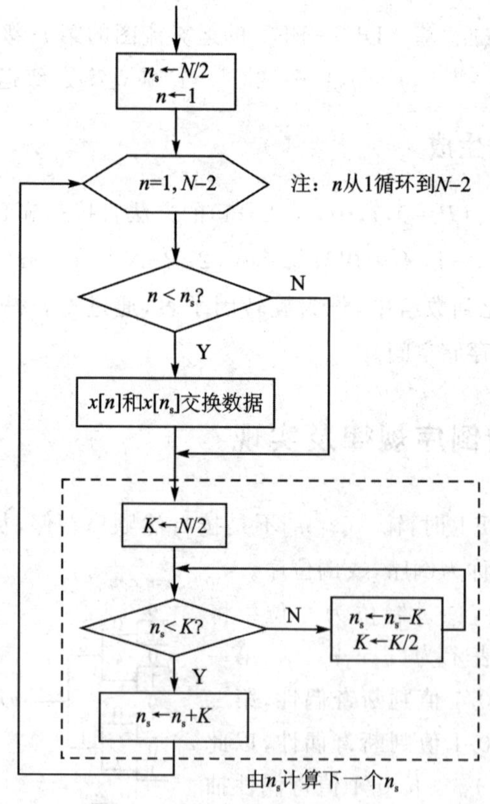

图 7-10-2　倒序的算法流程图

7.10.4　基 2DIT－FFT 的算法流程

由于原位计算，只需要有输入序列 $x[n]$的 N 个存储单元，加上 W_N^P（$P=0,1,\cdots,N/2-1$）的 $N/2$ 个存储单元。注意，这里指复数存储单元，一个复数的实部和虚部需要两个存储单元。

按原位计算，基 2DIT－FFT 算法的基本步骤如下：

倒序→第一级蝶形运算→第二级蝶形运算→…→第 M 级蝶形运算

综上所述，基 2DIT－FFT 的算法流程如图 7－10－3 所示。倒序后，M 级蝶形运算通过三层循环实现。

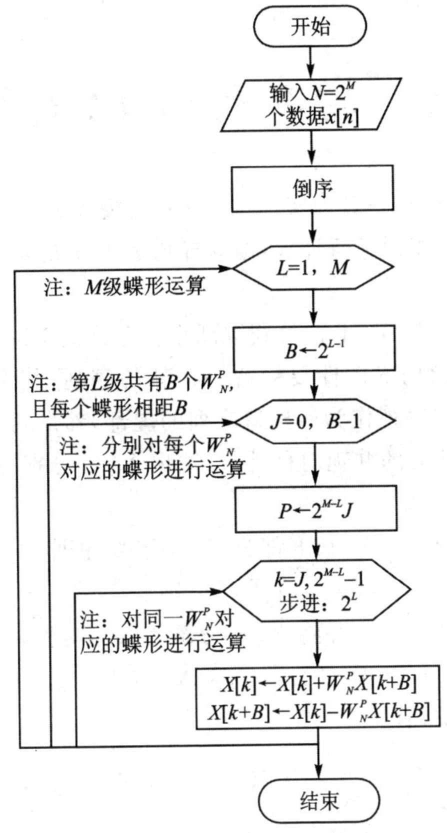

图 7－10－3　基 2DIT－FFT 的算法流程图

7.10.5　DFT 逆变换的快速算法

由于 DFT 的逆变换与 DFT 相比只是 W_N^{nk} 变为 W_N^{-kn}，最后乘以 $1/N$，所以 FFT

算法流图也可用于 DFT 逆变换的快速算法。解决方法有两种：

方法一：将基 2DIT－FFT 或基 2DIF－FFT 算法中的旋转因子 W_N^P 改为 W_N^{-P}，最后的输出再乘以 $1/N$ 就可以用来计算 DFT 的逆变换。

为了防止溢出，由 $1/N=(1/2)^M$，将 $1/N$ 分配到每一级蝶形运算中，即均分配一个比例因子 1/2。

方法二：希望直接调用 FFT 子程序计算 DFT 的逆变换，具体为

$$x[n]=\frac{1}{N}\sum_{n=0}^{N-1}X[k]W_N^{-nk}=\frac{1}{N}\left[\sum_{n=0}^{N-1}X^*[k]W_N^{nk}\right]^*=\frac{1}{N}\left[\mathrm{DFT}\{X^*[k]\}\right]^* \tag{7-10-4}$$

由此可先将 $X[k]$ 取共轭，然后直接调用 FFT 程序，然后取共轭并乘以 $1/N$ 得序列 $x[n]$。

7.11　实序列的 FFT 算法

实际物理系统中，$x[n]$ 一般为实序列，如果直接按 FFT 计算流图运算，就是把 $x[n]$ 看作虚部为零的复序列进行计算，但这样增加了存储量和运算时间。解决方法主要有两种：

方法一：一次基 2DIT－FFT 运算获取两个实序列的 FFT。

一次求两个实序列的 FFT，即要构造一个新的序列，其中一个实序列作为所构造序列的实部，另一个实序列作为所构造序列的虚部，然后对所构造序列进行 FFT。计算完 FFT 后，根据 DFT 的共轭对称性，由输出 $X[k]$ 分别得到两个实序列的 N 点 DFT。具体方法如下：

两个实序列 $x_1[n]$ 和 $x_2[n]$ 长度都为 N，构造新序列 $x[n]$ 如下：

$$x[n]=x_1[n]+\mathrm{j}\cdot x_2[n] \tag{7-11-1}$$

对 $x[n]$ 进行 DFT，得到 $X[k]$，并将 $X[k]$ 分解为共轭对称和共轭反对称两个部分：

$$X[k]=\mathrm{DFT}\{x[n]\}=X_{\mathrm{ep}}[k]+X_{\mathrm{op}}[k] \tag{7-11-2}$$

并根据 DFT 的对称性质，有

$$\mathrm{DFT}\{x_1[n]\}=X_{\mathrm{ep}}[k]=\begin{cases}\dfrac{1}{2}(X[k]+X^*[N-k]), & 1\leqslant k\leqslant N-1\\ \mathrm{Re}\{X[0]\}, & k=0\end{cases} \tag{7-11-3}$$

$$\mathrm{DFT}\{\mathrm{j}\cdot x_2[n]\}=X_{\mathrm{op}}[k]=\begin{cases}\dfrac{1}{2}(X[k]-X^*[N-k]), & 1\leqslant k\leqslant N-1\\ \mathrm{j}\cdot \mathrm{Im}\{X[0]\}, & k=0\end{cases} \tag{7-11-4}$$

所以

$$X_1[k]=\mathrm{DFT}\{x_1[n]\}=\begin{cases}\dfrac{1}{2}(X[k]+X^*[N-k]), & 1\leqslant k\leqslant N-1\\ \mathrm{Re}\{X[0]\}, & k=0\end{cases} \tag{7-11-5}$$

$$X_2[k]=\frac{1}{j}\mathrm{DFT}\{\mathrm{j}x_2[n]\}=\begin{cases}-\dfrac{1}{2}\mathrm{j}(X[k]-X^*[N-k]), & 1\leqslant k\leqslant N-1\\ \mathrm{Im}\{X[0]\}, & k=0\end{cases} \tag{7-11-6}$$

方法二：用 $N/2$ 点 FFT 计算一个 N 点实序列的 DFT。

将实序列 $x[n]$的偶数抽取序列 $x_1[n]$和奇数抽取序列 $x_2[n]$分别作为新构造序列 $f[n]$的实部和虚部，构成的新序列成为 $f[n]$，即

$$f[n]=x[2n]+\mathrm{j}x[2n+1],\quad n=0,1,\cdots,\frac{N}{2}-1 \tag{7-11-7}$$

对 $f[n]$进行 $N/2$ 点 FFT，得 $F[k]$，根据基 2DIF－FFT 的思想可得

$$\begin{cases}X_1[k]=\mathrm{DFT}\{x_1[n]\}=F_{\mathrm{ep}}[k]\\ X_2[k]=\mathrm{DFT}\{x_2[n]\}=-\mathrm{j}F_{\mathrm{op}}[k]\end{cases},\quad k=0,1,\cdots,\frac{N}{2}-1 \tag{7-11-8}$$

$$X[k]=X_1[k]+W_N^kX_2[k],\quad k=0,1,\cdots,\frac{N}{2}-1 \tag{7-11-9}$$

$$X\left[\frac{N}{2}+k\right]=X_1[k]-W_N^kX_2[k],\quad k=0,1,\cdots,\frac{N}{2}-1 \tag{7-11-10}$$

当然，由于 $x[n]$为实序列，所以 $X[k]$具有共轭对称性，$X[N/2]\sim X[N-1]$可直接由下式求得

$$X[N-k]=X^*[k],\quad k=1,\cdots,\frac{N}{2} \tag{7-11-11}$$

习题及思考题

1. 已知某序列 $x[n]$的离散傅里叶变换 $X[k]=\{1,2,3,4,5,6,7,8\}$，$k=0,1,2,3,4,5,6,7$，则将 $x[n]$循环位移 4 位后的序列的离散傅里叶变换为________。

(A) $\{5,6,7,8,1,2,3,4,\}$　　(B) $\{-1,2,-3,4,-5,6,-7,8,\}$

(C) $\{1,-2,3,-4,5,-6,7,-8\}$　　(D) $\{-1,-2,-3,-4,-5,-6,-7,-8\}$

2. 判断对错。

两个有限长序列，第一个序列的长度为 5 点，第二个为 6 点，为使两个序列的线性卷积与循环卷积相等，则第一个序列最少应补 6 个零点；(　　)第二个序列最少应补 4 个零点。(　　)

3. 计算以下序列的 N 点 DFT，变换区间为 $0 \leqslant n \leqslant N-1$。

(1) $x[n]=\delta[n]$；

(2) $x[n]=1$；

(3) $x[n]=\mathrm{e}^{\mathrm{j}\tilde{\omega}_0 n}R_N[n]$；

(4) $x[n]=nR_N[n]$；

(5) $x[n]=\sin[\tilde{\omega}_0 n]\cdot R_N[n]$；

(6) $x[n]=\cos[\tilde{\omega}_0 n]\cdot R_N[n]$。

4. 若 $X[k]=\mathrm{DFT}\{x[n]\}$，证明：

$$\mathrm{DFT}\{X[n]\}=Nx[N-k]$$

5. $x[n]$是一个 6 点有限长序列，其中 $x[4]$的值未知，用 b 表示，$x[n]=\{1,0,2,2,b,1\}$。若 $X(\mathrm{e}^{\mathrm{j}\tilde{\omega}})$代表 $x[n]$的 DTFT，$X_1[k]$是 $X(\mathrm{e}^{\mathrm{j}\tilde{\omega}})$在每隔$\frac{\pi}{2}$处的样本，即

$$X_1[k]=X(\mathrm{e}^{\mathrm{j}\tilde{\omega}})\Big|_{\tilde{\omega}=\frac{\pi}{2}k},\quad 0\leqslant k\leqslant 3$$

由 $X_1[k]$作 4 点 DFT 逆变换，得到 4 点序列 $x_1[n]=\{4,1,2,2\}$。试问能否根据 $x_1[n]$确定 $x[n]$中的 b 值，若能，请求出 b 值。

6. 已知长度为 4 的两个序列：$x[n]=\cos\left[\frac{\pi}{2}n\right]$，$h[n]=\left(\frac{1}{2}\right)^n$，$n=0,1,2,3$。试用 DFT 计算循环卷积 $y[n]=h[n]\circledast x[n]$。

7. 已知 $x[n]=\{0.5,1,1,0.5\}$。

(1) 求 $x[n]$与 $x[n]$的卷积和；

(2) 求 $x[n]$与 $x[n]$的 4 点循环卷积；

(3) 在什么条件下，能使 $x[n]$与 $x[n]$的线卷积等于循环卷积？

8. 如果 $X[k]=\mathrm{DFT}\{x[n]\}$，证明 DFT 的初值定理

$$x[0]=\frac{1}{N}\sum_{k=0}^{N-1}X[k]$$

9. 设 $x[n]$的长度为 N，且 $X[k]=\mathrm{DFT}\{x[n]\}_N$。令 $y[n]=x[((n))_N]R_{mN}[n]$，m 为自然数，求 $y[n]$的 mN 点 DFT。

10. 已知长度为 $N=10$ 的两个有限长序列：

$$x_1[n]=\begin{cases}1, & 0\leqslant n\leqslant 4\\ 0, & 5\leqslant n\leqslant 9\end{cases},\quad x_2[n]=\begin{cases}1, & 0\leqslant n\leqslant 4\\ -1, & 5\leqslant n\leqslant 9\end{cases}$$

作图表示 $x_1[n]$与 $x_2[n]$的 10 点和 20 点循环卷积。

11. 证明：频域循环移位定理。

12. 证明：频域循环卷积定理。

13. 已知实序列 $x[n]$的 8 点 DFT 的前 5 个值为 0.25，0.125－j0.301 8，0，0.125－j0.051 8 和 0。

(1) 求 $X[k]$的其余 3 点的值；

(2) $x_1[n]=\sum\limits_{m=-\infty}^{+\infty}x[n+5+8m]R_8[n]$，求 $X_1[k]=\mathrm{DFT}\{x_1[n]\}_8$；

(3) $x_2[n]=x[n]\mathrm{e}^{\mathrm{j}\pi n}/4$，求 $X_2[k]=\mathrm{DFT}\{x_2[n]\}_8$。

14. 若对连续时间信号 $x_a(t)$ 进行频谱分析，已知信号的最高频率为 $f_c=4\ \mathrm{kHz}$，采样频率 $f_s=10\ \mathrm{kHz}$，现已计算出 $N=1\ 024$ 点的 DFT，即 $X[k](0\leqslant k\leqslant 1\ 023)$，试求频谱采样之间的频率间隔，并确定 $k=128$ 时的谱线 $X[128]$ 和 $k=640$ 时的谱线 $X[640]$ 分别对应于连续时间信号的哪个频率点的频谱值。

15. 选择合适的参数，用 DFT 对下列信号进行谱分析，画出幅频特性和相频特性曲线。

(1) $x_1[n]=2\cos[0.2\pi n]$；

(2) $x_2[n]=\sin[0.45\pi n]\sin[0.55\pi n]$；

(3) $x_3[n]=2^{-|n|}R_{21}[n+10]$。

16. 设连续时间信号 $x_a(t)=x_1(t)+x_2(t)+x_3(t)$ 是由 3 个单频正弦信号构成。其中，$x_1(t)=\cos(8\pi t)$，$x_2(t)=\cos(16\pi t)$，$x_3(t)=\cos(20\pi t)$。

(1) 如用 FFT 对 $x_a(t)$ 进行频谱分析，采样频率 f_{sam} 和采样点数 N 应如何选择？为什么？

(2) 按照所选择的 f_{sam} 和 N，对 $x_a(t)$ 进行采样，求得序列 $x[n]$。

17. 用计算机对实数序列作谱分析，要求谱分辨率 $F\leqslant 50\ \mathrm{Hz}$，信号最高频率为 1 kHz，试确定以下各参数：

(1) 最小记录时间 T_{pmin}；

(2) 最大取样间隔 T_{max}；

(3) 最少采样点数 N_{min}；

(4) 在频带宽度不变的情况下，使频谱分辨率提高 1 倍(即 F 缩小一半)的 N 值。

18. 设连续时间信号 $x_a(t)=\cos(2\pi f_1 t+\varphi_1)+\cos(2\pi f_2 t+\varphi_2)$ 由两个单频信号构成。其中，$f_1=4\ \mathrm{kHz}$，$\varphi_1=\pi/8$，$f_2=3\ \mathrm{kHz}$，$\varphi_2=\pi/4$。现用基 2 DIT - FFT 对该信号进行频谱分析，要求信号的频率分辨率 $F\leqslant 10\ \mathrm{Hz}$。试问：

(1) 采样频率 f_{sam} 应取多高？

(2) 采样时间 T_P 应取多长？

(3) 采样点数 N 取多少？

19. 画出 $N=16$ 点的基 2DIT - FFT 的算法流图。

20. 画出 $N=16$ 点的基 2DIF - FFT 的算法流图。

21. 设 $x_1[n]$ 和 $x_2[n]$ 是两个长度都为 N 点的有限长实序列。已知 $X_1[k]=\mathrm{DFT}\{x_1[n]\}$，$X_2[k]=\mathrm{DFT}\{x_2[n]\}$ $(0\leqslant k\leqslant N-1)$。现在希望根据 $X_1[k]$、$X_2[k]$ 求 $x_1[n]$ 和 $x_2[n]$，为了提高运算效率，试设计一种算法，用一次 N 点 FFT 逆变换来完成。

22. 已知复序列 $f[n]=x[n]+\mathrm{j}y[n]$ 的8点DFT为 $F[k]=\mathrm{DFT}\{f[n]\}$，其值为 $F[0]=1-\mathrm{j}3$，$F[1]=-2+\mathrm{j}4$，$F[2]=3+\mathrm{j}7$，$F[3]=-4-\mathrm{j}5$，$F[4]=2+\mathrm{j}5$，$F[5]=-1-\mathrm{j}2$，$F[6]=4-\mathrm{j}8$，$F[7]=16$。不计算 $F[k]$ 的DFT逆变换，试求实序列 $x[n]$ 和 $y[n]$ 的8点DFT($X[k]$ 和 $Y[k]$)。

23. 已知 $x[n]$ 是长度为 N 的有限长序列，由 $x[n]$ 构成2个长度分别为 $2N$ 的序列 $x_1[n]$、$x_2[n]$，且

$$x_1[n]=\begin{cases}x[n], & 0\leqslant n\leqslant N-1\\ 0, & \text{其他}\end{cases},\quad x_2[n]=\begin{cases}x[n], & 0\leqslant n\leqslant N-1\\ x[n-N], & N\leqslant n\leqslant 2N-1\\ 0, & \text{其他}\end{cases}$$

其中，$x[n]$ 的 N 点DFT为 $X[k]$，$x_1[n]$ 和 $x_2[n]$ 的 $2N$ 点DFT分别为 $X_1[k]$ 和 $X_2[k]$。

(1) 若 $X[k]$ 已知，能否得到 $X_2[k]$？请给出说明。

(2) 确定由 $X_1[k]$ 得到 $X[k]$ 的最简单可行的关系式。

24. 已知 $x[n]$ 是一个 N 点有限长序列，且 N 为偶数，$x[n]$ 的 N 点DFT为 $X[k]$，试用 $X[k]$ 表示下列序列的DFT。

(1) $x_1[n]=x[N-1-n]$；

(2) $x_2[n]=(-1)^n x[n]$；

(3) $x_3[n]=\begin{cases}x[n]+x\left[n+\dfrac{N}{2}\right], & 0\leqslant n\leqslant\dfrac{N}{2}-1\\ 0, & \text{其他}\end{cases}$ (DFT的点数为 N，且 n 只取偶数)。

25. 已知 $x[n]$ 是一个 N 点有限长实序列，请设计基于DFT求取 $x[n]$ 的解析信号和希尔伯特变换算法。

第8章　选频滤波器设计

滤波器设计是信号处理技术的重要内容。本章主要介绍经典的模拟滤波器的设计思想和步骤，以及IIR数字滤波器和FIR数字滤波器的设计方法。

8.1　选频滤波器的设计方法

8.1.1　滤波器的逼近

理想滤波器是非因果系统，在物理上是无法实现的。设计选频滤波器就是设计因果稳定的LTI系统，在给定滤波器的参数指标下，找出满足性能指标和误差要求的滤波器频率响应 $H(\mathrm{j}\omega)$ 或 $H(\mathrm{e}^{\mathrm{j}\tilde{\omega}})$，进而得出相应的系统函数 $H(s)$ 或 $H(z)$，这一过程称为滤波器的逼近。

滤波器逼近的特点如下：

① 幅频特性和相频特性的逼近不能兼得，通常只能选取之一作为逼近目标。

② 选频滤波器一般对信号的相频特性要求很弱，但对幅频特性要求较高，逼近的误差基于幅频曲线的描述。但如果对输出波形有要求，则需要考虑相频特性，如波形传输等。

③ 低通滤波器的设计已经工程化、图表化，因此，在设计滤波器时，总是先设计低通滤波器，再通过频率转换将低通滤波器转换成希望类型的滤波器。

8.1.2　滤波器的技术指标及其归一化

设计一个因果可实现的滤波器，并考虑复杂性与成本问题，通带和阻带中都允许一定误差容限，即通带不一定是完全水平的，阻带不一定绝对衰减到零，且通带与阻带之间有一定宽度的过渡带。以如图8-1-1所示的低通滤波器幅频特性为例说明滤波器的指标，如下：

① $\tilde{\omega}_{\mathrm{p}}$（或 ω_{p}）和 $\tilde{\omega}_{\mathrm{s}}$（或 ω_{s}）分别称为通带截止频率和阻带截止频率；

② 通带频率范围为 $0\leqslant\tilde{\omega}$（或 ω）$\leqslant\tilde{\omega}_{\mathrm{p}}$（或 ω_{p}），通带中幅频特性要求 $(1-\delta_1)<$

$|H(e^{j\tilde{\omega}})|$(或$|H(j\omega)|$)$\leqslant 1$；

③ 阻带频率范围为 $\tilde{\omega}_s$(或 ω_s)$\leqslant\tilde{\omega}$(或 ω)$\leqslant\pi$(或∞)，在阻带中幅频特性要求 $|H(e^{j\tilde{\omega}})|$(或$|H(j\omega)|$)$\leqslant\delta_2$；

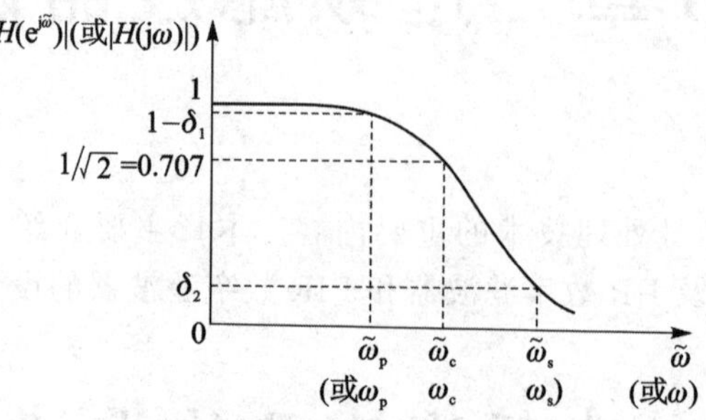

图 8-1-1　低通滤波器幅频特性指标示意图

④ 从 $\tilde{\omega}_p$(或 ω_p)到 $\tilde{\omega}_s$(或 ω_s)称为过渡带，一般为单调下降的；

⑤ 通带内和阻带内允许的衰减一般用 dB 表示，通带内允许的最大衰减用 α_p 表示，阻带内允许的最小衰减用 α_s 表示，定义如下：

$$\alpha_p=10\lg\frac{|H(e^{j\tilde{\omega}})|_{\max}^2}{|H(e^{j\tilde{\omega}_p})|^2}\text{ 和 }\quad \alpha_p=10\lg\frac{|H(j\omega)|_{\max}^2}{|H(j\omega_p)|^2} \tag{8-1-1}$$

$$\alpha_s=10\lg\frac{|H(e^{j\tilde{\omega}})|_{\max}^2}{|H(e^{j\tilde{\omega}_s})|^2}\text{ 和 }\quad \alpha_s=10\lg\frac{|H(j\omega)|_{\max}^2}{|H(j\omega_s)|^2} \tag{8-1-2}$$

如图 8-1-1 所示，将$|H(e^{j\omega})|_{\max}^2$ 和$|H(e^{j\tilde{\omega}})|_{\max}^2$ 归一化为“1”，则有

$$\alpha_p=-10\lg|H(e^{j\tilde{\omega}_p})|^2\text{ 和 }\quad \alpha_p=-10\lg|H(j\omega_p)|^2 \tag{8-1-3}$$

$$\alpha_s=-10\lg|H(e^{j\tilde{\omega}_s})|^2\text{ 和 }\quad \alpha_s=-10\lg|H(j\omega_s)|^2 \tag{8-1-4}$$

当幅度下降到 $1/\sqrt{2}$ 时，$\tilde{\omega}=\tilde{\omega}_c$(或 $\omega=\omega_c$)，此时 $\alpha_p=3$ dB，故称 $\tilde{\omega}_c$(或 ω_c)为3 dB 截止频率。

$\tilde{\omega}_p$(或 ω_p)、$\tilde{\omega}_c$(或 ω_c)和 $\tilde{\omega}_s$(或 ω_s)统称为边界频率。

根据应用场合的不同，滤波器通阻带的频率及元件参数范围会有很大的变化。为了方便工程应用，需要以数据或表格的形式给出统一的设计结果，为此，在滤波器设计过程中，一般首先设计归一化滤波器函数(通常称为**原型滤波器**)，然后再去归一化得到所要设计的滤波器参数。归一化过程有两方面：

① 将滤波器的最大增益归一化为 1；

② 以某一频率 $\tilde{\omega}_r$(或 ω_r)对频率变量进行归一化，即归一化后的频率为 $\tilde{\omega}/\omega_r$(或 ω/ω_r)。

8.1.3 选频滤波器设计的思路和方法

1. 模拟滤波器的设计方法

幅频响应$|H(\mathrm{j}\omega)|$是正值,因此,在模拟滤波器的设计中,能由ω_p、ω_s、α_p和α_s求出模平方函数(也称幅度平方函数)$|H(\mathrm{j}\omega)|^2$,再由$H(\mathrm{j}\omega)|^2=H(\mathrm{j}\omega)H^*(\mathrm{j}\omega)$求出$H(\mathrm{j}\omega)$,从而得到$H(s)$。因此,$|H(\mathrm{j}\omega)|^2$在模拟滤波器设计中起重要的作用。

一般系统的$h(t)$是实信号,由$|H(\mathrm{j}\omega)|^2$确定$H(s)$的方法如下:

首先,

$$|H(\mathrm{j}\omega)|^2\big|_{s=\mathrm{j}\omega}=H(\mathrm{j}\omega)H^*(\mathrm{j}\omega)\big|_{s=\mathrm{j}\omega}=H(\mathrm{j}\omega)H(-\mathrm{j}\omega)\big|_{s=\mathrm{j}\omega}=H(s)H(-s) \tag{8-1-5}$$

然后将$H(s)H(-s)$因式分解,得到零极点。需要说明的是,$H(s)$必须是因果稳定的,因此极点必须落在s平面的左半平面内,相应的$H(-s)$的极点落在右半平面,将左半平面的极点归于$H(s)$。左半平面的零点要作为$H(s)$的零点。虚轴上的零极点都是共轭成对且偶次的,其中一半属于$H(s)$。最后由零极点和增益常数确定$H(s)$,其中增益常数就是$H(s)H(-s)$增益的平方根。

【例 8-1-1】根据以下幅度$|H(\mathrm{j}\omega)|^2$确定系统函数$H(s)$。

$$|H(\mathrm{j}\omega)|^2=\frac{16}{(49+\omega^2)(36+\omega^2)}$$

解:此$|H(\mathrm{j}\omega)|^2$是ω的非负有理函数,满足幅度平方函数的条件。先求:

$$H(s)H(-s)=|H(\mathrm{j}\omega)|^2\big|_{\omega^2=-s}=\frac{4^2}{(49-s^2)(36-s^2)}$$

其极点为$s=\pm7$,$s=\pm6$。选出左半平面极点$s=-6$,$s=-7$,增益常数为$K=4$,则得$H(s)$为

$$H(s)=\frac{4}{(s+7)(s+6)}=\frac{4}{s^2+13s+42}$$

2. 数字选频滤波器的设计方法

设计一个数字滤波器可分为三步:

① 按照实际需要确定滤波器的性能指标要求。

② 用一个因果稳定的系统函数去逼近上述性能要求。数字选频滤波器有 IIR 数字滤波器和 FIR 数字滤波器两种。IIR 数字滤波器具有反馈,其系统函数有不为零的极点存在,因此,IIR 滤波器的设计必须考虑系统的稳定性问题。

③ 用一个有限精度的运算去实现这个系统函数。这里包括选择算法结构,还包括选择合适的字长以及选择有效的数字处理方法等。第 10 章将叙述该问题。

IIR 滤波器的设计方法也有两类：

一类是借助于已经发展相当成型的理论和设计方法，不仅有完整的设计图表可供查阅，还有一些典型的滤波器类型可供使用的模拟滤波器的设计方法。其步骤是：先按设计指标设计模拟滤波器的 $H(s)$，然后将 $H(s)$ 按某种方法转换成数字滤波器的 $H(z)$。在设计过程中，可以有两种方法完成上述步骤，如图 8-1-2 所示，两种方法具有同样的工程意义，本书采用如图 8-1-2(a)所示的方法，以实现与模拟滤波器设计步骤的一致性。

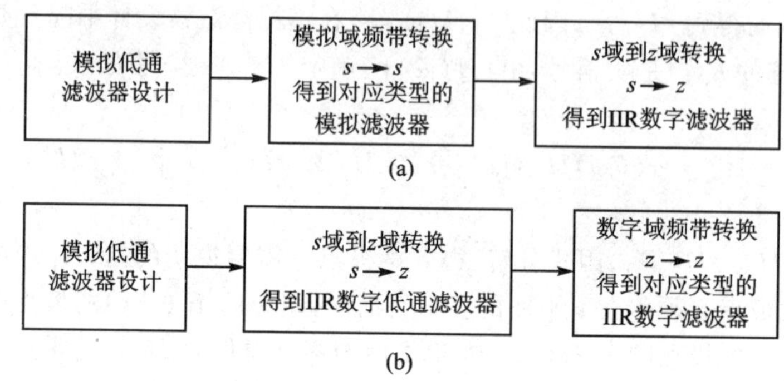

图 8-1-2　基于模拟滤波器进行 IIR 数字滤波器设计的两种设计方法

另一类是直接在时域或频域中设计，由于要联立方程，所以需要计算机辅助设计。

FIR 滤波器不能采用由模拟滤波器的设计进行转换的方法，常用的是窗函数法、频率采样法和切比雪夫纹波逼近法。

数字信号处理发展的一个重大进展就是 FIR 和 IIR 地位的变化。最初，人们认为 IIR 比 FIR 优越，因为带有反馈的 IIR 在同阶的条件下具有更优越的幅频特性。然而人们逐渐认识到相位也包含信息，FIR 尽管牺牲了阶数，但是却可以实现严格的线性相位，这是模拟滤波器和 IIR 滤波器所无法实现的。当然，也可以采用 IIR 滤波器间接实现线性相位，即要借助全通网络对其非线性进行相位校正，这样就增加了设计与实现的复杂性。

3. 选频滤波器的物理实现

应用中要将所设计滤波器的系统函数 $H(s)$ 或 $H(z)$ 进行实践设计。从使用的器件来看，模拟滤波器的实现一般有两种：

① 用 R、L、C 实现的无源滤波器。RC 滤波器一般为低频信号级滤波；LC 滤波器一般应用到高频滤波或功率输出滤波。

② 用集成运放和 R、C 实现的有源滤波器(不需要使用电感)，由于集成运放的带宽有限，有源滤波器不宜工作在高频场合，同时也不宜工作在高电压或大电流的场合。

归一化模拟滤波器的去归一化有两种方法：

① 由归一化的系统函数去归一化后再进行物理实现；

② 由归一化的系统函数得到归一化参数电路，然后去归一化得到实际参数电路。

数字滤波器的实现也有三种方法：一是采用软件编程实现；二是采用硬件实现，如采用 FPGA 实现；三是采用软硬件结合的方法实现，如采用 DSP。

滤波器的实现属于系统综合，不是本课程讨论的核心，感兴趣的读者请参阅有关文献。

8.2　经典模拟低通滤波器设计

模拟滤波器的设计一般以典型的低通滤波器原型函数为基础。经典的模拟低通原型滤波器有巴特沃斯(Butterworth)滤波器、切比雪夫(Chebyshev)Ⅰ型和Ⅱ型滤波器、椭圆(Elliptic)滤波器和贝塞尔(Bessel)滤波器等。这些滤波器都有严格的设计公式，各自的模平方函数都有其独特的幅频特性，并图表化供设计人员使用。各典型模拟低通滤波器的特性如下：

① 巴特沃斯滤波器具有单调下降的幅频平坦特性。

② 切比雪夫Ⅰ型滤波器的特点是通带内有等波纹波动；切比雪夫Ⅱ型滤波器的特点是阻带内有等波纹波动，可以提高选择性。

③ 椭圆滤波器的特点是通带内和阻带内都有等波纹波动。椭圆滤波器的选择性较前三种是最好的。

④ 贝塞尔滤波器的衰减特性很差，阻带衰减非常缓慢。但是，这种滤波器在通带具有近似线性相位的特性，因而对于要求输出信号波形不能失真的场合非常有用。

如果滤波器特性中有波动，那么滤波器的衰减特性截止区就比较陡峭，相位失真就比较严重。设计滤波器时要综合考虑截止特性和相位失真的要求。截止特性好的，相位失真就严重，两者不可兼得。下面以截止特性的好坏(或相位失真程度的大小)进行排序如下：

椭圆滤波器＞切比雪夫滤波器＞巴特沃斯滤波器＞贝塞尔滤波器

8.2.1　巴特沃斯滤波器设计

1. 巴特沃斯滤波器的幅度平方函数及特性

巴特沃斯滤波器的模平方函数为

$$|H(\mathrm{j}\omega)|^2=\frac{1}{1+\left(\frac{\omega}{\omega_c}\right)^{2N}} \tag{8-2-1}$$

当 $\omega=0$ 时，$|H(\mathrm{j}\omega)|=1$，此时，即为 $|H(\mathrm{j}\omega)|^2_{\max}=|H(\mathrm{j}0)|^2=1$；当 $\omega=\omega_c$ 时，$|H(\mathrm{j}\omega)|=1/\sqrt{2}$，即 ω_c 为 3 dB 截止频率；而当 $\omega\to\infty$ 时，$|H(\mathrm{j}\omega)|=0$。

巴特沃斯滤波器的归一化幅频特性曲线如图 8-2-1 所示，观察曲线可知，巴特沃斯滤波器具有如下特点：

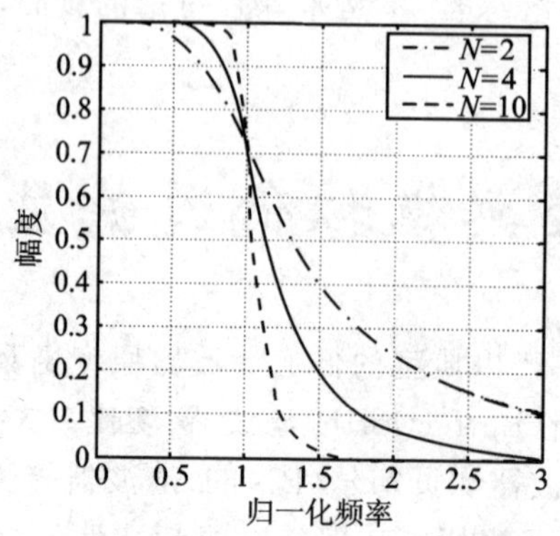

图 8-2-1　巴特沃斯滤波器的归一化幅频特性曲线

① 巴特沃斯滤波器在通带内的频率响应曲线最大限度平坦；

② 幅频特性曲线都过(ω_c，$1/\sqrt{2}$)点，且当 $\omega>\omega_c$ 时，随着 ω 的增加，幅度迅速下降；

③ 过渡带下降的速度与滤波器的阶数 N 有关，N 越大，幅度下降的速度越快，过渡带越窄；

④ 当通带边界满足指标要求时，通带内肯定有余量，即超出指标，不经济。

2. 巴特沃斯滤波器的设计过程及步骤

(1) 获取 $H(s)$

令 $\mathrm{j}\omega=s$，则

$$|H(\mathrm{j}\omega)|^2\Big|_{\mathrm{j}\omega=s}=\frac{1}{1+\left(\dfrac{\omega}{\omega_c}\right)^{2N}}\Bigg|_{\mathrm{j}\omega=s}=\frac{1}{1+\left(\dfrac{s}{\mathrm{j}\omega_c}\right)^{2N}}=H(s)H(-s)$$

其 $2N$ 个极点为 $s_i=(\mathrm{j}\omega_c)(-1)^{\frac{1}{2N}}$。再由 $\mathrm{j}=\mathrm{e}^{\mathrm{j}\left(\frac{\pi}{2}+2r\pi\right)}$ 和 $-1=\mathrm{e}^{\mathrm{j}(2i+1)\pi}$，得到

$$s_i=\omega_c\mathrm{e}^{\mathrm{j}\pi\left(\frac{1}{2}+\frac{2i+1}{2N}\right)}\mathrm{e}^{\mathrm{j}2r\pi}=\omega_c\mathrm{e}^{\mathrm{j}\pi\left(\frac{1}{2}+\frac{2i+1}{2N}\right)},\quad i=0,1,\cdots,2N-1 \tag{8-2-2}$$

即 $2N$ 个极点等间隔分布在 s 平面半径为 ω_c 的圆上，该圆称为巴特沃斯圆。当 $N=3$ 和 $N=4$ 时的巴特沃斯圆如图 8-2-2 所示。

为得到稳定的滤波器，$2N$ 个极点中取 s 平面左半平面的 N 个极点构成 $H(s)$，而右半平面的 N 个极点构成 $H(-s)$，即

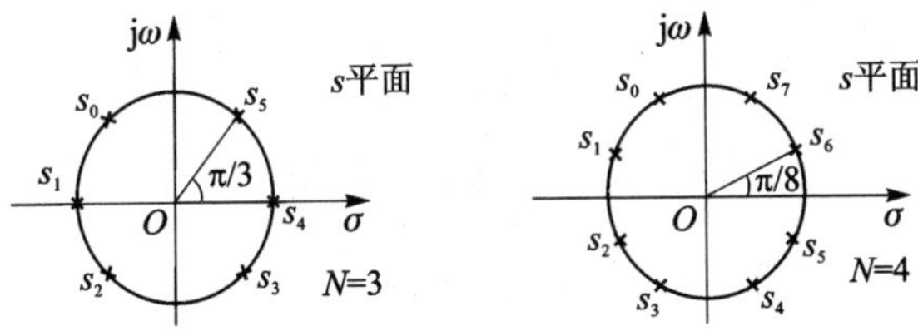

图 8-2-2　N=3 和 N=4 时的巴特沃斯圆

$$H(s)=\frac{\omega_c^N}{\prod_{i=0}^{N-1}(s-s_i)} \tag{8-2-3}$$

由于各滤波器的幅频特性不同，这样计算极点，运算量过大。同时为了使滤波器设计统一，工程上采用归一化方法设计，即通过查表来避开烦琐的极点运算。

(2) 频率归一化

对 ω_c 归一化，有

$$H(s)=\frac{1}{\prod_{i=0}^{N-1}\left(\frac{s}{\omega_c}-\frac{s_i}{\omega_c}\right)}$$

式中：令 $p=s/\omega_c=\mathrm{j}\omega/\omega_c=\mathrm{j}\lambda$，其中 $\lambda=\omega/\omega_c$ 称为归一化频率，p 称为归一化复变量。得到的归一化巴特沃斯系统函数为

$$H(p)=\frac{1}{\prod_{i=0}^{N-1}(p-p_i)} \tag{8-2-4}$$

式中：p_i 为归一化极点，用下式表示：

$$p_i=\frac{s_i}{\omega_c}=\mathrm{e}^{\mathrm{j}\pi\left(\frac{1}{2}+\frac{2i+1}{2N}\right)},\quad i=0,1,\cdots,N-1 \tag{8-2-5}$$

将式(8-2-4)的分母展开得到归一化巴特沃斯系统函数的多项式形式：

$$H(s)=\frac{1}{p^N+a_{N-1}p^{N-1}+\cdots+a_2p^2+a_1p+a_0} \tag{8-2-6}$$

(3) 阶数 N 的确定

阶数 N 的大小由技术指标 ω_p、α_p、ω_s 和 α_s 确定。演绎推导如下：

$$\left.\begin{array}{l}|H(\mathrm{j}\omega_p)|^2=\dfrac{1}{1+\left(\dfrac{\omega_p}{\omega_c}\right)^{2N}}\\ \alpha_p=-10\lg|H(\mathrm{j}\omega_p)|^2\end{array}\right\}\Rightarrow\left(\frac{\omega_p}{\omega_c}\right)^{2N}=10^{0.1\alpha_p}-1$$

同理得到

$$\left(\frac{\omega_s}{\omega_c}\right)^{2N}=10^{0.1\alpha_s}-1$$

$$\Rightarrow\left(\frac{\omega_s}{\omega_p}\right)^N=\sqrt{\frac{10^{0.1\alpha_s}-1}{10^{0.1\alpha_p}-1}}$$

令

$$k_{sp}=\sqrt{\frac{10^{0.1\alpha_s}-1}{10^{0.1\alpha_p}-1}} \tag{8-2-7}$$

陡度系数
$$\lambda_{sp}=\frac{\omega_s}{\omega_p}=\frac{2\pi f_s}{2\pi f_p}=\frac{f_s}{f_p}=\frac{\lambda_s}{\lambda_p} \tag{8-2-8}$$

则

$$N=\frac{\lg k_{sp}}{\lg \lambda_{sp}} \tag{8-2-9}$$

由式(8-2-9)求出的 N 可能有小数部分,应取大于或等于 N 的最小整数。

如果 ω_c 没有给出,则可由以下两变形式得出

$$\omega_c=\omega_p\left(10^{0.1\alpha_p}-1\right)^{-\frac{1}{2N}} \tag{8-2-10}$$

$$\omega_c=\omega_s\left(10^{0.1\alpha_s}-1\right)^{-\frac{1}{2N}} \tag{8-2-11}$$

采用式(8-2-10)获取 ω_c,ω_p 处刚好满足要求,期望阻带指标有富裕量,即阻带衰减程度超过要求(ω_s 处的实际衰减大于 α_s);采用式(8-2-11)获取 ω_c,ω_s 处刚好满足要求,期望通带指标有富裕量,即通带衰减程度超过要求(ω_p 处的实际衰减小于 α_p)。若 ω_c 采用式(8-2-10)和式(8-2-11)计算结果的平均值,则期望通带和阻带指标都有余量。这需要验证。

(4) 查表获取巴特沃斯滤波器归一化 $H(p)$

由指标得到 N 后,查表得到归一化极点 p_i 或分母多项式系数,从而得到归一化传输函数 $H(p)$。巴特沃斯归一化模拟低通滤波器参数表参见附录D。

(5) $H(p)$去归一化

将 $p=s/\omega_c$ 代入 $H(p)$,得到 $H(s)$,即

$$H(s)=H(p)\Big|_{\frac{s}{\omega_c}}=\frac{\omega_c^N}{s^N+a_{N-1}\omega_c^1 s^{N-1}+\cdots+a_2\omega_c^{N-2}s^2+a_1\omega_c^{N-1}s+a_0\omega_c^N}$$

$$=\frac{\omega_c^N}{\sum_{i=0}^{N}a_i\omega_c^{N-i}s^i},\quad a_N=a_0=1 \tag{8-2-12}$$

或

$$H(s)=H(p)\Big|_{\frac{s}{\omega_c}}=\frac{\omega_c^N}{\prod_{i=0}^{N-1}(s-\omega_c p_i)} \tag{8-2-13}$$

式中:a_i 为归一化分母多项式系数;p_i 为归一化极点。

总结巴特沃斯滤波器的设计步骤:由 ω_p、α_p、ω_s 和 α_s 确定阶数 N→由 N 查表得到归一化的 $H(p)$→求取 ω_c→将 $p=s/\omega_c$ 代入 $H(p)$去归一化。

【例 8-2-1】已知通带截止频率为 5 kHz，通带最大衰减为 2 dB，阻带截止频率为 12 kHz，阻带最小衰减为 30 dB，请按如上指标设计巴特沃斯低通滤波器。要求用多项式表示。

解：(1) 根据指标确定阶数 N。

$$k_{sp}=\sqrt{\frac{10^{0.1\alpha_s}-1}{10^{0.1\alpha_p}-1}}=41.328,\quad \lambda_{sp}=\frac{f_s}{f_p}=2.4$$

所以

$$N=\frac{\lg k_{sp}}{\lg \lambda_{sp}}=4.25,\quad 取\ N=5$$

(2) 求归一化 $H(p)$。

由 $N=5$，所以归一化系统函数为

$$H(p)=\frac{1}{p^5+a_4p^4+a_3p^3+a_2p^2+a_1p+a_0}$$

直接查表得：$a_4=3.2361$，$a_3=5.2361$，$a_2=5.2361$，$a_1=3.2361$，$a_0=1$。

(3) 为将 $H(p)$ 去归一化，先求 3 dB 截止频率 ω_c。

$$\omega_c=\omega_p\left(10^{0.1\alpha_p}-1\right)^{-\frac{1}{2N}}=2\pi\cdot 5.2755\ \text{krad/s}$$

将 ω_c 代入 $\omega_s=\omega_c\left(10^{0.1\alpha_s}-1\right)^{\frac{1}{2N}}=2\pi\cdot 10.525\ \text{krad/s}<2\pi f_s$，阻带有裕量。

(4) 将 $p=s/\omega_c$ 代入 $H(p)$ 去归一化。

$$H(s)=H(p)\big|_{\frac{s}{\omega_c}}=\frac{\omega_c^N}{\sum_{i=0}^{N}a_i\omega_c^{N-i}s^i}$$

$$=\frac{\omega_c^5}{s^5+a_4\omega_cs^4+a_3\omega_c^2s^3+a_2\omega_c^3s^2+a_1\omega_c^4s+a_0\omega_c^5}$$

8.2.2 切比雪夫滤波器设计

对于巴特沃斯滤波器，当通带边界处满足指标要求时，通带超出指标要求，不经济。若将精确度均匀地分布在整个通带内，或均匀地分布在整个阻带内，或者同时分布在两者之间。这样就可用较低的阶数满足幅频特性要求，这可通过选择具有波纹特性的逼近函数来达到。

切比雪夫滤波器的振幅特性就是有等波纹特性。切比雪夫滤波器有两种类型：

① 通带内是等波纹，在过渡带和阻带内是单调下降的切比雪夫Ⅰ型；

② 通带和过渡带内是单调下降的，在阻带内是等波纹的切比雪夫Ⅱ型。

由于切比雪夫滤波器在通带或阻带内有等波纹波动，因此，同阶数的切比雪夫滤波器比巴特沃斯滤波器有更窄的过渡带。具体采用哪种类型切比雪夫滤波器取决于实际应用。

1. 切比雪夫多项式及其特点

切比雪夫滤波器是以切比雪夫多项式为数学基础的一种经典滤波器。N 阶切比雪夫多项式定义为

$$C_N(x)=\begin{cases}\cos(N\arccos x), & |x|\leqslant 1\\ \mathrm{ch}(N\mathrm{arch}\, x), & |x|\geqslant 1\end{cases} \tag{8-2-14}$$

即当 $N=0$ 时,$C_0(x)=1$;

当 $N=1$ 时,$C_1(x)=x$;

当 $N=2$ 时,$C_2(x)=2x^2-1$;

当 $N=3$ 时,$C_3(x)=4x^3-3x$;

当 $N=4$ 时,$C_4(x)=8x^4-8x^2+1$;

当 $N=5$ 时,$C_5(x)=16x^5-20x^3+5x$;

⋮

由此可归纳出高阶切比雪夫多项式的递推公式为

$$C_{N+1}(x)=2xC_N(x)-C_{N-1}(x),\quad C_0(x)=1,\quad C_1(x)=x \tag{8-2-15}$$

切比雪夫多项式曲线如图 8-2-3 所示。切比雪夫多项式具有如下特点:

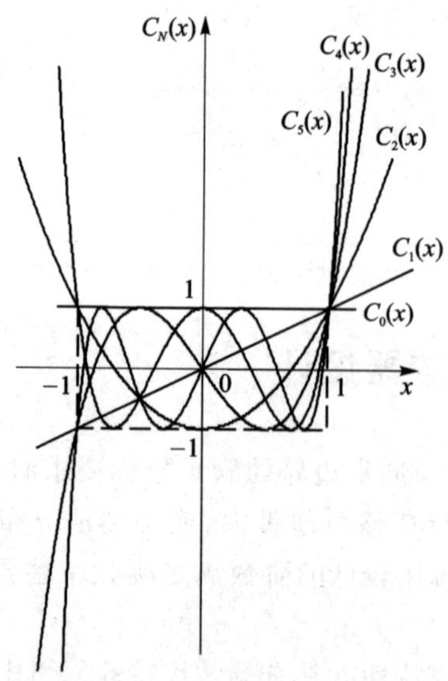

图 8-2-3 切比雪夫多项式曲线

① 当 $|x|<1$ 时,$C_N(x)\leqslant 1$,具有等波纹特性,且 $C_N(x)$ 的过零点全在 $|x|\leqslant 1$ 范围内;

② 当$|x|>1$时，$C_N(x)$是双曲函数，随着x的增大单调快速上升；

③ $|C_N(\pm 1)|=1$；

④ N为偶数时$|C_N(0)|=1$，N为奇数时$|C_N(0)|=0$；

⑤ $C_N(x)$多项式的最高次幂系数为2^{N-1}。

因此，式$\dfrac{1}{1+\varepsilon^2 C_N^2(x)}$具有当$|x|<1$时，其在$\dfrac{1}{1+\varepsilon^2}\sim 1$之间波动，当$|x|>1$时，其随$|x|$的增大而快速减小的特点。

2. 切比雪夫Ⅰ型滤波器

(1) 切比雪夫Ⅰ型滤波器的幅度平方函数$|H(\mathrm{j}\omega)|^2$及特点

切比雪夫Ⅰ型滤波器具有在通带内是等波纹的、在阻带内单调速减的幅频特性。N阶切比雪夫Ⅰ型模拟低通滤波器的模平方函数为

$$|H(\mathrm{j}\omega)|^2=\frac{1}{1+\varepsilon^2 C_N^2\left(\dfrac{\omega}{\omega_\mathrm{p}}\right)} \tag{8-2-16}$$

式中：$C_N(x)$为N阶切比雪夫多项式；ε为小于1的正数，表示通带内幅度波动的程度，ε越大，波动幅度也越大；ω_p为通带截止频率，当$\omega<\omega_\mathrm{p}$时，模平方函数在$\dfrac{1}{1+\varepsilon^2}\sim 1$之间波动，当$\omega>\omega_\mathrm{p}$时，模平方函数随$\omega$的增大而快速减小；$\omega_\mathrm{p}$为切比雪夫Ⅰ型滤波器的归一化参考频率；阶数$N$影响过渡带的宽度，同时也影响通带内波动的疏密，$N$等于通带内(不包括$\omega=\omega_\mathrm{p}$点)最大值与最小值的总个数，$N$为奇数时，$H(\mathrm{j}0)=1$，$N$为偶数时，$H(\mathrm{j}0)=\dfrac{1}{\sqrt{1+\varepsilon^2}}$。

切比雪夫Ⅰ型滤波器的幅频特性曲线如图 8-2-4 所示。

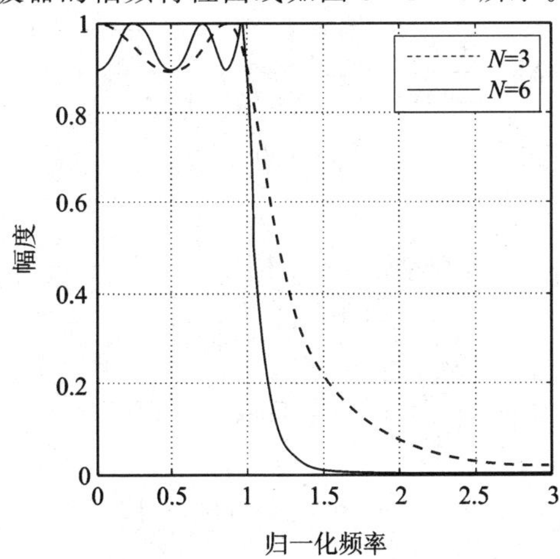

图 8-2-4　通带波纹为 1 dB 的切比雪夫Ⅰ型归一化模拟低通滤波器的幅频响应

(2) 切比雪夫Ⅰ型滤波器的设计过程及步骤

由模平方函数公式可知,设计切比雪夫Ⅰ型滤波器,即设计 ε 和 N 两个参数,这里已知 ω_p、ω_s、α_p 和 α_s。

1) ε 的计算

ε 决定通带内的波动幅度,由最大衰减系数 α_p 限定。由 α_p 求出参量 ε:

$$\alpha_p = 10\lg \frac{|H(j\omega)|^2_{max}}{|H(j\omega_p)|^2} = 10\lg \frac{1}{\frac{1}{1+\varepsilon^2}} = 10\lg(1+\varepsilon^2)$$

因此有

$$\varepsilon = \sqrt{10^{0.1\alpha_p} - 1} \tag{8-2-17}$$

2) 阶数 N 的计算——决定过渡带宽和通带内的波动疏密

由 $\alpha_s = 10\lg \dfrac{|H(j\omega)|^2_{max}}{|H(j\omega_s)|^2} \Rightarrow 10^{0.1\alpha_s} = \dfrac{1}{|H(j\omega_s)|^2} = 1+\varepsilon^2 C_N^2\left(\dfrac{\omega_s}{\omega_p}\right)$,得

$$10^{0.1\alpha_s} - 1 = \varepsilon^2 \mathrm{ch}^2\left(N \times \mathrm{arch}\left(\frac{\omega_s}{\omega_p}\right)\right)$$

结合式(8-2-17)消掉 ε,有

$$\sqrt{\frac{10^{0.1\alpha_s} - 1}{10^{0.1\alpha_p} - 1}} = \mathrm{ch}\left(N \times \mathrm{arch}\left(\frac{\omega_s}{\omega_p}\right)\right)$$

令

$$\lambda_{sp} = \omega_s / \omega_p \tag{8-2-18}$$

$$k_{sp} = \sqrt{\frac{10^{0.1\alpha_s} - 1}{10^{0.1\alpha_p} - 1}} \tag{8-2-19}$$

从而有

$$N = \frac{\mathrm{arch}(k_{sp})}{\mathrm{arch}(\lambda_{sp})} = \frac{\ln\left[k_{sp} + \sqrt{k_{sp}^2 - 1}\right]}{\ln\left[\lambda_{sp} + \sqrt{\lambda_{sp}^2 - 1}\right]} \tag{8-2-20}$$

求出阶数 N 后,取大于或等于 N 的最小整数。

3) ω_c 的计算

由模平方函数 $|H(j\omega_c)|^2 = \dfrac{1}{1+\varepsilon^2 C_N^2\left(\dfrac{\omega_c}{\omega_p}\right)} = \dfrac{1}{2}$ 可知,当取 $\omega_c/\omega_p > 1$,有

$C_N\left(\dfrac{\omega_c}{\omega_p}\right) = \pm\dfrac{1}{\varepsilon} = \mathrm{ch}\left[N\mathrm{arch}\left(\dfrac{\omega_c}{\omega_p}\right)\right]$。令只取正号得

$$\omega_c = \omega_p \mathrm{ch}\left[\frac{1}{N}\mathrm{arch}\left(\frac{1}{\varepsilon}\right)\right] \tag{8-2-21}$$

尽管 ω_c 的计算与切比雪夫Ⅰ型滤波器设计无关,但它是通常意义上的 3 dB 截

止频率，工程师一般要知晓该参数的大小。

4）由 ω_p、α_P、ω_s 和 α_s 求切比雪夫 I 型滤波器的极点并获得 $H(s)$

确定 ε 和 N 两个参数后，令 $\omega=s/\mathrm{j}$，得到 $H(s)H(-s)$，求取 $1+\varepsilon^2C_N^2\left(\frac{s}{\mathrm{j}\omega_p}\right)=0$ 的根，即 $C_N\left(\frac{s}{\mathrm{j}\omega_p}\right)=\pm\mathrm{j}\frac{1}{\varepsilon}$的 $2N$ 个极点。把 s 平面左半平面的 N 个极点构成 $H(s)$。

因为在通带具有等波纹，也就是极点在通带，对应切比雪夫多项式 $|x|\leqslant 1$ 部分，所以

$$C_N\left(\frac{s}{\mathrm{j}\omega_p}\right)=\cos\left[N\arccos\left(\frac{s}{\mathrm{j}\omega_p}\right)\right]=\pm\mathrm{j}\frac{1}{\varepsilon} \tag{8-2-22}$$

令$\frac{s}{\mathrm{j}\omega_p}=\cos(\alpha+\mathrm{j}\beta)$，代入式(8-2-22)，求取极点的方程变为

$$C_N\left(\frac{s}{\mathrm{j}\omega_p}\right)=\cos[N(\alpha+\mathrm{j}\beta)]=\cos(N\alpha)\mathrm{ch}(N\beta)-\mathrm{j}\sin(N\alpha)\mathrm{sh}(N\beta)=\pm\mathrm{j}\frac{1}{\varepsilon}$$

根据复数相等的条件，显而易见，有

$$\cos(N\alpha)\mathrm{ch}(N\beta)=0 \tag{8-2-23}$$

$$\sin(N\alpha)\mathrm{sh}(N\beta)=\mp\frac{1}{\varepsilon} \tag{8-2-24}$$

由于双曲余弦的值域不可能为 0，即 $\mathrm{ch}(N\beta)\neq 0$，所以 $\cos(N\alpha)=0$，有

$$\alpha_i=\frac{1}{N}\frac{2i+1}{2}\pi,\quad i=0,1,\cdots,2N-1 \tag{8-2-25}$$

$\cos(N\alpha)=0$，则 $\sin(N\alpha)=\pm 1$，因此式(8-2-24)变为 $\mathrm{sh}(N\beta)=\mp\frac{1}{\varepsilon}$，进而得到

$$\beta=\frac{1}{N}\mathrm{arsh}\left(\mp\frac{1}{\varepsilon}\right)=\mp\frac{1}{N}\mathrm{arsh}\left(\frac{1}{\varepsilon}\right) \tag{8-2-26}$$

得到 α_i、β 表示的极点后，将它们代入

$$\frac{s_i}{\mathrm{j}\omega_p}=\cos(\alpha_i+\mathrm{j}\beta)=\cos(\alpha_i)\mathrm{ch}(\beta)-\mathrm{j}\sin(\alpha_i)\mathrm{sh}(\beta)$$

$$\begin{aligned}\Rightarrow s_i&=\omega_p\sin(\alpha_i)\mathrm{sh}(\beta)+\mathrm{j}\omega_p\cos(\alpha_i)\mathrm{ch}(\beta)\\&=\mp\omega_p\sin\left(\frac{2i+1}{2N}\pi\right)\mathrm{sh}\left(\frac{1}{N}\mathrm{arsh}\,\frac{1}{\varepsilon}\right)+\mathrm{j}\omega_p\cos\left(\frac{2i+1}{2N}\pi\right)\mathrm{ch}\left(\frac{1}{N}\mathrm{arsh}\,\frac{1}{\varepsilon}\right)\end{aligned}$$

令

$$c=\mathrm{sh}\left(\frac{1}{N}\mathrm{arsh}\,\frac{1}{\varepsilon}\right)=\frac{\mathrm{e}^{\frac{1}{N}\mathrm{arsh}\frac{1}{\varepsilon}}-\mathrm{e}^{-\frac{1}{N}\mathrm{arsh}\frac{1}{\varepsilon}}}{2}=\frac{1}{2}\left(\xi^{\frac{1}{N}}-\xi^{-\frac{1}{N}}\right)$$

$$d=\mathrm{ch}\left(\frac{1}{N}\mathrm{arsh}\,\frac{1}{\varepsilon}\right)=\frac{\mathrm{e}^{\frac{1}{N}\mathrm{arsh}\frac{1}{\varepsilon}}+\mathrm{e}^{-\frac{1}{N}\mathrm{arsh}\frac{1}{\varepsilon}}}{2}=\frac{1}{2}\left(\xi^{\frac{1}{N}}+\xi^{-\frac{1}{N}}\right)$$

$$\xi=\mathrm{e}^{\mathrm{arsh}\frac{1}{\varepsilon}}=\mathrm{e}^{\ln\left(\frac{1}{\varepsilon}+\sqrt{\frac{1}{\varepsilon^2}+1}\right)}=\frac{1}{\varepsilon}+\sqrt{\frac{1}{\varepsilon^2}+1}$$

设 $H(s)H(-s)$ 的极点为 $s_i=\sigma_i+\mathrm{j}\omega_i, i=0,1,\cdots,2N-1$,则极点的参数方程为

$$\left.\begin{aligned}\sigma_i&=\mp\omega_{\mathrm{p}}c\sin\left(\frac{2i+1}{2N}\pi\right)\\ \omega_i&=\omega_{\mathrm{p}}d\cos\left(\frac{2i+1}{2N}\pi\right)\end{aligned}\right\}\tag{8-2-27}$$

从而有

$$\frac{\sigma_k^2}{(\omega_{\mathrm{p}}c)^2}+\frac{\omega_k^2}{(\omega_{\mathrm{p}}d)^2}=1\tag{8-2-28}$$

上式显然是短半轴为 $\omega_{\mathrm{p}}c$,长半轴为 $\omega_{\mathrm{p}}d$ 的椭圆方程。因此,切比雪夫Ⅰ型低通滤波器的极点就是一组分布在椭圆上的点,如图 8-2-5 所示。

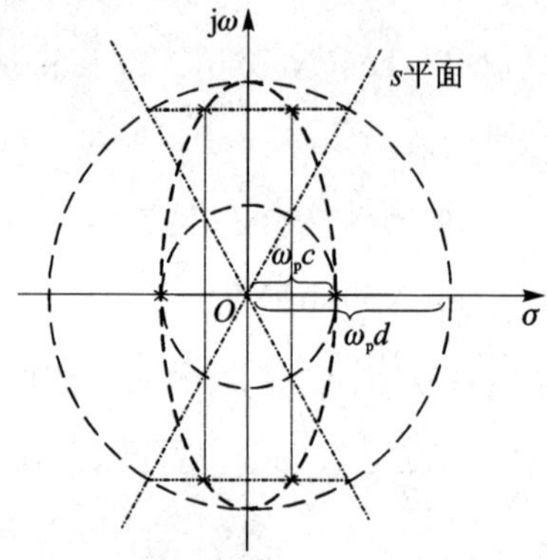

图 8-2-5 切比雪夫Ⅰ型滤波器的极点分布

取左半平面的极点 $s_i, i=0,1,\cdots,N-1$。结合 $C_N(x)$ 的最高次幂系数为 2^{N-1},因此,切比雪夫Ⅰ型滤波器的系统函数为

$$H(s)=\frac{1}{\dfrac{\varepsilon\cdot 2^{N-1}}{\omega_{\mathrm{p}}^N}\prod\limits_{i=0}^{N-1}(s-s_i)}\tag{8-2-29}$$

式中:$s_i=-\omega_{\mathrm{p}}c\sin\left(\frac{2i+1}{2N}\pi\right)+\mathrm{j}\omega_{\mathrm{p}}d\cos\left(\frac{2i+1}{2N}\pi\right), i=0,1,\cdots,N-1$;

$$c=\frac{1}{2}\left(\xi^{\frac{1}{N}}-\xi^{-\frac{1}{N}}\right),\quad d=\frac{1}{2}\left(\xi^{\frac{1}{N}}+\xi^{-\frac{1}{N}}\right),\quad \xi=\frac{1}{\varepsilon}+\sqrt{\frac{1}{\varepsilon^2}+1}。$$

对于切比雪夫Ⅰ型滤波器,ω_{p} 作为归一化参考频率,归一化复变量 $p=s/\omega_{\mathrm{p}}$,归一化频率 $\lambda=\omega/\omega_{\mathrm{p}}$,归一化极点 $p_i=s_i/\omega_{\mathrm{p}}$,得到归一化系统函数为

$$H(p)=\frac{1}{\varepsilon\cdot 2^{N-1}\prod\limits_{i=0}^{N-1}(p-p_i)}\tag{8-2-30}$$

式中：$p_i=-c\sin\left(\frac{2i+1}{2N}\pi\right)+\mathrm{j}d\cos\left(\frac{2i+1}{2N}\pi\right),i=0,1,\cdots,N-1$。

可直接计算 p_i，也可以基于 N 和 ε 建立 p_i 的归一化表格供查阅。再去归一化得到 $H(s)$，即

$$H(s)=H(p)\Big|_{p=\frac{s}{\omega_\mathrm{p}}}=\frac{1}{\frac{\varepsilon\cdot 2^{N-1}}{\omega_\mathrm{p}^N}\prod_{i=0}^{N-1}(s-p_i\omega_\mathrm{p})}\tag{8-2-31}$$

综上，切比雪夫Ⅰ型低通滤波器的设计步骤共有 3 步。首先，将技术要求 ω_p、α_P、ω_s 和 α_s 代入式(8-2-18)～式(8-2-20)求取滤波器阶数 N 和参数 ε；然后根据式(8-2-30)获得归一化系统函数；最后，根据式(8-2-31)去归一化得 $H(s)$。

【例 8-2-2】设计模拟低通滤波器。要求 $f_\mathrm{p}=3$ kHz，$\alpha_\mathrm{p}=0.5$ dB，$f_\mathrm{s}=12$ kHz，$\alpha_\mathrm{s}=60$ dB。试采用切比雪夫Ⅰ型滤波器设计。

解：(1) 按技术指标要求计算阶数 N 和 ε：

$$k_\mathrm{sp}=\sqrt{\frac{10^{0.1\alpha_\mathrm{s}}-1}{10^{0.1\alpha_\mathrm{p}}-1}}=2\,862.773\,7,\quad \lambda_\mathrm{sp}=\omega_\mathrm{s}/\omega_\mathrm{p}=f_\mathrm{s}/f_\mathrm{p}=4$$

所以

$$N=\frac{\operatorname{arch}(k_\mathrm{sp})}{\operatorname{arch}(\lambda_\mathrm{sp})}=\frac{\ln\left[k_\mathrm{sp}+\sqrt{k_\mathrm{sp}^2-1}\right]}{\ln\left[\lambda_\mathrm{sp}+\sqrt{\lambda_\mathrm{sp}^2-1}\right]}=4.193\,3,\quad 取\ N=5$$

$$\varepsilon=\sqrt{10^{0.1\alpha_\mathrm{p}}-1}=0.349\,311\,4$$

(2) 获取归一化系统函数 $H(p)$：

$$H(p)=\frac{1}{\varepsilon\cdot 2^{(N-1)}\prod_{i=0}^{N-1}(p-p_i)}$$

查表(见附录 E)得

$$p_{0,4}=-0.111\,962\,921\pm \mathrm{j}1.011\,557\,369$$
$$p_{1,3}=-0.293\,122\,733\pm \mathrm{j}0.625\,176\,836$$
$$p_2=-0.362\,319\,624$$

(3) 去归一化：

$$H(s)=H(p)\Big|_{p=\frac{s}{\omega_\mathrm{p}}}=\frac{\omega_\mathrm{p}^N\big/(\varepsilon\cdot 2^{N-1})}{\prod_{i=0}^{N-1}(s-\omega_\mathrm{p}p_i)}=\frac{(2\pi f_\mathrm{p})^N\big/(\varepsilon\cdot 2^{N-1})}{\prod_{i=0}^{N-1}(s-\omega_\mathrm{p}p_i)}$$

3. 切比雪夫Ⅱ型滤波器

切比雪夫Ⅱ型滤波器具有在阻带内是等波纹的、在通带内单调的幅频特性。其模平方函数为

$$|H(\mathrm{j}\omega)|^2=1-\frac{1}{1+\varepsilon^2C_N^2\left(\frac{\omega_s}{\omega}\right)}=\frac{\varepsilon^2C_N^2\left(\frac{\omega_s}{\omega}\right)}{1+\varepsilon^2C_N^2\left(\frac{\omega_s}{\omega}\right)} \quad (8-2-32)$$

切比雪夫Ⅱ型低通滤波器的归一化参考频率为ω_s。

切比雪夫Ⅱ型低通滤波器的幅频特性$|H(\mathrm{j}\omega)|$如图8-2-6所示,由于其在s平面上既有极点,又有零点,因此,通带内的群时延特性比切比雪夫Ⅰ型低通滤波器好,也即相频响应更线性。

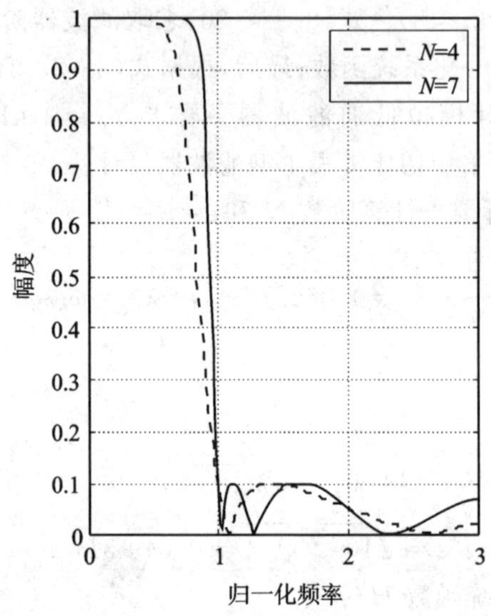

图8-2-6 阻带最小衰减20 dB的切比雪夫Ⅱ型归一化模拟低通滤波器的幅频响应

可以证明切比雪夫Ⅱ型低通滤波器的归一化极点是切比雪夫Ⅰ型低通滤波器归一化极点p_i的倒数。如果用q_i表示归一化的切比雪夫Ⅱ型低通滤波器的极点,则有

$$\begin{aligned}q_i=\frac{1}{p_i}&=\frac{1}{-c\sin\left(\frac{2i+1}{2N}\pi\right)+\mathrm{j}d\cos\left(\frac{2i+1}{2N}\pi\right)}\\&=\frac{-c\sin\left(\frac{2i+1}{2N}\pi\right)-\mathrm{j}d\cos\left(\frac{2i+1}{2N}\pi\right)}{c^2\sin^2\left(\frac{2i+1}{2N}\pi\right)+d^2\cos^2\left(\frac{2i+1}{2N}\pi\right)},\quad i=0,1,\cdots,N-1\end{aligned} \quad (8-2-33)$$

亦可推出,切比雪夫Ⅱ型低通滤波器的归一化零点为

$$z_i=\mathrm{j}\Big/\cos\left(\frac{2i+1}{2N}\pi\right),\quad i=0,1,\cdots,N-1\left(N\text{ 为奇数时},i\neq\frac{N-1}{2}\right) \quad (8-2-34)$$

由式(8-2-34)可见,切比雪夫Ⅱ型低通滤波器的零点在 s 平面的虚轴上。当 N 为偶数时,有 N 个零点;当 N 为奇数时,只有 $N-1$ 个零点,因为 $z_{(N-1)/2}$ 是一个无穷远的零点。

综上所述,切比雪夫Ⅱ型低通滤波器的设计步骤为

① 确定滤波器的技术指标 ω_p、ω_s、α_p 和 α_s。

② 由阻带最小衰减系数 α_s 确定滤波器参数 ε。

当 $\omega=\omega_s$ 时,有 $-10\lg|H(j\omega_s)|^2=-10\lg\left(\frac{\varepsilon^2}{1+\varepsilon^2}\right)=\alpha_s$,解得

$$\varepsilon=\frac{1}{\sqrt{10^{0.1\alpha_s}-1}} \tag{8-2-35}$$

③ 确定滤波器阶数 N。

当 $\omega=\omega_p$ 时,

$$10\lg\frac{1}{|H(j\omega_p)|^2}=10\lg\left\{\frac{1+\varepsilon^2\mathrm{ch}^2[N\mathrm{arch}(\omega_s/\omega_p)]}{\varepsilon^2\mathrm{ch}^2[N\mathrm{arch}(\omega_s/\omega_p)]}\right\}=\alpha_p$$

代入式(8-2-35),解得

$$\begin{aligned}N&=\frac{\mathrm{arch}\left(\frac{1}{\varepsilon\sqrt{10^{0.1\alpha_p}-1}}\right)}{\mathrm{arch}(\omega_s/\omega_p)}\\&=\frac{\mathrm{arch}\left(\sqrt{\frac{10^{0.1\alpha_s}-1}{10^{0.1\alpha_p}-1}}\right)}{\mathrm{arch}(\omega_s/\omega_p)}\end{aligned} \tag{8-2-36}$$

显然,同切比雪夫Ⅰ型滤波器的阶数求解公式。

④ 利用式(8-2-33)获取切比雪夫Ⅱ型归一化极点 q_i,并根据式(8-2-34)获取零点 z_i,进而得到 $H(q)$,即

$$H(q)=\frac{\varepsilon\cdot 2^{N-1}\prod_{i=0}^{N-1}(q-z_i)}{\varepsilon\cdot 2^{N-1}\prod_{i=0}^{N-1}(q-q_i)}=\frac{\prod_{i=0}^{N-1}(q-z_i)}{\prod_{i=0}^{N-1}(q-q_i)} \tag{8-2-37}$$

⑤ 由 $H(s)=H(q)|_{q=s/\omega_s}$ 去归一化得到 $H(s)$,即

$$H(s)=H(q)\Big|_{q=\frac{s}{\omega_s}}=\frac{\prod_{i=0}^{N-1}(s-z_i\omega_s)}{\prod_{i=1}^{N-0}(s-q_i\omega_s)} \tag{8-2-38}$$

8.3 模拟滤波器的频带转换技术

8.3.1 模拟滤波器的设计思路及步骤

各种模拟滤波器的设计都是先设计出模拟低通滤波器,然后再通过频率变换将低通滤波器转换为所要设计类型的滤波器。下面说明高通、带通、带阻模拟滤波器的设计思路及步骤:

第 1 步:将所需设计的滤波器类型的技术指标通过频率转换为低通滤波器的技术指标;

第 2 步:按低通滤波器的技术指标设计归一化低通滤波器 $G(p)$。本书规定,归一化低通滤波器的系统函数用 $G(p)$表示,归一化频率用 λ 表示,归一化复变量用 $p=\mathrm{j}\lambda$ 表示。

第 3 步:对归一化低通滤波器去归一化,得到低通滤波器的系统函数 $G(s_{\mathrm{L}})$,即

$$G(s_{\mathrm{L}})=G(p)\Big|_{p=\frac{s_{\mathrm{L}}}{\omega_{\mathrm{r}}}} \tag{8-3-1}$$

式中:s_{L} 为低通滤波器的复变量;ω_{r} 为低通滤波器的归一化参考频率。对于巴特沃斯低通滤波器 $\omega_{\mathrm{r}}=\omega_{\mathrm{c}}$,切比雪夫Ⅰ型低通滤波器 $\omega_{\mathrm{r}}=\omega_{\mathrm{p}}$,切比雪夫Ⅱ型低通滤波器 $\omega_{\mathrm{r}}=\omega_{\mathrm{s}}$。

第 4 步:通过频率转换技术将低通滤波器 $G(s_{\mathrm{L}})$转换为所要设计滤波器的系统函数 $H(s)$。本书规定,所要设计滤波器的系统函数用 $H(s)$表示,其归一化频率用 η 表示,归一化复变量用 $q=\mathrm{j}\eta$ 表示。归一化参考频率为有限的通频带宽或阻带宽度。

对于低通滤波器的设计直接进行第 2 步和第 3 步即可得到滤波器的系统函数 $H(s)$。

8.3.2 低通滤波器到高通滤波器的频带转换技术

下面,首先获取低通滤波器和高通滤波器间的频率转换方法,然后以巴特沃斯高通滤波器为例说明高通滤波器的设计步骤。

1. 低通滤波器和高通滤波器间的频率转换方法

用 ω_{ph} 和 ω_{sh} 表示高通滤波器的通带截止频率和阻带截止频率。

如图 8-3-1 所示,低通滤波器的幅频曲线(见图 8-3-1(a))和高通滤波器的

幅频曲线(见图 8-3-1(b))呈现倒数关系,即

$$|\omega_L| = \frac{\xi}{|\omega_H|} \tag{8-3-2}$$

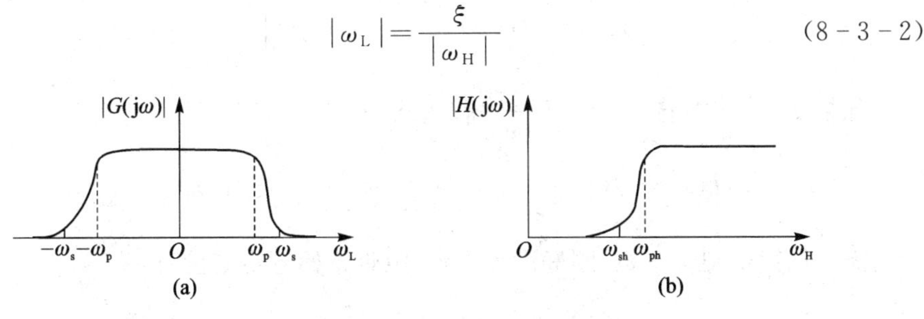

图 8-3-1　低通滤波器和高通滤波器的幅频曲线

式(8-3-2)就是高通滤波器到低通滤波器的频率设计指标转换公式,ξ 为一个正实常数,由

$$|\lambda| = \frac{1}{|\eta|} \Rightarrow \left|\frac{\omega_L}{\omega_r}\right| = \frac{1}{|\omega_H/\omega_{rh}|} \Rightarrow |\omega_L| = \frac{1}{|\omega_H|} \cdot \frac{\omega_{rh}}{\omega_r} \Rightarrow \xi = \frac{\omega_{rh}}{\omega_r} \tag{8-3-3}$$

考虑到 $|G(j\omega)|$ 的对称性,采用 $\omega_L<0$ 部分,将 $s_L=j\omega_L$ 和 $s=j\omega_H$ 代入 $-\omega_L=\xi/\omega_H$ 有

$$s_L = \frac{\xi}{s} \tag{8-3-4}$$

式(8-3-4)就是将低通滤波器转换为高通滤波器的变换公式。

2. 模拟高通滤波器的设计步骤

① 确定高通滤波器的技术指标:通带截止频率 ω_{ph}、阻带截止频率 ω_{sh}、通带最大衰减 α_p 和阻带最小衰减 α_s。

② 将高通滤波器的频率指标转换为低通滤波器指标(α_p 和 α_s 不变),并设计归一化低通滤波器 $G(p)$。

首先按照式(8-3-2)将高通指标转换为低通指标,即

$$\omega_p = \frac{\xi}{\omega_{ph}}, \quad \omega_s = \frac{\xi}{\omega_{sh}} \tag{8-3-5}$$

然后根据 ω_p、ω_s、α_p 和 α_s 计算阶数 N,并根据 N 得到归一化低通滤波器 $G(p)$。

③ 将 $G(p)$ 去归一化得到低通滤波器,并将 $G(s_L)$ 转换为高通滤波器 $H(s)$。

去归一化即进行 $G(s_L)=G(p)\big|_{p=\frac{s_L}{\omega_r}}$ 的代换过程,$G(s_L)$ 转换为高通滤波器 $H(s)$ 则是 $H(s)=G(s_L)\big|_{s_L=\frac{\xi}{s}}$ 代换过程。因此,

$$H(s) = G(s_L)\Big|_{s_L=\frac{\xi}{s}} = G(p)\Big|_{p=\frac{s_L}{\omega_r}}\Bigg|_{s_L=\frac{\xi}{s}} = G(p)\Big|_{p=\frac{\xi}{\omega_r s}} \tag{8-3-6}$$

由式(8-3-3)得

$$H(s)=G(p)\Big|_{p=\frac{\xi}{\omega_r s}}=G(p)\Big|_{p=\frac{\omega_{rh}}{s}} \tag{8-3-7}$$

如果 $\alpha_p=3$ dB,将 $\omega_c=\omega_p=\dfrac{\xi}{\omega_{ph}}$代入式(8-3-7)有

$$H(s)=G(p)\Big|_{p=\frac{\xi}{\omega_c s}=\frac{\xi}{\omega_p s}=\frac{\xi}{(\xi/\omega_{ph})s}=\frac{\omega_{ph}}{s}}=G(p)\Big|_{p=\frac{\omega_{ph}}{s}} \tag{8-3-8}$$

否则需要计算得到 ω_c。ω_p 刚好满足要求,阻带指标有富裕量时

$$\omega_c=\omega_p\left(10^{0.1\alpha_p}-1\right)^{-\frac{1}{2N}}=\frac{\xi}{\omega_{ph}}\left(10^{0.1\alpha_p}-1\right)^{-\frac{1}{2N}} \tag{8-3-9}$$

代入式(8-3-7)有

$$H(s)=G(p)\Bigg|_{p=\frac{\omega_{ph}\left(10^{0.1\alpha_p}-1\right)^{\frac{1}{2N}}}{s}} \tag{8-3-10}$$

ω_s 刚好满足要求,通带指标有富裕量,可仿照阻带指标有富裕量推导过程,得

$$H(s)=G(p)\Bigg|_{p=\frac{\omega_{sh}\left(10^{0.1\alpha_s}-1\right)^{\frac{1}{2N}}}{s}} \tag{8-3-11}$$

① 若所设计滤波器类型为切比雪夫Ⅰ型,即 $\omega_r=\omega_p$:

$$H(s)=G(p)\Big|_{p=\frac{\xi}{\omega_p s}}=G(p)\Big|_{p=\frac{\xi}{(\xi/\omega_{ph})s}}=G(p)\Big|_{p=\frac{\omega_{ph}}{s}} \tag{8-3-12}$$

② 若所设计滤波器类型为切比雪夫Ⅱ型,即 $\omega_r=\omega_s$:

$$H(s)=G(p)\Big|_{p=\frac{\xi}{\omega_s s}}=G(p)\Big|_{p=\frac{\xi}{(\xi/\omega_{sh})s}}=G(p)\Big|_{p=\frac{\omega_{sh}}{s}} \tag{8-3-13}$$

由原型低通滤波器到高通滤波器的频带变换为一阶有理函数,所以变换后所得高通滤波器与原型滤波器具有相同的阶数。

【例8-3-1】设计巴特沃斯模拟高通滤波器,$f_{ph}=200$ Hz,$f_{sh}=100$ Hz,幅度特性单调下降,f_{ph} 处最大衰减 $\alpha_p=3$ dB,阻带最小衰减 $\alpha_s=15$ dB。

解:(1) 高通技术指标:

$$\omega_{ph}=2\pi f_{ph}=2\pi\cdot 200\ \text{rad/s},\quad \omega_{sh}=2\pi f_{sh}=2\pi\cdot 100\ \text{rad/s}$$

$$\alpha_p=3\ \text{dB},\quad \alpha_s=15\ \text{dB}$$

(2) 转换为归一化低通技术指标:

$$\omega_p=\frac{\xi}{\omega_{ph}},\quad \omega_s=\frac{\xi}{\omega_{sh}}$$

(3) 采用巴特沃斯原型滤波器设计归一化低通滤波器 $G(p)$:

$$k_{sp}=\sqrt{\frac{10^{0.1\alpha_s}-1}{10^{0.1\alpha_p}-1}}=5.547,\quad \lambda_{sp}=\frac{\omega_s}{\omega_p}=\frac{\omega_{ph}}{\omega_{sh}}=2$$

所以

$$N=\frac{\lg k_{sp}}{\lg \lambda_{sp}}=2.47,\quad 取 N=3$$

查表(见附录 D)得归一化巴特沃斯低通滤波器的系统函数为

$$G(p)=\frac{1}{p^3+2p^2+2p+1}$$

(4) 求模拟高通 $H(s)$。由于本题中 α_p 为 3 dB,所以 $\omega_c=\omega_p$,有

$$H(s)=G(p)\Big|_{p=\frac{\omega_{ph}}{s}}=\frac{1}{p^3+2p^2+2p+1}\Big|_{p=\frac{\omega_{ph}}{s}}=\frac{s^3}{s^3+2\omega_{ph}s^2+2\omega_{ph}^2 s+\omega_{ph}^3}$$

8.3.3　低通滤波器到带通滤波器的频带转换技术

1. 低通滤波器与带通滤波器间的频率转换技术

用 ω_{pl} 和 ω_{pu} 表示带通滤波器的通带上下边界频率,用 ω_{sl} 和 ω_{su} 表示带通滤波器的阻带上下边界频率。对于带通滤波器,定义:

① ω_0 称为通带中心频率,为 ω_{pl} 和 ω_{pu} 的几何平均值,即

$$\omega_0^2=\omega_{pl}\cdot\omega_{pu} \tag{8-3-14}$$

② $B=\omega_{pu}-\omega_{pl}$ 称为通带宽度,并将其作为带通滤波器的归一化参考频率。

带通滤波器一般多采用 ω_0 和 B 两个参数来表征,与 ω_{pu} 和 ω_{pl} 是一对等价量。B 为归一化参考频率,则带通滤波器的归一化边界频率为

$$\eta=\omega_{BP}/B \tag{8-3-15}$$

带通滤波器的参数归一化后,就可以基于归一化参数找到统一的指标转换公式,实现带通滤波器指标与低通滤波器指标的转换。

如图 8-3-2 所示,由归一化低通滤波器的幅频曲线(见图 8-3-2(a))和归一化带通滤波器的幅频曲线(见图 8-3-2(b)),低通滤波器的零频与带通滤波器的 η_0 对应,坐标平移,且确保通带宽度,可证明下列二次函数可以完成该坐标变换,即

$$\frac{\omega_L}{\omega_r}=\lambda=\frac{\eta^2-\eta_0^2}{\eta} \tag{8-3-16}$$

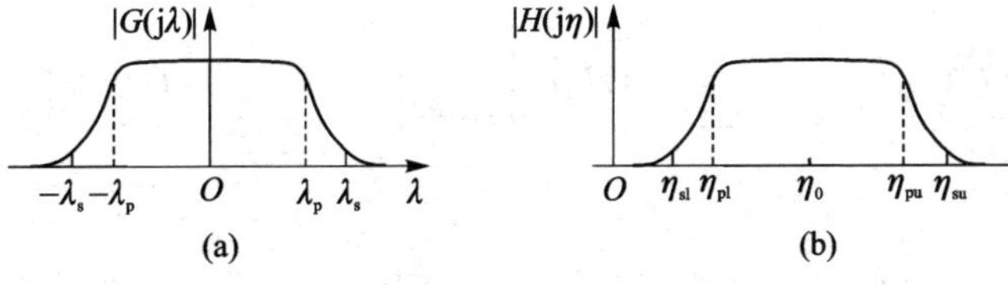

图 8-3-2　归一化低通滤波器和归一化带通滤波器的幅频曲线

将式(8-3-15)代入式(8-3-16)得

$$\omega_{\mathrm{L}}=\omega_{\mathrm{r}}\frac{\omega_{\mathrm{BP}}^{2}-\omega_{0}^{2}}{B\omega_{\mathrm{BP}}},\quad \lambda=\frac{\omega_{\mathrm{BP}}^{2}-\omega_{0}^{2}}{B\omega_{\mathrm{BP}}} \tag{8-3-17}$$

根据低通滤波器指标即可设计归一化系统函数 $G(p)$,去归一化得到 $G(s_{\mathrm{L}})$。然后通过频率转换技术将 $G(s_{\mathrm{L}})$ 转换为带通滤波器的系统函数 $H(s)$,推导如下：

$$\left.\begin{array}{l}\omega_{\mathrm{L}}=\omega_{\mathrm{r}}\dfrac{\omega_{\mathrm{BP}}^{2}-\omega_{0}^{2}}{B\omega_{\mathrm{BP}}}\\ s_{\mathrm{L}}=\mathrm{j}\omega_{\mathrm{L}}\end{array}\right\}\Rightarrow \left.\begin{array}{r}s_{\mathrm{L}}=\mathrm{j}\omega_{\mathrm{r}}\dfrac{\omega_{\mathrm{BP}}^{2}-\omega_{0}^{2}}{B\omega_{\mathrm{BP}}}\\ s=\mathrm{j}\omega_{\mathrm{BP}}\end{array}\right\}\Rightarrow\left\{\begin{array}{l}s_{\mathrm{L}}=\omega_{\mathrm{r}}\dfrac{s^{2}+\omega_{0}^{2}}{Bs}\\ \text{或}\\ s_{\mathrm{L}}=\omega_{\mathrm{r}}\dfrac{s^{2}+\omega_{\mathrm{pl}}\omega_{\mathrm{pu}}}{(\omega_{\mathrm{pu}}-\omega_{\mathrm{pl}})s}\end{array}\right. \tag{8-3-18}$$

2. 模拟带通滤波器的设计步骤

① 确定模拟带通滤波器的技术指标。

由 ω_{pl}、ω_{pu}、ω_{sl} 和 ω_{su},计算 $B=\omega_{\mathrm{pu}}-\omega_{\mathrm{pl}}$ 和 $\omega_{0}^{2}=\omega_{\mathrm{pl}}\omega_{\mathrm{pu}}$;或者已知中心频率 ω_{0}、B、ω_{sl}、ω_{su} 亦可。通带最大衰减 α_{p} 和阻带最小衰减 α_{s} 保持不变。

② 确定低通滤波器的技术要求：

$$\lambda_{\mathrm{p}}=\frac{\omega_{\mathrm{pu}}^{2}-\omega_{0}^{2}}{B\omega_{\mathrm{pu}}}=\frac{\omega_{\mathrm{pu}}-\omega_{\mathrm{pl}}}{B}=1\left(\text{或 }\lambda_{\mathrm{p}}=\left|\frac{\omega_{\mathrm{pl}}^{2}-\omega_{0}^{2}}{B\omega_{\mathrm{pl}}}\right|=\left|\frac{\omega_{\mathrm{pl}}-\omega_{\mathrm{pu}}}{B}\right|=1\right)$$

即

$$\lambda_{\mathrm{p}}=1 \tag{8-3-19}$$

低通滤波器的阻带截止频率：

$$\lambda_{\mathrm{s}}=\min\left[\left|\frac{\omega_{\mathrm{su}}^{2}-\omega_{0}^{2}}{B\omega_{\mathrm{su}}}\right|,\left|\frac{\omega_{\mathrm{sl}}^{2}-\omega_{0}^{2}}{B\omega_{\mathrm{sl}}}\right|\right] \tag{8-3-20}$$

取较小的指标将会进一步优化滤波器的过渡带。

③ 设计归一化低通滤波器 $G(p)$。

④ 将 $G(p)$ 去归一化为 $G(s_{\mathrm{L}})$,并将低通滤波器 $G(s_{\mathrm{L}})$ 转换成带通滤波器 $H(s)$。

去归一化即进行 $G(s_{\mathrm{L}})=G(p)\Big|_{p=\frac{s_{\mathrm{L}}}{\omega_{\mathrm{r}}}}$ 的代换过程,$G(s_{\mathrm{L}})$ 转换为带通滤波器 $H(s)$ 则是 $H(s)=G(s_{\mathrm{L}})\Big|_{s_{\mathrm{L}}=\omega_{\mathrm{r}}\frac{s^{2}+\omega_{0}^{2}}{Bs}}$ 代换过程。因此,

$$H(s)=G(s_{\mathrm{L}})\Big|_{s_{\mathrm{L}}=\omega_{\mathrm{r}}\frac{s^{2}+\omega_{0}^{2}}{Bs}}=G(p)\Big|_{p=\frac{s_{\mathrm{L}}}{\omega_{\mathrm{r}}}}\Bigg|_{s_{\mathrm{L}}=\omega_{\mathrm{r}}\frac{s^{2}+\omega_{0}^{2}}{Bs}}=G(p)\Big|_{p=\frac{s^{2}+\omega_{0}^{2}}{Bs}} \tag{8-3-21}$$

很显然,将归一化低通滤波器转换为最终的带通滤波器,阶数翻倍。

【例8-3-2】设计巴特沃斯模拟带通滤波器,要求通带带宽为 $B=2\pi\times200$ rad/s,其中心频率 $\omega_{0}=2\pi\times1\,000$ rad/s,通带内最大衰减 $\alpha_{\mathrm{p}}=3$ dB,阻带指标为 $\omega_{\mathrm{sl}}=2\pi\times$

830 rad/s，$\omega_{su}=2\pi\times1\ 200$ rad/s，且阻带最小衰减 $\alpha_s=15$ dB。

解：(1) 模拟的带通的技术指标为

$$\alpha_p=3\ \text{dB},\quad \alpha_s=15\ \text{dB}$$

$$\omega_0=2\pi\times1\ 000\ \text{rad/s},\quad B=2\pi\times200\ \text{rad/s}$$

$$\omega_{sl}=2\pi\times830\ \text{rad/s},\quad \omega_{su}=2\pi\times1\ 200\ \text{rad/s}$$

(2) 将归一化带通滤波器指标转换为模拟低通滤波器技术指标：

$$\lambda_p=1,\quad \lambda_s=\min\left[\left|\frac{\omega_{su}^2-\omega_0^2}{B\omega_{su}}\right|,\ \left|\frac{\omega_{sl}^2-\omega_0^2}{B\omega_{sl}}\right|\right]=1.833$$

(3) 采用巴特沃斯原型滤波器设计归一化 $G(p)$：

$$k_{sp}=\sqrt{\frac{10^{0.1\alpha_s}-1}{10^{0.1\alpha_p}-1}}=5.547,\quad \lambda_{sp}=\frac{\lambda_s}{\lambda_p}=\lambda_s=1.833$$

所以

$$N=\frac{\lg k_{sp}}{\lg\lambda_{sp}}=2.83,\quad 取\ N=3$$

查表(见附录D)得 $G(p)=\dfrac{1}{p^3+2p^2+2p+1}$。

(4) 将 $G(p)$ 去归一化转换成带通滤波器 $H(s)$：

$$H(s)=G(p)\Big|_{p=\frac{s^2+\omega_0^2}{Bs}}=\frac{(Bs)^3}{(s^2+\omega_0^2)^3+2Bs(s^2+\omega_0^2)^2+2(Bs)^2(s^2+\omega_0^2)+(Bs)^3}$$

8.3.4　低通滤波器到带阻滤波器的频带转换技术

1. 低通滤波器与带阻滤波器间的频带转换技术

同样，用 ω_{pl} 和 ω_{pu} 表示带阻滤波器的通带上下边界频率，用 ω_{sl} 和 ω_{su} 表示带阻滤波器的阻带上下边界频率。对于带通滤波器，定义：

① ω_0 为带阻滤波器的阻带中心频率，且

$$\omega_0^2=\omega_{su}\omega_{sl}\tag{8-3-22}$$

② 阻带带宽 $B=\omega_{su}-\omega_{sl}$ 作为归一化参考频率，即带阻滤波器的归一化边界频率

$$\eta=\omega_{BS}/B\tag{8-3-23}$$

下面推导低通滤波器与带阻滤波器间的频率变换关系。

如图8-3-3所示，同样由模拟低通的频率与带阻的 ω_0 对应，低通滤波器的零频率与带阻滤波器的 η_0 对应，坐标平移，且确保通带宽度，又形状正好相反，对照带通滤波器的频率变换公式，正好呈倒数关系，并兼顾 $|G(j\omega_L)|$ 的对称性，得到低通滤波器与带阻滤波器间的频率变换公式为

$$-\frac{\omega_L}{\omega_r}=\lambda=\frac{\eta}{\eta^2-\eta_0^2} \tag{8-3-24}$$

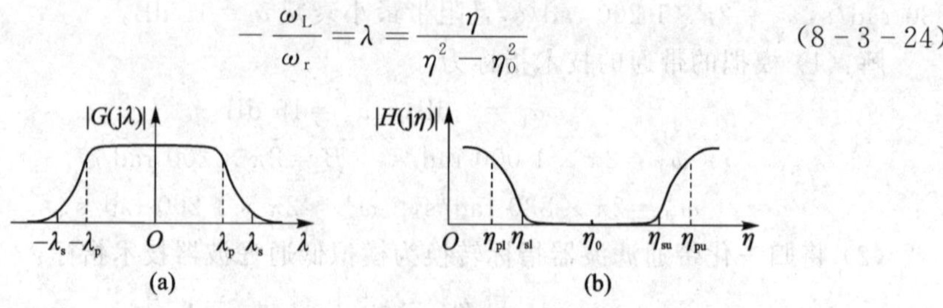

图8-3-3　归一化低通滤波器和归一化带阻滤波器的幅频曲线

将式(8-3-23)代入式(8-3-24)得

$$\omega_L=-\omega_r\frac{B\omega_{BS}}{\omega_{BS}^2-\omega_0^2},\quad \lambda=-\frac{B\omega_{BS}}{\omega_{BS}^2-\omega_0^2} \tag{8-3-25}$$

根据低通滤波器指标即可设计归一化系统函数 $G(p)$,去归一化得到 $G(s_L)$。然后通过频率转换技术将 $G(s_L)$ 转换为带阻滤波器的系统函数 $H(s)$,推导如下:

$$\left.\begin{aligned}\left.\begin{aligned}&\omega_L=-\omega_r\frac{B\omega_{BS}}{\omega_{BS}^2-\omega_0^2}\\&s_L=j\omega_L\end{aligned}\right\}\Rightarrow s_L=-j\omega_r\frac{B\omega_{BS}}{\omega_{BS}^2-\omega_0^2}\\ s=j\omega_{BS}\end{aligned}\right\}\Rightarrow$$

$$\left.\begin{aligned}&s_L=\omega_r\frac{Bs}{s^2+\omega_0^2}\\ \text{或}\quad&\\&s_L=\omega_r\frac{(\omega_{su}-\omega_{sl})s}{s^2+\omega_{sl}\omega_{su}}\end{aligned}\right\} \tag{8-3-26}$$

2. 带阻滤波器的设计步骤

① 确定带阻滤波器的设计指标。

由 ω_{pl}、ω_{pu}、ω_{sl} 和 ω_{su},计算 $B=\omega_{su}-\omega_{sl}$ 和 $\omega_0^2=\omega_{sl}\omega_{su}$;或者已知中心频率 ω_0、B、ω_{pl} 和 ω_{pu} 亦可。通带最大衰减 α_p 和阻带最小衰减 α_s 保持不变。

② 确定模拟低通滤波器技术指标:

$$\lambda_s=\left|-\frac{B\omega_{su}}{\omega_{su}^2-\omega_0^2}\right|=\frac{B}{\omega_{su}-\omega_{sl}}=1\left(\text{或 }\lambda_s=\left|-\frac{B\omega_{sl}}{\omega_{sl}^2-\omega_0^2}\right|=\frac{B}{\omega_{su}-\omega_{sl}}=1\right)$$

即

$$\omega_s=\xi \tag{8-3-27}$$

低通滤波器的通带截止频率:

$$\lambda_p=\max\left[\left|\frac{B\omega_{pu}}{\omega_{pu}^2-\omega_0^2}\right|,\left|\frac{B\omega_{pl}}{\omega_{pl}^2-\omega_0^2}\right|\right] \tag{8-3-28}$$

取较大的指标将会进一步优化滤波器的过渡带。

③ 设计归一化低通滤波器 $G(p)$。

④ 将 $G(p)$ 去归一化为 $G(s_L)$，并将低通滤波器 $G(s_L)$ 转换成带阻滤波器 $H(s)$。

去归一化即进行 $G(s_L)=G(p)\Big|_{p=\frac{s_L}{\omega_r}}$ 的代换过程，$G(s_L)$ 转换为带通滤波器 $H(s)$ 则是 $H(s)=G(s_L)\Big|_{s_L=\omega_r\frac{Bs}{s^2+\omega_0^2}}$ 代换过程。因此，

$$H(s)=G(s_L)\Big|_{s_L=\omega_r\frac{Bs}{s^2+\omega_0^2}}=G(p)\Big|_{p=\frac{s_L}{\omega_r}}\Bigg|_{s_L=\omega_r\frac{Bs}{s^2+\omega_0^2}}=G(p)\Big|_{p=\frac{Bs}{s^2+\omega_0^2}} \tag{8-3-29}$$

因此，将归一化低通滤波器转换为带阻滤波器，阶数也翻倍。

【例 8-3-3】试设计巴特沃斯带阻模拟滤波器，其技术要求为

$$\omega_{pl}=2\pi\times 905\ \text{rad/s},\quad \omega_{sl}=2\pi\times 980\ \text{rad/s},\quad \omega_{su}=2\pi\times 1\ 020\ \text{rad/s}$$

$$\omega_{pu}=2\pi\times 1\ 105\ \text{rad/s},\quad \alpha_p=3\ \text{dB},\quad \alpha_s=25\ \text{dB}$$

解：(1) 由模拟带阻滤波器的技术指标，可计算出

$$\omega_0^2=\omega_{sl}\omega_{su}=4\pi^2\times 999\ 600(\text{rad/s})^2$$

$$B=\omega_{su}-\omega_{sl}=2\pi\times 40\ \text{rad/s}$$

(2) 将带阻指标转换为巴特沃斯低通滤波器的技术指标：

$$\lambda_s=1,\quad \lambda_p=\max\left[\left|\frac{B\omega_{pu}}{\omega_{pu}^2-\omega_0^2}\right|,\left|\frac{B\omega_{pl}}{\omega_{pl}^2-\omega_0^2}\right|\right]=0.200\ 5$$

(3) 设计归一化巴特沃斯低通滤波器 $G(p)$：

$$k_{sp}=\sqrt{\frac{10^{0.1\alpha_s}-1}{10^{0.1\alpha_p}-1}}=17.797$$

$$\lambda_{sp}=\frac{\lambda_s}{\lambda_p}=\frac{1}{\lambda_p}=4.988\ 3$$

所以

$$N=\frac{\lg k_{sp}}{\lg \lambda_{sp}}=1.791,\quad 取\ N=2$$

查表(见附录 D)得 $G(p)=\dfrac{1}{p^2+1.414\ 2p+1}$。

(4) $G(p)$ 去归一化并转换为带阻滤波器 $H(s)$：

$$H(s)=G(p)\Big|_{p=\frac{Bs}{s^2+\omega_0^2}}=\frac{(s^2+\omega_0^2)^2}{(Bs)^2+1.414\ 2Bs(s^2+\omega_0^2)+(s^2+\omega_0^2)^2}$$

8.4 基于模拟滤波器的 IIR 数字滤波器设计

8.4.1 基于模拟滤波器设计 IIR 数字滤波器的基本思想和途径

1. 基于模拟滤波器设计 IIR 数字滤波器的基本思路

尽管 IIR 是递归反馈系统,存在稳定性问题,且在相同阶数下,有限字长效应(在第 10 章讲述)引起的量化误差也较大。但是,由于 IIR 数字滤波器的阶数少,所以运算次数及存储单元都较少,其适合于对相位要求不严格的场合。尤其是在设计方法上,IIR 数字滤波器可以充分利用模拟滤波器设计方法的成熟成果。基于模拟滤波器设计 IIR 数字滤波器的基本思路如下:

① 将数字滤波器指标转换为对应的模拟滤波器指标;

② 按技术要求设计一个模拟滤波器,得到 $H(s)$;

③ 将 $H(s)$转换为数字滤波器的系统函数 $H(z)$。

将 $H(s)$从 s 平面转换到 z 平面的工程方法有两种:脉冲响应不变法和双线性不变法。

2. 由 $H(s)$转化为 $H(z)$的设计要求

① 由因果稳定的 $H(s)$转化得到的 $H(z)$也具有因果稳定性。

② ω 和 $\tilde{\omega}$ 呈较好的线性关系,保证变换前后的幅频特性曲线形状相近或相同。

3. s 平面与 z 平面的对应关系

设 $h[n]$是 $h(t)$以 T_{sam} 为时间间隔的采样序列,$h_{\text{s}}(t)$是 $h(t)$以 T_{sam} 为时间间隔的理想采样信号,则 $h_{\text{s}}(t)$的拉普拉斯变换为

$$
\begin{aligned}
H(s) &= \int_{-\infty}^{\infty} h_{\text{s}}(t)\mathrm{e}^{-st}\,\mathrm{d}t = \int_{-\infty}^{\infty}\sum_{n=-\infty}^{\infty} h(t)\delta(t-nT_{\text{sam}})\mathrm{e}^{-st}\,\mathrm{d}t \\
&= \sum_{n=-\infty}^{\infty} h[n]\int_{-\infty}^{\infty}\delta(t-nT_{\text{sam}})\mathrm{e}^{-st}\,\mathrm{d}t \\
&= \sum_{n=-\infty}^{\infty} h[n]\mathrm{e}^{-snT_{\text{sam}}} = \sum_{n=-\infty}^{\infty} h[n]z^{-n}\bigg|_{z=\mathrm{e}^{sT_{\text{sam}}}} \\
&\Rightarrow H(s) = H(z)\bigg|_{z=\mathrm{e}^{sT_{\text{sam}}}}
\end{aligned} \tag{8-4-1}
$$

从而得到理想采样信号的拉普拉斯变换与 Z 变换的映射关系如下:

$$\left.\begin{array}{l} z=\mathrm{e}^{sT_{\mathrm{sam}}} \\ s=\sigma+\mathrm{j}\omega \\ z=r\mathrm{e}^{\mathrm{j}\tilde{\omega}} \end{array}\right\} \Rightarrow \left\{\begin{array}{l} r=\mathrm{e}^{\sigma T_{\mathrm{sam}}} \\ \tilde{\omega}=\omega T_{\mathrm{sam}} \end{array}\right. \tag{8-4-2}$$

如式(8－4－2)所示，得到如图 8－4－1 所示的 s 平面与 z 平面的对应关系：

① 当 $\sigma=0$ 时，$r=1\Rightarrow s$ 平面的虚轴与 z 平面的单位圆相互映射；

② 当 $\sigma<0$ 时，$r<1\Rightarrow s$ 平面左半平面映射到 z 平面的单位圆内；

③ 当 $\sigma>0$ 时，$r>1\Rightarrow s$ 平面右半平面映射到 z 平面的单位圆外。

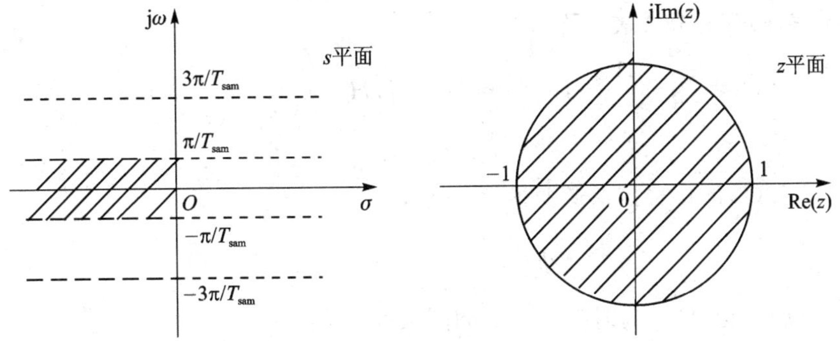

图 8－4－1　s 平面与 z 平面的对应关系

以上 3 点说明 $H(s)$因果稳定，$H(z)$必因果稳定。另外，由

$$z=\mathrm{e}^{sT_{\mathrm{sam}}}=\mathrm{e}^{(\sigma+\mathrm{j}\omega)T_{\mathrm{sam}}}=\mathrm{e}^{\sigma T_{\mathrm{sam}}}\mathrm{e}^{\mathrm{j}\omega T_{\mathrm{sam}}}=\mathrm{e}^{\sigma T_{\mathrm{sam}}}\mathrm{e}^{\mathrm{j}\left(\omega+\frac{2\pi}{T}m\right)T_{\mathrm{sam}}},\quad m \text{ 为整数} \tag{8-4-3}$$

可得当 σ 不变，ω 每变换 $2\pi/T_{\mathrm{sam}}$ 的整数倍时，映射值不变，即 s 平面 ω 每变换 $2\pi/T_{\mathrm{sam}}$ 就映射出一个 z 平面，为多值映射。当 ω 从 $-\pi/T_{\mathrm{sam}}$ 到 π/T_{sam} 之间变化时，$\tilde{\omega}$ 从 $-\pi$ 到 π 之间变化，$\tilde{\omega}=\omega T_{\mathrm{sam}}$ 呈线性关系。

8.4.2　脉冲响应不变法设计 IIR 数字滤波器

1. 脉冲响应不变法原理

对单位冲激响应 $h(t)$以采样间隔 T_{sam} 进行等间隔采样，得到 $h(nT_{\mathrm{sam}})$，将 $h[n]=h(nT_{\mathrm{sam}})$作为数字滤波器的单位脉冲响应，再对 $h[n]$作 z 变换得到 $H(z)$。而 $h(t)$通过求 $H(s)$的拉普拉斯逆变换得到

$$\boxed{H(z)=\mathrm{ZT}\{h[n]\}=\mathrm{ZT}\{h(t)\mid_{t=nT_{\mathrm{sam}}}\}=\mathrm{ZT}\left\{\mathrm{LT}^{-1}\{H(s)\}\Big|_{t=nT_{\mathrm{sam}}}\right\}} \tag{8-4-4}$$

因此，脉冲响应不变法是一种时域上的转换方法，它使 $h[n]$在采样点上等于 $h(t)$。

2. 基于脉冲响应不变法设计IIR数字滤波器的步骤及推导

① 利用如下模拟频率与数字频率之间的线性关系将数字滤波器指标转换为模拟滤波器指标:

$$\omega=\frac{\tilde{\omega}}{T_{\mathrm{sam}}} \tag{8-4-5}$$

② 设计模拟滤波器 $H(s)$。

③ 设模拟滤波器 $H(s)$只有单阶极点,且分母多项式的阶次高于分子多项式的阶次,将 $H(s)$部分分式表示为

$$H(s)=\sum_{i=1}^{N}\frac{A_i}{s-s_i},\quad A_i=(s-s_i)H(s)\Big|_{s=p_i},\quad i=1,2,\cdots,N \tag{8-4-6}$$

④ 求 $H(s)$的拉普拉斯逆变换得 $h(t)$,即

$$h(t)=\sum_{i=1}^{N}A_i\mathrm{e}^{s_i t}u(t) \tag{8-4-7}$$

⑤ 对 $h(t)$以 T_{sam} 为时间间隔等间隔采样,得

$$h[n]=h(nT_{\mathrm{sam}})=\sum_{i=1}^{N}A_i\mathrm{e}^{s_i nT_{\mathrm{sam}}}u(nT_{\mathrm{sam}})=\sum_{i=1}^{N}A_i\mathrm{e}^{s_i nT_{\mathrm{sam}}}u[n] \tag{8-4-8}$$

根据采样定理,$h(t)$经采样后,$h[n]$的频谱 $H(\mathrm{e}^{\mathrm{j}\tilde{\omega}})$是 $h(t)$的频谱 $H(\mathrm{j}\omega)$的周期延拓,即

$$H(\mathrm{e}^{\mathrm{j}\tilde{\omega}})=\frac{1}{T_{\mathrm{sam}}}\sum_{k=-\infty}^{\infty}H(\mathrm{j}\omega-\mathrm{j}\cdot k\omega_{\mathrm{sam}}) \tag{8-4-9}$$

这说明用脉冲响应不变法设计的数字滤波器可以很好地重现原模拟滤波器的频响。不过,可以看出数字频响与 T_{sam} 成反比,因此调整为 $h[n]=T_{\mathrm{sam}}h(nT_{\mathrm{sam}})$。

⑥ 对 $h[n]$求 Z 变换得到 $H(z)$,即

$$H(z)=\sum_{i=1}^{N}\frac{T_{\mathrm{sam}}A_i}{1-\mathrm{e}^{s_iT_{\mathrm{sam}}}z^{-1}} \tag{8-4-10}$$

显然,$H(s)$的极点 s_i 映射到 z 平面,其极点变成 $\mathrm{e}^{s_iT_{\mathrm{sam}}}$,系数 A_i 不变化。

【例 8-4-1】已知模拟滤波器的传输函数 $H(s)=\dfrac{0.5012}{s^2+0.6449s+0.7079}$,用脉冲响应不变法将 $H(s)$转换成数字滤波器的系统函数 $H(z)$。$T_{\mathrm{sam}}=1\ \mathrm{s}$。

解:对 $H(s)$部分分式展开,得

$$H(s)=\frac{-\mathrm{j}0.3224}{s+0.3224+\mathrm{j}0.7772}+\frac{\mathrm{j}0.3224}{s+0.3224-\mathrm{j}0.7772}$$

极点为

$$s_1=-(0.3224+\mathrm{j}0.7772),\quad s_2=-(0.3224-\mathrm{j}0.7772)$$

所以有

$$H(z)=\sum_{k=1}^{N}\frac{A_kT_{\rm sam}}{1-\mathrm{e}^{s_kT_{\rm sam}}z^{-1}}$$

$$=\frac{-\mathrm{j}0.322\,4T_{\rm sam}}{1-\mathrm{e}^{-(0.322\,4+\mathrm{j}0.777\,2)T_{\rm sam}}z^{-1}}+\frac{\mathrm{j}0.322\,4T_{\rm sam}}{1-\mathrm{e}^{-(0.322\,4-\mathrm{j}0.777\,2)T_{\rm sam}}z^{-1}}$$

$$=\frac{2\mathrm{e}^{-0.322\,4T_{\rm sam}}\cdot 0.322\,4\sin(0.777\,2T_{\rm sam})z^{-1}T_{\rm sam}}{1-2\mathrm{e}^{-3.224T_{\rm sam}}\cos(0.777\,2T_{\rm sam})z^{-1}+\mathrm{e}^{-0.644\,9T_{\rm sam}}z^{-2}}$$

一般 $H(s)$的极点 s_k 是一个复数，且以共轭成对的形式出现，将 $H(s)$中共轭极点放到一起，形成一个二阶基本节，如表 8-4-1 所列。利用两个二阶基本节可以简化计算，上例题就是这种情况，但需要配成与二阶基本节一致的形式。当然，也可以全按一阶基本节运算。

表 8-4-1　二阶基本节的脉冲响应不变法

模拟滤波器的二阶基本节	相应的数字滤波器的二阶基本节
$\dfrac{s+\sigma_1}{(s+\sigma_1)^2+\omega_1^2}$，极点为：$-\sigma_1\pm\mathrm{j}\omega_1$	$\dfrac{1-z^{-1}\mathrm{e}^{-\sigma_1T_{\rm sam}}\cos\omega_1T_{\rm sam}}{1-2z^{-1}\mathrm{e}^{-\sigma_1T_{\rm sam}}\cos\omega_1T_{\rm sam}+z^{-2}\mathrm{e}^{-2\sigma_1T_{\rm sam}}}$
$\dfrac{\omega_1}{(s+\sigma_1)^2+\omega_1^2}$，极点为：$-\sigma_1+\mathrm{j}\omega_1$	$\dfrac{z^{-1}\mathrm{e}^{-\sigma_1T_s}\sin\omega_1T_{\rm sam}}{1-2z^{-1}\mathrm{e}^{-\sigma_1T_{\rm sam}}\cos\omega_1T_{\rm sam}+z^{-2}\mathrm{e}^{-2\sigma_1T_{\rm sam}}}$

3. $T_{\rm sam}$ 的选取与混叠现象

在研究 s 平面与 z 平面的对应关系时已经知晓，模拟滤波器的频谱在 s 平面上沿虚轴按照周期 $\omega_{\rm sam}=2\pi/T_{\rm sam}$ 周期延拓后，再映射到 z 平面上，得到 $H(\mathrm{e}^{\mathrm{j}\tilde{\omega}})$。那么如果原模拟信号 $h(t)$的频带不介于 $\pm\pi/T_{\rm sam}$ 之间，则在 $\pm\pi/T_{\rm sam}$ 的奇数倍附近产生频率混叠，从而映射到 z 平面上，在 $\tilde{\omega}=\pm\pi$ 附近产生混叠现象。也就是说，$T_{\rm sam}$ 的选取必须满足采样定理。这种混叠现象与模拟信号采样时的频谱混叠现象概念上是一样的。如例 8-4-1，$T_{\rm sam}=1$ s 和 $T_{\rm sam}=0.1$ s 的幅频特性如图 8-4-2所示。

因此，希望设计的滤波器必须是带限滤波器，也就是说，高通和带阻数字滤波器不适合采用脉冲响应不变法设计。

4. 脉冲响应不变法的优缺点

(1) 优　点

① 频率坐标是线性变换的，$\tilde{\omega}=\omega T_{\rm sam}$，如不考虑频率混叠现象，用这种方法设计的数字滤波器会很好地重现原模拟滤波器的频率特性；

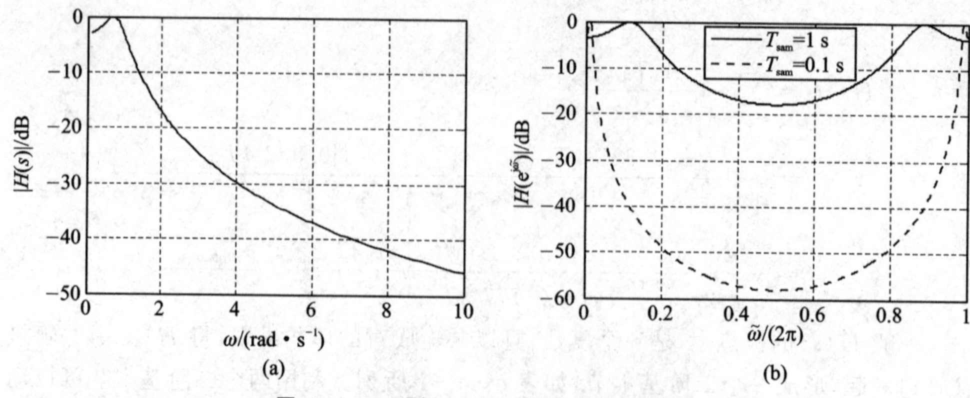

图 8-4-2 【例 8-4-1】的幅频响应曲线

② 数字滤波器的 $h[n]$ 完全模拟滤波器的 $h(t)$,时域特性逼近好。

(2) 缺 点

① 当 N 比较大时,部分分式展开困难。

② 易产生频率混叠现象,只适于带限滤波器设计,即低通滤波器和带通滤波器的设计,而不适合高通滤波器和带阻滤波器的设计。即使是低通滤波器和带通滤波器也不是完全带限的,只能减小 T_{sam} 以减少 $\tilde{\omega}=\pi$ 处的混叠。

*5. 阶跃响应不变法简介

仿照脉冲响应不变法,若数字滤波器的阶跃响应对应于模拟滤波器阶跃响应的抽样,则称为阶跃响应不变法,即

$$g[n]=g(nT_{sam})=g(t)\Big|_{t=nT_{sam}}=\mathrm{LT}^{-1}\left\{\frac{1}{s}H(s)\right\}\Big|_{t=nT_{sam}} \tag{8-4-11}$$

并由 $U(z)=\mathrm{ZT}\{u[n]\}=\dfrac{1}{1-z^{-1}}$ 和 $G(z)=U(z)H(z)$ 得

$$H(z)=\frac{G(z)}{U(z)}=(1-z^{-1})\cdot\mathrm{ZT}\left\{\mathrm{LT}^{-1}\left\{\frac{1}{s}H(s)\right\}\Big|_{t=nT_{sam}}\right\} \tag{8-4-12}$$

阶跃响应不变法同样会周期延拓,会有混叠失真问题。但相比脉冲响应不变法,阶跃响应不变法多了个 $1/s$ 因子,这样使其频率响应随频率的增加而衰减加快,因此用阶跃响应不变法设计的数字滤波器要比用冲激响应不变法设计的失真要小,但也只适于通带有限滤波器的设计。

8.4.3 双线性变换法设计 IIR 数字滤波器

1. 双线性变换法消除频谱混叠的原理

脉冲响应不变法的主要缺点是会产生频率混叠现象,使数字滤波器的频响偏离

模拟滤波器的频响。产生混叠的原因是模拟滤波器的最高截止频率超过了折叠频率 π/T_{sam}，在数字化后产生了混叠，再通过标准映射关系 $z=e^{sT_{sam}}$，结果在 $\omega=\pi$ 附近形成频谱混叠现象。

克服直接运用脉冲响应不变法混叠问题的方法是采用非线性频率压缩，即将整个频率轴的频率压缩到 $\pm\pi/T_{sam}$ 之间，得到 s_1 平面，再用 $z=e^{s_1T_{sam}}$ 转换到 z 平面上，如图 8-4-3 所示。

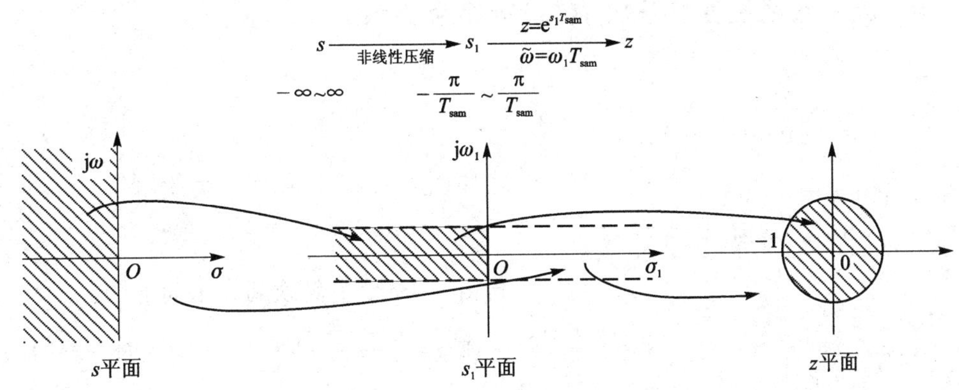

图 8-4-3　双线性变换的映射关系

双线性变换法就是采用如上原理将模拟滤波器转换为数字滤波器。设待转换模拟滤波器为 $H(s)$，$s=j\omega$，经过非线性压缩后为 $H(s_1)$，$s_1=j\omega_1$。采用正切变换实现压缩：

$$\omega=c\cdot\tan\left(\frac{1}{2}\omega_1T_{sam}\right),\quad -\pi/T_{sam}\leqslant\omega_1\leqslant\pi/T_{sam} \qquad (8-4-13)$$

这样当 ω_1 从 $-\pi/T_{sam}$ 到 π/T_{sam} 变化，即 ω 从 $-\infty$ 到 ∞ 变化时，实现了整个 s 平面到 s_1 平面 $\pm\pi/T_{sam}$ 之间的变换，实现了 s 平面的非线性频率压缩，使 s 平面与 z 平面一一对应，消除了多值变换性。因此，双线性变换法不可能产生频率混叠现象，这也是双线性变换法比脉冲响应不变法最大的优点。

2. 双线性变换法的因果稳定性继承

由于双线性变换法仍采用标准变换关系 $z=e^{s_1T_{sam}}$，s_1 平面的 $\pm\pi/T_{sam}$ 之间水平带的左半部分映射到平面单位圆内部，虚轴映射为单位圆。这样 $H(s)$ 因果稳定，转换成的 $H(z)$ 也是因果稳定的。

3. 双线性变换法的非线性指标转换

基于双线性变换法设计数字滤波器的前提是，首先要将数字滤波器的指标转换为模拟滤波器的指标，即

$$\left.\begin{aligned}\omega&=c\cdot\tan\left(\frac{1}{2}\omega_1 T_{\text{sam}}\right)\\ \tilde{\omega}&=\omega_1 T_{\text{sam}}\end{aligned}\right\}\Rightarrow\omega=c\cdot\tan\left(\frac{1}{2}\tilde{\omega}\right)\tag{8-4-14}$$

双线性变换法是以频率的非线性换取消除频谱混叠现象的,但这种非线性关系会直接影响数字频响逼近模拟滤波器的频响。根据正切函数的性质,只有当 $\tilde{\omega}\to 0$ 时,模拟角频率 ω 与数字角频率 $\tilde{\omega}$ 间才近似为线性变换。

4. 应用双线性变换法将 $H(s)$ 转换为 $H(z)$

由

$$\left.\begin{array}{l}\left.\begin{array}{l}\mathrm{j}\omega=c\cdot\mathrm{j}\tan\left(\frac{1}{2}\omega_1 T_{\text{sam}}\right)\\ \mathrm{j}\tan\theta=\mathrm{th}(\mathrm{j}\theta)\\ s=\mathrm{j}\omega,s_1=\mathrm{j}\omega_1\end{array}\right\}\Rightarrow s=c\cdot\mathrm{th}\left(\frac{1}{2}s_1 T_{\text{sam}}\right)=c\,\frac{1-\mathrm{e}^{-s_1 T_{\text{sam}}}}{1+\mathrm{e}^{-s_1 T_{\text{sam}}}}\\ \qquad\qquad\qquad\qquad\text{再由 } z=\mathrm{e}^{s_1 T_{\text{sam}}}\text{ 转换到 } z \text{ 平面上}\end{array}\right\}\Rightarrow$$

$$s=c\,\frac{1-z^{-1}}{1+z^{-1}}\text{ 或 } z=\frac{c+s}{c-s}\tag{8-4-15}$$

从而有

$$H(z)=H(s)\Big|_{s=c\frac{1-z^{-1}}{1+z^{-1}}}\tag{8-4-16}$$

5. 常数 c 的确定

由于在低频段时,正切函数具有较好的线性,为了让数字滤波器在低频处与模拟滤波器有相似的特性,在低频时有

$$\left.\begin{array}{l}\omega\approx\omega_1\\ \tan\left(\frac{1}{2}\omega_1 T_{\text{sam}}\right)\approx\frac{1}{2}\omega_1 T_{\text{sam}}\\ \text{又}\quad\omega=c\cdot\tan\left(\frac{1}{2}\omega_1 T_{\text{sam}}\right)\end{array}\right\}\Rightarrow\omega_1=c\cdot\frac{1}{2}\omega_1 T_{\text{sam}}\Rightarrow c=\frac{2}{T_{\text{sam}}}$$

从而得到双线性变换法的频率变换公式和双线性变换公式:

$$\omega=\frac{2}{T_{\text{sam}}}\cdot\tan\left(\frac{\tilde{\omega}}{2}\right)\tag{8-4-17}$$

$$s=\frac{2}{T_{\text{sam}}}\cdot\frac{1-z^{-1}}{1+z^{-1}}\tag{8-4-18}$$

有时采用数字滤波器的某一特定频率(例如截止频率 $\tilde{\omega}_c=\omega_{1c}T_{\text{sam}}$)与模拟原形滤波器的某一特定频率 ω_{1c} 严格对应,即

$$\omega_c=c\tan\left(\frac{\omega_{1c}T_{\text{sam}}}{2}\right)=c\tan\left(\frac{\tilde{\omega}_c}{2}\right)\tag{8-4-19}$$

有

$$c = \omega_c \cot \frac{\tilde{\omega}_c}{2} \qquad (8-4-20)$$

这一方法的主要优点是，在特定的模拟频率的特定数字频率处，频响是严格相等的，因而可以较准确地控制截止频率的位置。当然，这以加重非线性为代价。

6. 关于 T_{sam} 的确定

首先，分析例 8－4－2，然后分析 T_{sam} 对滤波器性能的影响。

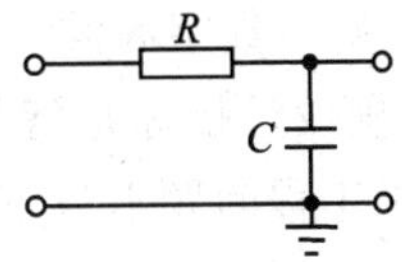

图 8－4－4　RC 一阶低通滤波器

【例 8－4－2】试分别用脉冲响应不变法和双线性变换法将如图 8－4－4 所示的 RC 一阶低通滤波器转成数字滤波器。

解：(1) 确定模拟滤波器系统函数：

$$H(s) = \frac{\alpha}{\alpha + s}, \quad \alpha = \frac{1}{RC}$$

(2) 利用脉冲响应不变法：

$$H_1(z) = \frac{\alpha T_{sam}}{1 - e^{-\alpha T_{sam}} z^{-1}}$$

(3) 利用双线性不变法：

$$H_2(z) = H(s)\Big|_{s=\frac{2}{T_{sam}}\frac{1-z^{-1}}{1+z^{-1}}} = \frac{\alpha_1(1+z^{-1})}{1+\alpha_2 z^{-1}}, \quad \alpha_1 = \frac{\alpha T_{sam}}{\alpha T_{sam}+2}, \quad \alpha_2 = \frac{\alpha T_{sam}-2}{\alpha T_{sam}+2}$$

当 $\alpha = 1\ 000$，$T_{sam} = 0.001$ s 和 $T_{sam} = 0.002$ s 时，$H_1(z)$ 和 $H_2(z)$ 的幅频曲线如图 8－4－5 所示。

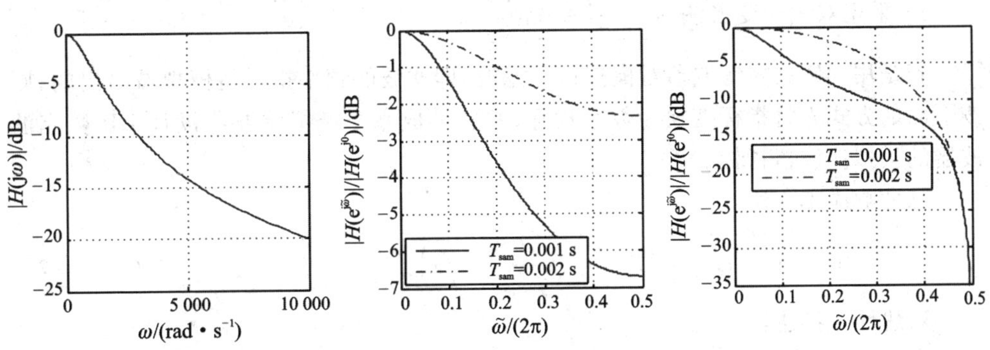

图 8－4－5　【例 8－4－2】滤波器的幅频特性曲线

由图 8－4－5 可以看出，脉冲响应不变法的幅频特性曲线与原模拟滤波器的幅频特性曲线很相近，尤其是在 $\tilde{\omega}=0$ 附近，且 T_{sam} 越小，高频处混叠越小。

对于双线性不变法，非线性频率压缩使 $\tilde{\omega}=\pi$ 处幅频降到 0，不存在频率混叠问题,T_{sam} 可以任选。但是,T_{sam} 小一些,非线性小一些,因为 $\tilde{\omega}=s_1T_{sam}$ 减小,靠近低频时线性度变好;反之,T_{sam} 越大,幅频特性曲线的非线性失真就越大。

8.4.4 利用模拟滤波器设计 IIR 数字滤波器的步骤总结及实例

利用模拟滤波器设计 IIR 数字滤波器的步骤总结如下:

① 确定数字滤波器的设计指标。

明确设计指标是滤波器设计的首要问题,这通过细致分析工程问题得到。另外,如果工程问题本身不能直接给出数字滤波器的指标,比如采用 IIR 数字滤波器对模拟信号进行滤波,这就涉及指标换算问题。对模拟信号数字滤波则要对模拟信号采样得到离散时间信号,然后通过数字滤波器,最后还原为模拟信号。

显然,用 IIR 数字滤波器对模拟信号进行滤波,指标是在模拟域给出的。设所要实现模拟滤波器的某边界频率为 f,首先要将其转换为用数字滤波器完成滤波的等价数字指标,然后才能应用脉冲响应不变法或双线性变换法转换为要设计的模拟滤波器指标。

对被滤波模拟信号的采样频率也为 f_{sam},则模拟信号滤波的边界频率 f 转换为等价要求的数字指标的方法是

$$\tilde{\omega}=\frac{f}{f_{sam}/2}\times\pi=\frac{f}{f_{sam}}\times 2\pi \tag{8-4-21}$$

② 将数字滤波器的指标转化成模拟滤波器的技术指标,α_p 和 α_s 不变。

1) 采用脉冲响应不变法:$\omega=\tilde{\omega}/T_{sam}$;

2) 采用双线性变换法:$\omega=\dfrac{2}{T_{sam}}\tan\left(\dfrac{1}{2}\tilde{\omega}\right)$。

若是用 IIR 数字滤波器对模拟信号滤波,即滤波的频率指标是模拟域给出的,则按下面的方式先将指标变换为数字指标,并转换成基于模拟滤波器设计 IIR 数字滤波器的模拟滤波器指标。

脉冲响应不变法:

$$\omega=\tilde{\omega}/T_{sam}=\left(\frac{f}{f_{sam}}\times 2\pi\right)/T_{sam}=2\pi f \tag{8-4-22}$$

双线性变换法:

$$\omega=\frac{2}{T_{sam}}\tan\left[\frac{1}{2}\tilde{\omega}\right]=\frac{2}{T_{sam}}\tan\left[\frac{1}{2}\left(\frac{f}{f_{sam}}\times 2\pi\right)\right]=\frac{2}{T_{sam}}\tan\left[\frac{f}{f_{sam}}\times\pi\right] \tag{8-4-23}$$

③ 按照模拟滤波器的指标设计模拟滤波器 $H(s)$。

④ 将模拟滤波器 $H(s)$ 从 s 平面转换到 z 平面,得到数字低通滤波器的系统

函数。

1）采用脉冲响应不变法：

$$H(s)=\sum_k \frac{A_k}{s-s_k}\Rightarrow H(z)=\sum_k \frac{A_k T_{\mathrm{sam}}}{1-\mathrm{e}^{s_k T_{\mathrm{sam}}} z^{-1}}$$

2）双线性变换法：

$$H(z)=H(s)\Big|_{s=\frac{2}{T_{\mathrm{sam}}}\cdot\frac{1-z^{-1}}{1+z^{-1}}}$$

注意：高通滤波器和带阻滤波器只能采用双线性变换法。

【例 8-4-3】用脉冲响应不变法设计 IIR 数字低通滤波器。要求通带内频率低于 0.2π rad 时，容许幅度误差在 1 dB 以内；频率在 0.3πrad 到 π rad 之间的阻带衰减大于 10 dB，试用巴特沃斯模拟滤波器原型进行设计，采样间隔 $T_{\mathrm{sam}}=1$ ms。

解：(1)所要设计的数字低通滤波器指标如下：

$$\tilde{\omega}_{\mathrm{p}}=0.2\pi\ \mathrm{rad},\quad \alpha_{\mathrm{p}}=1\ \mathrm{dB},\quad \tilde{\omega}_{\mathrm{s}}=0.3\pi\ \mathrm{rad},\quad \alpha_{\mathrm{s}}=10\ \mathrm{dB}$$

(2) 采用脉冲响应不变法，需要将数字滤波器指标转换为模拟滤波器指标：

$$\omega_{\mathrm{p}}=\tilde{\omega}_{\mathrm{p}}/T_{\mathrm{sam}}=200\pi\ \mathrm{rad/s},\quad \alpha_{\mathrm{p}}=1\ \mathrm{dB},\quad \omega_{\mathrm{s}}=\tilde{\omega}_{\mathrm{s}}/T_{\mathrm{sam}}=300\pi\ \mathrm{rad/s},\quad \alpha_{\mathrm{s}}=10\ \mathrm{dB}$$

(3) 求归一化巴特沃斯低通滤波器 $G(p)$：

$$k_{\mathrm{sp}}=\sqrt{\frac{10^{0.1\alpha_{\mathrm{s}}}-1}{10^{0.1\alpha_{\mathrm{p}}}-1}}=5.896,\quad \lambda_{\mathrm{sp}}=\frac{\omega_{\mathrm{s}}}{\omega_{\mathrm{p}}}=1.5$$

所以

$$N=\frac{\lg k_{\mathrm{sp}}}{\lg \lambda_{\mathrm{sp}}}=4.376,\quad 取\ N=5$$

查表(见附录 D)得

$$G(p)=\frac{1}{\prod_{k=0}^{4}(p-p_k)},\quad \begin{aligned} &p_0=-0.3090+\mathrm{j}0.9511=p_1^*\\ &p_2=-0.8090+\mathrm{j}0.5878=p_3^*,p_4=-1\end{aligned}$$

(4) 去归一化求得模拟低通滤波器的系统函数 $H(s)$：

由 $\omega_{\mathrm{c}}=\omega_{\mathrm{p}}\left(10^{0.1\alpha_{\mathrm{p}}}-1\right)^{-\frac{1}{2N}}=718.856$ rad/s 得

$$H(s)=H(p)\Big|_{p=\frac{s}{\omega_{\mathrm{c}}}}=\frac{\omega_{\mathrm{c}}^5}{\prod_{i=0}^{4}(p-\omega_{\mathrm{c}}p_i)}$$

(5) 采用脉冲响应不变法将 $H(s)$ 转换为 $H(z)$：

首先对 $H(s)$ 部分分式展开：

$$H(s)=\sum_{i=0}^{4}\frac{\omega_{\mathrm{c}}A_i}{s-\omega_{\mathrm{c}}p_i},\quad 其中\ s_i=\omega_{\mathrm{c}}p_i$$

因此，$H(z)=\sum_{i=0}^{4}\frac{\omega_{\mathrm{c}}A_i T_{\mathrm{sam}}}{1-\mathrm{e}^{s_i T_{\mathrm{sam}}}z^{-1}}$，$T_{\mathrm{sam}}=1$ ms。

【例8-4-4】用双线性变换法设计IIR巴特沃斯带通滤波器。通带范围为0.3π～0.4π rad,通带内最大衰减为3 dB,0.2π rad以下和0.5π rad以上为阻带,阻带内最小衰减为18 dB。$T_{sam}=1$ s。

解:(1)数字带通滤波器技术指标为

$$\tilde{\omega}_{pl}=0.3\pi\ \text{rad},\quad \tilde{\omega}_{pu}=0.4\pi\ \text{rad},\quad \tilde{\omega}_{sl}=0.2\pi\ \text{rad},$$
$$\tilde{\omega}_{su}=0.5\pi\ \text{rad},\quad \alpha_p=3\ \text{dB},\quad \alpha_s=18\ \text{dB}$$

(2) 转换为模拟带通滤波器技术指标:

$$\omega_{pl}=\frac{2}{T_{sam}}\tan\frac{1}{2}\tilde{\omega}_{pl}=1.019\ \text{rad/s}$$

$$\omega_{pu}=\frac{2}{T_{sam}}\tan\frac{1}{2}\tilde{\omega}_{pu}=1.453\ \text{rad/s}$$

$$\omega_{sl}=\frac{2}{T_{sam}}\tan\frac{1}{2}\tilde{\omega}_{sl}=0.650\ \text{rad/s}$$

$$\omega_{su}=\frac{2}{T_{sam}}\tan\frac{1}{2}\tilde{\omega}_{su}=2\ \text{rad/s}$$

$$B=\omega_{pu}-\omega_{pl}=0.434\ \text{rad/s}$$

$$\omega_0^2=\omega_{pu}\omega_{pl}=1.481(\text{rad/s})^2$$

(3) 设计归一化巴特沃斯模拟低通滤波器:

$$\lambda_p=1,\lambda_s=\min\left[\left|\frac{\omega_{su}^2-\omega_0^2}{B\omega_{su}}\right|,\left|\frac{\omega_{sl}^2-\omega_0^2}{B\omega_{sl}}\right|\right]=2.902$$

$$k_{sp}=\sqrt{\frac{10^{0.1\alpha_s}-1}{10^{0.1\alpha_p}-1}}=7.8988,\quad \lambda_{sp}=\frac{\lambda_s}{\lambda_p}=\lambda_s=2.092$$

所以

$$N=\frac{\lg k_{sp}}{\lg \lambda_{sp}}=2.8,\quad \text{取}\ N=3$$

查表(见附录D)得到归一化巴特沃斯低通滤波器

$$G(p)=\frac{1}{\prod_{i=0}^{2}(p-p_i)},\quad p_0=-1,\quad p_{1,2}=-0.5\pm \text{j}0.86602540$$

(4) $G(p)$去归一化并转换为模拟带通滤波器:

$$H(s)=G(p)\Big|_{p=\frac{s^2+\omega_0^2}{Bs}}\quad(\text{这里不需要计算出最后的结果})$$

(5) 通过双线性变换法将$H(s)$转换成数字带通滤波器$H(z)$:

$$H(z)=H(s)\Big|_{s=\frac{2}{T_{sam}}\frac{1-z^{-1}}{1+z^{-1}}}=G(p)\Big|_{p=-\frac{T_{sam}^2\omega_0^2z^2+(2T_{sam}^2\omega_0^2-4)z^{-1}+(T_{sam}^2\omega_0^2+4)}{2T_{sam}B(z^{-2}-1)}}$$

*8.5　IIR 数字滤波器的直接设计方法

通过模拟滤波器设计 IIR 数字滤波器是一种间接方法，**幅度特性受所选模拟滤波器特性的限制**，而且对于**任意幅度特性的滤波器则不适合采用该方法**。本节介绍在数字域直接设计 IIR 数字滤波器的方法，其特点是适合设计任意幅频响应的滤波器。直接设计的方法主要有零极点累试法、频域幅度误差平方最小法和时域逼近法。

8.5.1　零极点累试法

5.9.2 小节研究的通过系统函数的零极点分析 LTI 系统的频率响应的方法告诉我们：极点越靠近单位圆，滤波器幅频响应的峰值越高、越尖锐；零点越靠近单位圆，凹谷越会出现，且接近零；极点位置主要影响峰值位置的尖锐程度，零点位置主要影响频响的谷点位置及形状。因此，应通过零极点的位置分析定性给出粗略的幅频响应曲线。零极点累试法就是基于该原理，其方法及步骤如下：

① 根据幅度特性先确定零极点 $z=re^{j\tilde{\omega}}$ 的角度位置 $\tilde{\omega}$，再试凑 r。其间，按照确定的零极点写出其系统函数，画出其幅度特性，并与希望的幅度进行比较。

② 如不满足，可通过移动零极点位置（$\tilde{\omega}$ 不变，试凑 r）或合理增加（减少）零极点进行修正。这种修正是多次的，因此称为零极点累试法。

在确定极零点位置时要注意：

① 极点必须位于 z 平面的单位圆内，以保证数字滤波器的因果稳定；

② 复数零极点必须共轭成对，以保证系统函数有理式的系数是实数。

【例 8-5-1】基于零极点累试法设计一阶 IIR 数字低通滤波器。

解：因为 $H(\pi)=0\Rightarrow H(z)$ 在 $z=-1$ 处有零点，在 $z=a\,(a<1)$ 处有极点，有 $H(z)=\dfrac{1+z^{-1}}{1-az^{-1}}$，如图 8-5-1 所示，故有

$$|H(e^{j\tilde{\omega}})|^2=\frac{|1+e^{-j\tilde{\omega}}|^2}{|1-ae^{-j\tilde{\omega}}|^2}=\frac{2(1+\cos\tilde{\omega})}{1+a^2-2a\cos\tilde{\omega}}$$

显然，$|H(j0)|^2=\max\{|H(e^{j\tilde{\omega}})|^2\}=\dfrac{4}{(1-a)^2}$。

3 dB 半功率点满足

$$|H(j\omega_c)|^2=\frac{1}{2}|H(j0)|^2=\frac{1}{2}\,\frac{4}{(1-a)^2}$$

即

$$\frac{2(1+\cos\omega_c)}{1+a^2-2a\cos\omega_c}=\frac{1}{2}\frac{4}{(1-a^2)}$$

得

$$a=\frac{1\pm\sin\omega_c}{\cos\omega_c}$$

取

$$a=\frac{1-\sin\omega_c}{\cos\omega_c}=\frac{\cos\omega_c}{1+\sin\omega_c}\quad(a<1)$$

归一化得

$$H(z)=\frac{1}{|H(\mathrm{j}0)|}\frac{1+z^{-1}}{1-az^{-1}}=\frac{1-a}{2}\frac{1+z^{-1}}{1-az^{-1}}$$

同理,如图 8-5-2 所示,在 $H(0)=0$,即在 $z=1$ 处有零点,并在负半轴设置极点,则得到高通滤波器:

$$H(z)=\frac{1-a}{2}\frac{1-z^{-1}}{1+az^{-1}},\quad a=\frac{\cos\omega_c}{1+\sin\omega_c}$$

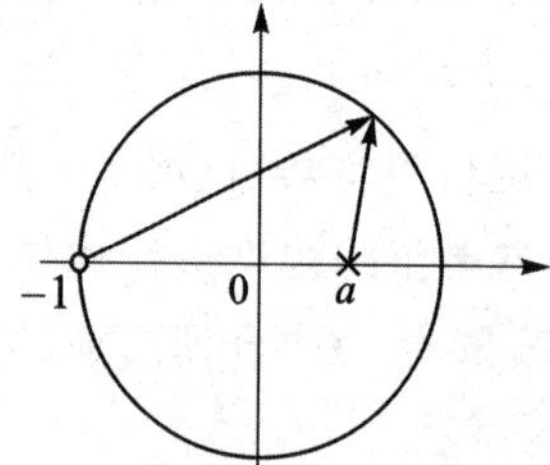

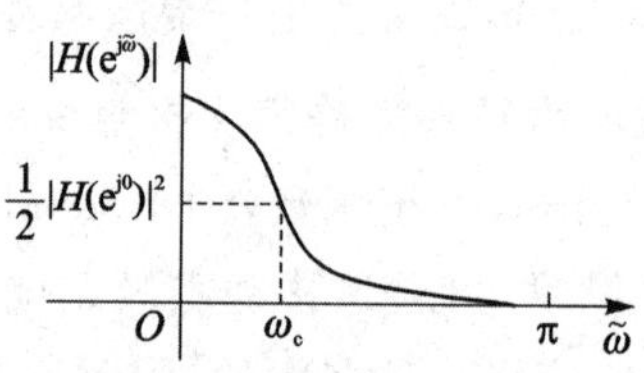

图 8-5-1 【例 8-5-1】图

【例 8-5-2】基于零极点累试法设计 IIR 数字带通滤波器,其通带中心频率为 $\omega_0=\pi/2$ rad,$\tilde{\omega}=0$ 和 π 时幅度衰减到 0。

解:根据指标要求,可采用二阶滤波器完成。如图 8-5-3 所示,确定极点 $p_{1,2}=re^{\pm\mathrm{j}\frac{\pi}{2}}$,零点 $z_{1,2}=\pm1$。滤波器的系统函数为

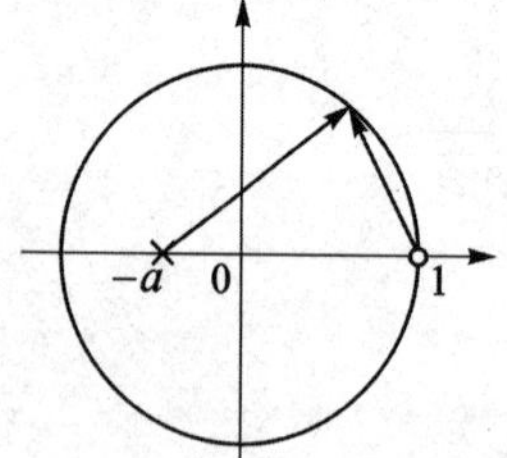

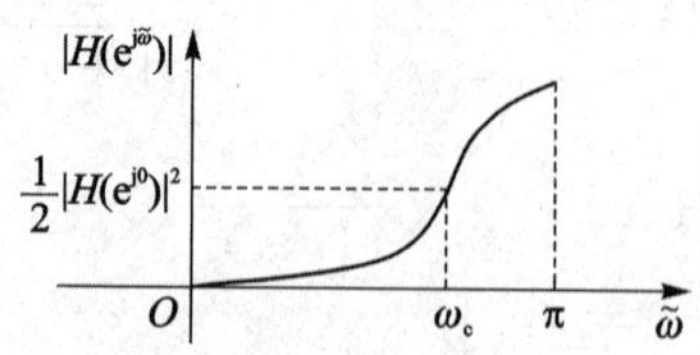

图 8-5-2 高通滤波器

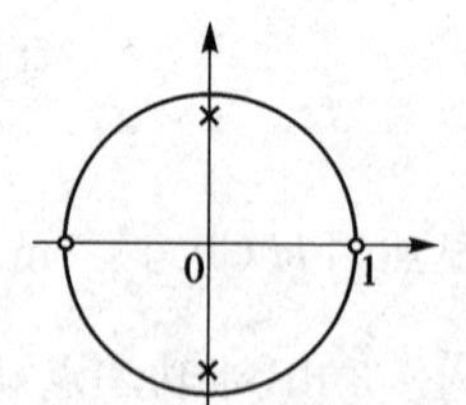

图 8-5-3 带通滤波器零极点分布

$$H(z)=G\frac{(z-1)(z+1)}{(z-re^{\mathrm{j}\frac{\pi}{2}})(z-re^{-\mathrm{j}\frac{\pi}{2}})}$$

$$=G\frac{z^2-1}{(z-\mathrm{j}r)(z+\mathrm{j}r)}=G\frac{1-z^{-2}}{1+r^2z^{-2}}$$

式中：系数 G 用对某一固定频率幅度的要求确定。如果要求 $\omega_0=\pi/2$ rad 处幅度为 1，即 $|H(e^{\mathrm{j}\pi/2})|=1$，则 $G=\frac{1-r^2}{2}$。设 $r=0.7$ 和 0.9，分别画出其幅频响应曲线，如图 8－5－4 所示，极点越接近单位圆（r 越接近 1），则带通特性越尖锐。

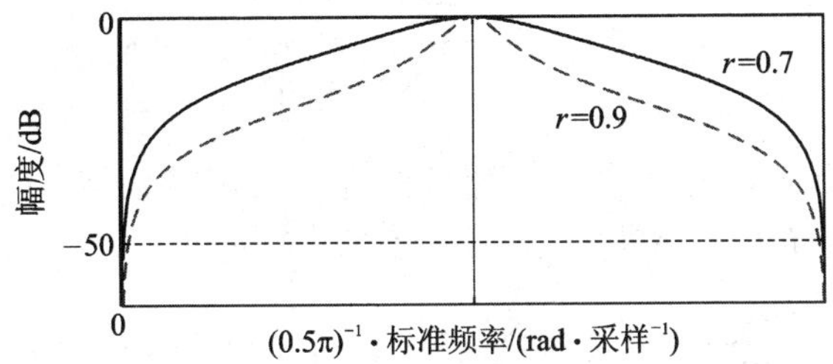

图 8－5－4　带通滤波器的幅频响应曲线

8.5.2　利用幅度平方误差最小法在频域直接设计 IIR 数字滤波器

1. 原　理

设 IIR 滤波器由 L 个二阶网络级联而成，系统函数用 $H(z)$ 表示：

$$H(z)=A\prod_{k=1}^{L}\frac{1+a_kz^{-1}+b_kz^{-2}}{1+c_kz^{-1}+d_kz^{-2}} \tag{8-5-1}$$

式中：A、a_k、b_k、c_k、d_k 为待求系数，共 $4L+1$ 个。设 $H_{\mathrm{d}}(e^{\mathrm{j}\tilde{\omega}})$ 是希望设计的滤波器频响，且已知；如果在 $0\sim\pi$ 区间上取 N 个点数字频率 $\omega_i(i=1,2,\cdots,N)$，待求的 $H(e^{\mathrm{j}\tilde{\omega}})$ 在这 N 个点上与 $H_{\mathrm{d}}(e^{\mathrm{j}\tilde{\omega}})$ 之间取幅度平方误差为 e，则

$$e=\sum_{i=1}^{N}(|H(e^{\mathrm{j}\omega_i})|-|H_{\mathrm{d}}(e^{\mathrm{j}\omega_i})|)^2 \tag{8-5-2}$$

在 e 最小的原则下，可得到 $4L+1$ 个系数，所以称该设计方法为频域幅度误差平方最小法。

2. 求　解

e 是 $4L+1$ 个系数的函数，用 $e(\boldsymbol{\theta},A)$ 表示，其中 $\boldsymbol{\theta}=[a_1b_1c_1d_1a_2\quad\cdots\quad a_Lb_Lc_Ld_L]^{\mathrm{T}}$。

下面基于偏导为0的迭代求 e 最小下的 $4L+1$ 个系数。

令 $H_i=H(\mathrm{e}^{\mathrm{j}\omega_i})/A,H_\mathrm{d}=H_\mathrm{d}(\mathrm{e}^{\mathrm{j}\omega_i})$,有

$$e(\boldsymbol{\theta},A)=\sum_{i=1}^{N}(|A||H_i|-|H_\mathrm{d}|)^2 \tag{8-5-3}$$

为使 e 最小,首先给出 $4L$ 个值作为初值,并先对 A 求偏导:

$$\frac{\partial e(\boldsymbol{\theta},A)}{\partial|A|}=0\Rightarrow\sum_{i=1}^{N}[2|A||H_i|^2-2|H_i||H_\mathrm{d}|]=0$$

$$\Rightarrow|A|=\frac{\sum_{i=1}^{N}|H_i||H_\mathrm{d}|}{\sum_{i=1}^{N}|H_i|^2}=A_\mathrm{g} \tag{8-5-4}$$

将 $|A|=A_\mathrm{g}$ 代入幅度误差方程,然后分别对 $4L$ 个系数求 $4L$ 次偏导,并令其等于0。设 θ_k 是 $\boldsymbol{\theta}$ 的第 k 个分量(a_k、b_k、c_k、d_k),有

$$\frac{\partial e(\boldsymbol{\theta},A_\mathrm{g})}{\partial\theta_k}=2A_\mathrm{g}\sum_{i=1}^{N}(A_\mathrm{g}|H_i|-|H_\mathrm{d}|)\frac{\partial|H_i|}{\partial\theta_k} \tag{8-5-5}$$

因为 $|H_i|=|H_i\cdot H_i^*|^{\frac{1}{2}}$,故有

$$\begin{aligned}\frac{\partial|H_i|}{\partial\theta_k}&=\frac{\partial|H_iH_i^*|^{\frac{1}{2}}}{\partial\theta_k}=\frac{1}{2(H_iH_i^*)^{\frac{1}{2}}}\left[H_i^*\frac{\partial H_i}{\partial\theta_k}+H_i\frac{\partial H_i^*}{\partial\theta_k}\right]\\&=\frac{1}{2|H_i|}\left[2\mathrm{Re}\left\{H_i^*\frac{\partial H_i}{\partial\theta_k}\right\}\right]=|H_i|^{-1}\mathrm{Re}\left\{\frac{|H_i|^2}{H_i}\frac{\partial H_i}{\partial\theta_k}\right\}\\&=|H_i|\mathrm{Re}\left\{\frac{1}{H_i}\frac{\partial H_i}{\partial\theta_k}\right\}\end{aligned} \tag{8-5-6}$$

将式(8-5-6)具体写成对 a_k、b_k、c_k、d_k 的偏导,得到

$$\left.\begin{aligned}\frac{\partial|H_i|}{\partial a_k}&=|H_i|\mathrm{Re}\left\{\frac{1}{H_i}\frac{\partial H_i}{\partial a_k}\right\}=|H_i|\mathrm{Re}\left\{\frac{(\mathrm{e}^{\mathrm{j}\omega_i})^{-1}}{1+a_k(\mathrm{e}^{\mathrm{j}\omega_i})^{-1}+b_k(\mathrm{e}^{\mathrm{j}\omega_i})^{-2}}\right\}\\\frac{\partial|H_i|}{\partial b_k}&=|H_i|\mathrm{Re}\left\{\frac{1}{H_i}\frac{\partial H_i}{\partial b_k}\right\}=|H_i|\mathrm{Re}\left\{\frac{(\mathrm{e}^{\mathrm{j}\omega_i})^{-2}}{1+a_k(\mathrm{e}^{\mathrm{j}\omega_i})^{-1}+b_k(\mathrm{e}^{\mathrm{j}\omega_i})^{-2}}\right\}\\\frac{\partial|H_i|}{\partial c_k}&=|H_i|\mathrm{Re}\left\{\frac{1}{H_i}\frac{\partial H_i}{\partial c_k}\right\}=-|H_i|\mathrm{Re}\left\{\frac{(\mathrm{e}^{\mathrm{j}\omega_i})^{-1}}{1+c_k(\mathrm{e}^{\mathrm{j}\omega_i})^{-1}+d_k(\mathrm{e}^{\mathrm{j}\omega_i})^{-2}}\right\}\\\frac{\partial|H_i|}{\partial d_k}&=|H_i|\mathrm{Re}\left\{\frac{1}{H_i}\frac{\partial H_i}{\partial d_k}\right\}=-|H_i|\mathrm{Re}\left\{\frac{(\mathrm{e}^{\mathrm{j}\omega_i})^{-2}}{1+c_k(\mathrm{e}^{\mathrm{j}\omega_i})^{-1}+d_k(\mathrm{e}^{\mathrm{j}\omega_i})^{-2}}\right\}\end{aligned}\right\} \tag{8-5-7}$$

由此可以依次得到 $4L$ 个非线性方程。可用最陡下降迭代法通过计算机顺次计算得到 $4L$ 个系数:

$$\theta_{k,j+1}=\theta_{k,j}+\mu\frac{\partial e(\boldsymbol{\theta},A_g)}{\partial\theta_{k,j}} \tag{8-5-8}$$

式中：$\dfrac{\partial e(\boldsymbol{\theta},A_g)}{\partial\theta_{k,j}}$为第 j 步迭代时，其他 $4L$ 个系数作为已知对 $\theta_{k,j}$ 的导数。显然，幅度平方误差最小的设计方法计算繁杂，上述这些偏导数的求解算法均由计算机程序实现：

① 假设一组初始值 $\boldsymbol{\theta}$，然后求出 A_g；

② 一个 θ_k 作为未知，由$\dfrac{\partial e(\boldsymbol{\theta},A_g)}{\partial\theta_k}=0$ 解出 θ_k 并更新θ_k 值，再用同样的方法依次解出并更新其他 $4L-1$ 个 θ_k；

③ 回到第①步，在一组新的 $4L$ 个系数 θ_k 下继续迭代，直至达到预定的要求时停止迭代。

这个过程的稳定性和收敛性取决于迭代的初始值和因子 μ。当迭代过程收敛到满足一定条件时，可以结束迭代，得到滤波器参数的一组计算结果。

3. 极点调整

在设计过程中，对系统零、极点位置未给任何约束，零、极点可能在单位圆外，因此对这些圆外极点需要进行修正，根据全通系统和最小相位系统的知识，可以采取圆外极点 z 取共轭倒数$(z^*)^{-1}$ 作为新极点，以保证系统的因果稳定性。

尽管幅度平方误差最小设计方法计算繁杂，但是通过计算机辅助设计可以得到任意给定的幅度特性且性能较好。该方法也适用于相位特定和时延特性的优化设计。

【例 8-5-3】设计低通数字滤波器，其幅度特性如图 8-5-5(a)所示。截止频率 $\omega_s=0.1\pi$ rad。

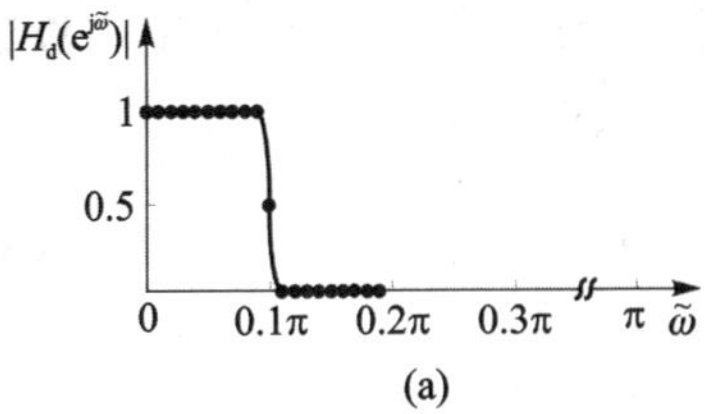

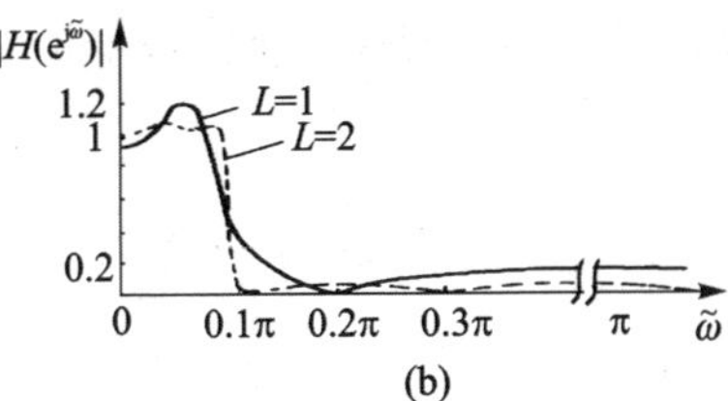

图 8-5-5　【例 8-5-3】图

解：考虑到通带和过渡带的重要性，在 $0\sim0.2\pi$ 区间，每隔 0.01π 取一点 ω_i 值，在 $0.2\pi\sim\pi$ 区间每隔 0.1π 取一点 ω_i 值，并增加一个过渡带点，在 $\tilde{\omega}=0.1\pi$ rad 处 $|H_d(e^{j\tilde{\omega}})|=0.5$，即

$$|H_{\mathrm{d}}(\mathrm{e}^{\mathrm{j}\tilde{\omega}})|=\begin{cases}1, & \tilde{\omega}=0.01\pi,0.02\pi,\cdots,0.09\pi \\ 0.5, & \tilde{\omega}=0.1\pi \\ 0, & \tilde{\omega}=0.11\pi,0.12\pi,\cdots,0.19\pi \\ 0, & \tilde{\omega}=0.2\pi,0.3\pi,\cdots,\pi\end{cases}$$

$N=29$,取 $L=1$,系统函数为

$$H(z)=A\frac{1+a_1z^{-1}+b_1z^{-2}}{1+c_1z^{-1}+d_1z^{-2}}$$

待求的参数是 A、a_1、b_1、c_1、d_1。设初始值 $\boldsymbol{\theta}=[0\quad 0\quad 0\quad 0.25]^{\mathrm{T}}$ 经过 90 次迭代。为使滤波器因果稳定,将单位圆外的极点按其倒数搬入单位圆内,再进行 62 次迭代,求得结果为

$$\begin{gathered}\text{零点}\quad 0.821\,911\,63\pm \mathrm{j}0.569\,615\,01 \\ \text{极点}\quad 0.891\,763\,90\pm \mathrm{j}0.191\,810\,84 \\ A_{\mathrm{g}}=0.117\,339\,78,\quad E=0.567\,31\end{gathered}$$

图 8-5-5(b)是所设计的滤波器特性。同样的迭代过程,显然 $L=2$ 时的幅频响应特性比 $L=1$ 时的特性改善了许多,幅度误差平方 e 也有所减小。

8.5.3 时域逼近设计 IIR 数字滤波器

IIR 数字滤波器也可以根据滤波器的单位脉冲响应 $h[n]$在时域直接设计。下面介绍两种时域设计方法。

1. 帕德(Pade)逼近法

设 $h_{\mathrm{d}}[n]$是一个理想数字滤波器的单位脉冲响应,现在用一个因果数字滤波器逼近该理想滤波器。若该因果滤波器的单位脉冲响应为 $h[n]$,则系统函数为

$$H(z)=\sum_{n=0}^{\infty}h[n]z^{-n}=\frac{\sum\limits_{i=0}^{M}b_iz^{-i}}{1+\sum\limits_{k=1}^{N}a_kz^{-k}} \tag{8-5-9}$$

式中:$b_i(i=0,1,\cdots,M)$和 $a_k(k=1,2,\cdots,N)$是待求的系数。为了方便起见,记 $b_i=b[i]$,$a_k=a[k]$。为了求得 $H(z)$的 $N+M+1$ 个待定系数,使 $h[n]=h_{\mathrm{d}}[n]$ $(n=0,1,\cdots,N+M)$就实现了滤波器的设计。为此,首先将 $H(z)=B(z)/A(z)$写成

$$A(z)H(z)=B(z) \tag{8-5-10}$$

的形式。对式(8-5-10)求 Z 逆变换。在时域,式(8-5-10)左边对应于一个线性卷积,有

$$a[n]*h[n]=\sum_{k=0}^{N}a[k]h[n-k]=h[n]+\sum_{k=1}^{N}a[k]h[n-k]=b[n] \tag{8-5-11}$$

$b[n]$的长度为$M+1$,令$h[n]=h_{\mathrm{d}}[n](n=0,1,\cdots,N+M)$,就可以得到$N+M+1$个线性方程,即

$$h_{\mathrm{d}}[n]+\sum_{k=1}^{N}a[k]h_{\mathrm{d}}[n-k]=\begin{cases}b[n], & n=0,1,\cdots,M\\ 0, & n=M+1,M+2,\cdots,N+M\end{cases} \tag{8-5-12}$$

联立求解这$N+M+1$个线性方程,就可解得$N+M+1$个待定系数b_i和a_k。

式(8-5-12)的求解可分两步进行。首先将式(8-5-12)的后N个方程写成如下矩阵形式:

$$\begin{bmatrix} h_{\mathrm{d}}[M] & h_{\mathrm{d}}[M-1] & \cdots & h_{\mathrm{d}}[M-N+1] \\ h_{\mathrm{d}}[M+1] & h_{\mathrm{d}}[M] & \cdots & h_{\mathrm{d}}[M-N+2] \\ \vdots & \vdots & & \vdots \\ h_{\mathrm{d}}[M+N-1] & h_{\mathrm{d}}[M+N-2] & \cdots & h_{\mathrm{d}}[M] \end{bmatrix}\begin{bmatrix} a[1] \\ a[2] \\ \vdots \\ a[N] \end{bmatrix}$$

$$=-\begin{bmatrix} h_{\mathrm{d}}[M+1] \\ h_{\mathrm{d}}[M+2] \\ \vdots \\ h_{\mathrm{d}}[M+N] \end{bmatrix}$$

由该矩阵方程解得待定系数$a[k]=a_k(k=1,2,\cdots,N)$。

第二步由式(8-5-12)的前$M+1$个方程,即

$$b[n]=h_{\mathrm{d}}[n]+\sum_{k=1}^{N}a[k]h_{\mathrm{d}}[n-k],\quad n=1,2,\cdots,M \tag{8-5-13}$$

解得待定系数$b[i]=b_i(i=0,1,\cdots,M)$。

虽然帕德逼近法能使$h[n]$在$n=0,1,\cdots,M+N$范围内很好地逼近$h_{\mathrm{d}}[n]$,但在$n>M+N$时,对$h[n]$没有约束,$h[n]$不能很好地逼近$h_{\mathrm{d}}[n]$,这是其缺点。不过可以作为其他迭代方法的初始估计值,进而保证收敛的稳定性和收敛性。

2. 罗尼(Prony)逼近法

该设计方法求使构造的误差函数

$$\varepsilon=\sum_{n=0}^{L}\left|h_{\mathrm{d}}[n]-h[n]\right|^2 \tag{8-5-14}$$

最小的滤波器系数$a[k]$和$b[i]$,其中,L是预先选择的上限。由于误差ε是系数$a[k]$和$b[i]$的非线性函数,一般来说求解这个最小化问题非常困难。但采用普罗尼算法可用如下的两步过程求出一个近似的最小二乘解。

第一步是求系数$a[k]$。根据式(8-5-12),有

$$h_{\mathrm{d}}[n]+\sum_{k=1}^{N}a[k]h_{\mathrm{d}}[n-k]=0,\quad n\geqslant M+1 \tag{8-5-15}$$

为此,求使

$$e=\sum_{n=M+1}^{\infty}\left(h_{\mathrm{d}}[n]+\sum_{k=1}^{N}a[k]h_{\mathrm{d}}[n-k]\right)^{2} \tag{8-5-16}$$

最小的系数 $a[k]$即可逼近。这可以通过 e 对 $a[k]$求偏导并令结果等于零来解得,即由方程

$$\frac{\partial e}{\partial a[k]}=0,\quad k=1,2,\cdots,N \tag{8-5-17}$$

求得系数 $a[k]$。具体表示为求解以下线性方程组:

$$\begin{bmatrix} r_{\mathrm{d}}[1,1] & r_{\mathrm{d}}[1,2] & \cdots & r_{\mathrm{d}}[1,N] \\ r_{\mathrm{d}}[2,1] & r_{\mathrm{d}}[2,2] & \cdots & r_{\mathrm{d}}[2,N] \\ \vdots & \vdots & & \vdots \\ r_{\mathrm{d}}[N,1] & r_{\mathrm{d}}[N,2] & \cdots & r_{\mathrm{d}}[N,N] \end{bmatrix}\begin{bmatrix} a[1] \\ a[2] \\ \vdots \\ a[N] \end{bmatrix}=\begin{bmatrix} r_{\mathrm{d}}[1,0] \\ r_{\mathrm{d}}[2,0] \\ \vdots \\ r_{\mathrm{d}}[N,0] \end{bmatrix} \tag{8-5-18}$$

式中:

$$r_{\mathrm{d}}[p,q]=\sum_{n=M+1}^{\infty}h_{\mathrm{d}}[n-q]h_{\mathrm{d}}[n-p] \tag{8-5-19}$$

是 $h_{\mathrm{d}}[n]$的自相关函数。一旦确定了系数 $a[k]$,第二步就可以用帕德法中 $n=0,1,\cdots,M$ 时,$h[n]=h_{\mathrm{d}}[n]$来求系数 $b[i]$,即用式(8-5-13)确定待定系数 $b[i]$。

8.6 线性相位 FIR 滤波器的条件及特点

IIR 数字滤波器的相频响应是非线性的。然而在信号无失真传输、波形传输等领域,都要求滤波器具有线性相位特性。尽管 FIR 没有反馈,尽管在同样的幅频响应下 FIR 相比 IIR 需要高出很多的阶数,但是 $N-1$ 阶 FIR 数字滤波器(单位脉冲响应 $h[n]$的长度为 N)的 $N-1$ 个极点全部在 z 平面的原点 $z=0$ 处,FIR 系统具有严格的因果稳定性;另外,由于 $h[n]$附加一定条件就可实现严格的线性相位特性,因此,FIR 数字滤波器得到了广泛的应用。

再有,由于 FIR 数字滤波器便于采用 FFT 进行运算(因为 FIR 滤波器的差分方程与线性卷积的形式一致),运算效率高,因而在很多应用场合,特别是在要求线性相位滤波器的场合,一般都采用 FIR 滤波器。4.7.2 小节学习了线性相位系统,本节将学习 FIR 滤波器的线性相位定义及条件。

8.6.1　线性相位 FIR 系统的定义

将 FIR 数字滤波器的频率响应记为

$$H(e^{j\tilde{\omega}})=\sum_{n=0}^{N-1}h[n]e^{-j\tilde{\omega}n}=H_g(\tilde{\omega})e^{j\varphi(\tilde{\omega})} \tag{8-6-1}$$

式中：$H_g(\tilde{\omega})$为幅度特性，为实函数，可正、可负，注意 $H_g(\tilde{\omega})\neq|H(e^{j\tilde{\omega}})|$。因为当采用 $H(e^{j\tilde{\omega}})=|H(e^{j\tilde{\omega}})|e^{j\varphi(\tilde{\omega})}$模型时，以幅频为 1 为例，当幅频为$-1$时，要再乘以 $e^{j(-\pi)}=-1$ 实现幅频为$+1$的取模过程，这样就折算出了一个相位到相频中，从而破坏了线性特性，即 $H(e^{j\tilde{\omega}})=|H(e^{j\tilde{\omega}})|e^{j\varphi(\tilde{\omega})}$模型只关心幅频特性。故 $H(e^{j\tilde{\omega}})$具有线性相位特性就是指 $\varphi(\tilde{\omega})$是 $\tilde{\omega}$ 的线性函数，即

$$\varphi(\tilde{\omega})=-\tau\tilde{\omega},\quad \tau\text{ 为常数} \tag{8-6-2}$$

如果 $\varphi(\tilde{\omega})$满足下式

$$\varphi(\tilde{\omega})=\varphi_0-\tau\tilde{\omega},\quad \varphi_0\text{ 为起始相位} \tag{8-6-3}$$

严格地说，此时 $\varphi(\tilde{\omega})$不具有线性相位，但以上两种情况的群时延都是同一个常数$(-d\varphi(\tilde{\omega})/d\tilde{\omega}=\tau)$，因此，将它们分别称为第一类线性相位和第二类线性相位。第一类线性相位也称为严格线性相位，第二类线性相位也称为广义线性相位。

8.6.2　FIR 数字滤波器的线性相位条件

设线性相位 FIR 数字滤波器的单位脉冲响应为 $h[n]$，其长度为 N，则

第一类线性相位的条件：$h[n]$是实序列，且对$(N-1)/2$偶对称，即

$$h[n]=h[N-n-1] \tag{8-6-4}$$

第二类线性相位的条件：$h[n]$是实序列，且对$(N-1)/2$奇对称，即

$$h[n]=-h[N-n-1] \tag{8-6-5}$$

证明：$H(z)=\sum_{n=0}^{N-1}h[n]z^{-n}\xlongequal{h[n]=\pm h[N-n-1]}\pm\sum_{n=0}^{N-1}h[N-n-1]z^{-n}$

令 $m=N-n-1$，有

$$H(z)=\pm\sum_{m=0}^{N-1}h[m]z^{-(N-m-1)}\xlongequal{m\to n}\pm\sum_{n=0}^{N-1}h[n]z^{-(N-n-1)}$$

得

$$\boxed{H(z)=\pm\sum_{n=0}^{N-1}h[n]z^{-(N-1)}z^{n}=\pm z^{-(N-1)}H(z^{-1})} \tag{8-6-6}$$

式(8-6-6)两边都加上 $H(z)$，并除以 2 得

$$H(z)=\frac{1}{2}[H(z)\pm z^{-(N-1)}H(z^{-1})]=\frac{1}{2}\sum_{m=0}^{N-1}h[n][z^{-n}\pm z^{-(N-1)}z^{n}]$$

$$=z^{-\left(\frac{N-1}{2}\right)}\sum_{m=0}^{N-1}h[n]\cdot\frac{1}{2}\left(z^{-n+\frac{N-1}{2}}\pm z^{n-\frac{N-1}{2}}\right)$$

令 $z=\mathrm{e}^{\mathrm{j}\tilde{\omega}}$,有:

① 对第一类线性相位,上式取加法运算,得

$$H(\mathrm{e}^{\mathrm{j}\tilde{\omega}})=H(z)\Big|_{z=\mathrm{e}^{\mathrm{j}\omega}}=\mathrm{e}^{-\mathrm{j}\left(\frac{N-1}{2}\right)\tilde{\omega}}\sum_{n=0}^{N-1}h[n]\cos\left[\left(n-\frac{N-1}{2}\right)\tilde{\omega}\right]$$

从而得

$$\varphi(\tilde{\omega})=-\frac{N-1}{2}\tilde{\omega},\quad \tau=\frac{N-1}{2} \tag{8-6-7}$$

$$H_{\mathrm{g}}(\tilde{\omega})=\sum_{n=0}^{N-1}h[n]\cos\left[\left(n-\frac{N-1}{2}\right)\tilde{\omega}\right] \tag{8-6-8}$$

因此,群时延 $\tau=(N-1)/2$,且 $h[n]$为实序列,具有第一类线性相位特征。

② 对第二类线性相位,取减法运算,得

$$H(\mathrm{e}^{\mathrm{j}\tilde{\omega}})=H(z)\Big|_{z=\mathrm{e}^{\mathrm{j}\tilde{\omega}}}=-\mathrm{j}\mathrm{e}^{-\mathrm{j}\frac{N-1}{2}\tilde{\omega}}\sum_{n=0}^{N-1}h[n]\sin\left[\left(n-\frac{N-1}{2}\right)\tilde{\omega}\right]$$

$$=\mathrm{e}^{\mathrm{j}\left(-\frac{N-1}{2}\tilde{\omega}-\frac{\pi}{2}\right)}\cdot\sum_{n=0}^{N-1}h[n]\sin\left[\left(n-\frac{N-1}{2}\right)\tilde{\omega}\right]$$

从而有

$$\varphi(\tilde{\omega})=-\frac{N-1}{2}\tilde{\omega}-\frac{\pi}{2},\quad \tau=\frac{N-1}{2} \tag{8-6-9}$$

$$H_{\mathrm{g}}(\tilde{\omega})=\sum_{n=0}^{N-1}h[n]\sin\left[\left(n-\frac{N-1}{2}\right)\tilde{\omega}\right] \tag{8-6-10}$$

因此,当 $h[n]$为实序列,且 $h[n]=-h[N-n-1]$时,满足第二类线性相位特征。

【例8-6-1】设FIR滤波器的系统函数为

$$H(z)=0.2(1+0.9z^{-1}+1.2z^{-2}+0.9z^{-3}+z^{-4})$$

求该滤波器的单位脉冲响应;判断是否具有线性相位;求出其幅度特性和相位特性表达式。

解:对FIR数字滤波器,其系统函数为

$$H(z)=\sum_{n=0}^{N-1}h[n]z^{-n}=0.2(1+0.9z^{-1}+1.2z^{-2}+0.9z^{-3}+z^{-4})$$

所以,其单位脉冲响应为 $h[n]=0.2(1,0.9,1.2,0.9,1)$。

由 $h[n]$的取值可知 $h[n]$满足:$h[n]=h[N-n-1]$,$N=5$,所以,该FIR滤波器具有第一类线性相位特性。其频率响应函数:

$$H(\mathrm{e}^{\mathrm{j}\tilde{\omega}})=H_{\mathrm{g}}(\tilde{\omega})\mathrm{e}^{\mathrm{j}\varphi(\tilde{\omega})}=\mathrm{e}^{-\mathrm{j}\left(\frac{N-1}{2}\right)\tilde{\omega}}\sum_{n=0}^{N-1}h[n]\cos\left[\left(n-\frac{N-1}{2}\right)\tilde{\omega}\right]$$

$$=0.2(1.2+1.8\cos\tilde{\omega}+2\cos 2\tilde{\omega})\mathrm{e}^{-\mathrm{j}2\tilde{\omega}}$$

幅度特性为

$$H_g(\tilde{\omega})=0.2(1.2+1.8\cos\tilde{\omega}+2\cos 2\tilde{\omega})$$

相位特性为

$$\varphi(\tilde{\omega})=-\frac{N-1}{2}\tilde{\omega}=-2\tilde{\omega}$$

8.6.3 FIR 系统的线性相位结构

对于线性相位 FIR 数字滤波器，当 N 为偶数时：

$$H(z)=\sum_{n=0}^{N/2-1}h[n](z^{-n}\pm z^{-(N-1)}z^{n}) \tag{8-6-11}$$

当 N 为奇数时：

$$H(z)=\sum_{n=0}^{(N-1)/2-1}h[n](z^{-n}\pm z^{-(N-1)}z^{n})+h\left[\frac{N-1}{2}\right]z^{-\frac{N-1}{2}} \tag{8-6-12}$$

式中："±"中的"+"代表第一类线性相位，"−"代表第二类线性相位。

可以看出：相对于 FIR 滤波器的直接型结构共需 N 次乘法，而线性相位 FIR 滤波器，N 为偶数时，仅需 $N/2$ 次乘法，N 为奇数时需 $(N+1)/2$ 次乘法，也节约近一半运算次数。

第一类和第二类线性相位 FIR 数字滤波器的算法结构分别如图 8-6-1 和图 8-6-2 所示。

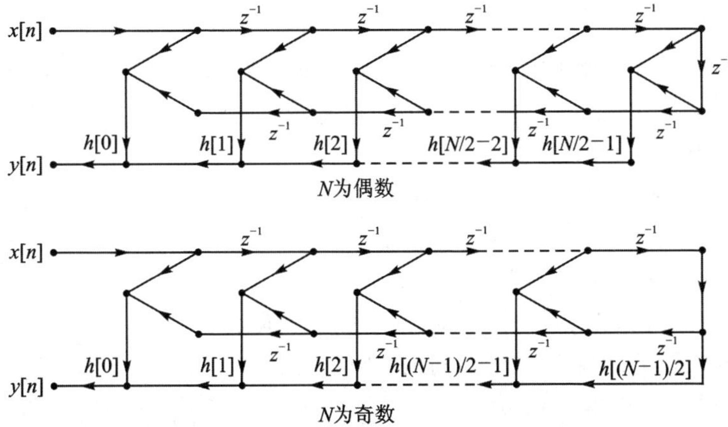

图 8-6-1 第一类线性相位 FIR 数字滤波器的算法结构

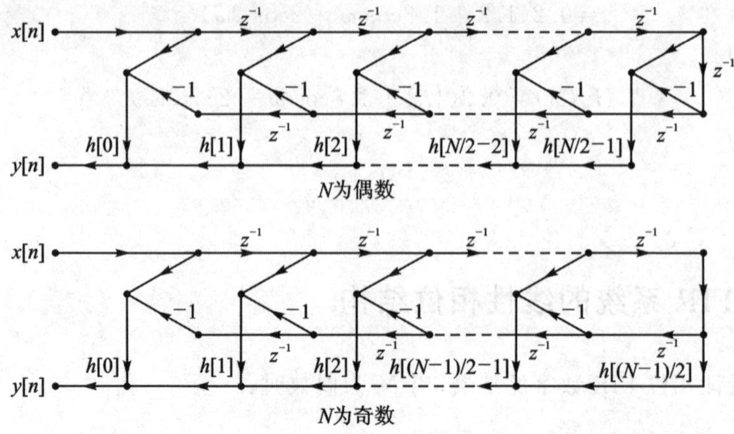

图 8-6-2　第二类线性相位 FIR 数字滤波器的算法结构

8.6.4　线性相位 FIR 数字滤波器的零点分布特点

具有第一或第二类线性相位的 FIR 数字滤波器,满足如下关系:

$$H(z)=\pm z^{-(N-1)}H(z^{-1}) \tag{8-6-13}$$

上式表明:

① 如 $z=z_k$ 是 $H(z)$的零点,有 $H(z_k^{-1})=\pm z_k^{(N-1)}H(z_k)=0$,即其倒数也必然是零;

② 又因为系数 $h[n]$为实数,$H(z)$的零点共轭成对出现,因此 z_k^* 和$(z_k^{-1})^*$ 也是零点。

综上,说明线性相位 FIR 滤波器零点分布特点是:零点必须是互为倒数,且共轭成对的,确定一个,即知其他三个。如果零点是实数,则不存在共轭零点。如果零点是实数,且在单位圆上,则只有一个零点。

【例 8-6-2】已知 8 阶第一类线性相位特性 FIR 数字滤波器的部分零点为 $z_1=2, z_2=\mathrm{j}0.5, z_3=\mathrm{j}$。试确定该滤波器的其他零点。若 $h[0]=1$,求出该滤波器的系统函数 $H(z)$。

解:因为是 8 阶,则 $N=9$。根据线性相位 FIR 滤波器零点分布是互为倒数且共轭成对的,所以确定出所有的零点(如图 8-6-3 所示):

$z_1=2, z_2=\mathrm{j}0.5, z_3=\mathrm{j}, z_4=0.5, z_5=-\mathrm{j}0.5,$

$z_6=-\mathrm{j}, z_7=\mathrm{j}2, z_8=-\mathrm{j}2$,有

$$H(z)=\sum_{n=0}^{N-1}h[n]z^{-n}=h[N-1]\prod_{k=1}^{8}(z^{-1}-z_k^{-1})$$

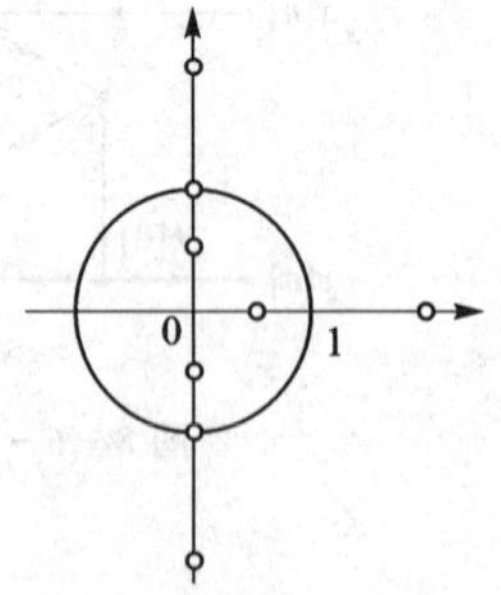

图 8-6-3　【例 8-6-2】零点图

由 $h[0]=h[N-0-1]=h[N-1]=1$,所以

$$H(z)=\prod_{k=1}^{8}(z^{-1}-z_k^{-1})$$

8.6.5　线性相位 FIR 数字滤波器幅度响应

FIR 数字滤波器 $h[n]$的长度 N 的奇偶性对 $H_g(\tilde{\omega})$的特性是有影响的。这是因为 N 为奇数的第一类线性相位特性 FIR 数字滤波器，当 $n=(N-1)/2$ 时，$h[n]$为任何值时都满足 $h[n]$关于 $n=(N-1)/2$ 偶对称的条件，而当 N 为偶数时无 $n=(N-1)/2$ 点；N 为奇数的第二类线性相位特性 FIR 数字滤波器，当 $n=(N-1)/2$ 时，由 $h[n]=-h[N-n-1]$，可得 $h\left[\frac{N-1}{2}\right]=-h\left[N-\frac{N-1}{2}-1\right]=-h\left[\frac{N-1}{2}\right]$，推得 $h\left[\frac{N-1}{2}\right]=0$，即 $h[n]$奇对称时，中间项为 0，而当 N 为偶数时也无 $n=(N-1)/2$ 点。

因此，对于两类线性相位，当线性相位 FIR 数字滤波器的幅度特性 $H_g(\tilde{\omega})$分 4 种情况时，其幅度特性讨论如下：

情况Ⅰ：$h[n]=h[N-n-1]$，N 为奇数。

$$H_g(\tilde{\omega})=\sum_{n=0}^{N-1}h[n]\cos\left[\left(n-\frac{N-1}{2}\right)\tilde{\omega}\right]$$

式中：实序列 $h[n]$关于 $n=(N-1)/2$ 偶对称；cos 项也关于 $n=(N-1)/2$ 偶对称，故提出中间项，有

$$H_g(\tilde{\omega})=h\left[\frac{N-1}{2}\right]+2\sum_{n=0}^{(N-1)/2-1}h[n]\cos\left[\left(n-\frac{N-1}{2}\right)\tilde{\omega}\right]$$

令 $m=n-\frac{N-1}{2}$，有

$$H_g(\tilde{\omega})=h\left[\frac{N-1}{2}\right]+\sum_{m=-1}^{-(N-1)/2}2h\left[\frac{N-1}{2}+m\right]\cos[m\tilde{\omega}]$$

令 $m=-n$，有

$$H_g(\tilde{\omega})=h\left[\frac{N-1}{2}\right]+\sum_{n=1}^{(N-1)/2}2h\left[\frac{N-1}{2}-n\right]\cos[n\tilde{\omega}]$$

$$\Rightarrow H_g(\tilde{\omega})=\sum_{n=0}^{(N-1)/2}a[n]\cos[n\tilde{\omega}] \tag{8-6-14}$$

式中：$a[n]=2h\left[\frac{N-1}{2}-n\right]$，$n=1,2,\cdots,\frac{N-1}{2}$；$a[0]=h\left[\frac{N-1}{2}\right]$。

由于式(8-6-14)中 $\cos[n\tilde{\omega}]$项对 $\tilde{\omega}=0,\pi,2\pi$ 皆为偶对称，且幅度特性关于 $\tilde{\omega}=0$、π 和 2π 偶对称，故可以实现各种滤波器。

情况Ⅱ：$h[n]=h[N-n-1]$，N 为偶数。

推导与 N 为奇数的情况类似，只是没有单独项，把对称相等的项合成为 $N/2$ 项：

$$H_g(\tilde{\omega})=\sum_{n=0}^{N-1}h[n]\cos\left[\left(n-\frac{N-1}{2}\right)\tilde{\omega}\right]=\sum_{n=0}^{\frac{N}{2}-1}2h[n]\cos\left[\left(n-\frac{N-1}{2}\right)\tilde{\omega}\right]$$

令 $m=n-\dfrac{N}{2}+1$，有

$$H_g(\tilde{\omega})=\sum_{m=0}^{-(N/2-1)}2h\left[\frac{N}{2}+m-1\right]\cos\left[\left(m-\frac{1}{2}\right)\tilde{\omega}\right]$$

令 $m=-n$，有

$$H_g(\tilde{\omega})=\sum_{n=0}^{N/2-1}2h\left[\frac{N}{2}-n-1\right]\cos\left[\left(n+\frac{1}{2}\right)\tilde{\omega}\right]=\sum_{n=0}^{N/2-1}b[n]\cos\left[\left(n+\frac{1}{2}\right)\tilde{\omega}\right] \tag{8-6-15}$$

式中：$b[n]=2h\left[\dfrac{N}{2}-n-1\right]$，$n=0,1,2,\cdots,\dfrac{N}{2}-1$。

式(8-6-15)中 cos 项关于 $\tilde{\omega}=0$ 和 $\tilde{\omega}=2\pi$ 偶对称，且 $\tilde{\omega}=\pi$ 时余弦项为 0，余弦项关于$\tilde{\omega}=\pi$ 奇对称。这样，幅度特性对 $\tilde{\omega}=\pi$ 奇对称，且 $\tilde{\omega}=\pi$ 有一零点使 $H_g(\pi)=0$，因此，情况Ⅱ不适合实现高通和带阻滤波器。

情况Ⅲ：$h[n]=-h[N-n-1]$，N 为奇数。

$$H_g(\tilde{\omega})=\sum_{n=0}^{N-1}h[n]\sin\left[\left(n-\frac{N-1}{2}\right)\tilde{\omega}\right]$$

当 $h[n]$奇对称时，中间项 $h\left[\dfrac{N-1}{2}\right]=0$。再者，由于 $h[n]$和 sin 项都关于 $n=(N-1)/2$ 奇对称，因此二者的乘积关于 $n=(N-1)/2$ 偶对称，有

$$H_g(\tilde{\omega})=\sum_{n=0}^{(N-1)/2-1}2h[n]\sin\left[\left(n-\frac{N-1}{2}\right)\tilde{\omega}\right]$$

令 $m=n-(N-1)/2$，有

$$H_g(\tilde{\omega})=\sum_{m=-1}^{-(N-1)/2}2h\left[\frac{N-1}{2}+m\right]\sin[m\tilde{\omega}]$$

令 $m=-n$，有

$$H_g(\tilde{\omega})=-\sum_{n=1}^{(N-1)/2}2h\left[\frac{N-1}{2}-n\right]\sin[n\tilde{\omega}]=\sum_{n=1}^{(N-1)/2}2h\left[\frac{N-1}{2}+n\right]\sin[n\tilde{\omega}]$$

$$H_g(\tilde{\omega})=\sum_{n=1}^{(N-1)/2}c[n]\sin[n\tilde{\omega}] \tag{8-6-16}$$

式中：$c[n]=2h\left[\dfrac{N-1}{2}+n\right]$，$n=1,2,\cdots,\dfrac{N-1}{2}$。

当 $\tilde{\omega}=0,\pi,2\pi$ 时，sin 项为 0，因此 $H_g(\tilde{\omega})$在 $\tilde{\omega}=0,\pi,2\pi$ 处为零，即在 $z=\pm1$ 处是零点，且 $H_g(\tilde{\omega})$关于 $\tilde{\omega}=0,\pi,2\pi$ 是奇对称。这种情况只适合于设计带通滤波器。

情况Ⅳ：$h[n]=-h[N-n-1]$，N 为偶数。

$$H_g(\tilde{\omega})=\sum_{n=0}^{N-1}h[n]\sin\left[\left(n-\frac{N-1}{2}\right)\omega\right]=\sum_{n=0}^{N/2-1}2h[n]\sin\left[\left(n-\frac{N-1}{2}\right)\tilde{\omega}\right]$$

令 $m=n-\dfrac{N}{2}+1$,有

$$H_g(\tilde{\omega})=\sum_{m=0}^{-(N/2-1)}2h\left[\frac{N}{2}+m-1\right]\sin\left[\left(m-\frac{1}{2}\right)\tilde{\omega}\right]$$

令 $m=-n$,有

$$\begin{aligned}H_g(\tilde{\omega})&=-\sum_{n=0}^{N/2-1}2h\left[\frac{N}{2}-n-1\right]\sin\left[\left(n+\frac{1}{2}\right)\tilde{\omega}\right]\\&=\sum_{n=0}^{N/2-1}2h\left[N-\left(\frac{N}{2}-n-1\right)-1\right]\sin\left[\left(n+\frac{1}{2}\right)\tilde{\omega}\right]\\&=\sum_{n=0}^{N/2-1}2h\left[\frac{N}{2}+n\right]\sin\left[\left(n+\frac{1}{2}\right)\tilde{\omega}\right]\\&\Rightarrow H_g(\tilde{\omega})=\sum_{n=1}^{N/2}d[n]\sin\left[\left(n+\frac{1}{2}\right)\tilde{\omega}\right]\end{aligned}\tag{8-6-17}$$

式中:$d[n]=2h\left[\dfrac{N}{2}+n\right]$,$n=0,1,2,\cdots,\dfrac{N}{2}-1$。

sin 项在 $\tilde{\omega}=0,2\pi$ 处为零,因此 $H_g(\tilde{\omega})$在 $\tilde{\omega}=0,2\pi$ 处为零。正弦项在 $\tilde{\omega}=\pi$ 处为极值点,即 sin 项关于 $\tilde{\omega}=\pi$ 偶对称,因此 $H_g(\tilde{\omega})$还关于 $\tilde{\omega}=\pi$ 呈偶对称。所以,该情况不适合于设计低通和带阻滤波器。

综上,将 4 种情况汇总为表 8-6-1。

表 8-6-1　线性相位 FIR 数字滤波器的时域和频域特性

第一类线性相位:$h[n]=h[N-n-1]$			第二类线性相位:$h[n]=-h[N-n-1]$		
$\varphi(\tilde{\omega})=-\tilde{\omega}\left(\frac{N-1}{2}\right)$	情况Ⅰ	N 为奇数 $H_g(\tilde{\omega})$关于 $\tilde{\omega}=\pi$ 偶对称。可以实现各种滤波器	$\varphi(\tilde{\omega})=-\tilde{\omega}\left(\frac{N-1}{2}\right)-\frac{\pi}{2}$	情况Ⅲ	N 为奇数 $H_g(\tilde{\omega})$在 $\tilde{\omega}=0,\pi,2\pi$ 处为零,且 $H_g(\tilde{\omega})$关于 $\omega=\pi$ 呈奇对称。这种情况**只适合于设计带通滤波器**
$\varphi(\tilde{\omega})$ 轴标注:0,π,2π,$\tilde{\omega}$,$-(N-1)\pi$	情况Ⅱ	N 为偶数 $H_g(\tilde{\omega})$关于 $\tilde{\omega}=\pi$ 奇对称,且 $\tilde{\omega}=\pi$ 有一零点使 $H_g(\pi)=0$。情况Ⅱ**不适合实现高通和带阻滤波器**	$\varphi(\tilde{\omega})$ 轴标注:0,$-\frac{\pi}{2}$,π,2π,$\tilde{\omega}$,$-\left(N-\frac{1}{2}\right)\pi$	情况Ⅳ	N 为偶数 $H_g(\tilde{\omega})$在 $\tilde{\omega}=0,2\pi$ 为零,且关于 $\tilde{\omega}=\pi$ 呈偶对称。该情况**不适合于设计低通和带阻滤波器**

8.7 窗函数法设计线性相位 FIR 数字滤波器

8.7.1 窗函数法设计线性相位 FIR 数字滤波器的原理

设希望设计的滤波器为 $H_{\mathrm{d}}(\mathrm{e}^{\mathrm{j}\tilde{\omega}})$,其单位脉冲响应为 $h_{\mathrm{d}}[n]$,则

$$H_{\mathrm{d}}(\mathrm{e}^{\mathrm{j}\tilde{\omega}})=\sum_{n=-\infty}^{\infty}h_{\mathrm{d}}[n]\mathrm{e}^{-\mathrm{j}\tilde{\omega}n},\quad h_{\mathrm{d}}[n]=\frac{1}{2\pi}\int_{-\pi}^{\pi}H_{\mathrm{d}}(\mathrm{e}^{\mathrm{j}\tilde{\omega}})\mathrm{e}^{\mathrm{j}\tilde{\omega}n}\,\mathrm{d}\tilde{\omega}$$

一般,$h_{\mathrm{d}}[n]$是无限长实序列,而且是非因果的,为此必须对 $h_{\mathrm{d}}[n]$截取得到 N 点有限长的 $h[n]$,得到线性相位特性 FIR 滤波器。截取是靠窗函数对长信号进行乘积实现的,故称为窗函数法。截取的 $h[n]$为

$$h[n]=h_{\mathrm{d}}[n]w[n] \tag{8-7-1}$$

只要 $h_{\mathrm{d}}[n]$和 $w[n]$都满足实序列且对称的条件,乘积截取后的 $h[n]$就满足线性相位条件。

设 $W(\mathrm{e}^{\mathrm{j}\tilde{\omega}})=\mathrm{DTFT}\{w[n]\}$,$H(\mathrm{e}^{\mathrm{j}\tilde{\omega}})=\mathrm{DTFT}\{h[n]\}$。由卷积定理,窗函数对长信号进行时域乘积截取,则滤波器的频响 $H(\mathrm{e}^{\mathrm{j}\tilde{\omega}})$为 $H_{\mathrm{d}}(\mathrm{e}^{\mathrm{j}\tilde{\omega}})$与 $W(\mathrm{e}^{\mathrm{j}\tilde{\omega}})$的卷积。其实,当目标滤波器 $H_{\mathrm{d}}(\mathrm{e}^{\mathrm{j}\tilde{\omega}})$的频率响应和窗函数的频谱 $W(\mathrm{e}^{\mathrm{j}\tilde{\omega}})$都符合线性相位条件,且群时延一致时,卷积的结果仍然是线性相位。由 $H_{\mathrm{d}}(\mathrm{e}^{\mathrm{j}\tilde{\omega}})=H_{\mathrm{d}}(\tilde{\omega})\mathrm{e}^{-\mathrm{j}\tau\tilde{\omega}}$ 和 $W(\mathrm{e}^{\mathrm{j}\tilde{\omega}})=W(\tilde{\omega})\mathrm{e}^{-\mathrm{j}\tau\tilde{\omega}}$,有

$$\begin{aligned}H(\mathrm{e}^{\mathrm{j}\tilde{\omega}})&=\frac{1}{2\pi}\int_{-\pi}^{\pi}H_{\mathrm{d}}(\mathrm{e}^{\mathrm{j}\upsilon})W(\mathrm{e}^{\mathrm{j}(\tilde{\omega}-\upsilon)})\,\mathrm{d}\upsilon\\&=\frac{1}{2\pi}\int_{-\pi}^{\pi}H_{\mathrm{d}}(\upsilon)\mathrm{e}^{-\mathrm{j}\tau\upsilon}W(\tilde{\omega}-\upsilon)\mathrm{e}^{-\mathrm{j}\tau(\tilde{\omega}-\upsilon)}\,\mathrm{d}\upsilon\\&=\mathrm{e}^{-\mathrm{j}\tau\tilde{\omega}}\left[\frac{1}{2\pi}\int_{-\pi}^{\pi}H_{\mathrm{d}}(\upsilon)W(\tilde{\omega}-\upsilon)\,\mathrm{d}\upsilon\right]\end{aligned} \tag{8-7-2}$$

显然,此时 FIR 数字滤波器的幅度特性等于目标滤波器的幅度特性 $H_{\mathrm{d}}(\tilde{\omega})$与窗函数幅度特性 $W(\tilde{\omega})$的卷积,且满足第一类线性相位条件。也就是说,符合该条件的加窗截断,仅是幅频发生卷积混叠,使得通阻带出现了波动,即产生吉布斯(Gibbs)效应。

其实,由频率响应的定义式知,$h_{\mathrm{d}}[n]$是 $H_{\mathrm{d}}(\mathrm{e}^{\mathrm{j}\tilde{\omega}})$的傅里叶级数系数。设计 FIR 滤波器就是根据要求找到有限个傅里叶级数系数,以有限项傅里叶级数近似代替无限项傅里叶级数,故窗函数法又称傅里叶级数法。显然,选取傅里叶级数的项数愈多,引起的误差就愈小;但项数增多,即 $h[n]$长度增加也会使实现代价加大。应在满足技术要求的条件下,尽量减少 $h[n]$的长度。

8.7.2　被截断理想目标滤波器 $H_d(e^{j\tilde{\omega}})$

据前所述，应用窗函数法的目标滤波器 $H_d(e^{j\tilde{\omega}})$ 的频率响应要具有线性相位特性，即

$$\tau=\frac{N-1}{2} \tag{8-7-3}$$

1. 理想低通滤波器

$$H_d(e^{j\tilde{\omega}})=\begin{cases}e^{-j\tilde{\omega}\tau}, & |\omega|\leqslant\tilde{\omega}_c\\ 0, & \text{其他}\end{cases},\quad \tau=\frac{N-1}{2} \tag{8-7-4}$$

相应的单位脉冲响应 $h_d[n]$ 为

$$\begin{aligned}h_d[n]&=\mathrm{DTFT}^{-1}\{H_d(e^{j\tilde{\omega}})\}=\frac{1}{2\pi}\int_{-\tilde{\omega}_c}^{\tilde{\omega}_c}e^{-j\tilde{\omega}\tau}e^{j\tilde{\omega}n}d\tilde{\omega}=\frac{1}{2\pi}\int_{-\tilde{\omega}_c}^{\tilde{\omega}_c}e^{j\tilde{\omega}(n-\tau)}d\tilde{\omega}\\&=\begin{cases}\dfrac{\sin[\tilde{\omega}_c(n-\tau)]}{\pi(n-\tau)}, & n\neq\tau\\ \dfrac{\tilde{\omega}_c}{\pi}, & n=\tau\end{cases}\end{aligned} \tag{8-7-5}$$

$h_d[n]$ 是中心点在 $n=\tau=(N-1)/2$ 的偶对称无限长序列，且非因果。为了构造一个长度为 N 的线性相位 FIR 滤波器，应对 $h_d[n]$ 截取，并保证截取后的一段对 $(N-1)/2$ 对称，即 $h[n]=h[N-n-1]$。也就是说，$w[n]$ 也要关于 $(N-1)/2$ 对称。理想低通滤波器的频率响应 $H_d(e^{j\tilde{\omega}})$ 和其单位脉冲响应 $h_d[n]$ 的包络波形如图 8-7-1 所示。

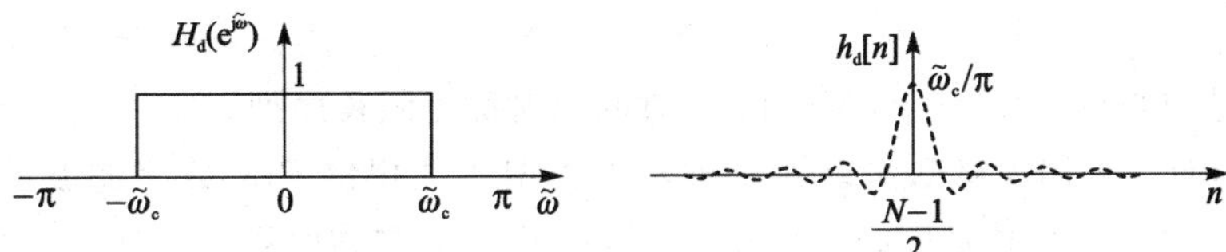

图 8-7-1　理想低通滤波器 $H_d(e^{j\tilde{\omega}})$ 和其 $h_d[n]$ 的包络波形

2. 理想高通滤波器

$$H_d(e^{j\tilde{\omega}})=\begin{cases}e^{-j\tilde{\omega}\tau}, & \tilde{\omega}_c\leqslant|\tilde{\omega}|\leqslant\pi\\ 0, & \text{其他}\end{cases},\quad \tau=\frac{N-1}{2} \tag{8-7-6}$$

相应的单位脉冲响应 $h_d[n]$ 为

$$h_d[n]=\frac{1}{2\pi}\int_{\tilde{\omega}_c}^{\pi}e^{-j\tilde{\omega}\tau}e^{j\tilde{\omega}n}d\tilde{\omega}+\frac{1}{2\pi}\int_{-\pi}^{-\tilde{\omega}_c}e^{-j\tilde{\omega}\tau}e^{j\tilde{\omega}n}d\tilde{\omega}$$

$$=\frac{\sin[\pi(n-\tau)]-\sin[\tilde{\omega}_c(n-\tau)]}{\pi(n-\tau)},\quad \tau=\frac{N-1}{2}\qquad(8-7-7)$$

$h_d[n]$也是中心点在 $n=\tau=(N-1)/2$ 时的偶对称无限长序列。

3. 理想带通滤波器

$$H_d(e^{j\tilde{\omega}})=\begin{cases}e^{-j\tilde{\omega}\tau}, & \tilde{\omega}_l\leqslant|\tilde{\omega}|\leqslant\tilde{\omega}_u\\0, & \text{其他}\end{cases},\quad \tau=\frac{N-1}{2}\qquad(8-7-8)$$

相应的单位脉冲响应 $h_d[n]$为

$$h_d[n]=\frac{1}{2\pi}\int_{\tilde{\omega}_l}^{\tilde{\omega}_u}e^{-j\tilde{\omega}\tau}e^{j\tilde{\omega}n}d\tilde{\omega}+\frac{1}{2\pi}\int_{-\tilde{\omega}_u}^{-\tilde{\omega}_l}e^{-j\tilde{\omega}\tau}e^{j\tilde{\omega}n}d\tilde{\omega}$$

$$=\frac{\sin[\tilde{\omega}_u(n-\tau)]-\sin[\tilde{\omega}_l(n-\tau)]}{\pi(n-\tau)},\quad \tau=\frac{N-1}{2}\qquad(8-7-9)$$

$h_d[n]$也是中心点在 $n=\tau=(N-1)/2$ 时的偶对称无限长序列。

4. 理想带阻滤波器

$$H_d(e^{j\tilde{\omega}})=\begin{cases}0, & \tilde{\omega}_l\leqslant|\tilde{\omega}|\leqslant\tilde{\omega}_u\\e^{-j\tilde{\omega}\tau}, & \text{其他}\end{cases},\quad \tau=\frac{N-1}{2}\qquad(8-7-10)$$

相应的单位脉冲响应 $h_d[n]$为

$$h_d[n]=\frac{1}{2\pi}\int_{-\tilde{\omega}_l}^{\tilde{\omega}_l}e^{-j\tilde{\omega}\tau}e^{j\tilde{\omega}n}d\omega+\frac{1}{2\pi}\int_{\tilde{\omega}_u}^{\pi}e^{-j\tilde{\omega}\tau}e^{j\tilde{\omega}n}d\omega+\frac{1}{2\pi}\int_{-\pi}^{-\tilde{\omega}_u}e^{-j\tilde{\omega}\tau}e^{j\tilde{\omega}n}d\tilde{\omega}$$

$$=\frac{\sin[\tilde{\omega}_l(n-\tau)]+\sin[\pi(n-\tau)]-\sin[\tilde{\omega}_u(n-\tau)]}{\pi(n-\tau)},\quad \tau=\frac{N-1}{2}\qquad(8-7-11)$$

$h_d[n]$也是中心点在 $n=\tau=(N-1)/2$ 时的偶对称无限长序列。

综上,对于采用窗函数法设计4种基本类型线性相位FIR数字滤波器时,窗函数 $w[n]$一定要满足其是中心点在 $n=\tau=(N-1)/2$ 时的偶对称序列。

8.7.3 矩形窗截取线性相位FIR滤波器

矩形窗,即矩形信号:

$$w[n]=R_N[n]$$

其DTFT为

$$W(e^{j\tilde{\omega}})=\sum_{n=0}^{N-1}R_N[n]e^{-j\tilde{\omega}n}=\sum_{n=0}^{N-1}e^{-j\tilde{\omega}n}\quad\text{(应用等比数列求和)}$$

$$= e^{-j\frac{1}{2}(N-1)\tilde{\omega}} \frac{\sin(\tilde{\omega}N/2)}{\sin(\tilde{\omega}/2)} = W_R(\tilde{\omega})e^{-j\tau\tilde{\omega}} \tag{8-7-12}$$

式中：$\tau=\dfrac{N-1}{2}$，$W_R(\tilde{\omega})=\dfrac{\sin(\tilde{\omega}N/2)}{\sin(\tilde{\omega}/2)}$为矩形窗的幅度函数，为实函数，$\tilde{\omega}=(2\pi/N)k$（$k=0,1,2,\cdots$）为过零点，参见图 8-7-2(b)。

用矩形窗对理想低通滤波器进行截取的幅频特性如图 8-7-2 所示。

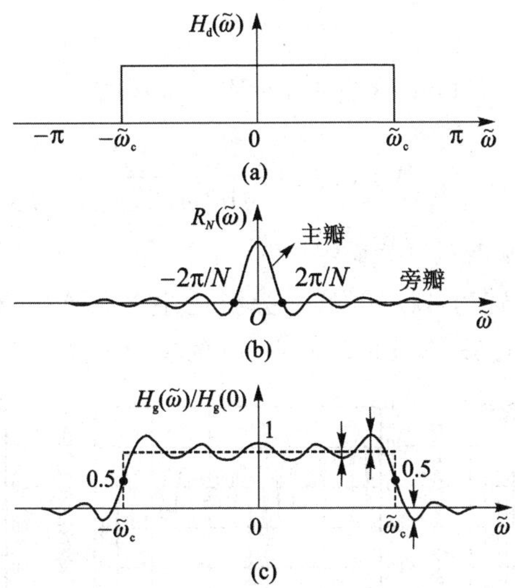

图 8-7-2　用矩形窗对理想低通滤波器进行截取的过程

分析卷积过程结果，可得：

① 观察图 8-7-2(c)，理想低通滤波器被截短后的幅度特性在通带和阻带均产生波动。通带内波动的最大峰值在 $\tilde{\omega}_c-2\pi/N$ 处，阻带内余振的最大峰值在 $\tilde{\omega}_c+2\pi/N$ 处。

② 在理想特性不连续点 $\tilde{\omega}=\tilde{\omega}_c$ 附近形成过渡带，$\tilde{\omega}_c$ 处于过渡带中间位置。两尖峰宽度等于 $W_R(\tilde{\omega})$主弧率宽度，即 $4\pi/N$。注意这里指两尖峰宽度，并非真正的过渡带。

③ 滤波器的波动情况与窗函数的幅度谱有关。波动的幅度取决于窗函数旁瓣的能量，旁瓣的能量越大，波动就越大，且阻带的衰减就越小；相反，旁瓣的能量越小，主瓣的能量就越大，通带和阻带的波动就越小，阻带的衰减就越大。

可见，$h_d[n]$用矩形窗截断后，在频域反映为吉布斯(Gibbs)效应。由过渡宽度 $4\pi/N$ 知，增大 N 可以减小过渡带，但会增大成本。

因此，为了减少通带和阻带内的波动，即减少频谱能量泄漏，就要找到一个窗函数，使其谱函数的主瓣包含更多的能量，相应的旁瓣幅度就减小了，从而加大阻带衰减，就可以更接近于真实的频谱。由于能量更集中于主瓣中，就必然是以加宽过渡带为代价。下面介绍几种常用的窗函数。

8.7.4 典型窗函数、特性及应用要点

1. 矩形窗(rectangle window)

$$w_{\mathrm{R}}[n]=R_N[n]$$

其频谱(DTFT)为

$$W_{\mathrm{R}}(\mathrm{e}^{\mathrm{j}\tilde{\omega}})=\mathrm{DTFT}\{R_N[n]\}=W_{\mathrm{Rg}}(\tilde{\omega})\mathrm{e}^{-\mathrm{j}\tau\tilde{\omega}},\quad \tau=\frac{N-1}{2}$$

$$W_{\mathrm{Rg}}(\tilde{\omega})=\frac{\sin(\tilde{\omega}N/2)}{\sin(\tilde{\omega}/2)} \tag{8-7-13}$$

幅频最大值为 $\max\{W_{\mathrm{Rg}}(\tilde{\omega})\}=W_{\mathrm{Rg}}(0)=N$。

$W_{\mathrm{R}}(\mathrm{e}^{\mathrm{j}\tilde{\omega}})$的主瓣宽度为 $4\pi/N$,第一旁瓣比主瓣低 13 dB,所设计滤波器 $\alpha_s=21$ dB,过渡带宽 $\Delta B=1.8\pi/N$ rad。N 取 39 的矩形窗及特性如图 8-7-3 所示。

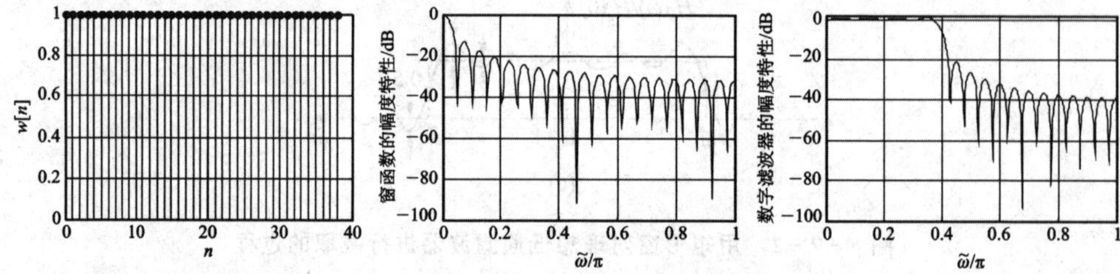

图 8-7-3 矩形窗及特性图

2. 三角形窗(triangular window)与巴特利特窗(Bartlett window)

三角形窗亦称费杰(Fejer)窗,定义如下:

① 当 N 为奇数时:

$$w_{\mathrm{Tr}}[n]=\begin{cases}\dfrac{2(n+1)}{N+1}, & 0\leqslant n\leqslant\dfrac{N-1}{2}\\[2mm] 2-\dfrac{2(n+1)}{N+1}, & \dfrac{N+1}{2}\leqslant n\leqslant N-1\\[2mm] 0, & \text{其他}\end{cases} \tag{8-7-14}$$

其频谱为 $W_{\mathrm{T}}(\mathrm{e}^{\mathrm{j}\tilde{\omega}})=\mathrm{DTFT}\{w_{\mathrm{T}}[n]\}=W_{\mathrm{Tg}}(\tilde{\omega})\mathrm{e}^{-\mathrm{j}\tau\tilde{\omega}},\quad \tau=\dfrac{N-1}{2}$

$$W_{\mathrm{Tg}}(\tilde{\omega})=\frac{2}{N+1}\left[\frac{\sin[\tilde{\omega}(N+1)/4]}{\sin(\tilde{\omega}/2)}\right]^2 \tag{8-7-15}$$

幅频最大值为 $\max\{W_{\mathrm{Tg}}(\tilde{\omega})\}=W_{\mathrm{Tg}}(0)=(N+1)/2$。

② 当 N 为偶数时:

$$w_{\mathrm{Tr}}[n]=\begin{cases}\dfrac{2n+1}{N}, & 0\leqslant n\leqslant \dfrac{N}{2}-1\\ 2-\dfrac{2n+1}{N}, & \dfrac{N}{2}\leqslant n\leqslant N-1\\ 0, & 其他\end{cases} \tag{8-7-16}$$

其频谱为

$$W_{\mathrm{T}}(\mathrm{e}^{\mathrm{j}\tilde{\omega}})=\mathrm{DTFT}\{w_{\mathrm{T}}[n]\}=W_{\mathrm{Tg}}(\tilde{\omega})\,\mathrm{e}^{-\mathrm{j}\tau\tilde{\omega}},\quad \tau=\frac{N-1}{2}$$

$$W_{\mathrm{Tg}}(\tilde{\omega})=\frac{2}{N}\left[\frac{\sin(\tilde{\omega}N/4)}{\sin(\tilde{\omega}/2)}\right]^2 \tag{8-7-17}$$

幅频最大值为 $\max\{W_{\mathrm{Tg}}(\tilde{\omega})\}=W_{\mathrm{Tg}}(0)=N/2$。

N 取 39 的三角形窗及特性如图 8-7-4 所示。

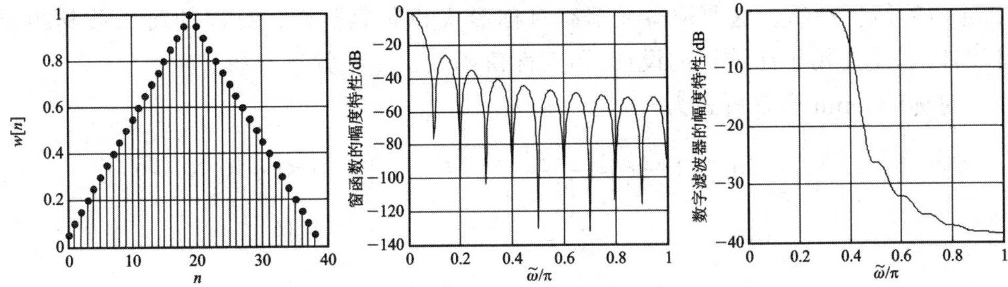

图 8-7-4　三角形窗及其特性图

巴特利特窗与三角形窗很类似。对于三角形窗，其 $w_{\mathrm{Tr}}[0]\neq 0$，$w_{\mathrm{Tr}}[N-1]\neq 0$。而巴特利特窗的 $w_{\mathrm{Ba}}[0]=w_{\mathrm{Ba}}[N-1]=0$。巴特利特窗定义如下：

$$w_{\mathrm{Ba}}[n]=\begin{cases}\dfrac{2n}{N-1}, & 0\leqslant n\leqslant \dfrac{N-1}{2}\\ 2-\dfrac{2n}{N-1}, & \dfrac{N+1}{2}\leqslant n\leqslant N-1\\ 0, & 其他\end{cases} \tag{8-7-18}$$

其频谱为

$$W_{\mathrm{B}}(\mathrm{e}^{\mathrm{j}\tilde{\omega}})=\mathrm{DTFT}\{w_{\mathrm{B}}[n]\}=W_{\mathrm{Bg}}(\tilde{\omega})\mathrm{e}^{-\mathrm{j}\tau\tilde{\omega}},\quad \tau=\frac{N-1}{2}$$

$$W_{\mathrm{Bg}}(\tilde{\omega})=\frac{2}{N-1}\left[\frac{\sin[\tilde{\omega}(N-1)/4]}{\sin(\tilde{\omega}/2)}\right]^2 \tag{8-7-19}$$

幅频最大值为 $\max\{W_{\mathrm{Bg}}(\tilde{\omega})\}=W_{\mathrm{Bg}}(0)=(N-1)/2$。

N 取 39 的巴特利特窗及特性如图 8-7-5 所示。

三角形窗和巴特利特窗的主瓣宽度都为 $8\pi/N$，为矩形窗的 2 倍，但第一旁辩比主瓣低约 26 dB，所设计滤波器 $\alpha_s=25$ dB，过渡带宽 $\Delta B=6.1\pi/N$ rad。

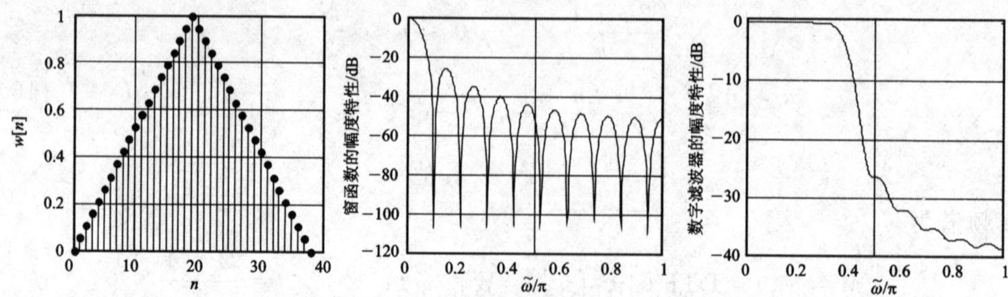

图 8-7-5　巴特利特窗及其特性图

3. 汉宁窗——升余弦窗

汉宁窗有两种:hann 窗和 hanning 窗。标准的汉宁窗是 hann 窗,hanning 窗是 hann 窗的衍生产物。这两种窗又都有对称形式和周期形式。对称的窗函数其相位是线性的,主要用于滤波器的设计;周期性窗函数常用于频谱分析。

对称的 hann 窗解析式为

$$w_{\mathrm{Hn}}[n]=\begin{cases}0.5\left[1-\cos\left(\dfrac{2\pi n}{N-1}\right)\right]R_N[n], & 0\leqslant n\leqslant N-1\\ 0, & \text{其他}\end{cases} \tag{8-7-20}$$

显然,$w_{\mathrm{Hn}}[0]=w_{\mathrm{Hn}}[N-1]=0$。其频谱为

$$W_{\mathrm{Hn}}(\mathrm{e}^{\mathrm{j}\tilde{\omega}})=\mathrm{DTFT}\{w_{\mathrm{Hn}}[n]\}=W_{\mathrm{Hng}}(\tilde{\omega})\mathrm{e}^{-\mathrm{j}\tau\tilde{\omega}},\quad \tau=\frac{N-1}{2}$$

$$W_{\mathrm{Hng}}(\tilde{\omega})=\left[0.5W_{\mathrm{Rg}}(\tilde{\omega})+0.25W_{\mathrm{Rg}}\left(\tilde{\omega}+\frac{2\pi}{N-1}\right)+0.25W_{\mathrm{Rg}}\left(\tilde{\omega}-\frac{2\pi}{N-1}\right)\right] \tag{8-6-21}$$

幅频最大值为 $W_{\mathrm{Hng}}(0)$。

N 取 39 的对称的汉宁窗及其幅度谱如图 8-7-6 所示。

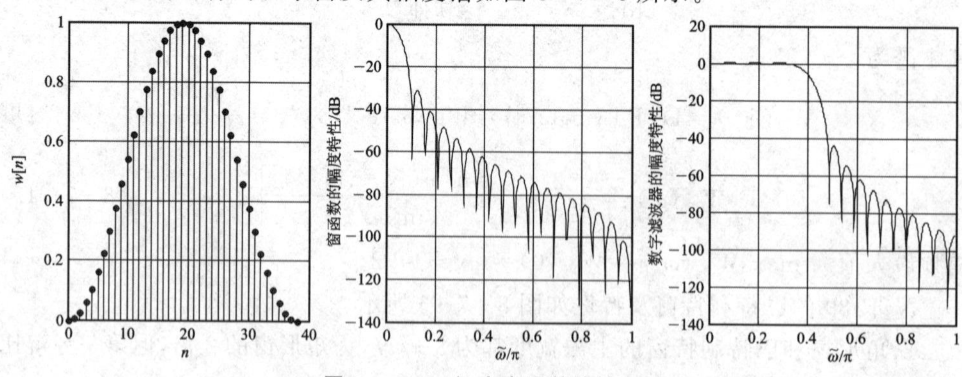

图 8-7-6　汉宁窗及其特性图

对称的 hann 窗可以看作是 3 个矩形窗的频谱之和，或者说是 3 个 sinc()型函数之和，而括号中的后两项相对于第一个谱向左、右各移动了 $2\pi/(N-1)$，从而使旁瓣互相削弱，较少通阻带波动和漏能，能量更集中在主瓣中。第一旁瓣比主辩低31 dB，所设计的滤波器 $\alpha_s=44$ dB，但代价是主瓣宽度加宽到 $8\pi/N$，过渡带宽 $\Delta B=6.2\ \pi/N$ rad。

对称的 hanning 窗的解析式为

$$w_{\text{Hn}}[n]=\begin{cases}0.5\left[1-\cos\left(\dfrac{2\pi(n+1)}{N+1}\right)\right]R_N[n], & 0\leqslant n\leqslant N-1\\ 0, & \text{其他}\end{cases} \tag{8-7-22}$$

其频谱为

$$W_{\text{Hn}}(e^{j\tilde{\omega}})=\text{DTFT}\{w_{\text{Hn}}[n]\}=W_{\text{Hng}}(\tilde{\omega})e^{-j\tau\tilde{\omega}},\quad \tau=\frac{N-1}{2}$$

$$W_{\text{Hng}}(\tilde{\omega})=\left[0.5W_{\text{Rg}}(\tilde{\omega})+0.25W_{\text{Rg}}\left(\tilde{\omega}+\frac{2\pi}{N+1}\right)+0.25W_{\text{Rg}}\left(\tilde{\omega}-\frac{2\pi}{N+1}\right)\right] \tag{8-7-23}$$

幅频最大值为 $W_{\text{Hng}}(0)$。

其实，对称的 hanning(N)窗就是对称的 hann($N+2$)窗的中间 N 点，起始和结束的零值被去掉了。去掉两端 0 后仍满足 $h[n]=h[N-n-1]$，且窗口特性会更好，这是因为加窗时多保留原信号两个点的信息，主瓣宽度更窄，滤波器的过渡带也随之缩小(计算时仍然按照 $\Delta B=6.2\pi/N$ rad)。

N 取 39，对称的 hanning(N)窗及其幅度谱如图 8-7-7 所示。

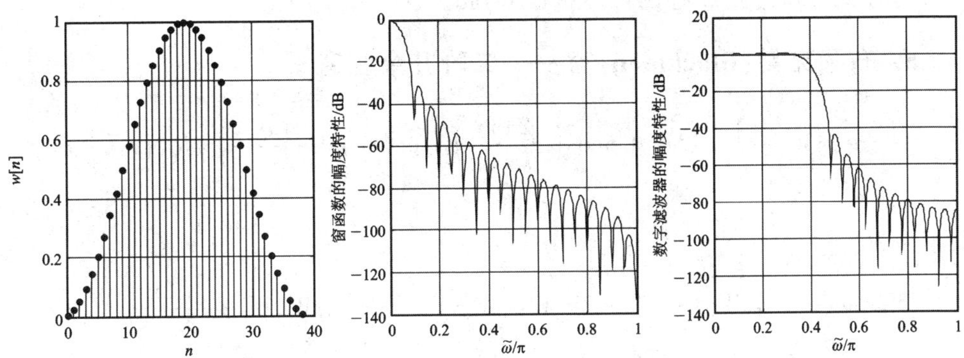

图 8-7-7　改进后的 hanning(N)窗及其特性图

4. 海明(Hamming)窗——改进的升余弦窗

$$w_{\text{Hm}}[n]=\begin{cases}\left[0.54-0.46\cos\left(\dfrac{2\pi n}{N-1}\right)\right]R_N[n], & 0\leqslant n\leqslant N-1\\ 0, & \text{其他}\end{cases} \tag{8-7-24}$$

其频谱为

$$W_{\mathrm{Hm}}(\mathrm{e}^{\mathrm{j}\tilde{\omega}})=\mathrm{DTFT}\{w_{\mathrm{Hm}}[n]\}=W_{\mathrm{Hmg}}(\tilde{\omega})\,\mathrm{e}^{-\mathrm{j}\tau\tilde{\omega}},\quad \tau=\frac{N-1}{2}$$

$$W_{\mathrm{Hmg}}(\tilde{\omega})=\left[0.54W_{\mathrm{Rg}}(\tilde{\omega})+0.23W_{\mathrm{Rg}}\left(\tilde{\omega}+\frac{2\pi}{N-1}\right)+0.23W_{\mathrm{Rg}}\left(\tilde{\omega}-\frac{2\pi}{N-1}\right)\right] \tag{8-7-25}$$

幅频最大值为 $W_{\mathrm{Hmg}}(0)$。

N 取 39 的海明窗及其幅度谱如图 8-7-8 所示。

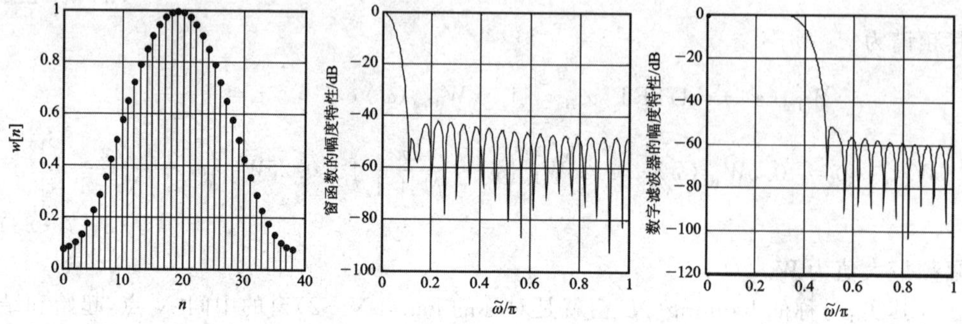

图 8-7-8 海明窗及其特性图

海明窗与汉宁窗相比,只是加权系数不同。海明窗能量更加集中在主瓣中,约占 99.96%,第一旁瓣比主瓣低 41 dB,所设计滤波器的 $\alpha_s=53$ dB,但主瓣宽度与汉宁窗同为 $8\pi/N$,过渡带宽 $\Delta B=6.6\pi/N$ rad。

5. 布莱克曼(Blackman)窗——二阶升余弦窗

$$w_{\mathrm{Bl}}[n]=\left[0.42-0.5\cos\left(\frac{2\pi n}{N-1}\right)+0.08\cos\left(\frac{4\pi n}{N-1}\right)\right]R_N[n] \tag{8-7-26}$$

其幅频为

$$W_{\mathrm{Bl}}(\tilde{\omega})=0.42W_{\mathrm{R}}(\tilde{\omega})+0.25\left[W_{\mathrm{R}}\left(\tilde{\omega}-\frac{2\pi}{N-1}\right)+W_{\mathrm{R}}\left(\tilde{\omega}+\frac{2\pi}{N-1}\right)\right]+0.04\left[W_{\mathrm{R}}\left(\tilde{\omega}-\frac{4\pi}{N-1}\right)+W_{\mathrm{R}}\left(\tilde{\omega}+\frac{4\pi}{N-1}\right)\right] \tag{8-7-27}$$

N 取 39 的布莱克曼窗及其幅度谱如图 8-7-9 所示。

幅度函数由 5 部分组成,使旁瓣进一步抵消。第一旁瓣比主瓣低 57 dB,所设计的滤波器 $\alpha_s=74$ dB。主瓣宽度为 $12\pi/N$。过渡带宽 $\Delta B=11\pi/N$ rad。

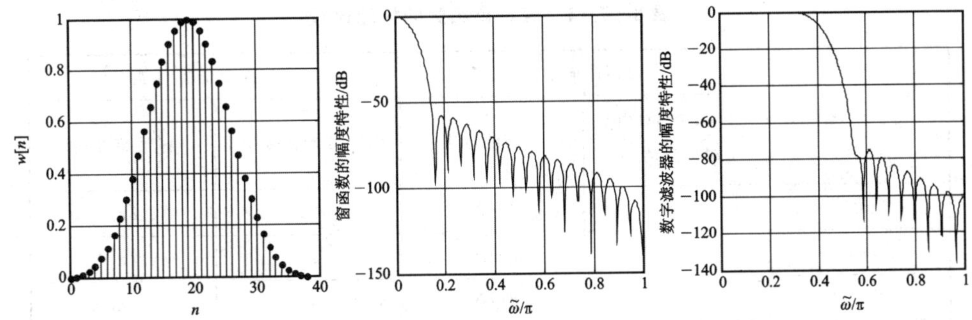

图 8-7-9　布莱克曼窗及其特性图

6. 凯塞窗(Kaiser-Basel window)

$$w_k[n]=\frac{I_0\left(\beta\sqrt{1-\left(\frac{2n}{N-1}-1\right)^2}\right)}{I_0(\beta)}R_N[n]$$

$$I_0(x)=1+\sum_{k=1}^{\infty}\left(\frac{1}{k!}\left(\frac{x}{2}\right)^k\right)^2 \tag{8-7-28}$$

式中:$I_0(x)$是第一类零阶修正贝塞尔函数,一般 $I_0(x)$取 20 项,即可满足精度要求。

β 为调整参数,β 参数可以控制窗的形状,一般 β 加大,主瓣加宽,旁瓣幅度减小,β 的典型数据为 $4<\beta<9$。当 $\beta=5.44$ 时,窗函数接近海明窗,$\beta=7.865$ 时接近布莱克曼窗。

若要求用凯塞窗函数设计出的 FIR 数字滤波器的阻带最小衰减系数 α_s,凯塞给出了估计参数 β 和滤波器阶数 $N-1$ 的经验公式为

$$\beta=\begin{cases}0.110\,2(\alpha_s-8.7), & \alpha_s\geqslant 50\text{ dB}\\ 0.584\,2(\alpha_s-21)^{0.4}+0.078\,86(\alpha_s-21), & 21\text{ dB}<\alpha_s<50\text{ dB}\\ 0, & \alpha_s\leqslant 21\text{ dB}\end{cases} \tag{8-7-29}$$

$$N-1=\frac{\alpha_s-7.95}{2.285\Delta B},\quad \Delta B=|\tilde{\omega}_s-\tilde{\omega}_p| \tag{8-7-30}$$

对于窗函数的选择,应考虑被分析信号的性质与处理要求。如果不需要考虑幅值的精度,则可选用主瓣宽度比较窄的矩形窗,例如测量频率等;如果抑制阻带,则应选用旁瓣幅度小的窗函数,如汉宁窗、海明窗等。上述各种窗函数的性能比较如表 8-7-1 所列。

表8-7-1 各种窗函数的性能比较

窗函数	窗谱性能指标		加窗后滤波器性能	
	第一旁瓣幅度比主瓣低的值/dB	主瓣的宽带	阻带最小衰减/dB	过渡带宽度
矩形窗	13	$4\pi/N$	21	$1.8\pi/N$
三角形窗	26	$8\pi/N$	25	$6.1\pi/N$
汉宁窗	31	$8\pi/N$	44	$6.2\pi/N$
海明窗	41	$8\pi/N$	53	$6.6\pi/N$
布莱克曼窗	57	$12\pi/N$	74	$11\pi/N$
凯塞窗($\beta=7.865$)	57	—	80	$10\pi/N$

8.7.5 窗函数法设计FIR数字滤波器的步骤及方法

综上分析,可以归纳出用窗函数法设计FIR数字滤波器的步骤如下:

① 根据对阻带衰减 α_s 的要求,选择窗函数,并估计窗口长度 N。

根据 α_s 即可确定窗函数。原则是在保证阻带、衰减满足要求的情况下,尽量选择主瓣窄的函数,从而确定对应窗函数的过渡带宽 ΔB。

过渡带指标如下:

LPF或HPF:

$$B=|\tilde{\omega}_s-\tilde{\omega}_p| \tag{8-7-31}$$

BPF或BSF:

$$B=\min\{|\tilde{\omega}_{sl}-\tilde{\omega}_{pl}|,|\tilde{\omega}_{su}-\tilde{\omega}_{pu}|\} \tag{8-7-32}$$

注意,如果是对模拟信号滤波,指标在模拟域给出,则要先通过式(8-4-21)将其转换为数字滤波器的指标,然后再计算 B。

然后由对应窗函数过渡带宽等于给定指标带宽,即可计算出 N,即由

$$\Delta B=B \tag{8-7-33}$$

得到 N。N 向上取整,但需要注意,当设计高通和带阻滤波器时,根据第一类线性相位条件,N 必须为奇数。

截止频率 $\tilde{\omega}_c$ 的确定:

LPF或HPF:

$$\tilde{\omega}_c=(\tilde{\omega}_s+\tilde{\omega}_p)/2 \tag{8-7-34}$$

BPF或BSF:

$$\tilde{\omega}_l=(\tilde{\omega}_{sl}+\tilde{\omega}_{pl})/2,\quad \tilde{\omega}_u=(\tilde{\omega}_{su}+\tilde{\omega}_{pu})/2 \tag{8-7-35}$$

② 根据技术要求确定滤波器的单位脉冲响应 $h_d[n]$:

$$h_d[n]=\frac{1}{2\pi}\int_{-\pi}^{\pi}H_d(e^{j\tilde{\omega}})e^{j\tilde{\omega}n}d\tilde{\omega} \tag{8-7-36}$$

当 $H_d(e^{j\tilde{\omega}})$较复杂或无法表示为解析式，即无封闭解时，可用 $H_d(e^{j\tilde{\omega}})$的 M 点采样点，如果 M 选得较大，则可以保证在窗口内 $h_M[n]$有效逼近 $h_d[n]$

$$h_M[n]=\frac{1}{M}\sum_{k=0}^{M-1}H_d\left(e^{j\frac{2\pi}{M}k}\right)e^{j\frac{2\pi}{M}kn} \tag{8-7-37}$$

根据阻带衰减和边界频率的要求，选用第一类线性相位 FIR 理想滤波器作为逼近函数。一般用理想滤波器的特性求得 $h_d[n]$。

③ 计算 $h[n]$，即 $h[n]=h_d[n]w[n]$，窗函数是偶对称的，按线性相位要求要保证 $h_d[n]$的对称性。

④ 验证指标是否满足要求：$H(e^{j\tilde{\omega}})=\sum\limits_{n=0}^{N-1}h[n]e^{-j\tilde{\omega}n}$。可采用 FFT 算法，如不满足，则需重复前几步。

【例 8-7-1】设计线性相位 FIR 低通滤波器。要求如下：采样频率 $f_{sam}=10^4$ Hz，通带截止频率 $\omega_p=2\pi\times10^3$ rad/s，阻带截止频率 $\omega_s=2\pi\times2\times10^3$ rad/s，阻带衰减不低于 50 dB，试用窗函数法设计。

解：(1) 求对应数字频率：

$$\tilde{\omega}_p=\omega_p T_{sam}=\omega_p/f_{sam}=0.2\pi\ \text{rad},\quad \tilde{\omega}_s=\omega_s/f_{sam}=0.4\pi\ \text{rad}$$

由 $\omega_c\approx\frac{1}{2}(\omega_p+\omega_s)=2\pi\times1.5\times10^3$ rad/s，有 $\tilde{\omega}_c=\omega_c/f_{sam}=0.3\pi$ rad。

过渡带宽　　$B=\tilde{\omega}_s-\tilde{\omega}_p=0.2\pi$ rad

(2) 确定窗函数和 N：

由阻带最小衰减为 50 dB，确定选用海明窗，其阻带最小衰减为 53 dB，由海明窗过渡带

$$\Delta B=\frac{6.6\pi}{N}=B=0.2\pi\Rightarrow N=33,\quad \tau=\frac{N-1}{2}=16$$

(3) 设 $H_d(e^{j\tilde{\omega}})$为理想线性相位滤波器，有

$$H_d(e^{j\tilde{\omega}})=\begin{cases}e^{-j\tilde{\omega}\tau}, & |\tilde{\omega}|\leqslant\tilde{\omega}_c\\ 0, & \text{其他}\end{cases}$$

$$h_d[n]=\text{DTFT}^{-1}\{H_d(e^{j\tilde{\omega}})\}=\begin{cases}\dfrac{\sin[\tilde{\omega}_c(n-\tau)]}{\pi(n-\tau)}, & n\neq\tau\\ \dfrac{\tilde{\omega}_c}{\pi}, & n=\tau\end{cases}$$

(4) 由海明窗表达式确定 FIR 的 $h[n]$为

$$h[n]=h_d[n]w[n]=\frac{\sin[0.3\pi(n-16)]}{\pi(n-16)}\cdot\left(0.54-0.46\cos\left[\frac{n\pi}{16}\right]\right)R_N[n]$$

滤波器的频率特性如图 8-7-10 所示。

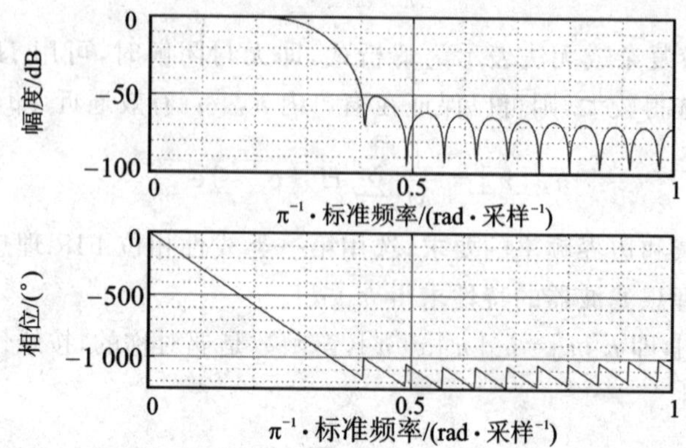

图 8-7-10 【例 8-7-1】设计图

【例 8-7-2】用窗函数法设计线性相位带阻 FIR 数字滤波器,要求通带下限截止频率为 $\tilde{\omega}_{pl}=0.4\pi$ rad,通带上限截止频率为 $\tilde{\omega}_{pu}=0.6\pi$ rad,阻带下限截止频率为 $\tilde{\omega}_{sl}=0.24\pi$ rad,阻带上限截止频率为 $\tilde{\omega}_{su}=0.78\pi$ rad,阻带最小衰减为 $\alpha_s=40$ dB。

解:(1) 确定滤波器的截止频率和过渡带 B:

$$\tilde{\omega}_l=(\tilde{\omega}_{sl}+\tilde{\omega}_{pl})/2=0.32\pi\ \text{rad},\quad \tilde{\omega}_u=(\tilde{\omega}_{su}+\tilde{\omega}_{pu})/2=0.69\pi\ \text{rad}$$

$$\text{过渡带宽 } B=\min\{|\tilde{\omega}_{sl}-\tilde{\omega}_{pl}|,|\tilde{\omega}_{su}-\tilde{\omega}_{pu}|\}=0.16\pi\ \text{rad}$$

(2) 确定窗函数和 N:

由阻带最小衰减为 40 dB,确定选用汉宁窗,其阻带最小衰减为 44 dB,由汉宁窗过渡带,有

$$\Delta B=\frac{6.2\pi}{N}=B=0.16\pi\Rightarrow N=38.75\Rightarrow N=39,\quad \tau=\frac{N-1}{2}=19$$

(3) 设 $H_d(e^{j\tilde{\omega}})$ 为理想线性相位滤波器,有

$$H_d(e^{j\tilde{\omega}})=\begin{cases}0, & \tilde{\omega}_l\leqslant|\tilde{\omega}|\leqslant\tilde{\omega}_u\\ e^{-j\tilde{\omega}\tau}, & \text{其他}\end{cases},\quad \tau=\frac{N-1}{2}=19$$

相应的单位脉冲响应 $h_d[n]$ 为

$$\begin{aligned}h_d[n]&=\frac{1}{2\pi}\int_{-\tilde{\omega}_l}^{\tilde{\omega}_l}e^{-j\tilde{\omega}\tau}e^{j\tilde{\omega}n}d\tilde{\omega}+\frac{1}{2\pi}\int_{\tilde{\omega}_u}^{\pi}e^{-j\tilde{\omega}\tau}e^{j\tilde{\omega}n}d\tilde{\omega}+\frac{1}{2\pi}\int_{-\pi}^{-\tilde{\omega}_u}e^{-j\tilde{\omega}\tau}e^{j\tilde{\omega}n}d\tilde{\omega}\\&=\frac{\sin[\tilde{\omega}_l(n-\tau)]+\sin[\pi(n-\tau)]-\sin[\tilde{\omega}_u(n-\tau)]}{\pi(n-\tau)},\quad \tau=\frac{N-1}{2}=19\end{aligned}$$

(4) 由汉宁窗表达式确定 FIR 的 $h[n]$:

$$\begin{aligned}h[n]&=h_d[n]\cdot w[n]\\&=\frac{\sin[0.32\pi(n-19)]+\sin[\pi(n-19)]-\sin[0.69\pi(n-19)]}{\pi(n-19)}\cdot\end{aligned}$$

$$0.5\left(1-\cos\left[\frac{n\pi}{19}\right]\right)R_{39}[n]$$

滤波器的频率特性如图 8-7-11 所示。

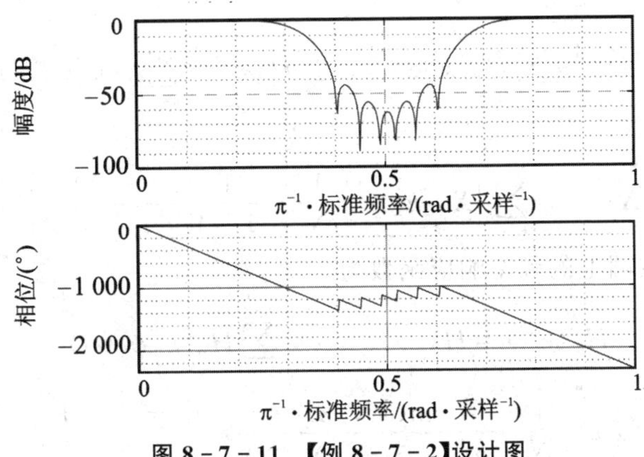

图 8-7-11　【例 8-7-2】设计图

窗函数法设计简单、实用，但不能形成工程表格，通过归一化的方法进行工程设计，且边界频率不易控制。窗函数法是指标在频域给出，但却在时域出发设计的方法。

8.8　频率采样法设计 FIR 数字滤波器

8.8.1　频率采样法设计 FIR 数字滤波器的原理

窗函数设计法，是从相应的理想滤波器频率响应函数 $H_d(e^{j\tilde{\omega}})$出发，求出它的单位脉冲响应 $h_d[n]$，然后根据设计要求用合适的窗函数加窗得到所设计的 FIR 数字滤波器的单位脉冲响应 $h[n]$。窗函数法是指标在频域给出，而从时域出发设计的方法。频率采样法则直接从频域设计，且适合设计具有任意幅度特性的滤波器，尤其当 $H_d(e^{j\tilde{\omega}})$比较复杂或不能用封闭公式表示而用一些离散值表示时，更为方便、有效。

频率采样法原理：FIR 数字滤波器的频率采样法设计的理论基础是频域采样定理。频率采样设计法就是通过对 $H_d(e^{j\tilde{\omega}})$进行采样得到 $H_d[k]$，然后通过变换得到所设计的 FIR 数字滤波器的 $h[n]$和系统函数 $H(z)$：

$$H_d(e^{j\tilde{\omega}}) \xrightarrow[N\text{点等间隔采样}]{\tilde{\omega}=0\sim 2\pi} H_d[k] \xrightarrow{\text{DFT}^{-1}} h[n] \xrightarrow{\text{ZT}} H(z)$$

$$\tilde{\omega}=\frac{2\pi}{N}k \qquad H_d[k] \xrightarrow{\text{内插公式}} H(z)$$

步骤:① $h[n]=\frac{1}{N}\sum_{k=0}^{N-1}H_d[k]e^{j\frac{2\pi}{N}kn}$;② $H(z)=\sum_{n=0}^{N-1}h[n]z^{-n}$;或直接利用频域采样内插公式:

$$X(z)=\sum_{k=0}^{N-1}\left\{X_d[k]\cdot\left[\frac{1}{N}\cdot\frac{1-z^{-N}}{1-W_N^{-k}z^{-1}}\right]\right\} \tag{8-8-1}$$

滤波器在单位圆上的频率响应函数为

$$H_d(e^{j\tilde{\omega}})=H(z)\Big|_{z=e^{j\tilde{\omega}}}=\sum_{k=0}^{N-1}H_d[k]\psi_k(\tilde{\omega}) \tag{8-8-2}$$

式中:内插函数 $\psi_k(\tilde{\omega})=\frac{1}{N}\frac{\sin(\tilde{\omega}N/2)}{\sin((\tilde{\omega}-2\pi k/N)/2)}e^{-j\left(\frac{N-1}{2}\tilde{\omega}+\frac{k\pi}{N}\right)}$。

在采样频率点上 $H_d[k]$ 与 $H(e^{j\tilde{\omega}})$ 一致,采样频率点之间为内插值。

8.8.2 用频率采样法设计线性相位 FIR 的条件

FIR 具有第一类线性相位的条件是:$h[n]$ 是实序列,且满足

$$h[n]=h[N-n-1]$$

再由 N 为奇数时,幅频关于 $\tilde{\omega}=\pi$ 偶对称;N 为偶数时,幅频关于 $\tilde{\omega}=\pi$ 奇对称,得到等价条件为:

$$\begin{cases}H_d(e^{j\tilde{\omega}})=H_g(\tilde{\omega})e^{j\varphi(\tilde{\omega})}\\ \varphi(\tilde{\omega})=-\frac{N-1}{2}\tilde{\omega}\\ H_g(\tilde{\omega})=H_g(2\pi-\tilde{\omega}),N\text{ 为奇数}\\ H_g(\tilde{\omega})=-H_g(2\pi-\tilde{\omega}),N\text{ 为偶数}\end{cases} \Rightarrow \begin{cases}H_d[k]=H_g[k]e^{j\varphi[k]}\\ \varphi[k]=-\frac{N-1}{2}\cdot\frac{2\pi}{N}k=-\frac{N-1}{N}\pi k\\ H_g[k]=H_g[N-k],N\text{ 为奇数}\\ H_g[k]=-H_g[N-k],N\text{ 为偶数}\end{cases}$$

$$\xrightarrow[\text{频率采样时满足线性相位的条件}]{N\text{点等间隔采样}:\tilde{\omega}=\frac{2\pi}{N}k,k=0,1,\cdots,N-1} \tag{8-8-3}$$

【例 8-8-1】设用理想低通滤波器作为希望设计的滤波器,截止频率为 $\tilde{\omega}_c$,采样点数为 N,请用频率采样法设计该滤波器。

解:截止频率处为 $k_c=\frac{\tilde{\omega}_c}{2\pi}N$,舍小数取整。$k_c$ 与 k_c+1 之间形成过渡带:

$$\Delta B\approx\frac{2\pi}{N},\quad \text{可据此确定 } N$$

所以，$H_g[k]$和 $\varphi[k]$用下面的公式计算：

（1）当 N 为奇数时，参见图 8-8-1。

$$H_g[0]=1$$

$$H_g[k]=H_g[N-k]=1,\quad k=1,2,\cdots,k_c$$

$$H_g[k]=0,\quad k=k_c+1,\quad k_c+2,\cdots,N-k_c-1$$

$$\varphi[k]=-\frac{N-1}{N}\pi k,\quad k=0,1,2,\cdots,N-1$$

注意，高通和带阻滤波器只能选取 N 为奇数。

（2）当 N 为偶数时，参见图 8-8-2。

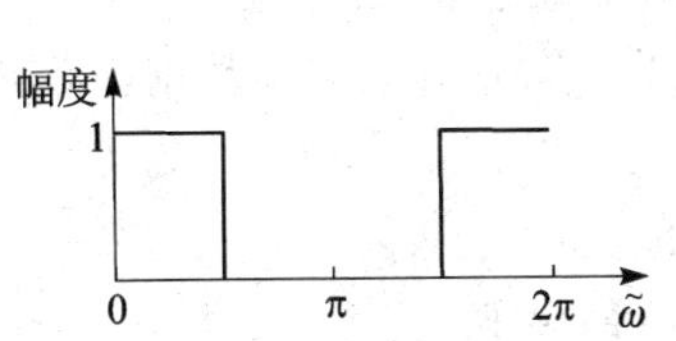

图 8-8-1　N 为奇数时的理想低通滤波器幅频响应

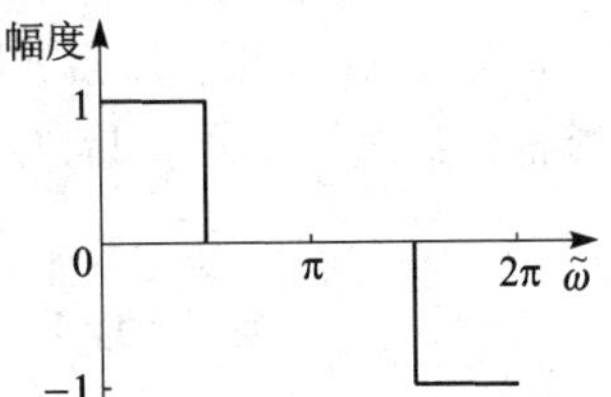

图 8-8-2　N 为偶数时的理想低通滤波器幅频响应

$$H_g[k]=1,\quad k=0,1,2,\cdots,k_c$$

$$H_g[k]=0,\quad k=k_c+1,\quad k_c+2,\cdots,N-k_c-1$$

$$H_g[N-k]=-1,\quad k=1,2,\cdots,k_c$$

$$\varphi[k]=-\frac{N-1}{N}\pi k,\quad k=0,1,2,\cdots,N-1$$

8.8.3　频率采样法的逼近误差及改进措施

1. 频率采样法设计 FIR 滤波器的逼近误差分析

频率采样设计法逼近误差具有如下特点：

① 在采样频率点上逼近误差为零，$H_g(\tilde{\omega})$其余频率上幅度响应值由内插函数叠加形成。理想频率响应特性变化越平缓，则内插值越接近理想值，逼近误差越小。

② 采样点之间的理想特性变化越陡，则内插值与理想值之差就越大，就会产生大的正肩峰和负肩峰。因此，在 $H_g(\tilde{\omega})$过渡带两侧逼近误差最大，通带和阻带均有波纹，过渡带宽度近似为 $2\pi/N$。

③ 采样点数 N 越大，通带和阻带的波动越快，过渡带越窄，逼近误差越小。但 α_p 和 α_s 随 N 的增大并无多大改善。

综上，应用频率采样设计法时若不能满足频域采样定理的要求，就会发生时域混叠；另外，对于趋于理想的滤波器，其在截止频率处陡变，过渡带太窄，无限长的

$h_d[n]$能量越不集中,时域混叠就越严重,这都是造成产生吉布斯效应的原因。为此,N 越大,过渡带越平缓,设计出的滤波器越逼近所设计的 $H_d(e^{j\tilde{\omega}})$。

2. 改进措施——通过增加过渡带点调整 α_s

为了提高逼近质量,减少逼近误差,类似于窗函数法的加窗平滑截断,将希望逼近的幅度特性 $H_g(\tilde{\omega})$从通带平滑地过渡到阻带,放弃阶跃过渡带方式,使得对应的$h[n]$能量更加集中,也就是说对幅度采样 $H_d[k]$设置了过渡带的采样点后,尽管以加宽过渡带作为代价,但 $h[n]$的主要能量区间大幅缩小,频域采样就更能趋近于满足频域采样定理,减少混叠,进而换取得到通带和阻带内波纹幅度的减小,加大阻带衰减。过渡带的采样点个数 m 与要求的滤波器阻带最小衰减 α_s 有关。

过渡带的采样点个数 m 与要求的滤波器阻带最小衰减 α_s 的经验数据如表 8-8-1 所列。

表 8-8-1　过渡带的采样点个数 m 与要求的滤波器阻带最小衰减 α_s 的经验数据

m	0	1	2	3
α_s/dB	20	44～54	65～75	85～95

过渡带采样点的值可试凑确定,以使阻带衰减 α_s 达到要求。

虽然设置过渡带采样点可以使滤波器通带内和阻带内的波纹幅度减小,但这是以加宽过渡带宽度为代价的。如果设置 m 个过渡带采样点,则过渡带宽度近似为

$$\Delta B \approx \frac{2\pi}{N}(m+1) \tag{8-8-4}$$

当 N 确定时, m 越大,过渡带越宽。如果给定过渡带宽度为 ΔB,基于式(8-8-4)求取 N,则 $N \geqslant 2\pi(m+1)/\Delta B$。注意,高通和带阻滤波器只能选取 N 为奇数。

【例 8-8-2】利用频率采样法设计线性相位滤波器,要求截止频率 $\tilde{\omega}_c = \pi/2$ rad,采样点数 $N=33$,选用 $h[n]=h[N-n-1]$的情况。

解:(1) 用理想低通作为逼近滤波器:

$$k_c = \frac{\tilde{\omega}_c}{2\pi}N = 8$$

$$H_g[0]=1,\quad H_g[k]=H_g[33-k]=1,\quad k=1,2,\cdots,8$$

$$H_g[k]=0,\quad k=9,10,\cdots,23,24$$

$$\varphi[k] = -\frac{32}{33}\pi k,\quad k=0,1,2,\cdots,32$$

然后通过内插公式得到 $H(e^{j\tilde{\omega}})$,其频响阻带最小衰减不到 20 dB。

(2) 加大阻带衰减可以通过加过渡点来实现:

加一个过渡点,$k=9$ 时,$H_g[k]=0.5$,此时阻带最小衰减达到 30 dB;

加一个过渡点，$k=9$ 时，$H_g[k]=0.3904$，此时阻带最小衰减达到 40 dB。

(3) 如果将 N 加大到 $N=65$，采用两个过渡点：

$k=9$ 时，$H_g[k]=0.5886$；$k=10$ 时，$H_g[k]=0.1065$，此时阻带最小衰减超过 60 dB，但 N 增加了近 1 倍，运算量加大了。

8.8.4 频率采样法的设计步骤

根据前面的讨论，可归纳出频率采样法的设计步骤如下：

① 根据阻带最小衰减 α_s，确定过渡带采样点的个数 m。

② 根据过渡带宽度 ΔB 的要求，由下式估算滤波器长度 N。

$$N \geqslant 2\pi(m+1)/\Delta B \tag{8-8-5}$$

③ 构造希望逼近滤波器的频率响应的 N 点等间隔采样 $H_g(\tilde{\omega})$。

如果增加过渡带采样，其采样值可设置为经验值。

④ 由内插公式获得 $H(z)$。

⑤ 对设计结果进行检验。如果阻带的最小衰减 α_s 未达到指标要求，则要改变过渡带采样设置值并试凑，直到满足指标要求为止。如果滤波器边界频率未达到指标要求，则需调整 $H_d(e^{j\tilde{\omega}})$ 的边界频率。

【例 8-8-3】用频率采样法设计严格线性相位 FIR 低通数字滤波器。要求通带截止频率 $\tilde{\omega}_p=\pi/3$ rad，过渡带宽度 $\Delta B=\pi/15$ rad，阻带最小衰减 40 dB。

解：希望逼近滤波器选择为理想低通滤波器：

$$H_d(e^{j\tilde{\omega}})=H_g(\tilde{\omega})e^{-j\tilde{\omega}(N-1)/2}$$

当 α_s 要求大于 40 dB 时，需要在过渡带设置 $m=1$ 个采样点。

滤波器的长度 N，即采样点数满足

$$N \geqslant 2\pi(m+1)/\Delta B = 60$$

如果要求采样点数为奇数，可取 $N=61$，$k_p=N\tilde{\omega}_p/(2\pi)=10$，并在 $k=11$ 和 $k=50$ 处安排过渡点采样。当过渡点采样值设置为 0.38 时，通带最大衰减约为 0.48 dB，阻带最小衰减约为 43 dB，过渡带宽度约为 $4\pi/61$ rad，即

$$H_g[0]=1,\quad H_g[k]=H_g(61-k)=1,\quad k=1,2,\cdots,10$$

$$H_g[k]=0.38,\quad k=11,50$$

$$H_g[k]=0,\quad k=12,10,\cdots,48,49,50$$

$$\varphi[k]=-\frac{60}{61}\pi k,\quad k=0,1,2,\cdots,60$$

8.8.5 FIR 数字滤波器的频率采样结构

由频域采样定理，当采样点数 N 大于或等于 $h[n]$ 的长度 M 时，则不会失真，且

有如下内插公式:

$$H(z)=(1-z^{-N})\frac{1}{N}\sum_{k=0}^{N-1}\frac{H[k]}{1-W_N^{-k}z^{-1}}=\frac{1}{N}H_c(z)\sum_{k=0}^{N-1}H_k(z),\quad H[k]\text{ 为采样值} \tag{8-8-6}$$

此即为FIR数字滤波器的频率采样结构系统函数,其是由梳状滤波器 $H_c(z)$ 和 N 个一阶网络 $H_k(z)$ 的并联再级联而成的。

由于每个 $H_k(z)$ 都引入一个极点,但与 $H_c(z)$ 的零点恰好抵消,都在单位圆上,系统仍稳定。FIR数字滤波器的频率采样结构信号流图如图8-8-3所示。

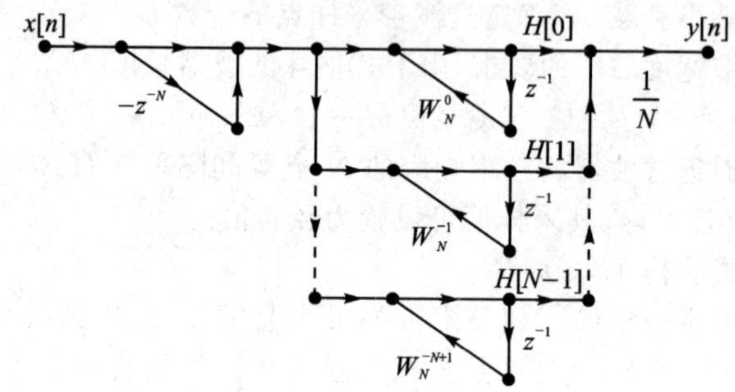

图8-8-3 FIR数字滤波器的频率采样算法结构

FIR数字滤波器的频率采样结构评价如下:

优点:① 只要调 $H[k]$ 就可调整频响特性; ② 只要 N 不变,结构即不变,只是 $H[k]$ 不同,便于标准化、模块化。

缺点:① 由于有限字长效应等原因,零、极点不能完全对消,影响系统稳定;② 当采样点数 N 很大时,网络结构很复杂,需要的乘法器和延时单元很多,对于窄带滤波器,大部分采样值为零,使二阶网络个数大大减少,所以频率采样结构适合窄带滤波器的设计;③ $H[k]$ 和 W_N^{-k} 为复数,复数乘法不方便。

针对FIR数字滤波器的频率采样结构的缺点,修改方法如下:

① 在 $r<1$,且 $r\approx 1$ 的单位圆上进行采样,从而保证系统的稳定;

② 由于窄带滤波器的大部分采样值 $H[k]$ 为0,运算量相对减少,所以运用于窄带滤波器,有

$$H(z)=(1-r^N z^{-N})\frac{1}{N}\sum_{k=0}^{N-1}\frac{H_r[k]}{1-rW_N^{-k}z^{-1}} \tag{8-8-7}$$

若 $h[n]$ 是实序列,根据其DFT变换对称性,$H[k]=H^*(N-k)$,旋转因子 $W_N^{-k}=W_N^{-(N-k)}$,将 $H_k(z)$ 和 $H_{N-k}(z)$ 合并为一个二阶网络,并记为 $\hat{H}_k(z)$。

$$\hat{H}_k(z)=H_k(z)+H_{N-k}(z)=\frac{H[k]}{1-rW_N^{-k}z^{-1}}+\frac{H[N-k]}{1-rW_N^{-(N-k)}z^{-1}}$$

$$=\frac{H[k]}{1-rW_N^{-k}z^{-1}}+\frac{H^*[k]}{1-rW_N^{k}z^{-1}}$$

$$= \frac{a_{0k} + a_{1k} z^{-1}}{1 - 2r\cos\left[\frac{2\pi}{N}k\right] z^{-1} + r^2 z^{-2}} \tag{8-8-8}$$

式中：$a_{0k} = 2\mathrm{Re}\{H[k]\}$，$a_{1k} = 2\mathrm{Re}\{rH[k]W_N^k\}$。

显然，二阶网络 $H_k(z)$ 的系数都为实数，FIR 数字滤波器频率采样修正型子网络结构如图 8-8-4 所示。

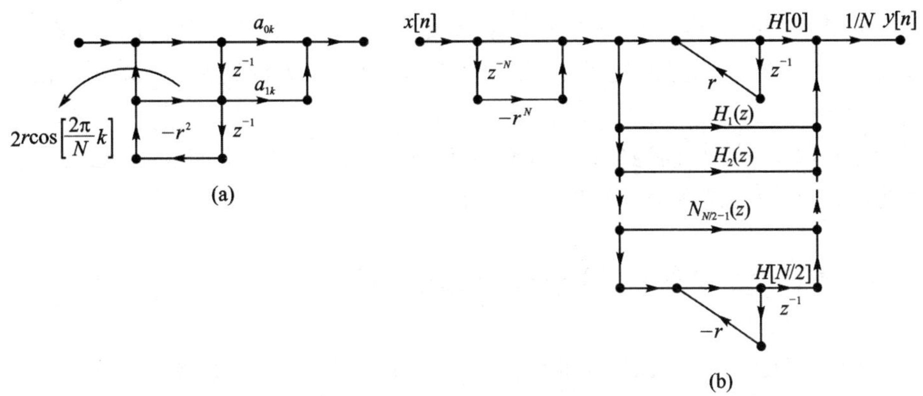

图 8-8-4　FIR 数字滤波器的修正频率采样算法结构

当 N 为偶数时，$H(z)$ 可表示为

$$H(z) = (1 - r^N z^{-N}) \frac{1}{N}\left(\frac{H[0]}{1 - rz^{-1}} + \frac{H\left[\frac{N}{2}\right]}{1 + rz^{-1}} + \sum_{k=1}^{\frac{N}{2}-1} \frac{a_{0k} + a_{1k} z^{-1}}{1 - 2\cos\left[\frac{2\pi}{N}k\right] z^{-1} + r^2 z^{-2}}\right) \tag{8-8-9}$$

式中：$H[0]$ 和 $H[N/2]$ 为实数。对应的频率采样修正结构由 $(N/2)-1$ 个二阶网络和 2 个一阶网络并联构成。

当 N 为奇数时，只有 1 个采样值 $H[0]$ 为实数，$H(z)$ 可表示为

$$H(z) = (1 - r^N z^{-N}) \frac{1}{N}\left(\frac{H[0]}{1 - rz^{-1}} + \sum_{k=1}^{(N-1)/2} \frac{a_{0k} + a_{1k} z^{-1}}{1 - 2\cos\left[\frac{2\pi}{N}k\right] z^{-1} + r^2 z^{-2}}\right) \tag{8-8-10}$$

N 等于奇数的修正结构由 1 个一阶网络和 $(N-1)/2$ 个二阶网络结构构成。

*8.9　FIR 数字滤波器最优化设计

前面讨论的 FIR 数字滤波器的窗函数设计法和频率采样设计法，简单方便，易于实现。但这两种设计方法存在一些不足：

① 不能精确指定滤波器的边界频率 ω_p 和 ω_s,只能接受设计所得的大体适用值。

② 窗函数设计法使通带和阻带波纹幅度相等,频率采样设计法只能控制阻带波纹幅度,两种方法均不能分别独立控制通带和阻带波纹幅度。这在实际工程设计中是不方便的。

③ 理想滤波器的幅频响应与所设计滤波器幅频响应之间的逼近误差,在全频带区间上不是均匀分布的。靠近边界频率处误差较大,距边界频率越远,误差越小。可以设想,如果使逼近误差在通带、阻带都均匀分布,即等波纹幅度,就可以在满足相同技术指标的条件下,得到一个较低阶的滤波器。

能够克服上述三个问题的最优化设计方法,其数学分析、推演复杂,已超出了本书的范围,这里只介绍其设计思想。

8.9.1 FIR 数字滤波器最优化设计准则

FIR 数字滤波器的最优化设计中,第一种常用的准则,就是在 8.7 节中已经讨论的最小均方误差准则,其结果是用矩形窗函数 $R_N[n]$ 直接截取理想滤波器单位脉冲响应 $h_d[n]$ 的一段,作为所设计滤波器的单位脉冲响应 $h[n]$,即

$$h[n]=\begin{cases}h_d[n], & 0\leqslant n\leqslant N-1\\ 0, & \text{其他}\end{cases} \tag{8-9-1}$$

这是一种时域逼近法。所以矩形窗函数法是最小均方误差准则的最优化设计法,它保证在整个频带上误差平方的积分所得面积最小,但不排除在某些频率点上误差幅度较大,这主要是指由于吉布斯效应,在过渡带的内侧通带内有较大的正肩峰,而外侧阻带内有较大的负肩峰。矩形窗函数法所设计的 FIR 数字滤波器过渡带窄,但波纹大,阻带衰减小。所以实际应用中很少直接采用矩形窗函数,而选择旁瓣电平小的窗函数,但这增加了过渡带宽度。

第二种常用的准则是最大误差最小化准则,它使幅度误差在整个逼近频段上均匀分布;按该准则所设计的 FIR 数字滤波器的幅频响应在通带和阻带都是等波纹的,而且可以分别独立控制通带和阻带的波纹幅度;在滤波器长度给定的条件下能使加权误差波纹幅度最小。所以该准则是一种等波纹最佳逼近优化设计准则,即用等波纹最佳逼近法设计 FIR 数字滤波器。在这种设计方法的长期研究中,切比雪夫(Chebyshev)、帕克斯-麦克莱伦(Parks - McClellan)和雷米兹(Remez)等学者分别从各自的学科对解决这个问题做出了贡献,所以这种设计方法也称为切比雪夫逼近法,或雷米兹逼近法。

8.9.2　等波纹最佳逼近法的设计思想

用 $H_{\mathrm{d}}(\tilde{\omega})$ 表示希望逼近的滤波器幅度特性函数，要求设计线性相位 FIR 数字滤波器时，$H_{\mathrm{d}}(\tilde{\omega})$ 必须满足线性相位的约束条件。用 $W(\tilde{\omega})$ 表示所设计的 FIR 数字滤波器幅度特性函数。定义加权幅度误差函数为

$$e(\tilde{\omega})=W(\tilde{\omega})\left[H_{\mathrm{d}}(\tilde{\omega})-H(\tilde{\omega})\right] \tag{8-9-2}$$

式中：$W(\tilde{\omega})$ 是幅度误差加权函数，用来控制不同频带（一般指通带和阻带）的幅度逼近误差。所以，幅度加权函数 $W(\tilde{\omega})$ 是为在通带和阻带取不同的波纹值而设置的。一般地，在要求逼近精度高的频带，$W(\tilde{\omega})$ 取值大；而在要求逼近精度低的频带，$W(\tilde{\omega})$ 取值小。设计过程中，$W(\tilde{\omega})$ 是由设计者根据通带最大衰减 α_{p} 和阻带最小衰减 α_{s} 的指标要求取定的确知函数。对于 FIR 低通数字滤波器，常取

$$W(\tilde{\omega})=\begin{cases}k\delta_2/\delta_1, & 0\leqslant\tilde{\omega}\leqslant\omega_{\mathrm{p}}\\ k, & \omega_{\mathrm{p}}\leqslant\tilde{\omega}\leqslant\pi\end{cases} \tag{8-9-3}$$

式中：δ_1 和 δ_2 分别为滤波器设计指标中通带和阻带的振荡波纹幅度，如图 8-9-1 所示，k 是正的系数。如果 $\delta_2/\delta_1<1$，则说明对通带波纹的加权比较小。例如，若 $\delta_2/\delta_1=0.1$，则加权设计的等波纹滤波器，在通带内的最大波纹 δ_1 将比阻带内的最大波纹 δ_2 大 10 倍，此时加权函数 $W(\tilde{\omega})=[1,10]$。

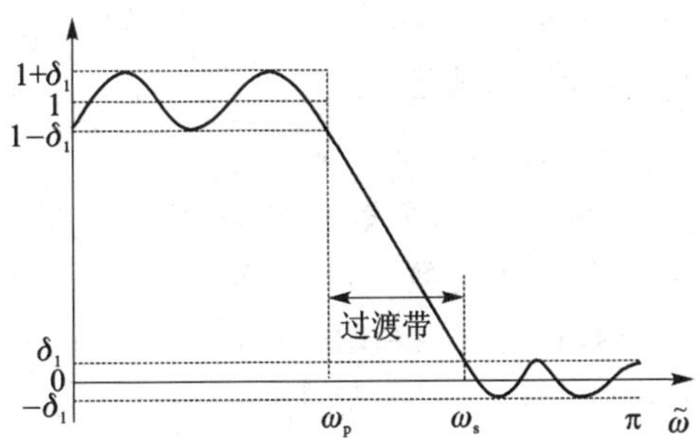

图 8-9-1　等波纹滤波器的幅频特性曲线

滤波器的通带最大衰减 α_{p} 和阻带最小衰减 α_{s} 与通带和阻带的振荡波纹幅度 δ_1 和 δ_2 的换算关系为

$$\alpha_{\mathrm{p}}=20\lg\left(\frac{1+\delta_1}{1-\delta_2}\right) \tag{8-9-4}$$

$$\alpha_{\mathrm{s}}=-20\lg\left(\frac{\delta_2}{1+\delta_1}\right)\approx-20\lg\delta_2 \tag{8-9-5}$$

或者

$$\delta_1=\frac{10^{\alpha_p/20}-1}{10^{\alpha_p/20}+1} \qquad (8-9-6)$$

$$\delta_2=10^{-\alpha_s/20} \qquad (8-9-7)$$

等波纹最佳逼近法的设计，在于找到滤波器的系数向量，即单位脉冲响应 $h[n]$ $(0\leqslant n\leqslant N-1)$，使得在通带 $\tilde{\omega}=[0,\omega_p]$ 和阻带 $\tilde{\omega}=[\omega_s,\pi]$ 频带内的最大绝对值幅度误差 $|e(\tilde{\omega})|$ 为最小，这就是最大误差最小化问题。建立在最大误差最小化准则基础上的 FIR 数字滤波器的最优化设计，应用数学上的切比雪夫逼近理论，获得了可控的通带和阻带性能，并能准确地指定通带和阻带的边界。

帕克斯-麦克莱伦利用交替定理解决了上述滤波器设计的优化问题。根据切比雪夫逼近理论，它的解就是 $e(\tilde{\omega})$ 在 $[0,\omega_p]$ 和 $[\omega_s,\pi]$ 频带内必须有正负交替出现且极值相等的波纹，见图 8-9-1 波形。这样的描述归结为如下的交替定理：

设 $\phi_{\tilde{\omega}}$ 表示闭区间 $[0,\pi]$ 上的任意闭子集，例如是 $[0,\omega_p]$ 和 $[\omega_s,\pi]$ 的合集，为了使式(8-9-2)所表示的 $H(\tilde{\omega})$ 在 $\varphi_{\tilde{\omega}}$ 中唯一地最佳逼近于 $H_d(\tilde{\omega})$，其必要和充分条件是误差函数 $e(\tilde{\omega})$ 在 $\phi_{\tilde{\omega}}$ 中是等幅波动的，并且该误差函数 $e(\tilde{\omega})$ 在 F 中至少有 $L+2$ 个极点。也就是说，在闭子集 $\phi_{\tilde{\omega}}$ 中，存在着

$$0\leqslant\omega_1<\omega_2<\cdots<\omega_{L+2}\leqslant\pi$$

式中：包括 ω_p 和 ω_s，在这些频率点上的误差函数正负交替出现，且都达到同样的极值 e_m，即

$$e(\omega_i)=(-1)^i e_m,\quad i=0,1,\cdots,L+2 \qquad (8-9-8)$$

式中：e_m 可以是一个正数或负数，满足

$$|e_m|=\max\{|e(\tilde{\omega})|\}_{\tilde{\omega}\in F} \qquad (8-9-9)$$

该定理称为交替定理。定理中与极点个数有关的参数 L，取决于滤波器的阶数 M，当 M 为偶数时，$L=M/2$；当 M 为奇数时，$L=(M-1)/2$。

运用交替定理，就意味着在通带内和阻带内的幅度特性分别满足

$$|H(\tilde{\omega})-1|\leqslant|\delta_1 e_m/\delta_2|=\delta_1,\quad 0\leqslant\tilde{\omega}\leqslant\omega_p \qquad (8-9-10)$$

$$|H(\tilde{\omega})|\leqslant e_m=\delta_2,\quad \omega_s\leqslant\omega\leqslant\pi \qquad (8-9-11)$$

所以，通带内的最佳 $H(\tilde{\omega})$ 应在 $1\pm\delta_1$ 之间正负交替地波动，而阻带内的最佳 $H(\tilde{\omega})$ 应在 $\pm\delta_2$ 之间正负交替地波动，见图 8-9-1 所示波形。通过调整幅度误差加权函数 $W(\tilde{\omega})$，就可以分别独立控制通带波纹和阻带波纹。

帕克斯-麦克莱伦采用基于交替定理的雷米兹交替算法，通过逐次迭代逼近的运算求得滤波器的系数向量 $h[n]$，实现了等波纹最佳逼近法的滤波器设计。

对于 FIR 低通等波纹滤波器设计，一般是给定指标 α_p 或 δ_1、α_s 或 δ_2、ω_p 或 ω_s，这就需要求出能满足这些指标要求的最佳滤波器长度。目前，有一些估算公式可用于估计最佳滤波器的长度 N，常用的是凯塞经验公式。一般情况下，估计滤波器长度 N 的凯塞经验公式为

$$N \approx \frac{-20\lg(\sqrt{\delta_1\delta_2})-13}{14.6|\omega_p-\omega_s|/(2\pi)}+1 \qquad (8-9-12)$$

对于窄带低通滤波器，δ_2 对滤波器长度 N 起主要作用，此时

$$N \approx \frac{-20\lg\delta_2+0.22}{|\omega_p-\omega_s|/(2\pi)}+1 \qquad (8-9-13)$$

对于宽带低通滤波器，δ_1 对滤波器长度 N 起主要作用，此时

$$N \approx \frac{-20\lg\delta_1+5.94}{27|\omega_p-\omega_s|/(2\pi)}+1 \qquad (8-9-14)$$

归纳上述讨论，用等波纹最佳逼近法设计 FIR 数字滤波器的步骤如下：

① 根据滤波器的设计指标要求，即边界频率、通带最大衰减 α_p 或 δ_1、阻带最小衰减 α_s 或 δ_2 等，来估计滤波器的阶数 $M=N-1$，以确定幅度误差加权函数 $W(\tilde{\omega})$。

② 采用雷米兹交替算法，获得所设计滤波器的单位脉冲响应 $h[n]$。

8.10 IIR 与 FIR 数字滤波器比较

1. 从性能上讲

IIR 的极点可位于单位圆内的任何地方，因此可以用较低的阶数获得高的选择性，所用的存储单元少，经济且高效。但是这种高效是以非线性相位为代价的，选择性越好，则相位非线性越严重。若用全通网络修正 IIR，使其具有线性相位，则会增加复杂性和成本。

FIR 可以得到严格的线性相位，但极点被固定在原点，只能用较高的阶数达到高的选择性；同样的幅频指标，FIR 所要求的阶数比 IIR 高 5～10 倍，计算量大。

2. 从结构上讲

IIR 采用递归结构，极点必须在单位圆内，保证因果稳定，但这种结构有限字长效应会引起寄生振荡。

FIR 为非递归结构，有限精度运算中不存在稳定问题，且 FIR 可以采用 FFT 算法，在相同阶数的条件下，运算速度可以更快。因为 FIR 的差分方程 $y[n]=\sum_{m=0}^{N}h[m]x[n-m]$ 本身就是线性卷积，因此，可以利用快速卷积法滤波。

3. 从设计工具看

IIR 滤波器可以借助成熟模拟滤波器的设计成果，因此一般都有封闭形式的设

计公式可供准确计算,计算工作量比较小,对计算工具的要求不高。

FIR滤波器计算通带和阻带衰减等仍无显式表达式,其边界频率也不易精确控制。一般FIR采用计算机反复设计和核对。

4. 特殊滤波效果

IIR滤波器虽设计简单,但主要是用于设计具有片断常数特性的滤波器,如低通、高通、带通、带阻等,往往脱离不了模拟滤波器的格局。

FIR滤波器更活,尤其适于某些特殊应用,如构成微分器或积分器,或用于完成巴特沃斯滤波器等无法达到的指标。

从上面的简单比较可以看到,IIR与FIR滤波器各有所长,所以在实际应用时应该全面考虑加以选择。例如,在对相位要求不敏感的场合,选用IIR滤波器较为合适,这样可以充分发挥其经济、高效的特点;而对以波形携带信号的系统,则对线性相位要求较高,采用FIR滤波器较好。

习题及思考题

1. 设计一个巴特沃斯模拟低通滤波器 $H(s)$。要求通带截止频率 $f_p=6$ kHz,通带最大衰减 $a_p=3$ dB,阻带截止频率 $f_s=12$ kHz,阻带最小衰减 $a_s=25$ dB。

2. 设计一个切比雪夫低通滤波器 $H(s)$。要求通带截止频率 $f_p=3$ kHz,通带最大衰减 $a_p=0.5$ dB,阻带截止频率 $f_s=12$ kHz,阻带最小衰减 $a_s=40$ dB。

3. 设计一个巴特沃斯高通滤波器 $H(s)$。要求其通带截止频率 $f_{ph}=30$ kHz,阻带截止频率 $f_s=10$ kHz,f_{ph} 处最大衰减为3 dB,阻带最小衰减 $a_s=15$ dB。

4. 设计一个巴特沃斯带通滤波器 $H(s)$。要求其通带下限截止频率 $f_{pl}=70$ kHz,通带上限截止频率 $f_{pu}=120$ kHz;阻带下限截止频率 $f_{sl}=10$ kHz,阻带上限截止频率 $f_{su}=190$ kHz,通带最大衰减系数为 $a_p=2$ dB,阻带最小衰减系数 $a_s=15$ dB。

5. 设计一个巴特沃斯带阻滤波器 $H(s)$。要求其通带下限截止频率 $f_{pl}=10$ kHz,通带上限截止频率 $f_{pu}=50$ kHz;阻带下限截止频率 $f_{sl}=200$ kHz,阻带上限截止频率 $f_{su}=240$ kHz,通带最大衰减系数为2 dB,阻带最小衰减系数 $a_s=16$ dB。

6. 已知模拟滤波器的系统函数如下:

(1) $H(s)=\dfrac{1}{s^2+s+1}$;　　(2) $H(s)=\dfrac{b}{2s^2+3s+1}$。

试采用脉冲响应不变法和双线性变换法分别将其转换为数字滤波器。设 $T_{sam}=1$ s。

7. 设 $h(t)$ 表示一模拟滤波器的单位脉冲响应,即

$$h(t)=\begin{cases}e^{-0.9t}, & t\geqslant 0\\ 0, & t<0\end{cases}$$

采用脉冲响应不变法，将此模拟滤波器转换成数字滤波器，并证明：T_{sam} 为任何值时，数字滤波器都是稳定的，并说明数字滤波器近似为低通滤波器还是高通滤波器。

8. 图题 1 是由 R、C 组成的模拟滤波器，写出其系统函数 $H(s)$，并选用一种合适的转换方法，分别用脉冲响应不变法和双线性变换法将 $H(s)$ 转换成数字滤波器 $H(z)$。

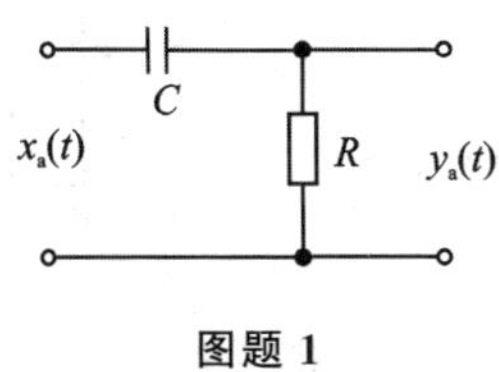

图题 1

9. 设计低通数字滤波器，要求通带内频率低于 0.2π rad 时，容许幅度误差在 1 dB 之内；频率在 0.3π～π 之间的阻带衰减大于 10 dB。试采用巴特沃斯型模拟滤波器进行设计，用脉冲响应不变法进行转换，采样间隔 $T_{\mathrm{sam}}=1$ ms。

10. 要求同题 9，试采用双线性变换法设计数字低通滤波器。

11. 设计一个数字高通滤波器，要求通带截止频率 $\tilde{\omega}_{\mathrm{p}}=0.8\pi$ rad，通带衰减不大于 3 dB，阻带截止频率 $\tilde{\omega}_{\mathrm{s}}=0.5\pi$ rad，阻带衰减不小于 18 dB，希望采用巴特沃斯型滤波器。

12. 基于脉冲响应不变法设计一个巴特沃斯型数字带通滤波器，通带范围为 0.25～0.45π rad，通带内最大衰减为 3 dB，0.1π rad 以下和 0.6π rad 以上为阻带，阻带内最小衰减为 15 dB。

13. 要求同题 12，试采用双线性变换法设计数字带通滤波器。

14. 设计巴特沃思数字带阻滤波器，要求阻带范围为 $0.25\pi\ \mathrm{rad}\leqslant\tilde{\omega}\leqslant 0.45\pi\ \mathrm{rad}$，通带最大衰减为 3 dB，通带范围为 $0\leqslant\tilde{\omega}\leqslant 0.1\pi$ rad 和 $0.6\pi\ \mathrm{rad}\leqslant\tilde{\omega}\leqslant\pi$ rad，阻带最小衰减为 40 dB。

15. 已知 FIR 滤波器的单位脉冲响应如下：

(1) $h[n]$长度 $N=6$，$h[0]=h[5]=1.5$，$h[1]=h[4]=2$，$h[2]=h[3]=3$。

(2) $h[n]$长度 $N=7$，$h[0]=-h[6]=3$，$h[1]=-h[5]=-2$，$h[2]=-h[4]=1$，$h[3]=0$。

试分别说明它们的幅度特性和相位特性各有什么特点。

16. 已知第一类线性相位 FIR 滤波器的单位脉冲响应长度为 16，其 16 个频域幅度采样值中的前 9 个为：$H_{\mathrm{g}}[0]=12$，$H_{\mathrm{g}}[1]=8.34$，$H_{\mathrm{g}}[2]=3.79$，$H_{\mathrm{g}}[3]$～$H_{\mathrm{g}}[8]=0$。根据第一类线性相位 FIR 滤波器幅度特性 $H_{\mathrm{d}}(\mathrm{e}^{\mathrm{j}\tilde{\omega}})$的特点，求其余 7 个频域幅度采样值。

17. 已知 9 阶第一类线性相位特性 FIR 数字滤波器的部分零点为 $z_1=2, z_2=\mathrm{j}0.5$，$z_3=-\mathrm{j}$。试确定该滤波器的其他零点。若 $h[0]=1$，求出该滤波器的系统函数 $H(z)$。

18. 图题 2 中 $h_1[n]$ 和 $h_2[n]$ 是偶对称序列，$N=8$，设 $H_1[k]=\mathrm{DFT}\{h_1[n]\}_8$，$H_2[k]=\mathrm{DFT}\{h_2[n]\}_8$。

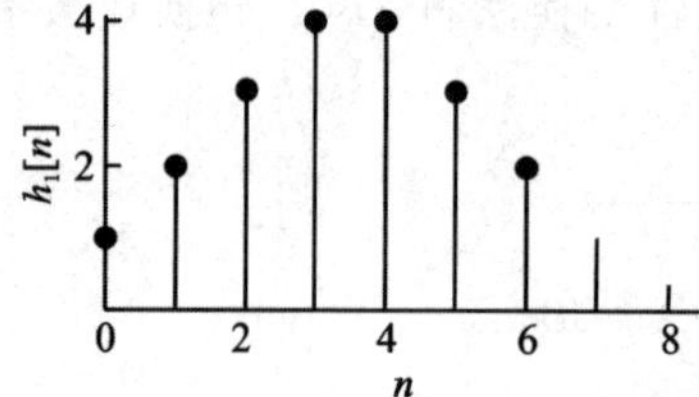

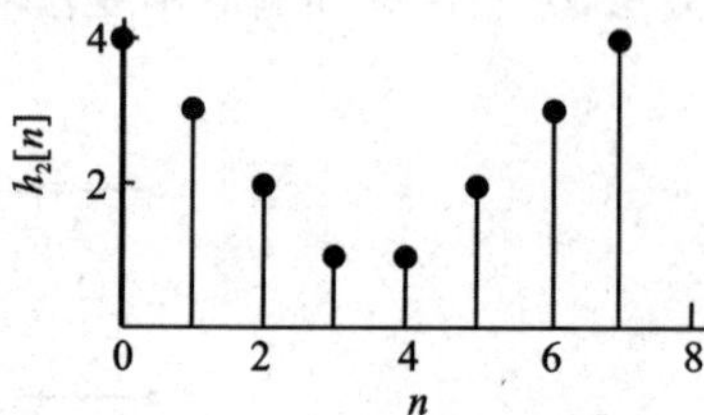

图题 2

(1) 试确定 $H_1[k]$ 与 $H_2[k]$ 的关系式。$|H_1[k]|=|H_2[k]|$ 是否成立？为什么？

(2) 用 $h_1[n]$ 和 $h_2[n]$ 分别构成的低通滤波器是否具有线性相位？群延时为多少？

19. 对下面的每一种线性相位 FIR 数字低通滤波器的指标，选择满足数字滤波器设计要求的窗函数类型，并确定单位脉冲响应的长度。

(1) 阻带衰减为 20 dB，过渡带宽度为 1 kHz，采样频率为 12 kHz；

(2) 阻带衰减为 50 dB，过渡带宽度为 2 kHz，采样频率为 20 kHz；

(3) 阻带衰减为 50 dB，过渡带宽度为 500 Hz，采样频率为 5 kHz。

20. 用窗函数法设计一个线性相位低通 FIR 数字滤波器，求出 $h[n]$ 的表达式。要求通带截止频率为 $\pi/4$ rad，过渡带宽度为 $8\pi/51$ rad，阻带最小衰减为 45 dB。

21. 要求用数字低通滤波器对模拟信号进行滤波，求出 $h[n]$ 的表达式。要求：通带截止频率为 10 kHz，阻带截止频率为 22 kHz，阻带最小衰减为 75 dB，采样频率为 50 kHz。用窗函数法设计数字低通滤波器。

22. 利用窗函数法设计一个数字微分器，逼近图题 3 所示的理想特性。采用海明窗，求出单位脉冲响应 $h[n]$ 的表达式。

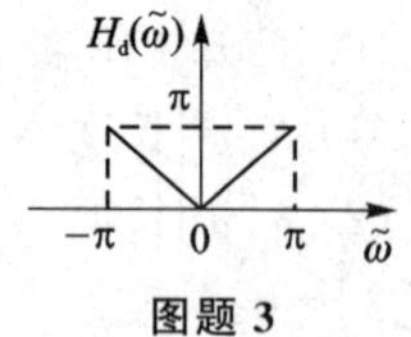

图题 3

23. 利用频率采样法设计线性相位 FIR 低通滤波器，给定 $N=21$，通带截止频率 $\tilde{\omega}_c=0.15\pi$ rad。求出 $h[n]$。为了改善其频率响应(过渡带宽度、阻带最小衰减)，应采取什么措施？

24. 利用频率采样法设计线性相位 FIR 低通滤波器，设 $N=16$，给定希望逼近的滤波器的幅度采样值为

$$H_d[k]=\begin{cases}1, & k=0,1,2,3\\ 0.389, & k=4\\ 0, & k=5,6,7\end{cases}$$

25. 利用频率采样法设计线性相位 FIR 带通滤波器，设 $N=33$，理想幅度特性 $H_g(\tilde{\omega})$ 如图题 4 所示。

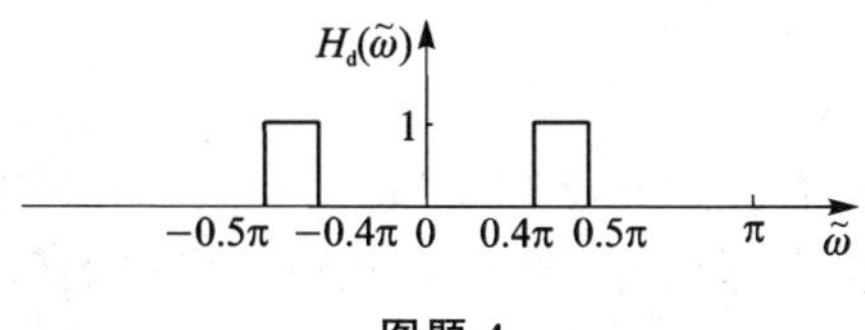

图题 4

26. 设信号 $x(t)=s(t)+v(t)$，其中 $v(t)$ 是干扰，$s(t)$ 与 $v(t)$ 的频谱不混叠，其幅度谱如图题 5 所示。要求设计数字滤波器，将干扰滤除，指标是允许 $|S(f)|$ 在 $0\leqslant f\leqslant 15$ kHz 频率范围中幅度失真为 $\pm 2\%(\delta_1=0.02)$；$f>20$ kHz，衰减大于 40 dB$(\delta_2=0.01)$；希望分别设计性价比最高的 FIR 和 IIR 两种滤波器进行滤除干扰。请选择合适的滤波器类型和设计方法进行设计，最后比较两种滤波器的幅频特性、相频特性和阶数。

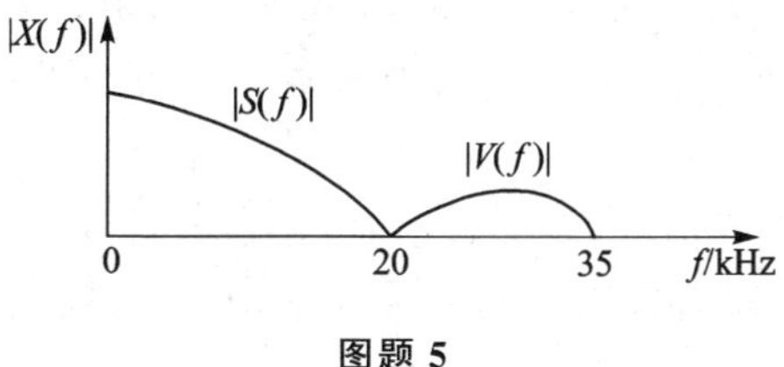

图题 5

27. 已知一个 6 阶线性相位 FIR 数字滤波器的单位脉冲响应 $h[n]$ 满足

$$h[0]=-h[6]=3,\quad h[1]=-h[5]=-2,\quad h[2]=-h[4]=3,\quad h[3]=0$$

试画出该滤波器的线性相位算法结构。

28. 已知 FIR 数字滤波器的系统函数在单位圆上的 16 个等间隔采样值分别为

$$H[0]=12,\quad H[0]=-3-\mathrm{j},\quad H[2]=1+\mathrm{j}$$

$$H[3]\sim H[13]=0,\quad H[14]=1-\mathrm{j},\quad H[15]=-3+\mathrm{j}$$

试画出该滤波器的频率采样算法结构。

第9章 多采样率数字信号处理

前面各章节中研究的都是单速率的LTI系统，即系统中对所有信号的采样速率f_{sam}都是相同的。但在实际系统中，经常会遇到采样率的转换问题，即要求一个数字系统能工作在“多采样率”的状态，称这样的系统为多速率数字信号处理系统。例如：

① 在数字可视电话系统中，传输的信号既有语音信号，又有图像信号，还可能有传真信号，这些信号的频谱和带宽相差很大。所以，这样的系统应该具有多采样速率，并能根据所传输的信号自动完成速率间的转换。

② 在数字电视系统中，图像采样系统的“亮度信号Y的采样率∶红色差信号R－Y的采样率∶蓝色差信号B－Y的采样率”一般按4∶4∶4、4∶2∶2或4∶2∶0标准采集数字电视信号，再根据不同的电视质量要求，将其转换成其他标准（如4∶1∶1、2∶1∶1等标准）的数字信号进行处理、传输。这就要求数字电视演播室系统工作在多采样率的状态。

③ 对一个非平稳随机信号（如语音信号）作谱分析或编码时，对不同的信号段，可根据其频率成分的不同而采用不同的采样率，以达到既满足采样定理，又最大限度地减少数据量的目的。

④ 如果以高采样率采集的数据存在冗余，这时就希望在该数字信号的基础上降低采样速率，剔除冗余，减少数据量，以便存储、处理与传输。

笨拙的方式是在满足采样定理的前提下，先将以采样率为f_{sam1}采集的数字信号进行D/A转换，变成模拟信号，再按采样率f_{sam2}进行A/D转换，从而实现从f_{sam1}到f_{sam2}的采样率转换。但这样既麻烦，信号又易受损，所以实际上改变采样率是在数字域直接对采样后的数字信号$x[n]$进行采样率转换。本章首先讨论基于数字信号的抽取和内插运算实现降低或提高信号采样速率的原理，然后讨论采样速率转换系统中滤波器的设计，即实现方法。

9.1 信号的抽取

降低采样速率通常采用抽取的方法。抽取可以是整数倍抽取，也可以是有理数因子或任意因子抽取。这里，仅讨论整数倍抽取的运算和描述。

9.1.1　整数倍信号抽取的运算

设 $x[n]$是连续时间信号 $x(t)$的采样序列，采样频率为 $f_{sam}=1/T_{sam}$，即

$$x[n]=x(nT_{sam}) \tag{9-1-1}$$

如果要将采样率降低到原来的 $1/D$（D 为大于 1 的整数），方法是对 $x[n]$每 D 点抽取 1 点，即每隔 $D-1$ 个点抽取一个数据，抽取的样点依次组成新序列 $y[n_D]$。故序列 $y[n_D]$的采样频率和采样周期分别为

$$f_{samD}=\frac{1}{T_{samD}}=\frac{f_{sam}}{D},\quad T_{samD}=DT_{sam} \tag{9-1-2}$$

抽取运算的框图如图 9-1-1 所示，图中符号 $\boxed{\downarrow D}$ 表示采样率降低为原来的 $1/D$。

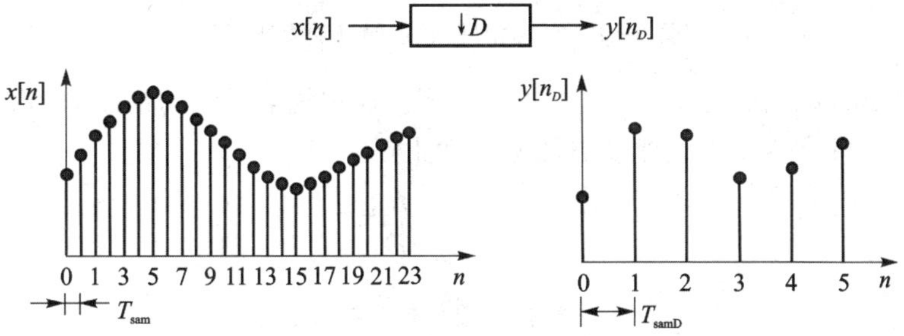

图 9-1-1　抽取运算

9.1.2　信号抗混叠整数倍抽取

如果 $x[n]$是连续信号 $x(t)$的采样信号，频谱变换关系在 4.11 节已经深入讨论，并获得结论：理想采样信号的频谱 $X_s(j\omega)$是原信号频谱以 ω_{sam} 为周期的周期延拓；序列 $x[n]$的频谱 $X(e^{j\tilde{\omega}})$是连续信号 $x(t)$的频谱 $X(j\omega)$以采样角频率 ω_{sam} 为周期的周期延拓，即

$$X_s(j\omega)=\frac{1}{T_{sam}}\sum_{k=-\infty}^{\infty}X[j(\omega-k\omega_{sam})] \tag{9-1-3}$$

$$X(e^{j\tilde{\omega}})=\frac{1}{T_{sam}}\sum_{k=-\infty}^{\infty}X\left[j\left(\frac{\tilde{\omega}}{T_{sam}}-\frac{2\pi k}{T_{sam}}\right)\right] \tag{9-1-4}$$

抽取降低了采样频率，可能会因为不满足采样定理而引起频谱混叠现象，如图 9-1-2 所示，所以随意对 $x[n]$进行抽取是不行的。下面讨论抽取过程中可能出现的频谱混叠及改进措施。

只有在抽取后仍能满足采样定理时才能恢复出原来的信号 $x(t)$，否则就必须另外采取措施。通常采取的措施是抗混叠滤波，即在抽取之前先对信号进行数字低通滤波，

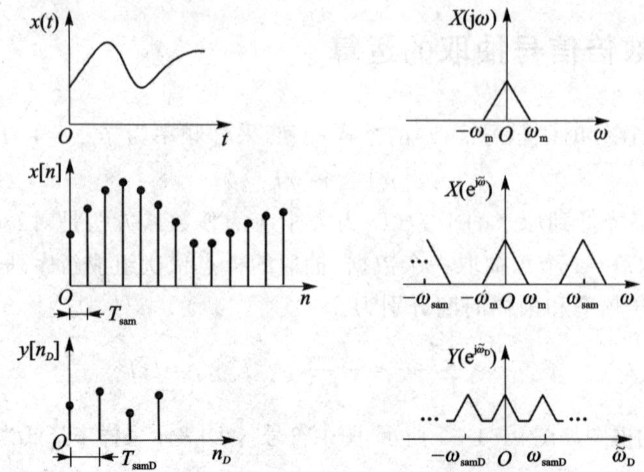

图 9-1-2　抽取引起的频谱混叠现象

把信号的频带限制在 $\omega_{\mathrm{samD}}/2=\omega_{\mathrm{sam}}/2D$ 以下。这种抽取系统的框图如图 9-1-3 所示。显然,抗混叠数字低通滤波器的阻带截止频率为

$$\omega_{\mathrm{c}}=\frac{\omega_{\mathrm{sam}}}{2D}T_{\mathrm{sam}}=\frac{2\pi f_{\mathrm{sam}}}{2D}T_{\mathrm{sam}}=\frac{\pi}{D} \tag{9-1-5}$$

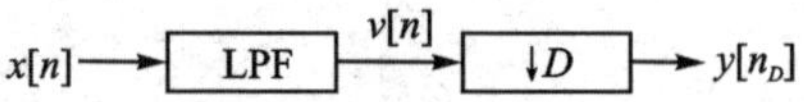

图 9-1-3　带有抗混叠滤波器的抽取系统框图

所以,在理想情况下,抗混叠数字低通滤波器的频率响应由下式给出:

$$H_D(\mathrm{e}^{\mathrm{j}\tilde{\omega}})=\begin{cases}1, & 0\leqslant|\tilde{\omega}|\leqslant\dfrac{\pi}{D}\\[2ex] 0, & \dfrac{\pi}{D}<|\tilde{\omega}|\leqslant\pi\end{cases} \tag{9-1-6}$$

如图 9-1-4 所示,这种办法虽然把 $x[n]$中的高频部分损失掉了,但由于抽取后避免了混叠,所以在 $Y(\mathrm{e}^{\mathrm{j}\tilde{\omega}_D})$中完好无损地保留了 $X(\mathrm{e}^{\mathrm{j}\tilde{\omega}})$中的低频部分,可以从 $Y(\mathrm{e}^{\mathrm{j}\tilde{\omega}_D})$中恢复出 $X(\mathrm{e}^{\mathrm{j}\tilde{\omega}})$的低频部分。

$x[n]$经过抗混叠低通滤波器的输出信号为

$$v[n]=h_D[n]*x[n]=\sum_{m=-\infty}^{\infty}h_D[m]x[n-m] \tag{9-1-7}$$

按整数 $\boxed{\downarrow D}$ 对 $v[n]$抽取得到

$$y[n_D]=v[Dn_D]=\sum_{m=-\infty}^{\infty}h_D[m]x[Dn_D-m] \tag{9-1-8}$$

这就是 $y[n_D]$与 $x[n]$的时域关系。下面讨论 $y[n_D]$与 $v[n]$的频谱关系。为此,定

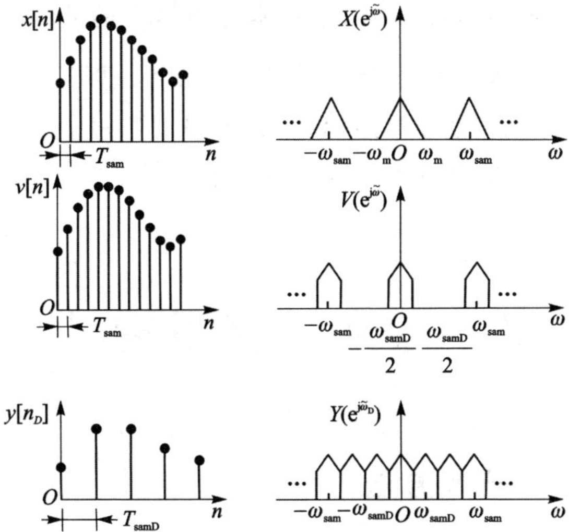

图 9-1-4　抽取前后信号的时域和频域示意图

义周期为 D 的单位脉冲序列

$$\tilde{\delta}_D[n]=\begin{cases}1, & n=0,\pm D,\pm 2D,\cdots \\ 0, & \text{其他}\end{cases} \tag{9-1-9}$$

$\tilde{\delta}_D[n]$的离散傅里叶级数系数 $\tilde{\Delta}_D[k]=\sum\limits_{n=0}^{D-1}\tilde{\delta}_D[n]\mathrm{e}^{-\mathrm{j}\frac{2\pi}{D}kn}=1$。所以,$\tilde{\delta}_D[n]$的 DFS 展开式为

$$\tilde{\delta}_D[n]=\frac{1}{D}\sum_{k=0}^{D-1}\tilde{\Delta}_D[k]\mathrm{e}^{\mathrm{j}\frac{2\pi}{D}kn}=\frac{1}{D}\sum_{k=0}^{D-1}\mathrm{e}^{\mathrm{j}\frac{2\pi}{D}kn} \tag{9-1-10}$$

设

$$\hat{y}[n]=v[n]\tilde{\delta}_D[n]=\frac{1}{D}\sum_{k=0}^{D-1}v[n]\mathrm{e}^{\mathrm{j}\frac{2\pi}{D}kn} \tag{9-1-11}$$

显然, $y[n_D]=\hat{y}[Dn_D]$。因此

$$\begin{aligned}Y(\mathrm{e}^{\mathrm{j}\tilde{\omega}_D})&=\sum_{n_D=-\infty}^{\infty}y[n_D]\mathrm{e}^{-\mathrm{j}\tilde{\omega}_D n_D}=\sum_{n_D=-\infty}^{\infty}\hat{y}[Dn_D]\mathrm{e}^{-\mathrm{j}\tilde{\omega}_D n_D}\\&=\sum_{n_D=-\infty}^{\infty}\left[\frac{1}{D}\sum_{k=0}^{D-1}v[Dn_D]\mathrm{e}^{\mathrm{j}\frac{2\pi}{D}kDn_D}\right]\mathrm{e}^{-\mathrm{j}\tilde{\omega}_D n_D}\\&=\frac{1}{D}\sum_{k=0}^{D-1}\left[\sum_{n_D=-\infty}^{\infty}v[Dn_D]\mathrm{e}^{-\mathrm{j}\left(\frac{\tilde{\omega}_D}{D}-\frac{2\pi}{D}k\right)Dn_D}\right]\end{aligned} \tag{9-1-12}$$

令 $m=Dn_D$,且由于 $\tilde{\omega}_D=\omega(T_{sam}D)=\tilde{\omega}D$, 所以

$$Y(\mathrm{e}^{\mathrm{j}\tilde{\omega}_D})=\frac{1}{D}\sum_{k=0}^{D-1}\left[\sum_{m=-\infty}^{\infty}v[m]\mathrm{e}^{-\mathrm{j}\left(\tilde{\omega}-\frac{2\pi}{D}k\right)m}\right]=\frac{1}{D}\sum_{k=0}^{D-1}V\left(\mathrm{e}^{\mathrm{j}\left(\tilde{\omega}-\frac{2\pi}{D}k\right)}\right) \tag{9-1-13}$$

显然,$Y(\mathrm{e}^{\mathrm{j}\tilde{\omega}_D})$是$V(\mathrm{e}^{\mathrm{j}\tilde{\omega}})$的$D$个平移样本之和,相邻的平移样本在频率轴$\tilde{\omega}$上相差$2\pi/D$,在模拟频率轴$\omega$上相差$2\pi/(DT_{\mathrm{sam}})=\omega_{\mathrm{sam}}/D$,即$Y(\mathrm{e}^{\mathrm{j}\tilde{\omega}_D})$是由$D$个频段的谱混叠在一起的结果,低通滤波器$H_D(\mathrm{e}^{\mathrm{j}\tilde{\omega}})$的作用是对$x[n]$进行高频分量抑制,以便使$v[n]$的频谱分量在频率$\pi/D<|\omega|\leqslant\pi$范围内接近于零,在$H_D(\mathrm{e}^{\mathrm{j}\tilde{\omega}})$满足理想条件的情况下,无混叠失真。

9.2 信号的整数倍内插

9.2.1 整数倍内插及方法

信号按整数I倍内插的目的是将原信号采样频率提高I倍。设序列$x[n]$是由模拟信号$x_{\mathrm{a}}(t)$采样得到的时域离散信号,即$x[n]=x_{\mathrm{a}}(nT_{\mathrm{sam}})$,采样频率$f_{\mathrm{sam}}=1/T_{\mathrm{sam}}$,满足采样定理。按整数$I$倍内插就是在$x[n]$的相邻两个序列值之间插入$I-1$个新的序列值,从而得到一个新的序列$y[n_I]$,记作$\boxed{\uparrow I}$。$y[n_I]$的采样周期$T_{\mathrm{samI}}=T_{\mathrm{sam}}/I$,采样频率$f_{\mathrm{samI}}=I\cdot f_{\mathrm{sam}}$。现在的问题是所插入的$I-1$个新的序列值如何由已知序列$x[n]$的若干个序列值来求得。根据时域采样定理,由序列$x[n]$可以不失真地恢复模拟信号$x_{\mathrm{a}}(t)$,因此,所插入的$I-1$个新的序列值的解是肯定存在的。下面讨论按整数$I$倍内插的一种方案。

按整数I倍内插的过程分两步完成:第一步在$x[n]$的相邻两个序列值之间等间隔地插入$I-1$个零序列值,称为“零值内插”,得序列$v[n_I]$;第二步将序列$v[n_I]$通过一低通滤波器$h_I[n_I]$进行平滑处理,其输出为序列$y[n_I]$。这种内插方案如图9-2-1所示。

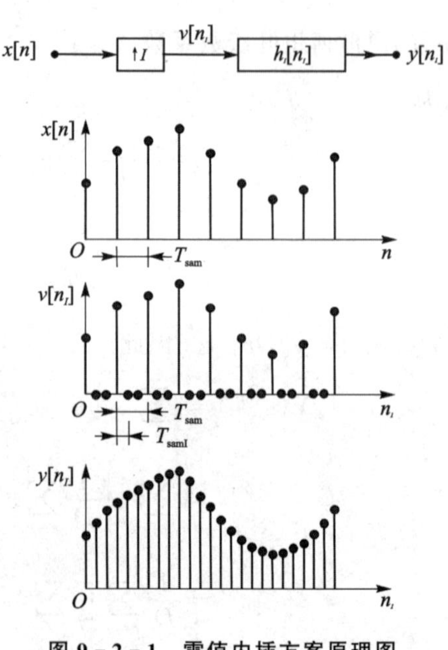

图9-2-1 零值内插方案原理图

9.2.2　整数倍内插分析

上述的零值内插方案中，需要弄清楚各信号的频谱关系才能提出对低通滤波器的技术要求。分析如下：

整数 I 倍内插过程中，零值内插的输出序列 $v[n_I]$ 可表示为

$$v[n_I]=\begin{cases}x\left[\dfrac{n_I}{I}\right], & n_I=0,\pm I,\pm 2I,\cdots \\ 0, & \text{其他}\end{cases} \tag{9-2-1}$$

$v[n_I]$ 的频谱为

$$V(\mathrm{e}^{\mathrm{j}\tilde{\omega}_I})=\sum_{n_I=-\infty}^{\infty}v[n_I]\mathrm{e}^{-\mathrm{j}\tilde{\omega}_I n_I}=\sum_{n_I=-\infty}^{\infty}x\left[\frac{n_I}{I}\right]\mathrm{e}^{-\mathrm{j}I\tilde{\omega}_I\frac{n_I}{I}} \tag{9-2-2}$$

令 $m=n_I/I$，则

$$V(\mathrm{e}^{\mathrm{j}\tilde{\omega}_I})=\sum_{m=-\infty}^{\infty}x[m]\mathrm{e}^{-\mathrm{j}I\tilde{\omega}_I m}=X(\mathrm{e}^{\mathrm{j}I\tilde{\omega}_I}) \tag{9-2-3}$$

由式(9-2-3)知，将周期为 2π 的原序列 $x[n]$ 的频谱函数 $X(\mathrm{e}^{\mathrm{j}\tilde{\omega}})$ 压缩 I 倍即得到整数 I 倍零值内插后的序列 $v[n_I]$ 的频谱函数 $V(\mathrm{e}^{\mathrm{j}\tilde{\omega}_I})$，其周期为 $2\pi/I$。图 9-2-2 画出了 $I=3$ 时各信号的频谱关系。

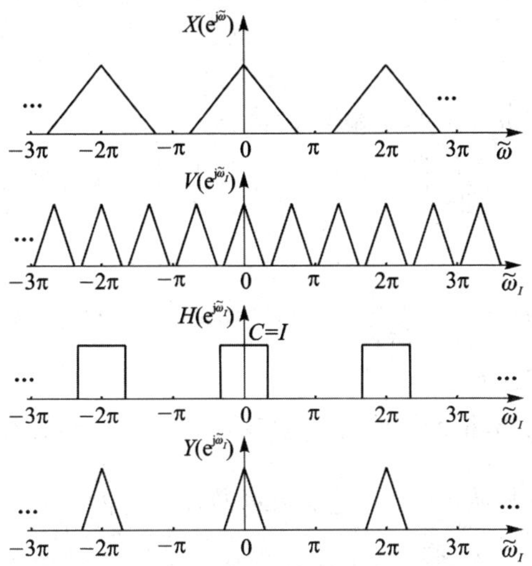

图 9-2-2　$I=3$ 时内插过程中各信号的频谱关系

可见，零值内插后序列 $v[n_I]$ 在区间 $[-\pi/I=-\pi/3,\pi/I=\pi/3]$ 上的频谱函数 $V(\mathrm{e}^{\mathrm{j}\tilde{\omega}_I})(-\pi/3\leqslant\tilde{\omega}_I\leqslant\pi/3)$ 是由原序列 $x[n]$ 在区间 $[-\pi,\pi]$ 上的频谱函数 $X(\mathrm{e}^{\mathrm{j}\tilde{\omega}})(-\pi\leqslant\tilde{\omega}\leqslant\pi)$ 压缩 $I=3$ 倍获得的，除了一个频率上的压缩比例因子外，这两

个频率函数的形状是一样的;由于 $X(\mathrm{e}^{\mathrm{j}\tilde{\omega}})$ 的周期为 2π,所以 $V(\mathrm{e}^{\mathrm{j}\tilde{\omega}_I})$ 在每个 $[-\pi,\pi]$ 周期内,将有 I 个周期为 $2\pi/I=2\pi/3$ 重复的频谱形状。我们把 $V(\mathrm{e}^{\mathrm{j}\tilde{\omega}_I})$ 在频段 $\pi/I<\tilde{\omega}_I\leqslant\pi$ 上的周期重复谱称为镜像频谱。

上述分析结果表明,零值内插后序列 $v[n_I]$ 的频谱函数 $V(\mathrm{e}^{\mathrm{j}\tilde{\omega}_I})$ 中不仅包含基带频率($-\pi/I\leqslant\tilde{\omega}_I\leqslant\pi/I$)分量,而且还包含 $I-1$ 个以谐波 $\pm 2\pi/I,\pm 4\pi/I,\cdots,\pm(I-1)\pi/(2I)$ 为中心频率的镜像频率分量。为了恢复基带信号而滤除不需要的镜像分量,有必要用一个数字低通滤波器对序列 $v[n_I]$ 进行滤波,这一滤波器 $h_I[n_I]$ 称为镜像滤波器。镜像滤波器 $h_I[n_I]$ 的理想频率响应特性为

$$H_I(\mathrm{e}^{\mathrm{j}\tilde{\omega}_I})=\begin{cases}C, & 0\leqslant|\tilde{\omega}_I|<\dfrac{\pi}{I}\\[2mm] 0, & \dfrac{\pi}{I}\leqslant|\tilde{\omega}_I|<\pi\end{cases}\tag{9-2-4}$$

式中:C 为定标系数。因此输出频谱 $Y(\mathrm{e}^{\mathrm{j}\tilde{\omega}_I})$ 为

$$Y(\mathrm{e}^{\mathrm{j}\tilde{\omega}_I})=\begin{cases}CX(\mathrm{e}^{\mathrm{j}\tilde{\omega}_I}), & 0\leqslant|\tilde{\omega}_I|\leqslant\dfrac{\pi}{I}\\[2mm] 0, & \dfrac{\pi}{I}\leqslant|\tilde{\omega}_I|\leqslant\pi\end{cases}\tag{9-2-5}$$

定标系数 C 的作用是,在 $n_I=0,\pm I,\pm 2I,\pm 3I,\cdots$ 时,确保输出序列 $y[n_I]=x\left[\dfrac{n_I}{I}\right]$。

为了计算简单,取 $n_I=0$ 来求解 C 的值。

$$y(0)=\frac{1}{2\pi}\int_{-\pi}^{\pi}Y(\mathrm{e}^{\mathrm{j}\tilde{\omega}_I})\mathrm{d}\tilde{\omega}_I=\frac{C}{2\pi}\int_{-\pi/I}^{\pi/I}X(\mathrm{e}^{\mathrm{j}I\tilde{\omega}_I})\mathrm{d}\tilde{\omega}_I$$

因为 $\tilde{\omega}_I=\tilde{\omega}/I$,所以

$$y(0)=\frac{C}{I}\,\frac{1}{2\pi}\int_{-\pi/I}^{\pi/I}X(\mathrm{e}^{\mathrm{j}\tilde{\omega}})\mathrm{d}\tilde{\omega}=\frac{C}{I}x[0]=x[0]$$

由此得出,定标系数 $C=I$。

根据上述原理,给出输出序列 $y[n_I]$ 与输入序列 $x[n]$ 的时域关系为

$$\begin{aligned}y[n_I]&=v[n_I]*h_I[n_I]=\sum_{m=-\infty}^{\infty}v[m]h_I[n_I-m]\\&=\sum_{\substack{m=-\infty\\ m/I\text{为整数}}}^{\infty}x\left[\frac{m}{I}\right]h_I[n_I-m]\xlongequal{\text{令 } m/I=q}\sum_{i=-\infty}^{\infty}x[i]h_I[n_I-iI]\end{aligned}\tag{9-2-6}$$

9.3　按有理数因子 I/D 的采样率转换

在按整数因子 I 内插和整数 D 抽取的基础上，本节介绍按有理数因子 I/D 采样率转换的一般原理。显然，可以用图 9－3－1 所示方案实现有理数因子 I/D 的采样率转换。

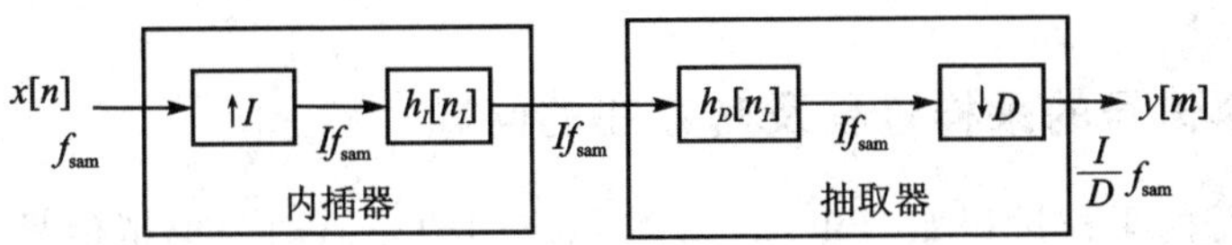

图 9－3－1　按有理数因子 I/D 的采样率转换方法

首先对输入序列 $x[n]$ 按整数因子 I 内插，然后再对内插器的输出序列按整数因子 D 抽取，实现按有理数因子 I/D 的采样率转换。应当注意，先内插后抽取，才能最大限度地保留输入序列的频谱成分。

图 9－3－1 中镜像滤波器 $h_I[n_I]$ 和抗混叠滤波器 $h_D[n_I]$ 级联，而且工作在相同的采样频率 If_{sam} 下，因此完全可以将它们合成一个等效滤波器 $h[n_I]$，得到按有理数因子 I/D 采样率转换的实用原理方框图，如图 9－3－2 所示。

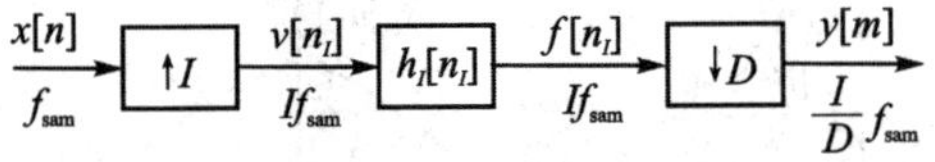

图 9－3－2　按有理数因子 I/D 的采样率转换的实用原理方框图

如前所述，理想情况下，$h_I[n_I]$ 和 $h_D[n_I]$ 均为理想低通滤波器，所以二者级联的等效滤波器 $h[n_I]$ 仍是低通滤波器，其等效带宽应是 $h_I[n_I]$ 和 $h_D[n_I]$ 中最小的带宽。$h[n_I]$ 的频率响应为

$$H(e^{j\tilde{\omega}_I})=\begin{cases} I, & 0\leqslant|\tilde{\omega}_I|<\min\left\{\dfrac{\pi}{I},\dfrac{\pi}{D}\right\} \\ 0, & \min\left\{\dfrac{\pi}{I},\dfrac{\pi}{D}\right\}\leqslant|\tilde{\omega}_I|<\pi \end{cases} \tag{9-3-1}$$

现在推导输出序列 $y[m]$ 的时域表达式。零值内插器的输出序列为

$$v[n_I]=\begin{cases} x\left[\dfrac{n_I}{I}\right], & n_I=0,\pm I,\pm 2I,\pm 3I,\cdots \\ 0, & \text{其他} \end{cases} \tag{9-3-2}$$

根据式(9－2－6)，线性滤波器输出序列为

$$f[n_I]=\sum_{i=-\infty}^{\infty}x[i]h[n_I-iI] \tag{9-3-3}$$

$f[n_I]$经抽取器后输出序列为 $y[m]$,其时域表达式为

$$y[m]=f[Dm]=\sum_{i=-\infty}^{\infty}x[i]h[Dm-iI] \tag{9-3-4}$$

如果线性滤波器用 FIR 滤波器实现,则可以根据式(9-3-4)计算输出序列 $y[m]$。

9.4 整数倍抽取和内插与过采样技术

1. 模拟信号的采样过程及其存在的问题

模拟信号的采样过程如图 9-3-3 所示。图中,$x_a(t)$为模拟信号,其有用频谱分布范围为$[-f_h,f_h]$,f_h 表示 $x_a(t)$中有用频率成分的最高频率。信号中一般含有干扰噪声,其频带宽度远大于 f_h。$x_a(t)$及其幅频特性$|X_a(j\omega)|$如图 9-3-3(b)所示。下面以电话系统中的数字语音系统为例,讨论图 9-3-3(a)所示的基本采集系统中存在的技术问题。

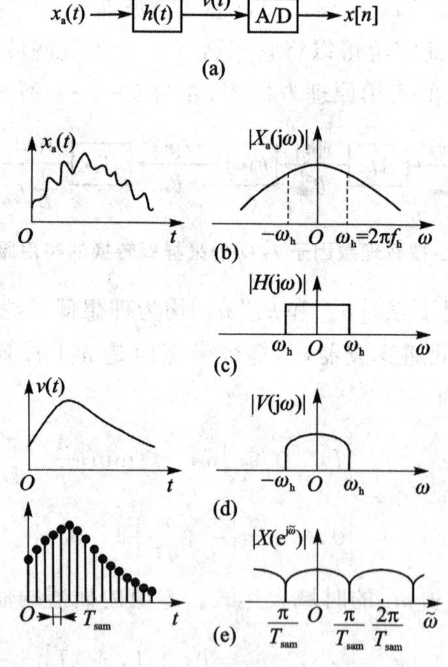

图 9-3-3 语音信号的一般采样过程示意图

在电话系统中,一般要保证 4 kHz 的音频带宽,即取 $f_h=4$ kHz。但送话器发出的信号中 $x_a(t)$的带宽比 f_h 大很多。因此,在 A/D 变换之前要对其进行模拟预滤波,以防止采样后发生频谱混叠失真。为了使信号采集数据量尽量最小,取采样频

率 $f_{sam}=2f_h=8$ kHz。这时要求低通模拟滤波器 $h(t)$的幅频响应特性$|H(j\omega)|$如图 9-3-3(c)所示。预滤波后的信号 $v(t)$及其采样序列 $x[n]$和相应的频谱分别如图 9-3-3 (d)、(e)所示。

上述基本采集系统对 $x_a(t)$进行 A/D 转换的困难在于对预滤波器 $h(t)$的技术要求太高(理想低通滤波器),因而是难以设计与实现的。显然,在接收端 D/A 转换过程中同样会遇到此问题。如果简单地将采样率提高,如取 $f_{sam}=16$ kHz,则预滤波器就容易实现(允许有 4 kHz 的过渡带),但这会使采集信号的数据量加大 1 倍,传输带宽也加大 1 倍。下面讨论如何采用整数因子抽取与整数因子内插来解决该问题,而不增加数据量。

2. 数字语音系统中改进的 A/D 转换方案——过采样 A/D 转换

为了降低对模拟预滤波器的技术要求,采用如图 9-3-4(a)所示的改进方案。先用较高的采样率,即过采样,如 $f_{sam}=1/T_{sam}=16$ kHz,经过 A/D 转换器后,再按因子 $D=2$ 抽取,把采样率降至 8 kHz。这时,模拟预滤波器 $h_a(t)$的过渡带为 4 kHz$<f<$12 kHz,如图 9-3-4(c)所示。这样的预滤波器会导致采样信号 $x[n]$的频谱 $X(e^{j\tilde{\omega}})$在 4~12 kHz 的频带中发生混叠,如图 9-3-4(e)所示。但这部分混叠在抽取前用数字滤波器 $h[n]$滤掉了。数字滤波器 $h[n]$的幅频特性$|H(e^{j\tilde{\omega}})|$如图 9-3-4(f)所示。这样,模拟滤波器就容易设计和实现了。现在把问题转移到设计和实现技术要求很高的数字滤波器 $h[n]$上了,这就是解决问题的关键技术。数字滤波器可用 FIR 结构,容易设计成线性相位和陡峭的通带边缘特性。这种方案最终并未增加信号数据量。

3. 接收端 D/A 转换器的改进方案——过采样 D/A 转换

设离散时间信号 $y[n_D]$传送到接收端后未发生改变。要将 $y[n_D]$恢复为模拟信号,如图 9-3-5 所示,若采用基本方案,则先将 $y[n_D]$经 D/A 转换器,再进行模拟低通滤波,得到 $x(t)$。这种方案同样会对模拟恢复低通滤波器 $h(t)$提出难以实现的技术要求。为了解决这一难题,可采用如图 9-3-6 所示的 D/A 转换器的改进方案。该方案的思路是,采用整数因子内插,将模拟恢复低通滤波器的设计与实现的困难转移到设计滤除镜像频谱的高性能数字低通滤波器 $h[n]$来解决。

具体实现原理如下:

$y[n_D]$经内插后将采样率提高 2 倍得到 $s[n]$,滤波器 $h[n]$的输出为 $v[n]$,假定 $h[n]$可设计成陡峭通带边缘特性,则 $v[n]$的时域和频域波形如图 9-3-4(g)所示。然后对 $v[n]$进行 D/A 转换,应当说明,这种 D/A 转换器难以实现,实际中常用零阶保持型 D/A 转换器代替,但其频响特性不理想,会引入幅频失真。这种失真可以在数字域进行预处理补偿。

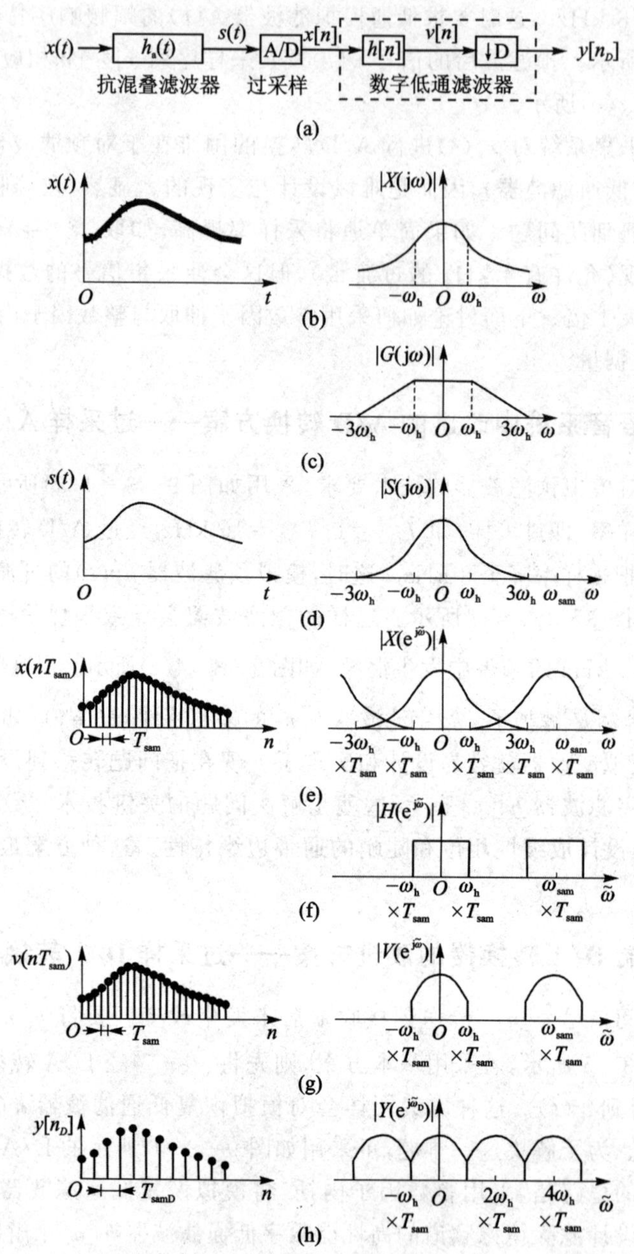

图 9-3-4 数字语音系统中改进 A/D 转换方案及各点信号波形与频谱示意图

$y[n_D]$ → D/A → $h(t)$ → $x(t)$

平滑滤波

图 9-3-5 D/A 转换器的基本方案

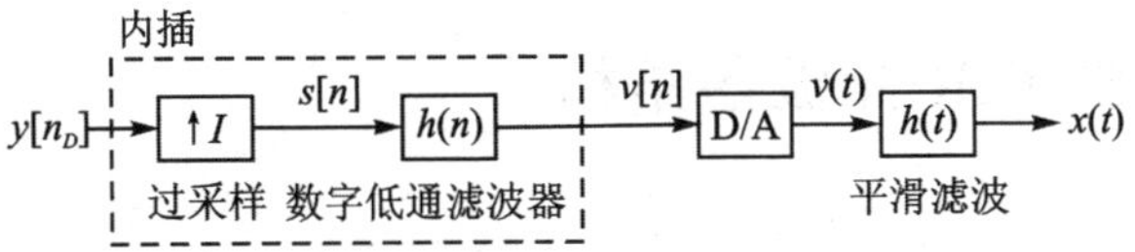

图 9-3-6　D/A 转换器的改进方案

对 $v(t)$ 进行模拟低通滤波，这时要求模拟低通滤波器 $h(t)$ 的通带边缘频率为 $\omega_p=\pi/(2T_{sam})$，过渡带为 $\pi/(2T_{sam})\leqslant|\omega|\leqslant 3\pi/(2T_{sam})$，阻带为 $|\omega|\geqslant 3\pi/(2T_{sam})$。$h(t)$ 的幅频特性曲线如图 9-3-7 所示，当然，过渡带上的频响曲线可以不是直线。$h(t)$ 的输出则为模拟信号 $x(t)$。由于过渡带较宽，所以模拟低通滤波器 $h(t)$ 的设计与实现比较容易。我们希望恢复的信号就是 $x(t)$，其时域和频域示意图如图 9-3-8 所示。

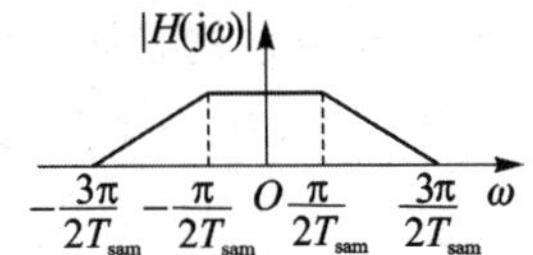

图 9-3-7　$h(t)$ 的幅频特性曲线

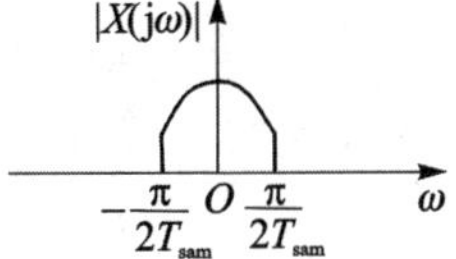

图 9-3-8　恢复模拟信号 $x(t)$ 及其频谱示意图

总之，过采样 A/D 变换器和过采样 D/A 变换器都是通过提高数字滤波器的技术指标来降低模拟滤波器的部分性能指标，进而降低模拟滤波器的实现难度和成本。

9.5　采样率转换滤波器的高效实现方法

在多采样率系统中，总是设法把乘法运算安排在低采样率一侧，以使每秒内的乘法次数最少。但在前面介绍的两种采样率转换方案中，数字滤波器的卷积运算均在采样率较高的一侧，因此，必须对多采样率系统的网络结构进行研究，以便得到乘法次数最少的高效实现结构。

用 FIR 结构实现多采样率系统具有很大的优越性。这是由于 FIR 结构绝对稳定且很容易做成线性相位，特别是容易实现高效结构。所以在多采样率系统的实现中绝大多数采用 FIR 滤波器。本节只介绍 FIR 直接型实现结构和多相结构，多级实现和时变网络请参阅相关文献。

9.5.1 直接型FIR滤波器结构

1. 整数倍抽取器的FIR直接实现

参见图9-1-3所示的整数D倍抽取器框图，当抗混叠低通滤波器用$N-1$阶FIR结构时，抽取器的时域输入、输出关系为

$$v[n]=\sum_{m=0}^{N-1}h[m]x[n-m] \tag{9-5-1}$$

$$y[n_D]=v[Dn_D] \tag{9-5-2}$$

如果滤波器用FIR直接型结构，则该抽取器的实现网络结构如图9-5-1(a)所示。经滤波卷积运算得出$v[n]$，最后将$v[n]$每隔$D-1$个点取一个作为输出$y[n_D]$，即$v[n]$中有$(D-1)/D$个样值都被舍弃了。所以这种结构是一种低效实现结构，而且要求计算每一个$v[n]$的N次乘法、$N-1$次加法，在一个T_{sam}时间内完成。

为了得到相应的高效FIR直接实现，对图9-5-1(a)进行等效变换。显然，将图9-5-1(a)中的$\boxed{\downarrow D}$移到N条乘法器支路中的乘法器之前，如图9-5-1(b)所示，所得$y[n_D]$与原结构输出相同，即图9-5-1(a)和图9-5-1(b)是等效的。

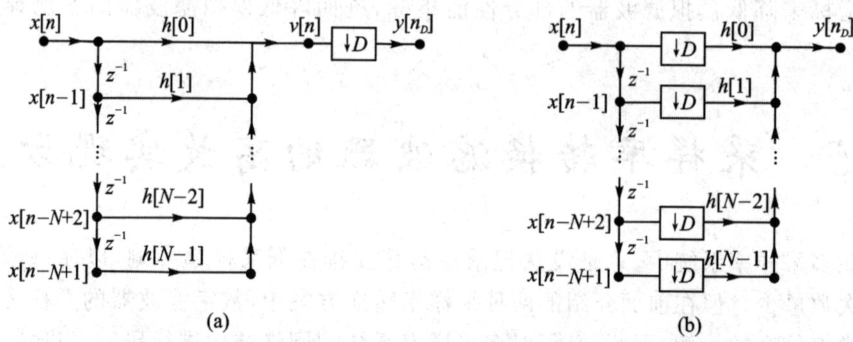

图9-5-1 按整数因子D抽取系统的直接型FIR滤波器结构

图9-5-1(b)中各条支路的$\boxed{\downarrow D}$同时在$n=Dn_D$时开通，计算N个支路的N次乘法和其后的$N-1$次加法，得到一个输出样值。显然，改进后的实现结构将乘法运算移到低采样率一侧，使乘法运算量降低到原来的$1/D$，即原来要在一个T_{sam}时间内完成的运算，现在只要在DT_{sam}时间内完成就可以了；当然，也使计算量减少到原来的$1/D$。这属于高效结构。

应当说明，图9-5-1(b)中将$\boxed{\downarrow D}$放在$h[n]$之前，减少了运算量，但这并不是把抗混叠滤波放到了抽取之后，而是与原来的滤波作用等效，这是因为：图9-5-1

(b)中，所有 $\boxed{\downarrow D}$ 均安排在延迟链之后，即滤波器延迟链上各点的信号仍然是原序列 $x[n]$，而不是抽取后的信号。每当 $\boxed{\downarrow D}$ 开通时，进入左侧的信号是未抽取的原信号，即输出的 $y[n_D]$ 与图 9-5-1(a)中抽选 $y[n_D]$ 的结果相同，而两次开通之间的信号恰好就是图 9-5-1(a)中将来要舍弃的部分，所以计算结果是正确的。但绝对不能将 $\boxed{\downarrow D}$ 提前到延迟链之前，那样则是先抽取后滤波，会产生严重的混叠现象。

由于常常希望把 FIR 滤波器设计成线性相位形式的，因而可用 FIR 线性相位结构，这样又可以使乘法计算量减少一半。根据线性相位时域特性 $h[n]=h[N-n-1]$ 可画出抽取器 FIR 结构的线性相位形式，如图 9-5-2 所示。

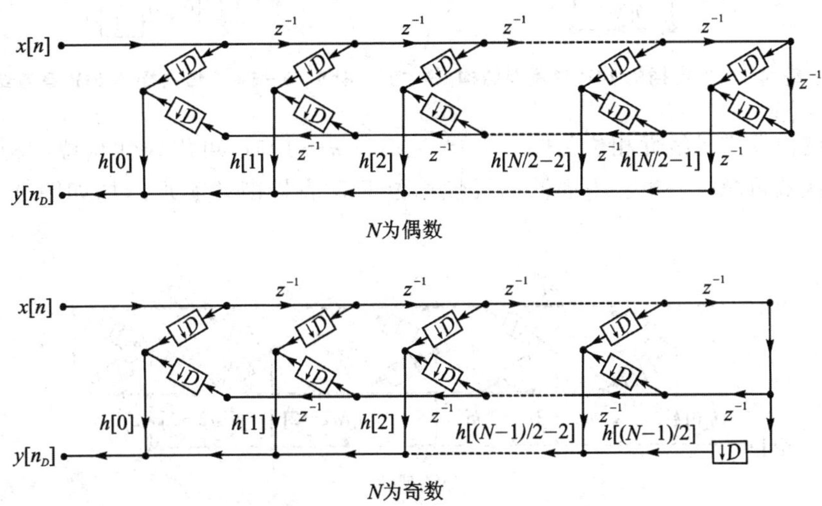

图 9-5-2　抽取器 FIR 结构的线性相位形式

2. 整数倍内插器的 FIR 直接实现

整数倍内插系统框图如图 9-2-1 所示。I 倍内插器的 FIR 直接型结构如图 9-5-3 所示。图中乘法是在高采样率侧进行的，不是高效结构，应设法将乘法运算移到低采样率一侧以减少计算量。可采用以下方法进行网络等效变换，得出相应的高效结构。

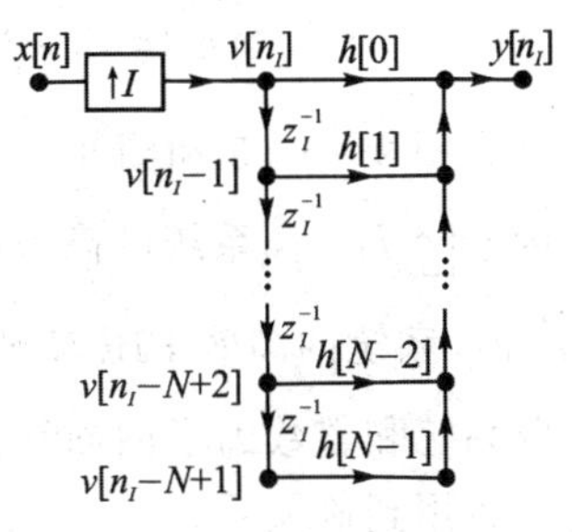

图 9-5-3　I 倍内插的 FIR 直接型结构

先将 FIR 滤波网络结构部分转置得到 FIR 转置型结构，再用其代替图 9-5-3 中的 FIR 滤波网络，得到如图 9-5-4 所示的 I 倍内插的 FIR 转置型结构。

由整数倍抽取系统的 FIR 直接实现的等效变换概念可知，图 9-5-4 中先零值内插、后分支相乘与先分支相乘、后零值内插等效。因此，将

图 9-5-4 中的 $\boxed{\uparrow I}$ 分别移到 FIR 网络的各支路的乘法器之后，可得到如图 9-5-5 所示的 I 倍内插的 FIR 高效结构。由于延时链上所加的仍然是内插后的信号，因而等效变换后的高效结构仍是先内插、后滤波。

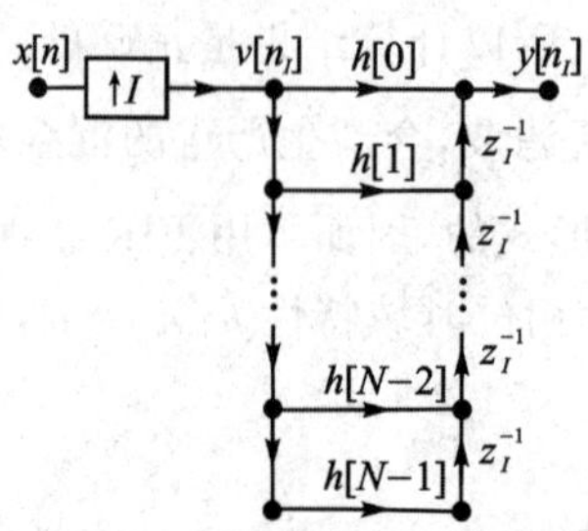

图 9-5-4　I 倍内插的 FIR 转置型结构

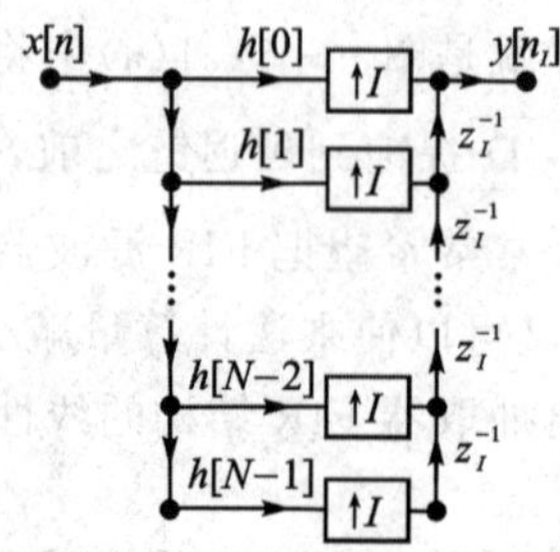

图 9-5-5　I 倍内插的 FIR 高效结构

当滤波器满足线性相位条件 $h[n]=h[N-n-1]$ 时，可用线性相位结构实现，将乘法次数再减少一半。内插器的线性相位 FIR 直接高效实现结构如图 9-5-6 所示。

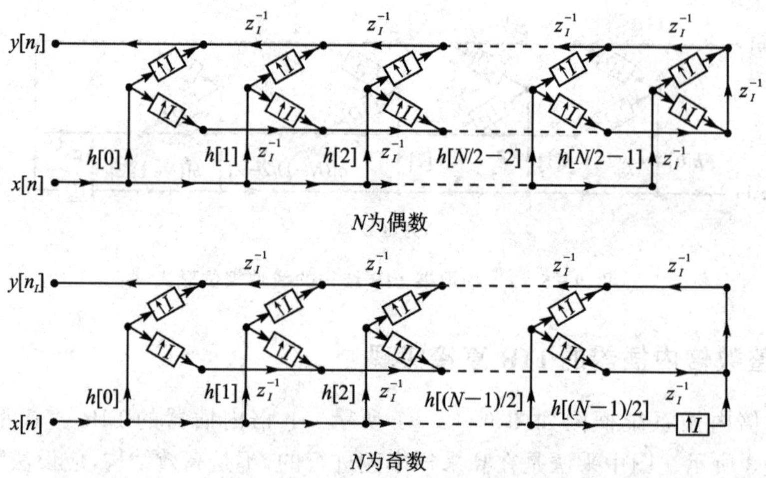

图 9-5-6　内插器的线性相位 FIR 直接高效实现结构

观察图 9-5-5 和图 9-5-1(b)可发现一个有趣的规律：图 9-5-5 所示的按整数因子 $\boxed{\uparrow I}$ 内插系统的高效 FIR 滤波器结构与图 9-5-1(b)所示的按整数因子 $\boxed{\downarrow D}$ 抽取系统的高效 FIR 滤波器结构互为转置关系。这种关系有助于简化整数因子抽取系统和整数因子内插系统的高效 FIR 滤波器结构的研究，在多相实现结构的讨论中将用到该关系。

3. 按有理数因子 I/D 的采样率转换系统的高效 FIR 滤波器结构

为了叙述方便，先由图 8.4.2 画出按有理数因子 I/D 采样率转换系统的直接型 FIR 结构，如图 9－5－7 所示。按有理数因子 I/D 采样率转换系统的高效结构一般基于内插系统的高效 FIR 滤波器结构与抽取系统的高效 FIR 滤波器结构进行设计。其指导思想是，使 FIR 滤波器运行于最低采样速率。为此，当 $I>D$ 时，将图 9－5－7 中的 $\boxed{\uparrow I}$ 和后面的直接型 FIR 结构用图 9－5－5 所示高效 FIR 滤波器结构代替；当 $I<D$ 时，将图 9－5－7 中的直接型 FIR 结构和后面的 $\boxed{\downarrow D}$ 用图 9－5－1(b)所示的高效 FIR 滤波器结构代替。如果采用线性相位 FIR 滤波器，则应当用相应的线性相位 FIR 滤波器的高效内插结构或高效抽取结构来实现。

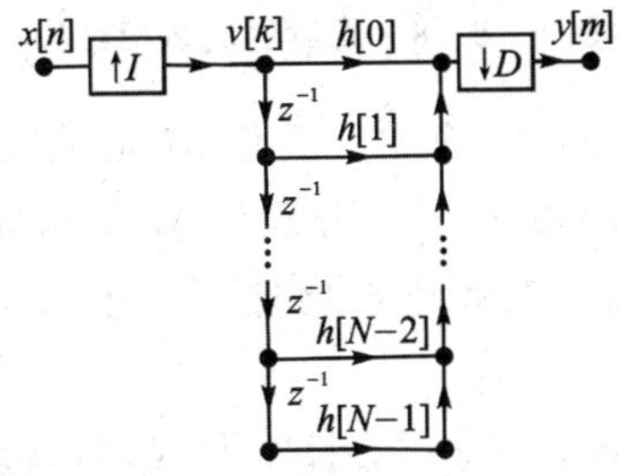

图 9－5－7　按有理数因子 I/D 采样率转换系统的直接型 FIR 滤波器结构

9.5.2　多相 FIR 滤波器结构

1. 多速率信号处理系统的多相分解表示

设 $h[n]$的长度 N 能被 M 整除。令 $n=rD+k\,(k=0,1,\cdots,M-1)$，则系统函数

$$H(z)=\sum_{n=-\infty}^{\infty}h[n]z^{-n}=\sum_{k=0}^{M-1}\sum_{r=-\infty}^{\infty}h[rM+k]z^{-(rM+k)}$$

$$=\sum_{k=0}^{M-1}z^{-k}\sum_{r=-\infty}^{\infty}h[rM+k]z^{-rM} \tag{9-5-3}$$

定义

$$H_k(z^M)=\sum_{r=-\infty}^{\infty}h[rM+k](z^M)^{-r},\quad k=0,1,\cdots,M-1 \tag{9-5-4}$$

则 $H(z)$可表示为

$$H(z)=\sum_{k=0}^{M-1}z^{-k}H_k(z^M) \tag{9-5-5}$$

称式(9－5－5)为 $H(z)$的多相分解(polyphase decomposition)。$H_k(z^M)$是 $H(z)$

的第 k 个多相分量,如图 9-5-8 所示。

例如,$M=3$,即分解成三相,则

$$h_0[n]=h[3n],\quad n=0,1,\cdots$$
$$h_1[n]=h[3n+1],\quad n=0,1,\cdots$$
$$h_2[n]=h[3n+2],\quad n=0,1,\cdots$$

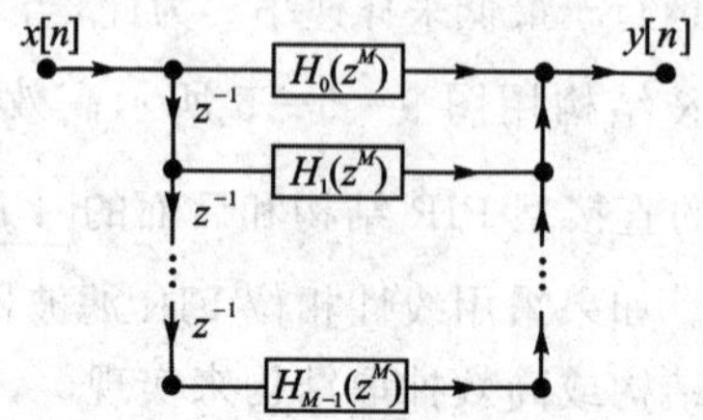

图 9-5-8　滤波器的多相结构

每一相相当于对 $h[n]$右移一个单元后作 M 倍抽取,也可以把 $h[n]$看作是由 M 个序列(每个序列为其中一相 $h_k[n]$)分别作 M 倍内插后,再分别延迟 $0\sim M-1$ 步后的相加。由于延迟相当于在频谱上增加了一个相位,这就是多相分解名词的由来。

如果 LPF 是 FIR 滤波器,其 $h[n]$的长度为 N,则第 k 个多相分量 $H_k(z^M)$构成的 FIR 子滤波器 $h_k[n]$的长度为 $N_k=N/M$。

【例 9-5-1】设 6 阶严格线性相位 FIR 滤波器的系统函数为

$$H(z)=h[0]+h[1]z^{-1}+h[2]z^{-2}+h[3]z^{-3}+h[2]z^{-4}+h[1]z^{-5}+h[0]z^{-6}$$

试求其 $M=2$ 时的多相分量。

解:严格线性相位 FIR 系统的单位脉冲响应 $h[n]$是偶对称的。将 $H(z)$整理为

$$H(z)=(h[0]+h[2]z^{-2}+h[2]z^{-4}+h[0]z^{-6})+$$
$$z^{-1}(h[1]+h[3]z^{-2}+h[1]z^{-4})$$

所以,系统函数 $H(z)$的两个多相分量分别为

$$H_0(z^2)=h[0]+h[2]z^{-1}+h[2]z^{-2}+h[0]z^{-3}$$

和

$$H_1(z^2)=h[1]+h[3]z^{-1}+h[1]z^{-2}$$

可见,该 6 阶线性相位 FIR 系统的两个多相分量也分别是线性相位 FIR 系统。

系统函数的多相分解在多速率信号处理系统中十分重要,可以把需要在高采样率上完成的滤波器搬移到低采样率上实现,从而减少计算负荷。

2. 抽取和内插系统的多相滤波器算法结构

由 $H(z)$的多相分解表示可以推导出抽取和内插系统的多相滤波器算法结构。

按整数 D 倍抽取系统的算法结构如图 9-5-9(a)所示。根据式(9-5-5),可以用 D 个多相分量构成的滤波器组实现,如图 9-5-9(b)所示。其等价的高效结构

如图 9-5-9(c)所示，称其为抽取系统的多相算法结构。

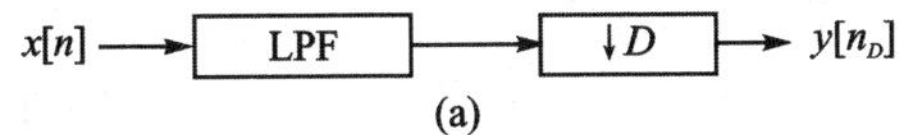

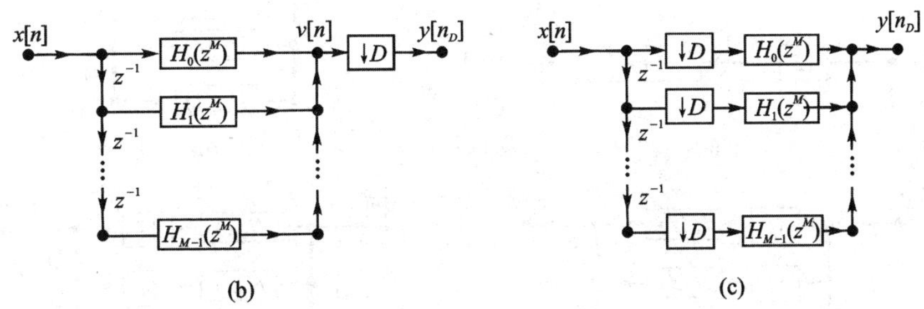

图 9-5-9　整数 D 倍抽取系统的多相算法结构

如果 LPF 是 FIR 滤波器，其 $h[n]$的长度为 N，第 k 个多相分量 $H_k(z^M)$构成的 FIR 子滤波器 $h_k[n]$的长度为 N_k，那么有 $N=\sum_{k=0}^{D-1}N_k$。下面分析如图 9-5-9 (c)所示整数 D 倍抽取系统的多相算法结构的运算量。第 k 个多相分量 $H_k(z^D)$构成的 FIR 子滤波器需要 N_k 次乘法和 N_k-1 次加法。若以输入序列 $x[n]$的采样间隔为单位时间，则 D 个单位时间(获得一个输出序列值)内多相滤波器算法结构共需要完成的乘法次数为 $\sum_{k=0}^{D-1}N_k=N$，共需要完成的加法次数为 $\sum_{k=0}^{D-1}(N_k-1)+(D-1)=N-1$。这与图 9-5-1(b)所示的整数 D 倍抽取直接型 FIR 滤波器的高效算法结构的运算量是一样的。

按整数 I 倍内插系统的算法结构如图 9-5-10(a)所示。根据式(9-5-5)，可以用 I 个多相分量构成的滤波器组实现，如图 9-5-10(b)所示，其等效结构如图 9-5-10(c)所示。零插值是线性运算，故可以交换图 9-5-10(c)中 $\boxed{\uparrow I}$ 和多相分量的位置，得到图 9-5-10(c)结构的等价高效结构如图 9-5-10(d)所示，使得在高采样率上不需要滤波运算，分配到各相的低采样率信号先滤波，再做零插值，零插值后通过移位相加组合得到最后的高采样率输出信号。图 9-5-10(d)称为内插系统的多相算法结构。

实际应用中，零内插并移位相加的过程是采用在 $x[n]$采样频率下依次输出 v_0，v_1，…，v_{I-1} 的方法。

如果 LPF 是 FIR 滤波器，其 $h[n]$的长度为 N，I 倍内插系统的多相算法结构所需的乘法次数为 $\sum_{k=0}^{I-1}N_k=N$，需完成的加法次数为 $\sum_{k=0}^{I-1}(N_k-1)+(I-1)=N-1$，则运算量同图 9-5-5 所示的整数 I 倍内插直接型 FIR 滤波器的高效算法结构的运

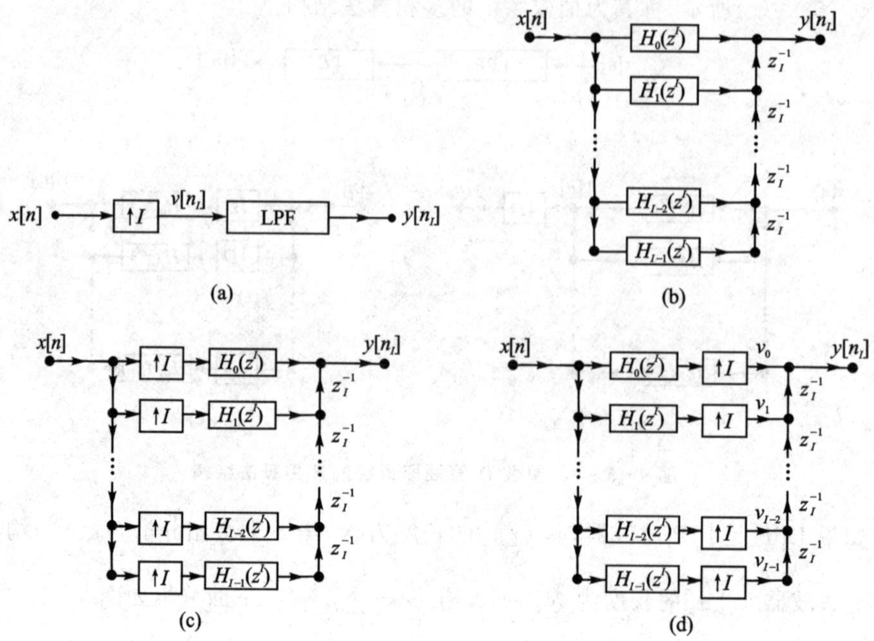

图 9-5-10　整数 I 倍内插系统的多相算法结构

算量。

【例 9-5-2】设计一个按因子 $I=5$ 的内插器,要求 FIR 低通滤波器的阻带最小衰减为 30 dB,过渡带宽度不大于 $\pi/7.5$。采用多相滤波器结构实现,并求出 5 个多相滤波器系数。

解:FIR 滤波器的阻带截止频率为 $\pi/5$,根据提议可知滤波器其他参数指标:过渡带宽为 $\pi/7.5$,阻带最小衰减为 30 dB。

采用窗函数法设计线性相位 FIR 滤波器,由 $\alpha_s=30$ dB 可确定采用汉宁窗设计。由

$$\frac{6.2\pi}{N}=\frac{\pi}{7.5}$$

求得 $h[n]$长度 $N=46.5$,为满足 5 的整数倍,取 $N=50$。满足 $h[n]=h[N-n-1]$。

多相滤波器实现结构中的 5 个多相滤波器系数如下:

$$h_0[n]=h[nI]$$
$$=\{h[0],h[5],h[10],h[15],h[20],h[25],h[30],h[35],h[40],h[45]\}$$

$$h_1[n]=h[1+nI]$$
$$=\{h[1],h[6],h[11],h[16],h[21],h[26],h[31],h[36],h[41],h[46]\}$$

$$h_2[n]=h[2+nI]$$
$$=\{h[2],h[7],h[12],h[17],h[22],h[27],h[32],h[37],h[42],h[47]\}$$

$$h_3[n]=h[3+nI]$$

$=\{h[3],h[8],h[13],h[18],h[23],h[28],h[33],h[38],h[43],h[48]\}$

$h_4[n]=h[4+nI]$

$=\{h[4],h[9],h[14],h[19],h[24],h[29],h[34],h[39],h[44],h[49]\}$

需要说明的是，在实际采样率转换系统中，常常会有遇到抽取因子和内插因子很大的情况。例如，按有理数因子 $I/D=150/61$ 的采样率转换系统，从理论上讲，可以采用多相滤波器结构准确地实现这种采样率转换，但是实现结构中将需要 150 个多相滤波器，而且其工作效率很低。“多级实现结构”可以很好地解决该问题。此外，多级实现结构可以使滤波器总长度大大降低。多级实现内容请参考相关文献。

习题及思考题

1. 已知信号 $x[n]=a^n u[n]$，$|a|<1$，其频谱函数为 $X(\mathrm{e}^{\mathrm{j}\tilde{\omega}})=\mathrm{DTFT}\{x[n]\}$。

(1) 按因子 $D=2$ 对 $x[n]$ 抽取得到 $y[m]$，试求 $y[m]$ 的频谱函数。

(2) 证明：$y[m]$ 的频谱函数就是 $x[2n]$ 的频谱函数。

2. 假设信号 $x[n]$ 及其频谱 $X(\mathrm{e}^{\mathrm{j}\tilde{\omega}})$ 如题图 1 所示。按因子 $D=2$ 直接对 $x[n]$ 抽取，得到信号 $y[m]=x[2m]$。画出其频谱函数曲线，说明抽取过程中是否丢失了信息。

3. 按整数因子 $D=4$ 抽取器原理方框图如题图 2(a)所示。其中，$f_{\mathrm{sam}}=1\ \mathrm{kHz}$，$f_{\mathrm{samD}}=250\ \mathrm{Hz}$，输入序列 $x[n]$ 的频谱如题图 2(b)所示。请画出题图 2(a)中理想低通滤波器 $h_D[n]$ 的频率响应特性曲线和序列 $v[n]$、$y[m]$ 的频谱特性曲线。

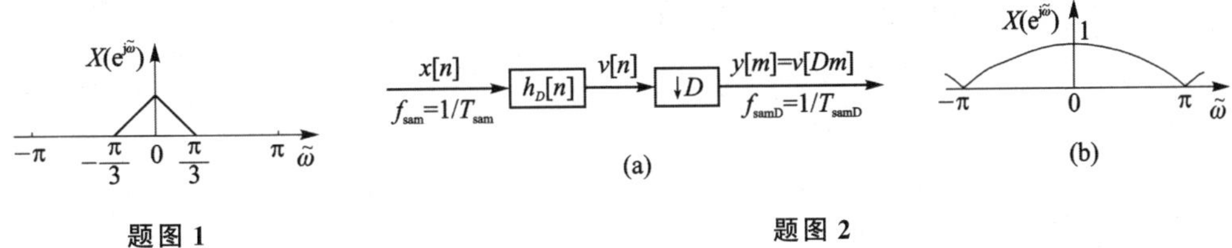

题图 1　　　　题图 2

4. 整数因子 I 内插器原理方框图如题图 3 所示。图中，$f_{\mathrm{sam}}=200\ \mathrm{Hz}$，$f_{\mathrm{samI}}=1\ \mathrm{kHz}$，输入序列 $x[n]$ 的频谱如题图 2(b)所示。确定内插因子 I，并画出题图 3 中理想 $h_I[m]$ 的频率响应特性曲线和序列 $v[m]$、$y[m]$ 的频谱特性曲线。

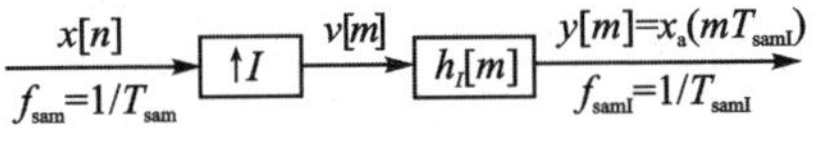

题图 3

5. 设计一个抽取器，要求抽取因子 $D=5$。抗混叠 FIR 滤波器的阻带最小衰减为 40 dB，过渡带宽度为 0.02π rad。画出实现抽取器的多相结构，并求出各子滤波器的单位脉冲响应。

6. 设计一个内插器,要求抽取因子 $I=2$。设计 FIR 滤波器,要求阻带最小衰减为 40 dB,过渡带宽度为 0.05π rad。画出实现内插器的多相结构,并求出多相实现时各子滤波器的单位脉冲响应。

7. 设计一个按因子 2/5 降低采样率的采样率转换器,画出系统原理方框图。要求其中的 FIR 低通滤波器的过渡带宽为 0.04π rad,阻带最小衰减为 30 dB。设计 FIR 低通滤波器的单位脉冲响应,并画出一种高效实现结构。

8. 假设信号 $x[n]$ 是以奈奎斯特采样频率 $f_{\text{sam}}=10$ kHz 对模拟信号 $x_{\text{a}}(t)$ 的采样序列。现在为了减少数据量,只保留 $0\leqslant f\leqslant 3$ kHz 的低频信息,希望尽可能降低采样频率,请设计采样率转换器。要求经过采样率转换器后,在频带 $0\leqslant f\leqslant 2.8$ kHz 中频谱失真不大于 1 dB,频谱混叠不超过 1%。

(1) 确定满足要求的最低采样频率 f_{samD} 和相应的采样率转换因子;

(2) 画出采样率转换器的原理方框图;

(3) 确定采样率转换器中 FIR 低通滤波器的技术指标,用窗函数法设计 FIR 低通滤波器,并标出指标参数(通带截止频率、阻带截止频率,以及通带最大衰减和阻带最小衰减);

(4) 求出多相实现结构中子滤波器的单位脉冲响应。

第 10 章　数字信号处理中的有限字长效应

由于 A/D 转换的量化和滤波器系数的量化等存在有限字长效应问题，因此数字信号处理会存在误差。本章将讨论量化与有限字长效应以及误差分析。

10.1　量化及量化误差的统计分析

10.1.1　量　化

数字信号处理是用数字的方法和技术来处理信号，因此信号的数值、系统的参数、运算中的中间变量和运算结果均需用二进制编码表示。对于一个无限精度数，需要无限多位二进制数才能精确表示，由于受 A/D 转换器的位数、寄存器位数和运算字长等的限制，实际上只能用有限字长的二进制数来表示，这种过程称为量化，量化所产生的误差称为量化误差。量化误差将导致产生有限字长效应（或称为量化效应）。本节对数字信号处理中的误差进行分析。

假设用 $b+1$ 位二进制数表示数字信号，其中 1 位是符号位，尾数共 b 位。该信号能表示的最小单位称为量化阶（量化间隔），用 q 表示：

$$q=2^{-b}V_{\mathrm{REF}} \tag{10-1-1}$$

式中：V_{REF} 是单位或参考值。

如果二进制数的尾数长于 b，则必须进行尾数处理，使其为 b 位，这就是量化。有两种典型的量化过程，一是用有限的二进制表示一个实数，包括 A/D 转换器和滤波器实系数的量化；二是用较短有效位数表示较长有效位，如两个 b 位尾数相乘，可能产生 $2b$ 位，但只能保留 b 位。尾数量化处理有两种方法：截尾法和舍入法。截尾法是将尾数前 b 位后面的二进制数码全部略去。舍入法是将尾数的第 $1+b$ 位按逢 1 进位，逢 0 不进位，$1+b$ 位后面的二进制数码全部略去。这样，如果数 x 被量化，则将引入量化误差 e，即

$$e=\{x\}_{\mathrm{Q}}-x \tag{10-1-2}$$

式中：$\{x\}_{\mathrm{Q}}$ 表示 x 的量化值，即 x 经截尾或舍入后的量化值。

对于采用补码表示的定点数,截尾误差 e_T 全为负值:$-q<e_T\leqslant 0$。对于原码表示的定点正数,截尾误差 e_T 也为 $-q<e_T\leqslant 0$,但原码表示的定点负数的截尾误差 e_T 则为 $0\leqslant e_T<q$。

原码和补码表示定点数的舍入误差 e_R 都为 $-\dfrac{q}{2}<e_R\leqslant\dfrac{q}{2}$。

10.1.2 量化误差的统计分析

在数字信号处理中,量化过程中的位数处理具有随机性,因此量化误差 $e[n]=\{x[n]\}_Q-x[n]$ 是随机序列。为了进行量化误差的统计分析,对其统计特性作了以下一些假设:

① $e[n]$ 是平稳随机序列;

② $e[n]$ 与信号 $x[n]$ 是互不相关的;

③ $e[n]$ 在误差范围内是均匀分布的加性白噪声序列。

满足假设条件的量化误差 $e[n]$,其概率密度函数可分别表示为

$$p(e_T)=\begin{cases}q^{-1}, & -q<e_T\leqslant 0\\ 0, & \text{其他}\end{cases},\quad p(e_R)=\begin{cases}q^{-1}, & -q/2<e_R\leqslant q/2\\ 0, & \text{其他}\end{cases} \tag{10-1-3}$$

概率密度函数曲线分别如图 10-1-1(a)、(b)所示。

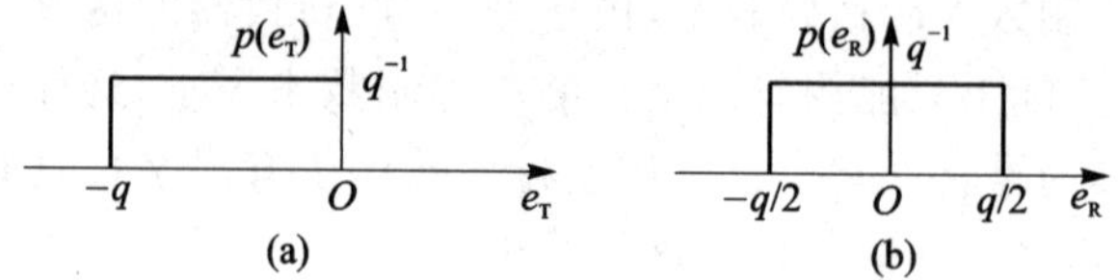

图 10-1-1 量化误差的概率密度函数曲线

量化效应由量化误差统计平均值 μ_e 和方差 σ_e^2 给出。截尾法量化误差 e_T 的统计平均值和方差分别为

$$\mu_{e_T}=\int_{-q}^{0}e_T p(e_T)\mathrm{d}e_T=-\frac{q}{2} \tag{10-1-4}$$

$$\sigma_{e_T}^2=\int_{-q}^{0}(e_T-\mu_{e_T})^2 p(e_T)\mathrm{d}e_T=\frac{q^2}{12} \tag{10-1-5}$$

定点舍入法量化误差 e_R 的统计平均值和方差分别为

$$\mu_{e_R}=\int_{-\frac{q}{2}}^{\frac{q}{2}}e_R p(e_R)\mathrm{d}e_R=0 \tag{10-1-6}$$

$$\sigma_{e_R}^2=\int_{-\frac{q}{2}}^{\frac{q}{2}}(e_R-\mu_{e_R})^2 p(e_R)\mathrm{d}e_R=\frac{q^2}{12} \tag{10-1-7}$$

统计分析结果表明,量化误差 $e[n]$ 是由量化引起的量化噪声。定点补码截尾处

理量化噪声的统计平均值 $\mu_{e_T}=-q/2$，相当于给信号增加了一个直流分量，从而改变了信号的频谱特性，定点舍入处理量化噪声的统计平均值值 $\mu_{e_R}=0$，这一点比定点补码截尾法好。两种量化的方差 σ_e^2 一致，σ_e^2 即为量化噪声功率，反映了噪声强度，表征降低了信噪比。σ_e^2 与量化的位数 b 有关，为了减少量化噪声，可以增加量化的位数。

10.2　A/D 转换的量化误差

10.2.1　A/D 转换的统计模型

实际工程中，原始待处理的信号大多是模拟信号，模拟信号只有经过 A/D 转换器转换为数字信号，才能用数字系统进行处理。一个 A/D 转换器从功能上讲，一般可分成两部分，即采样与量化，如图 10－2－1(a)所示。模拟信号 $x_a(t)$经采样后，转变为离散时间信号 $x_a(nT_{sam})$，用 $x[n]$表示。然后，量化器(即二进制数字编码器)再对 $x[n]$进行截尾或舍入处理，得到 b 位有限字长的数字信号 $\hat{x}[n]$。A/D 转换的量化过程的统计模型如图 10－2－1(b)所示。显然，A/D 转换的量化过程可等效为无限精度信号叠加上量化噪声，补码截尾和舍入的量化误差除均值不同外，两者的方差均为 $q^2/12$，显然，A/D 转换器的分辨率(转换结果的二进制位数)越长，量化噪声越小。

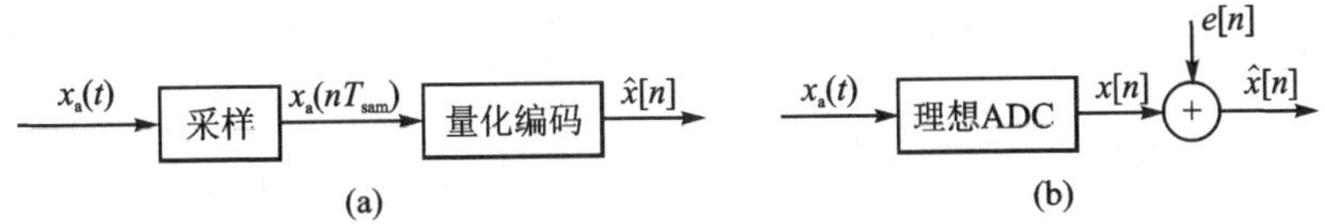

图 10－2－1　A/D 转换的模型

信号功率与量化噪声功率之比称为 A/D 转换器的量化功率信噪比，即

$$\frac{\sigma_x^2}{\sigma_e^2}=\frac{\sigma_x^2}{q^2/12}=(12\times 4^b)\left(\frac{\sigma_x}{V_{REF}}\right)^2 \qquad (10-2-1)$$

式中：σ_x^2 和 σ_e^2 分别是信号和量化噪声的功率。用对数表示量化功率信噪比，记作 SNR，则

$$\mathrm{SNR}=10\lg\frac{\sigma_x^2}{\sigma_e^2}=\left(6.02b+10.79+20\lg\left|\frac{\sigma_x}{V_{REF}}\right|\right)\ \mathrm{dB} \qquad (10-2-2)$$

式(10－2－2)说明，分辨率每增加 1 位，信号的信噪比提高 6.02 dB；信号功率 σ_x^2 越大，功率信噪比越高。增加 A/D 转换器的分辨率，会增加量化功率信噪比，但

A/D 转换器的成本也会随位数 b 的增加而迅速增加；另外，增大输入信号本身的功率 σ_x^2 可以提高信噪比，这就是信号远小于 A/D 转换器的参考电压时，要先放大(趋近满幅)后再接入 A/D 转换器的原因，因为满幅时量化功率信噪比最大；当然，参考电压也限定了信号本身的功率。

【例 10-2-1】求通过 10 位分辨率 A/D 转换器对满幅输入正弦信号量化的功率信噪比 SNR。

解：满幅输入正弦信号的功率 $\sigma_x^2=\left(\dfrac{V_{\text{pp}}/2}{\sqrt{2}}\right)^2=\left(\dfrac{(q\cdot 2^b)/2}{\sqrt{2}}\right)^2=\dfrac{1}{8}q^2 4^b$，此时量化功率信噪比最大：

$$\text{SNR}=10\lg\frac{\sigma_x^2}{\sigma_e^2}=10\lg\frac{\frac{1}{8}q^2 4^b}{q^2/12}=10\lg(4^b\times 1.5)\ \text{dB}=(6.02b+1.76)\ \text{dB}\approx 62\ \text{dB}$$

另外，过分追求减小量化噪声来提高输出信噪比是没有意义的，因此，应根据实际需要合理选择 A/D 转换器的分辨率。

应当注意，上述 A/D 转换器为线性量化，其缺点是不利于小信号。为了改善小信号量化信噪比，通信系统中常常采用非线性量化。

10.2.2 量化噪声的功率谱密度及过采样技术

1. 量化噪声的功率谱密度

ADC 的量化噪声是白噪声，其功率谱密度函数 $P_e(\omega)$ 在奈奎斯特采样频率范围 $(-f_{\text{sam}}/2, f_{\text{sam}}/2)$ 内均匀分布：

$$P_e(\omega)=2\pi\frac{\sigma_e^2}{\omega_{\text{sam}}}=\pi\frac{q^2}{6\omega_{\text{sam}}}\quad 或\quad P_e(f)=\frac{\sigma_e^2}{f_{\text{sam}}}=\frac{q^2}{12f_{\text{sam}}}\tag{10-2-3}$$

$$\sigma_x^2=\frac{1}{2\pi}\int_{-\pi}^{\pi}P_e(\omega)\mathrm{d}\omega=\int_{-f_{\text{sam}}/2}^{f_{\text{sam}}/2}P_e(f)\mathrm{d}f=P_e(f)\cdot f_{\text{sam}}\tag{10-2-4}$$

当奈奎斯特采样频率对应数字角频率域的范围 $0\sim 2\pi$ 时，数字域的 $\pi\sim 2\pi$ 在模拟域内噪声功率分布的对应区域为$(f_{\text{sam}}/2, 0)$。

2. 过采样技术

A/D 转换器的成本会随位数 b 的增加而迅速增加，所以不能一味地靠增加位数来提高信噪比。理想 A/D 转换量化噪声的功率谱密度如图 10-2-2 所示，在 A/D 转换之后，信号分量及量化噪声的功率谱密度如图 10-2-3 所示。

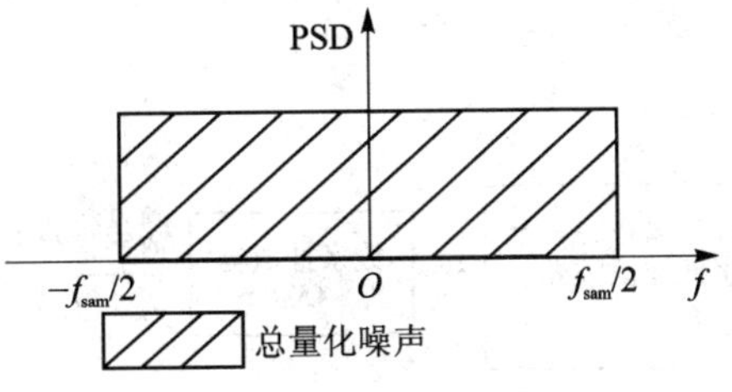

图 10-2-2　理想 A/D 转换量化噪声的功率谱密度

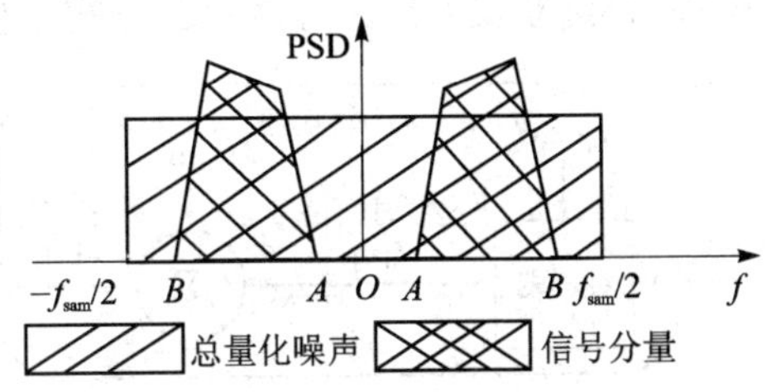

图 10-2-3　信号分量及量化噪声的功率谱密度

增加 A/D 转换器的分辨率本质上就是降低量化噪声的功率谱密度。这不但可以通过减小式(10-2-3)的分子 q 来实现,也可以通过增大分母的采样频率 f_{sam} 来实现,而这将导致过采样。q 不变,则量化噪声功率($\sigma_{e_R}^2=q^2/12$)不变,如图 10-2-4 所示;过采样之后,信号的功率谱密度变小。使用远高于奈奎斯特频率($f_N=2f_m$)的采样速率(f_{os})对模拟输入信号进行采样,可方便地减小噪声的功率谱密度。称 $K=f_{os}/f_N$ 为过采样率。

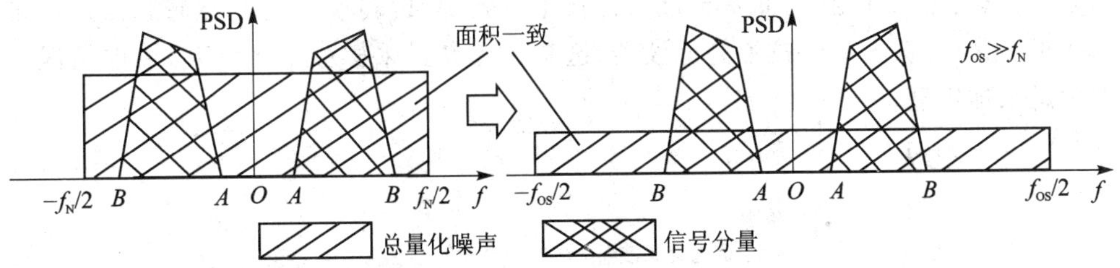

图 10-2-4　过采样后,信号分量及量化噪声的功率谱密度

在过采样之后,SNR 的提高值为

$$\Delta \mathrm{SNR}_{os}=10\log K\,\mathrm{dB} \tag{10-2-5}$$

过采样 A/D 转换器 SNR 的动态范围为

$$\mathrm{SNR}=\left[6.02b+10.79+20\lg\left|\frac{\sigma_x}{V_{REF}}\right|+10\log K\right]\ \mathrm{dB} \tag{10-2-6}$$

因此,假设由 n 位的 A/D 转换器实现 m 位的分辨率($m>b$),则由分辨率每增加 1 位,信号的信噪比提高 6.02 dB,有

$$\frac{f_{os}}{2f_m}=10^{0.602(m-b)}=4^{m-b} \tag{10-2-7}$$

也就是说,提高 1 位分辨率,则需要过采样 $f_{os}/(2f_m)=10^{0.602}=4$ 倍。比如,用 12 位 A/D 转换器获得 16 位的 SNR,经计算 $f_{os}/(2f_m)=256$,即当过采样频率 f_{os} 是奈奎斯特频率 f_N 的 256 倍时,分辨率提高了 4 位。

如图 10-2-5 所示,对过采样的信号进行 FIR 低通滤波来滤除 A/D 转换信号中的量化噪声,截止频率为 $f_c=\pi/K$。滤波之后,转换信号通过采样抽取降低采样速率,最终获得对应采样频率的分辨率量化结果。

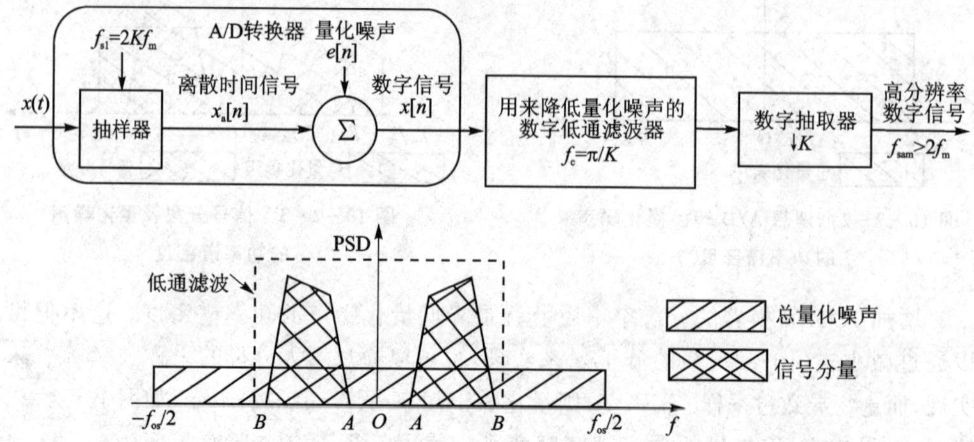

图 10-2-5　基于过采样和低分辨率 A/D 转换器实现高分辨率 A/D 转换

此外,如图 10-2-6 所示,传统的 A/D 转换过程需要在前端先通过一个抗混叠滤波器,以满足采样定理,而基于过采样技术进行 A/D 转换对抗混叠滤波器过渡带的要求非常低,甚至省略抗混叠滤波器,这是因为其过采样频率足够高,一般情况下都满足采样定理。

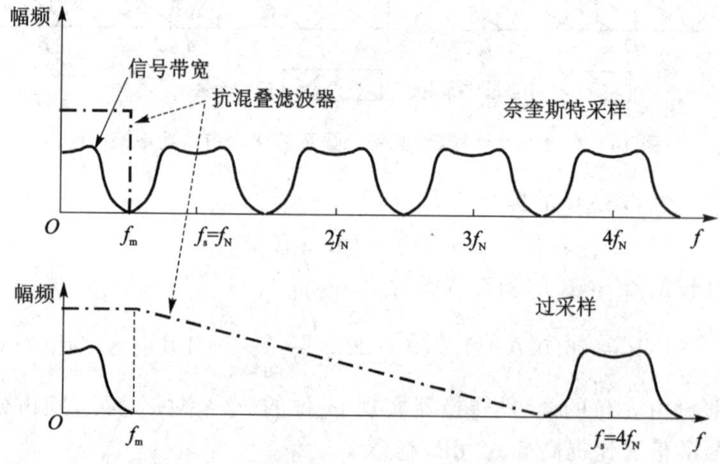

图 10-2-6　奈奎斯特 A/D 转换与 4 倍过采样 A/D 转换的频谱比较

综上,利用过采样可将量化噪声分布到更宽的频率范围,从而降低了背景噪声的电平。依靠低分辨率 A/D 转换器后的数字滤波器,滤去大部分噪声,带宽的有效噪声得到降低。这就是应用低分辨率的 A/D 转换器实现高分辨率转换的基础。

10.3 量化噪声通过 LTI 系统的响应

当已量化的信号通过离散时间 LTI 系统时，量化噪声也随之通过该系统以输出噪声的形式出现在系统响应中。设离散时间 LTI 系统的系统函数为 $H(z)$，单位脉冲响应为 $h[n]$，当信号输入为 $\hat{x}[n]=x[n]+e[n]$时，系统的响应

$$\begin{aligned}\hat{y}[n]&=\hat{x}[n]*h[n]=(x[n]+e[n])*h[n]\\&=x[n]*h[n]+e[n]*h[n]=y[n]+e_{\mathrm{f}}[n]\end{aligned}\tag{10-3-1}$$

如图 10-3-1 所示，可见，系统输出噪声 $e_{\mathrm{f}}[n]$表示为

$$e_{\mathrm{f}}[n]=e[n]*h[n]=\sum_{m=0}^{\infty}h[m]e[n-m]\tag{10-3-2}$$

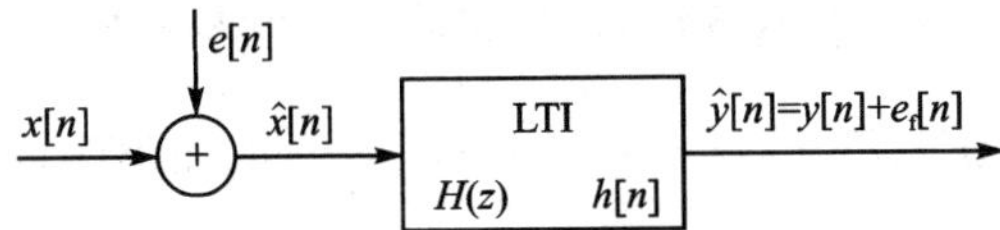

图 10-3-1　量化噪声通过线性系统的响应

输出噪声 $e_{\mathrm{f}}[n]$的统计平均值（即直流分量）为

$$\begin{aligned}\mu_{\mathrm{f}}&=\mathrm{E}\{e_{\mathrm{f}}[n]\}=\mathrm{E}\Big\{\sum_{m=0}^{\infty}h[m]e[n-m]\Big\}=\sum_{m=0}^{\infty}h[m]\mathrm{E}\{e[n-m]\}\\&=\mu_{\mathrm{e}}\sum_{m=0}^{\infty}h[m]=\mu_{\mathrm{e}}\sum_{m=0}^{\infty}h[m]\mathrm{e}^{\mathrm{j}0m}=\mu_{\mathrm{e}}H(\mathrm{e}^{\mathrm{j}0})\end{aligned}\tag{10-3-3}$$

式中：$H(\mathrm{e}^{\mathrm{j}0})=H(\mathrm{e}^{\mathrm{j}\tilde{\omega}})|_{\tilde{\omega}=0}$ 是 LTI 系统的直流增益。当 $e[n]$是舍入量化噪声时，$\mu_{\mathrm{e}}=0$，因此 $\mu_{\mathrm{f}}=0$。

输出噪声 $e_{\mathrm{f}}[n]$的方差为

$$\begin{aligned}\sigma_{\mathrm{f}}^2&=\mathrm{E}\{(e_{\mathrm{f}}[n]-\mu_{\mathrm{f}})^2\}\\&=\mathrm{E}\Big\{\Big(\sum_{m=0}^{\infty}h[m]e[n-m]-\mu_{\mathrm{e}}\sum_{m=0}^{\infty}h[m]\Big)\Big(\sum_{l=0}^{\infty}h[l]e[n-l]-\mu_{\mathrm{e}}\sum_{l=0}^{\infty}h[l]\Big)\Big\}\\&=\mathrm{E}\Big\{\sum_{m=0}^{\infty}h[m](e[n-m]-\mu_{\mathrm{e}})\cdot\sum_{l=0}^{\infty}h[l](e[n-l]-\mu_{\mathrm{e}})\Big\}\\&=\sum_{m=0}^{\infty}\sum_{l=0}^{\infty}h[m]h[l]\cdot\mathrm{E}\{(e[n-m]-\mu_{\mathrm{e}})(e[n-l]-\mu_{\mathrm{e}})\}\end{aligned}\tag{10-3-4}$$

因为输入量化噪声 $e[n]$是方差为 σ_{e}^2 的白噪声序列，各变量之间互不相关，所以式(10-3-4)中的协方差函数满足

$$\mathrm{E}\{(e[n-m]-\mu_{\mathrm{e}})(e[n-l]-\mu_{\mathrm{e}})\}=\delta[m-l]\sigma_{\mathrm{e}}^2$$

从而得到输出噪声 $e_{\mathrm{f}}[n]$的方差为

$$\sigma_f^2=\sum_{m=0}^{\infty}\sum_{l=0}^{\infty}h[m]h[l]\delta[m-l]\sigma_e^2=\sigma_e^2\sum_{m=0}^{\infty}h^2[m] \tag{10-3-5}$$

根据 Z 变换的帕塞瓦尔定理,有

$$\sum_{m=0}^{\infty}h^2[m]=\frac{1}{2\pi j}\oint_c H(z)H(z^{-1})z^{-1}dz \tag{10-3-6}$$

式(10-3-6)中的系统函数 $H(z)$ 的全部极点都在单位圆内(系统是因果的和稳定的),$\oint_c$ 是沿单位圆逆时针方向的围线积分。综合前两式得到

$$\sigma_f^2=\frac{\sigma_e^2}{2\pi j}\oint_c H(z)H(z^{-1})z^{-1}dz \tag{10-3-7}$$

或者根据 DTFT 的帕塞瓦尔定理,得

$$\sigma_f^2=\frac{\sigma_e^2}{2\pi}\int_{-\pi}^{\pi}|H(e^{j\tilde{\omega}})|^2 d\tilde{\omega} \tag{10-3-8}$$

【例10-3-1】设有一个11位($b=11$)的舍入法量化 A/D 转换器,求 A/D 转换的输出信号通过 IIR 数字滤波器 $H(z)=\dfrac{z}{z-0.999}$ 的输出噪声 $e_f[n]$ 的功率 σ_f^2。

解:由于 A/D 转换器的量化效应,量化噪声的功率为

$$\sigma_e^2=\frac{q^2}{12}=\frac{2^{-2b}}{12}=\frac{2^{-22}}{12}$$

因此,IIR 数字滤波器输出噪声 $e_f[n]$ 的功率为

$$\sigma_f^2=\frac{\sigma_e^2}{2\pi j}\oint_c H(z)H(z^{-1})\frac{dz}{z}=\frac{2^{-22}}{12}\frac{1}{2\pi j}\oint_c\frac{z}{z-0.999}\frac{z^{-1}}{z^{-1}-0.999}\frac{dz}{z}$$

$$=\mathrm{Res}\{H(z)H(z^{-1})z^{-1},0.999\}=\frac{2^{-22}}{12}\times 500.25=9.939\,1\times10^{-6}$$

10.4 数字系统中的系数量化效应

数字系统对输入信号进行处理时需要若干参数(即系数),然而所有系数也都是有限字长的,因此存在系数量化效应。系数的量化误差将改变系统函数零极点的位置,因而影响系统的频率特性,使其偏离理论设计的特性,有可能造成不满足设计指标要求的情况。如果量化误差较大,甚至会使系统函数的极点移到单位圆上或者单位圆外,结果会造成系统不稳定。

系数的量化效应不仅与字长有关,也与系统算法结构有关,有的算法结构对系数的量化误差不敏感,有的算法结构受量化误差影响较大。采用什么样的算法结构能使其对系数的量化误差不敏感,是本节要讨论的内容之一。

10.4.1　系数量化误差对系统频率响应特性的影响

若 N 阶 IIR 数字滤波器的系统函数系数 b_k 和 a_k 由量化产生的加性量化误差分别用 Δb_k 和 Δa_k 表示，量化后的系数分别为 $\hat{b}_k$ 和 $\hat{a}_k$ 表示，则

$$\hat{b}_k = b_k + \Delta b_k, \quad k = 0,1,\cdots,M$$

$$\hat{a}_k = a_k + \Delta a_k, \quad k = 0,1,\cdots,N$$

系统量化后的系统函数为

$$\hat{H}(z) = \frac{\sum_{k=0}^{M} \hat{b}_k z^{-k}}{1 + \sum_{k=1}^{N} \hat{a}_k z^{-k}} \tag{10-4-1}$$

显然，系统量化后，系统函数的零、极点发生了变化，从而使其频率响应特性不同于系数量化前的系统频率响应特性。

【例 10-4-1】分析 IIR 窄带数字滤波器的系统函数为

$$H(z) = \frac{1}{1 - 0.17z^{-1} + 0.965z^{-2}}$$

的系数量化效应。

解:取 $H(z)$系数的尾数 $b=4$，并采用舍入法量化，则得到

$$\hat{H}(z) = \frac{1}{1 - 0.1875z^{-1} + 0.9375z^{-2}}$$

原系统函数 $H(z)$的极点为

$$p_{1,2} = 0.08500 \pm \mathrm{j}0.97866$$

而量化后系统函数 $\hat{H}(z)$的极点为

$$\hat{p}_{1,2} = 0.09375 \pm \mathrm{j}0.96370$$

显然，因为系数的量化，使系统函数的极点发生了变化，如图 10-4-1(a)所示。系数量化前后极点的模(极点矢量长度)分别为

$$|p_{1,2}| = 0.98234, \quad |\hat{p}_{1,2}| = 0.96235$$

说明系数量化后的极点位置离单位圆稍远一些(极点矢量长度稍长一些)，结果使窄带滤波器的幅度响应特性的峰值下降，且滤波器的中心频率有所偏移，如图 10-4-1 (b)所示。

但是，如果取尾数 $b=7$，仍采用舍入法进行量化，则得到

$$\hat{H}(z) = \frac{1}{1 - 0.17187z^{-1} + 0.96875z^{-2}}$$

此时，系数量化后系统函数 $H(z)$的极点为

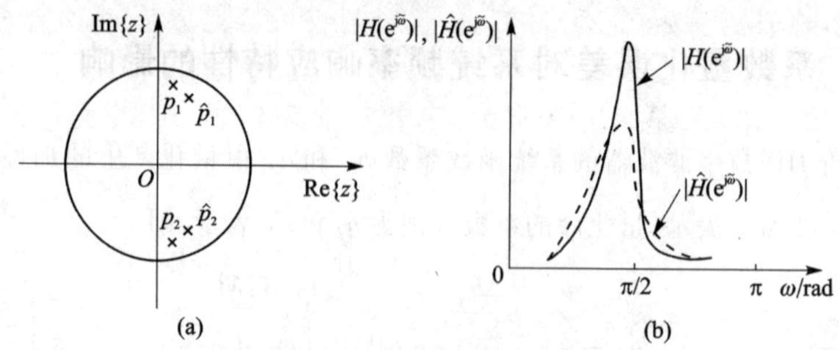

图 10-4-1 【例 10-4-1】图

$$\hat{p}_{1,2}=0.085\ 093\ 75\pm \mathrm{j}0.980\ 492\ 09$$

与量化前的极点差别甚小,因此对系统频率响应特性的影响也不大。

该例的上述结果说明,由于系数的量化效应,将使滤波器系统函数的极点位置发生变化,从而影响滤波器的频率响应特性。但若系数量化的字长较长,这种影响将不会太大。

10.4.2 极点位置灵敏度

前面已经指出,系数量化误差将对系统函数的零、极点产生影响,改变其位置,从而使滤波器的频率响应特性发生变化。特别是极点位置的改变,还会影响系统的稳定性。为了表示系数量化对零、极点位置的影响,引入零点位置灵敏度和极点位置灵敏度的概念。所谓零点位置灵敏度或者极点位置灵敏度,是指系统函数的每个零点位置或者每个极点位置对系数量化的敏感程度。二者分析方法相同。由于极点位置对系统性能的影响更大,所以下面只对极点位置灵敏度进行分析。

N 阶 IIR 系统函数 $H(z)$ 的分母多项式 $A(z)=1+\sum_{k=1}^{N}a_k z^{-k}=\prod_{k=1}^{N}(1-p_k z^{-1})$ 对应有 N 个极点 $p_k(k=1,2,\cdots,N)$,系数量化后的极点用 $\hat{p}_k(k=1,2,\cdots,N)$ 表示,这样

$$\hat{p}_k=p_k+\Delta p_k,\quad k=1,2,\cdots,N \tag{10-4-2}$$

式中:Δp_k 是表示第 k 个极点的位置偏差,它应与各个系数的量化误差都有关,即

$$\Delta p_k=\sum_{i=1}^{N}\frac{\partial p_k}{\partial a_i}\Delta a_i \tag{10-4-3}$$

式中:$\partial p_k/\partial a_i$ 称为极点 p_k 对系数 a_i 变化的灵敏度,它表示第 i 个系数量化误差 Δa_i 对第 k 个极点位置偏差 Δp_k 的影响程度。显然,$\partial p_k/\partial a_i$ 越大,Δa_i 对 Δp_k 的影响越大,灵敏度越高;反之,$\partial p_k/\partial a_i$ 越小,Δa_i 对 Δp_k 的影响越小,灵敏度越低。

下面推导极点位置灵敏度与极点的关系式和极点位置偏差与极点位置灵敏度及系数量化误差的关系式。

由隐函数求导公式：

$$\left.\begin{aligned}&\left.\frac{\partial A(z)}{\partial a_i}\right|_{z=p_k}=-\left.\frac{\partial A(z)}{\partial p_k}\right|_{z=p_k}\frac{\partial p_k}{\partial a_i}\Rightarrow\frac{\partial p_k}{\partial a_i}=-\left.\frac{\partial A(z)/\partial a_i}{\partial A(z)/\partial p_k}\right|_{z=p_k}\\&\frac{\partial A(z)}{\partial a_i}=\frac{\partial\left(1+\sum_{j=1}^{N}a_jz^{-j}\right)}{\partial a_i}=z^{-i}\\&\frac{\partial A(z)}{\partial p_k}=\frac{\partial\left(\prod_{j=1}^{N}(1-z^{-1}p_j)\right)}{\partial p_k}=-z^{-1}\prod_{N}(1-z^{-1}p_j)=-z^{-N}\prod_{N}(z-p_j)\end{aligned}\right\}$$

$$\Rightarrow\frac{\partial p_k}{\partial a_i}=\frac{p_k^{N-i}}{\prod_{N}(p_k-p_j)}\tag{10-4-4}$$

$$\Rightarrow\Delta p_k=\sum_{i=1}^{N}\frac{\partial p_k}{\partial a_i}\Delta a_i=\sum_{i=1}^{N}\frac{p_k^{N-i}}{\prod_{N}(p_k-p_j)}\Delta a_i\tag{10-4-5}$$

式(10-4-4)和式(10-4-5)分别是极点 p_k 对系数 a_i 变化的灵敏度和滤波器系数 a_i 量化误差引起的第 k 个极点的位置偏差。可以得出如下结论：

① 式(10-4-4)分母中的每一个因子(p_k-p_j)是极点 p_j 指向极点 p_k 的矢量，整个分母是所有极点(不包括 p_k 是极点)指向极点 p_k 的矢量之积。这些矢量越长，即极点彼此间的距离越远，极点位置灵敏度就越低；这些矢量越短，即极点彼此间越密集，极点位置灵敏度就越高。

② 式(10-4-5)表明，极点位置的偏差 $\Delta p_k(k=1,2,\cdots,N)$不仅与极点位置灵敏度$\partial p_k/\partial a_i$ 和滤波器系数量化误差 $\Delta a_i(i=1,2,\cdots,N)$有关，而且与滤波器系统函数的阶数 N 有关，阶数越高，极点位置偏差也越大。

所以，在数字滤波器设计中，系数量化字长要取足够高的位数，以降低系数量化误差。同时，要选择合适的滤波器算法结构，特别是要求阶数高的滤波器。如窄带滤波器，由于频率选择性强，滤波器阶数高，且极点位置密集，导致极点位置灵敏度高，极点位置偏差大。极点位置的偏差将影响滤波器的频率响应特性，严重时使极点位于单位圆上或单位圆外，引起滤波器不稳定。为此，对于阶数较高的滤波器最好不采用直接型算法结构，而是将其分解为一阶、二阶子系统级联，并采用并联的算法结构，以避免产生零点、极点密集的问题。

【例 10-4-2】设数字滤波器的系统函数为

$$H(z)=\frac{1}{1-2.942\,5z^{-1}+2.893\,4z^{-2}-0.950\,8z^{-3}}$$

试分析系数量化对极点位置的影响。

解：将系统函数的分母多项式进行因式分解，得到

$$H(z)=\frac{1}{(1-0.99z^{-1})(1-0.98\mathrm{e}^{\mathrm{j}5}z^{-1})(1-0.98\mathrm{e}^{-\mathrm{j}5}z^{-1})}$$

所以,系统函数的极点分别为

$$p=0.99,\quad p=0.98\mathrm{e}^{\mathrm{j}5},\quad p=0.98\mathrm{e}^{-\mathrm{j}5}$$

滤波器的系数为 $a_1=-2.942\,5$,$a_2=2.893\,4$,$a_3=-0.950\,8$,它们的量化误差 Δa_1、Δa_2、Δa_3 将影响每个极点的位置。

为了简化分析,仅讨论实数极点 p_1 因系数量化而引起的位置变化,并假设系数 a_1 和 a_3 没有量化误差,即 $\Delta a_1=0$,$\Delta a_3=0$。在上述条件下,按照式(10-4-5),得到极点 p_1 位置偏差为

$$\Delta p_1=\frac{p_1}{(p_1-p_2)(p_1-p_3)}\Delta a_2=\frac{0.99}{(0.99-0.98\mathrm{e}^{\mathrm{j}5})(0.99-0.98\mathrm{e}^{-\mathrm{j}5})}\Delta a_2$$

如果采用尾数 $b=8$ 进行舍入法系数量化,则系数最大量化误差为 $q/2=2^{-9}=0.001\,953$,即 $\Delta a_2=0.001\,953$。将 Δa_2 的值代入 Δp_1 式,计算得到 $\Delta p_1=0.258\,347$。这样,系数量化后,极点 p_1 的位置可能为

$$\hat{p}_1=p_1+\Delta p_1=0.99+0.258\,347=1.248\,347$$

显然,由于滤波器系数量化误差的影响,极点可能由单位圆内移到单位圆外,造成系统的不稳定。这里还是仅考虑一个系数量化误差的情况。如果同时考虑三个系数量化误差的影响,则结果将会更加严重,极点位置偏移会更大。

下面研究在前面条件($\Delta a_1=0$,$\Delta a_3=0$,仅讨论极点 p_1 位置的偏差 Δp_1)下,由于系数量化而使 $\hat{p}_1=p_1+\Delta p_1$ 不移出单位圆的最少系数量化位数 b(不含符号位)。因为 $p_1=0.99$,欲使 $\hat{p}_1=p_1+\Delta p_1\leqslant 1$,则应有 $\Delta p_1\leqslant 0.01$。由 Δp_1 计算公式,得

$$\Delta p_1=\frac{0.99}{(0.99-0.98\mathrm{e}^{\mathrm{j}5^\circ})(0.99-0.98\mathrm{e}^{-\mathrm{j}5^\circ})}\Delta a_2\leqslant 0.01$$

从而得到

$$\Delta a_2=\frac{(0.99-0.98\mathrm{e}^{\mathrm{j}5^\circ})(0.99-0.98\mathrm{e}^{-\mathrm{j}5^\circ})}{0.99}\times 0.01=0.000\,075\,60$$

因为 Δa_2 的最大值为 $q/2$,所以,系数量化间隔 q 应满足

$$q\leqslant 2\times\Delta a_2=0.000\,151\,19$$

我们知道

$$2^{-13}<0.000\,151\,19<2^{-12}$$

所以,系数量化尾数 b 最少应取 13 位,才能保证由系数量化误差所引起的极点 p_1 位置偏移后的 $\hat{p}_1$ 不移出单位圆。这里仍然是只考虑一个系数 a_2 存在量化误差的情况,若同时考虑三个系数量化误差的影响,为保证极点 $\hat{p}_1$ 不移出单位圆,二进制量化位数 b 往往还需增加。就本例而言,最好是将三阶系统用一个一阶子系统和一个二阶子系统(由一对共轭极点构成)进行级联或并联实现。

10.5　有限字长运算的量化效应

数字信号处理的运算包括乘法和加法。在定点制运算中，加法运算不增加字长，而乘法运算会使位数增多。因此，每一次乘法运算之后都要做一次尾数处理。尾数处理有截尾法和舍入法两种，不管采用哪一种尾数处理方法，都会引起误差，称为运算量化误差，它也是一种随机的量化噪声。

研究定点乘法运算的信号流图和统计模型如图 10-5-1 所示。图 10-5-1 (a)表示无限精度乘积 $v[n]$；图 10-5-1 (b)表示尾数处理后的有限精度乘积$\hat{v}[n]$，其中$\{\cdot\}_Q$表示量化处理；采用统计分析时，可将量化误差作为独立噪声 $e[n]$叠加在信号上，图 10-5-1 (c)是统计分析模型。

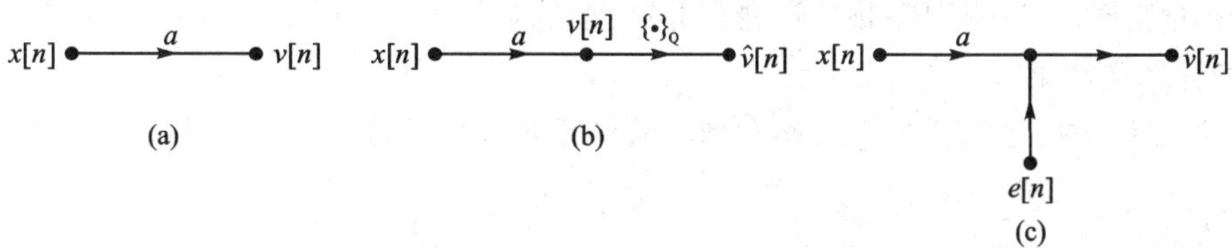

图 10-5-1　定点乘法运算的信号流图和统计模型

在有限精度乘积的情况下，乘积 $v[n]=ax[n]$，经过尾数处理(量化)后表示为 $\hat{v}[n]=\{ax[n]\}_Q$，$\hat{v}[n]$和 $v[n]$之间的量化误差为 $e[n]$。于是有

$$\hat{v}[n]=v[n]+e[n]$$

定点乘法运算有限字长的量化误差，即量化噪声 $e[n]$，其统计特性做如前关于量化误差相同的统计假设。对于截尾量化处理，$e[n]$的均值为$-q/2$，方差 $\sigma_e^2=q^2/12$；对于舍入量化处理，$e[n]$的均值为 0，方差 $\sigma_e^2=q^2/12$。下面针对舍入量化方式进行讨论，这时方差 σ_e^2 是量化噪声 $e[n]$的功率。

当量化信号 $\hat{v}[n]$通过单位脉冲响应为 $h[n]$，系统函数为 $H(z)$的离散时间 LTI 后，系统的输出信号为

$$\hat{y}[n]=\hat{v}[n]*h[n]=v[n]*h[n]+e[n]*h[n]=y[n]+e_f[n] \tag{10-5-1}$$

式中：输出噪声 $e_f[n]$的方差为 σ_f^2，由式(10-3-5)或式(10-3-7)得

$$\sigma_f^2=\sigma_e^2\sum_{m=0}^{\infty}h^2[m] \tag{10-5-2}$$

或

$$\sigma_f^2=\frac{\sigma_e^2}{2\pi j}\oint_c H(z)H(z^{-1})z^{-1}dz \tag{10-5-3}$$

它是系统输出噪声的功率。

10.5.1 IIR 滤波器的有效字长运算量化效应

IIR 滤波器的分子多项式系数 $b_k(k=0,1,\cdots,M)$、分母多项式系数 $a_k(k=1,2,\cdots,N)$与对应的序列 $x[n-k]$、$y[n-k]$相乘,所以从系统函数看,共作 $M+N+1$ 次乘法运算,将引入 $M+N+1$ 个量化噪声。IIR 数字滤波器的算法结构有直接型、级联型和并联型三种,当采用不同的算法结构实现时,乘法器的数目可能会略有不同,更重要的是每个量化噪声到达滤波器输出端所通过的路径随滤波器算法结构的不同而改变,从而在相同系统函数 $H(z)$下,采用不同的算法结构,会得到输出噪声 $e_f[n]$大小不等的方差 σ_f^2。因此,不同的算法结构,滤波器输出的功率信噪比是不同的。下面先以二阶 IIR 滤波器的直接型结构为基础讨论滤波器输出噪声 $e_f[n]$的方差 σ_f^2 的计算,再说明 IIR 的级联型和并联型结构后,通过例子讨论不同算法结构时 σ_f^2 的计算和结果。

设二阶 IIR 滤波器的系统函数和二阶常系数线性差分方程分别为

$$H(z)=\frac{b_0+b_1z^{-1}+b_2z^{-2}}{1+a_1z^{-1}+a_2z^{-2}},\quad y[n]=\sum_{k=0}^{2}b_kx[n-k]-\sum_{k=1}^{2}a_ky[n-k]$$

其直接Ⅱ型算法结构如图 10-5-2(a)所示。图中每一个乘法器输出端引入一个噪声源,共有 5 个乘法器,因此有 5 个噪声源,噪声分别记为 $e_0[n]$、$e_1[n]$、$e_2[n]$、$e_3[n]$和 $e_4[n]$,其乘法量化效应统计模型如图 10-5-2(b)所示。可以看出,5 个量化噪声经过不同的路径到达输出端,其中 $e_0[n]$和 $e_1[n]$通过整个滤波器到达输出端,而 $e_2[n]$、$e_3[n]$和 $e_4[n]$直接到达输出端。所以输出噪声为

$$e_f[n]=(e_0[n]+e_1[n])*h[n]+(e_2[n]+e_3[n]+e_4[n])\tag{10-5-4}$$

式中:$h[n]$是滤波器的单位脉冲响应。

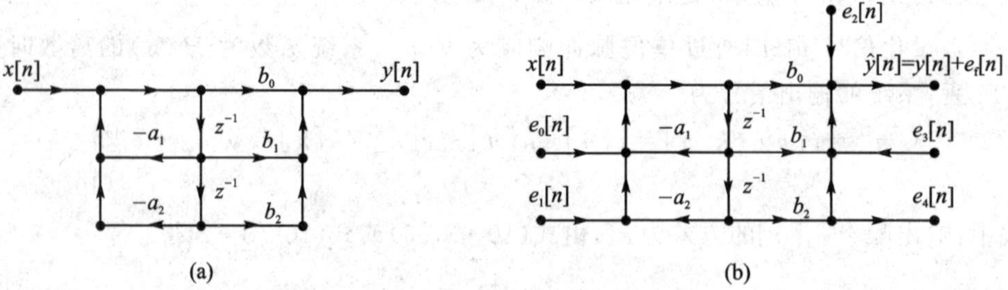

图 10-5-2 二阶 IIR 的直接Ⅱ型算法结构及其乘法量化效应统计模型

如果记

$$e_{01}[n]=e_0[n]+e_1[n],e_{234}[n]=e_2[n]+e_3[n]+e_4[n]$$

则二阶 IIR 直接型算法结构的乘法量化效应简化统计模型如图 10－5－3 所示。噪声 $e_{01}[n]$通过整个系统到达输出端，而 $e_{234}[n]$直接加到输出端。

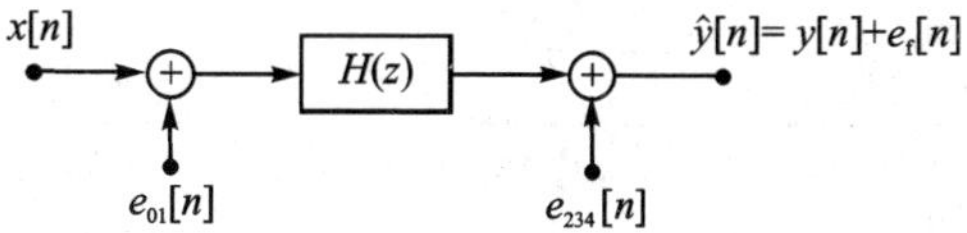

图 10－5－3　二阶 IIR 直接型算法结构的乘法量化效应简化统计模型

利用式(10－5－3)，根据对量化噪声 $e[n]$统计特性的假设：$e[n]$间是互不相关的平稳加性白噪声随机序列，方差均为 $\sigma_e^2=q^2/12$，容易得到二阶 IIR 滤波器直接型算法结构输出噪声 $e_f[n]$的方差为

$$\sigma_f^2=\frac{2\sigma_e^2}{2\pi j}\oint_c H(z)H(z^{-1})z^{-1}dz+3\sigma_e^2 \tag{10-5-5}$$

显然，对于 N 阶 IIR 滤波器 $H(z)$，若 $b_k\neq 0$(实数，$k=0,1,\cdots,M$)，$a_k\neq 0$(实数，$k=1,2,\cdots,N$)，当采用直接Ⅱ型算法结构时，输出噪声 $e_f[n]$的方差为

$$\sigma_f^2=\frac{N\sigma_e^2}{2\pi j}\oint_c H(z)H(z^{-1})z^{-1}dz+(M+1)\sigma_e^2 \tag{10-5-6}$$

【例 10－5－1】设数字滤波器的系统函数为

$$H(z)=\frac{0.4+0.2z^{-1}}{1-1.7z^{-1}+0.72z^{-2}},\quad |z|>0.9$$

采用定点运算舍入法尾数处理。试计算直接型算法结构的输出噪声功率。

解：(1) 直接型算法结构

考虑到乘法器的量化噪声，直接型算法结构的统计模型如图 10－5－4 所示。图中噪声 $e_0[n]$和 $e_1[n]$通过整个系统，而 $e_2[n]$和 $e_3[n]$直接输出。因此

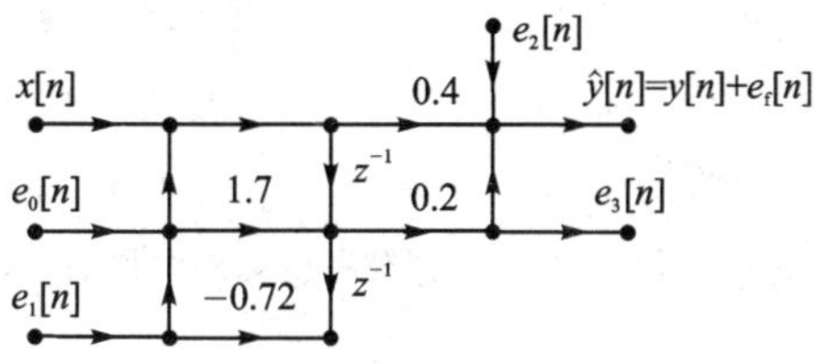

图 10－5－4　【例 10－5－1】的直接型算法结构统计模型

$$e_f[n]=(e_0[n]+e_1[n])*h[n]+e_2[n]+e_3[n]$$

$$\sigma_f^2=\frac{2\sigma_e^2}{2\pi j}\oint_c H(z)H(z^{-1})z^{-1}dz+2\sigma_e^2,\quad \sigma_e^2=q^2/12,q=2^{-b}$$

$$H(z)=\frac{0.4+0.2z^{-1}}{1-1.7z^{-1}+0.72z^{-2}}=\frac{0.4+0.2z^{-1}}{(1-0.9z^{-1})(1-0.8z^{-1})}$$

由

$$\begin{aligned}&\frac{1}{2\pi j}\oint_c H(z)H(z^{-1})z^{-1}dz\\&=\frac{1}{2\pi j}\oint_c\frac{0.4+0.2z^{-1}}{(1-0.9z^{-1})(1-0.8z^{-1})}\frac{0.4+0.2z}{(1-0.9z)(1-0.8z)}z^{-1}dz\\&=\mathrm{Res}\{H(z)H(z^{-1})z^{-1},0.9\}+\mathrm{Res}\{H(z)H(z^{-1})z^{-1},0.8\}\\&=61.053-28.899=32.164\end{aligned}$$

于是得

$$\sigma_f^2=\frac{q^2}{6}+\frac{q^2}{6}\times 32.164=5.527q^2$$

(2) 级联型算法结构

将系统函数 $H(z)$因式分解表示为

$$\begin{aligned}H(z)&=\frac{0.4+0.2z^{-1}}{(1-0.9z^{-1})(1-0.8z^{-1})}\\&=\frac{0.4+0.2z^{-1}}{1-0.9z^{-1}}\cdot\frac{1}{1-0.8z^{-1}}=H_1(z)H_2(z)\end{aligned}$$

式中:$H_1(z)=\dfrac{0.4+0.2z^{-1}}{1-0.9z^{-1}}$和 $H_2(z)=\dfrac{1}{1-0.8z^{-1}}$构成级联型算法结构,其统计模型如图 10-5-5(a)所示。

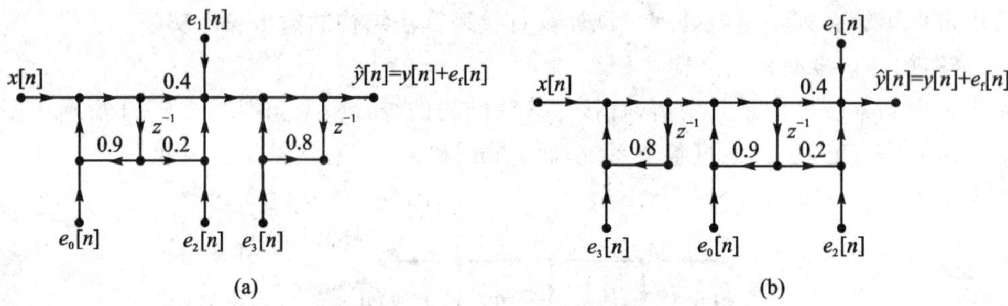

图 10-5-5 【例 10-5-1】级联型算法结构的统计模型

输出噪声为

$$e_f[n]=e_0[n]*h[n]+(e_1[n]+e_2[n]+e_3[n])*h_2[n]$$

式中:$h[n]$是整个系统 $H(z)$的单位脉冲响应,$h_2[n]$是子系统 $H_2(z)$的单位脉冲响应。输出噪声的功率为

$$\sigma_f^2=\frac{\sigma_e^2}{2\pi j}\oint_c H(z)H(z^{-1})z^{-1}dz+\frac{3\sigma_e^2}{2\pi j}\oint_c H_2(z)H_2(z^{-1})z^{-1}dz$$

式中:

$$\frac{1}{2\pi j}\oint_c H(z)H(z^{-1})z^{-1}dz=32.164$$

$$\frac{1}{2\pi j}\oint_c H(z)H(z^{-1})z^{-1}dz=\frac{1}{2\pi j}\oint_c\frac{1}{1-0.8z^{-1}}\frac{1}{1-0.8z}z^{-1}dz$$
$$=\text{Res}\{H_2(z)H_2(z^{-1})z^{-1},0.8\}=2.778$$

于是得到

$$\sigma_f^2=\frac{q^2}{12}\times32.164+\frac{q^2}{4}\times2.778=3.375q^2$$

级联型算法结构的系统函数也可以表示为

$$H(z)=\frac{1}{1-0.8z^{-1}}\frac{0.4+0.2z^{-1}}{1-0.9z^{-1}}=H_2(z)H_1(z)$$

其统计模型如图 10－5－5(b)所示。这种算法结构的输出噪声为

$$e_f[n]=e_3[n]*h[n]+e_0[n]*h_1[n]+e_1[n]+e_2[n]$$

式中：$h[n]$是整个系统 $H(z)$的单位脉冲响应，$h_1[n]$是子系统 $H_1(z)$的单位脉冲响应。输出噪声的功率为

$$\sigma_f^2=\frac{\sigma_e^2}{2\pi j}\oint_c H(z)H(z^{-1})z^{-1}dz+\frac{\sigma_e^2}{2\pi j}\oint_c H_1(z)H_1(z^{-1})z^{-1}dz+2\sigma_e^2$$

式中：

$$\frac{1}{2\pi j}\oint_c H(z)H(z^{-1})z^{-1}dz=32.164,\quad \frac{1}{2\pi j}\oint_c H_1(z)H_1(z^{-1})z^{-1}dz=12$$

于是得到

$$\sigma_f^2=\frac{q^2}{12}\times32.164+\frac{q^2}{12}\times12+\frac{q^2}{12}\times2=3.849q^2$$

可见，将 $H_1(z)$和 $H_2(z)$交换位置后，得到的输出噪声功率略大于交换以前的输出噪声功率。这一结果说明，当多个子系统级联时，若各子系统在级联结构中的位置不同，则输出噪声的功率将不同。显然，选择使输出噪声功率小的子系统级联次序是合理的结构。

(3) 并联型算法结构

将系统函数 $H(z)$进行部分分式展开，表示为

$$H(z)=\frac{0.4+0.2z^{-1}}{(1-0.9z^{-1})(1-0.8z^{-1})}=\frac{5.6}{1-0.9z^{-1}}-\frac{5.2}{1-0.8z^{-1}}$$
$$=5.6H_1(z)-5.2H_2(z)$$

式中：$H_1(z)=\dfrac{1}{1-0.9z^{-1}}$和 $H_2(z)=\dfrac{1}{1-0.8z^{-1}}$构成并联型算法结构，其统计模型如图 10－5－6 所示。

输出噪声为

$$e_f[n]=(e_0[n]+e_1[n])*h_1[n]+(e_2[n]+e_3[n])*h_2[n]$$

输出噪声的功率为

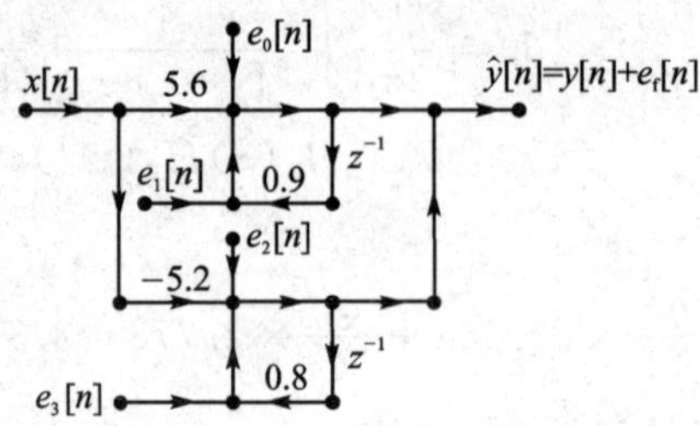

图 10-5-6 【例 10-5-1】并联型算法结构统计模型

$$\sigma_f^2=\frac{2\sigma_e^2}{2\pi j}\oint_c H_1(z)H_1(z^{-1})z^{-1}dz+\frac{2\sigma_e^2}{2\pi j}\oint_c H_2(z)H_2(z^{-1})z^{-1}dz$$

式中：

$$\frac{1}{2\pi j}\oint_c H_1(z)H_1(z^{-1})z^{-1}dz=\frac{1}{2\pi j}\oint_c\frac{1}{1-0.9z^{-1}}\frac{1}{1-0.9z}z^{-1}dz$$
$$=\text{Res}\{H_1(z)H_1(z^{-1})z^{-1},0.9\}=\frac{100}{19}$$

$$\frac{1}{2\pi j}\oint_c H_2(z)H_2(z^{-1})z^{-1}dz=\frac{1}{2\pi j}\oint_c\frac{1}{1-0.8z^{-1}}\frac{1}{1-0.8z}z^{-1}dz$$
$$=\text{Res}\{H_2(z)H_2(z^{-1})z^{-1},0.8\}=\frac{100}{36}$$

于是得到

$$\sigma_f^2=\frac{q^2}{6}\times\frac{100}{19}+\frac{q^2}{6}\times\frac{100}{36}=1.340q^2$$

综合本例中三种算法结构的输出噪声功率可知，直接型算法结构的输出噪声功率最大，即输出运算误差最大；级联型算法结构的输出噪声功率较小；并联型算法结构的输出噪声功率最小。这是因为直接型算法结构不仅有两个量化噪声通过整个系统，更主要的是因为有反馈回路，使噪声产生积累作用，可以推想直接型算法结构的阶数越高，积累作用越大，输出噪声功率越大。因此，数字滤波器的直接型算法结构通常用于低阶系统。级联型算法结构第 k 级子系统的量化噪声只通过后级各子系统，因而具有较小的输出噪声功率。并联型算法结构各子系统的输出噪声直接加到系统输出端，不会进入其他子系统，因此它的输出噪声功率最小。另外，对于级联型算法结构，各子系统的级联次序对输出噪声功率的大小也是有影响的。

10.5.2 FIR 滤波器的有限字长运算量化效应

关于 IIR 滤波器的有限字长运算量化效应的分析，也适用于 FIR 滤波器。FIR 滤波器没有反馈回路(频率采样型算法结构除外)，其分析方法比 IIR 滤波器要简单些。

另外，类似 FIR 数字滤波器的 N 阶乘加，定点数结果很容易溢出，即超出结果的二进制表示范围。溢出也是有限字长效应带来的典型问题。

一个 $N-1$ 阶 FIR 滤波器，

$$y[n]=\sum_{m=0}^{N-1}h[m]x[n-m]$$

在有限精度舍入运算时，有

$$\hat{y}[n]=y[n]+e_{\mathrm{f}}[n]=\sum_{m=0}^{N-1}\{h[m]x[n-m]\}_{\mathrm{Q}} \tag{10-5-7}$$

每一次相乘运算后产生一个舍入量化噪声，即

$$\{h[m]x[n-m]\}_{\mathrm{Q}}=h[m]x[n-m]+e_m[n] \tag{10-5-8}$$

因此

$$y[n]+e_{\mathrm{f}}[n]=\sum_{m=0}^{N-1}\{h[m]x[n-m]\}_{\mathrm{Q}}=\sum_{m=0}^{N-1}h[m]x[n-m]+\sum_{m=0}^{N-1}e_m[n] \tag{10-5-9}$$

这样，就得到输出噪声为

$$e_{\mathrm{f}}[n]=\sum_{m=0}^{N-1}e_m[n] \tag{10-5-10}$$

这个结果从如图 10－5－7 所示的 $N-1$ 阶 FIR 滤波器直接型算法结构的统计模型中看得非常清楚，所有乘法器输出的量化噪声都直接加到滤波器的输出端，因而输出噪声就是这些量化噪声之和。

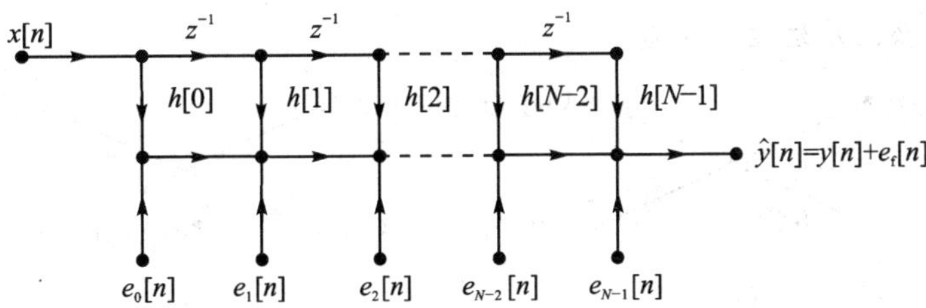

图 10－5－7　直接型 FIR 滤波器乘法量化效应统计模型

输出噪声 $e_{\mathrm{f}}[n]$的方差可以直接计算。设乘法运算后尾数处理的量化噪声 $e_m[n]$($m=0,1,\cdots,N-1$)的统计特性假设同前：$e_m[n]$之间是互不相关的平稳加性白噪声随机序列，方差均为 $\sigma_{\mathrm{e}}^2=q^2/12$，则输出噪声 $e_{\mathrm{f}}[n]$的方差为

$$\sigma_{\mathrm{f}}^2=N\sigma_{\mathrm{e}}^2=\frac{Nq^2}{12}=\frac{N}{3}\times 2^{-2(b+1)} \tag{10-5-11}$$

该式说明，输出噪声的方差 σ_{f}^2 与运算字长 b 有关，也与 FIR 滤波器的阶数 $N-1$ 有关。很明显，滤波器的阶数越高，运算字长越短，量化噪声越大，输出噪声功率越大。因此，若限制 σ_{f}^2 的最大值，则滤波器的阶数越高，所需运算字长 b 越长。

同样，将 $H(z)$进行因式分解(共轭成对的零点放在一起，形成实系数二阶形

式),从而得到一阶($\beta_{2k}=0$)或二阶因子的级联结构,其中每一个因子都是直接型结构:

$$H(z)=\prod_{k=1}^{L}(\beta_{0k}+\beta_{1k}z^{-1}+\beta_{2k}z^{-2})$$

10.5.3 FFT的有限字长运算量化效应

在高速实时信号处理中定点FFT算法的应用比较普遍,因为它的计算比浮点运算简单、速度快。但另一方面,定点运算对有限字长效应比较敏感。这里以基2 DIT-FFT算法为例,讨论定点FFT算法的有限字长效应。所得结论略加修改即可适用于按频域抽取的基2FFT算法以及其他算法。

基2 DIT-FFT算法的基本单元是蝶形运算单元。设序列长度为$N=2^M$,共需计算$M=\log_2 N$级,每级有$N/2$个单独的蝶形运算单元,每个蝶形运算单元需完成一次复数乘法,两次复数加法运算。第$L(L=1,2,\cdots,M)$级的蝶形运算可以表示为

$$\left.\begin{aligned}X_L[k]&=X_{L-1}[k]+W_N^pX_{L-1}[k+B]\\X_L[k+B]&=X_{L-1}[k]-W_N^pX_{L-1}[k+B]\end{aligned}\right\}\tag{10-5-12}$$

式中:$B=2^{L-1}$是蝶形运算单元两输入数据之间的位置间隔。蝶形运算单元的信号流图如图10-5-8(a)所示。采用定点运算时,只有乘法运算的乘积结果才需舍入量化处理,量化误差是加性的。考虑相乘后量化误差的影响,则蝶形运算单元的统计模型如图10-5-8(b)所示。图中$e[L,k+B]$表示$X_{L-1}[k+B]$与W_N^p相乘所引入的量化误差,该误差是复数误差。

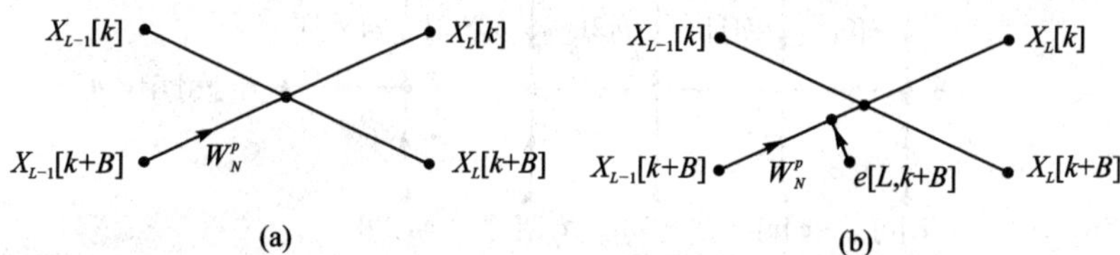

图10-5-8 蝶形运算单元的信号流图和统计模型

因为每个复数乘法包括4个实数乘法,每个定点实数乘法产生1个量化误差。所以,蝶形运算中的复数乘法将产生4个实数误差,即e_1、e_2、e_3和e_4,表示为

$$\begin{aligned}&\{X_{L-1}[k+B]W_N^p\}_Q\\&=(\mathrm{Re}\{X_{L-1}[k+B]\}\,\mathrm{Re}\{W_N^p\}+e_1-\mathrm{Im}\{X_{L-1}[k+B]\}\,\mathrm{Im}\{W_N^p\}+e_2)+\\&\quad \mathrm{j}(\mathrm{Re}\{X_{L-1}[k+B]\}\,\mathrm{Im}\{W_N^p\}+e_3+\mathrm{Im}\{X_{L-1}[k+B]\}\,\mathrm{Re}\{W_N^p\}+e_4)\\&=X_{L-1}[k+B]W_N^p+e[L,k+B]\end{aligned}$$

式中:复数量化误差

$$e[L,k+B]=(e_1+e_2)+\mathrm{j}(e_3+e_4)\tag{10-5-13}$$

若对每个实数量化误差 e_1、e_2、e_3 和 e_4 的统计特性假设同前，它们之间是互不相关的平稳加性白噪声随机序列，方差均为 $\sigma_e^2 = q^2/12$，则一个复数乘法运算所引入的复数量化误差 $e[L,k+B]$ 的方差为

$$E\{|e[L,k+B]|^2\} = \frac{q^2}{12} \times 4 = \frac{q^2}{3} = \sigma_B^2 \tag{10-5-14}$$

接着研究 FFT 计算中，某运算级的一个蝶形运算所产生的复数量化误差的方差通过后级蝶形运算单元时的变化规律。蝶形运算的加法、减法不影响量化误差的方差，而通过乘系数 W_N^p 后，其方差为

$$E\{|e[L,k]W_N^p|^2\} = |W_N^p|^2 E\{|e[L,k]|^2\} = E\{|e[L,k]|^2\} \tag{10-5-15}$$

这表明，$e[L,k+B]$ 通过后级所有蝶形运算单元时，加、减和相乘运算对量化误差的方差均无影响，即 FFT 计算中，任意一个蝶形运算所产生的复数量化误差通过后级直到 FFT 输出端，其方差都是不变的，均为 σ_B^2。

这样，计算 FFT 输出量化误差的方差，即由于运算字长量化而产生的输出噪声功率，只需知道 FFT 的输出 $X[k](k=0,1,\cdots,N-1)$ 节点共连接多少个蝶形运算单元节点即可。若以 σ_k^2 表示 $X[k]$ 上叠加的输出噪声 e_k 的方差，它和末级的一个蝶形运算单元节点连接，和末前级的两个蝶形运算单元节点连接，以此类推，每往前一级，所连接的蝶形运算单元节点就增加 1 倍，直到连接到第一级蝶形运算单元节点。因此，对于 $N=2^M$ 点 FFT，连接到 $X[k]$ 输出端的量化误差源总数为

$$1 + 2 + 2^2 + \cdots + 2^{M-1} = 2^M - 1 = N - 1$$

图 10-5-9 示出了 $N=8$、按时域抽取基 2FFT 算法时，连接到 $X[0]$ 的各蝶形运算单元所产生的量化误差到达 FFT 输出节点的方差均为 σ_B^2，所以，在离散傅里叶变换 $X[k]$ 上叠加的输出噪声 e_k 的方差(即输出噪声功率)为

$$\sigma_k^2 = E\{|e_k|^2\} = (N-1)\sigma_B^2, \quad k=0,1,\cdots,N-1 \tag{10-5-16}$$

当 N 很大时，可近似认为

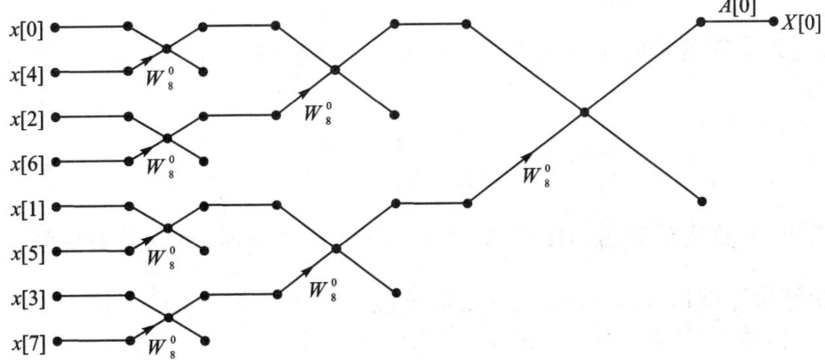

图 10-5-9　$N=8$ 时连接到 $X[0]$ 的各蝶形运算单元节点

$$\sigma_k^2 = N\sigma_B^2 = \frac{Nq}{3}, \quad q = 2^{-b} \tag{10-5-17}$$

下面估算 FFT 的输出功率信噪比。由于每个蝶形运算单元都有加、减运算，为了避免发生溢出，定点 FFT 运算信号的动态范围要受到一定的限制。从式(10-5-12)看出

$$\begin{aligned}\max\{|X_{L-1}[k]|, |X_{L-1}[k+B]|\} &\leqslant \max\{|X_L[k]|, |X_L[k+B]|\} \\ &\leqslant 2\max\{|X_{L-1}[k]|, |X_{L-1}[k+B]|\}\end{aligned} \tag{10-5-18}$$

这表示，蝶形运算单元输出的最大模值不大于输入最大模值的 2 倍，但有可能等于最大输入模值的 2 倍。总共有 $M=\log_2 N$ 级蝶形运算，因此，FFT 最后输出的最大模值有可能等于输入模值的 $2^M=N$ 倍，即

$$\max\{|X[k]|\} \leqslant 2^M \max\{|x[n]|\} = N\max\{|x[n]|\} \tag{10-5-19}$$

为使 $X[k]$不溢出，即 $\max\{|X[k]|\}$，要求

$$|x[n]| < \frac{1}{N}, \quad n = 0, 1, \cdots, N-1 \tag{10-5-20}$$

这意味着为了防止溢出，可以在输入端一次性乘以比例因子 $1/N$。如果假设 $x[n]$在$\left(-\frac{1}{N}, \frac{1}{N}\right)$区间上是均匀分布的，则 $x[n]$的方差为

$$\sigma_x^2 = \mathrm{E}\{|x[n]|^2\} = \frac{\left(\frac{2}{N}\right)^2}{12} = \frac{1}{3N^2} \tag{10-5-21}$$

由于

$$X[k] = \sum_{n=0}^{N-1} x[n] W_N^{kn}$$

所以

$$\mathrm{E}\{|X[k]|^2\} = \sum_{n=0}^{N-1} \mathrm{E}\{|x[n]|^2 |W_N^{kn}|^2\} = N\sigma_x^2 = \frac{1}{3N} \tag{10-5-22}$$

这样，就得到了在这种防止溢出方法($|x[n]|<1/N$)下的输出信噪比，通常用其倒数表示为

$$(\mathrm{SNR})^{-1} = \frac{\sigma_k^2}{\mathrm{E}\{|X[k]|^2\}} = N^2 q^2 \tag{10-5-23}$$

由此式看出，当输入信号为白序列，且满足$|x(n)|<\frac{1}{N}$时，也就是如果原来输入满足定点小数要求的信号式 $x[n]<1$，那么在输入端乘以 $1/N$ 的比例因子，输出信号不会溢出，但输出信噪比与 N^2 成反比；同时还可看出，如果 FFT 每增加一级运算(M 增加1)，即 FFT 所做点数 N 加倍，信噪比将降低1/4；或者说，为了保持输出信噪比不变，每增加一级运算(点数 N 加倍)，运算字长的量化间隔 q 的平方 q^2 必须降

低 1/4,也就是运算字长需要增加 1 位。

前面讨论的防止溢出的方法,使得输入信号幅度被限制得过小,造成输出信噪比过低。这种方法是可以改善的。由式(10-5-18)看出,一个蝶形运算的最大输出幅度不超过输入的 2 倍,又知输入信号是满足 $|x[n]|<1$ 的,因而,如果对每个蝶形运算的两个输入支路都乘以 1/2 的比例因子,其统计模型如图 10-5-10 所示,就可以保证蝶形运算不发生溢出,对 $M=\log_2 N$ 级蝶形运算,就相当于设置了 $(1/2)^M=1/N$ 的比例因子。这和前一种防溢出方法的不同之处在于,这里把 $1/N$ 的比例因子分散到各级蝶形运算之中。因此在保持输出信号方差式(10-5-22)不变的情况下,输入信号幅度却增加 N 倍,达到

$$|x[n]|<1$$

这种方法得到的最大输出信号幅度和前种方法一样,但是输出噪声功率却比式(10-5-17)中的要小得多,这是因为 FFT 运算中的某级引入的噪声都被后面各级按比例因子逐级衰减了。

由图 10-5-10 看出,由于各支路引入了 1/2 的比例因子,因而每个蝶形运算单元都有两个量化噪声源。由于 $e[L,k]$ 是由 $X_{L-1}[k]$ 乘以实系数 1/2 所引入的,而 $e[L,k+B]$ 是由 $X_{L-1}[k+B]$ 乘以复数系数 $W_N^p/2$ 所引入的,因此 $e[L,k]$ 的方差应不大于 $e[L,k+B]$ 的方差 σ_{B}^2,σ_{B}^2 是由复数乘法所引入的量化误差的方差。这样,一个蝶形运算两支路乘以 1/2 比例因子后所产生的总的量化误差的方差为

$$\sigma_{\mathrm{B-a}}^2=\mathrm{E}\{|e[L,k]|^2\}+\mathrm{E}\{|e[L,k+B]|^2\}\leqslant 2\sigma_{\mathrm{B}}^2 \qquad (10-5-24)$$

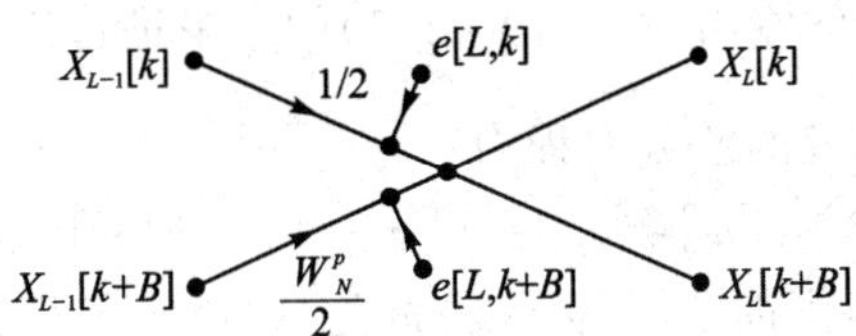

图 10-5-10　各支路加比例因子的蝶形运算统计模型

由于这个误差每通过一级蝶形运算单元时,受比例因子 1/2 的加权作用,其幅度下降到 1/2,故方差下降到 1/4。参照图 10-5-9 所示的蝶形运算单元连接,输出总方差中末级引入的量化误差是不被衰减的,但每往前一级,其引入的量化误差方差要降低到 1/4,于是可求出总的输出噪声方差(取 $\sigma_{\mathrm{B-a}}^2=2\sigma_{\mathrm{B}}^2$)为

$$\sigma_k^2=\sigma_{\mathrm{B-a}}^2+\frac{1}{4}\times 2\sigma_{\mathrm{B-a}}^2+\frac{1}{4^2}\times 4\sigma_{\mathrm{B-a}}^2+\cdots+\frac{1}{4^{M-1}}\times 2^{M-1}\sigma_{\mathrm{B-a}}^2$$

$$=\frac{1-\left(\frac{1}{2}\right)^M}{1-\frac{1}{2}}\sigma_{\mathrm{B-a}}^2\approx 2\sigma_{\mathrm{B-a}}^2=4\sigma_{\mathrm{B}}^2=\frac{4}{3}q^2 \qquad (10-5-25)$$

考虑到输出信号的方差仍为 $\mathrm{E}\{|X[k]|^2\}=\frac{1}{3N}$,可得到输出信噪比的倒数为

$$(\mathrm{SNR})^{-1}=\frac{\sigma_k^2}{\mathrm{E}\{|X[k]|^2\}}=12N\sigma_{\mathrm{B}}^2=4Nq^2 \qquad (10-5-26)$$

由式(10-5-26)看出,此时信噪比的值不再和 N^2 成反比,而是和 N 成反比,信噪比大大地提高了。这种逐级加比例因子的防溢出方法,为保证运算精度不变,N 增加到4倍,即增加两级蝶形运算时,运算字长才需要增加1位。

在数字信号处理系统中,如果有足够的信号处理运算时间,最好采用浮点制数运算。浮点制数的优点是动态范围非常大,不必考虑运算中的溢出问题,虽然也存在有限字长运算的量化效应,但其量化误差比定点制数小得多,因而能获得很高的运算精度。这是以复杂运算为代价换取的。

习题及思考题

1. 设线性时不变系统的差分方程为

$$y[n]=\frac{1}{2}y[n-1]+x[n]$$

(1) 假定运算是无限精度的,计算当输入 $x[n]=\left(\frac{1}{4}\right)^n u[n]$ 时的输出 $y[n]$。

(2) 若用5位原码定点运算(含1位符号位),并按截尾方式实现量化,计算当输入 $x[n]=\left(\frac{1}{4}\right)^n u[n]$ 时的输出 $y[n]$,并与(1)的结果进行比较。

2. 设线性时不变系统的差分方程为

$$y[n]=0.999y[n-1]+x[n]$$

若输入信号按8位(含1位符号位)舍入法量化,问由于信号量化而在输出端产生的噪声功率是多少?

3. 设系统的系统函数为

$$H(z)=\frac{1-\frac{1}{2}z^{-1}}{\left(1-\frac{1}{4}z^{-1}\right)\left(1+\frac{1}{4}z^{-1}\right)}$$

(1) 画出该系统的直接型、级联型和并联型算法结构。

(2) 若采用 $b+1$ 位(含1位符号位)定点补码运算,针对上面的三种结构,分别计算由有限字长乘法运算舍入量化噪声所产生的输出噪声功率,并进行比较。

4. 设FIR数字滤波器的系统函数为

$$H(z)=1+\frac{3}{4}z^{-1}+\frac{1}{8}z^{-2}+\frac{3}{8}z^{-3}+\frac{1}{2}z^{-4}$$

若采用7位(含1位符号位)定点运算,舍入方式进行量化处理,试计算直接型算法结构由有限字长乘法运算舍入量化噪声所产生的输出噪声功率。

5. 设数字滤波器的系统函数为

$$H(z)=\frac{0.1z^{-1}}{1-1.7z^{-1}+0.745z^{-2}}$$

$$=\frac{0.1z^{-1}}{[1-(0.85+\mathrm{j}0.15)z^{-1}][1-(0.85-\mathrm{j}0.15)z^{-1}]}$$

(1) 确定保持滤波器稳定的最小字长。

(2) 若使极点位置在 0.5%以内变化,滤波器系数 $\alpha_2(\alpha_2=0.745)$允许变化的百分数是多少？并确定 α_2 在这个变化范围内所需要的最小字长。

6. 基于 2 DIT - FFT 算法,做 512 点 DFT,采用定点运算,为防止溢出,在每个蝶形的两个输入支路上均乘以 1/2 的比例因子。假设输入信号 $x[n]$在$(-1,1)$区间内是均匀等概率分布的,若要求输出信噪比大于 25 dB,问运算字长至少要多少位？

附录 A　典型信号的傅里叶变换表

附表 A-1　典型信号的傅里叶变换表

信号名称	信号波形	傅里叶系数$\left(\omega_0=\dfrac{2\pi}{T_0}\right)$
矩形波	$\tilde{x}(t)$, A, $-T_0$, $-\dfrac{\tau}{2}$, O, $\dfrac{\tau}{2}$, T_0, t	$\tilde{x}(t)=\dfrac{A\tau}{T_0}+\dfrac{2A}{\pi}\sum_{k=1}^{\infty}\dfrac{\sin\left(\dfrac{k\pi\tau}{T_0}\right)}{k}\cos(k\omega_0 t)$ $\dfrac{a_0}{2}=\dfrac{A\tau}{T_0},a_k=\dfrac{2A\sin\left(\dfrac{k\pi\tau}{T_0}\right)}{k\pi},k=1,2,3,\cdots$ $b_k=0,k=1,2,3,\cdots$
方波	$\tilde{x}(t)$, A, O, $\dfrac{T_0}{2}$, T_0, t, $-A$	$\tilde{x}(t)=\dfrac{4A}{\pi}\left[\sin(\omega_0 t)+\dfrac{1}{3}\sin(3\omega_0 t)+\dfrac{1}{5}\sin(5\omega_0 t)+\cdots\right]$ $a_k=0,k=0,1,2,\cdots;b_k=\begin{cases}\dfrac{4A}{k\pi}, & k=1,3,5,\cdots\\ 0, & k=2,4,6,\cdots\end{cases}$
脉冲波	$\tilde{x}(t)$, A, $\dfrac{T_0}{2}$, O, d, T_0, t, $-A$, d	$\tilde{x}(t)=\dfrac{4A}{\pi\omega_0 d}\sum_{k}\dfrac{1}{k^2}\sin(k\omega_0 d)\sin(k\omega_0 t)$ $k=1,3,5,\cdots$
锯齿波	下锯齿波： $\tilde{x}(t)$, A, O, $\dfrac{T_0}{2}$, t, $-A$	$\tilde{x}(t)=\dfrac{2A}{\pi}\left[\sin(\omega_0 t)+\dfrac{1}{2}\sin(2\omega_0 t)+\dfrac{1}{3}\sin(3\omega_0 t)+\cdots\right]$ $a_k=0,k=0,1,2,\cdots;b_k=\dfrac{2A}{k\pi},k=1,2,3,\cdots$

续附表 A－1

信号名称	信号波形	傅里叶系数$\left(\omega_0=\frac{2\pi}{T_0}\right)$
锯齿波	上锯齿波： 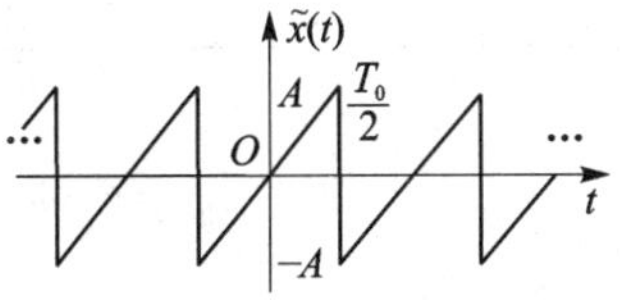	$\tilde{x}(t)=\frac{2A}{\pi}\left[\sin(\omega_0 t)-\frac{1}{2}\sin(2\omega_0 t)+\frac{1}{3}\sin(3\omega_0 t)-\frac{1}{4}\sin(4\omega_0 t)+\cdots\right]$ $a_k=0,k=0,1,2,\cdots;b_k=(-1)^{k+1}\frac{2A}{k\pi},k=1,2,3,\cdots$
三角波	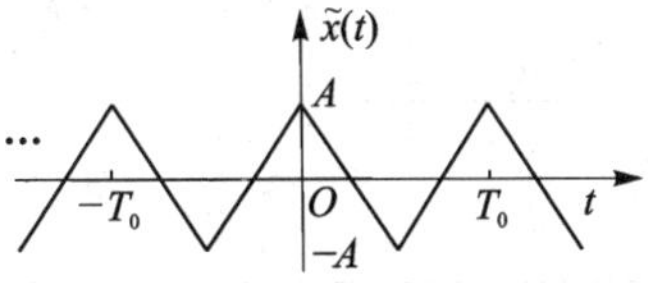	$\tilde{x}(t)=\frac{8A}{\pi^2}\left[\cos(\omega_0 t)+\frac{1}{3^2}\cos(3\omega_0 t)+\frac{1}{5^2}\cos(5\omega_0 t)+\cdots\right]$ $a_k=\begin{cases}\frac{8A}{(k\pi)^2}, & k=1,3,5,\cdots\\0, & k=0,2,4,6,\cdots\end{cases}$ $b_k=0,k=1,2,3,\cdots$
全波余弦	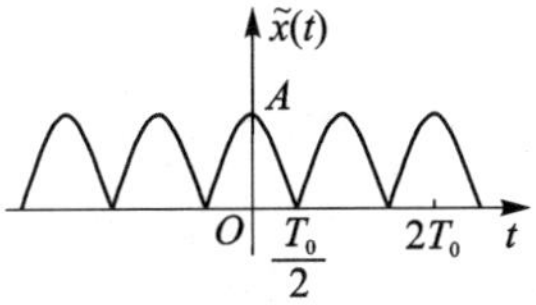	$\tilde{x}(t)=\frac{2A}{\pi}-\frac{4A}{\pi}\left[\frac{1}{3}\cos(\omega_0 t)-\frac{1}{15}\cos(2\omega_0 t)-\frac{1}{35}\cos(3\omega_0 t)-\cdots\right]$ $\frac{a_0}{2}=\frac{2A}{\pi},a_k=-\frac{4A}{\pi((2k)^2-1)}$ $b_k=0,k=1,2,3,\cdots$
半波余弦	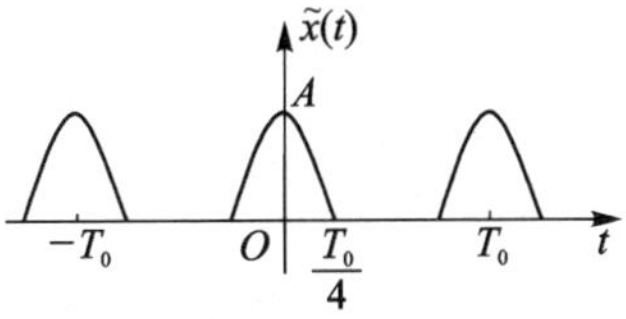 注：半波余弦看成是幅度为其一半的全波余弦和正弦信号的叠加。	$\tilde{x}(t)=\frac{A}{\pi}+\frac{A}{2}\sin\left(\frac{1}{2}\omega_0 t\right)-\frac{2A}{\pi}\sum_{k=1}^{\infty}\frac{1}{(2k)^2-1}\cos(k\omega_0 t)$ $\frac{a_0}{2}=\frac{A}{\pi},a_k=-\frac{2A}{\pi((2k)^2-1)},k=1,2,3,\cdots$ $b_k=\begin{cases}\frac{A}{2}, & k=1\\0, & \text{其他}\end{cases}$

附表 A-2 典型连续时间非周期信号的 CTFT

$x(t)$	$X(j\omega)$	$x(t)$	$X(j\omega)$
$\delta(t)$	1	1	$2\pi\delta(\omega)$
$\delta^{(n)}(t)$	$(j\omega)^n$	t^n	$2\pi(j)^n\delta^{(n)}(t)$
$\begin{cases}1, & \|t\|\leqslant\frac{\tau}{2}\\0, & \|t\|>\frac{\tau}{2}\end{cases}$	$\tau\text{Sa}\left(\frac{\omega\tau}{2}\right)$	$\text{Sa}(t)$	$\pi R_2(\omega)$
$u(t)$	$\pi\delta(\omega)+\frac{1}{j\omega}$	$\sin(\omega_0 t)$	$j\pi[\delta(\omega+\omega_0)-\delta(\omega-\omega_0)]$
$e^{\pm j\omega_0 t}$	$2\pi\delta(\omega\mp\omega_0)$	$\cos(\omega_0 t)$	$\pi[\delta(\omega+\omega_0)+\delta(\omega-\omega_0)]$
$e^{-at}u(t),\alpha>0$	$\frac{1}{\alpha+j\omega}$	$\sum_{k=-\infty}^{\infty}X_k e^{jk\omega_0 t},\omega_0=\frac{2\pi}{T_0}$	$2\pi\sum_{k=-\infty}^{\infty}X_k\delta(\omega-k\omega_0)$
$\text{sgn}(t)$	$\frac{2}{j\omega}$	$\sum_{n=-\infty}^{\infty}\delta(t-nT_0)$,$n$ 为整数	$\omega_0\sum_{k=-\infty}^{\infty}\delta(\omega-k\omega_0),\omega_0=\frac{2\pi}{T_0}$

附表 A-3　典型离散时间非周期信号的 DTFT

$x[n]$	$X(e^{j\tilde{\omega}})$
$\delta[n]$	1
1	$2\pi\sum_{k=-\infty}^{\infty}\delta(\tilde{\omega}-2\pi k)$
$u[n]$	$\dfrac{1}{1-e^{j\tilde{\omega}}}+\pi\sum_{k=-\infty}^{\infty}\delta(\tilde{\omega}-2\pi k)$
$R_N[n]$	$e^{-j\frac{N-1}{2}\tilde{\omega}}\dfrac{\sin(\tilde{\omega}N/2)}{\sin(\tilde{\omega}/2)}$
$a^n[n]$，a 为实数，且 $\mid a\mid<1$	$\dfrac{1}{1-ae^{-j\tilde{\omega}}}$
$e^{j\omega_0 n}$，$2\pi/\omega_0$ 为有理数	$2\pi\sum_{k=-\infty}^{\infty}\delta(\tilde{\omega}-\omega_0-2\pi k)$
$\cos[\omega_0 n+\varphi]$，$2\pi/\omega_0$ 为有理数	$\pi\sum_{k=-\infty}^{\infty}[e^{j\varphi}\delta(\tilde{\omega}-\omega_0-2\pi k)+e^{-j\varphi}\delta(\tilde{\omega}+\omega_0+2\pi k)]$
$\sin[\omega_0 n+\varphi]$，$2\pi/\omega_0$ 为有理数	$-j\pi\sum_{k=-\infty}^{\infty}[e^{j\varphi}\delta(\tilde{\omega}-\omega_0-2\pi k)-e^{-j\varphi}\delta(\tilde{\omega}+\omega_0+2\pi k)]$

附录B　典型连续时间信号的拉普拉斯变换表

附表 B-1　典型连续时间信号的拉普拉斯变换表

原函数 $x(t)$	像函数 $X(s)$	收敛域
$\delta(t)$	1	$\mathrm{Re}[s]>-\infty$
$u(t)$	$\frac{1}{s}$	$\mathrm{Re}[s]>0$
$e^{-\alpha t}u(t)$	$\frac{1}{s+\alpha}$	$\mathrm{Re}[s]>-\alpha$
$\sin(\omega_0 t)u(t)$	$\frac{\omega_0}{s^2+\omega_0^2}$	$\mathrm{Re}[s]>0$
$\cos(\omega_0 t)u(t)$	$\frac{s}{s^2+\omega_0^2}$	$\mathrm{Re}[s]>0$
$\delta^{(n)}(t)$	s^n	$\mathrm{Re}[s]>-\infty$
$t^n u(t)$（n 为正整数）	$\frac{n!}{s^{n+1}}$	$\mathrm{Re}[s]>0$
$e^{-\alpha t}t^n u(t)$（n 为正整数）	$\frac{n!}{(s+\alpha)^{n+1}}$	$\mathrm{Re}[s]>0$

附录C 典型离散时间信号的Z变换表

附表C-1 典型离散时间信号的Z变换表

序列类型	原序列 $x[n]$	$X(z)$	收敛域
有限长序列	$\delta[n]$	1	整个 z 平面
	$u[n]-u[n-N]$	$\dfrac{1-z^{-N}}{1-z^{-1}}$	$\|z\|>0$
因果序列	$u[n]$	$\dfrac{1}{1-z^{-1}}$	$\|z\|>1$
	$a^n u[n]$	$\dfrac{1}{1-az^{-1}}$	$\|z\|>\|a\|$
	$e^{j\omega_0 n}u[n]$	$\dfrac{1}{1-e^{j\omega_0}z^{-1}}$	$\|z\|>1$
	$nu[n]$	$\dfrac{z^{-1}}{(1-z^{-1})^2}$	$\|z\|>1$
	$na^n u[n]$	$\dfrac{az^{-1}}{(1-az^{-1})^2}$	$\|z\|>\|a\|$
	$\sin[\omega_0 n]u[n]$	$\dfrac{\sin\omega_0 z^{-1}}{1-2\cos\omega_0 z^{-1}+z^{-2}}$	$\|z\|>1$
	$\cos[\omega_0 n]u[n]$	$\dfrac{1-\cos\omega_0 z^{-1}}{1-2\cos\omega_0 z^{-1}+z^{-2}}$	$\|z\|>1$
反因果序列	$-u[-n-1]$	$\dfrac{1}{1-z^{-1}}$	$\|z\|<1$
	$-a^n u[-n-1]$	$\dfrac{1}{1-az^{-1}}$	$\|z\|<\|a\|$
	$-nu[-n-1]$	$\dfrac{z^{-1}}{(1-z^{-1})^2}$	$\|z\|<1$
	$-na^n u[-n-1]$	$\dfrac{az^{-1}}{(1-az^{-1})^2}$	$\|z\|<\|a\|$

附录 D　巴特沃斯归一化模拟低通滤波器参数表

附表 D-1　巴特沃斯归一化模拟低通滤波器参数表

(a) 极点形式

阶数 N	极点				
	p_{i1},p_{i2}	p_{i3},p_{i4}	p_{i5},p_{i6}	p_{i7},p_{i8}	p_{i9}
1	−1.000 0				
2	−0.707 106 78±j 0.707 106 78				
3	−0.5±j 0.866 025 40	−1			
4	−0.382 683 43±j 0.923 879 53	−0.923 879 53±j 0.382 683 43			
5	−0.309 016 99±j 0.951 056 52	−0.809 016 99±j 0.587 785 25	−1		
6	−0.258 819 05±j 0.965 925 83	−0.707 106 78±j 0.707 106 78	−0.965 925 83±j 0.258 819 05		
7	−0.222 520 93±j 0.974 927 91	−0.623 489 80±j 0.781 831 48	−0.900 968 87±j 0.433 883 74	−1	
8	−0.195 090 32±j 0.980 785 28	−0.555 570 23±j 0.831 469 61	−0.831 469 61±j 0.555 570 23	−0.980 785 28±j 0.195 090 32	
9	−0.173 648 18±j 0.984 807 75	−0.5±j 0.866 025 40	−0.766 044 44±0.642 787 61	−0.939 692 62±j 0.342 020 14	−1

续附表 D-1

(b) 多项式形式									
阶数 N	分母多项式 $a_0+a_1p+a_2p^2+\cdots+a_{N-1}p^{N-1}+p^N$								
	a_0	a_1	a_2	a_3	a_4	a_5	a_6	a_7	a_8
1	1								
2	1	1.414 213 56							
3	1	2	2						
4	1	2.613 125 93	3.414 213 56	2.613 125 93					
5	1	3.236 067 98	5.236 067 98	5.236 067 98	3.236 067 98				
6	1	3.863 703 31	7.464 101 62	9.141 620 17	7.464 101 62	3.863 703 31			
7	1	4.493 959 21	10.097 834 68	14.591 793 89	14.591 793 89	10.097 834 68	4.493 959 21		
8	1	5.125 830 90	13.137 071 18	21.846 150 97	25.688 355 93	21.846 150 97	13.137 071 18	5.125 830 90	
9	1	5.758 770 48	16.581 718 74	31.163 437 48	41.986 385 73	41.986 385 73	31.163 437 48	16.581 718 74	5.758 770 48

续附表 D-1

(c) 部分分式展开形式	
阶数 N	分　母
1	$(p+1)$
2	$(p^2+1.414\ 213\ 56p+1)$
3	$(p^2+p+1)(p+1)$
4	$(p^2+0.765\ 366\ 86p+1)(p^2+1.847\ 759\ 06p+1)$
5	$(p^2+0.618\ 033\ 98p+1)(p^2+1.618\ 033\ 98p+1)(p+1)$
6	$(p^2+0.517\ 638\ 10p+1)(p^2+1.414\ 213\ 56p+1)(p^2+1.931\ 851\ 66p+1)$
7	$(p^2+0.445\ 041\ 86p+1)(p^2+1.246\ 979\ 60p+1)(p^2+1.801\ 937\ 74p+1)(p+1)$
8	$(p^2+0.390\ 180\ 64p+1)(p^2+p+1)(p^2+1.662\ 939\ 22p+1)(p^2+1.961\ 570\ 56p+1)$
9	$(p^2+0.347\ 296\ 36p+1)(p^2+1.246\ 979\ 60p+1)(p^2+1.532\ 088\ 88p+1)(p^2+1.879\ 385\ 24p+1)(p+1)$

附录 E　切比雪夫归一化模拟低通滤波器参数表（归一化极点）

附表 E-1　切比雪夫归一化模拟低通滤波器参数表(归一化极点)

$\alpha_p=0.5, \varepsilon=0.349\ 311\ 400\ 1(\varepsilon^2=0.122\ 018\ 454\ 3)$					
$N=1$	−2.862 775 161				
$N=2$	−0.712 812 256±j 1.004 042 486				
$N=3$	−0.313 228 243±j 1.021 927 491	−0.626 456 486			
$N=4$	−0.175 353 069±j 1.016 252 893	−0.423 339 758±j 0.420 945 731			
$N=5$	−0.111 962 921±j 1.011 557 369	−0.293 122 733±j 0.625 176 836	−0.362 319 624		
$N=6$	−0.077 650 075±j 1.008 460 847	−0.212 143 951±j 0.738 244 577	−0.289 794 026±j 0.270 216 270		
$N=7$	−0.057 003 190±j 1.006 408 538	−0.159 719 389±j 0.807 076 984	−0.230 801 204±j 0.447 893 935	−0.256 170 010	
$N=8$	−0.043 620 076±j 1.005 002 068	−0.124 219 469±j 0.851 999 614	−0.185 907 573±j 0.569 287 941	−0.219 292 934±j 0.199 907 341	
$N=9$	−0.034 452 716±j 1.004 003 973	−0.099 202 643±j 0.882 906 277	−0.151 987 267±j 0.655 317 053	−0.186 439 984±j 0.348 686 921	−0.198 405 287
$N=10$	−0.027 899 410±j 1.003 273 174	−0.080 967 243±j 0.905 065 806	−0.126 109 438±j 0.718 264 290	−0.158 907 162±j 0.461 154 061	−0.176 149 946±j 0.158 902 860

续附表 E-1

$\alpha_p=1.0,\varepsilon=0.508\ 847\ 139\ 9(\varepsilon^2=0.258\ 925\ 411\ 7)$					
$N=1$	−1.965 226 728				
$N=2$	−0.548 867 164±j 0.895 128 574				
$N=3$	−0.247 085 302±j 0.965 998 675	−0.494 170 604			
$N=4$	−0.139 535 995±j 0.983 379 164	−0.336 869 693±j 0.407 328 987			
$N=5$	−0.089 458 362±j 0.990 107 112	−0.234 205 032±j 0.611 919 848	−0.289 493 341		
$N=6$	−0.062 181 023±j 0.993 411 202	−0.169 881 716±j 0.727 227 473	−0.232 062 740±j 0.266 183 729		
$N=7$	−0.045 708 981±j 0.995 283 958	−0.128 073 719±j 0.798 155 764	−0.185 071 887±j 0.442 943 032	−0.205 414 297	
$N=8$	−0.035 008 233±j 0.996 451 283	−0.099 695 013±j 0.844 750 608	−0.149 204 132±j 0.564 444 310	−0.175 998 273±j 0.198 206 484	
$N=9$	−0.027 667 446±j 0.997 229 674	−0.079 665 237±j 0.876 949 058	−0.122 054 224±j 0.650 895 443	−0.149 721 671±j 0.346 334 231 42	−0.159 330 474
$N=10$	−0.022 414 451±j 0.997 775 508	−0.065 049 271±j 0.900 106 289	−0.101 316 615±j 0.714 328 395	−0.127 666 383±j 0.458 627 062	−0.141 519 276±j 0.158 032 115
$\alpha_p=1.5,\varepsilon=0.642\ 290\ 856\ 7(\varepsilon^2=0.412\ 537\ 544\ 6)$					
$N=1$	−1.556 927 036				
$N=2$	−0.461 088 725±j 0.844 158 050				
$N=3$	−0.210 056 184±j 0.939 345 944	−0.420 112 369			
$N=4$	−0.119 130 699±j 0.967 611 052	−0.287 606 950±j 0.400 797 621			
$N=5$	−0.076 528 150±j 0.979 787 022	−0.200 353 297±j 0.605 541 681	−0.247 650 295		
$N=6$	−0.053 251 119±j 0.986 158 534	−0.145 484 764±j 0.721 918 151	−0.198 735 884±j 0.264 240 383		
$N=7$	−0.039 170 293±j 0.989 917 460	−0.109 752 724±j 0.793 852 167	−0.158 597 282±j 0.440 554 716	−0.176 029 702	
$N=8$	−0.030 013 064±j 0.992 323 692	−0.085 469 976±j 0.841 251 406	−0.127 914 858±j 0.562 106 218	−0.150 885 863±j 0.197 385 455	
$N=9$	−0.023 726 631±j 0.993 958 156	−0.068 318 112±j 0.874 072 133	−0.104 669 420±j 0.648 760 111	−0.128 396 051±j 0.345 198 045	−0.136 636 224
$N=10$	−0.019 225 866±j 0.995 119 664	−0.055 795 636±j 0.897 710 418	−0.086 903 741±j 0.712 427 021	−0.109 505 103±j 0.457 406 304	−0.121 387 341±j 0.157 611 471

续附表 E-1

$\alpha_p=2.0, \varepsilon=0.764\ 783\ 101\ 5(\varepsilon^2=0.584\ 893\ 192\ 4)$					
$N=1$	−1.307 560 271				
$N=2$	−0.401 908 215±j 0.813 345 076				
$N=3$	−0.184 455 394±j 0.923 077 124	−0.368 910 788			
$N=4$	−0.104 887 252±j 0.957 952 960	−0.253 220 226±j 0.396 797 108			
$N=5$	−0.067 460 981±j 0.973 455 719	−0.176 615 142±j 0.601 628 721	−0.218 308 321		
$N=6$	−0.046 973 215±j 0.981 705 172	−0.128 333 211±j 0.718 658 064	−0.175 306 426±j 0.263 047 108		
$N=7$	−0.034 566 356±j 0.986 620 521	−0.096 852 778±j 0.791 208 227	−0.139 956 320±j 0.439 087 440	−0.155 339 795	
$N=8$	−0.026 492 379±j 0.989 787 011	−0.075 443 913±j 0.839 100 911	−0.112 909 796±j 0.560 669 304	−0.133 186 185±j 0.196 880 877	
$N=9$	−0.020 947 144±j 0.991 947 113	−0.060 314 897±j 0.872 303 652	−0.092 407 784±j 0.647 447 496	−0.113 354 929±j 0.344 499 617	−0.120 629 795
$N=10$	−0.016 975 812±j 0.993 486 808	−0.049 265 725±j 0.896 237 397	−0.076 733 166±j 0.711 258 025	−0.096 689 430±j 0.456 655 763	−0.107 181 059±j 0.157 352 852
$\alpha_p=2.5, \varepsilon=0.882\ 201\ 456\ 6(\varepsilon^2=0.778\ 279\ 410\ 0)$					
$N=1$	−1.133 527 940				
$N=2$	−0.357 625 433±j 0.792 398 858				
$N=3$	−0.164 974 450±j 0.911 948 304	−0.329 948 901			
$N=4$	−0.093 980 230±j 0.951 331 547	−0.226 888 347±j 0.394 054 429			
$N=5$	−0.060 496 913±j 0.969 110 595	−0.158 382 975±j 0.598 943 287	−0.195 772 124		
$N=6$	−0.042 143 496±j 0.978 647 141	−0.115 138 174±j 0.716 419 430	−0.157 281 671±j 0.262 227 711		
$N=7$	−0.031 020 905±j 0.984 355 810	−0.086 918 645±j 0.789 392 070	−0.125 601 082±j 0.438 079 548	−0.139 406 684	
$N=8$	−0.023 779 360±j 0.988 044 145	−0.067 717 888±j 0.837 623 380	−0.101 346 982±j 0.559 682 049	−0.119 546 917±j 0.196 534 200	
$N=9$	−0.018 804 325±j 0.990 565 186	−0.054 144 897±j 0.871 088 405	−0.082 954 795±j 0.646 545 507	−0.101 759 120±j 0.344 019 679	−0.108 289 794
$N=10$	−0.015 240 595±j 0.992 364 637	−0.044 229 931±j 0.895 225 072	−0.068 889 733±j 0.710 454 640	−0.086 806 128±j 0.456 139 957	−0.096 225 335±j 0.157 175 118

续附表 E-1

$\alpha_p=3.0, \varepsilon=0.997\ 628\ 345\ 1(\varepsilon^2=0.995\ 262\ 314\ 9)$					
$N=1$	−1.002 377 293				
$N=2$	−0.322 449 826±j 0.777 157 571				
$N=3$	−0.149 310 104±j 0.903 814 429	−0.298 620 208			
$N=4$	−0.085 170 399±j 0.946 484 433	−0.205 619 531±j 0.392 046 689			
$N=5$	−0.054 859 871±j 0.965 927 476	−0.143 625 007±j 0.596 976 011	−0.177 530 272		
$N=6$	0.038 229 513±j 0.976 406 017	−0.104 444 971±j 0.714 778 813	−0.142 674 483±j 0.261 627 204		
$N=7$	−0.028 145 643±j 0.982 695 683	−0.078 862 339±j 0.788 060 751	−0.113 959 382±j 0.437 340 722	−0.126 485 371	
$N=8$	−0.021 578 157±j 0.986 766 352	−0.061 449 393±j 0.836 540 120	−0.091 965 516±j 0.558 958 238	−0.108 480 723±j 0.196 280 031	
$N=9$	−0.017 065 200±j 0.989 551 909	−0.049 137 285±j 0.870 197 344	−0.075 282 688±j 0.645 884 137	−0.092 347 888±j 0.343 667 771	−0.098 274 569
$N=10$	−0.013 831 962±j 0.991 541 760	−0.040 141 917±j 0.894 482 744	−0.062 522 501±j 0.709 865 525	−0.078 782 947±j 0.455 761 722	−0.087 331 570±j 0.157 044 787

附录 F　三角函数与双曲函数公式表

附表 F-1　三角函数与双曲函数公式表

<table>
<tr><td colspan="5">三角函数公式表</td></tr>
<tr><td rowspan="4">三角函数的倒数、商和平方的关系</td><td colspan="2">公　式</td><td colspan="2">六边形记忆法</td></tr>
<tr><td>倒数关系</td><td>$\tan\alpha\cdot\cot\alpha=1$
$\sin\alpha\cdot\csc\alpha=1$
$\cos\alpha\cdot\sec\alpha=1$</td><td colspan="2" rowspan="3">sin α　cos α
tan α　1　cot α
sec α　csc α
图形结构“上弦中切下割，左正右余中间 1”
记忆方法“对角线上两个函数的积为 1；
倒阴影三角形上面两顶点的平方和等于下顶点的平方；
任意一顶点的三角函数值等于相邻两个顶点的三角函数值的乘积</td></tr>
<tr><td>商的关系</td><td>$\sin\alpha/\cos\alpha=\tan\alpha=\sec\alpha/\csc\alpha$
$\cos\alpha/\sin\alpha=\cot\alpha=\csc\alpha/\sec\alpha$</td></tr>
<tr><td>平方关系</td><td>$\sin^2\alpha+\cos^2\alpha=1$
$1+\tan^2\alpha=\sec^2\alpha$，$1+\cot^2\alpha=\csc^2\alpha$</td></tr>
<tr><td rowspan="4">诱导公式（奇变偶不变，符号看象限）</td><td>$\sin(-\alpha)=-\sin\alpha$</td><td>$\cos(-\alpha)=\cos\alpha$</td><td>$\tan(-\alpha)=-\tan\alpha$</td><td>$\cot(-\alpha)=-\cot\alpha$</td></tr>
<tr><td>$\sin(\pi/2-\alpha)=\cos\alpha$
$\cos(\pi/2-\alpha)=\sin\alpha$
$\tan(\pi/2-\alpha)=\cot\alpha$
$\cot(\pi/2-\alpha)=\tan\alpha$</td><td>$\sin(\pi-\alpha)=\sin\alpha$
$\cos(\pi-\alpha)=-\cos\alpha$
$\tan(\pi-\alpha)=-\tan\alpha$
$\cot(\pi-\alpha)=-\cot\alpha$</td><td>$\sin(3\pi/2-\alpha)=-\cos\alpha$
$\cos(3\pi/2-\alpha)=-\sin\alpha$
$\tan(3\pi/2-\alpha)=\cot\alpha$
$\cot(3\pi/2-\alpha)=\tan\alpha$</td><td>$\sin(2\pi-\alpha)=-\sin\alpha$
$\cos(2\pi-\alpha)=\cos\alpha$
$\tan(2\pi-\alpha)=-\tan\alpha$
$\cot(2\pi-\alpha)=-\cot\alpha$</td></tr>
<tr><td>$\sin(\pi/2+\alpha)=\cos\alpha$
$\cos(\pi/2+\alpha)=-\sin\alpha$
$\tan(\pi/2+\alpha)=-\cot\alpha$
$\cot(\pi/2+\alpha)=-\tan\alpha$</td><td>$\sin(\pi+\alpha)=-\sin\alpha$
$\cos(\pi+\alpha)=-\cos\alpha$
$\tan(\pi+\alpha)=\tan\alpha$
$\cot(\pi+\alpha)=\cot\alpha$</td><td>$\sin(3\pi/2+\alpha)=-\cos\alpha$
$\cos(3\pi/2+\alpha)=\sin\alpha$
$\tan(3\pi/2+\alpha)=-\cot\alpha$
$\cot(3\pi/2+\alpha)=-\tan\alpha$</td><td>$\sin(2k\pi+\alpha)=\sin\alpha$
$\cos(2k\pi+\alpha)=\cos\alpha$
$\tan(2k\pi+\alpha)=\tan\alpha$
$\cot(2k\pi+\alpha)=\cot\alpha$
k 为整数</td></tr>
<tr><td colspan="4">1. 奇变偶不变：若常数为 π/4 或 90°的 1 或 3 倍，则公式两边正余属性不同；若常数为 π/4 或 90°的 2 或 4 倍，则公式两边正余属性相同。
2. 符号看象限：视 α 为锐角，分析± α 所在象限对应三角函数的正负</td></tr>
</table>

续附表 F-1

两角和与差	$\sin(\alpha\pm\beta)=\sin\alpha\cos\beta\pm\cos\alpha\sin\beta$ $\cos(\alpha\pm\beta)=\cos\alpha\cos\beta\mp\sin\alpha\sin\beta$ $\tan(\alpha\pm\beta)=\dfrac{\tan\alpha\pm\tan\beta}{1\mp\tan\alpha\tan\beta}$	万能公式	$\sin\alpha=\dfrac{2\tan(\alpha/2)}{1+\tan^2(\alpha/2)}$ $\cos\alpha=\dfrac{1-\tan^2(\alpha/2)}{1+\tan^2(\alpha/2)}$ $\tan\alpha=\dfrac{2\tan(\alpha/2)}{1-\tan^2(\alpha/2)}$
倍角公式	$\sin(2\alpha)=2\sin\alpha\cos\alpha$ $\cos(2\alpha)=\cos^2\alpha-\sin^2\alpha=2\cos^2\alpha-1$ $=1-2\sin^2\alpha$ $\tan(2\alpha)=\dfrac{2\tan\alpha}{1-\tan^2\alpha}$	降幂公式	$\sin^2\alpha=\dfrac{1-\cos 2\alpha}{2}$ $\cos^2\alpha=\dfrac{1+\cos 2\alpha}{2}$
半角公式	$\sin\dfrac{\alpha}{2}=\pm\sqrt{\dfrac{1-\cos\alpha}{2}}$ $\cos\dfrac{\alpha}{2}=\pm\sqrt{\dfrac{1+\cos\alpha}{2}}$ $\tan\dfrac{\alpha}{2}=\pm\sqrt{\dfrac{1-\cos\alpha}{1+\cos\alpha}}=\dfrac{1-\cos\alpha}{\sin\alpha}$ $=\dfrac{\sin\alpha}{1+\cos\alpha}$	三倍角公式	$\sin(3\alpha)=3\sin\alpha-4\sin^3\alpha$ $\cos(3\alpha)=4\cos^3\alpha-3\cos\alpha$ $\tan(3\alpha)=\dfrac{3\tan\alpha-\tan^3\alpha}{1-3\tan^2\alpha}$
积化和差公式	$\sin\alpha\cdot\sin\beta=-\dfrac{1}{2}[\cos(\alpha+\beta)-\cos(\alpha-\beta)]$ $\sin\alpha\cdot\cos\beta=-\dfrac{1}{2}[\sin(\alpha+\beta)-\sin(\alpha-\beta)]$ $\cos\alpha\cdot\sin\beta=-\dfrac{1}{2}[\sin(\alpha+\beta)-\sin(\alpha-\beta)]$ $\cos\alpha\cdot\cos\beta=-\dfrac{1}{2}[\cos(\alpha+\beta)-\cos(\alpha-\beta)]$	和差化积公式	$\sin\alpha\pm\sin\beta=2\sin\dfrac{\alpha\pm\beta}{2}\cdot\cos\dfrac{\alpha\mp\beta}{2}$ $\cos\alpha+\cos\beta=2\cos\dfrac{\alpha+\beta}{2}\cdot\cos\dfrac{\alpha-\beta}{2}$ $\cos\alpha-\cos\beta=-2\sin\dfrac{\alpha+\beta}{2}\cdot\sin\dfrac{\alpha-\beta}{2}$
$a\sin x\pm b\cos x=\sqrt{a^2+b^2}\sin(x\pm\varphi),\tan\varphi=\dfrac{b}{a}$			
双曲函数公式表			
双曲正弦	$\mathrm{sh}\,\alpha=\dfrac{e^{\alpha}-e^{-\alpha}}{2}$	双曲余弦	$\mathrm{ch}\,\alpha=\dfrac{e^{\alpha}+e^{-\alpha}}{2}$

续附表 F-1

<table>
<tr><td rowspan="2">常用公式</td><td rowspan="2">$ch^2\alpha-sh^2\alpha=1$
$sh(2\alpha)=2sh(\alpha)ch(\alpha)$
$ch(2\alpha)=ch^2(\alpha)+sh^2(\alpha)=2ch^2(\alpha)-1=2sh^2(\alpha)+1$
$sh(3\alpha)=3sh\alpha+4sh^3\alpha$
$ch(3\alpha)=4ch^3\alpha-3ch\alpha$
$sh(\alpha+\beta)=sh\alpha ch\beta+ch\alpha sh\beta$
$ch(\alpha+\beta)=ch\alpha ch\beta+sh\alpha sh\beta$</td><td>德莫佛公式</td><td>$(ch\alpha\pm sh\alpha)^n=ch(n\alpha)\pm sh(n\alpha)$</td></tr>
<tr><td>反函数</td><td>$arsh\alpha=\ln[\alpha+\sqrt{\alpha^2+1}]$
$arch\alpha=\ln[\alpha+\sqrt{\alpha^2-1}]$</td></tr>
<tr><td colspan="4">三角函数与虚指数函数的关系——欧拉公式</td></tr>
<tr><td colspan="4">$e^{j\alpha}=\cos(\alpha)+j\sin(\alpha)$，有 $e^{j\pi}=-1$
$\cos(\alpha)=\frac{1}{2}(e^{j\alpha}+e^{-j\alpha})$，$\sin(\alpha)=\frac{1}{2j}(e^{j\alpha}-e^{-j\alpha})$</td></tr>
<tr><td colspan="4">三角函数与双曲函数的关系</td></tr>
<tr><td colspan="4">$j\sin\alpha=sh(j\alpha)$
$\sin(j\alpha)=j\cdot sh\alpha$

$\cos\alpha=ch(j\alpha)$
$\cos(j\alpha)=ch\alpha$

$j\cdot\tan\alpha=th(j\alpha)$
$\tan(j\alpha)=j\cdot th\alpha$</td></tr>
<tr><td colspan="4">注：由欧拉公式的变形
$\begin{cases}e^{j\alpha}=\cos(\alpha)+j\sin(\alpha)\\e^{-j\alpha}=\cos(\alpha)-j\sin(\alpha)\end{cases}$ 和 $\begin{cases}e^{\alpha}=e^{j(-j\alpha)}=\cos(j\alpha)-j\sin(j\alpha)\\e^{-\alpha}=e^{j(j\alpha)}=\cos(j\alpha)+j\sin(j\alpha)\end{cases}$ 分别联合推出三角函数与双曲函数的关系</td></tr>
</table>

参考文献

[1] 王明泉,等. 信号与系统.北京:科学出版社,2008.
[2] 郑君里,应启珩,杨为理. 信号与系统.2 版.北京:高等教育出版社,2000.
[3] 燕庆明.信号与系统教程.2 版.北京:高等教育出版社,2004.
[4] 于长官.现代控制理论.哈尔滨:哈尔滨工业大学出版社,1988.
[5] 吴大正,杨耀林,张永瑞.信号与线性系统分析.2 版.北京:高等教育出版社,2005.
[6] 于慧敏.信号与系统.3 版.北京:化学工业出版社,2008.
[7] 高西全,丁玉美.数字信号处理.3 版.西安:西安电子科技大学出版社,2008.
[8] 史林,赵树杰.数字信号处理.北京:科学出版社,2007.
[9] 程佩青.数字信号处理教程.3 版.北京:清华大学出版社,2007.
[10] 王世一.数字信号处理(修订版).北京:北京理工大学出版社,2006.
[11] 王文渊.信号与系统.北京:清华大学出版社,2008.
[12] 陈后金.信号与系统.北京:高等教育出版社,2008.
[13] 徐守时.信号与系统.北京:清华大学出版社,2008.
[14] 刘海成,刘静森,杨冬云,等.信号处理与线性系统分析.北京:中国电力出版社,2012.